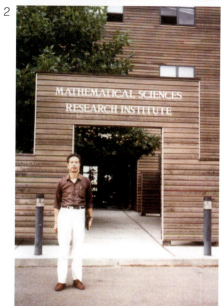

1 / 在美国长岛 Brookhaven 实验室图书馆查阅资料（1990）
2 / 在伯克利访问美国国家数学科学研究所（1991）
3 / 访问普林斯顿范因大楼（2007）
4 / 造访普林斯顿高级研究所富德大楼（Fuld Hall）（2007）

1/ 在麻省理工学院主楼走廊、纪念维纳创立控制论的橱窗前留念（2007）

2/ 在美国数学学会前留影（2007）

3/ 造访麻省理工学院主楼（2007）

4/ 与项武义教授（左）在中国香港交流（2002）

1/ 访问苏步青先生（右）（1993）

2/ 与陈省身先生（前）在天津南开大学宁园陈先生书房合影（2004）

3/ 与杨振宁先生（右）在上海静安宾馆合影（2009）

4/ 与李迪教授（右）在华中师范大学合影（1998）

1/ 与吴文俊先生（前排左三）及《中国数学史大系》编委会成员在北京合影（1996）

2/ 在人民大会堂举办的曾宪梓教师奖颁奖仪式上代表获奖者致词（1997）

张奠宙文集·第二卷

现代数学史与
数学文化

《张奠宙文集》编辑委员会 ◎ 编

华东师范大学出版社
·上海·

图书在版编目(CIP)数据

现代数学史与数学文化 /《张奠宙文集》编辑委员会编. -- 上海：华东师范大学出版社, 2024. -- (张奠宙文集). -- ISBN 978-7-5760-5461-3

Ⅰ.O1-53

中国国家版本馆 CIP 数据核字第 2024M1V733 号

张奠宙文集(第二卷)
现代数学史与数学文化

编　　者　《张奠宙文集》编辑委员会
责任编辑　孙　莺　刘祖希
责任校对　宋红广　时东明
装帧设计　卢晓红

出版发行　华东师范大学出版社
社　　址　上海市中山北路 3663 号　邮编 200062
网　　址　www.ecnupress.com.cn
电　　话　021-60821666　行政传真 021-62572105
客服电话　021-62865537　门市(邮购)电话 021-62869887
地　　址　上海市中山北路 3663 号华东师范大学校内先锋路口
网　　店　http://hdsdcbs.tmall.com

印 刷 者　浙江临安曙光印务有限公司
开　　本　787 毫米×1092 毫米　1/16
印　　张　44
字　　数　958 千字
插　　页　2
版　　次　2025 年 3 月第 1 版
印　　次　2025 年 3 月第 1 次
书　　号　ISBN 978-7-5760-5461-3
定　　价　128.00 元

出版人　王　焰

(如发现本版图书有印订质量问题,请寄回本社客服中心调换或电话 021-62865537 联系)

《张奠宙文集》编委会

主　编　　王建磐　范良火

副主编　　倪　明　王善平

编　委（按姓氏音序排列）
　　　　　鲍建生　陈双双　陈月兰　范良火　郭玉峰　何忆捷　胡善文
　　　　　胡耀华　黄荣金　黄兴丰　贾　挚　孔企平　李　俊　李士锜
　　　　　李旭辉　林　磊　柳　笛　鲁小莉　吕长虹　倪　明　汪晓勤
　　　　　王　焰　王建磐　王善平　吴颖康　熊　斌　徐斌艳　张　伟
　　　　　张　星　赵小平　朱　雁　朱成杰

顾　问　　唐瑞芬　刘鸿坤　邹一心

秘　书　　张凤华　李玲珠　朱艾嘉

总序

张奠宙先生(1933年5月21日—2018年12月20日)出生于浙江奉化,先后就读于烟台养正小学、烟台一中和家乡奉化中学;1950年考取大连工学院造船系,后转入应用数学系,一年后随着该系并入东北师范大学数学系而转到东北师范大学继续学习;1954年考进华东师范大学数学系数学分析研究生班,1956年毕业后留在数学系(现数学科学学院)长期执教,直至退休。

张奠宙先生毕生勤于治学,勇于探索,著述不辍,所涉及的学术领域广泛,其中最主要的工作则聚焦于数学、数学史和数学教育,成果甚丰。在数学方面,张奠宙先生的研究主要聚焦在线性算子谱理论,是我国泛函分析研究上做出贡献的主要学者之一;在数学史方面,他对世界现代数学史和中国近现代数学史进行了全面、系统的研究,在国内外甚有影响;而在创建中国特色数学教育理论、培养中国数学教育人才以及推动中国数学教育走向世界方面,他更是贡献巨大,影响深远。

张奠宙先生于1995—1998年担任国际数学教育委员会(International Commission on Mathematical Instruction)执行委员会成员,成为首位进入该国际组织领导机构的中国学者;他又于1999年当选为国际欧亚科学院(International Eurasian Academy of Sciences)院士。

经张奠宙先生家属和华东师范大学有关部门同意,我们决定编纂和出版《张奠宙文集》,一方面是为了比较全面地记载和反映张奠宙先生在数学、数学史与数学教育等领域的研究、人才培养及国际交流等多方面所做出的重要贡献,另一方面是为了更好地继承和发扬张奠宙先生的精神,推动我国数学与数学教育研究的进一步发展。同时,也是为了进一步弘扬华东师范大学数学教育专业在人才培养、学术创新和社会服务上的优良传统。

《张奠宙文集》共分六卷。第一卷《数学研究与数学思想》(主编:胡善文、朱成杰)收集了十多篇数学专业的学术论文、专著《线性算子组的联合谱》和《现代数学思想讲话》的部分章节;第二卷《现代数学史与数学文化》(主编:王善平)收集了数学文化与普及(含回忆文章)、现代数学史(含论文与传记)和数学教育史等内容;第三卷《数学史专著》(主编:王善平、倪明)收集了《中国近现代数学的发展》和《20世纪数学经纬》两部著作;第四卷《全球视野的数学教育》(主编:李俊、徐斌艳)收集了基于全球视角对数学教育论述的文章以及《我亲历的数学教育》一书中的相关内容;第五卷《中国特色的数学教育》(主编:李士锜、黄兴丰)收集了张奠宙先生主持的数学教育高级研讨班的有关论述,涉及从"双基"到"四基"、教育改革等方面的论文;第六卷《数学教育随笔》(主编:熊斌,副主编:胡耀华、赵小平)收集了与他人一起进行的数学教育访谈、为自己或他人著作所撰写的前言、序跋、后记,以及长期为《数学教学》等杂志撰写的随笔或编后漫笔。前五卷所有收集的作品,除了第二卷中的《李郁荣传——生平与科学成就》为首次发表外,其余都曾以书籍出版,或在杂志、会议论文集正式发表过。第六卷的内容也都摘选自正式出版的书籍、杂志。

在编辑《张奠宙文集》过程中，我们遵循尽量做到全面、准确和忠于历史、忠于原作者的原则，尽可能反映张奠宙先生学术研究的全貌。另外，为了出版的规范与读者阅读的便利，我们特地成立了译名工作小组，对各卷译名做了统一处理。

在《张奠宙文集》即将出版之际，我们作为主编要特别感谢张奠宙先生家属对开展本套文集编纂和出版工作的授权，感谢张奠宙先生有关著述的合作者和出版部门的支持。我们还要感谢华东师范大学有关领导和数学科学学院、亚洲数学教育中心等部门的支持。感谢华东师范大学出版社在文集立项与编辑出版过程中所给予的人力、物力支持。编委会各位同仁以及工作人员为文集的出版做了大量复杂细致的工作，我们向他们表示真挚的谢意。本文集的编纂工作还得到了华东师范大学张奠宙数学教育基金的资助，我们对此也要表示特别感谢。

最后要说明的是，由于张奠宙先生一生著述量多、面广、时间跨度长，出版本套文集既有很多有利条件，在不少方面也有其复杂性和挑战性。虽然我们在编纂过程中作了很大努力，但一定会有疏漏和不足，恳请广大读者批评指出，以便将来有机会修改或完善。

王建磐　范良火

2024 年 12 月于华东师范大学

目录

总序 / 1
代序　从"为数学而历史"到"为教育而历史"
　　张奠宙 / 1

第一部分　现代数学史

第一章　二十世纪数学史 / 1
　　1940年以来的美国数学
　　　［美］J·H·尤因，W·H·古斯塔夫森，P·R·哈尔莫斯，S·H·穆尔加夫卡，
　　　　W·H·惠勒，W·P·齐默　　程其襄　张奠宙　应制夷 译校 / 3
　　突变理论
　　　［英］E·C·齐曼　　张奠宙 编译 / 22
　　突变理论的主张及其应用结果
　　　［英］R·S·赞勒　H·J·萨斯曼　　张奠宙 编译 / 35
　　敢作敢为的"布尔巴基"
　　　张奠宙 / 43
　　二十世纪数学史上的几件事
　　　张奠宙 / 45
　　二十世纪数学发展一瞥
　　　张奠宙 / 51
　　现代纯粹数学的若干发展趋势
　　　张奠宙 / 58
　　现代微分几何的形成与发展
　　　张奠宙 / 66
　　数学科学百年回顾
　　　张奠宙 / 70
　　20世纪世界数学中心的变迁
　　　张奠宙 / 79
　　数学国际合作的曲折与进步
　　　——迎接即将召开的国际数学家大会
　　　张奠宙 / 82

第二章　中国现代数学史 / 89
　　《代微积拾级》的原书和原作者
　　　张奠宙 / 91

中国现代数学发展概述
——兼与日本数学比较
张　弓　/ 96
二十世纪的中国数学与世界数学的主流
张奠宙　/ 99
中国现代数学的形成(1859—1935)
张奠宙　/ 106
代数曲面分类的新成果
张　弓　/ 110
我国最早发表的现代数学论文
张奠宙　/ 111
李俨与史密斯通信始末(1915—1917)
张奠宙　/ 113
三上义夫、赫师慎和史密斯
——兼及本世纪初国外的中算史研究
张奠宙　王善平　/ 123
三上义夫和史密斯通信述略(1909—1932)
张奠宙　王善平　/ 129
庚子赔款和中国现代数学的发展
张奠宙　/ 137
清末考据学派与中国数学
张奠宙　/ 142

第三章　华人数理名家研究　/ 149
中国现代数学名人小传一束
张奠宙　/ 151
维纳和李郁荣
张奠宙　李旭辉　/ 156
杨振宁和当代数学
张奠宙　/ 161
石溪漫话：数学和物理的关系
张奠宙　/ 173
陈省身的五次抉择
张奠宙　/ 178
陈省身和华罗庚
张奠宙　王善平　/ 185
陈省身和南开数学所
张奠宙　王善平　/ 188

大师之路　赤子之心
　　——陈省身的科学人生
张奠宙 / 196
创新：面对原始问题
　　——陈省身和杨振宁"科学会师"的启示
张奠宙 / 200
不朽的丰碑　永远的怀念
　　——纪念陈省身先生诞生 100 周年
张奠宙　王善平 / 204

第四章　中国数学教育史 / 211
中国现代数学教育历史概述
张　弓　黄英娥　糜奇明　倪　明 / 213
60 年数学教育的重大论争
张奠宙　宋乃庆 / 216
研究吴文俊先生的数学教育思想
张奠宙　方均斌 / 222
华罗庚先生的数学教育思想
张奠宙 / 226
21 世纪前 10 年数学教育：预测和回顾
张奠宙　孔企平 / 230
珠算：不该遗忘的角落
张奠宙　陆　萍　黄建弘 / 238
珠算进入 2011 版《数学课程标准》的参与经过
张奠宙 / 244

第五章　数学家传记 / 249
弗雷歇
张奠宙　王善平 / 251
外尔
张奠宙 / 257
樊㙝
张奠宙　陈公宁 / 268
林家翘
张奠宙　岳曾元 / 276
杨武之
张奠宙　王善平 / 284

周炜良
　　张奠宙　王善平 / 290
陈省身
　　张奠宙 / 299
胡世桢
　　张奠宙　王善平 / 310
王宪钟
　　张奠宙　王善平 / 315
王　浩
　　张奠宙　王善平 / 323
杨忠道
　　张奠宙　王善平 / 332
陈国才
　　张奠宙　王善平 / 339
张圣容
　　张奠宙　王善平 / 345
李郁荣传
　　——生平与科学成就
　　张奠宙　李旭辉　王善平 / 352

第二部分　数学文化 / 399

第一章　数学文化概论 / 399

关于数学文化的一点思考
　　张奠宙 / 401
"推测数学"是否允许存在
　　张奠宙 / 403
数学思维的魅力
　　张奠宙文　许政泓图 / 409
数学思维的威力和魅力
　　张奠宙 / 413
国际数学家大会的启示
　　张奠宙 / 416
中学教材中的"数学文化"内容举例
　　张奠宙　梁绍君 / 419
中国的皇权政治与数学文化
　　张奠宙 / 424

关于科学家的国籍问题
张奠宙 / 430
数学文化
张奠宙 / 433
数学文化的一些新视角
张奠宙 梁绍君 金家梁 / 437
数学思想是自然而平和的
张奠宙 / 443
关于数学史和数学文化
张奠宙 / 445
解读温州数学家群体的科学文化意义
张奠宙 / 452

第二章 数学欣赏 / 457
从科学守恒到数学不变量
——一种数学文化的视角
张奠宙 / 459
欣赏数学之美
张奠宙 / 462
对称与对仗
——谈变化中的不变性
张奠宙 / 464
话说"无限"
张奠宙 / 466
三个和尚有几担水可以吃
张奠宙 马岷兴 陈双双 胡庆玲 / 471
中国古典文学中的数学意境
张奠宙 / 472
数学思想中的人文意境
张奠宙 / 475
数学和古典诗词的意境
张奠宙 / 483
万变不离其宗
——数学欣赏：欣赏数学中的不变量与不变性质
张奠宙 / 487
数学欣赏：一片等待开发的沃土
张奠宙 / 491

微积分教学：从冰冷的美丽到火热的思考
　　张奠宙 / 498
微积分赏析漫谈
　　张奠宙　丁传松 / 508
天安门是轴对称图形吗？
　　张奠宙 / 515
若言琴上有琴声
——讲一个数学教育的中国故事
　　张奠宙 / 516
返璞归真　正本清源
——"比"不能等同于除法
　　张奠宙 / 518

第三章　数学普及 / 527

二十世纪的数学难题
——希尔伯特的二十三个问题
　　莫　由 / 529
二十世纪的数学巨著
——"布尔巴基"的《数学原本》
　　莫　由 / 533
她们的人数比女皇还少
——近代史上的女数学家
　　张　弓 / 537
趣味实用数学
　　张　弓 / 541
杨振宁的成功之路
　　张奠宙 / 543
心算201位数的23次方根之谜
　　张　弓 / 548
算　法
　　张奠宙 / 550

第三部分　杂论 / 555

三位早期的中国物理学博士
　　张奠宙 / 557
杨振宁教授谈中国现代科学史研究
　　张奠宙 / 559

杨振宁谈华人科学家在世界上的学术地位
张奠宙 / 564
要重视科学史在科学教育中的应用
张奠宙 / 571
从科学史看中学历史教学
张奠宙 / 573
杨振宁预测：今后十年中国人将获诺贝尔奖
张奠宙 / 576
陈省身轶事
张奠宙　王善平 / 577
博学·慎行·深思
——记数学家程其襄先生
张奠宙 / 581
学贯中西　高雅平和
——记数学家李锐夫先生
张奠宙 / 586
怀念石生民先生
张奠宙 / 592
贺《中学数学月刊》创刊20周年
张奠宙 / 593
《高等数学研究》创刊50周年有感
张奠宙 / 594
关于《数学教育学报》文风的建议
张奠宙 / 595
《数学教育学报》的筹办、发展与展望
庹克平　张奠宙 / 599
我和早期的《华东师范大学学报》
张奠宙 / 606
百尺竿头，更进一步
张奠宙 / 608
华东师范大学数学系的初创时期(1951—1960)
张奠宙 / 610
回忆大连工学院的应用数学系(1951—1952)
刘　证　张奠宙　丁传松　王明慈　陈　辉　唐玉萼 / 615

人名索引 / 621

代序　从"为数学而历史"到"为教育而历史"

张奠宙

关于数学史研究，我不过是业余爱好，所有的经历都无关我国数学史界的大局。李文林先生在"第一届全国数学史与数学教育会议"上提出："数学史除了为历史、为数学而历史外，还应该为教育而历史，这就是要发挥数学史的教育功能，使之成为一门可以'应用'的学问。"这话已经成为经典。我踏入数学史研究的圈子，经历了这三种境遇。先是为数学而历史，因而有《二十世纪数学史话》。然后是为历史而历史，遂有《中国近现代数学的发展》、《20世纪数学经纬》以及《陈省身传》。最后则是为教育而历史，研究数学文化。

一、《二十世纪数学史话》：为数学而历史

1977年，我从学校机关的"教育革命组"回到数学系，担任函数论教研室主任，重新拾起泛函分析的本行，继续"算子谱论"的研究。回归数学，心中有一种说不出的快乐。那时没有互联网，国际交流更少，常在图书馆里查看美国的《数学评论》，注意到新发表的与自己方向有关的论文，书香阵阵，浮想联翩，每有会意，欣喜莫名。不过，心头总是有一阵疑惑，我们这样研究，走的路究竟对不对？多少年来，我们号称要走的"无产阶级的数学道路"，究竟是否存在？记得数学界曾议论过这样的问题："20世纪数学从理论到理论"，是违背理论联系实际的错误道路。这样一个带根本性的问题，自己没有弄清楚，未来的路怎么走得好？

历史是一面镜子。追寻科学发展的历史足迹，有助于日后的攻关和攀登。在走自己的道路之前，总要将别人已走过的路作一番研究。解放以来，我国的数学研究有了长足的发展，但前进的道路并不平坦，可说充满了曲折。我们对数学史的研究，特别是20世纪数学史的研究十分薄弱，是一个重大的缺陷。

于是，我需要为"数学"而历史。

研究20世纪的数学发展，有许多困难。一是数学文献多，理不出头绪；二是数学问题难，不容易讲清楚，隔行如隔山；三是现代数学材料新，时间太近，未受历史考验，难有定评。因此，研究20世纪数学史，需要精湛广博的数学知识，非极有成就的数学大家难以胜任。况且，在资料匮乏的1980年代初，能够看到的20世纪数学史料也非常有限。以我的水平，远谈不

编者注：本文转自《我亲历的数学教育（1938—2008）》（张奠宙著，江苏教育出版社，2009）中第四篇"数史钩沉"，其中记叙了张奠宙先生研究现代数学史的初衷、思想发展和主要经历。文中附有梁宗巨先生为《二十世纪数学史话》（张奠宙、赵斌编著，知识出版社1984年出版）写的序、陈省身先生给该书作者写的信，以及周炜良先生给张先生的信等。另有数篇附文因已收录在本卷中，故删去。原文中个别文字和引文错误被订正，标题根据文章主题另加。

上"研究"二字，无非是边学边收集材料，加以编织梳理而已。

那时，全国对科学哲学的研究相当活跃。上海的《世界科学》、《自然》、《科学》等杂志，北京的《光明日报》、《百科知识》等经常来约稿。1978年以来我陆续发表的有：

▲ "1940年以来的美国数学"（程其襄、应制夷、张奠宙合译），《世界科学》1978年第1期

▲ "突变理论"（译作），《世界科学》1978年第2期

▲ "突变理论的主张及其应用的结果"（译作），《世界科学》1978年第2期

▲ "一种不连续现象的数学模型"，《自然杂志》1980年第10期

▲ "敢作敢为的布尔巴基"，《光明日报》1980年2月4日第4版

▲ "希尔伯特的23个问题"，《百科知识》1981年7月

▲ "20世纪数学发展一瞥"，《自然杂志》1982年3月

……

经过几年的积累，渐渐能够讲出一些故事的来龙去脉。一部分是总结历史上各家各学派成长的历史，意图从中汲取一些经验教训。例如波兰学派的崛起、哥廷根学派的盛衰、苏联学派迅猛发展、美国数学后来居上、日本数学稳步前进、布尔巴基学派独树一帜，都有许多值得借鉴之处。另一部分是人物和事件的介绍，如希尔伯特、勒贝格、罗素、哈代、库朗、冯·诺依曼、诺特、维纳、哥德尔、图灵、乌拉姆、贝尔曼等人，以及"希尔伯特的23个问题"、"有关数学基础的论战"、"统计数学的普及"、"国际数学家会议及菲尔兹奖"等事件，都在20世纪数学发展上起过重大影响。还有一部分，稍带一些知识性，除了一些历史事实的记叙外，还以最浅显的形式对一些著名的数学问题作了一些描述。例如，勒贝格积分、货郎担问题、生物数学、组合数学、"新三高"、著名难题和猜想的解决、"四色问题"等等。

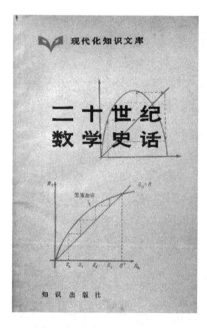

图1 《二十世纪数学史话》书影

1983年，知识出版社一位编辑找到我，希望为"现代化知识文库"写一本现代数学史的书（这位编辑的名字我一直在想，可实在想不起来了）。那时候，我和上海教育出版社的赵斌同志有些来往。他也是读数学出身，英文很好，喜欢涉猎当代的数学进展。我约他写了三篇，连同我历年积累的资料编成30篇的故事，以《二十世纪数学史话》的书名送去。赵斌不久去了香港，在香港出版业发展，以后就断了联系。该丛书的主编是倪海曙先生，听说他对这本史话很肯定。我不认识倪先生，很想和他见面，可惜不久他就去世了，终于未能一见。

这是一本14万字的小册子，定价1元。1984年2月初版，1987年第三次印刷，印数达到2万1千册。以现代数学的科普书来说，这是一个不小的数目。那时的数学系大学生远不及今日之多，但数学界的年轻人喜欢读书。一些出版社的编辑告诉我，现今功利主义盛行，同类的书，今天的印数恐怕很难达到1万了。

《二十世纪数学史话》使我踏入数学史的圈子,成为一名"票友"。这本书的序言是梁宗巨先生于1983年春节写的,他对我的工作扶持很多。现将这篇序言附于此,作为纪念。

附 《二十世纪数学史话》序

中国数学史的研究,在我国有相当好的基础,而世界数学史却是一个薄弱环节。祖国的数学成就,应该很好地加以总结,但要作出恰如其分的评价,就非要了解世界的情况不可。20世纪以来,我国的数学发展已和世界合流,离开世界来讨论中国,只能是见树木而不见森林。

本世纪科学技术的进步可以说是爆炸性的。核能的利用,宇宙空间的探索,电脑的发明等等都是划时代的事件。相应地,数学也在迅猛地发展。围绕着电子计算机出现了计算机科学,应用数学涌现出种类繁多的新分支,基础理论也有许多突破性的工作。各个数学部门又互相交融,互相促进,错综复杂地交织在一起,并不断渗透到各个知识领域里去。科学知识大致是按指数率增加的。在今天,牛顿式的全能科学家已不可能产生,60年代以后,就连冯·诺依曼那样横跨几个数学领域的大师似乎也难以再现。尽管一个人不可能精通每一门数学,但作为现代的数学工作者或爱好者,却很想大体知道整个数学的发展情况。而数学进展步伐之快和专门化程度之高,使得详尽无遗地叙述当前数学的成就几乎成为不可能的事。因此绝大多数的数学史书对于本世纪的数学不是略而不谈就是写得过于专门化,使非专业工作者望而却步。怎样弥补这个缺陷,始终是一个难题。

本书试图使深奥的数学知识科普化,力求做到雅俗共赏。它虽不是一部全面的现代数学史,但对本世纪的重大数学事件大多有所交待,哪怕是比较简略的。

本书的文笔流畅,将史实的准确性和趣味性结合起来。我相信它能帮助读者了解20世纪数学发展的概貌,起到吸取经验教训,指导当前工作,预测未来进程的作用。如果能进一步激发起更多的人来从事世界数学史的研究,那就更令人高兴了。

二、关注世界数学发展的主流

1981年,在梁宗巨先生的建议和主持下,中国数学会和中国科技史学会在大连召开了第一次全国数学史学术讨论会。这是数学史学者的盛会,具有历史意义。我有幸参加了这次会议。半是感兴趣,半是为了重访大连工学院——我的大学生涯的起点。另外,老同学游若云在辽宁师大任教,难得见面,也想去造访。

在会上,见到了严敦杰先生,会见了李迪先生。李迪和我都是1954年在东北师大毕业的,他是专科,我是本科,曾一起在学生会任职。多年不见,相谈甚欢。不过,那时的李迪已经名满天下,我则尚未入门,只是一个看客。会议是辽宁师大组织的,当时的系主任是方嘉琳先生。我在东北师大学习时他是高等代数课的老师,和他重逢也很高兴。那次会议,我报告的题目是"20世纪数学史一瞥",似乎也没有多少人感兴趣。会议在大连市中心的大连饭店举行,离大连工学院的一二九街校区很近。于是我逛遍了当年熟悉的地方,怀旧过瘾。

原先我不认识梁宗巨先生,游若云从旁介绍,只是握手寒暄而已。会议临近结束,梁先生突然找到我,说要和我谈谈。我们谈的是外国史研究。他熟悉古代的,我比较熟悉现代的,认为我们可以合作。后来,编写《中国大百科全书(数学卷)》数学史的条目,近代部分我写了不少,就是梁先生推荐的。梁先生是编委兼数学分支的副主编,他有意扶持我,至今难忘。

会议结束以后,我乘海轮从大连回上海。同船的有钱宝琮先生的公子钱克仁先生,旅途上有 48 小时,我常到他伉俪的二等舱包房闲谈。后来我去苏州,也到他家去访问。近年克仁先生的儿子钱永红编写《钱宝琮文集》,我也和他多有来往。

1985 年参加第二次数学史会议,则是在呼和浩特,李迪先生主办。那次会议上,结识了魏庚人先生,也和科学院的李文林、袁向东、何绍庚诸位认识。那时的刘钝、罗见今、李兆华还都是大会的青年服务人员,帮我们登记、发材料、买火车票。时隔 20 年,现在他们都是当今数学史乃至科学史的领军人物了。

绍庚先生对我帮助很大。作为科班出身的数学史名家,他和我们这些"业余"级的新手一见如故,尽量帮助。我在大会上的发言,涉及对当代世界数学的主流认识,立论比较大胆。何先生居然将我的发言推荐给国内科学史研究的最高级别刊物《自然科学史研究》,并很快发表。我想,如果没有绍庚先生的帮助,这是不可能的。1999 年,白寿彝的《中国通史》出版,我写了第 21 卷的第 33 章,以及第 22 卷中的第 55 章,内容是有关"19 世纪中叶以来中国数学的发展",这项任务也是经何绍庚先生推荐而得到的机会。

在《自然科学史研究》第 5 卷第 3 期(1986)发表的"二十世纪的中国数学与世界数学的主流"[见本卷第一部分第二章——编者注],是我"为数学而历史"的一项成果。在文章中,我认为中国在解放后学习苏联有利有弊,并且中国数学在 1980 年代时离开了国际数学的主流。这样的判断是否合适,可以留给历史来进一步检验。

另外,我也审视了一些现代数学,有一篇"现代纯粹数学的若干发展趋势",发表在上海《科学》杂志 1986 年的第 3 期上[见本卷第一部分第一章——编者注]。那里有许多对当代数学的认识,现在看来,还算准确。

三、陈省身先生的一封来信

从我踏入数学圈的那一天起,"陈省身"就像是高在云端的神。想不到几十年后竟然能够走进宁园近距离地和陈先生接触,聆听他睿智的谈话,以至成为《陈省身传》的作者。每当回首往事,觉得这真是我难得的机遇,毕生的光荣,永远的幸运。

第一次见到陈先生,是 1972 年在上海国际饭店的演讲厅里。那天讲的内容是关于国际数学的发展,具体内容早已忘却,只记得他穿格子呢的西装,神采奕奕,说话很慢,铿锵有力。那时没有胆量提问,更不敢近距离地交谈了。

《二十世纪数学史话》的出版,使我能够和陈先生进行交往。陈先生的一封来信,鼓励我,更改变了我的一生。

那是 1985 年,《二十世纪数学史话》在各个大学的书亭里都有出售。当年杨振宁先生访问复旦大学，和谷超豪先生等一起研究规范场。他在书亭里看到了这本书。由于其中有一节专门写了陈省身先生和杨振宁先生的工作，杨先生也带给陈先生一本。1985 年“五一”节前夕，我突然接到陈省身先生的一封来信，全文如下：

张奠宙、赵斌同志：

杨振宁先生送我大作《二十世纪数学史话》，读后甚佩。这样的书国外还没有，似值得译成英文，在美国发表，不知有无这种计划。

20 世纪纯粹数学有重大发展，似稍欠注重重要的题目，如纤维丛与大型几何（包括 Atiyah-Singer 定理），代数几何与数论（包括 Rota，Baka 的工作及最近 Faltings 证明 Mordell 猜想）。最近 20 年的数学进展，把数学改观了。

大作如有增订，不知可否考虑以上及另外课题。又 Wolf 奖渐为人所知，自应为课题之一。

拙见不敢谓当，希指教。祝撰好。

副本寄杨振宁先生。

陈省身

4/15/85

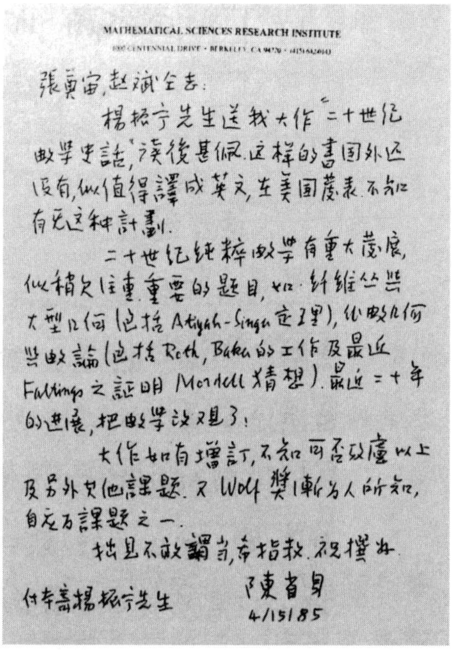
MATHEMATICAL SCIENCES RESEARCH INSTITUTE

張奠宙，趙斌仝志：

楊振宁先生送我大作"二十世紀數学史話"，讀後甚佩。这样的書国外还没有，似值得譯成英文，在美国發表。不知有无这种計劃。

二十世紀純粹數学有重大發展，似稍欠注重重要的題目，如：纤維丛與大型几何（包括 Atiyah-Singer 定理），代數几何與數論（包括 Roth，Baka 的工作及最近 Faltings 之証明 Mordell 猜想）。最近二十年的进展，把數学改观了！

大作如有增訂，不知可否考慮以上及另外其他課題。又 Wolf 奬漸為人所知，自應為課題之一。

拙見不敢謂當，希指教。祝撰好。

陳省身

4/15/85

付本寄楊振宁先生

图 2　陈省身先生的信(1985 年 4 月 15 日)

陈先生的鼓励，使我激动万分。我知道自己的数学功底不行，以目前的稿本来说，译成英文是非分之想。第一步要做的是继续学习，增补内容。首先要做的事情，是了解微分几何。从拓扑流形的基本知识开始，接触纤维丛理论，知道什么是联络，直到陈类等不变量的价值。根据学习心得，写成了“现代微分几何学的形成与发展”，希望呈给陈先生一阅，得到陈先生的教诲。文章寄出，陈先生告诉我不久将来上海访问。

1986 年春天，陈先生接受杭州大学、复旦大学和上海工业大学的名誉教授聘请，并作演讲。我知悉了陈先生将在上海工业大学延长路校区（现为上海大学延长校区）演讲的确切时间，就前往等待接见。演讲结束之后，我终于第一次走近陈先生，谈了我学习微分几何历史的情况。不久，他就寄给我一篇文章：“我同布拉施克、嘉当、外尔三位大师的关系”（手稿首页见图 3），由我转给上海的《科学》杂志，在当年的第 4 期发表。

1988 年，在南开大学举行“21 世纪数学展望学术讨论会”，我曾有幸参与起草大会的主报告，算是大会的工作人员。那时，会议的用餐是随便坐的。一次，我和许多代表已经坐在一张圆桌上，尚有两三个空位，恰好陈先生走进来，我们欢迎他来我们桌一起用餐，并恰巧坐在我的旁边。我在用餐时提出想到美国进行现代数学史研究，继续我的《二十世纪数学史话》的修订工作。陈先生说可以，我会放在心上，并即时在餐巾纸上写了位于香港中环的王宽诚基金会办公室的地址。这一机遇，改变了我后来的人生。

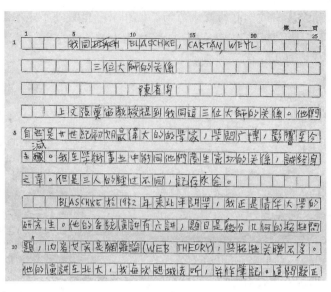

图3 陈省身先生关于"三位大师"的手稿(部分)

四、在纽约市立大学一年

经陈省身先生介绍,我去信位于香港中环的王宽诚基金会,希望能够去美国从事现代数学史的研究。基金会在向陈先生核实之后,回信告诉我可以资助一年的访问,费用是 1 万美元。这一数字以今天的眼光来看不算多,但是那时中国教授的月工资不到 100 美元,这就相当可观了。况且比起国内公派出国人员的生活费用也高出许多。对于王宽诚先生的资助,感激之情,毕生难忘。剩下的事情是寻找能够无偿接受我去访问的机构。

于是,我想起了道本周教授。当时他担任国际数学史委员会主席,又对中国数学史感兴趣,多次来中国访问。我和他仅一面之交,不知他能否帮助我。当我向他提出访问的要求之后,他十分热情地回信说,如果要他做什么事情,他一定愿意帮助。就这样,我得到了访问纽约市立大学的机会。一切都显得很顺利。

1990 年 1 月,我到达纽约。那时,我的女儿和女婿都在纽约长岛的布鲁克海文实验室攻读博士学位。不久,我太太也来到美国,我们一家在长岛租房居住。我隔三差五地搭火车进城,会见道本周教授。

纽约市立大学的研究生部在曼哈顿中城的 42 街上。那是纽约最繁华的地区,寸土寸金。研究生院位于一幢大楼之内,道本先生在历史系,有一个单独的房间。我有一张 ID 卡,可以借书、使用图书馆。道本先生担任国际数学史学会的主席,又是旅行家,常常在国外。凡他在纽约,我们每周可以交谈一次。临近中午,我平常在楼内的餐厅用餐。但是有他在场,必定请我到学校大楼后面不远的哈佛俱乐部用午餐(好像是 48 街)。他毕业于哈佛大学,是那里的会员。那里是很正规的餐厅,价格也不菲。电话联系时,如果约定时间近中午,总要叮嘱:"Suit and tie!"(不要忘了穿西装、打领带喔!)俱乐部拒绝穿便装的人士入内。

图 4　1990 年的纽约市立大学研究生院，位于曼哈顿 42 街

图 5　与道本周（道本周办公室，1990）

在纽约市立大学 9 个月，主要就是自己看书。偶尔有些活动，例如法国的林力娜来访，开座谈会。有时有报告可以去听。洪万生先生的博士论文答辩，我应邀参加答辩委员会。一次，道本先生在哈佛俱乐部请美国著名数学家伯克霍夫（G. D. Birkhoff，1911—1996）共进午餐，我作为陪客。我曾看过伯克霍夫的一篇文章（载于《数学译林》）说，将来离散数学可能取代微积分的基础地位。那次问起这事，他说"Perhaps！（也许罢）"，口气平缓很多。

图 6　与洪万生博士(纽约州立大学,1991)

我和道本先生合作研究的课题是中美数学交流。最后形成一篇文章,我用英文写,他修改,最后收入 E. Knobloch & D. E. Rowe 编辑的 *The History of Modern Mathematics*,Vol. 3：Images, Ideas, and Communities(现代数学史第三卷：形象、思想以及社团),由美国学术出版社(Academic Press)于 1994 年出版。

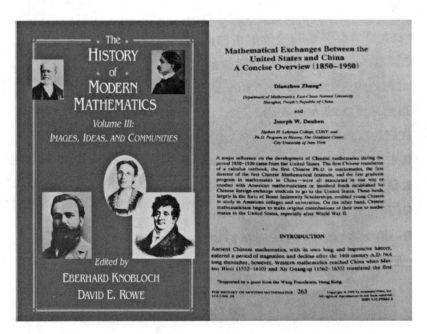

图 7　刊载与道本周合作论文一书的书影(1994)

这篇文章长达35页,至今没有译成中文。不过大部分的材料已经收入后来完成的《中国近现代数学的发展》(河北科学技术出版社,2000)一书中。

值得一记的是关于中国最早的微积分译本《代微积拾级》的原作者和原著的研究。我在纽约市立大学的图书馆里寻找未果,但意外地在离大学不过百步之遥的纽约市立图书馆看到了。

原著依然保存完好,也允许复印。封面上明确写着出版日期:1851年。

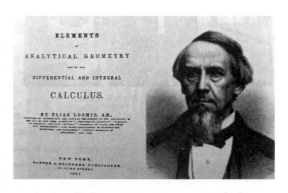

图8　中国第一本微积分译著《代微积拾级》的原作书影和原作者

五、哥伦比亚大学图书馆里的收获

1990年赴美国,目的很明确:研究20世纪中外数学史。首先是扩充《二十世纪数学史话》的内容,收集散见于各处的数学史料。其次则是寻找华人数学家的历史踪迹,填补国内资料缺乏的空白。

在我居住地附近有"Brookhaven实验室"图书馆。那是我女儿攻读博士学位的地方。这是美国一个著名的实验室,美国最强大的电子加速器就建在这里。当年杨振宁曾在这里工作,和米尔斯一起完成关于"非交换规范场"的著名论文,并和在哥伦比亚大学工作的李政道

图9　在美国长岛Brookhaven实验室图书馆

合作研究宇称不守恒问题,后来获得诺贝尔物理学奖。1990年前后,我国正在建设北京的正负电子对撞机,很多中国物理学家在此访问。中国科学院的谢家麟院士来此考察,我有幸结识。

这样的实验室当然戒备森严,出入的车辆都要出示特别通行证。但是,图书馆陈列的都是公开发表的刊物,没有保密要求,所以像我这样和实验室没有工作关系的人,可以自由使用,从来没有人要我出示证件。由于我经常去,工作人员认识我,一直热心地给予帮助。例如,我要看中国第一个数学博士胡明复发表的论文,工作人员提供缩微胶卷和阅读机。复印机免费使用,大量有用的现代数学史料,都在这里复印带回。

说到胡明复,我还写信给康乃尔大学图书馆,希望他们提供有关的资料。他们将相关的档案复印寄来,包括他被推举为"Phi Beta Kappa"会员和"Sigma XI"会员等资料。收到资料后,知道要付费5美元,我再把支票寄去。这样的服务,真令人佩服。

更多的有关中国早期数学活动的资料,则在哥伦比亚大学的图书馆可以找到。我梳理20世纪中国的数学发展史,看到许多人名,却不知道他们的生卒年月、生平简历。例如秦汾、李书华、李郁荣、劳乃宣、黄用谂等等,都是在哥伦比亚大学东方图书馆找到他们的资料。这里列举几部人名词典:

- 袁同礼编,《现代中国数学研究目录》,美国国会图书馆,华盛顿。在中美恢复建交之前的1963年出版,国内似没有藏本。我全文复印,并送给张友余、袁向东诸位先生,现在想必已经不难找到。
- 袁同礼,*A Guide to Doctoral Dissertations By Chinese Students in America* 1905 - 1960 *Washington*,1961。
- 袁同礼,*A Guide to Doctoral Dissertations By Chinese Students in Great Britain and Northern Ireland* (1916 - 1961) *Taipei*,1963。
- 袁同礼,*A Guide to Doctoral Dissertations By Chinese Students in Continental Europe* (1907 - 1962) *Chinese Culture Quarterly*,1963。

(以上几册原始资料性的工具书,反映了20世纪初、中期的中国留学生的学术研究情况,大陆恐同样少见,值得翻印)

- *Who is Who in China*,*The Chinese Weekly Review*. Shanghai,上海密勒氏评论报发行。1935。

(此书收集当时的文化名人小传颇多,尤重上海等南方人士)

- 白珠山选编,《中国名人传》,香港 Ye Olde Printerie,1954。

(1949年以后,大陆许多名人移居香港,此书内有较多信息,如秦汾等)

- [日本]外务省情报部编,《现代中华民国满洲帝国人名鉴》,1937。

(此书为抗战之前日本收集的人名录,尤其是留学日本的人士)

哥伦比亚大学还有一个珍本图书馆(Buter Library),全称是 Columbia University Libraries: Special Collection. The Rare Book & Manuscript Library。道本先生介绍我到那里看看,是否有一些特殊的资料。果然,我看到大学档案中的一卷 Collection of D. E. Smith,

Professional Correspondence，University Archives，其中有大量的珍贵史料。这个图书馆很特别，里面不准喧哗、不能喝饮料之类的规定自不必说，还规定只能用铅笔，不准使用钢笔、圆珠笔之类，理由是生怕你的墨迹污染了档案，无法修复。

利用这份档案，我写了"李俨与史密斯(D. E. Smith)通信始末"，此文从美国寄给何绍庚先生，蒙他推荐，载于《中国科技史料》1991年4月号。这是1915年前后两人通信的原始记录，反映了这次合作的起始及以后失败的原因。图书馆的档案可以复印，但是只能委托图书馆进行，并且收费较高。我将拷贝带回，何绍庚先生要了一份，我寄过去，不知现在是否保留在自然科学史所。由于复印花费比较多，我还向自然科学史所要求报销了一部分，现在想想不应该，很后悔。我将此事也写信告诉在日本的杜石然先生。他认为这是不成功的合作，不光彩的事情，因而不大感兴趣。

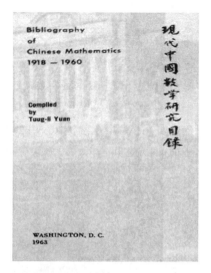

图10 《现代中国数学研究目录》书影

在史密斯的档案中，还有和日本三上义夫、赫师慎的通信记录。我将有关信件复印带回，请王善平合作，写成"三上义夫、赫师慎和史密斯——兼及本世纪初国外的中算史研究"一文，载于《中国科技史料》1993年第4期。

从以上我在美国图书馆的经历，看到一个发达国家文化服务的健全和开放。联想到我们对待学术档案的处理，为读者服务的情形，差距之大，未免感慨良多。对比之下，应知我们努力之所在了。

图11 在哥伦比亚大学(1991)

六、三访纽约石溪

在纽约市立大学访问结束之后，我应杨振宁教授的邀请，用CEEC的基金在纽约州立大学石溪分校访问9个月。

我怎么会得到杨先生的邀请呢？这有两层关系。首先，杨先生知道我写过《二十世纪数学史话》，并将此书送给陈省身先生，对我有一定的了解。其次，我的女婿程晓东在复旦大学物理系毕业留校之后，由杨振宁先生招为理论物理方向的研究生。程晓东到石溪之后，杨先生认为1980年代研究理论物理，难有大的作为，应该转到生物物理研究上去。于是程晓东在Brookhaven实验室，又增加了一位生物物理的导师。杨先生只是名义上的导师，平日是不管的。于是，我写了一封信，由程晓东转交。不久，杨先生回了一张便条，让我去见他。这就是认识的开始。

1990年10月的一天，我到达Stony Brook（石溪）。杨先生办公室的秘书已经知道我来访，便引我到里间。杨先生放下手头的工作，和我交谈起来。我直接问的问题，是有关杨先生的父亲杨武之教授和华罗庚先生的关系。大家都知道，1931年华先生来清华大学时，熊庆来是系主任，专长函数论，杨武之是代数方面的教授，可是在当时有关华罗庚先生的介绍文章中，只提到唐培经的引见，以及熊庆来先生破格引进的故事。特别地，杨武之在芝加哥大学以数论研究获得博士学位，是中国现代数论研究的第一人，而华罗庚先生又以"解析数论"闻名于世，两人之间是怎样的关系？

图12　在纽约州立大学（石溪）数学系（1995）

杨先生告诉我，西南联大时期，杨武之和华罗庚曾同住在昆明西北郊的大塘子村，两家过往甚密。华罗庚曾有一信给杨武之，内称"古人云：生我者父母，知我者鲍叔，我的鲍叔即杨师也"。1980年10月4日，华罗庚给香港《广角镜》月刊一封信。信中提到："引我走上数论道路的是杨武之教授……从英国回国，未经讲师、副教授，直接提我为正教授的也是杨武之教授。"（信刊于《广角镜》1980年11月的第8期）

我告诉杨先生，我的愿望是做两本20世纪的数学史，一本书是"世界现代数学"，一本是"中国现代数学"，希望在美国广泛收集资料，采访一些旅美的华人数学家。

第一次见面以后不久，我就收到杨先生的正式信件，告诉我："你如果愿意的话，CEEC基金可以资助你在纽约州立大学访问9个月。"在接下来的1991年，我继续做我的研究。如果杨先生在石溪，我往往会在星期三的中午，到杨先生那里谈话，把我的研究情况向他报告，同时把我们谈话的内容，整理成访谈录请他过目。从1991年6月，我完成了"杨振宁与当代数学"的中文初稿，然后在此基础上撰写英文稿 C. N. Yang and Contemporary Mathematics。目的是向国际著名的数学杂志 The Mathematical Intelligencer 投稿。该杂志的中译名，有的是"数学情报"，有的是"数学益智"，还有是"数学信使"。据介绍，该杂志的任务是介绍数学、数学家、数学历史和文化。这份杂志，华东师范大学一直订阅，是我汲取国际数学进展信息的重要源泉。翻阅到1990年为止的杂志，我几乎没有看到来自大陆的中国人在上面发表过文章。鉴于杨振宁先生对当代数学的贡献，写这样的文章是容易被录取的。于是，我写信给该刊的通讯编辑之一的Karen Parshall，请她帮助审稿（她的丈夫Brian Parshall是代数学家，和我校王建磐教授有紧密的合作，我们在上海见过一面）。她很支持。与此同时，我也写信给米尔斯、巴克斯特（R. J. Baxter），请他们提供照片，他们都寄到编辑部去了。

我的英文水平有限，每写完一段，杨先生都帮我改。K. Parshall教授也帮助我润饰，文章终于在1993年的秋天发表。2006年10月，该刊的主编、多伦多大学的Chandler Davis教授访问华东师大，我们还见了面。

图 13 与杨振宁先生(1991)

图 14 论文 C. N. Yang and Contemporary Mathematics 刊载的杂志书影和第一页

相应的中译文,发表得早一些。台湾的《数学传播》和上海的《科学》,都在 1992 年 4 月同时刊出。

大约是杨先生认为我的工作还比较有意思,所以在 1992 年秋趁参加加拿大第七届国际数学教育大会之际,我又到石溪两个月。1995 年下半年又访问半年。我仍然是星期三中午去杨先生办公室谈个把小时,每次都整理成文(用台湾开发的繁体字"倚天"软件输入),请杨先生审阅。其中的一部分整理出来发表了。计有:

- 杨振宁谈中国科技史研究,《科学》,1991 年 10 月号(《新华文摘》转载)

- 杨振宁谈华人科学家的地位,《科学》,1996 年 6 月号
- 杨振宁谈数学和物理的关系,《数学传播》,1997 年 6 月号,台北
- 关于神童,《杨振宁文集》,华东师范大学出版社,1998,752—753 页

这样的谈话记录还有不少,需要整理以后才能发表。

2006 年,上海《自然》杂志约稿,我写了一篇关于杨振宁和陈省身的稿子,刊在当年的 10 月号。后来《新华文摘》于 2007 年 1 月收入此文。依照现时的评论,能收入《新华文摘》是一种学术荣誉,如果不是退休,还可以得到学校的一笔奖励呢。[该文见本卷第一部分第三章——编者注]

七、在美国访问著名华人数学家

1991 年,在石溪访问结束之后,我通过陈省身先生的介绍,到位于伯克利的美国国家数学科学研究所(Mathematical Science Research Institute,简称 MSRI)访问两个月。

图 15　与陈省身先生在美国国家数学科学研究所(伯克利,1991)

陈省身先生是 MSRI 的创立者和第一任所长。我到达研究所时,所长是 Kaplansky,执行所长是 Osserman。从研究所眺望旧金山海湾,看得见海湾大桥,十分赏心悦目。我依旧徜徉在研究所和加州大学的图书馆里,做我的现代数学史研究。在这期间,我有机会和陈先生长谈,依惯例写成访谈录,题为"大师之路——访问陈省身",刊于香港的《21 世纪》1992 年 4 月号。这是我日后写《陈省身传》的第一步。

在伯克利期间,我还到 Santa Barbara 访问樊畿先生。我到洛杉矶住在加州大学(Irvine)郑伟安教授家里。他是华东师大的同事,人称"小木匠"当大教授,乃一时佳话。那里的博士生王家平是华东师大的硕士生,也是奉化人,与我同乡。他驾车从 Irvine 到 Santa Barbara,樊先生把我们安排在旅社里,然后到他家里访问、长谈。樊先生的住所位于山顶,举目四望,大海环抱,树木葱茏。那时樊夫人尚在,家里井井有条。现在樊夫人走了,不知九十多高龄的樊先生怎样了,很想念他。① 这次访谈的结果是写成樊先生的传记,在《中国现代科学家传记》发表。

1991 年还住在纽约的时候,我先后访问了王浩先生和林家翘先生。

1991 年 8 月 6 日,我到洛克菲勒大学位于纽约曼哈顿中城的 York 大道。在繁华的大都会里,居然有一处象牙塔式的所在。远远望去,树木葱茏,一幢幢花园式房舍掩映在绿色之中。门卫问明情况,打电话进去确认之后,才很有礼貌地放行。穿过草地,没有见到任何人。洛克菲勒大学没有学生,只有研究人员,像一所研究院。在标号为 A1 的一栋小楼门口,王浩先生在迎接我。房间很大,到处是文稿书籍。由于事先已经说明采访的目的,他就直接交给

---

① 樊畿先生已于 2010 年 3 月 22 日去世。——编者注

图 16　与樊㙔先生和夫人(圣他巴巴拉樊先生寓所,1991)

图 17　与王浩先生(纽约洛克菲勒大学,1991)

我一叠材料,并点上一支烟谈起来。那天没有谈完,他约我 8 月 29 日再来,我如约而至。那天大热,王先生请我喝酒。到晚上 7 时许,方才一起离开学校,在门卫处,我取出相机,请门卫帮助留影一帧。

王先生的谈话,我事后都有记录。但是在他生前没有来得及发表。现在他已经离去,无法再做核实。整理的文稿发表于2007年第59卷第6期的《科学》杂志。

接着,我又写信给林家翘先生,希望能够接受我的访谈。

1991年9月4日,按照预约,我乘火车从纽约前往波士顿。林家翘先生非常客气,事先告诉我入住的旅馆,我径直前往就是了。第二天早上,他自己开车到旅馆,把我接到举世闻名的麻省理工学院(MIT),在他的办公室里谈话。在座的有来自清华的杨建科,他正在MIT攻读博士学位。9月5日上午继续谈。尽管我不熟悉应用数学、天文学,但事后做的回忆记录则基本上还原了所谈的意思。访谈的结果是形成了《中国现代科学家传记》的一个条目。由于北京大学岳曾元教授也写了林家翘先生的条目,编辑将两者整合起来,联名发表。

图18　与林家翘先生(麻省理工学院林先生办公室,1991)

林先生谈话中,就应用数学的发展说了许多。访谈记录仍然保存着,希望在适当的时候能够发表。

在纽约的时候,我也想采访著名的代数几何数学家、约翰·霍普金斯大学(John Hopkings University)的周炜良先生。我去了信,附有我写的传记初稿。1991年9月25日,他给我回第一封信(见原件照片),还另请数学系主任B. Shiffman给我回信,告诉周教授的近况,附来周先生的简历和著作目录。

1992年2月26日,他给我第二封信,附有一张照片,该信的全文如下:

亲爱的张教授:

此信回复你1月16日的来信,很抱歉未能早复。原因是我很难找一张我自己的合适照片给你。几天前,我终于找到一张几年前我的学生拍的照片(大概是用于学生的纪念)。因为我没有底片,照相师不得不重拍并将它稍稍放大到大约2英寸的样子。这大约费了一个星期的时间。因此而延误向你表示抱歉。我希望它能满足你的要求。

关于你提出的问题,我回答如下:

(1) 我太太的中名是 Margot Victor。这不是典型的德国名字(我想它起源于拉丁文,后来在德国不常用)。

(2) 我从未在中国进过学校或大学。曾经有一个老式的家庭教师教过我中国的经典文献和中国历史。11 岁时从另一个家庭教师那里学习英文的阅读和写作。其他的大学初级课程我都是用美国出版的教科书自学的,因而我在 16 岁时到美国学习时已经有充分的准备。

(3) 我当选台湾的"中央研究院"院士大约在 1950 年代。我不知道是谁推荐的,也不确切地记得是哪一年当选的。如你知道的,我不关心这类事情。

我会送一份此信的副本给科学出版社的孔(国平)先生,以及一张照片。因为他也向我提出类似的问题和索要照片。

周炜良(签名)

我曾把得到周炜良先生回信的事说给陈省身先生听,当时陈师母也在场,她说:"你不容易啊,周先生是从来不回信的啊。"确实,我应该很知足。

对以上 5 位海外华人数学家的采访,使我扩展了视野,进一步理解了 20 世纪数学发展的某些轨迹,能够把握中国现代数学发展的历史脉络。前辈们对我的爱护与帮助,毕生不忘。

图 19　周炜良先生寄来的照片和信件,此信有周炜良先生的签名和中文印章,内容是纠正我原稿上的"伟"应该是"炜"

八、为历史而历史:追寻现代数学足迹

前已提及,1980 年代初我是"为数学而历史",后来便到了"为历史而历史"的阶段了。不

过,我从来认为,我不是专业的数学史学者。对于古代中国数学史,我不敢问津。我的古汉语,充其量不过是初中生阅读《三国演义》的水平,哪敢班门弄斧?至于外国数学史,我又不懂拉丁文、德文、法文,没法子对付20世纪以前的欧洲数学典籍。于是,剩下的只有20世纪数学史可以勉强做做看。即使在20世纪数学史方面,我也只是一个"业余写手",并非"专业作家",俗称"票友"者也。

20世纪数学史,是个缺门。我有幸"检漏",可以填补空白。我主要的研究成果是两本书:《中国近现代数学的发展》以及《20世纪数学经纬》。从书名看,这并非是正史,无非是堆砌史料、讲点故事而已。说好听一点,是因为20世纪过去不久,难以有令人信服的定论。说得不好听,便是没有下功夫,不懂得写史的规范,经不起咬文嚼字的。这两本书,在国内算是第一次尝试,起到了聊胜于无的作用。

以下,简单地记叙我写作时的心路历程。

在《二十世纪数学史话》(1984)出版之后,我又先后写了《中国现代数学史话》(1987)和《中国现代数学史略》(1993)两书,都由广西教育出版社的黄力平先生组稿,实际上是给我练兵的机会。1996年秋,中国科学院自然科学史研究所的王渝生、刘钝两位后起的中坚领导,与河北科学技术出版社合作,希望动员全国的力量编写一套"中国数学史大系丛书"。王渝生先生客气地来信说"现代中国数学的部分,非君莫属",而且说,这是一部丛书,缺少了

图20 《中国数学史大系》编委会成员合影(北京,1996)

现代部分就不完整了。河北科学技术出版社的领导也十分重视,专门开了编委会。这也是我向吴文俊、郭书春、何绍庚,以及多位年轻博士们学习的机会。

1997—1998年,我把几乎所有的业余时间,全部投入到这项工作。那时候,我除了利用我三次访问美国时积累的资料以外,还可以使用杨乐、李忠主编的《中国数学会60年》(湖南教育出版社,1996),任南衡、张友余两位专家编写的《中国数学会史料》(江苏教育出版社,1995),以及中国国家科学基金委员会许忠勤先生提供的若干资料。此外,张友余、倪明和我一起访问苏步青先生,苏先生也提供了许多有用的历史信息。这些便利条件,使得《中国近现代数学的发展》终于在1999年初完成,2000年由河北科学技术出版社刊行。这本书,只是将现有的文字资料作了汇总,缺乏深层次的剖析,而且主要是正面阐述,没有揭示历史规律,谈不上历史经验教训的总结。

第二本书,则是《20世纪数学经纬》。它是《二十世纪数学史话》的扩充,从原来30节扩展为60节,原有的章节也做了充实或改写。应该说,该书多半是一些20世纪数学家和数学事件的描述,无非是一些故事。所用的材料都是第二手的文字材料,很少原始资料和当事人的陈述。它不同于数学家所写的历史,如迪厄多内写的 *History of Functional Analysis*(泛函分析史)、范·德·瓦尔登(Van der Waerden)写的 *A History of Algebra*(代数学史),这些数学大家着重从数学思想发展的主线展开,具有学术性的思考深度。记得陈省身先生曾有意写一本《微分几何学史》,那将是何等的深刻,又会具有怎样的学术价值?与这样的"正史"相比,《20世纪数学经纬》不过是一本通俗读物,具有较强的可读性而已。

图 21 《中国近现代数学的发展》书影　　图 22 《20世纪数学经纬》书影

这本《20世纪数学经纬》,在印刷上比《二十世纪数学史话》要精致多了。大开本,硬封面,照片清晰、字体美观。但是,若以书中数学家头像的插图来说,反倒不如早先的《二十世纪数学史话》,据说那是一位非常棒的名家所绘,可惜原书没有留下名字。《20世纪数学经纬》初版印了 5 000 册,2002 年初版,2005 年售尽,销售还算可以。但比起《二十世纪数学史话》三年内销售 2 万余册,则不可同日而语了。

这两本书的出版,使我想起陈省身先生的期待,许多同行的鼓励,以及王宽诚基金会、CEEC Fellowship 基金的资助,乃至各个方面的支持。我的能力有限,只能做到这样了。

九、《杨振宁文集》、《陈省身文集》和《陈省身传》

研究现代数学史,多半要接触当事人,用采访、口述、通讯的方法积累第一手资料,作为叙述历史的依据。成功的例子很多,如瑞德(C. Reid)写的《希尔伯特》、《柯朗在格丁根和纽约》。

我有幸走近 20 世纪的两位科学大师杨振宁和陈省身,能为他们做一些历史记录,既是一种历史责任,也是一份个人的荣耀。早在 1991 年,我在美国访问,得到两位大师帮助的时候,我就有意撰写《陈省身传》和《杨振宁传》。

杨振宁先生是物理学家,但是他的工作和数学有密切关联。他最重要的物理学贡献杨-米尔斯规范场以及杨-巴克斯特方程,也为数学开辟了新的方向。因此,我虽然不懂物理,也还可以接近。1995 年第三次访问石溪之后,我想动手写杨先生的传记。但是,那时已有台湾的江才健先生在写。他得到大量资助,走到世界各地,采访与杨先生有交往的学者和各种当事人,又有使用杨先生某些档案文件的便利,写作条件比我好多了,我于是就放弃了为杨先生写传的想法。

退而求其次,着手编辑《杨振宁文集》。我的想法得到华东师范大学出版社朱杰人社长的支持,陈长华编辑积极参与,工作进展很快。杨先生亲自提出要按历史顺序编排文章,提供历史照片,甚至要求将文章编号,并印在文章的页眉上。许多细节都注意到了。杨先生的许多文字是一些论文的后记,本来没有名字,我则设法安了标题。例如第一篇文章"文一",原来的标题是"超晶格"(1945)一文的后记。我则以"忆我在中国的大学生活"为正标题,把原标题作为副标题。这样的改动有几十篇之多。杨先生没有表示反对,默认了。《杨振宁文集》出版后受到欢迎,不久印刷了第二版,封面和开本都放大了,看上去比第一版要大气些。

接着,为了迎接 2002 年在北京举行的国际数学家大会,我着手编辑《陈省身文集》。华东师范大学出版社一如既往地支持。这时,毕业于本校数学系的倪明同志,也进入了出版社的领导层,直接过问文集的编写工作。这时,我觉得需要助手,于是请王善平腾出较多时间和我合作。

王善平是我招收的现代数学史方向的硕士生,毕业后在学校的图书馆工作(后调为《华东师范大学学报》编辑,升任编审)。他属于自学成才的一类,虽然只是我校的夜大数学系毕业,却有很扎实的数学功底,数学的涉猎很广。尤其是英文很好,并粗通德文、法文和日文,具有研究现代数学史的条件。他早年就和我联合发表论文,一起参与编写《现代数学家传略词典》(江苏教育出版社,2001 年)、《科学家大词典》(上海科技教育出版社,上海辞书出版社,2000 年)等。后来帮我收集《20 世纪数学经纬》的资料,做索引,发挥他在图书馆工作的特长,帮助我做了许多吃力的案头工作。此外,他帮我一起校订《数学教育哲学》(齐建华译),花了很大功夫。但是上海教育出版社的编辑最后却只字未提,我很恼火,他倒淡然处之。

图23　1999年陈省身先生访问华东师范大学。右起：陈省身、陈志杰、曹锡华、董纯飞、张奠宙

为了迎接国际数学家大会的召开，上海教育出版社约我翻译《数学无国界——国际数学联盟的历史》一书，我推介了王善平翻译，我只作校对。善平按时完成了。这次我请他一起编《陈省身文集》，他也很珍视这个机会，花了许多功夫。特别是为了编制"陈省身年谱"着力尤多。陈先生对王善平的工作很满意，竟有调他到南开大学数学所主持图书工作的设想。后来因多种原因没有办成。

《陈省身文集》顺利出版，是2002年的事情。接下来很自然地要写作《陈省身传》。

说起《陈省身传》的编写，曾有很长的一段过程。1985年，我在上海见到陈先生之后，就提出写传记的事情。但是，陈先生告诉我，南开大学数学所已经从江西赣南师范学院调来张洪光同志，专门从事写传记的工作。这样，我只能退出。张洪光同志首先编辑了《陈省身文选：传记、通俗演讲及其他》，科学出版社于1989年出版，很受欢迎。他也写过不少有关陈先生的文章。我们彼此之间也有许多交往，是熟悉的朋友。

进入1990年代，我从美国访问归来，听说洪光同志已经调离南开数学所，到校部的高等教育研究室工作了。1990年代中期，我担任国际数学教育委员会的执行委员，国门内外的数学教育事情特别多，主要精力只能放在数学教育上，无暇顾及数学史研究。1996年，忽然接到山东画报出版社汪稼明先生的来信，说他们出版一套"20世纪华人名人小传记丛书"，其中有一本是关于陈省身的传记。他们找到南开数学所，所里的同志建议我来写。这当然是义不容辞的事。于是就有了《几何风范：陈省身》这样的口袋书，64开的，薄薄的一本小册子，于1998年刊行。

1999年9月24日，陈先生应邀担任复旦大学"杨武之讲座"的第一讲，题目是"什么是几何学"。那天我也去了。会后陈先生见到我，说我的小书写得好，居然买了不少送人。我觉得写这样的小册子，对于一位数学大师来说，是远远不够的。这时，杨振宁先生也看到这书，也

代序　从"为数学而历史"到"为教育而历史"　　21

来信说"写得极好"。特别对小书中提到陈先生的几次人生选择：选择数学，选择南开，选择几何，选择卓越，很是称赞。这些鼓励，使我重建写《陈省身传》的信心。

早就听说，Springer出版社有意出版陈先生的传记。罗见今先生也曾来信说，南开大学陈永川教授要立项研究，想开个会，请我参加。我一直等着，却未见陈教授直接联系，估计是项目本身搁浅了。

《陈省身文集》仍然由华东师范大学出版社出版，责任编辑是倪明。

图24 与陈省身先生。后排站者为王善平(右)、倪明(左)（南开南园，2002）

2002年，我正式向胡国定先生提出写传的事情。胡先生在征得陈先生同意之后，请南开大学出版社和我签合同。同时在胡先生家里，详细地向我介绍陈先生的事迹。这一年我已经退休，可以全力投入工作。2003年暑期，我在无锡的华东疗养院休养。每天除了必要的医疗活动之外，就是写作。此后，我和王善平多次到南开宁园与先生畅谈。

帮助我们安排的是南开信息科学系的沈琴婉教授。她是陈先生老朋友吴大任、陈鹗夫妇的儿媳，尽管教学科研工作很忙，却一直帮助陈先生料理信笺、资料方面的事务，包括电子邮件的收发。我们去南开，总是用电邮和沈教授联系，请示陈先生后作出安排。沈先生提供给我们许多报刊上的资料，尤其是大量的照片。在王善平的大力协助下，《陈省身传》的文字基本上是我一人手笔，以便风格统一。每写完一章，就发过去，请陈先生过目。

这几年来，记不清几次到宁园，聆听他的回忆和评论，住在那间招待过无数名人的客房里。2003年底，《陈省身传》的文字稿基本完成。出版社方面大概因为人手少，一时顾不过来，就有点耽搁。后来是因为2004年9月，陈省身先生要到香港接受邵逸夫奖，需要带这本书过去。胡国定先生也亲自过问，南开大学出版社抓紧工作，终于在9月正式刊行。陈先生亲自签字送出了200多本样书。令人意想不到的是，该书出版仅仅三个月之后，他就永远地离开了我们。回头想想,真的好险,如果陈先生没有来得及看到传记的出版,那会是多大的遗憾啊。

《陈省身传》的写作过程中,陈先生只管说,从不问如何写。唯一的例外是关于第十六章"我的六个朋友"。

那是在2003年春天的一次谈话中,我对陈先生说:比较难写的是你和华罗庚的关系,一时瑜亮,很难下笔。第二天早饭期间,陈先生对我说,你要写我的六个朋友。国内三个,第一个就写华罗庚,然后是吴文俊和胡国定。国外三个,分别是A.韦伊、P.格里菲斯、J.西蒙斯。他说,我和华罗庚在1930—1940年代确实有数学上进步的竞争,但是完全没有个人的纠纷。自从我应邀在1950年的国际数学家大会作一小时报告之后,实际上就确定了我们各自的未来走向。我在国际上发展,他回国内发展。我们彼此以礼相待,从不伤害对方,于是就有终生的友谊。陈先生也一再说,华先生是绝对聪明的人,也非常刻苦。他没有学历文凭,需要

图25 《陈省身传》书影

用发表论文来证明自己的能力,有很强的紧迫感,我的情况不同,可以比较从容。如果华先生到汉堡大学跟随阿廷搞代数数论,日后的成就也许会更大。陈先生还动情地说:"华先生去世的那年,我正在南开,想去吊唁,治丧委员会说不接待京外的客人,所以没有去,非常遗憾。"

我们还有不少问题问过陈先生,他都作了答复。好在大多数谈话都有录音,将来可以为研究者提供资料。

图26 偕夫人江素贞与陈省身先生合影(2004年11月)

十、1998 年的马赛会议

1998 年 4 月 20 至 26 日,在法国马赛附近的 Luminy 镇举行"数学史在数学教育中的作用"国际研讨会。会议由国际数学教育委员会(International Commission of Mathematical Instruction, ICMI)发起,国际组织 HPM(The International Study Group for the Relations Between the History and Pedagogy of Mathematics)主办。与会的有 20 多个国家的 82 人。会议期间,我作为执行委员之一也出席了 ICMI 举行的执行委员会会议。

数学史的研究有很长的历史,但如何在数学教育中运用数学史的知识还是一个新问题。HPM 创立于 1986 年,目前已经有一个固定的研究群体。这次会议推出一本论文集,标志着一个新领域的诞生。

作为 ICMI 的执行委员,在马赛期间的一切费用由会议支付,交通费用由自己承担。这时,华东师大的外事经费有了很大增加,学校同意我去参加。于是,我成了中国大陆唯一的参加者。中国台湾有洪万生先生参加,中国香港则有萧文强、冯振业、列志佳三位与会。相比之下,大陆方面的重视就很差了。

这次会议经过精心准备。事先要做许多"功课",向大会提交本国的有关资料。这样,经过会议的汇总讨论,就能看出世界各国在数学教育中运用数学史的情况,获得整体的认识。会议的结果不是一本论文集,而是一部分成章节、资料详尽、论述完备的专著。这就是 *History in Mathematics Education*(数学教育中的数学史),编者是英国开放大学的 John Fauvel 和荷兰 Groningen 大学的 Jan van Maanen,2000 年由 Kluwer Academic Publisher 公司出版。这是迄今为止唯一的一部研究数学史与数学教育的著作,其影响将是长久的。

我向会议介绍了中国数学教育中运用数学史的情形(见该书的第 4 页),其中特别提到勾股定理、杨辉三角、祖暅原理的命名。根据当时的不完全统计,中学教材中有 16 处涉及数学史:

(1) 小数,中国古代数学;
(2) 圆周率(5 年级),刘徽和祖冲之;
(3) 方程,《九章算术》;
(4) 负数,《九章算术》;
(5) 几何的起源,古埃及的数学;
(6) 平行公理,欧几里得,罗巴切夫斯基;
(7) 数学符号,乘法符号(Oughtred,1631),小数符号(Clavius,1593);
(8) 高斯的故事;
(9) 勾股定理;

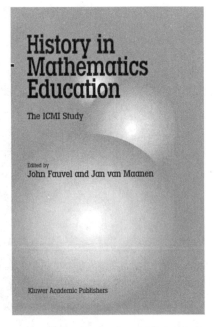

图 27 《数学教育中的数学史》英文版书影

(10) 无理数的发现,毕达哥拉斯(Pythagoras)学派;

(11) 二次方程,《九章算术》;

(12) 圆周率(8年级),刘徽和祖冲之;

(13) 三角形面积公式,秦九韶,海伦(Heron);

(14) 尺规作图,古希腊数学;

(15) 祖暅原理;

(16) 二项式系数(12年级),杨辉三角。

此外,我还介绍了珠心算(第257页)、微积分的原始思想(第279页)、抽象集合概念的追踪(第281页)。

会议涉及以下方面的讨论。

(1) 政策。数学史在学校课程中的地位如何确定,教师培训课程中是否要将数学史列为必修课?数学史在我国的高等师范教育课程中是一门选修课,开设的比例很小,估计不到10%的数学教师受过数学史的培训。从会上获悉,至少丹麦的数学教师要获得教师资格,必须有数学史的学分。

(2) 文化。数学史内容与数学哲学的关系,涉及什么是数学、数学的价值、数学和其他科学技术的关系、数学和社会的进步、数学和人类文化的发展等方面。数学不仅是科学、符号、公式和推导等形式的演算,而且具有丰富的人文内涵,可通过数学史来加以表达。

(3) 学生的需要。学生是否需要数学史知识,是否感兴趣?对于数学教师的培训有何特殊的价值?数学史知识有助于学生对数学的理解吗?大量的事实证明,答案是肯定的。我和中国香港的萧文强先生讨论时,一致感到,一个人的成长需兼顾才、学、识三方面。现在的教育着重"学",即学知识。近来也强调才,即能力。但是,还很少人强调"识"的重要,即见识。它是引导知识和能力走向何方的根本性问题,属于对知识融会贯通之后的个人见解,其背后的支撑是世界观、人生观,是对社会、历史和人生的感悟。数学史的作用,恰恰在这方面有很重要的作用。

(4) 教学中的使用途径。这是一个很广泛的研究课题。如,用历史故事提高学习兴趣,用历史原始材料端正学习动机,回顾历史过程增加理解,使用历史线索安排课程进度,借助历史材料进行人文主义教育,以历史真相树立正确的数学观等。会上,介绍了各国许多有价值的例子。相比而言,我国在这方面的研究还没有进行,数学史知识仅作为"阅读材料"放在一边,没有和实际教学融为一体。

(5) 文献与手段。数学史和数学教育相结合的文献目录正在编辑之中,多媒体的光盘,因特网的利用,都已进入实际使用阶段。

总之,数学史在数学教育中的应用已进入系统研究阶段,并在一些国家和地区进行实践性操作。我国的数学史研究,包括科学史研究,已有相当大的队伍。自然辩证法课程、科学哲学课程以及各种科学史课程,也拥有一支不小的队伍。但是,数学史研究工作中似乎还需要注意到如何将它运用于教育过程。

会议期间,我们游览了美丽的马赛风光。特别是乘船参观一个海岛的监狱,据说其中关

图28 马赛会议期间，与ICMI秘书长尼斯、美国的Florence Fasanelli女士在游览船上

押过著名的"铁面人"。

1998年的10月，"数学思想的传播与变革：比较研究国际学术讨论会"在武汉举行，我做了马赛会议HPM的相关的报道，还有过一节讨论，但是没有引起什么大的反响。记得有一年的数学史学会理事会上，曾有动议，向教育部建议，在师范大学把数学史作为必修课。这反映了数学史研究工作者希望用行政手段推行数学史教育，至于自身如何努力，那时并不关注。

十一、为教育而历史

数学史研究为教育服务，并不是新问题。钱宝琮等老前辈多次为中学教师开课，讲授中国数学史。解放初期，华罗庚等许多数学家，提出"勾股定理"、"杨辉三角"等名词，已经成为教科书的专有名词。师范大学开设数学史课程，一直保持着相当的规模。数学教育研究工作者也大都分布在高等师范院校。不久前去世的李迪先生，就是在内蒙师范大学这块并不肥沃的土壤上成长起来的大树，庇荫着一批批的年轻数学史家，向研究的广度和深度进军。

我和李迪先生是东北师大的校友。我在悼念李迪先生的短文"与李迪先生的交往"中，谈到我们的学生时代，以及关于研究水平和普及工作的关系。全文如下：

李迪先生是我在东北师大时的同学，不是同班，但曾在学生会一起工作过。论学历，我虽高他一年，但是他比我年长。他为人诚恳，稳重，成熟，有主见，在我心目中，他是一位兄长。毕业以后，我回到南方，他则留校，以后去了内蒙师院。半个世纪之后的今天，内蒙师大成为中国数学史研究的中心，一个数学史研究的学派俨然出现。国际上对中国数学史界的了解，除了北京，恐怕就是呼和浩特了。这是李迪先生营造的一个奇迹。

李迪先生的科学研究成就，无须我来说什么。这里只想说说他的一个观点。那年数学史学会在武汉举行国际会议，我和他同住一屋。不知怎么说到有关写古代数学家小册子的事。他说，我不准我的学生去写小册子，非逼着他们写原创的论文不可，那态度非常坚决。我想了一下，说我完全理解你的想法。试想，在内蒙这样的边远地区，原来在数学史研究上是一片空白，难道仅靠几本"第二手材料"写成的小册子，能够确立自己的学术地位吗？没有坚实的学术成就作为基础，何谈发展？我想，这条不成文的规定，恐怕决定了内蒙师大数学史研究的走向。从一开始，就是高标准、严要求，瞄准国际国内的最高水平，坚持不懈地努力。不靠地缘优势，也不靠先辈庇荫，全凭扎实的原创性研究成果，博得前辈的好评，同行的尊重。这是一条真正的科学之路。

当然,在取得学术地位之后,为大众服务的"科普小册子"可能还是要写的。在媒体充分发达的今天,如"品三国"、"说红楼"之类的工作也有它的特殊价值,不过那是另一层意思了。

常常有年轻同志问我,到小地方去工作,有没有前途呢?我就介绍李迪先生的成功例子。当年大庆铁人王进喜说过:"有条件要上,没有条件创造条件也要上。"李迪先生的传奇经历,同样是我们的学习榜样。一个人,能把一个处于弱势地位的单位变成强势,才是真本事。进一步说,即便像清华、北大这样在中国属于强势的地方,往往在国际上仍处于弱势。你要变为强势,也是要奋斗的。

李迪先生有许多原创性的想法。记得有一次对我谈起,中国古代数学是国家管理数学。这很引起我关于数学文化的思考。古希腊是奴隶主统治下的民主政治(少数人的民主),而中国春秋战国时期则是王权统治。诸如对顶角相等之类的命题,可以产生在古希腊那种民主环境下平等论证的需要,却无关乎君王管理国家的事务。因此,不同的社会产生不同的数学。李迪先生的思考是深刻的。

谨以上述简短的回忆,作为我对李迪先生的纪念。

这里所说,是指数学史的学术研究是基础,为教育服务则是社会责任。

在数学史普及方面,倒是综合性大学做出了榜样。李文林先生在清华、北大讲授数学史,吸引了众多年轻的数学学子,盛况空前。2000年高等教育出版社出版的《数学史概论》一销而空,2002年有了第二版。在他的带动下,由于曲安京教授的积极提倡,2005年5月,"第一届全国数学史与数学教育会议"在并非师范院校的西北大学召开,会议非常成功。这说明,数学史和数学教育的结合,终于提到日程上来了。

进入21世纪之后,严士健先生和我担任了《普通高中数学课程标准》的制定组的组长,我们制定组明确提出了"数学文化"的教学概念。显然,数学史内容将是构成数学文化教学的重要组成部分。"数学史选讲"也列入了高中的数学选修课。这些进展,进一步促使了数学史与数学教育的结合。

图29　与李迪先生(华中师范大学,1998)

现在的中小学教科书中,数学史的内容比比皆是,已经远远超出了以往的水平。不过,大多数的介绍,往往是放一个数学家的头像,然后介绍他的生平事迹就完了。如何提高数学史教学的品位,是一个亟待解决的问题。

中华文化是世界文明中唯一能够延续到今天的古代文明,数学是其中的一部分。我在

图30 日本数学教材中有"曹冲称象"的故事

一个49人的骨干教师班上做过一个小调查,问题是一道选择题,题干是"世界上数学文明出现最早的地区",有"埃及、巴比伦、印度、中国"4个选择,结果竟有15人选择中国。问他们为什么这样选择,回答是我们总是看到文章中说"中国××数学成就比欧洲早××年"。这就涉及我们如何为数学教育服务的问题。我们既要弘扬爱国主义精神,增强民族自豪感,又要建立国际意识,向世界上一切优秀的文化学习。日本是我们的近邻,曾经有很长的历史是向中国学习的,但是他们后来赶上来了,超过中国了。"赶超"是进行历史教育的基点,而不能只是躺在历史先进的包袱上自豪。这里,看看日本教科书怎样用中国的"曹冲称象"的故事讲测量,就知道要如何调整我们的认识了。

我在中国数学史方面,做过一个研究,是关于清代中期以来考据学派对中国科学,特别是数学的影响。前人没有说过。发表后也没有反响,但是我坚信是对的。我也主张数学文化应该和一般文化相联系,在意境上和人文思想对接。

附 一次数学史知识测验所见

在上海部分中学数学教师参加的"数学教育硕士课程进修班"上,举行了一次有49人参加的简单的"不记名投票"式的测验。结果如下:

一、世界上数学文明出现最早的地区是

1. 印度 4票　　　　2. 埃及 12票　　　　3. 希腊 12票
4. 中国 15票　　　5. 巴比伦 5票

(看来,"世界数学文明最早出现在埃及"这件事,只有$\frac{1}{4}$的数学教师知道。不少教师把票投给了中国,这也许是一种爱国主义?但是爱国主义和无知不搭界。狭隘的沙文主义是有害的。还是鲁迅说得好,对外国的优秀文化,要实行拿来主义。对于历史,也应该有全人类、全世界的视野。)

二、世界上最早使用负数的是在:

1. 几何原本 0票　　2. 埃及著作 12票　　3. 阿拉伯著作 14票
4. 中国著作 3票　　5. 印度著作 19票

(这个题目,明明是中国最早使用负数,不知为何把荣誉送给其他国家和地区。究其原因,首先是师范院校数学系课程中不包括数学史;其次,中学数学教材中长期缺乏数学史内容。即使有,也是草草一笔带过。数学教育中的人文价值长期被忽略了。)

三、最早把微积分著作翻译成中文的是(事先未特别说明可投两票,实际上每人只投了一票)

1. 伟烈亚力　3票　　　2. 徐光启　15票　　　3. 利玛窦　9票
4. 李善兰　13票　　　5. 李之藻　7票

（此题的回答也是十分令人遗憾的。多数人只知道徐光启的贡献。也许上海人才如此？应该说，李善兰和伟烈亚力翻译《代微积拾级》也是现代数学的一个重要里程碑。据说因为李善兰曾经反对太平天国，就把他的数学贡献也给抹杀了。但愿这不是理由。我们高考的选择题，不搞多重选择，即四个选择支中历来只有一个是正确的。这一思维定势，使得老师们没有一个人同时选李善兰和伟烈亚力，这也是一件令人遗憾的事。）

四、以下五人中谁的生活年代最早？
1. 韦达　3票　　　2. 毕达哥拉斯　7票　　　3. 欧几里得　24票
4. 祖冲之　13票　　　5. 牛顿　2票

（我们的数学老师对于世界历史和中国历史之间的年代顺序，往往不甚了解。"文革"中读中小学的一代尤其糟糕。因此，把公元后的祖冲之说得比公元前古希腊的数学家还早，未免离谱。至于欧几里得和毕达哥拉斯谁早些，也许很多人回答不出来。事实上，古希腊的数学又分好几个阶段，欧几里得属于后面的亚历山大时期。稍微读一点数学史，这也就是一种常识了。）

十二、数学史与数学文化

我从数学教育需要研究中国数学史，特别关注过"考据文化"。好多年来，我的直觉告诉我，数学的证明和国学的训诂很相似：两者都强调严谨论证，主张用证据说话，信服逻辑演绎推理。

1999年，我应香港大学教育学院梁贯成院长之邀，到香港大学访问。我有几天泡在图书馆里，翻阅海外出版的《东方杂志》《汉学研究》《北京大学旬刊》等杂志，以及《胡适文存》《东原文集》等典籍，渐渐觉得我的直觉不错。胡适在"几个反理学的思想家"一文中，高度评价戴震考据学派的学术成就：

这个时代是一个考证学昌明的时代，是一个科学的时代。戴氏是一个科学家，他长于算学，精于考据，他的治学方法最精密，故能用这个时代的科学精神到哲学上去，教人处处用心知之明去剖析事物，寻求事物的条则。他的哲学是科学精神的哲学。

尤其是梁启超在《清代学术概论》里的以下一段话，使我印象十分深刻：

自清代考据学派200年之训练，成为一种遗传。我国学子之头脑渐趋于冷静缜密。此种性质实为科学成立之基本要素。我国对于形的科学（数理），渊源本远。用其遗传上极优粹之科学头脑，将来必可成为全世界第一等之科学国民。

这简直把考据和科学画上等号了。再一细究，他们中的许多人，如戴震、阮元等自己就是算学家。事实上，考据和数学联姻，并非偶然。考据学派的治学方法，重实证，讲究逻辑推理，因而贴近数学。清末以来的学术界，崇尚"严谨治学"的文化氛围，恰与西方数学要求严密逻辑推理的层面相吻合。

他们提倡的考据文化却为西方数学的进入准备了条件。中国传统文化中存在着有利于知识界接受西方数学的演绎成分：考据文化。它对数学教育有积极的一面：重视逻辑训练，也有消极的一面：忽视数学思维的创造性。数学思维本来有两面：活泼的创造性思维和形式化的逻辑思维。考据文化容纳了逻辑思维，却把创造性思维层面加以过滤"筛"去了。这可以看成是中国传统文化对西方数学的一种同化。

2002年，上海《科学》杂志的潘有星先生告诉我，现在有人在问，一提起国学，都是人文的内容。有没有"自然国学"呢？我随口回应说"有"，我内心所指就是考据文化一类。于是，这些观点，写成文章在2002年的《科学》杂志发表了。

2004年，刘钝先生创立并主持《科学文化评论》杂志，向我组稿。那时我正在思考"对顶角相等"这样明显的命题，古希腊人为什么去证明？中国古代数学为什么没有这样的命题？我希望从古希腊实行奴隶主的"少数人的民主政治"得到答案。同时，我又想起了李迪先生关于"中国古代数学是官方的管理数学"的论断。渐渐地，我悟出，中国的皇权政治和古希腊的"民主政治"是不同的，所以才会有完全不同风格的两种数学学术体系。但是，到了清代，考据文化却向古希腊的数学靠拢，以至于"逻辑演绎"思想方法在晚清进入中国没有受到任何阻碍。这些想法后来敷衍成"中国的皇权政治与数学文化"一文，发表在《科学文化评论》第1卷第6期上。

这两篇文章发表之后，都没有引起什么反响。不过，"敝帚自珍"，自己颇觉得是一种创见。后来是否会有人再次提起，且等历史检验了。

关于数学文化，我还有一些大胆的设想，即探讨数学思想方法和一般思想方法之间的关联。比较典型的谈对称的一段（见本卷第二部分第二章——编者注），有待听取批评意见。

十三、数学史与数学哲学

1980年代，数学哲学曾是学术界的热点之一。"文革"后期，学习《马克思数学手稿》，探讨微积分的本质，并结合"非标准分析"的评价，形成了一个数学哲学的研究高潮。到了1980年代，因自然辩证法课程的需要，研究数学的三次危机、数学蒙难以及20世纪初期因为罗素悖论引起的哲学论战，特别是"集合语言"进入中学，使得有关形式主义、逻辑主义、直觉主义等数学哲学观，一度成为中学数学教师的常识。于是，哥德尔不完备性定理，也成为数学教育界耳熟能详的名词。库恩(Kuhn, 1922—1996)科学哲学范式理论、拉卡托斯(Lakatos, 1922—1974)"证明与反驳"等学说的流行，在中国形成了前所未有的数学哲学普及。不过，所有这些理论，离开中学数学实际比较远，渐渐地在1990年代降温，以至淡出数学教育界。

2005年，上海师范大学的陈克艰先生，筹得一笔经费，在上海召开了一次数学哲学的研讨会，林夏水、徐利治等前辈学者，以及北京大学哲学系的年轻学者到会探讨，极一时之盛。我谈了一些看法，题为"自问自答：数学哲学十题"，记录于此。

第一问：数学和哲学之间是什么关系？

答：如果说"哲学是自然科学的总结，而数学科学属于自然科学"，那么哲学应该是包括数学在内的科学的概括。但是，笔者同意钱学森同志的意见，数学和哲学是并列的。数学也是科学的概括和总结——在数量上的概括和总结。

第二问：数学将自然界的数量关系概括成怎样的体系？

答：应该从数量范畴上加以考察。它和哲学范畴有关，又具有数学的特征。

（1）形式与内容。数学本身是形式化的表示，单内容确是丰富多彩的。哲学注重内容，以为形式服从内容。数学却重视形式，强调形式对内容的反作用。一个方程确定了一门学科，概括了一种科学理论。只有创造了符号，发展了形式，才能更好地反映内容。一流数学家创造符号形式，二流数学家运作符号形式。学不会数学的人，看见符号形式就害怕。

（2）原因和结果。数学上的因果关系，并非完全是实质的。大量地表现为"逻辑"上的因果关系。数理逻辑把因果关系形式化，成为可以运作的符号系统。

（3）偶然和必然。这对范畴的数量化，就形成了确定性数学和随机数学的分野，同时也表明了二者之间的联系。

（4）静止与变动。这是微积分学处理的一对范畴。变量数学使我们找到了无数自然界变化的规律，形成了数学的辉煌。寻求变化中的不变量，更是数学的真谛。

（5）同一与差异。模糊数学正是这对范畴的数量表现。

（6）量与质。除了自然现象和社会现象有量变和质变之外，数学本身也有量变和质变的区别。维数的变化，临界点理论，不变量理论，都是这一范畴的写照。

我们还可以举出很多。但是，学习了多年的数学，却不了解数学范畴，分不清数学学科的范畴意义，应该是数学哲学的缺失。

第三问：数学哲学与民主政治有关系吗？

答：二者间有密切的关系。古希腊实行"奴隶主的民主政治"。虽然是少数人的民主，但是其结果是催生了"理性精神、演绎思维"，用公理化方法作为平等地说服别人的手段。这就是古希腊的数学哲学的社会根源。

中国春秋战国时期的"百家争鸣"，知识分子向君王建议时享受充分自由，却仍然是"王权"决定一切。中国数学是向君王建议"管理国家的数学方法"的总结。因为君王需要的是"田亩丈量"、"征收赋税"、"摊派徭役"、"计算土方"等等以"计算"为特征的数学。实用性的数学哲学观念由此而生。

因此，缺乏民主的中国古代社会，不会产生古希腊那样的数学哲学。

第四问：中国数学哲学难道没有"演绎逻辑"的成分吗？

答：以《九章算术》为代表的中国古代数学，当然有逻辑演绎成分，但是没有构成演绎系统。只是在清代中期，中国古算家开始强调"逻辑"。以戴震、阮元等为代表的大批"算学家"都是"考据学派"的中坚力量。清中期"考据"和数学的联姻，使得中国数学走向逻辑化、演绎化。逻辑（名学）进入中国从来没有受到抵制。不过，由于中国数学没有跟上"牛顿"以后世界数学的辉煌，考据学派没有促使中国的数学哲学有根本的改变。

第五问：中国近代数学哲学的主流是什么？

答：中国在"辛亥革命"前后，向西方派遣留学生学习数学。"五四运动"前后，中国出现现代数学的群体。他们的数学哲学反映了当时世界数学哲学的主流：形式主义数学哲学。

尽管罗素来华访问，但是，逻辑主义的数学哲学并没有在中国生根。形式主义的数学哲学，通过希尔伯特的"几何基础"、戴德金的实数理论等渗入数学课程，使得"公理化思想方法"深入人心，成为数学哲学的主流。至于"经世致用"的数学哲学，古代中国数学为现实服务的哲学观念，没有得到发扬。一个突出的例子是纯粹数学得到迅速发展，应用数学却得不到应有的支持与发展，连概率统计这样的学科，在中国难以普及。

第六问：1949年以后的情形又如何呢？

答：1950年代学习苏联。苏联数学的特色是严谨、形式化，其来源当然是德国格丁根学派形式主义的影响。但是，苏联也有数学为国民经济服务的传统。囿于中国现代数学"强于理论、弱于应用"的传统，到苏联学习的数学家，还来不及吸收苏联数学在应用数学的长处。因此，形式主义的数学哲学始终在中国数学界占主导地位。"大跃进"时期，以及后来的十年动乱，曾经出现过忽视基础理论的倾向。1980年代的"拨乱反正"，不仅重回"形式主义"的数学哲学观，还把数学应用当作实用主义、短视行为进行批判。这种情形到1990年代开始有所改观。

第七问：我们的马克思主义哲学，怎样对待"形式主义"的数学哲学呢？

答：从根本上说，辩证唯物主义和历史唯物主义主张由社会需要和科学实践决定数学的发展。毛泽东的《实践论》更强调实践的重要性。但是，事物的发展由"内因"所决定。因此，数学是由数学内部的矛盾所推动而得到发展的。数学史界对19世纪数学的论述，似乎也过于推崇形式主义。伽罗瓦的群论，罗巴切夫斯基的非欧几何，哈密顿的四元数，分析学的严密化……不断地向人们介绍"数学家"的自由思考。但是，影响人类进程的傅里叶的热传导方程，纳维-斯托克斯流体力学方程，以及麦克斯韦的电磁学方程，数学史家却很少给予重视。至于《马克思数学手稿》的讨论，以及研究"非标准分析"热潮，都没有对当代数学哲学的发展起过正面的推动作用。

第八问：布尔巴基学派对中国数学哲学的影响如何？

答：影响很大。布尔巴基学派的结构主义数学哲学，是形式主义数学哲学的精致化和具体化。它不再停留在数学整体的公理化认识，而是用公理化方法处理具体的数学学科。集合，顺序，群、李群；线性空间，线性拓扑空间，半序拓扑线性空间，赋范空间，内积空间，层层叠加结构，用来整理整个数学。这使得1980年代的中国数学界十分欣赏，多有介绍，成为"自然辩证法"课程数学部分必讲的内容。

但是，布尔巴基学派在1970年已经式微，《数学原本》停止出版。中国在1980年代大加介绍，而且是一片颂扬的介绍，原因在于"形式主义"数学哲学观的支撑。布尔巴基学派的长处在于用结构主义整理已有的数学。用结构主义方法，难以创新。布尔巴基学派的主要成员都是数学创新的大家，写《数学原本》只是他们的副业。可是偏重在结构上"小打小闹"的一些论文，离开了数学创新的源泉，其实无助于中国数学的进步。

第九问：陈省身先生说"数学有好的数学和不太好的数学"，"好"数学的提法怎样影响中国的数学哲学？

答：影响是潜在的。做"好"的数学，并未形成大家的共识。以论文数量评定科研成果的政策，加剧了"不太好"数学的出笼。中国数学在1990年代以来有了飞速的进步，逐渐接近世界数学的主流。但是,在原创性地建立整个数学分支的成就上,仍然不够理想。"好"的数学还是太少了。数学哲学的研究应该为"好数学"提供理论支撑,现在似乎还没有能够做到。如何走出"布尔巴基学派的光环",仍然是我们努力的目标。

第十问:数学哲学对数学教育的影响如何?

答:调查表明,中小学数学教师不认为自己受任何"数学哲学"观念的支配。但是他们都认同:"数学发展是由内部矛盾决定的","逻辑是检验数学真理的唯一标准","哥德巴赫(Goldbach)猜想一定是对的,早晚会有人证明它"。由于高考的关系,数学学习越来越"功利化"、"技巧化",数学思想方法简化为"中学数学解题方法"。数学哲学正在边缘化。

现在,作为数学教育哲学主体的"建构主义教育"观,正在猛烈地冲击中小学的数学教育,值得数学哲学加以注视。"建构主义"是一种认识论哲学。就其某些结论来看,和毛泽东的《实践论》似乎有一些共同之处:"能动的反映论","学生不是一张白纸","获取知识需要通过实践,不能灌输"等。实际上,这种哲学带有主观唯心主义的成分,主张"不可知论",用"契约说"代替客观真理。但是,现在还没有论文从哲学上加以分析,分清其中的某些精华和糟粕。一味赞扬的多。

综上所述,我国的数学哲学的研究,还没有能够介入数学研究和数学教育,在实践中听不到"数学哲学"的声音。首先是中国数学哲学本身的贫困,其次是数学哲学还没有真正面对数学科研和教学的现实,提出自己的研究课题,为中国数学和数学教育提供有益的经验和建议。

十四、刘钝约我为《科学文化评论》写稿

"文革"以后,数学史界涌现了一批很有能力的学者。交往比较多的有王渝生、罗见今和刘钝;稍后则有汪晓勤、纪志刚、曲安京、邓明立诸位。

王渝生出自严敦杰先生门下,既有著述等身,又能组织管理,是难得的人才。前曾提及他和刘钝主持中国自然科学史研究所期间,主编"中国数学史大系丛书",当时邀我写《中国近现代数学的发展》,很感激他们对我这种非科班出身"票友"的关爱。后来他当中国科技馆的馆长,倡导科学普及教育,不断扩建新馆,贡献良多。此外,常能在电视上见他出席各种科学公益活动。每每和他交谈,总能感觉到他的睿智,风趣而热情。1987年秋,他来华东师大参加一个会议,我刚搬新家,摆家宴请他和其他朋友吃大闸蟹,难得他每次提起,不忘旧交。

罗见今也是一位才华横溢的学者,涉猎范围极广。我们见面,总有谈不完的话,有时电话交谈,也是长篇大论。我钦佩他的数学功底,尤其在组合数学方面。他在整理、介绍陆家羲的工作,以及晚清中国学者的许多贡献方面,已经不是笼统地评论,而是深入研究,对细节都能给予关注。这就很不容易。我和他在数学哲学会议、珠算会议上多有接触。尽管我们并没有合作过研究,但是彼此鼓励,互通信息,神交已久。

纪志刚专攻天文历算,我访问徐州师大时就认识。后来他调到上海交通大学,来往较多。2006年夏,美国MAA代表团访问中国,经徐义保举荐安排,在华东师大有一个演讲会,由我和志刚各作一个演讲,算是我们的一次合作。汪晓勤来华东师大工作以后,我已经退休。不

过,他升任教授职称时,我还有机会去投一票。上海在数学史研究上,相对于北方要弱一些。以前我没有能力加以带动,现在他们两位来了,年轻有活力,而且都是著作累累,前途无限。因此,上海的数学史研究情况必将大有改观。

与曲安京博士交往不多,但赞佩他能够高瞻远瞩地关注数学史与数学教育。2004 年在西安的会议,使得数学史和数学教育两方面的专家坐在一起研究,是一个里程碑式的事件。当然,邓明立先生邀请我出席石家庄的数学史会议,也非常感谢。他是胡作玄先生的弟子,我们都专攻现代数学史,所以是更密切的同行。

最后要谈谈和刘钝的交往。我从道本周那里回来之后,刘钝也去道本那里做访问学者,所以有些特别的关联。道本访问上海,居然是刘钝设宴招待,我竟没有尽地主之谊。2003 年,他创办《科学文化评论》,我是每期必读,深为他的有价值的工作所感动。感动之余,也投些稿件。蒙他厚爱,都陆续发了。其中 2005 年第 2 卷第 3 期的一篇文章有些特别(见本卷第二部分第一章——编者注)。

十五、寻访美国数学胜迹

2007 年夏天,我在美国度过,先后访问了一些现代美国数学史上的胜地,摄有照片,聊记于此。

我住在 New Hampshire 的 Exeter 镇,距离波士顿 45 分钟车程。8 月的一个星期天,我去造访位于波士顿的哈佛大学和 MIT(麻省理工学院)。哈佛去过多次,没有留影。1995 年访问林家翘先生时曾来过 MIT,但只在他的办公室采访,没有在校园停留。这次我特意去看了 MIT 的主楼,并进去参观。走廊上的几个橱窗中,有一个是纪念维纳创立控制论的,地点就在橱窗附近的一间实验室里。左面下数第二张照片中,有中国学者李郁荣的身影。李郁荣在维纳指导下于 1930 年获得博士学位,1932 年回国任清华大学电机系教授,是维纳研究《控制论》的早期合作者之一。

8 月初,我在新泽西州的张文耀教授家小住数日。他带我访问普林斯顿。这是世界数学中心。

图 31　造访 MIT 主楼(2007)

图 32　在 MIT 主楼走廊上,纪念维纳创立控制论的橱窗

图33 老的 Fine Hall 全景

图34 2007年造访时的大门上有 Jones Hall 标记

先去寻访著名的 Fine Hall。数学名家范因以《范氏大代数》为中国读者所熟悉。1904起，范因一直是普林斯顿大学数学系主任。到了 1920 年代，普林斯顿大学数学系已经跻身世界一流水准，但是数学系只有两间房，一间图书室，一间公用休息室，办公室一间也没有。1926 年，范因向他的同学、矿业公司董事长琼斯（Thomas Jones）呼吁支持。1928 年，范因突然去世，琼斯家族宣布，为了范因，愿意出资建立一幢数学系专用的大楼，1931 年落成。当时称为 Fine Hall，成为许多大学数学系竞相模仿的模范设施。1970 年，老大楼不敷使用，遂建立新的现代化的 Fine Hall，原来的范因大楼，改以捐助者的名字命名。

普林斯顿最有名的胜迹自然是普林斯顿高级研究院（Insitute for Advanced Study）。那是爱因斯坦、外尔、哥德尔、陈省身等曾经工作的地方。1933 年研究院刚成立时，没有自己的房子，借住在 Fine Hall 里面。后来，两位富有捐助人拜姆伯格（Louis Bamberger，1855—1944）和他的姐姐福德夫人（Mrs. Felix Fuld），愿意捐出款项支持科学事业，这是普林斯顿研究院最初的基金来源。研究院的主楼即以捐赠者福德夫人的名字命名，1939 年落成。从此以

图35 1970年落成的新范因大楼

代序　从"为数学而历史"到"为教育而历史"　35

后,许多重大的数学和自然科学成就在这里出现。

我们去的那天正是星期天。Fuld Hall 正门朝北,推门进去,有一位老太太在接待。我们说想参观大楼,她表示欢迎,告诉我们数学部分在一楼左侧。我们走过去,空无一人。走廊两边都是研究人员的办公室,走到终端看到一个小小的公共区域,墙上挂着一些研究院长期聘请的著名数学家的相片,最大的一张是外尔。靠墙还有一排目前正在研究院访问学者的信箱,一叠学术信息的海报和宣传品放在一张小台上。

大楼安静得令人惊奇。我们默默地退了出来,进到大楼的饮茶、喝咖啡的休息室。这里曾经是科学大师们谈论、交流的地方,现在空无一人。

休息室不大,有一些沙发,报纸杂志的陈列架,还有一些纪念性的照片。左侧壁炉墙上挂着一幅中国古代武士的画像,有点像门神,不知其出处。

继续推门向南,是一片开阔地,芳草绿荫,池塘水鸟,恬静安适。夕阳西下时分,我和夫人留影,把记忆留在照片上,更留在心里。

最后,我们从波士顿驱车到普林斯顿途中,路过罗得岛州的美国数学会的一所办公机构。这是出版许多杂志的编辑部,我是美国数学会的会员,也是《数学评论》多年的评论员。进得大门,有人接待介绍。在门口的名牌前留影一张。

图36　2007年访问时,大门上有 Fine Hall 标记

图37　这是爱因斯坦和玻尔(Bohr)在 Fuld Hall 门口经过

图38　2007年造访 Fuld Hall

图39　Fuld Hall 休息室入口处

图 40　与张文耀教授。休息室壁炉上方的画是东方古代武士像

图 41　与夫人。从 Fuld Hall 南面草坪上摄大楼全景

图 42　在美国数学学会前留影

第一部分

现代数学史

第一章

二十世纪数学史

1940年以来的美国数学

[美] J·H·尤因，W·H·古斯塔夫森，P·R·哈尔莫斯，
S·H·穆尔加夫卡，W·H·惠勒，W·P·齐默
程其襄　张奠宙　应制夷 译校

提要：本文精心选择并介绍了1940年以来美国在纯粹数学方面的10大成就，从一个侧面反映了美国最近30多年中数学研究的情况。30年代的美国，还处于大量派遣留学生到西欧各国学习数学的阶段，某些基础理论研究并不强。二次大战后，美国在纯粹数学方面迅速地赶了上来，作出了自己的贡献。本文结合10大成就产生的经过，叙述了新概念的运用，新方法的引入，新事例的发现，新事物的揭示，描绘了现代数学发展的某些重要倾向，对数学基础理论研究有一定的参考价值。

文章中所列举的10大成就说明：数学上著名难题的突破特别受到人们的重视。1900年希尔伯特提出的23个问题，至今还是数学工作者注意的焦点之一。10大成就中就包括了希尔伯特的1、5、10三个问题的解决。另外象韦伊猜想、庞加莱猜想，也都是世界著名的难题。这类问题的解决往往标志着一个国家数学理论研究的水平。数学理论固然会不断地受到外界影响而产生一系列边缘科学，但也由于内部逻辑的需要而发展。世界著名数学难题正反映了数学学科本身存在的矛盾。解决这些难题必须引入新概念、新方法，从而也就直接间接地给其他数学分支提供了工具，推动了整个数学的前进。例如，代数几何原是一个很老的数学分支，但在10大成就中却占有不小的比重，近年来颇为引人注意。数学基础理论的提出和解决，对于人类认识世界和改造世界是不可缺少的。

本文原载《美国数学月刊》第83卷第7期(1976年8～9月号)。为了便于非专业工作的读者阅读，每一项成就前面由译者加了简要的说明。

序言

怎样才能最好地介绍1940年以来美国数学的这段历史？这篇报告的主要内容应当介绍

编者注：本译文原载于《世界科学译丛》(1978年第1期，第18页至32页及第77页)。英文原文引用格式为：

J H Ewing, W H Gustafson, P R Halmos, S H Moolgavkar, W H Wheeler, and W P Ziemer. American Mathematics from 1940 to the Day Before Yesterday. The American Mathematical Monthly, 1976, 83(7): 503-516.

本译文旨在帮助经历了文革闭塞时期的中国数学家了解世界数学发展的全新面貌，为此译者对原文作了适当的分节并分别添加了简要的说明，但略去了原文所附的参考文献。

此处的转载，订正了译文中若干错误，规范了人名表达，并补上原文的参考文献。

《数学评论》统计数字的增长,还是数学家们的活动?是介绍书籍和论文的目录,还是追溯从Königsberg 桥问题导致拓扑学然后再引出同调代数及其所产生的影响和涵义?我们决定不这样做,而是尽可能地多讲一点数学,多讲一点今天充满活力的数学。为了在有限的时间和篇幅内做到这一点,我们以历史上"胜者为王"的传统方式选择主题。我们力图描述 1940 年以来美国数学的一些重大成就,并提出得胜者的名字,我们还希望以充分而简略的说明指出他们主攻的对象是什么。陈述通常只限于命题,略去全部证明,但有时也简要说明一下证明的思路。说明可能只是一句话或者二三段文字;目的主要是为了启发,而不是为了说服。

数学的进步意味着新概念、新事例、新方法或新事实的发现。施瓦尔茨广义函数概念、米尔诺怪球的例子、科恩的强迫法以及费特-汤普森关于单纯群的定理,不论用什么标准衡量都肯定是重大的。将这些成就包括在我们所列举的项目中是毫无问题的。困难在于应当排除什么。我们拟定了几条粗略的规则(如只限于定理,不考虑理论)。应用数学的某些方面已有介绍,所以我们把注意力限定在纯粹数学方面。我们也排除了在美国既没有扎根,更没有分支、没有开花的工作。在决定两个候选者之中保留哪一个时,我们倾向于保留人们较普遍关心的那一个(所谓"普遍关心的"与"著名的"不完全一样,但又是接近的)。

我们最后选定了十项重大的成就。我们认为 10 大成就对这一历史阶段曾发生的事情描绘了一幅清晰的图画。这并不是说我们选定的 10 个比任何别的成就更重大,也不是说它们必须是数学意义上的极大(即不小于任何别的成就),我们只是说:在任何一部关于我们时代和我们国家的负责的历史中,它们都会出现,都会受到尊重的讨论。这一类"不可省略的"成就,总数当然不止 10 个,可能是 20 个甚至 40 个。我们对 10 大成就的选择受到能力的局限和个人偏好的影响;这是没有办法的。别的人很可能会选另一组不同的 10 个。然而,我们希望并且相信,每个人所拟的项目会与我们的 10 个会有一大部分重复,而部分不同也不至于从根本上改变整个画面。

在历史上,每一时刻都影响着以后,因而常常有必要把注意力限于一段时期。但这是很不自然的。同样,每一地区都影响着其他地区。我们地球表面的拓扑要比时间直线的拓扑复杂得多,要把注意力限于一个国家几乎是不可能的。数学的历史也不例外:要描述这里发生了什么,我们常常由于受到远处影响的压力而讨论那里发生了什么。尽管如此,我们还是能够相当接近我们原定的任务;若用一个数来表示,下面所描述的 10 项成就中,大概有 8.25 项可以称得上是美国的。

介绍的次序,我们决定按照它们所属范畴的复杂程度来安排,换言之,非常粗略地说,是以与数学基础的距离为次序来安排。

一、连续统假设

这是数学基础理论的一个著名命题,涉及对"无限"的比较。有限实数可比较大小,如 $2<3$。但"无限"之间能不能比较?答案是也可以,办法是一一对应。自然数全体 $1,2,3,\cdots n,\cdots$ 和正偶数全体 $2,4,6,\cdots 2n,\cdots$ 是一一对应的(令 n 对应 $2n$)。但可以证明,全体实数和自然数

不一一对应。通俗地说就是：实数比自然数多。数学上称全体实数构成的集具有连续统的势，而自然数集合具有"可数"的势，连续统的势大于可数的势。康托尔猜测，在"可数"和"连续统"之间没有别的势，这就是著名的连续统假设。希尔伯特把它列为著名的23个问题中的第1个。这个问题在本世纪有两次重大突破：1940年侨居美国的奥地利人哥德尔证明这假设和其他公理不矛盾，1964年，科恩又证明该假设不能由别的公理推出，即这个假设本身也是一条公理。

一切数学都是从集合论推导出来的（无论如何我们之中许多人都相信是这样），而集合的运算是一个简单的自然操作（至少，学生们对把握这种运算没有什么困难）。任何一位从事研究的数学家所需要知道有关集合的一切东西（还包括他没有想到他需要知道的少数几件额外的事情），能够被概括在1页纸上（如果还要形式地加以推导，那也只要3、4页就够了）。这样的一页就能表达出如何从给定的集合构成新集合的基本方式（例如，由特定元素组成的集，并集的构成，以及一个集的幂集，即该集的一切子集所构成的集合）；描述集合的基本性质（例如，两集合相等当且仅当一个是另一个的子集，以及没有这样的集，它的元素本身是一些集，这些集具有元素，元素本身又是集等等直到无穷）；并且断言，无限集的存在（不论是作为一个假设或者作为一个结论提出，都是作为集合所在宇宙的一种描述）。这些基本的集论命题可以当作明显的确实的观察结果，也可作为 ZF(Zermelo-Fraenkel)结构的一种公理性描述。在随便哪一种情况下，把它们编进一台合适的（不是非常复杂的）计算机的语言中那是简单的事。这种计算机能够容易地学会数学家曾使用过的一切推理规则。此外，若在它的基本资料中再增加两个命题，那末，在原则上，它就能够容易地打印出全部已知的数学（以及许多尚未知道的数学）。

这两个在历史上曾受到特殊审查的命题是 AC(选择公理)和 GCH(一般连续统假设)。AC：对每一集合 X，有一个从 X 的幂集到 X 本身的函数 f，使得 $f(A) \in A$ 对每一个 X 的非空子集 A 成立；GCH：一个无限集 X 的幂集的每一个子集或是一一对应于 X 的某个子集或是一一对应于整个幂集——没有居于两者之间的情况。

AC 是真的吗？这个问题常常被比拟成类似于欧几里得几何中的平行公理。在两者中间，都各有一套或多或少令人满意的公理系统，又有一条不大令人满意的，比较复杂的，不甚显然的附加公理。若这条附加公理是那些基本公理的推论，则这条公理是真的，一切都很好；若这条公理的否定是那些基本公理的推论，这条公理则是假的，无论是真是假，这个问题就有了确定的答案。当然，关于 GCH 也可提出同样的问题。早已知道，GCH 可导出 AC；由于这一点，两个问题的答案之间有着明显的联系。

这两个答案是微妙的和深奥的智力结果。1940年哥德尔证明了 AC 和 GCH 都不假（即它们与 ZF 公理系统无矛盾）而保尔·科恩证明(1964)它们都不真（即它们独立于 ZF 公理系统）。

哥德尔以建造一个适当的模型来论证。他说：若 ZF 是无矛盾的，则存在一个满足 ZF 基本公理的集合所组成的宇宙 V，他证明：那么也就存在一个满足这些基本公理的"子宇宙"，而在其中 AC 和 GCH 都是真的。哥德尔所构造的子宇宙是"可构造"集所组成的类 L（"可构造"这个词被赋予非常广泛但又十分精确的意义,粗略地说,可构造集就是那些能够从空集通过基本集论的构造的超限序列来得到的集合)。类 L 是 V 的子结构,在这个词熟知的数学意义下: L 的对象是 V 的某些对象,它们之间的关系 $\in$ 是将 V 中的集合论 $\in$ 关系限制于 L 的对象上。如 L 那样的模型的存在性(由假设无矛盾的模型 V 构造出来的)证明 AC 与 GCH 的相容性正如欧几里得平面的存在性证明平行公理的相容性一样。

科恩的论证是相似的,但更难一些。它令人回想起费利克斯·克莱因给欧几里得圆以一种新的度量来构造出罗巴切夫斯基平面。科恩从一个适当的 ZF 模型出发,然后添加上新的对象。这个新的对象在原先模型中是"类"(而不是集)。这种添加是以一种新的称之为"强迫"的方法来进行的,这个方法一旦发现,人们就认识到在集合论的许多部门可资应用。科恩的证明是构造一个无限序列,它愈来愈好地有限逼近于新的对象。粗略地说,新模型的每一个性质是受到原先模型和一个逼近模型的性质所"强迫"。依赖于细节的调整,最后的结果能够是一个 AC 为假的模型,或者是一个 AC 为真,但即使古典未推广的连续统假设 CH 也为假的 ZF 模型(CH 是对一个可列无限集的 GCH)。结论:AC 和 CH 独立于 ZF。

参考文献

[1] P. J. Cohen, The independence of the continuum hypothesis, Proc. N., A. S., 50(1963) 1143 - 1148 and 51(1964) 105 - 110.

[2] P. J. Cohen, Set theory and the continuum hypothesis, Benjamin, New York, 1966(MR 38 ♯ 999).

[3] J. B. Rosser, Simplified independence proofs, Academic Press, New York, 1969(MR 40 ♯ 2536).

[4] T. J. Jech, Lectures in set theory, with particular emphasis on the method of forcing, Springer, Berlin, 1971(MR 48 ♯ 105).

二、丢番图方程

从勾股定理可知,方程 $x^2+y^2=z^2$,有一组解 $x=3, y=4, z=5$。这个二次方程的系数都是整数,其解也是整数。任何以整数为系数的方程都有整数解吗?当然不是。方程 $x^2-2=0$ 就没有整数解。希尔伯特在 1900 年提出的第 10 个问题是:是不是可以设计一种计算步骤,以判定一个整系数方程能不能得到整数解?用数理逻辑中的递归函数概念可以定出这种计算步骤,并已得到公认。但经 1952 年到 1970 年几个美国数学家证明,按这种算法不能判定整系数多项式的方程有没有整数解。

连续统假设是希尔伯特在 1900 年提出著名的 23 个问题中的第一个问题。希尔伯特的第十个问题是关于丢番图方程的可解性。这个问题是要设计一种算法、一种计算的步骤,以决定一个任意指定的整系数的多项式方程是否具有整数解。讨论正整数系数的多项式方程的正整数解(解在 Z_+ 中)在某些方面更为自然,有时在技巧上也较为容易。注意:这并不意味只讨论例如 $p(x)=0$ 的方程。这问题包括了寻找 x 使得 $p(x)=q(x)$;更一般地,它也包

括了寻找 n 元数组 $(x_1, \cdots, x_n)$ 使得 $p(x_1, \cdots, x_n) = q(x_1, \cdots, x_n)$；最一般地说，它意味着寻找 n 元数组 $(x_1, \cdots, x_n)$，对这个数组，存在有 m 元数组 $(y_1, \cdots, y_m)$ 使得

$$p(x_1, \cdots, x_n, y_1, \cdots, y_m) = q(x_1, \cdots, x_n, y_1, \cdots, y_m)。$$

在后者的意义下，对每一组 p 与 q($n+m$ 个变量)，其解集称之为 Z_+^n 中的一个"丢番图集"。

说存在一个决定可解性的算法，究竟意味着什么呢？回答这个问题的合理途径，是提出集合和函数的可算性的意义，然后再以可计算性来定义算法。

一个从 Z_+ 到 Z_+ 的函数，或者更一般地，一个从 Z_+^n 到 Z_+ 的函数什么时候才称得上是"可计算的"呢？目前，关于这个定义已有普遍一致的意见：可计算的函数（也叫做"递归"函数）是由几个容易的函数（常数，后继，坐标）通过三种手续（复合，极小化，初级递归）得到的一些函数。在这里，细节是无关紧要的（至少它们不会被用到），人们可以很轻松地搞懂它，不会有什么困难。如果（在 Z_+ 中或者更一般地在 Z_+^n 中）一个集合的特征函数是可计算的，则称这个集为可计算的。结果：当且仅当一个集合的余集是可计算的，则这个集合是可计算的。

现在考虑（在上述意义下）一切多项式方程，并把它们整列为 $(E_1, E_2 \cdots, E_n \cdots)$。（为了使下面所讲到的与算法的直观概念相符合，整列应当在某种意义下是"有效的"。这点能够做到，而且相当容易。）E_1 有一个解（在上述意义下）的下标 K 形成 Z_+ 一个子集 S，希尔伯特（是否有一种算法？）的问题可以表达如下：S 是不是一个可算集？回答是否定的，这个答案经过很长一段时间才出现；它是累积了 J·罗宾逊（1952）、M·戴维斯（1953）、H·普特南（1961）和 Y·马季亚谢维奇（1970）等人努力的结果。

整个证明的中心概念是丢番图集的概念，主要的一步是证明每一个可算集为丢番图集，在技巧上巧妙地使用了初等数论（例如，中国剩余定理、斐波那契数或佩尔方程的一些理论）。证明显示了某些有趣的丢番图集，它们的丢番图特性根本就不是显然的（例如 2 的幂阶乘和素数）。

证明 S（可解方程的下标集）是不可计算的，一种方法是用归谬法。若 S 是可计算的，则（稍为用一点附加的论证）就会得出每一个特殊的丢番图集（即每一特殊丢番图方程的解集）是可计算的，因之（由前节的"主要一步"），每一个丢番图集的余集是丢番图的集。由于显示了有一个丢番图集，它的余集不是丢番图集，这就导出了矛盾。

最后一步使用了熟知的康托尔对角线论证法。其思想是"有效地"排列 Z_+ 的全部丢番图子集，比如说，$\{D_1, D_2, D_3, \cdots\}$，是丢番图集（用了某种论证），最后证明其余集 $Z_t - D^* = \{n: n \notin D_n\}$ 不是丢番图集（这就是康托尔出场的地方）。

参考文献

[1] J. Robinson, Existential definability in arithmetic, Trans. A. M. S., 72(1952) 437-449 (MR14-4).

[2] M. Davis, Arithmetical problems and recursively enumerable predicates, J. Symb. Logic, 18 (1953) 33-41 (MR14-1052).

[3] M. Davis, H. Putnam, and J. Robinson, The decision problem for exponential Diophantine

equations, Ann. Math., 74(1961) 425-436 (MR24 # A3061).

[4] Y. Matijasevic, The Diophantineness of enumerable sets (Russian), Dokl. Akad. Nauk S. S. S. R., 191(1970) 279-282; improved English translation, Soviet Math. Doklady, 11(1970) 354-358 (MR41 # 3390).

[5] M. Davis, Hilbert's tenth problem is unsolvable, this MONTHLY, 80 (1973) 233-269 (MR47 # 6465).

三、单群

群是一个集合,其中定义了一种乘法。群中元素可以是数,也可以是矩阵,集合或别的什么。乘法 $a \cdot b$ 可以是数 a 和 b 相乘,也可以是先进行变换 b 接着进行变换 a,以及其他等等。这就使近代数学概念大为拓广。一个群 G 可以有子群 N,即 G 中一部分元素 $\{N\}$ 按乘法也构成群。一个群如除自己和单位之外不能再有"正规"子群,叫作单群。数的乘法可以交换,如 $2\times3=3\times2$,但群的乘法不一定能交换。对于可交换的单群已弄清楚了,但非交换的单群还不清楚。伯恩赛德曾猜测:每一个非交换的单群是偶数阶的,经过 50 多年后,两个美国数学家证明它是对的。

数学基础方面到此为止。阶梯上的第二个题目是代数,在目前的场合,是群论。

每一个群有两个显然的正规子群,即 G 本身和另一极端子群 1。若一个群只具有这两个正规子群,则称它为单群。

单群在两个方面与素数相似:它们都没有真因子,而每一个有限群总能够由它们构造出来(依照一般的约定,平凡的正整数 1 不叫作一个素数,但平凡群 1 却叫作单群。这很不协调,但只能如此)。

设 G 为有限的,令 G_1 为 G 的一个极大正规子群(说 G_1 是极大就意味着 G_1 是 G 的一个真正规子群,且 G_1 不包含在 G 的任何别的真正规子群之中),若 G 是单一的,则 $G_1=1$;无论如何,G_1 的极大性意味着商群 G/G_1 是单纯的。G,G_1 和 G/G_1(群,正规子群,商群)之间的关系有时用下面的话来表示:G 是 G/G_1 通过 G_1 的一个扩展。用这一术语,每一个有限群(除了平凡群 1)是一个单群通过一个严格低阶群的扩展。它是"每一个正整数(除 1 而外)是一个素数与一个较小的正整数之积"这一数论命题在群论中的类比。

若 G_1 是非平凡的,上述议论可以继续应用;使得 G_1 是单群 G_1/G_2 通过 G_2 的一个扩展,其中 G_2 是 G_1 的一个极大正规子群,这种手续能够重复进行,直到产生平凡子群为止;最终产物是一个链,一个组合列

$$G=G_0 \supset G_1 \supset G_2 \supset \cdots \supset G_n =1$$

每个 G_i/G_{i+1} 是单纯的($i=0,\cdots,n-1$)。要想了解一切有限群的大部分问题是以这种方法化成决定一切的单群。(著名的 Jordan-Hölder-Schreier 定理保证:在同构的意义下,组合因子 G_i/G_{i+1} 除了所出现的次序外,是由 G 所唯一决定的。)

可交换的有限单群是容易决定的:它们恰巧就是素数阶的循环群。困难的是要找出一

切非交换的。某些单群的例子容易获得：例如，在置换群中，最著名的是 5 次或 5 次以上的交替群。已知的单群没有显示出任何模式，关于它们甚至最简单的问题也难于攻破。例如，伯恩赛德曾猜测：每一个非交换的单群具有偶数阶，但这个猜测曾作为未解决的问题经历了 50 多年。

　　费特和汤普森(1963)解决了伯恩赛德猜想（它是真的），大大显示了群论的力量。证明占据了《太平洋数学杂志》整整一期(280 多页)。这是技巧性的群论和特征标理论。自从它发表以来，已有人对它作了一些简化，但尚未发现简短或容易的证明。这个结果有许多推论，这种方法也被用以进攻有限群论中的许多其他问题；曾被许多人宣布为死亡的一个课题表现出它仍然具有朝气蓬勃的生命。

参考文献

　　[1] W. Feit and J. G. Thompson, Solvability of groups of odd order, Pac. J. Math., 13(1963) 775-1029 (MR29 ♯ 3538).

四、奇点分解

　　使二元二次多项式 $x^2+y^2-a^2$ 等于零的点是平面上一条曲线：圆，其方程是 $x^2+y^2=a^2$。推广这一想法，使一个或一族多项式等于零的那些点，代数学上称之为流形。圆的每个点都有切线，但流形上每个点不一定有切线。$y^2=x^3$ 定义的曲线在原点就没有切线，这种点叫奇点。在一般流形 V 上，怎样判断它有奇点？如果有奇点能否排除掉（即构造另一没有奇点的流形 W，使 W 和 V 结构基本相同）？这问题从 19 世纪开始研究，1964 年得到了完善的结果：这样的 W 可以构造出来。

　　当代数与几何混合起来并应用到几何学上时，它就变得更丰富，更困难了；最丰富的混合物之一就是称之为代数几何这个古老而又非常有生气的题目。本节报导这方面一个古老而又著名的问题的解决。

　　令 K 为一个代数意义上的闭域，象通常一样，令 K^n 为 K 上 n 维坐标空间（下面的问题的中心对坚持以复数域作为 K 的人是看得出的）。K^n 中的一个"仿射代数流形"V 是指一族系数在 K 中的 n 变量多项式的公共零点的轨迹。因为只与零点有关，故这个族本身并不重要，它可以由产生同一轨迹的任何别的族来代替。因此，若 R 为系数在 K 中的 n 变量的一切多项式的环，又 I 是 R 中由指定族所产生的理想，则 I 将定义同一个流形；因此，不失一般性，开始就可假定这个族是一个理想。

　　对于流形，人们所关心的对象是它的"奇点"。从直观上说，这是没有正常的"切向量"的一些点，例如，考虑由

$$y^2=x^3+x^2 \text{ 与 } y^2=x^3$$

所定义的曲线。（因为基本域是限于代数封闭的，故这些方程所联系的实平面曲线并不是真

正要考虑的对象,但它们比复平面上的复曲线更容易考虑一些。注意! 复平面有四个实维数。对代数几何学家来说,分析学中熟悉的"复平面"是复直线。)这些曲线的第一条是以斜率2从第一象限到达原点,在左半平面中具有一个回路,然后经原点以斜率 -2 进入第四象限;这条曲线以原点作为一个二重点。另一条曲线以斜率0从第一象限到达原点,然后以同样方式进入第四象限,它以原点作为一个尖点。

处理奇点的有效途径从它们纯代数的描述开始。为了这一目的,我们考虑 V 上多项式函数环 R_V(即 R 中多项式在 V 上的限制),若 N_V 为由 V 上等于 0 的多项式所组成的 R 的理想,则显然有 $R_V = R/N_V$。V 中的每一个点 $a = (a_1, \cdots, a_n)$ 引导出 R 中一个极大理想 N_a(由 a 处为 0 的多项式集所组成);显然,$N_V \subset N_a$。

(从代数上定义奇点的计划中的)第二步是要造出一个新的环,以研究 a 附近函数的局部行为。这个想法(粗略地)就是这样:(i) 考虑配对 (U, f),其中 U 是 a 的一个邻域,又 f 是在 U 中无极点的一个有理函数。(ii) 当且仅当存在一个 a 的邻域 U'' 包含于 $U \cap U'$,使得在 U'' 上有 $f = f'$ 时,对于配对定义一个等价关系,写作 $(U, f) \sim (U', f')$。(iii) 等价类("芽")组成一个环(例如具有 $[(U, f)] + [(U', f')] = [(U \cap U', f + f')]$) 称为 a 处 U 的"局部环"。

从代数观点来看,前面的拓扑考虑只是启发式的,它们将用一个代数结构来代替。这一过程被称为"局部化"。(i) 考虑配对 (f, g),其中 f 与 g 都在 R 中,且 $g \notin N_a$。(ii) 当且仅当存在一个不属于 N_a 的 h 使得 $h \cdot (fg' - gf') = 0$ 时,对于配对定义一个等价关系,写作 $(f, g) \sim (f', g')$。(iii) 将 (f, g) 的等价类写作 f/g。这个等价类组成环 R_a(具有分数运算的通常规则)。环 R_a 确实是通常代数意义下的一个"局部环",它有唯一的极大理想,即由 a 处等于 0 的 R_a 的元素组成的一个理想。

为了启发下一步,我们再次认为论题不是代数几何,而是解析几何。在这种情况,R_a 就由在 a 近旁为收敛的 a 处的泰勒级数所组成,又 a 处等于 0 的芽所组成的理想 N_a 就是常数项为 0 的 a 处的泰勒级数所组成。在某种意义下,泰勒级数的线性项是一阶微分。抓住这些项的一种方法就是要"忽略掉"高价项。更精确地说,考虑理想 N_a^2,在解析的情况,它是由常数项和线性项都为 0 的泰勒级数所组成,然后构成 N_a/N_a^2。

现在就容易写出定义了。V 的维数 d 是指一切商空间 N_a/N_a^2 的维数(当然是在域 K 上的)的极小值。如果 $\dim(N_a/N_a^2) > d$,就是说点 a 是"奇点"。不难看出,对于上面例子中提到的二条曲线,原点确是这个定义意义下的一个奇点。

代数几何的主要问题之一是去除掉奇点。为了这一目的,将讨论限于"不可约的"流形,即 R_V 为整域的流形,换句话说,也就是 N_V 为一个素理想。这种情形,构造 R_V 的分数域 F_V。若 F_V 与 F_W 同构,则二个流形 V 与 W 为"双有理等价"。粗略地说,这意味着:V 与 W 除有限个位置外能用有理映射来互相参数化。奇点分解问题就是要寻找一个非奇性流形,它双有理等价于 V。

这个题目已有一段很长的历史了。M·诺特在十九世纪曾处理过曲线。曲面则曾是意大利学派许多几何讨论的课题;严格的证明曾为 R·J·沃尔克(1935)所发现。对于特征为 0

的域上的任意维数的流形,扎里斯基的工作促进了最后的胜利,它为广中平祐所赢得。

参考文献

[1] H. Hironaka, Resolution of singularities of an algebraic variety over a field of characteristic zero, Ann. Math., 79(1964) 109-326 (MR 33 # 7333).

五、韦伊猜想

在解方程之中,给定 a, b, c 三实数,则 $ax^2+bx+c=0$ 有两个根(实根或复根)。这里 a, b, c 和根取值范围是全体实数或复数,其数目是无限多的。假若我们限制方程的系数和根的值只能在有限个数中选取。那么这种方程有没有解? 这就是有限域上多变量多项式解的问题。1949 年韦伊证明这种方程解的个数满足某些条件,并且猜想这些条件对于解方程组也是必需的。1974 年德利涅证实了这一猜想。

当一个数学家通过类比猜测到这个情况应当与那个情况完全一样时,他的工作常常是很困难的(也是很值得的)。1949 年,韦伊以这种方式来推理,提出了三个猜想,从而深深影响了过去 25 年来代数几何的发展。

这些猜想发表在题为《有限域中方程解的数目》的一篇论文上,这篇文章表面上是以前工作的一篇概述。计算有限域上多变量多项式方程的解的数目是一个古典的问题,曾为高斯,雅可比,勒让德尔等人研究过,但韦伊采取了一个新的观点。为了了解他的研究途径,考虑一下齐次方程的特殊情况:

$$(*) \qquad a_0x_0^n + a_1x_1^n + \cdots + a_rx_r^n = 0$$

其中系数 a_i 是在 p 个元素的素域 F 中。基本问题是要计算 F 中解的数目,但对数学家来说,计算在 F 的任一个有限扩张域中解的数目是一样重要的。回忆一下,对每一个正整数 k,存在 F 的具有 p^k 个元素的唯一扩张域 F_k。韦伊所做的就是计算在每一个域 F_k 中解的数目,然后把这一信息编入生成函数。

为了简约地做到这一点,考察一个方程(例如 *)的解集。当然,平凡解总是有的,即 x_i 全都为 0。若 $(x_0, x_1, \cdots, x_r)$ 是一个非平凡解,且若 $(0 \neq c \in F_k)$,则 $(cx_0, cx_1, \cdots, cx_r)$ 也是一个非平凡解。这样,每一个非平凡解产生 $p^k - 1$ 个另外的非平凡解,将它们分开来计算是没有价值的。因此,自然要考虑 r 维"射影空间" $P^r(F_k)$,即 F_k 的元素所组成的 $r+1$ 元的非平凡有序组,两个有序组是相等的,如果其中之一是另一个乘上一个标量(这完全类似于熟知的实和复射影空间)。用这些术语,问题就是要计算 $P^r(F_k)$ 中是(*)的"解"的"点"的数目。

那就是韦伊所做的事情。他令 N_k 为(*)在 $P^r(F_k)$ 中的解的数目,考虑生成函数 G,

$$G(u) = \sum_{k=1}^{\infty} N_k u^{k-1}$$

并证明了一个值得注目的命题：G 是一个有理函数的对数导数。即，存在一个有理函数 Z，使得

$$\sum_{k=1}^{\infty} N_k u^{k-1} = \frac{d}{du}\log Z(u)$$

换言之，若

$$Z(u) = \exp\Big(\sum_{k=1}^{\infty} \frac{N_k}{k} u^k\Big)$$

则 Z 是有理的。函数 Z 满足一个类似于黎曼 ζ 函数所满足的函数方程，因之将 Z 看作与方程（∗）相联系的 ζ 函数是适当的。由黎曼 ζ 函数所引起的经典问题的启发，韦伊研究并确定了 Z 的零点和极点的若干性质。

这就是韦伊文章所达到的最高点。韦伊想把关于（∗）的结果推广到 $P^r(F_r)$ 中的代数流形，即推广到 r 变量齐次方程组的解集。最初由黎曼所定义的 ζ 函数的概念，曾由戴德金推广到代数域上，曾由阿廷推广到函数域上，现在韦伊把它推广到代数流形上。（所考虑的流形应当是非奇异的，那个条件的一般定义在这里是无关紧要的；对绝大多数域来说，通常能够以方程组的雅可比式在每一点具有极大秩的要求来定义。）给定系数在 F 中的一组方程，象前面一样，令 N_k 为 $P^r(F_k)$ 中解的数目，韦伊提出了下面的猜测。

1. 象前面一样，由

$$Z(u) = \exp\Big(\sum_{k=1}^{\infty} \frac{N_k}{k} u^k\Big)$$

所定义的函数 Z 是有理的。

2. Z 满足一个特殊的函数方程，如前面一样，它非常相似于黎曼 ζ 函数所满足的函数方程。

3. Z 的零点和极点的逆是代数整数，且它们的绝对值是 $\sqrt{p}$ 的幂（这叫作广义的黎曼假设）。

所有这一切似乎远远离开了通常所考虑的几何学，而且尽管有一些例子已为大家所知。似乎韦伊所作的猜测没有什么依据。猜测的背景究竟是什么？答案包含在韦伊论文的最后一节中，那里他提示说：在这些流形（对特征为 p 的域）的性质与古典流形（对复数域来说）的质之间是有类似性的。

1960 年，德沃尔克建立了有理性猜测（没有假定非奇性条件）。最后的胜利是 1974 年来到的：使用格洛腾迪克学派 20 年来的结果，德利涅证实了韦伊的全部猜测，或许更重要的，他还证明了特征 p 的域上的流形理论与古典代数几何之间有着美妙的联系。柏拉图说："上帝是几何学的化身"。雅可比说："上帝是算术的化身。"而韦伊猜想则表明：好得很，上帝竟能够同时兼为两者。

参考文献

[1] A. Weil, Numbers of solutions of equations in finite fields, Bull. A. M. S., 55(1949) 497-508 (MR 10-592).

[2] P. Deligne, La conjecture de Weil I, Inst. Haute Etudes Sci. Publ. Math., No. 43(1974) 273 - 307 (MR 49 ♯ 5013).

[3] J. A. Dieudonne, The Weil conjectures, The Mathematical Intellingencer, No. 10(September 1975) 7 - 21.

六、李群

一个集合可以有两种结构：一是代数结构，如加减乘除等；一是拓扑结构，即每一元素附近存在一套邻域系，可用来研究无限接近等问题。如果一个集合，它对乘法构成群，又有一邻域系统使这一乘法是连续运算（即 x 很靠近 a，y 很靠近 b，则 $x \cdot y$ 很靠近 $a \cdot b$），这种群称为拓扑群。如果这个乘法运算不仅是连续的，而且是解析的（满足无限多次可微分等条件），则叫做李群。一个拓扑群什么时候是李群？希尔伯特提出的第 5 个问题说：如果一个群，它的每个元素附近都和通常欧几里得平面上的小圆有同样结构，则一定是李群。1952 年几个美国数学家证明这是对的。

带几何或不带几何的代数到此为止。下一个题目指向代数与拓扑混合起来的后期解析方面的问题。象其他的极少数卓越的数学结果一样，这个结果似乎不花代价就得到了什么，至少是用很低的代价得到了许多东西。这类结果中最著名之一出现在复函数论教程的开始部分：一个在复平面的开子集上可微的函数必然是解析的。

希尔伯特的第 5 个问题就是要求这类不花代价就得到的结果。背景是拓扑群的理论。一个拓扑群是一个点集，它既是一个豪斯多夫空间，又是一个群，而群的运算：

$$(x, y) \to xy, \quad x \to x^{-1}$$

应该是连续的。一个典型的例子的所有型为

$$\begin{bmatrix} x & y \\ 0 & 1 \end{bmatrix} \text{ 且 } x > 0$$

的 2×2 实矩阵所成的集合；其拓扑结构就是右半平面（一切具有 $x > 0$ 的 (x, y)）的拓扑结构，乘法结构就是通常的矩阵乘法，等价地，以

$$(x, y) \cdot (x', y') = (xx', xy' + y)$$

来定义右半平面的乘法；因为

$$(x, y)^{-1} = \left(\frac{1}{x}, \frac{-y}{x} \right)$$

所以乘法和逆运算显然都是连续的。

这个例子有一个重要的特性，即在每一点都有一个邻域同胚于（2 维）欧几里得空间中一个开球，从这个意义上说是"局部欧几里得的"。（等价地：每一点有一个"局部坐标系统"。）这个例子的一个更重要的特性是：看做适当的欧氏空间上的函数的群运算，它不仅是连续

的,而且甚至是解析的。若一个群是局部欧氏的,即如果群能够被坐标化,则完成的途径有许多条;倘若它们之中至少有一条能使群运算是解析的,则这个群就称为"李群",希尔伯特第五个问题是:是否每一个局部欧氏群都是李群?

这个问题与复函数论中的一个问题十分相似。二阶可微函数是解析的,这是相当基本的;早已知道,若一个拓扑群具有充分地可微的坐标,则它一定具有解析的坐标。

在哈尔测度发现之后不久,冯·诺依曼(1933)就用它来证明希尔伯特问题的答案对紧群是肯定的。不久之后,庞特里亚金(1939)解决了交换群的情况,谢瓦莱(1941)解决了可解群情况(很遗憾,这里"可解"是一个术语,而且不可避免地要使用它)。

一般情形是在1952年由格利森,蒙哥马利和齐平联合解决的,希尔伯特问题的答案是肯定的。格利森所做的工作是把李群特征描绘出来(定义:若一个拓扑群的恒等元具有一个不包含大于1阶子群的邻域,这个拓扑群称为不具有小的子群。特征:一个不具有小的子群的有限维局部紧群是一个李群),蒙哥马利和齐平利用几何拓扑工具(以及格利森定理)达到所要的结论。

注意:上述论题不能被认为已经终结。这个问题无论在理论上还是在实际上都能够得到有价值的推广。群能够代之以"局部群",又抽象群能代之以作用在流形上的变换群。最好的一类胜利是指出向何处去寻求新的有待征服的领域,对于希尔伯特第五个问题的胜利正属于这一类。

参考文献

[1] A. Gleason, Groups without small subgroups, Ann. Math., 56(1952) 193-212 (MR 14-135).

[2] D. Montgomery and L. Zippin, Small subgroups of finite-dimensional groups, Ann. Math., 56(1952) 213- (MR 14-135).

[3] D. Montgomery and L. Zippin, Topological transformation groups, Interscience, New York, 1955 (MR 17-383).

七、庞加莱猜想

拓扑学是研究图形结构的。在平面上,一个圆和一个正方形可看成同样结构,因为它们内部都连成一片(连通性),且图形各点彼此联系很紧密(紧致性)。平面中的圆和圆环、空间中的球和环(形如车胎)虽然都有连通性和紧致性,但它们的结构显然不同。拓扑学上把平面上的圆叫单连通,圆环叫二连通,空间的球叫单连通,环叫三连通。那么高维空间的情形怎样?庞加莱猜想在 n 维空间中的一个点集若是 $n-1$ 连通的紧致流形,则必定是 n 维球。1960 年斯梅尔证明当 $n \geq 5$ 是对的,至于 $n=3$, $n=4$ 的情形,至今尚未证明。

"流形"是一种局部欧氏的拓扑空间(精确地说,是可分的豪斯道夫空间)。许多年来,流形曾经是——而且现在仍旧是——拓扑学的中心论题。希尔伯特的第五个问题是关于流形的;庞加莱猜想是关于光滑流形的连通性质。"微分流形"是赋与局部坐标系的一种流形,而且从一个坐标邻域到另一个有重迭的坐标邻域的坐标变换是光滑的。这里,"光滑"一般被理

解为 C^∞ 的简写,即表示无限的可微。

欧几里得平面几何的公理指出了平面的特征。这类工作(找出一个论题的中心,把它抽象出来,并将其结果用作特征化的公理)在数学中是经常的和有用的。因为一大部分拓扑学的主要概念是球,因而很自然地要将球也纳入公理处理方法之中。有人曾做过尝试,而且大体上是成功的。

例如:1 球(即圆)是一个紧致、连通的 1 流形(即维数为 1 的流形),这样就足够了,因为在同胚的意义下,每一个紧致、连通的流形是一个 1 球。

对 2 球来说,事情比较复杂:2 球 S^2 与环 $T^2(=S^1\times S^1)$ 都是紧致连通的 2-流形,但它们并不互相同胚。为了区别 S^2 和 T^2,或更一般地,为了区别 S^2 和带环柄的球,就必需注意到:虽然 S^2 和 T^2 两者是连通的,但 S^2 更为连通。用恰当的术语来说,就是:S^2 是"单连通"的,而 T^2 则否。确切的定义可叙述如下。设 X 与 Y 都是拓扑空间,又设 f 与 g 是从 X 到 Y 的两个连续函数;I 为单位区间 $[0,1]$。若存在一个从 $X\times I$ 到 Y 的连续函数 h,对于一切 x,$h(x,0)=f(x)$,$h(x,1)=g(x)$,则函数 f 与 g 是"同伦的"(直观地说,f 能够连续地变形到 g)。若 S^1 到 Y 的每一个连续函数都同伦于一个常数,则空间 Y 是单连通的(直观地说,每一闭曲线能够收缩到一点)。一旦有了这个概念,2 维球的特征就容易叙述了;在同胚态意义下,每一个紧致单连通的 2 流形是一个 2 球。

1 维与 2 维的讨论尚不能对猜测一般情况提供坚实的基础,但至少使得下面的概念似乎是可取的。存在着定义 k-连通的一种途径,它拓广了"连通"($k=0$)和"单连通"($k=1$):即以 S^j,$j=0,1,\cdots,k$,来代替单连通性定义中的 S^1,因之,若对 $0\leqslant j\leqslant k$ 之间的每一个 j,从 S^j 到 Y 的每一个连续函数都同伦于一个常数,则空间 Y 是 k-连通的。

一般的庞加莱猜想是:一个光滑紧致 $(n-1)$ 连通的 n-流形同胚于 S^n。对 $n=1$ 和 $n=2$,这结果是早已知道了的,对一切 $n\geqslant 5$,结论成立的证明是新近的一大进步。这个证明是斯梅尔(1960)所获得的,以后不久,在听到斯梅尔的成功之后,斯托林对 $n\geqslant 7$ 给出了另一个证明(1960),齐曼将它推广到 $n=5$ 和 $n=6$(1961)。对 $n=3$(庞加莱原来的猜测)与 $n=4$,还是未知的。

实际上,斯梅尔证明了一个更强的结果。他指出:某些流形能够由粘合圆盘而得到。他的结果为单连通流形的分类提供了一个出发点。

参考文献

[1] S. Smale, The generalized Poincare conjecture in higher dimensions, Bull. A.M.S., 66(1960) 373-375 (MR 23 ♯ A2220).

[2] J. R. Stallings, Polyhedral homotopy-spheres, Bull. A.M.S., 66(1960) 485-488 (MR 23 ♯ A2214).

[3] E. C. Zeeman, The generalized Poincare conjecture, Bull. A.M.S., 67(1961) 270 (MR 23 ♯ A2215).

[4] S. Smale, Generalized Poincare's conjecture in dimensions greater than four, Ann. Math., 74 (1961) 391-406 (MR 25 ♯ 580).

八、怪球

在拓扑学中,如果一个图形可一一对应地双方连续地变到另一图形,则称两图形同胚。例如平面上一个圆(用橡皮圈表示)慢慢绷成一个正方形,手一松又可变回到圆形,则我们说圆和正方形是同胚的。这种图形之间的变换可用连续函数来描述。如果进一步假定,描述图形变换的函数与逆函数不仅连续而且可以微分,则称微分同胚。同胚和微分同胚究竟有没有本质差别?1956年米尔诺提出两者有根本差别:在八维空间中存在一个流形和八维空间中单位球的边界 S^7 同胚,但和 S^7 不微分同胚。这就是所谓"怪球"。这个证明曾有力地推动微分拓扑的发展。

二个微分流形之间的"微分同胚"是映照和逆照都光滑的一种同胚。同胚是流形之间的一种等价关系;等价类(同胚类)由具有同样拓扑性质的流形所组成。类似地,微分同胚是微分流形之间的一种等价关系,而等价类(微分同胚类)包含了具有同样微分性质的流形。这两个概念真的不同吗?微分同胚真的比同胚要求更严格吗?答案是肯定的,即使对拓扑性质很好的流性来说也是如此,不过很不显然就是了。米尔诺在1956年所构造的例子是令人震惊的,用哈斯勒·惠特尼的话来说,那一孤立的例子招致现代微分拓扑的旺盛发展。

米尔诺的例子是7-球。对于任何整数 n,将 n-球 S^n 自然的方式安装在 $(n+1)$ 维欧氏空间中,这样一来,S^n 当然具有一个自然的微分结构。米尔诺指出:存在一个微分流形,它同胚于但并不微分同胚于 S^7;这种流形后来就叫做7-怪球。

为了证明这个断言,有三个问题需要解决:(1) 找出一个候选者,(2) 证明它同胚于 S^7,(3) 证明它不微分同胚于 S^7。第一个问题是容易的(事后来看);候补者是拓扑学家几年之前就熟悉的一个空间(4-球上的一个3-球束)。米尔诺用莫尔斯理论解决了第二个问题。微分流形上的莫尔斯函数是一个只具有非退化拐点的实值光滑函数。n-球具有一个不多不少带二个拐点的莫尔斯函数(投影在最后一个坐标上,并考虑两个极)。G·里比的一个定理适用于另一方面:若一个微分流形具有一个刚刚带二个拐点的莫尔斯函数,则它就同胚于一个球。米尔诺证明他的候补者具有这样的一个莫尔斯函数。第三个问题最难。米尔诺利用了二个事实:第一,S^7 是 R^8 中单位球的边界;第二,他的候补者是一个 8 维流形 W 的边界。若该候补者微分同胚于 S^7,则利用微分同胚,我们就能将单位球粘合在 W 上,并得到一个不能存在的(如米尔诺所证明的)8 维流形。

一旦知道了7-怪球的存在,当然要问它们有多少个,即有多少个微分流形类。米尔诺与克维尔证明有28个类。其他的球怎么样呢?米尔诺与克维尔又证明:微分 n-球以微分同胚为模进行分类能够做成一个有限交换群,它以"自然"球作为零元素;群运算是"连通和",就是将流形粘合在一起。对 $n<7$,这个群是平凡的;对于 $n=7$,群的阶是 28。$n=8$ 时,阶数为 2,$n=9$ 时,阶数为 8,$n=10$ 时,阶数为 6,$n=11$ 时,阶数为 992。对于 $n=31$,就有超过一千六百万个怪球(的微分同胚类)。

构造怪球有两种系统的方法。第一组是米尔诺的"装水管"构造法(以管道将洞连接起来),这是以切割和粘合装配起来的流形边界作为怪球提出来。另一个方法(归功于布里斯科恩,范姆等人)给出了事先装配的例子。对正整数所组成的每一有限序列$(a_1, \cdots, a_n)$,令$\sum(a_1, \cdots, a_n)$为多项式$z_1^{a_1} + \cdots + z_n^{a_n}$正复$n$维空间的单位球上的零点所成的集。米尔诺给出了保证这个流形同胚于适当维数(顺便提一下,它是$2n-3$)的球的n元数组的精确判定。例如,当k从1到28时,流形$\sum(3, 6k-1, 2, 2, 2)$提供了28种7-球的不同的微分同胚类。

参考文献

[1] J. W. Milnor, On manifolds homeomorphic to the 7-sphere, Ann. Math., 64(1956) 399-405 (MR 18-498).

[2] J. W. Milnor, Differential topology, Lectures on Modern Mathematics vol. II, pp.165-183, Wiley, New York, 1964 (MR 31♯2731).

九、微分方程

含有未知函数微分的方程叫微分方程。例如,设y是自变量x的函数,则$\frac{dy}{dx} = y + x$是常微分方程。若z是自变量x和y的函数,则$\frac{\partial^2 u}{\partial x^2} + \frac{\partial^2 u}{\partial y^2} = g(x, y)$是偏微分方程。关于常微分方程在什么条件下有解的问题,已研究得相当清楚。但偏微分方程的解的存在性,是1954和1955年解决的。因此出现了微分算子理论,推动了微分方程基本理论的研究。

微分概念到处都起着重要的作用,包括纯代数和拓扑学。微分方程推动着社会的前进,因之,任何要想预测或部分地改变世界的人都必须懂得一点微分方程和它们的解。

根据在微分方程中涉及的独立变量的数目,和未知函数进入的方式,人们以奇妙的原始方式将微分方程加以分类。一方面是以"一个"与"多个"来分类,另一方面是以"好的"与"不大好的"来分类,或者以应用到方程上的对应的形容词来表述,一方面是以"常"与"偏"来分类,另一方面是以"线性"与"非线性"来分类。这篇报告只涉及线性方程,不考虑非线性方程;常微分方程只在开始时出现一下,以确定论题的范围。

线性常微分方程理论的开始部分是简单和令人满意的;我们能够在初等教科书中找到。若p为一个多项式

$$p(\xi) = \sum_{i=0}^{k} a_i \xi^i,$$

又若$D = \frac{d}{dx}$,则$p = p(D)$是一个微分算子,而(对已给的g和未知函数u)$pu = g$是典型的常系数线性常微分方程。若g为连续的(一种合理的,有用的,然而过分特殊的假设),则方程总有一个解。甚至对变系数(即a_i本身是x的函数的情况),只要对它们加以某些适当限制,结

论仍是正确的。例如 a_1 为连续,又"主要的"系数 a_k 没有零点,则结论就是正确的。

对于偏微分方程,即使开始部分也是非平凡的和新的,例如,即使常系数的理论,也是属于最近时期的研究。问题的表达很容易;考虑几个变量 $\xi_1, \cdots, \xi_n$ 的一个多项式,并以 $\frac{\partial}{\partial x_i}$ 代替 ξ_i 得到一个微分算子 p;问题就是要关于 u 解 $pu=g$。

为了避免某些不特别有启发,也不特别有用的同 ε 打交道的毫分缕析,习惯上常取 g(从而找 u)要么在约束最多的类集中,要么在约束最少的类集中。约束最多的类集是由任一种所考虑区域(R^n,R^n 中一个开集,一个流形)上的光滑(无限次可微)函数所组成;另一极端则是由 L·施瓦尔茨广义函数所表示。(广义函数论的核心思想是:函数 f 引导出 C^∞ 上线性泛函 $\phi \to \int \phi(x)f(x)dx$。"广义函数"是一种适当的线性连续泛函,不必是由一个函数引导出来的。这种推广与其源泉之间的类比提示了广义函数微分法的一种合适的定义,而采用那个定义,偏微方程理论就得以活跃起来,并迅速前进。)

偏微分方程是一个古老的课题,又是一个广泛被应用的课题,但令人惊奇的是基本定理还是很新的;只是在不久之前埃伦普赖斯(1954)与马尔格兰奇(1955)才证明了每一个常系数线性微分方程是可解的。若右端是光滑的,就有一个光滑解;即使右端被允许是一个任意的广义函数,仍有一个广义的函数解,这个论题在埃伦普赖斯的书(1962)中已详细讨论过,并且可以看作是已经终了的。

到此为止,一切都很好;证明是比常微分方程难得多;但事实还是令人愉快的。变量(即函数)系数的理论就更难得多,知道得很少,没有一处接近完成。50 年代后期关于这方面的两件激动人心的工作表明旧的猜测和旧的方法是非常不合适的。

关于旧的猜测:汉斯·卢伊提出了(1957)一个既有启发性又非常简单的变系数(但非常光滑)偏微分方程根本没有解的例子。卢伊的多项式是一次的,

$$p(x,\xi) = a_1\xi_1 + a_2\xi_2 + a_3\xi_3$$

其中系数 a_1, a_2, a_3 是变量 x_1, x_2, x_3 的函数,实际上,前面两个为常数:

$$a_1 = -i, \quad a_2 = 1, \quad a_3 = -2(x_1 + ix_2)$$

因此,对应的微分算子为

$$p = -i\frac{\partial}{\partial x_1} + \frac{\partial}{\partial x_2} - 2(x_1 + ix_2)\frac{\partial}{\partial x_3}$$

卢伊所证明的事实就是:对于 C^∞ 中几乎每一个 g(在贝尔分类的意义下),都没有广义函数满足方程 $pu=g$。

差不多同一时候(1958),考尔德伦曾研究了某些重要的偏微分方程(在适当初始条件下)解的唯一性。实际上,他证明:若 $pu=0$,对 $t \leqslant 0$(直观上,这里"t"是时间)具有 $u=0$,则对某些正的时间 t,u 仍局部地为 0。考尔德伦的方法是从调和分析中移植过来的;这些方法将

奇异积分引进到微分算子论题中，从而，稍后就出现了拟微分算子和傅立叶积分算子。从那时以来，这些思想控制了微分算子的论题。

赫尔曼德分析并推广了卢伊的例子(1960)。他曾指出：使卢伊例子起作用的是因为系数为复值的；基本的是 p 与 $\bar{p}$ 的交换子的性能。这里算子 $\bar{p}$ 是简单地将每一个系数代以它的共轭值而得到的。用算子的语言来描述，就是 $\bar{p}u = \overline{p(\bar{u})}$，更精确地说：对 $(\xi_1, \cdots, \xi_n)$ 的每一个多项式，我们考虑它的"主要部分"，即只含有最高次项的部分(对于卢伊例子，就没有别的部分了)。若 $p(x, \xi)$ 是主要部分，以 $b(x, \xi)$ 表示"泊松括式"，

$$b(x, \xi) = \sum_j \left(\frac{\partial p}{\partial x_j} \frac{\partial \bar{p}}{\partial \xi_j} - \frac{\partial p}{\partial \xi_j} \frac{\partial \bar{p}}{\partial x_j} \right)$$

断言：若对某个 (x^0, ξ^0)，主要部分 $p(x^0, \xi^0)$ 为 0 而泊松括式不为 0，则在卢伊意义下，p 在含 x^0 的任一开集中都是不可解的。容易看到，卢伊的例子是被包罗在赫尔曼德保护伞之下。事实上，因为

$$p = -i\xi_1 + \xi_2 - 2(x_1 + ix_2)\xi_3,$$
$$\bar{p} = i\xi_1 + \xi_2 - 2(x_1 - ix_2)\xi_3,$$

初等的计算就得出：

$$b = 8i\xi_3$$

因而，显然对每一 $x = (x_1, x_2, x_3)$ 有一个 $\xi = (\xi_1, \xi_2, \xi_3)$ 使得 $p(x, \xi) = 0$ 且 $b(x, \xi) \neq 0$。

参考文献

[1] L. Ehrenpreis, Solution of some problems of division, Amer. J. Math., 76 (1954) 883-903 (MR 16-834).

[2] B. Malgrange, Existence et approximation des solutions des equations aux derivees partielles et des equations de convolution, Ann. Inst. Fourier, Grenoble, 6 (1955) 271-355.(MR 19-280).

[3] H. Lewy, An example of a smooth linear partial differential equation without solution, Ann. Math., 66(1957) 155-158 (MR 19-551).

[4] A. P. Calderón, Uniqueness in the Cauchy problem for partial differential equations, Amer. J. 80(1958) 16-36 (MR 21 # 3675).

[5] L. Hörmander, Differential operators of principal type, Math. Ann., 140(1960) 124-146 (MR 24 # A434).

[6] L. Hörmander, Linear partial differential equations, Springer, New York, 1969 (MR 40 # 1687).

[7] L. Ehrenpreis, Fourier analysis in several complex variables, Wiley, New York, 1970 (MR 44 # 3066).

十、指标定理

函数论研究性质特别好的函数，称为解析函数，它无限多次可微分，而且能展为幂级数。

每个解析函数有和它相应的黎曼曲面。但曲面的结构又是拓扑学所研究的。这样,在函数论和拓扑学之间产生了深刻的联系。古典的黎曼-罗赫定理得到了一个刻划解析指标和拓扑指标关系的公式。1963 年把这个定理作了全面的拓广。这种横跨两个数学分支的深刻结果,指示了客观世界数量变化规律之间的本质联系。

阿蒂亚-辛格指标定理(1963)横跨了数学的两个领域,拓扑与分析。这不是技巧上的偶然事件,而是论题的性质。具有这样广阔视野的定理,通常都是最有用和最精美的,指标定理也不例外。然而,这个定理的宽阔性要求从侧面进行阐释性的概述。下面我们首要地描述历史上的概念上的先兆,黎曼-罗赫定理,然后简短地指出阿蒂亚-辛格定理如何推广了它。

古典的黎曼-罗赫定理处理了黎曼面的二重性(拓扑上的和分析上的性质)。每一个紧致的黎曼面同胚于一个(二维)有柄的球。柄的数目完全决定曲面的拓扑性质。这部分是容易的。分析结构是较复杂的。它由有限个开集的覆盖和由从复平面 C 到每一开集的显同胚所组成,这显同胚在重迭处定义了全纯函数(不妨利用同胚来把覆盖中每一开集与 C 中的开集等同起来;下面默认做到了这一点)。例如若曲面为球(没有柄),将 C 看作通过赤道割开来的一片,并利用球极平面投影(朝着北极和南极)作为同胚。这里有两个开集,北极的余集和南极的余集;在重迭处的同胚函数由 $w(z) = \frac{1}{z}$ 给出。

黎曼面上的一个光滑函数可以被看作 C 中开单位圆(对覆盖的每一个开集有一个)上的一族函数,它们是光滑的(C^∞),并且在由重迭处引出的变量变换下互相变换。如果 f 与 g 是二个这种函数,w 是圆上的变换,这种变换是经由适当同胚到对应于 f 的开集并从那与对应于 g 的开集的重迭处返回这样的关系所引出,则 $f(z) = g(w(z))$。若圆上每一个这样的函数都是全纯(或半纯),则黎曼面上的函数称为全纯(或半纯)。黎曼面的解析研究的另一个概念是光滑微分的概念:那就是形状为 $p(x, y)dx + q(x, y)dy$ 的表示式,其中 p 与 q 为复值光滑函数,在重迭处满足变量变换的连锁规则,全纯微分是形状为 $f(z)dz$ 的一个微分,其中 f 为全纯,且 $dz = dx + idy$(在上面所用的记号中,这些微分于重迭处的变换关系成为 $f(z)dz = g(w)dw = g(w(z))w'(z)dz$;函数 f 与 g 不再是仅仅互相之间变换,而且也由于微分所参加的一份而改变了)。

黎曼面的解析性质是全纯(和半纯)函数的性质和黎曼面所具有的微分性质。一个熟知的结果是紧致黎曼面上的唯一全纯函数是常数;那实质上就是利乌维尔定理所陈述的事实。黎曼-罗赫定理陈述得更多。在最简单的形式中,它涉及亏格为 g 的紧致黎曼面 S 和 S 上 N 个点 $z_1, \cdots, z_n$。令 F 为在 z_i 处(再没有其他地方)有阶数不超过 1 的极点的曲面 S 上的半纯函数所组成的向量空间;令 D 为在 z_i 处(也可能在别处)有阶数不小于 1 的零点的全纯微分所组成的向量空间。结论:

$$\dim F - \dim D = 1 + n - g$$

(在古典刘维尔定理的情况,$g = 0$,$n = 0$,和 $\dim D = 0$)这个结论的重要方面是:完全以分析术语所描述的一个量能够光用拓扑数据来计算。

在特殊情况 $n=0$，F 为 S 上全纯函数所组成的向量空间（以致 $\dim F=1$），而 D 为一切全纯微分所组成的空间，存在有一个线性映照，习惯上记作 $\bar{\partial}$，从 S 上一切光滑函数所组成的向量空间映照到一切光滑微分所组成的空间：在每一个覆盖成的开集中，记

$$\bar{\partial} f = \frac{\partial f}{\partial \bar{z}} d\bar{z}$$

映照 $\bar{\partial}$ 是微分算子的一个例子。$\bar{\partial}$ 的核精确地由满足柯西-黎曼方程的函数所组成；换言之

$$\ker \bar{\partial} = F$$

$\bar{\partial}$ 的余核（一切光滑微分所组成的空间模 $\bar{\partial}$ 的象所成的商空间）类似地可与 D 等同起来。在这一情况中，黎曼-罗赫定理的结论取以下形式，即

$$\dim \ker \bar{\partial} - \dim \mathrm{coker}\, \bar{\partial} = 1 - g$$

阿蒂亚-辛格定理是黎曼-罗赫定理的一个拓广，这定理也陈述：一个分析定义上的数（解析指标）能够以拓扑数据来计算。拓广了哪些方面？一切方面。首先，黎曼面被任意维的紧致光滑流形 M 所代替。光滑函数和光滑微分所成的向量空间被 M 上复向量束光滑截面所成的向量空间（实际上，向量束复合体）所代替。最后，映照 $\bar{\partial}$ 被微分算子 Δ 所代替。后者满足某一可逆条件（称之为椭圆性）。这就得出 $\ker \Delta$ 和 $\mathrm{coker}\, \Delta$ 两者都是有限维的；两个维数之差就是解析指标。结论是解析指标能够由拓扑不变量（"拓扑指标"）来计算，它们是亏格的非常复杂的拓广。

甚至在它较短的生命中，阿蒂亚-辛格指标定理已有重要而有意义的影响，至少人们已用三种有启发性的不同途径证明了它。最新一种与流形上热传导方程的研究有关。

参考文献

[1] M. F. Atiyah and I. M. Singer, The index of elliptic operators on compact manifolds, Bull. A. M. S., 69(1963) 422-433 (MR 28 # 626).

[2] R. S. Palais, Seminar on the Atiyah-Singer index theorem, Ann. Math. Studies, No. 57, Princeton University Press, Princeton, 1965 (MR 33 # 6649).

结语

概念、事例、方法和事实继续地被发现：问题得到反复地陈述，纳入新的课题中，人们更好地了解它，并且每天都在解决它。我们希望上面的 10 个范例至少表达了我们时代数学的部分广度、深度、成就和力量。数学是活的，本文就暂写到此。

突变理论

那些突如其来地发生急剧变化的事件一向不接受数学的分析。现在有一种来自拓扑学的数学方法以七种"基本突变"为例描述了这类现象。

[英] E·C·齐曼

张奠宙 编译

提要: "突变理论"(Catastrophe Theory)是最近十年来国外数学界提出的一种新的数学理论。它运用拓扑学、奇点理论和结构稳定性等数学工具,研究自然界各种形态、结构的不连续的突然变化。Catastrophe 原意是指灾难性的突然变化,以强调变化过程的间断性,有时也直接表示市场的崩溃、战争的爆发、地震的发生等带来灾难性后果的变化。

这个理论由法国数学家伦尼·托姆(René Thom)最早提出,1972年他出版了《结构稳定性和形态发生学》一书,系统阐述了这个理论,逐渐引起了广泛的注意。国外学术界大多给以肯定的评价,有的甚至誉为"数学界的一次智力革命——微积分以后最重要的发现",本文作者齐曼(E. C. Zeeman)就是一个积极的支持者。但也有强烈的反对意见,甚至认为这种理论完全是欺世盗名的。

齐曼是英国瓦维克(Warwick)大学著名的数学教授。1970年以前研究拓扑学,以后把注意力逐渐集中到突变理论,特别是对于这个理论模型的运用,他作了很多工作。《突变理论》(原载《科学美国人》,第234卷,1976年4月号)一文比较集中地反映了他的看法和某些研究成果。

齐曼认为,微积分模型解释了光滑地连续变化现象,突变理论模型则描述了不连续的突然变化现象,如水结成冰或化成气、弹性梁受挤压而弯曲、胚胎的变化、人的情绪波动等等。突变理论用拓扑学的曲面折叠概念来描述这些突变现象。例如,在狗的进攻模型中,狗的突然进攻和突然逃跑是由发怒和恐惧这两个相互矛盾的因素所控制的。在齐曼的模型中,这两个因素作为两轴构成控制平面,用垂直于平面的轴作为行为轴。在通常的情况下,行为是发怒和恐惧程度的函数,是一个三维空间中的曲面。曲面中间部分的折叠把曲面分成顶、中、底三叶,分别表示攻击行为,中间状态和逃跑行为。因此,根据狗发怒和害怕的程度就可以画出尖顶的边界,说明狗的行为如何突然变化。

齐曼介绍了突变理论在物理学、工程学、医学等方面的应用。如在范·德·瓦耳斯(Van der Waals)方程中温度和压力是两个相反的因素,密度在行为轴上标出,顶叶是液态,底叶是

编者注: 本译文载于《世界科学译丛》(1978年第2期第25页至35页)。英文原文引用格式为:

Zeeman, E. C. Catastrophe Theory. Scientific American, 1976, (234), 65-83.

译者在正文前添加了"提要",以帮助中国读者更好地理解本文内容。原文中部分节段和插图被省略。此处的转载,订正了译文中若干错误,并规范了人名表达。

气态,两个突变表示沸腾和凝结,尖顶的顶点是临界点,尖顶区里液态和气态同时存在。这种模型可以对物理学上定律加深理解。此外,齐曼还介绍了这个理论在社会科学方面的应用,如预测战争对策、市场变化、解释心理学现象等。这方面的问题还需另作分析研究(文章中这方面的内容未译出)。

托姆对所有这些突变都进行了分类,他证明如控制因子不多于四个,突变模型可归结为七种基本突变。目前,突变理论模型正广泛应用于物理学、工程技术、生理学、医学等方面,特别是用到基因密码的翻译和语言、文字同思想的关系等问题上,引起很大的兴趣。突变理论究竟如何,要看未来十年的实验检验。

科学家常常用构造数学模型的方法来描述事件。事实上,如果这样的一个模型特别成功,那就可以说不但描述了事件,而且也"解释"了事件;假使这个模型能够归结为一个简单的方程,甚至可以把它叫做一条自然定律。三百年前,牛顿和莱布尼茨在构造这类模型时发现了著名的微分法。牛顿本人在表达他的引力定律和运动定律时用了微分方程。麦克斯韦(James Clerk Maxwell)则把微分方程用于它的电磁理论。爱因斯坦的广义相对论最终归结为一组微分方程。这类比较不那么著名的例子还可以举出许许多多。然而,微分方程作为一种记叙性的语言也有其固有的限制:它们只能描述那些连续变化和光滑变化的现象。用数学的语言来说就是:"这些微分方程的解必须是可以微分的函数。但这类有规律、有很好性态的现象,相对来说是很少的。相反,世界上充满了突然变化和不可预测的事件,这些都要求不可微分的函数。"

有一种关于不连续的、发散现象的数学方法,到最近才发展起来。这个方法有可能描述自然界各种形式的进化,因而它体现了一种更有普遍性的理论;它能特别有效地应用于由逐渐变化的力量或运动而导致突然发生变化的情形。由于这个原因,这一方法被称之为突变理论。物理学中有许多事件,现在都可以看作是数学突变的事例。但这个理论最重要的应用,毕竟还是在生物学和社会科学方面,那里不连续的、发散的情况几乎无所不在,而其他数学方法至今证明无效。突变理论能对到今天还是"不精密"的科学提供一种数学语言。

突变理论是法国 Bures-sur-Yvette 高级科学研究院的托姆创立的。他在 1972 年出版的《结构稳定性和形态发生学》一书中介绍了他的思想。这理论导源于拓扑学,它是涉及多维空间曲面性质的数学分支。同拓扑学有关,是因为自然界的基本力量可以用关于平衡的光滑曲面加以描述,当这一平衡被打破时,突变就发生了。因此,突变理论的问题是要描述各种可能的平衡曲面的样式。托姆用很少几种最原始的形式,即他称之为基本突变的,把这个问题解决了。对于不超过四个因子控制的过程,托姆证明正好有七种基本突变。托姆定理的证明很难,但证明的结果却比较易于了解。这些基本突变本身,不必看证明就可以懂,并可以用到科学问题上。

一、进攻模型

突变理论的模型的性质,最好用例子来说明,我们从研究狗的进攻模型开始。洛仑兹

(Konrad Z. Lorenz)曾指出,进攻行动受两个互相矛盾的倾向所制约:发怒和恐惧。他还指出,对于狗来说,这两种因素在某种程度上可以测量出来。一只狗的发怒和张嘴、露齿程度有关,其恐惧程度则可从它的耳朵向后拉平多少反映出来。使用面部表情作为狗的情绪状态的指标,我们可望弄清狗的行为的变化是如何因情绪变化而变化的。

在两个互相矛盾的因素中如果只有一个因素出现,狗的反应比较容易预测。如果狗发怒而不害怕,某种进攻行动比如发动攻击是可以料到的。当狗受了惊吓而未发怒,进攻行动就未必发生,狗多半会逃走。如果没有刺激,预测也很简单:狗将处于某种中间状态,同进攻和驯顺都不相干。

如果狗同时又发怒又恐惧该怎么样呢?这两个控制因子是直接冲突的。有一种和不连续变化不相适应的模型预测,两种刺激将相互抵消后回到中间状态。这正好暴露了这种简单化模型的短处,因为实际上中间状态最少可能发生。当一只狗又发怒又受惊,采取两种极端行为的概率都很高;可能攻击也可能逃走,但不可能保持无动于衷。从突变理论中导出的模型的长处在于能估计出取二个值的概率分布。另外,这个模型还提供了一个预测在特殊情况下狗将选择什么行动的基础。

构造模型,首先要在水平面上划两个轴,表示发怒和恐惧这两个控制参量,这个水平面称为控制面。度量狗的行为的第三轴垂直于前两轴称为行为轴。我们可以假定狗的各种可能行为方式都平滑而连续地排列着,如开始是仓惶逃走,继而退缩、回避、漠然、惊叫、直到咆哮进攻。最有进攻性的行为假定在行为轴上取最大值,最少进攻性的则取最小值。对控制面上的每一点(即对发怒和恐惧的每一种组合),至少存在一种最可能的行为。我们就直接在控制面的那一点之上标出空间上一点,使之最大限度地表示出上述行为。对控制面上许多点来说,不论是恐惧还是发怒占优势,只有一个行为点与之相应。但接近于图形中心部分,发怒和恐惧的程度差不多相等,控制面上的每一点都有两个行为点:一个在行为轴上有较大数值,表示攻击行为;另一个有较小数值,表示驯顺行为。此外,我们还可以注意到两点之间有第三点,表示最小可能的中间行为。

如果对整个控制面上每一点都画出行为点,并能连成一片,则形成一个光滑曲面:行为曲面。这曲面有一种整体性倾斜,从发怒占优势的高数值区域到恐惧占优势的低数值区域。但这种倾斜还不是它最主要的特征。突变理论表明,曲面中间一定还有一个光滑的打了褶但没有皱的二重折叠,造成从曲面前部到后部的夹缝,最后出现折叠中三叶会合的奇点(见图1说明)。正是这一折叠才给予这个模型最有趣的特征。行为曲面上的所有的点表示狗的最可能行为,有一个例外是中间叶,它表示最小可能的行为。通过突变理论,我们可以根据某些控制点上的双重行为得出整个行为曲面的形状。

为了了解怎样用模型预测行为,我们必须研究狗对改变刺激的反应。假设狗的初始情绪状态是中间的,可以用控制面上的原点表示。这时在行为曲面上标出的狗的行为也是中间的。如果某些刺激增强了狗的怒气而不使之害怕,那么在行为曲面上标出一个光滑地向上改变的行为方向,趋向于进攻的态势,当发怒增强到足够程度,狗便会攻击。如果狗的恐惧开始增强,而发怒气仍保持高水平,那么控制面上表示这些情态的点一定向中央部分伸展过去。

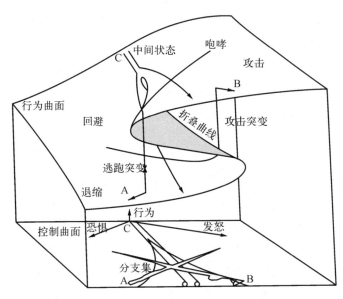

图1 狗的进攻可用一种基本突变理论模型描述。这个模型假定进攻行为受控于两个互相冲突的因子,发怒和恐惧,标为水平面,即控制面上的两根轴。狗的行为从攻击到逃跑表示于垂直轴。对发怒和恐惧任何一种组合,从而对控制面上的任何一点,至少有一种相当的行为形式,用控制面相应点上方行为轴的适当高度上的一个点指示出来。所有这些点的集合构成行为曲面。在大多数情况下,只有一种可能的行为方式,但发怒和恐惧的程度如果大致相等,就会有两种方式:一只狗既发怒又害怕,就可能或者进攻或者逃跑。因此在图中央有两叶表示最可能的行为,两叶用第三叶连接起来形成一个连续的折叠面。这第三叶或中间叶(阴影部分)同另外两叶意义不同,表示这种中间状态的最小可能的行为。行为曲面的折叠朝原点方向越来越狭,直到最后消失。确定折叠边缘的线叫做折叠曲线,它在控制面上的投影是一条尖形曲线。由于这个尖顶标志着行为出现双枝的区域的边界,因而叫做分支集,这个模型叫尖顶突变。如果使一只发怒的狗害怕起来,它的情绪沿控制面上的轨道 A 变化。行为曲面上相应的路径在顶叶上向左移动直到达到折叠曲线为止;然后顶叶消失了,行为点的路径一定突然跳到底叶。这时狗放弃攻击而突然逃走。同样,一只受到惊吓的狗被激怒以后,沿轨道 B 移动。狗保持在底叶,直到底叶消失为止,然后跳到顶叶,狗不再畏缩而突然发动攻击。狗如果同时受到激怒和惊吓,必然沿着 C 上的两条轨道之一移动。究竟移动到顶叶变为进攻还是移动到底叶变为驯顺,则严格取决于发怒和恐惧的数值。这时一个很小的刺激会产生一个很大的行为变化;这现象就是发散。

而表示行为的点也当然跟着移动。但因为行为曲面在这一区域不很陡,行为变化很轻微,所以狗仍保持着进攻态势。

当恐惧继续增强,最后行为点必然达到折叠的边缘。模型显然给人以新的启发。在折叠边缘上,顶叶经过向下折叠以后,其效果已经消失。这里只要稍微增加一点恐惧,顶叶就不起作用了。因此,行为态势将直接取决于图的底叶,它表示完全不同的行为方式。顶叶的进攻态势再也不可能了,不可避免地突然、实际上是突变式地变为驯顺态度。于是,这一模型预测到,如果一只狂怒的狗逐渐恐惧起来,最后将中止进攻而逃走。这种行为的突然变化可以叫做逃跑突变。

此图也可以预测存在一个相反的行为模式:攻击突变。当狗处于恐惧占优势的初始状态时,其行为稳定在底叶,但随着怒气的充分增大,穿过折叠的对边跳到顶叶,处于攻击态势。换句话说,一只逃跑的狗,如果置于怒气渐渐增大的状态下,可能突然攻击。

最后,一只狗最初处于中间状态,后来怒气和恐惧同时增大,其行为将怎样呢? 行为点开始在原点上,在两种对立的刺激影响下,在图上笔直地向前移动。到达奇点时,行为曲面发生折叠,行为点或者在狗更多进攻性时向上面一叶移动,或者在狗更少进攻性时向下面一叶移动。究竟到哪一叶,严格取决于狗在到达奇点以前的态势。此图被称为发散的:初始条件的一点很小变化都会引起最后状态的重大变化。

二、尖顶突变

在行为曲面上,标志着经顶叶折向底叶边缘上的那条线,称为折叠曲线。它投射在控制面上,形成了一条尖形的平面曲线。由于这个原因,这个模型叫做尖顶突变。这是七个基本模型中最简单的一个,也是至今最有用的一个。

控制面上的这条尖形曲线,称为尖顶突变的分支集合,规定了突然变化可能发生的范围。当系统的状态在这一集合之外,行为的改变量作为控制参量的函数平滑而连续地变化着。甚至进入尖形曲线内部,一时也看不到急剧的变化。然而,当控制点从头至尾穿越尖顶时,突变就不可避免了。

分支集合内的每一点都有两种行为方式,外面只有一种。而且,即使行为曲面有三叶,尖顶中也只有两种行为方式。因为我们曾用折叠部分的中间叶表示最小可能的行为。中间叶的存在使行为曲面保持平滑和连续,然而行为点并不布满整个中间叶,事实上控制面上没有一条渠道能使行为点进入中间叶。一旦跨过折叠曲线,行为点就要在顶叶和底叶之间跳跃,因此,中间叶是难以接近的。

构造这一模型,是从一个本质上是决定性的假设出发的:狗的行为能够从反映在面部表情上的情绪状态预测到。最后,用图表示的模型乍看上去似乎违背了这个假设,因为对于给定的情绪状态有两种可能的行为方式,就不可能作出毫无含糊的预测。事实上,如果我们仅仅知道当前的情绪状态(假定这一状态在图的双值区域以内),我们当然不能预测到狗将干什么。不过当我们附加某些条件时,就可以提高这个模型的决定作用,也可以使它更复杂些。倘若我们对狗现在和前一段的情绪状态都知道,狗的行为就可以预测。

进攻性当然不只是狗的特征,这个模型也描述了一种可以同样运用于其他物种的机制。例如,考虑某些热带鱼有一种在珊瑚礁建立永久巢穴作为领土的行为。在这种情形中,控制进攻因子可以是来犯鱼的大小和接近窝的程度。鱼的攻击行为将再次被描述为一种尖顶突变。一条鱼远离巢穴寻找饲料,碰到大鱼时将会逃跑;但一旦逃到自己领土的"防御"边界,突然改变态度,转过来保卫自己的巢穴。反过来,如果鱼在它的巢穴里遇到危险,它将驱逐来犯者,但一到达自己领土的"攻击"边界,就会放弃追赶而返回巢穴。从巢穴到改变行为地点的距离,将取决于尖形曲线的分支集合。由于尖顶模型的样式,这个模型可以令人感兴趣地预测到"防御"范围比"攻击"范围要小些。此外,这两个边界的大小取决于敌我力量的对比。一条来犯的大鱼更靠近巢穴才会激起这条鱼起来战斗。这个模型还很容易说明鱼的行为的一种可见特点:这种有领土的鱼配对时,对于偶尔接近巢穴的对象会进行更有力的抵抗。

三、动力的作用

还留下一个重要的问题来：什么是动力？在进攻模型中是什么迫使狗表现出最可能的行为？在自怜模型中为什么最可能怀有的心情正是所采取的那一种？

象突变机这样一个物理系统中的能量极小值，是所谓吸引子概念的一个特例。这里它是最简单的一种吸引子，一种单一的稳定状态，其作用好象一块磁石的吸引子：在它影响范围内的什么东西都要被它拉过去。在吸引子的作用下，系统呈现出静态平衡。

心理学模型中一定也有吸引子，虽然不一定这么简单。一个动态平衡系统的吸引子，是由系统经历各态的全部稳定循环所构成。例如，正在用弓拉的提琴弦一再按其共鸣频率重复同样的位置循环，这些位置循环就代表弦的吸引子。

在心理学模型中寻找吸引子，显然要到大脑的神经机构中去找。大脑当然比提琴弦复杂得多，了解得却很少，但也知道亿万神经原组成大规模互相连结的网络，形成一个动力系统。任何一个动力系统的平衡态都可以用吸引子表示出来。有些吸引子可以是单一状态，但大多处于稳定状态的循环或者更高级的类稳定循环之中。头脑的各部分是互相影响的，因而吸引子的出现与消失有时很快，有时很慢。当一个吸引子让位于另一个吸引子，系统也可能保持稳定性，不过情况常常不是这样，大脑状态会出现突变性的跳跃。

托姆的理论讲，在最简单的吸引子——静态平衡点——之间所有可能的突然跳跃都是由基本突变决定的。因此，倘使大脑动力只有点吸引子，它就只能表现为基本突变。但实际上并不是这样，还有更复杂的吸引子，明显的证据是：大脑的 X 节律波是一个循环吸引子。支配循环吸引子和高维吸引子之间跳跃的法则，现在还不知道，它们必然不仅包括基本突变，还包括一般化的突变，对这些问题的研究是今天数学研究的活跃领域。因此还没有描述整个大脑动力系统的完备理论。然而，基本突变仍然对某些大脑活动提供了有意义的模型。模型是清楚的，有时也使人感到简单，但是它们所依据的主要数学理论隐含地以神经网络的复杂性作为基础。

大脑动力的吸引子概念，提供了我们的人类行为和动物行为模型中所需要的东西。担负象自怜这类情绪的神经机制是不知道的，但存在着一种稳定状态的情绪，就意味着这个机制是一个吸引子。事实上，在自怜模型中行为曲面的每一点都相当于一个支配着情绪的大脑中那个系统的吸引子。如果神经系统受到什么干扰，它立即在吸引子的影响下回到行为曲面上来，正如突变机制恢复到平衡一样。当一个吸引子的稳定性被打破，让决定情绪的系统接受另一个吸引子的影响，并朝着它迅速移动的时候，情绪的急剧变化就出现了。

四、尖顶突变的特征

前面的例子和分析提示了尖顶突变的某些共同特征。一个不变的特征是：行为都在区域上方，部分是双重的，并可以观察到从一种行为方式到另一种方式的突然变化。此外，突然变化的模式还呈现一种滞后效应,就是说,从顶叶到底叶的变换并不发生在从底叶到顶叶变换的同一点上。尖顶中央并不发生变化,一直推迟到到达分支集合为止。另一个特点是:在尖顶里面行为是双重的,行为轴的中间地段很难接近。最后,模型意味着有可能发散,使系统初态的小扰动最后会变成终态的大差别。这五种性质:双态性、突然变化、滞后、不可接近性和发散性,由于模型本身而彼此有关。如果有一个在过程中显露出来,也应当找到其他四个,如果不止找到一个,就应当考虑选择尖顶突变来描述这个过程。

对于许多物理学(一种运用高度发展的数学语言的科学)上的问题,突变理论也有助于理解。一个例子是物质在液相和气相之间的转化。我们可以作为尖顶突变而重写范·德·瓦尔方程,以温度和压力为两个相反的控制因子,密度为行为轴。顶叶是液相,底叶表示是气相,两种突变表示沸腾和凝聚。尖顶的顶点是临界点,同时存在液相和气相。绕过尖顶背后,液体可以不经沸腾而变成气体。

物理学中的另一个尖顶突变,来源于 18 世纪欧拉(Euler)的工作,即弹性梁在水平挤压和垂直荷载下的弯曲。挤压是破裂因子,荷载是正常因子。加强挤压,使图形上的行为点进入尖顶区域,在这里,梁有两个稳定状态,一个向上弯曲,一个向下弯曲。如果梁最初是向上弯曲的,荷载增加时,行为点的移动会跨过尖顶区,使梁突然向下弯曲。这种情况如果是发生在一座桥的支持桁架上,就既是数学上的突变,也是现实中的突变。

物理学中另一个绝妙的例子,是由于光线在弯曲表面上的反射和折射形成的明亮的几何图案,即所谓光焦散。一种熟悉的焦散是尖顶形曲线,一杯咖啡的表面由于阳光的照耀有时会出现这种焦散,它是由太阳光线从杯子内部的反射而造成的。

另一个熟悉的焦散展现了短暂的和立体的亮度的不连续性,即在太阳光下游泳池底部变化着的图案。雨后的虹是一族颜色的散射。一道光线照射到凹面镜上或者通过球面镜或柱面镜(例如一只泡泡或者注满了水的烧杯),会产生许多复杂的焦散现象。在这里应用突变理论后,加深了对现象的理解。托姆曾指出:稳定的焦散只有 3 种类型的奇点。对光焦散现象

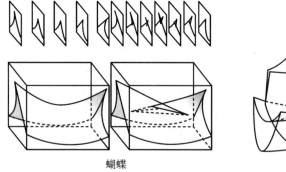
蝴蝶

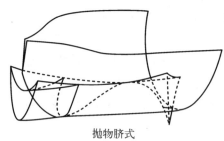
抛物脐式

图 2 对剩下的两种突变只可用截口加以解释,因为即使其分支集也超过了三维。蝴蝶突变的四维分支集用三维截口表示。第四维是蝴蝶因子,如果碰巧它表示时间,那么一个截口的结构就能引伸出其他截口来。图形中从左到右的移动反映倾斜因子的变化。二维"薄片"可以更清楚地显示这些因子的作用。抛物脐形突变的四维分支集合也用三维截口表示。这是照英国兰开斯特工艺学校的高德温(A. N. Godwin)事先用计算机准备的图形画的。

进行突变理论分析的数学精巧性在于,这里没有用动力学,用的是对极大极小给以同等重要地位的变分学。

尖顶突变是三级图象:二个控制参量需要二维,行为轴还要一维,其实行为轴不一定只表示单独的行为变量,例如在脑功能模型中,它可以表示亿万神经原同时变化的状态。然而突变理论指出,总是可能选出一个单独的行为变量,画出仅仅相对于行为轴的行为曲面,从而得出我们熟悉的三维图象。

如果把图象减为二维,结果会产生一个更加简单的模型:折叠突变。折叠突变中只有一个控制参量,控制空间是一条直线,分支集是线上的一个单独点。行为空间是一条抛物线,一半表示稳定状态,另一半表示不稳定状态。这两个部分由一个直接在分支点之上的折叠点所分开。

五、分类定理

折叠突变可以看成是尖顶突变折叠曲线的截口。尖顶突变也可以当作许多原点上只有一个新奇点的折叠突变的堆砌。更复杂的高维突变可以按同样办法构成:由每一个都在原点上有一个新奇点的许多低维突变所组成。

如果控制空间是三维的,行为空间仍然是一维的,唯一的一个四维突变就可以构造出来。行为曲面变成一个三维超曲面,沿整个曲面的折叠代替沿曲线的折叠,这样的图形很不容易画得让人看出来。分支集合不再是二维平面上有奇点的曲线,而是在边缘上遇到尖顶的三维空间的曲面。一个新的奇异性发生在原点上,叫做燕尾突变。因为是四维图象,整个燕尾突变是画不出来的。我们只能画出它的三维分支集合,由此可能得到关于燕尾的某种几何直觉,正如通过画出尖顶的二维分支集合,并记住行为曲面在尖顶以内是双重的就能够描述尖顶突变,这种突变叫做燕尾,因为它的分支集合看上去有点象一只燕尾。这个名字是一位法国盲人数学家贝纳德·毛林(Benard Morin)建议的。

如果再加上另一个控制参量,产生一个五维突变。折叠,尖顶和燕尾又作为截口出现,而一个新的奇异性由于几个曲面的交截形成一个"口袋"。"口袋"的形状和它的截口,叫做蝴蝶突变。它的分支集合是四维的,因而画不出来,只能通过二维或三维的截口来说明(见图3)。

当控制空间是三维、行为空间是二维时,形成两个以上的五维突变。这叫做双曲脐形和椭圆脐形突变。象燕尾式,有两个带尖形边缘的曲面组成分支集合,它们是三维的,可以画出来。最后,由一个四维控制空间和一个二维行为空间所产生的六维突变,叫做抛物脐型。它的几何形状是复杂的,也只能画出它的分支集合的截口。

增加控制空间和行为空间的维数,可以构造出无限的突变序列。俄国数学家阿诺尔德(V. I. Arnold)已经至少对 25 维进行了分类。但在现实世界的现象模型中,是上面所描述的七种可能最为重要,因为它们具有不超过四维的控制空间。由空间位置和时间所决定的各种过程的特殊同类性,不能多于四维的控制空间,因为我们的世界只有空间三维和时间一维。

即使画不出的突变也可以用模型现象加以解释,它们的几何形状完全是确定的,虽然不能从图上看出来,但点在行为曲面上的运动可以进行解析地研究。每一突变都用势函数来定

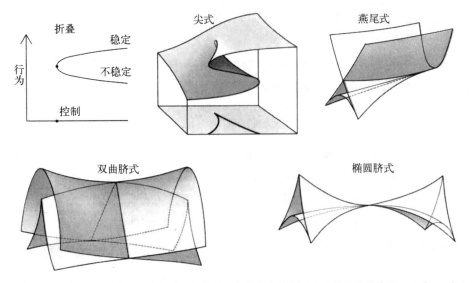

图 3 五种基本突变图揭示了它们的几何本质。折叠突变是尖顶突变的折叠曲线的一个截口,其分支集合由一个单独的点所组成。尖顶是可以全部画出来的最高维数的突变。燕尾是四维突变,抛物脐状突变和椭圆脐状突变是五维的,这些图只能画出三维分支集,表示不出行为曲面。

义,而且在每种情况下行为曲面都是由势函数的一阶导数为零的点所构成的图形。

托姆理论的力量在于它的一般性与完备性。它指出,一个过程如果由某一函数的极大值或极小值所决定,而且由不超过四个因子所控制,则行为曲面的任何奇异性一定类似于上面指出的七种突变之一。如果一个过程仅仅由两个控制因子决定,则行为曲面只能有折叠和尖顶。这个原理本质上说明,在任何包含两个原因的过程中,尖顶突变是可能发生在图上的最复杂的事。这个原理的证明在这里介绍就太专门、太长了,但它的结论却十分简要:只要连续变化的力量有突然改变的效应,这个过程一定可以描述为一种突变。

突	变	控制维数	行为维数	函 数	一 阶 导 数
类型	折叠	1	1	$\frac{1}{3}x^3 - ax$	$x^2 - a$
	尖顶	2	1	$\frac{1}{4}x^4 - ax - \frac{1}{2}bx^2$	$x^3 - a - bx$
	燕尾	3	1	$\frac{1}{5}x^5 - ax - \frac{1}{2}bx^2 - \frac{1}{3}cx^3$	$x^4 - a - bx - cx^2$
	蝴蝶	4	1	$\frac{1}{6}x^6 - ax - \frac{1}{2}bx^2 - \frac{1}{3}cx^3 - \frac{1}{4}dx^4$	$x^5 - a - bx - cx^2 - dx^3$
	双曲式	3	2	$x^3 + y^3 + ax + by + cxy$	$3x^2 + a + cy \quad 3y^2 + b + cx$
	椭圆式	3	2	$x^3 - xy^2 + ax + by + cx^2 + cy^2$	$3x^2 - y^2 + a + 2cx \quad -2xy + b + 2cy$
	抛物式	4	2	$x^2y + y^4 + ax + by + cx^2 + dy^2$	$2xy + a + 2cx \quad x^2 + 4y^3 + b + 2dy$

七种基本突变描述了控制因子不多于四个的所有可能的不连续现象。每一种突变都同一个势函数相连系,其控制参量用系数(a,b,c,d)表示,系统的行为决定于变量(x,y)。每一个突变模型中的行为曲面是由势函数一阶导数为零的一切点所组成的图象,当有两个一阶导函数时,二者都等于零。

六、神经性厌食症

蝴蝶型突变的第二个应用,也是最丰富的应用,是有关神经性厌食症的。这种主要在青春期少女和青年妇女中产生的神经紊乱,使得她们的饮食状况恶化到不吃东西。其模型由我和海维西(J. Hevesi)合作完成。海维西是英国心理医疗学家,曾用催眠疗法治疗厌食症。不久以前他调查了1 000名厌食症病人,其中只有一个人说曾被完全治愈过。

在厌食症的初期,不吃东西导致饥饿,有时甚至死亡。随着时间的推移,病人的态度会倾向于吃食物,但其行为更加反常。通常大约两年以后发展到第二期,称为贪食期,这时患者交替地绝食和贪食。这种双重行为明显地可看作是一种突变,在厌食症患者的后一时期,其行为可在两个极端之间突然跳动,而拒绝采取介于二者之间的正常行为。突变理论提出一种理论上的治疗建议:如果能按照蝴蝶突变引进一种"分叉",那么恢复正常的途径是可以得到的。

这一模型的行为曲面用来表示病人的行为,其次序是从不可控制的滥吃到吃得过饱最后到绝食不吃。这当然提供了大脑基本状态的某些指标。但正如在进攻模型中那样,我们关心的那种情绪状态,可能最初产生于周围神经系统。心理学上的论据表明,行为变量应是一种量度,表示周围神经系统从身体各部分来的信号输入量和从大脑皮层方面来的相反的信号输入量之间的相对量值。对正常人来说两种输入量在某种意义上是平衡的,而在厌食症患者,其中一个或另一个占着优势。

在控制参量中,饥饿是正常因子。正常人有节奏地在想吃和吃饱之间循环。破裂因子是厌食症患者对食物的反常程度。随着患者情况恶化,变态程度也逐渐增长。饮食更加艰难,一切种类的食物都不想吃。对糖类最初是回避,后来竟感到恐惧。

蝴蝶型突变的倾斜因子是失去自我控制,它能用周围神经系统减少相对量值来衡量。在紊乱的初期,患者的态度已经失常,但还能控制自己。这时她的情况处在曲面的底叶,其周围神经系统始终保持和绝食相适应的状态,即使当她正在吃最低限度食物的时候也是这样。

随着患者周围神经系统减少相对量值,她也失去控制,倾斜因子渐渐增加。结果尖顶摆向图形的左边(见图5)。如果移动得足够远,尖顶的右半边和厌食圈相交,病就突然进入第二期的发作,现在患者不再处于通常的第一期绝食循环,而被赶入后一个循环;从底叶跳到顶叶,又从顶叶跳回底叶。在典型的厌食症患者的语言中,当她说"放开"时,就发生从绝食到贪食的突变跳跃。人们毫无办法地注视"在她心中的怪物"狼吞虎咽地大吃几小时,有时还呕吐。当她筋疲力尽,感到厌恶、丢脸的时候,突变又回到绝食状态,许多厌食症患者把这叫做"击败"。

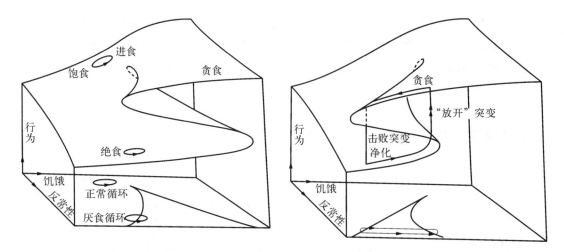

图4 神经性厌食症，一种青春期少女和青年妇女患的由于神经紊乱而不吃东西的病症，可以用蝴蝶型突变描述。控制参量是饥饿和对食物的反常态度。对正常人来说，饥饿导致一个想吃东西和吃饱之间的循环。对厌食症患者，由于变态心理，同样的饥饿导致完全不同的行为。在病的初期(左图)，圈圈在行为曲面的下叶，患者保持平常的绝食状态。在第二时期(右图)诱发了自我控制这个第三因子的变化。当病人经过二年或更多时间失去自我控制以后，分支集合逐渐弯向左边直到饥饿圈通过尖顶的右半边。然后患者进入了后期循环：她绝食，直至饥饿使她发生"放开"突变，然后贪食，直至发生"击败"突变重又回到绝食，并且在她发觉弄脏时把自己洗干净。

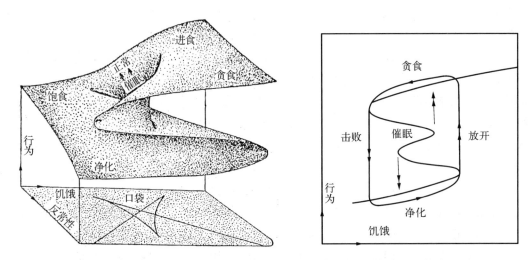

图5 厌食症的处理，依赖于提出表示行为中间方式第三叶。蝴蝶型突变的第4个控制参量：使病人安心；它的增加可能构成新的行为。第4个参量的作用是在分支集合中设置一个口袋，以便产生行为曲面的中间叶。由英国心理医疗学家海维西发展起来的治疗体系，使病人安心的办法是鼓励病人进行催眠。最初病人进入或离开催眠状态，就是从中间叶到顶叶或底叶跳跃的突变，如上面右图所示。当治疗继续进行，病人的状态就从中间叶光滑地转移到口袋后面的正常行为方式。

后期由于"击败"而进入绝食的期间，和初期的通常的绝食是不同的。它位于行为轴的不同位置，把这种情况叫做"净化"也许更好些。早期绝食时，周围神经系统状态是大脑皮层的信号输入量占优势，不肯吃东西。在贪食期，周围神经系统是身体方面来的输入量占优势。基于"净化"时的状态又是大脑输入占优势，但这时又有身体方面输入的倾向以避免弄脏身体的成分在内。

从事催眠疗法的海维西设法使病人安心,减少她们的不稳定性,用催眠术使患者回复到接近正常的行为。厌食症患者的睡眠是不定时的。当她们醒来时,就体验由催眠者自然引起的催眠状态。催眠可表示周围神经系统的第三种状态,它位于贪食和净化之间的不可接近的地带。病人在绝食时以忧虑的眼光看整个外部世界,在贪食时又被外部世界所压倒,但处于催眠状态时她被孤立起来了。她的心情从需要食物和设法避开食物二者之间解脱出来,只在这时,才能使病人安下心来。

使病人安心的程度成为模型中的蝴蝶型因子,它在行为曲面中创造了新的一叶。它位于其他二叶之间,并最终将接近于尖顶后面正常区域的稳定状态。因为治疗通常从绝食状态开始,所以进入催眠是从底叶到中间叶的跳跃,解除催眠则是另一种突变,使病人的状态从中间叶跳到顶叶或底叶。

大约催眠两个星期,进行了 7 个催眠疗程之后,病人的变态心理通常会突然被打破,个人性情又和整体协调起来。当病人从催眠中醒来时,她会说这好象是"再生的时刻",她能再次吃东西而不会过分了。看来催眠打开了大脑中的途径,使得周围神经系统获得更好的平衡,病人则重新接近正常行为。随后的催眠是为了进一步加强这种体验。

这里介绍的厌食症模型在许多方面是不完全的。我省略了另一个附加控制因子:昏睡。这因子支配了醒和睡二者之间的行为特征,也和进入熟睡及唤醒的突变相联系,因此在模型中从催眠到正常的途径由于省略了唤醒突变而使人感到困惑。这一模型的其他方面,我还没有讨论过。

厌食症突变模型的长处之一,是它解释了病人对自己的叙述。许多患者所描述的表面上不可理解的病情,用突变曲面的结构去看,就变得十分合乎逻辑。数学语言在这类应用中的好处,是心理学所不关心的。它能把本来当作不相关联的观察结果加以有条不紊地综合。

七、突变理论的未来

突变理论是一门年青的科学:1968 年托姆发表了他的第一篇论文。至今它已对数学本身引起极大反响。特别是为了证明它的一些定理,刺激了许多其他数学分支的发展。在这个理论发展中,最重要的突出问题,是关于普遍性突变的理解和分类以及在加入对称条件时所引起的更精细的突变。此外,还有许多问题涉及怎样才能结合其他数学方法、数学概念运用突变理论,如微分方程,反馈,噪声,统计和扩散理论。

这一理论的新的应用正在各个领域中进行探索。在物理学和工程技术方面,如波传播、曲面最小面积、非线性振动、散射和弹性理论所构造的各种模型已得到发展。Bristol 大学的 Michael V. Borry 最近已利用脐型突变预测腐蚀和流体流动物理学的新结果,并用实验证实了这些结果。

在汤普逊(D. W. Thompson)和威定(C. H. Wadding)的鼓舞下,托姆的《结构稳定性和形态发生学》已广泛联系到胚胎学,但至今生物学家还很少在实验室里追随托姆的思想。我已构成了心搏、神经冲动传播、胚胎中胚囊和体节(Somites)形成的突变模型。最近,库克

(J. Cooke)在伦敦医学研究会实验室、爱耳斯塔耳(T. Elsdule)在爱丁堡医学研究会实验室所进行的实验,看来证实了我的某些预测。

如同本文叙述的模型所提示的,我自己的绝大部分工作还是人文科学方面。大量增加的研究者提出了许多根据突变理论得出的模型,未来十年内我期望看到这些模型为实验所证明。只有到那时,我们才能判断这个方法的真正价值。

托姆用这个理论大力研究了语言是如何产生的。这是一个令人感到兴趣的思想:同一门数学不但能够为基因密码如何发展成胚胎,也能够为印刷字如何激发我们的想象提供基础。

突变理论的主张及其应用结果

[英] R·S·赞勒　H·J·萨斯曼

张奠宙 编译

提要：突变理论出现以后，在国外数学界引起了激烈的争论。赞勒（Zahler）和萨斯曼（Sussmann）是具有代表性的激烈反对者。他们批评托姆和齐曼等人证明不严格，用词含糊，一词多义，甚至用武断代替证明，滥用数学理论，结果，各种应用模型不可靠，不能由它们得出什么结论。有的作者还把这种理论嘲笑为"皇帝的新衣"，即用根本不存在的华贵新衣招摇撞骗。

突变理论之所以受到欢迎，反对者认为，主要是因为数学家缺乏把数学应用于实际问题的知识，社会科学家需要一种数学工具，而突变理论又是图画多于方程，又有一套数学术语，似乎具有严格数学意义，结果许多人上当受骗。

此文原载英国《自然》杂志，第 269 卷，第 5631 期（1977 年 10 月 27 日），萨斯曼在英国 New Brunswich－New Jersey 的 Rutgers 研究院工作，赞勒是他的助手。

胚胎学、人性学、生态学和地质学，物理学、经济学、动力学和语言学，囚犯骚动、文学符号和越南战争——这就是所谓能够应用突变理论的一部分题目。它所用的新的数学手段似乎是万能的，用提倡者的话来说："这是一种真正的理解和启发，这种用概念张成的网使得人类有希望获得一种无可匹敌的克服愚昧无知的武器，得到一种关于宇宙的深奥的洞察力。"

我们不同意这种说法。鉴于许多研究者目前正受到突变理论的吸引，然而他们毫无所获，只是带来失望、白费时间，我们已经写了一篇批判突变理论应用的研究报告。我们的结论是：应用这种理论的主张被过分地夸大了，应用的结果至少在生物学和社会科学领域内是毫无意义的。

原因在于：突变理论家们滥用基础数学提出不正确的前提条件；他们提出的模型基于一些毫无根据的假定；他们作的预测不是空洞无物、同义反复、含糊不清，就是根本不可能进行检测试验。我们不说突变理论不可能应用。它们可能合理地用于物理学或工程中，使用拓扑学方法也可能会从思想上鼓励一些研究工作者。然而到目前为止，这方面的报告很少。

必须强调指出，我们不讨论突变理论作为一种纯粹数学理论的正确性和重要性，而仅仅

编者注：本译文与前一篇译文"突变理论"载于同一期的《世界科学》（1978 年第 2 期，第 36 页至 41 页及第 18 页）。英文原文引用格式为：Raphael S. Zahler & Hector J. Sussmann. Claims and accomplishments of applied catastrophe theory. Nature，1977，269（5631）：759－763. 译者同时翻译和发表这两篇针锋相对的文章，旨在让中国读者全面了解"突变理论"这个当时热门的数学新分支。原文中部分节段、插图以及参考文献被省略。此处的转载，订正了译文中若干错误，规范了人名表达，并补上参考文献。

怀疑它在数学范围之外作为应用的工具是否有效。我们介绍这样一幅批判的画面,是因为我们被数学新应用的前景所鼓舞,也担心许多人对现代数学着了迷,而当他们象我们那样发现突变理论是一条死胡同时,他们将会清醒过来。

从突变理论在生物学和社会科学应用模型中我们找出十类主要缺陷,本文将按这些问题加以组织,其中每一类缺陷用一、二个例子加以简短的说明。

一、尖顶突变

大多数加以应用的突变理论是基于一种"尖顶突变"(图1)。图中平面代表两个控制参量 a 和 b 的可能值,系统的行为画在垂直的 x 轴上。例如,假定我们把球蛋白放在溶液里,研究由于变性剂浓度 a 和温度 b 引起球蛋白变性的状况。变性的程度 x_0(可用光旋色散的消失量加以测定)作为变性剂浓度 a_0 和温度 b_0 的函数,画在通过 (a_0,b_0) 的垂线上,按照柯札克(Kozak)和本海姆(Benham)的表示方法,所有这类点构成了弯曲的"尖顶"曲面。

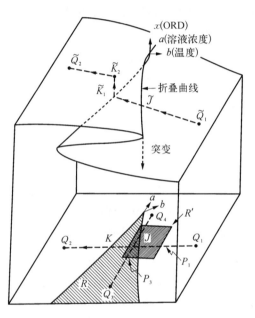

图1 尖顶突变的一个例子,已用作蛋白质变形模型

到此为止,这是标准的解析几何学。细心的读者可能会注意到,在左侧图形中阴影区域 R 中,在每个点 (a_0,b_0) 之上,行为曲面不止一个点,而有三个点与之对应。哪一个点代表在 (a_0,b_0) 的真实行为?按照滞后规则作出的回答是:这依赖于怎样接近 (a_0,b_0)。当 a 和 b 连续变化,x 也在尖顶曲面上尽可能跟着连续变化。当 x 不能进行连续变化时,那么 x 将跳到曲面的另一叶。例如,假定控制参量的变化使得点 (a,b) 从 Q_1 沿着路径 P_1 移向 Q_2(如图1所示)。开始时,在 P_1 的每个点之上,只有一个点在尖顶曲面上,因此我们从 Q_1 向 J 引一条线。即使我们穿过点 J,滞后规则使我们仍旧保持在基叶上。但是到达点 K 时,我们必须如图所示,跳到上面一叶的 K_2。这就是在突变理论模型中出现的情况,它说明当控制参量光滑改变会怎样引起行为状态的突然变化。

为什么这是"尖顶"?突变理论研究者认为,按照托姆的"深奥的数学定理",对于任何发生突然变化的系统,那里的两个控制参量的出现可用尖顶加以刻划,这是不可避免的,普遍对的。根据柯札克和本海姆的说法,图1正确地预测胶质或 RNA 在温度和氯化钙浓度影响下的变性行为。例如,沿路径 P_1 从 Q_2 到 Q_1,或沿 P_3 从 Q_3 到 Q_4,给出 x 的一条 S 形的曲线,它和适当的实验数据相对应。据他们说,只要尖顶 M 稍微加以变动(这在理论上是允许的),那么来自其他系统的数据也能适合模型。

二、混淆了连续性概念

但是,当我们更仔细地观察这个模型,问题就接踵而来了。首先,从一种结构到另一种结构的转换,真是不连续的跳跃吗?作者自己就允许试验曲线没有尖点,这还只是问题的一部分。对于给定的小的蛋白,例如 RNA 范霍夫(Van't Hoff)关系:

$$\Delta H = RT^2 \frac{\partial \ln K}{\partial T}$$

意味着焓(enthalpy)的改变量 ΔH 与温度变形曲线可能陡到什么程度有严格的必然联系,甚至在二级变形模型中也是如此(按通常假定,分子间没有相互作用)。因此对一给定的蛋白分子,我们甚至连不连续性跳跃表示极限情况的话也不能说。现今突变理论的一个主要主张是:它是把数学应用于不连续现象的唯一途径。我们刚才已经看到,真正的变形本质上是连续的。这对大多数曾尝试用突变理论的生物现象来说也是如此。可以说为科学家熟悉的模型多半是连续的。在这些情况下,突变理论没有任何好处却带来更大的复杂性。还有,在社会科学模型中,如同我们下面看到的那样,突变理论常常得出完全颠倒的错误结果,把一个明显间断的变量说成是连续变量。

这个连续性的问题不能只用纯粹数学的观点来看。由于随意把本来意义上急剧增长的"跳跃"和数学上不连续"跳跃"加以混淆,突变学家进行的论证是错误的或者使人误解的。

我们下面的批评更加严重。在图 1 的区域 R' 上,相应于尖点部分的实验数据假定已经标出。图的作者声称:在两个变量的情况下,"数学理论证明:如果已经观察到从一种情况到另一种情况的生态学变化",那么系统必定能用尖顶突变加以描写。甚至说:"如果从一个给定的变性试验的分支集合上,有一个、二个或三个表示点,那么就能构造出曲面 M,因而可以预测系统的行为,而不必再受实验研究的限制。"确实,倘若有一种理论允许科学工作者在一个实验系统中得出两种或三种实验观察记录,而且不借助其他信息和假定,就能推断其他一切情况下的系统行为,这当然将是一个伟大的成功。然而,这个结果未免好得使人难以相信:作者至少犯了三次大错误。

三、用托姆的定理论证外推

应用突变理论的一名领导人 E·C·齐曼曾建议说:运用托姆的定理可能根据某些部分的信息推断行为曲面的整个样式。(例如说通过突变理论,"我们可以由行为在某些控制点的双重性推断出整个曲面的形式")。然而齐曼的陈述是错误的。我们以变性模型的曲面 M 为例。从数学上看,硬说托姆定理把曲面 M 看成图 1 那个样子显然是不正确的。曲面可能会有尖顶或折叠,但它不必局限于原点,也不会象图中所表明那样地有方向。而且托姆的定理不能用于从曲面的局部知识推论出整个曲面的样式。事实完全相反:一个曲面如果和满足托姆定理的那种曲面十分接近,那么这一定理不能告诉我们关于行为的任何新东西(因为所有的观察记录都是有误差的)。这一结论,无疑对一切突变模型都适用。齐曼建议说,人们无须物理学和实际行为的任何前提条件,就能从"一切可能平衡曲面"里推论出新的事实来。这种观点等于说"整个世界可以由纯粹的思想推演出来",但能够接受这种观点的科学家是很少的。

四、预测和事实相矛盾

那种把区域 R' 上的曲面扩展到整个平面上的做法,不仅在数学上得不到支持,从生物化学的事实看也是错误的,它所导致的结论是实验数据相矛盾。例如,假设路径 P_1 是自右向左的,按上述的滞后规则,当温度下降到低于发生变性的温度时,将会引起复性(Renaturation)。但这种滞后现象并不像图 1 所假设那样真正在胶质和 RNA 上发生。因此尖顶突变模型对于这类或其他大多数类型的单蛋白来说是不适用的。某些大蛋白分子会呈现滞后现象,但是人们不能根据一些特例就得出一般理论。事实上,作者为了把他们的想法强加给某些单蛋白系统,硬造了一个模型(图 2),而这一模型和尖顶突变模型甚至连微分同胚也做不到(他们似乎没有注意到在原点之上的垂线),因此它和整个突变理论没有什么关系。

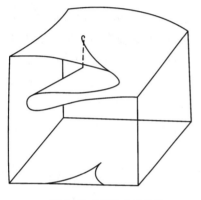

图 2　扭曲了的尖顶突变

五、预测缺乏可检验的真实性

实际上,这种突变理论分析即使是正确的,也没有告诉我们什么。尽管作者提出当沿图 1 的路径 P_1 和 P_3 走时,会产生 S 形的曲线,但这是极不真实的。它们不过是实验数据的图表。同样,齐曼关于胚胎学和细胞物理学的突变理论研究结果,要末(1) 包括在数据之中,要末(2) 简直没有核实的希望,或者(3) 与突变理论无关,或者(4) 完全错误。

例如,齐曼研究一个胚胎的同种组织怎样由于边缘的分割而分化为两种类型。这篇文章的"主要定理"可用这样几句话全部加以概括:"等度稳定性、连续性、可分性和可重复性意味着初期波动的存在。换句话说,一种边缘形成、移动和加深,然后减缓并稳定下来,最终又进一步深化。"

从如此令人吃惊的含糊陈述中,很难想象人们可从中学到什么东西。其证明也是错误的,我们不必对它进行太多的考虑。

六、属性的滥用

有一点应该指出:最后被选定为模拟细胞变异的那个曲面,并不是由托姆的定理推出来的，而是由一系列随意的选择得到的。这些选择又根据所谓"属性"而被认为合理。"属性"这个数学概念原是一种排除例外和退化情况的方法（例如，"从属性上说，椭圆的两个轴不相等"，这意味着圆是椭圆的例外情况，或者更直观地说，随便"挑出一个椭圆"，极不可能是圆）。在齐曼的证明过程中，他把含糊不清的"可重复性"这个词调换为"属性"这样精确的概念。但是另一方面，他的整个定理却说，如果没有例外情况发生，那么边缘就会移动。

齐曼的证明没有超出观察的结果：如果边界不动，将是十分例外的情况。看看这一类推论，注意它们同样的逻辑，如果它们正确，就不仅研究细胞边缘可以用，无论对什么情况都可以用。这样，齐曼推出的"证明"就是：除了不运动的例外情况之外，任何事物都是运动的。

在上述论文的后半部分，齐曼"证明"了边缘的移动最初是匀速的。他的证明如下：边缘可恢复到初始状态，再用切线作一级近似，证毕。还有，这一推论的正确性并没有限于对生物组织的边缘或者限于正在形成边缘的时候。这样，齐曼实际上证明了任何东西的运动都是等速的。现在让我们再次应用上述同样的逻辑。我们为什么不用二级 Taylor 近似呢？为什么不象齐曼处理速度那样讨论加速度呢？我们可以作出加速度不是 0 的结论，因为如果加速度是 0，那将是例外情况。这就使我们得到任何事物的运动都不是匀速。

最后，为什么不取 0 级近似呢？这将得出没有任何运动的结论。

我们看到，用这种方法，无论怎样不合理的事情都是可以证明的。

大约两千年以前，芝诺(Zeno)建立了他的著名的关于飞箭的悖论。考虑一支正在飞行的箭。在它飞行的每一时刻，箭头产生一确定的位置。在那一时刻箭不动，因为每一瞬时没有持续一段时间。因此，在每一时刻箭都不动。由于这对每一时刻是正确的，那么箭始终都不动。这一悖论是令人惊奇的，它似乎向逻辑本身挑战了。

微积分的发展解决了这一悖论，告诉我们：为什么事物既在变化同时又在每一时刻到达不同地方这件事是可能的。箭头的位置说明在每一时刻它在什么地方，而且在不同时刻它的位置是不同的。因此箭在每一时间有确定的位置并不意味着停止不动。这种关于位置的论断同样可用于有关速度的论断。在每一点上，速度有一个值，但这不意味着它是常数。齐曼，一个 20 世纪的芝诺，竟把悖论改成推论，其无知远远超过了二千年前的数学家。

齐曼的主要定理的谬误还有其他的原因，这很容易从齐曼的一个反例看出来。齐曼得出边缘不稳定和变异加深的结论，并不是基于他的前提条件。突变理论工作者在研究这些反例时，定理是由术语和猜想的新解释来决定的。比方说，关于"变异"的假说现在应该理解为：过了一些时候会发现两种不同类型的组织，而且没有进一步的变化发生。如果这是对的，那么过了一段时间边缘不再发生变化，所以边缘事实上是稳定的。这种关于稳定性的所谓"证明"，显然是循环论证。

一般说来，在许多突变理论中根据猜想所作的论证往往是含糊的。当类似"变异"、"可重复性"等术语没有精确的含义时，那些"证明"的正确性是很难接受的。突变理论的论著一贯违反科学方法中的最基本规则：把你的含义清楚地加以叙述，而且在推论过程中间不能改变定义。

七、骗人的数学应用

关于齐曼的胚胎学突变理论，人们主要批判他使用数学基础的方法。其他人指出，关于变异在初期和第二期将以波动的形式出现的推论，并不是根据突变理论本身，而是根据变异过程初始阶段状况的假定（例如细胞状态的变化梯度）。事实上，这篇文章的大多数结果都没有值得注意的价值，与突变理论毫无关系。

想弄清楚所以会如此的原因，很重要的是使读者记住什么是突变理论，什么不是。首先，明显地发生突然变化的事件，不一定是数学意义上的"突变"。突变理论家同意把"突变"这个词专指光滑映照的某种奇异性，其中七个已被描述出来，并由托姆漂亮地作了分类。事实上，突变理论的主旨在于托姆的深奥的定理。因为这一定理允许人们将给定的状态表示为尖顶突变或者其他的初等变换，所以人们才相信突变理论是用数学演绎推理出来的。

然而，我们已讲过，大多数突变理论模型没有使用托姆定理。那种尖顶突变并非不可避免或者唯一有效。

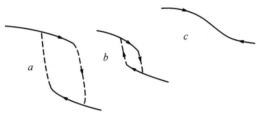

图 3　下降情形的滞后回路

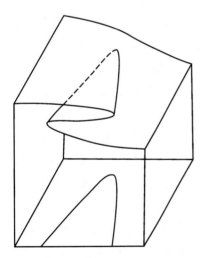

图 4　一个折叠曲面并不是尖顶的，因为折叠曲线在控制平面上投影没有尖顶

这种尖顶突变又是怎样产生的呢？如同胚胎学模型那样，通常这种尖点的出现是由于精心挑选了那些必然产生尖点的假设。另一种情况是，根据实验数据画成的图形会发现类似于尖点突变。这是毫不奇怪的：如果我们画出一条二维的滞后回路（图 3a），其中垂直的跳跃代之以水平的移动，然后想象这一回路连续地缩小（图 3b），最后回路消失成为一条连续曲线（图 3c），我们得到了一个类似于图 1 的曲面。因此我们可以把尖点曲线看作一种描画滞后程度变化的好办法。然而这种情况并非唯一的：一个带有双层折叠的曲面，投影是一条光滑曲线，例如抛物线（见图 4），也是办得到的。所以我们必须再问一个问题：一个看上去象尖顶突变的模型应该具有什么特点？虽然已经找到某些满足美观要求的图形或者反映本质的观点，但我们只能说：某些数据碰巧形成类似尖点曲线的形状，并不能告诉我们关于系统状态的任何新东西。

八、轻率地议论证据

突变理论家们曾断言他们的模型已得到实验的证实。例如,齐曼写道:"我已构造了心脏跳动的突变模型以及神经脉冲、胚囊形成和胚胎原节等模型。现在已由库克和爱耳斯塔耳进行的实验巩固了我的预测。"事实是这样:(1)没有人做过检测齐曼关于神经脉冲模型预测的实验。至于心脏跳动模型,齐曼说在1972年做过,但结果从未发表(见齐曼的私人通信)。(2)突变理论的神经脉冲模型不接受许多方面的实验电压夹子数据,拒绝统一采取的钠漏斗概念及钠和钾来路的独立性,因而导出错误的传播速度。(3)齐曼的胚胎学论文,除了在数学上是错误的以外,也暴露了作者对胚胎学很不熟悉。例如把胚胎的神经管比喻为一卷保持卷曲的硬纸板。但是实验指出,剪下的神经管僵直地保持不卷曲。(4)爱耳斯塔耳等写道:"我们还不能断定这些观察结果会证实库克和齐曼的模型而排斥其他结论。"(5)库克(私人通信)写道:"至少我没有注意到我已做了任何加深突变理论模型预测的事。"

九、假造的量

突变理论家们常常企图把离散的变量看作连续变量,以便突变理论可以用上去。例如在齐曼的狗的进攻模型中,一只狗的攻击水平可看成连续变量 x,排列为"从最初的仓惶逃走,继而退缩、回避、漠然、惊叫,直到咆哮进攻",他还说,当 X 值从行为曲面的一叶跳到另一叶时攻击突变就发生了。撇开这些含糊不清的说法,它的意思是说,不管那一种攻击都能在连续变化的一族行为中找到相应的位置。这是荒唐的:说一只狗"半攻击",或者一条正在慢慢咬人的蛇,都是完全没有意义的。

十、更好的代替

突变理论的捍卫者们声称,突变理论在历史上第一次提供了研究不连续现象的数学方法。这是错误的。正如我们已指出的那样,它根本不能导出令人满意的模型。其所以错误,还因为它完全不顾整个研究间断现象的数学,如激波研究、分支理论以及量子力学中的数学等等。更好的代替是肯定存在的。

此外,一种数学理论,不论它好到什么程度,都不能代替对世界上客观事实的艰苦研究。突变理论是许多想仅仅用思想推演出整个世界的企图之一,它向数学家提供了一种"除数学之外无须其他知识的应用数学"。这是一个对数学家有吸引力的梦,然而梦不可能是真的。

十一、突变理论的魅力

为什么突变理论能获得这么广泛的名气?一个可能的原因是,它给人以深刻印象的统一性和有用性的声明,是以大量彼此互相过度吹捧的出版物为支持的。另一个原因可能在于突变理论作为应用数学的某种特殊性,它把一些对不专搞数学的人很难弄懂的概念和简单得令人吃惊的若干应用结合起来,以致成果靠直觉就能抓住,而且不会招致批评。

可以说,突变理论是一种新理论,它至今所提出来的应用都有重大漏洞,如果使之完善起来,则对每个人都有益处。我们的批评对于审查一种理论(或方法)还是很宽大的。即使一种理论留下一些有问题的假定,例如或者基于有缺点的推论,或者导致了错误的结论,或者涉及含糊的概念,或者不能对预测作检验,只要它能消除这些缺陷,我们立即准备接受它,它可能有价值。

将来,突变理论可能产生靠得住的应用,不能先验地将它排除。然而,它的惊人的失败必将令人产生重大的怀疑。对一种方法,过去曾被说成具有"描写自然界各个方面进化形式的潜力",但事实上没有任何证据。科学团体必须对它保持怀疑,直到突变理论的提倡者成功地证实了他们的主张。现在这担子在他们的肩上。

参考文献

[1] Stewart. I. N. in Encyclopedia Britannica Book of the Year (Encyclopedia Britannica, New York, 1977).

[2] Sussman, H.J. & Zahler, R. S. Synthese (in the press).

[3] Kozak, J. J. & Benham, C. J. Proc. natn. Acad. Sci., U.S.A. 71, 1977 (1974).

[4] Zeeman, E. C. Sci. Amer., 234, 65 (1976).

[5] Zeeman, E. C. in Lectures on Mathematics in the Life Sciences.1, 69 (1974).

[6] Zeeman. E. C. in Towards A Theoretical Biology 4, 8 (Edinburgh University Press, Edinburgh, 1972).

[7] Kline, M. Mathematics in Western Culture (Oxford University Press, New York, 1974).

[8] Jones, D. D. The Application of Catastrophe Theory. to Ecological Systems (International Institute for Applied Systems Analysis, Schloss Laxenburg, Austria. 1975).

[9] Hodgkin, A. L. & Huxley, A. F.J. Physiol., Lond.117, 500(1952).

[10] Crelin, E. S.J. exp. Zool. 120,547 (1952).

[11] Elsdalc, T., Pearson, M. & Whitehead, M., J. Embryol. exp. Morph. 35, 625 (1976).

[12] Woodcock, A.E. R. Ann. N. Y. Acad. Sci. 231,60(1974).

[13] Dodson. M. M. Math. Biosci. 28,243 (1976).

[14] Isnard, C. A., Zeeman, E. C., in Use of Models in The Social Sciences (Tavistock, London, 1974).

[15] Blainey, G. The Causes of War (Macmillan, New York, 1973).

[16] Kolata. G. Science, 196,287 (1977).

[17] Zeeman, E. C., et al. Br. J. math. stat. Psych. 29, 73 (1976).

敢作敢为的"布尔巴基"

张奠宙

一九三九年,用法文写的《数学原本》(Éléments de mathématique)出现在书架上。书的作者署名"布尔巴基"(Nicolas Bourbaki),他在数学界名不见经传。《数学原本》以后陆续出版,一九六五年出到三十一卷,一九七三年出到三十五卷。四十年来,"布尔巴基"名闻全球,连中学教材改革,也把布尔巴基的结构主义思想奉为经典,其影响真是非同小可。

那么"布尔巴基"究竟何许人?人们早就猜测它是一个"笔名",代表一群数学家。但直到一九六八年,"布尔巴基"学派创始人之一迪厄多内教授在罗马尼亚数学研究所发表演讲,人们才知道了它的一些内情。

一九二四年,现今蜚声国际的著名数学家迪厄多内和韦伊考入巴黎高等师范学校,那时他们只有十八岁。经过几年的学习,他们萌发了一个思想:能不能用一种新观点把五花八门的现代数学给以新的概括呢?一九三四年,韦伊、迪厄多内、谢瓦莱等第一次碰头,打算写出一套《数学原本》。这是一个大胆的设想。真是初生的牛犊不怕虎!他们说干就干,结果一直干到今天。

布尔巴基学派不仅有宏大的志向,更有踏实的工作态度。他们以惊人的毅力,博览群书,全力消化,把现有的一切数学知识统统按照结构主义观点重新加以分类、组织,构成别具一格的布尔巴基体系,形成独特的布尔巴基风格。他们写书的过程十分艰苦。一九三九年以后,布尔巴基成员已在全国各地教书,平日分散,每年集中二、三次。集中时先拟订一本书的模糊提纲,然后由一个成员起草初稿,到下一次会议上大声朗读。据迪厄多内教授说,布尔巴基会议上的批评确实是"残酷无情"的,然而反驳也从来不落后。某些请来旁听聚会的局外人,总是带着出席了疯子集会的印象而去,他们不能想象这些人为什么因数学问题而大喊大叫。但是最后一切都会平静下来,人人面带笑容。这时,那份"初稿"往往已被撕成碎片,甚至原来的提纲也遭到推翻,于是再请第二个"可怜虫"去起草。布尔巴基的书都是经过五次、六次甚至十次这样的考验才送去付印的。正是这种一丝不苟的严谨作风,布尔巴基体系才能以严密、精细、清晰的特色而著称于世。

布尔巴基学派有一条不成文的规定,成员到了四十岁自动把活动舞台让给更年轻的人。他们十分注意挑选青年人。一些有才华的大学生常被请去列席,接受布尔巴基讨论的熊熊烈火的考验。这些接受试验的"小白鼠"必须参加讨论,沉默不言的人多半不再被邀请。他们应该敢于接受自己还一无所知的课题,因为一个数学家必须能强迫自己把一个问题搞懂,并试

编者注:原载于《光明日报》1980年2月4日第4版。

图解决它。正是由于这样的选拔、锻炼,严格的要求,布尔巴基学派终于历时四十年而不衰,后继有人。

布尔巴基的结构主义观点认为,数学的基础是三种基本结构:代数结构、序结构和拓扑结构。《数学原本》着重阐述了这一思想,它不可能包含全部数学。例如重要的概率论、数学物理方程等竟未涉及。最近,一位布尔巴基成员来华访问时说:《数学原本》暂不写新书,正在将已出各卷重新修订。他们每三个月举行一次讨论班,在某一个星期六、星期日和星期一的连续三天中,每天下午作两个"一小时半"的报告。布尔巴基学派的老成员照例参加,但作报告的都是年青人。报告的内容是关于当代数学发展的各个方面,优秀的报告立即收入《布尔巴基讨论班丛书》(Séminaire Bourbaki)出版。

布尔巴基学派的特点就是大家讨论。这一点历经半个多世纪始终不变。正是一批敢作敢为的年轻人,通过志同道合的集体讨论,终于在数学史上写下了光辉的篇章。

二十世纪数学史上的几件事

张奠宙

许多科学史学者认为,数学的黄金时代,不是欧几里得的古希腊,也不是牛顿所处的产业革命前夜,它属于今天,我们的二十世纪!二十世纪过去将近五分之四了,回顾发展的足迹,恐怕是有益的。这里想谈几件事。

一、一九〇〇年——希尔伯特提出的二十三个问题,在一定程度上支配了二十世纪数学的发展,它说明数学科学内部矛盾运动也在推动数学前进

一八九三年,在瑞士苏黎世举行了第一次国际数学会议,又过了七年,二十世纪来临了。第二次国际数学会议于一九〇〇年在巴黎召开,在这次会上,德国格丁根大学教授希尔伯特发表了著名演说,他站在十九世纪数学研究的最前沿,提出了二十三个数学问题。预测二十世纪的数学研究将围绕这些问题展开,预测当然不会全部是事实,二十世纪的数学以远比希尔伯特的设想更为广阔的规模向前飞奔,但是,希尔伯特的二十三个问题确实给二十世纪数学发展以深刻的影响,不少数学家被希尔伯特所提问题的深刻背景和重大意义所吸引,贡献了毕生精力,随着这些问题的解决,出现了一个又一个的数学新分支,创立了一种又一种的新方法,一九七六年,美国一些著名数学家评选一九四〇年以来美国数学的十大成就,其中有三项是希尔伯特第一、第五、第十三个问题的解决。

希尔伯特提出的第一个问题是所谓连续统假设,大数学家康托尔曾猜想:全体实数的任何子集,要么是有限个或可数个(能和自然数一一对应),要么就和自己一样多即只能和自身一一对应;这个命题相当于另外一个选择公理:设任给一族集合,总能从每个集合中选出一个元素来再构成一个集合。围绕康托尔猜想和选择公理能否成立的问题。在二十世纪初年曾引起广泛的论战,但谁都不能说服对方。一九四〇年,侨居美国的奥地利数学家哥德尔作了突破:他证明,集合论的其他公理不可能证明上述两个命题是错的(即无矛盾性)。一九六三年,美国的科恩指出上述两个命题不可能由其他公理证明是对的(即独立性)。总之,关于连续统假设,人们不可能得到"是"或"否"明确回答。无法用其他公理证明。这确实是人类思维发展史上的一个杰出成果。希尔伯特第一问题从提出到解决历时六十三年。它的解决,除了本身的意义之外,更重要的是推动了数学基础的研究,促进了数理逻辑。证明论等方面的

编者注:本文系张奠宙先生 1978 年 12 月在甘肃师范大学数学系讲学的部分内容,原载于《甘肃师范大学学报》(1979年,第 1 卷第 3 期,第 11 页至 15 页)。

发展。这方面的工作还在继续。

希尔伯特提出的二十三个问题,至今大约还有半数没有完全解决,能够回答这些问题,往往标志一个国家基础理论研究的水平,也是数学家个人的很大荣誉,那么希尔伯特的问题为什么会有这么大的魅力?难道仅仅因为希尔伯特是大数学家吗!当然不是,究其根本,还是在于这些问题扎根于数学科学实践,如实地反映了客观世界数量关系的侧面。数学作为一门科学,有其相对独立性,数学问题的提出,是数学体系内部矛盾运动的结果。杰出的数学家经过深思熟虑,从科学实践中抓住主要矛盾提出问题,就往往成为未来数学发展的生长点,在发展基础理论学科时,这种生长点很值得注意。

二、一九一〇年以前勒贝格积分曾受到一些保守数学家的攻击,指责它"脱离实际",但是今天的工程师都在学习勒贝格积分理论反映实际并不是一眼就能看穿的

二十世纪以前,黎曼积分统治了积分学,人们把黎曼积分看作"新时代的阿基米德",认为是完美无缺的,神圣的,然而,科学实践总要冲破所谓"万古不变"教条的束缚,到了十九世纪末,许多数学家发现要求函数过分光滑阻碍了三角级数的研究,康托尔集合论中各种"病态函数"打开了人们的眼界,当时的波莱尔和康托尔等人曾对集合的测度(直线上长度概念的推广)作过研究,但都没有成功,年轻的勒贝格在1902、1903、1904年连续发表论文,大胆指出黎曼积分的局限。他抛弃黎曼积分从分割自变量区间作和式的方法,创造性地提出分割函数值区间取和式极限,终于创立了一种崭新的"勒贝格测度和积分理论",数学史家赞扬勒贝格"在没有获得正统派首领同意的情况下,对分析学的一个重要方面——积分论进行了革命。"

一九〇三年勒贝格发表著名的《三角级数论》时只有二十八岁,开始不被人注意,后来又受到许多极端的批评和攻击,当时的大数学家庞加莱曾讽刺说"从前一个人发现一种新函数是为了实用,今天一个人发现一个函数的目的是为了指责我们父辈论证上的缺点",著名的埃尔米特则对"研究没有导数的函数"表示厌恶和恐怖,勒贝格当时受到压力,当他去参加数学讨论会时,分析学家对他说:"我们这里研究有导数的函数,对你不感兴趣",几何学家说"我们这里研究有切平面的曲面",对勒贝格表示冷淡,勒贝格成了不受欢迎的人。

但是,勒贝格积分并没有停止,它虽然不象黎曼积分那样直接用于实际计算,但却揭示了更深的客观数量关系,勒贝格从1902年发表论文,到1910年被聘到法兰西学院任教,勒贝格积分的重要性越来越明显,时至今日,一些数学家甚至提出大学里不讲黎曼积分,直接讲勒贝格积分就行,勒贝格积分在现代控制论、信息论等实用科学方面也是必不可少的工具,应该指出,俄国数学家对康托尔集合论、勒贝格积分没有采取讥笑态度,在1909、1910年前后,叶戈罗夫、鲁津等人曾有许多工作,后来俄国数学学派在数学上取得了相当大的成绩,和重视基础是分不开的,勒贝格积分的经历表明,当科学的基石刚刚奠定的时候,人们往往不认识:攻击为"脱离实际"、"不必要",但到高楼大厦平地起的时候,才认识到基石的伟大作用,那就太迟

了，我们的数学工作应该采取多奠定几块基石，我们科学工作领导人则应该善于支持这种科学的基石。

三、一九三九年——布尔巴基《数学原本》问世

二十世纪中叶，有一个数学家熟悉的名字，叫做布尔巴基，一九三九年他的《数学原本》第一卷出版。到一九七三年已出版了三十五卷。它以构造主义的数学观，以严格精细彻底的逻辑方法，整理了迄今为止的基本数学概念、方法和思想，鸿篇巨著，构思严谨，打开了新局面，令人侧目。

那么布尔巴基究竟何许人？到六十年代前后，大家才知道，布尔巴基不是某一个人，而是一个法国数学家小组，一个学派。他们只是借十九世纪一个法国将军的名字当作集体的笔名。一九六八年，布尔巴基学派的早期成员，著名数学家迪厄多内在罗马尼亚作了一次演讲，揭开了布尔巴基小组的组织和工作方法的秘密，其中特别使我们感到兴趣的是它的形成过程，它将给我们提供怎样创立学派的有益经验。

一九三〇年，迪厄多内等一批二十岁刚出头的青年人进了法国最高学府——巴黎高等师范学校，在学校执教的有阿达马、波莱尔、皮卡和勒贝格等著名教授，那时他们都是五十开外的人了，还亲自对一年级的大学生讲课，那么三十岁上下的法国数学家到哪里去了呢？迪厄多内教授说，"你打开第一次世界大战年间巴黎高等师范学校的教师和学生名册，就会看到有三分之二的人名上打了黑框"；青年学生和青年教师应征入伍，被帝国主义战争夺去了生命。这样，法国数学界青黄不接，战争使他们损失了一代人。

由于战争的影响，法国数学除去函数论领域，水平都不算高，大学生们不知道德国在代数学上成就，不知道匈牙利的里斯，不知道美国的数学研究，他们闭塞得很，当一九二九年这些年轻人到国外旅行以后，发现了新天地，他们走出"函数论"的小天地，研究一切数学新成就。发展法国数学的担子落到了迪厄多内、韦伊等青年头上，他们共有四、五个人，面对二十世纪以来数学上出现的新思想、新观念，这些"初生之犊"立意写一套《数学原本》加以总结和概括，他们订了一个三年完成的计划（结果写了三十年还没有写完），以惊人的勇气和自信开始了漫长征途。

布尔巴基的成员平时分散在各地，一年讨论二、三次。当有了一个模糊的大纲后，就交给一个成员写出初稿，拿到第二年的布尔巴基会议上参加讨论。批评是那样的残酷无情，只有身临其境的人才能体会到，某些请来旁听的局外人，最后留下一个"疯子集会"的印象而离去。他们无法理解这些人为什么为了数学如此大喊大叫。讨论的结果往往是初稿一无可取，连原来的提纲也被否定，于是再找第二个"可怜虫"从头开始，到明年他的初稿也许又被撕成碎片，有些书稿写了多达十次，历时十三年，这些"小人物"就是在这样严厉的论争中加深友谊，在批评的子弹中得到成长。

布尔巴基学派的人员是流动的，成员不断更新，经常有一些年轻人被请来，他们如果敢于争论，不怕严酷的批评，勇于接受哪怕自己不熟悉的任务，那你就呆下去，有些人来了一次二

次就不来了,那也听便,可是总有年轻人坚持到底,布尔巴基学派历时几十年而不衰,确实培养造就了一批数学家,然而,布尔巴基学派有缺点,就是否定"函数论",二十年代世界函数论工作的权威集中在法国,可是经过布尔巴基运动,把函数论"扫地出门",目前函数论在法国几乎没有什么地位,否定老数学家的一切,否定一门学科,搞片面性,是要不得的。

我国有志于数学的青年,很可以想一想怎样从布尔巴基学派的成员中吸取一些东西。

四、一九三三————一九四五,希特勒法西斯摧残科学,赶走和迫害大批数学家,使德国数学一落千丈,希尔伯特的格丁根大学再也不是数学研究的中心了

和四人帮迫害科学家的罪行一样,希特勒法西斯曾在德国数学界造成一场浩劫,一九三三年希特勒上台,立即开始迫害数学家,限令犹太籍教授离开公职,不准在大学任教,当时著名的数学家库朗在德国,他是犹太人,由于希特勒的排犹活动,库朗不得不辞职,当时闻名于世的德国数学家诺特、阿廷等联名签名向政府当局要求挽留,还是没有效果,而一个美国人则早就和库朗接触欢迎他去美国,这样库朗在一九三四年移居美国,做出了大量贡献,库朗去世后,在美国纽约大学成立了库朗应用数学研究所加以永远纪念。

在希特勒法西斯专政下,迫害数学家的大棒有两根,一是诬蔑为"脱离实际",二是提倡所谓"德意志数学",数学家比伯巴赫说:"德意志数学是优秀民族的数学,犹太人搞的都是脱离实际的东西",当场有人举出库朗为例说他搞应用数学很实际,那个比贝伯赫又说,"库朗是犹太人,他的数学都是抄来的,犹太人抄日耳曼人的,"真是横蛮无理到了极点,一代数学家在法西斯大棒下夭折了。当年希尔伯特在格丁根大学曾经雄视国际数学界,成为一个时代的数学研究中心,而今格丁根大学的数学研究已经衰落,希特勒的迫害至今仍未完全复原,希特勒和四人帮一样都是科学的敌人,人民的罪人!

五、一九四七年——数学家维纳在心脏研究所写成《控制论》近几十年来边缘学科受到越来越大的重视。

现代控制论的奠基人,美国数学家维纳(1894—1964)写《控制论》一书的过程,引人深思,维纳是数学家,在麻省理工学院任教授。早年曾从事纯粹数学的研究很有成绩,三十年代,维纳和墨西哥国立心脏研究所的罗森勃吕特博士共同领导一个科学方法讨论会,参加的人有物理学家、工程师、医生和数学家,他们分别从数学、统计学、逻辑学、电工学、通讯工程学神经生理学等不同方面提出问题,取长补短,在学科的边缘地带共同开垦科学上的处女地,第二次大战前后,维纳又参加了计算机的研制,设计过高射炮的自动控制装置。正是在这样的多边合作下,维纳把通讯,自动控制机械和生物体自动控制机制等方面加以类比,综合和概括,用数学方法加以总结,形成了一门独立的学科。一九四六年,维纳又召开了几次有各种专门家参加的控制论会议,以后每6个月举行一次,在大会之前,给缺乏数学知识的人进行简明扼要的

讲解，以便取得共同语言，和布尔巴基学派一样，维纳主持的讨论会，任何人都不许可摆架子，维纳写道："宣读论文的人必须经受一通尖锐批评的攻击，批评是善意的然而毫不客气的。这对于半通不通的思想，不充分的自我批评，过分的自信和妄自尊大真是一剂泻药，受不了的人下次不来了。但是，在这些会议的常客中，不少人感到了这对于我们科学的进展是一个重要而经久的贡献。"

一九四七年，维纳终于在墨西哥国立心脏研究所写完了著名的《控制论》。

维纳不仅是应用数学家，也是一个纯粹数学家，他重视数学理论，又重视数学应用，他对生物学、电子学都有很深的造诣，《控制论》的诞生，不是维纳个人的闭门思索，而是集体分工合作的结果，在他的讨论班里，有电子学家、电工学博士、数理逻辑研究生、神经生理学教授，还有心理学、经济学等各方面的人。科学发展到今天，这种多兵种大兵团联合作战形式将会更多的采用，为了科学技术的现代化，加强各学科间交流，长期合作，共同讨论，看来是很值得提倡的。

六、一九七二年，法国数学家勒内·托姆提出突变理论，六十年代还有罗宾逊的非标准分析问题，这类新思想、新观点、新方法在国外层出不穷，虽然争论很大，仍值得引进，它可能有重大价值，也可能无意义，但对活跃思想有利。

一九七二年，法国的拓扑学家托姆写了一本《结构稳定性和形态发生学》的书，提出用曲面的奇点理论解释自然界的突变现象，他的基本思想是：把一个系统的状态分为稳定和不稳定的两类，系统在一点的稳定态就是某个函数在这点取极大值或极小值，我们考察使函数的导数为0的那些点。其中是极值点的就是稳定态，非极值点（奇点）往往表示不稳定态，这样，奇点就可以描写种种突变现象，托姆证明，基本突变只有七种。

突变理论一出现，立即受到重视，有人称之为"自微积分发现以来最伟大的一次智力革命"，许多人将它运用到各门实际科学中去，提出了各种突变模型，就是找到了广泛的应用，但一些人则反对这种应用，认为是欺世盗名，争论至今未停。

数学界内部也要开展百家争鸣，数学证明的正确与否自有逻辑上是非加以判断，但它是否反映客观现实的数量关系，其意义如何完全可以有不同的观点，为了促进学术繁荣活跃思想，对这种新思想、新观点、新方法的引进，大有必要，如非标准分析，模糊数学等等都曾被称为开辟了一个崭新方向，是划时代的，这些新分支将来如何现在尚难预料，不过及早注意研究，比较鉴别，比较有益。

二十世纪数学发展的画面是绚丽多彩的，泛函分析的诞生，大范围微分几何的出现，拓扑学的长足进展，抽象代数成为现代数学理论的带头学科，这些都是值得研究的。

数学经过二十世纪的发展，深度和广度已远非昔日可比，要掌握数学确实更难了，但是历史总要前进，希尔伯特在提出二十三个问题时，曾用鼓励后人的一段话作为那次讲演的结束。他指出，由于数学各学科的扩展，工具更加尖锐，方法更加简化，因此不管这门科学多么广阔，学者一定会成为这个领域的主人。拉普拉斯曾说，对数的发明使天文学家的寿命延长了一倍,那么今天的计算机将使我们的生命延长多少倍？1977年电子计算机解决著名的四色问题,为我们提供了范例,其次,我们使用的方法比过去更有效了,教材在更新,教学手段更加先进,随着科学的发展,人们的认识能力会大大提高,这些都是有利条件,此外,更重要的是,我们有华主席党中央的英明领导,有优越的社会主义制度,总有一天,数学发展史上将会描绘出中国数学的春天。

二十世纪数学发展一瞥

张奠宙

二十世纪已经过去五分之四了,它留给人们一笔丰富的数学遗产。八十年的数学发展,其成就之大、速度之快、范围之广,远远超出人们的预料。文献典籍浩如烟海,想理出二十世纪数学发展的线索,实非一人所能胜任。笔者为了探寻若干历史经验,贸然问津,略事管窥。

"现代数学"一词,已为大家所常用,我想它的含义,大致和"二十世纪以来的数学"相仿。一般认为现代数学的特点是:第一,以集合论、数理逻辑为基础;第二,数学理论更加抽象,出现代数化、拓扑化的趋势;第三,电子计算机进入数学的计算和证明;第四,数学向生物学、经济学、社会学、语言学等几乎所有的领域进军。本文拟按照历史发展的顺序,就形成以上特点的大事作一概述,并提出一些粗浅的分析。

一、第一次大战前的数学

从本世纪初到第一次世界大战结束,现代数学可以说经历了初创时期。法国数学家庞加莱是这一时期的权威,直到他 1912 年去世时为止。这位多才且多产的数学家,以微分方程、自守函数(1879)、天体力学(1892~1899)、拓扑学(1895)等最为著名,二十世纪的许多成果都可溯源于他。

可以和庞加莱的权威相匹敌的只有希尔伯特。1900 年,希尔伯特在巴黎国际数学家会议上发表著名演说,向未来世纪的数学家提出了 23 个问题,揭开了二十世纪数学史的第一页。这 23 个问题确实在相当程度上左右了本世纪数学发展的进程,其中大约有三分之二已经获得解决或基本解决,伴随而来的是一个一个的新学科。但是这一演说,对后来获得重大进展的代数拓扑、泛函分析等学科并无暗示,可见预言毕竟不如现实来得丰富。

本世纪初,在积分学里发生了一场革命。勒贝格突破了黎曼积分的框框,提出可列可加的测度,形成了 L 积分理论。这种专门研究"病态函数"的积分,曾遭到一些著名数学家的讪笑和抵制。但是 L 积分不胫而走,俄国学者鲁津、叶戈罗夫等人继续研究,到 1910 年,勒贝格进入法兰西学院,争论和批判也就停止了。

第一次世界大战前经历的所谓"第三次数学危机"是惊心动魄的。上世纪末,德国的康托尔提出集合论,对"无限"作了新的探讨,提出超限数,因而引起争议。1900 年,庞加莱曾宣布"数学已完全严谨",三年之后,英国的数学家、哲学家罗素发表著名的悖论,使数学陷入危机。

编者注:原文载于《自然杂志》(1982 年,第 5 卷第 3 期,第 179 页至 183 页)。

康托尔的集合论成了自相矛盾的体系。为了解救危机,希尔伯特的形式主义学派、罗素和怀特黑德(Whitehead)的逻辑主义学派以及荷兰布劳威尔(L. E. J. Brouwer)的直觉主义学派,在1910年前后发表了许多论著,导致公理集合论、数理逻辑等数学基础学科蓬勃发展,这场争论至今没有结束。

围绕相对论和量子力学的发展,在本世纪最初十余年里发展了嘉当(É. Cartan)和外尔(H. Weyl)的李代数表示论,以及张量分析和黎曼几何。外尔的流形论(1913)和豪斯多夫的点集拓扑学(1914)先后问世。弗雷歇(Fréchet)和黎斯(Riesz,1906)发展了无限维函数空间论,成为泛函分析的发端。多复变理论和马尔可夫(Марков)链相继诞生。这些反映了二十世纪初期的数学有不少开创性的工作,其影响一直延续至今。

统计学在本世纪初不象今天那样受人注意,但也有一些重大进展。1901年,美国吉布斯(Gibbs)出版《统计力学中的基本原理》。同年英国人皮尔逊(K. Pearson)创办《生物统计学》杂志。1909年,波莱尔(Borel)著《概率论初步》一书,也有重大意义。

综观这一时期,集合论为大多数数学家所接受,形成了现代数学的基础。黎曼几何、群论、群表示论、点集拓扑、多复变、泛函分析的工作已初露端倪,然而占据当时主流的大多数工作还是三角级数、积分论、复变函数论、数论、微分方程论等经典数学。关于数学基础三个学派的论争,影响深远。希尔伯特的公理化方法和形式主义,几乎给二十世纪的每一门学科都打上了印记。

二、二十至三十年代的奠基性工作

第一次世界大战结束后,世界上陆续形成了一些重要的学派。德国虽是战败国,但数学家未上前线,加上哥廷根学派的传统,使德国迅速成为世界数学中心。法国自庞加莱去世后,失去了首屈一指的权威,而青年数学家却葬身于前线炮火。除了少数例外,法国差不多成了"函数论王国"(皮卡(Picard)、勒贝格、波莱尔都是函数论大家),现代数学的势头不大。这时,以研究数学基础著称的波兰学派崛起。匈牙利、奥地利等国相继出现冯·诺依曼(Von Neumann)、哥德尔(K. Gödel)等举世闻名的学者。苏联学派在十月革命之后也获得迅速成长。英国仍然是经典分析的天下,而当时美国的数学家大多是在欧洲留学才成长起来的。

抽象代数、代数拓扑、泛函分析可以说是现代数学的三根理论支柱,它们都在二十年代和三十年代中期奠定了基础。1926年前后,德国女数学家诺特(Noether)完成了理想论,范·德·瓦尔登(Van der Wardern)总结诺特和阿廷(Artin)等德国学者的成果写成《代数学》(1932),使抽象代数成为系统的学科,一时风靡世界。代数拓扑学借用代数工具进行研究,也进展神速。1931年,瑞士的德·拉姆(De Rham)发现多维流形上的微分形式和流形的上同调性质有联系。1934年莫尔斯(Morse)提出大范围变分理论,1935年赫维兹(Hurwitz)引入同伦群,给代数拓扑、微分拓扑打下了坚实的基础。泛函分析方面,巴拿赫(Banach,1922)和里斯(1918)分别提出巴拿赫空间和希尔伯特空间,冯·诺依曼则于1929年提出算子谱论并应用于量子力学,泛函分析的主要部分至此也大体完成。随着三根理论支柱的建立,二十世纪以来数学日益抽象的势头越来越大。

三十年代,哥德尔关于数学基础的研究令人惊讶。他的关于公理系统不完备的定理曾使大数学家冯·诺依曼为之折服。希尔伯特企图将全部数学都公理化的奢望也随之破灭。但是,人类思维形式的奥秘却越来越使人神往了。

数学理论抽象化的倾向也涉及概率论。1932年,苏联的柯尔莫哥洛夫(Колмогоров)提出概率论的公理化体系,抽象测度和积分论一旦用于概率论,使这门学科别开了新生面。马尔可夫过程、平稳过程等理论也在这前后诞生,概率论的体系更加科学,也更加严谨了。

三十年代初,世界数学中心由德国逐步转移到美国。这不是因为美国出了数学天才,而是希特勒"送给"美国的"礼物"。1930年以后,德国政局动荡,法西斯分子蠢蠢欲动。希特勒一上台,大肆迫害犹太人,许多著名数学家离开德国赴美避难。其中有抽象代数的奠基人诺特和阿廷,最负盛名的应用数学大师库朗,数学基础方面的天才哥德尔,本世纪的大数学家外尔和冯·诺依曼。其他著名数学家还有费勒(W. Feller)、波利亚(G. Pólya)、切戈(Szegö)、塔尔斯基(Tarski)、海林格(E. Hellinger)。美国开明的人才政策,使得一向冷落的美国数学界突然热闹起来。美国单方面向欧洲派遣数学留学生的历史从此结束,到了今天,则是欧洲向美国大量派遣数学留学生的时代了。

当德国和东欧的数学"头脑"纷纷渡过大西洋时,法国的一批年轻数学家决心冲决"函数论王国"的束缚,吸收世界的精华,用自己的结构主义观点,将迄今为止的全部数学加以整理,终于在1939年出版了《数学原本》第一卷。这就是后来著名于世的布尔巴基学派。这一学派继承希尔伯特形式主义的传统,注入自己的"结构"观,在数学界独树一帜。它在促进数学理论进一步抽象化、公理化方面,有其独特的作用。

三、二次世界大战前后及五十年代的数学大发展

第二次世界大战,是人类历史上的空前浩劫。一批有才华的数学家在战争中夭折。波兰的巴拿赫,被纳粹百般摧残,于1945年走出集中营后不久即逝世。又如德国的泰希米勒(Teichmüller),虽然有过出色的数学研究,但追随希特勒纳粹,在战场上死于非命。赫赫有名的德国哥廷根学派经受法西斯的破坏后大伤元气,一蹶不振。损失是难以估量的。

另一方面,反法西斯战争促使应用数学的发展,结出了丰硕的果实。这些成果战时为军事服务,战后为经济服务,给现代数学的发展注入了来自实践的新活力。下面是几个重要的例子。

1940年,英国和美国海军的运筹小组为了对付德国潜艇,提高军事搜索能力,发展了运筹学。这种旨在提高现有设备能力和效率的学问,主要是数学家们完成的,战后大量用于经济部门。它是现代运筹学的发端。

1942年,苏联的柯尔莫戈罗夫和美国的维纳等人分别研究火炮的自动跟踪,形成随机过程的预测和滤波理论。1948年,维纳综合其他(生物、医学)方面成果,写成《控制论》一书,开辟了现代数学的重要分支。

1939年,英国数学家图灵(Turing),用数学理论帮助英国外交部破译德军密码获得成功,并成为今日自动机的渊源。

1944年,冯·诺依曼发展对策论,用于经济和军事中的战略决策。

1942年,冯·诺依曼建议美国军方:为了计算弹道,必须发展电子计算机,因而促进了世界上第一台电子计算机——ENIAC于1944年投入运转,全新存贮通用电子计算机EDVAC也于1945年6月建成。

计算机的出现,使计算数学迅猛发展。一些由于计算量太大而搁置不用的应用方法,这时获得了新的实用价值。线性规划、动态规划、优选法等最优化理论如雨后春笋般生长起来。应用数学有了电子计算机,如虎添翼,二十世纪数学强调抽象理论的趋势至此有了新的变化。

当然,理论数学在相对的和平环境里也有巨大的发展。在拓扑方面,纤维丛、同调代数、现代代数几何、米尔诺怪球、托姆的余边界论等成就,使拓扑和微分几何、抽象代数、泛函分析、偏微分方程建立密切联系,打破了战前拓扑学孤立的局面。代数化、拓扑化的倾向有增无减。其他如广义函数论、范畴论、一般偏微分算子理论、鞅论、最优控制的变分原理等也都在四、五十年代发展起来。

现代数学至此可说已经相当成熟了。

四、现代数学的深化(1960~)

理论上更抽象、应用上更广泛、计算机更普及,这就是六十年代以来数学的总趋势。

从理论上看,1963年美国科恩(Cohen)证明广义连续统假设独立于ZF公理,这是继哥德尔之后最著名的工作。希尔伯特23问题中的第一问题至此获得某种意义的解决,选择公理的价值再次引起人们的注意。罗宾逊(A. Robinson)用严格的数理逻辑方法使"无限小"重返数学,令人振奋。代数和拓扑方面的工作更加深入了。庞加莱猜想($n \geq 5$)、伯恩赛德猜想、韦伊猜想相继获得解决。阿蒂亚和辛格建立了指标定理,进一步沟通代数、拓扑和分析的联系,十分深刻。概率论方法用于证明经典函数定理,也别开生面。泛函分析似乎已失去大踏步前进的势头,但在非自共轭算子谱分析理论、算子代数、巴拿赫空间几何方面都有建树,关于不变子空间存在的罗蒙诺索夫(B. M. Ломоносов)技巧颇引人注目。经典分析中一个出色结果是证明当$p>1$时三角级数依L^p中范数收敛必几乎处处收敛($p=1$时不成立早在1912年就已知道),解决了一大悬案。当然,六十年代以来的许多理论成果,也许要过一段时间才会显示更深刻的意义。

数学应用的广泛性,已到了令人难以置信的程度。量子场论需要纤维丛理论、算子代数理论、无限维空间测度论,这证明数学的高度抽象并没有背离物质世界研究的需要。工程技术方面需要的数学早已从微积分技术扩展到泛函分析、抽象测度、矩阵代数等近代理论。在生物学方面的应用,除数学控制论、随机过程论、线性代数方法之外,托姆竟然从曲面奇点的艰深拓扑学理论引出了"突变理论",应用极为广泛,显示了现代数学的理论和实际的巧妙结合。更惊人的发展在社会科学方面。如果说计量经济学的萌芽可以追溯到三、四十年代,那么计量历史学、计量文学、计量语言学则是近来的事。计算机居然能根据数学模型来决断一部手稿是不是莎士比亚所作,数学的无孔不入,由此可见一斑。

  计算机的功能大非昔比。它已从代替人们繁重的计算走进数学证明的殿堂。1976 年,哈肯(Haken)和阿佩尔(Appel)宣布已经用计算机证明了四色问题。1978 年,瓦格斯塔夫(Wagstaff)把费马(Fermat)大定理的上界提高到 12 500。"计算机"的证明,人们是否认可,还有争议。一些数学家甚至在考虑是否要让计算机象人脑一样也会"犯错误",且能自己纠正。1965 年扎德(Zadeh)提出的模糊集合论看来是朝这个方向走去的。"人工智能"是否会改变数学家"一张纸、一支笔"的研究手段,已经提到议事日程上来了。

  现代数学仍在迅猛发展,不管人们怎样评论,它总是按照自己的规律往前走。下面让我们来看一些统计数字吧!

五、几个统计数字

(一) 数学论文的增长速度

  美国的《数学评论》(*Mathematical Reviews*)是世界性的数学文摘杂志。它每年摘要发表的论文篇数见表 1。

表 1

年 份	篇 数	年 份	篇 数
1960	7 824	1976	32 181
1961	13 382	1979	52 812
1973	20 410		

  科克斯特(Coxter)在 1974 年的国际数学家会议上说过:"美国《数学评论》杂志 1941～1951 是 21 英寸,1952～1962 是 45 英寸,1963～1973 是 87 英寸,每 11 年增加一倍,按这种趋势下去,不要很久,作者人数就会超过读者人数。"这自然是一句俏皮话,但确实反映了数学发展的现实。面对浩如烟海的数学文献,一个数学家只能在其中某一领域内工作。不要说欧拉、高斯、黎曼那样的"全能数学家"已不可能再产生,即使像庞加莱和希尔伯特那样雄视全局的大师也难以再有。如果说象冯·诺依曼这样横跨几个领域的大数学家在本世纪上半叶还能出现,那么到六十年后的今天似乎已找不到如此多才多艺的权威大家了。这并非现时缺乏"天才",而是数学知识积累按指数式增加,科学信息传递又极为神速,个人能力已不能应付瞬息万变的全部数学发展。1900 年,希尔伯特事前只和几位数学家磋商,就提出了著名的 23 个问题。1976 年,美国伊里诺大学召开希尔伯特问题进展研讨会,要求出席的著名数学家提出至今尚未解决的问题。这一次是 25 名数学家提了 27 个方面的问题,像希尔伯特那样一个人发表演说的事已不复存在了。

这种现象要求每一个数学工作者经常进行思考和决策：不能堕入文献的海洋，而要从中找到数学的生长点，找出通往数学顶峰的途径。既然"科学学"已经颇为发达，"数学学"大概也非有不可了。

（二）现代数学与古典数学、理论数学与应用数学的比例

表 2 是一份美国国家科学基金在数学方面的分配数额表（单位：百万美元）。

表 2

经费 \ 年份 学科	1971	1972	1973
Ⅰ.古典分析和几何	2.23	2.61	3.18
Ⅱ.现代分析和概率论	2.36	2.62	2.57
Ⅲ.代数	2.46	2.98	2.78
Ⅳ.拓扑和数学基础	2.22	2.27	2.22
Ⅴ.应用数学和统计	3.07	3.27	3.31

美国的财政支持和科学政策是一致的。上表说明，Ⅱ、Ⅲ、Ⅳ 这三项现代理论数学的拨款约占总数的 60%，而古典分析与几何虽有上升趋势，但只占 20% 左右。显然这表明对现代数学，特别是拓扑和代数，仍给予优先发展。联想我国的数学成就多半集中在古典数学领域，如数论、亚纯函数论、三角级数、射影几何等。至于代数、拓扑、泛函、现代概率等学科，则研究的历史短、队伍弱。这些学科大多奠基在二三十年代，而我国的研究工作在五十年代才真正搞起来，起步就晚了二十余年。目前，我国在现代数学方面的空白还很多，特别是若干难度大、门槛高的学科限于种种原因，无人问津，这对改变我国数学落后面貌显然十分不利。数学研究的"现代化"，是一个值得重视的课题。

从表 2 可见在理论和应用的财政支持上，应用数学与统计的比例不高，不足 25%。但这是国家科学基金的拨款。大量的应用数学项目，均由大公司和民间基金会给予支持。就总数来说，应用数学的投资和研究队伍当数倍于理论数学。信息论产生于贝尔电话研究所，杜邦公司推广统筹方法，计算几何发源于法国雷诺汽车公司等，均说明西方国家是极端重视应用数学的。

本世纪的许多大数学家都在理论和实际应用两方面兼长，如冯·诺依曼、柯尔莫戈罗夫、维纳等都是。目前我国有些理论工作者转应用是转得对的。应该看到，在半封建半殖民地的旧中国，因为工业落后，应用数学无处可用。世界应用数学大师库朗曾收过两名中国学生，学成回国后找不到施展才能的机会。解放初期照抄苏联，搞了理工分家，好端端的几个应用数学系全被调整掉，使学有专长的应用数学专家不得不改行搞理论。多年来，在学术评价上，重理论则讲逻辑严密，轻应用则贬具体方法，影响所及，更使数学工作者耻于搞应用。后来虽曾强调过"应用",却又不走正路,搞"立竿见影",败坏了应用数学的名誉。现在拨乱反正,应该是纠正理论数学队伍和应用数学队伍比例失调状况的时候了。

(三) 数学人才的年龄

在本世纪数学发展上作出重大贡献的数学家,是在什么年龄完成创造性工作的?我们从本世纪名垂史册的数学家中,收集到 50 人的资料,统计结果见表 3。

表 3

首次作出重大贡献的年龄	人 数	首次作出重大贡献的年龄	人 数
20～24	3	35～39	9
25～29	20	40～44	7
30～34	9	45～	2

由表可见,数学家首次作出重大成果的年龄集中在 25～29 这一区段。30 岁左右是黄金年龄,45 岁以下还有一些人能有重大成就,超过 45 岁的虽然有,已经寥若晨星了。现在我国数学队伍年轻化的问题远未解决,值得重视。

二十世纪的数学确乎是越来越难了。但是希尔伯特在 1900 年著名演说的末尾,曾经这样鼓励未来世纪的数学家们:"数学的每一个实际进展都伴随着更锐利工具和更简单方法的出现,它们摒弃陈旧的复杂推理,使原先的理论更容易理解。因此,一个人一旦掌握这些锐利工具和更简单的方法,就会发现在各个数学分支中走出自己的路子,要比在其他学科中容易得多。……愿新世纪给数学带来天才的大师和奋发热情的莘莘学子。"

希尔伯特的话是很对的。数学在发展,但人的认识能力也在提高,展望今后的数学,前途依然是一片光明。

现代纯粹数学的若干发展趋势

张奠宙

美国数学家穆尔（E. H. Moore，1862～1932）曾说过，"所有科学，包括逻辑和数学在内，都是时代的函数"。当代数学的特点如何？高维、多元、高次是一个特征。

人们通常把二十世纪的数学称为现代数学。这不仅仅是一个时间上的划分。事实上，不论从精神实质还是从内容范围上来说，二十世纪的数学都和十九世纪的数学有很大的不同。这一深刻的变革大致发生在本世纪初年。二次大战以后，电子计算机的出现又使数学发生重大转折。现在，二十世纪只剩下最后的 15 年了。回顾过去数学发展的历史足迹，认清现代数学的基本特点，对于发展中国现代数学事业，可能是有益的。当然，这是一项巨大的工程，非当代大数学家无力承担。笔者孤陋寡闻，更不敢望其项背。不过近几年来常常听说外国著名数学家批评中国数学太"传统"、太"古典"，缺乏"现代数学思想"，于是不得不去思考一下数学的现代趋势究竟是怎么一回事，并由此研究振兴中华数学之良策。以下仅就个人经验所及，加以"道听途说"提出几点看法，期能抛砖引玉，获得名家的指正。

一、高维多元高次的时代

就纯粹数学而言，当前最引人注目的纯数学课题似乎是"三维以上空间的几何学"、"多个变量函数的分析学"和"高次（非线性）方程（微分方程）的求解"等课题，这也许是本世纪许多大数学家追求的目标。英国数学家、菲尔兹奖获得者阿蒂亚（M. F. Atiyah，1929～2019）这样说过："如果要找一个单一的主要因素把十九世纪和二十世纪的数学加以区别，那么我认为研究多变数函数的日益重要性就是这样的因素。"

从单变量函数到多变量函数组，其差别主要在几何方面，也就是一维空间和高维空间的区别。一维空间（即全体实数）里的几何是没什么意思的，要谈几何起码要二维，即平面几何。一维问题变化很少。例如，一条直线上在原点只有两个方向，而在平面上的原点处却有无限多个方向。单变量函数只须看左右极限、左右导数就行，多变量情形就得考虑无限多个方向导数，研究梯度方向。再如，一维空间里的坐标变换无非是平移和反射，二维情形就复杂多了，它的坐标变换包括无穷多个旋转（这涉及一个参数 a）：

编者注：原文载于《科学杂志》（1986 年 33 卷第 3 期第 176 页至 180 页及第 218 页），并收录于《数学教育经纬》（江苏教育出版社 2003 年出版，第 29 页至 42 页）。

$$x' = x\cos\alpha - y\sin\alpha + \alpha_1,$$
$$y' = -x\sin\alpha - y\cos\alpha + \alpha_2, \quad (\alpha \neq 0)$$

这时的两个旋转变换是可以交换的。如果在三维情形,也有无穷多个旋转变换,这时有两个参数,而且两个旋转变换一般不能交换,复杂程度又进了一层。二十世纪的数学,有许多就是研究高维空间几何的。例如从黎曼(Riemann,1826~1866)到嘉当(E. Cartan,1869~1951)一直在将二维或三维空间中曲线论和曲面论推广到 n 维情形。产生以 n 维微分流形为研究对象的现代微分几何学。三维向量概念推广到 n 维向量,三维向量积成为 n 维向量外积的特例。向量分析不敷应用,因而有张量分析的产生。为了对 n 维流形上的向量场进行微分,相应地引入了"联络"的结构。从物理上看,狭义相对论要求四维空间(三个位置坐标,一个时间坐标),即闵可夫斯基(Minkowski,1864~1909)四维时空。广义相对论考虑引力场的作用,"平坦"的闵可夫斯基四维时空,让位给"弯曲"的四维黎曼流形。因此,研究高于三维的"弯曲"的空间,并非数学家的单纯形式推广,而有其深刻的物理背景。

高维空间的复杂几何结构给多变量函数的研究带来许多困难。就以一元复系数多项式 $p(x)$ 来说,它的零点(即 $p(x)=0$ 的根)总是 n 个复数,结构很简单。但是一个二元多项式的零点就是一条曲线,x^2+y^2-1 的零点的全体是一个圆,至于 n 元的高次方程组的解,那就十分复杂。二十世纪的代数几何学家全力投入研究,结果虽多,但整个宝藏的发掘,恐怕未及十一。单变量的复解析函数已是两个实变量的函数,故多值函数的黎曼面很使人头痛。不过单变量解析函数的零点仍是孤立的,而且复平面的无穷远点只有一个(加入一个无穷远点 ∞ 的复平面相当于一个球面),这就简单多了。那么两个复变量的复变函数 $w=f(z_1,z_2)$ 会怎样呢?首先还是遇到几何上的困难。两个复平面的笛卡儿乘积 $C \times C$ 上的无穷远点就不是一个点 (∞,∞) 了,(z,∞),(∞,z) 也是无穷远点,这使情况大为复杂。其次,在单变量复变函数时,只要考虑单位圆盘 $\{z: |z| \leq 1\}$ 作为典型定义域就行了。而在 $C \times C$ 上,要考察 $\{(z_1,z_2): |z_1|^2+|z_2|^2 \leq 1\}$,也要考虑 $\{(z_1,z_2): \{z_1\} \leq 1, |z_2| \leq 1\}$。这两种结构不同的典型域上,就会有许多不同的函数特性,例如不同的柯西(Cauchy)公式。与此同时,双复变解析函数的零点也不再是孤立点了,例如 $w=z_1^2+z_1z_2$ 的零点集由满足 $z_1=0$ 或 $z_1+z_2=0$ 的 (z_1,z_2) 所组成,这就是一个流形。因而多复变函数论成为深奥而又精美的数学学科,其根源正在于"高维"。

由线性向非线性的过渡,乃是从"一次"向"高次"的进军。线性方程组、线性微分方程、线性空间、线性算子等等已经相当成熟了。基本定理和基本理论均已建立起来。现在虽然还在继续深入研究,但是更多的数学家已转向非线性问题的研究。非线性分析成为世人瞩目的热门课题。

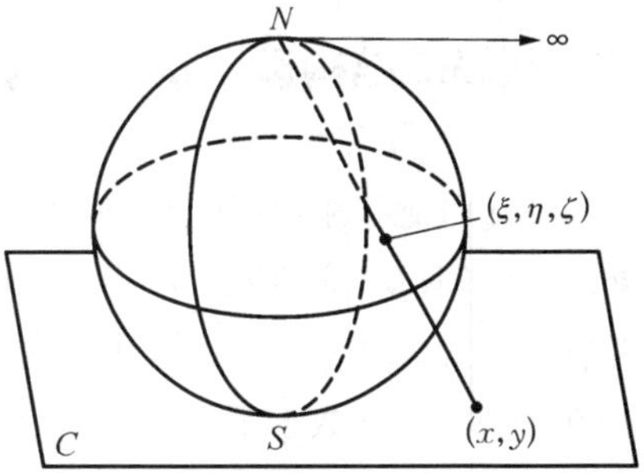

近年来的数学成就中,享誉数坛的仍是高维、多变量、非线性方面的工作。1983 年,联邦德国的青年数学家法尔廷斯(Faltings 1954~)解决了莫德尔(Mordell)

图1 复平面上点 (x,y) 与 N 联线交球面于 (ξ,η,ζ),并作成对应,N 将和理想中的 ∞ 点相对应。这称为球极平面投影。

猜想。这个猜想是说：任何一个不可约的有理系数二元多项式，当它的亏数大于或等于2时，最多只有有限多个解。举例来说，在法尔廷斯之前，人们不知道 $y^2=x^5+n$ (n 为非零整数)是否只有有限多个有理数解。这是一个高次多变量问题，属于代数几何学范围。问题看上去十分简单，却用了十分高深的工具，而且整整用了60年。

也是在1983年，唐纳森(Donaldson)指出，与一般 n 维空间不同，在四维空间中至少存在两种不同的微分结构。四维空间的这一奇妙性质，立刻轰动了整个数学界。人们预料，这也许是含义深刻的物理法则的一种反映，因为黎曼曲率张量正好需要4个指标。这里也说明一个令人深思的现象：一般的 n 维空间更为复杂，但三维、四维空间往往更具特色。例如著名的庞加莱猜想：一个单连通的闭 n 维流形一定和 n 维球面同胚。在一维和二维情形早有定论。1960年斯梅尔证明当 $n \geq 5$ 时猜想成立。到八十年代据报道已对 $n=4$ 或 $n=3$ 证明也成立，但难度很大，方法也不同。此外，五维空间也有特殊结果，七维空间中存在著名的米尔诺怪球，这又形成了一个新的学科——低维拓扑学。这里的低维是指一般高维中的低维。

非线性偏微分方程在七十年代获得重大突破，其工具是高维空间大范围变分法——莫尔斯(Morse)理论。

1982年获得菲尔兹奖(国际数学最高奖之一)的有三位数学家，他们的工作都和高维空间的拓扑学有关。丘成桐的工作是用非线性偏微分方程求解现代微分几何难题和猜想。瑟斯顿(Thurston)涉及三维空间流形的几何构造，至于孔涅(Connes)的业绩主要在算子代数方面，但他搞出来非交换微分几何却是非线性有限维问题和线性无限维技巧的巧妙结合。这些，都反映出当今数学的主流。

现在我们不妨看看国内的某些现状。我国大学数学系的课程似乎过份"经典"，知识结构局限于"单变量微积分"、"一元多项式"和"多元线性方程组"。几何知之甚少，拓扑很少触及，现代非线性分析、代数几何等几乎没有概念。至于现行教科书中的多元函数微积分，无非是偏导数、累次积分，基本上是单元做法，并无真正的"多元"气味。听说现在苏联教科书已有很大变化，已非我们曾经熟悉的五十年代旧面貌。专家们正在呼吁"缩小经典分析"，"增加现代的代数和几何课程"，"用多元多项式理论取代一元多项式理论的教学"。这些建议，十分重要，而且及时，它必将为振兴中华数学，实现数学现代化开辟道路。

二、从局部结构迈向整体结构

二十世纪以来，数学越来越从研究具体的数量关系转向研究数学结构。有些问题定量太难，退而求其次，先研究定性问题。此外，还有些事情其实和表面上的数值无关，其关键在于整体各部分之间关联情况。人们常说，数学主要研究纯粹的数量关系，而把客观事物的属性撇在一旁。现代数学则更进一步，它把许多数学对象的某些数量关系撇在一旁，只是定性地考察它的结构。比如在拓扑学里，我们有时把圆周和椭圆当作一回事，因为尽管两者在几何形式上不同，在数量变化上大小不一，但若只考虑其整体结构，无非都是把一条线段的两头闭合起来，在连结无线电元件时，关心的是它们的接头位置，连结方式，却和导线的长短无关。

这就从实际上说明了几何图形中的结构往往比外形上的数量更重要。

表达数学结构的语言，代数占有突出地位。群、环、域都是代数结构，它们反映了代数运算所应具有的性质。序结构也是一种基本结构。实数之间是全序关系，即任何两实数总可比较大小（包括相等）。但集合之间的包含关系，则只是半序关系，因为任意两集之间，可以谁也不包含谁。区间$[a,b]$上的所有函数之间的大小也只能定义半序，因为任何两个函数$f(x)$，$g(x)$，可能在$[a,b]$的某些点上有$f(x)<g(x)$，但有些点上$f(x)>g(x)$。

法国的布尔巴基学派认为数学上有代数结构、序结构和拓扑结构三种母结构，由此可派生出许多子结构。例如全体实数R，其结构就是一个完备的阿基米德全序域。其中"完备"涉及拓扑结构，"全序"是一个序结构，"域"则是代数结构，阿基米德性质是指对任意正实数M和a，总存在自然数n，使$na>M$。这就涉及序结构（$>$）和代数结构（两数相乘）。数学上把同构的东西视为同一，可以说同构是相等的某种拓广。从研究数量关系到研究结构，无疑是数学思想上一大转变。至于有些人说结构不过是一种广义的数量关系，当然也无不可，但那不过是"数量"一词的含义不同而已。

"结构"思想在十九世纪已经发端。罗巴切夫斯基（1702～1856）的非欧几何是与欧氏几何不同的空间结构，群则是伽罗瓦（Galois，1811～1832）首先提出的。高斯（Gauss，1777～1855）给出了曲面上的度量结构。进入二十世纪，"结构"数学的研究，形成了发展主流，其中最重要的特点之一则是由局部结构向整体结构的进展。

从结构的观点看，微分主要研究局部性质。一个单变量函数$f(x)$在x_0可微，就是曲线$y=f(x)$在$(x_0,f(x_0))$处的附近可用切线近似，通常叫做局部线性。积分虽然反映一个函数的整体性质，但只是一个数值，比较粗糙，那末究竟什么是整体结构呢？试看一个球面S^2和一个环面T的差别。球面可以看成是用一块平面像做包子一样粘起来的（前述的球极平面投影），而环面则是一个正方形先将对边联结构成圆柱面，再将两头拼接而成。所以S^2和T形成的方法完全不同。同时，一刀可将S^2切成两半，但一刀却不一定能将圆环分离为两部分。这表明它们的整体结构不同。但是就它们的局部来看，球面上的一小块和环面上一小块结构很相似。一只近视的蚂蚁在球面上所见和环面所见略同，再如一条带子，将两头正向相接成为圆柱面，但如掉一头相接便成了麦比乌斯（Möbius，1790～1868）带。从带上某点局部看，圆柱面和麦比乌斯带上都是同一块地方，彼此没有什么差别，但从整体上看，却有单侧曲面和双侧曲面的本质差别，也就是整体结构的差别。研究整体结构的数学是伴随着代数拓扑学和微分拓扑学而

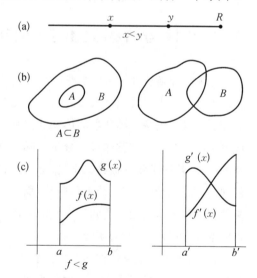

图2 实轴R上的任何两点x，y总可比较大小，如$x<y$(a图)。二个集合，如$A\subset B$看作A和B间的次序。那么，若A'与B'相交，则A'和B'之间没有次序关系(b图)。在c图中，$f(x)\leq g(x)$，但$f'(x)$与$g'(x)$不可比较大小。

发展起来的。这些整体性质的研究也称大范围数学,发端于三十年代。大范围变分学(莫尔斯理论),大范围李群,大范围微分几何学等都是因使用代数拓扑工具而别开新生面。拿微分几何来说,曲线的切线,曲面的切平面等等都是局部特性的研究。其中也有整体性的高斯-邦尼公式,它是欧氏几何中"三角形内角和等于 π"(这显然是整体性质)的推广。

1944 年,陈省身将它推广到 n 维黎曼流形之上,成为大范围微分几何的一个经典定理。接着,陈省身又将纤维丛理论与嘉当的"联络"概念相联系,再次把微分几何推进到大范围情形。说到纤维丛,其实也不神秘。早在笛卡儿时期,描写函数 $y=f(x)$, $x\in[a,b]$,就是在 $[a,b]$ 中任何一点 x 处,放上线段 l(其长度为 $f(x)$),现在不过是将 $[a,b]$ 推广为一个拓扑空间(称为底空间)线段 l 也扩展为拓扑空间(称为纤维),我们按照一定的规则将纤维安放在底空间上就形成了纤维丛,它可以构造出各色各样的高维几何图形来。例如在圆周 C 上可以同向地放上纤维使之成为圆柱面,也可以用另外的方法构成麦比乌斯带。陈省身等所研究的具有联络的主纤维丛,为物理学上的电磁理论和杨-米尔斯理论提供了几何模型,数学上的整体结构正是物理世界整体结构的反映。陈省身在建立大范围微分几何中提出的示性类(陈类),其影响不仅限于几何,可以说遍及整个数学,究其原因,当然是由于当今纯数学发展的一个主流,恰好是研究整体性质。

从局部走向整体,这也许是二十世纪科学发展的一种共性,不仅纯数学如此。例如系统科学,就以研究系统的整体结构以及各子系统之间的关联为主要目标,这有别于过去孤立地考察单一的运动形态。控制论着重考察系统的可控性、可观性和稳定性,这也都是从整体上着眼的。生物学已发展到分子水平,现在的研究课题正是氨基酸如何"拼接"、"缠绕"、"折叠"以合成蛋白质这一类的整体结构,拓扑学在生物学中的应用已有许多成功的例子,这恐怕不会是偶然的。

三、决定性数学和随机性数学的融合

作为研究随机性现象的数学——概率论,已有几百年的历史了,但是获得大规模的发展,还是本世纪三十年代以后的事。柯尔莫戈罗夫给出概率的公理化定义,运用测度论和积分论的知识将概率论纳入纯数学的体系,成为可以严格使用决定性数学语言加以表述的学科。现代概率论甚至被人们称作现代分析。随机性数学提出的许多数学问题为纯数学研究打开了新的一页,开辟了新的道路。于是,有些人认为随机性数学是继决定性数学之后的第二个里程碑(模糊数学则是第三个里程碑)。我觉得这种提法并不妥当。晚近几十年的发展,表明随机性数学和决定性数学之间正在大力渗透。我们如果不说一个代替另一个,而是说二者正在走向融合,也许更加切合实际。

首先,决定性数学的许多部门正在不断地"随机化"。概率论的研究需要用微积分,反之微积分概念又被随机数学规律加以改造。这就是随机积分、随机微分方程的产生。七十年代以来,出现了随机力学,近来则有随机变量幂级数,随机整函数的讨论。不久前,随机微分几何也应运而生。它考察定义在黎曼流形 M 上的半鞅,将它和 M 上二阶微分算子相联系,并用以研究扩散过程,流形 M 上的布朗运动构成它的重要特例。除此而外,作为泛函分析核心部分的线性算子谱理论,也在随机化,苏联的斯科罗霍德(Скороход)已写了《随机线性算子》的专著。这种随机化趋势还将继续下去。

另一方面,随机性数学并非总是跟在决定性现象数学的后面,只靠"随机化"过日子。它本身反过来成为解决确定性数学问题的犀利工具。第二次大战中,乌拉姆(Ulam,1909～1984)和冯·诺依曼提出蒙特卡罗(Monte Carlo)方法。他们将决定性数学问题用概率模型加以模拟,然后用随机抽样试验求解,把过去用决定性数学求解概率论问题的程序颠倒过来。他们通过对大量中子行为的观察推断出所要求的参数,实现了对中子连锁反应的随机模拟。

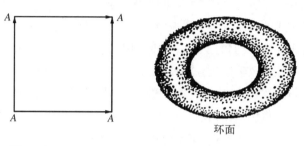

图3 将一个正方形按箭头方向先做成一个圆柱形,再将两头叠合粘接构成一只"救生圈",这就是环面。

七十年代以来,运用随机数学解决决定性数学课题的势头更加强烈。1975年,戴维斯运用概率论中的布朗运动的技巧,证明了经典复变函数论中的著名定理——皮卡小定理。这个定理是说,一个不等于常数的整函数,可以取得任何复数值,至多有一个例外。看上去它和布朗运动毫无联系。但是,我们已知:若 z_t 是二维布朗运动(一种随机过程),$f(z)$ 是非常数的整函数,则 $f(z_t)$ 也是布朗运动。戴维斯运用布朗运动的有关结果,证明 $f(z)$ 将某些同位于 O 的闭曲线仍变为同位于 O 的闭曲线,而有两个例外值的函数将做不到这一点。皮卡小定理就证明了。

目前的成果还不仅是个别经典定理的证明。能运用概率论技巧的阵地,已扩展到现代微分几何中的陈省身示性类理论,以及赫尔曼德尔(Hömander)一般偏微分算子理论。新近,运用马利文(Mallivin)提出的随机变分学,已将当代最重要最深刻的纯粹数学定理——阿蒂亚-辛格指标定理重新给出证明。这就是说,整个纯粹数学领域内,几乎到处都有概率论的影子。这在六十年代之前几乎是不可想象的事。

概率论研究几乎要动用全部决定性数学工具,而纯粹数学理论又受到概率论技巧的促进。二者之间可说是你中有我,我中有你。这里再次显示了数学的统一性。

四、数值化、算法化、组合化正在改变数学的进程

计算机的出现,已经引起了数学的一场革命。

美国数学家伯克霍夫说"微积分和分析长达200年之久的统治已告结束。"作为一个杰出的代数学家,他认为由计算机研究激发起来的数值代数、自动机理论、计算复杂性和最优化、

组合代数将是代数学最强有力的现代趋势。在这些学科的研究中,传统的代数结构,如群、环、域等,将会被圈、单体、格之类的新结构所取代。正象范·德·瓦尔登在三十年代出版《代数学》一书曾引起代数学的革命那样,这一次的变革也许比那一次还要深刻。

国际知名的应用数学家弗勒登塔尔(J. C. Freudenthal)说:"依我所见,在下一个学术年代,数学的主流将不是数论和拓扑,而是数值分析、运筹学和统计","到了2025年,大学校园里的绝大多数数学家或者用计算机研究数学,或者研究计算机算法中的数学问题。只有少数地方,作为学术研究,仍保留着今天我们所知道的那些纯粹数学的研究中心。"

这也许是危言耸听。纯粹数学作为认识客观世界的有力工具,作为人类文化发展的标志,绝不会象过去学究式的烦琐哲学那样被历史所抛弃。纯粹数学一定会按自己的内在发展规律,一如既往地健康发展,我们的子孙后代将会用更大努力来解决纯数学中的无数难题,探索其中的奥秘。然而,纯粹数学还是有"好"与"不好"之分。计算机的发展将会使那些搞无病呻吟或缺乏思想的形式推演相形失色。正如有人说的那样,战后繁荣使那些数学家想做什么就做什么,任何论文都会得到充裕财政支持的年月也许不会再来了。请看下面一些事实,它们说明伯克霍夫和弗勒登塔尔的说法是有一定道理的。

"离散数学"、"有限数学",这些不用微积分的数学课程,已成为许多大学系科的主要数学课程。

实际问题的要求是:解5万个未知数的线性方程组,求次数直到100次的多项式的根。

联系着大脑和感觉器官的神经网络,需要进行组合数学的研究,"人工智能"需要这类成果。

报纸和其他宣传媒介很少报道数学消息。但是,对与计算机相联系的计算复杂性研究却频频报道,引起世人注目。1979年苏联青年数学家哈奇扬(Хачиян)发现线性规划的椭球算法,以及1983年出现加以改进的卡马卡(Karmarkar)算法,《纽约时报》、美联社等都作了显著报道。

以上几件事情表明,社会需要数学发展"数值计算、算法改进和组合分析"!

不仅是数学要为发展计算机服务,数学本身也受到计算机的恩惠。四色问题的计算机证明已是尽人皆知的了(尽管不断有消息表明它的可信程度尚有疑问)。更有意思的是孤立子的发现。这是说,某一类非线性色散波方程具有一种粒子结构性态的解——孤立子,它能经历交互作用而保持其形状速度不变。这种孤立子波好象"粒子"在运动一样。但这种"粒子"并非在高能加速器里产生的,也不是通过数学论证首先推得,而是克鲁斯卡尔(Kruskal)和扎布斯基(Zabusky)通过在计算机上的数值分析而发现的。获得1982年菲尔兹奖的瑟斯顿,曾在他的纯数学研究中使用计算机以求与克莱因(Klein)群相关的病态集。近来,通过映射的迭代以达到"浑沌"状态的研究,更离不开计算机,这一切都说明,反映"连续性"问题的数学演绎推理,必须和"离散"的计算机数值计算携手并进,"一张纸、一支笔、一个脑袋"的纯数学研究方式,渐渐就会过时的。

我国数学家冯康指出,科学计算正和科学理论与科学实验鼎足而立,成为彼此相辅相成而又相对独立的三种主要方法。在数学方法中,由数学解析理论来求解微分方程,多数只能限于线性、常系数和规则区域的情况,对于大量的非线性、变系数和不规则边值问题,解析法

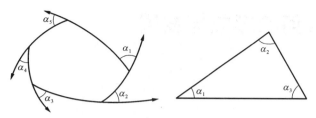

图4 在微分几何中,设用有限个光滑弧构成闭曲线 C,联结处外角为 α_i,C 的内部为 D,K 为全曲率,ρ_g 为测地曲率,则有 $\int_C \rho_q ds + \int_D K d\sigma + \sum \alpha_i = 2\pi$。此即高斯-邦尼公式。
而在欧氏平面上 $\rho_g = 0$,$K = 0$,所以 $\sum_{i=1}^{3} \alpha_i = \sum_{i=1}^{3} (\pi - a_i) = 3\pi - (Q_1 + Q_2 + Q_3) = 2\pi$,即 $Q_1 + Q_2 + Q_3 = \pi$。

往往失效,但用数值计算方法(如有限元方法等)去做,却几乎没有不可逾越的困难。这种情形在今后也不可能改变。科学计算再也不是数学理论的附庸,而是具有独立特性的一种现代科学方法。

现在让我们来看组合分析的状况。组合分析最近开始摆脱自给自足的孤立状态,日益和其他数学分枝互相交融。例如,要问一个 n 维有界凸多面体的各种不同维数的面分别有多少,历来是用初等的组合计算方法,根据题意直接推算,很少想到去用已经发展成熟了的纯数学理论。但是1980年的一项工作发现,上述问题的解决必须用到科恩-麦考利(Cohen-Macaulay)的环论里的一个结果。更有意思的是离散不动点理论,它当然要借用连续情形下的不动点的研究成果,特别是霍普夫-莱夫谢茨(Hopf-Lefchetz)不动点定理。在这里我们没有看到"连续"被"离散"取而代之的情形,恰恰相反,二者在彼此促进,互相融合。

以上所说的现代数学的四点趋势,肯定是不全面的。内容丰富、发展神速的现代数学不可能用简单的几句话加以概括。我之所以对上述四点感兴趣,是觉得国内的数学界在这些方面尚嫌薄弱,或者有些注意不够。日前接到海外来信,说那里的数学教授,能开出以下六门课中的任何一门:实变函数论,多复变函数论,微分几何,代数拓扑,李群与李代数,代数数论。如果这六门知识能集于一身,视野自然开阔,思想也就活跃,研究也不再局限于某些经典课题枝节推广,而会推陈出新,创造新理论了。目前,我国数学发展正处于黄金时期,青年数学家正在不断地从地平线上冒出来。如果我们能认清现代数学发展趋势,瞄准当代数学的国际水平,埋头苦干,追赶主流,"21世纪数学大国"的目标,是一定能够实现的。

现代微分几何的形成与发展

张奠宙

几何学历来是整个数学的基石,但在十九世纪,代数和分析的巨大发展,却使几何学研究相形失色。不用说欧氏几何已无人再作研究,连射影几何也已臻完善,乏人问津。1872年,克莱因(F. Klein)发表《埃朗根纲要》(*Erlangen Programm*),几乎把几何看成群论的一部分。不过,几何学的生命力是强大的,它有一块生机盎然的绿洲,那就是微分几何。

微分几何本来不过是微积分在几何中的应用。求曲线在一点的切线,相当于求函数在一点的微分,而要给出闭曲线所围区域的面积,就归结为求积分,但是物理世界的曲线、曲面是异常复杂的,反过来又向整个数学提出许多重大问题。狭义相对论促使闵可夫斯基(Minkowski)研究四维时空中的几何学(1907年)。广义相对论找到黎曼几何作为合适的数学工具(1916年)。外尔(Weyl)提出的统一场论导致联络几何学的发展(1918年)。在此以后,"高维空间的曲面"、"多变数的函数关系"、"几何图形的整体性质"等几何学课题成为二十世纪数学发展的中心问题之一,微分几何学越来越显示其重要性。现代微分几何的成就,成了数学中的精品。

微分几何的始祖是高斯。他把几何局部化了。他以曲面的第一基本形式为核心建立起曲面论,从而将"平直"的欧氏空间上的几何推广为"弯曲"的曲面上的几何。受高斯这内蕴几何的启示,黎曼(B. Riemann,1826～1866)在1854年的一篇就职讲演中,提出了 n 维流形上的微分几何,这就是黎曼几何。

继黎曼之后开展研究的,主要有贝尔特拉米(E. Beltrami,1835～1900)、克里斯托弗尔(E. B. Christoffel,1829～1900)和利普奇茨(R. Lipchitz,1832～1903)。他们的论文都发表于1870年前后。克里斯托弗尔是一位开拓的大师,他先后在瑞士的苏黎世和法国的斯特拉斯堡任教,影响很大。意大利学派沿着他的思想继续前进。比安基(L. Bianchi,1856～1928)第一个用"微分几何"的名称写了一本书(*Lezionidi Geometria Differenziale*,Pisa,1893)。另一位意大利数学家里奇(G-Ricci,1853～1925)完成了他自称为"绝对微分学"的工作。他的学生莱维-西维塔(T. Levi-Civita,1873～1941)又进一步加以完善。这门学科现在通称为张量分析,那是大物理学家爱因斯坦给他起的名字。

黎曼几何之大受重视,是由于爱因斯坦的广义相对论的推动。爱因斯坦经友人格罗斯曼(M. Grossmann,1878～1936)的帮助掌握了张量分析的工具,把它作为广义相对论的合适数学框架。究其实质,乃是爱因斯坦把引力现象解释成黎曼空间的曲率性质,物理问题随之变

编者注:原文载于《科学杂志》(1986年,第38卷第4期,第309页至310页)。

为几何问题。于是黎曼几何不再限于数学家的圈子,物理学家也把它作为追逐的目标。这一现象一直持续到今天。

微分几何中除了黎曼的观点之外,还受克莱因用变换群对几何学进行分类的思想的影响,因而出现了许多研究支流形的学科,如仿射微分几何,保形微分几何,射影微分几何等,在本世纪初曾相当活跃。

将上述两种观点融合在一起的是法国数学家嘉当(E. Cartan,1869~1951)。他建立的外微分和李群上的研究工作,成为本世纪初叶微分几何的两大柱石。受外尔统一场论启发而发展的广义空间联络理论,乃是里程碑式的收获。

从黎曼到嘉当,一直在将三维空间的曲线论和曲面论推广到高维情形,即研究一般的 n 维流形。向量概念不够用了,因之出现了张量概念和张量分析,为了对 n 维流形上的向量场进行微分,相应地引入了"联络"的结构。仿射联络就是加在微分流形上使我们能对张量场进行"微分"的结构。从物理学上看,在引力场的作用下,狭义相对论所用的"平坦"的闵可夫斯基四维空间,不得不让位于"弯曲"的四维黎曼流形。即研究高于三维的"弯曲"空间,并非数学家的单纯形式推广,而有其深刻的物理背景。

在 1930 年之前,包括嘉当的工作,基本上仍是研究流形上的局部性质,绝少涉及整体性质。所谓局部性质是指流形上一点附近的性态。例如在曲线上某点 P 处作切线,就只涉及点 P 周围的局部特性,而和这条曲线从整体上看是否闭合这类大范围性态无关。二十世纪兴起的组合拓扑和代数拓扑为研究几何对象的整体性质提供了工具。举例来说,球面 S^2 和象救生圈一样的环面 T,从整体上看是完全不同的,但它们的局部性态很相似,即 S^2 上的一小片和 T 上的一小片差不多,结构上没有什么不同。人们用代数拓扑工具可以指出 S^2 的基本群是以单位元为唯一元素的平凡群,而 T 的基本群则是有两个生成元的交换群。因为基本群的不同,刻划了 S^2 和 T 的整体结构是不同的。

当微分几何与拓扑学相联系,采用大范围李群作为工具的时候,现代微分几何的征程就开始了。现代微分几何的目标是研究 n 维微分流形的整体性质,特别是整体性质和局部性质之间的关系。

在这方面的先驱工作有布拉施克(W. J. E. Blaschke)关于卵形线和卵形面的研究(1923 年,1929 年),霍普夫(H. Hopf)关于常曲率黎曼空间结构的研究(1925 年)等。三十年代后,微分几何开始大踏步地前进。

首先是莫尔斯(M. Morse)的大范围变分学(1934 年),它把曲面的拓扑性质与某个变分问题联系起来,得出了著名的莫尔斯不等式,变分学的第二变分可从局部性质的曲率得到流形的整体性质。

霍奇(W. V. D. Hodge)的调和积分论是第二个重要的工作(1941 年)。他引入流形上的调和微分形式,并建立了和流形的拓扑结构(贝蒂数等)之间的联系,成为研究流形同调性质的分析工具。

关于微分流形的基本事实是微分流形的上同调,可以用流形上的微分形式来表述。这就是德·拉姆(De Rham)定理(1931 年)。

对微分几何有重要意义的工作是关于微分流形示性类的研究。施蒂费尔-惠特尼(Stiefel-Whitney)示性类(1936年,1937年),庞特里亚金(Понтрягин)示性类(1940年)都是十分重要的。

陈省身是整体微分几何研究中的一位领袖人物。1944年,陈省身证明了 n 维黎曼流形上的高斯-邦尼(Gauss-Bonnet)公式,这是整体微分几何学的一个经典定理,接着他认识到嘉当的"联络"概念和惠特尼提出的纤维丛有密切联系,从而再次把微分几何推进到大范围情形。1946年发表的《爱尔米特流形的示性类》(*Characteristic Classes of Hermitian Manifold*)具有深远的意义。这一被人称"陈"类(Chern class)的基本不变量,不仅对现代微分几何是重要的,其影响几乎遍及整个数学。

陈省身于1911年出生在浙江省嘉兴市,15岁时在天津的南开大学攻读数学。1931～1934成为清华大学的研究生。1934年秋去德国的汉堡大学,随布拉施克学习,并于1936年获博士学位。接着去法国受到嘉当的指导,这使他迅速达到现代微分几何研究的前沿。1937年中日战争爆发,他回到战时的中国,在昆明的西南联大渡过了艰苦的年代。1943年,外尔所在的普林斯顿高级研究院邀请陈省身去美国访问。陈省身乘坐美军的飞机辗转来到普林斯顿工作,接受外尔的指导。外尔是本世纪上半叶最伟大的数学家之一,在那时能够洞察微分几何的发展。陈省身在1944～1946的两年中,做出了上述那些令人惊羡的工作,不妨说,现代微分几何就是从此开始的。陈省身的三位导师,布拉施克、嘉当、外尔都是本世纪上半叶微分几何的代表人物,沿着他们的路继续开拓的陈省身,成为他们事业的杰出继承人。由于陈省身对数学的卓越贡献,他在1984年荣获沃尔夫奖,这是世人公认的数学最高奖之一。

陈省身曾经在中国领导过中央研究院的数学研究所,虽然时间不长,但培育了一批青年人,对后来中国数学的发展很有影响。从五十年代起,陈省身一直在美国工作。1981年,美国国家基金会资助成立两个新的研究所,其中之一是位于加利福尼亚大学伯克利分校的数学科学研究所,陈省身为第一任所长。从七十年代起,他经常回到中国,致力于发展中国的数学事业。1984年他的母校——南开大学聘请他担任南开数学研究所所长。

八十年代的微分几何仍然充满活力。正在发展和可以研究的方向,多不胜数。整个宝藏的挖掘,未及十一,就以1982年的三位菲尔兹奖的获得者来说,他们的工作都在分析学和几何学交界的领域,都和微分几何有关。陈省身的学生丘成桐当然以与微分几何有关的题目得奖。就是以研究算子代数著称的法国数学家孔涅(A. Connes),近期却因发展了非交换的微分几何而享誉数坛。第三位得奖者是瑟斯顿(Thurston),他研究的叶状结构和三维双曲流形,也和微分几何的发展密切相关。这些事实,再一次说明微分几何学处于当代数学发展的主流。

微分几何与物理学的结合也是科学史上的一件大事。早已知道,具有联络的主纤维丛为经典的规范理论,例如电磁理论和杨-米尔斯理论,提供了几何模型。同样地纤维丛也是研究磁单极和瞬子必不可少的工具,至今尚在继续发展。1983年,根据唐纳森(S. Donaldson)的工作,四维流形的研究有重大的进展,其中一个惊人的结论是:在四维空间中存在一个非标准的微分构造。四维空间是物理的时空,在数学上有无数奇特的性质。我们如果想到曲面和黎曼曲面在近代数学中所起的作用,可以想见四维流形的研究必然在今后几十年内成为一股主流。在另一方面,孔纳斯把微分几何推到无穷维的空间。而无穷维的结构有时比有穷维的更为美妙,如卡斯-穆迪(Kac-Moody)代数,这将是微分几何研究的另一主流。

数学科学百年回顾

张奠宙

1900年,在巴黎举行的国际数学家大会上,德国数学大师希尔伯特在讲演的开始就说,"揭开隐藏在未来之中的面纱,探索未来世纪的前景,谁不兴奋呢?"[1]接着,他提出了20世纪需要解决的23个数学问题。现在,20世纪即将过去,百年来数学面纱一层层被揭开。自然科学尤其是物理学的推动,以及电子计算机的出现,改变了人类社会的生活方式,也改变了数学本身。数学技术渗入到各行各业。希尔伯特问题多半已经有了结果。今天,数学家们又在为21世纪的数学问题进行构想。数学科学仍将一日千里地发展,在探索自然奥秘和推动社会发展中做出贡献。

一、20世纪数学的开端(1900—1918):庞加莱和希尔伯特

本世纪之初,法国的庞加莱是无可争辩的数学领袖。他在三体问题、微分方程的定性理论、拓扑学等领域做了大量的原创性工作,成为开掘不尽的数学宝藏。如果说庞加莱主要以自然科学的实践背景为数学研究的源泉,那么,希尔伯特则更多地从数学本身的完善上寻求进步。他的著名工作有"数论报告"、"几何基础"、"抽象积分方程与抽象空间"。希尔伯特倡导的形式主义学派,成为20世纪的主导数学哲学。

这一时期最重要的数学事件,是爱因斯坦的相对论把新时代的几何学推到了科学的最前沿。四维时空的狭义相对论,产生了闵可夫斯基空间几何。弯曲时空的广义相对论,使得张量分析、黎曼几何、高维几何成为物理学革命的工具。我们生存的宇宙空间,可以用黎曼在1854年创立的高维流形和曲率理论来描述。人们不禁惊叹造化之工,数学之巧。

与物理学推动数学发展的同时,纯粹数学也在以惊人的方式大步前进。19世纪初法国傅里叶(J.-B.-J. Fourier, 1768—1830)提出的调和分析,是众多数学分支的出发点。德国的康托尔从研究傅里叶级数的唯一性提出"点集"的概念,以后发展为"集合论",成为所有抽象数学的表述工具。法国的勒贝格创立了建立在可列可加测度上的积分理论,使得许多黎曼意义下不可积的函数也可以进行傅里叶展开,实现了一次积分革命。康托尔和勒贝格建立的数学理论,常常涉及一些没有导数的病态函数,没有切线的奇异曲线,以及看上去千疮百孔的怪异集合。当时的数学家难以想象勒贝格积分竟会成为20世纪工程师手中的工具。

特别在康托尔的集合论中,关于无限集合的超限数理论很难使人接受。一个典型论断

编者注:原文载于《科学杂志》(1999年,第51卷第1期,第40页至45页)。

是,正方形一边上的点和对角线上的点一样多! 康托尔本人也陷入了自己提出的一个悖论:"由一切基数构成的集合 S,其基数将大于 S 中的所有基数"。这使康托尔日夜难寐。当时德国数学界的当权人物克罗内克(L. Kronecker,1823—1891)曾对康托尔的无限观进行猛烈抨击,反对康托尔进入柏林大学。康托尔于 1884 年起患精神分裂症,病情时好时坏,1918 年病逝于哈雷精神病研究所内。希尔伯特是康托尔数学业绩的积极支持者。他曾说:"没有人能把我们从康托尔所创造的天国中赶走!"[2]

1903 年,英国著名哲学家、数理逻辑学家罗素(B. Russell,1872—1970)在研究集合论时发现了一个十分简单的悖论:考察"一切不以自身为集中一元素的集合"所构成的集合 B,此时若 $x \in B$,则有 $x \notin B$;而 $x \notin B$,则又有 $x \in B$,横竖都不对。这触发了数学基础的大论战,世称"第三次数学危机"。为避免罗素悖论,罗素提倡"逻辑主义",认为数学即逻辑,只要数理逻辑没有矛盾,数学就不会有矛盾,而且是永远绝对正确。希尔伯特则提出"形式主义",认为数学研究的对象,可以不必考虑实际意义,无非是一些对象按一套公理作形式演绎的结果。只要公理无矛盾、独立、完备,数学就永远绝对正确。直觉主义则采取保守态度,不承认"自然数全体所成的集合",反对使用排中律,主张"数学对象的存在,必须能够构造",因而把数学限制在很小的范围内。逻辑主义想把数学化归为逻辑的愿望未能实现,但留下了数理逻辑这门重要学科。希尔伯特的形式主义后来被奥地利数学家哥德尔的两个不完备定理所否定,寻求数学绝对严格基础的理想随之破灭。但是,形式主义的思想为后来的布尔巴基学派所继承和发展,对 20 世纪数学观念的影响极为深刻。直觉主义的思想过于保守,束缚了数学家的手脚,也没有得到广泛承认。只有"构造主义"的想法,随着电子计算机的出现,获得了新的生命力。

本世纪初,英国的分析学派非常强大。哈代(G. H. Hardy,1877—1947)和李特尔伍德(J. E. Littlewood,1885—1977)是领袖人物。他们在解析数论、单复分析、不等式、级数等"硬"分析领域中有很高建树。哈代发现并培养了印度传奇数学家拉马努金(S. A. Ramanujan,1887—1920)。拉马努金未受正规教育,在不知道什么是现代意义下的严格证明的前提下,完成了大量的数学工作。[3] 拉马努金的笔记本上写满了大量公式,并没有详细证明。60 多年之后,美国的伯恩特(B. C. Berndt)把拉马努金笔记本加以整理,完成证明,分三册出版。该书的研究表明,除少量公式有误之外,绝大部分是正确的。拉马努金是如何进行数学思考的? 这一数学之"谜",仍有待解开。

经典的数学应用工作仍在深入进行。力学、电学、光学、以及机械工程、建筑工程中的数学问题被大量研究。引人瞩目的工作是数理统计学以"生物统计学"的形式开始出现。标准差、平均差、相关等术语,在 1901 年皮尔逊(K. Pearson,1857—1936)创办的《生物计量学》(*Biometrika*)等杂志上陆续使用。

二、以格丁根学派为中心的黄金时期(1918—1933)

从第一次世界大战结束,到 1933 年希特勒上台,世界的数学中心在德国的格丁根大学。

在格丁根学派的带动下,出现了20世纪数学发展的一段黄金时期。

格丁根是德国的一座小城,以格丁根大学而著名。大数学家高斯(C. F. Gauss, 1777—1855)曾长期在此工作。1886年,克莱因(C. F. Klein, 1849—1925)来格丁根主持数学系,遂延请希尔伯特、闵科夫斯基(H. Minkowski, 1864—1909)来校执教。格丁根不久即成为世界数学中心。第一次世界大战结束时,德国虽是战败国,但数学元气未伤。法国在大战中损失了一代大学生,巴黎高师的学生名册上布满了黑框。20年代的法国几乎是"函数论王国",很少有新学科产生。一个例外是嘉当(É. J. Cartan, 1869—1951),他在李群表示、外微分方法、活动标架法、微分方程组的研究上有独到见解,成为日后微分几何的经典性工作,只是当时未受充分重视。英国继续维持哈代的分析学派,没有新的突破。20年代的美国数学还远远落后于欧洲,前苏联、东欧诸国的数学刚刚起步。尽管优秀数学家遍布欧洲和世界各地,格丁根却是公认的世界数学中心。

20年代克莱因已经退休,希尔伯特也老了。闵可夫斯基则因病在1909年去世。但是新人在不断成长。希尔伯特的继承人是外尔,他是全才的数学大家,他创立的学科多不胜数。例如,数论中的一致分布理论、黎曼曲面、微分流形、算子谱论、偏微分方程、胞腔概念、规范理论、李群表示、数学物理等,都在他的手中得到改观。

克莱因的继承者是库朗(R. Courant, 1888—1972)。他专长分析,在数学物理方程、差分方法、变分学等领域都有创造性的工作,尤其具有行政组织能力。1929年,库朗任格丁根数学研究所所长。

本世纪最伟大的女数学家诺特(A. E. Noether, 1882—1935)在格丁根完成一般理想论,创立了抽象代数。出生于匈牙利的著名数学家冯·诺依曼曾是希尔伯特在数学基础研究上的助手。

20年代,前苏联的数学学派开始崛起,叶戈罗夫和鲁津领导的函数论群体,出现了像柯尔莫哥洛夫、亚历山德罗夫(П. С. Александров, 1896—1982)那样的著名科学家。他们都和格丁根有密切联系。柯尔莫哥洛夫常到格丁根访问,他的成名作《概率论的基本概念》,用测度论和实变函数论方法,把概率论建立在完全严格的基础上。此书最初是用德文写成并发表的。亚历山德罗夫则和诺特联系密切。诺特对亚历山大罗夫建立代数拓扑学有关键性的建议。第一次世界大战之后,波兰数学发展迅速。这一学派的中坚人物,如谢尔宾斯基(W. Sierpinski, 1882—1969)、斯坦豪斯(H. Steinhaus, 1887—1972)都深受格丁根学派影响。

诞生于20年代的量子力学,是物理学的又一场革命。格丁根学派及时为量子力学提供了数学框架。冯·诺依曼的《量子力学的数学基础》,外尔的《群论与量子力学》成为一个时期的经典著作。

图1　法国数学家庞加莱(J. H. Poincaré, 1854—1912)

这一时期的数学成就，当以三个数学新分支——泛函分析、抽象代数、拓扑学——的形成为重要标志。它们的特色是：无限维空间，抽象的代数方法，几何上的大范围整体性质，显示出与19世纪的数学在研究对象和研究方法上的根本差别。

图2　德国数学家希尔伯特(D. Hilbert，1862—1943)

图3　德国数学家外尔(C. H. H. Weyl，1885—1955)

泛函分析起源于希尔伯特的抽象积分方程理论，其中使用了无限维正交系所生成的完备空间，现在称之为希尔伯特空间。1929年冯·诺依曼正是利用这一理论为量子力学提供了数学框架。此外，波兰的巴拿赫(S. Banach，1892—1945)提出了赋范空间，发展了该空间上的算子理论。

抽象代数以诺特于1926年发表的一般理想理论为主要标志。出生于奥地利的阿廷(E. Artin，1898—1962)也做出了开创性的工作。荷兰的范·德·瓦尔登于1932年出版的《代数学》是抽象代数早期工作的总结。

拓扑学的基本思想源于庞加莱于1896年所写的《位置分析》。由于康托尔集合论的影响，研究数列和函数各种收敛性的点集拓扑学随之产生，其代表作是德国数学家豪斯道夫于1913年完成的《集论纲要》。但是，意义更为重大的几何拓扑学由亚历山德罗夫和瑞士的霍普夫合作完成。他们合写的《拓扑学》(1935年)是拓扑学最早的经典著作。与此同时，美国的莱夫谢茨(S. Lefschetz，1884—1972)、亚历山大(J. W. Alexander，1888—1971)和莫尔斯(H. M. Morse，1892—1977)分别以拓扑不动点理论、曲面同调论和临界点理论为拓扑学增色。20年代美国的拓扑学是在世界上领先的少数学科之一。1930年，比利时的德·拉姆给出高维微分流形上微分形式和上同调性质的关系，是一项重要的成就。

1933年，柏林大学、格丁根大学等德国一流大学的校园内贴出告示，让一切犹太人离开学校。德国数学就此断送。

三、反法西斯战争时期的数学(1933—1945)

1930年以后,德国政局动荡,法西斯的阴影笼罩欧洲。冯·诺依曼首先觉察到未来的变化,于1930年到了美国的普林斯顿大学。此时,美国企业家资助的普林斯顿高等研究院刚刚成立。1933年之后,研究院首批聘请的6位研究教授是爱因斯坦、外尔、冯·诺依曼,以及3位美国数学家——亚历山大、莫尔斯和研究工作的组织者维布伦(O. Veblen,1880—1960)。这份名单预示着普林斯顿将是未来的世界数学中心。同时到达美国的有库朗、诺特、阿廷、哥德尔、概率学家费勒(W. Feller,1906—1970)、分析学家波利亚(G. Pólya,1887—1985)和切戈(G. Szegö,1895—1985)等等。那时美国正值经济大萧条时期,大学的经费相当困难,在维布伦等的努力下,美国容纳了这批精英人士,使美国数学迅速达到世界的顶峰。与此对照,德国数学一蹶不振。比伯巴赫(L. G. E. M. Bieberbach,1886—1982)提倡臭名昭著的"日耳曼数学"。富有数学才华的泰希米勒(O. Teichmüller,1913—1943)效忠希特勒死于战场。

数学家们积极投入反法西斯战争,并促进了数学的发展。

二次大战期间的科学成果中,对数学影响最大的,当然是电子计算机的研制和产生。冯·诺依曼在这一影响人类历史进程的工作中起了关键的作用。

1940年,英国和美国海军为了对付德国潜艇的威胁,发展了运筹学。这种旨在提高设备能力和使用效率的学问,战后大量用于经济部门。1938年,前苏联的康托洛维奇(Л. В. Канторович,1912—1986)发明线性规划的单纯形解法。战后美国的丹齐克(G. B. Dantzig,1914—)独立发现这种方法,他还在经济部门推广使用,产生了极高的经济效益。

1942年,柯尔莫戈罗夫和美国的维纳分别研究火炮的自动跟踪,形成随机过程的预测和滤波理论。1948年,维纳写成《控制论》一书,开辟了新的学科。

1939年开始,英国数学家图灵(A. M. Turing,1912—1954)帮助英国情报部门破译德军密码成功。

1944年,冯·诺依曼发展对策论,并用于太平洋海战。

美国政府组织的应用数学组(ATP),吸收了大批数学家参与工作,库朗和他的助手研究喷气式飞机、水下爆炸。代数拓扑学家惠特尼(H. Whitney,1907—1989)曾研究空中发射火箭。伯克霍夫负责考察水下弹道学问题。代数学家麦克莱恩曾是ATP的技术代表。统计学家瓦尔德(A. Wald,1902—1950)为减少实弹射击试验和节约弹药而提出"序贯分析"方法。出身于波兰的数学家乌拉姆(S. M. Ulam,1909—1984)参加原子弹的研制,并在计算和估计中发挥了关键作用。数学家的这些努力,对于提高数学在国家和公众心目中的地位,有十分重要的作用。

与应用数学迅猛发展的同时,纯粹数学也在继续前进。最引人瞩目的是法国的布尔巴基学派。当德国数学衰落之时,以迪厄多内、韦伊为代表的一批法国年轻数学家,冲破"函数论王国"的束缚,力图以结构主义的观点整理全部数学。1939年《数学原本》第一卷出版。他们的观点在二次大战之后影响巨大。

拓扑学继续迅猛发展。同伦论和同调论取得长足进步。分析学继续是数学的主体,但是代数学、微分几何正在成为现代数学的主流学科。此时最重要的结果有:美国的扎里斯基(O. Zariski, 1899—1986)将意大利学派的代数几何学严格化。陈省身于1945年证明高维的高斯-邦内公式,完成大范围微分几何的奠基工作。施瓦尔茨提出广义函数论。冯·诺依曼、前苏联的盖尔范德(И. М. Гельфанд, 1913—)创建算子代数和赋范环论。前苏联庞特里亚金发展"连续群论"。英国的哈代、前苏联的维诺格拉多夫、中国的华罗庚继续在解析数论上创造新的成果。费勒、柯尔莫戈罗夫、辛钦(А. Я. Хинчин, 1894—1959)等建立的随机过程理论,冯·诺依曼和乌拉姆创立的蒙特卡洛方法,在理论和实践上都有重大意义。

四、冷战时期的数学争雄(1945—1980)

第二次世界大战结束之后,美国和前苏联分别代表西方和东方国家集团的霸主,进入了长达几十年的冷战时期。从数学上看,战后的几十年,也是两国争雄的局面。普林斯顿高等研究院和莫斯科大学始终是世界两大数学中心。

50年代和60年代,是战后的恢复发展期。12年义务教育的普及,高等教育的大发展,为数学家们造就了极好的就业局面。数学家的人数大量增加,数学论文的数目呈爆炸之势,新的数学学科层出不穷。人们慨叹,在外尔和冯·诺伊曼于50年代先后去世之后,能够纵观数学全局的数学家,似乎已经不会再有了。只有1987年去世的柯尔莫戈罗夫也许是个例外。

尽管文献浩如烟海,重要的数学工作仍然十分令人注目。这里选取的当然是一些不完整的罗列:

希尔伯特第五问题——每个局部欧氏群一定是李群——于1952年获得完全解决。

柯尔莫戈罗夫与阿诺尔德(В. И. Арнольд, 1937—),以及美国的莫泽(J. K. Moser, 1928—)分别于1954年、1963年完成动力系统的KAM定理,已成为三体问题、哈密顿系统研究的经典成果。

美国的米尔诺于1956年发现,在8维空间中有一个流形,和7维空间中的单位球面同胚但不微分同胚,即所谓"米尔诺怪球"。

美国的斯梅尔于1960年证明广义庞加莱猜想。

英国的阿蒂亚和辛格于1963年将一般流形的拓扑结构和其上微分算子的核空间维数联系起来,得到深刻的阿蒂亚-辛格指标定理。

美国的科恩于1963年证明,选择公理和ZF公理体系独立。

前苏联的诺维科夫于1965年证明微分流形的庞特里亚金类的拓扑不变性。

法国的格罗腾迪克于1966年建立格罗腾迪克群和环,并由此引入K理论。

在美国罗宾逊工作的基础上,前苏联的马季亚谢维奇(Матиясевич, Ю. В. 1948—)于1970年解决了希尔伯特第十问题,即丢番图方程无有限步算法。

40年代由韦伊提出的韦伊猜想得到解决。格罗滕迪克首先取得重大进展,1974年其弟子、来自比利时的德利涅(P. Deligne, 1944—)彻底解决。

图4　美籍匈牙利数学家冯·诺依曼　　图5　前苏联数学家柯尔莫戈罗夫　　图6　英国数学家阿蒂亚

大范围微分几何成为表述规范场论的数学工具。这是陈省身和杨振宁于1975年前后分别从数学和物理学上所得成果的统一。

美国哈肯（W. R. G. Haken，1928—　）等于1978年在伊利诺伊大学完成四色问题的电子计算机证明。

在美国的布饶尔（R. D. Brauer，1901—1977）、汤普森（J. G. Thompson，1932—　）和格朗斯坦（D. Gorenstein，1923—1992）等人的努力下，有限单群分类于1980年得到完全解决。

战后数学上最大的变化是电子计算机的使用。数学由此变成了一种技术——数学技术。科学计算成为继理论构建、实验考察之后的第三种科学研究方法。军事指挥、飞机设计、原子弹爆炸、化学反应、人口计划、气象预测、卫星定位、石油勘探、企业管理，一切都可以运用数学模型在计算机上进行。数学为人类创造了巨大的财富，节约了无数的资源，这一切却很少被公众所充分了解。以数学工作获得诺贝尔经济学奖已是十分常见的事情。

在这基础上，许多纯粹数学得到料想不到的应用。例如，有限域用于密码学，数论用于近似计算，纤维丛理论用于规范场，拉东变换用于CT扫描，拓扑学用于DNA分子结构，等等。同时，由于计算机科学和人工智能的需要，组合数学得到了迅猛的进展。计算复杂性形成了一门艰深的理论。寻求多项式算法成为数学家注意的焦点。1979年苏联哈奇扬（Л. Г. Хачиян）提出线性规划的椭球算法，以及后来的卡玛卡算法都是轰动一时的新闻。起源于实际，却又大胆创新的学科相继涌现，例如，模糊数学、非标准分析、突变理论。它们创立者都认为自己的工作将是数学的一场革命，但这需要时间的检验。

总之，二战以后，数学向科学女王和科学侍女两极发展。一方面，纯粹数学继续向高、深、难的方向进军，范畴、流形、纤维丛、多复分析、代数簇、上同调、鞅、分枝等新领域不断得到开拓。数学研究的对象从低维空间到高维空间以至无限维空间，函数和方程的研究从单变量发展到多变量，已经大体完成了的线性数学走向非线性数学，决定性数学和随机现象的数学彼此融合和渗透。数学仍保持着至高无上、完全正确的华贵形象。另一方面，数学又极力为其他科学服务，为人类的生活服务，走近常人的生活，使应用数学广泛渗入各门学科（包括社会科学)中去,科学数量化的进程可以说无孔不入,数学确已成为人们忠实的科学侍女。

五、数学多极化时代来临(1980年至今)

进入80年代,世界的政治经济出现多元化的格局,数学也进入了多元化格局。一个大体的描述是:"美国、前苏联继续领先,西欧紧随其后,日本迎头追赶,中国和其他地区正在迅速发展。"1991年苏联解体使得原苏联地区的数学有所削弱,但其数学基础和研究实力仍然十分强劲,不可低估。

经过二次大战以后,数学家队伍有了空前的扩大。数学工作市场有饱和的迹象。纯粹数学研究仍会保持前进的态势,但要求有更高的研究水平,产生更有意义的成果。一些"无病呻吟"、"滥竽充数"的数学论文将会受到冷落,优胜劣汰的法则已经比过去更加严厉地在数学界通行。一个最激动人心的事件是费马大定理的证明。1983年,德国的法尔廷斯证明费马大定理如果有解,至多有有限个互素解。1993年6月,英国的怀尔斯(A. Wiles, 1953—)在前人工作的基础上宣布费马大定理是正确的(最终证明于1994年9月完成),这是人类智慧的伟大象征,是20世纪末最高的一项数学成就。

数学家大批转向计算机科学和人工智能领域,乃是就业市场自然调整的结果。同时计算机的威力扩大和延伸了数学家的脑和手。非线性数学的发展得力于此。80年代以来,混沌理论、分维几何、孤立子解、小波分析等数学热点,没有不和计算机发生联系的。

数学和物理学层面的交融,仍然是数学发展的重大源泉。1987年,英国的唐纳森在杨-米尔斯方程的求解过程中,发现四维空间中有一种流形,具有两种不同的微分结构,大出人们的意料之外。美国物理学家威滕(E. Witten, 1951—)用物理学方法推演数学问题,虽然没有严格证明,却得到了正确的数学结果。希尔伯特的形式主义数学哲学,布尔巴基的结构主义数学观,在威滕工作面前显得无能为力,数学中经验主义是否正在复兴?只有猜想没有严格证明的"理论数学"是否允许存在,正严肃地摆在数学界的面前。

六、20世纪的中国现代数学

中国现代数学之开端可以追溯到徐光启(1562—1633)和利玛窦(R. Matteo, 1552—1610)于1607年翻译出版欧几里得的《几何原本》。清末李善兰(1811—1882)曾和伟烈亚力(A. Wylie, 1815—1887)于1859年译出美国数学教材《代微积拾级》,李善兰恒等式至今犹有价值。1898年京师大学堂成立,先后派遣一些学生到日本学习数学。其中有冯祖荀(1880—1943),后来长期担任北京大学数学系主任。清末到美国学习数学的有胡敦复(1886—1978)、郑桐荪(1887—1963)、秦汾(1887—1971),起过一些先驱作用。1909至1911三年中,因美国退回部分庚款而选送三批中国留学生到美国留学。以学习数学而著称的有胡明复(1891—1927),他是中国第一位数学博士(1917年于哈佛大学获得)。姜立夫(1890—1978)于1911年到美国,1918年也在哈佛获博士学位。与此同时或稍后,何鲁(1894—1973)与熊庆来(1893—

1969)到欧洲研习数学。他们回国后推动中国各大学数学系的创办,奠定了中国现代数学的基础。

30年代的清华大学数学系实力雄厚。特别是陈省身和华罗庚两位青年学者的到来,使中国数学开始走向世界。江泽涵(1902—1994)致力于北京大学数学系的发展。从日本回来的陈建功(1893—1971)和苏步青建设浙江大学数学系,使之成为中国数学发展的又一基地。到了抗日战争时期,西南联合大学已拥有陈省身、华罗庚、许宝騄(1910—1970)这样具有很高声誉的数学家,和其他数学家一起,中国现代数学开始接近世界先进水平。

1949年之后,中国数学界的规模迅速扩大,数学门类逐渐齐全,并能够为国民经济和国防事业服务,华罗庚和吴文俊等大批旅外数学家回国。陈景润(1933—1996)等年轻数学家成长很快,出现了一批在现代数学研究上卓有贡献的中国数学家。1966年开始的十年动乱,使数学前进的势头锐减,以至瘫痪。80年代以来,经过恢复时期,新一代的数学家成长起来。从1986年开始,吴文俊、田刚、林芳华、张恭庆、马志明、励建书、李骏等先后应邀作国际数学家大会的45分钟报告。陈省身获沃尔夫奖,丘成桐获菲尔兹奖,使中国数学界受到鼓舞。"21世纪的数学大国"是中国数学界的共同愿望,经过几代人的不懈努力,这一理想正在逐步变为现实。

展望未来,我们需要总结过去几百年世界数学走过的道路。纯粹数学研究中的原创性,开辟新学科新方向的意识和动力,以及在各行各业中数学意识的增强,克服国内应用数学发展的不平衡,也许是中国数学面临的严峻挑战。

参考文献

[1] 希尔伯特.数学问题,数学史译文集.上海科学技术出版社,1981
[2] 克莱因.古今数学思想.上海科学技术出版社,1981
[3] 冯克勤.拉玛努詹图:数论在通讯网络中的一个应用.科学,1996,**48**(4):19

20 世纪世界数学中心的变迁

张奠宙

一部近代世界史表明：凡是世界经济、军事大国，一定也是数学强国。17 世纪的英国产业革命，使得牛顿的微积分诞生在英伦三岛。18 世纪法国大革命催生拿破仑帝国，法国数学学派于是称雄欧洲。19 世纪中叶，德国资产阶级崛起，数学王子高斯带来德国数学的辉煌。到了 20 世纪初，国际数学界形成法国与德国数学争雄的格局。那时的美国尚未称霸世界，数学也处于二流水平。至于 20 世纪中叶以后，则是美国数学与苏联数学对决的年代了。清代学者赵翼有诗云："江山代有才人出，各领风骚数百年"。在数学界，能领先数百年是不可能的，能当几十年的霸主就很不容易了。回顾 20 世纪数学中心的变迁，会给我们带来许多有益的启示。

1900 年，第二次国际数学家大会在巴黎召开。法国的庞加莱任大会主席，德国的希尔伯特作大会报告，这反映了法、德两国当时在国际数学界的领导地位平分秋色。庞加莱是一位牛顿式数学家，关注天文学、物理学等自然科学中的数学问题，开创了定性理论、拓扑学等许多影响深远的新学科。主张马赫主义的庞加莱被称为"科学上的巨人，哲学上的侏儒"。他的科学功绩也许会越来越被人们深切地感受到。希尔伯特也是一位全才的数学大师，曾有证据显示他和爱因斯坦独立地提出了相对论。不过，希尔伯特更以纯粹数学的创见、提倡形式主义的数学哲学而著称，可以说更具欧几里得那样的古希腊数学的特色。

事实上，希尔伯特赢得了更高的声誉。他在大会上提出了 20 世纪将要解决的 23 个问题，引无数英雄竞折腰——能够解决其中一个问题都是极高的荣誉（著名的哥德巴赫猜想是第 8 个问题的一部分）。希尔伯特引导的现代公理化数学思潮，成为人类数学文明的又一个高峰。

庞加莱于 1912 年去世后，法国数学渐渐走下坡路。不久前披露的档案表明，鉴于庞加莱的数学工作大气磅礴，在证明的严密性上有时不甚讲究，法国同行（包括他的导师皮卡）颇有非议。结果是权威的领导决定不让庞加莱教数学课，只能教天文学和物理学。上世纪 20 年代的法国数学，逐渐远离庞加莱的数学路线，研究领域缩小在纯粹数学的一个狭小领域，简直成了"函数论王国"。于是一批年轻的数学家从 20 世纪 20 年代开始，向格丁根学派学习，继承发扬希尔伯特的数学传统，努力走出函数论王国的圈子——这就是著名的布尔巴基学派。20 世纪法国数学的这一亮点，却是德国希尔伯特的形式主义时尚。布尔巴基学派的结构主义的数学，曾经在 20 世纪 50 年代领导世界数学潮流，风靡一时。至于庞加莱的研究大自然

编者注：原文载于《世界科学》(2002 年第 10 期，第 4 至 5 页)。

中数学问题的传统曾一度有所搁置,真正加以恢复则是20世纪70年代以后的事了。

20世纪的前30年,世界数学中心在德国的格丁根大学——那曾是高斯、黎曼等大家工作的地方,以后则是希尔伯特为首的格丁根数学学派大本营。爱因斯坦发表相对论,这里的闵可夫斯基就发展四维的时空几何。量子力学刚刚形成,外尔的《量子力学数学基础》立即问世。当过希尔伯特助教的冯·诺依曼,则建立起希尔伯特空间上的算子谱论,成为量子力学的数学框架。迄今为止最伟大的女数学家E.诺特在这里发表影响深远的"一般理想论",开抽象代数的先河。那时的欧洲,还从未有过女性的教授。希尔伯特为此忿忿不平:"大学评议会不是浴室,为什么不准妇女进入?"

图1 20世纪初德国格丁根大学曾是世界数学中心;图为具有古典风格的格丁根大学音乐厅

1933年的那个黑色的春天,立即把格丁根的辉煌葬送了。希特勒法西斯上台迫害犹太人,驱逐犹太籍的科学家。爱因斯坦是犹太人,冯·诺依曼、诺特都是犹太人,外尔的太太是犹太人,格丁根数学研究所的所长库朗也是犹太人。他们先后被迫到达美国的普林斯顿,美国也因此成为新的世界数学中心。

美国的经济实力在20世纪已经达到世界前列,爱迪生那样的发明家已经领导着先进技术的世界潮流。但是基础科学的水平还远落在欧洲后面。1930年,一位零售业富商想捐款建造一所医学院造福社会。当时的科学名流富莱斯纳告诉他,这些钱造一所医学院是不够的,而且纽约附近的医学院已经足够多。如果设立一个以数学为主的研究院,投资较少,而且美国正需要这样的基础性研究。

这样,普林斯顿高等研究院便开始筹备。富莱斯纳到欧洲,请来爱因斯坦、外尔、冯·诺依曼三位顶尖的数理科学家,加上美国本土的三位数学家,强大的阵容一下子就把普林斯顿的学术声誉推到云端。诺特在普林斯顿附近的一所女子学院任教,库朗则在纽约大学工作。大批的数学难民从欧洲来到美国,造就了美国的数学辉煌。

冯·诺依曼来到普林斯顿高等研究院时只有26岁。他不仅在纯粹数学和应用数学上独树一帜,更伟大的创造是用数理逻辑方法设计数字电子计算机的方案。这一使用至今的科学精品,不仅是数学的骄傲,更是人类文明的里程碑。美国本土出生的数学家也有杰出的成就,尤其是应用数学方面。例如,首创控制论的N·维纳,提出信息论的C·香农,都是划时代的数学英雄。

差不多也在20世纪30年代,另一个世界数学中心出现在莫斯科。大数学家欧拉曾在俄国工作多年,数学的积淀很深。1917年十月革命胜利之后,国家经济一度十分困难。人们都在期待"面包会有的,牛奶也会有的"。可是,苏联的科学政策保证了科学研究的优先发展,数学家们可以经常出国访问,特别是到德国的格丁根大学。例如苏联的天才数学家乌雷松访问德国和法国之后,就因在海边游泳时溺水去世,时年仅26岁。苏联的莫斯科大学有鲁津为首的数学学派,起先以函数论为主,以后全面出击,泛函分析、变分学、概率论、集合论、偏微分方程等等学科,都有一流成果展现。

鲁津是沙俄时代留下来的数学家,在历次政治运动中倒也平安。据说斯大林曾经出面"保"过鲁津。鲁津招收了许多具有数学天才的年轻学者。其中,尤以亚历山德罗夫和 A·H·柯尔莫戈罗夫两人最为杰出,前者是世界拓扑学前驱,后者是 20 世纪少有的全能数学家。第二次世界大战期间,柯尔莫戈罗夫建立了火炮自动跟踪技术,和维纳同时创立控制论。到了 50 年代,苏联数学可以和美国数学全面抗衡。

冷战时代苏美在军事上争霸,在数学上也处于彼此争雄的年代。不过,两国的数学家之间还是相当友好(难免有些小的摩擦),大家都统一在国际数学家联盟的数学大家庭中间。

自从电子计算机问世以来,数学更趋向于应用。一张纸、一支笔、一个脑袋的研究方法,已被计算机的介入而打破。美国和苏联在军备竞赛中投入了大量的人力物力,更有航天登月工程、CT 医学扫描技术、DNA 生物科学等等,都需要大量的数学投资,这就刺激和带动了数学科学的进步。美国和苏联的数学技术也长期在世界上处于领先。美国强大的经济力量,也支持了纯粹数学的研究计划。

1991 年苏联解体和东欧政治变化之后,莫斯科数学中心的地位大为下降,一些优秀的苏联、东欧数学家相继到西方工作。最突出的例子是苏联数学大师盖尔范德,以 80 岁高龄接受了美国罗格斯大学之聘,目前仍在美国数学界发挥作用。

苏美数学争雄结束之后,美国数学一支独秀。但是数学中心也呈现多元化趋势。俄罗斯数学的威势存在,莫斯科和彼得堡都有十分优秀的数学家在工作。以阿蒂亚为首的英国的牛顿数学研究所,法国的庞加莱数学研究所,德国的马克斯-普朗克数学研究所,日本京都大学的数学研究所,都是一定范围的数学研究中心。即使在美国,除了普林斯顿高等研究院之外,还有加州伯克利的美国数学科学研究所、明尼苏达的美国应用数学研究所,纽约大学的库朗数学研究所也负盛名。

目前国际数学大势是:美国继续领先,西欧紧随其后,俄国蓄势待发,日本正在迎头赶上。至于中国数学,目前还是未知数。一旦潜在的力量释放出来,北京也许是又一个国际数学中心。21 世纪的数学大国,这已经不是一个梦想。随着国家实力的进一步增强,数学也正在一步步的走向世界。2002 年国际数学家大会在北京召开,就是一个新的起点。

数学国际合作的曲折与进步

——迎接即将召开的国际数学家大会

张奠宙

2002年8月20日,第24届国际数学家大会将在北京开幕。届时,全世界热爱数学的公众,都会把目光投向北京。这一数学家的盛会,第一次在一个发展中国家举行,又是21世纪的第一次国际数学家大会,人们期待着国际数学合作将由此揭开新篇章。

现在的国际数学家大会(ICM)每四年举行一次,由国际数学联盟(IMU)负责组织。尽管数学有许多分支,各分支间又"隔行如隔山",但是数学很幸运仍旧是统一的。数学能够超越国界、超越民族、超越歧见,在追求数学真理的崇高目标下,使全球的几千名数学家聚集在同一个大厅内,当属国际合作的典范,人类精神文明的胜利。

但是,今天的美好合作是经过曲折的发展和痛苦的教训才得到的。前国际数学联盟秘书长莱赫托(O. Lehto)撰写的《数学无国界》记录了这一历程。它的中文版已于近日刊行[1]。

一、数学的统一性是国际合作的基石

国际数学家大会已经有100年以上的历史了。19世纪末年,每年产生的数学文献在2 400种以上,一个人、甚至一个国家都无法了解数学整体的最新进展,国际交流日显其重要性。第一个国际性的数学家会议,是1893年8月在美国芝加哥举行的数学天文学大会,有两人从欧洲大陆赶来参加,其中一位是大名鼎鼎的克莱因。他在开幕式上这样说道:

> 19世纪的著名学者——拉格朗日、拉普拉斯、高斯——都是总揽数学全部分支及其应用的大师,而他们的后继者则倾向于专门化。于是,这门正在不断发展的学科离开其原始的意图和领域越来越远,威胁着原有的数学统一性,以至分裂成各种分支学科……那些原由大师个人开创的工作现在我们必须设法通过协力合作来完成。

最后,他呼吁成立数学国际联盟,号召"全世界数学家,联合起来!"与此同时,德国的康托尔、法国的庞加莱等名家也曾经大力推动数学国际合作的进行。

1897年,欧洲的数学家在瑞士的苏黎世举行第一次国际数学家大会,有16个国家的208名数学家参加,全部来自欧洲各国。奉行孤立主义的英国只来了3人,俄罗斯倒有12位数学家与会。这届大会的功绩在于:确立国际数学家大会是一个常设机构,准备定期举行下去。因此是一个良好的开端。

编者注:原文载于《科学杂志》(2002年,第54卷第4期,第3至6页)。

1900年在巴黎举行第二届国际数学家大会。庞加莱担任大会主席,德国的希尔伯特作大会报告。希尔伯特是格丁根大学教授,大会举行那年刚38岁,已和庞加莱并列为当时在世的最伟大的数学家。大会的成果深刻地影响了20世纪数学的进程。巴黎大会在数学史上因希尔伯特的演讲而永远享有特殊的荣誉。

希尔伯特在他的演讲中预言了20世纪的数学发展,并提出了他的著名的23个数学问题。在演讲的结尾部分,希尔伯特表达了与克莱因在1893年所表达的极为相近的观点,他这样说:"我们不得不面临这样的问题:数学是否也将经受其他科学早已经受的历程,即被分化成一些分支学科,这些学科的专家们很难互相沟通并且它们之间的联系也因此会越来越松散。我既不相信也不愿意这样的事情发生。在我看来,数学是一个不可分割的整体,它是一个其生存能力依赖于各部分之间联系的有机体。"

强调数学的统一性,是数学国际合作的基石,也是数学的伟大传统。经过100年的风雨,无论国别、不论专长,所有的数学家仍然能够汇聚一起,正是源于这种统一性。

二、数学界抵制歧视

第一次世界大战前的1904年、1908年、1912年,国际数学家大会分别在海德堡、罗马、剑桥举行。1916年因第一次世界大战而停止。第一次世界大战于1918年11月结束。法国、英国、美国领导的协约国取得胜利;德国、奥地利、保加利亚、土耳其是战败国;波兰等许多国家宣布独立;巴尔干半岛出现了政治力量的重组。1920年,国际数学家大会在法国的斯特拉斯堡举行。大会之前,根据国际科学研究理事会的决定,国际数学联盟于1920年9月20日成立。成立大会上有法国、英国、意大利、比利时、捷克、希腊、葡萄牙、塞尔维亚、日本、波兰的代表。德国、奥地利等明确地被排斥在外。这样,联盟一旦成立,麻烦也随即开始。

当时,法国的政治气氛中弥漫着复仇情绪。这种政治气氛在国际科学合作的计划中反映出来了。早在1916年11月,法国科学院常任秘书长、数学家达布(G. Darboux)就建议在巴黎举行一次只由所有协约国代表参加的会议,商讨有关战争和战后国际关系的科学问题。不久,达布因病逝世,数学家皮卡继任科学院常任秘书长的职务,成为战后国际科学政策的主要设计者。皮卡在分析学上有很大贡献。常微分方程解的存在定理、复分析中的例外值定理,都以他的名字命名,载入了大学教科书。1919年,皮卡与英国皇家学会联系,系统地陈述了当时协约国方面的主要问题:"Veut on, oui ou non, reprendre des relations personelles vec nos ennemis?(我们是否要和我们的敌人重建个人联系?)"皮卡在信中强烈地认为"不要"。作为这一方向的一个具体步骤,法国科学院将大部分的德国成员除名了。不过德国科学院讨论后决定不采取报复行动。

以法国皮卡为代表的一些数学家,以狭隘的民族主义影响国际数学联盟,在章程中明确禁止德国、奥地利等第一次世界大战中的战败国参加。这一歧视性政策,使得数学国际合作蒙上了浓厚的阴影。

英国当时也支持法国的观点,但是一开始就有反对的声音。著名英国数学家哈代表示:

"所有的科学联系必须恢复到战前的样子……考虑到英国和法国的一些杰出的科学家发表了许多愚蠢的东西,我这样说似乎是有价值的。""英国的一个小小的做决定的少数派压倒了一个中立的无偏见的多数派。"

尽管实行歧视政策,国际数学家大会仍然继续举行。1924 年在多伦多,会议组织者虽然有意邀请德国数学家,但受到国际科学研究理事会的制约而作罢,大会场里见不到德国同行,引起英、美等国许多数学家的强烈愤慨。1928 年在意大利的博洛尼亚,主办者以各种方式坚决抵制歧视政策,力主邀请德国数学家出席了数学家大会。意大利的开放政策受到了广泛的赞赏。另外,丹麦、瑞士、荷兰、英国、美国的数学界领袖向大会的组织者表明,如果大会执行歧视政策,不实行无限制的国际化,这些国家的数学家将不来参加会议。

在德国,格丁根科学院要德国数学家注意意大利的邀请,并建议给予积极回应。然而,德国一个相对较小但是很有权威的来自柏林大学的数学家群体,由比伯巴赫(L. Bieberbach,以单叶函数系数猜想而著名,后来参加纳粹组织)领头,发起了一个反对到意大利博洛尼亚参加大会的行动,理由是与这次大会有关的两个组织仍然对德国科学怀有敌意。

1928 年春天,比伯巴赫向德国各大学和中学送去一封信,催促他们抵制博洛尼亚大会。德高望重的希尔伯特以自己的名义回应一封信:"我们相信,追随比伯巴赫的做法将给德国科学带来不幸,并将使我们暴露在良好处理问题一方的合理批评之下……意大利同行为了伟大的理想使他们自己遭遇麻烦,且为此花了大量的时间和努力。……这表明,在现时情况下,应当以一种公正的态度和最起码的礼貌,用友好的态度对待博洛尼亚大会。"希尔伯特代表的观点处于优势,德国人在博洛尼亚形成了除意大利人以外的最大的代表团。

在意大利博洛尼亚举行的"无歧视"的国际数学家大会,是一起公然挑战国际数学联盟章程的举动,因而使国际数学联盟的威信扫地。1932 年在苏黎世举行的国际数学家大会,德国数学家仍然到会。鉴于当时的国际数学联盟执行了错误的政策,又没有做什么实际工作,各国的数学家认为它可有可无,因此在会员全体大会上通过决议,干脆将它悬挂起来,停止活动。老的国际数学联盟没有做成什么事情,就被国际上的和平潮流淹没了。

1932 年,中国数学家第一次参加国际数学家大会。中国数理学会委派清华大学的熊庆来与会。到会的还有许国保(交通大学)和以私人身份出席的李达(仲珩)、曾炯之。

三、菲尔兹奖的设立

1936 年,在挪威奥斯陆举行第十届国际数学家大会,德国数学家继续出席。这届大会的亮点是颁发国际数学最高奖——菲尔兹奖章。加拿大数学家菲尔兹(J. C. Fields)是 1924 年多伦多会议的主办者。那届大会有盈余,菲尔兹把 2 500 加元作为基金交给大会,用以奖励世界上最杰出的数学成就。菲尔兹强调该奖的国际性,反对任何的歧视。奖项既要表彰已完成的工作,也要鼓励获奖者做进一步的努力。这样,菲尔兹奖被认为是奖励年轻数学家的。1966 年之后,"年轻"被明白无误地解释为"不超过 40 岁"。芬兰的阿尔福斯(L. V. Ahlfors)、美国的道格拉斯(J. Douglas)荣获首届菲尔兹奖章。

这一奖章用 14K 金制成，由加拿大雕塑家麦克肯兹（R. McKenzie）设计，图案是阿基米德。为了符合菲尔兹的想法，刻上了拉丁文：正面是"Transire suum pectus mundoque potiri（超越一个人的个性限制并把握宇宙）"，反面是："Congregati ex toto orbe mathematici ob scripta insignia tribuere（全世界数学家一起向知识的杰出贡献者致敬）"。

奥斯陆大会的注册表上有两名代表来自中国：中山大学的刘俊贤，以及代表清华大学的维纳。维纳是控制论的奠基人，1935—1936 年访问清华大学，一年后由中国直接到奥斯陆与会。

图1　1990 年菲尔兹奖得主　左起，美国的威滕（E. Witten）、日本的森重文（Shigefumi Mori）、美国的琼斯（V. Jones）、苏联的德林菲尔德（V. Drinfeld）。

四、数学无国界

当二战硝烟散去的时候，重建国际数学家大会和国际数学联盟的重任落在美国数学家、芝加哥大学校长斯通（M. Stone）的肩上。1950 年，第 11 届国际数学家大会在美国波士顿的坎布里奇举行。尽管德国仍然是第二次大战的战败国，但是国际数学家大会已经完全摆脱了"歧视政策"，全世界的数学家都可以参加大会。

在召开大会之前，世界上有一些重大的政治事件。1949 年，有所谓的苏联窃取核秘密间谍活动；大约在同时，中国共产党领导的革命战争取得了胜利；朝鲜战争于 1950 年 6 月爆发；在美国，反对共产主义的情绪激增。然而大会的组织者无视这些政治事件，继续强调会欢迎世界上所有的数学家。为保证让每位计划参加大会的数学家都得到签证，他们做出了特别的努力。尽管有种种困难，他们的努力几乎无一例外地取得了成功。大会于 1950 年 8 月 30 日至 9 月 6 日，在位于马萨诸塞州坎布里奇的哈佛大学举行。

1 700 位正式代表中只有 290 位来自美国和加拿大以外的国家，这低于期望的数字。尽管有联合国教科文组织以及美国方面的资助，旅行费用本身使得许多数学家无法前来美国，并且苏联或其他社会主义国家没有代表参加。政治不断地在干预数学活动。不过，数学家在作最大的努力来推进世界范围的合作。

在大会开幕前，苏联科学院院长发来了以下内容的电报："苏联科学院收到邀请苏联科学家参加将在坎布里奇举行的国际数学家大会，我们对此友善的行为十分赞赏。苏联数学家在忙于他们的日常工作，所以无法参加大会。希望即将召开的大会将成为数学科学的重要事件。愿大会取得成功。"在大会的开幕式上宣读了这份电报，其中友好的语调使人产生今后合作的希望。在这届大会上，陈省身应邀作大会的一小时报告，这是华人数学家第一次获得这一很高的学术荣誉。

在大会的闭幕会议上,斯通报告了在纽约市举行联盟筹备会议的情况,那次会议的目标是为了成立国际数学联盟。1952年1月,在罗马设立了一个秘书处以筹办新联盟的第一届全体大会。大会于1952年3月6日至8日召开。会议开幕时有18个国家的数学团体作为会员。第一小组:澳大利亚、奥地利、古巴、芬兰、希腊、挪威、秘鲁;第二小组:加拿大、丹麦、荷兰、瑞士;第三小组:比利时;第四小组:法国、德国、意大利、日本;第五小组:英国、美国。

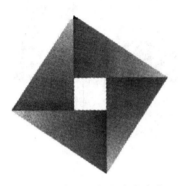

图2 北京国际数学家大会会标 该会标取材于勾股圆方图中的弦图。勾股定理曾为世界几大文明独立发现,是数学真理普遍性与统一性的象征。勾股圆方图为公元3世纪东吴赵爽所作,是中国数学史上对勾股定理的最早证明,充分反映了中国数学特色。

小组的编号表明应交的会费份额以及拥有的投票权。例如美国和英国要交5份会费,也拥有5票投票权,其余类推。在第二次世界大战中的战败国:德国、意大利、日本,都是第一批的国际数学联盟的会员国。新的国际数学联盟以崭新的姿态赢得了数学家的信任。此后,国际数学家大会在国际数学联盟的领导之下有组织地运行。这一情形一直持续至今。

作为全球性的数学联盟,如果没有苏联和东欧国家的数学家参加,就谈不上真正的"国际性"。经过联盟的不断努力,苏联和6个社会主义国家于1957年正式加入国际数学联盟。1966年,在莫斯科举行第15届国际数学家大会。由于苏联数学科学的巨大成就,一直有一位苏联数学家当选为联盟的执行委员会成员。1987年至1990年,法捷耶夫(Л.Д.Фаддев)当选为联盟的主席。冷战时期,苏联和美国曾经长期处于敌对状态,但在国际数学联盟内部仍旧保持着彼此合作的态势(尽管也常有一些不和谐的摩擦)。

国际数学联盟面临的另一个棘手问题是中国的代表权问题。中国是一个大国,而且拥有像华罗庚这样享誉世界的数学家,把中华人民共和国排斥在外显然与"国际性"不相容。华罗庚、吴文俊、陈景润、冯康等中国数学家曾应邀到国际数学家大会上作报告,但都因为代表权问题未能成行。进入1980年代,中国数学家与国际的交往十分密切,要求中国加入联盟的呼声日益高涨。新加坡的李秉彝教授曾为此做过一些努力。陈省身先生则为此做过许多重要的工作。

杨乐、王寿仁教授等中国数学会的代表和国际数学联盟的几任主席和秘书长进行了艰苦的谈判,要求"联盟"发表声明,承认世界上只有一个中国,即中华人民共和国,台湾是中国不可分割的一部分。但是,联盟说它不介入政治,不能发表这样的声明。经过多方努力,协调各方立场,问题终于得到解决。

1986年,国际数学家大会在美国加州大学(伯克利)举行。中国代表权问题的解决方案是:中国数学会和位于中国台北的数学会,以中国的名义,作为一个整体参加国际数学联盟,中国划入最高的第五小组,有5票的表决权,缴纳5个单位的会费。其中中国数学会3票,位于中国台北的数学会2票。这样,在加入国际数学联盟的问题上,可以说中国是统一了。

在找到这一解决方案的过程中,海峡两岸的数学家,包括旅居海外华人数学家,都贡献了自己的智慧。在加州大学任教授的陈省身回忆说:"中国大陆和台湾都有代表来,我都认识,都是熟人。国际数学联盟的主席莫泽(J. Moser)是苏黎世大学的教授,我跟他不但熟得很,而且还一同写过文章。我跟他谈了半天……那次大会,大陆和台湾的数学家分别到达伯克利,代表的正式名称都是CHINA,中国。那时,大家住在一起,都是朋友嘛。完了之后,到我家吃了一顿饭,大家很融洽。"[2]

20世纪下半叶,由于苏联和中国相继加入联盟,国际性的数学活动更加活跃、也更加健康。但是,政治性的事件仍然会影响数学的国际合作。例如,1982年波兰团结工会引起的社会事件,抵制南非种族主义的行动,处理不好都会使得国际数学合作遭到挫折。但是,国际数学联盟坚持"数学无国界"的立场,执行"非歧视"政策,尽一切可能团结世界上所有的数学家。联盟到世界各地举行数学会议,资助发展中国家的数学家出席国际数学家大会,敦促各国政府为所有数学家参加大会发放入境签证。由于工作卓有成效,"联盟"获得了全球数学家的一致信任和拥护。

五、中国争作数学大国

从1908年的国际数学家大会开始,国际数学教育委员会(ICMI)就开始活动。起先由大数学家克莱因任主席。现在,国际数学教育委员会是国际数学联盟的下设组织,成为领导和组织国际数学教育的权威机构。中国在1986年加入联盟之后,也大力参与国际数学教育的活动,中国学者还连续当选为ICMI的执行委员会成员。

早在1988年中国数学家就提出了奋斗的目标:"21世纪的数学大国"。它的含义是:"和世界各国的数学家进行平等的交流。"现在十余年过去了,中国数学取得了长足的进步。从1986年的国际数学家大会开始,中国大陆的数学家吴文俊、张恭庆、马志明等相继受邀作45分钟的报告。旅居国外的华人数学家屡获殊荣,最杰出的代表是丘成桐于1982年获得菲尔兹奖(1983年在华沙颁发)。一批中国大陆到美国留学的学者,已经跻身世界一流水平,其中有田刚、夏志宏、林芳华等。

1993年4月,丘成桐教授与时任中国数学会理事长的杨乐商讨申办2002年的国际数学家大会,同年5月,陈省身和丘成桐两位教授会见江泽民主席时,正式提出了建议。在中国政府的鼓励与支持下,海内外数学家共同努力,申办工作顺利进行。1998年,中国数学会在众多申办者的竞争中脱颖而出,取得了宝贵的承办权。现在,大会举行在即,让我们热烈欢迎世界各地的数学家们,在广泛的国际数学合作中学习提高,保证北京数学家大会的胜利举行。

"21世纪数学大国!"这是中国数学界的奋斗目标。在这项征程中,我们需要学会在复杂的政治冲突中进行国际合作,用智慧与努力维持数学的统一,推动世界数学界的团结。可以预计,2002年8月的北京大会,将朝着这个方向迈出的坚实一步。

参考文献

[1] 莱赫托.数学无国界.王善平译,张奠宙校.上海:上海教育出版社,2002
[2] 陈省身.陈省身文集.上海:华东师范大学出版社,2002

第一部分

现代数学史

第二章

中国现代数学史

《代微积拾级》的原书和原作者

张奠宙

内容提要：本文介绍了中国第一本微积分学译著——《代微积拾级》的英文原书及原作者美国数学教育家 E.罗密士(E. Loomis)。《代微积拾级》一书，是中国和日本在 19 世纪下半叶的标准微积分学教本。笔者认为，罗密士在向东亚传播西方数学知识有着重要影响。但目前在美国的数学史著作中尚无此方面内容，这一点似不应忽视。

关键词：E.罗密士，数学教育家，《代微积拾级》，19 世纪，微积分教本

1859 年，我国第一部微积分学的译作——《代微积拾级》，在上海墨海书馆出版。此书的译者是伟烈亚力(Wylie Alexander, 1815—1887 年)和李善兰。由伟烈亚力口述，李善兰笔受。伟烈亚力是英国人，受伦敦圣经协会之聘，来华经营墨海书馆。他 1847 年到上海，"所交多海内名士"[1]。约在 1852 年与李善兰在墨海书馆相识。他们先译完欧几里得《几何原本》的后九卷(1858 年)，接着又译德·摩根(A. De Morgan)的《代数学》和罗密士的《代微积拾级》，均在 1859 年刊行。这三部数学著作的内容分别为几何、代数和分析，都是这类著作的第一个中译本。

李善兰是我国晚清著名数学家。他自学成才，自谓"三十以后所学渐深"。1845 年创立尖锥术，其内容相当于多项式和 $\frac{1}{x}$ 的定积分。由于这是独立的发现，虽较牛顿发明微积分晚了近 200 年，还是弥足珍贵。尤其可贵的是他在《垛积比类》一书中所给出的许多组合恒等式，具有独创。1945 年，匈牙利杜澜(P. Juran)院士曾证明了其中的一个恒等式，用现在的符号表示是

$$\begin{bmatrix} n+q \\ q \end{bmatrix}^2 = \sum_{k=0}^{q} \begin{bmatrix} q \\ k \end{bmatrix}^2 \begin{bmatrix} n+2q-k \\ 2q \end{bmatrix},$$

杜澜称之为"李善兰恒等式"[2]。

李善兰为 1867 年成立的天算馆(同文馆中的一部分)的第一位数学教习。当时同文馆中有十三名教习，其中九位是外国人。四位中国教习中有三人教中文，唯独李善兰教数学，李善兰的数学活动已有许多研究，特别是台湾师范大学洪万生的博士论文[3]，更有精到的阐述。这里转刊洪博士首次披露的李善兰在 1868 年致方元征的一封信(图 1)，其中提到同文馆聘李

编者注：原文载于《中国科技史料》(1982 年，第 13 卷第 2 期，第 86 页至 90 页)。

善兰为数学教习时,李氏曾称病不去,直到《则古昔斋算学》(李善兰的算学著作集)刊行后方到任[4],其为人,其情操,可见一斑。

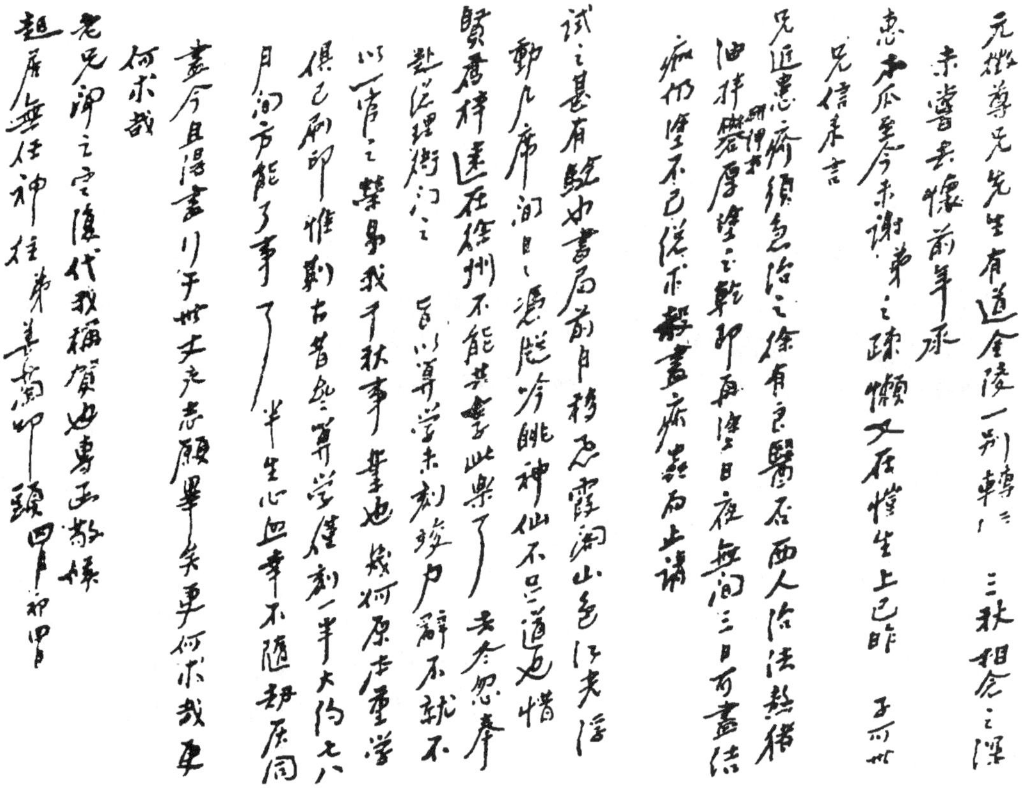

图1 李善兰致方元征的信

《代微积拾级》出版之后,便成为此后几十年内的标准读物,其译名为"微分"、"积分"、"曲率"、"级数"等贴切、自然、尤为人所称道。值得注意的是此书对中国和日本的科学交流起过重要的推动作用。1862年,日本的中牟田仓之助(1837—1916年)曾来华购去一批数学译著,其中包括《代微积拾级》。日本数学史名家三上义夫指出:"最早传入日本的西方数学书籍,肯定是李善兰和伟烈亚力翻译的由罗密士编写的《代微积拾级》。"在1860年,日本和算家"能读到的最好微积分书籍只有罗密士的微积分中译本。"[5] 1872年,福田理轩(1815—1889年)编著的《代微积拾级译解》刊行,在日本风行一时。

1990年,笔者到纽约市立大学(City University of New York)与该校道本周(J. Dauben)教授合作研究,课题是《中美数学交往》(1850—1950年),我首先注意到罗密士对中国以及日本的近代数学所起的重要作用,并到与纽约市立大学隔街(繁华的42街)相望的纽约市立公共图书馆(Public Library of New York)寻访资料。经道本教授的介绍和图书馆管理人员的预约,我查到了《代微积拾级》的原书以及原作者的若干资料,现将有关情形,介绍如次。

《代微积拾级》的原书书名为 Elements of Analytical Geometry and of the Differential *and Integral Calculus*，由美国纽约的哈普兄弟出版公司（New York：Harper & Brothers Publishers）印刷发行（图 2），时间是 1851 年。国内流传为 1850 年[6]，乃误植。

该书的原作者为美国的爱里亚斯·罗密士（Elias Loomis），他 1811 年 8 月 7 日出生于康涅狄格州的威灵顿（Willington Connectdicut），1889 年 8 月 15 日卒于康涅狄格州的纽海文（New Haven，Connecticut），在我国的一些科学史论著中，说他死于 1899 年[7]，也是误植。

罗密士是气象学家，实用天文学家，数学教育家。1830 年毕业于耶鲁学院（Yale College），后去法国留学。1844—1860 年，他是纽约市立大学（University of the City of New York）的数学与自然哲学教授，《代微积拾级》即写于此时。他 1860 年去耶鲁大学任教授，直至去世。

他在科学上的主要贡献是绘制了美国历史上第一张天气图，发展气旋理论，对预报飓风有重要意义。罗密士还用很多时间从事天文学研究，包括对流星的观察，各地经纬度的确定以及 1835 年哈雷彗星回归地球轨道的研究等。而在数学研究上并没有什么突出贡献。

罗密士广为人知的原因在于他写了一套教科书。至 1874 年为止，哈普兄弟出版公司发行了一套 *Loomis's series of textbooks*（《罗密士教材丛书》），共有 14 种，其中自然哲学 1 册，气象学 1 册，天文学 4 册，其余 8 册全是数

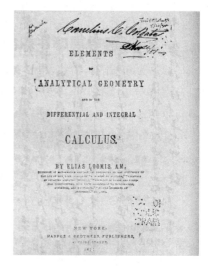

图 2 《代微积拾级》原英文本书影

学，计 *Elementary Arithmetic*（《初等算术》），*A Treatise on Arithmetic*（《算术专论》），*Elements of Algebra*（《代数初步》），*A Treatise on Algebra*（《代数专论》），*Elements of Geometry*（《几何初步》），*Trigonometry and Tables*（《三角学及表》），*Elements of Analytical Geometry*（《解析几何初步》），*Elements of the Differential and Integral Calculus*（《微积分初步》）。

上述的《解析几何初步》及《微积分初步》乃是当时的新版，原版即 1851 年伟烈亚力与李善兰译出的《代微积拾级》，1874 年修订时，将解析几何与微积分拆成两书出版。

罗密士在 1851 年版的前言中写道："本书不是为数学家而写，也不是专为有数学天赋或数学爱好的学生作准备的，而是面向中等能力的多数大学生们。""我在本书中采用的处理方法，比我所知的一切方法更为初等。我没有任何蓝本，除了伦敦大学里奇教授的一本小册子以外"，"本书的每一个原理都用实际例子加以解释，书的末尾附有许多应用杂题，可按教师和学生的情况自由选用。"这本 1851 年出版的书，广受美国学校欢迎。到 1847 年修订重版时，已累计发行 25 000 册，这在当时的美国，确是一个很大的发行数字。

这里的一个问题是，为什么作为英国人的伟烈亚力会选用一本美国教材加以翻译呢？要知道，19 世纪中叶的美国数学，远远落后于欧洲，数学教育水准亦远逊于英、法、德等国。再查当时中国翻译出版的《代数学》（德·摩根著）、《三角数理》（约翰·海麻士著）、《微积溯源》（Wallace 辑）等数学著作，均出自英国数学家之手。因此，挑选中这样一本美国的微积分教材作为中文首译，必有特殊的理由。

在该书的中译本李善兰序中,对此有一段说明:"罗君密士,合众之天算名家也。取代数、微分、积分三术,合为一书,分款设题,较若列眉,嘉惠后学之功甚大。伟列君亚力闻而善之,亟购求其书,请余共事,译行中国。伟烈君之功,岂在罗君下哉?"看来,罗密士的这本微积分,名声远播,在国内外均获好评。美国牧师 J·麦克林托克(McClintock)曾评论罗密士的教科书是"简明、准确和适合学生实际需要的典范"。尼柯尔(J. H. Nicole)则推崇这些教科书是"用英文写成的这类著作最好的一本","对美国和欧洲的各种科学出版领域都是一项贡献。"[8] 正如罗密士在前言中所指出的,该书具有面向大众,注意应用的风格。特别是浅显易懂的初等处理方法,也许是伟烈亚力认为很适宜在中国作第一次普及性的介绍。

原书为 32 开本,精装,共 270 页。全书分为 18 章,其中解析几何部分 9 章,从第 1 页到 112 页;微分学 7 章,从 113 页到 216 页;积学分 2 章,从 217 页到 266 页,最后附有杂题及解答。中译本译出了全部 18 章,累计为 18 卷。

从现在眼光看,《代微积拾级》的内容当然很浅,大部分内容仅涉及代数式的微分和积分。极限过程都是举例说明,借助自然语言描述。此书的可贵之处在于强调概念的说明,和用实际例子加以解释。现在读原文,仍觉其有明白易懂的好处。

初版发行 20 余年之后,罗密士根据美国大学数学水准提高的状况,将该书修订再版。微积分的篇幅从原来的 160 页扩充为 312 页,几近一倍。在进一步加强了实际应用的同时,也注重了逻辑推演,但远非严格化。在为再版增写的"微积分简史"中,罗密士提到,柯西(Cauchy)的著名贡献在于他的"想象中的微积分(Imaginary Calculus)",认为是"纯分析的拓展和完美"。

值得注意的是,罗密士在 1874 年修订版前言中,并未提到 1851 年的初版书已被译成中文,更不知道此书已东传日本,并收入在 1872 年出版的福田理轩的《代微积拾级译解》。笔者在收集有关史料时,也未发现在任何美国数学史著作中提到过罗密士的教科书曾对东亚微积分的传播作出过贡献。

1889 年,罗密士在耶鲁大学去世。他的许多书稿、信件都保存在耶鲁大学图书馆内,但是,没有发现他同中国学者和伟烈亚力等有关人士有过联系。

罗密士去世之后,他的书继续被译成中文,其中包括《代数备旨》(*Elements of Algebra*)[9],《形学备旨》(*Elements of Geometry*)[10],《八线备旨》(*Trigonometry*)[11] 和《代形合参》(*Elements of Analytical Geometry*)[12],而且多次印刷,广为流传。

诚然,罗密士不能说是一位重要的数学家,但在向东方传播西方数学这一点上,他应在国际数学交流史上占有一个相当重要的位置。

参考文献与注释

[1]《松南梦影录》卷三。

[2] Turán, Paul, *A Kinai matematika tórtenckegy Problémájáról*, *Matematikai Lapok*, 5, (1954).

[3] Horng Wann Sheng(洪万生), *Li Shan-Lan: The Impact of Western Mathematics in China*

During the Late of 19th Century, Thesis, New York, City University of New York, 1991, 洪万生现在台湾师范大学任教。

[4] 李善兰在信中说:"去冬忽奉赴总理衙门之旨,以算学未刻竣力辞不就,不以一官之荣易我千秋事业也。《几何原本》、《重学》均已印刷,惟《则古昔斋算学》仅刻一半,大约 7、8 月间方能了事,了半生心血,不随劫灰同尽,今且得尽行于世,丈夫志愿毕矣,更何求哉!更何求哉!"此信复印件引自洪万生的博士论文。

[5] Mikami, Yoshio, *Mathematics in China and Japan and ed.* New York, Chelsea Publishing Company, 1974, p.173.

[6] 李迪:《中国数学史简编》,辽宁人民出版社,1984 年,第 353 页。

[7] 同[6]。

[8] *The National Cyclopaedia of American Biography*, Vol.Ⅶ, p.233(1897).

[9] 罗密士著,狄考文、邹立文译:《代数备旨》,美华书馆铅印,1890 年。

[10] 罗密士著,狄考文、邹立文、刘永锡合译,《形学备旨》,美华书馆铅印,1885 年。

[11] 罗密士著,谢洪赉、潘慎文选译:《八线备旨》,美华书馆铅印,1893 年。

[12] 罗密士著,谢洪赉、潘慎文选译:《形学合参》,美华书馆铅印,1893 年。

中国现代数学发展概述
——兼与日本数学比较

张 弓

中国古代的算学以其辉煌的成就屹立于世界之林,至宋元时期达到全盛。由于封建桎梏对数学的摧残,明清以来渐渐落伍。中间也有过一些光明,例如明末徐光启(1562—1633)和利玛窦(意大利传教士)翻译《几何原本》,清初梅文鼎(1633—1721)在代数、几何、三角方面的全面研究、康熙帝主持数学研究等,对我国数学发展有很大影响。但是正当18、19世纪世界数学进入大发展的时期,清王朝闭关自守,数学研究陷于复古主义泥坑,只是在宋元时期的传统算学中打转。1840年鸦片战争使腐朽的清王朝逐渐解体,中国成为列强吞并的对象。与此同时,一些有识之士倡议变法,提出"师夷长技以制夷"的口号,开始学习西方自然科学,其中也包括数学。

李善兰是我国19世纪最杰出的数学家。他在组合数学方面的研究成绩卓著,例如发现了驰名中外的李善兰恒等式:

$$\begin{pmatrix} n+q \\ q \end{pmatrix}^2 = \sum_{k=0}^{q} \begin{pmatrix} q \\ k \end{pmatrix}^2 \begin{pmatrix} n+2q-k \\ 2q \end{pmatrix}。$$

1859年,李善兰和传教士伟烈亚力合译《代微积拾级》18卷在上海墨海书局出版。其中首次出现函数、微分、积分等译名,沿用至今。这一时期的日本,仍以中国的数学著作为准绳。李善兰的译名传至日本后,亦广为使用,至今中日两国数学名词诸多相同。微分、积分、方程、曲率、曲线诸词完全一样,函数在日本叫关数,乃是后来日本减少汉字,因"函"、"关"音同而借用的。总之19世纪中叶,日本仍向中国学习数学。

从19世纪末年起,日本数学渐渐超过中国,这和日本重视科学和教育有关。我国的洋务运动和日本明治维新大致同时,从兴办工业看,1860年,日本在长崎设立制铁所。1862年,李鸿章办上海洋炮局,1862年,日本造蒸汽军舰,1866年,左宗棠设福州船政局制造船舶,起步大致差不多。但在科学教育措施方面,则相差甚远。请看下表:

日　　本	中　　国
1877年成立东京数学会后改为日本物理数学学会	1935年成立中国数学会
1879年成立帝国学士院	1928年蔡元培成立国立中央研究院

编者注:原文载于《数学教学》(1985年第3期,第7至9页及第3页),作者署名:张弓(张奠宙笔名)。

续 表

日　本	中　国
1877 年成立东京大学	1898 年设立京师大学堂 1912 年成立北京大学
1911 年创办《东北数学杂志》	1935 年创办《中国数学学报》
1896 年出版《大日本数学史》	1919 年出版《中国数学源流考略》

由于不重视基础科学研究和普及教育，单靠"引进技术"，结果工业也不能发展。到了 19 世纪末叶，中国反向日本派遣留学生了。

从数学上看，第一个获得博士学位的数学留学生是胡明复(1891—1927)，他于 1916 年在美国哈佛大学以《平直微积分方程式论》为题通过博士论文答辩。由于当时美国的数学水平不高，此文也未达到当时先进国际水准。我国第一篇具有重要意义的现代数学论文，当推陈建功(1893—1971)在 1928 年发表的《关于富里埃级数绝对收敛之函数类》，文中得出具有绝对收敛三角级数的函数与杨氏函数等价的结果。与此同时，英国的大数学家哈代(Hardy)也得出同一结论。陈建功的文章发表在日本的《东北数学杂志》上。他于 1936 年出版的《三角级数》也是中国第一部数学专著。在到日本学习数学的留学生中，早期的还有冯祖荀、苏步青等。日本现代数学的起步是高木贞治于 1898 年到当时世界数学中心——德国的哥廷根大学学数学。他跟上了当时世界数学的潮流，在大数学家希尔伯特指导下研究代数数论。他不要外国学位，回国后在东京大学获博士称号。后来他创立类域论，解决了世界难题——"克罗内克青春之梦"，达到世界第一流水平，时在 1920 年。

进入 20 世纪的 30 年代，中国现代数学有了长足的发展。这是一个新人辈出的时期，较早的有熊庆来(1893—1969)研究亚纯函数，陈建功研究三角级数，苏步青研究射影微分几何学，江泽涵(1902—)研究拓扑学。稍微年轻些的是华罗庚，他在数论方面有重要贡献。许宝騄(1910—1970)在数理统计上有很高成就。后来在国际上知名的陈省身从 1935 年起即发表微分几何和拓扑学方面的论文。在 30 年代中期，中国的现代数学队伍已相当坚强。1935 年成立中国数学会，并由苏步青、华罗庚负责编辑我国第一本登载创造性论文的数学杂志《中国数学学报》，1936 年 8 月出版。

30 年代数学上的昌盛，是和数学教育的发展分不开的。我国第一个算学科是 1912 年北京大学成立时设立的。五四运动后，姜立夫(1890—1978)在南开、冯祖荀在北京师范大学、熊庆来在东南大学和清华大学先后创办数学系。陈建功先后到武汉大学和浙江大学数学系任教。苏步青也长期在浙大工作。从这些数学系培养出大批数学人才，终于在 30 年代出现中国现代数学的第一个高潮，国外有些数学家当时曾这样评论："中国数学很快就会超过日本！"

1937 年卢沟桥上的枪声，打断了这个良好的数学进程。大后方艰难的日子，尽管没有完全中断研究工作，但是成果毕竟大为减少。抗战胜利前夕，国民党的中央研究院决定成立数学研究所筹备处，可算我国第一个国家级的数学研究机构。当时经费极缺，工作亦很难开展。

所长是数学前辈姜立夫先生,由他的学生陈省身协助。这个研究所在抗战以后正式成立(1946),当时曾聚集了一批青年数学工作者,在代数学、拓扑学等方面开展研究,培养了不少人才,日后都成为我国数学的中坚。著名数学家吴文俊也在这时经陈省身指导进入数学研究的大门,后来赴法留学,并在拓扑学方面有很好的工作。

解放后,我国数学研究发生了深刻的变化。1951年召开中国数学会解放后的第一次会议,留在国内的和自海外返国的数学家济济一堂,共商振兴中华数学大计。此后几年内,数学成果迭出。1956年评定国家自然科学奖,华罗庚以"典型域上的多元复变函数论"、吴文俊以"示性类及示嵌类的研究"荣获一等奖,苏步青以"k展空间和一般度量空间"获二等奖。解放以后数学的一个重要特点是为国民经济服务,门类比较齐全,如优先发展微分方程、概率统计等应用性较强的学科,计算数学、运筹学等则从无到有。1959年,出版《中国数学十年》,总结了十年数学的进展。

1960年在上海举行中国数学会第二次全国代表会议。会议倡导数学改革,强调数学为工农业生产服务,优先发展应用学科,但是有忽视基础理论的弊病。这些缺点本来不难纠正,只是由于政治上"左"的影响,缺陷不但未克服,反而越演越烈,到了十年动乱之时,我国数学受到严重摧残。

当数学研究园地处于一片荒芜之际,只有少数几个地方在顽强地工作,显示一线生机。其中有陈景润的哥德巴赫猜想研究、杨乐、张广厚关于亚纯函数研究的突破、陆家羲解决了斯坦纳三元系的世界难题等等。许多在国防科研第一线战斗的数学家,作出了重要贡献,老一辈数学家如华罗庚推广优选法,苏步青倡导计算几何也令人瞩目。1978年,在成都召开中国数学会第三次会议,终于和十年动乱的局面告别。1983年10月,武汉的第四次代表会议选举了年轻化的领导班子,规划了新时期数学研究的方向,我国的数学事业正在一日千里地前进。

应当看到,我国现在的数学水平离国际先进水平尚有很大差距,即使同近邻日本相比较也落后一截。日本在二次大战中的数学研究也陷于停顿。战后初期,生活艰难,研究也没有大的起色。50年前后,一批青年迅速成长。小平邦彦,广中平祐先后获得世界数学的最高奖——菲尔兹奖。此外,在世界数学发展的主流中,有许多日本数学家参加。特别是算子代数、随机微分方程、抽象代数学、微分几何学等理论研究都具有第一流水准的数学家出现。在最近几届国际数学家大会上,日本列为世界上6个数学最发展的国家之一(其余5个为美、苏、英、法、联邦德国)。

我国的数学,由于历史上的原因,和国外交流较少,有脱离世界数学主流的倾向,更由于"左"倾思想的影响,基础理论的研究受到忽视,而应用数学又停留在初级应用方面,缺乏独树一帜,技压群芳的开创性工作。但是应该看到,中国人民是具有高超数学才能的,历史上曾有过伟大创造,30年代出现过昌盛的局面,解放后一段时期内有过飞速发展,在艰难条件下作出可贵的成果。国外的华裔数学家中不少曾在国内受教育,后来在世界上享有盛名。出生在广东成长于香港的丘成桐也获得了菲尔兹奖。现在,我们正处于我国数学事业的黄金时期。可以期望,经过十年、二十年的努力,中华数学必将腾飞。当21世纪来临的时候,中国必将成为数学大国。

二十世纪的中国数学与世界数学的主流

张奠宙

中国数学在古代曾有过光辉灿烂的成就。可是在封建专制的束缚下,到了近代渐渐地落伍了。当二十世纪来临之时,中国数学与世界数学水平的差距,已在二百年以上。但是中国现代数学家并没有气馁。他们在十分艰难的条件下,执着地追赶世界数学的主流,逐步缩短差距,并从无到有地创建了现代中国的数学事业。八十年代的中国数学,总的来说仍然处于比较落后的状态,然而它的潜力是十分巨大的。中国数学进入世界数学先进行列的日子不会很远了。本文拟回顾二十世纪中国数学的发展历程,希望能从中找到可供借鉴的若干历史经验。

一、清末中国数学发展迟缓,中、日数学状况的对比

中国的洋务运动和日本的明治维新都开始于十九世纪六十年代,兴办近代工业的时间大体相近。但在科学的发展上,日本远比中国要快,数学也同样如此。1873 年,日本学校中讲授的数学已经只限于西算,而中国学校迟至二十世纪初年才设立西算课程。1877 年,日本成立东京数学会,而中国数学会的成立迟至 1935 年。也是在 1877 年,日本成立东京大学,下设有理学部,而和东京大学相当的北京大学,到 1912 年才开始设立。1879 年,日本的帝国学士院成立[1],半个世纪后的 1928 年中国才有中央研究院。从数学上看,中国学习西方比日本还早。1862 年,日本高杉晋作、中牟田仓之助来我国上海,带回了李善兰和伟烈亚力合译的《代数学》、《代微积拾级》等书籍[2]。这些书籍在日本影响很大。李善兰始译的数学名词如微分、积分、曲率、函数等,中日两国都沿用至今("函数"在日本现称"関数",这是为了减少常用汉字,以"関""函"音同而借用的)。但自 1894 年中日战争之后,中国反向日本学习。1898 年,中国向日本派遣官费留学生,至 1907 年,留日学生达一万五千余人[3]。学数学的人数无法统计,当亦不在少数。

1900 年,当德国数学家希尔伯特(Hilbert, 1862—1943)在巴黎的国际数学家大会上发表著名的演说,提出二十三个问题以预测二十世纪数学进程之时,中国的现代数学事业尚未诞

编者注:本文原来是作者在 1985 年第二届全国数学史年会上所做的大会报告,后发表在《自然科学史研究》(1986 年,第 5 卷第 3 期,第 274 页至 280 页)。

[1] 以上材料均见汤浅光朝著的《科学文化史年表》,第 195—199 页,第 234—239 页,科学普及出版社,1984 年。
[2] 小仓金之助:《数学教育史》,岩波书店,第 266—271 页。
[3] 陈景磐:《中国近代教育史》,第 190 页,人民教育出版社,1979 年。

生。1906年,在清朝的最高学府——京师大学堂使用的数学教科书中,《代数学》乃译自日本上野清所编的教材,程度仅相当于今日之高中代数。这时的教材仍是竖排本,以甲、乙、丙表示常数 a、b、c,以天、地、人表示未知数。用"⊥"和"丁"表示"+"和"−"[①]。思想之保守,由此可见一斑。

十九世纪末和二十世纪初,世界数学中心在法国和德国。执数学界牛耳的是庞加莱和希尔伯特。在中国当时派往法国和德国的大批留学生中,大多是学习工科;学习数学而稍有成就者,至今没有发现。据说,法国著名数学家波莱尔在1920年访华时,曾提起他有一位中国同学叫康宁。他们曾一起在巴黎高师学数学。但康宁回国后,在京汉铁路上任职,后被比利时人所杀,其余事迹均湮没无闻[②]。同在这段时间,日本的高木贞治于1898年到柏林和哥丁根的大学留学。希尔伯特把高木贞治引上代数数论的研究之路,进入当时数学的主流。当高木创立类域论,解决希尔伯特第九问题之时,日本数学开始跻身于国际先进行列[③]。1920年,在法国斯特拉斯堡举行的国际数学家大会上,高木贞治宣读了他的结果,引起国际数学界的注目。

这段中日数学状况的对比,说明工业的发展必须伴随科学的进步,包括数学的进步。而发展数学又必须瞄准当时的世界先进水平,奋力追赶世界数学发展的主流。先进的科学技术和第一流数学水平是相辅相成、同步发展的。

二、辛亥革命后的数学教育导致三十年代数学发展的高潮

辛亥革命前后,中国大量向美国派遣留学生。1910年,在和胡适等一起赴美的留学生中,胡明复、赵元任等是学习数理科学的。赵元任早年攻读数学,后来又转向语言学和音乐艺术。胡明复在哈佛大学以《平直微积分方程式》[④]的毕业论文获博士学位。这恐怕是中国第一个以数学研究获博士学位的学者。两年后,姜立夫也在哈佛大学获博士学位。美国的数学,当时远不及欧洲大陆。因此,这两篇博士论文尽管属于现代数学研究,但离国际先进水平还有相当距离。

中国的数学高等教育,当从1912年成立北京大学时算起,那时设有格致科的高等数学目;1919年正式成立数学系。当时的教授有秦汾、冯祖荀等[⑤]。1919年的五四运动,使科学界获得极大的思想解放。在这股新潮流推动下,全国各地纷纷成立数学系。1920年,从美国回来的姜立夫在天津南开大学创办数学系。同年,北平师范大学数学系在冯祖荀的帮助下成立。随后胡明复也在上海大同大学办数学系。这一时期还有留欧、留日学者如熊庆来、何鲁、

---

① 上野清著,徐宪臣译:《代数学》,华东师范大学图书馆收藏。
② 马春源:《中国近代数学先驱——熊庆来》,第31页,山西人民出版社,1980年。
③ 高木贞治,Über eine Theorie des ràlativ-Abelschen Zahlkörpers,*J. Coll. Sci. Imp. Univ. Tokyo*, **41**, 9, (1920)。
④ Min Fu Tau Hu, Linear Integro-differential Equations with a Boundary Condition, *Trans. Amer. Math. Soci.* **19**, 4(1918)。
⑤ 《第一次中国教育年鉴》(1934)。

陈建功、苏步青等,在学成归国后陆续在新创办的东南大学、四川大学、武汉大学、中山大学、清华大学、浙江大学等校的数学系任教,为中国现代数学事业打下良好的基础。经过十余年的努力,到三十年代中期,一批青年数学家脱颖而出,成为日后中国现代数学的中坚,并且在国际数学界享有声誉。其中包括江泽涵、吴大任、陈省身(南开)、华罗庚、许宝騄、柯召(清华)等著名数学家。

二十年代末至三十年代的十余年间,中国出现了一批有较高水平的现代数学论文。1928年,陈建功在日本发表《富里哀级数绝对收敛之函数类》[1],独立地得到了和英国著名数学家哈代相同的结果。这表明中国数学家的研究成果已达到国际水平,因而可以认为这是中国现代数学科学研究的真正开始。接着,熊庆来(无限级亚纯函数论)[2]、华罗庚(华林问题)[3]、苏步青(微分几何)[4]、陈省身(微分几何)[5]、许宝騄(数理统计)[6]等都做出了较高水平的工作。可是,同当时国际数学发展的主流比较起来,中国数学仍有相当大的差距。

那么,当时国际数学发展的主流是怎样的呢?从第一次世界大战结束到1933年希特勒法西斯上台,世界数学的中心在德国的格丁根。这一时期的纯粹数学正经历着更新换代的"蜕皮"时期。以理想论为中心发展起来的抽象代数(E. Noether, E. Artin),以量子力学为背景的李群论与泛函分析(H. Weyl, von Neumann),以同伦和同调为基础的拓扑学(P. C. Alexandloff, H. Hopf)成为此后纯粹数学的三大支柱。所有这些都产生在以格丁根为中心的欧洲大陆,苏联、波兰、匈牙利等东欧国家的数学都深受哥丁根学派的影响。

环顾中国三十年代的数学界,尽管成绩很大,但能进入以上三项主流圈的人很少。这里值得提出的是曾炯之。他于1931年到格丁根在诺特的指导下研究代数,以代数函数域上可除代数的工作获得博士学位。他的好几项工作被人称为"曾定理",列入许多抽象代数学的教科书[7]。但是,曾炯之回国不久便逢抗日战争。他先在浙江大学教书,后辗转至西康省(今四川省西部)的西昌技术专科学校教数学。1943年不幸病逝。曾炯之进入了主流数学圈,却未能为中国现代数学事业作出更大贡献,令人惋惜。

这里,我们不妨再和日本数学比较一下。1927年正田建次郎从东京帝国大学毕业之后就跟随诺特学习代数学。1929年,末纲恕一也就教于诺特。他们回国后,在日本普及抽象代数思想,并沿着诺特的路线继续开拓,形成了日本的代数学派,为后来日本赶上国际数学主流打下了重要基础[8]。

---

[1] 陈建功, On the Class of Functions with Absolutely Convergent Fourier Series, *Proc. Imp. Acad. Tokyo*, **4**, 517—520, (1928).

[2] Hiong K. L, Sur les Fonction entières et Mèromorphes dôrdes infini, *Thére Journ. Math. Pure et Appl*, **14**, (1935).

[3] 苏步青:"微分几何学在中国的成长与发展",《数学译林》4卷1期(1985)。

[4] 华罗庚:"堆垒素数论",科学出版社,1957年。华林问题的结果于1938年得出。

[5] S. S. Chern, Pairs of Plane Curves with Points in one-to-one Correspondense, *Science Reports Tsing Hua Univ.*, **1**, 145—153, (1932); Abzählungen für Gewebe, *Abh. Math. Sem. Hamberg*, **11**, 163-170, (1935).

[6] 《许宝騄文集》,科学出版社,1981年。

[7] Nathan Jacobson, *Basic Algebra*, II, W. H. Freeman and Company, 649, 652, (1980).

[8] 胡作玄:《布尔巴基学派的兴衰》,第46页,知识出版社,1984年。

当然,在我国数学家中,早年在格丁根留学的不止曾炯之一人。例如,跟随格丁根大学数学研究所所长库朗学习应用数学的就有朱公谨和魏嗣銮。尽管他们回国后做了不少工作,但因旧中国工业落后,应用数学无用武之地,加上种种条件限制,库朗的应用数学思想未能在中国生根。

总之,我国三十年代已有了自己的现代数学事业,前辈数学家为此付出了极大的努力,作出了突出的贡献。但是在灾难深重的旧中国,数学无法顺利发展。在不断开拓的数学主流圈里,还很少看到中国数学家的身影。中国数学与世界数学主流之间,仍有不小的距离。

三、四十年代中国数学追赶世界先进水平,取得重大进展

1933年以后,世界数学中心从德国格丁根移到美国的普林斯顿(Princeton)。法国的布尔巴基(Bourbaki)学派也打破了函数论的一统局面,迅速赶上世界数学发展的主流。德国和日本的数学家度过了战争和战后的一段困难时期,也开始向主流数学挺进,其中杰出的代表是德国的希策布鲁赫和日本的小平邦彦。中国数学家在艰苦的抗日战争年代里坚持研究工作,到四十年代末中国数学开始成熟,一批二、三十岁目光敏锐的青年数学家相继进入数学的主流圈,向世界数学高峰挺进。

华罗庚是中国杰出的数学家。他首先在解析数论上突破,得出了最广泛的华林问题的解,系统地发展了三角和方法。从四十年代开始,进入代数领域,接连在体论、典型群和矩阵几何方面取得卓越成就。第二次世界大战后又转向自守函数、多复变函数及酉几何的研究,熔代数、分析、几何于一炉。这种不断进取的精神,表现了华罗庚在世界数学战线上搏击的勇气和决心,因而赢得了很高的国际声誉[①]。

许宝騄是本世纪数理统计学科发展中的重要人物。他在统计推断和多元分析上都有杰出贡献。他的工作往往是大量文献的起点,被人称作"数学严格性"的一个范本。许宝騄以精湛的数学技巧闻名于数理统计学界。他推进了矩阵论在统计理论中的应用,而且得到了许多矩阵论的新结果。这一切使他在数理统计发展史上占有重要的地位[②]。

陈省身是现代微分几何的奠基人之一。他在1935年去德国随几何学家W. J. E. Blaschke学习,后又到法国接受嘉当的指点。1943年赴美得到数学家外尔的指导。这些经历使他得以洞察当时数学发展的主流,终于为发展大范围微分几何作出奠基性的贡献。他所提出的示性类(陈类),影响遍及整个纯粹数学[③]。1946年,陈省身回国主持中央研究院数学研究所(当时所长是姜立夫,日常工作由陈省身负责),吸收了一些青年人进所,并拟定了一个向数学主流挺进的计划:设想在一个主流方向,集中最优秀的力量加以突破,取得世界上公认的地位,并以此为基础,把研究面拉开,逐步地攀登数学发展的主峰。这一主流方向就是代数

---

① L. K. Hua, *Selected Paper*, Springer(1983).其中载有王元、万哲先、陆启铿、龚昇等人的介绍文章。
② 见《数学的实践和认识》,科学出版社,1980年第3期,纪念许宝騄诞生七十周年专栏文章。
③ Donald and Alexanderson, *Mathematical People*, Boston, Birkhauser, (1985).

拓扑。它在四十年代正处于蓬勃发展时期,且能影响整个数学的全局。这一计划虽然由于客观条件的变化未能实现,但是它的积极影响则不可忽视。当时在数学所的青年人先后有吴文俊、孙以丰、周毓麟、路见可、叶彦谦、曹锡华、陈杰、朱德祥、张素诚、陈德璜等,他们后来都成为中国数学界的骨干力量。吴文俊正是由此踏上拓扑学研究之路,日后果然取得重大成就。陈省身本人在这条道路上继续前进,成为世界著名的数学家。

在整个四十年代,我国的数学研究工作在许多方面取得了好成绩。陈建功、王福春的三角级数论,苏步青、白正国的射影微分几何都有系统的研究。代数方面则有李华宗、段学复和王湘浩等。柯召在不定方程和二次型问题上,李国平、庄圻泰在值分布论上,也有一些很好的工作。吴大任、严志达在积分几何学以及李群方面,闵嗣鹤在数论方面,徐利治在数值积分方面,江泽涵、吴文俊在拓扑学方面,也都有出色的研究[①]。一批后来长期旅居国外的华裔数学家,也取得颇高的成就。周炜良的代数几何,王宪钟、胡世桢的拓扑学,樊畿的许多著名的工作,钟开莱的概率统计等,都在四十年代的国际数学界上得到好评。因此,四十年代的中国数学尽管还有许多是属于比较经典的研究工作,但已经有相当多的数学家参加到主流数学的研究工作中去了。

四、五十年代中国数学全面发展,学习苏联的利与弊

解放以后,我国的科学事业获得了新的生命,数学的发展同样十分迅速。全面学习苏联使我国数学界得益很多,但由于指导思想上的某些片面性,也由于当时苏联数学存在一些弱点,因而我国数学发展又有某种忽视主流的倾向。

五十年代初是中国数学发展的最好时期之一。这一时期内,基础理论研究继续发展,华罗庚的解析数论和多复变函数论,吴文俊的示性类与示嵌类研究,苏步青的一般空间上的微分几何学,陈建功的直交级数论和单叶函数论,都不断作出新的成绩,而且又培养了一批青年数学家。与此同时,在国家的统一部署下,通过学习苏联,逐步建立起完整的研究体系。解放前十分薄弱的微分方程,计算数学、概率论、数学力学等重要学科从无到有,从弱到强,基本满足了国家经济建设和国防建设的需要。由于研究条件改善,数学教育蓬勃发展,数学杂志陆续创办,数学研究的规模迅速扩大,队伍不断得到补充,整个数学领域充满了生机。

由于五十年代的中国数学全面学习苏联,有必要谈谈对四十到五十年代苏联数学的一些认识。苏联具有优良的数学传统。欧拉(J. A. Euler,1734—1800)在彼得堡生活了几十年,罗巴切夫斯基(Лобачевский,1792—1856)开辟了几何学的新纪元。十月社会主义革命以后,苏联不管财政如何困难,总是支持数学家频频出访巴黎和格丁根。由于积极参加主流数学的研究,莫斯科很快成为世界数学的中心之一[②]。然而苏联数学在发展过程中也有一些弱点,出现一些曲折。例如苏联对数理逻辑研究的某种程度的忽视,是计算机发展落后于美国的原

---

① 华罗庚:"中国数学现况介绍",《科学通报》,1953 年 2 月号。
② Н. К. Бари:"Н. Н. Лузин",《数学译林》,4 卷 1 期(1985)第 68 页

因之一。控制论被权威的《简明哲学辞典》（尤金编）说成是"产生于西方的一门伪科学"，因而在苏联得不到正常的发展，结果"只能在与不承认作斗争之中开拓自己的道路"[①]。再如苏联的康托洛维奇（Л. В. Кантрович）最早研究了线性规划（1938），但大量推广应用却在战后的美国。运筹学的研究也是苏联弱于美国。苏联有强大的概率论学派，却没有产生出具有世界声誉的数理统计学家。这些情况说明，苏联的应用数学在现代某些方面落后了。在纯粹数学方面，总的来说是强大的，但在拓扑学研究上却有过一些曲折。二十年代，苏联数学家 П. С. 亚历山德罗夫等开创了一般拓扑学和代数拓扑学研究，成果居于世界前列。但从三十年代中期到五十年代末，正当西方国家大力发展这门学科，出现大范围变分学，大范围微分几何等主流趋势时，苏联数学家在这个领域内却相对地沉寂下来。他们在把注意力放在数学为国民经济和技术部门服务的同时，似乎放松了拓扑学的开拓，因而出现偏离主流的现象[②]。

中国数学在这种情况下学习苏联，自然也不免带有这方面的印记。在众多的到苏联学习数学的学生中，学习微分方程、函数逼近论、概率论、计算数学、力学中数学方法等经典分析学科的居多，研习代数、几何、泛函分析的较少，学习数理逻辑、控制论、运筹学等现代应用学科，以及研究拓扑学和大范围数学的，可以说几乎没有。这种结构正是五十年代初苏联数学界的缩影。当然，由于我们自己指导思想上的片面性，把这种缺点更加扩大了。

进入六十年代之后，苏联情况有了很大变化。一些禁锢解除以后，一批卓有才华的青年数学家脱颖而出。像 В. И. 阿诺尔德，С. П. 诺维科夫等都以拓扑学为工具迅速进入世界数学主流，在国际居于领先地位。后者以研究微分拓扑而获 1970 年的菲尔兹奖。1979 年，Р. Г. 哈奇扬发现线性规划的椭球算法（与数理逻辑的分支计算复杂性有关），一时成为世界新闻。在对控制论的禁锢解除之后，1961 年庞特里亚金（Л. С. Понтрягин）的数学控制论后来居上。这样一来，六十年代以后的苏联数学，已牢牢掌握了数学发展的主流，已非五十年代的旧日情景了。可是，也在这一时刻，中国与苏联的学术联系却告中断。在 1966 年以后的十年里，中国数学更处于完全封闭的状态。所谓和世界主流的联系，也就无从谈起了。在这种与世隔绝的环境里，纵然可以做出一些技巧性很高的优秀工作，也无法弥补与世界主流方向的差距。

五、八十年代的展望：正视偏离主流的问题，发挥潜力，实现数学起飞

七十年代后期，特别是进入八十年代以后，中国数学已经复苏。对外开放政策使中国数学界得以掌握世界潮流的信息，在良好的研究条件下，出现了一批优秀的研究成果。短短几年时间，一些享有盛誉的数学前辈培育出一大批的新人。一些缺门开始填补，一些难题有人敢问津。出国的学者在世界潮流推动下做出了国际性的好成绩。这一切都使人感到，中国数学的潜力正在萌动，历史的新一页正在翻开。

然而，由于我国偏离数学主流的时间实在太长了，许多弱点不可能很快得到克服。我国

[①] Н. Н. Боголюбов："Андрей Николаевич Колмогоров"，《数学译林》4 卷 4 期（1985），第 312 页。
[②] 胡作玄等：《菲尔兹奖获得者传》，第 121 页，湖南科学技术出版社，1984 年。

数学的发展当然有赖于过去的基础,总是在原来比较熟悉的课题上首先作出成绩,这无疑是必要的,现在的问题是怎样才能更上一层楼,放眼世界,到国际上更大、更重要的"主战场"去拼搏。这对青年人来说更为重要。有些学科,需要基础知识不多,又是驾轻就熟,"推广"、"引伸"一下现有的结论,总是比较容易的。有些学科,要做几年准备方得入门,国内又无适当的指导,要做出成绩确实比较难。我们当然应该鼓励扶持敢于"碰硬"、"碰难"的青年学者。

至于什么是当今数学发展的主流,似乎没有一个现成的答案。不过,从当今许多国际数学奖项获得者的工作和世界各主要数学研究的中心课题来看,当前最受重视的数学学科至少应包括:非线性偏微分方程、大范围微分几何、代数几何、低维拓扑、多复变函数论、无限维代数等。在应用数学方面,人工智能、计算复杂性、数理经济学、生物控制论等也是经常提到的课题。在这些方面,我们投入的人力相对地说还是太少。搞主流数学的、具有强烈主流意识、熟练使用主流数学中工具的数学家实在太少。这不能不说是一个隐忧。当然,主流与非主流是相对的,主流学科并非都先进,非主流学科也并非无所作为。著名的单叶函数的比伯巴赫猜想就是用相当初等的方法解决一个经典函数论问题,同样轰动世界。我们现在的问题是应该平衡发展,鼓励青年人向主流数学进军,到国际上去拼搏。数学也要"冲出亚洲"、"走向世界"。

回顾二十世纪以来中国数学发展的历史,我们看到许多数学界的前辈学者披荆斩棘,在一片荒漠上开拓,不知流了多少辛勤的汗水,才奠定了中国现代数学事业的基础。在以实现四化、振兴中华为目标的八十年代,我们已有了良好的基础,中国的数学理应有一个大的发展。在一个十亿人口的大国里,蕴藏着巨大的数学潜力。一批富有才华的青年数学家已经崭露头角,更年轻的还会不断涌现,这是任何力量也阻挡不了的。只要我们放眼世界,精心组织,在中国国土上一定会产生第一流的数学成果,中国数学一定能够重新进入世界先进行列。

中国现代数学的形成(1859—1935)

张奠宙

中国数学曾有过光辉灿烂的历史,但在封建桎梏摧残之下,终于渐渐地落伍了。清末以来,一些数学上的有志之士,奋起追赶。他们在极端困难的条件下,从无到有地建立了中国现代数学事业。1935年,中国数学会成立。这可以标志中国现代数学的形成。从那时至今已经整整50年了。让我们回顾数学前辈创业的历史足迹,总结历史经验教训以探求攀登数学科学高峰的途径,为实现现代化的数学强国而努力。

一、清朝末年中国数学发展迟缓

清末最重要的数学家当推李善兰,他谙熟中国传统数学,又有很强的创造能力。《垛积比类》一书,是早期组合数学的杰作。"李善兰恒等式"、"李善兰数"等名词表明他在世界数学史上的地位。尤为重要的是他又能弄通西洋算学。1859年,他和英国传教士伟烈亚力合作译出美国罗密士的著作《解析几何与微积分初步》、(Elements of Analytical Geometry and of the Differential and Integral Calculus, 1850),定名为《代微积拾级》。这是我国最早全面介绍微积分的著作,虽说此书的翻译离牛顿创立微积分(1671)已近190年,但它毕竟是现代中国数学起步的重要标志,微分、积分、函数、曲率、方程式等译名不仅在中国广泛使用,传留至今,而且东渡日本,为日本数学界所采用。时至今日,中、日两国数学名词多有相同,这本书的翻译是起了重大作用的。这也证明,在19世纪50—60年代,日本还是向中国学习数学的。

从19世纪60年代起,中、日两国差不多同时地兴办现代工业,开始资本主义化进程。中国有洋务运动,日本有明治维新。1862年,日本石川岛造船所动工兴建日本最初的蒸汽军舰"千代田丸"。1865年,中国在上海设立江南机器制造总局(1985年上海江南造船厂庆建厂120周年)。1872年,日本敷设横滨——新桥铁路。1876年中国有了上海——吴淞铁路,其间差距不过三四年,可是,由于清政府的腐败,封建制度的腐朽,在科学、文化、教育等上层建筑方面的中日差距却迅速拉大。以数学为例,1873年,日本学校中教授的数学只限于西算。但中国普及西算要到1911年的辛亥革命前后。1877年,日本成立东京数学会,中国数学会的成立迟至1935年,也是1877年,东京大学理学部成立,相应的北京大学到1912年才建立起来。1896年,日本远藤利贞出版《大日本数学史》,而李俨的《中国数学源流考略》待1919年方产生。至于日本1879年成立日本学士院,相当的北平研究院迟至1928年才成立,相距达半个

编者注:原文载于《科学、技术与辩证法》(1986年第2期,第54页至57页)。

世纪之久。这样一来,科学、教育上的落后,使中、日两国的经济实力、国防力量之间的差距越拉越远。甲午战争以后,中国反向日本派遣留学生,中国的数学教育也一反过去,开始学习日本了。

1906年,当时的京师大学堂使用的数学教材,多半译自日本,有一本盖有"京师大学堂教科书"征印的《代数学》,系日本上野清著,程度相当于今之中学代数。这书仍为竖排本,遇有公式横过来写,符号仍使用天、地、人以表$x、y、z$等未知数,$a、b、c$则代以甲、乙、丙,阿拉伯数字1、2、3仍以一、二、三代之,加法用⊥,减法为丅。现在写作$\frac{x^2}{5} - \frac{z^3}{3} + \frac{x^2 y^3}{27}$的式子,那时写成

$$\frac{五}{天^二} \; 丅 \; \frac{三}{人^三} \; ⊥ \; \frac{二七}{天^二 地^三}$$

这样的符号当然给学生造成很大的学习困难。"中学为体、西学为用"的思想妨碍着西方现代数学的普及。

1900年,当世界跨入20世纪时,中国现代数学事业尚未降生,那时的世界数学中心在法国并逐渐移到德国的格丁根。清政府曾向欧美派出不少留学生,但学习数学而稍有成就者至今少有发现,熊庆来先生在回忆往事时曾提到一件事,1920年著名法国数学家波莱尔访华,说起在巴黎高等师范学校学习期间他有一个要好的中国同学叫康宁,学习极好,思路敏捷,大家都认为是很有发展前途的数学人才,可惜回国后没有得到很好的重视,在京汉铁路上找了一点事做,后来不幸被一个比利时人杀害了。这是我们仅有的关于数学方面早期留学生的信息。

日本在这方面则又一次走在前面。1898年日本数学家高木贞治去德国的格丁根大学向大数学家希尔伯特学习代数数论,这是日本数学进入世界数学主流的开始,高木回国后继续研究,创立了类域论,解决了希尔伯特第9问题,终于跻身于世界第一流水平,这是1920年的事。这段中日数学的对比,再一次说明工业的发展必须伴随科学的进步,包括数学的进步。国家的强盛和数学的发展往往是同步的。数学作为一种社会文明的标志,必然要随着社会的进展而不断前进。

二、辛亥革命和五四运动对数学的推动

1911年辛亥革命以后,中国再次向美国大批派遣留学生,1912年,和胡适等人一起赴美的留学生中,胡明复、赵元任等是学习数理科学的,赵元任曾研习数学,1920年罗素来华访问时还担任过翻译,后来才专攻语言和艺术,胡明复于1916年在哈佛大学以《平直微积分方程式》的论文获得博士学位,这恐怕是中国以数学研究获得博士学位的第一人,胡明复的论文中所涉及的积分方程,是希尔伯特于1906年开始系统研究的,在当时算是比较先进的课题,不过当时美国的数学水平远不及欧洲,这篇论文也未能达到国际上的先进水平,胡明复之后,姜

立夫也于1918年在哈佛获得博士学位。

辛亥革命之后,京师大学堂改为北京大学(1912年),这时已设有专攻数学、物理的学科,1918年,正式称为数学系,是为现代数学专门教育的开端。1919年五四运动之后,科学与民主的精神得到发扬,数学教育也得到重大发展。短短几年内,大江南北纷纷设立数学系。冯祖荀在北京师范大学办数学系,姜立夫创立南开大学的数学系,上海大同大学由胡明复创办,熊庆来则任东南大学数学系系主任,何鲁从法国里昂大学归国到四川大学执教,陈建功曾在武汉大学数学系任课,后来和苏步青一同为创办浙江大学尽力,广州中山大学也在此时创立。这些数学前辈的工作,正如在一望无际的田野上拓荒那样,条件艰苦是可想而知的。但正是这些基础工作,给中国现代数学事业的发展提供了良好的环境,一批又一批青年学生从这些学校里进入现代数学的殿堂,开始他们攀登数学高峰的征程。

20世纪的20年代,是世界数学的重要转变时期,构成纯粹数学三大支柱的抽象代数、代数拓扑和泛函分析,都在这段时间先后诞生。当时世界数学中心仍是德国的格丁根大学。迄今为止最伟大的女数学家诺特在格丁根创立了理想论,为抽象代数奠定了基础,并为拓扑学的代数化启示了方向,在她身边工作的有一位中国学生名叫曾炯之,1933年,曾炯之在诺特的指导下完成了博士论文,其中包括著名的曾炯之定理的证明,这些成果现在成为教科书的内容,你可以在雅各布森的《Modern Algebra(Ⅱ)》中找到它们,但是曾炯之回国后并未受到应有的重视,抗战期间颠沛流离的生活损害了他的健康,1943年于当时的西康(今四川省西昌市)去世。这是中国数学家进入当时数学主流的少数几个人之一,他的逝世对中国现代数学事业是一个不可弥补的损失,格丁根的代数传统没有在中国生根,也就失去了追赶世界数学主流的基础。

在格丁根学习数学的当然不止曾炯之一人,稍早于他,还有朱公谨和魏嗣銮,他们都是哥廷根数学研究所所长库朗(R. Courant 1888—1971)的学生,库朗是应用数学家,旧中国工业落后,应用数学无用武之地,大学教授忙于生计,因而很难有较高的科研成就,至于格丁根的外尔和冯·诺依曼围绕量子力学发展起来的泛函分析和群表示理论,中国学者则几乎没有接触。

这里可以再次作比较的是日本数学家,在诺特的周围有许多日本学生,高木贞治的学生正田建次郎于1927年到格丁根学代数。1929年末纲恕一也到了诺特身边,在这两人的带领下,日本代数学蓬勃发展,其中著名的有中山正、秋月康夫等人,后起的永田雅宜解决了希尔伯特的第14问题,享有国际声望。代数学上的成就促使日本数学迅速赶上世界数学主流,与此同时,在冯·诺依曼身边工作的角谷静夫及吉田耕作等人在泛函分析上作出了贡献,他们紧紧追赶数学主流的发展,抓住数学的生长点,终于使日本数学跃入世界的一流水平。

由此可见,敢于和善于研究主流方向上的数学,是决定一个国家数学发展的关键,在这方面,我们是有许多历史经验教训的。

三、中国现代数学事业在 30 年代初步形成

经过本世纪最初 30 年的努力，中国现代数学已粗具规模，一批有较高水平的研究成果开始出现，中国数学家的研究成果已经为世界数坛所注目。

最先取得突破的当推陈建功在三角级数方面的研究，1928 年，陈建功在日本的《东北数学杂志》发表了重要论文：《傅里叶级数绝对收敛之函数类》，这篇文章指出，一个函数的傅氏级数能够绝对收敛于自身的函数，正好是 Young 函数。这一结果与当代英国最著名数学家哈代所得出的结果相同，这标志中国现代数学研究已有了第一流的研究成果，一般认为，这是中国现代数学研究的起点。

进入 30 年代以后，熊庆来到法国从事半纯函数和整函数的研究，以无穷级函数的研究著称于世，华罗庚于 1931 年到清华大学，他在数论方面的成果曾使英国——数论王国的同行侧目相看，江泽涵在代数拓扑学刚刚兴起的时候就投身其中，于 1930 年取得博士学位。苏步青在微分几何方面有比较深入的研究，较为年青的陈省身在南开大学毕业后来到清华研究生院，接连在拓扑学和微分几何方面有所建树。周炜良、程毓淮、王福春、吴大任、柯召、李国平等前辈学者都做出了很好的工作。

这时，在各个大学中已经培养了一大批在数学方面很有才华的青年学生，日后成为中国数学的中坚。例如概率统计方面的许宝騄、钟开莱，分析方面的樊𤇾、代数方面的段学复等等。

在这一基础上，1935 年 7 月 25 日，假上海交通大学图书馆举行中国数学会成立大会，到会代表 33 人，推举胡敦复（胡明复之弟）为会议主席，选举了董事会、理事会、评议会的成员。会议还决定编辑发表创造性论文的《中国数学学报》以及普及性的《数学杂志》。

至此，中国现代数学有了坚强的队伍，有了自己的组织。而且有了发表成果的阵地，中国现代数学的历史揭开了新的一页。

从那时开始至今已过去整整 50 年了，中国的面貌发生了巨大的变化，数学也有了长足的进步。华罗庚、许宝騄、吴文俊等饮誉世界数坛，享有崇高的声望，在海外工作的陈省身、樊𤇾等华裔学者都开创了某些数学领域的新局面，他们的成功经验以及大批中青年数学家的成长经历，值得我们去进一步总结，那将是另一篇文章了。

代数曲面分类的新成果

张 弓

代数几何是纯粹数学的主流学科之一,至今为世界上著名数学家所关注。年轻的中国学者肖刚(G. Xiao),1984 年获得法国国家博士学位。他的博士学位论文是关于代数曲面的分类。1984 年,国际上最负盛名的数学著作出版社 Springer,将肖刚的 *Surfaces fibrées en courbes de genre deux*(《以亏格 2 的曲线为纤维的曲面》)列入最权威的 *Lecture Notes in Mathematics*(数学讲座丛书),编号为 1137。这是该丛书中第一本由中国人写的著作。肖刚现年 35 岁,新任华东师范大学数学系教授。

代数几何的研究对象是多元高次方程组的解及其几何性质。通常的圆:$x^2+y^2-1=0$ 是最简单的例子。一般地,我们研究 m 个多项式构成的方程组:

$$\begin{cases} F_1(x_1,\cdots,x_n)=0, \\ \vdots \\ F_m(x_1,\cdots,x_n)=0. \end{cases}$$

它的解称为由 $F_1,\cdots,F_m$ 决定的代数集。对代数集的研究可分为局部的和整体的两大类。当前着重研究整体问题。

整体研究中基本问题是分类和结构,肖刚的著作研究具有亏数 2 曲线束的复射影曲面的分类。他的想法说来也很简单:一个曲面可以看成从一条底曲线 a 上的每个点长出一根根纤维组合而成,然后设法研究这些纤维是如何长在底曲线 a 上的,即研究其结构,并按不同的结构对曲面进行分类。

分类是通过不变量对代数集进行刻划。n 维空间中的(一维)曲线的分类已得到完美解决,但 m 维曲面($m<n$)的分类迄未完成。

肖刚首先考察曲面的存在区域,结果是可以用一个不变量的不等式加以刻划。然后给出其中心结果:当曲面的不正规性大于底曲线的亏格时,这种曲面的分类问题可以完全解决,这是极令人感兴趣的漂亮结果。

编者注:原文载于《科学》(1986 第 2 期,第 142 页),作者署名:张弓(张奠宙的笔名)。

我国最早发表的现代数学论文

张奠宙

胡明复(1891~1927),我国第一个以数学工作取得博士学位的数学家。他的博士论文,则是我国学者最早发表的现代数学论文。

胡明复于1910年考取庚子赔款官费生赴美留学,1914年在康奈尔大学获得学士学位,1917年在哈佛大学取得博士学位(详见本刊41卷3期"胡明复,尽瘁《科学》的先驱")。

这篇博士论文发表于1918年10月号《美国数学会会刊》(Transactions of the American Mathematical Society),题目是《具有边界条件的线性积分-微分方程》(Linear Integro-Differential Equtions with a Boundary Condition),该文完成的时间是1917年5月。1917年12月28日胡明复曾以此文的结果在美国数学会上作报告。

《美国数学会会刊》于1900年创刊。"作为一份全国性的学术研究杂志,它的建立标志着美国数学活动的新阶段"。1918年的编委中有伯克霍夫和摩尔等享有世界声誉的数学家。能在这份杂志上发表的文章,当属当时美国数学研究的较高水平,一般说来,也已达到或接近国际水平。

博歇尔(Maxime Bocher)和胡尔维茨(Wallie Abraham Hurwitz)是该论文的指导者。胡明复在论文的脚注中写道"本文所处理的问题首先由胡尔维茨教授所建议,对他,对博歇尔教授经常的帮助、建议和批评谨致深切的谢意。"

博歇尔(1867~1918)是哈佛大学的数学教授,1908~1910年曾任美国数学会主席。他和奥斯古德(W. F. Osgood,1864~1943)领导的哈佛大学数学学派在美国有很大影响。博歇尔以积分方程和斯图姆(Sturm)问题的研究著称。他培养了17个博士,其中包括胡明复。胡尔维茨只比胡明复大5岁,1910~1924年间在康奈尔大学任讲师和助理教授,他当时也是美国数学会会刊的编委之一。博歇尔地位很高,工作也忙,而且1918年即去世。因此,胡明复的这篇论文可能较多得益于胡尔维茨。

这篇论文共44页,(第363~407页),是该期最长的一篇。全文分9节。1.引言与记号,2.积分—微分方程式,3.边值问题,4.积分-线性无关性,5.共轭积分-微分表示式,6.格林定理的修正形式,7.共轭系统,8.自共轭边界条件,9.林格函数。

该文运用伯克霍夫建立的一种变换公式,将含有积分式的微分方程,化为纯粹的积分方程,然后运用弗雷德霍姆(Fredholm)理论,按照某种行列式是否为零,给出原方程解存在和唯一的充分必要条件。文章系统论述了这一详解,讨论了边界条件,自共轭性质,格林函数等

编者注:原文载于《科学》(1990年第3期,第212页)。

等。这在当时属于比较新的课题,欧美各国同时有许多人研究,即使用现代眼光来看,其内容的丰富和论述的全面,也是一篇有价值的论文,并不觉得过时。

胡明复完成这篇论文的 1917 年,正是苏联发生十月革命的那一年,对我们来说,这已是遥远的过去,胡明复当时有此成就,殊属不易。吾辈后学应当永志纪念。

李俨与史密斯通信始末*（1915—1917）

张奠宙

内容提要：本文首次披露中美两国著名数学史家李俨和史密斯在1915年至1917年间为合作编著《中国数学史》的十一封通信内容。这项合作虽然没有结果，但却反映了国际学术界对中国古代数学的关注和中美数学史家早就开始了学术交往，也反映了青年时期的李俨在研究中算史和弘扬中国数学成就方面的宏大志向。

1990年我在美国访问，4月间去哥伦比亚大学珍本与手稿图书馆查阅资料，发现有李俨（Li Yan）和 D. E. 史密斯（David Eugene Smith）之间的通信共十一封[①]，时间从1915年1月23日起至1917年7月25日止，内容是关于中国数学史著作的合作出版问题。此事虽然最后未能成功，但在中国和美国之间的数学交往上应是一件要事，尤其是他们通信的时间早在五四运动之前，中国对现代数学研究尚未开始，因而更值得重视。现在我已经把全部英文原件的缩微胶片放大复印件交存自然科学史研究所，共计31页，本文拟将通信的主要内容译成中文，介绍其背景，并作一些评论。

李俨（1892—1963），中国著名数学史家。福建闽侯人，1912年入唐山路矿学堂，未毕业即考入陇海铁路局工作，曾任该局副总工程师多年，业余研究中国数学史。他在1916年发表的《中国数学史余录》，乃是用现代观点研究古代中国数学史的最早论文。1955年调入中国科学院自然科学史研究所任研究员，他在中国数学史和数学研究方面成就卓著，其著作等身，先后发表论著百余篇部，其中《中算史论丛》多次再版。他与钱宝琮同为现代中国数学史研究的奠基人，在科学史事业上作出了极大的贡献。

史密斯（1860—1944），美国哥伦比亚大学教授，国际著名数学史家，在第二次世界大战之前，他是美国数学史界无可争议的权威，他写的《数学史》、《数学原著》等著作一版再版，风行世界[②③]。

本世纪初，史密斯关注中国数学史研究。1905年他写信给在上海的美国传教士潘慎文（Rev P. A. Parker, 1830—1924），希望买1800年以前出版的古代中国数学书籍[④]。1913年在和我国商务印书馆的冯甫（Fong Foo）商讨出版事务时，曾谈到他的打算："我急切想得到早期中国数学典籍的第一流收藏，因为我想在近几年里开展大量的中国数学史研究"[⑤]。在他私人收藏的中国数学史书目录中，有《周髀算经》（武英殿聚珍本）、《四元玉鉴》、《李氏遗书》、《梅氏

---

* 笔者进行的这项工作得到香港王宽诚基金会和纽约州立大学石溪分校 CEEC 的资助。

编者注：原文载于《中国科技史料》（1991年，第12卷第12期，第75页至83页）。

丛书》、《数理精蕴》、《算牖》、《高厚蒙求》等共 39 种⑥。从 1909 年起，史密斯和日本的三上义夫(Mikami Yoshio)开始通信，研讨日本和中国的古代数学史，并合作出书。1914 年他们两人合著的《日本数学史》在美国出版⑦，在这之后不久，李俨给史密斯写了第一封信。

1915 年 1 月 23 日，李俨从福州给当时任美国数学会主席的史密斯发出一封亲笔信：

亲爱的先生：

我冒昧给您写信，请您帮助我完成我的著作《中国数学史》。此书披露了我国有史以来的数学活动，用中文写成，在条件具备时，我很想把它译成英文。

我知道您对中国数学史有研究，相信您会及时回信，惠赐材料将会成为我的工作的一部分。如果您同意我的建议，我将把底稿送上。

李　俨

3 月 2 日史密斯热情地给李俨回信：

亲爱的先生：

给美国数学会的来信已交我。你可能已知道，一年前我和东京的三上义夫合写了一本关于日本数学史的书，我已收集了一些从欧洲观点看的中国数学史的材料，尽管我有很多中文文献，而且大半是古籍。去年春天，我和赫师慎(Pere Vanhée)神父——他在中国数学史方面有过很好的工作——通信，曾想同样合写一部中国数学史，而且我已经开始写了一点，战争(按：指第一次世界大战)迫使我们停了下来。我无法和他联络，甚至不知他是否还活着。如果他安然无恙，我们当然会继续合作，不过我觉得我们三人可以一起来作。我们使用你的材料，并且将它和我们自己的材料组合起来，我写出初稿，再交赫师慎神父作最后修改。我不知道这是否可能办得到，因为我无法和他联系上，你如果愿意把你的材料译成英文寄我并作如上安排，我将会仔细审看，而且会尽快和赫师慎神父联络加以处理。

如你所知，这类书的出版很难，因为需求不多，不过 Open Court 出版公司也许愿意接受，就像那本《日本数学史》。……

你可以慎重考虑此事，如果你决定译出并寄我，我将会十分关注。

史密斯

1915 年 5 月 31 日，李俨又从福州给史密斯发出第二封信。信中写道："很高兴收到你的来信，感谢你对中国数学史的热情关切。你的任务完美而高尚；我相信我国埋藏已久的数学史会很快公之于世……与你合作，当然是最好不过了，唯一的麻烦是我的水平太低。"李俨在信中提到他的中国数学史编写提纲，拟分上古、中古、近古三卷，其中上古卷的详细目录附在信里，全文如下：

第一卷　上古史

第一部分　引言

　　第一章　中华文明的起源

　　第二章　中国数学的分期

　　第三章　《易经》中的数学

　　　　1.《易经》简介；2. 数学与《易经》的关系；3.《洛书》与幻方；4. 数学与

　　　　　《洛书》的关系

　　第四章　历法中数学与天文学的关系

　　第五章　中国数学与中国哲学

第二部分　上古中国数学概观

　　第一章　引言

　　第二章　数

　　第三章　计算方法

　　第四章　算术

　　　　　1. 数的概念；2. 四则运算；3. 分数；4. 分数详论；5. 小数；6. 数的名称；
　　　　　7. 比例；8. 乘方与开方

　　第五章　上古中国数学家使用的计算方法

　　　　　1. 手指；2. 算筹；3. 算盘(珠算)

　　第六章　方程

　　第七章　几何

　　　　　1. 平面；2. 立体

　　第八章　对上古中国数学概念的现代分析

第三部分　上古中国数学家传记

　　第一章　隶首⑧

　　　　　传记和著作

　　第二章　周公和商高

　　　　　1. 传记和著作；2.《周髀算经》；3.《九章算术》

　　第三章　孙子

　　　　　1. 传记和著作；2.《孙子算经》

　　第四章　结论

第四部分　上古世界文明

　　第一章　简介

　　第二章　巴比伦

　　第三章　埃及

　　第四章　希腊和罗马

　　第五章　印度和阿拉伯

第五部分　关于上古中国数学的结语

　　第一章　中国上古数学的度量方法

　　　　　1. 引言；2. 长度和面积的度量；3. 体积的度量；4. 重量

　　第二章　术语的解释

　　第三章　周朝和秦朝数学退步的原因

李俨在信中继续写道："我知道这样的工作靠一个人在短期内是无法完成的，最困难的任务是不失原意地将古代中国数学术语译成英文,我想我将能在大战结束之前把我的工作的轮廓译出来,……""如你所知,我国古代数学典籍很多,但是大多失传了,尽管我身在中国,收集这些古籍并不比你容易多少,因此我们的紧要任务是汇聚材料。依我看来,我们可以花钱登个广告(三人署名)来收购中国数学古籍。如你同意,请您寄来你的藏书目录,我将为你收集你书架上没有但你要的书。战争还在进行,这使我有更多的时间去做翻译和收集资料的工作。"

"你有赫师慎神父的消息吗?希望你最近有机会联络上,你从海牙的《通报》(*T'oung Pao*)能够找到他吗?如你方便,请送我一本你的《日本数学史》。"

史密斯于1915年7月7日给李俨的复信,全文如下:

李俨先生:

刚刚收到你的5月31日来函,现作复,我对你的总体计划极有兴趣。不过,一个大问题是这一计划将有三大卷,而在美国我们不可能找到一家出版商,会愿意出版其篇幅大于那本《日本数学史》的著作。昨天我寄给你一本《日本数学史》,大概会和此信同时收到。

中国数学史全书必须压缩为一卷,你的提纲是好的,但你不得不重新处理,尽量简明些。

我已去信荷兰看看能否得到赫师慎神父的消息,今天我还要给罗马的梵蒂冈写信打听他的下落。

我建议你把中国数学史后两部分的提纲写完,成为整体。我将把你寄来的材料审阅一遍,并提出我的建议,然后你可开始写作,一旦完毕就寄我。我当然不能肯定我们一定能找到一家出版商,但只要写出类似《日本数学史》那样的书,恐怕问题不大。

至于中国数学古籍,我已有了《梅氏丛书》、《四库全书》的有关部分,以及利玛窦译的欧氏《几何原本》抄本,当然也有印刷本,你能提供的任何书,特别是抄本,只要数量适当,价格合理,我都会愿意要。如果你能买到这类书,我会告诉你是否要,一旦买下我当把钱汇你。

《日本数学史》的一个有趣的特点是插图,我想我们应该精心收集中国数学史插图,特别是能说明题目的图表,致以

良好祝愿。

史密斯

李俨在10月1日复有一信,然未见留存。从史密斯于11月4日给李俨回信中可以看出,李俨在信中提供了大批中国数学史的有关书目,供史密斯选购。史密斯在这封回信中谈了他的写作计划,并附有编写提纲。他所写的提纲全文如下:

中 国 数 学 史

史密斯 李 俨

引论

 Ⅰ. 中国文明的起源与早期发展

  1. 各种传说;2. 科学资料;3. 真实性辨析

 Ⅱ. 中国数学史籍目录

1. 关于远古数学的一些极端主张；2. 远古数学的科学资料；3. 中国远古数学真实性辨析；4. 年表（按朝代和公元纪年顺序排列）；5.中国古代数学史分为三个时期的依据：古代（约公元前3000年至公元前200年）、中世纪（公元前200年至公元600年）、近代（公元600至公元1900年）

Ⅲ．《易经》中的数学

可能的成书年代；各种稿本的演变

Ⅳ．中国古代数学与哲学和天文学的关系　中国的占星术（Schlegel的黄道十二宫理论）

第一部分　古代数学（约公元前3000年至公元前200年）

Ⅰ．数的起起源

计数制；记数法

Ⅱ．古代算术

分为两部分：相应于古希腊的算法（计算）；算术（数论）

Ⅲ．计算方法

可信的算筹；绳结的使用；类似秘鲁人的绳结语；古代算法的不确定性

Ⅳ．古代数学家传略

Ⅴ．古代数学典籍

成书年代的科学研究；内容

Ⅵ．早期的中国代数学

它的本质；符号；方程

Ⅶ．早期的中国几何学

与测量的关系；毕达哥拉斯定理；与早期埃及几何学的比较

Ⅷ．中国古代的高等数学思想

Ⅸ．古代度量衡

Ⅹ．幻方的起源与早期历史

Ⅺ．与其他国家可能的交往

Ⅻ．中国古代数学与中国古代文明的结论

第二部分　中世纪（公元前200年至公元600年）

Ⅰ．公元前200年至公元200年

传记、发现和著作

Ⅱ．公元200年至公元400年

传记、发现和著作

Ⅲ．公元400年至公元600年

传记、发现和著作；圆的理论的发展

Ⅳ．度量衡制度的改革

Ⅴ．与其他国家可能的交往

Ⅵ．中世纪数学与中世纪文明的结论

第三部分　近代数学(公元600年至公元1900年)
  Ⅰ. 公元600年至公元1000年
    传记、发现和著作。代数学的成长;机械性算法;关于大衍求一术
  Ⅱ. 公元1000年至公元1400年
    传记、发现和著作;代数学的黄金时代;与波斯、意大利等国家可能的交往;关于"天元术"和"四元术";三角学的兴起
  Ⅲ. 公元1400年至公元1900年
    传记、发现和著作;西方数学的引入;利玛窦的影响;对欧洲数学的反应;幻方和娱乐;典型问题
  Ⅳ. 近代数学的不同学派
  Ⅴ. 结论

史密斯在1915年11月4日的信中对提纲做了说明,全文如下:

李俨先生:

10月1日来信收到,很高兴知道你在继续工作,这段时间我也在慢慢地全面汇集我的笔记和小册子,你的材料一来,我就会动手写作。

不过我觉得你的计划还可以改进,把引论放进去似乎比较合适。引论之后我想把它分成三部分(与通常不大一样);即第一部分是古代数学,其次是中世纪数学,最后是近代数学。在看到你收集的和我的藏书中的材料以前,我还不能肯定这几部分该怎么安排,我们在写历史时常常遇见这样的困难;如何把得到的传记材料放到恰当的位置。在我的关于古代数学的提纲中,我把传记资料作为第四章,放在介绍数学古籍之前。至于在代数、几何等的一般论述,以及在第二部分中世纪数学中怎样处理,我还没想好,我的印象是在第二和第三部分把数学发现和人物传记放在一起比较合适,也许对第一部分也该如此。另一方面,在第一部分,把代数和几何单独列出很有必要,对第二和第三部分恐怕也是这样。

当然我的想法只是尝试,你可以作进一步改进,当我真正动手写的时候,提纲的某些地方,肯定会根据需要而更改次序的。

我也不能肯定,全书分成这样几章好呢,还是不分章,只用罗马数字把各部分的各章标出为好。

虽然我与赫师慎神父的多种联络信息应该已经到达,但仍未能同他取得联系,我怕他已在战争初期被害了。

我很高兴接受你已提到的《学生汉语字典》,下班船它一定会送达这里。

关于插图,在这儿我能把我和你有的任何材料拍成照片,如果你有无法寄我的材料且是难得的,最好在那儿拍成照片。关于近代数学,我倾向于最好不涉及活着的数学家,这是我们在写《日本数学史》时的约定。

你提到的有关中国数学史的欧洲出版物,我都已有或在大学图书馆里有,我很愿意你能寄我"筹算"百科全书并附帐单,我也愿意购买任何价格合理的中国抄本。

                    诚挚的　史密斯

1915年12月6日,史密斯又给李俨一短信,全文为:

李俨先生:

在《元史》（1370年完成）的第四八、四九两卷里有蒙古王朝天文学的记载,我通过伟烈亚力(Wylie)[9]知道一些,但未必是全部。在一一四至二〇〇卷有一个很长的蒙古时期人物传记名单,其中有一些我们可能感兴趣,你当然知道这一点,我只是想提醒一下。

你说你熟悉三上义夫的中国数学史著作,我是相信的,虽然这书写得很差,但是含有大量的信息。

对我来说,最主要的似乎是把古籍中的数学问题和解答译成英文,这样做将使读者能接触到原始资料。

史密斯

接下来的两封信都是李俨写给史密斯的,1915年12月28日的信说:同意"你的计划并按你的安排去做",同日寄出关于"筹算"的百科全书(Encyclopaedia on Rod Computation)。1916年4月6日的信是一张明信片,询问这部著作是否收到,并告诉他新的通信地址:陇海铁路河南观音堂车站。经查史密斯的藏书目录,并无筹算百科全书之类的书,李俨所送何书,史密斯是否收到,无从得知。

1915年的通信很顺利,双方都有很高的合作热情。从李俨的提纲来看,这位当年只有二十二岁的青年数学史家,已有相当多的资料积累,并能以现代数学的观点加以整理,其工作计划远比史密斯的提纲要详细及深入。三卷本庞大计划,更显示了青年李俨的远大抱负和爱国精神。那时正当辛亥革命之后,五四运动之前,国内科学风气尚未大开,他孤身一人,没有经费,没有现成资料,就敢于用近代科学观点全面总结古代数学遗产,并且提出与国际数学史名家合作写书,那需要何等的胆识和勇气!

另一方面,史密斯确实对中国数学史十分关注,真心诚意地和素不相识的李俨通信合作,他所写的中国数学史编写提纲已具相当水准,对中国数学古籍多所了解,特别是能够注意到从《元史》中收集资料,应属难能可贵,本世纪初,欧美研究中国数学史的学者并非只是史密斯一人,但有志于写一部中国数学史,并能负责解决出版问题的,却只有他了。

这里提一下赫师慎神父(Pere Louis Vanhée),他是比利时人,生卒年月不详,第一次世界大战时被德军监禁,罚作苦役达五年之久。1919年2月24日,赫师慎刚刚出狱不久,即给史密斯一信,方始恢复联系。史密斯曾投书纽约时报并附赫师慎神父来信,指责德军的暴行,史密斯在信中称"赫师慎神父恐怕是欧洲最好的研究中国数学史的学者"[10]。1926年,赫师慎有两篇有关中国数学史的论文在美国发表[11]。

经过1916年的精心工作,李俨的中国数学史著作终于完成,他请茅以升帮助译为英文送到史密斯那里。1917年2月28日,李俨从观音堂给史密斯写信作了一些说明,信是用钢笔写的（观音堂恐怕不会有英文打字机）,全文如下:

亲爱的先生:

1月4日惠书收到,谢谢。关于《中国数学史》的英文翻译,我和我的朋友正在作,前三部分（引论,古代,中世纪）的中文部分已完成并已把它寄到茅以升(Thomson Mao)处,他是康乃

第一部分 现代数学史 119

尔大学的博士后研究生,译稿将直接寄给你。

茅以升是我在唐山路矿学堂时的同学,他希望有机会在今年暑假和您见面,所以我把他介绍给您。茅以升写了一本有关中国圆周率的书,尚未出版。他也是一个中国数学史的爱好者,因此拜访你将会有所得益。

如果你能建立一个中国数学史的图书室,我将非常高兴并会全力帮助你,可否寄一份你的藏书目录来,以便我设法为你收集其余的书籍。

要想求得早于公元1300年的抄本非常困难,我的希望是把十三世纪以来的古籍都找到,好些书写完后就从来没有印刷过。这些书不容易买,但是可以抄。即使是早期印刷的书往往也无法买到,我只能从我的藏书,或别的研究者,或图书馆那儿拿来请人帮你抄一本,费用是:包括租房,纸张,邮费和工资,大约每千汉字需美金四角。

有些著名数学家写的书收在类书或丛书里,只占全书的百分之一、二,这种书不能拆开卖的,也只好借来抄。我想知道你为此事而投资的限额是多少,以便有所依据。

我非常高兴地告诉你:我从三上义夫先生那儿得到一部关孝和(Seki, T., 原信误为 Siki Kawa)的《杨辉算法》抄本(三卷),此书的作者是宋代著名数学家,这一抄本和以往的印刷本不同,有些章节涉及幻方、圆、环以及印刷本里没有的内容。关孝和的抄本也有不少脱漏,所以我要作些校正,两卷已完成,在校订中我用一些具体的论证得到了杨辉的原始工作,这真是妙极了:中国数学家在十三世纪已经很好地发展了"幻方",你想要这部校正本吗?我很愿意送你一部抄本。

盼惠赐复,并致

敬意

李 俨

茅以升在1917年初曾给史密斯一信,说自己对中国数学史有兴趣,但不想成为这方面的专家,"我的专业是土木工程"。他还说,为李俨的手稿作英译是非常困难的事,不过仍将努力去完成,到时会将译稿送来。1917年5月25日,茅以升因故未能趁暑假来纽约见史密斯,而是另托一位朋友将译稿带去哥伦比亚大学。

史密斯仔细地看了译稿,结果使他很失望,他于1917年6月25日写了一信给李俨,这也是他们之间通信中现存的最后一封,该信寄"中国河南观音堂",全信为:

亲爱的李先生:

刚刚读完茅先生送来的译稿,因为我出外度假,所以迟复。

我不知道这些材料是否就是你打算送来的全部有关古代和中世纪的手稿,在得到你进一步的消息之前,先放在我这儿。正如我在1915年12月6日信中所说:"对我来说,最主要的似乎是把古籍中的数学问题和解答译成英文,这样做将使读者能接触到原始资料。"可现在你的文稿中几乎没有任何译自古籍的问题和解答,没有《易经》中的具体内容,可有关"河图"及"洛书"的叙述将是极有兴趣的。我的笔记里有这些材料,所以问题不大,但是关于《周髀算经》,文稿中却只字未提。三上义夫已作了许多有价值的摘录,而我们的书必须包含更多有趣的材料才行。同样,《九章算术》(Chiu-Chang 或茅以升译为 Kew Chang)包含了大量的有趣事实,三上义夫也摘录了不少,但在你的文稿里很少有来自原作的精确翻译,对其他代数、几何方面的古籍和主要著作,情况也差不多。西方读者要求读到某些典型章节的翻译,而不仅仅是全书内容的概述,这种叙述早已有了,没有多大意义。

我感到的第二个困难是,许多提到的人名很少或没有指出他做了什么事,甚至连生活年代也没有。例如以下名字[12]都没有给出所处的年代和所作贡献:Chang Hoe,张洪(? Chang Hung),张文虎(Chang Wen Hu),钱大昕(Chien Ta Hin),诸可宝(Chu Kao Pao),方中通(Fang Chung Tung),伏羲(Fu Shih),Ho Chun,徐岳(Hsu Yao),Hua Heng Tang,黄宗羲(Hwang Chung Shei),劳乃宣(? Lao Leh Shuen),Tien Mu,华衡芳(Wah Heng Fang),王英明(? Wang Yen Ming),等等。我在自己的笔记本上能找到他们的一些事迹,而你的稿子里只有名字,这些人可以生活在公元前3000年到公元1000年,对四方读者来说,这样的名字再多也没有意义。

叙述不够精确是第三个困难所在。例如,据我对你手稿的理解,你说张苍(Chang Chang,即三上义夫所译的Chang T'aang)生活在公元25—221年的东汉(据Williams[13]),又说他是汉文帝时(公元前170年)的政治家,如说他生活在汉代(据Williams记载是公元前206年到公元25年)那是可能的,但不会是东汉。三上义夫说得很准确:张苍在公元前176年当丞相,死于公元前152年。你说张衡是公元100年左右的几何学家(三上义夫说他死于132年,而这样的准确性总是需要的),但又说他生活在汉代(公元前208年到公元25年),这当然是不可能的事。如果我没有理解错,你说乘马延年(Chun Ma Yen Men)生活在建始年间(公元前32年),可也说他是东汉人(公元25~221年)。类似的问题也出现在耿寿昌(Kang Shou Chang,你也常拼为Kan Shou Cbaug)身上,他生活在宣帝时(公元前50年),也说他是东汉人(公元25—221年)。你认为刘徽,刘向(Len Hëaug)之子,生活在公元10年左右,可也说他是晋朝人。落下闳(L. Heä Hung)被认为是东汉人(公元25—221年),却在计算太初历(公元前104年),还有许多类似情形,我没时间在此一一指出。

第四个麻烦是人名的音译和大写问题。这已有公认的准则,三上义夫似乎想遵从它,但我在你的文稿里却遇到了麻烦。比如,人们会认为甄鸾(Cheu Long)就是三上义夫所译的Ch'ên Luan,然而究竟是不是?你提到Ching Ch'ou-Ch'ang曾在汉宣帝(公元前73—49年)时修改过《九章算术》,若是如此,我认不得这个名字。同样,我也认不出李淳风(Li Ch'un-feng)和生活在公元前三世纪的吕氏[Lu-shih 吕不韦(Lu Pu-i)]。当然我认得 Tsoo Ch'ung Che 就是 Tsu Ch'ung-Chih(祖冲之),然而即便关于音译尚无规则可循,关于小写字母和连字号(hyphens)恐怕有公认的规则。类似地,对 Kew Chaug Swan Shuh 或 Chiu-Chang Suan-shu(《九章算术》)必须遵循某些规范化准则。

在我匆忙看过的稿子里还有其他许多问题,但以上提到的是一些重要的典型。

我想你会从我以上所写的意见里感到,我没法用你的稿子达到我预想的目的。我需要你提供的是我所没有的材料以及使我确信无疑的准确陈述。我自己拥有的材料远比你稿子里包含的要多,但是我缺乏最重要的中国数学古籍中有趣材料的精确英文翻译。例如,我已有了朱世杰的《四元玉鉴》的主要部分的精确英译,而我需要大量的这类译文。

在我得到你进一步消息之前,你的材料先放在我这儿。如果你想寄给我的全部古代和中世纪的中国数学材料就是这些,我将把它退还给你,因为我觉得你自己持有并使用它更好些。我认为这样作对你会更合适,除非你想要送大量的中国数学史主要著作的精确译文和更确切的信息给我,这些材料对我们作进一步处理没有价值。

很抱歉,我没能使用你送来的材料。

史密斯敬上

以上就是哥伦比亚大学图书馆收藏的李俨和史密斯通信的全部内容。在史密斯的档案中没有发现李俨寄给史密斯的稿件(茅以升译),也没有李俨对史密斯的最后答复。在史密斯与三上义夫的通信档案里,三上义夫曾向史密斯介绍李俨(1928年),说他"在中国数学史方面发表了许多论文",但未见史密斯的回应,1930年史密斯访问日本,却未来中国。据此推想,史密斯和李俨的交往后来并未能维持下去。

留下的问题很多。例如:李俨的这份稿子和他在1916年发表的《中国数学史余录》是否相同?史密斯对李俨后来的研究有没有影响?史密斯在最后一信中对李俨的要求是不是过分?三上义夫和史密斯的合作成功了,李俨为什么未能成功?等等。这些只能留待今后去研究了。

参考文献与注释

① Collection of D. E. Smith, Professional Correpondence, University Archives, Buter Library, Columbia University, New York, USA.

② D. E. Smith, History of Mathematics, Volume Ⅰ, Ⅱ., Ginn Publishing Company, 1923, 1925. Dover(reprint), 1958.

③ D. E. Smith, A Source Book in Mathematics, Megraw Hile Book Company, New York and London, 1929. Dover(reporint), 1959.

④ 同①,与 A. Parker 的通信。

⑤ 同①,与 Feng Foo 的通信。

⑥ Catalogue of the Collection of D. E. Smith, University Archieves, Buter Library, Columbia University, New York, USA.

⑦ D. E. Smith and Mikami Yoshio, A History of Japanese Mathematics, Open Court, Chicago, 1914.

⑧ 原文为 Lih Sheu,《世本》载:黄帝命"隶首作算数"。

⑨ Alexander Wylie(1815—1887),1847年受英国圣经出版协会之聘来上海,曾经营"墨海书局",翻译大量西方科学典籍,包括与李善兰合译我国第一部微积分著作:《代微积拾级》(1859)。

⑩ 同①,与 Vanhée 的通信。

⑪ Vanhée, Louies and S. J. Brussels, The great Treasure house of Chinese and European mathematics.(Translated and shortened by D. E. Smith), American Mathematics Monthly, Vol.33, pp. 502-504, 1926. Napier's Rod in China, American Mathematics Monthly, Vol.33, pp.494-497, 1926.

⑫ 其中 Chang Hoe, Ho Chun, Tien Me 三个名字难以判断,也许并非人名,Hua Hang Tang 似为华蘅芳之误,这些待以后查考。

⑬ 似指 Williams, Lea E,美国布朗大学东亚语言和历史学教授。

三上义夫、赫师慎和史密斯
——兼及本世纪初国外的中算史研究

张奠宙　王善平

内容提要：本文简单介绍本世纪初三位外国的中算史研究家的生平，并对他们的工作做了评论。许多材料取自他们之间的通信，均系首次在国内发表。

关键词：三上义夫，赫师慎，史密斯，中算史

明清以来，西方数学逐步在中国传播。与此同时，中国的传统数学也开始受到外界注意，并且陆续出现研究中算史的外国学者。本世纪初，日本的三上义夫(Yoshio Mikami)、比利时教士赫师慎(P. L. Van hée)和美国哥伦比亚大学教授史密斯(David Eugene Smith)是当时研究中算史学者中最负盛名的三位。李俨在 1917 年发表的《中国算学史余录》中这样写道："晚近则日有东京帝国学士院嘱托三上义夫君，美有纽约哥伦比亚大学算学史教授史密斯博士，比有里爱市教士范氏，之三君者，皆有心于中国算学史之著作。"[1]李俨是我国学者用近代数学研究中算史的第一人，且与这三位国外学者都有不同程度的联系。本文拟介绍三人之生平，以及他们的中算史研究工作。这也许会对"中算史研究"的历史，本世纪初中外文化交流的一个侧面，增加一些新的了解。

本文引用的资料，多半来自美国哥伦比亚大学珍本和手稿图书馆(The Rare Book and Manuscript Library, Special Collection)，承蒙他们同意公开发表，特致谢意。笔者之一（张奠宙）于 1990 年访问纽约市立大学(City University of New York)时，道本周(Joe Dauben)教授对本文的写作给予很多帮助，敬致谢忱。

一

三上义夫于 1875 年（明治 8 年）生于日本广岛县甲田村，读高中时因眼疾退学，遂在家自学德、英文和数学。后来通过中等教员资格考试，获数学教员资格证书。1905 年开始研究日本传统数学的历史（和算史）。1908—1924 年为帝国学士院（即国家科学院）嘱托，负责和算史的调查研究工作，1914—1919 年间，在东京帝国大学文学部哲学科大学院学习，获得高级学

编者注：原文载于《中国科技史料》(1993 年第 4 期第 62 页至 67 页)。文中所提到史密斯在北京的学生陈(Chen)，据后来考证是曾任燕京大学数学系主任(1920—1937)的陈在新（见：郭金海.陈在新与《四元玉鉴》的英文译注.《中国科技史杂志》，2005 年第 2 期 142 页至 154 页）。

历。30 年代在东京物理学校讲授中国和日本数学史。1949 年获理学博士学位,次年在广岛逝世。[2]

三上义夫毕生从事中国和日本算学史研究,史密斯称他是"权威的东亚数学史专家"[3]特别是他能够用英文和德文写作,更使他的论著在欧美各国产生重大影响。最重要的著作是《中国和日本的数学发展》(*The Development of Mathematics in China and Japan*),1913 年在德国莱比锡用英文出版,1961 年在纽约出第二版。此书前半部分以《算经十书》为基本框架介绍中国传统数学。从现在眼光来看,其中不免有粗糙之处,甚至存在一些错误,但仍不失为比较客观公正和具有学术深度的著作。时至今日,在西方出版的各种中算史及和算史著作中,此书仍是流传最广的。李约瑟评价说:这是一部"特别重要的著作",是研究中算史所必不可少的。他也称赞三上义夫是唯一具备下述条件的数学史家:"既饱读汉文和日文古籍,又能运用西方语言比较通顺地表达自己的意思。"[4]

三上义夫和史密斯合著的《日本数学史》(*A History of Japanese Mathematics* 1914 年出版),无疑也是一部重要的著作。由于他们合作此书,因而彼此有许多通信,目前保留在哥伦比亚图书馆的有 60 余封。通信内容除涉及《日本数学史》的写作之外,还有彼此交换论文,史密斯访问日本,以及筹办《数学文献书目》(*Bibliotheca Mathematica*)杂志等,这些内容将另文涉及。这里,拟将通信中有关中算史研究上的若干段落择要加以介绍。

1. 1924 年 9 月 29 日,三上义夫在给史密斯的信中提到:

"……您对求方程数值解的中国方法的关注值得欢迎。我当然会仔细研究这个问题。我的看法是,这个由十三世纪著作作出解释的方法,只是以前求平方根和立方根方法的推广,因此没有必要对它如此怀疑。

我想,《九章》中的某些注文可能受希腊思想的影响。就中国的产物而言,这种影响似乎是必然的,我希望有一天能解释它。……"

三上义夫曾极力驳斥一些西方学者的"中国数学外来说",包括史密斯对宋元时期高次方程求解的怀疑。但是他不能解释《九章算术》中刘徽注的高度逻辑推理意识,竟然也怀疑起中国数学是否受希腊数学的影响了。

2. 1927 年 3 月 20 日,三上义夫在致史密斯信中驳斥赫师慎的许多谬论,矛头针对赫师慎于 1926 年在《美国数学月刊》和 *ISIS* 上发表的一系列文章[6]-[8]。三上在信中写道:

"……我远远不能同意赫师慎神父的许多观点,首先有不少对中国古籍的错读和误解。此外,《隋书》中关于祖冲之求圆周率的段落,不可能在欧洲科学传入中国后才写进去。因为《隋书》在中国和日本到处都有,而包含《隋书》在内的二十一史早在欧洲科学传入之前就已印刷出版,并且许多印本目前仍在各类图书馆中保存着。赫师慎认为这段记载不可靠的理由,在我们看来是完全站不住脚的。中国的天元术和四元术的代数方法,都使用算筹进行运算而不是象神父所说的用笔算。算式中所用的汉字仅用来表示该项的名称而不是数学符号。我怀疑他为什么遗漏了中国数学中这一十分关键的一点。至于中国人的数学天赋,我想总会比神父所想象的要高。……"

三上义夫在以后的 3 月 27 日和 10 月 3 日的信中,继续批驳赫师慎的偏见和谬误。他的主要论点后来写成论文,分别用日文和英文发表[9][10]。

3. 1928 年 2 月 28 日,三上义夫在给史密斯的信中,反对甘茨(Soloman Gandz)于 1926 年 5 月在《美国数学月刊》所发表文章中的一个看法。甘茨认为,"根"这个词来源于阿拉伯[11],1928 年,哥伦比亚大学的马先生(C. C. Ma)指出,中国的"根",起源于甲骨文。三上义夫在信中写道:

"我读了发表在《美国数学月刊》上的两篇讨论中国字'根'的论文。中国在很久以前就用方块字'根'来表示树或草的根部(root),或事物的本源。关于这一点没有什么可争论的,……中国人早期用算筹进行开方运算和求解数字方程,但在这一过程中从来不用'根',而一直称为'商'。……"

三上义夫在这里再次反对中国数学西来说。

4. 三上义夫在和史密斯通信中多次提到想和中国学者建立联系。早在 1912 年 10 月 20 日的信中写道:

"我听说您在北京的学生陈(Chen)教授关注他们国家数学史研究,很感兴趣。如能与这样的学者结识,我将感到荣幸。因为在日本很难找到中国书籍。"

这位陈教授是谁? 后来是否和三上义夫建立联系? 我们没有进一步的资料。

5. 1928 年,史密斯想筹办 *Bibliotheca Mathematica*,遂请三上义夫推荐来稿和撰稿人。三上在 1928 年 6 月 21 日的回信中提到:

"近年来中国报刊上出现许多关于中国数学史的论文,其中有些很令人感兴趣,我认为值得把它们翻译出来。"

同年 8 月 12 日的信中,特别提到李俨:

"中国的李先生最近来信询问您与我合作的《日本数学史》中一些人名的汉字写法。他打算把此书译成中文。他在中国报刊上发表了许多关于中国传统数学的论文,它们极有价值。在中国还有其他人,也时常发表这方面的论文。……"

据我们所知,史密斯的这份杂志后来没有办成,因而也使中国数学史家失去了一个国际交流的机会。

三上义夫还在信中表示对中国度量衡史的兴趣,还提到杨辉的著作。遗憾的是,三上义夫和中国数学史研究工作者的交流并没有取得很大成功,三上义夫未到过中国。中国数学史家到日本去访问时,三上义夫已经去世了。

二

赫师慎神父(Pere Louis Van Hée),比利时人。有影响的中算史研究家,曾到过中国,但现有的史料中未见提及。梁宗巨主编的《数学家传略辞典》附录二的外国传教士人名录中亦未收入。我们在 1991 年发表的文章[13],尚未弄清他的基本经历,后经向数学史家伊利莎白·索万尼-果芬(Elisabeth Sauvenier-Goffin)夫人询问,转请列日(Liege)市的魁林(Piérre Guérin)先生回答,才知道赫师慎的基本情况。

赫师慎于 1873 年 9 月 23 日生于比利时的西弗朗德尔(Flandre),1893 年进入耶稣会的初级修士院(可能在法国),1912—1922 年间在列日市圣路易斯学院执教,先教英语,后又教德语、法语和数学等。其间正经历第一次世界大战,曾被德军投入集中营达五年之久。1923 年来到沙白罗瓦(Chableroi)城的 S·J 学院(College du Sacrè Coeur)担任神职,不再教学。1932—1951 年间,他是勒万(Louvain)神学院哲学系的领导人。1951 年 1 月 4 日在勒万逝世。

赫师慎来中国之事,仅见李俨的略述:"范氏(Vanhee)久居吾邦,获交知名之士,得以尽读故家之藏籍,其论著曾屡见于荷京通报(T'oung Pao)。昔与史密斯博士有共著英文算学史之约。欧战发生,音问阻绝。意者里爱(Liege)市之陷,此君或在不免,良可伤也。"[14]

赫师慎来华的时间,应该是 1893 年到 1912 年这段时间之内,具体活动,未得其详。至于第一次世界大战期间,赫师慎确实被德军俘虏,投入集中营,幸而存活。1919 年 2 月,赫师慎写信给史密斯:"你无法想象我在这 5 年中所受的苦。"同年 4 月 28 日,史密斯给纽约时报写信,控诉德军暴行,信中提到"赫师慎神父是享有广泛声誉的耶稣教士和学者,欧洲研究中国数学史的最高权威。"他们两人的信都在 1919 年 4 月 30 日的《纽约时报》上刊出。

赫师慎从 1910 年到 1940 年内约发表了 20 余篇研究论文,大半在李约瑟的《中国科学技术史》中可以找到。他的主要贡献是向西方介绍中国算学文献,包括《夏侯阳算经》,李冶的《测圆海镜》和《益古演段》,阮元的《畴人传》,陈维祺的《中西算学大成》等。他还翻译过刘徽的《海岛算经》和朱世杰的《四元玉鉴》。这些工作在西方学术界有很大影响。史密斯说过:"现通晓数学和天文学,又能懂得东方语言的学者即使在今天也不多,……直到现在仅有三上义夫和赫师慎这样的学者介绍了可观的远东古代数学。"[15]

然而,赫师慎的汉语水平实在不敢恭维,再加上明显的文化偏见,他的文章中存在很多错误和谬论。例如:他在介绍《畴人传》的文章中,把贾亨的《也是园藏书目》译成《园藏书目》;"珠算歌诀"理解为"关于算盘的押韵诗",晋朝虞喜的族祖虞耸说成是姓"族"、名"祖耸",至于他把祖冲之的圆周率计算和祖暅的球体体积计算等工作,说成是后人按西方数学添上去的,更是无稽之谈,如前所说三上义夫已经批驳过。李约瑟也说:"如赫师慎等作者,他们的汉学才能敌不过传教士的偏见,竟再次坚持说,中国的主要数学著作都是在外来影响下完成的。"[17]

应该说,赫师慎在介绍中国传统数学典籍,促进中西文化交流还是有贡献的,应该肯定。但是,由于他的论文充满错误和偏见,其学术价值经不起时间检验,至今似已无影响可言。

三

美国数学史家、数学教育家史密斯(David Eugene Smith),1860 年生于美国纽约州。从小跟母亲学希腊语和拉丁语。以后进纽约州的叙拉寇斯大学(Syracuse University)学习艺术、法律和语言。先后在该校获学士(1881 年)、硕士(1883 年)和博士(1887 年)学位。毕业后教了 7 年中学,成为密西根师范学院的教授。1901 年到哥伦比亚大学的师范学院任教授,直至 1926 年退休。

史密斯是美国和国际上著名的数学教育家,他编写的中、小学教学书有150种之多。在数学史研究方面,也是著作等身,例如《现代数学史》(1896年),《印度—阿拉伯计数法》(1914年),《日本数学史》(1915年),《数学史》(第1卷1923年,第2卷1925年),《数学的原始文献》(1929年),《1900年以前的美国数学史》(1930年)等,都是世界名著。[18]

史密斯是当时西方社会中关于远东数学史研究的倡导者和组织者。他认为"中国和其他东方国家在数学发展中应有自己的位置",由于史密斯的努力,"唤醒了人们对古代东方数学的兴趣。"[19]

史密斯的自信心很强,例如他和三上义夫合著《日本数学史》时,三上原先只想写50页的小册子,但史密斯认为必须写到200页左右,"这部著作应使得今后50年内没有人会尝试写一部更好的","它将在所有欧洲国家中永远成为标准文献"[20],这一点,史密斯和三上义夫确实做到了。

在中国数学史研究中,史密斯十分注意资料的可靠性和叙述的准确性。他注意到:黄宗羲曾指出《尚书》不可靠,康有为断定古文经书是伪造的。他赞赏阎若璩等人的训诂考据工作。同时认为"伏羲造八卦"和"隶首造数"都不足为信,《易经》与八卦,河图洛书等没有重要的数学内容。这些观点,对于如何使中算史研究纳入科学轨道具有一定的积极意义。

由于文字障碍和文化差异,和当时大多数西方学者相近,认识上也有片面性,包括若干偏见。史密斯曾评论道:"在用原始方法求得结果,构造没有实际价值的难题方面,他们(中算家)表现了对细节的惊人耐心。""直到明显接受西方影响之前,中国的数学只是处于孩童时代——不是指自己经常提出难题且能加以解决的孩童,而是说这些问题就其内容来说是孩子气的,只适合这个具有令人困惑天性的民族。"[21]

这种观点显然不符合事实,而且带有明显的偏见。

史密斯和李俨的合作没有成功,其经过已经披露[22],两人间固然有学问、认识和目标上的差异,包括年龄和地位上的不同,但主要是语言上的障碍。史密斯在给李俨的最后一封信中,把人名译音混乱,没有提供古籍原文正确翻译作为不能合作的理由,显然是一种单方面的过高要求,表现出某种傲慢的态度。

事实上,中国古代人名译音,各人自搞一套,根本无法统一。直到今天,中国大陆、台湾、欧美仍然各有各的拼法,怎能苛求李俨将它统一呢?再看史密斯自己,他把沈括写成 Ch'en Huo,而赫师慎写成 Tch'en Kouo,这又怎么说呢?李约瑟也曾评论三上义夫的著作,"象芭蕾舞剧似的把中文名称的拉丁拼音搞得光怪陆离,认不出本来面目了。"[23]显然,这是东西方文字上差异造成的困难。

史密斯在和三上义夫合写《日本数学史》的过程中,也曾要求后者多翻译原文。三上义夫回信说:"我将在可能的场合下,尝试尽可能准确地引用原文,但我想在很多场合下,这样做是行不通的,因为我们先辈的写作非常简约,难以把握。"(1909年10月24日信)1928年11月1日,史密斯要三上义夫提供一篇不超过2 000字的介绍关孝和行列或理论的准确译文。三上义夫回信说:"我尝试过了,毫无结果。因为论述很含糊,要翻译它很不容易,这要耗费我很多时间,……"(1928年12月7日致史密斯信)

由此可见，史密斯向李俨提出的要求，显然是过高而不切实际的了。

三上义夫，赫师慎和史密斯的时代已成为遥远的过去。他们曾经关注中国传统数学，肯定它在世界数学发展史的应有地位，并且向西方社会作介绍，无疑对促进国际文化交流起积极的作用。三位学者的活动年代，都在我国系统地研究中算史之前。其研究成果，或多或少地为我们提供了学术借鉴，这也是应该充分肯定的。

20 世纪很快就要过去，中国数学史研究已非辛亥革命时代那样的幼稚软弱了。李俨、钱宝琮、严敦杰和许多研究家，已经作出了丰硕的成果。现在中算史的研究中心在中国，中国数学史研究正在走向世界，数学史界的国际交流从来没有象今天这样活跃。然而本文提到的若干历史经验，也许仍是有意义的，因为文化差异和语言障碍到今天依然存在。

参考文献与注释

[1] 李俨：《中国算学史余录》，《科学》，1917 年，第 3 期，第 238 页。或《东方杂志》，1917 年，第 14 卷 11 号，第 173 页。

[2] 据《日本人名大事典·现代卷》第 736 页；《大日本百科事典》第 17 卷。

[3] D. E. Smith, Unsettled Questions Concerning the Mathematics of China, *Soienlific Monthy* 1931，p.33，p.244.

[4] 李约瑟：《中国科学技术史》，第三卷，第 4 页，科学出版社，1978 年.

[5] 同[4].

[6] L. Van Hée, The Choon Jen Chuan of Juan Yuan, *ISIS*，1926，8，p.103.

[7] L. Van Hée, Napierée Rode in China, *AMM*（American Mathematical Monthly），1926，pp.326 - 328.

[8] L. Van Hée, *The Great House of Chinese and Europeam Mathematic*，pp.502 - 506.

[9] Mikami Yoshio, The Chéou-Jen Chuan of Yüan Yüan *ISIS*，11(1928)，pp.123 - 126.

[10] 三上义夫：《畴人传论——并せてvan Hee 氏の所说を评す》《东洋学报》，1927 年 16 卷 2 期第 185 页，3 期第 287 页。

[11] S. Gande, On the Origin of the Term "Root", *AMM*，1926 pp.261 - 265.

[12] C. C. Ma, The Origin of the Term "Root" in Chinese Mathematics, *AMM*，1928，pp.29 - 30.

[13] 张奠宙：《李俨与史密斯通信始末》，《中国科技史料》，1991 年第 12 卷第 1 期，第 75—83 页。

[14] 同[1]。

[15] D. E. Smith, The Early Contributions of Carl Schoy, *AMM*，1926，p.28.

[16] 同[6]。

[17] 同[4]第 2 页。

[18] 据 Dictionary of American Biography. Suppl.3，pp.721 - 722.

[19] 同[18]，*The National Cyclopaedia of American Biography*(1937—1938)，p.218.

[20] 据 Smith 1909 年 3 月 20 日写给三上义夫的信。

[21] 同[3]。

[22] 同[13]。

[23] 同[4]。

三上义夫和史密斯通信述略(1909—1932)

张奠宙　王善平

美国哥伦比亚大学教授 D·E·史密斯是 19 世纪末、20 世纪初数学史研究的权威人物之一，他不仅研究古希腊和中世纪的欧洲数学史，而且把眼光投向东方，包括印度、中国和日本。日本数学史家三上义夫则是和算史及中算史的杰出学者，他们两人的工作都对本世纪中国的数学史研究有过相当影响，笔者曾有专文述及史密斯与李俨的通信[1]，以及史密斯、三上义夫和赫师慎对中算史研究的情况[2]，这里要介绍 1909—1932 年间，史密斯与三上义夫的 60 余封通信。原信藏哥伦比亚图书馆，笔者之一（张奠宙）访问美国时，获准购得原信的影印件，并荣幸地获得翻译使用这些信件的授权，由于原信数量很大，我们只能摘要叙述和评论，若干特别重要的则全文译出。

一、关于《日本数学史》的合作

本世纪初，西方学者对中国和日本的传统数学所知甚少，相比之下，日本学者用英文向国外介绍和算的著作比中国早些。1897 年远藤利贞（Endo Toshisada，1843—1925）出版的《大日本数学史》是历史上第一部和算史著作。1900 年在巴黎举行的第二届国际数学家联盟大会上，藤泽利喜太郎（Fujisawa Risatarau，1861—1933）首次用英语简短介绍了和算史；1905 年林鹤一（Hayashi Tsuruichi，1873—1935）以远藤利贞的著作为基础，用英文发表了题为"日本数学简史（Brief History of the Japanese Mathematics）"的论文，这些开创性的工作引起了西方学者的注意。另外，菊池大麓（Kikuchi Daroku，1855—1917）在 1895—1899 年期间用英文发表了四篇关于圆理研究的论文，也有一定影响。三上义夫则从 1905 年开始研究和算史与中算史，1906 年开始用英、日文发表研究论文，逐渐崭露头角。

史密斯是东方数学史研究的倡导者，他在 1907 年访问日本，曾打算买下所有找得到的和算书籍和手稿[3]。史密斯和三上义夫的最初交往，看来是三上义夫想在美国出版有关和算的书。他有一信给美国哲学家、Open Court 出版公司的创办人 P·卡鲁斯（Carus，1852—1919），卡鲁斯将此信转给史密斯，于是史密斯在 1909 年 1 月 11 日向三上义夫发出一封信（我们所见到的通信中最早的一封）

亲爱的先生：

你 12 月 15 日写给卡鲁斯博士的信已转交给我。写一部日本数学简史是我的心愿，我已

编者注：原文载于《数学史研究文集》1998 年第 6 辑第 130 页至 136 页。

为此花费了很多时间,并且已收藏许多最著名的旧作。其中当然包括林鹤一和远藤利贞的著作,以及藤泽利喜太郎的专论等等。我还有许多对日本有影响的中国早期数学的材料。因此我十分愿意与您合作,联名出版一部日本数学史。然而应该先说明的是,Open Court 公司出版此书可能只够保本,因此我们谁也不能期望获得任何金钱报酬。我曾经翻译并由他们出版一部德文数学史著作,我还编辑出版了 S·劳(Row)的《折纸》(paper folding),我没有从这些工作获得一分钱。因此您只能期望获得在美国出版此书的荣誉。我说这些并没有与卡鲁斯博士商量过,但是我肯定情况必定如此,如果您介意可以就此事与他联系。

如果您把手稿寄我,我将把它改写得符合美国的情况,并且加进我所能加的材料。我想可以把我的藏书中一些插图放进去。我建议您的手稿应确保包括林鹤一与远藤的所有材料,您应尽可能把这类材料加进去。等您完成手稿即可寄我。

直到六月初我一直在美国。九月中旬以前我将在欧洲。因此手稿应该或者很快寄来或者十月后再寄。

如果到十月份仍没有完成,我可能在明年夏天访问日本,在那里修改手稿并来拜访您,如此更好。

当然我接受卡鲁斯博士建议完全取决于手稿的质量。如果达到期望的学术水平我将愉快地与您合作。

史密斯

三上义夫的回信是在 1909 年的 2 月 19 日。

亲爱的先生:

收到您 1 月 11 日的来信使我高兴非凡,与您合著数学史是我极大荣耀,感谢您表示愿意接受卡鲁斯博士的建议。我将试图写出简史并把手稿寄您。

……

正如我先前写给卡鲁斯博士的信中所说,我正在写一部书,书名可能是"中国和日本数学发展的研究",将在德国出版。为写此书迄今我已花费了许多时间和精力。我已研究了大部分最重要的原始材料,并且我还希望搜集更多此类材料。因此,请相信我,我们直接依赖这些材料。我不希望参考林鹤一和其他人的著作,但是我不反对把您的藏书中您认为有价值的东西加进去。

至于我那部将在德国出版的著作,我不知道何时能完成。因此我想用通俗手法,为非专家读者写一本日本数学的简短的历史。我愿获得不久在美国出版此书的荣誉。所以我的计划是一本约 50 到 70 页的小册子,请告诉您对此的看法。

最近我获得东京帝国学士院的任命,从事日本数学史研究,因此可以接触到许多珍贵资料。如您希望搜集更多资料我可以提供帮助。

得知您打算明年夏天访问我们日本,感到高兴。在下愿与您永远保持友谊。

三上义夫

三上义夫提到的将在德国出版的书,就是 1913 年他在莱比锡出版的另一部英文著作《中日数学发展》(The Development of Mathematics in China and Japan)。他还提到获得帝国学士院的任命,就是担任负责调查和算史的嘱托,由很赏识他的当时帝国学士院院长菊池大麓任命。这份工作没有薪水,但可以接触到大量珍贵的原始资料,对三上的研究工作,特别是完成这两部英文著作有很大帮助。

史密斯不赞同三上义夫的只写一本通俗小册子的计划,他赶紧于3月22日回信,明确表示自己的态度并详细说明自己的计划。

亲爱的三上先生:

收到您2月19日的信我赶紧遵嘱说明自己的看法。同时请允许我感谢您寄来的论文,我怀着极大乐趣阅读了它,获益匪浅。

我认为准备只写一本100页的书不是一个好计划。林鹤一先生的书有133页,比您所计划的厚,而我要写的东西比他多。此书很容易写到200页,并使它永远成为全欧洲国家的标准文献。您也很容易成为一个权威的数学史家,只要花比写一本薄书更多一点的精力。

我想像远藤那样,把书分为四个历史时期,然而对有些论题我想加进比林鹤一更多的材料。

史密斯接着详细讲述四个历史时期的具体写作安排。最后他写道:

"总之,您的工作应该比林鹤一的更全面,它应该包括他、您自己以及菊池大麓男爵和藤泽利喜太郎教授的所有研究成果。除非它是一部标准著作,否则我不会参与。……这部书应达到如此水准,以致今后五十年没有人会试图写一部更好的。"

史密斯的这一雄心令人钦佩,从1909年至今,已经过去84年了,欧美各国的书架上,仍然以他们两人合著的《日本数学史》最重要,似乎还没有出现比此书更好的英文写的和算史著作。

1909年5月20日,三上义夫回信同意史密斯的创作计划,合作著书的事就这样谈妥。同年11月29日,三上义夫曾去信建议和卡鲁斯博士签订出版合同,并希望能翻译出版《九章算术》。史密斯在12月30日回信说:

"我出书从来不与卡鲁斯签合同,我始终发现他愿意出版任何东西。我认为他曾写信给您谈到有关事宜,这些信本身就是合同。

除非您完成日本数学史的工作,我不会着手翻译《九章》。一次只做一件事情更好,日本数学史完成后我有可能找到出版商出版这部中国经典名著……。"

然而当他们的书写好后,他们谁也没有再提翻译《九章算术》之事。

三上义夫写作速度很快,到1910年4月手稿已完成并寄出。史密斯收到之后,予以重写,作适当补充,再寄回三上作修改,然后又寄回史密斯由他最后定稿。在此期间他们还讨论了排选插图的问题。十月份,三上义夫在检查帝国科学院的藏书时,发现不少有价值的材料,他急忙通报史密斯,要求根据新发现的材料对手稿作相应的修改和补充。其中提到(1910年10月22日的信),《算学启蒙》1658年在日本重印;《算法统宗》出版于1593年而不是远藤所说的1592年;关孝和1661年研究过杨辉的3部著作,其中有幻方等内容[4]。

到1911年2月,史密斯已完成最后定稿,然而卡鲁斯并未立即开印,直到1914年该书才正式出版。全书有288页,比原计划200页要多些。

三上义夫与史密斯的这次合作是成功的,史密斯对三上义夫的学识和勤奋十分钦佩。在该书的序言中,史密斯说"此项工作所获得的任何赞誉大部分应归于三上义夫"。他还称赞三上"作为研究日本数学史的学者已获得令人羡慕的声誉。""他与林鹤一教授并列为东方最著名的青年数学史家。…他是一位不知疲倦的工作者,西方世界已受其许多恩惠,并且在今后几年中还要领受他的更多的恩惠。"[5]虽然史密斯把三上义夫与当时已负盛名的日本东北大学教授林鹤一相提并论在日本可能引起一些争议,然而三上义夫作为近代卓越的东方数学史家是当之无愧的。

二、关于中算史的看法

在李俨、钱宝琮系统地研究中算史之前,国际上关注中算史的代表人物当推三上义夫,史密斯与赫师慎三人。这里摘述史密斯和三上义夫通信中有关中算史的论述,可以想见当时国际上对中算史的若干看法,这也许是中算史研究史上的一个组成部分。

在1912年10月20日的信中,三上义夫提到:"听说您在北京的学生陈教授关注他的国家的数学史研究,我很感兴趣,如能结识这样的学者,将十分荣幸。因为日本人很难得到中国的古籍"。这位陈教授是谁?我们猜想是福建人陈金德(Chêng Chin-tê, David),他认识史密斯,曾在1925年的《美国数学月刊》上发表过中算史的论文[6],至于陈金德与三上义夫是否有过交往,现在无从得知。

直到本世纪初,西方学者中多半持"欧洲中心主义",主张"中国算学外来说"。史密斯与赫师慎也常弹此调,并以赫师慎为甚。三上义夫受此思潮影响,也曾怀疑过中国算学起源于巴比伦,以后又因佛教传入受印度数学影响等等。1924年,三上在致史密斯的信中写道:

"您关注方程数值解的中国方法很值得欢迎。我当然要对此进行研究。据我看,这一在十三世纪著作中解释的方法只不过是求平方根和立方根的老方法的推广,因此不必对它如此怀疑。

我怀疑《九章算术》中的一些评注是否受过希腊数学的影响,它们作为中国的产物似乎太逻辑化了。我希望有一天能解释它。"

三上义夫尽管持有这种怀疑,但对赫师慎的许多错误观点,还是据理反驳,1927年3月20日致史密斯的信中有大量的论述:

"…我正在寻找关于日本测量术的著作,据说 Kariya Yokisai 的手稿最有价值,但是我找不到。中国的度量史是一个很好的课题,而日本的就谈不上了。

我读了您翻译的赫师慎神父的一些文章,对它们很感兴趣,但是很遗憾我远远不能同意神父的许多观点。首先他对中国书籍有许多误读和误解。《隋书》中关于〔祖冲之〕求圆面积的段落不可能是在欧洲科学传入以后插进去的,因为这部书在中国和日本到处都有。包含此书的《二十一史》早已印刷出版,大量地保存在各类图书馆里。赫师慎拒绝它们的可靠性的理由对于我们来说是完全站不住脚的。中国的天元术和四元术的代数方法,完全用算筹来实施,而不是神父所认为的用笔算。中国文字仅用来表示[数学]名称,而不是用作[数学]记号。我不知为何他误解中国数学中这个最关键的一点。至于中国人的数学天赋,我想要比神父所认为的高一些……。"

为了进一步批驳赫师慎的关于《隋书》中祖冲之求圆周率的一段是17世纪的中国学者添加上去的错误论断,三上义夫到图书馆作了调查,并把结果通知史密斯(3月27日的信):

"我找到了《隋书》的几个老版本。东洋文库收藏的《二十一史》中《隋书》不早于1600年,是1635年的版本。[东京]静嘉堂图书馆收藏有1698年版本,但是该馆还收藏了另一版本,是经明朝修订的珍贵的元版书。在修订的各页上印有日期,大多是1529、1530、1531。没有日期的书页上印有意义不明的符号。

在这三种版本中,均有祖冲之求圆以及给出 π=355/133 的段落。可见对此段文字的可靠性没有什么可怀疑的。而且[书中的]那些往往是很含糊的技术术语对于17世纪的中国学者来说也是很难搞懂的。太成问题的只是,象赫师慎这样学识渊博的学者竟会持有如此奇怪的观点。"

三上义夫接着又批驳赫师慎关于应该用"筹"字表示纳皮尔算筹,用"策"字来表示传统的算筹的说法。

"他[赫师慎]显然对书面体中国语的知识极其有限,他关于'筹'与'策'之间区别的看法不完全正确。在古时候这两个字,以及另外一个字"算"几乎是同义词,中国人对同义词是随意使用的。"

1927年10月3日的信继续讨论赫师慎对《畴人传》的错误解释。

……至于您对诸可宝《畴人传三编》的怀疑,最好是看了原句的翻译,作者在书的目次最后写了一段短注,它的大致意思是:

"以上成7篇书。补充的人29位,附记22位。后继的人31位,附记25人,又加了2人。最后附有3位妇女,11位西洋人并附记4人,还有1位东洋人(即日本人)。总共128人。"[8] 这个翻译当然很粗糙、不准确,但它是够表明诸[可宝]的意图。"补充的人"指那些属于阮[元]和罗[士琳]考虑过的时代的人。我用"后继的人"指那些生活在阮和罗所考虑的时代以后的人。我在翻译时所选择的词是很糟糕和不准确的,可能导致误解,但通过这些解释其真实意义就可以理解了。

由此我想您会看出赫师慎所叙述的与我所理解的多么不同。……

三上义夫后来把他的这些观点写成英文文章(经史密斯改写)和日文文章公开发表。

本世纪早期的一些西方中算史研究学者,对中算史乃至对中国文化的无知和偏见程度,由此可见一斑,相比之下三上义夫确实比他们高明和公正得多。

三、筹办《数学文献书目》杂志

《数学文献书目》(Biliotheca Mathematica)是本世纪初在德国莱比锡出版的一家杂志,主要刊载数学史研究的文章,三上义夫、林鹤一和菊池大麓等人的文章常在那里发表。1914年该刊停刊,可能是由于第一次世界大战爆发。大战结束后不久,该刊的一个编辑建议史密斯把它迁到美国,并由史密斯领导。史密斯欣然同意,并开始着手筹备。他推荐三上义夫为该杂志的组织委员会成员,三上义夫在 1928 年 6 月 21 日复信中表示感谢:

"如能为您的重要计划略尽绵力,我感到十分荣幸,我希望在日本和中国数学方面作些贡献。仙台帝国大学的林鹤一教授当然很乐意与您合作,作出贡献。山形高校的柳原教授精通日本数学史,以前常写文章,但最近还没有东西发表。京都 S. Shinjo 教授和九州的 A. Kuroeki 分别精通中国古代天文学和日本的物理学史,他们均能熟练地用英文写作。当然其他还有几位精通日本数学史的先生,但不知道他们是否用英语写作。

近年来,在中国报刊上出现了许多关于中国数学的论文,其中一些很令人感兴趣,我认为值得把它们翻译过来。"

史密斯收到信后,立即回信正式约稿(1928 年 7 月 18 日)。信中谈到已委派阿希巴德(Archibald)教授去欧洲处理该杂志的出版事宜,如在美国国内能有足够订户,杂志将在 1929 年 1 月份出版。1928 年 8 月 1 日,三上义夫又有一信致史密斯,建议史密斯写信给仙台大学的林鹤一,争取他的支持。在该信中,三上义夫提到李俨的工作:

"中国的李先生最近来信询问您与我合作的《日本数学史》中一些人名的汉字写法,他打算把此书译成中文。他在中国报刊上发表了许多关于中国数学的研究论文,它们极有价值。在中国还有其他人,也时常发表这方面的论文。张先生的关于中国发明的珍奇机械装置的文章,读来很令人感兴趣。

最近出版了一本名叫《先秦自然科学概论》的著作,①其中也有数学的内容,不过据我看它写得不好。"

从三上义夫的这些信可以看出,当时我国的中算史乃至中国科技史的研究开展得很活跃,以李俨为首的中算史学家已取得令人瞩目的成果。

1928 年 11 月 1 日,史密斯向三上义夫约稿,请他翻译关孝和的行列式工作。信中写道:

"您是否愿意把关孝和关于行列式的论述原文翻译出来寄给我们?我们希望是准确的翻译,文章不要太长,不超过二千字。"

但是,这是一项十分困难的任务。以三上义夫的博学与才能,也很难将东方语言文化下的算学思想和论述,转译成准确的西方语言,他在 1928 年 12 月 7 日回信中写道:

"我收到了您的来信,非常感谢您建议我翻译关孝和有关行列式的论述。我尝试地做了,但是毫无结果。论述很含糊,要翻译它很不容易,这要耗费我很多时间。并且我着了凉,现在不能工作。因此我希望您把它推迟到下一期。……"

令人遗憾的是,《数学文献书目》杂志最终未能在美国复刊,史密斯与卡鲁斯夫人及其他人的研究结果是:出版期刊应该改为出版"卡鲁斯丛书。"这套丛书用以纪念在 1918 年逝世的卡鲁斯先生。我们设想,如果《数学文献书目》得以出版,东西方数学史家将会有更多的机会进行交流,中算史的研究也许会更早地走向世界。

---

① 陈文涛所著《先秦自然科学概论》,1928 年 3 月由商务印书馆出版。

四、关于史密斯访问日本

史密斯关注东方数学史,当然希望到东方游历。他曾经讲述过:"如何在科隆坡的一个寺庙里从老和尚那里获得数学手稿的传奇经历。"[10]李约瑟说他曾在中国和日本住过一段时间[11],可是我们没有找到史密斯到过中国的确凿材料。但是他确实到过日本。1930年,史密斯再次访日时,曾和三上义夫会面。当年5月23日,三上义夫曾有一信笺留给史密斯,

"今晚我前来拜访,但您还未回旅馆。明天上午我将在位于上野公园的帝国学士院。冈本先生也希望与您见面,他在那里编制数学书籍和手稿的目录。您如果明天来参观学士院,可能发现一些令您感兴趣的文献。

仙台大学的林鹤一博士写信给我,说他非常遗憾不能在您访问仙台时呆在那里,因为他不久要到神户去参加一个亲属的婚礼。

匆匆写下,希望能与您见面。"

信中的冈本先生,全名叫冈本则录,是日本数学和数学史界的元老,当时已八十三岁。他与三上义夫相交甚笃。三上刚开始从事数学史研究时,几乎没什么资料,主要靠冈本借给他。他写《中日数学发展》和与史密斯合著《日本数学史》时,冈本也提供了宝贵的帮助。在前本书的扉页上写有:"作者把此书献给他的恩助者菊池大麓男爵、冈本则录先生和远藤利贞先生"。

次年冈本辞世,悲痛的三上义夫写信通知史密斯,他在信中详细介绍了冈本的生平(1931年3月4日致史密斯的信):

"我怀着悲痛心情通知您,您去年在帝国学士院见到的冈本则录先生已逝世。他以84岁的高寿死于1931年2月17日。他年青时学的是日本传统数学,是长谷川弘的学生。1868年[明治]维新以后,冈本先生开始学习西方现代数学,并撰写和翻译了一些数学著作。早年曾在一两所官办师范学校中担任校长。贵族学校建立后,他即担任该校主事。后又去东京军官学校执教。以后又担任一所名叫成城学校的大型私人中学的校长。在担任以上这些职务期间,他始终在从事日本传统数学的研究,对此他极其精通。但他太谨慎,不敢把他的研究成果公开发表。晚年他在钻研牛岛盛庸和法道寺善创立的几何变换,这种变换与反演变换类似。我最后一次见到他时,他告诉我说要把他的研究成果写下来,并且希望在出版前听听我的意见。然而很遗憾他不能活着实践许诺了。在帝国学士院他负责编制一大批日本传统数学书籍和手稿。"

三上义夫和史密斯的这些通信,距我们已有60多年,这60多年来,中国本土上的中算史研究已有了巨大的跃进。现今,中算史的研究中心是在中国,当然我们也重视与国际同行的交流,包括向学术权威人士请教。这束通信,标志着一个过去了的时代,留给我们的是一种苦涩的回味。展望未来,我们或许还应该有更大的目标:让中算史研究大步走向世界,用各种语言向世界传播中国古代的数学文明,展现中国古代算学的风采。

文献和注释

[1] 张奠宙,李俨与史密斯通信始末,中国科技史料,12卷(1991)第一期,第75—83页。

[2] 张奠宙,王善平:三上义夫、史密斯和赫师慎——兼及本世纪初国外中算史研究.中国科技史料,1993(4):62-67.

[3] 见 Lao Genevra Simons:"David Eugene Smith" Bulletin of the Amer. Math. Soc. 1945(51),40—50

[4] 即杨辉的《乘除通变本末》、《田亩比类乘除捷法》和《续古摘奇算法》三部著作,通称《杨辉算法》,三上义夫曾将它们的抄本寄给李俨,参见文献[1]

[5] 此处引文均见 Smith, D. E 刊于 The Amer. Math. Monthly, 18卷(1911)第123页的论述。

[6] Chêng Chin-Tê(David):(1) On the Mathematical Significance of "Ho Thu" and "Lo Shu", Amer. Math. Monthly, 1925(32), p.499.(2) The Use of Computing Rods in China,同上,492页。

[7] 指赫师慎如下的三篇文章:(1) The Great Treasure House of Chinese and European Mathematics, Amer. Math. Monthly, 1926(33), pp.502—506.(2) Napiers Rods in China,同上, pp.326—328,(3) The Cheon Jen Chuan of Yuan Yuan, ISIS, 1926(8)P.103。

[8] 原文为:"以上为书7篇,凡得续补遗二十九人,附见二十二人,后续补三十一人,附见二十五人,附记又二人后附录名媛三人,西洋十一人,附见四人,附记东洋又一人总百二十八人云"。(《畴人传》五册,商务印书馆1955年,19页)。赫师慎在他的文章中,把原文中的"二十五人"错读为"二人五人",结果得到《三编》7卷共收录110人的错误结论,而不是原文的128人。

[9] 三上义夫的两篇文章是:(1) The Chou—Jen Chaun of Yuan Vuan, ISIS, 1928(11).(2) 畴人传论——评 Van Heé 氏所说,东洋学报,1927年16卷第2期,185—222页,第3期287—333页。

[10] 同[3]。

[11] 李约瑟:《中国科学技术史》第3卷3页,科学出版社,1978年。

庚子赔款和中国现代数学的发展

张奠宙

1900 年,义和团起义失败,八国联军入侵北京。清政府签署屈辱的辛丑条约,向列强赔款。赔款总数为四亿五千万两银子,折合三亿三千万美元,分三十九年偿还。沙皇俄国得款最多,以下依次为德、法、英、日、美、意、比诸国。这一极端高的赔款,无论从哪一方面看,都是使中国政府蒙受屈辱的帝国主义剥削。[1]

1924 年,苏联废除沙俄迫使中国签订的一切不平等条约,随即放弃此后的庚子赔款。

美国所得的庚子赔款数为两千五百余万美元,约为总数的百分之七。1908 年,美国国会将"实际赔偿以后"的部分余款退回中国,计一千二百万美元,作为发展中国"教育和文化事业"之用。1924 年,美国再退回全部美国的庚款余额,成立中华文化教育基金会,资助中国的各项文化教育事业。英国在 1930 年 4 月也和中国政府达成协议,用英庚款投资中国铁路等事业的收益资助中国学生赴英留学。以后法国,比利时,荷兰也有退回庚款之举,但以美,英两国的影响居大。[2]

关于美、英用退回庚款资助中国学生出国留学一事,建国后的教育史著作多半定性为"帝国主义的文化侵略"[3][4]。这当然是有理由的。1924 年美国国会在众院外交委员会审议退回全部庚款时,会议主席曾问:"这件事对中国政局会有什么重大影响?"纽约哥伦比亚大学的博晨光(Luciu C. Porter)教授作证说:"此刻说有多大影响还为时过早,……这是我们希望他们在以后做到的"[5]。美国国会当然是为美国的利益着想。可是,任何一种历史行为,往往有主观动机和客观效果相背离的情形。用美英庚款留学国外的中国学生,固然有一些人日后成为中国政坛上的亲美派、亲英派,但多数学者回国效力于科学教育事业,乃至成为坚定的爱国者。另一方面,"羊毛出在羊身上",庚子赔款本是中国人自己的钱,同样是中国劳动人民的血汗,用于发展中国的科学事业,理所当然。同样是掠夺去的钱,退与不退,总是以退为好。退回后能合理使用,更是中国教育界经奋斗而得来。历史地看,庚款留学造就的大批中国学者,确实对中国的科学发展起了积极作用。

本文试图以中国现代数学发展的史实,谈谈庚款留学所起的作用。

一、最初三批留美学生中的数学家

美国退回的庚子赔款,清政府首先用于向美国派遣留学生,最初的三批是从全国各地单

编者注:原文载于《科史薪传——庆祝杜石然先生从事科学史研究 40 周年学术论文集》(刘钝,韩琦编,辽宁教育出版社,1997 年出版)。

独招考的。第一批(1909)四十七人;第二批(1910)七十人;第三批(1911)有六十三人,每一批中都有人研习数学,回国后对中国现代数学的发展曾产生重大影响。[6][7]

第一批中有王仁辅(1885—1959),江苏昆山人。毕业于复旦公学。1909年入哈佛大学研习数学和政治学。1912年得学士学位后回国,次年任北京大学数学教员,讲授近世几何与微分几何。为中国早期数学教育的开拓者之一。1935年中国数学会成立,被选为理事。1946年转至北京师范大学任教,1959年去世。

第二批中有胡明复(1891—1927),江苏无锡人。1910年从南京高等商业学堂毕业,通过庚款留美考试。先入康奈尔大学,1914年参与中国科学社的创建,长期任会计,为《科学》杂志写稿,贡献良多。更重要的是他于1914年秋入哈佛大学攻读数学,并于1917年以"具有边界条件的线性微积分方程"(Linear Integro-Differential Equations with a Boundary Condition)一文获博士学位。这是中国的第一个获博士学位的数学家。这篇博士论文发表在1919年的《美国数学会汇刊》(Transactions of the American Mathematical Society)上。这也是中国最早的创造性的现代数学论文。

这一批中的赵元任(1892—1982)也是学数理的。1919年英国哲学家,数学家罗素访华,即由赵元任担任翻译。不过后来他成为著名的作曲家和语言学家。另一位是朱箓(1887—?),先在威斯康星大学获学士学位,后入哥伦比亚大学读数学,1915年获硕士学位后返国,在南京第一农业学校任教。

第三批中有姜蒋佐,即姜立夫(1890—1978)。浙江平阳人。1911年去美国,在加州大学(伯克利)学习一年之后,便转至哈佛大学就读。1918年,在 D.L.库利奇(Coolidge)指导下获该校博士学位,论文题目是"非欧的线球几何学"。这是继胡明复之后的中国第二个数学博士。姜立夫对中国数学的重大贡献在于数学教育和数学界的组织工作。他回国后在南开大学创办数学系,培养了江泽涵、陈省身、吴大任、刘晋年等一批中国现代数学的栋梁之材。另外,他也是中国当代数学界领袖人物,以其高尚的学识和情操,在数学界深孚众望。1940年年底,中央研究院拟增设数学研究所,遂聘姜立夫为筹备处主任。抗战胜利后,数学研究所正式成立,担任所长。出国访问期间,委托陈省身为代理所长。这是中国数学史上重要一页。

王仁辅、胡明复和姜立夫,是本世纪初中国数学的代表人物,中国现代数学的先驱。

二、庚子赔款与清华大学,北京大学的数学系

选送三批留美学生之后,发生了辛亥革命。为了避免每年考选的麻烦,便用美国退回的庚子赔款(以下简称美庚款)举办留美预备学校,即清华学校。此后经清华途径留学美国的计有1 268人[8]。1924年,美国退回全部庚款,成立中华教育文化基金会董事会,用于资助中国文化教育事业,其用途不限于选派学生留学美国。[9]

1926年,清华学校改制为清华大学,毕业生可直接进入美国大学的研究生院,或去其他国家访问进修。经清华途径,许多留学生日后成为我国的优秀科学家。据统计,收入中国大百科全书的物理学家共47人,除四人在美国退回庚款之前出国留学,两人在国外出生成长之

外,其余 41 人中有 23 人毕业于清华,或在清华任教。

至于数学,当今成名的数学家中,多半和美庚款(清华,中华教育文化基金会)有关。特别是 30 年代的清华大学数学系,可称:数学群星灿烂,主要代表人物有:

江泽涵(1902—1994),安徽旌德人。在南开大学受业于姜立夫。1927 年夏,考取清华大学的留美公费,入美国哈佛大学数学系,在著名数学家 M.莫尔斯(Morse)的指导下研究拓扑学。1930 年,他以"三维区域上格林函数的临界点的存在性"的论文,获哈佛大学的博士学位。江泽涵是中国拓扑学研究的开创者。回国后长期在北京大学担任教授和系主任。

陈省身,浙江嘉兴人。1930 年在南开大学数学系毕业后,考入清华大学,成为中国第一个数学方面的研究生,导师是几何学家孙光远。1934 年获硕士学位,随即得到由美庚款支持的中华教育文化基金会的资助,去国外留学。陈省身不想去美国,希望到汉堡大学,基金会也同意。1934—1936 在汉堡大学获博士学位后,经费尚有结余,遂转去巴黎,向当代大几何学家 E.嘉当求学。这是陈省身日后获得巨大成功的关键一步。

华罗庚,江苏金坛人。这位中国传奇数学家于 1931 年,经唐培经、杨武之、郑桐荪等清华教授们的推荐,尤其是系主任熊庆来的邀请,得以进入当时具有最高数学学术水平的清华数学系,杨武之引导他走上数论的研究道路。1936 年,华罗庚接受中华教育文化基金会的资助,去英国剑桥大学访问两年。年轻的华罗庚从这次访问中得益匪浅,进一步奠定了作为世界著名数学家的地位。

以上三位现代中国数学的主要代表人物,都和美庚款有联系,可见当时的中华教育文化基金会的工作很有成效。

至于 30 年代的清华数学系,以及后来的西南联大数学系,都培养了许多优秀数学人才。例如,柯召、林家翘、许宝騄、段学复、吴新谋、庄圻泰、徐贤修、王浩、钟开莱等,日后均成为享誉国内外的数学家。

由于清华大学有美庚款的资助,经费充裕,吸引了众多优秀的数学师资和青年学生。相形之下,北京大学的教育经费连年积欠,20 年代的军阀混战,使得北大教授的工资无法维持一家人的生活。因而兼职兼课盛行,教学纪律松懈。为此,胡适促使中华文化教育基金会董事会作出决定,从 1931 年到 1935 年,每年由基金会出资十万银元,帮助购置图书仪器,建立研究讲座。研究教授可得优厚薪金,但不得到校外兼课。因此,从 1931 年到 1937 年抗战爆发,北京大学理学院得到整顿,教学质量明显提高[10]。数学系则聘请留美回来的江泽涵来校任教,后来又陆续有程毓淮、申又枨等名教授到北大。学生中则有樊畿,日后成为数学名家。

三、英法庚款对中国数学的促进

由于美庚款的退回,其他获赔款的国家也进行仿效。按宣告退回的年份,依次为:英国,1922;法国,1925;意大利,1925,1933;比利时,1928;荷兰,1933。(苏联于 1924 年宣布废除对华的不平等条约,放弃赔款,不在此例)。不过,因退回款的使用有诸多限制,国人据理力争,交涉多年未果。所以英,法庚款的实际使用要迟至 30 年代。[11]

中英政府于 1930 年 4 月正式换文,成立"管理中英庚款董事会",将英庚款余额"借充整理及建筑中国铁路,及其他生产事业之用,而以其息金用于教育文化事业"。这样,1933 年起,遂有用英庚款去英留学之举[11]。其中研攻数学的有:

第一批(1933)
  吴大任(1908—),伦敦大学硕士,微分几何学家,南开大学教授。

第二批(1934)
  周鸿经(1900—1957)。伦敦大学硕士。曾任中央研究院总干事,位于台北的数学研究所代所长。
  唐培经(1903—1990)。伦敦大学博士。1930 年任清华大学教员时曾发现华罗庚的才能,并极力推荐。后在美国定居。
  林致平(1909—)伦敦大学航空学博士。1958—1962 年曾任位于台北的数学研究所所长

第三批(1935)
  柯　召(1910—)。曼彻斯特大学博士。代数数论。中国科学院院士。
  李华宗(1910—1949)爱丁堡大学博士。代数学。1948 年为南京中央研究院数学研究所专任研究员。

第四批(1936)
  许宝騄(1910—1970)。伦敦大学哲学博士,剑桥大学科学博士。本世纪最重要的数理统计学家之一。中国科学院院士。

第五批(1937)
  徐钟济。后来在美国哥伦比亚大学获博士。数理统计学。中科院研究员。

第六批(1938)
  黄用诹(1913—)。伦敦大学博士。微分几何。香港大学教授。长时期内的香港数学界领导人物。

第七批(1939)(因第二次世界大战影响,改赴加拿大)
  林家翘(1916—)。多伦多大学硕士。美国加州理工学院航空学博士。国际著名应用数学家,力学家,天文物理学家。美国科学院院士。
  段学复(1914—)多伦多大学硕士,美国普林斯顿大学博士。代数学。中国科学院院士。

第八批(1945)
  闵嗣鹤(1913—1973)牛津大学博士。数论。北京大学教授。

第九批(1946)
  周则巽。1953 年在美国约翰·霍普金斯大学获博士学位。力学家。

法庚款对中国现代数学的影响较小。1939 年,樊㵮和钱三强分别考取该年的赴法庚款

留学的数学和物理学的仅有的两个名额。

樊畿。1941年获巴黎大学博士学位。战后去美国发展。在非线性分析,数理经济学,最优化方法等方面享有国际声誉。1978—1984年间,任位于台北的中研院数学研究所所长。

综上所述,本世纪上半叶中国现代数学的发展,除了一部分留日和留欧的名数学家之外,大多和美、英庚款的留学资助有关。国际著名的Springer-Verlag出版社为数学家出论文专集,中国(华裔)有三人入选:华罗庚,陈省身,许宝騄。他们都接受美、英庚款的资助出国留学和访问。庚款,是中国人自己的钱,而教育界经力争才获得对庚款使用的控制权,它对中国科学事业的作用,是有目共睹的。日本拿的庚款份额比美国多,却没有退回。日本国会宣称的以侵害中国主权为条件的所谓退回庚款,就被我国教育界严词拒绝[12]。因此,庚款留学一事,恐不能简单地以"文化侵略"一言以蔽之。还宜从使用范围,管理机构,是否附加条件,客观效果,实际影响等,多方位多角度地讨论才好。

参考文献

[1] The Cambridge History of China, Vol, 12(1898—1911), p.350; Vol.13(1912—1949), p.351; p.383.

[2]、[4] 李桂林:《中国现代教育史教学参考资料》。人民教育出版社。1987年,第412页。

[3] 陈景磐:《中国近代教育史》。人民教育出版社。1979,1981年,第265页。

[5] 李桂林:《中国现代教育史教学参考资料》。人民教育出版社。1987年,第413页。

[6] 朱有瓛:《中国近代学制史料》,第三辑(上),第518—565页。

[7] 清华校友通讯,新36期。见陈学恂:《中国近代教育史参考资料》(上册),人民教育出版社。1987年,第723—733页。

[8]、[12] 袁希涛:《庚子赔款退还之实际与希望》。《教育与人生》月刊。1924年第十二期。见陈学恂:《中国近代教育史参考资料》(下册),人民教育出版社。1987年,第238—282页。

[9] 赵慧芝:中华教育文化基金会。《中国科技史料》,14卷(1993年),第四期。

[10] 江泽涵:《回忆胡适的几件事》。世界日报。纽约。1990年12月19日。

[11] 李桂林:《中国现代教育史教学参考资料》。人民教育出版社,1987年,第429—434页。

[13]《中国现代科学家传记》(1),(2),(3),(4),(5),(6)。科学出版社。1991—1994年。

清末考据学派与中国数学

张奠宙

看到最近几期《科学》上关于"自然国学"的讨论,觉得其中有不少问题有深入讨论的必要。一般来说,一个学科的建立,总要有一些研究加以支撑。因而不揣冒昧,想在这里谈谈清末考据学派对近代中国科学的影响,特别是对数学和数学教育的影响。事实上,"人文国学"和"自然国学"是密切相关的。

华人地区的数学教育具有鲜明的特点,特别是华人地区的学生在国际数学竞赛和测试中的成绩屡屡领先,更引起国际数学界的广泛关注。究其原因,多从中国传统文化的层面上进行分析,诸如儒家注重现世功业、家庭严格管束、苦读加考试的社会环境、熟能生巧的教育古训、长于计算的传统习惯等等。其中更以"考试文化"的影响力最大。本文拟从另一个角度,即"考据文化"的角度进行探索。

清代中期以来,以戴震(戴东原,1724—1777)为首的考据学派在学术界占统治地位,其治学方法重实证,讲究逻辑推理,因而贴近数学。清末以来的学术界崇尚"严谨治学"的文化氛围,恰与西方数学要求严密逻辑推理的层面相吻合。此外,考据学派对中国传统算学有重要贡献,其中许多人(如戴震、阮元)本就是算学家。考据和数学联姻,并非偶然。然而,考据文化是一柄双刃剑。乾嘉考据学派重考证,复周秦之古,并没有走出西方的"文艺复兴之路",却按照"西学中源"的错误判断,拒绝学习西方数学中的"奉法自然"、"刻意创造"、"经世致用"的层面,在数学发现、探索、创造等方面又给中国数学教育带来负面的影响。

一、儒家文化没有数学的地位,但却是一个演绎系统

中国文化是多元的,但处于正统地位的一直是儒家文化。儒学大家主要从事君臣、父子、夫妇宗法关系的维护,鄙薄科学技术,当然也没有给数学应有的地位。即使像刘徽这样有贡献的数学大家也没有像柏拉图、亚里士多德、阿基米德、牛顿、欧拉那样受到社会的广泛重视和赞赏。数学往往只能作为民俗而存在,无法进入儒家文化的主流。但是,儒家文化本身却是一个演绎体系,在演绎这一点上,与西方数学要求并不抵牾。

不少学者认为中国传统文化"缺乏形式逻辑,却一直倾向于发展辩证逻辑",日本的三上义夫认为,在古代中国数学思想中,最大的缺点是缺少严格求证的思想,他把这一点同形式逻辑不能在中国发展联系起来。[1] 这一判断有一定道理。但是也应注意到:从徐光启接触欧氏

编者注:原文载于《科学》(2002 年 2 期第 43 页至 46 页)。

《几何原本》之时起,中国数学家对西方的逻辑推理从未提出过反对意见,而且能够很顺利地接受,并不违背;徐光启、李善兰等都能够欣赏西方数学中精细的逻辑演绎推理,给以高度赞赏;戴震等考据学者认为西方的数学中国早已有之,不称赞西方数学,却并不拒绝,也未指摘西方数学中的逻辑推理不符合中国国情;时至今日,华人地区数学课程中,逻辑演绎的要求远高于世界上其他地区,而且接受起来并不困难(相对而言)。

这些都不能不从传统文化的演绎背景中找原因。为了说明儒家文化是一个演绎系统,不妨作一类比:

儒家经典相当于数学的公理;

朱熹等为经典作注是权威的论证;

读书人"代圣贤立言"相当于作推论。

儒家文化的思想体系,表面上似乎不讲逻辑推理或演绎论证。但就整体看,其思维方式是收敛、封闭、演绎的,绝对不能允许同经典论述有抵触的,涉及创造、探索和发现的发散思维。因此,儒家学说虽不重视数学,但对数学的逻辑演绎方法并不拒绝或反对。中国文人常被认为如陶渊明那样"好读书不求甚解",其实并非如此,至少中国考据学派是"好读书,也求甚解的"。

二、乾嘉考据学派的科学意义

考据学是中国一门土生土长的学问[2]。自雍正一朝大兴文字狱之后,清朝的知识分子不得不钻进故纸堆,大兴考据之学。清政府用编修《四库全书》的方式,笼络天下知识分子。考版本、纠错谬、辩音义,终使考据之学大盛。

这一学派主要代表人物戴震主张用考据的方法,恢复四书五经的原始含义,进而阐明儒家文化。在他看来,连起码的识字都要反复考证才行:"每识一字,当贯群经,本六书,然后为定"[3]。我国的校勘学有几千年历史,只是在戴震和乾嘉考据学派手里,才在"识文字,通训诂,明声假"等文字学基础上,使用科学方法精核考证,成为科学的理论。

考据学派持慎重求证的治学态度,反对空泛而粗放的论证方法。戴震曾在《与姚孝廉姬传书》中批评以前的治学方法是"依于传闻,以拟其是;择于众说,以裁其优;出于空言,以定其论;据于孤证,以信其通"。如果说,儒家学说从宏观上看是一个演绎系统,考据学派则把儒家文化体系在微观上进一步演绎化、逻辑化。显然,这种重证据、实事求是的学术精神和方法,是考据学派能够通向现代科学,特别是数学的桥梁。美国学者艾尔曼著《从理学到朴学》一书对此已论及,但较少研究考据学对科学的帮助。

一般认为,清代学术之特色为考据学,明清一代学术走的是一条从反义理、重训诂,到独尊考据,再到兼重义理的学术道路。考据到了独尊的程度,也就形成了一种文化,在此不妨称为"考据文化"。

1840年鸦片战争之后,西学大举进入中国。19世纪下半叶,乾嘉学派虽已解体,但是考据文化一经形成,便会发生重要的潜在作用。"中国旧学,考据、掌故、词章为三大宗"[4],考据列在第一位。"严谨治学"成为研究一切学问的起码标准,也是对学者最高赞赏,其核心当然是指考据和训诂。辛亥革命以来,特别是五四运动以来,尽管西方科学与中国传统文化屡有冲突,却一直和考据学派的思想相安无事。康有为、梁启超、王国维、章太炎、陈寅恪、钱穆等国学大师都是一时的学界泰斗,他们的治学态度绝对是一个时期的榜样。他们的学识渊博自不待言,而更令人折服的正是他们"精于考据,长于训诂"的治学态度。考据学派对中国科学发展的作用可以概括为梁启超在《清代学术概论》中的论断:

"自清代考据学派 200 年之训练,成为一种遗传。我国学子之头脑渐趋于冷静缜密。此种性质实为科学成立之基本要素。我国对于形的科学(数理),渊源本远。用其遗传上极优粹之科学头脑,将来必可成为全世界第一等之科学国民。"

这种"遗传"基因,直到今天依然存在。

三、辛亥以后的考据学和科学:胡适和戴震

辛亥革命之后,考据学派作为一种哲学和治学方法,并未消失。五四运动提倡科学和民主,考据学还是可以依靠的盟友。这一点,可从新文化运动的代表人物胡适和考据的关系来考察。周昌龙在《戴东原哲学与胡适的知识主义》(《汉学研究》12 卷 1 期)一文中已有许多论述,笔者只做一些补充。

胡适出身儒学世家,自幼熟读经书。1910 年,他到北京参加第二批庚款留美考试,经他二哥好友杨志洵的指点,才发觉做学问要从《十三经注疏》开始,即从考据入手。留美期间,他在熟悉西方科学与哲学的同时,完成《诗三百篇言字解》、《尔汝篇》、《吾我篇》、《诸子不出于王官论》等典型考据学作品。学习西方科学与传统考据学研究能并行不悖,令人惊奇。

20 世纪初年,考据学仍是一种学术时尚。1918 年 2 月 19 日前后,《北京大学日刊》发表讲师刘鼎和《书尔汝篇后》的文章,接着又刊出署名为理科数学门毛准的文章《书〈书尔汝篇后〉后》,先后和胡适的考据学论文《尔汝篇》讨论,后来胡适也有回应。《北京大学日刊》是一份公告式的新闻类日报,尚刊登此类文章,可见当时考据学是何等普及。数学门的学生写考据学文章,那时大概也不鲜见。

胡适回国之后,继续"整理国故",从事《红楼梦考证》等考据学工作。他的哲学思想当然是秉承杜威的实用主义,但是他的名言"大胆地假设,小心地求证",却明显地有考据学派的影子。

1922 年,胡适正式接触戴震的哲学,内心深受震动,并立即投入研究。1923 年底,开始撰述《戴东原的哲学》,至 1925 年 8 月,"改削无数次,凡历二十个月方才脱稿"。胡适这时认识到:"中国旧有的学术,只有清代的'朴学'确有科学精神"。对此,他在《几个反理学的思想家》中作了进一步阐述:

"这个时代是一个考证学昌明的时代,是一个科学的时代。戴氏是一个科学家,他长于算学,精于考据,他的治学方法最精密,故能用这个时代的科学精神到哲学上去,教人处处用心知之明去剖析事物,寻求事物的条则。他的哲学是科学精神的哲学。"

这段话，清楚地指明考据学派和西方科学之间的联系。直至今日，仍然有人将戴震和笛卡儿相提并论，认为"笛卡儿清算了中世纪神学，戴震清算了宋明理学"[5]。这当然是一个非常高的评价。

四、考据学派推动中国传统数学的研究

西方数学的引进，推动了考据学派的形成，而考据学派的治学方法，也必然反作用于数学，促进中国传统数学的发展。考据学派中的相当一部分人都是数学家，这绝非偶然。

戴震在编修《四库全书》时，整理从《永乐大典》中辑出的《九章算术》，以及其他天算学名著。《算经十书》多经他整理校勘后写成《提要》，然后列入《四库全书》中，他还将大典本诸算学书和宋本相校，著成《九章算术订讹图补》、《海岛算经正讹》、《五经算术考证》等，后流布全国。经过戴震等的努力，中国传统数学的研究实现了由康熙时的中西兼采，到独明传统天算之学的转变。

乾嘉学派的另一位代表人物钱大昕(1728—1804)，以及他的弟子李锐(1769—1817)、汪莱(1768—1813)、焦循(1764—1849)、罗士琳(1789—1817)等，都是有清一代最著名的数学家。他们的努力，使算学逐渐摆脱经学的附庸地位而独立出来。所得的成就虽比西方晚些，但却是独立研究出来的，方法上有殊途同归之妙，如汪莱对 $x^n - px^m + q = 0$ 有无正根的讨论，所得结果与当代方程论相合，颇为不易。

乾嘉学派的最后一员大将阮元(1764—1848)是经学大师，也是数学家。他倡导考据训诂，认为"舍诂求经，其经不实"(《西湖诂经精舍记》)，"为浩博之考据易，为精核之考据难"(《桂未谷晚学集序》)。这里的精核，正是指逻辑上的严谨。在浙江建"诂经精舍"时，阮元既讲经史、文字、训诂、音韵，也讲天文、地理和算学。他还主编中国天算学家传记《畴人传》，这也是中国第一部科学史著作。李善兰(1811—1882)是清末最著名的数学家，他同样熟悉考据学，自称"辞章、训诂之学虽皆涉猎，然好之终不及算学"(《〈则古昔斋算学〉序》)。

对于考据学和数学的关系，数学史家钱宝琮评论说："到乾隆中叶，经学家提出了汉学这个名目和宋学对抗，他们用分析、归纳的逻辑方法研究十三经中不容易解释的问题。后来又将他们的考证方法用到史部和子部书籍研究中去。研究经书和史书都要掌握些数学知识，所以古典数学为乾嘉学派所重视。"[6]

钱宝琮在这里指出研究经史需要数学知识，因而考据学家大多要研究数学。这只是问题的一个方面。研究经史的学问家很多，应当都来研究数学才是，为何唯独考据学家都成了数学家？这乃是因为考据学家使用的是"分析、归纳的逻辑方法"，而逻辑方法正是数学研究所特别强调的。可见，考据学和算学相关联的内在原因是研究方法的相同：都依靠逻辑推理。

国学大师章太炎曾评论训诂(小学)和算学的关系："书就一向唤作小学，数就一向唤作算学。(本来汉朝也唤小学)。'小学'从汉朝以后，渐渐地衰落，到明朝就全没有，'算学'到宋末反好起来。近来200年间，'小学'、'算学'是同时长进的。却是近二十年来有算学知识的，反比有'小学'知识反多。要两项双提起来，也不大难。"[7]

第一部分　现代数学史　145

这 200 年的"小学"和"算学"同时长进，表明了考据学派和中国传统数学在清代的发展是互相促进，彼此紧密联系的，而说"两项双提起来，也不大难"，则可以理解为二者并非相互矛盾。

可惜的是，戴震、阮元等为代表的乾嘉考据学派，奉行的是复古主义，主张"西学中源"，以为"西方数学都可以在中国古代算学中找到根源"。把向西方学习数学的大门关死了。对中国传统数学而言，可谓"成也乾嘉学派，败也乾嘉学派"。当然，复古主义是清代学术的通病，非考据学派所独有。早在清初，康熙帝谈到西方数学时就说过：

"算法之理，皆出于《易经》，即西洋算法亦善，原系中国算法，彼称为'阿尔朱巴尔'，'阿尔朱巴尔'者，传自东方之谓也。"[8]

到乾嘉时期，这种西学源于中土，中算优于西学的论调更成为牢不可破的定论，当时精天算学者如戴震、钱大昕、凌廷堪、焦循、汪莱、李锐、阮元、江藩、李潢、沈钦韩、罗士琳诸人莫不如此。

中国传统数学到李善兰时已经画上句号，后来的中国现代数学，则是到国外留学的博士重起炉灶，于五四运动前后发展起来的。它和考据学派没有学术血缘关系。但如前所述，二者在研究方法上，文化层面上依然有着深刻的联系。

五、适度强化逻辑，提倡数学创造

清代以来，考据学派的活动已形成一种文化现象。其精神业已渗入治学者的血液之中，成为文化"遗传"的一个基因。在此文化背景下，重考据、讲推理已不只是个人行为，而是中国学者做学问的一种基本态度，这当然也包括对数学的态度。特别是，考据学派的实证推演论证方法和数学的逻辑思维特征很自然地相合，给中国的数学发展打下了深刻的烙印。

考据学和逻辑学的关系，实际上是很密切的。"有一分证据说一分话，有九分证据不说十分话"，这是逻辑学的基本原则。若要考证"传綮就是八大山人"，先证明"八大山人"就是"个山"，而"个山"即"传綮"，这里就用了"甲是乙，乙是丙，则甲必是丙"的逻辑上的"传递性"原理[9]。

与胡适作考据学论战的刘鼎和，1918 年 4 月 19 日在《北京大学日刊》上撰文《答陈君老庄哲学商》称："小生近来甚有慨于中国名学自周秦后失其传，历代学者仅以训诂当名学。殊不知名学义大而精，训诂义小而粗。训诂仅名学之支余，且向来汉学师承传统，尤有训诂学大悖名学之处。小生向拟著《训诂与名学》一论。"这段话明确提到训诂考据和名学（逻辑）之间的关系，可看做当时有代表性的观点。

提倡考据学很自然地会通向逻辑学的教育。中国历来把逻辑学称为"名学"，或"辩学"，或"论理学"，其在儒学教育中的地位并不重要。不过，晚清以来的教育方案中，名学的地位日渐提高。1906 年的北洋师范学堂，"辩学"是必修课，第二年 3 学时，第三年 2 学时。1919 年的北京女子高等师范学校，"论理学"是各科的预科必修的课目。[10] 1906 年，王国维在设计"经学科"和"文学科"的课程时，也都把"名学"放在重要位置。倒是五四运动之后，"名学"或"逻辑学"在课程中渐渐少见。1949年之后,"逻辑学"除哲学系自然要讲授,在中文系的课程中偶尔还可见到外,在别的系科中已无位置。原因何在?恐怕是因数学和逻辑有特殊密切关系,培养逻辑思维能力的任务,就统统交给数学去完成了。

数学和逻辑的关系本来是很清楚的。数学比逻辑要多得多。大数学家希尔伯特说:"数学具有独立于任何逻辑的可靠内容,因而它不可能建立在唯一的逻辑基础之上";另一位大数学家外尔(H. Weyl)说得更明白:逻辑不过是数学家用以保持健康的卫生规则[11]。确实,逻辑是贫乏的,而数学是多产的母亲。但是,在当前中国数学教育界的一些认识中,逻辑的地位却出奇地高。1988年11月颁布的《9年制义务教育全日制初级中学数学教学大纲》所作的论断是典型的:"数学教学中,发展逻辑思维能力是培养能力的核心"。

由于单纯强调逻辑思维的重要性,必然要片面追求数学推理的"严谨性",一味崇尚数学内容的"形式化"。"应试数学"的兴起,把数学能力简化成"由已知条件达到所求结论的逻辑链条的构筑"。数学理解、数学应用、数学思想被全盘弱化了。在过分"形式化"思潮影响下,严谨性被强调到不适当的程度。活泼的、创造性的数学思维往往因为"不严谨"而被扼杀。

中国学生学习以逻辑见长的西方数学,似应对逻辑思维感到困难,但现在却以逻辑思维能力强著称;西方国家的学生本应继承古希腊数学的严密逻辑思维传统,在逻辑严谨性的学习上超过东方国家的学生,现在却相反。西方各国在正确强调培养创造性数学思维的时候,却忽视了必要的逻辑思维训练。这种传统与现况颠倒的原因有很多。笔者认为,清代"汉学"的兴起,考据学派的形成并最终成为民族文化的一部分,是导致这样结局的重要原因。

南京大学郑毓信教授曾与笔者谈起:"中国传统文化向来能同化一切外来文化,那末对西方数学是同化呢,还是顺应呢?"这是很难回答的问题。如果限于考据文化的层面,也许可以试答如下:

清代的学术主流是复古主义,乾嘉考据学派对西方数学是排斥的。但是他们提倡的考据文化却为西方数学的进入准备了条件。中国传统文化中存在着有利于知识界接受西方数学的演绎成分:考据文化。它对数学教育有积极的一面:重视逻辑训练;也有消极的一面:忽视数学思维的创造性。数学思维本来有两面:活泼的创造性思维和形式化的逻辑思维。考据文化容纳了逻辑思维,却把创造性思维层面加以过滤"筛"去了。这可以看成是中国传统文化对西方数学的一种同化。

日本的著名数学家小平邦彦曾说,极而言之,我觉得数学和逻辑没有什么关系[12]。东方人学习西方数学,往往从感受数学的逻辑性开始,对数学的价值缺乏全面的了解。日本和中国文化相近,他们也曾经研究过"汉学",如果在对待数学和逻辑的看法上有共同点,似乎也是可以理解的。数学和逻辑的关系自然是十分密切的,但是强调必须适度。适当强化逻辑,提倡数学创造,也许比较合理。

参考文献

[1] 李约瑟.中国科学技术史,数学卷.北京:科学出版社,1980.337
[2] 顾颉刚语.见:中国哲学史史料概要,上册.长春:吉林人民出版社,1983.80

[3] 见：孙培清.中国教育思想史,第2卷.上海：华东师范大学出版社,1995.434
[4] 梁启超.清代学术概论.见：王逸祥.《清代学术概论》读感.东方杂志,1991,复刊8(1)：27
[5] 陈乐民.杂说戴震与笛卡儿.东方,1994,1(总3)：57
[6] 钱宝琮.中国数学史.北京：科学出版社,1992.283
[7] 章炳麟.常识与教育.见：孙培清.中国教育思想史,第2卷.上海：华东师范大学出版社,1995.426
[8] 见：蒋良骐.东华录,康熙卷89
[9] 李叶霜.释'传綮'就是八大山人.东方杂志,1987,复刊4(1)：83
[10] 琚鑫圭等编.中国近代教育史资料汇编.上海教育出版社,1994.664；1028
[11] 见：Kapur J N 编.数学家谈数学方法.北京：北京大学出版社,1989.265；38
[12] 小平邦彦访问记.数学译林.1986,4(1)

第一部分

现代数学史

第三章

华人数理名家研究

中国现代数学名人小传一束

张奠宙

1992年8月,我在纽约州立大学石溪分校访问,其间又去哥伦比亚大学作研究。在该校著名的东亚图书馆内,发现了一些中国现代数学早期学者的简历和传略。由于国内资料缺失,对某些名人的简历不甚了了,往往"只闻其名,不知其人"。因而想起将几位国内未见著述的数学名人生平资料整理出来,虽然很不完整,总算聊胜于无罢!

秦汾,字景阳。1887年出生于上海嘉定。在上海读中学。1903年考入北洋大学堂,习土木工程。学习两年后,未毕业即被选送留学美国。1906年入美国哈佛大学攻读天文学和数学。1909年获学士和硕士学位。此后到英国的格拉斯哥大学和德国的弗赖堡(Freiburg)等地继续游学。1910年6月回到中国,在南京的江南高等学校任教授和教务长。1912—1915年在上海南洋大学任数学教授,并兼任上海浦东中学校长。1915年北上,任国立北京大学数学和天文学教授,并担任过理科学长。1919年转入政界服务,出任教育部的技术教育司长、督导、副部长等职,但仍在北京大学兼课。1927年还任北京大学理学院院长。此后,除在1933—1937年间,任南京中央大学校长之外,都在政府部门任职,为财政部会计司司长、财政部常务次长。抗战期间任经济委员会秘书长,经济部政务次长。1945年兼任最高经济委员会副秘书长。1949年后去香港,曾任中国纺织建设股份有限公司董事长等。以后去台湾、1971年在台湾逝世。

秦汾是我国现代数学的早期代表人物之一。在1910和1920年代,北京大学数学系的核心成员有冯祖荀(高等解析)、王仁辅(近世几何),以及秦汾(近世代数),在北京大学他还教过天文学课程。秦汾和哥哥秦沅(1885—1976)在民国初年著有一系列的中学数学教科书,发行很广。

1935年中国数学会成立时,秦汾被选为9名董事之一。

王仁辅,字士枢,江苏昆山人。1888年出生。父海涛,曾住昆山县柴巷弄13号。毕业于复旦公学后,于1909年考取第一届美国退回庚子赔款资助的留美名额,入美国哈佛大学习数学及政治学。在美期间,曾任中国学生会书记及副会长,也是哈佛数学会会员。1913年获哈佛大学学士学位。同年回国,在北京盐务署任翻译,次年即任北京大学数学系教员,后被聘为教授,授近世几何、微分几何等。在1910年代的中国,很少有人能讲这些课程。1922年曾兼任北平盐务学校校长,北京师范大学、北平大学理学院的数学教授。

编者注:原文载于《数学史研究文集》(第五辑)(1993年9月第82页至85页)。

1935年,中国数学会成立时,被选为9名董事之一。平生未见有著述,1946年任教于北京师范大学,1959年去世。

冯祖荀,字汉叔,1880年生于浙江杭县。1904年到日本第一高等学校(高中)就读,1908在京都帝国大学研习数学。留学归国后,即在京师大学堂任教。1912年京师大学堂改为北京大学。至少在1914年,他已是北京大学著名数学教授,曾任理学院的评议员。1919年,北京大学数学系成立。这是中国第一个专门培植数学人才的数学设置,冯祖荀是首任系主任,并一直任此职至1935年为止。抗战时期北大迁往昆明,冯祖荀因病滞留北京,住东城小甜水井10号。约在1940年病故。冯祖荀与同乡樊女士结婚,未有子女。1947年由北京大学负责将冯祖荀遗骨安葬于北京八大处福田公墓。墓碑由胡适之题写。

冯祖荀专长高等分析,他在北京大学所授课程有:函数理论,包括柯西积分及黎曼面,解析延拓;函数专论,包括椭圆函数和代数函数;微积分方程式论,包括解的存在定理,奇点,Fredholm方程等;还有变分法,集合论等更深入的课程。

冯祖荀曾长期兼任北京师范大学数学系系主任。他曾创立"数理学会",成员来自北京大学和北京师范大学的学生。1919年该会创办的《数理杂志》,是我国最早的数学物理类的杂志。冯祖荀为了集中力量办好北京大学数学系,曾培养和提拔北京师大的学生傅种孙,使他迅速成长、成名,后来继任北京师大数学系系主任,尤以数学教育家而闻名全国。冯祖荀还在张学良主办的东北大学兼任数学系系主任。1935年,中国数学会成立时,冯祖荀被推选为9名董事之一。

冯祖荀曾在《北京大学月刊》发表论文:"以图象研究三次方程之根之性质"。20年代初,《数理杂志》曾连载"冯汉叔先生之微分方程"讲义。冯祖荀是著名数学家樊㙛的姑父,曾指导樊㙛走上数学道路。樊㙛翻译Sperner著的《解析几何与代数》,由冯祖荀作序于1935年出版。

顾澄,字养吾,1882年生于江苏无锡。江南格致学院毕业后,在京师译学馆任译员。清末曾在京师大学堂任教。辛亥革命后,在北京大学任讲师。1920年代,曾在清华学校任职,担任过北平大学、北平女子文理学院的院长。张学良办东北大学,顾澄曾担任一个时期的数学系系主任。1930年代回到南方,任交通大学教授。

顾澄在北京期间,曾在政界供职,任财政部烟酒公卖局筹备议员兼进款综合处帮办,国务所统计科长。还当过会计传习所的教务长。

1930年代,中国数学的中心在北京和天津。由于北京大学的冯祖荀、南开大学的姜立夫具有很高声誉,却不愿担任公职,所以中国数学会迟迟未能成立。顾澄到交通大学任职后,遂推动数学界前辈胡敦复出面筹组中国数学会,具体注册等事务全由顾澄操办。1935年成立中国数学会时,推举国内最有声望的且年长的九人为董事[①]:胡敦复、顾澄、何鲁、冯祖荀、

[①] 九名董事中,本文介绍了四人。胡敦复、郑之蕃的传记将收入《中国现代科学家传记》(科学出版社),何鲁传记可见《人间》1986年7期。周达(1879—1949),即,周美权,和黄际遇(1886—1945),1902—1906年留学日本,生平未详。

周达、秦汾、郑之蕃、黄际遇、王仁辅。姜立夫因出国考察(1934—1936),未能参与其事。

顾澄在抗日战争开始之后,投向汪伪政权。1938年3月,任南京伪政权的"教育部次长",1939年又升任"代部长"。抗战胜利后,此人因无大的罪恶未受惩处,但不久去世。

顾澄的数学著作有"四元数理论"、"行列式理论"、"函数论"、"最小二乘方"等,均无重要影响。

俞大维,1897年12月2日出生于湖南。父亲是清末翰林。在上海的教会中学毕业后,去哈佛大学哲学系就读。1922年获哈佛大学博士学位,博士论文是"抽象蕴涵理论:一种构造性的研究"。这是中国最早的数理逻辑方面的学术研究。1922年之后,又到柏林自由大学继续研究数学和弹道学。1926年回国,参加北伐。以后转向军事研究,担任过军械署署长等职。1946年任交通部部长。国民党政府迁台后,任"国防部长"多年(1954—1965)。

周鸿经,字纶阁。1902年出生,江苏铜山(徐州)人。国立东南大学理学士。30年代初曾在清华大学任教员。后去伦敦大学留学,获硕士学位。返国后历任中央大学数学教授、教育部高等教育司司长,中央大学校长等职,1948年,被选为国民党立法委员。

1949年到台湾,任台湾大学教授及台湾的中央研究院总干事、数学研究所所长,1957应邀访问美国康奈尔大学,因肝病在美去世。

周鸿经的研究工作集中于三角级数论。论文大多发表在伦敦数学会会刊。1967年,周鸿经逝世十周年时,台湾的数学研究所为他出了纪念专刊,其中收入了他的22篇数学论文。

黄用诹(Wong Rong-chow),1913年6月2日生于广东。1931—1935年在广东中山大学就读。1938由英国庚子赔款资助在英国King's College留学,获伦敦大学博士学位(1940),第二次大战时期在美国各大学做博士后研究和教学工作。1948年到香港大学任数学教授至退休。黄用诹是香港最有权威,也是资深的数学教授。1963—1966年,他担任香港大学的副校长,这是第一次由中国人担任此项职务。黄用诹的专业方向是微分几何。他多次代表香港出席国际数学家大会,在国内外具有一定的影响。

周炜良(Chow Wei-liang),1911年生于上海。父亲周达(美权)是数学家,邮票大王,家道殷实。5岁开始读四书五经,11岁习英文的读和写,都是延请家庭教师教学,未曾进过学校。1924年去美国读书,主修经济学。1929年进芝加哥大学后改学物理。可是当他在芝加哥大学主修物理毕业时,却因阅读哈代的《纯粹数学》一书,对数学感兴趣。1931年一位朋友劝他到德国的哥庭根大学——世界数学中心去学习。次年他到了德国。由于希特勒上台,格丁根数学派已经被迫解体,周炜良遂到莱比锡大学,跟随范·德·瓦尔登研究代数几何学。1934年暑期,他到汉堡旅游,结识了女友玛格特·维克多(Margot Victor)。这时陈省身也在汉堡攻读博士学位,他们成了好友。周炜良在莱比锡注册,却在汉堡大学学习。1936年回莱比锡大学完成毕业论文后,与玛格特结婚。随后回到中国,在中央大学任教。1937年抗战开始。周炜良夫妇留在上海，经营各种进出口商业以维持生计，整整十年没有研究数学。

1946年，陈省身从美国回到上海，力劝周炜良回到数学研究，并推荐周炜良去普林斯顿访问。这是周炜良一生的重大转折。他放弃了做生意的计划，在同济大学短期兼课之后，于1947年3月到达美国的普林斯顿高级研究所，次年受聘于约翰·霍普金斯大学数学系，在那里工作直至退休。

周炜良在代数几何研究方面有许多基础性的贡献。以他名字命名的"周坐标"、"周形式"、"周引理"、"周定理"有近十个之多。1938年，周炜良在阅读卡拉皆屋独利(Carathéodory)的一篇热动力学论文之后，写了一篇一阶偏微分方程的文章，后被发现对控制论十分有用。

周炜良生性澹泊，淡于名利，他被选为台湾的"中央研究院"院士，却从不到会。他也很少参加国际性学术会议和各种评奖活动。因此，人们说，周炜良的数学贡献远超过他已得的学术荣誉。退休后，一直住在美国的巴尔的摩，并常到德国渡假。

陈国才(Chen Kuo-chai)，1923年生于浙江。1946年毕业于西南联大数学系，然后去中央研究院数学研究所，受教于陈省身。一年后去美国哥伦比亚大学，于1950年获博士学位。陆续应聘在香港、巴西任教后，又回到美国，1967年到伊利诺大学乌尔班—香槟分校数学系任数学教授，共20年。由于长期患病，1987年8月在校园内去世。

陈国才是具有国际声誉的杰出数学家。他在常微分方程定性理论和代数拓扑上有重要贡献。1960年代，他得到的有关向量场在奇点附近的轨道行为的结果，是向量场奇异性理论发展中的突破性进步。1970年代，他创造的迭代积分方法，指出了分析和拓扑的深刻联系。

李协，字宜之，陕西莆城人，生卒年月未详。曾在柏林大学学习土木工程。回国后在南京河海工程专科学校任教授，兼任水利局局长，以后又曾任陕西省教育厅厅长、上海港务局局长、西北大学校长等职。在数学上著述不少。1917年，他在《科学》杂志上首次介绍"最小二乘方"的理论，文中出现了概率积分。1924年，由商务印书馆出版他的著作《最小二乘方》。30年代续有《诺模术》、《简要实用微积术》两书出版。

唐培经，字佩金，江苏金坛人。1903年出生。在国立东南大学获理学士学位。历任光华附中教员，金坛初级中学校长，中央大学区南京中学教员等职。1928年到国立清华大学任算学系教员。1937年获伦敦大学博士学位。其题目是"统计假设检验问题及误差风险的若干研究，附有表和在农业、其他问题上的应用"。后来移居美国，1988年去世。

段调元，字子燮，1890年出生，四川江津人，在法国里昂大学留学。回国后任国立成都高等师范学院教授，及东南大学、中国女子大学数学教授。一度任中央大学数学系主任。抗战期间为重庆大学教务长。1935年中国数学会成立时，被选为11名理事之一，著作有《解析几何》、《微分学》等教材，为我国数学界的早期著名学者。1969年去世。

何衍睿，1902年出生，广东高要县人，在法国里昂大学数学系留学。回国后任上海大夏大学数学教授。30年代在广东中山大学任数学教授，系主任，理学院院长。1935年中国数学会成立时，被选为11人的理事之一。

朱公谨，字言钧，浙江馀姚人。在上海南洋中学就读时，被选入清华学校，旋赴德国哥庭根大学在柯朗指导下研究数学。1927年获博士学位。博士论文是"关于某些泛函方程解的存在性"，归国后在交通大学、大同大学、中央大学、光华大学等校任数学教授，曾任光华大学副校长。解放后任上海交通大学教授，曾到西安交通大学任教数年。1963年病逝于上海。

1935年，中国数学会成立时，被选为常务理事。30年代出版有《解析几何》、《纳尔逊之哲学》、《数理丛谈》等书。抗战时期滞留上海孤岛，那时翻译的《柯氏微积分》由中华书局出版，在1949年前后曾有很大影响。1935年中国数学会成立时，被选为常务理事。

参考文献

[1]《Who's Who in China》，The China Weekly Review，Shanghai：上海密勒氏评论报发行，1932
[2] 桥川编·《中国文化界人物总鉴》，1940
[3]《现代中华民国满洲帝国人名鉴》，日本外务省情报部编，1937
[4] 袁同礼，《现代中国数学研究目录(1918—1960)》，打字稿，华盛顿，1963

维纳和李郁荣

张奠宙 李旭辉

本文叙述了控制论创始者 N.维纳与美籍华人科学家李郁荣的合作经历,介绍了控制论产生的背景、李郁荣的生平与学术成就,以及维纳和李郁荣在学术上的相互影响。

在 N·维纳(Norbert Wiener,1894—1964)的许多著作和一些纪念维纳的文章中,都提到过一位华人——李郁荣(Lee Yuk Wing)。李郁荣祖籍广东新会,1904 年 4 月 14 日出生于澳门。1920—1924 年,他先后就读于广东岭南大学和上海圣约翰大学,1924 年又赴美国麻省理工学院(MIT)电机工程系留学,先后获得理学学士(1927 年)和理学硕士学位(1928 年)。

图 1　李郁荣(1904—1989)

李郁荣同维纳的合作开始于 1929 年。那时,维纳刚刚成为 MIT 数学系的副教授,在广义调和分析学上取得了一些重要结果,继而把其中的基本思想引入了电网络的设计过程。他考虑选用拉盖尔函数来构作一系列标准电路,经适当组合后完成网络的综合,达到简化工程设计的目的。为了把设想转变为现实,维纳请贝尔电话实验室的 V.布什(Vannevar Bush,1890—1974)博士推荐一名电机工程方面的优秀学生,来协助自己进行设计和试验,布什推荐了正在电机系攻读博士学位的李郁荣。

后来的事实如维纳所述,"这是布什替我做的最好的事情之一,我永远感激他让李在我指导下进行研究"[W1,P.113]。一方面,李郁荣的言行稳重、果敢善断与维纳的性格互补起来,形成共同研究所必需的平衡;另一方面,李郁荣不仅理解到维纳原设想的本质,还成功地运用数学工具,实现了对电子部件的充分利用和基本电路的有效组合。他在实验室里工作了数月,建造出电网络的模型,其功能达到了预期的水平,这就是李-维纳网络(Lee-Wiener Network)。后来,他们把这项发明出售给美国电报和电话公司,并在 1935 年 12 月获得了美国专利。

李-维纳网络对四十年代维纳研究防空火炮装置、解决"黑箱"的分析与综合问题发挥了重要作用[M1]。

根据与维纳合作的成果,李郁荣在 1930 年完成论文《由拉盖尔函数的傅里叶形式对电网络进行综合》,获得 MIT 授予的理学博士学位[L1]。毕业后,他进入纽约的联合研究公司(华纳兄弟创办),做了两年工程师,主要工作是改进李-维纳网络。1932 年,他回到中国,在上海

编者注:原文载于《数学史研究文集》(第四辑)(1993 年 7 月第 104 页至 108 页)。

的中国电业公司任电机工程师,参与了上海——南京无线电话和电报系统的建设。次年,他与加拿大籍的伊丽莎白女士结为伉俪。

1934年,刚刚成立不久的国立清华大学电机工程系开始扩建。系主任顾毓琇与李郁荣曾是 MIT 电机系的同学,经他邀请,李郁荣北上担任了该系教授,并负责教务工作,在他们两人的倡导下,清华电机工程系的教学宗旨、课程设置和教材内容都仿效 MIT 的体制,以教授为中心、助教参与计算和实验的科研体制也同时建立起来。李郁荣先后讲授过"电机工程原理"、"电工数学"、"电子通信网络"等课程。1934年10月14日,"中国电机工程师学会"在北平成立,李郁荣成为首批会员之一,学会会刊《电工》杂志还重新刊载了他的博士学位论文。不久,他又应用在 MIT 时所获得的实验数据,与顾毓琇,徐范一起探讨了同步电机的电流问题[L2]。

还在美国时,李郁荣就曾对维纳允诺,如果他回中国后谋到了稳定的职位,一定邀请维纳到中国访问,当李郁荣把这个愿望讲给清华的有关学者和负责人后,得到了大家的一致赞同。1934年底,校长梅贻琦和电机系主任顾敏琇、算学系主任熊庆来分别致函维纳,聘请他来清华担任这两个系的访问教授。就在电机工程系迁入新教学楼的第二天(1934年12月4日),李郁荣致信维纳,表达希望他来华的迫切心情。信中写道:

我相信,您和维纳夫人及孩子们将会愉快地在中国逗留……离清华不远,是有名的西山,您可以尽情地攀登游览。在清华,有一群很友善的人,他们会十分乐意与您结交。这儿还有一批人在为数学、物理和电机工程做着贡献……有您的指导,加上您的灵感和思想,我们定能得到更多更好的结果[H1,P174]。

维纳早就向往着有朝一日能访问东方,众人的热诚相邀及与李郁荣继续进行合作的愿望,促使他登上了东去的邮轮。1935年8月,维纳一家经日本抵达中国,李郁荣亲自到天津船码头迎接,并在清华为他们安排好起居生活,聘请了汉语教师,把维纳的两个女儿送入附近的小学。一切安置妥当之后,两人又重新开始了他们的电路设计工作,事实上,早在天津火车站的候车室里。李郁荣就向维纳阐述了自己对合作方向与前景的设想。

当时,布什已经研制出初级模拟计算机,维纳和李郁荣试图改进布什机,采用高速度的电子线路来代替低速运行的机械传动装置和简单积分器。由于改进时将涉及一种装置,要把电路的输出信号作为新的输入信号反馈到过程之中,而这是一个全新课题,他们以前从未仔细考虑过,短时间内又难以解决,所以在北平着手进行的这项研究进展不大。

然而,这是维纳第一次对反馈机构产生全面的兴趣。过去在布什机中也有反馈部分,但机械装置中的反馈功能很微弱。现在维纳正面对电子线路中较强的反馈作用,因而强烈地希望建立一套完备的反馈理论,这项在中国萌动的重大科学突破,后来终于在第二次世界大战期间获得成功,成为控制论的核心内容和维纳的重要成就之一。

在维纳访问清华期间,虽然对布什机的改进未见成效,他和李郁荣研制的新式继电器却问世了。为了申请发明专利,李郁荣曾数次前往美国驻天津领事馆,不厌其烦地填写表格,回答各种询问。终于,改进后的李—维纳网络和这次的新式继电器使他们在1938年又拥有了另外两项美国专利[L6,P459]。

第一部分 现代数学史

这一年中,维纳还在算学系开课,讲授复平面的傅里叶变式理论和勒贝格积分理论,并开始了对拟解析函数的研究。李郁荣则在《国立清华大学理科报告》上发表了《两列简谐波的叠加》、《电网络合参变换举例》等研究成果[L3,L4]。

两人的学术合作是默契的,生活上也相处得十分愉快。李郁荣经常陪同维纳进城观光、购物,去拜访法国数学家J.阿达马教授。每当两人在书房中埋首工作时,他们的妻子们便在隔壁交谈或看书,夜深之后再喊他们出来吃点心、喝茶,最后四人以玩桥牌来结束这一天。

1936年夏,维纳的聘期结束,他怀着留恋的心情离开了清华和李郁荣,取道上海前往挪威,参加在奥斯陆召开的国际数学家大会。回首这一年时光,维纳感到对东方和全世界有了进一步的了解,自己的学说和成就也更具整体性了:"如果要为我的科学生涯确定一个特定分界点……那么我应当选择1935年,即在中国的那一年。"[W1,P171]

这以后,维纳曾想重返中国,甚至鼓动冯·诺依曼也到中国看看。然而,日本发动的全面侵华战争,破灭了他们的梦想,也给李郁荣带来了灾难。1937年夏,李郁荣夫妇到杭州探望父母,"七七事变"的爆发,使他们耽搁在上海而无法回到北平。就这样,李郁荣离开了实验室,靠着积蓄和经营古董生意在上海赋闲了数年。战乱未能阻断他与维纳的联系,1941年,一直关心着他的维纳在MIT电机系为他谋到访问教授一职,并设法订到两张由香港赴美的船票。但就在船期临近之际,日美间又爆发了"珍珠港事件",李郁荣的赴美计划成了泡影,只得再次来到上海。这年秋天,他在大同大学电机系谋到教职,讲授"电工工程学",后经圣约翰大学土木工程学院主任杨宽麟先生介绍,他又到该院担任了兼职教授,开设电工学引论方面的课程(当时,该校尚未设置电工专业),同时,他还在数学系授课。

李郁荣为人诚恳朴实,工作一丝不苟,给同事和学生们留下了良好的印象。惜时值日伪统治,社会动荡,物价不稳,李郁荣不得不整日为生活而奔波,加上妻子是加拿大籍,更有诸多不便。因此,抗战胜利之际,当他获悉MIT电机系仍留有职位并邀请他到任时,便于1946年初举家再度赴美。

第二次世界大战期间,维纳参与了防空火炮装置的研究工作。其中的核心问题,是研制最佳预测器,以求在误差尽可能小的情况下确定炮击目标的未来位置。维纳把预测过程中的信息和噪声都看作随机过程,用统计方法将过程作内插和外推,借以预测未来的变化。同时,为了以最优方式分离噪声和信息,他又深入研究了滤波器理论,形成著名的维纳滤波方法,而如前所述,维纳关于反馈机构的理论也渐趋成熟。1948年,他的划时代著作《控制论》正式出版。书中综合了多年来他与有关学者在分析学、信息论、工程技术和生理学方面所取得的成就,还特别强调了他与李郁荣之间的合作对于控制论创立所起的重要作用[W2]。

李郁荣来到美国后,同维纳的合作得到重新恢复。然而一个严重的困难是李郁荣在专业方面已荒废了十年之久,原先的课题已积累了浩瀚的材料,要尽快走到最前沿,可谓难上加难。于是,他们决定开拓新的研究领域,转向通信工程中的统计理论。维纳在1942年2月完成的著作《平稳时间序列的外推、内插和光滑化》已经为此奠定了基础[W3],李郁荣则担负起两项任务:1.从维纳大致勾划出的思想引申出关于通信工程的更具体的结论;2.向控制论领域的广大工程师解释这些思想和方法。

李郁荣一边在电机工程系教学,一边在 MIT 电子研究实验室里进行实践。1947 年秋,他为研究生们设的"最优线性系统"课程,介绍了统计理论在通信问题中的应用,这在当时的美国尚属首次[L6,Preface]。实验、研究方面,他的工作成果主要体现在:1. 进一步探究预测和滤波的关系,推广有关信息传送、噪声检测的统计理论。他曾用新的误差衡量尺度,设计出一种最优滤波器,得到了比维纳滤波器效果更好的装置[L4];2. 根据维纳创立的(自)相关分析法,把检测周期信号的装置——自相关器改进到使维纳感到"惊讶"的程度。自相关器是维纳等人研究大脑生理特征所使用的主要工具[W1.P245],李郁荣也因此获得了自己的第四项发明专利;3. 在他和维纳及研究生们的反复讨论中,逐步建立了以频率为变量考察问题的频域方法,同以往的时域方法相比,数学过程大为简化,更易为工程师们所广泛接受,成为经典控制论的主要方法之一[L6,P470]。1948 年,李郁荣被聘为电机工程系副教授。1952 年 3 月,他取得了美国国籍[M2]。

在三四十年代,维纳关于滤波和预测的理论、方法主要针对线性问题。控制论创立后,他写信给 MIT 电子研究实验室的 J.威斯纳教授,阐述了对非线性网络的原始设想,建议李郁荣等人进行设计和实验,并附了有关资料,由于这些想法牵涉到遍历定理等高深的数学理论,李郁荣和同事、研究生们一时还不能理解,虽经仔细探讨,也未能给出令人满意的结果。不过,他们十分清楚这项工作的重要性,一直不懈地努力着。围绕非线性理论及其实际应用,李郁荣等在五十年代指导完成了十余篇博士论文[L7,P24]。1958 年初,由李郁荣提议,维纳为电机工程系的研究班作了有关非线性理论的系列报告,李郁荣用录音、照像的办法记录并整理出了 15 篇笔记。经过讨论修改之后,这些笔记最终成为维纳研究非线性系统的第一部专著——《随机问题的非线性理论》[W4]。

1948—1960 年间,李郁荣不断地将维纳的理论介绍给政府的和实业界的实验室,发表过十余篇论文;他还组织了一些卓有成效的夏季会议,在全美各地作过 70 多场报告,使通信行业的工程师们逐步了解和理解了控制论的观点[M4]。1942 年维纳的书[W3]问世时,很少有人能读懂。经过这十多年的努力,新一代的工程师们都精通了这些内容,并开始沿着统计路线进行研究,维纳的思想渗透到人们处理通信问题的过程之中。

1960 年 7 月,李郁荣晋升为电机工程系教授。他根据多年的数学科研经验,整理出《通讯中的统计理论》一书,由约翰·威利父子公司出版[L6]。该书处处为工程师们着想,以简易通俗的语言,细致地叙述了统计方法在通信工程中的应用。1963 年 2 月,国际天主教研究中心——比利时的卢汶公教大学授予李郁荣"应用科学荣誉博士"学位[M3]。

1964 年 3 月 18 日,维纳在旅欧途中因心脏病突发而去世,终年 69 岁。美国"工业与应用数学学会"于同年出版了《诺伯特·维纳文选》[S1],以示纪念。李郁荣作为维纳在工程方面的合作者和多年的朋友,受邀为此书撰写了《维纳对工程中线性和非线性理论的贡献》[L7],对维纳在通信和控制工程上的成就及应用价值进行了详细介绍。

1969 年 6 月,李郁荣从 MIT 退休,电机工程系又聘任他负责该系的研究生办公室工作。1970 年任满后,李郁荣夫妇从居住多年的马萨诸塞州迁居到了西海岸的加利福尼亚州贝尔蒙特市。1989 年 11 月 8 日,他因患白血病去世,终年 85 岁。

伊丽莎白女士于 1988 年 2 月先于李郁荣去世，他们终生无子女。

对于李郁荣在科学以外的言论，我们所知甚少。现今可以查到的，仅有一篇 1935 年 1 月《清华副刊》对李郁荣的访问记：李郁荣回顾了自己求学和从事科研工作的历程，并特别指出，中国的工科大学生都有远大的抱负，也很刻苦，主观条件上并不弱于外国学生。他鼓励中国学生要多动手实验，加强合作，争取赶超国外的科研水平[R1]。

李郁荣最杰出的一位学生是 A. Bose 博士。他是 MIT 电机工程和计算机科学系的教授、Bose 公司的总裁，该公司制造的扬声器和高保真音响设备在全球电器行业享有很高的声誉。

（在本文的资料收集和写作过程中，曾得到上海交通大学张钟俊、清华大学孙敦恒、北京建筑设计研究院杨伟成、同济大学欧阳可庆、华东师大魏宗舒和袁震东诸位教授的热诚相助，美国 MIT 的 Robert M. Fano 先生和 E. Andrews 女士提供了大量有益的档案材料，在此谨向他们表示诚挚的谢意）

参考文献

H1 Heims. Steve J., John von Neumann and Norbert Wiener, MIT Press, 1980

L1 Lee Yukwing, Synthesis of Electric Networks by Means of the Fourier Transforms of Lagwerre's Functions, Jour. Math. and Phy. Vol XI, No.2, 1932

L2 ——, (with Ku, Y. H. and Hsu, F.) Analysis of Instantaneous Steady—State Currunt of Synchronous Machines Under Asynchronous Operation,《电工》Vol VI, No.1, pp1－7, (1935)

L3 ——, The Superposition of Two Simple-harmonic waves, Sci. Rep. Nat. Tsing Hua Univ., A3 pp65－75(1935)

L4 ——, Electric Network Parametric Transforms Examples, Sci. Rep. Nat. Tsing Hua Univ., A3 pp417－425(1936)

L5 ——, On Wiener Filters and Predictors, Proc. Symposium on Infor. Netw., 1954

L6 ——, Statistial Theory of communication, John Wiley & Sons, 1960

L7 ——, Wiener's Contribution to Linear and Nonlinear Theory of Engineering, S1, pp17－33

M1 Masani, P. R., Norbert Wiener, 1894－1964, Birkhauser Verlag, 1990

M2 MIT Tech Talk, Nov.15, 1989, P6

M3 MIT Faculty and Academic Staff Records Office, MC 22 & AC 103, Institute Archives and Special Collections, MIT Library, Cambridge, Massachusetts

M4 Personnel Record for Lee Yukwing, Department of Electrical Engineering, MIT

R1 茹蒂、李郁荣博士，清华副刊 43 卷 1 期(1935), 21－23

S1 Selected Papers of Norbert Wiener, Society for Industrial and Applied Maths and MIT Press, 1964

W1 N.维纳,《我是一个数学家》,上海科技出版社,1987

W2 Wiener, Norbert, Cybernetics, MIT Press, 1948

W3 ——, Extrapolation. Interpolation and Smoothing of Stationary Time Series, MIT Press, 1958

W4 ——, Nonlinear Problems in Random Theory, MIT Press, 1958

杨振宁和当代数学

张奠宙

荣获诺贝尔奖的杨振宁,是当代的大物理学家之一。20世纪的物理学史上,将会用大字写上杨振宁的名字。与此同时,杨振宁对本世纪数学的发展,亦有非凡的贡献。特别是80年代以来,导源于杨振宁的两个数学研究分支:杨-米尔斯(Yang-Mills)理论和杨-巴克斯特(Yang-Baxter)方程,先后进入当代数学发展的主流,引起文献爆炸,形成了少见的全球性研究热潮。仅以4年一度的世界数学最高奖——菲尔兹奖来说,1990年在日本京都授予4位数学家,其中竟有3人的工作和杨振宁的名字密切相关。人们认为,在对数学有重大贡献的物理学家中,继牛顿之后有傅里叶、麦克斯韦、爱因斯坦和狄拉克,及于当代则无疑是杨振宁了。关于这一点,传播媒介尚报道得不多。笔者曾收集有关资料,近期并有机会与杨振宁教授数次长谈,内容除涉及数学之外,兼及物理学发展、治学经验等。珍贵的史料,精辟的见解,足资后人研究借鉴。承蒙杨先生同意,予以整理发表。

一、主要数学贡献

数学结构是数学的核心。世上的"理论"和"方程"无计其数,但能像杨-米尔斯理论和杨-巴克斯特方程那样受到重视的,甚为罕见。杨振宁为什么能提出如此深刻的数学结构?研究其产生契机和发展过程,当是现代科学史的一项重要课题。

张: 我是搞数学的,想请您谈谈您和数学的关系。

杨: 我和数学的缘分很深。我父亲杨武之是清华的数学教授,1942年我在西南联大作学士论文时,吴大猷先生让我接触"群论"。1948年我在芝加哥大学的博士论文又涉及群论与核子物理的联系。我以后的许多物理学研究也多和数学有关。我对物理学贡献最多的方向,往往也是和数学结缘较深的。例如1954年提出的非交换规范场论,和1967年给出的统计力学中的一些严格解,就是如此。前者是麦克斯韦方程的推广,即杨-米尔斯方程,这是非线性的偏微分方程组。后者导致杨-巴克斯特方程,乃是非交换元素的三次乘积的代数方程。它们来自物理学问题,恰好又是重要的和基本的数学结构,因而引起普遍重视。

编者注: 本文分别发表于《数学与传播》(台湾;1991年15卷4期第61页至72页)和《科学》(1992年44卷第3期第3至9页及55页);并有英文版,题名 *C. N. Yang and Contemporary Mathematics* (The Mathematical Intelligencer, 1993, 15(4): 13 – 21)。本文系从《科学》版转载。

张：您在研究物理学问题时，是否已预见到它会引起数学界的轰动？

杨：那可没有。杨-米尔斯场是1954年提出的，而引发数学界的热潮是在1977年之后，至于杨-巴克斯特方程的数学高潮只是最近五六年的事。说我能预见20年以后的事，未免太玄了。

张：世上物理学论文何止千万，为什么你的论文会一而再地引起轰动？

杨：也许因为我喜欢面对原始的有意义的物理学问题，而不沉没在文献的海洋里。1962年，我曾就应用数学教育发表过一些看法，主张培养应用数学家，在学纯数学之前，应让他先接受一些物理学家的情趣和训练[1]，意思是一样的。

张：70年代以来，数学研究的趋向是从线性转向非线性，交换转向非交换，恰好和杨-米尔斯方程、杨-巴克斯特方程的特征相同，而且一些数学工具，如向量丛理论、K理论、指标定理等已成熟，好像也是这两项数学热潮兴起的原因，是吗？

杨：我想是的。研究数学结构需要相应的数学工具。

张：80年代的数学似乎特别偏爱数学物理，如规范场、量子群等。

杨：数学的发展有它自己的规律。我觉得数学和物理学之间的交融是一种传统，数学物理在一段时间内成为数学研究的主流方向之一，并不意外。

二、1954年的原始论文

现在通行的数学和物理学术语："杨-米尔斯场"、"杨-米尔斯方程"、"杨-米尔斯理论"，都源自杨振宁和米尔斯的论文："同位旋守恒和同位旋规范不变性"(Conservation of Isotopic Spin and Isotopic Gauge Invariance)，刊于1954年的美国《物理评论》96卷第1期。1983年出版的《杨振宁论文选集》(*Selected Paper*，1945～1980，*With Commentary*。以下简称《选集》)一书中，含有作者对过去发表的论文的评注和后记。杨振宁在给1954年的这篇重要论文写的后记里，叙述了写作过程。

还在昆明和芝加哥做研究生时，杨振宁已透彻地研究过泡利(Pauli)的有关场论的评论文章。规范不变性决定一切电磁相互作用的事实给他很深的印象。在芝加哥，他试图将它推广到考虑同位旋作用的情形，于是他尝试把场强 $F_{\mu\nu}$ 定义为

$$F_{\mu\nu}=\frac{\partial A_\mu}{\partial X_\nu}-\frac{\partial A_\nu}{\partial X_\mu}, \tag{1}$$

这似乎是电磁场的"自然"推广，结果行不通，只好放弃。1954年杨振宁在布鲁克黑文国家实验室访问，重又回到这些问题。那时米尔斯和他同一办公室，常在一起讨论。当他们把(1)式再加上一项 $[A_\mu A_\nu]$ 时 (A_μ 和 A_ν 都是 2×2 的矩阵)，一切困难都克服了。

米尔斯在为上海《自然杂志》(1987年第8期)所写的综合论文里回忆说："1954年我在布鲁克黑文做博士后，与杨振宁同一间办公室。杨振宁已多次显示他乐于帮助青年物理学者，他把推广规范不变性的想法告诉我，并有较详细的讨论。在讨论中我能谈点看法，特别是在

量子化方面，对建立公式稍有贡献。然而，主要想法都是杨振宁的。"

杨振宁和米尔斯的论文发表后，一时并无多大反响。两年之后，日本人内田（Utiyama）的论文里第一次出现了"Yang-Mills Field"的提法[2]。到1968年前后，"杨-米尔斯理论"、"杨-米尔斯技巧"、"杨-米尔斯方程"已经很常见了。

我曾向杨振宁教授就这篇原始论文提过几个问题。

张：我在一篇很有影响的数学报告里读到："1954年，杨振宁在美国，米尔斯在英国，构造了一个附加非交换群的非线性的变型的麦克斯韦方程"[3]，这是怎么回事？

杨：米尔斯是美国人，1954年确实在美国，不在英国。数学界对物理学界的事不大清楚，他们弄错了。

张：你和米尔斯在1954年是否意识到文章的价值？你在1957年得诺贝尔奖时，如请你挑选几篇代表作，会不会选上这一篇？

杨：喔，恐怕不会。1954年时，我只觉得这篇文章"很妙"，并不知其重要。感到它重要是在60年代。到70年代意识到它非常重要。只是到了80年代，由于物理学和数学的发展，才明白规范场理论的极端重要性。现在大多数人都相信规范场会统一世上的各种相互作用。但在50年代，大家都不可能认识到这一点。至于和数学的联系，那就更想不到了。

张：迈耶（M. E. Mayer）在1977年出版的一本书里曾这样写道："读一读杨和米尔斯的论文，觉得作者们已清晰地理解了规范势的几何意义。他们使用规范不变的导数和连络的曲率形式。事实上，这篇论文中的基本方程，和用几何方法导出的方程完全一样……。"[4]迈耶认为你已清晰地理解了微分几何，是这样么？

杨：不，不是这样。我在《选集》的后记中曾提到这一点："米尔斯和我在1954年所做的事，只是想推广麦克斯韦方程。我们并不知道麦克斯韦方程的几何意义，也没朝那个方向去想。"

三、外尔和杨振宁

外尔（H. Weyl）是20世纪最伟大的数学家之一。同时，他也是规范场论的创始人。外尔在1919年提出电磁场的规范不变理论，由于爱因斯坦指出了它的严重缺陷，未能成功。待到量子力学诞生之后，福克（Fock）与伦敦（London）将规范不变因子 S_μ（实数）代以复数的相位因子 $e^{i\alpha}$，该理论方始成立。不过，此后的20余年里，外尔的规范理论几乎被人忘记了。直到1954年杨振宁和米尔斯提出非交换规范场论，韦尔的工作才重获重视。杨振宁也因而成为外尔科学事业的一位继承人。

1985年，瑞士联邦技术研究院主办外尔诞生100周年纪念活动时，邀请了三位国际著名科学家作纪念演讲。他们是：杨振宁、彭罗斯（R. Penrose，数学家与天文学家）和博雷尔（A. Borel，数学家）。杨振宁的演讲题目是"外尔对物理学的贡献"[5]。他在详细论述外尔的物理学贡献，特别是规范场理论的发展之外，还提到和外尔有关的交往：

"当我在1949年成为普林斯顿高等研究院的一名'年轻'成员时,曾见过外尔。此后的几年(1949~1954)内,我时常看到他,他很好亲近,但我不记得曾和他讨论过物理学或数学问题,在物理学家中并未听说过外尔继续对规范场的思想有兴趣,奥本海默(Oppenheimer)和泡利都未提到这一点。我猜想他们也没有以某种方式将米尔斯和我的论文介绍给外尔。如果他知道我们把他所钟爱的规范不变性和非交换李群联接在一起的时候,我想像他一定会非常高兴和激动。"

我注意到杨振宁和米尔斯在他们的原始论文里没有提到外尔的名字。杨振宁解释说,外尔的工作已是常识,物理学界的场论研究多半引用泡利的文献[6,7]。此外,我也在思考,为什么杨振宁会成为外尔的继承人?外尔比杨振宁年长37岁,属于不同的世代,他们来自不同的国度,具有东西方各异的文化背景,分属数学界和物理学界,又无师承关系和学术交往,是什么原因把他们连接在一起的呢?有一个答案是:外尔和杨振宁都对数学物理的基本问题感兴趣,这是共同的。所不同的是:外尔是通晓物理学的数学家,而杨振宁则是深谙数学的物理学家。我曾以这一看法征询杨振宁的意见,他说:"好像可以这么说。"

四、杨-米尔斯场和现代微分几何

杨振宁和米尔斯的论文问世之后,物理学界陆续有文章进行讨论和推广。从1962年起,也有一些物理学家注意到它和微分几何的联系[8],但均未能引起重视。真正对数学界产生巨大影响的工作,仍是杨振宁和他的合作者完成的。这就是吴大峻和杨振宁于1975年发表的论文:"不可积相因子概念和规范场的整体公式"[9]。为此,我作了以下的采访。

张:在1954年你和米尔斯的论文发表以后,你是否仍继续研究规范场论?

杨:我一直在关注这方面的进展。60年代以来,各方面的反映日趋热烈,许多学者常来和我讨论。苏联人伊凡年科(П.Д.Иваненко)在1964年将规范场的论文译成俄文集册出版。大约在1967年,我想把规范场理论再作一次推广。有一天,我正在上广义相对论的课,开始注意到列维-西维塔(Levi-Civita)的平行移动概念乃是不可积相因子概念的一个特殊情形。这使我看到规范场论中的公式

$$F_{\mu\nu} = \frac{\partial B_\mu}{\partial X_\nu} - \frac{\partial B_\nu}{\partial X_\mu} + i\varepsilon(B_\mu B_\nu - B_\nu B_\mu) \tag{2}$$

和黎曼几何中的公式

$$R^l_{ijk} = \frac{\partial}{\partial x^i}\begin{Bmatrix} l \\ i\,k \end{Bmatrix} - \frac{\partial}{\partial x^k}\begin{Bmatrix} l \\ i\,j \end{Bmatrix} + \begin{Bmatrix} m \\ i\,k \end{Bmatrix}\begin{Bmatrix} l \\ m\,j \end{Bmatrix} - \begin{Bmatrix} m \\ i\,j \end{Bmatrix}\begin{Bmatrix} l \\ m\,k \end{Bmatrix} \tag{3}$$

不仅十分相似,而且(3)是(2)的特例!

张:这是你第一次感到规范理论和微分几何有密切联系么?

杨:是的。于是我向本校的数学系主任西蒙(J.Simons)求教。西蒙斯告诉我,你的规范理论一定和现代微分几何中的纤维丛理论有关,并让我去读斯廷罗德(Steenrod)的《纤维

丛的拓扑学》(*The Topology of Fibre Bundles*)。但是我看不懂。这种抽象的数学语言对物理学家来说,实在没法读下去。

有感于此,我 10 年前在汉城的一次讲话里曾这样说:"世上现有两类数学著作。第一类是我看了第一页就不想看了。第二类是看了头一句话就不想看了。"在座的物理学家都有同感,鼓掌表示赞成。后来不知怎么搞的,有家数学杂志 *Mathematical Intelligencer*(《数学信使》)把它登了出来,流传到了数学界。也许有些数学家对此不以为然,可是我说的是实话。

张:数学家也不都赞成这种晦涩的语言,但是改变它很难,这恐怕和数学的特征有关。那么,你在什么时候才掌握纤维丛的数学理论呢?

杨:纤维丛理论并不难懂,联系物理学背景就更好理解了。难懂的只是数学著作的语言。1975 年初,我请西蒙斯作了一系列的讲座。感谢他的帮助,我们开始使用纤维丛理论解释物理学现象,甚至理解了深奥的陈-韦伊(Chern-Weil)定理。在此基础上,就产生了上面提到的吴大峻和我合作的文章,并终于引起数学家的研究兴趣。

张:这篇论文的特点是什么?为什么其他论文没有如此大的效果?

杨:我想在于我们具体地、明确地指出纤维丛理论和规范场理论的联系,甚至给出一张对照表,把规范理论中的物理学概念和纤维丛理论中的数学概念加以一一对应,使人一目了然。这就便于别人进一步工作。一篇文章所产生的影响,当然和机遇有关,不过,有的文章或者语言晦涩,过于形式化,让人看不懂;或者模棱两可,实质不清,以致无法引起读者思考,因而虽然发表较早,但实际效果不大。

五、杨振宁和辛格及阿蒂亚

物理学上的规范场理论与数学上的纤维丛理论有密切联系,今已广为人知。然而,很少有人知道,正是杨振宁本人和辛格(I. M. Singer)的交往,才触发了数学界对杨-米尔斯理论的关注,导致 80 年代一系列的数学发展。事情仍然要从 1975 年吴大峻和杨振宁的文章说起。在那篇论文里,刊有如下的一张对照表:

规范场术语	纤维丛术语	规范场术语	纤维丛术语
规范或整体规范	主坐标丛	源 J	?
规范形式	主纤维丛	电磁作用	$U(1)$丛上的连络
规范势	主纤维丛上的连络	同位旋规范场	$SU(2)$丛上的连络
S	转移函数	狄拉克的磁单极量子化	按第一陈类将$U(1)$丛分类
相因子	平行移动	无磁单极的电磁作用	$U(1)$平凡丛上的连络
场强 f	曲率	有磁单极的电磁作用	$U(1)$非平凡丛上的连络

1976年夏天,麻省理工学院的数学教授辛格来纽约州立大学石溪分校访问。杨振宁和辛格会见时,介绍了吴大峻和他的上述工作。辛格一下子就被这张对照表吸引住了。当年秋天,辛格又去英国牛津大学访问,向当今最负盛名的大数学家阿蒂亚(M.F. Atiyah)转述了杨振宁等的研究情况。于是,阿蒂亚、希钦(Hitchin)以及辛格三人合作,写了著名论文"瞬子的变形"(Deformations of Instantons)。1977年4月间散发的这篇论文的预印本,是数学界研究杨-米尔斯方程热潮的开端。1978年阿蒂亚写了《杨-米尔斯场的几何学》等一系列著作[10],再因苏联数学家马宁(Manin)、德林费尔德(Drinfeld)等先后加入,终使规范场理论研究成为80年代数学发展的一个主流方向。

辛格在大学里原是学物理的,1947年转入数学系做研究生。他在一篇演讲里曾这样回顾:"30年后,我发觉自己在牛津大学讲规范场理论,这件事起始于吴大峻和杨振宁的一张对照表,结果是得到了瞬子,即杨-米尔斯方程的自对偶解,做了30年的数学,似乎我又回到物理学了。"为了强调这张对照表的重要性,辛格在1985年的这篇文章里,全文引用了该表[11]。

阿蒂亚把"规范场理论"作为他《论文选集》第五卷标题。在前言中写道:"从1977年开始,我的兴趣转向规范场理论以及几何学和物理学间的关系……1977年的动因来自两个方面:一是辛格告诉我,由于杨振宁的影响,杨-米尔斯方程刚刚开始向数学界渗透,当他在1977年初访问牛津时,辛格、希钦和我周密地考察了杨-米尔斯方程的自对偶性,我们发现,指标定理的一个简单应用,就可得出关于'瞬子'参数个数的公式。""另一方面的动因则来自彭罗斯和他的小组。"[12]

我曾向杨振宁博士提过以下问题。

张: 你和辛格、阿蒂亚个人交往如何?

杨: 我和他们都熟悉,多次见面,但没有合作研究过。阿蒂亚出版《论文选集》第五卷《规范场理论》时,曾送我一本。

张: 物理学家影响数学发展的事例很多。你对纤维丛理论的促进,使我想起爱因斯坦对黎曼几何的推动。

杨: 爱因斯坦博大精深,后人难以企及。如果要比较这两件事,爱因斯坦是在创立广义相对论之时,寻求黎曼几何作为数学框架。这和规范场在事后发现与纤维丛有关不一样,规范场理论和纤维丛理论,二者是各自发展,殊途同归。

张: 格罗斯曼(Grossmann)向爱因斯坦介绍里奇(Ricci)的张量分析,西蒙斯向你们讲解纤维丛理论,也有相似之处。西蒙斯、辛格、阿蒂亚等数学家对规范场理论的研究工作,物理学家有何评论?

杨: 西蒙斯很少涉及规范场理论研究(经查,西蒙斯在1979年曾和法国数学家有过一篇论文[13])。阿蒂亚和辛格是当代数学大家,他们建立的指标定理,沟通了几何学与分析学的联系,是当代数学发展的一个里程碑。恰巧指标定理可用于杨-米尔斯方程的自对偶解个数的确定。这一结果及其他数学成就对物理学研究当然有很多帮助。

杨振宁—辛格—阿蒂亚,这条物理学影响数学的历史通道,肯定是20世纪科学史上的一段佳话。关于杨-米尔斯理论在当代数学中的作用,在美国国家科学研究委员会数学科学组的一份报告里这样写道：

"杨-米尔斯方程的自对偶解具有像柯西-黎曼方程的解那样的基本重要性。它对代数、几何、拓扑、分析都将是重要的……在任何情况下，杨-米尔斯理论，都是现代理论物理学和核心数学的所有子学科间紧密连系的漂亮的范例，杨-米尔斯理论乃是吸引未来越来越多数学家的一门年轻的学科。"[14]

六、杨-巴克斯特方程

杨振宁的又一重大科学贡献是建立了杨-巴克斯特方程，一般简记为 YBE。它起源于杨振宁 1967 年发表的一篇统计力学论文"δ 函数相互作用的一维多体问题的一些严格解"[15]。杨振宁深受王竹溪教授的影响，在统计力学方面做了许多研究工作。对于量子统计力学，到 60 年代时，一般仍只会解"二体问题"，很少涉及多体问题。杨振宁从最简单的一维费米子的多体问题着手，用贝特(Bethe)假设求得严格解。这在物理学上当然很有意义，更为重要的是，杨振宁在求解过程中，得出一个必须满足的算子方程：

$$A(u)B(u+v)A(v) = B(v)A(u+v)B(u), \tag{4}$$

其中 A，B 是矩阵(算子)，u，v 是参数，这是一个不可交换元素的三次代数方程。5 年之后，巴克斯特在解决八顶点冰模型时，也得出同样的方程(4)。1988 年，苏联数学家法捷耶夫(Л.Д.Фаддев)将(4)称为杨-巴克斯特方程，即被广泛接受，沿用至今。80 年代以来，围绕杨-巴克斯特方程开展了多层次、多方向的研究，形成了又一次"文献爆炸"。它所涉及的领域有

物理学：一维量子力学问题；二维经典统计力学问题；共形场论。

数学：纽结理论；辫结理论；算子理论；霍普夫代数；量子群；三维流形的拓扑；微分方程的单值性。

现在看来，杨-巴克斯特方程和杨-米尔斯方程一样，都是现实世界所提出的基本数学结构。杨-巴克斯特方程的影响才刚刚开始，目前看到的也许只是冰山的一角。

我急切地向杨振宁教授探询有关杨-巴克斯特方程的奥秘。

张：在《选集》(1983)中，收入了 1967 年产生杨-巴克斯特方程的那篇论文，但是在该文的后记里并未评其重要性，为什么？

杨：《杨振宁论文选集》的后记写于 1981 年冬。那时，虽然苏联学者已经重视该方程，但世界性的研究高潮尚未到来，我当然也未能像今天那样理解该方程的重要性。不过，我自己对 1967 年的这篇论文是很下了功夫的。文章并不好懂，其中用了很多数学演算和技巧。得出这个方程倒不是最难的部分，在文章的前四分之一就导出来了，而后面大部分的推导更难些。

张：杨-巴克斯特方程不过是一个特殊的矩阵方程，为何有那么大的功效呢？

杨：在最简单的情形，该方程可写成

$$ABA = BAB,$$

满足这一方程的算子 A，B 多得很。例如梳辫子，有三股头发 1，2，3 位于左，中，右三处。若以 A 表左与中交叉，以 B 表右与中交叉，则三股 123 的头发经 A 成 213，经 B 成 231，再经 A 成 321，即 123 经 ABA 变为 321。如施行 BAB，则依次为：123；132；312；321，结果相同。也就是说，虽然许多算子不可交换：$AB \neq BA$，但有性质 $ABA = BAB$。该方程正是为这类算子提供了数学模型，因而会和辫结理论等也挂上钩。

从数学上看，如记 $[A, B] = AB - BA$，则由雅可比 (Jacobi) 等式

$$[[A, B], C] + [[C, A], B] + [[B, C], A] = 0$$

可导出整套的李代数，李群理论。苏联数学家德林费尔德证明，由杨-巴克斯特方程可导致霍普夫代数，进而衍生出其他数学分支。所以，杨-巴克斯特肯定是一项非常基本的数学结构。

张：杨-巴克斯特方程是一个纯数学的方程。这种非交换，非线性的数学结构，正符合二次大战以后数学发展的走向。然而，它不是由数学家提出，而由物理学家首先发现，倒颇令人惊奇。

杨：著名拓扑学家霍普夫 (Hopf) 为了研究李群的推广，曾定义了一种代数，即霍普夫代数，可是一直没有好的重要的例子。后来德林费尔德发现用杨-巴克斯特方程可构造出一些绝佳的实例。可见现实的物理世界毕竟是丰富的。

张：我的印象是，杨-巴克斯特方程在数学界的影响比物理学界要大。

杨：目前是如此。有些物理学家认为杨-巴克斯特方程不是物理学，而是数学。我觉得不是这样。杨-巴克斯特方程这一数学结构非常基本，无论物理学家是否喜欢，最终必然要使用它。20 年代的物理学界，许多人反对用群论，特别是李群，斥之为"群害"(group pest)。有人设法避开 $SO(3)$，$SU(2)$ 等等，宣称杀死了"群龙"(group dragon)，可是现在的物理学家已把李群当作常识。我倒是觉得我自己认识杨-巴克斯特方程的重要性太晚了一些，在整个 70 年代没有继续去研究它。即使我自己没有时间，至少应要年轻人去做。结果是延误了十几年。这是我的一个失误。我在 1972 年赴大陆演讲时，倒曾专场介绍过杨-巴克斯特方程。但那是在"文革"时期，当然也没有什么反响。

七、杨振宁与菲尔兹奖获得者

国际数学界对杨振宁的两项数学贡献：杨-米尔斯场和杨-巴克斯特方程给予极高的评价。在 4 年一度的国际数学家大会上，颁发世界数学最高奖——菲尔兹奖，邀请世界第一流的数学家作报告。获奖者的工作方向和大会报告的内容，在很大程度上反映了数学发展的主流。

1986 年的国际数学家大会，有 3 人得菲尔兹奖：唐纳森 (S. Donaldson)、法尔廷斯 (G. Faltings)、弗里德曼 (M. Freedman)。阿蒂亚在会上这样介绍唐纳森的工作。

"1982 年，唐纳森证明了一项震动数学界的结果。如果和弗里德曼的一项重要工作合在一起，唐纳森的结论意味着：存在一个"怪异"的四维空间，它和标准的欧氏空间拓扑等价，但

不和微分拓扑等价。"

"唐纳森的结果来自理论物理中杨-米尔斯方程的研究……唐纳森强有力地使用'瞬子'作为几何工具。这一方法完全地揭示了新的现象,并显示杨-米尔斯方程与新的研究领域有漂亮的吻合。"[14]

1990年的国际数学家大会,又将菲尔兹奖授予以下4位数学家:德林费尔德、琼斯(V. Jones)、森重文(S. Mori)、威滕(E. Witten)。

苏联数学家德林菲尔德,我们前面已经提到他对杨-巴克斯特方程的研究。在菲尔兹奖获得者公报里有这样的介绍:"我们要提到德林费尔德和马宁在构造'瞬子'中的先驱性工作。这些是杨-米尔斯方程的解……德林菲尔德在物理学上的兴趣,继续保持在与贝拉文(Belavin)合作的杨-巴克斯特方程的研究上。"[16]

美国数学家琼斯的主要数学贡献之一涉及纽结理论、量子群、霍普夫代数等"由神保道夫(Jimbo)和德林费尔德从求解杨-巴克斯特方程而产生的研究领域","他打开了一个新的方向:认识到在某些条件下,杨-巴克斯特方程的解可用来构造'连接(links)'的一些不变量。"[17]

另一位美国数学家威滕的研究工作也和杨-米尔斯方程,杨-巴克斯特方程有密切关系。早在1978年,威滕就有关于杨-米尔斯方程的先驱性工作[18],他在拓扑量子场论,量子群,琼斯多项式等方面的工作都与杨振宁的工作有密切关系。

在1990年的这次国际数学家大会上,大会报告集中在数学物理方面,以至引起某些抱怨,"到处都是量子群,量子群,量子群"。这一抱怨是否合理,姑且不论,而与杨-米尔斯方程,杨-巴克斯特方程密切有关的数学物理,成为80年代数学发展的主流,并且还将继续下去,则已是不争的事实。

八、要研究原始的物理学问题

面对杨振宁的科学成就,我陷入了沉思。我也做过一点成效不大的数学研究,知道一些科学研究的艰难。通常,一个人的论文能够被别人引用,就算没有白做。如能被多次反复引用,就是一大成功。倘若一项科学工作赋有个人特色,具有出众的创造性,被同行公认而冠以作者的名字,那是科学家的荣耀。至于像杨振宁那样,自己的工作成为物理学和数学发展的里程碑,被人称为杨-米尔斯理论和杨-巴克斯特方程,并当作许多学科分支的经典与基石,那就不仅是给个人的荣誉和褒奖,而且是科学发展史上的重大事件了。杨振宁的成功经验是什么?有没有治学的"诀窍"?对青年后学有什么启示?

张:我想回到前面提到过的问题,您的成功是否有什么"诀窍"?

杨:很多人问过我这个问题。我想了一下,除了机遇和环境因素之外,似乎有两个原因是主要的。第一个是:面对物理学中的原始问题,不要淹没在文献的海洋里!

张:请作一些详细的解释。

杨:杨-米尔斯理论和杨-巴克斯特方程的工作都是当时物理学上很原始的问题,却并非当时的热门课题,阿贝尔规范场是一个老问题,有外尔、泡利等大师的研究文献,大家以为已经完全解决了,没有新东西了。1954 年以前没有人认为可以推广。所以我和米尔斯的论文发表后,关注的人不多,我们也不知道会产生多少影响。可是它毕竟是物理学的基本问题,后来终于显示出重要性。

杨-巴克斯特方程则是统计力学中的一个小问题,最简单的多体问题,同样也是一原始问题。这类原始的基本问题需要从新的角度去考虑,运用独特的技巧,所以可能会是一些新理论、新数学结构、新技巧的出发点。

张: 我常听到一些科学研究的经验介绍,说应该去读最新的文献,从中找出最新的课题,才能做出领先的工作。您认为对么?

杨: 读文献找题目是科学研究方法之一,但不是唯一的方法。老是读文献的危险就是会忽视物理学的原始问题,以至淹没在文献的大海里。有些人喜欢做锦上添花的事,可是他那个"锦"就不一定对,你那个"花"也就没什么意思了。理论物理学界常有这样的情形,A 做了一篇文章,B 说 A 文不够好,要补充。接着 C 又说 B 文也不好,应该改进。一群人在 A 文的基础上忙,却不问 A 究竟做的是否符合物理学的原始问题。一旦 A 错了,大家都劳而无功。所以面对物理学原始问题才是最重要的。

张: 数学界这类情形也很多。大家都想快些发表文章,竞争使功利主义盛行。

杨: 数学论文总还得有证明。有些理论物理的文章只要"猜"就行,不必证明,所以更容易滥。至于功利与竞争当然应该有,只是不可过于追求。跟文献走,初学练兵可以,想做得好一些,必须在面对原始问题的基础上去读文献,做研究。

张: 听说您在超导理论的哈伯德模型(Hubbard model)研究上又有新的突破?

杨: 这一工作的意义大小,目下还很难说。但我的做法仍是面对原始问题。关于超导理论,哈伯德模型的论文已有许许多多。可是面对原始哈伯德模型的论文却很少。我仔细审看原始的哈伯德模型,发现在一个三角恒等式的背后有一个 $SO(4)$ 的对称性[19]很出意料之外。这一工作乃是我面对原始物理学问题的又一个例子。

张: 杨-米尔斯理论是处理"大问题",杨-巴克斯特方程、哈伯德模型中 $SO(4)$ 的发现,则是研究"小问题"的产物,那么应该多研究"大问题",还是多关注"小问题"?

杨: 在台湾清华大学 80 年校庆会(1991 年)上,也有一位同学这样问我。回想我在芝加哥做研究生时,我的老师费米曾回答过这个问题。他说,多半时间应该做小问题。大问题不是不可以做,只是成功机会较小。通过小问题的训练,会增加做大问题的成功机会。几十年下来,我觉得费米的话很对。一个人成天想大问题,弄不好会发神经病的。

九、成功地运用数学

张: 您所说的第二个成功的原因是什么?

杨: 是要不排斥数学,要成功地运用数学。着手规范场理论研究,自然首先要有物理学的目标,而其次的关键一步则是要克服数学困难,同样,在推导杨-巴克斯特方程时,也是由于不回避数学困难,运用数学演算技巧,才解决了这一多体问题。没有数学,这两项工作都不能顺利完成。在物理学家中,我是偏爱数学的。我自学李群,向西蒙斯学纤维丛理论。我曾向冯·诺依曼请教过数学问题。惠特尼曾告诉我解方程时要用的拓扑指标定理,卡克(Kac)则介绍我读克雷因(M. G. Krein)有关解维纳-霍普夫方程的长文,在普林斯顿时,还请博雷尔讲拓扑学。从70年代起,我也和复旦大学的数学家合作研究。总之,我不断地学数学,用数学,决不排斥数学。

张:那么,对物理学家来说,是否数学掌握得越多越好?

杨:不能一概而论。我曾有一个数学和物理学的二叶比喻。意思是,数学和物理学像两片对生的树叶,只在基部有少许公共部分,而它们各自有不同的价值观念和学术传统,互相独立地在生长。因此,物理学家必须按物理学的发展规律行事,只有在了解某数学理论在物理学上的用途时,才下功夫去学,即应该把数学当作工具使用,不能无选择地乱学一气。数学有自己的思想方法。你全盘地接受数学的价值准则,你就会逐渐削弱自己的物理学敏感,以至做不出物理学研究了。

张:我注意到,你曾经多次反对年轻人去做远离物理实验的、纯数学的理论物理学研究。你也说过,哈代在《一个数学家的辩白》里的观点,"我以不和任何现实相联系而自豪",不适合应用数学家,当然更不适应物理学家了。

杨:是的,我缺少动手做实验的能力,曾有笑话说"哪里有爆炸哪里有杨振宁"。可是我十分重视物理学家实验的结果。物理学家不应去做纯数学的理论物理研究,因为成功的机会太小了。至于哈代,我很钦佩他,那本《辩白》的文字和内容都很精彩。一位数学家到了他那个境界,有那样的看法是可以理解的。纯粹数学家按他们价值观念行事,应用数学家、物理学家按照另外的价值观行事,如此而已。

张:您父亲杨武之是著名的数学家,您又喜爱数学,为什么您没有成为数学家,而走上物理学研究道路呢?

杨:我父亲对我的数学影响当然很大。我欣赏数学的价值观念,赞叹数学的美和力量,与"群论"结下不解之缘,都和"家学渊源"有关。不过我父亲并不强制和限定我的学习兴趣。我少时就从《中学生》杂志读过刘薰宇先生的有关置换群的文章,很欣赏,我父亲知道了很高兴,但仅此而已。一切听其自然发展。如果我父亲硬要我从小就啃微积分,以致造成心理不平衡,那后果就未必很好。

张:陈省身先生所致力研究的纤维丛理论,恰是规范场理论的数学基础,这是一种巧合吗?

杨:陈先生是本世纪的大数学家。他为整体微分几何奠定基础,构造出纤维丛的"陈示性类"的时候,我还是西南联大的学生。在我发表规范场论文的1954年,陈先生也在普林斯顿访问。但是完全不知彼此工作间的联系。1975年我到陈先生家,向他报告二者间的密切联系时,我们都十分惊喜,感叹造化之巧。陈先生说,"我们碰到的是同一大象的两个不同部分"[20]。这类科学上"殊途同归"的现象,现在还不能解释得很清楚。

张:最后,趁此机会,想请你对青年学者谈谈一般的治学经验。

杨：我曾对中国科技大学的同学们提出过"三 P"：Perception, Persistence, Power, 意思是：直觉，坚持，力量。要有科学的直觉意识去创造，用坚持不懈的努力去奋斗，以扎实的知识力量去克服困难。谨以此共勉。

（本文写作承纽约州立大学 CEEC 查济民奖金资助）

参考文献

[1] 杨振宁. 对应用数学教学与研究的一些看法, 1961. 见：杨振宁演讲集. 天津：南开大学出版社，1985. 7～13, 399

[2] Utiyama R. *Phys Rev*, 1956, **101**: 1597

[3] Mathematical Sciences: a Unifying and Dynamical Resource. *Notices of AMS*, 1986, **33**: 172

[4] Mayer M E. Fiber Bundle Techniques in Gauge Theories. *Lecture Notes in Physics*, 67. Springer-Verlag, 1977. 2

[5] Yang C N. Herman Weyl's Contributions to Physics. In: *Hermann Weyl* (1885～1985). Springer-Verlag, 1986

[6] Pauli. *Handbuch der Physik* v. 24(1), 2nd ed. Geiger and Scheel, 1933. 83

[7] Pauli. *Review of Mordern Physics*. 1941, **13**: 103

[8] In: Loos H G J. *Math Phys*. 1967, **8**: 2114～2124; *Phys Rev*. 1969, **188**: 2342; Lubkin E. *Ann Phys*. 1963, **23**: 233

[9] Wu T T, Yang C N. *Phys Rev D*. 1975, **12**(12): 3845～3847

[10] Atiyah M F. Geometry of Yang-Mills Field, *Acadamia Nazionale dei Lincei & Scula Normale Superiore*. Lezioni Fermiane: Pisa, 1979

[11] Singer I M. Some problems in the Quantization of Gauge Theories and String Theories. *Proc Symposis in Pure Math*. 1988, 48

[12] Atiyah M F. Collect Works v. 5. *Gauge Theories*. Commentary. 1

[13] Simons J, Bourguignon J-P, Lawson H B. Stability and Gap Phenomena for Yang-Mills Field, *Proc Natl Acad Sci USA*. 1979, **76**(4): 1550～1553

[14] 同[3]

[15] Yang C N. Some Exact Results for Mang-body Problem in one Dimension with Repulsive Delte Function Interaction, *Phys Rev Letters*. **19**(23): 1312～1315

[16] Atiyah M F. The Work of Simon Donaldson, *Notices of AMS*. 1986, **33**: 900

[17] ICM-90 Kyoto, Japan. *Notices of AMS*. 1990 **37**: 1210, 1212

[18] Witten E. An Interpretation of Classical Yang-Mills Theory, *Phys Lett*. 1978, (77, B): 394～398

[19] Yong C N, Zhang S C. *SO*(4) Symmetry in a Hubbard model

[20] 陈省身. 我与杨家两代的因缘. 见：陈省身文选. 北京：科学出版社, 1989

石溪漫话：数学和物理的关系

张奠宙

杨振宁是当代的大物理学家，又是现代数学发展的重要推动者。他的两项巨大成就：杨-米尔斯规范场和杨-巴克斯特方程，成为 80 年代以来一系列数学研究的出发点，其影响遍及微分几何、偏微分方程、低维拓扑、辫结理论、量子群等重大数学学科。笔者曾在《杨振宁与当代数学》的访谈录中有过较为详细的介绍。这里记录的有关数学与物理学的关系，来自笔者于 1995 年末在纽约州立大学（石溪）访问杨振宁先生时的一些谈话材料。因为不是系统的谈话，故称"漫话"。

一、有关数学的两则"笑话"

1980 年代初，杨振宁在韩国汉城作物理学演讲时说，"有那么两种数学书：第一种你看了第一页就不想看了，第二种是你看了第一句话就不想看了"。当时引得物理学家们哄堂大笑。此话事出有因。1976 年，杨振宁察觉物理上的规范场理论和数学上的纤维丛理论可能有关系，就把著名拓扑学家斯廷罗德著的《纤维丛的拓扑》[1]一书拿来读，结果一无所获。原因是该书从头至尾都是定义、定理、推论式的纯粹抽象演绎，生动活泼的实际背景淹没在形式逻辑的海洋之中，使人摸不着头脑。

上述汉城演讲中那句话本来是即兴所开的玩笑，岂料不久之后被《数学信使》(*Mathematical Intelligencer*)捅了出来，公诸与众。在数学界当然会有人表示反对，认为数学书本来就应该是那样的。不过，杨振宁说"我相信会有许多数学家支持我，因为数学毕竟要让更多的人来欣赏，才会产生更大的效果。"

我想，杨振宁是当代物理学家中特别偏爱数学，而且大量运用数学的少数物理学者之一，如果连他也对某些数学著作的表达方式啧有烦言，遑论其他的物理学家，更不要说生物学家、经济学家、一般的社会科学家和读者了。

另一则笑话，可在波兰裔美国数学名家乌拉姆（S. M. Ulam）的自传《一个数学家的遭遇》[2]中读到。

杨振宁，诺贝尔物理学奖获得者，讲了一个有关现时数学家和物理学家间不同思考方式的故事：

编者注：原文载于《科学》（1997 年 4 期第 7 页至 9 页），也以题名"和杨振宁漫谈：数学和物理的关系"登载于《数学传播》（台北：1997 年 21 卷 2 期第 17 页至 21 页）。

一天晚上,一帮人来到一个小镇。他们有许多衣服要洗,于是满街找洗衣房。突然他们见到一扇窗户上有标记:"这里是洗衣房"。一个人高声问道:"我们可以把衣服留在这儿让你洗吗?"窗内的老板回答说:"不,我们不洗衣服。"来人又问道:"你们窗户上不是写着是洗衣房吗?"老板又回答说:"我们是做洗衣房标记的,不洗衣服。"这很有点像数学家。数学家们只做普遍适合的标记,而物理学家却创造了大量的数学。

杨振宁教授的故事是一则深刻的寓言。数学圈外的人们对数学家们"只做标记,不洗衣服"的做法是不赞成的。数学家乌拉姆在引了杨振宁的"笑话"之后,问道,信息论是工程师香农(C. Shannon)创立的,而纯粹数学家为什么不早就建立起来?他感叹地说:"现今的数学和19世纪的数学完全不同,甚至99%的数学家不懂物理。然而有许许多多的物理概念,要求数学的灵感,新的数学公式,新的数学观念。"

二、理论物理的"猜"和数学的"证"

1995年12月,杨振宁接到复旦大学校长杨福家的来信,请杨振宁在1996年5月到复旦为"杨武之讲座"做首次演讲。杨武之教授是杨振宁的父亲,又是我国数学前辈,早年任清华大学数学系主任多年,50年代后则在复旦大学任教。所以杨振宁很愉快地接受了邀请。但是他不能像杨福家校长要求的那样做20次演讲,只准备讲三次。顺着这一话题,杨振宁又谈了理论物理和数学的一些关系。

杨先生说:"理论物理靠的是'猜',而数学讲究的是'证'。理论物理的研究工作是提出'猜想',设想物质世界是怎样的结构,只要言之成理,不管是否符合现实,都可以发表。一旦'猜想'被实验证实,这一猜想就变成真理。如果被实验所否定,发表的论文便一钱不值(当然失败是成功之母,那是另一层意思了)。数学就不同,发表的数学论文只要没有错误,总是有价值的。因为那不是猜出来的,而有逻辑的证明。逻辑证明了的结果,总有一定的客观真理性。"

"正因为如此,数学的结果可以讲很长时间,它的结果以及得出这些结果的过程都是很重要的。高斯给出代数学基本定理的五种证明,每种证明都值得讲。如果让丘成桐从头来讲卡拉比(Calabi)猜想的证明,他一定会有20讲。但是叫我讲'宇称不守恒'是怎么想出来的,我讲不了多少话。因为当时我们的认识就是朝否定宇称守恒的方向想,'猜测'不守恒是对的。根据有一些,但不能肯定。究竟对不对,要靠实验。"

杨先生最后说:"理论物理的工作好多是做无用功,在一个不正确的假定下猜来猜去,文章一大堆,结果全是错的。不像数学,除了个别错的以外,大部分都是对的,可以成立的。"

杨先生的这番话,使我想起不久前奎因(Quine)和贾弗(Jaffe)发表于《美国数学会公报》1993年8月号上的一篇文章[3],曾引起相当的轰动。该文的主题是问'猜测数学'是否允许存在?其中提到,物理学已经有了分工,理论物理做"猜测",实验物理做"证明"。但是数学没有这种分工。一个数学家,既要提出猜想,又要同时完成证明。除了希尔伯特那样的大人物可以提出23个问题,其猜想可以成为一篇大文章之外,一般数学家至多在文章末尾提点猜想以增加读者的兴趣，而以纯粹的数学猜想为主干的文章是无处发表的。因此，两位作者建议允许"理论数学"，即"猜测数学"的存在。

这样一来，现在有两种相互对立的看法。一方面，物理学界中像杨振宁那样，觉得理论物理的研究太自由，胡乱猜测皆成文章，认为数学还是比较好的。另一方面，数学界如奎因和贾弗那样，觉得目前数学研究要求每个结论都必需证明的要求，太束缚人的思想，应该允许人们大胆地猜测，允许有根据、但未经完全确认的数学结论发表出来。两者孰是孰非，看来需要一个平衡。许多问题涉及哲学和社会学层面，就不是三言两语可以解决的了。

三、复数，四元数的物理意义

虚数 $i=\sqrt{-1}$ 的出现可溯源于 15 世纪时求解三次方程，但到 18 世纪的欧拉时代，仍称之为"想象的数"（imaginary）。数学界正式接受它要到 19 世纪，经柯西、高斯、黎曼、维尔斯特拉斯的努力，以漂亮的复变数函数论赢得历史地位。至于在物理学领域，一直认为能够测量的物理量只是实数，复数是没有现实意义的。尽管在 19 世纪，电工学中大量使用复数，有复数的电动势，复数的电流，但那只是为了计算方便。没有复数，也能算出来，只不过麻烦一些而已。计算的最后结果也总是实数，并没有承认在现实中真有"复数"形态的电流。

鉴于此，杨振宁说，直到本世纪初，情况仍没有多少改变，一个例证是创立量子电动力学的薛定谔[4]。1926 年初，据考证，他似乎已经得到现在我们熟悉的方程

$$i\hbar\partial\psi/\partial t=H(x,t)\psi,$$

其中含有虚数单位 i。$H(x,t)$ 是复函数，但最后总是取实部。薛定谔因其中含有虚数而对上式不满意，力图找出不含复数的基本方程。于是，他将上式两面求导后化简，得到了一个没有虚数的复杂的高阶微分方程：

$$-\hbar^2\ddot{\psi}=H^2\psi。$$

1926 年 6 月 6 日，薛定谔在给洛伦兹的一封长信中认为，这一不含复数的方程"可能是一个普遍的波动方程"。这时，薛定谔正在为消除复数而努力。但是，到了同年的 6 月 23 日，薛定谔领悟到这是不行的。他在论文[5]中第一次提出，H 是时空的复函数，并满足复时变方程。并把上述第一个公式称为真正的波动方程。其内在原因是，描写量子行为的波函数，不仅有振幅大小，还有相位，二者相互联系构成整体，所以量子力学方程非用复数不可。另一个例子是外尔（H. Weyl）在 1918 年发展的规范理论，被爱因斯坦拒绝接受，也是因为没有考虑相因子，只在实数范围内处理问题。后来由福克（Fock）和伦敦（London）用加入虚数 i 的量子力学加以修改，外尔的理论才又重新复活。

牛顿力学中的量全都是实数量，但到量子力学，就必须使用复数量。杨振宁和米尔斯在 1954 年提出非交换规范场论，正是注意到了这一点，才会把外尔规范理论中的相因子推广到李群中的元素，完成了一项历史性的变革[6]。

1959年,阿哈拉诺夫(Aharanov)和玻姆(Bohm)设计一个实验,表明向量势和数量势一样,在量子力学中都是可以测量的,打破了"可测的物理量必须是实数"的框框[7]。这一实验相当困难,最后由日本的 Tanomura 及其同事于1982年和1986年先后完成[8]。这样,物理学中的可测量终于扩展到了复数。

令我惊异的是,杨振宁教授预言,下一个目标将是四元数进入物理学。自从1843年爱尔兰物理学家和数学家哈密顿(Hamilton)发现四元数之后,他本人曾花了后半辈子试图把四元数系统像复数系统那样广泛运用于数学和物理学,开创四元数的世纪,但结果令人失望。人们曾评论这是"爱尔兰的悲剧"[9]。时至今日,一个大学数学系的毕业生可能根本不知道有四元数这回事,最多也不过是非交换代数的一个例子而已。我还记起,1986年春,钱学森在致中国数学会理事长王元的一封信中,曾建议多学计算机知识,而把研究"四元数解析"(复变函数论的推广)的工作指为"像上一个世纪"东西。总之,我和许多数学工作者一样,认为四元数发现,只不过是"抽象的数学产物",不会有什么大用处的。

杨振宁向我解释了他的想法,"物理学离不开对称。除了几何对称之外,还有代数对称。试看四元数 $a+bi+cj+dk$,其基本单位满足 $i^2=j^2=k^2=-1$,而 $ij=k, jk=i, ki=j$; $ij=-ji, jk=-kj, ki=-ik$。像这种对称的性质在物理学中经常可以碰到,问题是有哪些基本的物理学规律非用四元数表示不可?现在似乎还没有出现。最近,丘成桐等人的文章[10]说,我在1977年发表的一篇文章,*Condition of Self-duality for SU(2) gauge fields on Euclidean four-dimensional space*[11],曾推动代数几何中稳定丛的解析处理的理论。我还没有问过数学家,不知道这是怎么一回事。许多工作,包括运用四元数表示的物理理论,也许会在这种交流中逐步浮现的。"

杨振宁又说,至于将复变函数论形式地推广到四元数解析理论,由于四元数乘积的非交换性,导数无法唯一确定,所以不会有什么好结果出来。现在也有物理学家写成著作,用四元数来描写现有的物理定律,就没有引起什么注意。将来要用四元数表达的物理定律,一定会是一组非线性微分方程组,其解的对称性必需用四元数来表示。所以,杨先生相信:"爱尔兰的悲剧是会变成喜剧的。"

四、"双叶"比喻

数学和物理学的关系,应该是十分密切的。在数学系以外的课程中,物理系开设的数学课最多最深。"物理学公理化,数学化",曾是一个时期许多大学问家追逐的目标。不过,擅用数学于物理的杨振宁教授却认为二者间的差别很大,他有一个生动的"双叶"比喻,来说明数学和物理学之间的关系,他认为数学和物理学像一对"对生的"树叶,他们只在基部有很小的公共部分,多数部分则是相互分离的。杨振宁解释说:"它们有各自不同的目标和价值判断准则,也有不同的传统。在它们的基础概念部分,令人吃惊地分享着若干共同的概念,即使如此,每个学科仍旧按着自身的脉络在发展。"[12]

参考文献

[1] Steenrod. *The Topology of Fibre Bundles*. Princeton University Press, 1951

[2] Ulam S M. *Adventures of a Mathematician*. New York: Charles Scribner's Sons, 1976

[3] Quine, Jaffe. Theoretical Mathematics: Toward a Cultural Synthsis of Mathematics and Theorectical Physics. *Bulletin of Amer Math Soc*, 1993, **29**: 1

[4] 杨振宁. −1的平方根,复相位与薛定谔——在英国帝国大学纪念薛定谔诞辰100周年大会上的演讲.1987.见:读书教学又十年.时报出版社,1995,41

[5] Schrodinger E Ann D. *Phys* **81**(109)

[6] Yang C N, Mills, R L. *Conversation of isotopic spin and isotopic gauge invariance*. Phys Rev. 1954, **96**: 191

[7] Aharonov Y, Bohm D. *Phys Rev*, 1959, **115**: 485

[8] Tonomura A, *et al*. *Phys Rev Lett*. 1982, **48**: 1443; 1986, **56**: 792

[9] Bell E T. *Men of Mathematics*. New York: Dover Publications, 1937

[10] Smoller J A, Wasserman A G, Yau S T. Einstein-Yang/Mills Black Hole Solutions. In: *Chen Ning Yang—A Great Physicist of the Twentieth Century*. Hong Kong: International Press, 1995.209

[11] Yang C N. Condition of Self-duality for SU(2) gauge fields on Euclidian four-dimensional space. *Phys Rev Lett*, 1977, **38**: 1377

[12] Yang C N. *Selected Papers. 1945 – 1980, with Commentar*. San Francisco: Freedman and Company, 1983

陈省身的五次抉择

张奠宙

人生道路是不断抉择的结果。

陈省身,20世纪下半叶世界最伟大的几何学家。他从一个普通少年,成长为攀上当代几何学顶峰的数学大师,整个过程,正是他一生中五次决定性抉择的结果。

张奠宙教授正在撰写一部《陈省身传》,他为陈省身的成功归纳总结出这么一条线索,既得到陈省身本人的认可,也获得了杨振宁的赞同。这里选取其中的片段先予发表。

一、选择数学

陈省身出生于1911年10月,那正是辛亥革命推翻满清帝制之时。他的家乡在浙江嘉兴的秀水河畔,父亲是一名秀才,后来成为司法机关的公务员。父亲给他取名陈省身,意思出自"吾日三省吾身"的典故。

年幼时,陈省身只上过一天小学,因为看见老师打学生的手心,第二天他便死活拒绝去学校了,从此就在家自学。1920年年初,父亲奉命到天津法院工作,陈省身随之北上,就读于天津扶轮中学。在《扶轮》校刊上,少年陈省身发表了一首"述怀诗",题为《纸鸢》。纸鸢是江南一带对风筝的称呼。

纸鸢啊纸鸢!
我羡你高举空中
可是您为什么东吹西荡地不自在?
莫非是上受微风的吹动,
下受麻线的牵扯,
所以不能平青云而直上,
向平阳而直下。
但是可怜的你!
为什么这样的不自由呢?
原来你没有自动的能力,
才落得这样的苦恼。

编者注:原文载于《上海科学生活》(2003年7期第54页至61及第8页)。本卷转载时,因涉及版权,删去了原文中大部分插图。

常言道："诗言志"，陈省身用这首小诗道出了自己少年时代胸怀的志向，崇尚独立思考，向往主动发展，不做受人摆布的纸鸢，愿为翱翔天空的雄鹰。

15 岁那年，陈省身考进了南开大学理学院。当时，大学一年级不分系，数理化每个学生都必须学。有一次上化学实验课，内容是"吹玻璃管"，陈省身对着手中的玻璃片，和面前用来加热的火焰一筹莫展，后来由实验老师帮忙，总算勉强吹成了。但他觉得吹成后的玻璃管太热，就用冷水去冲了冷却，不料热玻璃遇到冷水"嚓啦啦"全碎了，瞬间前功尽弃。

这尽管是一件小事，但是对陈省身的触动很大，他发现自己缺乏动手能力，于是作出了他人生的第一个至关重要的抉择，就是从此放弃物理、化学，专攻数学。想不到，这就成了他终身献身数学的起点。

这使人联想到物理大家杨振宁也有类似因为动手失败而转攻理论的经历。当时在杨振宁求学的美国芝加哥大学就有一句笑传："哪里有爆炸，哪里就有杨振宁。"其实，在心理学上对这种现象有过解释："有些理论型人才，脑子思考快，手却跟不上，所以往往出错"。解释是否有理，且不去说它，但是，陈省身由此而做的选择，就像杨振宁为此而选择了理论物理一样的正确。

二、步入清华

1930 年，陈省身从南开大学毕业。当时数学系毕业生的出路，通常是做中学教师。也是事有凑巧，清华大学的孙光远教授正要招收中国的第一名数学硕士研究生。于是，陈省身抓住这个机会，选择清华，和吴大任两人同时考取。只是因为一些另外的缘故，他先做助教，一年后才作为硕士研究生正式入学。

清华大学成立于 1926 年，学校经费来自美国退回的"庚子赔款"。虽然说"羊毛出在羊身上"，钱仍然是中国人的钱，但是，碍于外交信用，清华经费不会短缺。因此，相对北大来说，清华成立虽晚，却因经费充裕而蒸蒸日上。

1930 年初的清华大学数学系，国内数学英才荟萃，可以说是群星灿烂。当时执教的教授共有 4 位：系主任是熊庆来，留学比利时、法国，专长函数论。另一位是前辈郑桐荪，1907 年毕业于美国康乃尔大学数学系。这位数学元老级的教授，日后成了陈省身的岳父。其余两位教授都是 1928 年美国芝加哥大学的博士：陈省身的导师孙光远，在自己的导师莱恩指导下研究射影几何学，他是取得博士学位后仍不断发表论文的极少数中国教授之一。有趣的是，1950 年，陈省身到芝加哥大学任教授，正式接替的正是莱恩的位置，实现了一次难得的"学术轮回"。杨武之教授乃是中国现代数学研究数论的第一人，是杨振宁的父亲，陈省身和他们父子两代有很深的因缘。

在陈省身来到清华大学的第二年，华罗庚也来清华担任数学系的助理员。两位后来成为 20 世纪最伟大的华人数学家的年轻人，就此同在一起学习、研究。陈省身后来回忆说，华罗庚"虽然名义上是助理员，其实等于是个研究生，我也是研究生，我们时常来往，上同样的课，那是很愉快的一段学生生活。"有这样的名教授，又有这样的优秀学伴，在这样的教学环境中，

第一部分　现代数学史　179

陈省身如鱼得水。

华罗庚比陈省身只大一岁,两人都是数学天才,同在清华,你追我赶,彼此激励。陈省身第一篇学术论文发表于1932年,1935年又在日本《东北大学学报》上发表论文。华罗庚则在1934年同时在国内外发表论文。陈省身和华罗庚以后在德国、英国、美国多次见面。1950年华罗庚自美国起程回国,途经芝加哥时他们彼此见了一面,此后就天各一方,直到20余年后再次重逢。而这两位数学巨子的起飞之地便是清华园。

三、负笈汉堡

在清华4年,陈省身确定了以微分几何为自己的研究方向。但同时也渐渐觉得那些研究并非是未来会有前途的方向。他隐约感觉到,微分几何的正确方向应当是"大范围微分几何",即研究微分流形上的几何性质,和拓扑学有密切关系。但是这一学术趋向在当时还刚刚开始。陈省身多年以后回忆说:"那是在清华时一直憧憬着的方向,但未曾入门。当时的心情,是望着一座美丽的高山,却不知道如何攀登。"

终于,在人生道路上确定要"攀登高山"时,陈省身选择了一个攀登的山口:到汉堡去!

清华大学规定,学业成绩好的学生,校方可以资助出国留学。陈省身学习成绩优异,论文迭出,自然是选派对象。不过,既是美国庚款的资助,一般就必须去美国才是。但是陈省身认准,当时世界数学中心在欧洲,几何学研究的重镇则在德国与法国。

只是,希尔伯特所在的德国格丁根大学虽然名扬天下,但1933年希特勒上台后已经元气大伤。反倒是德国北部的汉堡大学,成立不久而更有生气,那里的几何学名家布拉施克教授曾来过北京演讲,陈省身相当钦服。于是他选择了汉堡大学。当时,因为熊庆来学术休假去了法国,杨武之当时代理清华数学系主任,他对陈省身的抉择深为支持。最后,陈省身拿美国的庚款资助去德国汉堡留学的意愿居然就实现了。

1934年9月,陈省身到达汉堡,他德语不会,英文不佳,适逢中国领馆休假,一时竟然举目无亲。陈省身自己回忆说,那时好难!不过,他很快就度过了"休克"阶段。原由是陈省身在研究中偶然发现布拉施克教授的论文中有个漏洞,他写了一篇为之修补的论文,于是一下子就站稳了脚跟。

那时布拉施克教授经常在国外访问,倒是年轻的副教授凯勒十分活跃。陈省身来到汉堡时,适值数学系在祝贺凯勒的著作出版发行,凯勒又为此开设了一个讨论班。讨论班第一天,系里几乎所有的人都出席了,每个人还得到一本凯勒赠送的著作。但后来,由于理论本身太复杂,凯勒又不善于讲课,结果参加者越来越少,两个月后就只剩下陈省身一个人在"坚持抗战"。凯勒就此把陈省身当作知音,在讨论班之后,俩人经常一起到附近的小餐馆一边吃午饭一边继续讨论各种问题。参加讨论班使陈省身获益匪浅,他由此认识到埃利·嘉当是一个伟大的数学天才,嘉当创造的方法具有强大的威力。他学习使用嘉当的方法,于1935年秋完成了《2r维空间中r维流形的三重网的不变理论》的论文,后来成了他的博士论文并发表在1936年的《汉堡论文集》上。

短短一年多的时间,陈省身就获得了博士学位。这可以说是他选择欧洲的最明显结果。

四、追随嘉当

陈省身1934年到汉堡大学,1936年2月就完成博士论文答辩,为时仅一年半。对余下的留学时间如何安排,布拉施克先生提出两个选择:一是到巴黎跟从嘉当继续研究微分几何,二是在汉堡学习数论。

嘉当的论文难读,是出了名的。但是,越是重要而又少人问津的地方,就越有挑战性,于是,陈省身决定到巴黎去,他选择了几何。经布拉施克教授的推荐,嘉当同意陈省身的访问。

从汉堡到巴黎,去追随几何学大师E·嘉当,这是陈省身的第四次抉择,也是又一个重大的人生转折。事隔几十年之后,美国数学名家、全国数学研究所所长卡普兰斯基对此评论说:"如果他选择了代数数论,20世纪数学的历史将会有重大改变。数论失去了一位大师,而几何学是幸运的"。

嘉当声名,晚年始盛。他和陈省身之间虽然没有正式的师生名分,却留下了数学学术传承的一段佳话。从嘉当到陈省身,可以说记录了20世纪上下半叶几何学发展的历史。

当年,陈省身到巴黎注册之后,即去谒见嘉当。嘉当每星期四下午在办公室接见学生,门口排着长龙。嘉当第一次见到陈省身,就给了他一个与网几何有关的问题。陈省身一时做不出来,不好意思再去见嘉当。有一天,在庞加莱数学研究所的楼梯上俩人相遇了,嘉当问起为何好久不见?陈省身就据实相告。嘉当欣赏他的诚实,这之后,他们的接触反而多了起来。陈省身回忆说:"嘉当是一个慈祥的人,待人真诚有礼。"嘉当只说法文,陈省身虽勉强能听懂,但是起初的几月还是多靠笔谈,他总是事先把问题写下来,以免当场尴尬。两个月之后,嘉当允许陈省身每两星期到他家里去交谈一次,每次约一个小时。嘉当的思路敏捷,材料熟悉,往往当场就解答了问题。会见后的一天,陈省身经常会接到他的信,"你离开后,我想了许多你的问题……",接着继续讨论前一天的问题。陈省身有时在街道上碰到嘉当,嘉当如果恰巧有一些想法,就会拿出一只旧信封或甚么纸片写上一点东西交给他,并告诉他答案。就这样,日复一日,月复一月,陈省身埋头于向嘉当学习。这时期,他共写了三篇论文,但学到的东西远远超出这些论文的内容,使他终身受用。嘉当所给的第一个问题,后来陈省身也解决了,1938年发表在《云南大学学报》上,题目是《关于两个仿射联络》。

1975年,杨振宁发现了物理学中的"杨-米尔斯"规范场理论,这和陈省身构建的纤维丛理论,"原来是一只大象的两个不同部分"。杨振宁在感叹造化之工,宇宙之妙之余,写了这样一首诗:

天衣岂无缝,匠心剪接成,
浑然归一体,广袤妙绝伦;
造化爱几何,四力纤维能,
千古寸心事,欧高黎嘉陈。

最后一句:"欧高黎嘉陈"这五个字,分别表示人类历史上五个伟大的几何学家:欧几里得、高斯、黎曼、嘉当和陈省身。

世界上第一个数学高峰,出现在古希腊。古希腊最重要的几何学遗产,是欧几里得的著作《几何原本》,那公理化的思想体系,象一支火炬照亮了人类科学前进的道路。中世纪漫漫长夜之后,出现了笛卡儿、牛顿、欧拉等大数学家,他们用坐标方法和微积分思想丰富了几何学。但是,真正使微分几何学成为独立学科、具备深刻内涵的是19世纪德国格丁根大学的高斯和黎曼。n维空间、高维曲面、高斯曲率、黎曼流形等新概念,使得几何学摆脱了具象思维的束缚,提升到抽象的境界,打开了更加广阔的几何世界。欧、高、黎之后,时序进入20世纪。几何学进步的担子落在法国数学家 E·嘉当的身上。

嘉当,1869年出生于法国阿尔卑斯山的一个小村庄里。父亲是一名铁匠,家境贫寒。由于幼年时的天才表现,为当时的政治家安东尼所赏识,因而获得奖学金,1888年进入巴黎高等师范学校学习。1894年他以《论有限连续变换群的结构》的论文获得博士学位。他在法国的一些大学任教之后,又于1912年任巴黎大学教授,直到1940年退休。1931年他当选为法兰西科学院院士时,已经62岁了。由于他的工作完全是新的,非凡的几何洞察力和极难的论证技巧结合在一起,可以说"超越了他的时代",很少有人能真正读懂他的论文,理解他的深刻涵义。曲高和寡,自然乏人欣赏。正好这时,一个中国人来到他的身边,并成为他事实上的学术继承人。这人就是陈省身。

几十年之后,陈省身回忆巴黎之行时说道:"事后看来,我想这是一个很正确的决定。因为,嘉当的工作当时能够理解的人不多。我得意的地方就是很早进入这一领域,熟悉了嘉当的工作,一般说我后来能够应用他的发展方向,继续做一些贡献。"

陈省身选择追随嘉当是英明的;嘉当和陈省身之间的科学传承与深厚友谊则是数学的幸运。

五、普林斯顿

普林斯顿是美国新泽西州的一个小镇。周围风光旖旎,恬静安适,一片田园风光。它距纽约仅约80公里,乘火车40多分钟可抵达纽约曼哈顿中城,自备汽车进城就更加方便。优越的地理位置,加上一个偶然的机遇,从1936年起,普林斯顿异军突起,请来了爱因斯坦、外尔、冯·诺依曼三位顶尖的数理科学家,加上美国本土的三位数学家:维布伦、莫尔斯和亚历山大,强大的阵容一下子就把普林斯顿的学术声誉推到云端,取代了欧洲成为举世闻名的数学中心。

陈省身1937年回国以后,从教于昆明的西南联大,那4年中,离开数学的主流社会和信息闭塞,对于数学研究工作的影响日见显露。于是,到美国普林斯顿访问的想法在他面前浮现出来了。

陈省身和维布伦都是几何学家,算是同行。早在巴黎时期,就互相通过信。当年维布伦有一个问题不能解决,陈省身用嘉当的方法帮助他处理有关"投影正规坐标"的问题,给维布伦留下了深刻的印象。陈省身到西南联大后,他们的通信仍在继续。而1940年前后,陈省身有 3 篇论文发表在维布伦所在的普林斯顿大学主办的《数学纪事》上。

普林斯顿大学与高级研究所合办的刊物《数学纪事》，是世界一流的数学杂志，能够在它上面发表论文历来是数学家的一种荣誉。陈省身在昆明的煤油灯下写出的文章，分别由数学大家 H·外尔和 A·韦伊审查，就显示出《数学纪事》的"严格学术追求"。两位大师对论文的高度评价又反映了陈省身研究工作的"优异数学水准"。这样，陈省身依靠自己的实力，以及维布伦、外尔、韦伊的鼎力相助，开始了到普林斯顿攀登数学高峰的历史进程。维布伦和外尔都曾对道路几何研究做出过开创性工作，所以他们对陈省身的文章留下深刻印象。他们开始筹划让陈省身来普林斯顿。

1942 年 4 月 22 日，普林斯顿高级研究所的教授维布伦给院长弗兰克·艾得罗特写信，推荐"如此卓越的人才"陈省身。艾得罗特院长接受了这个推荐，并为陈省身赴美办妥了一切手续。

陈省身向西南联大请假一年，告别妻子幼儿，冒着二次世界大战炮火的危险，搭乘美国"飞虎队"的军用飞机，经印度、中非、南大西洋、巴西，辗转到达美国，前后为时一个月。

陈省身由此实现了他一生中的第五个选择。

到达普林斯顿之后，陈省身受到朋友们的热情接待，并沉浸在浓厚的学术氛围之中。他这样回忆和爱因斯坦的交往："因为同在一个研究所，研究所也不大，所以常常看见他。彼此打招呼，也聊天。他是一个非常简单的人。每天步行来到研究所，上午呆在那里，中午回家。许多人看见他，都想和他照相，但他只跟小孩照相，不跟大人照。"

"爱因斯坦是历史伟人。他建立的相对论，用到四维的黎曼几何，与数学的关系很密切，所以我们也常常谈到当时的物理学和数学。但是爱因斯坦那时已经老了，工作已经不那么重要。"

陈省身又这样回忆和外尔的会见：

"我 1943 年由昆明去美国普林斯顿，初次会见外尔。他当然知道我的名字和我的一些工作。我对他是十分崇拜的。但我已不是学生。对于传统的微分几何学，我的了解和我所掌握的工具，自信不在人下。我要搞整体微分几何，便需要拓扑、李群、代数几何和分析等。外尔很看重我关于高斯-邦内公式证明的初稿，曾向我道喜。我们有很多的来往，有多次的长谈，开拓了我对数学的看法。历史上是否再有外尔这样广博精深的数学家，将是一个有趣的问题。"

研究院的 6 名常任教授中，冯·诺依曼的年纪最轻(1903—1957)。1920 年代的匈牙利，数学人才辈出，冯·诺依曼在激烈竞争中脱颖而出，成为天才式的数学王子。

"冯·诺依曼是我非常佩服的一位数学家。我们岁数差不多，他比我大三岁，所以很随便。我时常到他的家里去，喝酒，谈天。他很会讲笑话，讲些什么当然记不得了。那时他已经在做战时的工作，常常离开普林斯顿。"

在这样的环境里，陈省身攀登几何学主峰的主客观条件都成熟了。1943 年，陈省身完成了一篇划时代的论文《闭黎曼流形高斯-博内公式的一个简单的内蕴证明》，发表于美国普林斯顿大学出版的《数学纪事》第 45 卷第 9 期(1944)。这标志着大范围微分几何时代已经来临。

1945年9月,陈省身应美国数学会之邀,在夏季大会上作演讲。题目是《大范围微分几何的若干新观点》,全文发表于1946年的《美国数学会公报》第52卷。H·霍普夫对此文评论说:

"此篇演讲(作于1945年9月)表明,大范围微分几何的新时代开始了。这个新时代以纤维丛的拓扑理论与嘉当方法的综合为特征。"

这篇评论,肯定了陈省身在大范围微分几何领域的奠基性贡献。

普林斯顿,世界数学中心。在普林斯顿,陈省身登上了几何学美丽的主峰,开拓了一个崭新的领域。

有一次,陈省身和夫人一起参观一座罗汉塔。陈省身很感慨地对夫人说:"现在无论数学做得怎样好,顶多是做个罗汉。菩萨大家都知道他的名字,又有谁知道罗汉的名字呢?所以不要把名利看得太重"。陈省身自称是一个"罗汉",但是在现代几何学的殿堂里,他已经是一位菩萨。

2000年,陈省身做出了人生的又一个重大的抉择:回国定居,成为天津市的荣誉市民。

陈省身和华罗庚

张奠宙　王善平

陈省身说与他数学生涯关系密切的有 6 个朋友：华罗庚、吴文俊、胡国定、A·韦伊、格里菲思和西蒙斯。其中前三位是中国朋友，后三位是外国朋友。我们先来叙述有关华罗庚的故事。

陈省身和华罗庚，是中国现代数学史上的两位巨人。他们年龄相仿，但生活的道路不同，华罗庚年长一岁。1930 年陈省身考取孙光远先生的硕士研究生，进入清华。第一年因研究生人数太少没有开课，就先做算学系系主任熊庆来的助教。次年，熊庆来传奇式地邀请华罗庚来清华，任算学系的助理员。算学系的办公室就在工字厅走道的地方，两边各有两个房间，一共是 4 个房间。熊庆来的房间内原来放有助教陈省身的一张桌子。外间是周鸿经和唐培经两个教员的办公室，走道的对面则是其他教授的办公室。1931 年 6 月，陈省身的助教任务结束，恢复为研究生。于是，以学生身份当然不能再呆在教师的办公室。正好华罗庚来了，作为算学系的助理员，就用原来的陈省身的那张桌子。陈省身说，华罗庚"虽然名义上是助理员，等于是个研究生，我也是研究生，我们时常来往，上同样的课，那是很愉快的一段学生生活。"

陈省身回忆华罗庚的用功是"每天工作十几小时"，用非凡的努力来弥补先天的不足。"罗庚患有腿疾，又没有学历，要超过别人，谈何容易。记得 1935 年华罗庚在德国的著名杂志《Mathematische Annalen（数学年鉴）》发表了一篇论文，那时中国很少人能做到这一点。华罗庚当时站在清华科学馆逢人告诉这一喜讯，在他一生的传奇故事上又添加了新的一笔。"

1930 年代的清华大学数学系群星灿烂，他们两人构成明亮的"双子星座"。经过几年的学习，两人先后出国。陈省身到汉堡大学获取博士学位，又去巴黎追随 E·嘉当，读通常人难懂的"天书"，攀登几何学的高峰。华罗庚则由 N·维纳介绍去了英国的剑桥，在哈代的指导下，走到了解析数论研究的世界前沿。为了发展中国的现代数学，两人都在拼命往前跑，形成了客观上的竞争。但是，他们是竞争中的朋友。彼此尊重，礼尚往来，终生不渝。1936 年，华罗庚途经柏林去剑桥，陈省身自汉堡赶往会见，一起观看柏林奥运会。第二年陈省身经过英国到法国时，也专门到剑桥看望华罗庚。仅此也就知道他们青年时代的友情了。

抗日战争开始，他们两人先后回到祖国，在西南联大度过了困难的、但是学术上丰收的年代。开始时，陈省身和华罗庚，王信忠三人合住一房间，每人一床，一小书桌，一椅，一小书架，摆满一房间。1937 年两人都被越级提升教授，时年不过二十六七岁。他们意气风发，工作情绪饱满，成果累累。早晨醒来，大家开开玩笑，然后一直工作到深夜。两人曾共事 5 年，一度

编者注：原文载于《高等数学研究》(2004 年 6 期第 60 页至 62 页)。

共同居住在一个房间里,彼此开开玩笑,却在煤油灯下萌生出"整体微分几何"和"堆垒素数论"的重要工作。

1943年之后,陈省身到了美国普林斯顿从事整体微分几何的研究,取得了重大的成就。华罗庚在1940年代也有新的突破,完成堆垒素数论,开始了矩阵几何、自守函数的创新工作。1944年华罗庚收到了普林斯顿的邀请,同时向维纳写信表示要访问麻省理工学院。正当此时,中央研究院的数学研究所正式成立。陈省身和华罗庚是担任所长的人选。1946年,陈省身回国,华罗庚却准备到普林斯顿。数学研究所的筹备主任姜立夫也要出国故而力荐陈省身,但陈省身力辞,只同意担任代理所长,等待姜立夫回国。

1949年元旦,陈省身再次访问美国的普林斯顿。半年后受聘于芝加哥大学数学系。1950年,华罗庚在伊利诺大学任教授,和芝加哥相近。陈省身回忆说,华罗庚曾到芝加哥大学讲"布饶尔—嘉当—华罗庚定理"的初等证明,很漂亮。

1950年,国际数学家大会在美国波士顿的坎布里奇召开。这是中断14年以后举行的大会。陈省身应邀在大会做一小时报告。这样高的学术荣誉,奠定了陈省身在国际数学界的地位。这年夏天,华罗庚决定返回北京,回国效力。去旧金山登轮时途经芝加哥,陈省身和华罗庚见面并握别。此后,这两位20世纪中国最伟大的数学家,在太平洋两岸继续为中华民族争光。他们再次相见,是22年以后的事情了。

中美之间的长期分隔,给陈省身和华罗庚提供了全然不同的学术和生活环境。陈省身在国际数学界的影响越来越大,成为几何学的一代大师,而华罗庚则在中国国内的数学界发挥着领导作用,成为家喻户晓的科学偶像。他们在不同的方向上为中华民族在20世纪的科学复兴做出了杰出的贡献。

我们这里要叙述的是他们在中美关系解冻以后的友谊。

1972年,陈省身回到阔别23年的北京。陈省身带来美国科学院的正式信件,受到中国科学院院长郭沫若的接见。会见时华罗庚正在外地推广统筹法和优选法。得知陈省身回国的确切消息,奉命立即回到北京。华罗庚在东安市场的烤鸭店宴请陈省身,随后摄下了他们夫妇4人的珍贵照片。这似乎是目前可以找到的唯一的两人一起的合影。这里还可以提到一件逸事。陈省身在访问期间偶患感冒,科学院陪同人员十分谨慎,便陪同陈省身到协和医院请一位医生诊治。那位医生拿起病历卡一看,对陈省身说"我认识你!"原来那位医生正是华罗庚的长子华俊东。西南联大时期,陈省身和华罗庚是一起工作的同事,时有来往,孩子们自然认识陈叔叔。天下还是很小的。

此后,陈省身差不多每两年回国一次。有一次在清华大学演讲,内容是通俗报告"数学的内容和意义",约有1 000人听讲。报告会由华罗庚主持,演讲前两人互相致辞表示了彼此仰慕之意。

陈省身每次回国,常常到北太平庄的一个大院里访问周培源、钱伟长等故旧,华罗庚家也是必到的。有时华罗庚不在,也看看华罗庚夫人吴筱元女士。

为了加强美国和中国的科学联系,遴选一位数学家作为美国科学院外籍院士是很重要的。外籍院士需要院士们提名。菲力克斯·白劳德(Felix Browder)是一位活跃人物(他的父亲埃尔·白劳德(Earl Browder)是著名的美国共产党的领袖)。F.白劳德20岁在普林斯顿大

图 1　陈省身　　　　　图 2　华罗庚夫妇与陈省身夫妇　　　　　图 3　华罗庚

学获得博士学位,专长非线性泛函分析。1973 年当选为院士。1953 年访问芝加哥大学时和陈省身相识,以后一直保持着关系。这时,他和陈省身联合一些院士为华罗庚提名。提名时要写一份"学术介绍"。这份文件的重要性不言而喻。由谁来写?很自然由陈省身来完成最合适。在美国科学院的档案中,大概还会保留这份文件。结果,如大家所希望的,华罗庚顺利地当选美国科学院的外籍院士,并于 1984 年到美国出席了院士会议。

1980 年代以后,中国实行改革开放的政策。陈省身和华罗庚不仅在国内时常见面,也有机会在美国相见。1980 年,华罗庚应邀到美国作个人访问半年。到伯克利做报告时,华罗庚就在陈省身家里住了两夜。陈省身把整幢房子的底楼空出来,让华罗庚的随从人员使用。1983 年,华罗庚到加州理工学院讲学,陈省身特地驱车 400 余公里,自己驾车从伯克利赶去看望。不料这是他们的最后一面了。

1985 年,华罗庚在东京遽然去世,享年 75 岁。这一年,陈省身担任南开数学所所长,正在天津。噩耗传来,陈省身不胜哀伤。他致电北京有关方面,希望前往吊唁。但是治丧的主持者表示不邀请北京以外的人士出席追悼会,陈省身只能表示遗憾。

2000 年 12 月 18 日,陈省身在纪念华罗庚 90 周年诞辰的国际数学会议的开幕式上讲话,题目是"我与华罗庚"。讲话中回忆了和华罗庚的交往,全文在光明日报发表。

陈省身和华罗庚这两位世纪名人,同行又同事。在漫长的岁月中,社会地位、学术评价、发展机会等等的因素,几乎是不可避免地会有一些碰撞和冲突。如果彼此在某些环节处理稍有不慎,一个小小的摩擦,就会造成隔阂和争执,以至形成大家都不愿见到的状况。但是我们很幸运,这一切在陈省身和华罗庚之间都没有发生。

历史将会不断地证明:这是中国数学的幸运。

陈省身和南开数学所

张奠宙　王善平

1979 年，陈省身从加州大学伯克利分校退休。那年他只有 68 岁。晚年还可以干一番事业。做什么呢？他想到自己的根在中国。经过几十年的奋斗，陈省身用自己的成就，证明了中国人可以和外国人一样做世界上最好的数学。但是一个人是不够的。把整个中国数学搞上去，才是更伟大的目标。

"我最后的事业在中国"，而且把这份事业的基地确定在南开。20 多年过去了，他看到"南开数学所"，已经成长起来。美好数学梦想已经初步实现，而更加灿烂的明天正在展现。

一、襁褓中的南开数学所

自从 1972 年重返中国大陆，陈省身访问了中国的许多地方。祖国的秀丽河山使他陶醉，独立自主站起来的中国人民使他感到振奋。当然，清华大学为他表演"一把大锉锉出微积分"的闹剧也使他迷惘。1976 年"文革"结束。陈省身看到了未来。在他退休的时刻，他决心把自己的未来贡献给中国的数学事业。1979 年，陈省身把他的想法明确地告诉了南开大学的好友吴大任，以及知心的学生和朋友吴文俊。

首先，要完成他自己的"最后事业"，必须建设一个根据地。哪里比较合适？北京，上海，南京，都是他曾经工作过的地方，都有特定的城市魅力。但是，他最后还是选择了天津南开。原因很多。天津是他少时成长的地方，故土难忘。姜立夫在南开引导他走上数学道路，使他永记在心。天津离开北京不远，可以感受国家政治中心的脉动，却又减少了首都特大城市的那份喧嚣。仔细分析一下也会感到：在一个比较单纯的地方建设一个全新的数学研究所，比在一个人事上盘根错节的地方进行建设，成功的希望比较大。

两位好朋友的回音是：吴大任表示极力欢迎回南开。吴文俊建议：选择南开。

南开的数学基础比较薄弱，但是也有相当实力。尤其是南开有许多彼此相知的同事和朋友。老友吴大任是副校长，可以尽力帮忙。新任副校长的胡国定也是 1947 年就熟悉的老相交。作为一位地下革命者，胡国定是一位在政坛具有影响力的数学家。此外，在国内外数学界具有声誉的严志达教授，则是自己在西南联大的学生。这样的阵容，是一个理想的干事业的基本班子。

1981 年，胡国定从吴大任那里知道了陈省身的意思。趁到美国洛杉矶加州大学参加学

编者注：原文分上下两部分载于《神州学人》(2005 年 2 期第 42 页至 44 页；2005 年 3 期第 50 页至 51 页)。

术会议的机会,胡国定到伯克利和陈省身深谈,希望弄清楚在南开能不能做一番比较大的事业。

那时,陈省身的想法是:"必须从根本上增强中国数学的实力,在本土上发展中国自己的数学。"在中国本土上发展,这是陈省身的初衷,也是他一直坚持的原则。至于胡国定的想法,则是请陈省身担任南开数学所的"所长",不是名誉所长,而是有职有权,可以指挥决策的真正领导者。这就要求陈省身,不仅仅是做几个报告,不能停留在派学生出去留学,也不是做一些形式上轰轰烈烈的表面文章,而是要扎扎实实地工作,付出比"名誉所长"多得多的精力。两方面的想法都着重在中国本土,心思相同,因此谈话非常投机。

陈省身当然也是考虑再三。当所长,必须实打实地做,在国内长时间停留,甚至永久定居。当时大多数人不相信陈省身会离开旧金山的薪金、别墅来南开工作。但是吴大任和胡国定是相信的。有一次,陈省身认真地问胡国定:"党委书记和我是什么关系?"胡国定回答说:"党组织的任务是监督、保证完成研究所的各项任务,党来保证有什么不好?任何权力都需要监督,监督并非坏事"。陈省身是否真能听得懂,也很难说。不过这表明陈省身是在认真考虑当好这个"所长",才询问这样的问题。由于对老朋友的信任,陈省身也终于下定决心投入南开数学研究所的建设。

胡国定在南开大学有很高的威信,有好几次动员他做南开大学的党委书记,但是胡国定都谢绝了。他只做副书记、副校长,分管理科,在理科范围内说话算数,切切实实把理科的事情办好,其中的一项重要任务就是兑现自己向陈省身许下的承诺。

正在这时,由陈省身等策划的,向美国国家自然科学基金会申请在伯克利举办国家级数学研究所的批文正式

图 1　陈省身 1990 年于南开数学研究所

下达伯克利赢得了举办权。这是伯克利加州大学的胜利,也是陈省身个人的重大成就。首任所长非陈省身莫属。陈省身也答应了。但是,只答应担任一届:1982~1985 的三年。陈省身告诉胡国定,三年之后,我一定回来担任南开数学所所长。

事实上,亏得陈省身晚来三年。南开方面的准备工作远远没有跟上。比如,南开数学所请陈省身当所长,就不是南开可以决定的,也不是教育部能够批准的。这需要中国的最高决策机构做出指示。困难在哪里?因为陈省身加入了美国籍。一个外国人可以当中国研究机构的主管领导吗?没有先例。

从 1981 年起,胡国定和吴大任连续向北京的各个部门提出申请报告,包括教育部、人事部,以及中共中央组织部等等,一直没有结果。教育部部长何东昌,和胡国定一样都是在 1940 年代搞学生运动出身的教育家,彼此早就熟悉。他亲口对胡国定说,我非常赞成陈省身当所

长,但是我没有权力批准。一旦上面批准,什么事情都好办。

事情的发展涉及到中国政治的最高层。1983 年 7 月 8 日,邓小平在一次讲话中指出(《邓小平文选》第三卷,《利用外国智力和扩大对外开放》):

"要利用外国智力,请一些外国人来参加我们的重点建设以及各方面的建设。对这个问题,我们认识不足,决心不大。搞现代化建设,我们既缺少经验,又缺少知识。不要怕请外国人多花了几个钱。他们长期来也好,短期来也好,专门为一个题目来也好。请来之后,应该很好地发挥他们的作用。过去我们是宴会多,客气多,向人家请教少,让他们帮助工作少,他们是愿意帮助我们工作的。"

邓小平的这篇讲话是否和陈省身当所长的事有关,我们不得而知。不过陈省身第一次会见邓小平是 1977 年 9 月 27 日,所以邓小平应该认识他。南开的报告也可能送达中央政治局。一个特别的事实是,当国务院向各部部长传达这篇讲话精神时,却特别打电话要一个大学的副校长胡国定去参加。足见陈省身当所长的事,是已经在中央决策部门"挂了号"的。平时悬着等待决策,一旦有了指示,自然要请当事人胡国定来听传达了。

此后,落实邓小平指示的结果之一是南开数学所所长的人选终于尘埃落地。

二、南开数学所白手起家

在南开建立一个数学所,谈何容易。1980 年代初,数学所房无一间,书无一册,人员编制也一个没有。真的是要白手起家。其实,困难是并非南开如此,全国的数学系都很困难。胡国定回忆陈省身刚来筹备数学所的时候,连一间像样的会客室都没有。那天在数学系主任办公室接待陈省身,赶忙从校长办公室去临时搬一张沙发来应急。

图 2　陈省身 1985 年摄于伯克利数学所

1980 年代初,陈省身答应做南开数学所所长,事实上却担任着美国国家数学研究所所长。他既要为美国的数学研究所的创建尽心尽力,又想为南开所的建立未雨绸缪。身在伯克利处理繁重的事务,却仍然关心南开所的一草一木,以至事无巨细,都要过问照料。胡国定至今保留着陈省身在 1981~1991 年间为南开数学所的建设手书的 65 封信。1980 年代,E-mail 尚未通行,传真也不多见,一切还是依靠邮路递送的航空信。

陈省身致胡国定的信件,内容多是介绍著名数学家来讲学,为中国学生出外留学以及争取他们回国,捐钱捐物,南开未来的设想等等。涉及的国内外人物有 100 多人,全是为他人着想,为南开着想。在此,我们摘录几封。

● (1981 年 8 月 17 日)

"南开用我的名义招研究生,我的责任如何,至今茫然。国家培养研究生要使他们为四化努力,要准备吃苦牺牲。在方便时请申明,我是不想帮他们出国的。"

"南开数学发展事,觉得有两件事可做:1)推动姜立夫奖学金。如经济上有国外赞助较便,弟当代为捐募。2)国外访问教授宜有长期计划,先拟名单,按序邀请。要顾全南开情形,有通盘筹划,不限于一方面(如几何学)。"

"格里菲思在国际上享盛誉,学问广博,贡献在多方面。如能请到他为第一位访问教授,当极理想。邀请信能早发最好,与志达商量,拟请他开'纤维丛引论',这课拓扑和几何的人都可以读。"

"我希望明年9月间返国约一个月,在南开约两星期。希望1983年在国内时间较长。"

"此间研究所筹备正开始。加州大学将为此建新楼,琐事甚多。"

● (1988年2月8日)

"面包车在此,即日运出,可运至天津,提单待齐后即寄上。这是美国通用汽车公司(GM)的车。保养可能与日本车不同,须注意。将有一大本 Manual 寄上。GM 将有经理处在北京。代理人为 David Ning, Room 403, Nobel Towers, Beijing.

某教授的月度津贴100美元事已函刘永龄。这样,我们接受津贴者已有4人,我拟再接受一些这样的捐款,在港乞留意机会。"

● (1988年2月11日)

"德国 Bonn 大学 Wilhelm Klingenberg 教授,拟去西藏游览,需要教委邀请及天津市政府批准(来信附上),不知能办到否?K 教授在德国曾大力帮助中国学生。他的旅行全部自费,但我们应当请他在南开做几个报告。

香港中文大学黎景辉君拟来南开讲学6星期,讲授代数拓扑。黎君为香港最有成就的数学家,对南开也很帮忙。"

● (1992年3月4日)

"贺正需来电,说有几个年轻的中国数学家想在南开有一 Seminar,题目是 Rational Dynamics.时间在6月20日以后。这是当前一个热门的题目。

张伟平在巴黎的工作极好。我们应该争取他1993年回南开。其他的年轻人有:张少平,今夏将在 UCLA 完成博士学位;王长平刻在柏林,工作都很不错。我们可否获取这'三平'?"

● (1992年9月18日)

"接忠道信,盛荐方复全君。我把材料仔细看了一下,觉得如果他人品合适,我们应该留他(将来所里人员增多,合作是一个重要问题)。我们并应该竭力支持他去德国 Kreck 处一年。他已有四篇文章投稿各杂志,内容新颖。不必等杂志的发表。

年来新人渐出,我所可望逐渐充实。问题是如何把工作条件改善。兄任期内可见我所发扬光大,期共勉之。"

这里随意摘录的几封,可以看到陈省身在关注什么。至于他的"所长"工作是否称职?也就一清二楚了。

第一部分　现代数学史　191

三、面向全国的"南开数学所"

任命陈省身为南开数学研究所所长的批文下达之后,胡国定面临的最大问题是经费短缺。首先,必须建造一幢数学所专用的楼房。依靠胡国定的运作,趁国家统计局需要培养统计人才的机会,争取了一笔基建投资。这就是我们看见的数学所老楼。在当时中国的经济条件下,这当然是胡国定的大手笔。

更重要的是争取数学所的日常经费。1983年,陈省身受命任所长,1984年就要举行一些大的活动。陈省身已经向一批国际著名数学家发出邀请,前来南开访问,并参加在北京举行的第五届双微会议。但是,活动经费至今无着。负责国际学术活动的教育部外事司也有一定的困难。神通广大的胡国定一时也无计可施。

但胡国定觉得我们如果不能给陈省身提供必要的条件,势必使得陈省身十分为难,对智力引进将发生重大负面影响。胡国定赶到北京教育部,见何东昌部长,颇费了一番周折,终于从教育部得到了12万元的专用经费。胡国定用这12万元,又向国外智力引进小组申请配套经费12万元。第一笔办所的24万元外事经费也就落实了。此例一开,以后教育部的各个司局,凡是和陈省身有关的项目申请,都开绿灯。当1985年南开数学所正式挂牌成立的时候,胡国定手里用于办所的经费已经有了初步的基础。

南开数学所成立的时候,宣布陈省身为所长,胡国定为副所长。陈省身这时每年从美国来南开两次,每次两个月。在南开时,每天上午都到办公室,处理事务,接见客人。

根据陈省身的建议,由吴大任归纳,提出南开数学所的办所宗旨是"立足南开,面向全国,放眼世界"。实行这一方针的具体措施就是组织"学术活动年"。当时的中国数学,还处在恢复和发展的起步阶段。陈省身认为,南开数学所要办成开放的数学所,使得南开的数学活动能够为全国服务。于是,每年选择一个主题,聘请国内一流专家组成学术委员会,在南开举行为时三个月到半年的学习班,研究生都可以参加。国内专家从基础讲起,达到研究的前沿,然后多半由陈省身出面邀请一些国际名家来演讲,使大家迅速接近世界先进水平。这样的"学术年"先后举办了十年,共12次:

1985	偏微分方程	(王柔怀)
1986	几何与拓扑	(姜伯驹、彭家贵)
1987	可积动力系统	(杨振宁)
1988	调和分析	(程民德)
1989	概率统计	(江泽培)
1990	代数几何	(冯克勤)
1991	动力系统	(廖山涛)
	计算机数学	(吴文俊)
1992	复分析	(杨乐)
1993	计算数学	(石钟慈)

1994　非交换代数　　　　　　　　（曹锡华）
1995　微分几何　　　　　　　　　（陈省身,彭家贵）

连续十年举办学术年,使得南开数学所在全国数学界赢得了盛誉。1995 年,学术年活动告一段落。许多国内一流的数学家:吴文俊,谷超豪,齐民友,王柔怀,张恭庆,杨乐等著文庆贺。这些文章提到了许多感人的事情,表明这一活动影响了中国的一代数学家。

有了这样的效果,陈省身为"中国本土"所做的数学努力,已经成为现实。南开数学所并没有挂上"开放数学所"的牌子,却实实在在地做着为全国数学界服务的开放性工作。这为许多国内科研机构树立了榜样。教育部领导对此大为赞赏,并且拨款支持。

图 3　南开数学研究所成立十周年

四、"鞠躬尽瘁,死而后已"

中国实行改革开放政策以后,许多华裔著名人士回国观光,报效桑梓,为中华民族的复兴做了许多有益的事情,功绩巨大。陈省身是其中的一个。如果说陈省身的贡献有自己的特点,那就是着眼于中国本土的数学发展。他认为邀请外国学者来华讲学,介绍学生出外留学,目的都是为了国内的发展。既然担任了南开数学所的所长,就全心全意沉下来工作,不能浮光掠影地做点表面文章就算数。1984 年,当时的教育部副部长朱开轩来南开视察时,开过一个座谈会。陈省身当时说"为数学所我要鞠躬尽瘁,死而后已"。当时大家听了很感动,但是许多人未必相信他真能做到。日后的行动证明,这确是他的肺腑之言。

大家都知道,陈省身把他获得沃尔夫数学奖的 5 万美元奖金全数交给了数学所。其实捐赠数何止这些？光是汽车,捐给所里的就有 5 辆。1987 年 3 月 17 日,在给胡国定的信中说,"我的遗嘱,会有一笔钱给南开数学所"。1988 年,陈省身到美国休斯顿授课研究,所得酬金两万美元也捐给数学所。到了 21 世纪,他为南开数学所设立了上百万美元的基金,其中半数是他自己多年的积蓄。至于图书、杂志以及其他的零星捐助,已经无法精确统计。他自己说,除了伯龙、陈璞之外,南开所是我的"第三个"孩子。

陈省身对南开所的工作更是精心照料,上述给胡国定的 65 封信件便是明证。胡国定还回忆起一桩逸事。那是 1987 年,为南开数学学术年而建造的招待所"谊园"正在施工。学校的基建主管部门报告,工期拖后,恐怕赶不上暑期"学术年"的使用了。胡国定听了眉头一皱,也无可奈何。陈省身知道以后,拄着拐杖到工地找工人师傅聊天,看看能不能提前竣工。工人们看老先生的面子,说努力一下也许行。陈省身大喜过望,立刻打电话给胡国定,说今天晚上我请客,请工人师傅吃饭。那顿饭,陈省身亲自为工人师傅敬酒。过了几天,胡国定看到夜间的工地灯火通明。结果谊园终于按期交付使用了。

陈省身为中国本土数学事业发展的努力,中国的国家领导人是很清楚的。邓小平在1977年、1984年、1986年三次接见他,都谈得很好。后来和江泽民的关系,则更有友谊的成分。其实,陈省身并不刻意去争取领导的接见。有些事情的发展是自然形成的。1985年,在上海举行中国数学会成立50周年庆典,时任上海市长的江泽民接见国内外数学家,是陈省身和江泽民第一次见面。陈省身还记得那天的宴请,说那桌淮扬菜很好吃。

1989年,陈省身还在所长的任内。6月4日发生了政治风波。陈省身于6月12日给胡国定的信说:"原定九月六日返国,拟改迟。New China Education Foundation 的南开账上又捐了美金壹万元,又告。国内变动,盼不如此间报传之烈"。几个月之后,陈省身决定按计划回南开,并没有推迟。因为数学所是自己的"孩子",无论如何是要来看看的。他到天津之后,看到很多原来计划要来的人都不来了,一片冷清。陈省身对胡国定说,有人大概不赞成我回来。但是,我必须来南开,我是所长。他们当面不会骂我,至于背后怎样,就随他去了。

陈省身在这个时刻回到南开,对处于困难时刻的中国客观上是一种支持。10月8日,国务委员兼国家教委主任李铁映在人民大会堂会见并宴请陈省身。10月11日,刚刚担任中共中央总书记不久的江泽民会见陈省身。这次会见,相信彼此都会留下深刻的印象。

南开数学所的工作没有受到政治风波的影响。1989年9月开始的代数几何年如常进行。

五、建设21世纪的南开数学所

1992年,陈省身辞去所长职务,担任名誉所长。所长由胡国定继任。副所长有三位:杨忠道(美籍)、葛墨林、周性伟。1996年周性伟任所长;2004年1月起由张伟平任所长。南开数学所还设立理论物理研究中心,由杨振宁主持,葛墨林处理日常工作。这一方向上的工作十分出色。1992年曾经召开盛大的"理论物理与微分几何"会议。杨振宁和葛墨林主编的 Braid Group, Knot Theory, and Statistical Mechanics,影响很大。其中威滕的论文,使得陈省身-西蒙斯理论的研究进入新阶段。

现在,南开数学所已经拥有一批优秀的数学家。龙以明、张伟平、陈永川、方复全、扶磊等中青年数学家,已经做出了具有国际水准的工作。龙以明、张伟平应邀在2002年的北京国际数学家大会上做45分钟报告,是展示南开数学水平的一个重要标志。

为了聘请和培养南开数学所的人才,陈省身花费了大量的精力。以上的这些优秀学者的成长,都和陈省身的关怀有密切关系。

龙以明是南开数学所的一位领军人物,他出生于1948年,1981年毕业于南开大学数学系、获硕士学位。1987年毕业于美国威斯康星大学(麦迪逊)数学系,获博士学位。1988年在瑞士苏黎世联邦高等理工学院数学研究所从事博士后研究,旋即回南开任教。从事非线性哈密尔顿系统和辛几何的研究。曾获得第七届陈省身数学奖。陈省身花费了许多精力,用特殊的渠道,给少数优秀的数学家以某种方式给予鼓励,包括经济上的支持。龙以明是其中的一位。

张伟平是陈省身名下的博士研究生。1989 年,陈省身当选迟来的法国科学院外籍院士。恰好自己的学生张伟平要在 1989 年秋天到法国留学,而那场政治风波还在影响中法关系。于是陈省身亲自到法国大使馆表明自己的院士身份,终使张伟平于 1990 年夏成行。1993 年,张伟平获得博士学位后回到南开任教。1995 年,南开数学所的名单中,他的职称是副教授。2000 年,张伟平获得第三世界科学院基础数学奖;2001 年,当选为第三世界科学院院士;2002 年,在北京国际数学家大会上做 45 分钟报告;2003 年,获陈省身数学奖。陈省身成功地留住了这位前途无量的年轻人在中国本土,在南开数学所工作。

陈省身关心张伟平的故事很多。张伟平刚来到南开时,每月只有几百元的工资,国内国外的工资差别实在太大,陈省身已经破格想了一点办法给予贴补。1994 年 10 月,霍英东教育基金会高等院校青年教师基金及青年教师奖设立。报上公布了第一届青年教师奖的获奖者名单,其中并没有张伟平。不久,评审会要在北京开会。陈省身是评审委员之一,此时患了重感冒,咳嗽不止,依常例应该请假了。但是 80 多岁的陈省身坚持从天津赶往北京参加会议,除了履行评审职责之外,还要为张伟平争取资助。陈省身专门找霍英东谈了话,向各位评委推荐,力陈张伟平工作的重要。于是,在正式的获奖者之外,终于为张伟平争取到相当于青年教师一等奖的补助。这笔奖金比较丰厚,对张伟平的生活可以略有小补。

另一个来到南开的年轻数学家是陈永川。他生于 1964 年,1984 年获四川大学计算机软件学士学位,1987 年赴美国麻省理工学院学习,1991 年获应用数学博士学位。同年被美国洛斯阿拉莫斯国家实验室授予奥本海默研究员奖。1997 年获联合国教科文组织颁发的"侯赛因青年科学家奖"。1994 年 4 月,陈永川毅然回国,到南开数学研究所任教授。陈永川从事的主要研究领域有组合计数理论、构造组合学、形式文法、对称函数理论、计算机互联网络、组合数学在数学物理中的应用等,并取得了许多重要的研究成果,他的一项研究成果被称为"陈氏文法"。1997 年 11 月,陈永川创立了南开大学组合数学研究中心。他本着高起点、高水平、高速度的发展策略,在很短的时间内把"中心"办成了一个有国际影响的研究机构。1996 年陈永川又创办了国际数学杂志《组合年刊》(Annals of Combinatorics)并担任执行编委,与斯普林格出版社合作出版。

于是,陈永川来到南开。

同样,方复全、扶磊等,都得到过陈省身一些不平常的支持和帮助。

进入 21 世纪之后,陈省身并不满足南开数学所的成就。他觉得,南开数学所"面向全国"是做到了。但是像数学学术年那样的活动,是当时处于数学"恢复调整"时期的特定形式。今后,随着国家经济实力的增长,南开数学所应该争取有更大的作为。其中包括"走向国际"的目标。这,就是"南开国际数学研究中心"的建立。

大师之路　赤子之心
——陈省身的科学人生

张奠宙

2004年12月3日，数学大师陈省身走完了93年的人生历程。他的名字，已经深深地刻在20世纪的世界数学史上，并且成为炎黄子孙跻身国际一流科学家之列的一面旗帜。"把中国建成21世纪数学大国！"陈省身的这一伟大理想，正在鼓舞着后人继续努力。

一、少年言志

风筝飞得再高，还是被人牵制和摆布；不做受人摆布的纸鸢，追求独立自由思考，永远具备"自动力"。15岁的少年立下了这样的志向。

陈省身于1911年出生在浙江嘉兴，后来随父亲移居天津。1926年4月，15岁的少年陈省身在天津扶轮中学的校刊上发表了一首新诗，题目是《纸鸢》（注：纸鸢即风筝）

纸鸢啊纸鸢！
我羡你高举空中。
可是你为什么东吹西荡地不自在？
莫非是上受微风的吹动，
下受麻线的牵扯，
所以不能平青云而直上，
向平阳而直下。
但是可怜的你！
为什么这样的不自由呢？
原来你没有自动的能力，
才落得这样的苦恼。

"诗言志"这首小诗道出了陈省身少年时代的胸襟。独立思考，主动发展，不做受人摆布的纸鸢，愿为翱翔天空的雄鹰，必须具备"自动的能力"。追求独立自由思考的精神，永远不会过时。70年前一位少年的小诗，至今仍然具有感人的力量。

据陈省身自己的回忆："我不是一个规规矩矩、老老实实念书的学生，分数好坏不大在乎。反正我的数学分数总很好，其他功课平平常常，但总能及格，比及格还好些。空下来喜欢到图

编者注：原文载于《世界科学》（2005年1期第46页至48页及第3页）。

书馆看杂书,历史、文学、掌故,乱七八糟的书都看。我的习惯是自己主动去看书,不是老师指定要看什么参考书才去看。"这大概就是陈省身不愿做"纸鸢"的性格。

时序转到了20世纪80年代。

1984年,陈省身受命担任中国南开数学研究所所长。同年,获得世界数学最高奖之一的沃尔夫奖,奖章上面写着:"此奖授予陈省身,由于他在整体微分几何上的卓越成就,其影响遍及整个数学。"创立20世纪最重要数学定理之一的阿蒂亚和辛格,都是陈省身的朋友和学生。辛格写道:"对我们多数人来说,陈省身教授就是现代微分几何。而我们作为他的学生,感激他把我们引导到这片肥沃的土地上。"

从少年陈省身的"纸鸢",到一代数学宗师,这就是陈省身的科学人生。

二、追求卓越

人生道路是不断选择的结果。陈省身通过五次正确的人生选择,踏上了征服微分几何世界最高峰的征程。他的信念是:追求卓越、力争第一。

上世纪20年代,家长往往希望自己的孩子上大学的商科、工科,向往实业救国。进理学院的学生很少,读数学的更是寥寥无几。陈省身不喜欢体育、音乐,做不好实验,一心想读自己擅长的数学,前途可能是一位中学数学教师。结果是:陈省身选择了南开数学系,那里有全国最好的几何学家——1919年在美国哈佛大学获得数学博士学位的姜立夫。

1930年南开毕业之后,陈省身面临第二次选择。那时的清华大学数学系蒸蒸日上:熊庆来为系主任,1928年获芝加哥大学博士的杨武之(杨振宁的父亲)和孙光远加盟清华。孙光远招收中国第一名数学硕士生。于是,陈省身再次作出选择:到清华随孙光远的射影几何学。

三年后获得硕士学位,人生又面临第三次选择。陈省身这时已经发表"射影微分几何学"的论文。但是他隐隐约约地感到,微分几何的正确方向当是所谓"大范围微分几何",即研究微分流形的整体几何性质。当时世界数学中心在德国,美国数学仍处于二流水平。陈省身坚持选择了德国的汉堡,随布拉施克教授研习几何学。

1935年11月,尚在罗马尼亚访问的布拉施克给数学系主任写信:"我的博士研究生陈省身已在汉堡学习了两个学期,鉴于他的杰出工作,我请求破格给予博士资格考试。"陈省身1934年到汉堡,1936年2月完成博士论文答辩,为时一年半。

陈省身的第四次选择至关重要。在1930年代的中国,一个人能够获得博士学位已经是功成名就,归国当一辈子教授是不错的选择。但是,陈省身并不满足,他仍然望着那座微分几何的高峰。1936年9月,陈省身选择了巴黎的E·嘉当。注册之后,即去谒见嘉当。嘉当每星期四下午在办公室接见学生,门口排起长龙。嘉当的论文难读,是出了名的。但是,越是重要而又少人问津的地方,却最有挑战性。两个月之后,嘉当允许陈省身每两星期到他家里谈一次。每次到嘉当家,一按门铃,嘉当自己来开门。陈省身先把用法文写好的问题解答交给嘉当请他评论,嘉当往往当场就进行点评,回答问题。接着给出下一次的问题。

陈省身在巴黎待了10个月,读懂了嘉当的"天书",已经到达世界几何研究的前沿。他准备蓄势待发，攀登高峰。机会终于来了。1943年，第二次世界大战正酣，陈省身还在昆明西南联大任教授。云集了爱因斯坦等大科学家的美国普林斯顿高等研究院，邀请陈省身去访问。于是陈省身作出了人生的第五次重大选择，告别新婚不久的妻子，搭乘美国的军用飞机，颠颠簸簸、一站一站到达普林斯顿。到那里不久，陈省身酝酿已久的"高斯-博内公式内蕴证明"就完成了。这篇划时代的论文刊于普林斯顿大学主办的《数学纪事》。陈省身晚年这样回忆这篇论文：

我一生最得意的工作大约是高斯-博内公式的证明。这公式可说是平面三角形三角和等于180°的定理的推广。如果三角形是曲面上的一区域，则问题必牵涉到边曲线的几何性质和区域的高斯曲率。高斯一生有无数基本的贡献，但这曲率是他明白表示欣赏的。……

我1943年8月抵普林斯顿，11月成此文，立刻成名。美国数学会于1945年请我在夏季大会作一演讲，讲稿发表在《美国数学会公报》。《数学评论》发表评论，第一句话就说"这篇演讲表明，微分几何进入一新时代了……"

陈省身完成高斯-博内公式的内蕴证明之后，继续作出现在称为"陈省身类"的工作。一个年轻中国人的名字，在普林斯顿学术圈子里迅速传播，经常有人来请他吃饭、参加聚会。1950年，陈省身在国际数学家大会上做"一小时报告"。他终于站在微分几何的顶峰。

三、故园情怀

陈省身说："我的微薄贡献是增强了中国人民的自信心。也就是说外国人能够做到的，证明中国人也能做到，而且可以做得更好。"

陈省身以他无可辩驳的数学功绩，令全世界的数学家向他喝彩。但是，这只是他报效祖国的一半。另外一半，便是为中国的数学事业殚精竭虑地服务。尽管1964年陈省身加入了美国籍，他仍然具有一颗火热的中国心。

1984年，创建南开数学所，并担任首任所长。陈省身的想法是"必须在本土上发展中国自己的数学"。对派人到国外留学，陈省身一直不是十分热衷。"要我推荐，我可以做，而且做了不少，主要是希望多一些本土受教育的高级数学人才。"陈省身的所长不是挂名所长，仅他写给胡国定副校长的关于数学所筹备事务的信件就有65封。南开数学所确立了"立足南开，面向全国，放眼世界"的宗旨。组织"学术活动年"，每年选择一个主题，聘请国内一流专家担任学术委员，在南开进行为期3个月到半年的学习班，研究生都可以参加。学术活动年搞到一定的时候，多半由陈省身出面邀请一些国际名家来演讲，使大家迅速接近世界先进水平。这样的"学术年"11年内举办了12次。

1986年，陈省身为中国做的一件大事是促进两岸数学界的统一。在国际数学联盟的中国代表权问题最后是这样解决的：中国作为一个整体加入国际数学联盟，会籍属于最高的等级，有5票投票权，其中"中国数学会"3票，"位于中国台北的数学会"2票。这样，在数学上，中国是统一了。在这过程中，陈省身和他的老朋友、合作者——国际数学家联盟主席莫泽教授，进行了多次的交谈，消除了误解。两岸的数学家也互相尊重。代表权问题解决之后，大家在陈省身家里吃饭,和和气气,高高兴兴。

上世纪 80 年代末,在陈省身的推动下,"21 世纪中国数学展望"学术研讨会酝酿召开,会议的主题确定为研讨如何让中国数学率先赶上国际水平。与会的国务委员、时任国家教委主任的李铁映把陈省身提出的"21 世纪数学大国"的奋斗目标,风趣地称作"陈省身猜想",并表示国家应当支持这一猜想的实现。陈省身当然顺便提出,实现这一猜想需要特别投入,这就是后来为数学界熟知的"数学天元基金"。这一款项从最初的 100 万元,到 2003 年已达 500 万元。这笔基金,对 20 世纪 90 年代以来中国数学的发展,起了重要作用。

2002 年国际数学家大会,是陈省身多方奔走竭力促成的一项展示中国数学成果的大事件。早在 1993 年,陈省身和丘成桐在接受江泽民接见时,首次提出了争取在 20 世纪末或 21 世纪初在中国举办一届国际数学家大会的建议。这一建议得到中国国家领导人的高度重视。1998 年,在德国召开的国际数学联盟成员代表大会上,中国获得了 2002 年国际数学家大会的主办权。在筹办过程中,陈省身担任大会名誉主席。他向大会捐款 20 万人民币,这是本届大会收到的数目最大的个人捐款。为了争取更多的数学家参会,陈省身在《美国数学会通报》上发表文章,以热情洋溢的话语相邀世界各地的同行聚会北京。这次大会最终共有 4 000 多位数学家参加,其中半数以上来自国外。

事无巨细,只要对中国数学发展有利,陈省身都要做,而且事必躬亲。双微会议、陈省身数学奖、陈省身项目、为年轻数学家回国提供资金,都是费神费力的事。一件并不算小的事情是,在邓小平一次接见时,他建议提高国内知识分子的待遇。此次接见后不久就产生了"国务院特殊津贴"的政策。

故园情节,爱国情怀。陈省身是一个热爱祖国的科学家。"我最后的事业在中国"。陈省身用实际行动实践了自己的诺言:"鞠躬尽瘁,死而后已"。

创新：面对原始问题
——陈省身和杨振宁"科学会师"的启示

张奠宙

物理几何是一家，共同携手到天涯。黑洞单极穷奥秘，纤维连络织锦霞。

进化方程孤立异，对偶曲率瞬息空。畴算竟有天人用，拈花一笑欲无言。

1945 年，陈省身内蕴地证明了"高斯-邦内"公式，给出纤维丛的不变量（陈类），于是"整体微分几何学"的时代开始了；1954 年，杨振宁和米尔斯研究非交换的规范场，世称杨-米尔斯理论，揭开了物理学研究的新篇章。

经过 30 年的探索，1975 年，杨振宁明白了规范场和纤维丛理论的关系。于是驱车前往陈省身在伯克利附近的"小山"寓所，激动地告诉陈省身："物理学的规范场正好是纤维丛上的联络（connection），我们从事的研究乃是'一头大象的不同部分'"。由于陈省身的纤维丛理论是在不涉及物理世界的情况下发展起来的。杨振宁说："这既使我震惊，也令我迷惑不解，因为你们数学家能够凭空地梦想出这些概念"。陈省身马上提出异议："不，不，这些概念不是梦想出来的。它们是自然的，也是实在的"[1]。

物理几何是一家。这就是陈省身和杨振宁"科学会师"的故事。

在 20 世纪下半叶的世界科学史上，华人科学家作出了自己的贡献。陈省身和杨振宁的上述工作无疑属于其中最重要的部分，是数理科学的核心和主流，其影响已经并将长远地延续在 21 世纪。

一、面对原始问题的原创性研究

自然界的奥秘，隐藏在人类已有认识之外。探索科学的原始问题，恰如地质学家在茫茫沙漠中找石油，考古学家在广袤大地上寻找古代文化遗存，抑或比喻为摸索黑暗中的一头大象，事先不知道它的存在，更无法看见它的全貌。陈省身和杨振宁的原始工作，正是从数学和物理学两个方向接近这头"非交换规范场"的大象，作出了历史性的科学贡献。

两篇开创性的论文都不长。陈省身在 1944 年发表的"闭黎曼流形高斯-邦内公式的一个简单的内蕴证明"[2]，全文不到 6 页。杨振宁和米尔斯关于"同位旋守恒以及同位旋规范不变性"的论文，只有 5 页[3]。他们的成功，并非在当时就建立了系统的理论和完美的框架，而是

编者注：原文载于《自然杂志》（2006 年 28 卷第 5 期第 295 页至 296 页），并被转载于《新华文摘》（2007 年第 2 期第 121 页至 123 页）。

以"深邃的洞察力"和"科学睿智",看到了原始问题的所在。好比将密室打开了一扇门。当人们后来用火把照明时,才慢慢地看到那是一座科学宝库,深邃而广大。

陈省身做出上述工作的时候,微分几何学是一个冷门,甚至有人认为:"微分几何已经死了"。在研究微分几何的少数人中,大家都受斯廷罗德的影响,坚持用"上闭链"。陈省身回忆说:"用微分式比上闭链方法要容易多了,然而那不是时尚。大家做的东西,我不做。研究贵独创,不要跟着人走"[4]。

杨振宁和米尔斯在 1954 年发表的这篇论文,当时也没有怎样引人注意。到了 20 世纪 60 年代才显露其重要性。真正显示在物理学和数学上的重要性,要等到 20 世纪 70 年代。所以在某种意义上,同位旋的规范不变性研究,在 1954 年时,也是冷门。杨振宁在谈到成功的原因时说:"除了机遇和环境因素之外,似乎有两个原因是主要的。一个是:面对物理学中的原始问题,不要淹没在文献的海洋里;另一个是,物理学研究不要排斥数学,要成功地运用数学"[5]。

科学原创的起点,正是要面对原始问题。陈省身面对的是如何将普通二维曲面的微分几何推广到高维的流形,找出流形上纤维丛的拓扑不变量,其影响遍及整个数学。杨振宁处理的则是将大物理学家处理过的交换的规范场理论(用 U(1)群),推广到非交换的情形(U(2)群),成为物理学和数学研究上的重要里程碑,具有超越世纪的影响力。世界上的科学问题不计其数,在茫茫的科海中寻求有价值的原始问题,需要机遇,更需要一种眼光,一种抱负。

二、不要淹没在文献的海洋里

我们常常听到这样的经验介绍:"要去读最新的文献,从中寻找最新的课题,才能做出领先的工作"。这当然是经验之谈。但是,杨振宁有一些不同的看法,他说:

"读文献找题目是科学探究方法之一,但不是唯一的方法。老是读文献的危险就是会忽视物理学的原始问题,以致淹没在文献的大海里。有些人喜欢做锦上添花的事,可是他那个'锦'就不一定对,你那个'花'也就没有什么意思了。理论物理学界常有这样的情形,A 做了一篇文章,B 说 A 做得不好要补充,接着 C 说 B 也不好,应该改进。一群人在 A 的基础上忙,却不问 A 做的究竟是否符合物理学的原始问题。一旦 A 错了,大家都劳而无功。所以面对原始问题才是最重要的。"[6]

这样的事例在我们的周围常常可以看到。数学界有一种极端的唯美主义倾向。只要问题在逻辑上成立,不管问题是否重要,是否原始,都可以做,只要看上去有点意思,用了一些唯美的技巧,那就是好问题。这里不妨举两个例子。

一个是复变函数论中的"比伯巴赫猜想"。猜想是说:单叶函数

$$f(z)=\sum a_n z^n$$

的系数满足 $|a_n|\leq n$。人们一时不能证明原猜想,就退而求其次,将右端 n 放宽为 $en,2n$,$1\,419n$ 等等。在 20 世纪的 50~60 年代,曾经有许多论文在你追我赶地进行研究。这样的论

文属于锦上添花的那一类,初学练兵可以,想做得好一点,就不能终身为之,而要面对更加重要的原始问题。事实上,许多优秀的数学家,后来通过比伯巴赫猜想的研究走上更宽广的道路,取得了重要的业绩。1985年,法国-美国数学家德·贝兰治(L. de Branges)完全证明了这一猜想,以前的论文只能是"过眼烟云",价值也自然大打折扣了。

这里,笔者说说自己的数学研究心路。众所周知,冯·诺依曼完成了希尔伯特空间上正规算子的谱分解理论。于是后人就加以推广,考察亚正规、次正规、可分解、拟可分解、弱可分解等等概念下的算子谱论。在20世纪50~70年代,曾经盛极一时。我也曾经沉湎其中,发表过一些论文,也可以到国外同行处进行交流,得到一些礼貌的称赞。但是,这样的推广,并没有和其他的学科相呼应,更没有找到实际的应用,也就仅限于孤芳自赏而已。到了90年代,这些研究渐渐归于沉寂。我不敢说这些研究毫无意义,也许未来的某一天,这些研究忽然派上用场。但是,这些研究至多相当于一座贫矿,在今天的"技术"条件下,没有多少利用价值。当年是否可以把力气花在更有意义的原始问题上呢?

冯·诺依曼[7]在"数学家"一文中说得很明白:

"当一门学科远离它的经验本源继续发展的时候,或者更进一步,如果它是第二代、第三代,仅仅是间接地受到来自现实的思想所启发,它就会受严重危险的困扰。它变得越来越纯粹地美学化,越来越纯粹地'为艺术而艺术'……。这门学科将沿着阻力最小的途径发展,使得远离水源的小溪又分散成为许多无足轻重的支流,使得这个学科变成大量混乱的琐碎枝节和错综复杂的东西。在距离本源很远很远的地方,或者在多次抽象的近亲繁殖之后,一些数学学科就有退化的危险"。

如同前面所说的两个例子,一项研究成为小溪的支流,自然是很容易干涸的。

三、寻找原始问题,功夫在"学"外

陈省身和杨振宁,能够取得科学上的巨大成功,是和他们那个时代,以及他们的人生感悟、科学抱负、学术环境密切相关的。

陈省身和杨振宁有许多相似之处。陈省身出生于发生辛亥革命的1911年。杨振宁比他小11岁。他们的青少年时代,都在内忧外患的环境下度过,却又都受到五四运动科学民主精神的熏染,在青少年时代打下坚实的知识基础,立下"科学救国"的志向。后来,他们都进入清华大学,接受中华文化和西方科学的洗礼,文理兼通。在性格上,陈省身不善做实验,化学课上吹不好玻璃管;杨振宁则在美国有"哪里有爆炸,哪里有杨振宁"的故事。于是,他们扬长避短,从事数学和理论物理的研究。后来,都到了美国,分别获得沃尔夫数学奖和诺贝尔物理学奖,都成为美国科学院院士,享誉国际科学界。那么,什么是他们进行科学攀登的原动力,能够具备面对原始问题的勇气呢?原因很多,一个根本的动力,恐怕要归因于他们的爱国情结。

杨振宁曾经说过:"我一生最重要的贡献是帮助改变了中国人觉得自己不如人的心理作用。"陈省身对此深有同感:"过去总认为中国人在科学上不如外国人,我的微薄贡献是要把它改过来。外国人能够做的,我们也能做到,做得一样好"。

这种"为华人争光"的抱负,是他们终生不渝并为之奋斗人生目标。他们在作出上述科学工作时,都持有中国护照(加入美国籍是20世纪60年代的事),晚年又都定居中国大陆。报效国家,他们做了所能做到的事情。

今天,在理论物理学和数学的核心领域,"陈省身类"、"陈省身-西蒙斯理论"、"杨-米尔斯理论"、"杨-巴克斯特方程"等名词已经成为常识性的普通名词。这是一座科学高峰,后人要企及它,已经非常困难。但是,时代在前进,中国的数学和物理学的成就,终究要超越前人。认真总结陈省身和杨振宁的学术道路,一定会给我们有益的启示。

参考文献

[1] 张奠宙.杨振宁文集[M].华东师范大学出版社,1998.742.
[2] CHERN S S. Annals of mathematics[J]. 1944,(45):747-752.
[3] YANG C N, US R M. The Physics Review,96.1.(October 1,1954),191-195
[4] 陈省身.陈省身文集[M].华东师范大学出版社,2002:308.
[5] 张奠宙.20世纪数学经纬[M].华东师范大学出版社,2002:266.
[6] 张奠宙.20世纪数学经纬[M].华东师范大学出版社,2002:267.
[7] 冯·诺依曼.数学家[M]//数学史译文集.上海科学技术出版社,1981:123.

不朽的丰碑　永远的怀念
——纪念陈省身先生诞生 100 周年

张奠宙　王善平

一、2010 年国际数学家大会上颁发陈省身奖章

第 26 届国际数学家大会于 2010 年 8 月 19 日在印度海德拉巴市举行。作为国际数学界对陈省身的永久纪念，大会开幕式上首次颁发陈省身奖章。这是国际数学家联盟和国际数学家大会一个影响深远的决定，也是世界数学史上的一件大事。

按照惯例，在大会开幕式上，要公布四年一度的各个数学奖项的获奖名单，并向他们授奖。此前共有三个奖项，分别是菲尔兹奖、奈万林纳奖和高斯奖。

菲尔兹奖章，1936 年开始颁发。奖励 40 岁以下的作出公认杰自数学成就的数学家。

始于 1982 年的以芬兰数学家名字命名的"奈万林纳奖"，奖励信息科学领域中的数学工作。获奖者也限于 40 岁以下。

2006 年开始增设以大数学家高斯名字命名的"高斯奖"，为在数学领域以外发生巨大影响的数学工作而设立。可以说是应用数学方面的终身成就奖。

但是，这里明显地缺乏一个由 IMU 颁发的奖励终身成就的数学奖（尽管在 IMU 之外有沃尔夫数学奖、阿贝尔奖、京都数学奖、邵逸夫数学奖等等）。于是，陈省身奖章的设立正好填补了这一空缺。

2009 年 6 月 1 日，国际数学家联盟主席洛瓦兹（L. Lovász）和秘书长格鲁彻尔（M. Groetschel）发布公告正式宣布：

国际数学联盟（IMU）和陈省身奖章基金会（CMF）将联合颁布数学界新的大奖——陈省身奖章（Chern Medal），用以纪念已故的杰出数学家陈省身（1911，嘉兴，中国—2004，天津，中国），陈省身教授将其毕生奉献给了数学——数学研究和数学教育，并且抓住任何机会支持数学的发展。他在现代微分几何的所有主要领域都获得了根本性结果，并且创建了整体微分几何领域。陈在研究问题的选择上表现出了敏锐的审美品味；其工作之宽广，加深了现代微分几何与数学其他分支的联系。

陈省身奖章将被授予一位其终身卓越成就得到最高级认可的数学家。获奖者除获得奖章外，还将获得 50 万美元的奖金。要求将一半的奖金捐赠给获奖者所指定的组织，以促进数

编者注：原文载于《科学》（2011 年第 5 期），同时载于《高等数学研究》（2011 年第 6 期）。

学的研究、教育以及其他相关活动。陈省身教授生前就非常慷慨地以个人名义支持数学的发展；陈省身奖章希望此项要求获奖者为推进数学而捐赠的规定，将为今后数学家继续这种以个人名义的慷慨行为做好准备和建立标准。

图1　菲尔兹奖章、奈万林纳奖章和高斯奖章

陈省身奖章的遴选工作由国际数学联盟及陈省身奖基金会共同成立的奖项遴选委员会负责。首个陈省身奖章遴选委员会主席由曾任国际数学联盟秘书长、普林斯顿高级研究所所长的美国著名数学家格里菲思（P. Griffiths）出任。

这是以陈省身数学大师命名的国际数学大奖，有别于此前设立的一些陈省身奖。

首届陈省身奖章获得者是在美国库朗数学科学研究所工作的尼伦伯格（L. Nirenberg）教授。

二、美国博士的回忆：陈省身的不言之教

陈省身在芝加哥大学和加州大学伯克利分校，一共培养了41名博士。芝加哥时期10名，伯克利时期31名。这是一个相当可观的数字。

在芝加哥培养的第一名博士是野水克己（Nomizu Katsumi，1924—　）。1953年以论文《齐性空间上的不变仿射变换》（*Invariant affine connections on homogeneous spaces*）获得学位。他是布朗大学的数学教授，著有许多教材。其中与小林昭七（Shoshichi Kobayashi）合著的《微分几何基础》（*Foundations of differential geometry*）在1963—1996年间印刷了41版，译为三种文字，为全球827个图书馆收藏，十分成功。

第二位博士是奥斯兰德（L. Auslander，1928—1997年），他是纽约城市学院研究生院的教授。1954年完成的博士论文是《芬斯勒空间曲率的探索》（*Contribution to the curvature theory of Finsler spaces*）。这是早期研究芬斯勒空间的工作，由于1997年去世，没有能够参与陈省身在21世纪大力倡导的芬斯勒几何研究的高潮。奥斯兰德在一篇文章中对陈省身有如下的回忆。

陈省身的格言之一是：忠诚的数学家要用所有的时间学习数学，……无论醒着还是睡着都在做数学；陈省身的给予过程是非命令式的，喜欢这样说：你愿意看芬斯勒几何吗？如果

每周有一天在我办公室见面谈谈事情就太好了。无论我跟他说什么,他总是有礼貌地几乎不做声地听着。偶尔会说一句"我没有听懂"。很快我就明白了"没听懂"是"说错了"的委婉用语。陈省身所表达的哲理是:出错误是正常的。从错误到错误,最后获得了真理就是做数学。

陈省身有好几位巴西的学生。芝加哥时期有罗德里格斯(A. Rodrigues),1957 年以《齐性空间的示性类》(Characteristic classes of homogeneous spaces)获得博士学位。陈省身到达伯克利以后,陀·卡莫(M. P. doCarmo,1928—)成为他的研究生。1963 年获得博士学位后,进入巴西纯粹数学和应用数学研究所。现在是那里的教授和研究员,巴西科学院院士,发展中国家科学院院士。他这样回忆陈省身对他的指导:

作为一个导师,陈省身绝不支配他的学生,而是让他们或多或少地自由地去追求自己的兴趣。当时我的研究从 Rauch 的一篇很难读的论文开始。陈省身说"如果你读懂了这篇论文,它就会给你一篇学位论文"。没有陈省身的鼓励,我甚至还没有起步。陈省身的一般性建议,是基于对课题的深入观察,因而非常重要。至于细节,则由各人自己去负责。有一次我去问他 E·嘉当论文的一段是什么意思。他看了一下说"我也不懂,我们以后再说,那时可能你已经搞懂了"。于是我以后再也不问这些细节问题了。

陈省身自己也说,我对研究生不大管的,都是他们自己找问题做的。事实上,陈省身的指导是大方向上的宏观指引,至于具体问题和细节,让学生自己去做。

1975 年韦伯斯特(S. M. Webster)以《复空间的实超曲面》获得博士学位。目前在芝加哥大学数学系任教授。他这样回忆接受陈省身指导的情形。

1975 年 6 月在我为取得加州大学(伯克利分校)的博士学位作准备,那里有许多几何学家、教授、访问学者和学生。正如大家所说大多数人在某种意义下都是陈省身教授的学生,我的感受一定不是独有的。因为无论我在什么时候去见他,在他的门前都有一长串人。任何人不管有多么重要的事,总不能插到最年轻的大学生前面去。一旦排在队伍里面,就不断地会听到新来者的敲门声,来的多是向他致意的访问学者。做陈省身的学生必须有相当的独立性,我不记得我的数学问题有多少得到陈省身具体的答复。

然而,即使经历了多年的数学活动,我仍然可以说,从陈教授那里学到的东西,比从任何其他的数学家那里学到的东西都要多。在我听过的所有有趣的、有时是极为精彩的演讲中,以陈省身的演讲最有价值。他的活动标架方法,系统地揭开了几何奥秘(我跟随陈省身和 Moser 的工作做了实超曲面的特殊情况)。他经常告诫我们要读 Cartan 的原著,在那里可以看到非常轻巧地自然展开的最现代的抽象的几何概念。除了推动那些最活跃的当前流行研究领域外,陈省身还对丰富和美丽的经典几何十分娴熟。在某种程度上说,这恐怕在数学界也是非常罕见的。

陈省身招收的最后一名博士是沃尔夫森(J. Wolfson),1982 年以《复流形中的极小曲面》获得博士学位。他现在是密歇根州立大学的数学教授。陈省身和他曾有一篇合作的论文。在回忆中他提到,当时为了一个演算过程的名称两人有不同意见。由于沃尔夫森的坚持,陈省身不大高兴地暂时放弃了自己的建议。沃尔夫森说:

后来在某个适当的场合,通过巧妙的启发,陈省身使我信服了他的选择。他平心静气地说服了我。这只是我经常隐约可见的一个普通事例。这使我看到了陈省身如何待人接物。他通过心平气和的沟通方式,以理服人。

1967年的博士温斯坦(A. D. Weistein),多年后回到伯克利。2010年,他成为加州大学(伯克利)数学系的主任。陈省身培养的博士,续写着伯克利的几何学研究的传统。他在回忆陈省身时写道:

虽然要达到陈省身那样的数学成就是我做梦也不敢想的,但是他激励和支持许多几何学家的高尚品德,树立了平易近人的风范,是我可以努力遵循的。……当谈论他自己的人生哲学时,陈省身喜欢引用中国的历史和哲学。从以下引用的这段《老子》的话,你可以感受到这一点。

"是以圣人居无为之事,行不言之教,万物作而弗始也,为而弗志也,成功而弗居也。夫唯弗居,是以弗去。"(白话译文:圣人用无为的观点对待世事,用不言的方式施行教化:听任万物自然兴起而不为其创始,有所施为,但不加自己的倾向,功成业就而不自居。正由于不居功,就无所谓失去。)

不言之教,就是陈省身教育理念和教学风格。

三、上善若水,一个大写的人

陈省身伟岸的身影,正在渐渐远去,留给人们的是无尽的思念。

作为一个大数学家,陈省身的事迹必然载入20世纪的数学史册。"欧高黎嘉陈"的评价已成定论。国际数学家大会四年一度颁发陈省身数学奖,世界数学界将会久远地记住他的名字。

不过,人们怀念陈省身,不仅是他的数学成就。几何学家歇格(J. Cheeger)认为:一名大数学家和一位伟人是不同的。陈省身是一位大数学家。但是在大家的心目中,他更是一位伟人。陈省身的日本学生铃木治夫则说:"'大人'这个词看来适合陈省身。大人有几个含义:伟大、慷慨的人,大学者和巨匠。陈省身就是这样的大人。"张恭庆在接受采访时直接认为"陈省身先生是一位完人"。2001年,为写传记笔者到宁园和陈省身先生谈话。司机小胡到机场来接。他说,在我心目中,陈先生是一个大写的人。总之,无论是学者、学生和普通工人,他们心目中的陈省身,都同样是"伟大"。

陈省身之所以受到人们的尊敬和爱戴,在于他的慷慨、宽容,平等待人,与世无争,助人为乐。老子说"上善若水",陈省身就是这样的"上善"。

这里,我们不妨全文引述《道德经》第八章:

上善若水。水善利万物而不争,处众人之所恶,故几于道。居善地,心善渊,与善仁,言善信,政善治,事善能,动善时。夫唯不争,故无尤。(白话译文:最善的人好像水一样。水善于滋润万物而不与万物相争,停留在众人都不喜欢的地方,所以最接近于"道"。最善的人,居处最善于选择地方,心胸善于保持沉静而深不可测,待人善于真诚、友爱和无私,说话善于恪守

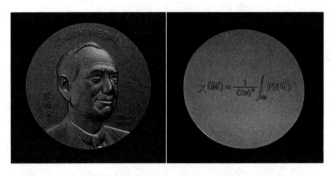

图 2　陈省身奖章的正面和反面　陈省身奖章由美国奖章艺术公司（Medallic Art Company, Ltd.）设计和制造。奖章的正面是陈省身先生 73 岁时的头像，头像上方边缘有"CHERN MEDAL"英文字，像的左边是陈先生的中文签名，右边是他的英文签名，英文签名下的 1911—2004 表示他的生卒年。奖章背面就是陈省身在 1944 年用漂亮的内蕴方法证明的高斯-博内-陈省身公式。获奖者姓名将被刻在奖章上。

信用，为政善于精简处理，能把国家治理好，处事能够善于发挥所长，行动善于把握时机。最善的人所作所为正因为有不争的美德，所以没有过失，也就没有怨咎。）

陈省身也许并没有研究过《道德经》，但是他的"善"，确实像"水"一样滋润着万物，与世无争，与人为善。格里菲思在谈到陈省身时说，我感谢他 30 年来的慷慨和友谊。陈省身作为一个伟大的数学家，总是将他拥有的学术荣誉和数学智慧奉献给整个数学界，无私地和同事、朋友，特别是年轻人分享。他会以自己的行动示范于人，用建议、教学、谈话影响于人，有时则是直接的馈赠，努力帮助和激励他人获得超越他们自己原先所期望的成就。人们怀念、感谢他，正是因为他的这份慷慨。1979 年在为陈省身退休而举行的学术讨论会上，当奥斯兰德请陈省身的学生们起立表示对老师的敬意时，著名的几何学家博特（R. Bott）站起来说："以这样或那样的方式来说，我们全部都是陈省身的学生。"当时会场上的热烈情景，令人感到那是"对在世数学家的最高敬意"。

夫唯不争，故天下莫能与之争（《道德经》第 22 章）。陈省身一生做数学，宁静致远，自己与世无争，也不提倡别人为功利而争，深信"夫唯不争，故无尤"。他有很强的政治眼光和行政能力，但是不愿担任领导职务。在仅有的担任过的三个数学研究所的所长职务时，一直主张无为而治，少开会，无计划。"把有能力的人找来，让他们去做就是了。"目的是要给研究者宽松的环境，不陷入人为制造的竞争困局。他也说过数学没有诺贝尔奖是幸事，倒并非笼统地反对设奖，其着眼点在于杜绝那些过度功利性的喧嚣，不要为获奖而获奖。

正如道德经所言，善者"心善渊，与善仁，言善信"。陈省身能做到心胸宽大沉静，待人真诚、友爱和无私，恪守信用。

陈省身在回答南开大学学生的提问时说："怎样做人？做人很简单，基本一点，不伤害别人。"其实，有些人伤害了他，他也是宽容处之。有一位颇有名望的数学家的成名之作是抄袭了陈省身的早年之作。女婿朱经武向他求证，他说："是的。每个人都需要一个机会。这位数学家不是做得很好吗？"。正如《道德经》所言："善者，吾善之；不善者，吾亦善之，德善"。陈省

图3 南开大学省身楼

身做到了这样的"德善"。因此,陈省身没有"敌人",理所当然地成为数学界众人拥戴的精神领袖。

如果说不伤害别人还是做人的底线,那么陈省身更高的做人信条是设身处地为他人着想。无计其数的怀念文章提到这一点。无论你多么年轻,只要你真心向学,陈省身一定真诚地给予帮助。"总是把别人的事情放在心上",是由许多雪中送炭式的细小故事构成的。这里仅举数例。

1970年代末,国门尚未完全打开。陈省身闻知国家要派50名学者到国外访问,硬是设法额外增加两名:把张恭庆推荐到纽约大学的库朗数学研究所,把姜伯驹推荐到普林斯顿高级研究所,最后是52人出国。对于正当百废待兴的中国数学界,这是何等重要的一步,事实证明确实如此。

1988年,沈一兵有机会访问德国,但路费无着。有一天,突然由胡国定先生带来陈省身的口讯,"王宽诚基金已经资助,可以到国家教育部去领款了"。

1997年,年轻的方复全在伯克利短期访问,临走前一天才打电话告知陈省身,向他告别说没有时间会面了。但陈省身坚持一定要一起吃早饭。第二天一早,"师母亲自开车和陈先生来到我的住处接我吃饭。那时陈先生已经不能开车了,师母开车但视力不好,陈先生会提前告诉师母什么时候会有红灯。然后师母亲自下厨为我们做早点"。

龙以明回忆了他1988年在瑞士苏黎世高等理工学院从事博士后研究时第一次见到陈省身先生的情况。陈先生得知他来自中国"立刻改用汉语与我对话,……问了我在麦迪逊和苏黎世学习和工作的情况"。通过龙的合作者策恩德(E. Zehnder)教授,在得知龙将到南开数学所工作后，十分高兴。第二天又约龙详细介绍了他的工作。陈先生"饶有兴致地问了许多问题，特别鼓励我回到南开后继续科研工作，做出有自己特色的工作来"。

2002年后龙以明担任天津市数学会理事长。他回忆道："2004年11月天津市数学会举办年会，因担心他的身体健康受影响，原来我与陈先生商定只讲五至十分钟。那天陈先生谈到了他博士后时的老师数学大师嘉当(E. Cartan)的生平轶事，特别深情地回忆了他与嘉当的交往，谈到嘉当淡泊名利执着于数学研究的精神，鼓励大家发扬光大这种精神，为数学事业的发展做出更好的成绩。陈先生讲到兴头上、一直讲了20分钟，大家听得津津有味。中午陈先生又兴致勃勃地与大家一起共进午餐，了解天津教育的发展。"

正是这些细节，看到一位数学伟人的"上善"。

与世无争也表现为崇尚简朴，拒绝浮华，不与别人在生活上争时尚，抢第一。2004年，他到香港领邵逸夫奖时向女婿借一双皮鞋(平日坐轮椅只穿布鞋)曾经传为美谈。当然，这只是一件小事。当清华、北大为回国定居的学者修建房舍时，早年修葺的宁园已显陈旧，几次建议重新装修，陈省身坚决不肯。此外，他也坚决砍掉南开数学所大楼设计中一些不必要的奢华部分。这些就是陈省身从"大处着眼"的一种人生态度了。

第一部分

现代数学史

第四章

中国数学教育史

中国现代数学教育历史概述

张　弓　黄英娥　糜奇明　倪　明

我国的数学教育历来是师徒个别传授的形式,没有设立专门的学校和课程。鸦片战争以后,洋务派兴办新学,开始延聘数学教习。1866 年,邹伯奇、李善兰以数学教习的职称供职于京师同文馆。1868 年,福建船政学堂开设数学课程,内容包括算术、几何、代数、平面三角和球面三角,还有一些微积分。此时,教师多为外籍,教材也用外文。译成中文的数学教材,以甲、乙、丙表常数 a、b、c,以天、地、人表未知数 $x\ y\ z$。很不好读。除了这些洋学堂之外,国人仍大多学习中算,或者中算为主、西算为辅。

1898 年成立京师大学堂,即现在北京大学的前身。一般认为,这是中国第一所大学的创始。当时中国学堂多用日本人的教科书,京师大学堂 1905 年使用的数学基础评教材——"普通新代数学教科书"六卷,就是日本人上野清撰写的,由徐虎臣翻译。书为石印善本,直排本,记写算式横排。数学用中文的一、二、三。为了和中文数码"一"和"十"相区别,加减号采用"⊥"和"丅"。分数用分母居于分子之上的记法。

例如

$$\frac{五}{丁}\mathrm{丅}\frac{三}{丙}⊥\frac{二七}{甲乙}$$

用现在的记法应是 $\dfrac{d^2}{5}-\dfrac{c^2}{3}+\dfrac{a^2b^2}{27}$。该书的内容,从整数、分数的加减、一次和二次方程,直至指数、对数、级数等。内容大体相当于今天初中代数的水平。这时(20 世纪初年)的大学程度虽较浅,但标志着西算的普及,这时的中算已经基本上退出历史舞台了。

1911 年的辛亥革命推翻了满清王朝。1912 年,民国政府颁布新学制,中小学以四、三、四分段,完全仿照日本。这是一个削足适履式的日本学制。随之而来则大量采用日本教材,如上野清的《近世算术》,菊池大麓的《几何学》等,或全文翻译,或加以改编。不过,有了新学制,对中学数学课程的正式设立还是有帮助的。1912 年 12 月教育部的《中学校令施行细则》称"数学要旨,在明数量关系、熟习计算,并使其思虑精确,教授时宜授以算术、代数、几何及三角法。女子中学可减去三角法"。

真正使中国数学教育现代化的动力来自 1919 年的五四运动。科学和民主的口号深入人心。数学教育的作用也为更多的人所认识。20 年代初,北京大学、南开大学、武汉大学、东南大学、浙江大学等纷纷设立数学系。大批国人自编的中学教材也纷纷出现。特别是 1922 年

编者注：原文载于《数学教学》(1985 年第 4 期第 17 页至 19 页)。

颁布了以美国的"六·三·三"制为蓝本的新学制,一改"单纯模仿日本"的做法。当时大学设预科,民初时为三年,此时改为一年。教育理论上引进杜威的实用主义教育观,"设计教学法"、"从做中学"等口号一时流行。就中学数学教育内容来说,实行了彻底的西化,用白话或半白话直接翻译欧美数学教科书,记号、用法和国际上通用的完全一致。比方预科使用的代数教科书,大多为霍尔和奈特合著《高中代数》,以后再改为《范氏大代教》。至此,完备的现代数学教育体制终于确立。

20 年代——30 年代,是旧中国科学进步比较快的阶段。这时,熊庆来、陈建功、苏步青、江泽涵、华罗庚、陈省身、许宝騄、曾炯之等先后走上现代数学研究的前沿。姜立夫、冯祖荀、何鲁等则致力大学数学教育,卓有成效,与此同时,一批大学教授也参加中学数学教育的建设,亲自动手编中学数学教材。例如,20 年代初有胡敦复(留美,后任大同大学校长)、吴在渊(大同大学教授)、秦汾(美国理学硕士,曾任北大教授)编写一套属于"新中学教科书"的代数、几何、算术课本,影响颇大。北京师范大学教授傅种孙曾编写多种教材,倡导过"混合数学"(即不分代教、几何、三角而作统一处理),在中教界颇有声望,在我国北方影响更深一些,在南方长江流域一带,何鲁的"代数学",陈建功的"平面几何",李蕃(即李锐夫)的"三角学"风行一时,这也都是大学教授编写的中学教材。

30 年代的数学出版物相当丰富。各种各类教材层出不穷,水准很不一致。1932 年 11 月,当时的教育部曾颁布"中学课程标准",以求划一。中华书局曾据以编写教科书。商务印书馆的"算学丛书"颇有影响。正中书局也出了不少教材,可说极一时之盛。此外,在"国防文学"口号的影响下,曾出版过《国防算术》等数学教材,将算学与抗战相联系,虽不足为法,却反映了数学界人士的爱国热情。

30 年代以来,由于国内抗日高潮迭起,翻译日文的数学读物不如翻译英美的来得多。抗战期间,情况更是如此,到 1945 年抗战胜利,国内所用教材,大抵来自英美。当时最为风行的当推"三 S 平面几何"、"范氏大代数"、"葛氏平面三角"、"斯盖尼三氏解析几何"等几种。国人自编的教材,反而用得少了。这种情况延续到 1949 年全国解放,一直到引进苏联教材后才中止。

中国的现代数学教育受外国影响很深。先是照抄日本,后来模仿美国,最后又学习苏联。这里,我们有必要回顾一下 20 世纪中学数学教育改革的潮流,以便看清我国中学数学教育所处的地位。

1900 年,英国的工程师培利(Perry)倡导数学教育改革。他的宗旨是强调数学的应用,走出欧几里得的象牙塔。他说"我们没有象欧几里得时代那样多的空间时间了。"这一运动,震惊英国朝野,获得许多人的拥护。但是倡导数学教育改革的真正旗手当属大数学家 F·克莱因。他当时是德国皇帝的枢密顾问,掌握很大的权力。他提出的爱尔朗根纲领将几何学按运动群分类使他在世界数坛享有极高的学术声誉。因而也产生了很大的国际影响。他的主张有三:(1)提倡数学理论应用于实际。(2)教材内容应以函数概念为中心,(3)应该运用教育学和心理学的观点指导教学活动。克莱因的主张在德国得到很好的贯彻。在日本可以说"没有根本的影响"(日本小仓金之助的话),在美国虽有摩尔等人响应,但总的来说,也没有得到很好的贯彻。这样,就解放前的中国数学教育来说,离开先进的教育思想,有着不小的距离。但是真正把克莱因的数学教育改革论点贯彻到底的却是苏联。这可以从我国解放后学习苏联数学教材的许多总结性文章中得到印证。当时介绍苏联教材的优点是:(1)贯彻理论联系实际的原则,(2)强调函数概念的重要性,符合辩证唯物主义观点,(3)以先进的教育理论为指导,由浅入深,适合学生学习。审察这三段,恰和克莱因的主张一致。这说明,我国解放后学习苏联,正是把本世纪初年的世界性教育改革的精神,切实地贯注到教育之中了。因此这是一个很大的进步。我国解放以来逐步建立起来的数学教育体系是在学习苏联的基础上加以发展的,这个基础在当时还是相当好的。不过由于苏联中学是十年制,我们则是十二年制,数学教材的深广度较解放前有所降低,如解析几何、概率、极限等全部取消了。

到了60年代,在美国一些政治家和数学家的倡导下,又出现了一次全球性的数学教育改革浪潮。这场改革称为"新数学运动",强调内容"新",体系"新",方法"新",把集合论、二进制、数理逻辑、群结构、拓扑学等一古脑儿放到中学,却把欧氏几何,基本代数运算技能大大削弱,结果在许多国家受到挫折,70年代的口号是"回到基础"。不过,也有许多国家获得成功,如法国等。英国的"SMP"小组也从未声言失败,而是寻求改进。因此,认为新数学运动已完全失败,毫无价值,恐怕是武断的。

让我们回过来再看苏联。苏联从1917年到1967年的半个世纪中。所用的中学数学教材都是基谢廖夫(1852—1940)编的。他的《算术》(1884)、《初等代数》(1888)、《初等几何》(1892)一直再版使用。十月革命后仍沿用此书。我国在解放后翻译的就是基谢廖夫的这套书。60年代世界性的数学教育改革运动,冲击着基谢廖夫的教材体系。《代数学》到1965年停止使用,几何学到1970年出最后一版后也不再出版。70年代以后,苏联已启用全新的教科书了。执笔者都是世界闻名的大数学家,如柯尔莫戈罗夫、邦德里亚金、波戈列洛夫、维诺格拉多夫等。内容也经过许多更新,已非原来基谢廖夫教材的面目了。

进入80年代,世界各国都在加紧试验,脚踏实地进行改革。尽管没有"新数学"运动那样的大声喧嚷,却一致认为数学教育必须适应飞速发展的科技革命时代。相比之下,中国的数学教育基本上停留在50年代末60年代初的水平,可以预料,随着"面向现代化、面向世界、面向未来"口号的贯彻,一个数学教育改革的高潮必将到来。

60 年数学教育的重大论争

张奠宙　宋乃庆

近 60 年来，关于数学教育的争论一直没有停止过。围绕着"继承与革新"、"教师与学生"、"知识与能力"、"理论与实践"、"基础与发展"等主题，数学课堂内外充满着不同意见的交锋。有一段时间，由于政治气候决定了教育的主流思潮，往往以批判一种观点作为指向，不同意见经常得不到充分展开，加之这些论争并不深入，往往形成了翻烧饼式的折腾。梳理 60 年来 8 次大的数学教育论争，可以看到，随着时代的前进，数学教育确实在不断地向前发展。一个深刻的教训是，学术论争应该百花齐放，百家争鸣；教育改革必须力戒片面性，以避免一种倾向掩盖了另一种倾向。

一、论争一：中小学数学课程是否要照搬苏联？

1949 年以前，我国数学教育深受英美数学教育的影响。仅就使用的教材看，大多从国外引进，耳熟能详的就有《3S 平面几何》、《范氏大代数》、《斯盖尼解析几何》等。新中国成立初期，学习苏联是国家政策。但是，我们是否要全盘照搬苏联的中小学数学教材呢？这就引起了很大的争论。

当时，苏联中小学学制是 10 年，我们是 12 年。早先使用的英美数学教材中有高次方程、行列式、导数，解析几何，苏联 10 年制数学教材中都没有。如果照搬苏联教材，岂不是降低了数学教育水平？很多数学老师有不同意见[①]。当时在北京师大附中任课的魏庚人先生说[②]，我们那时都抵制，内容不减少。不过，他也说，后来大家都接受了苏联教材。

苏联数学教材少而精，表述严谨，重视概念的辨析，讲究命题体系的建立。内容上根据时代的要求，确立了以函数为纲（而英美的以解方程为纲）的思想。在数学教学中运用辩证唯物主义思想，注意联系生产实际。这些都是值得学习的。因此，在总体上，苏联数学教材比起英美数学教材确实更先进。进一步分析可以知道，19 世纪末、20 世纪初，苏联数学学派非常强大，尤其具有 19 世纪欧洲大陆（德国、法国）的数学传统，数学思想体系较之英美更为先进。中国数学教育经过这番洗礼，在数学教学内容的量上虽然减少了，但是质量提高了，总体上是前进了一大步。后来，对于教条主义地死扣苏联 10 年制教材内容的问题也进行了必要的调整。例如 1960 年规定小学必须完成算术教学，高中恢复"平面解析几何"课程等。这段历史表明，借鉴国外的先进经验是必要的，但是不要教条式地硬搬。

编者注：原文载于《人民教育》（2009 年第 18 期第 52 页至 55 页），删节版发表于《小学教学》2010 年第 4 期。

二、论争二：在数学教学理论上是基于苏联凯洛夫《教育学》，还是杜威的教育理论？

中国近代教育，1949 年之前，盛行杜威的实用主义教育理论，有"新教育"学派出现③。新中国成立后，教育理论当然也要学习苏联，凯洛夫的《教育学》是苏联学派的代表作。那么，我们要走怎样的路？

简言之，杜威的教育理论倡导"儿童中心"、"活动课程"、"生活即教育"等理念。与之相反，凯洛夫则主张"教师中心"、"知识中心"、"课堂中心"。两者针锋相对。

我们知道，远在 20 世纪 20 年代，苏联就进行过杜威进步主义教育的实验，实行道尔顿制和设计教学法，结果学生的学业水平大幅下降。教育家、列宁夫人克鲁普斯卡娅曾经批评盲目照搬进步教育，实验遂告终止。凯洛夫教育学就是在这样的政治背景下出现的。1954 年，中国的政治形势也对杜威不利。当时因批判俞平伯的《红楼梦考证》波及胡适，又因胡适连累杜威的"新教育"。这样一来，尽管国内"新教育"学派依然存在，但杜威教育理论的影响逐渐式微，远离主流。

1952 年，凯洛夫的《教育学》中文版出版。平心而论，凯洛夫的教育理论，在传承知识、打好基础、体现教师主导作用方面，都有其积极作用。比如"组织教学——复习旧课——引入新课——讲解新课——复习巩固"等环节，确实反映出课堂教学的某些客观规律。此外，凯洛夫教育学和我国古代传统教育理论，在重视学校教育、尊重教师、注重知识的传授和学习等许多方面，有相通契合之处。因此，在上世纪 50 年代"学习苏联"的大背景下，凯洛夫教育学在中国教育界得到推崇，乃是意料中之事。

凯洛夫教育学和杜威教育思想之争，一直持续到今天。杜威实用主义教育学仍以观念潜流的形式不绝如缕，许多"教育改革"的核心其实是杜威的思想，只是没有正式打出杜威的旗帜罢了。在本文后面提到的论争，我们或多或少都可以看到杜威的影子。

三、论争三：是开门办学、联系实际，还是"保持教学秩序"、强调系统知识学习、打好基础？

1958 年，正式提出了"教育革命"的口号，核心是贯彻"教育为无产阶级政治服务，教育与生产劳动相结合"的方针。它的一个直接后果是"开门办学"，"把学校办到工厂农村中去"。数学因为抽象，理论联系实际比较困难，备受责难，因而成为改革的重点。在那个"大跃进"的年代，学生编写教材，劳动代替上课，生产技能取代理论知识。原本系统的数学基础教材，变成了"公社数学"、"车间数学"等。过度的劳动安排"破坏了正常教学秩序"。1959 年初即开始纠正，恢复正常的教学活动。在这里，虽然口号是贯彻"教育与生产劳动相结合"的马克思主义教育理论，实际上不难发现其中有杜威实用主义教育（如"生活即教育"）的影子。

1959 年庐山会议，原要"反左"，调整"大跃进"时期采取的一些过火做法。谁知发生了

180 度转变,变成"反对右倾机会主义"。数学教育原来要注重系统知识的学习、打好基础。1960 年,又在"反右"的口号中提出要"破除迷信",突破"量力性教学原则的束缚"。1960 年 4 月中国数学会上海会议上,"打倒欧(几里得)家店"、"打倒柯(西)家店"的口号四起。北京和上海分别提出"10 年制中小学数学课程大纲",10 年级学生要学习"偏微分方程的差分格式",这显然是做不到的。到 1960 年底,"三年自然灾害"来临,"调整、巩固、充实、提高"的八字方针落实,这些冒进的做法偃旗息鼓。教育强调"知识的系统性",加强数学基础知识、基本技能的教学。学校又恢复了比较正常的教学秩序。

正反两方面的经验,使中国数学教育逐渐形成了自己的教学体系。《全日制中学数学教学大纲(草案)》(1963)是其集中表现。当时提出的加强数学双基教学、培养三大数学能力的教学目标、实行启发式教学等理念[④],影响至今。1960 年景山学校的数学教学改革也取得了可喜的成绩。

中国源远流长的教育传统,苏联教育理论和数学教学法的影响,加上新中国成立以来正反两方面的数学教学实践经验,三者合一,形成了中国数学教育的现代特色。

四、论争四:"拨乱反正",是恢复到"文革"前,还是进行新的改革?

"文革"结束以后必须"拨乱反正",一切先恢复到 20 世纪 60 年代的数学教育状态再说。在当时,这是完全必要的。但是,恢复并不是要停顿。改革开放仍然是主旋律。于是,在一些问题上,许多论争陆续展开。例如:

● 在邓小平"教育要面向现代化、面向世界、面向未来"的指示下,中小学数学教学内容不能停留在 20 世纪 60 年代。微积分、概率统计、计算机科学基础等,都应该适度地进入中小学。人民教育出版社的新教材也编写出来了,并投入试用[⑤]。结果却因"国情"缘故半途而废,当时的改革目标,要延至 21 世纪的课程改革。这段公案的是非,需要后人评说。

● 由于"文革"期间过分强调数学联系生产实际,片面强调实用,一旦恢复正常教学秩序,要不要讲数学应用,似乎成为问题。有一种观点认为数学就是纯粹数学。数学讲应用是"实用主义"、"短视行为"。于是,多年来数学高考试题中没有应用题(1993 年的试卷中重现应用题)。

● 数学是分为"代数"、"几何"、"立体几何"、"微积分"好,还是合并成一门"数学"好? 此问题在当时颇有争论。一直到 1992 年,国家教委颁布的《数学教学大纲》仍然是分科的。但是随着 5 天工作制的推行,学时大幅度减少,数学内容却必须增加。分科设立的难度加大,螺旋上升的教材处理思想才得到广泛支持。

● 国外的"大众数学教育"、"问题解决"、"计算器使用"等是否需要引进? 在改革开放的国策下,引进国外的先进数学教育理论是必要的,但是消化吸收更为重要。一部分学者认为不要渲染国外的"先进",主要目的是研究当前的中国数学课堂教学,漠视自己的长处是不对的。这些忠告显然也是必要的。

以此观之,与时俱进,是一切教育改革必须努力的方向。

五、论争五：应试教育和素质教育之争。

随着中国经济的崛起，知识分子的待遇获得明显改善。体力劳动者和脑力劳动者的收入差距不断拉大。学历社会已经来临。受教育程度在很大程度上决定了未来的就业前景。因此，中小学数学教育在教学目标上产生了两种不同的取向，即以升学为目的的"应试教育"，和"以提高未来公民文化素质为目的"的"素质教育"。

应试教育的特征是"考什么教什么"，"全面追求升学率"，"以牺牲学生的兴趣爱好、健康发展为代价"争取高分。

素质教育是 20 世纪 90 年代，为遏制应试教育而正式提出的教育理念。其教育目标是"以学生的发展为本"，培养在"德智体美各个方面得到发展的社会主义四有新人"。

从理论上说，当然应该提倡素质教育，否定应试教育。但是，社会功利性的追求，犹如市场经济中那只"看不见的手"，无法加以控制。应试教育得到家长的认同，报刊传媒也推波助澜。在"科举情结"支配下，"高考状元"的新闻满天飞就是明证。因此，素质教育虽然取得了一定成效，但是应试教育愈演愈烈，从悄悄实施到公开提倡，在一些地方几乎到了难以收拾的地步。到现在为止，我们还没有找到有效遏制应试教育的良方。

应试教育的危害，还在于把一些优秀的数学教育资源"异化"为应试教育的附庸。

● 数学奥林匹克竞赛，本来是资优学生的一种学习方式。我国在国际数学奥林匹克竞赛中屡创佳绩，值得自豪。但是一旦"奥数"和升学挂钩，便异化为升学的一块"敲门砖"。奥数训练成了一种产业，以至有人喊出"打倒万恶的奥数经济"的口号。

● 数学是由问题驱动的。数学解题历来是一门教人聪明的学问。但是，这一传统的学问，也因为"升学考试"的需要，异化为"应试教育"的工具。解题教学的丰富内涵，被曲解为"升学应试套路"。

● "标准化考试"，原来是国外发展出来的一种评价手段。但是，一旦和中国的高考挂钩，便形成一种"定势"，什么"知识点覆盖率"，"题型稳定"，"试卷必须保持 20 题以上"之类的潜规则盛行，终于逐渐地在"八股化"。

六、论争六：《数学课程标准（实验稿）》引发的争论。

进入 21 世纪以来，中国经济建设有了重大发展。经济基础的变化，需要作为上层建筑的教育做相应的改革。数学历来是教育改革的先锋，这次也不例外。《全日制义务教育数学课程标准（实验稿）》（以下简称《标准》）于 2001 年率先公布，基本理念是贯彻素质教育和创新教育的方针，以学生的发展为本，与时俱进，体现信息时代精神，主张"自主、合作、探究"的学习方式，总的方向完全正确。课程内容进行了许多调整，特别是将概率、统计列为基本数学领域，让学生从小学开始就接触数据处理方法和随机观念，更是一个重大的突破。虽然数学课程改革还在实验阶段，但是，它的重大而深远的影响已经显示出来。尊重学生，关注探究，重视讨论,合作学习,已成为广大数学教师的共识。

《标准》公布以后,中国数学会教育工作委员会召开多次座谈会,邀请《标准》的制定者以及数学家和数学教育工作者畅谈不同意见。2005年3月,以中科院院士姜伯驹为代表的一些全国人大代表、全国政协委员,对这份《标准》提出批评,并在报刊公开发表[6]。不可否认的是,《标准》中有一些提法未免矫枉过正。例如,启发式教学、注重数学"双基"等中国数学教育的优良传统被忽略了。一些西方的"以学生为中心"的教育理论,在吸收借鉴时有些简单化,脱离中国实际。对"平面几何"的过度削减,更引起数学家的强烈反对。于是,从2005年6月开始,教育部组织专家组,对这份《标准》进行修订。可以预料,修订后的《标准》,在坚持改革方向的前提下,将能更加全面、准确地体现数学教育规律,成为推动我国数学教育前进的新起点。

改革必然伴随着争论,而真理将越辩越明。

七、论争七:建构主义数学教育是数学教育的方向吗?

进入21世纪以来,建构主义的学习理论传入中国,被誉为"学习理论"的新纪元。这种理论认为,学习不是由教师把知识简单地传递给学生,而是由学生自己建构知识的过程。学习不是被动接收信息刺激,而是学生主动地建构意义。学习意义的获得,是每个学习者以自己原有的知识经验为基础,对新信息重新认识和编码,建构自己的理解。

建构主义是一种教育哲学,也是认知心理学的新发展。它在认识论上有许多科学的贡献。但是如何运用到数学教育上,则需要谨慎。比如,根据上述观念,教师在教学上的主导作用将不再存在,只能是组织者、合作者、指导者。由于知识是不能传授的,讲授式的教学方法不再有效。由于学生只能根据自己的体验获得知识,即进行探究性学习,接受性学习似乎是不可能的。建构主义的某些极端教育理论究竟是否符合教学规律,值得质疑[7]。我国台湾的一次教改失败,竟有"都是建构主义惹的祸"的评论。台湾数学家林长寿说:"建构式数学一开始只在中国台湾的小学实行,引起社会大众的反对,但在学术界并没有引起注意。2002年,建构式数学思想延续到中学阶段,这才引起很大的反对声浪。2003年颁布的新课程标准已经放弃建构式的教学,但争议仍余波未了。"[8]

马克思主义历来强调"实践出真知"。但是人不可能事事都直接经验,大量的是间接经验。此外,教育过程毕竟不能等于认识过程。教育是有计划地将人类几千年积累的知识精华,在9年或12年的基础教育阶段让学生得以基本掌握。因此,学习效率是不可避免的要求。极端建构主义很容易导向"唯我论"和"不可知论"。

建构主义教育理论具有基本的科学性与合理性,但是任何理论都有其局限性。根据马克思主义,结合中国国情进行辨析,不要盲目追随,是引进西方教育理论必须遵循的原则。

八、论争八:是"大众数学教育",还是"英才数学教育"?

创新是一个民族的灵魂。一个国家科学竞争力的水平,最后取决于该国科学精英的创新能力。数学英才的培养是一块科学高地。一批掌握当代数学的青年,转向其他学科研究,可以取得许多最具原创性的科学成果。许多诺贝尔医学奖、化学奖、经济学奖的获得者,本来是一位数学家。但是,我国数学精英的成长环境,远远不如西方发达国家,出现了"数学英才之忧"[9]。

我国的教育政策,强调"教育公平"是对的。但是高度统一的"高考"和统一的"减负",以及数学奥林匹克竞赛的异化,使得许多高中优秀学生为了应考在不断地"空转",无法继续跨越式发展。

数学英才教育,事关国家的未来。事实上,人的天赋数学素质是不同的。实行数学英才教育,并不和"大众数学教育"以及"教育公平"相违背。

60年来,中国的数学教育无时无刻不在"改革"的浪潮中。而几乎每次改革都要批判一种观念,否定过去的主流思潮,凡提起"传统的如何如何",总是错误的代表。在数学教育改革的具体实施过程中,正反两个方面的经验使我们认识到,西方的数学教育观念需要仔细辨别,消化吸收。教育不是像"计划经济"、"以阶级斗争为纲"那样必须抛弃的东西。中国教育基本面是好的,中国的数学教育传统是未来发展的基础。对传统首先要继承,然后才是扬弃、改造和发扬。

数学教育的可持续发展离不开论争,论争是促进数学教育发展的动力。然而,我们数学教育的论争还远远不够!

注释

[1] 魏群等编:《中国中小学数学课程教材演变史料》,人民教育出版社,1996,第32页。
[2] 魏庚人、李俊秀、高希尧:《中国中学数学教育史》,人民教育出版社,1987,第5页。以及魏先生1985年对笔者之一的谈话。
[3] 李剑萍等:《杜威与中国现代教育》,《中国教育报》,2009年7月7日。
[4] 李玉琪:《学习启发式教授法改进数学教学工作》,《数学通报》,1965年第12期。
[5] 魏群等编:《中国中小学数学课程教材演变史料》,人民教育出版社,1996,第277页。
[6] 蔡闯等:《姜伯驹:新课标让数学课失去了什么?》,《光明日报》,2005年3月16日。
[7] 葛玲霞:《反思建构主义教学理论及其在我国的适切性》,《现代教育科学(普教研究)》,2007年第3期。
[8] 易蓉蓉:《基础数学教育改革在路上》,科学时报网站,发布时间:2008-1-21。
[9] 李建华、张英伯:《英才教育之忧》,《数学通报》,2008年第1期。

研究吴文俊先生的数学教育思想

张奠宙　方均斌

吴文俊先生在基础数学、机械化数学研究上的创新性贡献,以及相关的数学教育论述,已经并将继续对中国的数学教育产生深刻的影响。进一步研究吴文俊先生的数学教育思想,具有重要的现实意义。

一、中国传统数学具有"算法"特色的论断与中小学数学课程

中国古代数学以算法为主要特征,吴文俊指出:"我国传统数学在从问题出发以解决问题为主旨的发展过程中,建立了以构造性与机械化为其特色的算法体系,这与西方数学以欧几里得《几何原本》为代表的所谓公理化演绎体系正好遥遥相对,……肇始于我国的这种机械化体系,在经过明代以来几百年的相对消沉后,由于计算机的出现,已越来越为数学家所认识与重视,势将重新登上历史舞台。"[1] 吴文俊创立的几何定理的机器证明方法(世称吴方法),用现代的算法理论,焕发了中国古代数学的算法传统的巨大活力,他因此于 2000 年获得了第一届国家最高科学技术奖,以及 2006 年的邵逸夫科学奖,享有很高的国际声誉。

1991 年,作者之一在纽约麦哈顿的洛克菲洛大学拜访过王浩先生,王先生曾说:"吴文俊先生的初等几何的机器证明是每一个中国数学教师都应该知道的。"进入 21 世纪以后,吴先生的贡献进一步为中国数学教育界所熟知,一些教师培训教材,如高等教育出版社的《中学几何研究》[2] 里面就有专章进行介绍。不仅如此,有些中小学教材和相关材料,也开始介绍吴先生的工作,以吴先生的成就激励青少年学习数学、攀登数学高峰。

吴先生高瞻远瞩地认为,

——"中学的数学课本是一个奇妙的混合物;公理化与机械化的方法内容杂然并陈,欧几里得式的平面几何在整个课程中占据了公理化的一个角落;而代数部分则有丰富的机械化成分,解线性方程组所用各种消去法就是典型的机械化方法。"

——"公理化与机械化的思想与方法,都曾对数学的历史发展作出了巨大的贡献,今后也仍将继续作出巨大的贡献,我们既不能厚此薄彼,也不能重彼轻此,为了实现数学的现代化,我们必须吸收渊源于西方的公理化方法的长处,也应珍视我国古代的遗产,从有着历史渊源的机械化方法中汲取力量。这两种方法的融合,或许能为数学的未来发展提供一些新的途径。"[3]

编者注:原文载于《数学教育学报》(2009 年 18 卷第 2 期第 5 页至 7 页)。

这是一个前所未有的创新的论断，具有鲜明的中国特色，又体现了时代精神。它打开了我们数学教育的视野，开始认识算法在数学课程中的重要地位，一个直接的后果是，2003 年颁布的《高中数学课程标准（实验稿）》里，正式把"算法"作为单独的模块进行教学。实践证明，"算法"进入中学数学教学，为中国数学教育开启了新的一页。可以预料，算法思想必将进一步渗入中小学的各个领域，成为中国数学教育的一个思考基点。

二、慎重地改革中国数学教育

吴先生对中国数学教育也有一些直接的贡献，早在 20 世纪 80 年代初，吴先生就是人民教育出版社的顾问。他当时就指出："我个人认为，初等微积分应该处于最优先考虑的地位。""把较高的基础知识有条件地纳入较低的基础教材之内，已经是一项提到教材改革日程上来的问题。"[4]这一建议得到了采纳，后来经过反复，终于将微积分列为高中数学课程。

1993 年 2 月，当时教育部的课程教材发展中心游铭钧主任，为了改革数学教育，在中关村组织了一系列的座谈会，邀请数学家发表意见，到会的有程民德、丁石孙、陈天权等著名教授。吴文俊先生也应邀参加，他的讲话要点，经整理之后，发表在《数学教学》上[5]。今天，我们重温吴文俊先生 16 年前的这些建言，仍然具有重要的现实意义。

首先，吴先生强调要慎重地改革数学教育，并以数学家的身份建议不要以培养数学家作为改革的目标。这就是说，数学改革要以提高未来公民的数学素养为诉求，即今天的"素质教育"。慎重，就是，不要急风暴雨式地改革，而要经过试验，由点到面地逐步推广，避免不必要的反复，造成不必要的损失。对于如何进行教育改革，这确实是金玉良言。

其次，作为几何学家的吴文俊先生，对几何学的改革提出了自己的看法。吴先生特别强调了刘徽的工作，指出："与以欧几里得为代表的希腊传统相异，我国的传统数学在研究空间几何形式时着重于可以通过数量来表达的那种属性，几何问题往往归结为代数问题来处理解决。"[6]他认为综合几何虽然具有重要的教育价值，但是必须适度地与代数方法相结合。用代数方法研究几何问题，将是未来的发展方向。事实证明，这一预言是正确的。晚近以来，向量几何进入高中数学课程（上海的初中数学课程中也出现了向量），坐标思想甚至渗入小学数学课程等举措，都证明了这一点。

吴先生建议平面几何教学，要用"原理"取代"公理化"的建议，具有深刻的现实意义。吴文俊先生认为："中学几何课本上，讲公理不如讲原理。""我们选择若干个原理，将几何内容串起来，比公理系统要好。""中学几何课程根本做不到希尔伯特《几何基础》那样的严格性，欧几里得《几何原本》里的公理体系也是不严格的，我们没有必要去追求这种公理系统的严密性。"[5]

事实上，学校的几何课程根本做不到"严格的公理化"。现今一些中学数学教材里面，尽管使用了"公理"一词[7~8]，如平行公理等，由于没有形成比较完整的公理体系，所谓"公理"的作用也只是原理而已。至于用实验、测量等手段认可一些几何事实，并从不加证明的基本事实出发进行论证，在某种意义上也是用"原理"处理教材。问题在于，这些做法具有很大的随意性。我们究竟要使用哪些基本的事实作为基本原理,还没有进行过科学的论证。例如吴文俊先生建议把中国古代的"出入相补"作为几何课程的一个重要原理,还没有引起大家的重视,各种教材往往用"割补法"一词轻轻带过。实际上,三国时刘徽提出的出入相补(又称以盈补虚)原理,包括一个几何图形,可以任意旋转、倒置、移动、复制,面积或体积不变;一个几何图形,可以切割成任意多块任何形状的小图形,总面积或体积维持不变,等于所有小图形面积或体积之和;多个几何图形,可以任意拼合,总面积或总体积不变;等等。所谓"割补法"的有效性,正是基于"出入相补"原理。

总之,我国中小学几何课程选用哪些原理,是一项亟待研究的课题。

三、强调在坚实的基础上创新——推陈出新

吴文俊先生在1993年的文章[5]中指出,学校里的题目都是有答案的,但是社会上的问题大多是预先不知道答案的,所以要培养学生的创造能力。16年前的中国数学教育,创新教育尚不为大家所注意,吴先生提出创新的重要性,当是一项具有远见的建言。

晚近以来,吴先生又继续对创新提出自己的见解,他这样论述创新:"牛顿曾说,他之所以能够获得众多成就,是因为他站在过去巨人的肩膀上,得以居高而望远。我国也有类似的说法,叫推陈出新。我非常赞成和推崇'推陈出新'这句话,有了陈才有新,不能都讲新,没有陈哪来新! 创新是要有基础的,只有了解得透,有较宽的知识面,才会有洞见,才有底气,才可能创新! 其实新和旧之间是有辩证的内在联系的。所谓陈,包括国内外古往今来科技方面所积累的许多先进成果。我们应该认真学习,有分析有批判地充分吸收。"[9]这就是说,创新需要有坚实的基础。要对"旧"的东西非常熟悉,知悉"旧"的问题所在,才能有创新。吴文俊先生把中国传统数学的思想和信息时代的计算机技术进行了完美的结合,创造了举世闻名的"吴方法",就是"推陈出新"的典范。

中国的数学双基教育,就是主张在坚实的基础上谋求创新,不谈基础,笼统地创新,就如在沙滩上建造高楼大厦,是一种空想,另一方面,如果没有创新为指导,单纯地强调基础,那就是在花岗岩的基础上建茅草房,糟蹋学生的青春。就中国的数学教育工作者而言,我们既要发扬自己的优良传统,更要吸收和借鉴国外的先进经验,进行"推陈出新",努力形成具有中国特色的数学教育思想体系。

在数学教育的推陈出新过程中,认真研究吴文俊先生的数学教育思想,当是重要的一环。

参考文献

[1] 吴文俊.九章算术与刘徽[M].北京:北京师范大学出版社,1982.

[2] 张奠宙,沈文选.中学几何研究[M].北京:高等教育出版社,2006.

[3] 吴海涛.一抹新绿泛早春——1978年版中小学统编教材出生记[N].中华读书报,2009-2-25(14).

[4] 李润泉,陈宏伯,蔡上鹤,等.中小学数学教材五十年(1960—2000)[M].北京:人民教育出版

社,2008.

[5] 吴文俊.谨慎地改革数学教育[J].数学教学,1993,(5):封二.

[6] 吴文俊.关于研究数学在中国的历史与现状:《东方数学典籍(九章算术)》[J].自然辩证法通讯,1990,(4):37-39.

[7] 袁震东.《高级中学课本 数学(试用本)高中三年级》[Z].上海:上海教育出版社,2008.

[8] 人民教育出版社,课程教材研究所,中学数学课程教材研究开发中心.《普通高中课程标准实验教科书 数学②》[Z].北京:人民教育出版社,2005.

[9] 吴文俊.推陈出新 始能创新[N].文汇报,2007-11-14(6).

华罗庚先生的数学教育思想

张奠宙

我虽然从学生时代起就多次见过华罗庚先生,但并无机会当面聆听他的谈话。这里提到的华先生的数学教育思想,都已经公开发表。这些耳熟能详的名言,已经深刻刻印在中国数学教育的历史上。我只是千千万万受益者中的普通一员。

20世纪中国数学教育深受两位数学大家的影响。一位是苏步青先生,他亲临中小学第一线,主编教材,为中学数学教师授课,设立苏步青数学教育奖,嘉惠后人。另一位便是华罗庚先生。他并没有关于中小学数学教育的直接论述,而是通过本人的传奇故事,怎样学习数学的谈话,以及倡导数学竞赛、撰写科普文章、使用杨辉三角等民族化数学命名等途径,深刻地影响了中国数学教育的进程。我觉得在他的许多论述中,有四句话最有代表性,就是"熟能生巧"、"厚薄读书法"、"数形结合"以及"弄斧到班门"。这四句话,科学地、辩证地处理了"基础与创新"的关系。时至今日,重温华先生的这些名言,仍然具有巨大的现实意义。

一、从熟能生巧说起

"熟能生巧"是中国的教育古训。不过,时下的教育理念,却完全摒弃了这一观点。这句话翻译成英文是"Practice makes perfect",国外的教育家大多不赞成。国内的教育家也认为"熟能生巧"几近于"死记硬背",将它丢在一边不予理睬。

那么我们看看华先生是怎么说的。华先生在"聪明在于学习,天才由于积累"[1]一文中认为:向科学进军必须"脚踏实地,循序前进,打好基础"。接着,有一段非常精辟的论述:

"我想顺便和大家谈谈两个方法问题。我认为,方法中最主要的一个问题,就是'熟能生巧'。搞任何东西都要熟,熟了才能有所发明和发现。但是我这里所说的熟,并不是要大家死背定律和公式,或死记人家现成的结论。不,熟的不一定会背,背不一定就熟。如果有人拿过去读过的书来念十遍、二十遍,却不能深刻地理解和运用,那我说这不叫熟,这是念经。熟就是要掌握你所研究的学科的主要环节,要懂得前人是怎样思考和发明这些东西的。"

古老的教育箴言"熟能生巧",经过华先生一解释,将它和死记硬背区分开来,就可以成为数学教育的一个基本出发点。我们在中小学教学中,对一些基本的内容,必须做到"熟能生巧"。

编者注:原文载于《数学教学》(2010年第11期第1页至2页及第8页),也被收录于《数学与人文》(第二卷:传奇数学家华罗庚. 丘成桐等编,高等教育出版社,2010年出版)。

一个有意思的事情是，数学大师陈省身，同样在数学教育中倡导"熟能生巧"。2004年12月7日，中央电视台《东方之子》播出对陈省身"几何人生"的采访，记者李小萌评论说："面对成功，陈省身说他只是熟能生巧而已。"接着，陈先生说：

"所有这些东西一定要做得多了，比较熟练了，对于它的奥妙有了解，就有意思。所以比方说在厨房里头炒菜，你做个菜，炒个木须肉，这个菜炒了几十年以后，是了解得比较多，很清楚，数学也这样子，有些工作一定要重复，才能够精，才能够创新，才能做新的东西。"

两位大师的见解如此相同，我们当知"熟能生巧"对创新的重要性了。现如今，讲创新的言论遍地皆是，却对"熟能生巧"讳莫如深，实在不是一种好的倾向。

二、读书要"从薄到厚"，然后"从厚到薄"

如果说"熟能生巧"，还是借用古人的话来谈打好基础的重要性，那么华先生关于"厚薄读书法"则是关于"基础与创新"的全新创见。1962年，华先生在《中国青年》发表《学与识》的文章，根据他多年积累的治学经验，明确地提出了"由薄到厚"和"由厚到薄"的两阶段读书法。这一充满个性的语言，立即传遍大江南北，现已成为中国数学教育理论的宝贵遗产。至今我还清楚地记得当初读到这篇文章时的心灵震撼。

做研究要打好基础，人所共知；做学问要弄懂弄通，人所共求，但究竟怎样算打好基础了？什么是把知识"弄懂"了？却难以说得清楚。心理学上有种种界定，也是云里雾里。华先生的这一"厚薄读书法"，就把这层窗户纸捅破了。华先生说：

"有人说，基础、基础，何时是了？天天打基础，何时是够？据我看来，要真正打好基础，有两个必经的过程：即'由薄到厚'和'由厚到薄'的过程。'由薄到厚'是学习、接受的过程，'由厚到薄'是消化、提炼的过程。

经过'由薄到厚'和'由厚到薄'的过程，对所学的东西做到懂，彻底懂，经过消化的懂，我们的基础就算是真正的打好了，有了这个基础，以后学习就可以大大加快，这个过程也体现了学习和科学研究上循序渐进的规律。"

打基础与创新的关系，是当前数学教育一个十分重大的课题。国家需要创新人才，但是中小学教育是基础教育。基础教育要打基础，天经地义。在基础教育阶段，学生还没有能力做到真正的"创新"。那么，基础教育应该怎么做呢？按照华先生的意见，就应该是按照"厚薄读书法"的含义去做。第一步是让学生吸取知识，反复练习，广泛涉猎，加进自己的理解，把书读"厚"；然后是第二步，帮助学生通过反复咀嚼，消化吸收，自己总结经验，包括数学问题解决的经验，能够提纲挈领，如数家珍似的把知识融会贯通。这样做，既是打基础，又是创新。中小学生能够做到这样，将来的发展前途必然广阔，创新的机会大大增多。这对当前的某些假"创新"之名，行功利之实的浮躁风气，实在是一剂令人清醒的良药。

这里，我们也不妨引用吴文俊先生的话加以佐证。吴先生说[2]：

"关于创新的含义，牛顿曾说，他之所以能够获得众多成就，是因为他站在过去巨人的肩膀上，得以居高而望远。我国也有类似的说法，叫推陈出新。我非常赞成和推崇'推陈出新'

这句话。有了陈才有新,不能都讲新,没有陈哪来新!创新是要有基础的,只有了解得透,有较宽的知识面,才会有洞见,才有底气,才可能创新!其实新和旧之间是有辩证的内在联系的。所谓陈,包括国内外古往今来科技方面所积累的许多先进成果。我们应该认真学习,有分析有批判地充分吸收。"

基础教育的创新,不能强求学生去做一些他们不喜欢的所谓"探究"工作。学生的创新,主要在于把"陈"了解得透,把"厚"书读"薄"。

三、数学见识之一:"数形结合百般好"

华先生的数学教育名言中,以"数形结合"一词流传最广。你走到任何一所学校,问任何一位数学老师,没有不知道"数形结合"的。我没有考证,在华先生之前,是否有人提出过"数形结合",但是可以肯定,"数形结合"能够走进中国每一位数学教师的心田,是从华罗庚先生的一首教学诗开始的:

数与形,本是相倚依,焉能分作两边飞。

数缺形时少直觉,形少数时难入微。

数形结合百般好,隔裂分家万事非。

切莫忘,几何代数统一体,永远联系切莫离。

华先生在谈到"知识、学识、见识"[3]时说道:"知了,学了,见了,这还不够,还要有个提高过程,即识的过程。因为我们要认识事物的本质,达到灵活运用,变为自己的东西,就必须知而识之,学而识之,见而识之,不断提高。"什么是"识"?我想"数形结合"就是一个范例。

清代袁枚说过"学如箭簇,才如弓弩,识以领之,方能中鹄"。说得很对。我们的数学教育理论中,强调不能只学知识,还要培养能力。这当然对。但是,你有能力却没有见识,把箭乱放一通,怎能打中目标?

华先生提倡"识",对数学教育的启示是,需要培养数学意识,用你的能力,把箭发向那个需要射中的目标。如何培养学生的"识",是一个值得研究的课题。

四、"弄斧班门"

最后,我们要提到华先生关于"弄斧必到班门"的名言。真正的"弄斧班门",需要勇气、自信、胆量和能力,不是每个人都能达到的。但是作为期望的目标,还是要有一点精神。正如"不想做元帅的士兵不是好士兵"的说法那样。值得提到的是,华罗庚先生在1980年应邀在国际数学教育大会上作大会发言,题目是"在中华人民共和国普及数学方法的若干个人体会"[4]。这几乎是一个数学教育工作者能够得到的最高荣誉。

华先生离开我们20多年了。但是他的传奇故事,奋斗精神,爱国情怀,以及有关数学教育的思想等,一定会在未来岁月发挥更大的影响。

参考文献

［1］华罗庚.华罗庚科普著作选集[M].上海：上海教育出版社,1984：280-287.
［2］吴文俊.推陈出新 始能创新[N].文汇报,2007-11-14(6).
［3］华罗庚.华罗庚科普著作选集[M].上海：上海教育出版社,1984：310.
［4］华罗庚.华罗庚科普著作选集[M].上海：上海教育出版社,1984：442.

21 世纪前 10 年数学教育：预测和回顾

张奠宙　孔企平

2011 年来到了。

1999 年年底，数学教育高级研讨班在上海华东师范大学举行。那次高研班的学术总结，是由我们两人起草的一份对新世纪未来 10 年数学教育的预测。在预测中充满了期望。全文发表于 2000 年《数学教学》第 1 期。现在，10 年过去了。回顾过去十年，成绩不少，问题也不少。现在，将那份预测重新刊出，加上我们的一些反思和感想，供大家思考。原纪要一共十条，我们用楷体字标出。每条的后面有我们的一些回顾性文字，用宋体字排印，希望引起我国数学教育界同行和广大数学教师的关注和评说。

1999 年高研班纪要：2010 年的中国数学教育（上海）

新世纪的曙光即将到来，我们一群数学教育工作者，在东海之滨畅谈中国未来十年的数学教育。中国数学教育具有优良的文化传统。建国 50 年来积累的丰富经验，使中国的数学教育成就为世界所瞩目。但是，未来十年内仍然有许多事情要做。改革与发展总是硬道理。以下是我们对未来的畅想，期望能够变成现实。以后二十年的事实将会证明这些设想的准确性。也许太保守了？明天的发展速度远远超过了我们的想象！也许过于乐观了？预测严重脱离了实际！当然，这里的设想也必然包含着错误，终被历史所纠正。不管怎样，我们真诚地在这世纪之交进行展望，立此存照，经受时间的考验，以供参考和评说。十年之后，如果还有人记得这份文件，并进行评论，那将是我们的幸运。

一、中国数学教育有一个较大的发展

随着现代科学技术的发展，数学的价值与作用受到公众的广泛注意。数字化的社会呼唤着优质的数学教育。在普及 9 年义务教育的基础上，多数中国人都能接受 12 年的基础教育。在适龄人群中，大约五分之一的人将进入大学，而大学里几乎所有学科都开设数学课，中国公民有良好的数学素质，数学教育成为中国在世界上可以自豪的一项成就。

危险：随着学生人数的增加，大量的数学困难学生会出现。学生的平均数学水平将会下降。现在的一些数学习题和考题，那时会认为是超难题。如果对学生的"数学差异"处理不当，发达国家和地区出现过的数学"均贫"效应可能发生。

【回顾】 过去的十年，是中国教育大发展的十年。义务教育得到了进一步普及。在基本

编者注：原文载于《数学教学》(2011 年第 1 期封 2，第 1 页至 4 页及第 13 页)。

普及9年义务教育的基础上,一些地方开始新的征程。向下延伸幼儿教育,向上延伸则致力于普及高中教育。过去的十年,也是我国高等教育迅猛发展的十年。高校扩招,努力满足人民群众想上大学的愿望。2008年秋季学年,已经达到前所未有的599万人,毛入学率达最高点23%。据国际公认的高等教育阶段认定,毛入学率低于15%为精英教育阶段,15%~50%为大众化教育阶段,超过50%为普及阶段。因此,我国高等教育已经进入国际公认的大众化阶段。绝大部分的大学生都要接受"高等数学"教育,因此,我国公民的数学素质,正在不断提高。

高中和高校在数量上的发展,是伴随着中国经济实力的增长而实现的。因此,数学教育没有因为扩招导致学校的校舍和设备短缺,反而加快了学校设备的现代化步伐。多媒体教室,计算器和计算机的使用,都已经成为常规。与十年前相比,更多的年青人在各类学校接受数学教育。这在10年前是难以想象的。

中小学生的数学水平,也并没有因为教育普及而发生严重下降。例如,我国上海学生参加2010年的PISA国际测试,数学成绩名列第一。国际上曾经有过的"均贫"现象,在中国基本上没有发生。这是一件非常值得我们珍视的成果。但是,随着高校教育的扩展,部分高校的数学教学质量也有一定程度的下降。

二、1999年启动的新一轮数学课程改革跨出了成功的一步

进入21世纪,一场关于数学课程改革的讨论吸引了遍及国内外公众的注意,传媒广泛报道。国家领导的重视,民主讨论基础上的集中,避免了以前曾有过的少数人专断的现象,保证了改革能稳妥而顺利地进行。但任何改革总要付出代价,曲折是难免的,旧的"坛坛罐罐"必然要打破。经过十年努力,我们终于在2010年看到了数学课程改革迈出了成功的一步。这一步的价值不仅体现在课程内容的变化,更重要的是形成了一种"课程改革"可持续发展的机制。会下蛋的母鸡比鸡蛋更重要。那时,我国数学课程仍然具有基础扎实、学风严谨的特点,但是学生的"创新精神和实践能力"的培养得到充分的注意。数学优质教育="双基+创新"。数学课本上忽视数学"来龙去脉"、"掐头去尾专烧中段"面貌得到一定改变。"以学生的发展为本",关注学生在数学上的"情感、态度、思维、意识"的进步,成为数学教育界的共识。

危险:与课程改革相配套的改革措施可能滞后,例如考试制度。"长官意志"的专断和"广大教师的漠视"往往是改革夭折的致命伤。只谈基础不讲创新的"观点"将会出来抵挡改革的进行。

【回顾】21世纪以来的十年,贯彻执行《国家数学课程标准(实验稿)》成为开展数学教育的主旋律。当时的预言:经过十年努力,我们终于在2010年看到了数学课程改革迈出了成功的一步。现在已经变成现实。概率统计、坐标数学、代数观念进入基础教育,一系列教学改革的建议付诸实施。"自主、探究、合作"的学习方式得到推广和落实,学生的学习主动性有了明显的提高。与此同时,向量、微积分内容经过努力终于融入高中数学课程。一系列的选修课程为学生提供了选择的机会。10年前的希望是:数学优质教育="双基+创新"、数学课本上忽

视数学"来龙去脉"、"掐头去尾专烧中段"面貌得到一定改变。"以学生的发展为本",关注学生在数学上的"情感、态度、思维、意识"的进步,成为数学教育界的共识。可以说基本上得到了实现。

正如预测的那样,与课程改革相配套的改革措施可能滞后,例如考试制度。应试教育并没有得到有效遏制。这次课程改革,也受到一些批评,有的还很激烈。但是,都以民主理性的讨论的方式进行沟通和讨论。平面几何的削弱是争论的一个焦点。此外,课程标准中,教师主导作用、启发式教学、双基数学教学的传统提法被废弃了,也引起一些争论。经过10年的风雨洗礼,《九年义务教育全日制的国家数学课程标准(修订稿)》即将公布。今后10年的数学教育改革应该会更加稳妥地推进。一项大的改革,往往是"矫枉难免过正",而后"冷静加以调整",这次改革也不例外。在改革开放的前提下寻求中间地带,将是未来的任务。

三、新的教学模式不断产生。学生为学习主体的局面开始形成,教师角色得到新的定位。

2010年的数学课堂上,现有的"五环节"教学模式不再流行。所谓"大容量、高密度、强训练"的解题教学模式,"小步走、多提问、勤讲解"的新授课教学模式,适度淡化。在公开课上,教师表演式的成分受到批评,人们会更多地看到学生的"自主探索"、"合作交流"、"动手操作"、"创新思考"。学生对数学的兴趣明显增加,感受到"数学美"的学生越来越多,"数学后进生"的诊断和"矫治"取得新的成果。数学优秀生会创造出"前人没有"的数学成果(尽管很微小)。我国在国际数学测评中的笔试优势扩大到"数学建模"、"数学技术"。电脑技术将会形成新的"个体的数学学习方式"。

教师的"主导作用"的提法可能发生变化。"领导作用"、"指导者"、"辅导者"等都是可能的选择。可以肯定,教师在数学教学中作为"军事指挥员"或"乐队指挥"的地位将不可动摇。"单兵作战的士兵"、"独奏的乐手"都必须在统一指挥下进行。值得注意的是,课堂教学将会从"教师——学生"的二元交往,过渡到"教师——学生——电脑"相互作用的三元交往。电脑的智能性比"黑板、教材"等教学媒介的威力要强大得多。

【回顾】这段文字描写了我国在数学教学模式上的迷惘和彷徨。"五环节"要抛弃吗?一些传统教学方式都要淡化吗?看来未必。10年前提出:人们会更多地看到学生的"自主探索"、"合作交流"、"动手操作"、"创新思考"。这一点确实做到了。这是一个重大的进步。数学教师的教学研究的热情不断增强。但是在公开教学中,由于功利主义的影响,教师表演的成分依然很重。学生对数学的兴趣未见显著增加,对数学美的欣赏几乎谈不上。后进生的诊治,依然缺乏支撑。学校的重点还在升学率。学生数学学习的负担依然沉重。

教师主导作用确实受到了挑战。新课标(实验稿)把教师的作用限于"引导者、合作者、组织者"。但是传统的"传道、授业、解惑"的作用依然为社会舆论所认可,教师主导作用依然出现在许多文件上。10年前认为教师依然应该起到"军事指挥员"和"乐队指挥"的作用,实际上和"主导作用"没有什么区别。因此,教师如何在课堂上发挥作用,不论是理论上还是实践上目前仍然处于不甚明确的状态,有待新的 10 年加以解决。

数学建模的提倡、数学教育技术的运用,只是有所进步,并未有实质性的改变。

四、逐步走出科举文化的阴影

当同龄人中有 20% 接受高等教育的时候,高考升学的竞争将得到一定的缓和。除了有全国统一的基础性数学考试(用计算机改卷)以外,各个大学要加试数学,甚至要面试。多元化的入学途径要求学生更高的灵活性和临时应变能力。以反复操练得高分的现象将得到相当的遏制。高考试题检测学生能力的要求逐步得到实现。情景题、开放题、建模题、应用题等题型会得到更多的使用。现在的命题原则和考卷形式将会有重大变化。

高考指挥棒可以驱使学生单纯地"应试",也可以启示学生向更加具有创意的方向前进,这要看数学教育工作者的努力了。当然,"科举文化"在社会上的影响逐渐淡化,只涉及一个外部的环境。反对科举,决不反对考试和评价,包括高考。学校对学生平时学习的评价体系将对升学发生作用。平时的观察、检测与作业评定,往往比一次笔试更有价值。

危险:社会上"科举意识"仍然十分强大。一些教育行政部门直接参与"升学率"竞争,使得高考竞争缓解的难度增加,"恶性"的应试手段肯定还会存在,"以考分取胜的好胜心"仍可能压倒"对数学科学的好奇心"。

【回顾】10 年前预测高考制度会有重大变化,看来是过于乐观了。大学扩招没有减轻升学压力。高考制度也没有发生根本变化。各省市自主命题,考卷设计彼此雷同,没有特色。高校自主招生,确实有了面试,使得优秀生有新的渠道进入大学,但是还没有对日常教学的导向有深刻影响。另一方面,恶性的应试手段层出不穷,学生深受其害,但是我们束手无策。学校对学生平时的学习的评价体系初步形成,但并没有成为升学中的重要因素。在许多学校中,数学测验依然繁多,评价方式还不多元。

十年前的预测的危险:社会上"科举意识"仍然十分强大基本是准确的。十年来,虽然教育部门也采取了一些措施,但应试教育的倾向今天依然存在,没有发生本质的变化。在学生的数学学习中,"以考分取胜的好胜心"仍然压倒了"对数学科学的好奇心"。由于科举文化深入人心,文凭社会无法改变,考试公平压倒一切,未来十年,希望国家机关、行政部门不再为"应试教育"助威,考卷设计有新的面貌,包括考试时间延长、考题数量减少等具体措施能够出台。值得警惕的是,任何改革都可能被功利主义异化,我们不得不打持久战。

五、现代化的教育技术得到了广泛的使用

十年之后,电脑将会像"黑板、粉笔"一样地得到教师的钟爱,尽管还不是人人都能拥有。数学教育研讨会上最热门的课题之一是"数学教育软件"的交流。大部分地区的中小学都有一间计算机教室。经济发达地区的高级中学里,教师使用手提电脑上课,每间教室都可以上网,配备计算机显示的大屏幕。计算器准许在中学里使用。图象计算器、掌上电脑开始流行。

高考准许使用"函数型计算器"进考场。国家数学课程标准里将会要求教师到电脑教室去上一些课,软件平台由国家统一提供。数学教育软件将在教师中得到较广泛的运用。部分教师有开发课件的能力,数学教育开始进入信息化时代。国家课程标准会规定:除三大能力之外,还要加上"与计算机进行数学交往的能力"。

【危险】:如果高考中不准使用电脑,那么在教学中使用电脑的迫切性就会打折扣。经济发展的不平衡,会在电脑使用上产生巨大差异。落后是要挨打的,清末的"拳脚功夫"不敌"洋枪洋炮"的历史教训能否汲取?

【回顾】随着国家经济实力的不断增强,国家教育投入逐年增长,各级学校的教育技术设备大幅改善。多媒体用于课堂教学已属常规手段。教育软件大规模使用。国外引进的《几何画板》迅速普及,我国张景中院士自主创建的"超级画板"软件,好学、易用、有效,在同类教育软件中已处于国际领先水平,并已开始融入数学教材和数学教学中。贵州的 LOGO 实验是我国西部欠发达地区运用数学教育技术提高质量取得明显成功的典范。计算器的使用相当普及,但是还不能进考场(上海除外)。

教育是个特殊的领域。不像工业、商业、管理等一些领域,应用信息技术之后能马上极大限度地提高工作效率,取得令人满意的实效。企图借助技术的力量给教育注入强劲的活力的美好的愿望,在今天还没有成为现实。当今全球都面临来自各方对"高投入、低产出"的教育信息化的质疑与不满。鉴于数学学科的特点,技术融入数学教育引发的争论就更多了。看来,当前信息技术进步的速度非常快,但在教育领域中的应用则相当慢,理论跟不上,应用也跟不上。

六、数学"双基"训练得到科学的研究

学生有良好的"数学双基"训练,是中国数学教育的优势所在。但是,直到1999年,人们仍旧不知道"数学双基"严格内涵究竟是什么?也没有一篇科学的论文加以阐述。经过十年努力,在20世纪积累经验的基础上,一批数学教育家开始用现代心理学的理论框架加以总结,初步形成了"科学"的"数学双基理论"。"熟能生巧"的教育古训获得科学的解释。"数学双基"量表等一批科学成果得到广泛承认,并付诸实践。在保持中国数学"双基"教学的传统优势的前提下,使创新意识和"双基"训练得到科学平衡,令同行对此发生兴趣。

【回顾】过去的10年,是"数学双基"理论备受关注的10年。一种意见是持否定态度,认为中国教育"基础过剩","强调基础妨碍创新";9年义务教育的数学课程标准(实验稿)回避了"双基"教学。另一种意见则是持肯定态度,认为这是中国数学教育的优良传统,应该总结发扬。于是,数学双基教学成为2002年和2004年的两次高级研讨班的主题。《中国数学双基教学》专著出版,在2004年哥本哈根举行的国际数学教育大会上以双基为题进行演讲。初步提出了"记忆通向理解"、"速度赢得效率"、"逻辑保证严谨"、"变式提升演练"的理论框架。"熟能生巧"的理念得到现代心理学的解释。还有一种意见是发展,即将双基发展为四基:加上基本数学思想方法和基本数学活动经验。2009年美国总统任命的数学教育咨询委员会的

报告,标题是"为了成功打好基础"。数学双基教学的研究成为中外研究的热点。十年来的研究,我国初步形成了"数学双基"理论,其科学性也得到了不断发展,这是中国数学教育研究的重要进展。但是,"数学双基"量表等一批科学成果得到广泛承认,并付诸实践的预测还是过于乐观,有待后十年的继续努力。

七、数学教育哲学观念获得更新和发展

教师的数学观发生深刻变化,"数学=逻辑"的狭隘观念得到相当程度的纠正。"数学的绝对主义"理念将进一步消退。"20世纪下半叶数学最大的变化是应用",发展纯粹数学方法、证明数学定理仍然重要,但是用数学手段解决实际问题具有同样的价值和意义。

"哲学的贫困"困扰着中国数学教育。"中国的数学哲学是什么?""指导当今中国数学教育的哲学在哪里?"也许在21世纪得到较深入的研究,并获得比较满意的一种说法。也许有一天,一位数学教师学术报告的题目是"数学教育哲学在课堂教学中的表现"。

【回顾】十年来,随着数学教学研究的发展,广大教师数学观和数学教育观得到一定提升,数学应用得到了更多重视。十年前的预测:教师的数学观发生深刻变化。"数学=逻辑"的狭隘观念得到相当程度的纠正。正在部分变成现实。但数学教育哲学依然曲高和寡,很难说有多大进展。但是,数学教学的实际操作上确实发生了一些变化。"讲推理,更要讲道理","数学已从社会进步的幕后走向台前"等断言,推动数学价值观的变化。数学的美学价值,写入了数学课程标准。从总体上说,改变数学教育中的"哲学的贫困",有待于后十年的进一步努力。

八、数学课堂文化建设提到议事日程上来

课堂是一个"小社会",中国传统文化必然会折射到课堂中来,21世纪的中国社会终于认识到"苦读+考试"的教育传统是一把双刃剑。于是"为考试学习数学"、"只讲竞争,忽视合作"带来的负面影响得到了一定程度的限制,学生成绩属于学生"隐私"的看法得到广泛认可。数学课程中的人文主义精神得到褒扬。数学美学教育落实在课堂上,数学史内容贯穿于课堂教学之中,国际意识和爱国主义精神得到和谐的统一。数学教学中的德育功能得到较全面的开发。

【回顾】十年前21世纪的中国社会终于认识到"苦读+考试"的教育传统是一把双刃剑的预测部分是准确的。十年来,社会意识正在日益觉醒,社会对学校数学教育提出更高的要求。但是,是"为考试学习数学"、"只讲竞争,忽视合作"带来的负面影响得到了一定程度的限制还是略显乐观。学生成绩属于学生"隐私"的看法得到广泛认可,也没有完全实现。

"以人为本,德育优先"是我们的宗旨。但是,功利主义影响下的数学教育,缺少了文化氛围。尽管新的课程标准强调数学文化,要求突出数学之美,但是口头号召多,实际行动少。数学学科德育的论述不受重视,数学史介入数学教学的深度不够。没有听说教育部召开学科教

育的会议,提出学科德育的研究课题,设置学科德育的研究项目。过去十年来,喊是喊了,实效却很少见到。

九、初步建立起"职前——职后"一体化的数学教师培训体系

"传道、授业、解惑"的教师形象获得新的理解:创新思想溶入教师的血液之中。一批中小学数学教师成为研究型的"教育家"。数学教师的知识构成发生变化,以创新思想为指导的师范教育数学课程开始建立。以普及信息技术为内容的课程,例如数学实验、数学建模、数学教学技术等课程陆续开设。师范大学数学系的培养计划发生实质性的变化。数学教师攻读"硕士"学位成为时尚,在一些学校里"硕士"甚至占了多数。学校教师待遇的改善,使得"博士"成批进入中小学。"案例+反思"的继续教育得到广大数学教师的欢迎。对数学教学录像的评论,将为广大数学教师提高课堂教学质量起到积极作用。

危险:用人市场无情地检验着师范院校的毕业生的实际教学能力。师范大学的毕业生找不到"教学岗位"的现象比较严重。

【回顾】国家在教师教育上投入大量的人力物力,尤其在西部地区。免费师范生的招收,体现了国家对培养师资的突出重视。通过各级各类的培训,教师队伍的整体素质在稳步提高。尤其是教育技术的运用,年青一代教师更为纯熟。十年来,高等学校面向在职数学教师招收了大量的教育硕士和少数的教育博士,具有硕士学历的数学教师大批出现,研究型数学教师的数量在增长。

但是,师范院校数学系的评价标准,依然以"数学科研"论文的发表为导向,学科教育又在很大程度上对一般教育缺乏独立的支撑。数学教育研究生缺乏数学学科修养的情形相当普遍,引起中国数学会领导层的重视,希望在未来有所改善。

10年前预测的危险确实存在,师范院校的毕业生的就业形势比较严峻。

十、中国数学教育学派开始形成

中国数学教育的成功引起国内外的关注,并进行有成效的合作研究。中国数学教育的特征得到清晰的科学界定。数学教师的科研方向从单纯的"解题",走向全方位的数学教育规律的研究。数学教育研究人员具有选择研究方法的科学意识。定性的案例研究、定量的调查分析、微观的观察与实验、宏观的思考与剖析等方法得到普遍的使用,百花齐放的数学教学研究局面初步形成。

中国的数学教育工作者扩大和国外的交流。青年数学教师外语能力显著提高。一批数学教育学者在国际数学教育界崭露头角,获得国际声誉。2008或2012年在中国召开第11届或第12届国际数学教育大会。

【回顾】过去十年来,中国数学教育开始受到国际关注。"为什么看起来非常陈旧的教学方式,教出来的学生的数学成绩却高于西方的同龄人?"这就是著名的"中国数学学者"悖论。

2005年,《华人如何学习数学》的英文著作出版,引起广泛注意。我国学者多次应邀到美国和欧洲演讲中国数学教育的现状。研究中国数学教育特色的论文相继出现。中小学数学教师大批出国考察,旅居海外的华人数学教育工作者回国研讨,进行中外数学教育的比较。

我国数学教育研究者的研究方法的意识不断地增强。《数学教育学报》的论文,逐步吸收国外的研究方法,注重定性和定量的实证分析,论文质量有所提高。与此同时,吸收国外优秀成果的数学教育专著陆续出版。其中包括国外数学教育心理学理论的消化与分辨。但是,对中国的数学教育的特征进行清晰界定,形成百花齐放的数学教育研究局面,还有待于后十年的进一步努力。

中国学者积极参与国际数学教育委员会的工作,自1994年开始,都有中国人担任执行委员会委员(张奠宙、王建磐、梁贯成、张英伯)。大批华人学者担任各届大会的程序委员,以及各个分组的召集人。参与大会的中国学者人数成倍增长。遗憾的是,中国数学会两次申请在上海举行国际数学教育大会都没有成功。2012年在韩国举行第12届大会。这样,再回到亚洲举行大会的时间,大概要到2020年代了。

新世纪的十年,弹指一挥间。回顾十年,我们确实取得一定的成绩,但还有许多问题没有解决。现在,国家中长期教育规划已经公布,新的征程已经开始。我们寄希望于后十年,也寄希望于中国数学教育的明天。

珠算：不该遗忘的角落

张奠宙 陆 萍 黄建弘

当计算器以快捷的计算、低廉的价格进入寻常百姓家的时候，算盘是不是应该退出历史舞台，进入博物馆呢？果然，严重的信号出现了。2001 年，《九年义务教育数学课程标准》中找不到"珠算"二字。2004 年，上海正式出版的第二期课程改革的《数学课程标准》也没有"珠算"的踪影。中华文化中的瑰宝-珠算，难道就这样终结了吗？

如果说，老百姓丢掉算盘、拿起计算器是很自然的事，那么作为教育工作者的我们，是否应该科学考虑，慎重对待呢？一项文化遗产，丢弃容易，保护艰难。珠算，是一个不该遗忘的角落。最近，我们参加了在上海举行的"弘扬中华珠算文化"研讨会，深有感触。认真地说，数学教育界研究珠算太少了，介入得太晚了。实际上，尽管珠算作为大众快速计算工具的作用正在渐渐消失，但是它在数学教育上的功能却日益显得重要。事实上，珠算在我国数学课程中有悠久的历史。1992 年的数学教学大纲，仍列有珠算的内容。今日东亚国家的小学数学课程，多半都包括珠算。现今的一些欧美国家（例如德国等）的小学数学教材也会介绍中国的珠算（文后附录了德国和日本有关珠算的情况）。

那么，珠算为什么应该进入国家数学课程标准呢？

首先，珠算是中华文化的瑰宝，曾为人类文明做出过巨大贡献，至今仍有强大的生命力。现在的数学课程提倡"数学文化"，珠算文化理所当然地应该为炎黄子孙所知晓和运用。

其次，算盘是极好的学具，打算盘是学生十分喜爱的数学活动。数学课程改革强调学生动手操作，珠算则是一种具象的、直观的数学操作过程。课程标准提倡使用计算器，也是对的。但是用计算器进行整数四则运算，由于不显示运算过程（黑箱操作），不如珠算来得透明清晰。在理解算理过程方面，珠算远比计算器优越。

第三，世所公认，珠算是学习位置记数法的最佳模型。珠算的加减，十分形象地反映了计算过程和进位方法，珠算的上珠为"5"（5 个手指），"五升十进"，对于位值计数、以及加减的辨证统一、算法的多样化，非常有益。

第四，电子计算机与珠算有许多相似之处。珠算集输入、储存、运算、输出为一体。珠算和电子计算机计算都有算法，存在着系统上的相似、算法语言上的相应、计算程序上的相当。运用计算机技术应该和发扬珠算文化，并行不悖，甚至可以彼此参照，相得益彰。

因此，无论从传统文化意义上，还是从现代教育理念上，以及教学实践上珠算都有益于小

编者注：本文是作者于 2006 年写给教育部的建议信，登载于《纪念程大位逝世四百周年国际珠算心算学术研讨会论文集》（2006 年，第 24 页至 29 页），并以同样的题名部分登载于《珠算与心算》（2013 年第 6 期第 32 页至 34 页）。

学的数学学习。

那么,在我国的小学数学课程标准中应该如何反映珠算的内容呢？珠算界的一些同行建议是：

在第一学段(1—3年级)的教学建议中,增加以下的内容：

"继承中国传统的珠算文化,借助'半具象'的算盘,将实物的数量累积过渡到抽象的数码位置表示,并用珠算显示整数的加减运算的过程。"

如果篇幅允许,建议增加以下的说明。

当儿童的记数方法从累数制(扳手指)发展到位值制时,算盘是极好的载体,一种难以替代的学具。数目的加减,可以用笔算进行,也可以用珠算进行。算珠的拨动,使得抽象的运算具体化。由于上珠代替5,个位数的加法和减法可以有机地统一。例如,加4的运算,可以用加5减1来计算。加法的进位,减法的"借位"都可以形象地表示出来。多位数的加减,珠算的习惯是从高位到低位,笔算的习惯是从低位到高位。两者的原理都一样,只要位置对齐,哪个先后都一样。

以上的建议,是经过深思熟虑的。

珠算的优越性在加减运算上体现最为明显,广大的数学教师也能够掌握。因此,学校的必修课程中,只到珠算的加减运算为止。至于乘除运算,有条件的学校可以作为校本课程加以补充。

珠算和笔算的关系,应该是二者兼顾,相互促进。实验证明,用珠算教学,兼学笔算,教学效率提高,总体上减轻了负担。至于珠算的"高位算起"和笔算的"低位算起",算理上是一样的。并不难理解。正如多项式的加减运算,升幂排列和降幂排列都可以进行,并没有不可逾越的障碍。

一个值得关注的现象是"珠心算"的高速计算功能。对于一部分学生来说,整数的四则运算可以用头脑里的"虚拟算盘"进行,其速度超过计算器。这种"珠心算"的出现,是珠算发展的一个重大创新。它在许多地方的实验中获得了巨大的成功。据不完全统计,目前全国有近百万儿童在学习"珠心算"。珠心算在开发儿童大脑潜能上的功效,还没有完全弄清楚。教育部指导下的"三年实验,十年跟踪"的实验计划正在进行之中。

就目前的情况来说,将珠算列入课程,主要是便于儿童理解数字计算的原理,提高运算效率,减轻学生负担。至于用珠心算提高运算速度,只能在一部分有条件的地方进行试验。有些地方单纯为了"速算表演",追求运算速度,过度训练,加重学生负担,那是不正确的。

下面我们附录三个文件：1. 日本正在实行的《数学学习指导要领》中关于珠算的规定。2. 德国和日本数学教材中珠算内容的照片。3. 上海"弘扬珠算文化"研讨会的主题文件。

附录一　日本小学算术学习指导要领有关珠算教学的目标及要求

(根据日本国家教育资源信息中心资料整理网址：www.nicer.go.jp)

小学学习指导要领(2002年4月实施)

第三节　算术

[第3学年]A 数与计算：

(5)让学生知道使用算盘表示数的方法,使学生能够使用算盘进行简单的加法、减法的计算。

a 知道使用算盘表示数的方法。

b 知道加法、减法的计算方法。

小学学习指导要领解说(算术编)

(1999年)日本文部省颁布[东洋馆出版社](摘自第95页)

第三章各学年的内容

第3学年的内容。A(5)算盘。

"算盘,在我国从古代起是用来进行计算的道具,用它表示数、进行计算是非常方便的。第3学年,是使用竖式进行整数加减法计算的完成时期,这里的主要目标是通过使用算盘表示数,确实加深对十进制记数法的结构的理解,通过使用算盘进行简单的加法及减法计算,确实地理解计算的方法。"

附录二　德国和日本的数学教材剪影

1. 德国2004年使用的教材

中间一段文字的中文译文为"图中算盘表出的数字是2874。一颗上珠的值相当于下珠的5倍。算珠每向左一次就扩大10倍。用它可以做所有的四则运算。做乘除法当然要求较多的训练。

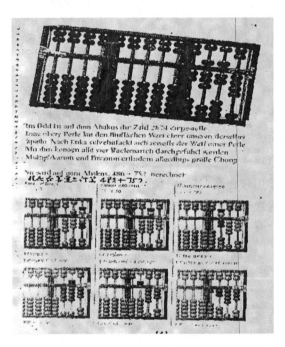

图1

现在在算盘上计算486+757。(6步计算过程是从低位到高位。——译者注)

2. 日本东京书籍出版社《新算术》(3年级)的一部分

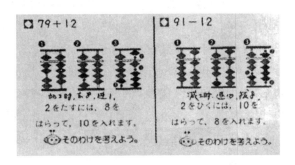

图2

附录三 "弘扬中华珠算文化"专题研讨会主题文件

遵循民族的、科学的、大众的方向大力弘扬中华珠算文化

2006年5月14日至15日,以"弘扬中华珠算文化"为主题的研讨会在上海召开。与会的全体代表,郑重地通过以下的大会主题文件。

珠算是中华传统数学文化中的瑰宝,一项影响深远的非物质文化遗产。在计算机技术蓬勃发展的今天,珠算依然具有强大的生命力。"珠心算"教学的出现,更是珠算文化的一项创新发展,具有开发儿童智力潜能的功能和作用。我们要科学总结,与时俱进,摒弃局限,改革创新,认识、保护、继承和弘扬珠算文化,共同克服某种轻视珠算的民族虚无倾向。

1. 珠算是中华文明对人类所作的重大贡献。算盘是一种计算工具,是古代创建的没有存储设备的简易计算机。珠算的源头可追溯到两汉以远,从宋朝开始珠算逐步替代筹算,至明代而独领风骚,一度成为我国数学发展的主流。经过上千年的发展,珠算已经构成一种文化现象,成为中华文化的重要组成部分。我国算盘从十六世纪开始传入周边国家。20世纪末,又传入美国、巴西、墨西哥、委内瑞拉、澳大利亚、加拿大、印度、坦桑尼亚、匈牙利和英国。

2. "不要把算盘丢掉!"周总理关于珠算的光辉遗言意味深长。1972年10月14日周恩来总理接见诺贝尔物理学奖获得者李政道。当李政道讲到"中国在计算方面应该比谁都先进,中国的算盘是最古老的计算机"时,周总理指示:"要告诉下面,不要把算盘丢掉。"

文化是一个民族的灵魂。珠算文化和昆曲艺术、古代建筑、历史文物一样,都是我国宝贵的遗产,需要珍惜和保护。珠算是在困难的环境中发展起来的。中国古代"重农抑商",文人一向鄙薄商贾使用的珠算,但是珠算在实践中蓬勃发展。民国以来我国数学教育全盘西化,用笔算否定珠算,但是珠算仍然顽强地在社会上流行。随着电子技术的发展,珠算在计算领域内的范围大为缩小,然而珠算文化与时俱进,发展出"珠心算",取得了计算器所达不到的效果。和一切人类的文化遗产一样,废弃破坏容易,弘扬保护艰难。进入21世纪以来,对珠算价值缺乏了解,否定珠算的现象依然存在。因此,弘扬中华珠算文化、落实"不要把算盘丢掉!"的责任,历史地落在我们这一代的肩上。

3. 算盘作为计算工具依然有存在价值,并继续产生国际性的影响。在我国银行、会计等商业部门,使用算盘依然是一项基本功。算盘也是商业院校的一门基础课。1991 年起,由中国珠算协会和台湾省商业会每年轮流主办一次海峡两岸珠算学术交流和 1992 年起的两岸通讯比赛(以学生为主),至 2002 年累计参加人数已达 400 万人次。1994 年在黄山召开了由中、美、日、韩和台湾地区代表参加的"国际珠算理论研讨会";1996 年 10 月更在山东潍坊召开了"首届世界珠算大会",有 12 个国家和地区代表 400 多人参加;2002 年 10 月,成立了有 15 个国家和地区参加的世界珠算心算联合会。在这些世界性活动中,由于珠算的历史渊源,中国大陆珠算界自然地担负着主要的领导责任。但是如果我们"丢掉算盘",自己否定自己,自身得不到发展,那是大家都不愿看到的。

4. 珠算文化与计算机技术可以并行不悖。珠算"既有横梁穿档的算盘,又有一套完善的算法和口诀"。前者相当于现代电子计算机的硬件,后者相当于软件。中国是以算法见长的国家。"三下五除二"的珠算口诀,甚至成了日常生活的语言。许多研究工作表明,电子计算机与珠算有许多相似之处。珠算集输入、储存、运算、输出为一体。珠算和电子计算机计算都有算法,存在着系统上的相似、算法语言上的相应、计算程序上的相当。学习珠算,可以形象地理解电子计算机原理。电子计算机使用的算法和珠算算法,都是一种机械化的算法,可以彼此借鉴,相得益彰。因此,应该本着科学精神、抱着科学态度、运用科学方法来深入研究珠算、开发珠算、发展珠算。运用计算机技术应该和发扬珠算文化,并行不悖。

5. "珠心算"是现代珠算文化的重大创新发展。早在 20 世纪 60 年代,三算(珠算、笔算、心算)结合教学遍布全国(除台湾地区)的 30 个省市自治区,就有三千多万学生参加;20 世纪 90 年代初"珠心算"的教学方式,目前全国有上百万儿童在学习珠心算。这种用头脑里虚拟的算盘进行心算的活动,在数学教育和启智功能上取得了显著的成效,使现代珠算文化大放异彩。众所周知,整数运算是一切计算的基础,而日常实用永远需要心算。大量实验证明,由珠算内化而成的脑算(珠心算)是最易学、效率最高、功能最强的心算。珠算的计算过程完全透明。珠算使用半抽象的"算珠"为中介,较之计数板、计算块及小棒等学具,有无可比拟的优越性。

6. 珠算文化一直得到政府有关部门的支持。2003 年 11 月 18 日,中珠协会长迟海滨向教育部副部长赵清平、部长助理陈小娅、财政部教科文司副司长赵路等领导简要汇报中珠协工作,指出珠心算教育具有开发儿童少年智力潜能作用,以及"三年实验十年跟踪"规划的实验研究。教育部领导表示,教育部会积极支持和配合这项工作,并表示是否实行珠心算由地方和学校决定,教学课时可从地方课时和校本课时里安排,这项灵活的政策还有待落实。我们希望,正在修订的《全日制 9 年义务教育数学课程标准》中,能够关注珠心算活动的开展,留出适度的活动空间。

7. 珠心算实验获得的巨大成功再次证明了珠算的强大生命力。在珠算无法正式进入小学数学课程的情况下,珠心算实验在幼儿园、小学低年级、特别是智障儿童的实验中获得了巨大的成功。珠心算教育使学生动手又动脑,用具体的算珠替代抽象的数字,达到了令人意想不到的效果。当智障儿童突破"20以内加减"的屏障,流利地进行多位数计算时,许多家长流下了激动的眼泪。我们希望用这些奇迹能够说服一些"珠算无用论"者。让我们多多关注孩子,给他们学习的机会。这里,我们也要注意克服曾经出现过的,单纯为了公开表演而过度训练的情况。珠心算教学,是为了提高学生的计算能力,而不增加甚至减轻学生的学习负担。

8. 发扬中华珠算文化需要进行学术研究。例如,珠算在数学机械化中的作用、珠算的国际比较、珠算的历史研究等,都需要努力进行。已故的程民德院士曾经关注从高位向低位计算的问题。我国历史上,从筹算到珠算都是从高位算到低位;多项式常常按降幂排列,两个多项式相乘则通常从高次到低次;除法是从高位算起,在日常生活中认数、计价和心算大都是从高位算起的;德国的整数相乘是从高位到低位。那么我国现行笔算从低位算到高位,究竟是否更科学、更合理?二者是否可以兼容?这些我们也许可以称之为"程民德问题"。如果数学教育、心理学、脑科学、以及珠心算方面专家和教师一起合作研究,也许会给数学教学带来更深远的影响。

9. 要提高珠心算的教学质量。应当不断修订和完善教材,加强相关教师培训,总结珠心算研究的新成果、新经验、新方法,推动珠心算事业蓬勃发展,为丰富人类文化做出新的贡献。这些需要我们克服困难,加强管理和自身建设,同时也希望得到有关领导部门的支持与帮助。这里,一个突出的问题是高层次珠算人才的培养。首先要依托大学数学史、科学史、数学教育的博士点,培养珠心算高层次的后备力量,不断提高珠心算研究的专业水平,使珠心算研究广泛、深入、可持续发展。

10. 任重而道远。这次"弘扬中华珠算文化"专题研讨会是一次有珠算界、数学界、教育界、数学史界专家共同参与的盛会,更是珠算理论研究和教学实践工作者相互交流的平台。我们希望,这样的交流能够经常化,定期举行。

我们坚信,在科学发展观的指导下,中华珠算文化一定能够得到进一步的继承、发展和弘扬。

珠算进入 2011 版《数学课程标准》的参与经过

张奠宙

2011 版《国家数学课程标准》,将珠算重新纳入小学数学内容。这是一个曲折的过程。我曾经参与其事,做过一些沟通和劝说的工作。以下是我关于珠算的心路历程和参与经历。

我出生在江南县城奉化。父亲是"库房出身",即少年时期就进入征收农业税的部门学生意。算盘是最重要的基本功。我幼时曾见他能用左手打算盘,右手记账,那付潇洒干练的风范至今难忘。我读小学时,有珠算课。大家都能用算盘进行整数和小数的加、减、乘的运算,除法的口诀太多,很难把握。小学数学课堂可玩的学具很少,算盘是孩子们喜欢的活动。记得小伙伴们常常用算盘从 1 加到 100,看谁快。有时眼看落后了,就立马打出 5050 作弊,嘻哈哄闹一阵。

图 1

后来上了大学数学系,当了研究生,做基础数学研究,几十年来和珠算完全没有关系。儿女在上海市区读书,也没有见到他们用算盘。时序进入 21 世纪。2001 年公布的《九年义务教育数学课程标准(实验稿)》中找不到"珠算"二字。2004 年,上海正式出版的第二期课程改革的《数学课程标准》也没有"珠算"的踪影。中华文化中的瑰宝——珠算,难道就这样终结了吗?

到了 1990 年代,我从基础数学研究转向数学史和教育研究。第一次接触珠算问题,是数学史家罗见今先生介绍我认识研究珠算的刘芹英博士。我和罗先生早就认识,我很钦佩他的博学。记得是 2005 年初春,罗先生又来上海。上海教科院的周卫同志来约我,说是罗见今和上海珠算协会的几位同志要约我见面谈谈。在上海中山公园一家饭店里,我们见面了。除了罗、周两位之外,新认识的就是上海珠算协会会长张德和先生。以及秘书长陆萍女士。作陪的还有《上海教育》杂志的熟人宋旭辉同志。我们的谈话很投机,原因是我们都珍视中国的传统文化。那时我正在写一本具有中国特色的书《中国数学双基教学》,目的是向教育界说明,中国数学教育有自己的优良传统,不要老是到外国"教育超市"里选购理论,走"以洋非中"的道路;要重视民族化、本土化的工作。这在思想上和珠算文化的继承和发扬非常

编者注: 原文载于《珠算与心算》(2011 年第 3 期第 33 页至 35 页)。

契合。

2006年5月14日至15日,以"弘扬中华珠算文化"为主题的研讨会在上海召开,我有幸应邀参加。

会上,中国珠算协会会长、原财政部副部长迟海滨同志,原浙江省教委邵宗杰主任做了报告,上海市教委副主任张民选到会祝贺。会场上有各省市珠算协会的领导,还有来自日本、马来西亚、美国的珠算界人士,更有大量的来自台湾的同行。

开幕式之后有珠心算的表演,一名复旦大学的学生,能够用珠心算进行多位数的加减乘除,题目读完,结果也随之报出。他说,他脑海中的算盘永远不会消失,伴随终生。接着是三位智障儿童,能够用珠心算做两位数的加减。孩子的妈妈含着泪花对我们说,谢谢珠心算,我的孩子现在可以拿钱到街上买东西了。我们又参观了一所特殊学校。智力残障儿童原本不认识阿拉伯数字,现在借助算盘,转化为珠心算,就可以做加减了。我惊呼这是特殊教育的国际水平。在会上,听了许多珠算专家的发言,很受教育。出于对弘扬珠算文化的关切,我还自告奋勇代为起草会议主题文件,把个人的感受融入其中。大会全体代表郑重地通过了"遵循民族的、科学的、大众的方向,大力弘扬中华珠算文化"的会议主题文件,把珠算的历史地位和功能作用定位在"中华传统数学文化的瑰宝,是一项影响深远的非物质文化遗产"。

当时的一个直觉是,我们数学教育工作者过分忽视了珠算教育,介入得太少、太晚了。整数运算是一切计算的基础,而日常实用永远需要心算。珠算的计算过程完全透明。珠算使用半具体半抽象的"算珠"为中介,较之计数板、计算块及小棒等学具,有无可比拟的优越性。由珠算内化而成的脑算(珠心算)是最易学、效率最高、功能最强的心算。目前全国有上百万儿童在学习珠心算。这种用头脑里虚拟的算盘进行心算的活动,在数学教育和启智功能上取得了显著的成效,使现代珠算文化大放异彩。这些令人鼓舞的信息,使我得出一个结论:珠算是一个不该遗忘的角落。

作为一个中国的数学教育工作者,我觉得不能无动于衷,必须立即展开行动。我找到上海特级教师、"小学数学"教材的编写者、上海师资培训中心莘庄基地的黄建弘主任,了解国外使用算盘的情况。他告诉我,2004年正在使用的日本、德国教材,都有算盘的内容。于是我就邀请上海珠心算学校的校长陆萍老师和黄建弘老师一起写文章,题目就是"珠算:不该遗忘的角落"。文章发给人民教育出版社的刘意竹副总编,请他转投《课程·教材·教法》。刘先生回信说,这件事争论很大。老的数学教学大纲有算盘内容,进入21世纪之后,就拿掉了。文章是否能发,没有把握。我等待了三个月,没有回音。于是,我致信人民教育出版社的领导,是否可以认为人民教育出版社不赞成算盘进课程标准?最后也不了了之。对珠算的消失,一方面是心急如焚,一方面却是冷若冰霜,何至如此,至今想不通。

2006年6月,我有机会到东北师大,见到史宁中校长,他是《9年义务教育数学课程标准》修订组的组长。我把珠算的想法向他作了汇报,他表示可以考虑,要我为《标准》写一个案例。修订组的北京师范大学张英伯教授、中科院数学所的李文林教授,东北师范大学的马云鹏教授、首都师范大学的王尚志教授、重庆师范大学的黄翔教授等,也都表示值得考虑,只是困难很大。他们要我起草一个案例,内容如下:

珠算案例

珠算是学习位置记数法的最佳模型。珠算的加减,十分形象地反映了计算过程和进位方法,珠算的上珠为"5"(5个手指),"五升十进",对于位值计数、以及加减的辩证统一、算法的多样化,非常有益。

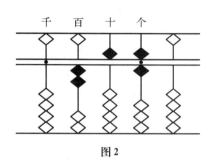

图2

举例说明:用算盘上的算珠可以表示三位数256(图2)。

我是东北师范大学1954年毕业的校友,又和史宁中校长都是研究数学出身,转而进行数学教育研究,彼此许多观念相同。史校长对我说,珠算进课程标准,难度很大。把去掉的内容再捡回来,与国家的"减负"要求相冲突。主张计算器取代珠算的声浪很高。此外,一些负责同志也担心,如果人人都要有一个算盘,又是学生的一笔经济负担,还牵扯到商业行为,很麻烦。这应了一句古诗:"别时容易见时难",连人民教育出版社的专家也打退堂鼓了,何况其他?

但是,史校长反复考虑了现实情况和珠算的文化教育价值,尤其是看到国外教材中出现算盘,深有触动。2007年春天,我和史校长在宁波相遇,住在同一个旅馆内。那天,我准备回上海,史校长在旅馆大堂中送我。他郑重地对我说,我打算把"认识算盘"写进课程标准,但是不要求学生会打算盘,你看如何? 我回应说,赞成,步子不宜迈得太大。此后的征求意见的《国家数学课程标准(修订稿)》中就出现了"认识算盘"的字样。至于《数学课程标准》修订组的专家们怎样讨论,如何最后定稿,我就不知道了。我牵线搭桥的工作也就到此为止。

图3

另外一个重要的事件是珠算列入了"国家级非物质文化遗产项目"。这是珠算界全体同仁长期守望"珠算遗产"并努力申请的结果。当然，我们也要提到清华大学数学史专家冯立升教授等的支持与努力。由于珠算列入"非遗"项目，认识算盘就是弘扬传统文化的举措，这进一步为珠算进入小学数学课程扫清了障碍。

知悉《国家数学课程标准》将列入"认识珠算"之后，我把弘扬珠算的努力目标转向上海市。大家知道，上海市有单独的《数学课程标准》，其中同样没有珠算。鉴于上海的课程标准尚未进入修订阶段，所以我建议将珠算直接写入教材。黄建弘先生正是"小学数学教材"的主编，他在第二轮小学《数学》教材的初稿里，增写了"认识算盘"一节。我是上海小学数学教材的审查委员，就和张福生、陶爱珍等审查委员一起肯定了这一修订。在2010年秋季出版的上海《数学》课本里，已经出现了算盘。

珠算重返小学数学课程，走出了弘扬珠算文化的第一步。这是不大的一步，但因其从无到有而弥足珍贵。我们期望，能有一些学校继续延伸，开设珠算选修课程，让学生能够动手打算盘，推广珠心算，进一步开发珠算的教育潜能。这需要珠算界和数学教育界的共同努力。希望珠算界同仁能够介入数学教学第一线，消除与数学教育界的隔膜，相互尊重，多多沟通，加强团结，为弘扬珠算文化作进一步的努力。

第一部分

现代数学史

第五章

数学家传记

弗雷歇

张奠宙　王善平

弗雷歇,M.(Frechét,Maurice)　1878年9月2日生于法国约讷省的马利尼;1973年6月4日卒于巴黎。数学。

弗雷歇的父亲是小学教师,在一所小规模的新教教会学校教课。他有六个孩子,弗雷歇排行第四。

当12岁的弗雷歇在布丰中学念书时,他的数学老师———一位比他大13岁的年青人——发现了他的数学才能。这位年青人极力劝说弗雷歇的双亲让他们的孩子从事数学工作,并且还常常为弗雷歇单独讲课,让他解决数学问题并给予必要的指导。这位年青人就是阿达马(Hadamard)。弗雷歇常常以深切的感激之情回忆阿达马对他的关心和帮助。

服完兵役以后,弗雷歇听从阿达马的劝告进入著名的巴黎高等师范学校学习,并在那里获博士学位(1906)。

1910年,弗雷歇任普瓦捷大学力学教授,直到第一次世界大战爆发。战争期间,弗雷歇在前线呆了三年,开始是普通士兵,后来担任英国军队的翻译。战争结束后,弗雷歇来到斯特拉斯堡大学,任数学教授(1920—1927)。后来接受波莱尔(Borel)的邀请到著名的巴黎大学执教,先后担任概率计算讲师(1928—1933),一般数学教授(1933—1935),微积分计算教授(1935—1940)和概率计算教授(1940—1948)。

1956年,弗雷歇被选为法国科学院院士。在此以前,他已是波兰科学院院士(1929)和荷兰科学院院士(1950)。此外,他也是莫斯科数学学会等许多国内外著名科学学会的成员。

弗雷歇对数学最重要的贡献是创立抽象空间理论,为泛函分析和点集拓扑学奠定了基础。

"空间"一词,本来是人类对自己所生存的周围环境的称谓。由于现实的生存空间有前后、左右、上下三个自由度,故又称三维空间。选取了原点O之后,空间一点p可用三个实数的有序组(x,y,z)加以表征。由此,人们又把直线看作一维空间,平面看作二维空间。而爱因斯坦(Einstein)的相对论则要使用四维空间(x,y,z,t),其中t表示时间。很自然,人们将$(x_1,\cdots,x_n)$称为n维空间中的一点。弗雷歇的功绩是将空间的概念作了极大的推广。他大胆地采用了刚由G.康托尔(Cantor)创立起来的集合论思想,把"空间"看成具有某种结构的集合。从这个观点出发,许多数学问题实际上可归结为"空间"上的函数(泛函)或"空间"之

编者注:原文载于吴文俊主编《世界著名数学家传记》(下集第1321至第1329页;科学出版社,1995年出版)。

间的映射(算子)的研究。这一想法,弗雷歇于1904年已经着手探讨(见原始文献[1])。1906年,他在博士论文"关于泛函演算若干问题"(Sur quelques points du calcul fonctionnel,1906)中给出了完整的理论。

在这一工作中,给人印象最深的是距离空间理论。众所周知,现实空间中每两点 A,B 之间都有一个距离 $d(A,B)$,这是一个非负实数。弗雷歇将它推广到一般的集合上,他给出如下定义:设 D 是非空集合,如果对 D 中任何两个元素 A,B,都有一个实数 $d(A,B)$ 与之对应,且满足

(a) $d(A,B)=d(B,A) \geqslant 0$,

(b) $d(A,B)=0$ 当且仅当 $A=B$,

(c) $d(A,B)+d(B,C) \geqslant d(A,C)$ 对 D 中任意的元素 C 都成立,

这时就称 $d(A,B)$ 是 A,B 之间的距离(écart),称 D 是距离空间。显然,现实的空间就是距离空间。弗雷歇还给出了两个很有用的抽象的距离空间的例子:

(1) 区间 $[a,b]$ 上的连续函数全体构成的空间 $C[a,b]$,其中的距离定义为

$$d(f,g)=\max_{a \leqslant x \leqslant b} |f(x)-g(x)|。$$

(2) 实数列全体构成的空间 F,其中任意两点 $x=(x_1,\cdots,x_n,\cdots)$ 和 $y=(y_1,\cdots,y_n,\cdots)$ 之间的距离定义为

$$d(x,y)=\sum_{p=1}^{\infty} \frac{1}{p!} \frac{|x_p-y_p|}{1+|x_p-y_p|}。$$

这一空间现称弗雷歇序列空间。

距离空间的概念成功地刻画了空间和距离的本质。自从非欧几何创立以来,人们对空间这个几乎和人类一起产生的古老的概念又有了新的认识。数学家的视野也开始从有限维的现实空间转向一般的抽象空间,数学研究的舞台获得前所未有的扩大。后人在评论泛函分析历史时,把弗雷歇的博士论文和 I.弗雷德霍姆(Fredholm)的积分方程论文(1900),H.勒贝格(Lebesgue)的积分论(1902),D.希尔伯特(Hilbert)的谱论(1906)并列为四项奠基性工作(见研究文献[20],p.97)。

弗雷歇的研究工作并没有停止在仅仅给出一些空间的定义上,而是深入研究这些空间的性质。他把有限维空间中的极限概念搬到抽象空间上来,定义了邻域、开集、闭集、闭包、极限点等概念,导致对空间的完备性、紧致性、可分性等性质的研究。这一部分后来成为点集拓扑学的基本内容。1914 年,F.豪斯道夫(Hausdorff)出版《集论》(Grundzüge der Mengenlehre, Leipzig, 1914)标志着点集拓扑学的产生,其中含有弗雷歇的大量工作。

值得指出的是,在 20 世纪的最初 10 年中,康托尔的集合论、勒贝格的积分论都尚未被当时的国际数学界广泛接受,许多数学家对"病态函数"、"怪异集合"持怀疑甚至厌恶态度,但弗雷歇坚定地支持这些工作,并通过自己的努力使集合论和积分论成为 20 世纪数学的两块重要基石。

勒贝格发表积分论以后仅仅 5 年,弗雷歇给出了勒贝格意义下的平方可积函数距离空间

$L^2[a,b]$(1907)(见原始文献[3]):设 $f(x)$ 和 $g(x)$ 是 $L^2[a,b]$ 中的两个元素,它们之间的距离是

$$d(f,g)=\sqrt{\int_a^b[f(x)-g(x)]^2dx}。$$

他还和 E. 施密特(Schmidt)同时指出 $L^2[a,b]$ 和序列的希尔伯特空间 l^2 的类似性。几个月后,F. 黎斯(Riesz)把这种类似性表为定理,后来被称为黎斯-费希尔(E. Fischer)定理。它表明 $L^2[a,b]$ 和 l^2 在某种意义上是等价的。

同年,弗雷歇证明了,对于定义在 $L^2[a,b]$ 上的每一个连续线性泛函 U,存在 $L^2[a,b]$ 中唯一的一个元素 $u(x)$,使得对于 $L^2[a,b]$ 中每一个 $f(x)$,都有

$$U(f)=\int_a^b f(x)u(x)dx(见原始文献[4],[5])。$$

这是当今称为希尔伯特空间理论的基础。

1926 年至 1928 年,弗雷歇汲取巴拿赫(Banach)等人的成果,进一步提出了一种线性距离空间,明确地把线性运算和距离结构协调起来(见原始文献[6],[12])。这种空间现在称为弗雷歇空间。

设有一个非空集合 E,在它上面有一个由加法和数乘运算确定的线性空间结构,并且有一个从 E 到实数空间的映射 p,满足条件

A1　对任意的 E 中元素 x,有

$p(x)\geqslant 0$ 并且 $p(x)=0$ 当且仅当 $x=0$,

A2　对任意的 E 中元素 x,y,有

$p(x+y)\leqslant p(x)+p(y)$,(三角不等式),

A3　对任意的 E 中元素 x,x_n,以及任意的实数 a,a_n,有

$p(-x)=p(x)$ 并且 $\lim_{a_n\to 0}(a_n x)=0,\ \lim_{p(x_n)\to 0}p(ax_n)=0$,

则称 p 是准范,E 被称为赋准范线性空间。对 E 中任意元素 x,y,定义

$$d(x,y)=p(x-y),$$

易见这正好是距离。在这个距离下 E 成为距离空间,如果 E 同时是完备的,就称 E 是弗雷歇空间。可以验证前面给出的两个例子 $C[a,b]$ 和 F 都满足弗雷歇空间条件。在线性泛函分析中有广泛应用的巴拿赫空间,也就是完备赋范线性空间,是弗雷歇空间的特例。

在经典分析中,微分是个极其有用的概念,如何把这个概念推广到一般抽象空间上呢?这是一个难题,至今尚未最后解决。不过弗雷歇在这方面作了很好的工作。早在 1914 年,弗雷歇就给出了距离空间上泛函的可微性定义(见原始文献[7])。1925 年,他把它推广到赋范线性空间上的算子:设 X,Y 是赋范线性空间,Ω 是 X 中开集,算子 $f:\Omega\to Y$ 称为在 Ω 中某点 x_0 处可微,如果存在有界线性算子 $A:X\to Y$,使得对 X 中每个满足 $x_0+h\in\Omega$ 的 h 都有

$$f(x_0+h)-f(x_0)-Ah=\omega(x_0,h),$$

其中 $\omega(x_0, h)$ 满足

$$\lim_{\|h\|\to 0} \frac{\|\omega(x_0, h)\|}{\|h\|} = 0。$$

如果 f 在 Ω 上每一点都可微，则称 f 在 Ω 上可微（见原始文献[8]）。后来弗雷歇又把定义进一步严格化（见原始文献[9]）。弗雷歇可微性概念有广泛应用，是现代非线性泛函理论的基本概念之一。

弗雷歇对泛函分析中的极值问题，抽象空间上的曲线、曲面和曲面面积问题也有研究。

在拓扑学中，除了前面提到的工作外，弗雷歇还对维数的定义作过研究。1909 年，弗雷歇首先对维数给出定义：如果存在从拓扑空间 E 到拓扑空间 F 的某个子空间上的同胚映射，就称 E 的维数不大于 F 的维数。现在拓扑学中通常使用 H. 庞加莱（Poincaré）于 1912 年提出，后经布劳威尔（L. E. J. Brower）等人修改，用递归方法给出的维数定义。但弗雷歇的定义简单明了，也是个很有价值的概念。后来弗雷歇在发展以他的维数定义为基础的维数理论方面做了一些工作（见原始文献[13]）。

弗雷歇数学活动的另一个重要领域是概率统计理论，这方面的工作在他的整个数学工作中占有很大比重。早在 20 年代，他就开始用他所创造的泛函分析方法（他称之为"广义分析"方法）研究随机变量序列 $[x_n]$ "概收敛"和"几乎处处收敛"的问题。他和别人合作解决了"矩收敛问题"（见研究文献[14]）。30 年代，他着重研究了"马尔可夫链"理论。另外，他对概率计算、概率应用、方差和协方差的定义问题、相关性问题、遍历理论、零概率事件的分类、抽象概率空间理论和随机曲线等都有研究。

在函数论和经典分析方面，弗雷歇也作过一些工作。

虽然弗雷歇以他在数学的抽象化、一般化方面的工作著称于世，但他对数学的看法却很实际。他认为数学不是一个纯粹的演绎科学；事实上，数学涉及四个阶段：1）系统地从经验中归纳，2）公理化、公式化，3）演绎，4）实验证实。所以，所有的数学都来自经验，一个与经验无关的公理系统只不过是场游戏，不是数学（见原始文献[11]）。

在与国际数学家交往上，弗雷歇是位活跃人物，据说他几乎和 20 世纪每位大数学家都有通信来往（见研究文献[15]）。

美国著名数学家、控制论创始人 N. 维纳（Wiener）在 1920 年写信给弗雷歇，希望成为他的学生，弗雷歇放弃去西班牙休假的机会，热情地邀请维纳来斯特拉斯堡一起工作。维纳在他的自传《我是一个数学家》（I am a mathematician，1956）中回忆道："弗雷歇身材中等，留有小胡子，体格强健，行动敏捷。……。酷爱散步和旅行，我们相处得很好。"（见研究文献[18]，p.40.）维纳这时和弗雷歇同样对"公理化方法"感兴趣。正如弗雷歇引入"距离"三条公理一样，维纳也引入了"范数"的公理，这和波兰数学家巴拿赫几乎同时得到。当时弗雷歇曾为此欣喜不已，并在自己的工作中积极汲取了他们的成果（见前文所述）。

弗雷歇和与外界联系较少的苏联数学家也有十分友好的关系。Н.Н. 鲁津（Лузин）曾写信告诉他自己在解析理论（见研究文献[16]）、射影集合方面的工作。П.С. 亚历山德罗夫

(Александров)在一封信中向他讲述了П.С.乌雷松(Урысон)被淹死的惨剧(见研究文献[17])。这种数学家之间的个人友谊对当时苏联的数学,尤其是拓扑学的飞速发展无疑有一定作用。

弗雷歇有两个中国学生。一个是关肇直,他是现代中国著名数学家,中国泛函分析学科的奠基人。另一个名叫樊𰻝(Fan, Ky),是美国的著名华裔数学家;弗雷歇与他合著《组合拓扑学导论》(Introduction à la topologie combinatoire, 1946),此书后来被翻译成英文(1967)和西班牙文(1967)。

阿达马曾把弗雷歇的创造性工作与E. 伽罗瓦(Galois)创立群论相提并论(见研究文献[14]),这一评价似乎有些太高了。但是弗雷歇有一点同伽罗瓦一样,他不仅为数学开拓了大片新领域,而且带来了数学方法的变革。他所参与创立的由"公理"确定出一般的抽象的数学结构,然后再逐步过渡到具体问题的"公理化方法",现在已被广泛采用。这种方法对希尔伯特的形式主义和N. 布尔巴基(Bourbaki)的结构主义的形成起着重要作用。

弗雷歇的成功决非偶然。一方面,康托尔的集合论和勒贝格的积分论为他提供了理想的工具;另一方面V.沃尔泰拉(Volterra)、弗雷德霍姆、阿达马等人在积分方程、微分方程和变分法方面的研究中已积累了大量的素材,为弗雷歇创立抽象空间理论作了充分准备;最后,自19世纪,B. 柯西(Cauchy)、R. 戴德金(Dedekind)等人完成数学的严密化工作,伽罗瓦创立群论和C. F. 高斯(Gauss)等人创立非欧几何以来,探求一般性和统一性逐渐成为数学发展的一个重要方向,而弗雷歇顺应了这个发展。

正如维纳所指出的那样(见研究文献[18]p.33),尽管弗雷歇的著作是"非常重要的",但并没有象人们所期望的那样"成为数学的中心",因为"它是按照抽象形式主义精神写的,这同任何深刻的物理应用根本对立"。维纳还说弗雷歇是当时法国在"公设主义"方面"无可争议的领袖",但现在看来他并非是"他那一代数学界的绝对领袖"。

弗雷歇的著作很多,较著名的有《抽象空间》(Les espaces abstraits, 1928),《概率论现代理论研究》(Récherches théoriques modernes sur la theome des probabilities, 1937—1938,两卷集)和《数学与具体》(Les mathématiques et le coneret, 1955)等。

文献

原始文献

[1] M. Fréchet, Généralisation d'un théoréme de Weierstras, *C. R. Acad. Sci.*, **139**(1904), pp. 134—140.

[2] M. Fréchet, Sur quelques points du calcul fonctionnel, *Rend. Circ. Mat. Palermo*, **22**(1906), pp.1—74.

[3] M. Fréchet, Essai de géométrie analytique a une infinité de coordonnées, *Nouv. Ann. de Math.*, **8**(1908), pp.97—116, 289—317.

[4] M. Fréchet, Sur les operations lineaires III, *Trans. Amer. Math. Soc.*, **8**(1907), pp.433—446.

[5] M. Fréchet, Sur les ensembles de fonctions et les opérations linearies, *Comp. Rend.*, **444**(1907), pp.1414-1416.

[6] M. Fréchet, les espaces abstraits topologiquement affines, *Acta Math.*, **47**(1926), pp.25-52.

[7] M. Fréchet, Sur là notion de différentielle d'une fonction de ligne, *Trans. Amer. Math. Soc.*, **15**(1914), pp.135—161.

[8] M. Fréchet, La notion de differentielle d'ans l'Analyse genérale, *Ann. Ecole. Norm.Sup.*, **42**(1925), pp.293—323.

[9] M. Fréchet, le probléme de l'existence d'un extremum local d'un fonctionnelle, *Ann. Sci. École. Norm. Sup.*, **73**(1956), pp.93—120.

[10] M. Fréchet, Une définition du nombre de dimension d'un ensemble abstrait, *C. R. Acad.Sci.*, *t*.**148**(1909), p.1152.

[11] M. Fréchet, L'analyse générale et la question des fondements, Les entretiens de Zurich sur les fondements et la méthode des sciences mathematiques(6—9 Décémbre, 1938), 1941, pp.53—73, 73—81.

[12] M. Fréchet, Les espaces abstraits, Gauthier-Villars, Paris, 1928.

[13] M. Fréehet, Les mathématiques et le coneret, Presses Universitaires de France Paris, 1955.

研究文献

[14] S. M. Mandelbroit, Notice nécrologique sur Maurice Fréchet Member de la Section de Geométre, *Comptes Renelus de l'Academic des Sciences*, Series A-B, **277**(1973), Vie aeadémique 73—Vie académique 76.

[15] L. K. Arboleda, Origin of the Soviet school of topology. Remark about the letters of P. S. Aleksandrov and P. S. Uryson to Fréchet, *Arch. His. Exact. Sci.*, **20**(1979), pp.281—302.

[16] A. P. Yushkevich, A letter of N. N. Luzin to M. Fréchet, *Istor-Mat. Issled*, **27**(1983), pp.298—300.

[17] A. E. Taylor, A study of Maurice Fréchet, II, Mainly about his work on general topology 1909—1928, *Arch. Hist. Excaet Sci.*, **34**(1985), pp.279—380.

[18] N. Wiener, I am a mathematician, Victoz Gollancz Ltd, London, 1956(中译本：N. 维纳,我是一个数学家,上海科技出版社,1987).

[19] M. Kline, Mathematical thought from ancient to modern times, Oxford Uni. Press, New York, 1972(中译本：M·克莱因,古今数学思想,上海科技出版社,1981).

[20] J. Dieudonne, History of functional analysis, North-Holland publishing Company, 1981.

[21] 关肇直,泛函分析讲义,北京高等教育出版社,1958.

外尔

张奠宙

外尔.H（Weyl, Hermann） 1885年11月9日生于德国的埃尔姆斯霍恩；1955年12月8日卒于瑞士苏黎世。数学，数学物理。

外尔出生在邻近汉堡的一个小镇上。父亲路德维希（Ludwig）是银行家，母亲安娜（Anna）在家里照料孩子。外尔在乡镇上度过了少年时代，并在阿尔托纳的一所文法中学读书。虽说乡下的孩子往往比较闭塞，见识不广，但外尔在中学时已读过 I. 康德（Kant）的《纯粹理性批判》（Critique of Pure Reason, 1781）。他回忆说："这书立即打动了我的心。"

1904年，外尔从这所中学毕业。当时的校长是德国大数学家 D. 希尔伯特（Hilbert）的表兄弟，遂将外尔介绍到希尔伯特所在的格丁根大学攻读数学。从此，外尔踏上了数学之路，并成为日后希尔伯特的继承人。

在格丁根的第一年，外尔读了许多课程。其中包括希尔伯特的课"化圆为方与数的理论"。新世界的门向他打开了。1905年夏天，外尔带着希尔伯特的辉煌作品《数论报告》（Der Zahlbericht）回家去。他回忆说："整个暑假我在没有初等数论和 E. 伽罗瓦（Galois）理论这些准备知识的情况下，自己尽力搞懂它，这几个月是我一生中最快乐的几个月，经历了我们共同分担的疑虑和失败的许多岁月之后，它的光辉仍抚慰着我的心灵。"外尔曾这样描述希尔伯特对青年人的影响："他所吹奏的甜蜜的芦笛声，诱惑了许多老鼠追随他跳入数学的深河"。外尔自己就是这些"老鼠"中的一个。

在格丁根读了一年书之后，外尔按惯例要到另一所大学求学一年。他到了慕尼黑大学。1906年重返格丁根。1907年，外尔投入积分方程的研究。一年之后，以"奇异积分方程"（Equtions intégrales singwlières）的论文获得博士学位。他在格丁根一直呆到1913年。1910年起任无薪讲师（privatdozent），在讲授函数论等课程的同时，他开拓了新领域"黎曼面"。

1913年，外尔和 J. 海伦（Joseph Helen）结婚。海伦是格丁根大学哲学系的著名才女。他们有两个儿子。其中 J. 外尔也是数学家。父子曾合著《亚纯函数和解析曲线》（Meromorphic fonctions and analytic curves, 1943）。

就在结婚的同一年，外尔受聘为位于苏黎世城的瑞士联邦工学院的教授。这时，大物理学家 A. 爱因斯坦（Einstein）也在那里执教，他们经常交谈。爱因斯坦的物理学新思想给外尔留下了深刻的印象。

编者注：原文载于《世界著名数学家传记》（下集第1390页至1406页；科学出版社，1995年出版）

1915年,正值第一次世界大战,外尔服了一年兵役。1916年重返苏黎世。此后的十余年,是外尔数学创造的全盛时期。外尔在苏黎世的生活是幸福的;他曾说,那时打扰他平静生活的最糟糕的事是外国大学请他去执教的一连串邀请。但是在内心深处,外尔仍然向往格丁根大学,希望回到希尔伯特身边。因为他的"根"在那里,他要到那里摄取营养,获得新的动力。1923年,格丁根大学邀他回去接替退休的F.克莱因(Klein)。当时德国政治形势动荡,经济一团糟。外尔踌躇再三,拿着"接受邀请"的电文到电报局,可到了拍发时,又改变了主意,辞谢了邀请。1930年夏天,格丁根大学又邀他回去接替希尔伯特。尽管这时德国政治、经济形势仍然不好,但外尔终于接受了邀请。他写信给老师:"应召作为你的继任,我内心的欣喜和自豪是无法用言词来形容的"。

但是外尔在格丁根没有呆很长时间。30年代的德国,法西斯的浊流在到处蠢动,排犹的风潮越演越烈,外尔本人虽不是犹太人,可是他的妻子海伦是半个犹太人。1933年1月,希特勒上台,局势极度动荡,大批犹太科学家离开德国。作为格丁根大学数学研究所的领导人,整个春天和夏天,外尔写信,去会见政府官员,但什么也改变不了。夏日将尽,人亦如云散。外尔去瑞士度假,仍想回德国,希望通过自己的努力来保住格丁根的数学传统。可是美国的朋友极力劝他赶快离开德国:"再不走就太晚了!"美国普林斯顿高级研究院为他提供了一个职位。早在那里的爱因斯坦说服了外尔。从此,他和海伦在大西洋彼岸渡过了后半生。

到普林斯顿时,外尔已经48岁,数学家的创造黄金时期已经过去。于是他从"首席小提琴手"转到"指挥"的位置上。他象磁石一样吸引大批数学家来到普林斯顿,用他渊博的知识、深邃的才智给年轻人指引前进的方向。普林斯顿取代格丁根成为世界数学中心,外尔的作用显然是举足轻重的。无数的年轻人怀念外尔对他们的帮助,用最美好的语言颂扬他的为人,其中有一个是中国学者陈省身。1985年,陈省身回忆他和外尔的交往时写道:

"我1943年秋由昆明去美国普林斯顿,初次会到外尔。他当然知道我的名字和我的一些工作。我对他是十分崇拜的。……外尔很看重我的工作,他看了我关于高斯-博内公式的初稿,曾向我道喜。我们有很多的来往,有多次的长谈,开拓了我对数学的看法。历史上是否会再有象外尔这样广博精深的数学家,将是一个有趣的问题。"

外尔在美国也继续做一些研究工作。他写的《典型群,其不变式及其表示》(The classical group, their invariants and representations, 1939)以及《代数数论》(Algebraic theory of numbers, 1940)使希尔伯特的不变式理论和数论报告在美国生根开花。他的"半个世纪的数学"(A half-century of mathematics, 1951)更成为20世纪上半叶数学的最好总结。他还在凸多面体的刚性和变形(1935)、n维旋量黎曼矩阵、平均运动(1938—1939)、亚纯曲线(1938)、边界层问题(1942)等方面作出贡献。

外尔的妻子于1948年逝世。1950年,他又和爱伦(Ellen)结婚。外尔在1951年退休,但他在普林斯顿的职位仍然保留着。以后他在普林斯顿和苏黎世两地居住。1954年,外尔在第十二届国际数学家大会上讲话,介绍菲尔兹奖获得者小平邦彦(Kodaira Kunihiko)和J. P. 塞尔(Serre)的工作。第二年,70寿辰的祝寿活动之后不到一个月,外尔在邮局寄信时突然心脏病发作,于1955年12月8日与世长辞。

外尔的著作生前出版过选集。1968年,施普林格(Springer)出版社发行外尔的《论文全集》(Gesammelte abhandlungen),包括166篇文章,但不包括他的十几本书。

外尔一生的科学工作,可以分为四个时期:格丁根时期(1904—1913);苏黎世时期(1913—1930);第二格丁根时期(1930—1933);普林斯顿时期(1933—1955)。他的数学工作几乎遍及整个数学。其中包括奇异积分方程、微分方程、数学物理方法、希尔伯特空间,吉布斯(Gibbs)现象、狄利克雷原理、模1分布、概周期函数、亚纯曲线变分学等分析课题,凸体的表面的刚性、拓扑学、微分几何中的联络、黎曼面等几何课题,李群的不变量、李群的表示、代数理论、逻辑等代数课题,以及相对论、量子论、哲学、科学史等课题。他的许多工作成为20世纪一系列重要数学成就的出发点。外尔的研究足迹紧紧追随着整个科学的进展,从广义相对论到量子力学,一直在科学的前沿上弄潮。许多人认为,时至今日,通晓整个数学的数学家似乎已经没有了。外尔也许是能做到这一点的最后一人。

外尔在格丁根时期的初期研究工作,可以说完全在希尔伯特的影响下进行。他在格丁根的博士论文题目正是希尔伯特当时钟爱的研究课题:积分方程。

1910年,外尔在为获得无薪讲师职位发表就职演讲时,作出了他在数学上第一个重要工作:三阶线性微分方程的奇异边界条件。众所周知,经典的斯图姆-刘维尔问题是求解自共轭微分方程

$$\frac{d}{dx}\left(p(x)\frac{dy}{dx}\right)-(q(x)-\lambda)y(x)=0, \tag{1}$$

其中 $0 \leqslant x \leqslant l$,$p(x)>0$,$q(x)$ 为实值函数,解 $y(x)$ 必须满足下列边界条件:

$$y'(0)-wy(0)=0, \tag{2}$$

$$y'(l)-hy(l)=0, \tag{3}$$

这里 w,h 都是实数。这时,人们知道:当 λ 取一列非负实数 λ_n($\lambda_n \to \infty$)时,方程(1)存在非平凡解。这一数列称为方程的谱,每个 λ_n 称为方程的特征值(本征值),相应的解 $y_n(x)$ 称为特征函数(本征函数)。这时 $y_n(x)$ 好象 $\sin nx$,$\cos nx$ 一样可以作为正交基,使每个函数可以按 $y_n(x)$ 展为级数,正象函数关于 $\cos nx$ 和 $\sin nx$ 展为三角级数一样。

外尔研究 $l=+\infty$ 的奇异情形。他的想法是令 λ 取复数值。于是对给定的 h,会存在复数 $w(\lambda, h)$ 满足边界条件(2),(3)。当 h 取遍一切实数值时,点 $w(\lambda, h)$ 在某圆 $C_l(\lambda)$ 上。此时,外尔看到,当 $l \to +\infty$ 时,$C_l(\lambda)$(λ 固定)形成一族圆,其极限或者是圆或者是一点。这两种情形的出现与 λ 的选择无关。如果有"极限圆",那么(1)的解都在 $[0, +\infty)$ 上平方可积,而在"极限点"情形,(1)只有一个解(差一常数因子)是平方可积的。

在后来由冯·诺伊曼创立的无界对称算子理论中,一个微分算子可以作自伴扩张的充要条件是两个亏指数 n_+ 和 n_- 相等。外尔在这里提供了斯图姆-刘维尔算子 $P(x, D)$(对称算子)进行自共轭扩张的第一个例子。在 $a<x<b$ 情形,如果 a,b 分别趋于 0 和 ∞ 时都是极限点型,则 $n_+=n_-=0$。算子 $P(x, D)$ 已经是自伴的。如果 0 和 ∞ 分别是极限圆型和极限点

型,则 $n_+=n_-=1$,其自伴扩张用一个边界条件得出。若二者都是极限圆型,则 $n_+=n_-=2$,算子 $P(x,D)$ 可用两个边界条件决定其自伴扩张。本世纪偏微分算子理论的长足进展,外尔的这一结果可说是其先驱。

外尔并没有停留在自伴扩张问题上。他将关于与离散谱 λ_n 相应的特征函数 $y_n(x)$ 的级数展开,推广到连续谱 λ 的特征函数 $y_\lambda(x)$ 的积分展开,从而为卡莱曼(T. Carleman)积分算子理论开辟了道路。更引人注目的是外尔对大物理学家 H. A. 洛伦兹(Lorentz)1910 所提问题的回答。1910 年,洛伦兹在格丁根讲演时提到,能否由听鼓声推知鼓的形状？这等于由一个椭圆方程 $\Delta u+\lambda u=0$ 的本征值 λ_n(即鼓膜振动的自然频率)来确定鼓膜形状。外尔研究了更一般的问题,提出了在希尔伯特空间 H 上的紧自伴算子特征值的直接计算方法(即不必先求出 $\lambda_1,\cdots,\lambda_{n-1}$ 再来计算 λ_n),后人称之为"极大极小方法",这套本征展开理论,为洛伦兹问题的解决提供了钥匙,人们要求知道当 λ 很大时,小于 λ 的特征值的个数 $N(\lambda)$,其中

$$\lambda=\sqrt{\frac{2\pi\nu}{v}},$$

ν 是本征频率,v 是波在鼓膜中的传播速度。外尔证明了

$$N(\lambda)\to\frac{A}{4\pi}\lambda(\text{当}\lambda\to+\infty\text{时}),$$

这里 A 是鼓膜的面积。这恰好证实了洛伦兹的猜想:频率在 ν 和 $d\nu$ 之间的充分高的谐波数目与边界的形态无关,仅和它围成的面积成正比。

这项工作相当漂亮。1954 年 5 月,外尔在洛桑作演讲。当他回忆这段往事时,写了如下的话:

"这个问题的结论虽然在前些时候已被物理学家猜想到。然而对大多数数学家来说,这一结果似乎是在很遥远的将来才能作出证明的。当我狂热般地作出证明时,我的煤油灯已开始冒烟。我刚完成其证明,厚厚的煤烟灰就象雨一样从天花板上落到我的纸上、手上和脸上了。"

这套"听音辨鼓"的理论近几年又出现新的高潮,现在有了更精确的估计,甚至可以决定表示鼓上孔的数目的拓扑参数。将平面鼓膜推广到高维的流形上去,仍是成为许多人追逐的课题。

外尔在追随希尔伯特研究积分方程和微分方程之后,从 1911 到 1912 年开辟了自己的新研究方向:黎曼面。这时,外尔在格丁根大学讲授函数论课程。复值多值函数依靠黎曼面实行单值化。如 $w=\sqrt{Z}$ 使一个 Z 对应两个 w。黎曼将两个 Z 平面适当连接构成两叶的面 R,就使 $\sqrt{Z}$ 成为 R 到复平面上的单值函数了。但是黎曼面的构造一直依靠直观想象,并用自然语言加以描述。外尔一面授课,一面构思严格的黎曼面理论。年仅 26 岁的外尔爆出了天才的火花。他将黎曼面 R 看成被 R 中各点的邻域 U 所覆盖,而每一邻域 U 又附以从 U 到复平面的映射 ψ_U。外尔把所有由 (U,ψ_U) 构成的全体记作 $\mathcal{U}$。如果 $\mathcal{U}$ 满足(1)$\mathcal{U}$ 中所有 U 的并集即是 R,(2)当 $V=U_1\cap U_2$ 非空时,$\psi_{U_1}(V)$ 和 $\psi_{U_2}(V)$ 都是复平面上集合,$\psi_{U_1}\circ\psi_{U_2}^{-1}$ 是复平面上

区域 $\psi_{U_2}(V)$ 到复平面区域 $\psi_{U_1}(V)$ 的复变函数。我们假定 $\psi_{U_1}\circ\psi_{U_2}^{-1}$ 在各连通分支内都是保形映射。这样,外尔就将 $(R,\mathcal{U})$ 看作黎曼面。在 20 世纪数学史上,外尔的这一想法是划时代的(上面的叙述已采用现在常用的形式)。首先,他采用了邻域思想,无疑为点集拓扑学的出现催生。其次,黎曼面用现在的眼光来看乃是复一维流形。在 20 世纪大放异彩的复流形理论即导源于此。第三,外尔指出,黎曼面的深入研究,"不只是使解析函数的多值性直观化的手段,而且是这个理论的本质部分,是解析函数能在其上生长和繁荣的唯一土壤"。它开创了现代函数论。第四,黎曼面的亏格、分类等导向同调和同伦论,为代数拓扑的诞生指引了方向。外尔这一工作,几乎影响了 20 世纪的整个纯粹数学。1913 年《黎曼面的概念》(Die Idee der Riemannschen Fläche)出版。从中人们可以看到希尔伯特的邻域公理化方法,L. E. J. 布劳威尔使用的单纯形方法,H·庞加莱的基本群观念以及曲面的指向等严格理论。

外尔结束了格丁根大学的函数论教学工作。

外尔在苏黎世时期(1913—1930)的工作是极其辉煌的。他在 1914 年完成了关于模 1 等分布的研究,人们将它看作解析数论的新篇章。这一工作的发表因第一次大战而推迟到 1916 年。

所谓实数列 $\{x_n\}$ 以模 1 等分布,是指 x_n 的小数部分 y_n 均匀地分布在 $[0,1]$ 内,即对任何 $[0,1]$ 的子区间 $[\alpha,\beta]$,有 $\lim_{n\to\infty}\nu(\alpha,\beta,n)/n=\beta-\alpha$,这里的 $\nu(\alpha,\beta,n)$ 是指前 n 个实数 $x_1,\cdots,x_n$ 的小数部分 $y_1,\cdots,y_n$ 落在 $[\alpha,\beta]$ 中的个数。$\{x_n\}$ 模 1 等分布也可用积分描述为:对任何在 $[0,1]$ 上有界的黎曼可积函数 $f(x)$,有

$$\lim_{n\to\infty}\frac{f(y_1)+f(y_2)+\cdots+f(y_n)}{n}=\int_0^1 f(t)dt,$$

这就使我们能用分析工具来研究数论问题。但是使外尔最值得骄傲的是下列基本定理:

$\{x_n\}$ 模 1 等分布的充要条件是:对任何非零整数 h,当 $N\to\infty$ 时

$$\frac{1}{N}\sum_{n=1}^N \exp(2\pi i k x_n)\to 0。$$

由此可以推出,若 $p(x)$ 是首系数为无理数的多项式,则 $p(n)$ 是等分布的。若 θ 是无理数,则实数列 $\{n\theta\}$ 是等分布的(这结果早些时候由 P. 玻尔(Bohr)等数学家用纯算术方法得到过)。这一基本定理的证明借助于对多项式指数和的一项估计,现称为外尔不等式。多项式指数和与调和分析紧密相连,而外尔在研究微分算子谱论时成天与调和分析打交道,因而他从分析学转向数论研究乃是顺理成章的。多项式指数和问题与 E. 华林(Waring)问题(任何正整数 k,总存在 $g(k)$,使 k 可表示为 $S(\geqslant g(k))$ 个 k 次幂之和)及 ζ 函数的黎曼猜想(ζ 函数的非显然零点全部都在直线 Res$=1/2$ 上)等密切相关。这一工作后来为苏联的 И.М.维诺格拉多夫(Виноградов)所改进,用于堆垒素数论。我国的华罗庚及其学生们在这一方向上有突出的贡献。

1916 年,当外尔从兵营回到工学院讲台时,爱因斯坦的广义相对论问世不久,一场物理学研究的浪潮席卷全球。外尔毫不犹豫地投身其中。1916 到 1917 年,他在苏黎世的联邦工

学院讲授相对论课程时,力图把哲学思想、数学方法以及物理学理论结合起来,用自己的思想清晰而严格地阐述广义相对论,讲稿在 1918 年以《空间、时间、物质》(Raum、Zeit、Malerie)的书名正式出版,五年之内再版五次,成为年轻人的心爱之物。大物理学家 W. K. 海森伯(Heisenberg)等都从此书中得到教益。

1917—1919 这几年间,外尔在几何学与物理学上作出了巨大贡献。他受到爱因斯坦在广义相对论中研究引力场的鼓舞,企图提出一种既包括引力又包括电磁力的几何理论,即通过发展几何学来完成"统一场论"的构想。虽然"统一场论"经过努力(包括爱因斯坦本人的努力)至今仍未建立起来,但是外尔一系列的研究成果却深刻地影响着当代物理学的进展。

外尔首先对作为相对论数学框架的黎曼几何加以改造和扩展。黎曼几何依赖于一种度量,它是微分二次型:

$$ds^2 = \sum_{ij=1}^{n} g_{ij} ds_i ds_j 。$$

曲率就依这一度量而确定。爱因斯坦的引力理论依赖于二次型,而电磁理论只依赖于一次型。外尔根据前人结果已看到曲率可以通过向量的平行移动而得到。在特殊情形下,这是容易理解的:a, b 是直线 l 上两点,a 处向量 P_a 沿 l 平行移动到 b 处为 P_b,此时 P_a 与 l 的夹角等于 P_b 与 l 的夹角,P_a 沿 l 且保持与 l 夹角不变的移动称为平行移动。P_a 沿 l 平行移动到 b 再平行移动回到 a,夹角一直不动,夹角变化量为 0,所以直线的曲率也是零。在半径为 r 的球面上一点 a 处有一向量 P_a 与过 a 的大圆 l 夹角为 θ,当 P_a 沿大圆(测地线)作保持夹角不变的移动(平行移动)转一圈回到 a 时,向量 P_a 实际上转了一圈,增加了 2π 的幅角,这个数字便成为确定大圆曲率的依据:$\dfrac{2\pi}{2\pi r} = \dfrac{1}{r}$。

在黎曼几何中,曲线 $x^i = x^i(t)$, $i = 1, 2, \cdots, n$ ($t_1 \leqslant t \leqslant t_2$) 的长度 S 由积分表出:

$$S = \int_{t_1}^{t_2} \sqrt{\sum_{j,i} g_{ij}(x(t)) \frac{dx^j}{dt} \cdot \frac{dx^i}{dt}} \, dt,$$

这里 g_{ij} 是度量张量的共变分量。使这积分取得极值的曲线,即测地线满足方程

$$\frac{d^2 x^h}{dS^2} + \sum_{ij} \begin{Bmatrix} h \\ ji \end{Bmatrix} \frac{dx^j}{dS} \cdot \frac{dx^i}{dS} = 0,$$

这里的 $\begin{Bmatrix} k \\ ij \end{Bmatrix}$ 称为 E.B.克里斯托费尔(Christoffel)符号。

一个向量场 $v^h(t)$,如满足

$$\frac{dv^h}{dt} + \sum_{ji} \begin{Bmatrix} h \\ ji \end{Bmatrix} \frac{dx^j}{dt} v^i = 0,$$

则定义为 $v^h(t)$ 与曲线 $x^h = x^h(t)$ 平行。由此可以看出:测地线的切线 $\dfrac{dx^h}{dS}$ 沿测地线前进时

总是平行地移动着。

外尔注意到上面的平行定义与度量张量 g_{ij} 没有直接关系，只与克里斯特费尔符号 $\begin{Bmatrix} h \\ ij \end{Bmatrix}$ 有关。于是，只要用一组函数 Γ^h_{ij} 来代替 $\begin{Bmatrix} h \\ ij \end{Bmatrix}$ 就行了。即沿曲线 $x^h(t)$ 走的向量场 $v^h(t)$ 满足

$$\frac{dv^h}{dt} + \sum_{j,i} \Gamma^h_{ij} \frac{dx^i}{dt} \frac{dx^j}{dt} v^i = 0$$

时称 $v^h(t)$ 与 $x^h(t)$ 平行。

这样一来，黎曼几何就从度量束缚中解脱出来，而由一组函数 Γ^h_{ij} 来决定向量的平行。换句话说，在 n 维流形上引进一个无穷小的仿射结构，也就是选取 n^3 个函数 Γ^i_{jk}，在给定坐标系之下，在 (x^i) 点处的向量 (ξ^i) 与邻近的点 $(x^i + dx^i)$ 的平行向量 $(\xi^i + d\xi^i)$ 之间的关系为：

$$d\xi^i = -\sum \Gamma^i_{ij} \xi^r \xi^s 。$$

这样一来，沿测地线的曲率就可以用这种仿射结构所确定，Γ^i_{jk} 称为仿射联络。这种空间称为仿射联络空间，黎曼空间只是其中的一个特例。外尔的这一思想无疑是稍后的 E. 嘉当 (Cartan) 的一般联络理论的源头。联络概念已构成现代微分几何的基础，其意义之重大正如分析学中的微分概念。

1918 年，外尔发表了著名的论述统一场论的论文。他写道："如果黎曼几何要与自然相一致，那么它的发展所必须基于的基本概念应是向量的无穷小平行移动……。但是一个真正的无穷小几何必须只承认长度从一点到它无限靠近的另一点作转移的这一原则。这就禁止我们去假定在一段有限距离内长度从一点转移到另一点的问题是可积的。……一种几何产生了"。这样，外尔的不可积标量因子的想法就产生了。电磁学在概念上可纳入一个不可积量因子的几何想法之中：电磁场依赖于一次型 $d\phi = \sum \phi_\mu dx^\mu$，不可标度因子是 $\exp\left(\int_P^Q d\phi\right)$，将梯度 $d(\log \lambda)$ 加到 $d\phi$ 将不改变理论的物理内容，由此得到

$$F_{\mu\nu} = \frac{\partial \phi_\mu}{\partial x_\nu} - \frac{\partial \phi_\nu}{\partial x_\mu}$$

有不变意义，$F_{\mu\nu}$ 可看成等同于电磁场，其中 $\phi_\nu = $ 常数 $\cdot A_\mu$，A_μ 是电磁势。

该理论在变换 $d\phi \to d\phi + d(\log \lambda)$ 下的不变性，即今天称为"规范不变性"的最早形式。

爱因斯坦对外尔的论文预印本十分关注，但后来明确表示反对这篇文章。结果爱因斯坦的意见作为按语加在外尔文章的后面，外尔又写了一个回答附在末尾。

爱因斯坦的异议是说，不可积标度因子理论如果正确，那么从 0 出发的两条路径，由于标度的连续变化，一般将会有不同大小，因而两个钟快慢将会不同，时钟依赖于每个人的历史，那就没有客观规律，也就没有物理学了。外尔对此作了回答，但未能消除爱因斯坦的异议。1949 年，外尔回忆当时的心情说："在苏黎世的一只孤独的狼——外尔……很不幸，他太易把

他的数学与物理的和哲学的推测混在一起了。"

1929年,外尔又回到这一课题。由于量子力学的推动,福克(Fock)和 F. W. 伦敦(London)在1927年指出:外尔的不可积标度因子应当是一个不可积的"相"因子。外尔在1929年的文章中写道:我曾经希望规范不变原理将引力和磁力统一起来而未获支持,但这一原理在量子论的场方程中有一个形式上的等价物,用$e^{i\lambda}\psi$代替ψ,同时用$\phi_a - \frac{\partial \lambda}{\partial x_a}$代替$\varphi_a$的变换下,定律不改变。这一不变性和电荷守恒定律的关系仍与先前一样。……规范不变性原理具有广义相对论的特征……。外尔的这些观点对后世有许多影响,不可积"相"因子消除了爱因斯坦异议,并由实验证实。不过"统一场论"始终未完成。外尔对自己的研究一直注视着,直到去世前几个月,他在将1918年的规范理论的论文收入他自己的《论文全集》时,在"跋"中写了下列的话:

"我的理论最强的证据似乎是这样的:就像坐标不变性保持能量动量守恒一样,规范不变性保持了电荷守恒。"

外尔的规范理论启发了杨振宁:可以把规范理论从电磁学推广出去。这就产生了杨振宁-米尔斯在1954年提出的非交换规范场理论。这一规范场理论在粒子物理中显示了强大的生命力,可惜那时外尔已退休,未曾注意及之。

外尔的数学研究总是和当代的物理学最新成就联系在一起。当1925—1926年量子力学刚刚产生的时候,外尔深入地从事李群及其表示的研究,并在1927年把这项研究与量子力学结合起来。1928年,名著《群论和量子力学》(Gruppentheorie und Quantenmechanik)出版。差不多每一位在1935年之前出生的理论物理学家,都会在自己的书架上放上这本书。不过,几乎没有人去读它。对物理学家来说,这本书太抽象了。

1930年,在该书德文新版的前言中,外尔写道:

"质子和电子的基本问题已经用其与量子定律的对称性性质的关系来讨论了,而这些性质是与左和右、过去和将来以及正电和负电的互换有关。"

这里的左和右是指宇称守恒(P),过去和将来是指时间反演不变(T),正电和负电是指电荷共轭不变性(C)。诺贝尔物理奖获得者杨振宁博士曾评论说:"在1930年,没有人,绝对没有人以任何方式猜想这些对称性是彼此相关的,仅仅在50年代人们才发现他们之间的深刻联系。"

外尔非常喜欢对称,在1952年写过《对称》(Symmetry)的精美小书。也许因为太醉心于对称,他抛弃了自己提出的不满足左右对称的二分量中微子理论(1929)。28年以后的1957年,杨振宁和李政道发现了宇称不守恒,并由吴健雄等用实验证实。外尔的二分量中微子理论也得到重新肯定。这时外尔去世已经两年,人们无法听到这位理论物理先驱的评论了。

让我们再回到数学上来。外尔在本世纪20年代从事李群和李代数及其表示的研究,可说是外尔数学生涯中最光辉的篇章。

本世纪初,G. F. 弗罗贝尼乌斯(Frobenius)和 I. 舒尔(Schur)等已完成复n阶方阵构成的一般线性群$GL(n,c)$的不可约有理线性表示的工作。由此可知行列式为1的特殊线性群

$SL(n,c)$ 的所有有理线性表示是完全可约的。1913 年，嘉当独立地完成单复李代数不可约线性表示的工作，并指出有限维半单李代数是完全可约的。

外尔创立一种新的方法，将注意力集中于大范围李群，仅把李代数作为一种工具。1897 年 A. 胡尔维茨(Hurwitz)指出了一种对正交群或酉群构作不变量的途径：只须将有限群中普通的平均求和代之以紧群上关于不变测度的积分，他不仅研究特殊酉群 $SU(n)$ 的不变量（外尔称之为酉技巧），而且处理了特殊线性群 $SL(n,c)$ 的不变量问题。舒尔于 1924 年借助在 $SU(n)$ 作用下该群的任何表示空间中一种对称数量积不变量的存在性，证明 $SU(n)$ 的完全可约性，他又用酉技巧证明了 $SL(n,c)$ 连续线性表示的完全可约性和 $SU(n)$ 的特征标的正交关系。

从这些结果出发，外尔首先指出舒尔和嘉当的两种表示之间的联系，说明二者能一一对应的原因在于 $SU(n)$ 是单连通的。其次他研究了正交群的双叶覆盖群的存在性。最后，外尔转入半单李群大范围理论的研究。这一工作之深刻令人叹为观止。

外尔首先指出，酉技巧不仅在典型群上有用。他证明，每个半单复李代数 $\mathcal{V}$，可从一个紧李群的实李代数 $\mathcal{V}_u$ 经过复化(complexification)而得到。嘉当曾逐类讨论过这一问题，外尔则用半单代数的根代数性质很快得出。这样，外尔建立了 $\mathcal{V}$ 和 $\mathcal{V}_u$ 的线性表示之间的联系。但是要用酉技巧，还必须证明确实存在以 $\mathcal{V}_u$ 为李代数的紧李群 G_u，而且是单连通的。为了绕过这个困难，外尔证明了紧群 G_u 的通用覆盖群也是紧的。可以说这一结果是外尔论文中最深刻最有活力的核心。

这一结果可以有极好的几何解释，因而有外尔"房"和外尔"墙"的概念产生。外尔证明：G_u 的基本群是有限群，因而 G_u 是紧群。极大环面 T 在 G_u 中的作用和对角线矩阵群在 $SU(n)$ 中的作用相似，即每个 G_u 中元素是 T 中一个元素的共轭。G_u 的特征标的正交关系是重要工具。外尔最终提出一个大胆的想法：由"分解"G_u 的无限维线性表示来求得半单群的所有不可约表示。

李群的研究和群上调和分析紧密相连。他考虑 G_u 上复值连续函数全体 F。若按群 G_u 上的不变测度定义积分，则 F 上可定义卷积

$$(f*g)(t)=\int_{G_u}f(st^{-1})g(t)dt,$$

F 于是构成群代数。如果考察算子 $R(f): g \to f*g$，则 $R(f)$ 是紧的自伴算子，于是就可以用紧算子的谱分解理论加以研究了。更一般地，外尔研究了不变内积。他证明：n 维线性空间 V 上的一般线性群 $GL(V)$ 中的紧子群 G，V 上必存在关于 G 的不变内积：

$$(x,y)=\int_G f(g(x),g(y))d\omega, \ x,y \in V。$$

利用这一定理，可直接决定所有紧复连通李群。即连通复紧李群必可交换，因此是复环面。外尔还得到：紧李群的李代数必具有不变内积（紧李代数）。

外尔的研究都有强烈的背景，丰富的思想和高度的技巧。他用自己的成果开辟了 20 世

纪纯粹数学的新天地,并且表明"抽象"方法和传统的"硬"分析方法完全可以相比美。

作为希尔伯特的继承者,外尔确实发扬了希尔伯特的传统,且注入了时代精神。微分算子理论、模1等分布论、仿射联络理论、连续群论都可以在希尔伯特的积分方程、数论、代数不变量、物理学研究等研究中找到渊源,而相对论、量子力学、拓扑学方法、代数拓扑工具等则使他发展并超越了希尔伯特的范围。他们师生二人,可以说代表了20世纪上半叶的数学。

然而,他们两人并非完全一致。在数学基础上,外尔拥护布劳威尔的直觉主义,不承认实无限,不准滥用排中律,不愿用选择公理。他的全部工作确实没有用G.康托尔的超限数理论,而且说康托尔的那一套是"雾中之雾"。外尔把布劳威尔的观点介绍给希尔伯特,希尔伯特却极力反对直觉主义。希尔伯特倡导"形式主义",企图证明包含自然数系统的数学体系是无矛盾的和相容的。但是希尔伯特也小心翼翼地把有限步可以达到的结论认为是最可靠的,所以外尔说希尔伯特"从布劳威尔的直觉主义的启示中获益匪浅。"1931年,K.哥德尔击破了希尔伯特的梦想。外尔平静地和希尔伯特讨论事情的前因后果,尽管两人的意见并未统一。

1932年,希尔伯特70寿辰。外尔写了生日祝辞,表达了他对恩师的崇敬与深情。1943年希尔伯特去世。外尔在《美国数学会公报》(Bulletin of the American Mathematical Society,50,pp.612—654,1944)上发表了"大卫·希尔伯特及其数学工作"(David Hilbert and his mathematical work)的长篇纪念文章(中译本见《数学史译文集》,上海科学技术出版社,1981)。

外尔在美国继续做过一些研究工作,例如凸体表面的刚性与形变(1935),n维的旋量、平均运动(1938—1939)、亚纯曲线(1938)、边界层问题(1942)等。作为20世纪前半叶数学发展的见证人,他对克莱因、希尔伯特、诺特等大数学家的记述和评论,具有很高的历史价值。1950年,外尔在《美国数学月刊》(Monthly AMS)发表论文"半个世纪的数学",是一篇极好的学术总结(中译本见《数学史译文集续集》,上海科学技术出版社,1985)。

最后,我们应当提到外尔的哲学研究。外尔对哲学终生不渝。他早年追随过康德哲学,后来受E.胡塞尔(Husserl)的影响很深。他的《空间、时间、物质》就是一部物理学、哲学和数学相结合的著作。他在哲学方面主要作品是《数学和自然科学的哲学》(Philosophie der Mathematik und Wissenschaften, 1927)。书中的数学部分包括数理逻辑、公理学、数及连续统、无穷,以及几何学共三章,自然科学部分有空间时间与先验的外在世界、方法论以及世界的物理图景,也是三章。书中引用了一百多位哲学家、数学家和自然科学家的原著,对整个问题作了详尽而清楚的阐述。

在数学哲学方面,外尔早在1910年就写过论文"关于数学概念的定义"(Über die Definitionen der mathematischen Grundbegriffe)。他将数学看作"一棵自豪的树,它自由地将枝头长入稀薄的空气,同时又从直觉的大地和真实的摹写中吸取力量"。在同一文章中,外尔认为"连续统的势的问题,必须从严密地建立集合论原理的途径去解决"。到了1918年,他出版了《连续统》(Das Kontinuum)一书,成为一场集合论争辩的导火线之一。

进入20年代,外尔站在布劳威尔一边,赞成直觉主义,反对希尔伯特倡导的形式主义。这在前面已经有所提及。但是外尔在晚年似乎力图调和这两方面的冲突。"数学中的公理方法与构造程序"(Axiomatic versus constructive procedures in mathematics)是外尔用英文写的遗作,大约写于 1953 年以后,1985 年才公诸于世(The Mathematical Intelligencer vol.7, No. 4)。文中说:"现代数学研究的大部分建立在构造程序和公理方法的巧妙结合之上。"例如他从域公理出发,用 $1a$ 记 a,$2a$ 记 $1a+a$,$3a$ 记 $2a+a$,如此继续,就得出 a 的倍数 νa,即自然数全体。然后看是否有 ν 使 $\nu a=0$,表明域的特征数为有限(质数)或 ∞。

外尔曾设想,数学证明必须是一步一步地可被人的直觉检验的程序。现在四色问题的计算机证明已突破了外尔的要求,但是构造主义观点却由于计算机的发展而倍受重视。外尔说过:"哲学的反思伴随着历史的反思。"数学基础正以新的形式继续着争辩。尽管外尔的"调和"并未得到公认,可是历史也许会再次注意他的数学哲学观点。

外尔逝世已经 40 年了,但是整个国际数学界仍然时刻感到他的存在。他所创立的深刻数学思想至今还在起着指路灯的作用。他的工作一定会影响到下一个世纪。

文献

原始文献

[1] H. Weyl, Gesamelte abhandlungen, K. Chandrasekharan, ed., 4 vobs., Springer-Verlag, 1968.

[2] H. Weyl, Gruppen Theorie und Quantenmechanik, S. Hirzel, Leipzig, 1928.

[3] H. Weyl, Raum-Zeit-Materie, Springer, Berlin, 1923.

[4] H. Weyl, Die Idee dev Riemannschen Fläche, B. G. Teubner, Leipzig, 1913.

[5] H. Weyl, Philosophie der Mathematik und Wissenschaften, R. Oldenbourg, München, 1926.

[6] H. Weyl, A half-century of mathematics, *American Mathematical Monthly*, 58(1951), 8, pp.523—553(中译本: H.外尔,半个世纪的数学,数学史译文续集,上海科学技术出版社,1985).

研究文献

[7] C. Chevalley and A. Weil, Hermann Weyl(1885—1955), Enseignement Mathematique, S2. Vol 3, 1957.

[8] J. Dieudonné, Weyl Hermann, Dictionary of scientific biography XIV(1967).

[9] 杨振宁,魏尔对物理学的贡献,自然杂志,**9**(1986),11 期.

[10] 胡作玄,赫尔曼·外尔:数学家、物理学家、哲学家,自然辩证法通讯,1985,3 期,p.60.

樊㼋

张奠宙　陈公宁

图1

樊㼋(1914—2010)，浙江杭州人。数学家。

樊㼋，字圻甫，西文名 Ky Fan，父亲樊琦(1879—1947)曾在金华、温州等地的地方法院任职。樊㼋八岁时随父到金华，初中阶段先后在金华中学、杭州宗文中学和温州中学就读。他各科成绩均优，唯不喜欢英文，原因是"讨厌呆板地记忆生词和不可理喻的文法"。1929年初中毕业时，考入不用英文的吴淞同济附中。这是四年制高中，第一年专习德文。1932年的"一·二八"事变后，同济附中不能开课，樊㼋插班到金华中学读高三，半年后就高中毕业了。

1932年秋，樊㼋考入北京大学数学系。他本想读工科，但因姑父冯祖荀在北京大学任数学系主任，更由于北大不考英文，因此决定樊㼋走上了数学道路。樊㼋攻读数学得心应手。二年级时，德国数学家 E. 施佩纳(Sperner)来华讲学，在北大讲授"近世代数"，使用的教材是 O. 施赖埃尔(Schreier)和施佩纳合著的德文原版《解析几何与代数引论》(Einfuhrung in die analytische Geometrie und Algebra)与《矩阵讲义》(Vorlesungen uber Matrizen)两书。樊㼋听完课之后，利用暑假将两者译出，合为《解析几何与代数》，由冯祖荀作序并推荐给商务印书馆。1935年，该书初版作为《大学丛书》之一发行。1960年在台湾印行了第七版。在大学生时期，樊㼋还译过 E. 兰道(Landau)的《理想数论初步》(Einführung in die elementare Theorie der algebraischen Zahlen und der Ideale)，并与孙树本合著《数论》，先后由商务印书馆出版。

1936年，樊㼋在北京大学数学系毕业之后，留校任教。1938年下半年，由法国退回庚子赔款设立的中法教育基金会，招考数学、化学、生物三科各一名去法国留学，樊㼋是数学科的被录取者。1939年初启程去巴黎。他本打算攻读代数学，但在临行前，程毓淮(北京大学)和蒋硕民(南开大学)两教授建议他跟随 M. R. 弗雷歇学习，指出"弗雷歇的分析和代数差不多"。对这一指点，樊㼋终生感激。确实，作为泛函分析先驱学者的弗雷歇，曾发展一套抽象的分析结构，在当时崇尚函数论等"硬分析"的法国独树一帜。樊㼋到巴黎之后，请曾来中国访问的 J. 阿达马给弗雷歇写了一封介绍信，彼此渐渐熟悉，弗雷歇就成了樊㼋的导师。

编者注：原文载于《中国现代科学家传记》(第六集第72页至84页，科学出版社，1994年出版)；根据第二作者后来发表在《20世纪中国知名科学家学术成就概览》(数学卷第一分册，科学出版社，2011)的同名传记，略作修改补充。

1941年,樊𰀀以"一般分析的几个基本概念"的学位论文[1],获得法国国家博士学位。当时第二次世界大战正在进行,樊𰀀幸运地成为法国国家科学研究中心的研究人员,并且在庞加莱数学研究所从事数学研究。战时的生活紧张而清苦,但研究工作不断取得成果。到1945年大战结束时,樊𰀀已发表论文20余篇。他和弗雷歇合著的《组合拓扑学引论》(Introduction a la topologie combinatoire)一书也于1946年刊行,以后又发行了英文版和西班牙文版。

樊𰀀在第二次世界大战之后,转往美国发展。1945—1947两年,他是普林斯顿高级研究院的成员。当时,世界著名数学家云集普林斯顿,其中包括战前已来美国的H.外尔(Weyl)和J.冯·诺伊曼(Von Neumann)。樊𰀀后来的工作深受他们的影响,学术上也有更大的进展。

1947年之后,樊𰀀去圣母大学任教,从助教授、副教授,到教授。1960年曾到底特律城的韦恩州立大学任教一年,随即转到芝加哥附近的西北大学,直至1965年应聘为加州大学圣巴巴拉分校数学教授。

1964年,台北中央研究院推选樊𰀀为院士。1978—1984年间,他曾连任两届该院的数学研究所所长。他还曾任德克萨斯大学(奥斯丁)、汉堡大学、巴黎第九大学及意大利的卑鲁加(Perugia)大学的访问教授。从1960年起,担任《数学分析及其应用》(Journal of Mathematical Analysis and its Application)的编辑委员共32年。他还是《线性代数及其应用》(Linear Algebra and its Application)的杰出编委,1993年又被聘为荷兰的《集值分析》(Set Valued Analysis)和波兰的《非线性分析中的拓扑方法》(Topological Methods in Nonlinear Analysis)的编辑委员。

1985年夏樊𰀀正式退休。数学界为他举行了盛大的学术活动,世界各地的许多数学家前来参加。加州大学圣巴巴拉分校宣布成立樊𰀀助理教授(Ky Fan Assistant Professorship)职位。这次为樊𰀀荣誉退休而举行的学术会议论文集,题为《为樊𰀀举行的会议录:非线性分析和凸分析》(Nonlinear and convex analysis, Proceeding in honor of Ky Fan)。其中收录了樊𰀀到那时的全部论文目录。

樊𰀀退休之后,继续担任杂志编辑,且仍有著作问世。1989年,他应邀访问香港中文大学,是该校联合学院的杰出访问学者。1990年5月,巴黎第九大学授予樊𰀀名誉博士学位。1990年,他曾出席矩阵论方面的会议,应邀作宴会后演讲。1992年5月,应邀访问波兰。1993年到东京参加"非线性分析与凸分析"会议,是该会的四名学术委员之一。

樊𰀀从1947年离开大陆之后,长期没有机会返回故土。1981年,他已准备好大陆之行,临时因手术而取消。1988年南开大学召开不动点理论会议,也因健康原因未能与会。1989年5月,樊𰀀应北京师范大学之邀回到阔别50多年的北京,讲学两周之后,又去北京大学、中国科学院数学研究所、武汉大学、浙江大学、杭州大学等校演讲。访问期间被聘为北京大学和北京师范大学的名誉教授。樊𰀀已将40余年收藏的数学书籍和杂志,除少量自己常用之外,全部捐献给母校北京大学。1993年5月,当杭州大学为纪念陈建功教授诞生100周年举行函数论国际讨论会时,樊𰀀再次回国讲学访问。

樊𰀀的学术成就是多方面的。从线性分析到非线性分析,从有限维空间到无限维空间,从纯粹数学到应用数学,都留下了他的科学业绩。以樊畿的名字命名的定理、引理、等式和不等式,常见于各种数学文献。他在非线性分析、不动点理论、凸分析、集值分析、数理经济学、对策论、线性算子理论及矩阵论等方面的贡献,已成为许多当代论著的出发点和一些分支的基石。

(一) 抽象空间上的分析

樊畿在 40 年代初的法国,主要是随弗雷歇学习和研究抽象空间的分析学理论。他最早发表的几篇论文都有关弗雷歇空间(完备的线性距离空间)上取值于线性拓扑空间的抽象函数。博士论文[1]是这些工作的总结。其主要内容有:(1) 在一类可分弗雷歇空间上的抽象值函数可用广义的抽象值多项式加以逼近。(2) 这类函数的阿达马微分。(3) 抽象拓扑空间的弗雷歇维数。(4) 抽象空间上曲线,特别是和线段、直线、圆周拓扑同胚的点集的拓扑特征。樊畿还将这些抽象函数的结果用于概率论中的极限定理。

(二) 全连续算子、奇异值和特征值

希尔伯特空间上的线性全连续算子源于积分方程论的需要。因此,研究全连续算子 A 的特征值和奇异值(即 $A*A$ 的特征值的平方根)就是重要的工作[2,3]。设 A,B 是两个希尔伯特空间上的全连续算子,$S_K(A)$ 表示 A 的第 K 个奇异值,则有

$$\sum_{K=1}^{n} S_K(A+B) \leqslant \sum_{K=1}^{n} S_K(A) + \sum_{K=1}^{n} S_K(B),$$
$$S_{m+n+1}(A+B) \leqslant S_{m+1}(A) + S_{n+1}(B),$$
$$S_{m+n+1}(AB) \leqslant S_{m+1}(A) \cdot S_{n+1}(B).$$

这些不等式都可解释为用有限维算子逼近无限维空间全连续算子时的性态。奇异值后来有许多推广,如 S 函数(其特例有逼近数、盖尔范德数、柯尔莫戈罗夫数等),而后 S 函数正是由上述两个不等式以及奇异值的其他基本性质作为条件的。关于特征值,樊畿有如下的结果:设 A 是如上的自共轭全连续算子,$\lambda_1 \geqslant \lambda_2 \geqslant \cdots \geqslant \lambda_n$ 是前 n 个最大的特征值,则

$$\sum_{K=1}^{n} \lambda_K = \text{Max} \sum_{K=1}^{n} (AX_K, X_K), n=1, 2, \cdots$$

这里的 Max 是对所有的 n 个标准正交向量 $(x_1, x_2, \cdots, x_n)$ 而取的。这一结果成为特征值理论和奇异值的变分特征化的重要基础。

大数学家外尔和冯·诺伊曼在奇异值方面的工作,曾由樊畿加以推广:

设 $A_1, A_2, \cdots, A_n$ 是希尔伯特空间 H 上的全连续算子,则有

$$\text{Max} \left| \sum_{i=1}^{n} (U_1 A_1 \cdots U_m A_m x_i, x_i) \right| = \sum_{i=1}^{n} S_i(A_1) S_i(A_2) \cdots S_i(A_m),$$

$$\text{Max} \left| \underset{1 \leqslant i, K \leqslant n}{\text{Det}} (U_1 A_1 \cdots U_m A_m x_i, x_k) \right| = \prod_{i=1}^{n} S_i(A_1) S_i(A_2) \cdots S_i(A_m)。$$

其中 Max 是对一切标准正交向量组 $(x_1, x_2, \cdots, x_n)$ 和任意的酉算子组 $U_1, U_2, \cdots, U_m$ 而

取，$S_i(A)$ 表示第 i 个奇异值。当 $m=2$，H 的维数恰为 n 时，则第一个等式是冯·诺依曼的结果，而当 $m=1$ 时，上面的第二个等式包括外尔的不等式。此外，樊㠏还给出一个奇异值的渐近定理：若对某 $r>0$，有 $\lim\limits_{n\to\infty} n^r S_n(A) = a$，$\lim\limits_{n\to\infty} n^r S_n(B) = 0$，则有

$$\lim_{n\to\infty} n^r S_n(A+B) = a。$$

综上所述，樊㠏对全连续算子谱论研究有重大贡献，后来的算子理想理论多借鉴于此[24]。J. 迪厄多内(Dieudonne)将樊㠏列为算子谱论的主要贡献者之一[22]。

(三) 不动点定理和极大极小原理

不动点定理是 20 世纪非线性数学发展中的一个核心课题。所谓映射 F 的不动点 x，是指 $F(x)=x$ 成立。显然，求方程 $f(x)=0$ 的根，等价于求 $F(x)=f(x)+x$ 的不动点。拓扑学家 L. E. J. 布劳威尔(Brouwer)在 1912 年提出了第一个不动点定理：n 维欧氏空间中，将实心球(或紧凸集)映到自身的连续映射至少有一个不动点。以后 J. P. 肖德尔(Schauder)和 A. H. 吉洪诺夫(Тихонов)分别将它推广到巴拿赫空间和局部凸空间。另一方面，角谷静夫(Kakutani)在 n 维欧氏空间情形证明了集值映射的不动点定理。1952 年，樊㠏[4]和 I. L. 格里科斯伯格(Glicksberg)独立地将角谷静夫定理推广到局部凸空间情形。这是近来发展极为迅猛的集值分析的经典结果，其基本内容是：

设 X 是局部凸线性拓扑空间，C 是 X 中非空的凸紧集，T 将 C 内每点 x 映为 C 中的非空闭凸子集合 $T(x)$，且 T 是上半连续的，则必存在一点 $x\in T(x)$。

这种集值映射的重要背景乃是极大极小原理(minimax principle)。冯·诺伊曼在建立对策论时，曾研究下列方程：

$$\operatorname*{Min}_{x} \operatorname*{Max}_{y} \sum_{i=1}^{m}\sum_{j=1}^{n} a_{ij} x_i y_j = \operatorname*{Max}_{y} \operatorname*{Min}_{x} \sum_{i=1}^{m}\sum_{j=1}^{n} a_{ij} x_i y_j，$$

其中 a_{ij} 是实数，$\operatorname*{Min}\limits_{x}$ 指当 x 跑遍一切 $(x_1, x_2, \cdots, x_m)$，$x_i \geqslant 0$，$\sum\limits_{i=1}^{m} x_i = 1$ 时的极小值 ($\operatorname*{Max}\limits_{y}$ 可同样理解)。

樊㠏利用前述集值映射的不动点定理，得到如下的冯·诺伊曼-樊㠏-塞恩(Sion)定理：

设 X, Y 是两个局部凸线性拓扑空间，A, B 分别是 X, Y 中的非空紧凸集，f 是 $A \times B$ 上的二元实函数，使得

对每个 $y \in B$，$f(x, y)$ 在 A 上是下半连续的凸函数，

对每个 $x \in A$，$f(x, y)$ 在 B 上是上半连续的凹函数，

则有

$$\operatorname*{Min}_{x} \operatorname*{Max}_{y} f(x, y) = \operatorname*{Max}_{y} \operatorname*{Min}_{x} f(x, y)。$$

另外，在 1953 年的文献[7]中，证明了第一个不涉及线性结构的极大极小定理，它在许多数学分支(势论、优化的对偶理论、函数代数、调和分析、算子的理想、弱紧性等)都有应用。

樊㵾在不动点理论研究中保持着领先水平,非线性分析的教科书和著作中,都能找到以樊㵾的名字命名的定理、引理、不等式,其中叙述较详的有文献[23]。

(四) 樊㵾的极大极小不等式

1972年,樊㵾发表的论文"一个极大极小不等式及其应用"[15],曾使非线性分析的若干基本原理发生重要变化。这个不等式是:

设 K 是线性拓扑空间中的紧凸集,F 是 $K \times K$ 上的二元实函数,满足以下三条件

(1) 对每个固定的 $y \in K$,$F(x, y)$ 是 x 的下半连续函数;

(2) 对每个固定的 $x \in K$,$F(x, y)$ 是 y 的凹函数;

(3) 对每个 $y \in K$,$F(y, y) \leqslant 0$;

则必有

$$\operatorname*{Min}_{x \in K} \operatorname*{Sup}_{y \in K} F(x, y) \leqslant 0。$$

这个不等式的表达不算非常简洁,并可证明它和原始的布劳威尔不动点定理等价。然而,它在证明非线性分析的大量基本定理时,却非常方便,尤其是一个处理对策论和数理经济学基础问题的有效和通用的工具。法国的奥宾(Aubin)和埃克兰德(Ekeland)在他们的一系列非线性分析著作里,都把上述的樊㵾不等式放在中心位置[18-20]。德国的 E.柴德勒(Zeidler)曾将不动点定理和极大极小不等式画成一张表,樊㵾不等式处于重要地位[28]。此外,这个不等式在微分方程、不定度规空间理论、势论诸方面均有应用。

(五) 线性规划和非线性规划

第二次世界大战后迅速发展起来的线性规划理论,实际上相当于求解一个在凸集上有定义的线性不等式组。在无限维空间情形,也就是超平面分离凸集问题。樊㵾凭借坚实的泛函分析功夫,对此作了重大改进。经常被引用的有樊㵾条件(Ky Fan consistency condition):

设 $F_1, F_2, \cdots, F_n$ 是任意维的实线性空间 X 上的线性泛函,$C_1, C_2, \cdots, C_n$ 是一组实数。则存在 $x \in X$,能同时满足

$$F_1(x) \geqslant C_1, F_2(x) \geqslant C_2, \cdots, F_n(x) \geqslant C_n$$

的充分必要条件是:对任何满足 $\sum_{i=1}^{n} a_i F_i = 0$ 的非负实数组 $a_1, a_2, \cdots, a_n$,均有

$$\sum_{i=1}^{n} C_i a_i \leqslant 0。$$

这一相容性定理,可用于直接证明线性规划的对偶定理等,成为线性规划论的一块基石。另外,它还能简单地导出许多著名的不等式,例如哈代-李特尔伍德-波利亚关于优化(majorization)的不等式。

(六) 凸函数基本定理

樊畿和格里科斯伯格,以及 A. J. 霍夫曼合作,完成了凸分析和非线性分析的一个基本定理[8]。

设 X 是任意维实线性空间的一个凸子集,$f_1, f_2, \cdots, f_n$ 是 X 上的实值凸函数。如果联立不等式组 $f_i(x) < 0 (i=1, 2, \cdots, m)$ 无解,那么必有一组不同时为零的非负实数值 $p_1, p_2, \cdots, p_m$,使得对一切 $x \in X$,都有

$$\sum_{i=1}^{m} p_i f_i(x) \geqslant 0。$$

(七) 其他工作

樊畿所发表的 124 篇论文,涉及的学科很广,以下是一个不完全的列举。

1. **线性代数方面** 主要涉及矩阵的范数、特征值、不等式以及非负矩阵、M 矩阵等。M 矩阵大量出现于椭圆型方程的数值解法和线性方程组的迭代解法之中。许多著作中有樊畿优势定理(dominance theorem),樊畿乘积,樊畿 k 范数等[25]。

2. **不变子空间问题** 樊畿运用不动点定理,得到一个不定度规空间上线性算子的不变子空间的存在性定理[10]。由它可以得出著名的庞特里亚金-约赫维道夫-克莱因定理。1965 年,樊畿又把它推广到一族算子(构成左顺从半群)的公共不变子空间的情形。

3. **组合定理** A.W.塔克(Tuker)在 1945 年给出一个组合引理,目的是用来代替代数拓扑方法,给予著名的博苏克-乌拉姆(Borsuk-Ulam)对映点定理和刘斯铁尔尼克-博苏克(Lusternik-Borsuk)对映点定理比较简易的证明。樊畿在 1952 年将吐克引理加强,得到一些新的对映点定理[5]。30 年后又用他的对映点定理证明了另一个组合定理,比著名的耐瑟(Kneser)-洛瓦兹(Lovasz)-贝拉内(Baraney)定理更强。此外,樊畿的论文[13]与计算不动点及拓扑度问题密切相关,他所使用的"配对过程"(pairing process)方法及"一门进,一门出"(door in, door out)原理被广泛采用。

4. **拓扑群** 樊畿于 1970 年发表的论文[14],讨论了局部紧交换群的局部连通性,并用对偶群加以刻画,这是庞特里雅金关于紧交换群局部连通性的定理的推广。

5. **复分析** 1982 年之后,樊畿连续发表文章,讨论线性算子值的解析函数及其迭代性质、幅角导数等,将复分析中的经典定理推广到线性算子值情形,现已形成一个研究方向[16]。

樊畿的学术成就具有广泛的国际声誉,特别是由于他的工作多半涉及一些数学学科的基础核心,所以常被列为基本文献和写入教科书,有些已成经典性成果。他的论著从任何角度看都是纯数学的,条件自然,结论简洁,论证优美。但是这些纯数学结论又有极广泛的应用,尤对数理经济学的发展促进很大。例如,诺贝尔经济奖获得者 G.德布鲁(Debreu)等创立的数理经济学基本定理就可由樊畿的极大极小不等式直接导出。因此,樊畿研究工作体现了纯粹数学和应用数学的统一。

樊畿一共指导了 22 名博士研究生。他的知识面很宽,可以不断地指导研究生选择更新的研究方向,有几位研究生就是以代数拓扑和微分拓扑的工作而成名的。樊畿早先到普林斯

顿高级研究院，是由 M.莫尔斯(Morse)安排的，后来也经常联系。他曾推荐自己的研究生 W.胡伯舒(Huebsch)给莫尔斯做助教，后来他们合写了许多论文。他在教学上的一丝不苟也是出了名的。爱荷华大学的林伯禄说："樊师做学问和上课同样认真，从不浪费一分一秒。黑板上的字也是一字不多一字不少。他还有许多一流的讲义，可惜他不肯发表。"

樊畿能说多种语言。但他自嘲说："我的英文中有法国口音，讲法文时有德国口音，而讲德语时则有中国口音。"他说他学外语的目的只是为了看数学书，所以不大注意发音。

樊畿待人宽厚，助人为乐。他常说："为人作事，必须对别人有帮助，自己才会快乐。"最终解决比伯巴赫(Bieberbach)猜想的 L.德·贝兰治(de Brange)，在成名前曾受冷落，而樊畿一直对他热情鼓励，他的许多论文都经樊畿推荐而发表。

樊畿和夫人燕又芬住在美国加州圣巴巴拉的一座小山上，山下是大海，风景如画。在回首往事时，樊畿一直牵记着引导他走上数学道路的冯祖荀先生。1989 年曾去位于北京八大处福田公墓的冯祖荀墓前凭吊。1993 年再度回京时，重修冯先生墓，并请苏步青重题墓碑。

文献

原始文献

[1] Ky Fan, Sur quelques notions fondamentavle de l'analyse générale, *J. Math. Pures et Appl.*, **21**(1942), pp.289—368.

[2] Ky Fan, On a theorem of Weyl concerning eigenvalues of linear transformations, Ⅰ, *Proo. Nat. Acad. Sci. U. S. A.*, **35**(1949), pp.652-655; Ⅱ, *Ibid*, **36**(1950), pp.31—35.

[3] Ky Fan, Maximum properties and inequalities for the eigenvalues of completely continous operators, *Proc. Nat. Acaid. Sci. U. S. A.*, **37**(1951), pp.760—766.

[4] Ky Fan, Fixed point and minimax theorems in locally convex topological linear spaces, *Proc. Nat. Acad. Sci. U. S. A.*, **38**(1952), pp.121—126.

[5] Ky Fan, A generalization of Tucker's combinatorial lemma with topological applications, *Annals of Math.*, **56**(1952), pp.431—437.

[6] Ky Fan, Minimax theorem, *Proc. Nat. Acad. Sci. U. S. A.*, **39**(1953), pp.42—47.

[7] Ky Fan, On systems of linear inequalities, in H. W. Kuhn and A. W. Tuker, Linear inequalities and related systems, *Annals of Math. Studies*, No.38, Princeton Univ. Press, 1956, pp.99—156.

[8] Ky Fan, I. Glicksberg and A. J. Hoffman, System of inequalities involving convex functions, *Proc. Amer. Math. Soc.*, **8**(1957), pp.617—622.

[9] Ky Fan, A generalization of Tychonoff's fixed point theorem, *Math. Annalen*, **142**(1961), pp.305—310.

[10] Ky Fan, Invariant subspaces of certain linear operators, *Bull. Amer. Math. Soc.*, **69**(1963), pp.773—777.

[11] Ky Fan, Sur un theoreme minimax, *C. R. Acad. Sci. Paris*, **259**(1964)pp.3925—3928.

[12] Ky Fan, Applications of a theorem concerning sets with convex sections, *Math. Annalen*, **163**(1966), pp.189—203.

[13] Ky Fan, Simplicial maps from an orientable n-pseudomanifold onto S_m with the octahedral triangulation, *J. Combinatorial Theory*, **2**(1967), pp.588—602.

[14] Ky Fan, On local connectedness of locally compact Abelian groups, *Math. Annalen*, **187**(1970), pp.114—116.

[15] Ky Fan, A minimax inequality and its applications, 见 O. Shisha 编, Inequalities Ⅲ, Proceedings of the third Symposium on Inequalities, Acad. Press, 1972, pp.103—113.

[16] Ky Fan, Iteration of analytic functions of operators, *Math. Zeitschr.*, **179**(1982), pp.293—298.

[17] Ky Fan, A survey of some results closely related to the Knaster-Kuratowski-Mazurkiewicz theorem, 收入 T. Ichiishi, A. Neyman and Tauman 编: Game theory and applications, Academic Press, 1990, pp.358—370.

研究文献

[18] Aubin, J. P., Mathematical methods of game and economic theory, North-Holland Publishing Company, 1979.

[19] Aubin, J. P., Aplied functional analysis, Wiley-Interscience Publishing, John Wiley and Sons, 1979.

[20] Aubin, J. P., and Ekeland, I., Applied non-linear analysis, Wiley interscience Publishing, John Wiley and Sons, 1984.

[21] Baiocchi, C., (and A. Capelo) Variational and quasivariational inequalities, Applications to free-boundary problems, (English translation from Italian), John Wiley, 1984.

[22] Dieudonne, J., A panorama of pure mathematics, As seen by Bourbaki, Academic Press, New York, 1982.

[23] Dugundji, J., (and A. Granas), Fixed point theory, Vol.1, Warszawa: PWN-Polish Scientific publishers, 1982.

[24] Gohberg, I. C, (and M. G. Krein), Introduction to the theory of linear nonselfajoint operators (English translation from Russian), Amer. Math. Soc., 1969.

[25] Horn, R. A., (and C. R. Johnson), Topics in matrix analysis, Cambridge Univ. Press, 1991.

[26] Nirenberg, L., Topics in nonlinear functional analysis, Courant Institute of Mathematical Sciences, 1973—1974.

[27] Pietsch, A., Operator ideals, North—Holland, 1980.

[28] Zeidler, E., Nonlinear functional analysis and its applications, Part I: Fixed-point theorems; Part IV: Applications to mathematical physics, Springer-Verlag, 1985, 1988.

林家翘

张奠宙　岳曾元

图 1

林家翘(1916～2013)，福建福州人。应用数学家。林家翘是国际公认的力学和应用数学权威。20世纪40年代开始，他在流体力学的流动稳定性和湍流理论方面的工作带动了一代人的研究和探索。他用渐近方法求解了Orr-Sommerfeld方程，发展了平行流动稳定性理论，确认流动失稳是引发湍流的机理，所得结果为实验所证实。他和von Karmen一起提出了各向同性湍流的湍谱理论，发展了von Karmen的相似性理论，成为早期湍流统计理论的主要学派。从20世纪60年代起，他进入天体物理的研究领域，创立了星系螺旋结构的密度波理论，成功地解释了盘状星系螺旋结构的主要特征，确认所观察到的旋臂是波而不是物质臂，克服了困扰天文界数十年的"缠卷疑难"，并进而发展了星系旋臂长期维持的动力学理论。在应用数学方面，他的贡献是多方面的，其中尤为重要的是发展了解析特征线法和WKBJ方法。在数学理论方面，他证明了一类微分方程中的存在定理，用来彻底解决Heisenberg论文中所引起的长期争议。他是当代应用数学学派的领路人，在美国有人将林家翘誉为"应用数学之父"。

一、学术生涯

林家翘(英文用名Lin Chia-Chiao)，祖籍福州，生长于北京。父亲林凯是民国初年的交通部官员。伯父林旭，官至内阁中书，曾办闽学会，倡言变法，在百日维新中，为四章京之一。变法失败后为慈禧所害，是遇难六君子中最年少的。

林家翘幼年在家中受教育，后就读于四存中学，又转入北京师范大学附中，那里有许多高水平的教师。化学教师是一位硕士，物理老师姓方，对林家翘影响很大。1933年中学毕业时，原想读哲学，但家人劝说"哲学太空泛"，"要格物致知，还是物理"。于是，林家翘以第一名的成绩考入清华大学物理系。

编者注：原文载于《20世纪中国知名科学家学术成就概览·数学卷》（第一分册第358页至365页；科学出版社，2011年出版），也载于卢嘉锡主编：《中国现代科学家传记》（第六集第85页至96页；科学出版社，1994年出版）。作者：张奠宙，岳曾元。

当时的清华物理系，名师很多。系主任是叶企孙，讲授普通物理的是编写中国第一本《物理学》大学教科书的萨本栋，其他的著名教授还有周培源、吴有训、赵忠尧等，教授内容完全能跟上时代。后来，王竹溪讲授统计学，吴大猷教量子力学，都具很高水平。数学方面则有熊庆来、杨武之、赵访熊、曾远荣等。因此，林家翘在清华大学打下了良好的基础。

1937 年，林家翘从清华大学物理系毕业，应聘留校任助教。时值抗日战争爆发，先撤退至长沙，后再退至昆明，清华也并入西南联大。

1939 年，林家翘参加用英国退回庚子赔款设立的赴英留学公费生考试。他以物理系毕业生报考数学专业而被录取，不过注明重点是应用数学。按当时计划，是想用英庚款培养中国航空工业的人才，林家翘的导师也已拟定为英国著名流体力学家和应用数学家 G. I. Taylor。可是，正当 1939 年秋获准赴英之时，恰逢英国对德国宣战，去英国的海路被封锁，留学英国事只好暂停。

滞留昆明时，林家翘师从周培源研究湍流理论。此后经多方磋商，决定此届留英学生可改赴英属自治领的加拿大，随 J. L. Synge 研究流体力学。当时，他们由昆明去海防，搭乘加拿大邮轮，途经上海、日本抵温哥华，到多伦多时，已是 1940 年夏末了。

在多伦多大学仅一年，林家翘即获应用数学硕士学位，随即转去美国加利福尼亚理工学院，随世界第一流的力学大师 Von Karmen 研究流体力学。1944 年，林家翘获航空学博士学位，博士论文题目是《关于湍流的发展》。

林家翘从加州理工学院毕业后，曾留校工作一年，任工程师。1945 年去布朗大学数学系的应用数学部任助教授。第二次世界大战中，布朗大学因承担应用数学及国防课题而著称，各国的许多名教授聚集在此。1947 年，布朗大学打算聘请林家翘为正教授，不料美国最著名的学府之一——麻省理工学院（MIT）也聘他为副教授。经过权衡，林家翘还是来到麻省理工学院。

林家翘于 1953 年擢升为麻省理工学院的正教授，1966 年起成为学院级教授（Institute Professor）。1962 年，麻省理工学院成立应用数学委员会，他是首届主任（1962～1966）。1953 年和 1960 年，林家翘两次获 Guggenheim 研究席位的资助，两次应邀到普林斯顿高级研究院作访问研究（1959～1960，1965～1966）。

林家翘曾担任多种公职：美国数学会应用数学委员会主席（1965），美国国家科学院的资助研究委员会成员，著名的工业和应用数学协会（SIAM）的主席（1972～1974），以及董事会主席等。

1951 年，林家翘被推选为美国艺术和科学院的院士，成为最早获得这一荣誉的华人数学家。1962 年，林家翘又成为美国国家科学院的院士。那时获此荣誉的华人数学家还有陈省身。

林家翘的其他学术荣誉还有：美国机械工程学会的铁木辛哥奖章（1975），美国国家科学院颁发的应用数学和数值分析奖（1977），美国物理学会颁发的流体动力学奖（1979），等。

林家翘曾担任一系列重要讲座的主讲人，其中包括 J. von Neumann 讲座（1967）和美国物理学会流体力学分会 O. Laporle 纪念讲座（1973）。他还是国际天文学会第 14 届大会（1970）

和国际理论与应用力学第 14 届大会(1976)主讲人。

1987 年,林家翘宣布退休。他的朋友从其 1 003 多篇论文中精选出一部分,出版了《林家翘选集》(英文),共两卷。

林家翘于 1946 年和梁守瀛女士结婚,梁守瀛在哈佛大学教汉语,著有《大学汉语》。他们有一个女儿。

二、学术成就

林家翘的科学生涯始于西南联大。1939 年,他在《中国物理杂志》上发表一篇关于统计力学的论文。后来,他以研究湍流闻名于世。这方面的工作,应溯源于西南联大时期周培源的影响。

林家翘在多伦多大学虽只待了一年,但受他的导师 Synge 的影响却不少。Synge 是爱尔兰人,第二次世界大战后回到爱尔兰的都伯林高等研究所,致力于广义相对论研究。1940 年,林家翘曾和 Synge 一起研究湍流。Synge 对湍流及流体不稳定性很感兴趣,这对后来林家翘研究不稳定问题颇有启迪作用。他们曾在 1940 年联合发表《关于各向同性湍流的统计模型》的论文。

1941 年转到加州理工学院后,在 Von Karmen 指导下,林家翘发表了许多航空力学方面的应用性论文。不过,他在流体力学研究方面的最重要的贡献,还是在湍流方面,特别是澄清了物理学家 W. Heisenberg 早年有关湍流的意见悬案,更引起了力学界的轰动。

事情要从 Heisenberg 在 1924 年所写的博士论文谈起。这篇论文考虑介于两平行板之间的二维流动,原始速度为 $w(y)$,然后加上扰动,其速度分量为

$$u=\frac{\partial \psi}{\partial y},\ v=-\frac{\partial \psi}{\partial x},\ \psi(x,y)=\varphi(y)\mathrm{e}^{\mathrm{i}\alpha(x-ct)}。$$

按照 W. M. F. Orr 和 A. Sommerfeld 的工作可得四阶微分方程

$$(w-c)(\varphi''-\alpha^2\varphi)-w''\varphi=\frac{-\mathrm{i}}{\alpha R}(\varphi''''-2\alpha^2\varphi''+\alpha^4\varphi)。$$

若想知道这一流动当雷诺数 R 很大时是否稳定,可以先令方程(1)的左端为零,即考虑方程

$$(w-c)(\varphi''-\alpha^2\varphi)-w''\varphi=0。 \qquad (1)$$

Heisenberg 运用对 α 做渐近展开的方法指出:当 $R\to\infty$ 时 $\alpha\to 0$。图 1 中的曲线 $\alpha(R)$ 给出流体运动是否稳定的分界。

Heisenberg 的这篇论文发表之后,受到许多批评。因为其中有两个重要问题未解决。第一,从数

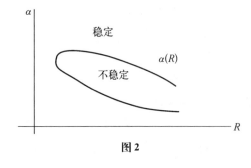

图 2

学上看,他没有论证 $\alpha(R) \gg 1$ 的渐近展开是否正确,更谈不上给予严格的数学根据。第二,图1中的曲线,并没有做定量分析,获得精密数值结果,而仅对其中一枝作了粗略计算;另一枝的估算,则只是根据他对有关 R 的下限和 α 的上限所作的猜想。数学家 F. Noether 曾说,像图 1 中那样的曲线——标志稳定区域的中性曲线也许根本不存在。因此,更多的人对 Heisenberg 的论证持保留态度,以致这一有关平行板之间流体稳定性问题的研究成了一件多年的悬案。

1944 年,林家翘深入研究这一悬案。他先设法给出图 1 曲线的定量描述,即上述悬案的第二个问题。他发现方程(1)的解的渐近行为十分复杂,但经过仔细剖析,可以证明 Heisenberg 的猜想和所利用的渐近方法原则上是正确的,只是不够精细。林家翘将这一些成果写成三篇文章,即《关于二维平行流体的稳定性》的(Ⅰ),(Ⅱ),(Ⅲ),在 1945 年和 1946 年相继发表。这些文章的最后结果反映在图 2 上,该图精确地描述了表征稳定区域的中性曲线,指明当 $R^{\frac{1}{3}} \to \infty$ 时,$\alpha^2 \to 0$,会有两条物理上具有不同性质的曲线枝。

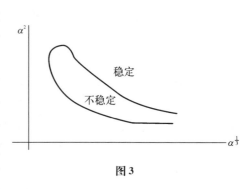

图 3

林家翘的论文发表之后,又引起新的争论。普林斯顿高级研究院的派克里斯(C. L. Pekeris)通过不同的渐近方法指出,抛物流很可能是完全稳定的,不存在稳定区域和不稳定区域的中性分界线,这恰和上述 Noether 的结论相吻合。这是 1948 年的事。两年之后,国际数学家大会在美国波士顿的坎布里奇举行。Heisenberg 在大会上作了"层流的稳定性"的报告,其中肯定了林家翘的结果,并断言 Noether 的论文中必定含有某种错误,只是尚未被发现而已。因此,到 1950 年为止,此争论还在继续。

又过了两年,L. H. Thomas 按照 von Neumann 的建议,对抛物流情形下的方程(2)的解速度 c 的虚数部分,到 IBM 电子计算机上工作了 150 小时,结果证明 Heisenberg 和林家翘的结果是正确的。Tatsumi Tomomasa 也对派克里斯和林家翘的结果重新作了核查,仍然证实林家翘的工作是正确的。

1955 年,英国剑桥大学出版社推出林家翘的专著《流体动力稳定性理论》,成为流体稳定性和湍流发展的里程碑式的著作。1958 年,苏联将它译成俄文出版。林家翘在这本书中发展了二维不可压缩流体的稳定性理论,给出了精到的数学阐述,曾是一个时期的典范。他不仅是理论成果,还是许多应用科学的基础,对实用工程技术、地球物理学、天体物理学等都产生了深远的影响。

林家翘的这一工作,引起力学界和数学界的高度评价,更有许多人继续推进,加以简化。1982 年剑桥大学出版社出版了第二部关于不稳定性问题的著作。

Heisenberg 论文留下的悬案中的第一个问题是纯数学问题,即微分方程在转向点附近一致有效渐近解的性质及形式。此类问题在量子力学的 Schrödinger 方程中早已出现。一种较简单的数学基础是 R. E. Langer 所提供的,Langer 曾用他的方法来研究方程(1)和(2),但未能成功。林家翘基于 1944 年所作的力学分析的先驱性成果,与他的学生 A. L. Rabenstein 于 1958 年证明了一系列的数学定理,从数学上彻底解决了这一悬案,他们的最早论文发表于 1960 年。

林家翘成功地证明这一系列定理,发展了常微分方程的渐近解理论,不仅在力学界、应用数学界赢得广泛声誉,而且在理论数学界受到赞扬和敬重。后来,林家翘能在麻省理工学院的纯粹数学系设立应用数学委员会,发展应用数学,与此不无关系。

由于林家翘上述纯数学工作发展了 Langer 的研究成果,Langer 于 1958 年邀请林家翘到威斯康辛大学讲学。此行对林家翘以后几十年的工作有积极影响。当时,普林斯顿高级研究院的物理学家杨振宁恰巧也在威斯康辛大学访问。他建议林家翘来普林斯顿作一年访问研究,林家翘遂于 1959 年秋来到普林斯顿高级研究院,他本打算研究液氦的超流理论以及星体结构中的湍流问题。他选择后一课题,是因为当时也在普林斯顿的丹麦天文学家 B. Strömgren 对此感兴趣。在 Strömgren 影响下,林家翘注意到星系演化中的磁流体力学有许多工作要做,并觉得那时的一些研究方法颇有改进的余地。这一契机,使林家翘转入以天体物理学为主的第二个创造高峰。

20 世纪 60 年代初,徐遐生(英文名 Frank H. Shu,我国著名数学家徐贤修之子)来到麻省理工物理系就学,在林家翘指导下从事天体物理学研究。他们合作的第一篇论文《关于盘状星系的漩涡结构》,乃是这一领域的先驱性工作。随后发表的论文,逐步形成了独特的漩涡星系密度波的现代理论,引起天文学界的广泛重视。徐遐生后来在加利福尼亚大学(伯克利)任天文系教授,并于 1993 年当选为美国天文学会会长。

林家翘和他的合作者,对射电望远镜所发现的各种天体(星云、外星晕,包括银河系和恒星系),给出一种动态的数学模型,揭示天体的结构及其演化过程,其主要贡献如下:由于旋涡星系的星系盘上存在着较差旋转,曾使得天文学界陷入一种困惑:一方面,倘若旋臂总由同一些星构成(即所谓"物质臂理论"),旋臂将会在一两个星系年之内明显地越缠越紧;另一方面,观测又表明,旋臂的松紧程度是与星系的物质分布(例如,核球的大小、气体含量的多少等)相联系,而后者据信是不会在几个星系年中发生显著变化的。除了这个所谓"缠卷困难"(winding dilemma)之外,很多旋涡星系存在着大尺度的(从中心附近一直伸展到外援)、对称的、规则的双臂结构。这一点也很难用局部引力不稳定性在较差旋转作用下导致的片段物质臂来解释。林家翘的现代密度波理论不仅完满地解决了上述两个疑难,而且对于恒星形成这一天体物理学中的基本问题的研究和星系形态分类的动力学机制的阐释作出了重要的贡献。

密度波这一概念是由瑞典的 B. Lindblad 首先提出的。但由于他所使用的有限的数学方法不足以处理恒星系统的集体模式,未能给出令人信服的定量理论,因而密度波这一概念长时间中未被天文界广泛接收。

林家翘发展现代密度波理论大体上可分为三个阶段。第一阶段约从 1964 年到 1969 年,1969 年的论文是和徐遐生、袁旗合作的。在这一阶段,建立了该理论的数学提法,得出了色散关系,并且解释了许多天文观测现象,许多人将此理论加以应用和发扬。在所解释的天文观测事实中,有两点特别重要。一是用色散关系计算了许多河外星系的旋臂图案,并被观测结果证实。二是利用与恒星密度波相伴随的星际气体激波,给出了恒星形成的一个重要机制,从而解释了年轻的亮星为什么集中于旋臂。

第二阶段约从19世纪70年代初到70年代末。林家翘和他的合作者从渐近分析和数值计算两个方面找到了求密度波增长模式的方法,从而解决了旋涡结构何以能长期维持的问题。第三阶段从19世纪80年代初至80年代末,将渐近分析方法的应用从正常旋涡星系,扩展到棒旋星系,从而首先对E. Hubble的星系形态分类给出了定性的判据,接着又通过对不同基态下特征模式的计算与相应的判据进行验证,从而增进了人们对星系分类动力学机制的理解。

林家翘关于旋涡星系密度波理论的巨大成就,被认为"对星系的动力演化及恒星形成的天文学思想有革命性的影响",是"天文学中心领域的一个重大突破"。他的工作不仅为气象学、海洋学、天体物理学带来新的工具,而且带来一种建立数学模型的新精神,丰富了这些学科的演绎内容。

除上述成就之外,林家翘的另一科学业绩是提倡应用数学,推动应用数学教育。

麻省理工学院是美国工程技术理论研究的最高学府,发展应用数学本是很自然的事。但在19世纪50年代,应用数学部门仍未从纯粹数学中分离出来。林家翘和同事们的努力在1962年有了转机。那时由J. Stratton出任学院的校长。Stratton曾到德国,随Sommerfeld做博士后,是Heisenberg的导师,因而对那场Heisenberg论文引发的论战十分清楚,更对林家翘在解决此悬案中的应用数学才能非常欣赏。于是,Stratton支持林家翘关于建立应用数学部的建议,人员、教学计划和研究课题均单列,特别是专拨6个教授名额,且允许到国外聘请世界一流专家来校任教。林家翘从有应用数学传统的英国剑桥大学、帝国理工学院聘来名家,同心协力,终以杰出的学术水平和教学能力,赢得纯粹数学家的赞赏。应用数学部的这一成功尝试,逐渐在整个美国,乃至全世界都产生了重大影响。

林家翘在对应用数学及其教育有许多重要的论述。1974年,林家翘向他的好友、波兰裔的应用数学家F. S. Ulam祝贺65岁寿辰,写了《应用数学的作用》一文,从理论上论证应用数学是一门独立的学科。1975年12月4日,林家翘担任美国工业和应用数学协会(SIAM)主席任期届满。他按惯例举行离职演说,题目是《应用数学的地位和作用》。这篇演说中所勾画的核心数学、应用数学与其他科学的关系图,得到广泛的认同。他主张应用数学家应当有自己的态度、观点和价值判断的独立标准。在教学中要求学生掌握三个步骤:(1)根据实际问题建立数学关系;(2)运用数学工具求得问题的解答;(3)对解答进行诠释和发展。他强调应用数学家的创造性活动应包括把某种科学活动的数学化(Part A),以及用各种学科所产生的数学问题推动数学本身的发展(Part B)这样两部分。这些论述,现已得到广泛传播,并为许多人所接受。

为了培养应用数学人才,他推荐英国Jeffereys夫妇合著的《数学物理方法》一书,广为介绍。后来,林家翘和L. A. Segal合著了《数学在自然科学确定性问题中应用》的教科书。1975年《美国数学月刊》(*Monthly of the American Mathematical Society*)的书评说:"这是最好的,没有比它更好的应用数学教材。"

由于林家翘的出色工作,麻省理工学院遴选他为1981~1982年度的J. R. Killian爵士奖的获得者。该奖自1972年起,每年授予一位本校具有杰出贡献的教授。在得奖公告中指出:"林家翘不断地作出理论上和应用上都有意义的重要贡献。他的工作及其风格,曾经鼓舞了我校很多系科的同事,其中包括航空与航天、化学工程、土木工程、地球与行星科学、电子工程和计算机科学、力学工程、海洋工程及物理学。在本校也许没有别人能对如此众多的学科产生如此广泛的影响。"

林家翘热爱故土,致力于发展中国的应用数学。早在1972年,他就回到大陆访问,以后又多次回国讲学,指导清华大学应用数学系的建设,并捐款设立奖学金。同时,他也向北京大学捐款,资助有关学术研究。1991年,成立了中国的"工业和应用数学学会",即中国的SIAM,以推动中国应用数学的发展,林家翘任顾问。他在各种场合,反复强调应用数学不同于实用数学。实用数学是用数学的方法帮助解决科学或工程学中的计算问题,这是服务性的,因而是实用的。但是,应用数学是用数学的方式提出科学或工程学中的问题,并将这些问题归结或表示为能够运用计算手段处理的数学理论。这是创新的学术工作。因而也是独立的科学课题。

林家翘于1960年当选为台湾中央研究院院士。1994年当选为中国科学院外籍院士。2001年11月被聘为北京清华大学教授。2002年,86岁的林家翘教授携夫人回清华大学定居。为了纪念周培源先生百岁诞辰,他建议清华大学成立周培源应用数学研究中心,并担任该中心的教授和名誉主任,向全国招收应用数学方向的博士生。回到清华大学以后,林家翘的研究方向转向分子生物学,致力于研究生物学中的一些蛋白质结构问题,以及细胞凋亡问题等。这些领域目前在国内还很少有人涉及。

2002年,他在中央电视台的《大师讲科普》栏目中,就"数学科学中的某些新趋势——计算分子生物学"为题演讲,以敏锐的目光注视着数学在生物学领域的应用前景。他也发表一些高瞻远瞩的论文,如《应用数学的拓展——用一篇关于蛋白质分子的结构和功能的动理论发展的论文来说明》等,借自己的研究案例,鼓励青年人从事这一方向的研究。

具有高度科学声誉的林家翘,平易近人,谦和宽厚。他曾动情地说:"我晚年最大的愿望是把中国的应用数学提高到世界水平。为此,我愿贡献我的一切,不遗余力"。

三、林家翘主要论著

Lin C C, Synge J L. 1943. On a statistical model of isotropic turbulence. Transactions of Royal Society of Canada, 3(37): 1-35.

Lin C C. 1945. On the stability of two-dimensional parallel flows. Quarterly of Applied Mathematics, 3: 117-142, 218-234.

Lin C C, Rabenstein A L. 1960. On the asymptrtic solution of a class of ordinary differential equation of the fourth order. Transactions of the American Mathematical Society, 94: 24-57.

Lin C C, Shu F H. 1964. On the structure of disk galaxies. The astroplysical Journal, 140: 646-655.

Lin C C, Shu F H. 1971. Density wave theory of spiral structure. Brandeis Univ Summer Inst in Theory Physics, Astrophysic and General Relativity, 2: 239-329.

Lin C C, Segal L A. 1974. Mathematics Applied to Deterministic Problems in the Natural Sciences. New York: MacMillan Inc.

Lin C C. 1976. On the role of applied mathematics. Advances in Mathematics, 19(3): 267-288.

Lin C C. 1978. Education of applied mathematics. SIAM Review, 20: 838-845.

Lin C C, Lau Y Y. 1979. Desity wave of spiral structure of galgxies. Studies in Applied Mathematics, 60: 97-163.

Lin C C. 1987. Selected Papers of C. C Lin. Singapore & New Jersey & Hong Kong: World Scientific Publishing Co.

Lin C C, et al. 1989. Model approach to the morphology of spiral galaxies, I. Basic structure and astrophysical viability, II. Dynamical Mechanisms, The Astrophysical Journal, 338: 78-103,104-120.

Lin C C, Lowe A. 1990. Models of galaxies—the model approach. Annals of the New York Academy of Sciences. New York: New York Academy of Sciences.

杨武之

张奠宙　王善平

杨武之(1896～1973)，安徽合肥人。数学家，数学教育家。研究领域为数论、代数、数学教育。杨武之的主要学术贡献是数论研究，尤其以 Waring 问题的工作著称。杨武之的博士论文《推进"棱锥数的 Waring 问题"》，1928 年 4 月 6 日在美国数学会的会议上作了介绍。长期在清华大学和西南联合大学数学系任系主任或代主任。是我国早期从事现代数论和代数学教学与研究的学者。

图1

一、生平

杨武之的父亲杨邦盛为清末秀才，早年在家乡坐馆教书，后去天津在段芝贵幕府中司笔札，相当于"文书"的职务。1907 年失业赋闲，次年赴奉天(沈阳)另谋他职，却在旅社中因染鼠疫去世。由于杨武之的父亲长期在外，母亲王夫人又早在 1905 年故去，杨武之自幼由叔叔杨邦瑞照料一切。1914 年杨武之在安徽省立第二高中毕业。翌年，考入北京师范学校预科，选读数学、物理等科目。1918 年，杨武之本科毕业，应聘回母校安徽省省立第二中学任教师兼舍监(训育主任)，不久因对学生中的纨绔子弟严加管束，引起冲突，遂愤而离校，转赴安庆教书。与此同时，准备应考公费留学生，立志出国。

1923 年杨武之顺利通过安徽省公费留学考试，启程前往美国，他先到斯坦福大学读了三个学季的大学课程，获学士学位。1924 年秋天转往芝加哥大学继续攻读。当时的芝加哥大学数学系已臻美国一流水平，杨武之师从名家 L. E. Dickson，研修代数和数论。1926 年以《双线性型的不变量》的论文获得硕士学位。两年之后又完成博士论文《Waring 问题的各种推广》，使杨武之成为中国学者因代数学研究而被授予博士学位的第一人。在 20 世纪 20 年代，到国外留学的不少，但得到博士学位的并不多。据统计，在 1930 年以前，中国的数学博士仅有 12 人，其中专攻代数的只有杨武之。

编者注：原文载于《20 世纪中国知名科学家学术成就概览·数学卷》(第一分册第 71 页至 76 页；科学出版社，2011 年出版)。

杨武之在美国读书期间,因省里提供的经费金额少,又常拖欠不发,生活费不足,所以他常常去餐馆洗碗、农场打杂,颇能吃苦。

杨武之幼年时由父母决定与同乡罗孟华女士定亲,并于1919年完婚。罗孟华为家庭妇女,文化程度不高,然夫妇之间感情一直很好。他们生有四子一女,长子杨振宁,以下依次为振平、振汉、振复、振玉(女)。

1928年秋,杨武之学成归国。先在厦门大学任教一年,次年即被清华大学数学系聘为教授。当时的清华大学经费充裕,讲究学术水准,很快就成为国内的数学中心。数学系有杨武之和郑之蕃、熊庆来、孙光远四教授,唐培经、周鸿经两教员,加上年轻的陈省身、华罗庚,使清华数学阵容极一时之盛。

1933～1934年,杨武之曾代理数学系主任。1934年秋轮到杨武之学术休假,遂去德国访问一年。抗日战争时期,北京大学、清华大学、南开大学三校迁往昆明合并为西南联合大学,数学系主任一职,除由江泽涵短期担任之外,大部分时间均由杨武之担任。同时,杨武之还一直是清华大学数学系研究生部的主任。抗日战争胜利后清华大学迁回北平,杨武之仅只身回清华,将家眷留在昆明。1948年底,北京面临解放。他因偶然机会得以搭乘国民党撤退的飞机到上海,旋即去昆明接家眷至上海待命。1949年5月上海解放。杨武之等待曾经服务20年的清华大学续聘,却被拒绝。这对杨武之是一个重大打击。于是不得不滞留上海。1950年去同济大学任教,1952年院系调整后转至上海复旦大学担任教授。不久因糖尿病在家休养。1955～1956年间一场大病几乎不起,此后实已无法工作。

1957年,杨振宁获得诺贝尔物理学奖,杨武之曾去日内瓦与杨振宁欢聚。1960与1964年再去日内瓦小住。这几次聚会使杨振宁对新中国多了一些了解,直接影响他于1971年夏决定回大陆探亲,使得杨振宁成为海外知名华裔学者中访问中华人民共和国之第一人。杨武之晚年身体很差,不能出门,1973年5月12日在上海去世。

二、数学贡献

杨武之的主要学术贡献是数论研究。尤其以 Waring 问题的工作著称。Waring 问题是指下列猜想:每个正整数都是4个平方数之和,9个立方数之和,一般地,$g(k)$个k次方数之和。1770年,J. L. Lagrange 证明了每个正整数的确是4个平方数之和,即 $g(2)=4$。1909年,大数学家 D. Hilbert 证明 $g(k)$ 都是有限数。1928年,杨武之的导师 Dickson 得到 $g(3)=9$,即任何正整数都可表成9个立方数之和。

杨武之的博士论文研究 Waring 问题的推广形式。德国的格丁根大学博士 S. W. Baer 曾证明:凡是大于 23×10^{14} 的正整数都是8个立方数之和。Dickson 要杨武之考虑带系数的 Waring 问题,即一切正整数可否表示为

$$f = rx^3 + C_7, \quad C_7 = x_1^3 + x_2^3 + \cdots + x_7^3,$$
$$r = 0, 1, 2, \cdots, 8.$$

杨武之很快得到如下结果：

1. 凡是大于 $(14.1) \times 401^6$ 的正整数都可表示为 $rx^3 + C_7$，其中，$r = 5, 7$。
2. 凡是大于 $(30.1) \times 419^6$ 的正整数都可表示为 $3x^3 + C_7$。
3. 凡是大于 23×10^{14} 的正整数都可表示为 $8x^3 + C_7$。
4. 凡是大于 23×10^{14} 的奇整数都可表示为 $rx^3 + C_7$，$r = 2, 4, 6$。
5. 凡是大于 23×10^{14} 的奇正整数的两倍都可表示为 $2x^3 + C_7$。

Dickson 还向杨武之提出了带系数的 7 次方数的表示以及堆垒素数论中的二次函数问题，杨武之都在博士论文中给予回答。这些结果，Dickson 在 1933 年的综合报告中曾加以引用。

杨武之最好的工作是关于棱锥数(pyramidal numbers)的 Waring 问题。棱锥数是指形如 $P(n) = (1/6)(n^3 - n)$ 是正整数，它是三角形数 $f(n) = (1/2)n(n+1)$ 的推广。1640 年，大数学家 P. de Fermat 曾猜想每个正整数都是不超过三个三角形数之和。后来证明这是对的。至于棱锥数，好的结果不多。1850 年，英国的 F. Pollock 曾猜想：每个正整数都是 5 个棱锥数之和。W. J. Maillet 在 1896 年第一个得到：每个充分大的正整数是 12 个棱锥数之和。1928 年，杨武之跨了一大步，他在博士论文里证明了：每个正整数都可以写成 9 个棱锥数之和。这里不需要"充分大"，数目也从 12 降到 9。无论从哪一方面看，这都是一个很漂亮的结果。1934 年，W. J. James 发表论文，证得"充分大的整数都是 8 个棱锥数之和"。差不多同时，即 1935 年，华罗庚继续杨武之的研究工作，也得到充分大的正整数都是 8 个形如 $Dx + (x^3 - x)/6$ 的正整数之和。当 $D = 0$ 时即为 James 的结论。在华罗庚的论文的基础上，G. L. Watson 终于在 1952 年证得：每个正整数都是 8 个棱锥数之和。

另外，在计算机上验证 Pollock 猜想的工作一直在继续。H. E. Salzer 等从 1943 年起到 1968 年连续发表 11 篇报告，最后结果是：凡小于 1 043 999 的正整数，除 17, 27, …, 343 867 等 241 个例外数需表为 5 个棱锥数之和以外，其余都是不超过 4 个棱锥数之和。并且推证出：凡小于 276 976 383 的正整数都是不超过 5 个之和。到 1991 年 9 月为止，杨振宁和邓越凡在计算机上算得，凡是小于 10^9 的正整数，除上述 241 个例外数之外，都是 4 个或小于 4 个棱锥数之和。因此杨振宁推测：表示充分大的正整数，只要 4 个棱锥数就够了。迄今为止，Pollock 猜想尚未得到证实，杨武之曾经研究过的这个问题尚有继续发展之余地。

杨武之的这篇博士论文，首先在美国数学会的会议上作了介绍(1928 年 4 月 6 日)，然后在 1931 年的《清华大学理科报告》上全文发表。杨武之在 1935 年发表的另一篇论文《关于同余式的一个定理》，其特例也可以用来推导上述主要定理。

作为中国最早的代数学博士，杨武之的学术兴趣不仅限于数论，而且涉及许多代数领域。他在 1926 年完成的硕士论文，其内容有关《双二次型的不变量》。这种代数不变量的探求曾经是一个热门课题。杨武之运用 Dickson 的一种方法，系统地刻画了一个或多个双线性型的代数不变量。先考虑两个变量的双线性型，再推广到多个变量的复杂情形。杨武之回国后讲授过很多代数课程，他发表的论文涉及域论。20 世纪 30 年代初，他在清华大学数学系为研究生开设群论课，使许多学生如陈省身、华罗庚、柯召等很受教益。因此，杨武之作为我国现代数学的一位先驱,代数和数论学科的开拓者,有其特殊的贡献。

杨武之所师法的 Dickson 学派,在 20 世纪初的美国影响很大,人员众多,但是 20 世纪 30 年代之后,该学派已成了强弩之末,当英国的 G. H. Hardy, J. E. Littlewood 和苏联的 Vinogradov 领导的解析数论学派相继兴起后,Dickson 学派就逐渐解体了。所以,杨武之的代数学研究在 20 年代和 30 年代的中国虽曾起过启蒙和推动的作用,可惜由于研究方向的衰落,以后未能取得更进一步的发展。1935 年,他去德国考察时曾经想改变研究课题,终因条件所限,没有成功。

三、数学教育

杨武之一生从事数学教育,曾任中国数学会理事多年。在清华大学和西南联合大学数学系主持系务时期,培养和造就了许多人才,对中国数学的发展贡献很大。其中直接受杨武之影响的数论研究学者有华罗庚、柯召等。杨武之和华罗庚的关系尤为密切。

华罗庚的早期文章《苏家驹之代数的五次方程式解法不能成立的理由》,在《科学》杂志上发表,此文有关代数,经唐培经介绍,也引起杨武之的注意。于是,系主任熊庆来请唐培经找到华罗庚,并约请华罗庚到清华大学数学系任助理员,管理图书资料,并可随班听课。华罗庚自此走上数学之路,两年之后,华罗庚升为助教,后来又升为教员。因此,发现华罗庚才能的"伯乐"正是唐培经、杨武之、熊庆来等,而系主任熊庆来的支持,则起了关键的作用。

华罗庚到清华大学以后,选择数论为研究方向,自然是受到杨武之的影响。华罗庚早期发表的许多论文曾沿着 Dickson 和杨武之的工作进行。1935 年,华罗庚在日本《东北数学杂志》上发表的论文《关于整数表为 7 个立方函数之和的问题》(On the representation of integers by the sums of seven cubic functions),就直接引用了杨武之的博士论文。而华罗庚的论文,则是杨武之工作的继续。华罗庚最早引起世人注意的工作,和杨武之的博士论文课题相同,都是《华林问题》,足见他们之间学术联系的密切。

华罗庚于 1936 年去英国随 Hardy 学习解析数论,成绩卓著,这使杨武之十分高兴。1938 年华罗庚回到清华大学和刚成立的西南联大。当时担任系主任的杨武之,立刻向校方要求破格提拔华罗庚,直接升正教授。起初校方以华罗庚在英国未取得博士学位为由加以拒绝,后经杨武之等力争,最终才予以同意。西南联大时期,杨武之和华罗庚曾同住在昆明西北郊的大塘子村,两家过往很密。华罗庚曾有一信给杨武之,内称:"古人云:生我者父母,知我者鲍叔,我之鲍叔即杨师也。"1980 年,华罗庚有一信给香港《广角镜》周刊,要求澄清该刊的一篇以讹传讹的文章,信中提到:"引我走上数论道路的是杨武之教授","从英国回国,未经讲师、副教授,直接提我为正教授的又是杨武之教授"(《广角镜》,第 98 期,1980 年 11 月)。

杨武之的长子杨振宁是著名物理学家,1957 年与李政道共同获得诺贝尔物理学奖。因此杨武之对杨振宁的培育是应该提及的。杨武之曾经在朋友面前说起过杨振宁的早慧,但他从不揠苗助长,避免给幼年的杨振宁以过大的心理压力,而是尽力扩大其知识面,打好基础。1934 年,杨武之曾请清华大学历史系雷海宗代请一位高年级学生(丁则良),教杨振宁读《孟子》。两个暑假下来,杨振宁把《孟子》背得烂熟。还有一次,杨振宁在《中学生》杂志上读到刘薰宇的一篇介绍置换的文章,很感兴趣。杨武之当然知道这是继续学习群论的契机,然而杨武之此时并未要求杨振宁去涉猎近世代数或微积分。假使那时把杨振宁当"神童",硬让他读大学课程,说不定会出现类似 N. Wiener 终身患有的一种心理失调现象,那就得不偿失了。

当然,杨武之对杨振宁的数学影响是很大的,家里书架上 A. Speiser 的有限群著作里,有许多插图曾使杨振宁着迷。当杨振宁写毕业论文要读 T. E. Rosenthal 和 G. M. Murphy 的物理论述时,杨武之让他看 Dickson 的《现代代数理论》,杨振宁从中得益良多,尤其对群论的威力和不可思议的数学美留下难以磨灭的印象。日后杨振宁得力于刻画对称性的群论,做出"宇称不守恒"、"非交换规范场"等重大贡献,杨武之的影响是不可忽视的。

杨武之为人纯朴宽厚,常说很喜欢自己名字"克纯"中的"纯"字。他人缘极好,任清华大学数学系主任多年,以身作则,深孚众望。他和熊庆来共事多年,相交颇厚。1964 年全国函数论会议期间,70 高龄的熊庆来探望病中的杨武之,他们重逢的喜悦之情溢于言表。杨武之和清华大学的另一同事郑之蕃也亲密无间。1937 年陈省身和郑之蕃的长女郑士宁订婚,杨武之是介绍人之一。1964 年,陈省身从美国到日内瓦探望杨武之夫妇,杨武之曾有诗相赠:

冲破乌烟阔壮游,果然捷足占鳌头。

昔贤今圣遑多让,独步遥登百丈楼。

汉堡巴黎访大师,艺林学海植深基。

蒲城身手传高奇,畴史新添一健儿。

杨武之的中国传统文化根底很深,尤精于围棋。居上海时,曾和各高手对弈,其水平位于全市前列。

1999 年,复旦大学设立"杨武之论坛",陈省身、丘成桐先后应邀演讲。

杨武之晚年深沉地怀念清华大学,他说"我们一家在西院十一号整整住了八年。清华八年是我一生中最安定、最值得回忆的一段,也是我一生的顶峰"。对清华故居,杨武之曾赋诗一首:

水木清华每梦归,夕阳西院景依稀。

蒸蒸桃李增荣盛,灼灼珊瑚闪艳奇。

1998 年,清华大学应用数学系编辑的《杨武之先生纪念文集》出版,其中收录了杨武之的同事和学生的许多怀念文字。同年由清华大学出版社刊行。

四、杨武之主要论著

Yang K C. 1926. The invariants of bilinear forms. A dissertation for the degree of master of science, Chicago.

Yang K C. 1928. Various generalization of Waring's problem. Chicago.

Yang K C. 1931. Representation of positive integer by pyramidal numbers $f(x)=(x^3-x)/6$, $x=1, 2, \cdots$. Science Reports of the Tsing Hua University, A(1): 9-15.

Yang K C. 1935. Quadratic fields without Euclid algorithm. Science Reports of the Tsing

Hua University, A(1):261-264.

杨武之.1935.关于同余式的一个定理.清华学报,6(2):107.

主要参考文献

[1] Dickson L E. 1933. Recent progress on Waring's theorem and its generations. Bulletin of American Mathematical Society, 139:721-727.

[2] James R J. 1934. The representation of integers as sum of pyramidal numbers. Math Annalen, 109:196.

[3] Hua L K. 1935. On Waring theorems with cubic polynormal summands. Math Annalen, 110:622-628.

[4] Watson G L. 1952. Sums of eight values of a cubic polynomial. London Math Soc, 27:217-220.

[5] Salzer H E, Levlne N. 1968. Proof that every integer $<452,479,659$ is a sum of five numbers of form $Q_x=(x^3+5x)/6$, $x\geq 0$. Mathematics of Computations, 22:191-192.

[6] 刘秉钧.1983.杨振宁家世述略.合肥文史资料,1.

[7] 陈省身.1989.陈省身文选.北京:科学出版社.

[8] 张奠宙.1992.杨武之//卢嘉锡主编.中国现代科学家传记.第三集.北京:科学出版社:1-9.

[9] Deng Y, Yang C N. 1994. Waring's problem for pyramidal numbers. Science in China(Series A), 37(3):377-383.

[10] 清华大学应用数学系.1998.杨武之先生纪念文集.北京:清华大学出版社.

周炜良

张奠宙　王善平

图 1

周炜良(1911～1995),安徽建德人。美籍华裔代数几何学家。少年时未进过中国学校,请家庭教师学习了四书五经、英文和各科知识。1927 年赴美求学。先在肯塔基州的阿斯伯里学院补习,后来进入肯塔基大学,学习政治经济学。1929 年 10 月进入芝加哥大学,开始时仍主修经济学。但很快改学物理和应用数学,1931 年 8 月获学士学位。1932 年 8 月获硕士学位后,前往德国格丁根大学学习数学,一年后转学莱比锡大学,师从 B. L. Van der Waerden,学习代数几何。1936 年毕业获博士学位。随即回中国,被聘为南京中央大学数学系教授。一年后抗日战争爆发,全家滞留在上海,周炜良为生活计中止了数学研究,做起了进出口生意。1945 年抗战胜利结束后,受好友陈省身影响,决定重返数学。1947 年春天,携全家赴美。先在普林斯顿高级研究所工作一年。次年被聘为约翰·霍普金斯大学副教授,1950 年升任正教授。1955～1966 年,任数学系主任。并长期担任美国最老的数学刊物之一 American Journal of Mathematics 的主编(1953～1977)。1959 年当选为台湾"中央研究院"院士。1977 年退休。作为 20 世纪代数几何学领域的主要人物之一,以周炜良名字命名的数学概念,包括有周炜良坐标、周炜良簇、周炜良环、关于解析簇的周炜良定理、关于 Abel 簇的周炜良定理、关于复解析流形的周炜良-小平定理,以及关于射影簇的周炜良引理和周炜良运动定理等。发表论文 30 余篇。

一、家世

周炜良祖籍安徽建德(今东至县),曾祖父周馥(1837～1921)是清末重臣李鸿章的皖系心腹幕僚、洋务干将,曾出任两广总督。祖父周学海(1856～1906)中进士,任扬州同知,精通医术。父亲周达(1878～1949),字美权、梅泉,是近代中国早期多方领域的活跃人物。周达曾在扬州做盐商,在上海和镇江等地开工厂,投资房地产和做股票等。1923 年 9 月,其子周炜良因病住院,周达买了一袋外国邮票供儿子消遣。竟因此喜爱上了集邮,凭借雄厚财力和卓越才

编者注:原文载于《20 世纪中国知名科学家学术成就概览·数学卷》(第一分册第 237 页至 245 页;科学出版社,2011 年出版)。

能,很快成为名震中外的邮票大王。他以周今觉、寄闲等笔名撰写集邮文章,编写邮学书刊,并担任了中国邮票会首任会长。而对于中国近代数学的发展,周达也有广泛的贡献。他少年时开始读遍家藏丰富的中算书籍,青年时与同道一起学习徐光启和利玛窦翻译的《几何原本》以及李善兰和伟烈亚力翻译的西方近代数学著作;并与清末著名数学家华蘅芳关系密切,经常交流;撰写了数学著作多部;1900 年与朋友一起,在扬州创立了中国最早的民间数学团体"知新算社",并任首任社长;以后受算社委托,数次东渡日本,考察日本的数学教育,带回大量的日本数学著作和教材,并亲自翻译了其中一部分;他是 1935 年成立的首届中国数学会的董事会成员。他后来把所收藏的中外数学书刊都捐赠给了中国第一个现代科技图书馆"明复图书馆",该馆为此专门设立了"美权算学图书室"。周达又在 60 岁生日时,出资七千元法币为该图书室建立基金,每年用其利息专门购买西方数学书刊。

二、简历

周炜良是周达的第三个儿子,自幼生活在上海,未进过中国学校。5 岁开始由一位老先生教读四书五经,11 岁学英文。不久他发现,只要懂英文就可以学到几乎任何一门学科知识;因为那时国内大学颇多使用美国的原版课本,而他很容易得到它们。周炜良就用这些课本自学各门知识:从数学到物理,从历史到经济。他小时候的理想是要当电气工程师,其实并不清楚这个职业究竟需要掌握什么知识。几年之后,主要兴趣又转向政治经济学。1927 年,周炜良成功地劝说父亲让自己到美国读书,先在肯塔基州的阿斯伯里学院补习,后来进入肯塔基大学,学习政治经济学。1929 年 10 月进入芝加哥大学,开始时仍主修经济学。但他很快决定改学物理和应用数学,以冀实现儿时当工程师的梦想。1931 年 8 月获学士学位。这时偶然读到英国大数学家 Hardy 写的《纯粹数学》,竟被深深吸引。这年夏天,他向一名中国留学生请教如何研究数学,该学生在芝加哥大学获数学博士学位又到过普林斯顿高级研究所访问了一年,他非常推崇普林斯顿,劝周炜良到那里去,或者干脆去德国格丁根大学——当时的世界数学中心。

1932 年 8 月,周炜良获芝加哥大学硕士学位;同年 10 月,他带着研究数学的模糊想法前往格丁根大学。在那里,先补习了 3 个月的德语。然而到了 1933 年 1 月,希特勒纳粹党上台,格丁根大学接连发生排犹运动,致使那些著名的犹太裔数学家纷纷被迫离去,这令周炜良感到十分失望和不快。1933 年夏,他遂决定转学莱比锡大学,因为那里有 B. L. Van der Waerden,他在芝加哥时学过后者的名著《近世代数》,甚为钦佩。Van der Waerden 让周炜良研究代数几何,指导他读意大利代数几何学派的经典著作。Van der Waerden 具有把最复杂的数学概念用简单的语言解释得清清楚楚的非凡能力。在此之前,周炜良并未系统地学过数学,甚至不知道有代数几何学这门学科;但 Van der Waerden 使他懂得,缺乏一些基本的数学知识并不要紧,只要你真正想学它。就这样,周炜良很快进入了数学王国的核心领域。

1934 年暑假,周炜良来到汉堡,邂逅犹太裔姑娘 Margot Victor,竟一见钟情。为追求 Margot,遂留在汉堡大学,顺便听了当时已名噪一时的代数学家 E. Artin 的课。那时德国的大学制度很灵活,学生可以自由地到不同的大学去听课。1934年10月,周炜良认识了刚来到汉堡大学,正要追随几何学家W. J. E. Blaschke攻读博士学位的陈省身,遂结为好友。两人合租了一间房子。陈省身回忆说:"炜良是夜间工作者,白天睡觉到下午两三点钟。但是德国银行下午一点就关门了,所以每次取钱都找我帮忙。"

1936年初,周炜良回到莱比锡大学。在Van der Waerden指导下,他很快完成了题目为《任意完备域上代数函数的几何理论》的博士论文,其中提出了后被称为"周坐标"的重要概念。该论文获得"优秀"评分,他因此获得了博士学位。1936年7月10日,周炜良回到汉堡,与Margot完婚。婚宴由女方父母办理,陈省身应邀出席。

周炜良婚后即携妻返回中国上海。1936年9月,被聘为南京中央大学数学系教授。一年后抗日战争爆发,南京沦陷。周炜良全家不得已留在上海。开始一两年,周炜良还做了一些研究工作。然而,情况很快变得更糟糕。曾经资助了他9年留学费用的父亲周达,因投资东南亚橡胶业失败而损失惨重;富有的岳父母也由于希特勒的驱犹政策,被剥夺财产而流亡在上海,几乎身无分文。为了供养太太、两个孩子以及岳父母,周炜良不得不中止了数学研究,做起了进出口生意。

1945年抗战胜利结束。1946年春天,陈省身从美国返回上海,与老友周炜良重逢。两年前,陈省身因在普林斯顿高级研究所做访问研究时发现了Gauss-Bonnet定理的内蕴证明而名声大噪,成为享誉世界的数学家。在回国之前,陈搜集了大量的数学预印本,因为他觉得中国数学家需要各自研究领域中的最新文献。这一次,他把O. Zariski的几篇研究代数几何的论文交给了周炜良。在离开数坛8年之后,看到曾经投入过的代数几何研究领域取得的最新进展,周炜良在感慨的同时又心有不甘。于是,在陈省身的力劝之下,周炜良终于做出了他一生中最重要的决定:要重返数学界。

Margot十分理解和支持丈夫的决定,周炜良于是结束了商务活动,把资产变为现金,安排好家庭,在等待护照和签证的同时,潜心研读Zariski的论文,还受邀到同济大学讲授数学。由陈省身写信给普林斯顿高级研究所的S. Lefschetz作了推荐,周炜良被邀请为该所的访问学者。1947年春天,周炜良携全家到达普林斯顿。由于来得太晚,连申请下一年度薪水的期限也已过了,好在他所带的现金还足以维持。美国在战后的房子非常缺乏,他们一家只能住在研究所的宿舍里。周炜良很快做出了出色的工作。次年,Van der Waerden访问美国约翰·霍普金斯大学,周炜良去看他,恰好那里有一个空缺教职。于是,在Van der Waerden的推荐下,周炜良就任该校数学系副教授。1950年升任正教授。当年,战后首次恢复的国际数学家大会在美国举行,周炜良作为该校的正式代表参加,会后到哈佛大学短期讲学,又再度去普林斯顿高级研究所进行访问研究。1955年,被任命为霍普金斯大学数学系主任。因为习惯于夜间工作到天亮,周炜良与校方约定了担任系主任的条件:下午才到系里办公;处理系内事务主要通过打电话而不是写信。在他的领导之下,数学系内形成了一个甚有国际影响的代数几何研究团体。直到1966年,他才卸任系主任的职位。

他还长期担任美国最老的数学刊物之一 American Journal of Mathematics 的主编(1953~1977)。1959年,他当选为台北中央研究院院士。1977年,周炜良退休,成为霍普金斯大学的荣退教授。

中国实行改革开放之后,周炜良曾有回国讲学的打算,后因身体欠佳而无法成行。1995年8月10日2点,长期患病的周炜良在巴尔的摩的寓所中平静去世。他和夫人Margot生有三个女儿。

同父亲周达一样,周炜良也是著名的集邮家。在这方面他甚至可以说是其父亲的启蒙老师。周达担任中国邮票会会长期间,周炜良曾做过学会的书记,协助父亲维持会务,包括编辑会刊、举办邮展和担任邮票评审员等。周炜良还写过多篇有关集邮的权威性文章。他所收藏的邮票在其逝世后被拿到香港等地拍卖。他写的英文集邮专著 *Shanghai Large Dragons, The First Issue of The Shanghai Local Post*(上海工部书信馆大龙邮票)于1996年出版,后被翻译成中文,于2002年在台湾出版。

周炜良被认为是移居美国的最重要的数学家之一。但他性情淡泊,甚至很少参加国际学术会议。他是台湾"中央研究院"院士,却长期不参加活动。应该说,周炜良的学术成就远超过他所得的荣誉。

三、数学贡献

本节中所提到的周炜良的论文,大都已收录在他的文集中。

周炜良把毕生精力奉献给代数几何的研究,成为20世纪代数几何学领域的主要人物之一,以周炜良名字命名的数学名词,仅在日本《岩波数学词典》里就收有7个。回顾20世纪中国数学的历史,能在世界数坛上留下痕迹的华人数学家并不多,周炜良是其中杰出的一位。

代数几何的研究对象是高次多元代数方程或方程组的解集,即系数在某域 k 内的 n 元多项式方程组 $F_1(x_1,\cdots,x_n)=0, F_2(x_1,\cdots,x_n)=0,\cdots,F_l(x_1,\cdots,x_n)=0$ 的公共解集合 V,我们称之为代数簇(algebraic variety),最简单的代数簇就是平面曲线。椭圆函数、椭圆积分和Abel积分等都与平面曲线有关,复变量的代数函数论及Riemann曲面论则进一步推动了代数几何学的发展。

19世纪下半叶,德国的R. Clebsch, J. Plcker和M. Noether以及意大利学派的G. Castelnuovo, F. Enriques和F. Severi曾做出很大贡献。后经过J. H. Poincaré, C. È. Picard, J. W. R. Dedekind和A. Cayley的发展,到20世纪二三十年代,E. Nother, Artin和Van der Waerden创立了抽象代数学,为代数几何学的研究注入了新的活力。周炜良的代数几何学研究正是在这样的背景下开始的。

(一) 周炜良坐标

1937年,周炜良最初的两篇论文发表在德国《数学年刊》(*Mathematische Annalen*)上。第一篇是与van der Waerden合作的,第二篇则是周炜良的博士论文。这两篇文章继承了Cayley和Plücker的工作,并将其推广到 n 维射影空间 P_n 上的代数簇。其中指出,P_n 任何中的不可约射影族 X 可唯一地由一个配型 F_X 所决定,该配型后被称为"van der Waerden-周配型",其各项系数即是"周炜良坐标"。该坐标是 Plücker 坐标的推广,现已成为研究代数几何学的一个基本工具,周炜良以后的工作大多是运用此工具解决各种问题。与"周炜良坐标"对应的另一个代数几何的重要工具,是法国数学家 A. Grothendieck 在 1961 年发明的"Hilbert 概型"论。这两种理论各有千秋,不可互相替代。总的来说,Hilbert 概型适用于给出一般的、存在性定理,而周炜良坐标适用于获得具体的、构造性结果。

周炜良于 1947 年到达普林斯顿高级研究所,开始了他的黄金创作期。他首先撰文阐明,E. Cartan 意义下的对称齐次空间可以表示为代数簇,因而能用代数几何的框架研究其几何学性质。该文所附文献中包括华罗庚的有关矩阵几何学的论文多篇。1947~1948 年间,法国数学家 C. Chevalley 也在普林斯顿,他对周炜良的这篇论文作了很长的评论,发表于美国的《数学评论》(Mathematical Reviews)。Chevalley 曾邀请周炜良证明下列猜想:"任何代数曲线,在一个代数系统中的亏数,不会大于该系统中一般曲线的亏数"。周炜良使用纯代数的方法给出了证明,其主要工具仍然是"周炜良坐标"。

(二) 关于解析簇的周炜良定理

周炜良于 1949 年发表了一篇重要论文《关于紧复解析簇》。所谓解析簇 V,是指对任何点 $p \in V$,总存在一组解析函数 $g_1, g_2, \cdots, g_n$,和 p 的一个邻域 $B(p)$,使得 $V \cap B(p)$ 中的点 x 都是 $g_1, g_2, \cdots, g_n$ 的零点。这是一种局部性质。由于多项式都是解析函数,所以代数簇都是解析簇。周炜良证明了某些情形下的逆命题:

"若 V 是 n 维复射影空间 CP_n 中的闭解析子簇,那么它一定是代数簇,而且所有闭解析子簇间的半纯映射,一定是有理映射"。

这一反映由局部性质向整体性质过渡的深刻结论,被称为周炜良定理,在代数几何学著作中广受重视。许多论文把它作为新理论的出发点。

(三) 复解析流形

1949 年,日本数学家 K. Kodaira 受 H. Weyl 邀请,来到普林斯顿高级研究所做研究工作。1950 年 10 月,K. Kodaira 应周炜良盛邀,临时到约翰·霍普金斯大学工作一年,任数学系副教授,两人遂开始合作。

当时,周炜良证明了如下结果:"若 V 是复 r 维的紧复解析流形,$F(V)$ 是 V 上半纯函数所构成的域,则它是有限的代数函数域,其超越维数 s 不会大于 r。此外,还存在一个 s 维的代数簇 V' 以及 V 到 V' 的半纯变换 T,使 T 可诱导出 $F(V)$ 和 $F(V')$ 间的同构。特别地,如果可选择 V' 使得 T 还是双正则变换,那么 V 必是代数簇。这就把复解析流形和代数簇联系起来了。

把这个一般的结论用于二维的 Kähler 曲面,并用 K. Kodaira 所建立的 Kähler 流形上的 Riemann-Roch 定理,就可以得出如下结论:"具有两个独立的半纯函数的 Kähler 曲面一定是代数曲面。"这是周炜良和 K. Kodaira 在 1952 年合作发表论文中的一个结论,被称为 Chow-Kodaira 定理。

1951年6月,K. Kodaira回到了普林斯顿高级研究所。1954年,K. Kodaira因把调和积分理论用于Kähler曲面以及其他代数簇等成就而荣获Fields奖章。他在高级研究所一直工作到1961年。1962年,在周炜良的力邀之下,K. Kodaira正式加入了约翰·霍普金斯大学数学系任讲座教授。两人合力打造了一个具有世界声誉的代数几何研究团队。

(四) 周炜良簇、周炜良引理、周炜良环和周炜良运动定理

用周炜良坐标可以对平面曲线和空间曲线进行分类。只要由已知的次数 d 和亏数 g,从非奇异的空间射影曲线的周炜良坐标形成所谓周炜良簇,就能很自然地用有限个拟射影簇将它参数化。

在射影簇研究上,另一个为人们称道的周炜良引理,涉及完全簇和射影簇的关系。苏联数学家 Shafarevich 在其名著《代数几何基础》中曾提到这一引理:"对于每一个不可约的完全簇 X,总有一个射影簇 X',使得 X 和 X' 之间有一双有理同构。"

周炜良在射影簇方面最著名的工作是提出周炜良环。他于1956年发表的论文《关于代数簇上闭链的等价类》中,提出了射影代数簇上代数闭链的有理等价性的系统理论。大意是:设 V 是 n 维射影空间 P_n 上的代数簇,其上的 s 维闭链所成的群为 $G(V, s)$,与零链等价的闭链成子群 $G_r(V, s)$。令 $H_r(V, s)$ 是二者的商群。将 s 从 1 到 n 作直和,得 $H_r(V) = \bigoplus_{s=1}^{n} H_r(V, s)$。在 $H_r(V)$ 上定义一种乘法,使之形成环,这就是著名的周炜良环。它是结合的,交换的,具有单位元。周炜良环具有很好的函子性质:设 f 是两代数簇 X, V 之间的模射,$f: X \rightarrow V$,则 V 中闭链 C 的原象 $f^{-1}(C)$ 是 X 中的闭链,且此运算与相交性和有理等价性相容。因此,它是代数几何研究中的一项重要工具。周炜良环在许多情形可以代替上同调环。在证明各种 Riemann-Roch 定理时,常用周炜良环去导出陈省身类。著名的 Weil 猜想的解决,也可使用周炜良环。

另一个常被引用的结论是所谓周炜良运动定理:若 Y, Z 是非奇异拟射影簇 X 中的两闭链,则必存在与 Z 有理等价的闭链 Z',使 Y 和 Z' 具有相交性质。1970年在奥斯陆举行的代数几何会议上,有专文论述此定理。

(五) 关于 Abel 簇的周炜良定理

20世纪40年代,A. Weil 等开创了 Abel 簇的研究。他们把代数曲线上的 Jacobi 簇发展为一般代数流形上的 Picard-Albanese 簇理论,将过去意大利学派的含糊结果加以澄清。周炜良对此作了丰富和发展,并推广到特征 p 域的情形。周炜良证明一般射影代数簇都存在 Jacobi 簇。并给出了 Abel 簇的代数系统理论,其中有关可分、正则和本原扩张的论述,已成为这一领域的基本文献。

周炜良还证明了以下结论:"若 A 是域 k 上的 Abel 簇,B 是定义在 k 的准素扩张 K 上的 Abel 子簇,那么 B 也在 k 上有意义。"S. Lang 称之为周炜良定理。

周炜良在1957年发表的关于 Abel 簇的论文也反复被人引用。这一年,普林斯顿大学以

数学名家 Lefschetz 的名义举行"代数几何与拓扑"的科学讨论会,Weil 和周炜良都参加了。他们两人在会上宣读的论文密切相关。Weil 证明任何 Abel 簇都可嵌入射影空间,而周炜良则证明任何齐次簇(不必完备)也可嵌入射影空间。文章不长,但解决得很彻底。

周炜良在代数几何研究领域还做过其他很有价值的工作。例如,Zariski 关于抽象代数几何中的退化原理的论证,很长而且难懂,周炜良把证明作了大幅度压缩,并加以推广。他和日本同事 J. Lgusa 合作,建立了环上代数簇的上同调理论。此外,还推广了代数几何中的连通性定理。在扩充由 W. V. Hodge 与 D. Pedoe 证明的 Grassmann 簇的基本定理时,指出了某些环空间上的代数特性。退休之后,周炜良仍然研究不辍。1986 年,他以 75 岁高龄,发表了题为《齐次空间上的形式函数》的论文。

(六) 其他数学工作

抗日战争爆发后,周炜良在上海闲居的头两年里做了一些与代数几何无关的研究工作。

1939 年,他在德国《数学年刊》上发表了论文《关于一阶线性偏微分方程组》,其中把希腊数学家 C. Garathéodory 关于热力学的一项工作(1909)推广到一般的高维流形。该文受到了 Carathéodory 和 Van der Waerden 的称赞,但当时并未引起人们更多的注意。事隔 30 余年之后,这篇文章竟成为非线性连续时间系统可控性数学理论的基石之一。控制论表达的周炜良定理(或称 Carathéodory-周定理)可以写成:

设 $V(M)$ 是解析流形 M 上所有解析向量场的全体,D 是 $V(M)$ 中对称子集,$T(D)$ 是 $V(M)$ 中含 D 的最小子代数,$I(D,x)$ 是通过 x 的极大积分流形。那么,对任何 $x \in M$,$y \in I(D,x)$,都存在一条积分曲线 $\alpha:[0,T] \to M$,$T \geqslant 0$,使得 $\alpha(0)=x$ 且 $\alpha(T)=y$。

1940 年,周炜良在《中国数学会学报》上发表了《论电网络》的论文,其中涉及矩阵、行列式和置换群的计算,当属应用数学。该文推广了王季同于 1934 年发表的关于电网络计算的新方法。王季同(1875~1948),苏州人,清末民初著名科学家、佛学家,年轻时曾与好友周达一起研究数学,1895 年同文馆毕业后留校任算学教习,1909 年赴英、德学习电机工程,回国后曾开过机器厂,任总工程师,后被聘为中央研究院工程所研究员。周炜良儿时想当电气工程师可能是受其影响。此篇文章可算是周炜良给自己未竟的少年梦想一个补偿。

1996 年,约翰·霍普金斯大学的日美数学研究所举行了"纪念周炜良——双有理代数几何学术研讨会"。2000 年,南开大学数学所举行了代数拓扑与代数几何国际会议——纪念杰出数学家周炜良、陈国才。2002 年,由陈省身和 Shokurov 编辑的《周炜良文集》出版,其中收录了周炜良的 34 篇数学论文。

四、周炜良主要论著

Chow W L, van der Waerden B L. 1937. Zur algebraischen Geometrie LX: Über zugeordete Formen und algebraische System von algebraische Mannigfaltigkeiten. Mathematische Annalen, 113: 692-704.

Chow W L. 1937. Die geometrische Theorie der algebraischen Funktionen für beliebige vollkommen Körper. Math Ann, 114: 655-682.

Chow W L. 1939. Über Systemen von linearen partiellen Differentialgleichungenerster Ordung. Math Ann, 117: 98-105.

Chow W L. 1948. On the germetry of algebraic homogeneous spaces. Ann of Math, 50: 32-67.

Chow W L. 1949. On the genus of curves of an algebraic system. Transection of American Mathematical Society, 65: 130-140.

Chow W L. 1949. On compact complex analytic varieties. American J of Math, 71: 893-914.

Chow W L. 1952. On Picard varieties. American J of Math, 74: 895-909.

Chow W L, Kodaira K. 1952. On analytic surfaces with two independent meromorphic functions. Proceedings of National Academy of Sciences of USA, 38: 719-725.

Chow W L. 1954. The Jacobin variety of an algebraic curve. American J of Math, 76: 463-476.

Chow W L. 1955. Abelian varieties over function fields. Transection of American Mathematical Society, 78: 253-275.

Chow W L. 1955. On Abelian varieties over function fields. Proceedings of National Academy of Sciences of USA, 41: 582-586.

Chow W L. 1956. On equivalance classes of cycles in an algebraic geometry. Annals of Mathematics, 64: 450-479.

Chow W L. 1957. On the projective embending of homogeneous varieties. Algebraic Geometry and Topology: A Symposium in Honor of S. Lefschetz. Princeton: Princeton University Press: 122-128.

Chow W L. 1986. Formal functions on homogeneous spaces. Inventions Mathematicae, 86: 115-130.

主要参考文献

[1] Lax P. 1977. The bomb, sputnik, computers and European mathematicians. The bicentennial tribute to American mathematics, 1776-1976. Wash. D. C.: Mathematical Association of America.

[2] 李迪.1991.中国现代数学的先驱——周达.中国科学技术史论文集.呼和浩特：内蒙古教育出版社.

[3] 张奠宙.1995.周炜良.世界著名数学家传记.下集.北京：科学出版社：1679-1687.

[4] Stephen Wilon W, Chen S S, Shreeram S, et al. 1996. Wei-Liang Chow(1911-1995). Notiles Amer Math Soc, 43(10): 1117-1124.

[5] 陈省身.2001.周炜良(1911-1995).高等数学研究,4(3): 2-3.

[6] 赖茂功.2001.周今觉周炜良父子的数学成就.上海集邮,6: 30-31.

［7］周炜良.2002.我的朋友：数学家陈省身.陈省身文集.上海：上海华东师范大学出版社：352-356.

［8］Shokurov V V, Chern S S. 2002. The Collected Papers of Wei-Liang Chow. Singapore：World Scientific.

［9］张奠宙，王善平，2004.陈省身传.天津：南开大学出版社.

陈省身

张奠宙

陈省身(1911~2004),浙江嘉兴人。几何学家。中国科学院外籍院士。1930年毕业于天津南开大学。1934年在清华大学获得硕士学位后去德国汉堡大学,1935年获博士学位。在巴黎访学一年后回国,任西南联大教授。1942年去美国普林斯顿高等研究院进行学术研究,开创整体微分几何的新局面。1946年返国任"中央研究院"数学研究所代理所长。1949年再度去美国,先后在芝加哥大学和加利福尼亚大学(伯克利)任教授。他的研究领域为微分几何学。1984年因"对整体微分几何的深远贡献,其影响遍及整个数学",获得Wolf奖。1961年当选美国科学院院士、获得美国国家科学奖章(1975)。先后当选英国皇家学会会员,以及法国、俄罗斯等国家科学院的外籍院士。《陈省身论文选》4卷集由施普林格出版社出版。2000年定居天津。

图1

一、数学生涯

陈省身于1911年10月28日出生于浙江嘉兴秀水县。父亲陈宝桢是一名秀才,辛亥革命之后投身司法界,1923年到天津法院任职。

陈省身未进私塾和小学,1920年考入秀州中学预科一年级,1923年随父亲到天津,插班进入扶轮中学。1926年,年仅15岁的陈省身考入南开大学理学院。第二年开始专攻数学。因成绩优异,三年级时作为导师姜立夫的助手批改作业。

1930年毕业之后,报考清华大学理科研究所算学部的硕士研究生,导师是毕业于芝加哥大学的孙光远博士。这是我国第一名数学学科的硕士生。1932年发表第一篇学术论文《具有一一对应点的平面曲线对》刊于1932年的《清华理科报告》杂志。

1934年获得硕士学位之后,用美国退回的庚子赔款,到德国汉堡大学留学。由W. Blaschke 指导,仅一年即获博士学位。1936~1937年间,以"法国巴黎索尔邦中国基金会博士

编者注:原文载于《20世纪中国知名科学家学术成就概览·数学卷》(第一分册第246页至256页;科学出版社,2011年出版)。

后研究员"的身份,到巴黎大学追随几何学大师 Elie Cartan,从事现代微分几何学研究。Cartan 是 20 世纪上半叶最伟大的几何学家,但是他的论文十分难懂。陈省身努力掌握了 Cartan 几何学的精髓,这对他日后的发展起了关键作用。

巴黎访学期间,陈省身已受聘为清华大学教授。1937 年夏,抗日战争爆发。清华大学内迁,与北京大学、南开大学合并为西南联合大学。陈省身经香港到长沙,再转昆明,在西南联大教学前后共 6 年。1939 年 7 月,与郑士宁女士在昆明完婚。

1942 年第二次世界大战正酣。陈省身接受美国普林斯顿高等研究院之邀,搭乘美军运输机辗转到美国从事研究。1943 年,陈省身在那里完成了他一生最重要的工作:内蕴地证明高维情形的"Gauss-Bonnet",发现"复流形上存在着反映复结构的不变量"(后人称之为"陈类")。1945 年 9 月,陈省身在美国数学会的夏季大会上作一小时报告,题为《大范围微分几何若干新观点》。相应的论文发表在《美国数学会通报》1946 年的第 52 卷上。著名拓扑学家 H. Hopf 为此文在《数学评论》中写道:"这表明整体微分几何的时代到来了"。

1946 年 4 月,陈省身回到上海,担任"中央研究院"数学研究所的代理所长。他大量吸收年轻人进入研究所,每周亲自讲授 6 小时的拓扑学课程,把研究所办成了研究生班,其中包括吴文俊、廖山涛、周毓麟等。1948 年,当选为"中央研究院"院士。

1949 年 1 月,陈省身再度去美国普林斯顿访问研究一年。次年,第 11 届国际数学家大会在美国波士顿市的坎布利奇举行,陈省身应邀作一小时演讲,题目是《纤维丛的微分几何》。在全体大会上作一小时的报告是一项很高的荣誉,因此,必须是过去 14 年①来世界上最优秀数学研究成果的创立者才能入选。陈省身获得这一荣誉,标志着中国科学家有能力达到世界科学的最前沿。

从 1950 年开始,陈省身在芝加哥大学数学系任教授,芝加哥很快成为美国的几何学中心。一大批年轻的微分几何学家从这里走出来。1988 年,为纪念美国数学会成立 100 周年所出的文集中,R. Osserman 写道"几何学在美国复兴的一个决定性因素,我认为是陈省身于 1940 年代末从中国移民美国"。

1960 年,陈省身离开芝加哥大学,来到西海岸的加州大学(伯克利)数学系任教授。他在这里工作直至 1979 年退休。随着陈省身的到来,伯克利又成为美国乃至世界的一个几何学研究中心。

1961 年,当选为美国科学院院士。由于院士必须是美国公民,所以在当选前一个月加入了美国籍。

20 世纪 60 年代,陈省身开拓了许多新的研究领域,例如极小子流形,极小曲面,复流形的全纯映射等。他和 R. Bott, R. Osserman, L. Nirenberg, S. Kobayashi 和 J. Simons 等世界著名数学家合作,发表了一系列重要的论文。

1969 年,陈省身访问香港中文大学,认识了丘成桐,并推荐他去加利福尼亚大学(伯克利)攻读博士学位,陈省身自然地成为他的导师。丘成桐后来获得 1982 年的 Fields 奖。

---

① 第 10 届大会于 1936 年在奥斯陆举行,此后因第二次世界大战爆发停顿了 14 年之久。

1975年,获得美国国家科学奖章。

1972年,陈省身在中美关系解冻之后回到阔别24年的祖国。此后,正如他自己所说,"我最后的事业在中国"。

整个20世纪70年代,陈省身的数学研究仍然在大踏步地前进。1970年,他再次在法国尼斯举行的第16届国际数学家大会上作一小时报告,题目是《微分几何的过去和未来》。这表明,陈省身的学术工作仍然居于国际数学发展的主流,成为数学界关注的焦点。这段时间,有两项工作对物理学研究发生了巨大影响,达到了陈省身学术研究的又一个高峰。

1974年,他和J. Simons合作的论文《特征形式和几何不变量》。这篇论文发现了"陈-Simons不变量",在理论物理上有广泛应用。

第二件和物理学有关的事情,是纤维丛理论成为规范场理论的数学框架。1975年,物理学家杨振宁邀请J. Simons在纽约州立大学(石溪)的理论物理研究所做纤维丛理论的系列演讲,终于明白了物理学的规范场恰好是纤维丛上的联络。于是杨振宁驱车前往伯克利附近陈省身的家,说:"你们数学家怎么凭空梦想出来这些概念呢?"陈省身立即表示异议:"这不是梦想出来的。它们是自然的,也是实在的"。

1979年,陈省身在伯克利退休。但是,他的科学活动仍然十分活跃。陈省身等提出在西海岸设立数学研究所的建议,获得美国国家科学基金会的支持。于是美国数学科学研究所(Mathematical Sciences Research Institute,简记MSRI)1981年在伯克利成立,陈省身应聘为首任所长。那时,陈省身已经打算把今后的工作重心移到天津南开数学研究所。因此只答应担任一届,为期两年。

1989年,陈省身当选为法国科学院外籍院士。1994年,陈当选为中国科学院首批外籍院士。

2000年在天津定居。2004年12月3日逝世。

二、数学成就

陈省身的数学贡献,可以用他所获得的两个奖的颁奖词加以概括。1983年,获得美国数学会的Steele奖时,颁奖词中提到"陈省身是半个世纪以来微分几何的领袖。他的工作既深刻又优美,典型例子是他关于Gauss-Bonnet公式的内蕴证明"。1984年,获得Wolf奖。颁奖词是"对整体微分几何的深远贡献,使其影响遍及整个数学"。

以下分别介绍陈省身的数学成就。

(一) Gauss-Bonnet公式的内蕴证明

Gauss对二维曲面定义了曲率K(现在被称作"全曲率"或"高斯曲率"),它是曲面上一点处附近的面积元素相对于单位球面上同方向一点面积元素的变化率。如果曲面方程是

$$u = F(p, q),$$

$$v = G(p, q).$$

那么，Gauss 曲率 K 可以用 F, G 的二阶偏导数表示出来。Gauss 证明了 K 只与第一类基本量 E, F, G 及其导数有关，即它是"内蕴"的。令人惊奇的是 Gauss 证明了以下定理：

曲面上用三个点之间的最短线连接起来的"三角形"，其 Gauss 曲率 K 的面积积分等于三内角之和与 π 的差。用公式表示：

$$\int K \mathrm{d}\sigma = A + B + C - \pi. \tag{1}$$

1848 年，Bonnet 又把它推广到曲边形即闭曲线所围的单连通区域上，所以后来称为 Gauss-Bonnet 公式。进一步，使用拓扑学上的 Euler 示性数，当积分区域是整个闭曲面 M 时，有

$$\int K \mathrm{d}\sigma = 2\pi \chi(M), \tag{2}$$

其中 K 是 Gauss 曲率，$\chi(M)$ 是 M 的 Euler 示性数。这一 Gauss-Bonnet 公式的左面是一个由局部性质（曲率）表示的量，但是，公式的右面却只是曲面整体的拓扑不变量。Gauss-Bonnet 公式的重要意义在于：它用曲面的局部不变量刻画了整体性质。

1925 年，20 世纪大几何学家 H. Hopf 终于把 Gauss-Bonnet 公式推广到欧氏空间的偶维超曲面上。Allendoerfer 证明了"嵌入"在 $n+p$ 维欧氏空间中的 n 维流形的 Gauss-Bonnet 的推广公式。1941 年 Allendoerfer 与 A. Weil 合作，证明了 Riemann 多面体（即带边界的 Riemann 流形）的 Gauss-Bonnet 公式。在证明中，A. Weil 把多面体三角剖分成一个个胞腔，通过研究胞腔的"管"在欧氏空间的嵌入，得到局部的 Gauss-Bonnet 公式，然后拼出整体的公式。他们的证明巧妙地处理了边界情况，但由于用到了"嵌入"，所以仍然只是一个"外部"的证明。

1934～1936 年，陈省身在汉堡大学学习。通过阅读导师 W. Blaschke 的著作，知道了 Gauss-Bonnet 公式，并开始对它入迷。1937～1943 年在西南联大任教期间已经根据联络（connection）的概念，利用外微分，给出了二维曲面上 Gauss-Bonnet 公式的内蕴证明。1943 年到普林斯顿后，通过与 A. Weil 的交往了解到他和 Allendoerfer 刚完成的关于 Gauss-Bonnet 公式的工作。陈省身根据自己对二维情况的理解，立刻认识到，正确的方法应该是通过单位切丛上的超度来获得证明。

1944 年，陈省身发表了《闭 Riemann 流形 Gauss-Bonnet 公式的一个简单的内蕴证明》。在短短的不到 6 页纸的篇幅中，他运用 Cartan 首创的外微分方法，对流形上的每一点 P 给出一组正交的单位切向量，称为标架，这些标架与流形本身一起组成了该流形的单位切丛。通过反映这些切向量的 Levi-Civita 联络性质的方程组，得到反映空间曲率性质的一些外二次微分式，这些微分式的组合得到一个内蕴的 n 阶微分式 Ω，证明这个 Ω 是单位切丛里的一个外导数，然后利用 Euler-Poincaré-Hopf 定理，终于证明关于 Ω 的积分就等于流形的 Euler-Poincaré 示性数 χ，这就是 Gauss-Bonnet 公式。陈省身的工作的意义，不仅在于证明了几何学

中一个极其重要而困难的定理,而且也在于创造了研究整体几何(又称"大范围几何")崭新的研究方法。从此以后,"外微分"、"联络"、"标架"、"丛"成为微分几何的标准词语。

(二) 陈省身示性类

1945 年,陈省身完成了纤维丛不变量的研究,论文《Hermite 流形的示性类》于 1946 年发表。这一"示性类",现在通称为"陈类(Chern class)"。这是他一生中最重要的工作,由此确立了他在国际数学界中的地位。

二维曲面向高维的推广是流形上纤维丛。如果 E 是流形 M 上的 q 维复向量丛,$\Gamma(E)$ 是 E 上所有的截面(一个复向量空间)。在 $\Gamma(E)$ 上定义映射 D,称为联络:

$$D: \Gamma(E) \to \Gamma(E \oplus T*M),$$

其中 $T*M$ 是 M 上的复数值余切向量丛。设 $s_1, s_2, \cdots, s_q$ 是一组 s 标架。D 可以表示为以一阶微分式为元素的联络矩阵 ω,有 $Ds = \omega s$。定义

$$\Omega = d\omega - \omega \wedge \omega,$$

则 Ω 是以二阶微分式为元素的 $q \times q$ 矩阵,即曲率矩阵。考虑

$$\mathrm{Det}(I + (i/2\pi)\Omega) = I + C_1(\Omega) + C_2(\Omega) + \cdots + C_q(\Omega),$$

其中 $C_k(\Omega)$ 是 $2k$ 阶微分式,与标架的取法无关。根据 De Rham 的理论,每一个 $C_k(\Omega)$ 对应一个上同调类

$$C_k(E) \in H^{2k}(M, R), \quad 1 \leqslant k \leqslant q,$$

这里的 $C_k(\Omega)$ 称为陈式,$C_k(E)$ 称为陈类。

当 M 是 q 维的紧复流形,E 是它的全纯切向量丛时,$C_q(E)$ 落在最高维的上同调群,并且

$$\int_M C_q(E)$$

是一个整数,它等于 M 的 Euler 示性数。用 $C_k(E)$ 可以定义陈特征标 $\mathrm{Ch}(E)$。陈式、陈类和陈特征标,都是刻画纤维丛的不变量。这些工作构成了整体微分几何的基础。

将陈特征标用于微分方程中著名的 Atiyah-Singer 指标定理,就可以写成

$$\mathrm{ind}(D) = \int_M \mathrm{Ch}(D) \cdot \mathrm{Td}(M),$$

ind 是椭圆算子 D 的指标,$\mathrm{Td}(M)$ 是紧流形 M 的 Todd 类。

陈类不仅是纤维丛理论的主要不变量,而且已经成为现代数学中的一个基本概念,它的影响遍及整个数学。

(三) 纤维丛在规范场上的应用

1944 年,陈省身建立整体微分几何(纤维丛)理论;1954 年,杨振宁和 R. L. Mills 提出非

交换规范场论;1975年,杨振宁在Simons的帮助下,看到规范场理论原来可以用纤维丛理论加以表示;1977年,M. F. Atiyah和I. M. Singer用指标定理研究自对偶的规范场方程,触发了数学家研究Yang-Mills方程的热潮。数学和物理,再次紧密地连在一起。陈省身在一次演讲中甚至说:"物理就是几何"。因为牛顿力学的基本公式是$F=ma$。左边的F是力,表示物理。右面的a是加速度(二阶导数,即几何中的曲率)。爱因斯坦方程

$$R_{ik} - (1/2)gR = 8\pi KT_{ik},$$

右边是能量-应力张量,物理;左面是里奇曲率R_{ik}和标量曲率R,几何。

杨振宁1975年的发现,等于是说"规范场理论就是纤维丛几何"。杨振宁曾经给出过一张纤维丛和规范场的对照表:

规范场术语	纤维丛术语	规范场术语	纤维丛术语
规范	主坐标丛	源	?
规范型	主纤维丛	电磁学	$U(1)$丛上的联络
规范势A(或$b_\mu k$)	一个主纤维丛上的联络	同位旋规范场	$SU(2)$丛上的联络
S_{ba}	转移函数	狄拉克磁单极量子化	$U(1)$丛按第一陈类分类
相因子	平移	无磁单极电磁学	平凡的$U(1)$丛上的联络
场强F	曲率	带磁单极电磁学	非平凡的$U(1)$丛上的联络

由Maxwell方程描述的电磁学,是一影响人类文明进程的伟大数学工作。由于数学的进步,它可以看作是$U(1)$丛上的联络,并能很简单地写成$dA=F, \delta F=J$。其中d是外微分,δ是余微分,A是规范势(联络),F是场强(曲率),J是流向量。因此,陈省身的整体微分几何方法,已成为表述现代理论物理学的基本语言。陈省身和杨振宁,彼此看到的原来是一头大象的不同部分。

(四) 陈省身-Simons理论

1989年,物理学家E. Witten发表的著名论文《量子场论和琼斯多项式》将陈省身-Simons形式(Chern-Simons form)加以积分,并用它作为2+1维量子杨-Mills场的Lagrange泛函。由此,Witten得出了扭结理论的3维流形的Jones多项式。于是掀起了研究陈省身-Simons不变量的高潮。陈省身-Simons-Wilten理论由此形成。

设在标架丛上有一个联络ω,那么曲率Φ可以用联络的外微分和外积$\wedge$表示为

$$\Phi = d\omega - \omega \wedge \omega.$$

将曲率再作外微分,得到

$$d\Phi = \omega \wedge \Phi - \Phi \wedge \omega.$$

作 Tr 运算有

$$d\{Tr(\omega \wedge \omega \wedge \omega) = 3Tr(\omega \wedge \omega \wedge \Phi),$$
$$d\, Tr(\omega \wedge \Phi) = -Tr(\omega \wedge \omega \wedge \omega) + Tr(\omega \wedge \Phi),$$

于是,以陈- Simons 的英文首字母命名的陈省身- Simons 形式 CS(ω) 就是指

$$(1/3)Tr(\omega \wedge \omega \wedge \omega) + Tr(\omega \wedge \Phi).$$

这些运算,完全是形式的纯几何的演算。它是标架丛上超度第二个陈式的微分式:一个三阶微分式。由定义可知,它不依赖于 M 上的度量。

1989 年,Witten 正是利用陈省身- Simons 形式不依赖于度量的这一特点,将 3 维规范理论的 Lagrange 泛函用陈省身- Simons 的积分来表示:

$$L = (k/4\pi)\int_M Tr[A \wedge dA + (2/3)A \wedge A \wedge A].$$

就这样,Witten 打开了量子场论研究的新局面。自此之后,陈省身- Simons 形式不胫而走,广泛地用于许多物理学研究之中,甚至包括超导理论。

(五) 复变函数值分布的复几何化

陈省身将经典的单复变函数论中 Nevanlinna 理论推广到多复变数情形。陈省身和 R. Bott 合作论文中讨论了 n 维复流形 X 上的全纯 Hermite 向量丛 E 的示性类及其超度。复流形上的微分形式有两种微分算子:∂ 和 ∂^-。论文证明了曲率 Ω 与陈示性类 $C_k(E)$ 关于算子 $\partial\partial^-$ 的超度公式:

$$\Omega = d(\partial - \partial^-)\log|Z| = -2\partial\partial^- \log|Z|.$$

这个二重超度公式是研究 Nevanlinna 理论第一基本定理的关键,进而用于全纯截面的零点研究。

代数数论的一个基本的认识,是整数和整函数的相似性。Diophantine 方程 $F(x, y) = 0$ 是否有整数解,和复系数的同一个方程有没有整函数解极为相似。因此,以上的工作可以通向代数数论和算术几何。此外,陈- Moser 关于复流形上实超曲面的研究,是多复变函数论的一项基本工作。

(六) 欧氏微分几何

经典微分几何的一个主要课题是研究欧氏空间中子流形在刚体运动作用下的局部不变量。陈省身在这方面的工作主要是研究子流形的整体几何与其局部不变量的关系。

在极小曲面问题上,陈省身在证明:R^n 中曲面为极小曲面的充分必要条件是其 Gauss 映射 G 是反全纯的。此外,还给出了 R^n 中非平面的极小曲面的映象密度的一系列结果。

陈省身和 H. Lashof 合作,在紧浸入与紧逼浸入方面作出了系统的成果。他们将 1929 年

W. Fenchel 的在 R^3 中的经典定理,推广到 R^n 的情形。设 $f:M\to R$ 是紧 m 维流形 M 在 R^n 中的浸入,令 $\nu^1(M)$ 是 M 的单位法球丛,$d\nu$ 为 $\nu^1(M)$ 上的体积元。$N:\nu^1(M)\to S^{n-1}$ 为法映射,M 沿单位法向量 ν 的形状算子是 A_ν,那么 f 的绝对全曲率 $\tau(M,f)$ 是 N 的象集的体积。陈省身和 Lashof 证明:

$\tau(M,f)\geqslant 2$,且等式成立的充分必要条件是 M 为 R 中一个 $(m+1)$ 维仿射空间的凸超曲面。他们还进一步指出,M 的 Beitti 数之和是 $\tau(M,f)$ 的一个下界。

陈省身和 T. E. Cecil 确切地定义了紧套浸入的概念,以及李球群几何的一些微分几何概念。

(七) 几何结构与积分几何

陈省身早期的工作主要是研究各种不同的等价问题,也就是如何有效地决定两个几何结构是否局部等价。Cartan 的活动坐标法把一般的等价问题化为微分形式组的等价问题。陈省身加以发展,引进几何的 G 结构,使得 G 结构的完全不变量组可以用联络的曲率形式算出来。与此同时,陈省身还解决了许多具体的等价问题,处理了三阶以及 n 阶常微分方程定义的轨道几何问题。他的论文考虑 C 中的实超曲面,是流形理论中的经典著作。

陈省身早期研究过积分几何,也做出了重大贡献,为广义积分几何奠定了基础。与严志达合作的论文处理了超曲面的情形。

(八) Finsler 几何

陈省身晚年致力于 Finsler 几何的研究。Finsler 几何是 Riemann 几何的推广。他引进新的联络,证明联络的存在性定理,并且解决了一些等价问题。

1978 年,世界著名的施普林格出版社,出版当代著名数学家的文选。陈省身的论文选集 *Shiing-Shen Chern: Selected Paper* 第一卷于 1978 年出版,其后陆续出版了二、三、四卷。

陈省身有一本流传很广的油印本讲义《微分几何专题》(*Topics in Differential Geometry* (*mimeographed*)),是 1951 年由普林斯顿高等研究院印刷的。此外,与他人一起合作的著作《外微分形式》也很重要。

三、对中国数学发展的贡献

陈省身是一位忠诚的爱国者。1971 年,曾经组织华人学者在《纽约时报》上刊登付费广告,抗议日本强占钓鱼岛。更为重要的是,陈省身把他最后 20 年的时间,奉献给他的祖国——中国。他的愿望是把中国建成"21 世纪数学大国",即能够与国外的数学家进行平等的交流。

早在 1981 年,就和南开大学的副校长胡国定多次商谈,讨论建立南开数学研究所的具体事宜。1984 年,陈省身将获得 Wolf 数学奖的奖金赠给了南开大学数学所。

1985 年 10 月 17 日,在天津为南开数学所揭牌,就任第一任所长。这是一位外籍人士首次担任中国学术机构的负责人,成为中国实行改革开放政策的一个标志。陈省身为南开数学研究所倾注了无数的心力。如他自己所说,为南开数学研究所"鞠躬尽瘁,死而后已"。

南开数学研究所,确立"立足南开,面向全国,放眼世界"的办所方针。陈省身先后举办了七届"微分几何与微分方程国际会议"(俗称"双微"会议),由他聘请国外一流专家前来演讲,包括一些系统的报告。更为系统的学术活动是举办面向全国的"学术年",从1996年开始,每年一个专题,由国内专家从基础讲起,国外专家介绍最新的研究前沿,帮助中国数学迅速提升。这样的学术年,在11年间举办了12次。这些活动,植根于中国本土,对中国数学家追赶世界先进水平起到了重大的作用。同时,也为如何办好一个开放性的数学所树立了榜样。

同在1985年,香港实业家刘永龄先生捐款设立陈省身数学奖,奖励中国大陆年轻数学家的杰出工作。该奖和华罗庚数学奖并列为中国数学界的最高奖项,每两年颁发一次。

1986年,国际数学家大会在美国加利福尼亚州的伯克利举行。这恰是陈省身工作的地方。当时的国际数学联盟的主席是J. Moser。陈省身和他是联系密切的朋友,合作过重要的论文。会议前后,为了恢复中国在国际数学加联盟的合法地位,陈省身反复地向Moser解释"一个中国"的重要性,做了许多沟通和说服工作。最后,在这次大会上,中国代表权得到圆满解决:中国作为一个整体加入国际数学联盟。会籍属于最高等级,享有5票投票权。中国数学会3票,位于中国台北的数学会2票。陈省身高兴地说:"在数学上,中国是统一了。"会议结束后,陈省身在伯克利的家里,招待海峡两岸的数学家,彼此融洽。

1988年,由陈省身提议,在南开数学所举行"21世纪中国数学展望"学术研讨会。会议的主题是:"群策群力,使数学率先赶上世界先进水平"。陈省身再次提出"中国成为21世纪数学大国"的目标。到会的李铁映副总理称之为"陈省身猜想",并表示支持这一猜想的实现。于是,此次会议产生了一个重要结果:国家自然科学基金委员会专门为数学科学的发展成立"数学天元基金"。

邓小平曾于1977年、1984年、1986年3次会见陈省身。1985年第一次和时任上海市长的江泽民会见。1989年以后江泽民主席多次接见陈省身,就发展中国数学和科学事业进行交谈。

1993年5月,江泽民主席会见了陈省身和丘成桐,建议中国争取举办一次国际数学家大会。此后,中国数学会积极申办,1998年终于获得了2002年国际数学家大会的主办权。筹备过程中,陈省身担任大会的名誉主席,并向大会捐赠20万元人民币。为了争取更多的数学家参加北京的大会,陈省身在2001年的《美国数学会通报》上发表文章,欢迎世界各地的数学家与会。在2002年8月20日举行的大会开幕式上,陈省身作为大会名誉主席致辞。

在即将进入21世纪的时候,陈省身为了办好南开数学研究所,准备长期定居天津。当手续正在办理的时候,2000年1月12日,夫人郑士宁女士不幸在天津宁园去世,享年85岁。1月18日,天津公安局向陈省身送达"永久居留权"证明书。当年9月,中国驻旧金山总领事举行招待会表示欢送。此后,陈省身在天津宁园居住,成为一名天津市民。

陈省身的人生哲学是追求简单,欣赏平淡,精诚待人,对数学青年的帮助尤多。他自己说:"我的朋友很多,没有对立的人。"在南开数学研究所的学术管理上,主张"无为而治",即把最好的人请来,至于做什么研究,怎样做,就不要管了。他的兴趣很广泛,对许多中国历史人物,有自己独特的见解。他写了《论孝庄太后》的文章,并正式发表。

2001年,陈省身90岁,当选俄罗斯科学院外籍院士。次年,获得Lobachevsky奖。2004年,获首届奖金额高达100万美元的香港邵逸夫奖。同年11月,一颗小行星命名为陈省身星。

但是,年过九旬的陈省身,仍然把主要精力放在数学上,放在南开数学研究所上。2000年,他和德国数学家F. Hirzebruch合编的《沃尔夫数学奖》出版。与鲍大维等合著的《Finsler几何引论》问世。2003年,他的学术报告都是有关S^6上是否有复结构的问题。他还关注Poincaré猜想的解决,想研究"外微分方程"。数学依然占据着他的中心位置。

1992年,担任名誉所长。2001年,陈省身建议把南开数学所扩展为南开国际数学研究中心。国家批准了这一项目,陈省身亲自参与设计。与此同时,大洋彼岸的美国数学科学研究所(MSRI)准备扩建,原来的主楼也要进行改造,并将它命名为陈省身楼(Chern Hall),以纪念陈省身创建该所并担任首任所长的功绩。

2004年12月3日,因心脏病在天津去世。

2005年12月3日,南开数学研究所举行建所20周年的纪念活动,并更名为"陈省身数学研究所"。他生前居住的"宁园"全天对外开放,供人瞻仰。

陈省身生前多次说过:"我一生的微薄贡献是要改变中国人不如外国人的心理。外国人能够做到的,我们也能够做到,而且做得更好"。

四、陈省身主要论著

Chern S S, Yen C T. 1940, Sulla formula principale cinematics dello spazio ad n dimenzioni. Boll Un Mat Ital, 2: 434 – 437.

Chern S S. 1944. A simple intrinsic proof of the Gauss-Bonnet formula for closed Riemannian manifolds. Annals of Mathematics, 45: 747 – 752.

Chern S S. 1946. Characteristics classes of Hermitian manifolds. Annals of Mathematics, 47: 65 – 121.

Chern S S. 1951. Topics in differential geometry. Mimeographed notes. Princeton: Institute for Advanced Study.

Chern S S. 1952. On the kinematic formula in the Euclidian space of n-dimensions. Amer J Math, 74: 227 – 236.

Chern S S, Lashof R. 1957. On the total curvature of immersed manifolds. Amer J math, 79: 306 – 318.

Chern S S, Bott R. 1965. Hermitian vector bundles and the equidistribution of zeroes of their holomorphic sections. Acta Math, 114: 71 – 112.

Chern S S, Osserman R. 1967. Complete minimal surfaces in Euclidean n-spaces. J de l'Analyse Math,19:15-34.

Chern S S, Simons J. 1974. Characteristics forms and geometrical invariants. Annals of mathematics, 99(1): 48-69.

Chern S S, Moser J. 1974. Real hyper surfaces in complex manifolds. Acta math, 133: 219-271.

Chern S S. 1978. Selected Papers(Ⅰ). Berlin: Springer-Verlag(1989, Selected Papers (Ⅱ,Ⅲ,Ⅳ)).

陈省身,陈维桓.1983.微分几何讲义.北京:北京大学出版社.

Chern S S, Bryant R, Gardner R, et al. 1991. Exterior Differential Systems: MSRI Series 18. New York: Springer-Verlag: 475.

Chern S S. 1992. On Finsler geomatry. Comptes Rendus Sci Paris, 314: 757-761.

Chern S S. 1995. A Mathematician and His Mathematics Works: Selected Papers of Chern S. S. Singapore: World Scientific.

陈省身.1999.什么是几何学——在复旦大学的演讲.陈省身文集.上海:华东师范大学出版社:320.

Chern S S, Bao David, Shen Z. 2000. An Introduction to Riemann-Finsler Geometry. New York: Springer-Verlag.

Chern S S. 2000. Wolf Prize in Mathematics(Ⅰ). Singapore: World Scientific.

张奠宙.2002.陈省身文集.上海:华东师范大学出版社.

主要参考文献

[1] Wu T T, Yang C N. 1975. Concept of nonintegrable phase factors and global formulation of gauge field. Physical Review D, 12: 3845-3857.

[2] 张洪光.1987.陈省身文选.北京:科学出版社.

[3] Witten E. 1989. Quantum field theory and the Jones polynomial in Braid group, Knot theory, and statistical mechanics. Singapore: World Scietific: 239-329.

[4] 丘成桐,等. 1992. Chern—a Great Geometer of the Twentieth Century. Camhridge: International Press. (2000.20 世纪的几何大师.台北:交通大学出版社)

[5] Osserman R. 2002.几何学在美国的复兴:1936-1988.陈省身文集.上海:华东师范大学出版社:387.

[6] 张奠宙,王善平.2004.陈省身传.天津:南开大学出版社.

[7] 丘成桐,等.2005.数学与人文(纪念陈省身先生文集).杭州:浙江大学出版社.

[8] 吴文俊,葛墨林.2007.陈省身与中国数学.新加坡:八方文化创作室.

胡世桢

张奠宙　王善平

图 1

胡世桢(1914～1999)，浙江湖州人。代数拓扑学家。1938 年毕业于南京中央大学数学系，获学士学位。1944 年考取英国文化委员会奖学金；1945～1947 年，赴英国曼彻斯特大学，在 M. H. A. Newman 的指导下研究代数拓扑，获博士学位。随即回到中国，加入了刚成立的"中央研究院"数学研究所，任副研究员。1949 年，随数学所迁往台湾后，又赴美。1949～1950 年，任美国杜兰大学临时讲师；1950～1952 年，应邀在美国普林斯顿高级研究所访问研究；1952～1955 年，回到杜兰大学任数学副教授。1955 年加入美国籍。1955～1956 年，在乔治亚大学任教授；1956～1960 年，在韦恩州立大学任教授。1960 年起，在加利福尼亚大学洛杉矶分校任数学教授，直至 1982 年退休任荣誉教授。与此同时，1959～1964 年，在洛克希德导弹与空间公司电子科学实验室任兼职顾问。胡世桢是同伦论研究的先驱，发表论文 50 余篇，数学专著和教材 10 多部，并为美国政府撰写了数篇关于电子数字化技术的科技报告。1959 年，被母校英国曼彻斯特大学授予荣誉科学博士学位。1966 年，当选为台湾"中央研究院"院士。同时是美国数学会、伦敦数学会、法国数学会和比利时数学会等多个著名数学家团体的会员。

一、简历

胡世桢出生于浙江省湖州市。关于胡世桢家世的中文资料甚少，我们只能从外文资料了解到，他父亲的姓名是 Hu Hsiao Tang，母亲姓名 Tang Su Mei。

胡世桢于 1938 年从南京中央大学数学系毕业，获学士学位。1944 年秋，他与王宪钟一起考取了英国文化委员会奖学金中仅有的两个数学名额。1945 年 10 月，他们同乘"大不列颠号"船来到英国，随后被分别派往曼彻斯特大学和谢菲尔德大学学习。不久，王宪钟从谢菲尔德大学转到胡世桢所在的曼彻斯特大学，两人均在 M. H. A. Newman 的指导下研究代数拓扑。此后，他们的事业轨迹仍多有交集，因而被中国数学界称为"曼彻斯特双雄"(Manchester twins)。

编者注：原文载于《20 世纪中国知名科学家学术成就概览·数学卷》(第一分册第 301 至第 304 页；科学出版社，2011 年出版)。

1947年,胡世桢以关于同伦群的研究论文获曼彻斯特大学博士学位。不久回到中国,与王宪钟一同加入了刚成立的中央研究院数学研究所。该所的所长是姜立夫,但他当时并不在所内,实际主持所务的是代理所长陈省身。陈省身从全国著名大学数学系招来了十多位最优秀的毕业生作为助理研究员,由他亲自每周为他们讲授代数拓扑课。受聘为副研究员的胡世桢和王宪钟,则辅佐陈省身上课。另有一位研究员是李华宗。他们几乎每天举行专题讨论会。学术研究的气氛十分活跃。1948年,胡世桢与Wang Shia Zong女士结婚,他们生有一子(Herman)和一女(Charlotte)。

然而,中国政局开始急剧动荡。国民党政府因军队节节败退,即将垮台。1948年12月31日,陈省身携全家乘飞机离开中国,去美国普林斯顿高级研究所。数学所的一切学术活动暂停,人员纷纷离开,所长姜立夫从南开大学赶来收拾残局。不久,数学研究所迁往台湾,姜立夫带领胡世桢、王宪钟和三位助理研究员同去。到了台湾后,人员陆续散去。胡世桢和王宪钟则赴美找工作。

1949~1950年,胡世桢在美国杜兰大学获临时讲师的职位;1950~1952年,应邀在美国普林斯顿高级研究所访问研究;1952~1955年,回到杜兰大学任数学副教授。1955年,加入美国籍。1955~1956年,在乔治亚大学任教授;1956~1960年,在韦恩州立大学任教授。1960年起,在加利福尼亚大学洛杉矶分校任数学教授,直至1982年退休任荣誉教授。与此同时,1959~1964年,胡世桢还在洛克希德导弹与空间公司电子科学实验室任兼职顾问。

1959年,胡世桢被母校英国曼彻斯特大学授予荣誉科学博士学位。1966年7月,他当选为台湾"中央研究院"院士。另外,胡世桢是美国数学会、伦敦数学会、法国数学会和比利时数学会等多个著名数学家团体的会员。

胡世桢的元配夫人于1962年逝世,继配夫人名叫Emily。

二、数学成就

胡世桢是一位代数拓扑学学家,享有学识丰富和治学严谨的声誉。他从1946年起,在一些著名的数学期刊上发表了大量的关于代数拓扑研究的论文。早期研究过球映射函数空间的同伦群,道路空间的同伦群,并利用同伦群研究度量空间中的球映射等。同伦群被分为"绝对同伦群"和"相对同伦群"。胡世桢主要研究"相对同伦群",这是当时代数拓扑的研究热点。他推广了 J. H. C. Whitehead 的关于相对同伦群乘积的概念,经常被引用。同时对当时大量出现的关于相对同伦群研究成果的首次系统阐述和总结。他也研究了齐次空间中拓扑群的Whitehead同伦积的性质。此后,他致力于研究由不同的拓扑空间之间的连续函数所构成的映射空间上的同伦群的性质,并研究各种同调理论。胡世桢的几乎所有论著都是单独作者。唯一的一篇合作论文是与陈省身一起,文中论述了用底空间的上同调群来刻画主丛的乘积性质。这是代数拓扑理论在微分几何中的应用。

1950年以后,胡世桢的代数拓扑研究的范围更广。除了继续上述各类问题的研究之外,他还研究了纤维空间上的拓扑结构、抽象环上的同调群、复形上的链群、复形的形变收缩上同调、同伦群的可实现性、拓扑群的上同调理论、同伦加性定理的证明、结合代数上的奇异同调理论、同伦群的公理化理论、拓扑空间的合痕不变式等。其中有不少工作经常被后人引用。

1959 年以后,胡世桢认为代数拓扑学的发展已经很成熟。因此,他开始减少有关的研究工作,而转向整理该领域中已有的成果。1959 年,胡世桢发表了专著《同伦论》(*Homotopy Theory*)。这是第一部系统整理同伦论领域广泛研究成果的著作,出版后立即广受欢迎,遂成为代数拓扑学的经典文献和研究生的标准教材。该书一举奠定了胡世桢作为该领域最权威专家的地位。

1964 年,胡世桢出版了著作《一般拓扑学基础》(*Elements of General Topology*),这是一部研究生教材。与当时已有的关于一般拓扑学研究的许多教材不同,此书包含更多的代数拓扑的内容。专家们评论道:此书坚持把高标准的数学严密性与和清晰易懂的叙述相结合;它反映了作者的渊博知识和高超的传授知识的技巧。

在以后的几年中,胡世桢一发不可收拾,出版了十几部著作和教材,包括《现代代数学基础》(*Elements of Modern Algebra*)(1965),《收缩核理论》(*Theory of Retracts*)(1965),《一般拓扑学引论》(*Introduction to General Topology*)(1966),《现代数学引论》(*Introduction to Contemporary Mathematics*)(1966),《同调论》(*Homology Theory*)(1966),《实分析基础》(*Elements of Real Analysis*)(1967),《上同调论》(*Cohomology Theory*)(1968),《同调代数引论》(*Introduction to Homological Algebra*)(1968)和《微分流形》(*Differentiable Manifolds*)(1970)等。这些著作和教材都非常受欢迎,有的被广泛引用,有的被多次再版。

胡世桢所写的著作,大多是研究生教材,也有本科生教材和教师培训教材;不仅限于拓扑学领域,还涉及数学的其他多个领域。这些著作表明,胡世桢不仅是一位出色的数学研究者,而且是一位具有广泛的知识,善于用简洁通俗的语言表述深刻的数学思想,非常勤奋的数学教育家。

胡世桢在减少了代数拓扑学的研究工作之后,一方面撰写了各种数学专著和教材,另一方面,他在积极探索如何把数学应用于解决实际问题。为此,他来到了洛克希德导弹与空间公司,担任电子科学实验室的兼职顾问。

1959～1964 年,胡世桢在洛克希德公司兼职期间,为该公司与美国政府的合作项目写了一系列保密的或公开的技术报告。这些报告主要研究"真值函数"(也被称为"开关函数"、"布尔函数"或"逻辑函数")的计算以及相应的"开关电路"(或称为"逻辑电路")的设计。在此基础上,他写了另外两部专著《阈值逻辑》(*Threshold Logic*)(1965)和《开关电路与自动机的数学理论》(*Mathematical Theory of Switching Circuits and Automata*)(1968)。胡世桢的这些论著试图为一个新兴的电子技术领域打下坚实的数学基础,其中不乏创造性思想和概念。该领域以后飞速发展,为制造各种自动控制设备和计算机硬件提供了关键技术。

三、胡世桢主要论著

Hu S T. 1946. Concerning the homotopy groups of the components of the mapping space.

Nederl Akad Wetensch Proc,49: 1025 – 1031.

Hu S T. 1946. Homotopy properties of the space of continuous paths. Portugaliae Math, 5: 219 – 231.

Hu S T. 1947. Inverse homomorphisms of the homotopy sequence. Nederl Akad Wetensch Proc,50: 279 – 287.

Hu S T. 1947. A group multiplication for relative homotopy groups. J London Math Soc, 22: 61 – 67.

Hu S T. 1947. An exposition of the relative homotopy theory. Duke Math J,14: 991 – 1033.

Hu S T. 1948. Some homotopy properties of topological groups and homogeneous spaces. Ann of Math,2(49): 67 – 74.

Hu S T, Chern S S. 1949. Parallelisability of principal fibre bundles. Trans Amer Math Soc,67: 304 – 309.

Hu S T. 1959. Homotopy Theory. Pure and Applied Mathematics. New York-London: Academic Press.

Hu S T. 1964. Elements of General Topology. San Francisco-London-Amsterdam: Holden-Day Inc.

Hu S T. 1965. Elements of Modern Algebra. San Francisco-London-Amsterdam: Holden-Day Inc.

Hu S T. 1965. Theory of Retracts. Detroit: Wayne State University Press.

Hu S T. 1965. Threshold Logic. Berkeley: University of California Press.

Hu S T. 1966. Introduction to General Topology. San Francisco-London-Amsterdam: Holden-Day Inc.

Hu S T. 1966. Introduction to Contemporary Mathematics. San Francisco-Amsterdam: Holden-Day Inc.

Hu S T. 1966. Homology Theory: A First Course in Algebraic Topology. San Francisco: Holden-Day Inc.

Hu S T. 1967. Elements of Real Analysis. San Francisco-Cambridge-Amsterdam: Holden-Day Inc.

Hu S T. 1968. Cohomology Theory. Chicago: Markham Publishing Co.

Hu S T. 1968. Introduction to Homological Algebra. San Francisco-London-Amsterdam: Holden-Day Inc..

Hu S T. 1968. Mathematical Theory of Switching Circuits and Automata. Berkeley: University of California Press.

Hu S T. 1969. Differentiable Manifolds. New York-Montreal, Que-London: Holt, Rinehart and Winston Inc.

主要参考文献

[1] Henney D. 1967. Reviewed work(s): Elements of General Topology. The American Mathematical Monthly,74(7): 884.

[2] American Men & Women of Science. 1975. 13rd ed. Entomological Society of America.

[3] Who's who in America. 1986－1987.

[4] Blattner R J,Brown R F,Steinberg R. 2000. Obituary of Sze-Tsen Hu,1914－1999. University of California (System) Academic Senate.

王宪钟

张奠宙　王善平

王宪钟(1918～1978)，山东福山人。美籍华裔李群和李代数学家。1936年进北京清华大学攻读物理。次年抗日战争爆发，清华大学、北京大学和南开大学迁往云南昆明，合并为国立西南联合大学。王宪钟在昆明继续学业期间，受到陈省身的影响，遂从物理系转入数学系，1941年毕业获学士学位。随即考取清华大学研究生，师从陈省身，专攻移动坐标架理论和射影微分几何学。1944年毕业获硕士学位。然后到昆明一所中学当了一年数学教师，接着考取了英国文化委员会奖学金。1945年，赴英国曼彻斯特大学，在M. H. A. Newman的指导下研究代数拓扑。1948年获博士学位。不久返回中国，加入了刚成立的"中央研究院"数学研究所，任副研究员。1949年，随数学研究所迁往台湾后，即赴美找工作。1949～

图1

1951年，任美国路易斯安那州立大学讲师。1951～1952年，访问美国普林斯顿高级研究所。1952～1954年，在阿拉巴马工学院(现改名为奥本大学)执教。1954～1955年，再访普林斯顿高级研究所。随后在西雅图的华盛顿大学做了一年讲师；又到哥伦比亚大学做了两年访问学者。1958年，被聘为美国西北大学副教授，并加入美国籍，1959年升为正教授。1961～1962年与1965～1966年，分别第3次和第4次到普林斯顿高级研究所访问。1966年，被聘为康奈尔大学教授，直至1978年因病逝世。王宪钟的研究工作涉及古典微分几何(即微分不变量)、代数拓扑、拓扑群、变换群、李代数等多个数学分支，获得一系列重要成果。他喜欢以新奇和雅致的方式来解决人们真正感兴趣的一些特殊问题，而不太关注创建和发展一般理论。发表论文约40篇。1959年，应邀在国际数学家大会上做半小时分组报告。1960年，获Guggenheim学者奖。

一、家世和简历

王宪钟祖籍在山东福山(现烟台市福山区)古现村。明朝洪武年间从云南大理府迁居此地的福山王氏，是明清两朝有名的科举家族，官宦世家。王宪钟的曾祖父王懿荣(1845～

编者注：原文载于《20世纪中国知名科学家学术成就概览·数学卷》(第二分册第51至第57页；科学出版社，2011年出版)。

1900),清光绪六年(1880年)进士,授翰林。其对于中国文化和历史的最重要贡献,就是首先发现并大量收藏了中国最早的文字——殷墟甲骨文。1900 年,八国联军攻陷北京,时任国子监祭酒和京顺团练大臣的王懿荣携妻等投井殉国。王宪钟的祖父王崇燕(1869~1893)和父亲王福坤分别是王懿荣的长子和长孙,均中举人。

王宪钟出生于北京市,母亲名叫陶履元。他上有两哥一姐,下有同父异母两弟,其中兄长王宪钊(1916~1998)是著名的气象学家。

王宪钟 1930 年毕业于天津耀华小学,1936 年毕业于天津南开中学。在中小学的 12 年学习期间,成绩一直名列前茅。读 12 年级时,已写出一篇论述非欧几何的文章,发表于《南开中学校刊》。小时候因体质虚弱,父母亲让他学习武术以强身,遂成为武术行家,但一直深藏不露。学生时代,体育成绩也很突出。

1936 年,王宪钟拒绝了进天津南开大学学习数学的机会,而选择去北京清华大学攻读物理,因为他认为清华大学有更好的师资和更多的发展机会。第二年,因抗日战争爆发,清华大学、北京大学和南开大学被迫迁往云南昆明,合并成为国立西南联合大学。1938 年 5 月,王宪钟赶到昆明,继续学业。刚从欧洲留学归国的青年几何学家陈省身则在两个月前抵达昆明,并在西南联大开设几何学课程和讨论班,介绍 Blaschke 和 Cartan 的工作以及国际研究最新动向。王宪钟被这位比他大 7 岁的老师深深吸引,遂从物理系转到了数学系。与他同班的同学有钟开莱、范宁生和严志达等。

1941 年,王宪钟本科毕业获学士学位,随即考取清华大学研究生,师从陈省身,专攻移动坐标架理论和射影微分几何学。1944 年毕业,获数学硕士学位。然后到昆明一所中学当了一年数学教师。同时在该年秋天,他与胡世桢一起考取了英国文化委员会奖学金(British Council Scholarship)中仅有的两个数学名额。

1945 年 10 月,王宪钟和胡世桢同乘"大不列颠号"船前往英国。两人分别被派往谢菲尔德大学和曼彻斯特大学学习。不久,王宪钟也转学到曼彻斯特大学。因为两人自此以后的生活轨迹多有重合之处,王宪钟和胡世桢遂被称为"曼彻斯特双雄"。王宪钟在 M. H. A. Newman 的指导下研究代数拓扑。除此之外,他还花了大量时间来研究 Cartan 的李群和李代数理论。1948 年 7 月,以 *Homogeneous spaces with non-vanishing Euler characteristic* 的论文获博士学位,返回中国。

回国后,王宪钟参加了是年早秋去世的母亲的葬礼。不久,加入了刚成立的"中央研究院"数学研究所。该所的所长是姜立夫,但他当时并不在所内,实际主持所务的是代理所长陈省身。陈省身从全国著名大学数学系招来了十多位最优秀的毕业生,由他亲自每周为他们讲授代数拓扑课。王宪钟和胡世桢则被聘为数学所的副研究员,另有一位研究员是李华宗。他们几乎每天举行专题讨论会,学术研究的气氛十分活跃。

然而,这样的局面并没有维持多久。由于国民党军队节节败退,政府即将垮台,时局动荡。1948 年 12 月 31 日,陈省身携全家乘飞机离开中国,去美国普林斯顿高级研究所。数学所的一切学术活动暂停,人员纷纷离开,所长姜立夫从南开大学赶来收拾残局。不久,数学研究所迁往台湾,姜立夫带领王宪钟、胡世桢和三位助理研究员同去。到了台湾后,人员陆续散去,王宪钟和胡世桢则赴美找工作。

1949年9月,王宪钟获得路易斯安那州立大学讲师的职位。他在承担繁重的教学任务同时,依然坚持做数学研究,发表了几篇很有价值的论文,其中包括那篇有名的 *Two-point homogeneous spaces*。这为他赢得了在1951~1952年访问美国普林斯顿高级研究所的资格。访问期间,他开始研究带复结构的闭流形并取得重要成果。

1952~1954年,在阿拉巴马工学院(现改名为奥本大学)执教。1954~1955年,再访普林斯顿高级研究所。在此期间,开始了关于李群离散子群的研究。离开普林斯顿高级研究所后,王宪钟在西雅图的华盛顿大学做了一年讲师;随后到哥伦比亚大学以副教授的身份做了两年访问学者。在此期间,他与关龙新(Lucy)女士相爱并结婚。

1958年,王宪钟被聘为西北大学副教授,这是他在美国大学首次获得永久职位。这时,王宪钟已经成为有国际声誉的数学家,其学术成就得到广泛承认,并给他带来各种荣誉。该年8月,他应邀在爱丁堡国际数学家大会上做半小时分组报告,题目为 *Some geometrical aspects of coset spaces of Lie groups*。同年,加入美国籍。1959年,升为正教授。1960年,获 Guggenheim 学者奖。1961~1962年,第3次成为普林斯顿高级研究所访问学者。1964年9月,当选为台湾"中央研究院"院士。以后,他经常去台湾做学术报告。1965~1966年,第4次应邀访问普林斯顿高级研究所。1966年,他被聘为康奈尔大学教授。举家迁居纽约州伊萨卡镇。

1972年,美国总统尼克松访华,中美之间的坚冰被打破。王宪钟高兴异常,他随即加入了由任之恭和林家翘率领的美籍中国学者参观团前往中国。他们在上海、杭州和广州等地参观访问后,于1972年7月7日晚乘飞机到达北京。中国政府有关负责人、科学家和参观团的亲友们来迎接。王宪钟则见到了阔别20多年的姐姐和兄弟们。7月12日晚,人大常委会副委员长、中国科学院长郭沫若,外交部副部长乔冠华,中国科学院副院长竺可桢、吴有训,中国科技协会副主席周培源会见并设宴招待了参观团。

王宪钟回到美国后,随即去英国沃里克大学度过了一年学术假期。然后他又带着妻子和三个女儿做环球旅行,再次来到中国大陆,与亲属们会面。

1977年8月底,王宪钟又来中国访问。探望了经受了一次大手术的哥哥王宪钊。9月3日,周培源会见并设宴招待了王宪钟。

1978年6月11日,王宪钟因患急性粒细胞白血病而被送往纽约市"斯隆-凯特琳癌症治疗中心",昏迷几天后,于1978年6月25日溘然长逝。他的妻子Lucy在5年前已被诊断出患乳癌并扩散,她冷静地料理完丈夫的后事,自己拒绝进一步治疗,于同年8月16日也离开人世。他们身后有三个女儿:元祺(Angela),元玉(Louise)和元培(Clara)。

在社交方面,王宪钟待人宽容和谦逊,乐于助人,不图回报,因而能与所有的人很好相处。除了数学以外,他对于文学、中国历史,以及桥牌、围棋和象棋等也有着广泛的兴趣。

二、数学成就

王宪钟的研究工作涉及古典微分几何(即微分不变量)、代数拓扑、拓扑群、变换群、李代数等多个数学分支。他喜欢以新奇和雅致的方式来解决人们真正感兴趣的一些特殊问题,而不太关注创建和发展一般理论。文后所附的资料来源中包含了其老师、同事和学生对于王宪钟数学工作全面和专业的介绍。本文试图在此基础上,加以适当的修正和补充,并以较通俗的语言重叙如下。

(一)

王宪钟在读硕士研究生时期,尝试运用 E. Cartan 的方法来研究"非完整系统"(non-holonomic systems)——其状态依赖于所经过路径的系统。这种系统对于数学和物理学均有重要意义,因而在当时是一个研究热点。在 1942 年发表的两篇论文中,他在三维空间的一个"非完整曲面"(non-holonomic surface)上定义了一种射影不变量,指出这种不变量的几何意义类比于普通曲面上的射影线元(projective linear elements),并给出了两个非完整曲面具有相同不变量的充要条件。1943 年和 1946 年的两篇论文继续探讨关于射影变形的微分不变量。

在此期间,王宪钟还研究了道路几何:他找到了 $n+1$ 维道路空间中的一组不变量,然后用它们给出了 J. Douglas 关于变分法逆问题研究成果的一个漂亮的几何解释;并证明了,如果一个道路空间满足平面公理,那么它就是平坦的。他在这些研究中运用了李群理论,这在当时是完全新颖的。

文献(Wang H C,1947c)证明了:如果 n 维 Finsler 空间 E 容许一个具有 $r > \frac{1}{2}N(N-1)+1$ 个本质参数的运动群,那么 E 就是一个常曲率的 Riemann 空间。从而解决了一个长期未决的问题。王宪钟通过研究李群和线性群的性质得到他的证明,并没有采用传统的研究 Killing 方程可积条件的复杂方法。这在当时是一大创造。

(二)

1946 年,王宪钟在英国曼彻斯特大学跟随 Newman 学习代数拓扑。第 2 年他就写出关于同伦群和同调群比较的论文:文中他构造了 $M_1 = S^n \times P^{n+2}$(n 维球面与($n+2$)维射影空间的笛卡儿积)和 $M_2 = S^{n+2} \times P^n$ 这两个流形,并证明它们的同伦群相同但同调群不相同。美国拓扑学家 S. Eilenberg 指出,当 n 为奇数时该例子能说明更多的问题,因为这时同伦群关于基本群是算子同构的(operator isomorphic)。

王宪钟在 1949 年发表了关于拓扑学研究的第 2 篇论文:文中给出了一个同调序列,来关联球空间(作为基础空间)及其全空间和纤维空间的下同调。这一工作正好与法国拓扑学家 Jearn Leray 等人当时用谱序列来关联三个空间的上同调的方法对应。王宪钟所给出的序列后来被命名为"王序列"(Wang sequence)。

王宪钟的博士论文被同时发表在"中央研究院"的《科学记录》和美国 *Annals of Mathematics* 上。文中彻底解决了当时人们所关注的一个重要问题:一个能容纳紧李群的齐性空间究竟有怎样的性质?在此之前,瑞士著名几何与拓扑学家 H. Hopf 等人证明了,这种空间的 Euler 特征值一定是非负的。王宪钟则进一步证明,此类空间一定是一些紧单李群陪集空间(coset spaces of compact simple Lie groups)的拓扑积,并对每一种情况求出了它们的 Euler 特征值和前 5 种同伦群。遗憾的是,他的这篇重要论文竟较少被人引用。因为差不多就在同时,瑞士著名数学家 A. Borel 等独立地得到了相同的结果。

(三)

1949 年,王宪钟来到美国,在路易斯安那州立大学任讲师。在此期间,他研究了度量空间上的等距映射、拓扑群和拓扑变换群等问题。其中,1950 年发表的论文证明了,每个可分局部紧非离散的度量群中都存在不可数稠密真子群;从而解决了 P. A. Smith 在 1942 年提出的一个问题。1952 年发表的论文研究"两点齐性空间"(two-point homogeneous spaces),即任意两对距离相等的点都可以通过运动而重合的空间。文中完成了对此类空间的分类,从而解决了美国几何学家 H. Busemann 10 年前提出的猜想。美国拓扑学家 Alexander Doniphan Wallace 提出的一个问题:如果 G 是皮亚诺连续统(Peano continuum) X 上的一个紧变换群,使得 X 的一个端点不动,则 G 是否必然有其他不动点?王宪钟对于范围更广的 X 解答了该问题,即给出了有无其他不动点的充要条件。

由于以上这些漂亮的成果,令王宪钟于 1951 年首次获得了访问普林斯顿高级研究所的机会。访问期间,他开始研究复流形,不久写出了两篇后来被经常引用的论文。其中第一篇以一种绝妙的方式刻画了自同构群为可迁群的所有单连通复解析流形,从而给出了复解析流形的许多新例子。另一篇简短的论文则证明了,一个紧复 n 维可平行流形(compact complex parallisable manifold,即在流形上每一点上都存在 n 个线性无关的复解析形式)必然是一个单连通复李群对于离散子群的商;并且,它是 Kähler 流形当且仅当它是环面。由于这些重要的工作,使得王宪钟在离开普林斯顿高级研究所两年后,再次被邀请回去做研究。他一生中共有四次受邀前往这个世界著名的数学中心进行研究工作。

1955 年,他与日本数学家 Yano Kentaro 合作发表论文,研究一类带有仿射联络的空间。他们证明了:如果该空间的仿射运动群 G 是特殊线性群 P_n 的闭连通子群,且 G 的维数大于 n^2-n+4,则 G 或共轭于 P_n 或为 P_n 的四个给定子群之一。该文进而确定了该空间所有可能的曲率张量以及 G 的迷向子群。1958 年,他与 W. M. Boothby 合作发表的论文,则完成了对所有"紧规则接触流形"(compact regular contact manifolds)的分类。该文的结果后来被广泛引用并得到非常有趣的推广。1963 年,他与 Boothby 以及日本数学家 Kodaira Kunihiko 合作发表的论文,把 Bochner-Montgomery 定理推广到了殆复结构流形(almost complex manifolds),也较有影响。

王宪钟的上述成果,均涉及研究在某种群的作用下空间几何结构的不变性。这种具有一般性的研究方法可追溯到法国几何学家 E. Cartan。王宪钟于 1958 年发表在日本《名古屋数学期刊》上的论文也属于此方面,该文讨论一个容有可迁自同构李群的主纤维丛上的联络,并以一种具有重要意义的方式推广了日本几何学家 Nomizu Katsumi 关于不变仿射联络的工作,从而在某种意义上超越了 Cartan 的方法。同年,王宪钟应邀在爱丁堡国际数学家大会上作报告,对这些方法和有关课题做了精彩的阐述。

(四)

王宪钟在 1954~1955 年第二次访问普林斯顿高级研究所期间,开始了对于李群离散子群的研究;1961~1962 年以 Guggenheim 学者身份第 3 次访问高级研究所时,更对李群离散子群产生了浓厚的兴趣。以后,他逐渐把主要精力花费在此方面的研究上。

1956 年,他发表了关于李群的离散子群研究的第一篇论文,该文确定了抽象群可以作为离散子群嵌入一个连通且单连通可解李群的充要条件,其中首创使用了代数群方法:一种后来被证明是研究离散子群相当有效的方法。1963 年发表的论文,推广了法国数学家 A. Weil 关于连通半单李群 G 中格 Γ(lattice,即其商 G/Γ 为紧空间的离散子群 Γ)的形变空间的研究成果,包括给出了该形变空间的完全描述。1967 年发表的论文进一步证明,如果上述 G/Γ 的 Haar 测度是一个有限数,则格 Γ 仅包含在 G 的有限个离散子群中。

1965 年,王宪钟与 Boothby 合作证明了,连通李群 M 的每个有限子群 F 都含有一个正规交换子群 A,其中 A 的指数仅依赖于 M 而与 F 无关。此结果推广了 C. Jordan 的一个经典定理。王宪钟于 1969 年发表的论文,给出了关于无紧因子半单李群(semisimple Lie group without compact factor)G 中单位元 1 的邻域 U 的定量描述。其中 U 与 G 中任何的离散子群 Γ 无关;但对于任何 Γ,存在 $g \in G$,使得 $g\Gamma g^{-1} \cap U = \{1\}$。在此之前,C. L. Siegel, D. A. Kazdan 和 G. A. Margulis 等人只得到了关于 U 的存在性和定性的结果。王宪钟在此运用了他与布思比所创造的方法。美国几何学家 J. A. Wolf 评论该方法"很简单,极优美","值得仔细研读"(MR 0260930)。

1970~1972 年,王宪钟与日本数学家 Goto Morikuni 合作,先后发表了两篇论文。其中第一篇证明了这样一个定理:令 G 为具有平凡中心的连通非紧单李群(connected, simple, noncompact Lie group with trivial center),H 是 G 的闭一致非离散子群(closed uniform nondiscrete subgroup),则 G 只有有限个子群类与 H 同构。第二篇研究这样一个问题:令 G 为紧因子的连通线性半单李群,H 是 G 的闭非离散子群且 G/H 紧致,由 G 中 H 的所有连续同态映射所构成的集合被赋予紧开拓扑,那么其中由所有映上同胚映射构成的子空间的基数(cardinalities)性质如何?文中证明了,该子空间在对一些自同构子群取商后,均成为有限集。这些结果是对不久前 Weil 所得到的一重要定理的推广。后者只考虑 H 是离散子群的情况。

文献(Wang H C, 1972b)是王宪钟于 1969~1970 年在华盛顿大学授课时的讲义,其中系统阐述了包含最新研究成果的李群格理论(theory of lattices in Lie groups)。被誉为是一个革新者以高瞻远瞩的眼光写成,很值得对该领域感兴趣的人阅读。

1973 年,王宪钟发表了他的最后一篇论文,文中研究这样的问题:令 $\{X, G\}$ 表示以 X 为空间以 G 为群的拓扑变换群,如果轨道 X/G 为 Hausdorff 空间,则称该变换群为"上紧的"(co-compact)。问 $\{X, G\}$ 是"上紧的"条件是什么?在这里,特别令人感兴趣的情况是,X 为拓扑群而 G 为其子群。王宪钟在此给出了 $\{X, G\}$ 的上紧性只依赖于 X 和 G 本身,而与 G 如何在 X 上作用无关的判别标准。

三、王宪钟主要论著

Wang H C. 1942. On the projective linear element of a non-holonomic surface. Acad Sinica Science Record,1:84-86.

Wang H C. 1943. On a projective invariant of a non-holonomic surface. Ann of Math,2(44):562-571.

Wang H C.1943. On the projective deformation of a family of elements of contact. J Indian Math Soc,7:51-57.

Wang H C. 1944. On the paths with Monge's equations of the second degree as conditions of intersection. Bull Amer Math Soc,50:935-942.

Wang H C. 1946. Path manifolds in a general space of paths. J London Math Soc,21:134-139.

Wang H C. 1947. The projective deformation of non-holonomic surfaces. Duke Math J,14:159-166.

Wang H C. 1947. Some examples concerning the relations between homology and homotopy groups. Nederl Akad Wetensch Proc,50:873-875.

Wang H C. 1947. On Finsler spaces with completely integrable equations of Killing. J London Math Soc,22:5-9.

Wang H C,Chern S S. 1947. Differential geometry in symplectic space I. Sci Rep Nat Tsing Hua Univ,4:453-477.

Wang H C. 1948. Axiom of the plane in a general space of paths. Ann of Math,2(49):731-737.

Wang H C. 1949. The homology groups of the fibre bundles over a sphere. Duke Math J,16:33-38.

Wang H C. 1949. Homogeneous spaces with non-vanishing Euler characteristics. Acad Sinica Science Record,2:215-219.

Wang H C. 1950. A problem of P. A. Smith. Proc Amer Math Soc,1:18-19.

Wang H C. 1952. Two-point homogeneous spaces. Ann of Math,2(55):177-191.

Wang H C. 1952. A remark on transformation groups leaving fixed an end point. Proc Amer Math Soc,3:548-549.

Wang H C. 1954. Closed manifolds with homogeneous complex structure. Amer J Math,76:1-32.

Wang H C. 1954. Complex parallisable manifolds. Proc Amer Math Soc,5:771-776.

Wang H C. 1960. Some geometrical aspects of coset spaces of Lie groups. Proc Internat Congr Math,500-509.

Wang H C. 1972. Topics on totally discontinuous groups. Symmetric spaces (Short Courses,Washington Univ,St Louis,Mo,1969 – 1970): 459 – 487.

主要参考文献

[1] Hu S T,Boothby W M,Chern S S,Wang S P. 1980. Hsien Chung Wang 1918 – 1978. Bull Inst Math Acad Sinica,8(2 – 3),part 1: i – xxiv.

[2] 严志达.1981.深切怀念王宪钟.数学进展,10(1): 77 – 78.

[3] MacTutor History of Mathematics archive. 1996. Hsien Chung Wang. http://www-history.mes.st-and.ac.uk/Biographies/Wang.html

[4] 佟守琴.2002.福山科举家族王氏研究.辽宁大学硕士学位论文.

王　浩

张奠宙　王善平

王浩(1921～1995)，山东省齐河人。美籍华裔数理逻辑学家、计算机科学家、哲学家。1939年考入西南联大数学系，1943年毕业获学士学位。随即进清华大学哲学系，1946年毕业，获硕士学位。同年考取公费留学资格，到美国哈佛大学哲学系攻读博士学位，导师是W. V. Quine，两年后毕业并获博士。1949～1953年，先后任哈佛大学初级研究员和助理哲学教授。1954年以Rockefeller基金会研究员的身份去英国。1956～1961年任牛津大学数理哲学准教授。1961～1967年，回美国哈佛大学，任数理逻辑与应用数学的Gordon McKay讲座教授，指导了多名博士生。1967年任纽约洛克菲勒大学任逻辑学教授，专心从事学术研究。从20世纪40年代末起，陆续发表了关于形式公理系统研究的一系列有影响的文章，成为国际知名的数理逻辑学家。1953年，当选为美国文理学院哲学部院士；1970年当选为英国社会科学院外籍院士。1953年，开始研究计算机理论和机器证明，不久就获得重要成果，包括提出了与图灵机等价且具有实际计算机功能的B机和W机，后被称为"王(浩)机"；设计了计算机程序，可用来自动证明《数学原理》中350条定理。1983年，由于在数学定理机械证明领域中的开创性贡献，获得首届Milestone Prize。1960年，证明了一阶逻辑的AEA公式类的不可判定性这一著名难题。在研究过程中提出了一种平面铺砖新理论，后被称为"王砖"，它有着超出数理逻辑范围的广泛应用。后期的工作集中在哲学研究上。1985年和1986年，先后被聘为北京大学和清华大学名誉教授。

图1

一、简历

王浩是山东省齐河县安头乡王举人庄人。父亲姓名王世栋(1882～1967)，字祝晨，绰号王大牛，为前清秀才。王世栋是中国现代教育事业先驱，民国初年"山东四大教育家"之一；1927年曾入广州农民运动讲习所，结识董必武和周恩来，开始接受革命思想，研究马克思主义。新中国成立后担任过济南中学校长、山东省政协副主席、山东省教育厅副厅长，数次当选

编者注：原文载于《20世纪中国知名科学家学术成就概览·数学卷》(第二分册第142至第150页；科学出版社，2011年出版)，也载于《中国现代科学家传记》(第六集第97至第110页，科学出版社，1994年出版)。

全国和山东省人大代表。

王浩是王世栋的第三个儿子,1929 年就读于济南市第四实验小学,1931 年转入济南师范附小。1933 年考入济南一中读初中。少年时王浩也贪玩,初二时一次英语考试成绩不好,被父亲严令暑期在家不许出门,补习英语。竟因此对英语产生浓厚兴趣,以后考试一直名列前茅。1936 年初中毕业后,以山东省会考第二名的成绩,被南京中央大学实验高中录取。一年以后,抗日战争爆发,王浩随校辗转于安徽屯溪和湖南长沙等地。1938 年秋赴西安与母亲会合,遂转入当地的西北联大附中读高三。

因父亲爱好唯物辩证法,王浩受其影响,在中学时已读过恩格斯的《反杜林论》和《路德维希·费尔巴哈与德国古典哲学的终结》。高三时,王浩偶得金岳霖著《逻辑学》,其中约 80 页介绍 B. Russell 和 A. N. Whitehead 的名著 *Principia Mathematica* 第一卷的内容,他感到它们既吸引人又容易懂,遂萌发了从易懂的逻辑学入手进而研究高深的辩证法的意愿。

1939 年,王浩考入西南联大数学系。大学学习期间,他经常到哲学系听课,包括旁听了王宪钧讲授的符号逻辑课和沈有鼎介绍 L. Wittgenstein 的 *Tractatus logico-philosophicus* 课。并结合学习德语,研读了 D. Hilbert 与 W. Ackerman 的《数理逻辑基础》、Hilbert 与 P. Bernays 的《数学基础》以及 R. Carnap 的《语言的逻辑句法》等著作。1943 年从数学系毕业,获学士学位。随即考入清华大学哲学系读研究生,同时兼任中学数学教员。他在金岳霖、王宪钧和沈有鼎的指导下,潜心研究,学识日进;1945 年以论文《经验知识的基础》获硕士学位。王浩后来回忆那段紧张而有意义的学习生活时说:"1939 年到 1946 年我在昆明,享受到生活贫苦而精神食粮丰盛的乐趣。特别是因为和金岳霖及几位别的先生和同学都有共同的兴趣和暗合的视为当然的价值标准,觉得心情愉快,并因而能够把工作变成了一个最基本的需要,成为以后自己生活上主要的支柱。我的愿望是,越来越多的中国青年可以有机会享受这样一种清淡的幸福!"

1946 年,王浩考取了公费留学资格,进入美国哈佛大学哲学系攻读博士学位,导师是 W. V. Quine。由于在国内准备充分,仅两年就毕业,其博士论文《经典分析的一种简约本体论》改进了 Quine 的工作,受到赞赏。1949~1953 年,先后任哈佛大学初级研究员和助理哲学教授,给学生讲授 K. Gödel 的重要成果。1950 年曾赴瑞士苏黎世联邦工学院数学研究所访问一年,在 Bernays 的指导下做博士后研究。1953~1954 年,在 Burroughs 公司任研究工程师。1954 年以 Rockefeller 基金会研究员的身份去英国。1954~1955 年,在牛津大学主持第二届 John Locke 讲座,演讲题目是"数学概念的形式化"。1956~1961 年任牛津大学数理哲学准教授(reader),期间主持了一个关于 Wittgenstein 新著《对数学基础的看法》的讨论班,牛津大学的领头哲学家大多参加。1961~1967 年,回美国哈佛大学,任数理逻辑与应用数学的 Gordon McKay 讲座教授,指导了多名博士生。1967 年,为了摆脱教学上的纷繁事务,转去纽约的洛克菲勒大学任逻辑学教授,专心从事学术研究;他在那里建立的逻辑研究室,成为研究集合论的活跃中心。

从 20 世纪 40 年代末起,王浩陆续发表了关于形式公理系统研究的一系列有影响的文章,成为国际知名的数理逻辑学家。1953 年,他当选为美国文理学院哲学部院士;1970 年当选为英国社会科学院外籍院士。

1953年起,王浩开始研究计算机理论和机器证明。因为一方面他敏锐地预见到,被认为过分讲究形式的精确、十分繁琐而无实际用处的数理逻辑可以在新兴的电子计算机领域中发挥极好的作用;另一方面由于新中国的成立,他想多学点有用的东西,以便将来回去报效祖国。为此,他除了在巴勒斯公司工作一年之外,还数次受邀到国际商业机器公司(IBM)和贝尔电话公司实验室等处短期工作。不久就获得重要成果。1954年,他提出了与图灵机等价且具有实际计算机功能的B机和W机,后被称为"王(浩)机"。1958年,他设计了计算机程序,可用来自动证明《数学原理》中350条定理。1983年,由于在数学定理机械证明领域中的开创性贡献,王浩获由人工智能国际联合会与美国数学会联合颁发的首届"里程碑奖"(Milestone Prize)。

1960年,王浩解决了数理逻辑中一个著名难题,即证明了一阶逻辑的AEA公式类的不可判定性。在研究过程中,他提出了一种平面铺砖新理论,后被称为"王砖"(Wang title),它有着超出数理逻辑范围的广泛应用。

王浩后期的工作集中在哲学研究上。他试图在对西方盛行的分析经验主义批判的基础上,建立起一个能够容纳人类一切知识和文化的哲学体系。他的哲学思想带有中国传统文化中追求完美与和谐、整体性和务实精神的色彩。

王浩热爱故土,一心想为新中国科学事业做贡献。在父亲多次来信的催促下,1956年他接受了北京大学校长马寅初之聘准备回国任教,因次年国内开展反右斗争,父亲和马寅初等人都被打成右派而作罢。1967年,父亲在"文革"中受迫害致死,更是阻断了他的回国之路。然而,1972年美国总统尼克松首次访华,中美之间交往的坚冰被打破,王浩立即加入首批美籍华人科学家代表团前往中国。回去后写了《中国之行的几点观感》,被报纸和杂志广泛刊载。以后,他经常来中国访问教学。1985年和1986年,先后被聘为北京大学和清华大学名誉教授。他有三本学术著作,都是先交国内的科学出版社出版,然后再在其他国家发行。

1995年5月13日,王浩因患淋巴癌在纽约市的纽约医院逝世。王浩有两个儿子一个女儿:长子王三友是医学博士,开设老人医学门诊;次子王以明是天体物理学家,在美国海军研究实验室工作;女儿王晓晴曾经是软件工程师,后改行成为爵士音乐家和作曲家。

以下按形式公理化方法、计算机理论与数学定理机械化证明、判定问题与铺砖理论、哲学领域这四个方面来介绍王浩的主要学术成就。

二、形式公理化方法

自20世纪初发现了集合论悖论之后,以Hilbert和Russell为首的西方数学家和逻辑学家试图用形式化方法重建严格的数学,以消除悖论,于是出现了许多数学形式公理系统。研究这些系统的种种性质以及它们之间的相互关系是数理逻辑学的基本任务。尽管由于Gödel在1931年证明了算术形式系统的不完备定理,使得人们用形式化方法重建数学的希望破灭。但是,形式公理化仍然是澄清数学和逻辑概念,研究数学基础的强有力工具。王浩在这方面的主要贡献如下。

(一) 对 Quine 系统的改进

1937 年，Quine 在论文《数理逻辑新基础》中，提出了 NF 形式公理系统（NF 是英文 New Foundations 的缩写）。它的特点是十分简洁，其原始符号只用一种类型变量 $x, y, x \cdots$（类变量），一个谓词符号 $\in$（属于），一个逻辑符号 $|$（析否），和一个量词符号 "()"（表示全称量化）。NF 中一个关键概念是分层（stratification），与它有关的一条重要规则是

(1) 如果公式 ϕ 是分层的，则使 ϕ 成立的类 y 全体也构成一个类。

这个 NF 系统实在太弱，甚至不能从中导出数学归纳法。于是，Quine 在 1940 年出版的著作《数理逻辑》中，又提出了加强的新系统——ML 系统（ML 是 Mathematical Logic 的缩写）。其中引入了"集合"的概念：类 x 被称为集合，如果存在类 y，使得 $x \in y$。同时，NF 中的规则(1)被以下两条规则所替代：

(2) 如果公式 ϕ 是分层的，而且其中除了 x 以外的自由变量都是集合变量，则使 ϕ 成立的类 x 全体构成一个集合。

(2)' 使 ϕ 成立的类 x 全体构成了一个类。

ML 确实比 NF 强得多了。但是，它又显得太强，以致被发现其中存在悖论。Quine 于是再次修补，弄得这个公理系统既不自然也不简约，有点非驴非马。

王浩从 1946 年起，就对 ML 系统进行研究。他用更弱更少的公理来代替 Quine 所修补的一些公理，却得出了更多的结果，包括证明可在其中建立实数理论。这些工作构成了王浩的博士论文。1950 年，王浩将 ML 系统中的规则(2)改为

(3) 如果公式 ϕ 是分层的，而且其中分约束变量都是集合变量，则使 ϕ 成立的类 x 全体构成一个集合。

王浩的这一修改，可以保持 Quine 原先得到的所有结果，并能证明它与 NF 系统相容。由于 NF 系统很弱，不大可能出现悖论，因此经王浩改进的 ML 系统也减少了出现悖论的可能性。Quine 对王浩的工作大为赞扬，称它"特别令人高兴"，并认为其证明方法具有普遍性。

(二) 非直谓集合论

"非直谓"是指定义语句中使用了以被定义对象为元素的集合。20 世纪初，H. Poincaré 和 Russell 指出，为了避免悖论的出现，应当禁止使用非直谓的定义。但是非直谓定义又是一种强有力的数学方法。例如，G. Cantor 用反证法证明实数系 **R** 不可数。他从 **R** 可数这一假设出发，用对角线法找出一个不属于 **R** 的实数 P，导致了矛盾。但他在定义 P 时，使用了包含了 P 的集合 **R**，这就是非直谓定义。如果不准使用非直谓定义，Cantor 的漂亮证明就无法进行。王浩在对非直谓集合论的研究中，做出了许多开创性的工作。

1949 年，王浩建议把 ML 系统中的规则(2)用于 N 系统（即 von Neumann 系统），所形成的新系统 NQ 恰是 ZF 系统的非直谓扩张。他证明了 NQ 严格强于 N 系统，并且和 N 系统有相同的相容性。王浩提出的"自动扩张"概念可用于直谓系统与序数的关系；他讨论了非直谓

集合的直观意义,证明了非直谓的公理系统不可能实现有限公理化;还证明了有限集合论与数论等价,无限直谓集合论与数论很相似,而集合论与数论的根本区别就在于前者引进了非直谓集合,等等。王浩的这些工作对于澄清"非直谓"的本质,推动集合论研究有重要意义。后人在他的基础上做了大量的工作。

(三) 提出 $\sum$ 系统

1953 年,王浩为了改进 Russell 的分支类型公理系统,提出了 $\sum$ 形式系统。该系统由属于不同阶的集合元素所构成:零阶系统 $\sum_0$ 包括由空集生成的所有有限集,一阶系统 $\sum_1$ 由 $\sum_0$ 和 $\sum_0$ 元素组成的集合组成;以此类推可得 $\sum_n$。令 ω 是最小的无限序数,则 $\sum_\omega$ 包括且仅包括所有的 $\sum_n (n=0,1,2,\cdots)$ 的元素。王浩的 $\sum$ 系统与 Russell 的分支类型系统的区别在于引进了 $\sum_\omega$。这样,无需使用受到非议的可归化公理即能导出实数系。王浩还证明 $\sum$ 系统有许多很好很有趣的性质:如在 $\sum_{n+2}$ 中可证明 $\sum_n$ 的相容性;$\sum_n$ 的元素在 $\sum_n$ 内不可数,但在 $\sum_{n+2}$ 中可数,等等。特别是,$\sum_\omega$ 可以继续扩展为 $\sum_{\omega+1},\cdots,\sum_{\omega+\omega},\cdots$ 这样,$\sum$ 系统就很接近实际的数学系统,因而受到广泛重视。A. A. Fraenkel 称赞王浩的工作使"Russell 的分支类型论重新焕发青春"。指出由于无限阶层的引入,使得实数理论中的上确界定理、有限覆盖定理、Bolzano-Weierstrass 定理等都能得到证明,这些定理都是用构造性方法重建分析的顽固障碍(见 A. A. Fraenkel, Y. Bar-Hillel. 1958. *Foundations of Set Theory*. North-Holland Publishing Company:153 - 155)。

(四) 澄清 Tarski 的真理论

1936 年,A. Tarski 在《形式语言中的真理概念》一文中,证明了以下的结果:给定一个形式系统 S,可以在某一个更强的系统 S^* 中构造一个标准,使得根据这个标准,S 中每一个定理都是合理的。这意味着 S 相对相容于 S^*。据此,Tarski 断定:"用这种方法,我们可以给出每个形式系统的一个相容性证明,只要我们能在该系统中构造真理的定义。"这一论断显然与 Gödel 的不完备定理矛盾。那么,问题出在哪里?

1952 年,王浩在论文《真理的定义与相容性证明》中指出,Tarski 混淆了真理的定义与相容性概念:前一概念只与系统的语言有关,而后一概念与系统内的公理有关。此文澄清了有关"真理"的概念,是逻辑语义学研究领域中的一篇重要文献。

(五) 引进"算术翻译"的概念

王浩在 1949 年讲授 Gödel 理论期间,产生了一个疑问:根据 L-S(Lowenheim-Skolem)定理,一个相容性的系统会有算术模型,从而当系统 B 是 A 的非直谓扩张时,在 B 中可给出 A 的一个算术模型。如果 A 包含二阶算术,那么在 B 和 A 中都可以证明 B 相对于 A 有相容性;但根据 Gödel 第二定理,B 一定没有相容性。这意味着每个包含数学分析的系统都不相容。换句话说,古典分析已无相容性。这违背常理。

为了解决这一疑难,王浩引进了"算术翻译"的概念,得到了 L-S 定理的精确形式并用于系统之间的比较。由此可揭示自然数在集合论中定义的相对性,区别不同种的非直谓扩张,并证明它们不可能有穷公理化。

三、计算机理论与数学定理机械化证明

(一) B 机器与 W 机器

1936 年,A. Turing 引进了理想机的概念,后来被称为 Turing 机:它由一条单边无限长的线性方格带和一个具有若干不同状态的读写头组成;读写头每次注视带上的一个方格,并根据自身状态及注视方格的符号内容执行以下动作之一:(1) 移动方格,(2) 右移一格,(3) 在注视格上写符号,(4) 把注视格上符号擦掉,(5) 改变所处状态。Turing 证明,任何一个能行可计算函数都可以用 Turing 机来实现。这是计算机理论的开创性工作。

1957 年,王浩发表文章《计算机图灵理论的一个变形》,提出了 B 机和 W 机的概念。B 机是一条两头都无限长的方格带,每个方格中或是空白或是有记号"*",配有一个指令存储器,一个控制部件,一个读写头;读写头根据注视格中内容和控制部件的指令可执行以下动作之一:(1) 左移一格,(2) 右移一格,(3) 在注视格中打印"*",(4) 控制部件转向另外指令。W 机与 B 机相同,只是增加了读写头的功能,(5) 把注视格中的"*"符号擦去。王浩证明了这些机器都与图灵机等价。由于 B 机和 W 机带有指令控制,与实际使用的电子计算机更为接近。特别是 B 机不具备擦去功能,却仍然和图灵机等价,令人惊奇。人工智能专家 M. Minsky 说:"Turing 机理论能用类似计算机的模型进行叙述,首先出现在王(浩)1957 年的论文中,该文包含这样的成果:如果用较老的形式来表示它们将会困难得多。"(见 M. Minsky. 1967. *Computation: Finite and Infinite Machines*. Prentice Hall)

(二) 数学定理的机械化证明

在计算机上实现数学定理的机械化证明,或叫自动证明,王浩是最早的开拓者之一。他在研究 Turing 机的时候,就已设想:"用 B 机或全能 Turing 机能够解决所有可以解决的数学问题和证明所有可以证明的数学陈述,采用适合的解释之后,这种想法会有一定的合理性。"

1958 年夏天,王浩用计算机汇编语言编写了三个程序,在 IBM704 计算机上运用,获得了成功。

第一个程序用来证明《数学原理》(以下简称 PM)前五章中关于命题演算的 200 多个定理。结果在 37 分钟内完成。如果不计数据输入输出时间,计算机运行不到三分钟,证明中采用了经修改的 G. Gentzen 的"无割"命题逻辑系统,由于不使用"割"(即三段论),避免了把公式越推越复杂的情况,因而巧妙地通过逐步消去公式中的逻辑连接符最后获得定理的证明。

第二个程序要求计算机形成新的命题,并从中挑选出非平凡的。结果在一个小时内构建

并证明了 14 000 条命题,并选出 1 000 多条较有意义的定理。

第三个程序处理带等式的谓词演算。结果在 1 小时内证明了 PM 其次五章中带等式谓词演算的 150 多条定理中的 85%。这一程序基于 J. Herbrand 的定理:一个公式是定理当且仅当其对应的命题序列中至少有一项是重言式。1959 年,王浩用改进的程序,只花 8.4 分钟完成了 PM 中带等式谓语演算的全部 350 条定理的证明。

在王浩之前不久,A. Newell,J. C. Shaw 和 H. A. Simon 也设计了一个计算机程序,用于证明 PM 中开头的 52 条定理,结果只证出其中的 38 条。其中定理 2.45 的证明用了 12 分钟,定理 2.31 的证明运行了 23 分钟仍无结论。而用王浩的程序证明这两条定理分别只需 3 秒和 6 秒。其优劣对比十分明显。

王浩的成功在于运用数理逻辑的研究成果,设计出类似于实现数值计算算法的机械程序。而 Newell 等人的工作乃是使用模仿人类思维方式的"试探法",因此效率很低。不过,"试探法"也有很好的优点,那就是应用范围广,比如说它还可以用于发现化学和物理学定律,建立决策系统和实现计算机弈棋等。

在计算机上成功地实行定理证明之后,王浩宣布:"建立应用逻辑新分支的时机现已成熟,它可以称为'推理分析'(inferential analysis),它研究证明就像数值分析研究计算。"1965 年,王浩又提出把"$\sqrt{2}$ 是无理数"和"存在无限个素数"等数论命题作为定理自动证明研究的下一步目标。

1983 年,王浩获得定理自动化证明研究的首届"里程碑奖",其授奖证书上列举的王浩主要贡献有:(1) 强调发展应用逻辑新分支——推理分析,其对于数理逻辑的依赖关系类似于数值分析对数学分析的依赖关系;(2) 坚持谓词演算以及 Herbrand,Gentzen 的"无割"形式系统的基本理论;(3) 设计了证明程序,有效地证明 Russell 与 Whitehead 的《数学原理》中带等式谓语演算部分的 350 多条定理;(4) 第一个强调在 Herbrand 数列(Herbrand expansion)中预先消去无用项的算法的重要性;(5) 提出一些深思熟虑的谓词演算定理,可用来作为挑战性问题帮助判定新定理证明程序的效能。

四、判定问题与铺砖理论

所谓判定问题是指对某个公式类,研究是否能找到一种通用算法,使得该类中任一公式,都能据此算法判定其是否成立。如果这种算法存在,则称该公式类是可判定的,否则称为不可判定的。早在 1936 年,Turing 已证明一阶逻辑作为整体不可判定。但是长期以来,人们不知道下列简单的公式类(简记为 AEA)

$$\forall x, \exists y, \forall z \quad F(x,y,z)$$

是否可判定。1959 年,王浩因研究自动证明,对 AEA 问题产生兴趣。当时王浩在贝尔实验室工作的同事大多不懂逻辑,为了和他们较通俗地讨论问题,王浩发明了一种新颖的数学工具——铺砖理论。

设有无穷多块具有单位面积的正方形,每块正方形的四边各涂有一种颜色(颜色种类有限)。现要求把这些正方形铺满整个平面(或特定的平面区域),铺设时不准把正方形块旋转或翻身,同时保证两相邻正方形块的接触边具有相同颜色。这种铺砖问题的砖,后被称为"王砖"(Wang tiles)。王浩首先发现把坐标系第一象限铺满的问题(原点限制铺砖)可用来模拟 Turing 机的运行。由于 Turing 机问题不可判定,因而原点限制铺砖问题也不可判定。1960 年,他指出了自动证明与铺砖问题的关系。1961 年回到哈佛大学后,他发现对角线约束的铺砖问题与 AEA 问题等价。不久,王浩与他人合作,证明了"简单 AEA 公式判定问题不可解"。

铺砖理论不仅是研究判定问题的重要手段,也是研究计算复杂性的有力工具。王浩的学生 A. Cook 正是在自动证明、Turing 理论和铺砖表示的启发下,首次提出"NP 完全"这一著名的计算复杂性问题。H. Lewis 等则证明有界铺砖问题是 NP 完全的,并把它作为研究 NP 问题的出发点。铺砖理论本身也被广泛研究。人们将王砖推广为五边形、六边形或几种形状的混合,以及空间的铺砖问题。王浩曾猜测,铺砖问题如有解,则必有周期解。但在 1964 年,其学生 R. Berger 在他指导下,证明了无约束铺砖问题不可解并找到只有非周期解的王砖集合,否定了王浩的猜测。

铺砖理论还有许多其他应用。1974 年,物理学家 R. Penrose 发现由两种菱形组成的具有非周期解的"王砖"集合。1986 年,人们发现 Penrose 铺砖及其三维推广竟是研究物质非晶态结构的理想工具。

五、哲学研究

1970 年以后,王浩的研究兴趣转向哲学的领域。研究课题包括"哲学的性质","知识与人生的关系","心及物与计算性的关系","哲学与文学的关系","什么是逻辑"等一般问题。他也研究马克思主义,讨论鲁迅的道路,回顾"五四"运动以来中国的发展。

王浩往往通过评论别人的工作来阐发自己的哲学观,其评论涉及 R. Dedekind 的自然数研究,Russell 的生平及其贡献,还有 T. Skolem, E. Specker, L. Tharp, L. Wittgenstein 和 Quine 等人的工作。影响最大的则是关于 Gödel 的生平与工作的研究和评论。

王浩与 Gödel 从 1967 年起开始通信,以后两人的交往逐渐加深。从 1971 年 10 月 13 日至 1972 年 12 月 15 日,王浩大约每两周就与 Gödel 会面一次,讨论数理逻辑、数学基础和哲学的各种问题。王浩就他们的谈话内容写下了多篇论文,并出版了关于 Gödel 的生平和工作研究的两部著作。王浩是 1987 年成立于维也纳的 Gödel 研究会创始人之一,并担任了首任会长。

王浩的哲学研究已引起世人广泛注意。他是 1993 年 8 月在莫斯科举行的第 19 届世界哲学会的少数主讲报告人之一。在报告中,他认为西方哲学在注重科学性之外,应该汲取中国哲学传统中文学性较强并和日常生活及人生哲学关系密切的作风及精神。

六、王浩主要论著

Wang H. 1949. On Zelmelo's and von Neumann's axioms for set theory. Proceedings of the National Academy of Sciences of USA,35：150-155.

Wang H. 1962. A Survey of Mathematical Logic. Beijing：Science Press（1964. 2nd ed；1985. 3rd ed）.

Wang H. 1974. From Mathematics to Philosophy. London：Routledge & Kegan Paul.

王浩.1977.借鉴鲁迅的求索.抖擞,2：1-16.

王浩.1979.五四一甲子.广角镜,86：32-49.

Wang H. 1983. Philosophy：Chinese and Western. Commentary：Journal of the National University of Singapo Soci,6(1)：1-9.

Wang H. 1986. Beyond Analytic Philosophy. Cambridge：MIT Press.

Wang H. 1987. Reflections on Kurt Gödel. Cambridge：MIT Press.

王浩.1987.金岳霖先生的道路.金岳霖学术思想研究.中国社会科学院哲学研究所.

Wang H. 1990. Computation,Logic,Philosophy：A Collection of Essays. Beijing：Science Press.

Wang H. 1997. A Logical Journey：From Gödel to Philosophy. Cambridge：MIT Press.

主要参考文献

[1] Quine W V. 1953. From Logical Points of View. Cambridge：Harvard University Press.

[2] 朱水林,王善平.1994.世界数学家思想方法.济南：山东教育出版社,1787-1816.

[3] 张奠宙,王善平.1994.王浩//卢嘉锡主编.中国现代科学家传记.第六集.北京：科学出版社：97-110.

[4] 纽约时报讣告.1995-5-17. Hao Wang,73,Expander of Logician's Themes. The New York Times.

[5] 德州学院历史社会学系.德州历代名人——王浩.http://211.64.32.2/bumen/dzxylsx/lszy/07-1-19.htm.

杨忠道

张奠宙　王善平

图 1

杨忠道(1923~2005)，浙江省平阳县人。美籍华裔代数拓扑学家。1942年考进浙江大学数学系，1946年毕业后留校做助教。1948年被派往南京中央研究院数学研究所任助理研究员，学习代数拓扑。1949年2月，随数学所前往台湾，兼任台湾大学数学系讲师。1950年秋，获台湾"中央研究院"旅费资助，赴美国杜兰大学数学系学习，1952年5月获博士学位。1952年9月去伊利诺大学做博士后，不久证明了Dyson猜想。1954年秋，去普林斯顿高级研究所做访问研究，期间加入了D. Montgomery的研究拓扑变换群的小组，开始了与Montgomery长达20年的合作。1956年秋，任宾夕法尼亚大学数学系助理教授，1958年升为副教授，1961年升为终身教授，1978~1983年担任数学系主任，并指导了多名博士生，1991年退休。1968年当选为台湾"中央研究院"院士。1972年被列入美国名人录。主要成就包括证明并推广Dyson定理，深入刻画拓扑变换群性质，以及证明Blaschke猜想的重要进展等。发表论著40余篇(部)。

一、简历

杨忠道出生于浙江省平阳县江南区张家堡(现属浙江省苍南县宜山区平等乡张东村)，出生日是1923年农历3月21日(即公历5月6日)。祖上殷富，然而家道渐衰，到父亲一代，家境已很拮据。父亲杨篪孙读过几年私塾，母亲苏氏不识字。全家的生活，全赖母亲辛勤的纺织做衣和父亲竭力筹划农事来维持。出生时取名杨宪垚。因前面大两岁的哥哥早逝，遂拜堂舅苏法兢为亲爷(干爹)。苏法兢(1893~1975)肄业于北京大学，曾任平阳县参议员，当时膝下三个儿子都长得很好，认他做干爹是希望能籍他家的福气平安长大。苏法兢按其儿辈的"忠"字排行，为之改名为杨忠道。

杨忠道的两位姐姐小学没有毕业就辍学在家里帮母亲做家务。他和弟弟两人除上学外也下田干活，弟弟从1943年起全时当农民。

编者注：原文载于《20世纪中国知名科学家学术成就概览·数学卷》(第二分册第202页至208页；科学出版社，2011年出版)。

1928年春,杨忠道进当地的私立关西初小读一年级,开始的时候成绩平平。1931年上四年级时,数学老师黄学训(字仲迪)用逻辑方法讲解鸡兔同笼问题,激发起他对数学的兴趣,从此喜爱上了数学。上高小(小学5~6年级)在离家5里远的平阳县江南区中心小学,成绩中等,两年中曾因病休学半年。

1934年秋,去140里外的温州城,考入温州中学初中部就读。刚进校时,体弱多病,体重仅27.5公斤,但一年后因身体发育而逐渐健壮。学费每年约100银元,家庭负担甚重,经常靠借贷付学费,但在父亲的支撑下,终于读完初中。温州中学初中部有一位非常出名的数学教师,叫陈叔平(1889~1943),他所教的学生中,后来成为数学家的甚多,其中包括苏步青、李锐夫、徐贤修、白正国、谷超豪等。但少年杨忠道尚不知努力学习,此时仅数理化成绩稍好。

初中三年毕业后,因父亲没有能力提供上高中的费用,杨忠道只好辍学在家,一边自己读些书一边下田做农活,后到关西初小教二年级。1938年秋,拿做教师赚来的钱充学费,考入温州中学高中部就读。此时方知珍视读书机会,开始认真学习,成绩大有长进。时值中国抗日战争第2年,日军占领温州市,炸毁部分校舍,温州中学被迫迁移青田县农村。杨忠道在那里染上疟疾,只得又休学半年,期间再度到关西初小执教。回中学后,受到校方关注,获助学金,终于解决了上高中的学费问题。

读高二时,杨忠道的数学已极出色。数学老师陈仲武甚至对班上其他同学说:"你们在数学上遇到困难时,不妨去问阿道(即杨忠道)。"爱才的陈老师还把自己珍藏的英文原版微积分书交给他读,杨忠道于是很快掌握了微积分。读高三时,杨忠道曾经考虑毕业后去考出路较好的工科院校,以期早日分担养家的责任。但他向陈仲武请教时,陈先生郑重地说:"你当然去选读数学,如果连你也不去读,还有什么人该去读呢?"这句话决定了杨忠道一生的数学之路。

1942年,高中毕业全省会考,杨忠道的成绩列全校第一。按当时规定,可由浙江省教育厅呈报教育部免试保送进一所国立大学。杨忠道于是选择到浙江大学数学系,要跟随苏步青学习现代数学。著名数学家苏步青(1902~2003)也毕业于温州中学且同为平阳县人,杨忠道对他景仰已久。

因在抗日战争期间,浙江大学总校已被迫西迁贵州,杨忠道不得不先在靠近闽赣边界的浙江大学龙泉分校读完大学一年级。然后与三位同学结伴,花了一个月时间,经过1500公里的跋涉,来到贵州的浙大总校,开始二年级的学习生活。总校课程的水平和质量要好得多,同学们学习也很刻苦。在苏步青等的悉心指导下,杨忠道的数学能力迅速提高。

1946年大学毕业后,杨忠道留校做助教。抗日战争已于一年前胜利结束,浙江大学也迁回浙江杭州。1948年夏天,杨忠道被派往南京"中央研究院"数学研究所担任助理研究员,要跟当时的代理所长陈省身学习代数拓扑,希望在两三年后,把这门新知识带回浙大数学系。

当时数学所里有十几位年青的助理研究员,由陈省身每周12学时授课。大家学习很努力,生活很愉快。然而,这样的局面并没有维持多久。由于国民党军队节节败退,政府即将垮台,时局动荡。1948年12月31日,陈省身携全家乘飞机离开中国,去美国普林斯顿高级研究所。数学所的一切学术活动暂停,人员纷纷离去,所长姜立夫从南开大学赶来收拾残局。姜立夫(1890~1978)也是平阳县人,曾获美国哈佛大学数学博士,他在国内创办了多个大学数学系,培养了陈省身等一大批数学人才,被尊为中国近代数学之父。杨忠道与此位同乡前辈初次见面,在以后相处的日子里,受到感化颇深。1949年2月,数学所迁往台湾,姜立夫带领杨忠道等5位留守成员同去。又过了不到一年,所内人员全部走开。

1949年夏,经姜立夫同意,杨忠道兼任台湾大学数学系讲师。1950年秋,获"中央研究院"800美元旅费资助,赴美国留学。通过已在美国大学执教的胡世桢等学者的帮助,杨忠道获助教奖学金,进美国杜兰大学数学系读博士学位。初到美国时,语言不通,又不了解当地的生活习惯,过得很狼狈。所幸系里的研究生多半是第二次世界大战的退伍军人,年纪相仿,对唯一外籍研究生的他特别照顾。甚至邀请杨忠道到他们家包饭,又带他参加社交活动,所以不多久生活就正常了。

在杜兰大学学习期间,杨忠道很快显示了出众的数学才能。在点集拓扑课上,他改进了一道习题,执教者 J. L. Kelley 遂在其经典著作《一般拓扑学》中,在该道习题上标注"C. T. Yang",以后它就以"杨忠道定理"传开了。在泛函分析课上,讲课的 B. J. Pettis 在期末考试时出了8道难题,要求学生们在两个星期内完成。结果杨忠道做出了5道,其余的学生中,最好的一个做出了3道,还有四五人仅做出了一两道题。上代数拓扑课的 A. D. Wallace,让杨忠道在课余读法国数学家 E. Cartan 的著作。读完之后,他发现其中一个主要定理可以推广到更一般的情况。Wallace 听到后很高兴,说这个成果可以作为博士论文。结果,杨忠道于1952年5月提前获得了博士学位。

1952年9月去伊利诺大学做博士后(Research Associate)。D. G. Bourgin 在那里,带着五六位博士生研究"Dyson 猜想"。杨忠道参加了他们的讨论班。半年多后,他竟然证明了Dyson 猜想,令讨论班突然失去了研究目标。1954年秋,杨忠道获美国国家科学基金资助,去普林斯顿高级研究所做访问研究。他在那里先是成功地推广了 Dyson 定理,而后加入了D. Montgomery(1909~1992)的研究拓扑变换群的小组,不久就获成果,于是开始了和Montgomery 的长期合作。

Montgomery 因解决了 Hilbert 第五问题而享誉世界数坛,曾任美国数学会会长和国际数学联盟主席;他切身体验过非名校毕业的未成名年轻数学家的困境,因而非常乐意帮助他们。为了便于和 Montgomery 见面,杨忠道在距高级研究所约60公里的宾夕法尼亚大学数学系谋得一个助理教授的职位,这是在1956年秋。两人几乎每周有一天在一起讨论数学,就这样持续了20多年,合写了10多篇论文。

杨忠道在宾夕法尼亚大学一直工作到1991年退休,期间于1958年升为副教授,1961年升为终身教授,1978~1983年担任数学系主任;并指导了多名博士生。

1957年2月2日(年初三),杨忠道与康润芳(Agnes Ying-Fang Kang)结婚。康润芳1945年在浙江大学附中念书时,和苏步青的大女儿是同学;1949年在台湾大学化学系读三年级时,杨忠道任数学系讲师。两人因共同的朋友而早已相知,后经人正式介绍,交往半年后终成眷属。

1968年,杨忠道当选为台湾"中央研究院"院士,推荐人是程毓淮、陈省身、樊畿、胡世桢和王宪钟。

杨忠道虽然已在美国立业成家,却心系故乡故土,常怀反哺之情。1950年,新中国刚成立不久,他就替浙江大学数学系在美国代购外文数学刊物。1975~1978年,Montgomery担任国际数学联盟主席期间,曾在法国巴黎与刚刚走出"文革"动乱的中国数学会代表会晤,商讨中国数学家与世界数学家加强交流事宜。在会谈之前的双方相互了解和沟通的过程中,杨忠道起了十分积极的作用。

1972年,美国总统尼克松访华后不久,杨忠道就申请回祖国探亲。在上海首先见到师长苏步青等人,应邀到复旦大学数学系开座谈会;接着与特地从家乡赶来的父亲、姐弟及家属见面,欢聚数天;然后取道南京赴北京,沿途游览名胜并会见老同学,还在中国科学院数学所做学术报告。

1976年,杨忠道带领一个由华裔青少年组成的团队再次回国访问。到达上海时,正好发生唐山大地震,因而无法去北京,遂改去西安、郑州和洛阳等地,最后回到上海,与从家乡赶来的亲属再度相聚。

1979年,"文化大革命"已结束,时任复旦大学校长的苏步青邀请杨忠道来校进行暑期讲学。遂携刚刚大学毕业、欲去寻根的长子杨鼎同往中国。终于回到阔别了31年的老家,并访问了其他更多的地方。1979年8月12日上午,国务院副总理方毅在北京亲切会见了杨忠道和杨鼎父子。

1983年卸任数学系主任,休假一年,回中国待了11个月。先在复旦大学教学一学期,然后去了十多个省市,访问了约20所大专院校。1989~1994年,杨忠道受所长陈省身邀请,每年去天津南开数学研究所讲课。

自1979年后,杨忠道多次访问母校温州中学,在那里设立了纪念陈叔平和陈仲武两位先生的数学奖金。1986年,在苍南一中设立纪念姜立夫数学奖金。1992年,又在平阳一中设立苏步青数学奖金。

杨忠道和康润芳育有四个子女。长子杨鼎(Deane Yang)是纽约大学工学院数学教授,次女杨琳(Lynne Yang)是美国MITRE公司的系统工程师,三女杨瑾(Jeanne Yang)为SAS程序专家,四子张庆宏(Kenneth Chang)曾过继给人家,现在是《纽约时报》的科学记者。

2005年9月14日晚上10点14分,杨忠道因患癌病在美国逝世。

二、学术成就

(一) 杨忠道定理

见数学名著《一般拓扑学》中译本(General Topology,Kelley著,吴从炘等译,科学出版社,1985年)第52页问题D(c):

若$(X,\mathcal{T})$是T_1空间,则每一个子集的所有聚点的集为闭集。一个更为深刻的结果(C. T. Yang)是:每一个子集的所有聚点的集为闭集的充要条件为对X中的每一个x,$\{x\}$的所有聚点的集为闭集。

其中提到"更为深刻的结果"是杨忠道于 1950 年在杜兰大学听 Kelley 讲课时提出并证明的,所以 Kelley 加上了"C. T. Yang"括注,这后来被称为杨忠道定理。该定理刻画了拓扑空间中的一种分离性质,它可以推广到模糊数学和算子理论等领域中。

(二) 推广 Dyson 定理, Kakutani-Yamabe-Yujobo 定理和 Borsuk-Ulam 定理

英裔美籍物理学家和数学家 F. J. Dyson 在 1951 年证明了如下定理:

1. Dyson 定理

定义在二维球面上的任一个实连续函数,在球的某一对正交直径的 4 个端点上取相同的值。

如何把该定理从二维推广到 n 维,这就是当时很受拓扑学家关注的 Dyson 猜想。1953 年,正在伊利诺大学做博士后的杨忠道出人意料地证明了这一猜想。事实上,他做了更多的工作。他从以下两个同样有名的定理出发:

2. Kakutani-Yamabe-Yujobo 定理(1950)

定义在 n 维球面上的任一个实连续函数,在某 $n+1$ 个相互垂直的半径的端点上取相同的值。

3. Borsuk-Ulam 定理(1933)

任一个从 n 维球面到 n 维欧氏空间的连续映射,把某对对映点(pair of antipodal points)映成同一点。

通过引入"指数(index)"概念,采用同调论方法,把这两个定理扩展到"带对合映射的紧致 Hausdorff 空间"上,于是作为特例,得到了如下推广的 Dyson 定理:

定义在 n 维球面上的任一个实连续函数,在球的某 n 根两两正交直径的 $2n$ 个端点上取相同的值。

这就证明了 Dyson 猜想。该定理常被称为"Bourgin-Yang 定理",因为 Bourgin 当时也独立得到了这一结果。杨忠道很快又把此定理推广到从 n 维球面到 k 维欧氏空间的连续映射到情况。杨的这些工作不仅漂亮而且有重要意义,被后人不断地引用并推广到更抽象的空间中。

(三) 与 Montgomery 合作研究拓扑变换群

关于拓扑变换群的研究源于解决 Hilbert 第 5 问题: 连续的变换群是否一定是可微群(即李群)? 美国数学家 Montgomery 从 1940 年起研究该问题,不断取得进展。终于在 1955 年出版的合著《拓扑变换群》中,给出了该问题的基本完整解答。就在这时,年轻的杨忠道也加入进来,他与 Montgomery 开始了在该研究领域的长达 20 多年的合作,直到 1980 年后者从普林斯顿高级研究所退休。两人联名发表了十多篇研究论文,其中在 1957 年,他们证明了,在每个受紧致李群作用的有限维可分完备度量空间的每一点上存在一个"片"(slice)——这是一种广义的"截面",可以有效地刻画群在轨道附近的作用;运用"片"的概念,他们随后解决了一系列问题。1960 年,他们确定了带有连通紧致李群作用 n 维球面上各点存在"主轨道"的条

件。1963 年,证明了带有紧致连通李群作用微分流形的轨道空间是"可三角化的"。1966～1973 年,他们写了关于带李群作用 7 维球面性质的一系列文章,给出了同伦复射影三维空间许多有趣的例子。

1974 年,美国数学会主办了一个研讨会,讨论德国数学家 Hilbert 在 1900 年巴黎国际数学家大会上提出的 20 世纪 23 个数学问题给现代数学带来的发展。杨忠道应邀在会上作了 Hilbert's fifth problem and related problems on transformation groups 的综述报告,该报告被收入于会议论文集 Mathematical developments arising from Hilbert problems 中。

(四) Blaschke 猜想

设 S_2 是半径为 1 的标准二维球面,对于其上任意给定的一点 m,从 m 出发沿任意方向的测地线(即大圆弧)行进一定长距离 $l(=\pi)$ 后,必然会交于另一定点 m' 上。(特别地,当 m 是南极时,m' 就是北极。)具有这种性质的曲面被称为"再见曲面"(Wiedersehen surface)。就是说在这种曲面上,任意两个人从任意一点同时同速沿不同方向的测地线出发,总会在另一定点上再见面。

1921 年,德国几何学家 W. J. E. Blaschke(1885～1962)问到,任意一个二维"再见曲面"是否必然与 S_2 等距同胚(除了相差一个与半径有关的常数因子)? 这一问题直到 1963 年,才获得肯定的回答。

把这种性质推广到一般的 n 维情况,就得到 Blaschke 流形。于是,著名的(推广的) Blaschke 猜想问:是否所有的 Blaschke 流形都与某个标准的 Blaschke 流形等距同胚(除了一个常数以外)? Blaschke 猜想的研究涉及微分几何、拓扑学、分析和抽象代数等多个数学领域,因此引起了数学家们广泛的兴趣。Blaschke 流形的性质还能用于声音和光线的传播设计。

Blaschke 猜想与紧致流形的体积概念有密切联系。1980 年,杨忠道的同事 Jerry Lawrence Kazdan 和法国几何学家 Marcel Berger 研究 Blaschke 流形的体积取得进展,但他们还不能确定一类奇数维流形的体积。杨忠道了解到这些情况后,认识到应该研究这些流形上闭合测地线所形成的上同调坏结构。经过几个月的努力他终于获得成功,从而证明了奇数维的"再见流形"就是球面。偶数维的情况则已在 1974 年被证明。于是,球面情况的 Blaschke 猜想获解决;由此可推出实射影空间情况的 Blaschke 猜想也是正确的。目前还剩下其他三种情况未被证明。杨忠道在 20 世纪 90 年代初发表的两篇论文,在证明复射影空间情况的 Blaschke 猜想方面,取得重要进展。

(五) 数学普及工作

杨忠道为在国内普及数学知识做了不少工作。他所写的关于平面几何三大难题和四色问题的一些文章,以及科普著作《浅论点及拓扑、曲面和微分拓扑》等,在国内业余数学爱好者中甚有影响。

注:承蒙杨忠道之子杨鼎教授提供材料和照片,谨表谢意。

三、杨忠道主要论著

Yang C T. 1954. On theorems of Borsuk-Ulam, Kakutani-Yamabe-Yujobo and Dyson I. Ann of Math,60：262-282.

Yang C T. 1955. On theorems of Borsuk-Ulam, Kakutani-Yamabe-Yujobo and Dyson II. Ann of Math,62：171-183.

杨忠道.1979.谈谈平面几何中的"三大难题".自然杂志,2(12)：729-731.

Yang C T. 1980. Odd dimensional Wiedersehen manifolds are spheres. J Diff Geom,15：91-96.

杨忠道.1980.四色问题和五色定理.自然杂志,3(11)：806-810.

Yang C T. 1990. Smooth great circle fibrations and an application to the topological Blaschke conjecture. TAMS,320：507-524.

Yang C T. 1991. Any Blaschke manifold of the homotopy type of CP^n has the right volume. Pacific J Math,151：379-394.

杨忠道.1993.浅论点及拓扑、曲面和微分拓扑.长沙：湖南教育出版社.

主要参考文献

[1] 杨忠道.1999.我的生平(杨鼎教授提供).

[2] 张海潮,叶德才.2000.杨忠道院士访谈.http://www.math.ntu.edu.tw/library/people/bib_yang.htm.

[3] 杨忠道.2002.杨忠道//程民德主编.中国现代数学家传.第五卷.南京：江苏教育出版社：272-282.

陈国才

张奠宙　王善平

陈国才(1923～1987)，浙江宁波人。美籍华裔数学家。主要研究领域为微分拓扑和道路空间分析。1946年毕业于西南联合大学数学系，获理学学士。随即加入在上海"中央研究院"数学研究所，任助理研究员。1947年，赴美国印第安纳大学跟随代数拓扑学家Samuel Eilenberg学习，后随Eilenberg去纽约的哥伦比亚大学，1950年获博士学位。1948～1950年，在纽约国立圣经研究所（现改名为莎顿学院）兼任数学讲师，1949～1950年，兼任哥伦比亚大学的助教。1950～1951年，在普林斯顿大学任教员；1951～1952年，在伊利诺大学任研究助理。1952～1958年，在香港大学任讲师。1958年，在巴西的圣若泽杜斯坎普斯市航空技术研究所任副教授，1959～1960年成为教授。1960～1962年，在美国普林斯顿

图1

高级研究所工作；以后又在1971年、1977年和1985年，三度赴该研究所访问。1962～1963年，被美国罗格斯大学聘为副教授，1963～1965年升任教授。1965～1967年，任纽约州立大学布法罗分校数学教授；1967年起，任伊利诺大学厄巴纳分校的数学教授，直至1987年8月病逝。1969年加入美国籍。陈国才是一位富有创造性的数学家，发明了道路空间累次积分和幂级数联络的方法，建立起道路空间上的de Rham理论。他的工作揭示了分析、代数、几何和拓扑这几大数学分支之间的深刻联系。发表论文50余篇。

一、简历

陈国才出生于浙江宁波。父亲在上海开药店，全家随之定居上海，陈国才小时候经常在店中帮忙。他是长子，下面有4个弟弟和两个妹妹。抗日战争爆发后，全家迁往云南，先住在昆明市，后定居于晋宁县昆阳镇。陈国才先后在玉溪中学和同济大学附中读完初中和高中。1942年，考入西南联合大学。父亲原想让他学习化工专业，陈国才因个人兴趣，不久便转向数学专业。1945年，抗日战争胜利结束，父母带弟妹们迁回上海。

1946年，陈国才从西南联大数学系毕业，获理学学士，随即也回到上海。当时，"中央研究

编者注：原文载于《20世纪中国知名科学家学术成就概览·数学卷》（第二分册第209页至213页；科学出版社，2011年出版）。

院"数学研究所正处于筹备阶段,临时地址设在上海岳阳路(前日本自然科学研究所),由刚从美国回来的陈省身任代理所长并主持所务。陈国才随即被招为数学所的助理研究员。在那里,他和其他十几位从全国招来的年青助理研究员一起,跟随陈省身学习代数拓扑,每周通常上 12 小时的课。

1947 年,经陈省身推荐,陈国才赴美国印第安纳大学跟随代数拓扑学家 Samuel Eilenberg (1913~1998) 学习;后来又随 Eilenberg 来到纽约的哥伦比亚大学。1950 年,以 *Integration in Free Groups* 的论文取得博士学位。在此期间,1948~1950 年,他在纽约国立圣经研究所 (National Bible Institute, 现改名为莎顿学院) 兼任数学讲师,1949~1950 年,兼哥伦比亚大学的助教。以后,1950~1951 年,陈国才在普林斯顿大学任教员;1951~1952 年,在伊利诺大学任研究助理。

1952~1958 年,陈国才来到香港,在香港大学任讲师。他的父母那时已定居在台湾省台北市。1953 年,他与方资娴(Julia Tse-Yee Fong)结婚。

1958 年,陈国才赴巴西的圣若泽-杜斯坎普斯市,在当地的航空技术研究所任副教授,1959~1960 年成为教授。1960~1962 年,他在美国普林斯顿高级研究所工作;以后又在 1971 年、1977 年和 1985 年,三度赴该研究所访问。1962~1963 年,陈国才被美国罗格斯大学聘为副教授,1963~1965 年升任教授。1965~1967 年,任纽约州立大学布法罗分校数学教授;1967 年起,任伊利诺大学厄巴纳分校的数学教授,直至 1987 年 8 月病逝。

陈国才于 1969 年加入美国籍。他和妻子方资娴育有三个孩子:长子陈世唱(Matthew)生于 1955 年,在加利福尼亚大学在伯克利分校获数学博士学位,为美国电话电报公司(AT&T)的软件工程师;大女儿陈蒙惠(Lydia)生于 1956 年,也毕业于伯克利分校,获新闻学与亚洲研究硕士学位,画家,任美国在华商会的信息主管;小女儿陈蒙解(Lucia)生于 1960 年,获伊利诺大学材料学博士学位。

二、数学成就

陈国才是一位富有创造性的数学家,在其长期的研究生涯中,坚持独辟蹊径,形成了一种与众不同的学术风格。他早期以道路积分为工具来研究群和三维球面上的链环,然后通过形式幂级数来研究李代数、丛上的联络和微分方程。他在这些工作的基础上,发明了有名的道路空间累次积分和幂级数联络的方法;并以此为强有力的工具,建立起道路空间上的 de Rham 理论。他的工作揭示了分析、代数、几何和拓扑这几大数学分支之间的深刻联系。

(一)

在其博士论文中,陈国才令自由群 F 中的每个元素对应于欧氏空间中的一条道路,并在该道路上对任意的多项式进行积分。于是,给定一个多项式,就得到了定义在 F 的全部元素上的一个实值函数。通过研究这种道路积分,他证明了,对于任何有限表示群 π,其降中心列商群 π/π'' 都是可计算的。当 π 是链环群时,这些商群后来被称作"链环的陈群"(Chen groups of a link)，它们是合痕不变式（isotopy invariants）。

（二）

陈国才进一步研究了三维球面中的链环（links in the three sphere）和群的降中心列商群，并获得一些重要成果。他证明了链环群的降中心列 $\pi_1(S^3 - L) = \pi^1 \supset \pi^2 \supset \pi^3 \supset$ 的商 π_1/π^{s+1} 仅依赖于链环的合痕类。作为特例，得到一个著名的结论，即扭结群的降中心列稳定于 π^2。这些成果不久导致美国数学家 J. M. Milnor 发现了广义环绕数，这是链环群降中心列的数值不变量。

1958 年，陈国才与 Fox 和 Lyndon 合作，运用"自由微分运算"（free differential calculus），给出了有限表示群降中心列商群的一种算法。这种商群的计算通常十分困难。

（三）

陈国才接下来研究的是"形式李理论"（formal Lie theory）及其所对应的结构群为"形式幂级数李群"的丛上联络理论，以及相关的形式微分方程。形式李理论建立在定义了李代数运算的形式幂级数上。由此得到一个形式幂级数的"李群"，此类群的一个原型例子就是 Malcev 群。相应地，设光滑流形 M 的平凡化丛 $M \times G \to M$，其右作用群 G 是 $GL(n)$ 的子群或 Malcev 群。对应于 M 上取值于形式李子代数的 1-形式，可定义该平凡化丛上的联络。记分段光滑道路 $[0,1] \to M$ 的空间为 PM。则从平凡化丛上一个联络 ω，可以得到一个迁移映射：$T_\omega : PM \to G$；由此得到关于初始值问题的"形式微分方程"（formal differential equation）。在此框架下，他研究微分同胚 $(\mathbf{R}^n, 0) \to (\mathbf{R}^n, 0)$ 芽的标准型及其无穷小类比：$\mathbf{R}^n$ 中向量场在 0 点的芽。他研究了向量场中积分曲线在奇点附近的性状，以及局部微分同胚在不动点附近的性状；所获得的主要成果之一就是微分同胚的芽的非线性分解定理，这类似于矩阵的半单-幂单分解；并建立了向量场无穷小类比，即证明了，当基本临界点在 0 点时，向量场的芽具有 Jordan 标准型，也就是说，它可以写作交换半单和幂零向量场的和；他进一步证明以原点为基本临界点的两个向量场等价，当且仅当它们是形式等价的；同时证明了微分同胚中相应的结论。

（四）

为了获得关于上述迁移映射 T_ω 的表达式，陈国才发展了"累次积分"（iterated integral）的方法。该方法其实是陈国才的博士论文中用道路积分研究有限自由群方法的推广。1954 年，他首次在 m 维欧氏空间中引入累次积分。1957 年，把它推广到 m 维可微流形。1967 年起，他开始用累次积分研究 K 代数的同伦结构。1971 年，他把累次积分中的被积对象从一阶（微分）形式推广到高阶（微分）形式。

假设 $w_1, \cdots, w_r$ 分别是微分流形 M 上次数至少为 1 的光滑（微分）形式，并在一个结合代数 A［例如 $gl(n)$，Ug 或者一个幂级数环］中取值。则 $\int w_1 w_2 \cdots w_r$ 是 PM 上一个 A 值的微分

形式,次数为 $\sum_{1}^{r}(\deg w_j - 1)$。设标准 r 单型表示为

$$\Delta^r = \{(t_1, \cdots, t_r) \in \mathbb{R}^n : 0 \leqslant t_1 \leqslant \cdots \leqslant t_r \leqslant 1\}.$$

定义光滑函数 $\Phi: \Delta^r \times PM \to M^r, \Phi[(t_1, \cdots, t_r), \gamma] = (\gamma(t_1), \cdots, \gamma(t_r))$。那么,累次积分就定义为

$$\int w_1 w_2 \cdots w_r = \pi_* \Phi^* (w_1 \times w_2 \times \cdots w_r),$$

其中 π 指 $\Delta^r \times PM$ 在 M 的道路空间 PM 上的投影,而 π_* 指 π 的纤维上关于体积元形式 $dt_1 \wedge \cdots \wedge dt_r$ 的积分。

通过累次积分,陈国才获得了迁移映射 T_ω 的一个完美的公式:

$$T_\omega(\gamma) = 1 + \int_r \omega + \int_r \omega\omega + \int_r \omega\omega\omega + \cdots.$$

(五)

陈国才最重要和最有影响的工作,是创立了道路空间上的 de Rham 理论。这也是他研究生涯最后 20 年里的主要目标。

陈国才认为,传统的变分法其实就是关于道路空间上一些可微函数(或泛函)的临界点理论。所以,道路空间本身隐含了微分结构,这一结构对于分析、几何、拓扑等数学领域都有重要意义,因此值得深入研究。而累次(道路)积分在道路空间上的作用可以类比于一般微分流形上的外微分形式的作用,从而可以仿照流形上关于外微分形式的 de Rham 同调理论,建立道路空间上关于累次积分的类似理论。

陈国才指出,这种理论在把流形(或叫做可微空间)上的分析与该流形道路空间上的同调联系起来的过程中,会发挥令人惊讶的有趣作用。例如他证明了,单连通紧流形上的实圈空间上同调(real loop space cohomology)同构于作为光滑圈空间(smooth loop space)上微分形式的累次积分复形的上同调。

陈国才进一步指出,这种理论提供了诸如"棒构造"(bar constructions)、"Eilenberg Moore 谱序列"(spectral sequences)、"Massey 积"和"Kraines 圈空间上同调类"等代数拓扑概念的解释和实现。

陈国才还表明,他所创造的理论可用以计算圈空间以及其他道路空间上的同调和上同调。当用作计算工具时,它具有能把问题转化为处理结构较简单的交换可微分次代数的优点。例如,如他首次给出了紧 Kähler 流形的 Hodge 数 $h^{p,q} = \dim H^{p,q}(M)$ 如何影响其基本群的一个例子。并通过流形 M 的 de Rham 复形直接计算李代数 $\pi_*(\Omega_x M, \eta_x) \otimes \mathbb{R}$ 及 Hopf 代数 $H_*(\Omega_x M, \mathbb{R})$。

三、纪念活动及其他

1989 年,陈国才的亲属和朋友在伊利诺大学厄巴纳分校数学系设立了"陈国才数学奖"

(Kuo-Tsai Chen Prize in Mathematics),以表彰那些研究"几何与分析之间关系"或"代数与分析之间关系"取得杰出学术成就的研究生。该奖每逢奇数年颁发,至 2009 年已颁发了 10 届,共有 10 人获奖。

1990 年,《伊利诺数学学报》出版了 *Papers on de Rham theory: A special issue of the Illinois Journal of Mathematics in memory of Kuo-Tsai Chen*,1923~1987。

2000 年,南开大学数学所举行"代数几何与代数拓扑国际会议——纪念杰出数学家周炜良、陈国才"。该会由著名几何学家陈省身发起并主持,原国际数学联盟主席 Palis、秘书长 P. Griffiths 以及 M. F. Atiyah 等国际著名数学家到会。

2001 年,《陈国才论文集》(*Collected Papers of K. T. Chen*)由其学生整理出版,其中收录了陈国才的全部 54 篇数学论文。

四、陈国才主要论著

Chen K T. 1951. Integration in free groups. Ann Math, 54:147-162.

Chen K T. 1952. Commutator calculus and link invariants. Proc Amer Math Soc, 3:44-55.

Chen K T. 1952. Isotopy invariants of links. Ann Math, 343-353.

Chen K T. 1954. A group ring method for infinitely generated groups. Trans Amer Math Soc, 76:275-287.

Chen K T. 1954. Iterated integrals and exponential homomorphismis. Proc London Math Soc, 4:502-512.

Chen K T. 1957. On the composition of nilpotent Lie groups. Proc Amer Math Soc, 8:1158-1159.

Chen K T. 1957. Integration of paths, geometric invariants and generalized Baker-Hausdorff formula. Ann of Math, 65:163-178.

Chen K T, Fox R H, Lyndon R C. 1958. Free differential calculus IV: the quotient groups of the lower central series. Ann Math, 68:81-97.

Chen K T. 1966. On a generalization of Picard's approximation. J Differential Equations, 2:438-448.

Chen K T. 1971. Differential forms and homotopy groups. J Differential Geom, 6:231-246.

Chen K T. 1977. Extension of C^∞ function algebra by integrals and Malcev completion of π_1. Adv In Math, 23:181-210.

Chen K T. 1977. Iterated path integrals. Bull Amer Math Soc, 83:831-879.

Chen K T. 1978. Pullback de Rham cohomology of the free path fibration. Trans Amer Math Soc, 242:307-318.

Chen K T. 1978. Path space differential forms and transports of connections. Bull Inst Math, Acad Sinica, 6: 457-477.

Chen K T. 1971. Algebras of iterated path integrals and fundamental groups. Trans Amer Mat, 156: 359-379.

Chen K T. 1973. Iterated integrals of differential forms and loop space homology. Ann of Math, 97: 217-246.

Chen K T. 1975. Connections holonomy and path space homology. Proceedings of Symposia in Pure Mathematics, 27: 139-1525.

主要参考文献

[1] American Men & Women of Science. 1986. 16th edition. New York: R R Bowker.

[2] Hain R, Tondeur P. 1990. The life and work of Kuo Tsai Chen. Illinois J Math, 34(2): 175-190.

[3] Chen Kuo-Tsai. 2001. Collected papers of K.-T. Chen. Boston: Birkhänser.

[4] O'connor J J, Robertson E F. 2007. MacTutor History of Mathematics archive. htttp://www.history.mc.sandrews.ac.uk/Biographies/Chen.html

张圣容

张奠宙　王善平

图 1

张圣容(1948～)，湖南长沙人。调和分析与几何分析学家。1966 年，被保送进台湾大学数学系学习，1970 年毕业，获学士学位。即赴美国加利福尼亚大学伯克利分校数学系学习，指导教授是 Donald Sarason，1974 年获博士学位。先后在纽约州立大学布法罗分校、加利福尼亚大学洛杉矶分校和马里兰大学任助理教授。1980 年，回到加利福尼亚大学洛杉矶分校任副教授；1982～2000 年任教授。在上述学校工作期间，曾数次到普林斯顿高等研究所、瑞典米塔-列夫勒数学研究所以及瑞士苏黎世联邦工业大学等研究机构访问。1989～1991 年，兼任加利福尼亚大学伯克利分校数学教授。1998 年，兼任普林斯顿大学数学教授；2000 年起，任该校全职教授；2009 年 7 月，出任普林斯顿大学数学系主任。早期研究调和分析，解决了一些难题。1987 年开始发表几何分析研究论文，获得了一系列重要的成果。已发表论著 50 余篇。1986 年，应邀在国际数学家大会上做 45 分钟分会报告。2002 年，应邀在国际数学家大会上做 1 小时大会报告。1989 年，获加利福尼亚大学洛杉矶分校杰出女科学家奖。1995 年，获美国数学学会的 Ruth Lyttle Satter 杰出女数学家奖。1989～1991 年，任美国数学会副会长。2008 年，当选为美国艺术与科学科学院院士；2009 年，当选为美国全国科学院院士。

一、简历

张圣容出生于中国的十朝古都西安市。父亲张范是湖南长沙人，建筑师；母亲陈里育是浙江宁波人，会计。1950 年全家由西安迁至香港，1953 年又迁往台湾，张圣容在台湾长大。小时候家境艰难，但父母亲竭力维持了她和弟弟的学业。

张圣容从小就喜欢读书并爱好文学，同时数学成绩也特别好，她很欣赏数学的简单和优美。1960 年考入台北第二女子中学(现改名为台北市立中山女子高级中学)，那时留下最深刻的印象就是在炎炎夏日中阅读中外名著和钻研数学题目，感到其乐无穷。读高三时，她已经

编者注：原文载于《20 世纪中国知名科学家学术成就概览·数学卷》(第四分册第 284 页至 290 页；科学出版社，2011 年出版)；作者：张奠宙，王善平。

决定将来学习理工科,因为当时只有学理工科的人才能较轻松地找到好工作,做到早日自立。恰逢诺贝尔物理学奖获得者杨振宁来台讲学,他说,数学是年轻人研究科学最好的方向。这句话影响了她把数学作为读大学的第一志愿。1966 年,张圣容以全校第一名的成绩,被保送进台湾大学数学系学习。台大数学系这一届的学生很特别:总共 40 位学生中竟有 12 位女同学!须知那时人们一般认为女生不适合学习抽象的数学。更令人惊奇的是,这些女同学当中有好几位后来真的成为有相当成就的数学家:如张圣容、李文卿、金芳蓉、胡守仁和吴徵眉等。

大学 4 年中受到了严格的教育和训练,张圣容与班上的几位女生一同学习和玩乐,生活热闹愉快。她那时完全没有想到,将来作为女数学家会感觉很孤独。1970 年,以第 4 名的成绩从台大数学系毕业,获学士学位。即赴美国加利福尼亚大学伯克利数学系攻读博士学位。陈省身正在该系执教,丘成桐则早她一年来此读博士;那里还有其他好几位华裔和非华裔的著名数学家,张圣容眼界大开。1974 年,她以论文《论一些 Douglas 子代数的结构》(*On the structure of some Douglas subalgebras*)获博士学位,指导教授是 Donald Sarason。1974~1980 年,先后在纽约州立大学布法罗分校、加利福尼亚大学洛杉矶分校和马里兰大学任助理教授。1980 年,回到加利福尼亚大学洛杉矶分校任副教授;1982~2000 年任教授。在上述学校工作期间,曾数次到普林斯顿高等研究所、瑞典米塔-列夫勒数学研究所以及瑞士苏黎世联邦工业大学等研究机构访问。1989~1991 年,兼任加利福尼亚大学伯克利数学教授。1998 年,兼任普林斯顿大学数学教授;2000 年起,任该校全职教授;2009 年 7 月,出任普林斯顿大学数学系主任。

1973 年,张圣容与同在加利福尼亚大学伯克利数学系读博士的杨建平(Paul Chien-Ping Yang)结婚。他们俩在大学时代就已经是同学。杨建平现在也是普林斯顿大学数学系教授,他们有一个儿子和一个女儿。张圣容业余时间喜欢看小说、散步和听音乐。

二、数学成就

(一) 调和分析

令 L^∞ 表示:由在复平面单位圆边界上有界的全体 Lebesgue 可测函数所形成的复 Banach 代数;H^∞ 表示:由在复平面单位圆上有界的全体解析函数所形成的代数。则 H^∞ 是 L^∞ 的闭子代数。设 B 是一个介于 H^∞ 和 L^∞ 之间的闭子代数,令 B_1 是由 H^∞ 和 B 中可逆内函数的复共轭所生成的闭子代数,显然 $B \supseteq B_1$。美国数学家 Ronald G. Douglas 在 1968 年猜测,$B = B_1$。这就是 Douglas 猜想,B_1 则被称为 Douglas(子)代数。该猜想涉及函数空间的深刻性质,能帮助理解全纯函数在边界上的行为,因而当时备受包括 Sarason 在内的许多调和分析专家关注。在 Sarason 的指导下,张圣容的博士论文就是研究 Douglas 子代数的性质。张圣容运用 BMO(有界平均振动)函数和 Carleson 测度的概念,成功地证明了上述闭子代数 B 均由其极大理想空间唯一确定。由于这一结果,以及稍后美国数学家 Donald E. Marshall 的工作,使得 Douglas 猜想被完全证明。张圣容进一步证明了,B 还可以由 H^∞ 和 B 中可逆内函数的商所生成。她又继续与Sarason和Marshall等人合作，在研究Carleson测度、Toeplitz算子乘积、Fourier变换、Schrödinger算子和H^p空间性质，以及推广BMO函数概念等方面取得一系列成果。

（二）几何分析

所谓几何分析，是指用分析方法来研究几何问题；通常可归结为研究流形上的各类偏微分方程。张圣容进入几何分析领域，缘于她和她的丈夫、几何学家杨建平的合作。他俩同为数学家，并且经常交流对数学的一般看法，却在相当长的时间内彼此不了解对方具体的研究工作。直到婚后十年他们才认识到，可以结合她的分析工具和他的几何工具来共同研究一些数学问题，于是开始了卓有成效的合作。

张圣容和杨建平主要研究共形几何问题，即研究Riemann流形在共形度量变换条件下各种曲率和相关偏微分算子的性质。流形共形变换概念是复变函数论中解析函数保角性概念的推广。共形几何中的问题往往非常困难，张圣容则做出了相当广泛的贡献，因而被公认为该研究领域的领军人物。她的成就主要在以下几方面。

1. Nirenberg问题及其推广的研究

这是一个著名的共形几何问题，它问：给定一个标准的二维球面S^2，通过共形度量变换，使得S^2上的Gauss曲率分布正好是函数K，则K应满足什么条件？此问题的解答可归结为在S^2上求解关于K的非线性椭圆偏微分方程$\Delta u + K e^{2u} = 1$。

1987年，张圣容和杨建平发表了首篇合作论文，其中通过运用极大-极小方法找到有关变分泛函式的鞍点，从而确立了Nirenberg问题中使方程有解的正函数K的两个充分条件。他们随后发表的论文又找出了一大类符合条件的正函数K。

张圣容继续与杨建平以及其他人合作，研究S^3乃至S^n上推广的Nirenberg问题（当$n \geqslant 3$时，原问题中的Gauss曲率函数K需换成纯量曲率函数R），取得一系列重要结果。

2. 等谱共形度量与紧致性问题

两个Riemann度量被称为是等谱的（isospectral），如果它们的伴随Laplace-Beltrami（偏微）算子具有相同的特征谱。可以形象地说：两个大鼓是等谱的，如果它们发出的鼓声完全相同。共形几何学中一类重要的问题是：紧致Riemann流形上一些等谱度量（isospectral metric）的集合是否紧致？此类问题非常困难，当时只获得特殊情况的一些结果。

1989年，张圣容和杨建平证明了：S^3上与给定度量g_0等谱并与标准度量共形的度量集合在C^∞拓扑中是紧致的。1990年，他们又证明了：闭3维Riemann流形上每个共形等谱的度量族都在C^∞拓扑中紧致。张圣容由于这些出色的工作而于1995年获美国数学会的Satter数学奖。

3. Moser-Trudinger不等式及其在共形几何中的应用

Moser-Trudinger不等式是Sobolev嵌入定理的极限情况，它是估计紧流形上偏微分方程解的有效工具。张圣容对于该不等式有独到的研究，并把它成功地应用于解决上述Nirenberg问题和等谱度量问题。事实上，张圣容的大部分共形几何研究工作都与此不等式有关。

1986年,她与瑞典著名数学家Lennart Carleson合作,证明了Moser-Trudinger不等式在n维球上极值函数的存在性;该文后来被广泛引用。她还在同年举行的国际数学家大会上,以《加强Sobolev不等式中的极值函数》为题作了45分钟分会报告。她在1996年发表的讲课报告《Moser-Trudinger不等式及其在共形几何若干问题中的应用》,对该不等式作了系统阐述;该报告被同行评价为漂亮和深刻(参见 *Mathematical Review*)。2003年,她与杨建平合作发表的关于Moser-Trudinger不等式论文,总结了该不等式应用于三维和四维流形上共形变换研究的最新成果。

4. 关于偏微分算子谱zeta函数定式的研究

设流形上的一个偏微分算子的特征值集合是$\{\lambda_k \mid \lambda_0 \leqslant \lambda_1 \leqslant \lambda_2 \leqslant \cdots \lambda_k \leqslant \cdots\}$,则该算子谱的zeta,函数定义为$\zeta(s)=\sum_{\lambda_k \neq 0}\lambda_k^{-s}$,其zeta函数定式(zeta functional determinant)定义为$\det \Delta = e^{-\zeta(0)} = \prod_{\lambda_k \neq 0}\lambda_k$。人们起初发现zeta函数定式可以控制二维流形上共形因子的大小,从而能解决一系列共形度量变换问题;进而发现该定式本身也很值得研究。张圣容在深入研究偏微分算子谱zeta函数定式并把其应用推广到高维流形方面做了大量的工作。

1992年,她与杨建平等人合作证明了:对于任意一个既非标准球面也非双曲空间的四维紧致局部对称Einstein流形上的,共形于常数曲率的度量来说,其Laplace算子和Dirac平方算子谱的zeta函数定式控制了它的共形因子;在S^4上,标准度量则使这些算子谱zeta函数定式达到最小。1995年,她与杨建平合作,为四维流形上的共形Laplace算子和Paneitz算子谱zeta函数定式找到了极值度量。1997年,她和庆杰合作,确定了带边界的三、四维流形上共形椭圆算子谱zeta函数的表达式,给出了有关极值度量并证明了等谱集合的紧致性。这些都是难度极大的研究成果。

5. 高阶共形偏微分算子以及相关曲率函数的研究

近十几年来,共形几何的研究逐渐从低维流形转向高维流形,其中一个研究热点是Paneiz算子——这是一个四阶共形共变微分算子,其对于四维流形的作用就相当于Laplace算子对于二维流形的作用;该算子还可以推广作用到更高偶数维流形上。

1997年,张圣容与杨建平合作,证明了Paneiz算子在偶数维球面上的解是标准度量的共形变换。1999～2000年,张圣容与杨建平等人合作,进一步研究了Paneiz方程解的存在性和正则性,与Laplace算子zeta函数定式之间的关系,以及该算子所对应的Q曲率与陈-高斯-博内公式的联系等。

记Riemann流形上Weyl-Schouten曲率张量特征值的k阶基本初等函数记为σ_k($k=1$,$2,\cdots$)。2002年,张圣容与杨建平等合作,首次把σ_k曲率用于共形几何研究,他们证明了:在四维Riemann流形上,σ_2积分的正定性与Yamabe类的正定性蕴含了具有正定Ricci曲率的共形度量的存在性。张圣容又证明了,如果$n(\geqslant 5)$维球面上一个连通开区域容许有完备共形度量,并且满足σ_1,σ_2正定等条件,则球面去掉该区域后的Hausdorff维数小于一定数。还成功地对带有共形平坦度量的环状区域上的σ_k Yamabe方程的所有可能的径向解作了分类。由于张圣容等人这些开创性工作,使得 σ_k 曲率成为近年来共形几何研究的另一大热点。

由于研究高阶共形偏微分算子以及相关曲率函数取得一系列重要成果,张圣容和杨建平夫妇受邀在 2002 年北京举行的国际数学家大会上做 1 小时大会报告。这是世界上最杰出的活跃数学家才能得到的荣誉。

三、荣誉与社会活动

1986 年,张圣容应邀在美国加利福尼亚大学伯克利举行的国际数学家大会上作 45 分钟分会报告,题目为《Sobolev 加强不等式中的极值函数》(*Extremal function in a sharp form of Sobolev inequality*)。2002 年,张圣容和杨建平夫妻数学家,应邀在中国北京举行的国际数学家大会上做 1 小时大会报告,题目为《共形几何中的非线性偏微分方程》(*Nonlinear partial differential equations in conformal geometry*)。

1989 年,张圣容获加利福尼亚大学洛杉矶分校杰出女科学家奖。1995 年,获美国数学学会颁发的 Ruth Lyttle Satter 奖,该奖旨在表彰过去 5 年内取得杰出成就的女数学家,每两年颁发一次。授奖词为:"本届 Ruth Lyttle Satter 奖授予张圣容,以表彰她对于 Riemann 流形上偏微分方程研究的深刻贡献,特别是她关于紧三维流形上的谱几何以及固定共形类中等谱度量紧致性的研究工作。"张圣容在致答词中说:"以上所提到的所有工作都是我和别人合作研究的成果(主要合作者是杨建平,但还有 Tom Branson 和 Matt Gursky),因此我对他们表示感谢。"最后说道:"与我的学生时代相比,很显然现在有更多活跃的女数学家……但是,我认为需要有更多的女数学家来证明好的定理并做出职业贡献。"

1989~1991 年,张圣容任美国数学会副会长;1989~1992 年,她是美国国家科学基金会数学科学部的顾问委员会成员;2001~2004 年,是美国数学会 Steele 奖遴选委员会成员。2008 年,张圣容当选为美国艺术与科学科学院(American Academy of Arts and Sciences)院士;2009 年,当选为美国全国科学院(United States National Academy of Sciences)院士。

2009 年 3 月,张圣容回到台湾,参加在母校台湾大学举行的"数学月"活动。她在接受记者采访时指出:"其实,数学是最适合女性的一门学问。"因为研究数学不像研究化学和物理,非得整天待在实验室不可。不管是教室、办公室或是家里,任何地方都可做数学研究,工作时间自由,最适合必须兼顾家庭的女性。学数学不仅可以训练逻辑思考能力,女生只要有兴趣,愈投入也会愈喜爱。

四、张圣容主要论著

Zhang S R. 1976. A characterization of Douglas subalgebras. Acta Math,137:81-89.

Zhang S R. 1977. Structure of subalgebras between L^∞ and H^∞. Trans Amer Math Soc,227:319-332.

Zhang S R,Carleson L. 1986. On the existence of an extremal function for an inequality of

J. Moser. Bull Sci Math, 110: 113-127.

Zhang S R. 1986. Extremal function in a sharp form of Sobolev inequality. Proceeding of International Congress of Mathematician, ICM: 715-723.

Zhang S R, Yang P C. 1987. Prescribing Gaussian curvature on S^2. Acta Math, 159: 215-259.

Zhang S R, Yang P C. 1988. Conformal deformation of metrics on S^2. J Diff Geometry, 27: 259-296.

Zhang S R, Yang P C. 1989. Compactness of isospectral conformal metrics on S^3. Comm Math Helv, 64: 363-374.

Zhang S R, Branson T, Yang P C. 1992. Estimates and extremal problems for the log-determinant on 4-manifolds. Comm Math Physics, 149(2): 241-262.

Zhang S R, Yang P C. 1995. Extremal metrics of zeta function determinants on 4-manifolds. Annals of Math, 142: 171-212.

Zhang S R. 1996. Moser Trudinger inequality and applications to some problems in conformal geometry. Nonlinear Partial Differential Equations. Hardt and Wolf editors, AMS IAS/Park City Math, 2: 67-125.

Zhang S R, Qing J. 1997. The zeta functional determinants on manifolds with boundary I-the formula; II-Extremum metrics and compactness of isospectral set. JFA, 147(2): 327-399.

Zhang S R, Yang P C. 1997. On uniqueness of solution of a n-th order differential equation in conformal geometry. Math Research Letters, 4: 91-102.

Zhang S R, Matt Gursky, Yang P C. 2002. An equation of Monge-Ampere type in conformal geometry, and four-manifolds of positive Ricci curvature. Annals of Math, 155(3): 711-789.

Zhang S R, Yang P. 2002. Non-linear partial differential equations in conformal geometry. Proceedings for ICM: 189-209.

Zhang S R, Yang P. 2003. The inequality of Moser and Trudinger and applications to conformal geometry. Comm Pure and Applied Math, 6(8): 1135-1150.

Zhang S R, Gursky M, Yang P. 2003. A conformally invariant sphere theorem in four dimensions. Publications de l'IHES, 98: 105-143.

Zhang S R, Hang F, Yang P. 2004. On a class of locally conformally flat manifolds. IMRN, 4: 185-209.

Zhang S R, Qing J, Yang P. 2004. On the topology of conformally compact Einstein 4-manifolds. Noncompact Problems at the intersection of Geometry, Analysis and Topology. Contemporary Math, 350: 49-61.

Zhang S R, Han Z C, Yang P. 2005. Classification of singular radial solutions to the σ_k

Yamabe equation on annular domains. JDE, 216: 482-501.

Zhang S R. 2005. Conformal invariants and partial differential equations. Colloquium Lecture notes, BAMS, 42(3): 365-393.

主要参考文献

[1] Zhang S R. 1995. Ruth Lyttle Satter Prize in Mathematics. Notices of AMS, 42(4): 460.

[2] 陈省身, 康润芳.2002.记几位中国的女数学家.陈省身文集.上海: 华东师范大学出版社.

[3] Chang S Y.2009. Autobiography. Mariana Cook Mathematicians: An Outer View of the Inner World. Princeton: Princeton University Press.

[4] 彭国伟.2009-07-06.女数学家张圣容: 愈有兴趣愈能投入.自由时报.

[5] 林进修. 2009-07-18.张圣容: 数学最适合女性的学问.联合晚报.

李郁荣传
——生平与科学成就

张奠宙　李旭辉　王善平

图 1

李郁荣（Yuk-Wing Lee），男，1904年4月14日出生于澳门，1924年从上海圣约翰大学毕业后，赴美国马萨诸塞理工学院（MIT）电气工程系求学，于1927、1928和1930年先后获得学士、硕士和博士学位；1934—1937年，受聘为国立清华大学电机工程系教授；1937—1946年，因抗日战争爆发，羁留上海孤岛，期间先是合伙开古董店为生，后在上海圣约翰大学和大同大学任教；1946年回美国，执教于MIT电气工程系，同时在MIT电子研究实验室（RLE）带领"通信统计理论"小组开展研究工作；1948年升任副教授，1960年成为正教授，1969年退休。1989年11月8日卒于美国贝尔蒙特市。

李郁荣的科学生涯与作为其导师和朋友的维纳教授——控制论的创立者，20世纪最伟大的应用数学家——密切关联。他在维纳的指导下写的博士论文"应用拉盖尔函数的傅里叶变换来合成电路网络"以及与维纳合作取得的三个美国专利，开创了"李-维纳电路网络"的理论和实践，被认为是"电气工程领域的里程碑"。1935—1936年，他促成维纳来国立清华大学讲学并开展合作研究，为帮助培养中国青年数学家和工程专家，推动中国科技的进步和发展做出了贡献。1946年回到MIT后，李郁荣致力于传播和发展维纳所开创的通信统计理论，该理论是维纳控制论的数学基础。李郁荣被称为是维纳的弟子、朋友、合作者以及维纳工作的解释者。李郁荣指导了17名博士，其中有多人后来成为著名的学者或企业家。

一、生平

（一）家世

李郁荣的父亲是李星泉（1871—1950），广东新会人，与梁启超是同乡。李星泉在家乡以卖草药兼治病为生。后来到澳门创业，开始时仍然卖草药，接着开了一家眼镜店。勤勉好学、思想开放的李星泉并不是一个安于现状的人，他又要跟一位洋人学习牙医技术。那洋人是一

编者注：该文系首次公开发表。

名赌徒,手头正缺钱,他让李买下其牙诊所,以作为传授医术的条件。就这样,李星泉走上了从业牙医的道路,他很快在澳门赢得专业声望,其客户包括康有为、孙中山等名人。

李星泉遂在澳门安家立业。澳门自1553年葡萄牙殖民者入侵而开埠以来,一直以赌城著称;当地许多居民涉足博彩业,不少人陷于其中不能自拔,甚至倾家荡产。李星泉志趣高洁,终身不赌。他与夫人林春焕生有11个小孩,除两个不幸夭折外,其余五子四女长大后都从事正当职业,远离赌博。

1898年,几位从英国伦敦和中国香港来的牧师,联袂赴澳门布道。李星泉等人受感化而成为第一批基督教徒。1906年,在澳门的黑沙湾落成了由华人兴建的首座基督教堂——志道堂,李星泉作为十三名倡建董事之一,慨然资助。后因黑沙湾地处偏僻,不利传道,众议迁址;李星泉又在马大臣街买下地产以供建造新堂。新教堂于1918年落成后,立即成为教会推动平民教育的场所,在这里创办了中学、幼儿园和女子学校等[1]。

现代中国之父孙中山曾在澳门行医和进行革命活动,李星泉给予了积极支持。1911年10月10日辛亥革命爆发,满清政府被推翻。澳门民众欢欣鼓舞,纷纷剪去辫子,当地第一大理发店"大东理发室"一时生意如云,该店为李星泉所开[2]。

20世纪20年代初期,澳葡当局与民众的关系日益恶化,经常发生罢工罢市,澳门的经济萧条。李星泉遂携家来到上海,要在这个东方大都市闯出一片新天地。

在1922年2月9号《申报》第15版上,刊登了这样一则广告:

澳门牙医到沪

广东李星泉君及其子郁才,向在澳门为牙医凡二十余年,今春来沪,在北四川路近武昌路七号洋房分设支局,所用器械均系欧美最新之品,其治疗诊断概用电机,地方宽大陈设清洁,沪人患牙疾者阖往试之。

李星泉与其三子李郁才,很快在上海滩赢得了医术精湛的名声。1926年2月15日创刊于上海的中国第一家生活类大型画报《良友》,曾多次刊登"李星泉父子牙医局"的照片广告(见右图)。

李星泉和李郁才父子还积极参加赈灾捐款的活动;李星泉并在"粤省旅沪新会同乡会"中担任要职。1926年,他们又在牙诊所旁开了一家"西华眼镜公司"。

图2 刊登在1926年4月15日《良友》上的"李星泉父子牙医局"的照片广告

(二) 学生时代,从广州岭南学校到上海圣约翰大学

李郁荣是李星泉的第四个儿子,1904 年 4 月 14 日出生于澳门。他少年时在广州的教会学校"岭南大学"读书。该校创办于 1888 年(光绪十四年),原来叫"格致书院",1903 年 5 月更名为"岭南学堂",英文名 Canton Christian College;辛亥革命后,1912 年 9 月,中文名改为"岭南学校",英文名不变;1918 年,定名"岭南大学"——虽称"大学",其实当时包括了七年制的小学部、四年制的中学部和四年制的大学部,而且入读的大部分是中小学生,大学生只有二三十人。李郁荣的大哥李郁文,当年也曾在此读书。

1920 年,李郁荣转学到上海的圣约翰大学——这也是一所享有盛名的教会学校,是当时上海乃至全中国最优秀的大学之一,所招收学生多为政商名流的后代或富家子弟,而且拥有浓厚的教会背景。李郁荣在此念了两年高中和两年大学的课程,我们虽然不知道其学习成绩究竟如何,但可以根据其他情况断言,他至少理科学得非常好。如在 1923 年底,圣约翰大学的粤省校友会决定成立"科学研究会",以请一些校友为听不懂老师用沪语讲课的粤籍中学生做辅导,每周二、四晚上 8 点在化学演讲室,分班回答学生的提问;李郁荣则被邀担任物理学的辅导。科学研究会的活动很受粤籍学生的欢迎,都踊跃参加;卜舫济校长(Francis Lister Hawks Pott,1864—1947)表示极力支持,并建议研究会的活动也应向非粤籍的学生开放[①]。

1924 年秋,李郁荣从圣约翰大学毕业,并考取了赴美自费留学的资格,将入马萨诸塞理工学院(MIT)电气工程系学习。1924 年 8 月 22 日星期五下午 2 时,李郁荣与 100 多名赴美留学生同乘"杰弗逊总统号"轮船,离开上海前往美国。

李郁荣在多年以后回忆道(文献[25],引言 p3):

1924 年,我作为将进入 MIT 电气工程系接受教育的学生,首次来到美国。入关口是在华盛顿州西雅图市。来到这个以前只是在书中了解的新国家,我不知道将要面对的是什么。当"杰弗逊总统号"船驶入普吉桑港湾(Puget Sound),我看到在美丽群山背景下的无数车辆,空气清新。岸上的人们比上海人要安静,而且每个人都讲英语。这些就是我的最初印象。

(三) 负笈海外,入学美国马萨诸塞理工学院

马萨诸塞理工学院(Massachusetts Institute of Technology,简称 MIT),位于美国马萨诸塞州坎布里奇市(Cambridge,Massachusetts),创建于 1861 年,是一所世界顶级的私立研究型大学;它按照欧洲工科大学的模式建立,强调应用科学和工程的实验室教学,致力于培养学生的动手解决实际问题的能力。MIT 为美国乃至世界工业的发展做出了重要贡献,也为美国赢得第二次世界大战和冷战的胜利发挥了关键作用。多名来自 MIT 的教师和学生获得了代表当今世界最高科技成就的各种大奖——截止到 2014 年,已有 81 位诺贝尔奖获得者、52 位美国科学奖章获得者和两位(数学)费尔兹奖章获得者。

第一位在 MIT 的中国学生名叫谢作楷(Tse Tsok Kai,1887—?),恰巧也是广东新会人;他于 1904 年入学采矿工程与冶金系,于 1908 和 1909 年先后获学士和硕士学位;毕业后先在

---

① 见《申报》1932 年 12 月 20 号第 14 版。

美国某矿局任工程师两年,随即于 1911 年回国,在北京、广东的政府部门任过职。李郁荣所在的电气工程系(Department of Electrical Engineering),则是 MIT 最大的系,其注册学生人数通常占 MIT 全部学生 30%。1975 年,该系因学科发展的需要,改名为"电气工程与计算机科学系"(Department of Electrical Engineering and Computer Science)。

李郁荣于 1924 年秋入学 MIT,1927 年获学士学位,1928 年以论文"对四条负载单相电流的线路组合效果的近似计算"获得硕士学位;然后,他在凡尼瓦·布什教授(Vannevar Bush,1890—1974)的指导下,继续攻读博士学位。

V. 布什被认为是美国最杰出的科学家和工程师之一。他不仅具有非凡的科技创造能力和远见卓识,还有着极高的组织才能和领导才能。曾领导发明了新式电子管、齐行打字机、电网分析器和模拟计算机。1940 年,他成功地说服罗斯福总统成立国防研究委员会,以动员全美的科技力量来应付即将来临的战争。第二年该委员会并入新成立的科学研究和开发局,他被任命为该局的长官。在二次大战期间他领导该局组织了约 6 万名一流科学家致力于把

图 3　V. 布什(Vannevar Bush)

科学用于战争,其中包括提出和执行了导致第一颗原子弹试验成功并在日本投放的"曼哈顿计划"。他是信息论之父香农的博士论文指导者。1945 年,二次大战刚结束,他就开始设想科学家今后的努力方向,写下经典名篇"如我们所想"(As We May Think),其中提出了超越传统的文献索引方法,按照人们的思维模式建立概念关联索引网络的构想。这一构想在当今因特网的超文本传输协议(HyperText Transfer Protocol,http)中得到了实现,人们于是能通过打开万维网浏览器并使用鼠标,轻松地查找和浏览网上海量信息。V. 布什因此还被誉为"信息时代的教父"。

图 4　少年维纳

在 20 世纪二三十年代，V. 布什作为 MIT 电气工程系研究室主任，正带领一批研究生全力研制"微分分析器"（Differential Analyzer）——一种能解微分方程的模拟计算机。李郁荣本来也应在这一研发团队中；然而，一位才华横溢且富有创新精神的数学家的出现，让他走上了另一条科学道路。

诺伯特·维纳（Norbert Wiener，1894—1964），这位三岁半开始识字读书-14 岁从塔夫茨大学数学系毕业-18 岁获哈佛大学博士学位的神童数学家，从 1919 年起执教于 MIT 数学系；到了 1929 年，维纳因一系列研究成果已在国内外数学界赢得广泛声誉，但他尚未取得足以名垂青史的成就。正在这时，维纳找到了一位对他以后的经历和学术发展都有非常重要影响的学生，那就是李郁荣。他后来回忆道（文献[11]，英文版 p133，p141 - 142；中文版 p106，p113）：

我遇见李的情况是很有趣的。我的荷兰朋友斯特洛依克（Dirk Jan Struik）找到了一个由贝尔电话实验室提供的关于电路分析的暑期工作。这马上促使我考虑，我能不能另辟蹊径利用傅里叶级数来研究这个问题。我经过进一步的考虑，感到这个想法很好，于是问 V. 布什，他能否找一个电气工程专业的优秀学生，在我的指导下写学位论文。他非常乐意这样做，于是就推荐了李，当时他住在波士顿一个教会的教区寄宿舍。李爽快地接受了邀请，我们便一起工作。

李和我在科学上的合作到今天已有大约 25 年。从一开始，他的稳重善断正好提供了我所需要的平衡。

……正当布什作为一个电气工程师取得最重大进展的时候，他把李让给我做研究生，这是布什为我所做的最好的事情之一，我永远感激他让李转到我的研究方向。

身处数学系的维纳之所以能与电气工程系的布什等教授长期密切合作并得以指导像李郁荣那样的电气专业的学生，是与当时 MIT 领导层的远见卓识分不开的，他们认为：基础科学研究会对工程技术创新产生非常重要的影响。于是，数学家被鼓励积极开展科学研究，而不能仅仅满足于教会学生掌握必要的数学知识；同时被鼓励与各工程技术系的师生进行合作——这样的跨学科合作在开始时往往很困难，但坚持下去，却有可能获得出人意料的重要成果。

维纳在跟李郁荣确定了师生关系之后，立即向后者勾画了自己的想法：应用他所推广的调和分析原理（principle of generalized harmonic analysis）来设计一种新型的可调电子线路——它能够过滤掉噪声信号，只让特定频带内的所需信号通过。所谓"调和分析"是现代数学的一个分支，主要研究如何把一个函数表示为一系列三角函数（即傅里叶级数）的叠加。维纳在这个领域中有重要的贡献。

李郁荣现在要着手实现维纳的崭新思想，但这件事谈何容易！因为不是数学专业出身，李郁荣在一开始并没有弄懂维纳的理论。他试图按照维纳的想法去做，却总是不成功。他于是向维纳汇报；维纳思考了一下，叫他去看数学家写的有关论文。李郁荣在仔细研读了那些论文之后，才明白：先前之所以失败是因为他没有考虑电路中导纳函数（admittance function）的虚数部分和实数部分之间的相关性。他还找到了能够分析这种相关性的数学工具——希尔伯特变换(Hilbert transform)。更进一步,他成功地将任意的导纳函数表达为一些正交的拉盖尔函数(Laguerre's functions)加权和的傅里叶变换;在此基础上,他能够用若干简单网络来合成一个具有指定导纳特性的网络。就这样,李郁荣花了整整一年时间,终于实现了维纳所构想的电路网络——后人称之为"李-维纳网络"(Lee-Wiener network),这种电路网络不仅具有很高的理论创新意义,而且有着广泛的应用价值。

李郁荣完成了他的博士论文"应用拉盖尔函数的傅里叶变换来合成电路网络"(Synthesis of electric networks by means of the Fourier transforms of Laguerre's functions)(论著[1]),文中充满了全新的概念和思想,被后人称作是"电气工程领域的里程碑"(文献[17],p77)。然而,这样一篇具有开创性的论文却差点儿不能让李郁荣通过博士学位的答辩。

李郁荣曾给 MIT 的后辈们讲述了以下的一波三折的故事(文献[17],p76)。当年在 MIT 大约有 20 位电气工程专业的教师,全都参加了李郁荣的博士论文的答辩会。他们以前从来没有听说过"希尔伯特变换",对于电路函数的实部和虚部之间的相关性更觉得匪夷所思,于是向李郁荣提出了一大堆问题,把他问得张口结舌,一败涂地。正当 MIT 的大佬们准备收拾残局,宣布答辩会结束时,维纳站了起来,说道:"先生们,我建议你们把这篇论文带回家去好好地看一下,你们会发现它是正确的。"两周后,李郁荣收到了一封邮件,里面只有一句话:"你通过了。"

李郁荣从 MIT 毕业之后,来到位于纽约长岛市的"联合研究公司"(United Research Corporation,是"华纳兄弟电影公司"(Warner Brothers)属下的子公司),担任开发工程师;他在那里的任务是要具体实现李-维纳网络的功能。经过数月的努力,他终于制作成功一个物理模型,其功能符合李-维纳网络的理论预测。1931 年 9 月 2 日,李郁荣和维纳向美国专利局递交了专利申请([14]),然后把专利使用权卖给了华纳公司;其中涉及与专利局和公司打交道的繁琐程序,都由耐心细致的李郁荣一个人完成。当时美国刚刚进入有声电影的时代,电影业的巨头们对于使用最新电子技术的兴趣不大;卖出的专利使用权不久被返还。李郁荣又开始四处寻找其他的买主,最后找到贝尔电话实验室,让其买下了专利的永久使用权。

当时美国仍处于 1929 年以来的经济大萧条时期,而且当地的公司企业对华人工程师普遍持排斥的态度;所以,尽管有维纳的极力推荐和帮助,李郁荣很难找到新的合适的工作。于是,他决定回国了。

(四) 学成回国,受聘清华大学教授

在 1932 年 12 月 25 日《申报》第十四版上,刊登了这样一则报道:

电学工程博士李郁荣回国

李郁荣 广东新会人,本埠李星泉牙医师之第四子,民国十二年自费入美洲波士顿麻省工程大学专攻电学工程,十八年考取博士学位,随受聘于华纳公司,及往各地考察,历期三载,昨已乘柯立芝总统轮到申。

回到上海后,李郁荣受聘于中国电业公司,任职电机工程师,期间参与了财政部上海-南京无线电话和电报系统的建设。

1933年9月11日,他与在纽约长岛共事过的伊丽莎白(Elizabeth)女士结为伉俪。伊丽莎白是一位身材欣长、容貌美丽的加拿大女子,并持有英国护照;而按照当时的有关法律,她与李郁荣结婚后,就自动失去了加拿大国籍和英国国籍,同时取得中国国籍。这一国籍的改变使得她后来在抗日战争中羁留上海时,避免因"敌侨"的身份而遭受日伪当局的迫害;但也给她要与丈夫一起离开上海返回美国带来不少麻烦。

1934年,刚刚成立两年的国立清华大学电机系开始扩建:向国外订购仪器设备,动工兴建电机工程馆,并增聘教授。当时的工学院长兼电机系主任顾毓琇(Yu Hsiu Ku,1902年12月24日—2002年9月9日),是李郁荣在MIT的学长①,发来了执教的邀请。李郁荣欣然接受邀请,遂于1934年7月,携夫人来到北京;8月正式受聘为清华大学电机系的教授,并负责该系的教务工作。在以后的三年中,他先后讲授了"电工原理"(二年级)、"电工数学"(三年级)、"电力传输与配电工程"和"电讯网络"(四年级)等课程,指导了"电磁测量实验"、"电工实验报告"、"电讯研讨班"以及一些毕业论文等。他指导过的学生包括林为干、洪朝生和常迥等人。在他和顾毓琇两人的倡导之下,该系的教学宗旨、课程设置和教材内容都仿效MIT电气工程系的体制;以教授为中心并吸收助教参与的计算和实验性的科研工作也同时开展起来。至1936学年度,该系的教学和科研发展到鼎盛时期。在此期间还成立了"清华大学电机工程学会"。

1934年10月14日,顾毓琇等人在上海发起成立了"中国电机工程师学会",李郁荣是首批127位会员之一。他在会刊《电工》杂志上发表了多篇文章。在1934年11月28号《申报》第13版上,刊登了《电工》的出版消息如下。

电工杂志为吾国唯一之电机工程刊物;发行以来,业已五载。最近第五卷第五号亦已出版。该号为中国电机工程师学会成立专号,内容异常丰富。有李郁荣、顾毓琇博士等之电网及电机论文,李熙谋、张惠康、刘晋钰、周玉坤、赵曾珏、恽农诸电气专家著作。该书每册大洋三角,全年定阅一元五角,邮费每册五分。凡欲购阅者,请向上海静安寺路四零七号中国电机工程师学会订购,学生得享八折之优待。

这期《电工》杂志转载了李郁荣的博士论文(论著[3])。

李郁荣一生行事低调,不喜欢抛头露面,所以世人对他的相貌举止了解甚少。然而,在1935年出版的《清华暑期周刊》上,一位电机系的学生,对李郁荣老师的形象和教学做了生动的描述(文献[6]):

一个三十多岁的人儿,个儿可以说是中上等,比较高些,身体略有点儿纤瘦,永久穿着西服,中国人,但是有点洋气儿,懂中国话,可是很少听见他说中国话,Moustache(八字胡)很重,然而刮得很光,远远看来,似乎像一个外国人,那就是我们电机系电讯组新来不久的教授,李郁荣博士。

---

① 顾毓琇于1915年入学清华学校(清华大学的前身),在那里学完中学和大学的课程后,于1923年夏毕业;1923年9月(比李郁荣早一年),以公费生资格入学MIT电气工程系,并于1925、1926和1928年先后获学士、硕士和博士学位。

李先生的性情,是非常的好。无论你有什么事情,想和他交涉,或者是有什么题目,想问他怎样解法,只要是他会的,只要是他能的,他总是和蔼可亲的操着极流利的英语,给你详细的解释,详细的答复。最后,会使你微微的一笑,觉得非常满意,然后他还要说几声"Good",或者是"Very Good",于是两个人应道"Good-By"而别了。

至于提讲起书来,李先生也非常好。凡是课本上不重要的,或是浅而易见的,他都叫你 Read it over,至于比较深一点儿的理论,他是很卖力气的给你讲解,务使你明白完事。每堂讲完之后,都是要 Assign 几条题目,叫你下晚回宿舍来,温习后做的。不过他很喜欢考试,要是念电工原理,每礼拜必须 Test 一次。虽然如此,也不要紧,因为只要你把他讲过的书,都看过一遍,他所指定的题目,都做过一次,管保你一定及格。何况他所出的题目,往往都是书上所有的呢?即不然,也许与他前几天在课堂里黑板上所做的演题差不多,也可以说相仿佛,换换 Data 的数字。因为李先生是非常注重演题,不太注重讲解原理的。

……

凡是电机系二年级同学,开学后,总要他会面的。当你们见着后,所得的印象,一定比我所描述的更好真切了,或者也不同了。

从以上的描述可以看出,李郁荣是一个和蔼可亲、耐心细致、循循善诱、教学有方、业务娴熟的完美老师。事实上,教学是李郁荣的擅长也是他之喜爱。我们在后面会看到,即使在人才济济的 MIT,那里的老师和学生也对他的教学给予了极高的评价。

在 1935 年第 43 卷第 1 期的《清华副刊》上,刊登了一篇李郁荣的采访记。作者茹蒂做采访的目的,是要替当时的青年学子寻找解答关于学习和前途的困惑——这种困惑几乎是每个时代的每位大学生都会面临的——请那些已走过这段路并且似乎已取得相当成功的教授们指点迷津。这大概是李郁荣一生中唯一的一次接受采访,其中他讲述了自己在美国的求学和工作经历,以及他对清华学生的成长和中国科技发展的看法和建议。今天读来,仍然能令人获益匪浅。兹将全文转录如下(文献[7]):

的确,现在我们的青年,都觉得读书乏味,无路可走;不,并不是无路,而且是路太多了!找不着一条正路。我们好像海洋里的孤舟,只能顺流飘荡,究竟路线在哪里?归宿在哪里?如果盲目地前进,前途会不会碰着暗礁?会不会发生其他意外的危险?我想这些问题,一定是大多数的我们——青年学子——所觉到的。谚语有云:"问路莫如过来人",笔者为了这个使命,所以想访一访我们清华园内的各位教授,因为他们都是"过来人",问一问他们读书的途径,他们成功的秘诀,不但可以给我们做指南针,而且也可免去将来我们碰暗礁和迷途的危险。

至于访问的先后,我们想先从最近来校的教授起,因为他们对于我们的印象较浅;至于较先来一点儿的教授,或许是他们自己和读者谈过,或许是其他的报章杂志,已经介绍过了。不过,也不要紧,一位也剩不下,我们想每一位,将来都去分访一下,渐渐的介绍给诸位。

我们第一次要介绍的,是本校电机工程学系的新教授,李郁荣博士。

当笔者走进电机馆李博士的办公室说明来意后,李博士很客气的操极流利的英语说:"我不过是一个新来的人儿,没有访问的价值。如果你们学生想知道教授们成功的秘诀,最好先访一访先来校的教授,我太不敢当了。"经笔者再三解释,将来每位都要访到的,于是李博士才首肯。最先他说他是广东新会人,现在是三十一岁。原来在广东岭南大学读书,后来转入上海圣约翰大学,于1924年赴美,入麻省理工大学电机系攻读六年之久。

笔者问在麻省工大时,有无得意教授? 他说:在麻省工大时,有两位得意教授。一位是布什博士(Dr. V. Bush),一位是维纳博士(Dr. N. Wiener)。在美攻读,非常勤学。于1930年,经美国麻省理工大学博士考试,得博士学位。

笔者问在没有得博士学位以前,做些什么事情? 他说在1928年当他还没得博士学位以前的时候,他看到美国当时的 Electrical Corrective Network System 不十分完善,乃立志改善。同时和维纳博士,又发现了一个新的"学说"(Theory)。他知道这个新学说非常完善,如果能应用到实用的 Electrical Corrective Network System 上,一定能把美国当时所有不完善的地方改善。于是从那个时候起,便和维纳博士,努力研究,中间经过困难的地方很多。其中最困难者有二:(一) 因为这个学说是新的,旁人没有关于此项学说的文字,全凭自己的研究。(二) 因为他知道这个学说是完善的,而且还能应用到实用方面,但如何应用确是个大问题。经过三年的努力,于1931年,方才打破他的困难,完成了两个新发明。并且在美国 Patent Office 注册。

......

其次笔者又问他的著作是什么? 承他很客气的详细答复(略)。

当他答复完了的时候,笔者又问他对于中国大学生的意见如何? 他说中国的大学生,都是很诚恳的,并且都自知努力读书。不但如此,他还说据中国工科大学生看来,他们都抱着成功的野心,都想有新的发明;而且在他所教的几班学生之中,也确有出类拔萃的人才,并不弱于外国的学生。

笔者又问中国大学生既有优异人才,但究竟和外国大学生的差别在哪里? 他说以电机工程学生来论,外国学生,因为其国内物质先进,所以他们所见的多,并且在每个学生们家中,电气设备甚多,因而把原理讲给他们之后,很易了解,至于实用方面,更是容易。反而在中国,就稍有不同了。虽然所有中国学生,全都明白理论了,但实用起来,就非常困难。假设我们能把这难关打破,无论如何,我觉得中国的富强,是不成问题。本校亦有鉴于此,所以工学院长顾毓琇博士,想要我们大家自己制造真空管,机器业已定购。此外机器实验室又预备自己制作马达。至于制造机器,已在外国定购,不久就可以运到了。

后来笔者问他在美国毕业之后,做些什么事情? 他说毕业后,首先在美国纽约 United Research Cooperation 当研究工程师,于1932年回国后,在上海中国电气有限公司当工程师,于1934年八月——就到清华来了。

其次笔者问他对中国工程师们的意见如何? 他说他希望中国所有工程界人才,应当互相合作,大家在一起研究,从事于制造方面。不但可以发展国内工业,而且也可以减少金钱外流,节省国币。此外还应当有一部人才,从事于高深学理的研究,以期更有多的新发明。

最后笔者问他对于我们学生,有什么劝告和希望? 他说,他希望我们努力读书,我们清华是非常好的学校,如果肯努力时,成功非常容易。何况近来学校又极力添购各种真空管和电机制造的机器,务使学生养成制造能力呢?! 其次他劝告我们要有合作的精神。第一层在学校合作,不但于读书有利;即将来毕业后,如能继续合作,所得的利益,也一定不小! 最后他也要我们作高深的学理探讨,多有些发明,不但我们要赶上外国,并且要使他们向我们学习,那才是我们最后的目的哩。

笔者问维纳博士,何时可来学校讲学? 还预备什么新发明? 他说维纳于下学期开始时,即可来校;至再有何项新发明,现在也很难说。不过最后他加重的说,他还要努力研究,下季仍和维纳合作,至于发明,待成功后,再报告给诸位。谈至此,时已至午,笔者辞出。

(五) 促成维纳来清华讲学

李郁荣在清华大学安顿下来后,立即实践自己的诺言,邀请他在 MIT 的导师和好友维纳来华讲学。在向工学院、物理系和算学系的负责人提出建议并得到积极的回应后,他于 1934 年 12 月 4 日,给维纳写了如下一封信[①]。

尊敬的维纳博士:

上次写信给您时,我正准备动身来北平,而如今,近五个月过去了,我已在清华安顿下来。我一直很忙,没有时间去做研究工作,但我很乐意教书。我们的工学院有了相当大的扩展,添置了大量电工和机械装置。就在昨天,我们搬进了新建成的电机工程馆。我觉得一切都很顺利,有许多有趣的工作等待着我们去完成。

……

您是否还记得,我曾说过如果我在某个大学里找到了稳定的职位,就会邀请您来中国演讲数学吗? 今天这封信就是关于这一邀请的。从这里来说,我觉得只要不出现无法预料的困难,为您争取到正式邀请是比较容易的。我以私人名义给您写这封信,是想了解,如果向您发出邀请并且时间合适的话,您是否会接受。

我已经和工学院院长顾毓琇博士、物理系的任之恭、萨本栋博士以及数学系的曾远荣博士商谈过,建议向您提供一个研究职位。他们都非常赞成我的建议,并表现出很高的热情。

……

关于研究方向,我还不能完全确定,但至少可以说我们相当多的工作会使您感兴趣。数学系的曾远荣(芝加哥大学博士)一直紧密追随您的工作,他渴望能有机会与您一起研究。他已经在《美国数学会公告》上发表了一些成果。或许您还记得赵访熊,MIT 的毕业生,他在最新一期的 MIT《数学和物理学杂志》上发表了一篇论文。物理系有任之恭博士(毕业于哈佛大学和 MIT)、萨本栋博士和吴有训博士(他刚刚结束了在 MIT 的一年休假回到清华)和其他一些学者,他们都非常希望见到您。他们都相信您给我们的帮助将极富价值。电机工程系的顾博士将研究算子分析,我自己准备研究电网络理论。如果您愿意,您可以就傅里叶级数和傅里叶积分或是您挑选的其他任何专题开设讲座。关于哲学方面的报告将会受到哲学系的热烈欢迎。因此您已经看到,这里有足够多的工作让您感兴趣。

---

① 本节以下与维纳来往的信件和电报内容,均来自文献[5,8,9]。

清华以工学院拥有的设备和装置而自豪。数学系的图书馆与MIT的一样完善。任博士认为物理系的图书馆要比哈佛大学的更加完善一些。我相信,您会发现这些图书馆为研究工作准备了充分的资料。

……

假如这一计划能够实现,我们希望您至少能来访一年,而且如果您觉得有可能待得更长些,我们会更加欢迎。实际上,我们打算请您永久地留在这儿。我不清楚您在MIT的安排如何,但我们真诚地希望您能在明年8月开始的1935学年里来访。

……

我们期待着在这里与您相见。我几乎等不及这封信寄到您手上,可惜现在你我之间尚未开通航空邮政服务。我将非常乐意提供您所需要的其他任何信息。

希望能收到您肯定的答复,如可能,请通过电报联系。我的电报地址是:

Y. W. LEE
BU REDUC PEIPING

请向维纳夫人和Bush博士转达我最诚挚的问候。

真诚的
李

维纳收到信后,很快复函并发来电报:"愉快接受邀请,访问自8月开始。"维纳之所以毫不犹疑地接受邀请,他与李郁荣的友谊以及对后者的信任显然是一个重要的原因。此外,还有这几点原因:(1) 作为出身于美国犹太移民家庭的学者,维纳有着天生的国际主义情怀,特别是他对东方文化向往已久;(2) 国立清华大学在当时属中国顶级高等学府和科研中心,他在这里不仅可以充分阐发自己的学术思想,还有机会开展合作研究;(3) 他希望能暂时改变环境,做一番调整。维纳后来在1935年4月8日写给李郁荣的信中谈道:"今年我感到非常疲惫,几乎没有做什么新的工作。有一大堆的材料需要整理。能在贵校悠闲的环境中完成这项工作,对于我和我的健康都将极为有益。"

1935年2月14日,清华大学校长梅贻琦向维纳发出了正式的邀请电:

热诚邀请前来清华,担任下一学年的研究教授。

维纳回电正式接受邀请。5月9日,清华方面又发出了内容更具体的邀请函如下。

尊敬的维纳博士:

您好!

非常高兴,获悉您已接受邀请,决定下一学年做我们大学的研究教授。现在我把有关事项用文字的形式陈述如下,我相信大体上李郁荣博士已向您讲明白了:

1) 您已被聘为清华大学算学系和电机系的研究教授,时间为1935—1936学年。
2) 您将举行讲座,进行研究和专题讨论以及与上述系在发展项目上进行合作。
3) 您将在本大学外不得接受任何聘任。
4) 您的工资全年按12个月发放,每月700中国元。
5) 大学将支付您及夫人每人520美元的从美国来北平的旅行费用。

6) 如双方同意,聘期可以延长,但必须在 1936 年 5 月 1 日前提出要求。

7) 如果聘期延长,离开北平的旅行费用将在延长期结束时支付。

校长办公室

在此前后,清华大学的工学院院长兼电机系主任顾毓琇和算学系主任熊庆来也在分别与维纳函电联系,落实有关的教学和研究工作。李郁荣则负责主要的联络和准备事务,包括安排住宿和子女入学,聘请家庭汉语教师、管家和女佣,以及协调制订维纳的讲课计划并购买所需的期刊和教材,等等。

当时的中日关系因九一八事变后一直处于紧张的状态。V. 布什在通过特殊的渠道对中国局势做了细致的了解和分析后,认为一段时间内不会有太大的波动。从而打消了维纳最后的顾虑。

1935 年 6 月,维纳携夫人和两个女儿,乘上"多拉尔线"(Dollar line)轮船公司的邮船,渡过重洋,前往神秘的东亚。经过两个多月的旅程,维纳一家在日本的横滨市上岸。他们在日本逗留了两周,期间先后访问了东京大学和大阪大学;维纳与在那里的数学家见了面,做了几次学术报告。接着,全家来到神户市,乘上一艘小船,驶向他们此次旅行的最终目的地——中国。

1935 年 8 月 15 日,李郁荣在靠近天津塘沽火车站的一个码头上,迎接维纳一家的到来。随即带他们乘上前往北京的火车。从北京站出来后,又乘出租车来到清华大学。维纳全家被安排住进了刚竣工的清华教工住宅"新南院"(现改名为"新林院")63 号,与李郁荣家毗邻。

维纳在清华大学工作和生活得很愉快。直至 1936 年 5 月,因为要代表清华大学参加将于 6 月 13—18 日在挪威奥斯陆召开的国际数学家大会,维纳提前结束了教学任务。5 月 13 日,教务长潘光旦在工字厅主持了欢送会;次日,在顾毓琇院长的陪同下,维纳携眷离开北京去上海,并于 5 月 19 日从上海乘船前往挪威。

维纳是 20 世纪伟大的纯粹数学家和应用数学家,由于李郁荣的穿针引线,他得以来到国立清华大学讲学。维纳此次中国之行是现代中外科技交流史上的一件大事,产生了多方面的影响——包括对李郁荣和维纳本人,以及对中国数学的发展。以下我们来看维纳和他的中国同事在一起做了什么和带来了怎样的变化。

1. 继续与李郁荣合作研究

当李郁荣赴天津迎来维纳全家,然后一起在塘沽车站等候开往北京的火车时,他与维纳就迫不及待地开始讨论以前的工作和下一步的研究计划。在以后的一年中,他们密切合作。经常是两人在李郁荣书斋中的制图板旁讨论,两位夫人则在隔壁交谈,看书;当她感到他们已经工作了相当一段时间后,就把他们叫出来吃点心、喝茶;最后大家以玩桥牌来结束这一天。

他们此番合作的课题有两个:一个是继续两人几年前在 MIT 的工作,改进李-维纳网络,包括提出新的网络结构和采用新的计算方法。他们很快获得新的研究成果,并为这些成果申请了两个新的美国专利(论著[15,16])。他们把专利以 5 千美元的价格卖给了美国电话电报公司(AT&T)。两人曾同去天津,收取 AT&T 所支付的专利费。

另一个合作课题是改进 V. 布什所制造的模拟计算机。他们显然受到顾毓琇带领电机系教师热衷于制造布什机的影响,从而开展这方面研究。他们尝试采用电子线路来取代原机中的机械转动装置,这样可以大大提高运行速度。但在这里遇到了一个极为困难的问题:要设计一种机制,以把输出运动部分作为新的输入返送至过程的起点。这种机制后来被称作"反馈机制"(feedback mechanism),其使用必须小心,因为如果反馈太强了,会使机器振荡而无法达到平衡。在布什机中,反馈机制是用机械方式实现的,产生的反馈量较小,所以较容易避免振荡。而用电气机制产生的反馈作用较强,很难控制。李郁荣和维纳认识到,只有在建立关于反馈机制的完备理论后,才有可能彻底解决所面临的难题。但他们当时还没有做好这样的理论准备,所以这项研究未能取得进展。

然而,维纳因此对反馈这一概念产生了很大的兴趣。他后来在战争期间为美国军方研发高射火炮控制系统时,又碰到了"反馈"的问题;那时他已对这一概念有了较深刻的认识。最后,维纳将其推广应用到机器、动物乃至人的整个通信和控制领域,从而创立了"控制论"(Cybernetics)——这门在 20 世纪产生重大影响的崭新学科。维纳在其 1948 年出版的划时代名著《控制论:或关于在机器和动物中控制和通信的科学》(*Cybernetics: Control and Communication in the Animal and the Machine*)[12]中,花了整整一章(第四章)的篇幅来讨论关于反馈和振荡的问题,并给出了完整的数学描述和解决方案——这可以看作是他与李郁荣在十二年前未能完成之合作研究的一个完美终结。

2. 在电机系的其他工作和研究

因为维纳与 MIT 电气工程系有着良好关系,特别是他与该系的领袖布什教授长期合作、友谊深厚,所以清华电机系迫不及待地想通过维纳与 MIT 电气工程系建立联系与合作,以帮助推动本系教学和科研的迅速提高和发展。在维纳尚未到来之前,1935 年 4 月 19 日,工学院院长兼电机系主任顾毓琇给维纳写信如下。

尊敬的维纳教授:

请允许我代表清华大学算学系、物理系和电机系的教职员工欢迎您和夫人即将来我校工作,我们对您的到来都十分高兴,希望您早一天来到清华。

我和李郁荣博士为您的住宿等事宜已经做了初步的安排。我们保证未来一年您会在清华住得很好。您一到上海或天津,请打电报告之所乘火车来北平的具体时间,我们会到车站迎接您。

我校电机系正在考虑购买一台小型积分仪或微分分析仪。请您与布什教授联系一下,让贵方的电气工程研究小组的专家为我们制作一台仪器,并请告诉我们所需费用情况,我们希望您能帮助我们在清华大学期间将此设备建立起来。

梅贻琦校长刚刚已经打电报给您谈到有关您和夫人旅行费用事宜,此费用六月份由我校负责为您报销,单程旅费总计 1 040 美元。

随信寄上给杰克逊教授①和布什教授的两封信。请代我转交一下为盼。

---

① Dugald C. Jackson(1865—1951)时任 MIT 电气工程系主任。

祝以最美好的祝愿

Y. H. Ku

维纳受托转交了顾毓琇分别写给杰克逊和布什的信。布什在与维纳商讨后,很快就回信给顾毓琇,详细介绍了欧美大学制造积分仪和微分分析仪的现状,并对清华大学购买和制作这些装置的计划提出了具体建议。过了几天,他通过维纳了解到更多的情况后,又提出进一步的建议。于是,维纳成为清华大学与MIT之间合作研制模拟计算机的中间人;同时,如上节所述,他还同李郁荣一起积极参加了其中的研究工作。

20世纪二三十年代正是研制模拟计算机风行之时代,而V.布什及其所在的MIT电气工程系则为这一时代潮流的引领者。清华大学电机系为了尽快赶上世界先进水平,以维纳来访为契机,积极开展与MIT的合作,实行模拟计算机的研制发展计划。这是一个很有远见的举措。可惜一方面由于资金不足,另一方面因为抗日战争的爆发,终令该计划夭折。

图5　1936年国立清华大学电机系教师合影。前排左起：赵友民,李郁荣,顾毓琇,N·维纳,任之恭,倪俊,章名涛。后排左起：张思侯,范崇武,沈尚贤,徐范,娄尔康,朱曾赏,严晙

维纳还经常为电机系开办讲座并做学术报告,其中若干内容整理后被发表在中国电机工程师学会的会刊《电工》杂志上。如发表在1935年第6卷上的论文 The operational calculus (运算微积分),介绍如何运用傅里叶变换,对一个由常值电阻、电感和电容组成的电路网络进行分析;发表在1937年第7卷上的论文 Notes on the Kron theory of tensors in electrical machinery (电机张量中的克朗理论),讲授了一个以张量分析作为工具,简洁地描述转动电气设备运行的理论。

3. 在算学系讲学并指导青年数学家

维纳来访,最为兴奋的是算学系的师生们。1935 年 3 月 25 日,算学系主任熊庆来(1893—1969)教授给维纳写了一封热情洋溢的信。

尊敬的维纳教授:

获悉您友好地接受了我们的邀请,我非常高兴! 我的同事和学生听到这个消息也都欣喜若狂。让我借此机会,向您表示衷心、热烈的欢迎!

在即将到来的学年中,我们希望开设几门关于现代数学专题的高级课程。李郁荣博士告诉我,您建议讲授现代分析学和三角学进展。这后一门课极好,我们非常感兴趣;尤其让我们高兴的是,这门课将由对它做出如此重要贡献的权威来讲授。考虑到现代傅里叶积分理论是一个崭新的领域,充满着各种可能的发展;建议让学生们认识其原理和方法,并给予相当全面深入的训练,以便他们能在此领域中继续进行初步的探索;不知如此是否可行? 由于我们热切期盼从关于您自己研究领域的讲课中获得最大收益,因此希望能把重点放在三角学进展这门课上。我们系里的高年级学生对实变和复变函数的基本理论都很熟悉,但在过去的两年里,我们没有开过关于傅里叶级数和积分的课。如果请您将三角学进展开设为一学年的课程,以便能开展详尽的讨论,并把傅里叶级数和积分的经典理论也包括在内,这样是否妥当? Titchmarsh 的书所讲的内容与我们定期开设的一些课程是一致的。如果三角学能成为一学年的课程,我们是否可以去掉现代分析学? 关于三角学进展的课,您能否告知每周上课的次数以及您希望每周上课的时间?

也许您已经注意到我校出版的季刊《理科报告》。如果您能将自己的研究成果发表在这上面,我们将感激不尽;这些成果一定会给读者以教益并提高此刊的科学价值。我将另函寄上该刊迄今已出版的各期。

企盼您早日到达北平!

您忠实的

熊庆来

1935 年 5 月 16 日,维纳致函李郁荣并请代复熊庆来如下。

……

熊教授在课程方面的建议与我本人的想法完全一致。这样,我就要为下学年开始立即讲授傅里叶级数做好准备。我建议你们的书店能预订足够数量的下列书籍:

Zygmund 关于傅里叶级数的著作,在华沙出版;

我自己的关于傅里叶积分的著作,剑桥大学出版社出版;

Paley 与我合著的 *Fourier Transformations in the Complex Domain*(复数域上的傅里叶变换),纽约的美国数学会出版。

至于应当订多少,您比我更清楚。

……

维纳来到清华后,如约为算学系的师生开课,系统讲授了傅里叶积分、傅里叶级数和勒贝格积分的理论。参加听课的有赵访熊、曾远荣、华罗庚、徐贤修、吴新谋、段学复和庄圻泰等。

维纳所讲的内容既有他以前的研究成果,也有他当时正在思考的课题;而在讲课的过程中,他不但传授数学知识,还注意在思想方法上进行指导,这些对于清华的年轻数学工作者在日后的学术发展甚有帮助。自此以后,傅里叶级数和近代三角级数理论被正式列为清华研究院理科研究所算学部的选修课程。

年轻的华罗庚和徐贤修,在听了维纳的讲课并在其指导下,合作完成了题目为"关于傅里叶变换"的研究论文。1936年5月28日,在维纳离别清华的两周之后,他们给他写信如下。

尊敬的维纳先生:

对您所给予的和善而有益的指导,我们深表感谢!唯一遗憾的是您不能在清华多停留一些时间了。不过此前的时间虽短,您却已将我们引入研究的正轨。祝愿您和您的家人旅途愉快!

我们已经完成了论文,期望您能把它带到国际数学家大会上去。您可以将它投给任何杂志发表,我们不会有任何意见。整篇文章的要点已在序言中作了概括。

华罗庚先生希望在哈代教授的指导下开展工作,您也曾答应引荐他。华先生现在想知道哈代教授对此事是否表示了异议。

企盼尽早得到您的答复!

您真诚的

华罗庚

徐贤修

维纳随后把他们的论文推荐在MIT的《数学与物理期刊》上发表。这是华罗庚当年在国外发表的5篇论文之一。文中特别写道:"我们感谢维纳教授在清华大学讲授了傅里叶变换的课程;谨借此机会对他给予我们有价值的建议表示深深的谢意!"

维纳同时遵守诺言,极力推荐并落实青年天才数学家华罗庚赴英国剑桥大学访问研究,接受数论大师哈代的指导。1936年9月23日,参加完国际数学家大会的维纳,给清华大学梅贻琦校长写了一份报告,并致函如下。

尊敬的梅校长:

作为清华的代表,我参加了奥斯陆的数学家大会,今寄上关于该会的一份迟到的报告。俄国和意大利未派代表参加,德国代表的人数也大大减少,这些对大会有所影响,不过大会还是开得非常成功。受邀宣读的论文数量多得超乎寻常,其中最成功的,无论是表述还是内容,也许要算法兰克福大学的Siegel教授的了。我就自己在清华期间有关空隙定量的工作做了一个报告。大会的招待和安排令人非常尽兴,可能将来的大会难以仿效。

华罗庚先生目前正在剑桥大学,我与哈代教授(现正在美国)商量了对他的培养方案。哈代教授请Heibrenn博士接待华先生并帮助他安顿下来。哈代教授将在下学期返回剑桥。

在中国过去几年所取得的科学进展中,我发现了相当数量的重要成就。我尽己所能指出这些成就已经达到的最高水准,以及依靠目前的人才在不久的将来所能达到的更高水平。特别值得一提的是,华罗庚先生的工作正得到越来越高的评价。最近,他投给《伦敦数学会会刊》的论文出了点问题,主要是篇幅过长。但随后寄去一篇注记,使人们清楚地看到文中所包含的材料极为重要,不可能作有效的删减。我期待他走向远大的前程……

在清华大学算学系中听过维纳讲课的那些年轻人,后来大多成为中国数学发展事业的中坚。尤其是受到维纳关照的华罗庚,在相当长的时期内是中国数学的领袖以及青年数学家的楷模。

4. 维纳本人的感受以及来自 MIT 的评价

维纳在其自传中描写了他在启程中国之旅前的心情和想法(文献[11];中文版 p148,英文版 p181-182):

我未来的中国之行令我充满激情。不仅是因为我始终热爱旅行本身的缘故,而且是因为我的父亲从小教育我,要把知识世界看作是一个整体,每个国家只是这个世界中的一个省份——不管这个国家有多高的地位。我已经看到并且参与了,美国科学从狭隘地照搬欧洲科学,上升到具有相对重要和自主地位的过程;我还坚信,这样的事情会发生在任何一个国家中,或至少会发生在任何已经在行动上表现出渴望知识和文化革新的国家中;我从来就认为,欧洲文化比任何东方文化更优越的现象,只是历史上一段暂时的插曲;因此,我迫切希望亲眼看看这些欧洲以外的国家,通过直接考察来了解他们的生活方式和思想方式。

可见,维纳奉行"知识无国界"的理念。在此理念指导下,他在清华执教期间也收获甚丰。其实,在来清华之前,维纳虽然已经取得相当的数学成就,但如他自己所承认,他尚未在学术界确立一种无可争议的地位。而且当时他正处于学术创造的瓶颈时期,迷茫于选择未来的研究方向,感到身心疲惫。正是在这样的情况下,他来到清华,在轻松友好的环境下调整心情。在与李郁荣进行合作以及给电机系和算学系师生的讲课的同时,得以整理先前的成果并发现新的研究课题。特别是,在全面接触了完全不同于西方的东方文化后,令他的眼界大为开阔;从而对科学领域有了更好的全面把握,并且对自己未来突破的方向也逐渐清晰。维纳后来在美国曾多次向顾毓琇表示:感谢为他在清华工作期间创造了一个很好的条件,使他有充裕的时间,认真整理自己的思路,这对于他以后形成控制论的思想有很重要的意义。维纳写道(文献[11];中文版 p171,英文版 p207):

如果我要为自己的生涯确定一个特定的分界点,即作为科学的一个刚满师的工匠和在某种程度上成为这一行中一个独当一面的师傅,那么我应当选择 1935 年,即我在中国的那一年作为这个分界点。

对于美国 MIT 的领导层来说,他们历来重视与中国的学术交往活动,并认为这样的活动是平等、互惠的。在 MIT 有一个由资深教授和管理人员组成的"大中国战略工作小组"(MIT Greater China Strategy Working Group),该小组在 2010 年写给 MIT 校长的报告中,包含了标题为"20 世纪中期:平等的交往"的一节,其开头这样写道(文献[16]):

MIT 从中国科学家和学者的想象力和创造力中获益无穷。在 20 世纪中期,他们的天才给 MIT 直接带来好处。在 1935 年,诺伯特·维纳教授离开 MIT 前往在北京的清华大学工作一年,帮助那里的数学系开设现代化的课程。与他在一起的是李郁荣,一位刚从 MIT 获得博士学位中国人。在这段时间里,他们俩人完成了在电路网络研究中的突破,为现代控制论奠定基础。李郁荣的成就使他最终以访问教授的身份回到 MIT,并在 1961 年成为正教授;他因在统计通信理论研究中取得进展而数度获奖……

(六) 抗日战争时期,羁留上海孤岛的艰难岁月

李郁荣自受聘为国立清华大学的教授后,工作顺心,生活惬意。他与夫人在校园里有一个舒适的家,还请了一名厨师和一个帮佣。在周末和节假日里,他们常去逛北京古城,游玩长城、明陵和颐和园;平时喜欢收藏古董和老式家具;偶尔与同事、校友、朋友聚会。维纳一家来清华后,成为李郁荣一家的邻居,两个家庭更是亲密无间,工作和生活都交织在一起,真是其乐融融。

1937 年暑假,李郁荣携夫人伊丽莎白,前往杭州省亲,又陪同双亲来到上海。那时他的父亲李星泉已退休,老夫妻俩通常每年一半时间住在杭州的大儿子李郁文的家,另一半时间住在上海的三儿子李郁才的家。李郁荣夫妇到上海后则入住新亚大酒店(New Asia Hotel),打算过几天回北京。

然而,时局突变。1937 年 7 月 7 号,日本军队制造"卢沟桥事变",借机全面入侵华北地区,中国军队奋起抵抗。抗日战争爆发! 7 月 29 日,北京被日军占领。李郁荣夫妇暂时无法回去。于是,在 8 月 1 日,他们搬进一家叫做 Kensington House 的旅社。该旅社的地址是西摩路(今陕西北路)10 号,紧挨着福煦路(今延安中路),当时入住的大多是英国人。李郁荣夫妇希冀北方的战事不久平息,从而能够回到在清华校园的家。

但是,1937 年 8 月 13 日,日本海军陆战队又突然大举进攻上海,制造了"八·一三事变"。中国政府调集 70 余万军队,进行英勇的抵抗。上海各方民众积极支援前线;李郁荣的夫人伊丽莎白曾主动到中国妇女联合会效力,帮助救护伤员和安置难民;李郁荣也与夫人一起,为妇联争取美国方面的人道主义援助。"淞沪会战"进行了约三个月,中国军队因武器装备上的明显差距而渐渐不支,终于主动撤离。于是在 11 月 12 日,日本军队占领了上海。李郁荣夫妇所住旅社幸好落在"孤岛"——由英国和美国共管的公共租界——中,得以免遭日寇蹂躏。

在此之前,9 月 12 日,在北京的日本宪兵队已经侵入美丽清幽的清华校园,大肆劫夺清华的图书和仪器等;包括新南院在内的校舍、体育馆等建筑竟被改造成军妓馆和马厩(文献[10])。李郁荣夫妇在新南院的家以及家中的财产(包括那些古董家具)都荡然无存。现在,他们除了随身带的换洗衣服,以及存放在美国银行的一笔(卖给 AT&T 专利使用权所分得)钱款,已别无所有。

李郁荣夫妇不得不一切从头开始。他们拿出一部分存款,与一个叫 Polly 的外国女士合伙开了一家名为"绿龙"(The Green Dragon)的古玩店,以买卖古董为生。

就这样过了几年。李郁荣感到,日本军队气焰甚旺,显然在准备更大的侵略行动;而自己被困在上海孤岛,看不到出头的前景;特别是不能教书做学问,最令他沮丧。李郁荣于是想起好友维纳教授,就写信给他,询问在 MIT 是否有适合他的空缺职位。

1941 年 10 月 6 日,维纳电报回复:MIT 可以为李郁荣提供一个助理教授的职位。夫妇俩收到电报,欣喜万分! 李郁荣马上回电,表示接受职位并要求提供旅费。同时,他们开始忙

碌,为离沪赴美做各种准备:与 Polly 谈判退出"绿龙"店的经营,分割店产;办理签证,检查身体和打预防针;与在沪的亲友告别,并为在美国和加拿大的亲友购买礼品;等等。

然而,好事多磨。李郁荣于10月25日把B种入境申请表连同准备齐全的材料交到美国领事馆后,却迟迟得不到美国国务院的许可批文。他们原来预订了将于11月30日离开上海去马尼拉的一艘法国船,不得不取消,改订12月14日离沪的船票。李郁荣在多年以后才知道,由于当时的美国政府正忙于关注欧洲紧张的战局以及与日本政府艰难的谈判,顾不上审批相对不太重要的B种申请表。

不曾料想,美国国务院的拖延,让李郁荣夫妇陷入了又一场旷日持久、刻骨铭心的磨难!1941年12月7日星期天凌晨,日本海军的六艘航空母舰长途奔袭美国在夏威夷的海军基地珍珠港,重创了美国太平洋舰队。太平洋战争爆发!次日,在上海的日军攻占公共租界,整个上海落入由日本人操控的汪精卫南京伪政府的恐怖统治。在沪的英国人和美国人等都被以"敌侨"的身份登记,关进集中营,财产没收。伊丽莎白原来持有英国护照,因与李郁荣结婚而自动失去英国国籍,得以免遭这种更悲惨的命运。但是,他们已经无法离开上海去美国了。不仅如此,李郁荣存放在银行中的美元被冻结,古董店的经营已散伙,夫妇俩一下子没有了收入来源,只能靠变卖衣物和所分得的古董等维持生活。在汪伪政权的统治下,商品奇缺、物价飞涨,民众过着饥寒交迫、困苦不堪的日子。李郁荣后来找到在圣约翰大学和大同大学教书的工作,他们才得以依靠微薄的薪水勉强度日。李郁荣在多年以后回忆道(文献[25],引言 p2):

在那个难以想象的岁月里,一个人捧着一大堆钞票在上海大街上行走,他是绝对安全的;而当另一个行人手里拿着一片面包,他会立刻遭抢,而且抢面包的人会当场吞吃,毫不在乎将受到怎样的殴打。在菜市场里,挑着担的小贩必须十分留神前面放着蔬菜的篮筐,而不必照看后面堆着钞票的篮筐。我作为教授,拿到的薪水甚至不抵坐人力车去不太远的大学的资费。商店的橱窗里在战前曾经陈列着琳琅满目的商品,如今只能看到一篮篮的炭和煤、一捆捆的木柴、一包包的盐和一卷卷的草纸。

伊丽莎白自从收到维纳的电报后,就开始给她在美国的姑妈 Florence Abbott Creed 写一封信。这封信她不并打算邮寄出去,而是要带到美国,亲自交给收信人,以让姑妈能了解她在上海所经历和所看到的事情,以及她的心情和感受。虽然因时局突变,去美国的事已经很渺茫,但伊丽莎白依然坚持以日记的形式写信。信中记录着她和李郁荣的种种遭遇、生活琐事,描述了在日伪政权统治下上海民众的生活百态,特别是那些外国侨民的命运;此外,还大量记录了那段时期的报纸新闻,日本军队和汪伪政府的通告,以及她用外国人的眼光对中国人的行为、文化和思想的观察和评论。伊丽莎白是在偷偷地写信并要把它藏好,因为其中有不少冒犯当局的语言和敏感的信息,而那时日本人经常挨门挨户地搜查,如被他们发现这封信,则很可能会性命不保。这封独一无二的长信写了四年又五个月,最后完成于1946年3月12日——伊丽莎白和她的丈夫终于到达美国的那一天。

1981年,伊丽莎白出版了这封极具史料和文化价值的长信,所用书名就是《写给姑妈的一封信》(*A Letter to My Aunt*)(文献[25])。

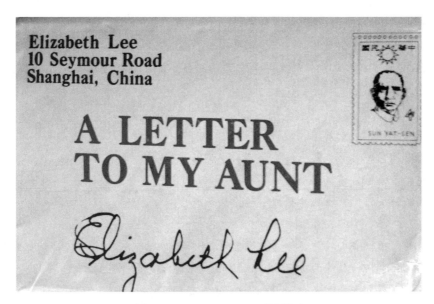

图 6 *A Letter to My Aunt* 书的封面

Author Elizabeth Lee

Her husband Yuwing Lee

图 7 1941 年 10 月，伊丽莎白和李郁荣在上海申办护照和签证时所摄照片，收录在 *A Letter to My Aunt* 书中

在书的首页上是这样一行字：

For Yuwing whose strength and courage carried both of us through these perilous years.

（献给郁荣，他的力量和勇气带着我俩度过了这段艰险的岁月）

李郁荣为夫人的这本书写了引言，他说道：

……

如今回首当年，华盛顿方面对批复一张不太重要的叫做"B 申请表"的文件的官僚作风竟会如此巨大地改变了我们的生活，我对此感到很惊讶！

没有时间来懊悔、抱怨和自怜。而是要抬起头，保持着活下去的希望，即使是能活一天算一天。不时来点小幽默可以持久地减轻痛苦。

要感谢朋友们为我们所做的事。我记得有一位贩卖花生酱的朋友,他慷慨地要借给我20美元,这笔钱超过了我在所执教的大学里拿到的月薪。我不能接受他这笔辛苦钱,但我至今仍然记得他。

……

熬过在上海的战争岁月,我们获得了大量的经验财富。我们变得更能应对困难的局面,我们对生活更满意。

我们大大增强了自信。在上海的那些年里,我们学会了冷静面对困难,并在得不到帮助的情况下设法解决它们。我们的努力不断地获得成功,让我们感到极大的满足。

……

在上海的经历让我们对许多事物看得更清,理解得更深。我们比任何时候都更加珍惜所享有的自由,朋友的情谊,吃的美食,生活的舒适和便利,做各种事的机会,花的美丽,鸟的歌唱。我们的世界看上去更加光明,而我们的心更加轻松。

……

我记得,在战争期间,我的妻子如何每天仔细阅读报纸,在地图上标记盟军的进展,把重要的新闻剪下来贴在自己的日记中;坚持用心地记录一天中的事件以及她自己的想法。因为缺少纸张,她会利用任何可用的纸,把它两面都打印满。不管处境多么艰难困苦,她坚持这样做。她以极大的耐心和毅力不断地写着,直到最后完成。

虽然她并不像我那样,是在艰苦的条件下长大的,但她和我一样,坚持了下来。她经常想出好主意来解决困难。她从来没有失去希望或陷于绝望。

为了她以极大的勇气和尊严所忍受的一切,为了她永远是相夫的贤妻,以及为了她所完成的一项几乎不可能完成且无疑是独一无二的工作——这本记录着我们一起分享超乎寻常之经验的完整日记,她值得我最衷心的赞美和我全部的爱。

以下摘录伊丽莎白这本书的若干内容。

1941 年 10 月 9 日

亲爱的姑妈,

我希望,当您知道我们又回到美国时不要太吃惊。郁荣觉得,我们来美国的事最好不要先通知大家,因为可能会有不测的风险破坏我们的计划。

我每天给您写这封信,以便您可以和我们分享在准备旅行过程中所有令人兴奋的事,这次旅行直到不久前还只不过是一个模糊的希望。

……

不久前,郁荣写信给维纳教授,询问在 MIT 是否有适合他的空缺职位。几个星期过去,我们小小的希望越来越渺茫,几乎要破灭了……

星期一上午,我 10 点钟来到理发店。郁荣交给我维纳发来的电报。电报纸上跳跃着字母。我努力定神,读了又读。我坐下来,觉得这样定住神要容易多了,重新读电报——每次读到的内容都是一样的:在 MIT 有职位给郁荣!!我站起身,在店堂里乱跑……郁荣总是说,他当时非常镇静。但是,如果他真的很镇静的话,那为什么在夜里和我一样睡不好呢!

1941年11月3日星期一

......

昨天,郁才把我们要去美国的事告诉了郁荣的父母。他们听到后非常高兴和兴奋;他们整夜没睡好觉,一直在想着和谈论着这件事。他们觉得,被聘请去MIT执教是极大的荣耀;他们相信,他们在广东的老家会给我们一块地产为我们盖房,以表彰郁荣所获得的荣耀。郁荣的父亲罕见地开始高谈阔论。他说这是在他们家里发生的最好的一件事。他像在演说似的讲述每件事。我虽然没有完全听懂他讲的那些事,但我理解其中的意思。看到他们为我们的美好前程感到如此地高兴,真是太好了!但我也在想,他们是否意识到,这会让我们离开他们一两年甚至永远呢?

1941年12月8日星期一(日本偷袭珍珠港的第二天)

今天早晨,拂晓,我们醒来听到机关枪哒哒的扫射声。我们想当然地认为,日本人又在进行演习了。他们经常进行这种或那种演习,或许是要吓唬人或许是为了壮胆。当我们起床后,我发现街上的声音不正常。我们的房子在弄堂里,所以看不到街上的情景。过一会儿,服务生跑进来,告诉我们:日本人击沉了黄浦江上的英国炮舰;美国和日本打仗了……

所有的美国和英国的银行都被日本人占领了。我想,我们放在美国运通银行(American Express)里的存款都完了……我们四处打探,看是否有可能乘法国、挪威、瑞典或丹麦的船离开上海,但几乎没有任何希望。

......

我们已经历了一场战争,现在又要经历这一场。而我一直在想,为什么我们的B种申请表没有被批复呢?

1942年3月16日

一天天的日子过得像被锁链串在一起的"灰色幽灵"(gray ghosts),锁链不断发出的叮当声就是生活必需品的越来越匮乏。我们现在必须凭票购买面包。只能在当天的1点钟才可以凭票买明天的面包。每天都是如此。

旅社每天供应给我们一种模样可怕的奶油替代物,它是把苹果、油炸洋葱和猪油搅拌在一起的混合物。

......

1943年2月18日(李郁荣开始在圣约翰大学教书)

......

郁荣现在圣约翰大学教书了,他非常喜爱这份工作。他不知道他们会给他多少薪水。但是对于他来说,能重上讲台比拿多少薪水有价值得多,因为他在做他所喜爱又最适合他的工作。我们永远感谢圣约翰大学的校长沈嗣良博士①让他进入这个避难的孤岛。我们还有可能在校园里找到地方住下来。郁荣不能确定搬到那里去是否明智,他觉得还是住在这里不搬

---

① 沈嗣良博士(Dr. William Sung,1896—1967),从1941年起担任圣约翰大学校长。

为好。因为这所大学是美国传道团体的财产,日本人可能会没收它以用作他途。

1943年3月23日(夫妇住在14平方米大小的房间里(见图),苦中作乐)

……

我们把居住的 10×15 英尺的房间,安排分为两小块;而按照郁荣的说法,这样我们就住上了套房:包括一间起居室(里面 Kensington 旅社的沙发和我们的黄杨木长椅相对而放);饭厅是紧靠在长椅背后的饭桌;书房是靠在内墙边的书桌。他描述道,我们有两间卧室——分靠右墙和左墙的两个卧榻;浴室则成了厨房、食品间、洗衣间和储藏室。

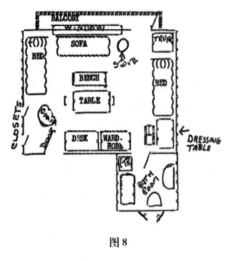

图8

房间的布局真不错,您一定会同意的。

……

对于郁荣来说,每周三次去圣约翰大学的旅程并不轻松。他乘无轨电车到极司非而公园(Jessfield Park)[①],然后穿过公园来到学校。电车里常常挤满了农民,我总是担心他会染上伤寒,这种病在当地很猖獗。当他在1点多回到家里时,常会因饥饿而感到头痛。上海的局势越来越糟,却看不到结束的日子。

1943年6月18日星期五,李郁荣在整理书籍时,发现有好多本值钱的书不见了,其中有一本剑桥大学出版的书是他花5英镑买下的。旅社老板请来侦探帮助破案,发现是楼下的房客溜进他们的房间把书偷走,卖给旧书店了。于是在以后的一个多月里,李郁荣几乎跑遍上海的旧书店,去找他的书并买回。最后仍然有几本书没能找到。

1943年10月20日星期三

……

郁荣很享受他的工作。虽然我们有其他的烦恼,但是对于他来说,能够在自己选择的领域里工作,就是极大的满足了。

……

1943年12月3日星期五(天气越来越冷,却买不到取暖用的煤)

……

郁荣去找圣约翰大学的院长和校长,询问我们是否可以向学校买一些煤。他告诉他们,他可以免费教书,只要他们能给我们煤来代替薪水。他们同意采取紧急措施,以700元的价格卖给我们四分之一吨煤,这大约是外面价格的三分之一。

……

1943年12月17日星期五(李郁荣想在校园里摆一个擦皮鞋的摊)

---

① 即现在上海的中山公园。

……

我们算了一下,郁荣每上一节课拿到的薪水折合美元是 50 美分……许多教授拖儿带女,他们可以每月拿到每个孩子 50 元的额外补贴。这些家庭大都喝粥度日……有两位院长在校园里摆摊:一个是卖热狗和其他外国食品,另一个是卖中式煎饼和其他无需太多烧煮的食品。他们的夫人每天晚上在忙碌着做准备工作。操场边上有一个凉亭。郁荣觉得可以在那里摆个水果摊;但他没有那么多的本钱来做这件事,于是想在它的边上摆一个擦皮鞋的摊。在中国,教师的待遇总是那么凄惨……

1943 年 12 月 19 日星期天

……

有很长一段时间我们只能在俄罗斯的面包店买黑面包。郁荣告诉女店员,这些面包肯定是让土木工程师做的,因为它们是那么硬。他说,如果俄罗斯的飞机朝德国人的头上扔黑面包,那些没有被扔中的德国人一定会在啃这些面包时累死,于是就能很容易地打败他们。

……

1944 年 6 月 14 日星期三,Kensington 旅社的房租又涨了一倍。以前住在这里的那些外国房客,大多被关进了集中营。现在住的房客中,有许多是窃贼、吸毒者和妓女。为避免受干扰,李郁荣夫妇平时紧关门窗。但是,鸦片的味道从地板的缝隙渗入,透过窗户又传来淫邪的叫喊声。这样恶劣的环境实在不能呆了。李郁荣于是向学校提出申请搬进校园。6 月 15 日,杨宽麟院长①打电话通知,说沈校长同意给他们一间小屋。7 月 2 日,李郁荣夫妇终于搬进了在圣约翰大学校园里的新家。

1944 年 12 月 27 日起,李郁荣开始在大同大学兼职上课。虽然他更忙碌了,但是多了一份收入,使得生活的困难有所缓解。李郁荣每月从两个大学拿到的薪水总计约有 10 万元,按黑市价换算,只值 5 美元!

1945 年 6 月 19 日星期二

……

暑期班开始了,郁荣要教一门他以前从来没有教过的课。但是,同情他是没有用的,因为他喜欢。

……

1945 年 8 月 9 日星期五

……

我还没有从最近的一场病中完全恢复过来——没有力气,胃口也不好……郁荣把买东西和烧饭的事都包了。我真的一点儿用也没有。如果能离开这个地方,我知道我会补偿他。

……

1945 年 8 月 11 日星期六——凌晨 1 点钟(战争结束了!)

我无法相信这是真的! 昨夜 12 点,也就是在 1 个小时之前,我醒来,看到郁荣还坐在那

---

① 杨宽麟(1891.6—1971.7),时任圣约翰大学土木工程学院院长。

里,看上去很疲倦;就叫他上床,不要再学习了。然后我们各喝了一杯炖西红柿;正当我收拾准备就寝时,我们听到窗户外有轻轻的声音,"喂";然后看到沈夫人①出现在黑暗中,她告诉我们,战争结束了——他们是从短波收音机里听到的。虽然我们知道战争已近尾声,但听到这一消息还是让我们感到震动……下半夜里,我们坐着,互相看着,不敢相信自己的耳朵……睡觉是不可能了,郁荣又回到桌旁继续研究他的问题,而我坐在床上,不能集中思考任何事情。

……

在伊丽莎白记下上述事情的这一天,日本政府分别请瑞士和瑞典政府向美国、英国、中国和苏联转达声明:日本接受令其无条件投降的《波茨坦公告》,但要求保留天皇体制。8月15日,日本天皇通过电台,向日本民众宣布了政府的决定。9月2日,日本投降的签字仪式在停泊于东京湾的美国军舰"密苏里"号上进行。通常把1945年8月15日作为中国抗日战争胜利日,把1945年9月2日作为第二次世界大战结束日。但是,战争实际上是在1945年8月11日结束的。

战争虽然结束了,但是在圣约翰大学的校园里却出现骚乱。许多学生和部分教师开始集会,喊口号,贴标语。他们攻击校长,称他与日本人勾结,是叛徒;有的学生甚至拒绝领取由校长签名的毕业证书。他们还攻击校董会欺压中国教师,以及对中外教师薪酬待遇的明显不公。骚乱很快发展到对外国人的仇恨。虽然伊丽莎白因为与李郁荣结婚而自动加入了中国籍,但还是被学生们当作外国人。他们的家不断遭到石块的袭击。

伊丽莎白和李郁荣都非常热爱圣约翰大学的美丽校园;特别是李郁荣,因为他年轻时在这里念过4年书,现在又在此教书和生活,所以对这所大学怀有深厚的感情,对校园里的一草一木都非常爱惜。夫妇俩经常喝止一些教师的家属和小孩在校园里摘花、打鸟;李郁荣甚至有一次制止了一位教师砍树拿回去当柴烧的行为。因为这些事,他们也得罪了不少人。

中国和美国之间的邮政业务恢复了。1945年9月4日,李郁荣给维纳写了封信,询问关于在MIT的职位之事。一晃4年过去了,夫妇俩还心存希望。

1945年11月8日星期四,虽然给维纳的信还没有回音,但是令夫妇俩格外高兴的是,李郁荣在MIT的校友和在清华的同事顾毓琇上门来探望他们!顾毓琇在抗战初期调任中央政府教育部的政务次长;这次来

图9 李郁荣夫妇在圣约翰大学校园里的合影,由一位美国兵的朋友拍摄;这是夫妇俩在那段战争年月里所拍摄的唯一的一张照片。

---

① 沈嗣良校长的夫人。

上海,出任上海市政府的教育局长。随同顾毓琇一起来访的,是两位美国科学委员会的成员,他们即将赴日本去检查和接收与科技有关的战利品。顾毓琇随后驾车带着他们,先去和平饭店接一批人,然后一同来到国际饭店,美美地吃了一顿。在度过了那么长的饥寒交迫的日子后,吃上那么好的美餐并且能与那么有趣的一些人轻松交谈,这一天令伊丽莎白终生难忘!

1945年11月14日星期三,终于收到了期盼很久的维纳的信!信中说,MIT的正式邀请函可能已经寄出。信中还说,李郁荣的工作因为在战争中发挥了作用而被承认。夫妇俩感到松了口气。现在,他们又开始焦急地等待MIT的邀请函,因为只有拿到它才能办理护照和签证。这时,李郁荣也对在圣约翰大学讲授热力学工程这门课没了热情,他想重新搞自己的老本行电气工程。

1945年11月30日(MIT的邀请函终于到了!)

今天早晨,我在熨烫衣服,郁荣在看我们的美国兵朋友给的《读者文摘》。晨报还没有送来,我们刚喝完茶并讨论了"信还没有收到,我们该怎么办。"门铃响了——郁荣去开门——我继续做我的事,心想"是报纸送来了";这时,郁荣以一种奇怪的声调喊道——"它来了"——我扔下一切——这是信!我读信——突然,我想起熨斗,冲到厨房间。还好,我之前把熨斗搁在报纸上,报纸被烧穿了。郁荣非常兴奋——虽然控制得很好,但当他讲话时,牙齿禁不住在打颤。他读完信,问道:"我们现在该做什么?"他只犹豫了一会儿,就拿起电话,打给顾毓琇博士。顾博士很热心地说,会帮助我们拿到护照。

……

办理护照颇费一番周折。当时中国政府限制专业人员出国。幸赖顾毓琇利用他在教育部的影响,才使得李郁荣及时拿到了教育部同意他接受MIT邀请的批文。顾毓琇还让其在外交部工作的弟弟帮忙,尽快处理李郁荣的有关申请。李郁荣有个学生,其父亲是中央银行的总经理,他们也为李郁荣夫妇申领护照提供了很大帮助。

1946年1月31日,李郁荣路过美国运通银行(American Express),就走进去,查询自己的存款情况。在被日本人冻结之前,他在那里还有360美元存款余额。银行职员在查看了他的账户后就告诉他:他那笔钱被日本人以二分之一的比例转成伪币180元,现在又被银行以二百分之一的比例转成中华民国货币0.9元;但目前使用的最小面值的钞票是1千元,所以他不知道应该怎样把存款结清给李郁荣。这时,李郁荣很想问那个职员:自己是否还倒欠美国运通的钱。

1946年2月,李郁荣接连几天去护照办理处取护照,都空手而归:要么是春节放假期间不办公,要么是护照还没有送达。2月13日星期三。李郁荣一清早又去那里。办事员告诉他,护照有点问题,要他必须去跟主任谈。但是,主任还没有来。李郁荣就在那里等,直到11点三刻,主任才出现,李郁荣终于能走进他的办公室。主任说:"李先生,批准您的妻子与您同去美国的事有点问题。这是我接到的指令,它说,由政府派往国外的教师和学生不允许带妻子和家属。"这个时刻,李郁荣的腿开始发软:在经受了那么多的困难和耽搁之后——希望破碎——失望,绝望——但似乎还有最后一根救命稻草。李郁荣于是向对方指出:他不是被政府派出去的,而是接受MIT的邀请去那里执教。主任回答说,因为在他的指令本里没有关于这个特殊情况的条款,所以他要打电报给在重庆的中央政府,请求指示。这样一来,不知道又要拖到何年何月。李郁荣马上说,他们可能被安排在下一趟轮船离开,所以等不了很长时间。他又向对方说:"顾毓琇博士曾在教育部公干多年,他为我们做了担保。如果有问题,他肯定不会给我们担保。"主任最后还是把护照给了李郁荣,但说道:"如果再遇到这种情况,我一定会等重庆的指示。"李郁荣怀里揣着护照,如腾云驾雾般地赶回家中,给夫人报喜讯!到家已经是晚上 7 点钟。

接下来一周是到美国领事馆申请签证和检查身体,虽然遇到一些小麻烦,但最后都办妥了。美领馆的副领事还为他们联系安排了乘坐美国海军的"司格特将军号"船赴美。当时中国和美国之间的轮船航线还没有完全恢复,而要去美国的旅客非常多,所以美国海军的运输舰承担了部分客运任务。

1946 年 3 月 4 日星期一,李郁荣和伊丽莎白清晨 6 点就起来了。他们今天要离开在圣约翰大学的小屋,启程前往美国。有好几位老师前来话别。他们在 10 点钟出发,先到三哥李郁才的家。亲人们聚在一起午餐,大家都怀着离别的伤感;父亲李星泉在饭桌的讲话,让伊丽莎白禁不住热泪盈眶。午饭后,原打算乘出租车,但电话一直叫不到车。不得已,找朋友借了一辆吉普车。与大家匆匆话别后,李郁荣和伊丽莎白跳上吉普车,赶往驻在东江湾路 1 号(靠近四川北路和黄渡路口)的上海港口司令部;报到之后,与其他旅客一起乘上卡车;卡车驶过繁华的上海街头,开往码头,最后直接停在"司格特将军号"船的边上。美军士兵们先上船,然后李郁荣夫妇与其他乘客也排队登上船。他们终于离开了上海,前往美国。

两个星期后,轮船抵达美国的西雅图。22 年前,李郁荣作为自费留学生乘"杰弗逊总统号"首次来美国,轮船也是停靠在这里。此情此景再现,他真是百感交集。李郁荣后来回忆道(文献[25],引言 p4):

我清楚地记得,1946 年 3 月 19 日那个早晨,我的夫人和我乘坐美国军用运输船"休·司各特将军号"到达西雅图。当船缓缓驶入普吉桑港湾,我想起 22 年前我曾到此。看到了同样的群山。但我在此时所感受和所期待的,与当年完全不同,因为我已经是一个完全不同的人。我看到,在那美丽的群山后面,有一个巨大的机会和挑战在等着我。我充满着自信,没有丝毫担心,尽管四年的损失对于我的职业生涯是极为不利的。我确实是在卸除这困难的四年所带来的负担和烦扰。我没有任何的遗憾,也不再思量"当初如果……会怎样"。我只知道,我找到了希望。小船上和岸上的人们在又唱又喊,欢迎美国士兵回家。我也感到我在回家,只不过这将是一个又要重新开始的新家。我因晕船和营养不良而感觉虚弱无力,但我坚持站在甲板上,体验我人生的一个重大时刻。我从未感到过,幸福会是如此的强烈、无可阻挡。我无法控制自己的情感,热泪夺眶而出,这在我的一生中是罕见的。

(七)重返美国,成为 MIT 的教授

李郁荣夫妇从西雅图踏上美国的领土后,乘火车前往波士顿的 MIT。他们在波士顿南火车站(Boston's South Station)下车,维纳前来迎接。见面之后,李郁荣迫不及待地与维纳开始讨论未来的工作计划。

事实上,在与世隔绝那么多年之后,李郁荣回到已成为世界科技发展学术中心的 MIT,要在这里从事教学和研究工作,他所面临的困难之大可想而知。维纳在其自传中(文献[11],中文版 p182,p230—231)形象地描述了李郁荣当时的状况:他的科学发展在一个本来应当最有作为、最为关键的时期突然中断,这对他实在是一个重大的损失……而现在,他就像在沉睡了 10 年之后醒来,发现世界已经改变,不知道能做什么工作。虽然可以花一两年时间来学习这段时间发展起来的各种知识,但他显然难以消化吸收那么多的新资料;而且无法与已经熟练掌握最新知识的年轻人竞争。

在这种情况之下,维纳为李郁荣想出一个绝妙的高招:要避免在这场竞争中惨败,你可以刻意先走在前面,让别人必须花几年时间才能赶上来。

那么,究竟如何才能先走在别人的前面呢?原来,维纳在战争时期为美国军方工作,主要研究:如何根据雷达在一段时间内所观察到的敌机位置数据,来预判其飞行轨迹,并以此控制火炮的发射,提高命中率。在这项研究中,维纳把敌机的移动看作是一种随机的平稳时间序列,然后借鉴他研究布朗运动的统计力学方法,并运用他所发展的广义调和分析工具,建立起一种用积分方程处理统计数据的崭新理论,据此可通过雷达的观测数据获得对敌机飞行轨迹的最佳预测。而在控制火炮发射的环节中,他又遇到了"反馈"的问题。他与李郁荣在清华合作期间曾因无法把握"反馈"的概念而遭受挫折;但这一次,维纳已经对它有了较深刻的理解,所以能够在火炮控制系统中予以成功的处理。1942 年,维纳把他的研究成果写成了报告《平稳时间序列的外推、内插与光滑处理》(*Extrapolation, Interpolation, and Smoothing of Stationary Time Series*)。这篇重要的文献在战争期间作为保密资料在为美国军事部门工作的科学家和工程师中间流传[①]。因为它的封面是黄色的并且其中包含着难懂的数学,故被人称为"黄祸书"(The Yellow Peril)。习惯于数学抽象思维的维纳,并不善于向工程领域的专家和研究生们阐述他的思想;另一方面,他也不知道如何用他的抽象理论来解决各种具体问题。李郁荣的到来,令维纳大为振奋;因为长期的合作使得李郁荣对维纳的思想和方法有很好的理解,而且李做事稳重、耐心、一丝不苟,讲课认真,善于沟通,与维纳的性格正好形成互补。于是,维纳向李郁荣提议做这些事:把他在书中所描绘的一般概念框架应用于处理通信工程的各种具体问题,并向有关领域(即维纳后来称之为"控制论"的领域)的工程师们解释这些概念和应用。

这就是维纳向李郁荣建议的"走在前面让别人追赶"的绝妙计划,李郁荣欣然听从之。不久,李郁荣加入了 MIT 属下的"电子研究实验室"(The Research Laboratory of Electronics,RLE),所承担的任务就是:将维纳的新理论带入电气工程界,并研究其实际应用(文献[18])。在 1947 年 10 月出版的第 7 期《RLE 季度进展报告》中,李郁荣写道:"为了让工程师们理解维纳教授的新通信工程理论,(我)正在写关于该理论的通俗介绍。这一工作甚有必要,因为该理论基于新的概念并且运用了一些数学工具,而绝大部分工程师不懂这些概念和数学。"(文献[13],p54)

同时,也是在 1947 年 10 月,李郁荣为电气工程系的研究生开设了"最优线性系统"(Optimum Linear Systems)课程,讲授维纳的新理论在通信领域的应用;数年之后,该课改名

---

① 二次大战结束后,该报告应维纳的要求被解密,并以专著的形式公开出版(文献[22])。

为"通信统计理论"(Statistical Theory of Communications),并长期由李郁荣主讲,成为 MIT 的品牌研究生课程。

从此,李郁荣在 MIT 的主要工作就是:一边在电气工程系上课;一边在 RLE 做研究、举办学术研讨会以及指导研究生。

顺便介绍 RLE 的历史:其前身是著名的 MIT"射线实验室"(Radiation Laboratory,RL),在第二次世界大战中直接受"国防研究委员会"的领导,该委员会由美国总统罗斯福任命并由 V·布什担任主席。RL 承担了研究开发"无线电探测和测距"(radio detection and ranging,即雷达)技术的绝密任务。在大战期间,RL 研制出 100 多种用于战机和军舰的雷达系统,培养了大量的雷达专家和工程师,并代为训练了大批雷达操作人员;从而为美-英两国击落击沉无数的德-日飞机和军舰立下了汗马功劳。可以说,RL 研发的雷达与英国布雷契莱庄园(Bletchley Park)发明的密码破解术以及美国"曼哈顿计划"(Manhattan Project)制造的原子弹,是令盟军赢得二次大战胜利的三大关键技术成就①。

战争结束后,1945 年 12 月 31 日,RL 因完成使命而被宣布关闭。但是,该实验室的个别部门仍然在以 V·布什为局长的美国联邦政府"科学研究和开发局"的领导下运行。不久,

图10 坐落在 MIT 校园内的 20 号楼(Building 20)在 1946 年时期的俯瞰照。该楼原是 RL(射线实验室)的所在地,后由 RLE(电子研究实验室)接替。李郁荣带领的研究小组住在 20A-201 房间。该楼于 1998 年被拆除。

---

① 参见维基百科条目 http://en.wikipedia.org/wiki/Radiation_Laboratory.

1946年7月1日，MIT成立"电子研究实验室"(RLE)，全面接收了RL所留下的众多优秀的科技人员和大量的设备，以备在国家出现紧急情况时，能够迅速将这些重要的资源重新转为军用。从此以后，RLE一方面作为MIT的第一个跨学科的现代学术研究中心，致力于将科学的理论发现应用于工程技术领域，获得无数重要的科技成果，并且培养了大批出类拔萃的科学家和工程师；另一方面它仍然保持着与美国军方的密切联系，公开或秘密地承担着与国防安全有关的研究课题。李郁荣回到MIT后，长期在RLE工作。身处这样的环境，特别是在20世纪50年代初美国盛行反共反华的麦卡锡主义的时期，他显然是为了避嫌也为了不连累他人，而有意无意地疏远了与中国大陆亲友的联系。

1948年，李郁荣晋升为副教授。同年7月，RLE成立了"通信统计理论"小组。作为小组的负责人，李郁荣开始带领他的学生们，研究如何将维纳的新理论转化为实际应用。不久，他与他指导的第一个博士生T·P·奇塔姆(Thomas P. Cheatham, Jr)研制成功第一台能实现维纳公式应用的设备——模拟式自相关器(见下图)。他们很快为首创的计算方法和所制造的设备申请了美国专利(论著[17])，这是李郁荣本人获得的第四个专利。随后，李郁荣与他的学生建造了一系列的相关器设备，并用这些设备来研究通信统计理论中的滤波、测量、相关性质等问题；探索如何检测噪声中的低水平周期信号，以及如何识别语言信号和脑电波等。这些研究工作在当时都属于科技尖端，产生了很大的影响。

图11 (从左至右)J·维斯内(RLE实验室主任)、李郁荣、T·P·奇塔姆(李的第一个博士生)与维纳，聚集在第一台模拟式自相关器之前。

李郁荣还和 RLE 的其他教授一起，积极组织和举办关于通信统计理论及其应用的各种研讨会，受到广泛的欢迎。1951 年 10 月公布的《MIT 校长报告》，通报了 RLE 实验室的工作进展(文献[14],pp220-221)：

达文波特(Wilbur B. Davenport)、法诺(Robert M. Fano)、李郁荣、莱恩杰斯(J. Francis Reintjes)和维斯内(Jerome B. Wiesner)等教授在通信统计理论领域中的研究工作正在继续进行，并受到其他实验室越来越多的关注。他们在 6—7 月间专门举办了一个为期三周的夏季研讨会，邀请其他实验室的资深专家和工程师前来参加。由于实验室的条件限制，会场只能容纳 56 个人，但申请参加的人数却是其三倍。将新理论应用于解决实际问题的研究正在该实验室以及其他许多地方开展。

1952 年 3 月 24 日，李郁荣加入了美国籍。

1954 年举办的关于通信理论的夏季研讨会，维纳和信息论的创立者香农也参加了(见下图)。

图 12 参加 1954 年《通信理论的数学问题》(Mathematical Problems of Communication Theory)夏季研讨会的全体成员照。中间偏左站立的三位分别是李郁荣、维纳与香农。

在"通信统计理论"小组的活动中，李郁荣和他的学生取得的最令人瞩目的成就，是对维纳非线性理论的研究和发展。原来，维纳根据对火炮跟踪和发射控制系统的研究而写成的那本"黄祸书",主要针对线性的通信系统——即输入信号与输出信号呈线性关系的系统。这也是李郁荣为 MIT 电气工程系的研究生所开设的课程在一开始被叫做"最优线性系统"的原因。线性系统是物理世界中最简单的现象,用数学来处理较容易。然而,物理世界中大量真实存在的是非线性系统——它们比线性系统要复杂得多,用数学来处理也困难得多。

1949 年 12 月 8 日,身在墨西哥国立心脏学研究所(Instituto Nacional de Cardiologia)的维纳给当时担任 RLE 副主任的维斯内教授写了一封信,其中附有约 20 页、题目为"线性与非线性系统的特征性质"(The Characteristic Properties of Linear and Nonlinear Systems)的备忘录;维纳在信中要求让李郁荣根据备忘录所描述的理论框架来设计电路和制造仪器。然而,他的备忘录写得过于简略,而其中涉及的数学又太深奥,李郁荣和他的学生们研究了数年,仍未能理出头绪。但是,他们深知维纳这一研究工作的重要性,所以并未放弃努力,直到李郁荣的一位出色的学生艾马尔·G·玻色(Amar Gopal Bose,1929—2013),率先取得突破。

玻色出生于印度的孟加拉邦,在美国的费城长大。他考入 MIT 电气工程系,在获得学士(1951)和硕士(1952)的学位之后,于 1953 年秋进入 RLE 的"通信统计理论"小组,在李郁荣的指导下攻读博士学位;他被指派的研究课题,就是维纳的非线性理论。玻色拿到李郁荣给他的一叠约 50 页的资料——维纳在不同场合关于非线性理论的论述,开始潜心研究;但是在苦读了数个月之后,他仍然不理解其中的内容。玻色没有试图去找维纳请教,因为他甚至不知道该怎样提问;于是只能经常去找李郁荣。李郁荣也不懂维纳写的这些东西,但他总是鼓励玻色,说:"坚持下去,会搞懂的。"

就这样过了大约 6 个月,一天李郁荣对玻色说:MIT 将要举办一个国际数学会议,要求他在会议上介绍维纳的非线性理论。玻色以前从来没有做过学术报告,况且他还没有看懂手中的材料,这件事让他感到压力倍增,只能更加努力地学习。终于,在会议召开的前两周,也就是在他研究维纳新理论的 10 个月后,他忽然茅塞顿开,一下子全明白了。结果,他在会上做的报告很成功,给到场的维纳留下了深刻的印象。从此,维纳几乎每天都来"通信统计理论"小组,与玻色、李郁荣等讨论非线性问题。

玻色于 1956 年获得博士学位后,以助理教授的资格继续留在"通信统计理论"小组工作。维纳依然经常过来与他和李郁荣讨论非线性问题。维纳讲话时的思维总是跳跃且即兴发挥,令他的听众难以跟上;而他写在黑板上的重要公式也无法被长久保存。于是在 1958 年,李郁荣和玻色一起,正式邀请维纳来"通信统计理论"小组讲课。当时维纳因患眼疾,无法准备讲义。李郁荣和一位学生就负责将维纳在黑板上所写的东西用相机拍摄下来,同时把他的讲话用磁带录音。维纳在白天讲完课,李郁荣、玻色和李郁荣的博士生们就在晚上整理并学习其讲课内容。他们经常发现,维纳在推导公式的过程中不断地出现错误,但在最后得到的结论中,这些错误往往都已被纠正。有时候,维纳会在讲课时自己发现错误并当场改正。而有时他会因出现太多的错误而情绪低落,就扔下粉笔并离开教室。几天后,李郁荣和玻色会上门去劝他,请他回来继续来上课。

就这样,李郁荣和玻色等人整理出维纳的十余篇讲演稿,其中两篇先在 1958 年 4 月 15 日出版的《RLE 进展报告》(RLE Progress Report)第 49 期上发表(http://hdl.handle.net/

图13 （左起）玻色、维纳和李郁荣在一起讨论非线性系统的问题

1721.1/52151），李郁荣和玻色为之写了前言：

数学系诺伯特·维纳博士最近就脑电波、频率调制、互联电机中的频率变异、量子理论、编码，以及非线性预测和过滤等有趣而重要的问题做了分析研究。

鉴于这个研究涉及多个科学领域，内容非常重要，"通信统计理论"小组一直在帮助维纳博士把它介绍给这些领域的研究人员。为了尽快让材料见诸文字，我们要求维纳博士在小范围内做了一个系列演讲，并约定由我们用磁带和相机把演讲内容记录下来并整理成文字……这些演讲内容将以书的形式由MIT出版社出版，我们先将大约12篇演讲的前两篇初稿报告于此……我们感谢维纳博士允许我们发表他的研究初稿。

李郁荣，A·G·玻色

维纳的讲课记录经整理后，以《随机理论中的非线性问题》（*Nonlinear Problems in Random Theory*）的书名，由MIT技术出版社（Technology Press）和威利公司（Wiley）联合出版。

维纳这部著作的出版，引起了人们对非线性随机理论在各种领域中应用的广泛兴趣。李郁荣所领导"通信统计理论"小组的学术影响也因此迅速增长。大批学者前来访问交流，更有许多富有才华的青年学生慕名到此深造。在这个小组里，前后共有17名学生在李郁荣的指导下获得博士学位，其中大部分人的学位论文都与维纳的非线性理论及其应用有关。在这些人中，有好几位后来成为工程领域的著名专家。

李郁荣则又为MIT电气工程系开设了第二门研究生课程，讲授维纳的非线性理论及其

图14 1958年维纳在RLE"通信统计理论"小组讲课的照片，由李郁荣等拍摄。根据照片中黑板上书写的内容而整理的材料，后来以《随机理论中的非线性问题》的书名出版。这是维纳的又一部经典名著。

在通信工程领域中的应用。同他所开设的第一门研究生课程一样，新课程也成为电气工程系的经典课程。

1960年5月，李郁荣晋升为MIT电气工程系教授。数月之后，他的集十多年教学经验和科研心得写成的专著《通信统计理论》（*Statistical Theory of Communication*）由约翰·威利父子公司出版。这是他出版的第一部也是唯一的一部专著。在书的扉页上有两行献辞：

To My Mother and My Wife
in gratitude and affection

（以感恩和挚爱之心献给我的母亲和我的妻子）

在书中序言的最后，李郁荣写了他与维纳的关系：

我与诺伯特·维纳教授的关系始于1929年，当时我在他的指导下撰写博士论文。我对他的研究工作之推崇，从本书依赖它为基础之程度就能明显看出。这么多年来，我一直在跟着他工作并且始终是朋友，从中得到的满足和收益怎么表达也不过分。

而在李郁荣的著作尚未出版之前，维纳就已经表示了对它的期待。他把这部专著看作是当年他向李郁荣所建议的"走在别人前面"之工作计划获得成功的标志。在其自传中，维纳先叙述了他与李郁荣当初所商定的计划（文献[11]，英文版p274-274，中文版p231-232；另请参见本节的开头），然后对李郁荣的工作和著作给予了高度评价；并提到，李的回归大大鼓舞了他投身于控制论的开创性研究：

李郁荣投身于这个计划，忙了几年从而使该计划达到了非常成功的结局。他现正在根据新理论写一本关于通信工程的书；他书中表现出很大的耐心，一丝不苟，以及很替作者着想。虽然我同这门学科的产生关系密切，但我不可能做到这样超然的处理。

李把这些新思想介绍给许多政府的和实业界的实验室。他还培养了整整一代年轻的电气工程师——他们沿着统计路线进行研究,并用我的观点当作处理种种通信问题的习惯方法。他还组织了一些卓有成效的夏季研讨会,使得那些已经活跃在通信工业的工程师们能够来 MIT 学习关于控制论观点的最新课程。

这样,十年隔绝所造成的种种困难就被成功地绕开了。李在这些新方法上的领先使得他有时间来熟悉 1936—1946 年间所出现的东西……换句话说,我们已经看到了我俩在李于战后抵达波士顿南站时所采取的那个计划的报偿。

李郁荣回到 MIT,大大鼓舞了我继续深入研究伺服机构以及整个一类我后来称之为"控制论"的问题。

《信息时代的黑暗英雄》(Dark Hero of the Information Age)的作者在其书中写道(文献[17],p206):

维纳的另一支增援力量来到了 MIT。他的好朋友与合作者李郁荣,在长期羁留于中国后,回到这里。为了帮助李郁荣尽快赶上美国科学技术的发展,维纳给他指派了任务:研究控制论的前沿课题以及一些挑战性问题,这些问题维纳已制定了解决方案但尚未搞定细节。在 MIT,李郁荣开设了关于维纳统计方法的基本课程,讲授建造自动机器和工厂所需要的专业知识——这是一个新技术领域,维纳知道,它"远远超出了像我这样搞理论研究之人的能力范围"。李郁荣写专业论文和专著,详细解释了维纳的理论及其应用;这些工作使他很快成为维纳的"面向工程界的解释者"和派往各大公司的特使,这些公司是维纳一向不愿意直接打交道的。

1961 年 1 月 1 日,美国无线电工程师学会(IRE)给李郁荣颁发了"荣誉会员"(Fellow)的证书,以表彰他对通信理论和工程教育所做的贡献。两年后,该会与美国电机工程师学会合并,组成国际电气与电子工程师学会(IEEE),李郁荣又成为其当然的荣誉会员。

1963 年 2 月,国际天主教研究中心——比利时的天主教鲁汶大学(Katholieke Universiteit Leuven)授予李郁荣"应用科学荣誉博士"的称号。

1964 年 3 月 8 日,维纳在旅欧途中因心脏病突发而去世,终年 69 岁。当天晚上,噩耗传到美国 MIT,李郁荣等人都深感悲痛。维纳的生前好友共 21 人,包括李郁荣,马上联名给维纳夫人发去慰问电报,其中只有一句话:

We loved him(我们热爱他)

为了纪念维纳,美国工业与应用数学学会(Society for Industrial and Applied Mathematics, SIAM)与 MIT 出版社于当年联合出版《诺伯特·维纳文选》(Selected Papers of Norbert Wiener),李郁荣作为维纳在工程领域的合作者和多年的朋友,应邀为该书撰写"维纳对工程领域中线性理论和非线性理论的贡献"(Contributions of Norbert Wiener to Linear Theory and Nonlinear Theory in Engineering)一文(论著[12]),文中围绕维纳的两部经典著作《平稳时间序列的外推、内插与光滑处理》和《随机理论中的非线性问题》——它们都与李郁荣有密切关系——介绍了维纳在以通信理论为主的工程领域中具有里程碑意义的开创性贡献。

1964年6月，MIT校方聘请李郁荣参加"外国奖学金委员会"的工作，为期三年。同年10月16日，美国控制论学会（American Society for Cybernetics，ASC）成立，李郁荣当选为荣誉创始会员。

（八）退隐美国贝尔蒙特小城

1969年6月，李郁荣从MIT退休；鉴于其在学术和服务方面的杰出贡献，校方授予他"终身荣誉教授"（Emeritus Professor）的称号。电气工程系则继续聘请他负责该系的研究生办公室的工作，为期一年。1970年，李郁荣夫妇似乎打算要过彻底的退隐生活。他们移居到加利福尼亚州的贝尔蒙特市（City of Belmont）——这座小城只有约2万5千人，面积12平方公里，与MIT相距五六千公里。李郁荣离开MIT后，他原来在RLE领导的"通信统计理论"小组也停止了活动，其成员都各奔前程，去开创自己的事业。李郁荣卖掉了他在其学生玻色创办的音响公司中的股份，拿到26万美元的投资回报；同时，他还谢绝了另一位学生施特森（M. Schetzen）要与其合作写关于非线性理论著作的建议。

1988年2月，夫人伊丽莎白去世。一年半后，1989年11月8日，李郁荣因患白血病，与世长辞。他们身后没有子女。

二、科学成就

（一）李-维纳电路网络

从20世纪开始，人类社会进入了电气时代。电这种无形之物被广泛应用于动力、照明和通信等领域。人们不断地发明和制造出大量的具有神奇功能的电气和电子设备——电灯、电动机、电车、电话、电报、电影、收音机、电视机、电子计算机，等等。与此同时，人们还需要建造各种各样的电路网络。以实现电力传输和电信号传递。

如何设计和制造出具有特定性能的电路网络？这对于20世纪二三十年代的电气工程专家来说，是一个很大的挑战。虽然他们可以通过计算和测量获知任何一个实际网络的一般性质，并且也能够设计一些简单的、满足局部性能要求的网络；但是他们无法设计一个在整个电流/信号变化的频率范围内满足特定要求——比如说，只让某段频率范围内的信号通过而不让其他频段的信号通过——的网络。

在1929年左右，刚完成"广义调和分析"研究（文献[19]）的维纳，认为可以用他的新方法来分析电路网络，并能将一个复杂的网络分解为若干具有简单性质的网络；在此基础上，就有可能按照人们的需要设计出其性能可调的电路网络。他于是通过V·布什找到李郁荣，让李郁荣帮助他实现这样的想法。李郁荣欣然同意，并着手研究。

用电气工程专业的术语来描述，电路网络的一个性能参数可表示为

$$Y(\omega) = P(\omega) + iQ(\omega)$$

其中ω是电流变化的角速度（$=2\pi\times$频率），$Y(\omega)$是导纳函数（admittance function），$P(\omega)$

是电导函数(conductance function)，$Q(\omega)$ 是电纳函数(susceptance function)，i 是虚数单位 ($=\sqrt{-1}$)。在一开始，李郁荣同当时所有的电气工程专家一样，认为导纳 $Y(\omega)$ 的实部 $P(\omega)$ 和虚部 $Q(\omega)$ 是相互独立的；在此假设下他直接套用维纳的新方法，却总不能得到正确的结果。后来在维纳的指点下，他仔细研读了英国数学家迪马仕(Edward Charles Titchmarsh, 1899—1963)关于"对偶三角积分"(Conjugate Trigonometrical Integrals)的论文，才弄明白：原来 $P(\omega)$ 和 $Q(\omega)$ 并非相互独立，它们在一种叫做"希尔伯特变换"(Hilbert Transform)的积分运算中，形成对偶的关系，即有

$$P(\omega) = \frac{1}{\pi}\int_{-\infty}^{\infty}\frac{Q(\omega)}{\omega-u}du \text{ 和 } Q(\omega) = -\frac{1}{\pi}\int_{-\infty}^{\infty}\frac{P(\omega)}{\omega-u}du。 \tag{9.1}$$

澄清了这一点后，李郁荣终于能将 $Y(\omega)$ 表示为一系列函数的傅里叶变换之和，即

$$Y(\omega) = \sum_{n=0}^{\infty} a_n G_n(\omega), \tag{9.2}$$

其中 $G_n(\omega)$ 是由定义为

$$L_n(x) = \frac{1}{n!}e^x \frac{d^n}{dx^n}(x^n e^{-x})。$$

的 n 阶拉盖尔函数生成的傅里叶变换 ($n=0, 1, 2, \cdots$)。拉盖尔函数具有正交性，即满足

$$\int_0^{\infty} e^{-t} L_m(t) L_n(t) dt = \begin{cases} 0 & \text{当 } m \neq n, \\ 1 & \text{当 } m = n. \end{cases}$$

每一个 $G_n(\omega)$ 都能对应于一个可物理实现的已知网络。李郁荣于是证明了，任何网络都可以用简单网络来"合成"。这一结果正是维纳当初所设想的。

李郁荣把他的研究结果写成了博士论文"应用拉盖尔函数的傅里叶变换来合成电路网络"(Synthesis of electric networks by means of the Fourier transforms of Laguerre's functions)(论著[1])；其中"合成"一词是他首先引入电气工程领域。据《MIT 电气工程与计算机科学系百年史》(文献[28]，p157)的记载，李郁荣当时在和布什教授讨论中提出：既然确定一个网络的各种特性被叫做"分析"(analysis)，那么其相反过程(即根据所要求的特性来设计网络)就应该叫做"合成"(synthesis)。布什认为这种说法合乎逻辑，并鼓励李郁荣使用这个新词。从此，"合成"很快成为电路网络分析和设计的常用概念；而用拉盖尔函数的傅里叶变换合成的电路网络，则被后人称为"李-维纳网络"(Lee-Wiener network)。

熟悉电工原理的人都知道：在一个物理的电路网络中，导纳 Y 的实部 P(电导)通常与电阻部件有关，其虚部 Q(电纳)则与电感和电容部件有关。所以，一般认为，电导和电纳是相互独立的。而李郁荣竟然证明它们在希尔伯特变换下形成关联！不仅如此，事实上，他还证明了其他形式的电路函数也存在这样的关联性。例如，阻抗函数 $Z(\omega)(=1/Y(\omega))$ 的实部 $R(\omega)$（电阻）和虚部 $X(\omega)$（电抗），以及 $Y(\omega)$ 的模对数 ($=\ln|Y|$) 和相位 $\left(=\tan^{-1}\frac{Q}{P}\right)$，均

分别在希尔伯特变换下形成对偶关系。这些结果令当时在 MIT 的电气工程专家们十分不解。他们在李郁荣的博士论文答辩会上纷纷提出质疑，差点让他过不了关。幸赖在场的维纳鼎力支持，李郁荣才通过了论文答辩。

李郁荣在论文中所得到的还只是一个理论上的结果。在随后的几年中，他与维纳进一步合作，致力于李-维纳网络的物理实现。在这里，他充分展现了自己的才能。如维纳所描述（文献[11]，英文版 p133，中文版 p106）：

我最初所设想的可调校正网络虽然是可行的，但是会浪费大量的部件。李知道如何用一个部件来同时完成几种功能，这样他就把一个庞杂松散的装置改造成为一个设计精巧而又经济的网络。

他们终于制作成功几种与理论预测结果一致的物理模型，并把它们作为发明成果申请了美国专利（论著[14-16]）。

第一个美国专利（专利号 US 2024900）申请于 1931 年 9 月 2 日，获批于 1935 年 12 月 17 日；其中描述了如何将一些基本网络整合成一个具有指定滤波特性的网络，如何设计一个其导纳特性与指定频率曲线相符的网络，如何将一些可调的基本网络整合成一个其传输特性和衰减特性均可调的网络，以及如何调整一个网络系统使之具有任意指定形状的传输特性曲线，等等。

第二个专利（专利号 US 2124599）申请于 1936 年 7 月 18 日，获批于 1936 年 7 月 26 日；其中描述了如何设计一个信号传输网络，使之能够允许多个频段的信号通过，同时阻止其他频段的信号，以形成一个具有多输入-多输出功能的信号滤波器。

第三个专利（专利号 US 2128257）申请于 1936 年 7 月 7 日，获批于 1936 年 8 月 30 日；其中描述了如何设计一个可调整的电子通信系统，它能够纠正在传输过程中发生了振幅失真或相位失真的信号，并能根据需要对特定频率范围的信号进行调整和控制。

李郁荣的论文连同他与维纳合作申请的发明专利，被认为是"电气工程领域的里程碑"、"为正在蓬勃发展的电气工程科学打下了宽广的理论和实践基础"（文献[17]，p77）。

（二）通信统计理论

维纳在 1942 年为研究火炮自动控制系统而写的《平稳时间序列的外推、内插与光滑处理》(Extrapolation, Interpolation, and Smoothing of Stationary Time Series)，是一部具有重要的意义的科学文献。在书中，维纳首次从统计学的角度来研究通信系统及其控制的问题，并运用广义调和分析的工具，实现了对离散、连续和瞬时信号的统一处理。维纳在此阐述的思想和方法，不仅适用于通信系统，而且能用来研究和解决其他许多工程领域的控制问题。事实上，此书为维纳几年后创立控制论奠定了数学基础。

由于书中包含了大量抽象的数学，绝大多数的工程领域专家看不懂它，因而称之为"黄祸书"。"即使在 MIT，那些电力工程师和通信工程师，包括'雷达实验室'和'伺服系统实验室'里的顶尖专家，也都弄不明白维纳在这本黄祸书中讲什么东西。"（文献[17]，p183）

于是，在 1946 年回到美国 MIT 的李郁荣，承担起向电气通信及其他工程领域的学生和专家解释、宣传和推广维纳新理论的任务。这项工作成为李郁荣后半生科学事业的主旋律。他通过在 MIT 电气工程系开设研究生课程，在 RLE 实验室做研究、举办研讨会和带博士生等形式，成功地将维纳的新理论发展成为关于现代通信系统的一门新学科。

按照李郁荣的解释（论著[11,12]），维纳在其书中解决了最优线性通信系统的设计问题。用专业的语言来描述：在一个带有输入变量 $x(t)$ 和输出信号 $y(t)$ 的时不变线性系统（time-invariant linear system）中，维纳用卷积积分

$$y(t) = \int_{-\infty}^{\infty} h(\tau)x(t-\tau)d\tau \tag{10.1}$$

来表示其输入-输出的关系，其中 $h(t)$ 是该系统对于脉冲信号的单位响应函数，也被称为系统的特征函数。在传统的通信系统理论中，输入变量 $x(t)$ 通常是周期的或瞬时的；而维纳考虑它是一个离散的或连续的随机时间序列。于是，在(10.1)的统一形式下，系统所能处理的信号包括文字、语音、音乐、带有自控装置的飞机所遇到的阵风、工业生产过程中的温度波动、动物神经系统中的电脉冲信号、石油勘探中的地震波信号、气象预报中的气压波动、雷达自动跟踪系统中的飞机轨迹，以及股市中股价的变化，等等。

在明确了所要处理的信号来源后，系统(10.1)的最优设计任务就是，确定该系统的特征函数 $h(t)$，使得其输出信号 $y(t)$ 与期望输出 $z(t)$ 之间的误差达到最小。

根据系统的不同用途，可以选取不同的 $z(t)$。例如，如果系统的设计目的是要预测时刻 a 后的输入信号 x 值；则可以设 $z(t) = x(t+a)$。

又如，在很多场合下，输入变量 $x(t)$ 是实际信号与噪声的混合物，即可假设

$$x(t) = m(t) + n(t),$$

其中 $m(t)$ 是真实信号，$n(t)$ 是作为噪声的干扰信号。而系统的设计目的是要过滤干扰信号，还原真实信号；这时可以设 $z(t) = m(t)$。

所以，无论是用作预测器、过滤器或其他类似的用途，其处理方法也都是统一的。这进一步反映了系统(10.1)具有普适性和广泛应用性。

$y(t)$ 与 $z(t)$ 之间的误差是按照统计学的方差公式计算的。即有

$$\overline{\varepsilon^2(t)} = \lim_{T \to \infty} \frac{1}{2T} \int_{-T}^{T} [y(t) - z(t)]^2 dt. \tag{10.2}$$

于是，系统(10.1)的最优设计任务，归结为确定特征函数 $h(t)$，使得 $\overline{\varepsilon^2(t)}$ 最小。

将式(10.2)展开并运用式(10.1)，可看到展开式中包含了以下两项式子：

$$\phi_{xx}(\tau) = \lim_{T \to \infty} \frac{1}{2T} \int_{-T}^{T} x(t)x(t+\tau)dt \tag{10.3}$$

被称为是输入信号的自相关函数（the autocorrelation function of the input），以及

$$\phi_{xz}(\tau) = \lim_{T \to \infty} \frac{1}{2T} \int_{-T}^{T} x(t)z(t+\tau)dt \tag{10.4}$$

被称为是输入-期望输出的互相关函数(the input-desired output cross-correlation function)。

维纳在假设 $x(t)$ 和 $z(t)$ 作为随机过程具有遍历性质的基础上,运用变分法与广义调和分析中的谱分解方法,给出了通过自相关 $\phi_{xx}(\tau)$ 和互相关 $\phi_{xz}(\tau)$ 求得系统(10.1)最优特征函数 $h_{\mathrm{opt}}(t)$ 的公式。

以上是李郁荣为工程界的专家和学生们,对维纳新思想和新方法所做的清晰的阐述。他把这些思想和方法加以系统地总结和发展后,形成了"通信统计理论"这门崭新的工程学科。

1950 年 9 月 1 日,李郁荣在 RLE 的内部刊物《技术报告》(*Technical Report*)第 181 期上,发表了题名为"统计方法应用于通信问题"(Application of Statistical Methods to Communication Problems)的文章(论著[7]),其中讨论了通信统计理论的基本概念和工具,介绍了如何运用该理论来建立表达一些重要通信问题的方程式,并描述了为解决实际问题而开发的一些技术以及支持该理论的若干实验结果。这篇作为内部交流报告的非正式文献立即起非同寻常的反响,海内外的同行们纷纷向 RLE 索取,2 000 多份复印件被拿走。顺便说明,该研究报告得到了美军信号部队、海军和空军有关部门的联合资助。

李郁荣在 MIT 电气工程系首次开设出"通信统计理论"研究生课程的同时,还积极致力于新理论的具体实现和应用。1950 年,他与其学生合作,研制成功第一台能实现公式(10.3)计算的模拟式自相关器并申请了美国专利(论著[17]);他们成功地将所制造的自相关器用于从噪声中检测出周期信号,在当时引起轰动(论著[8])。1954 年,李郁荣提出了一种新的误差计算方法,利用它来设计出最优滤波器,其效果超过维纳的滤波器(论著[9])。李郁荣还经常去政府部门和公司实验室,介绍和推广新的通信统计理论;他大约做了 70 多场报告,写了 10 多篇通俗介绍文章(文献[3],论著[10])。

1960 年,李郁荣集十多年教学经验和科研心得写成的专著《通信统计理论》(*Statistical Theory of Communication*)正式出版。此书在写作过程中就被包括维纳在内很多人期待(见本文第一部分第 7 节),出版后更是被当作通信理论史上的里程碑而受到欢迎。

值得一提的是,在书的最后两章中,李郁荣详细介绍了用包括拉盖尔函数在内的正交函数来表示相关函数和功率密度频谱,并在此基础上"合成"最优线性系统的理论和方法。这显然是他在 20 世纪 30 年代所做的"用拉盖尔函数来合成电路网络"工作的一种新应用。事实上,维纳指出,线性通信系统的正交函数表示对于最优非线性系统的研究具有很重要的意义(文献[23])。

该书出版后不久,著名的美国工业与应用数学学会(Society for Industrial and Applied Mathematics,SIAM)的刊物《SIAM 评论》(*SIAM Review*)评介道(文献[15]):

众所周知,李郁荣教授是维纳教授的弟子而且是其工作的解释者。在此书中,李对维纳的著作《平稳时间序列的外推、内插与光滑处理》作了极其清晰的描述……此书基本上是一本教科书,本评论的作者之一使用了书中第 1—15 章的核心内容,为(非电气的)工程专业、物理科学专业以及统计学专业的研究生开设一学期的课程,收到了非常好的效果。

2005 年,李郁荣的书由美国 Dover 出版公司重印出版。在重版书的封页上,对书的内容和作者做了这样的介绍:

通信统计理论创建于人们热衷于推广电气通信概念的时代；该理论为表达和解决统计过滤(statistical filtering)、预测(predication)及其他相关问题提供了新的途径；其原理和方法有着广阔的应用范围：远远超出通信工程，涉及力学工程、地质物理、生物物理、声学、气象学、反馈控制、航空学、海洋学等领域。

本书被认为是通信理论历史上的一块重要的里程碑，其讲述清晰而严格，对该理论的全部基本内容做了系统性的介绍。作者李郁荣(1904—1989)，原为 MIT 电气工程教授，是(与诺伯特·维纳合作)用正交函数以合成时域和频域电气网络的发明者。李博士与维纳博士一起，在电路理论的历史上首次发现了：电路系统函数的波值-相位，以及这些函数的实部-虚部，在希尔伯特变换的形式下是相关的。本书是李博士在 MIT 多年教研和研究的结果，它是专业工程师和物理学家有价值的参考书，也是大学生极好的课本。

如李郁荣所总结的，维纳在1942年写的《平稳时间序列的外推、内插与光滑处理》，主要研究并解决了线性通信系统的最优设计问题。所谓线性系统，是指其输入和输出之间呈线性关系的系统。这类系统虽然能找到广泛的应用，但仍有很大的局限性，因为现实世界中的许多现象是非线性的。例如，维纳曾经指出：诸如生物的学习系统、生殖系统、脑电波和自组织现象等，都只能用非线性系统来描述(参见文献[12]，第2版)。于是，维纳从20世纪40年代末就开始研究非线性系统的理论。李郁荣则带领他的学生们，对维纳的研究予以长期的、积极的配合与支持。由于非线性系统比线性系统复杂得多，维纳在一开始的研究工作进展极其缓慢；而且包括李郁荣在内的工程界专家几乎完全不理解维纳用抽象的数学语言表达的那些思想和方法。是博士生玻色在其导师李郁荣的支持和帮助下，在1954年率先取得了澄清维纳思想的突破。然后，李郁荣和他的学生们用拍照和录音记录维纳的讲课内容并帮助其整理成文的方式，使维纳终于能够在1958年完成了他的又一部重要的著作《随机理论中的非线性问题》(*Nonlinear Problems in Random Theory*)(见本文第一部分第七节)。

如同线性系统的情况，李郁荣也对维纳的非线性系统的理论作了清晰的描述(论著[12])。维纳将一个非线性系统表达为卷积积分

$$y(t) = h_0 + \sum_{n=1}^{\infty} \int_{-\infty}^{\infty} \cdots \int_{-\infty}^{\infty} h_n(\tau_1, \cdots, \tau_n) x(t-\tau_1) \cdots x(t-\tau_n) d\tau_1 \cdots d\tau_n \qquad (10.5)$$

将上式与式(10.1)比较，可见非线性系统确实复杂许多。然而，按照李郁荣的解释，维纳所给出的求解最优非线性系统(10.5)的方法，本质上同李本人当年用拉盖尔正交函数形成的简单网络来合成复杂的电路网络是一样的。即可以把一个最优的非线性系统表示为一些简单的具有正交性质的最优系统的合成。用数学的语言来描述，就是将输出函数 $y(t)$ 表示为

$$y(t) = \sum_{n=0}^{\infty} G_n[k_n, x(t)], \qquad (10.6)$$

其中 $G_n[k_n, x(t)]$ 是一个 n 阶($n=0, 1 \cdots$)最优系统；并且当 $m \neq n$ 时，$G_n \times G_m$ 的平均值

为 0。

自 1950 年代中期以后,李郁荣在"通信统计理论"小组中的主要工作,就是带领他的学生对维纳的非线性系统理论及其应用开展深入的研究。他写的最后一篇论文在 1965 年发表,是与其学生施特森(M. Schetzen)合作的,其中给出了用"互相关性"来测量维纳的非线性系统模型中的实用方法(论著[13])。在李郁荣所指导的博士中,有许多后来成为著名的非线性系统领域的专家(见下节介绍)。

查尔斯·特里恩(C. W. Therrien)教授对现代通信统计理论的历史有深入的研究。他对李郁荣在该领域中所发挥的关键作用和所作的重要贡献予以高度评价。他写道(文献[18]):

马萨诸塞理工学院(MIT)的"电子实验室"(RLE),自二次世界大战以后涌现出许多著名的科学家和工程师。在这个时期一位不太出名的英雄是李郁荣,他是维纳在 1920 年代的学生,他领导了一个重要的统计通信理论研究小组。李郁荣本身有重要的学术贡献,却少为人知;而他在教学方面的成就以及将维纳的思想引进电气工程领域的功绩,是无人能及的⋯⋯没有李郁荣及其学生们的努力,维纳的许多理念将无法在电气工程领域立足。

特里恩将李郁荣的主要科技贡献归纳为如下几点(文献[18]):
- 研究并开发"李-维纳电路网络"并将"希尔伯特变换"介绍给电气工程师;
- 对维纳的"最优线性系统理论"进行了实用性发展,为电气工程师阐明了该理论,并将该理论应用于解决实际问题;
- 研发用于计算关于信号的一阶和二阶相关函数的仪器设备,并阐明相关函数的性质;
- 将相关器应用于噪声中低水平周期信号的检测;
- 认识到维纳的非线性系统理论的重要意义,并致力于该理论的实用性发展。特里恩强调说,李郁荣的上述成就以及他所做的其他贡献将永远被人们牢记。

(三) 他的学生们

李郁荣在 MIT 和 RLE 以善于教学和培养人而著称。他的同事和学生们在回忆中,都称赞他是"伟大的教师和导师"(great teacher and mentor)(文献[18])。他对于学生的培养,并不是设法给出高明的专业指导意见,而是为他们创造一个能够不断地学习进步并对自己的能力逐步建立信心的环境。李郁荣自 1946 年回到 MIT 后不久,就开始指导博士研究生;直到 1966 年,他的最后一名博士生通过答辩。在这 20 年间,他总共带出 17 名博士生,其中有 3 名是与维纳共同指导。这些博士生的大部分研究课题都与非线性系统有关;其中有很多人后来成为工程领域著名的学者,并且带出了更多的博士生。据美国数学会的"数学家谱"网站(http://www.genealogy.ams.org)统计,李郁荣名下的博士后代多达 672 人!需要指出的是,该网站给出的李郁荣博士后代的统计数显然是不完整的,因为在李郁荣所指导的博士及其博士后代中,有不少著名的教授因其远离数学专业,而被忽略了他们名下的博士。

下图的照片摄于 1954 年,李郁荣和他的学生们在讨论维纳的非线性系统理论。

图 15　1954 年,李郁荣和他的学生们在讨论非线性系统的理论

在李郁荣的学生中,最著名的当属于 1956 年获得博士学位的印度裔学者和企业家艾马尔·G·玻色。在本文第 7 节中已有介绍:玻色在李郁荣的指导下,率先在维纳的非线性系统理论的研究中取得突破;他毕业后留在 RLE 实验室任助理教授,维纳经常找他来讨论问题;他还与李郁荣一起,邀请维纳来"通信统计理论"小组上课,并帮助维纳完成了《随机理论中的非线性问题》著作。除此之外,在玻色与李郁荣之间,还有更多的学术上以及私人方面的联系。

玻色在李郁荣的劝说下,承担了一个由同在波士顿地区的 MIT、哈佛大学和马萨诸塞总医院联合进行的研究项目,该项目尝试运用维纳的控制论原理来研制一种电子机械假肢,它可以受人体残肢末端的神经支配而动作。玻色成功地制造出这样的一个手臂,引起轰动,后来被称为"波士顿假手臂"(Boston arm)。

6 岁就开始学小提琴的玻色非常喜爱听音乐。1956 年,他在通过博士论文的答辩后,买了一套高保真音响设备以放松心情,却对该产品的放音效果不甚满意;他进而发现,市面上所有品牌的音响设备都达不到他的理想标准。于是,他就运用所掌握的非线性通信系统的知识,进行音响设备的物理声学(physical acoustics)和心理声学(psychoacoustics)的测试和研究;他发现了,人的大脑与耳朵协调接受从墙壁、地板和天花板反射声音的过程如何影响人们对于音乐的体验;经过 4 年多的研究和探索,玻色掌握了制作理想音响设备的关键技术,并成功申请到几个专利。按照规定,这些专利的使用权均属于 MIT。到了 1963 年,MIT 放弃专利使用权,把它们还给了玻色。玻色于是想把它们卖给那些生产音响设备的大公司,但均遭到拒绝。正当他不知道该拿这些专利怎么办的时候,李郁荣为他指点了迷津。玻色在多年以

后回忆起这段往事(文献[26]):

> 一天,李郁荣把我叫到他的办公室,给我讲他在第二次世界大战时期的经历。我不知道他为什么要跟我讲这些,但他总是用这种方式来启发别人:他会讲一个故事,然后让学生自己去做结论。他说,他在 MIT 获得博士学位后,于 1929 年回到中国①。他在北京执教;到了 1939 年,他感觉战争将要来临,就决定重返美国。他在预定船期的三天前来到上海,但第二天日本人也来了。为了生存,他做起了古董生意。接着,他跟我解释古董商们的梦想:有一天,他们拿到了一个值钱的古董,他们认出了它,就不再把它放手。讲到这里,他感谢我来到他的办公室。我离开之后,才领悟到,他在告诉我:我的专利是那么的值钱,我不应该放手把它们卖掉,我应该开一家公司。

于是,从 1964 年春天开始,玻色经常与李郁荣及其他两位 MIT 同事碰头,商讨成立公司事宜。到了 1964 年 11 月,一家以玻色的姓氏命名的专门从事生产和销售高保真音响器材的公司开张了。李郁荣作为合伙人之一,投资 1 万美元。开始几年,公司的经营并不顺利,刚刚只够保本。到了 1968 年,"玻色"公司推出自己的第一个音响产品,该产品以体积小音质高而立即走红。于是,几乎在一夜之间,"玻色"公司成为全球知名的音响器材公司(其产品在中国被称为"博士"牌音响)。1970 年,打算彻底退隐的李郁荣卖掉了他在玻色公司的所有股份,拿到 26 万美元的投资回报。

到后来,"玻色"公司发展成为拥有 9 000 余名员工的大公司;2007 年,玻色以 18 亿美元的身价排名福布斯世界首富榜第 271 位。2011 年,玻色把他的大部分公司股份都捐献给了 MIT。

1951 年获得博士学位的约翰·科斯塔(John Costas,1923—2008)毕业后长期在美国通用电气公司工作,是一位享有盛名的电气工程师。他所设计发明的"科斯塔环"(Costas loop)电路结构可用来锁定载波的相位信号,被广泛应用于数字通信接收设备,对现代数字通信的发展产生了深远影响。他还发明了"科斯塔阵列"(Costas array),可用于显著改善声纳系统的性能。

1961 年获得博士学位的马丁·施特森(Martin Schetzen)教授一直在维纳和李郁荣所开创的领域中从事研究工作;他在 1980 年出版的著作《沃尔泰拉和维纳的非线性系统》(*The Volterra and Wiener Theories of Nonlinear Systems*)是关于维纳非线性系统理论的主要参考书。

1961 年获得博士学位的哈利·范·特里斯(Harry L. Van Trees)教授,因毕业后没多久就出版了三卷集巨著《探测,估计与调制理论》(*Detection, Estimation, and Modulation Theory*,1968)而声誉鹊起。他与别人合作开拓了通信统计理论研究的新方向,使其能应用于雷达、声纳等领域。

1960 年代在 MIT 学习的南非电气工程师沃尔夫·威德曼(Wolf Weidemann)在写给 MIT《技术评论》(Technology Review)的读者来信中说道(文献[27]):

---

① 可能因为年代久远,玻色在此回忆李郁荣讲述自己的经历,其时间和情节均与实际有误差。

……我想对李郁荣教授加几句赞美的话；我们都知道他是"维纳的弟子"（Wiener's disciple），他为传授并让世人理解维纳的思想做出了巨大的贡献。

众所周知，维纳教授的讲课笔记是根据他的黑板书写的照片整理的，这些照片由学生在擦黑板前拍摄下来。许多硕士和博士论文都源自维纳那段标志性陈述"我们应该能够证明……"他看来确实是在更高的直觉层次上进行思考和运算。只是由于李郁荣教授极大的耐心和精湛的教学技能，才使得我们电气工程师能够听懂维纳的理论并从中获益。

资料来源

[1] 黎小江,莫世祥.澳门大辞典.广州：广州出版社,1999.

[2] 蔡珮玲.一九一一年辛亥革命时的澳门.澳门日报电子版,2011-10-10. http://macaodaily.com/html/2011-10/11/content_637504.htm.

[3] 张奠宙,李旭辉.维纳和李郁荣//李迪.数学史研究文集（第四辑）.呼和浩特：内蒙古大学出版社,1993：104-108.

[4] 李旭辉.李郁荣博士传略.《中国科技史料》,1996,17(1)：60-73.

[5] 李旭辉.30年代N.维纳访问清华大学函电始末.《中国科技史料》,1998,19(1)：42-51.

[6] 孟杰.教授印象记——李郁荣.清华暑期周刊,1935年第7—8期第65页.

[7] 茹蒂.园内学人访问记——电机工程学系教授李郁荣博士.清华副刊,1935,43(1)：21-23.

[8] 魏宏森.维纳在清华.自然辩证法通讯,1980(1)：60-63.

[9] 魏宏森.N.维纳在清华大学与中国最早计算机研究.中国科技史料,2001,22(3)：225-233.

[10] 金富军.1937年卢沟桥事变前后的清华大学.文史春秋,1929(11)：13-16.

[11] Wiener N. I am a Mathematician: The Later Life of a Prodigy. London：Victor Gollancz,1956.（中译本：维纳.我是一个数学家.周昌忠译.上海：上海科学技术出版社,1987.）

[12] Wiener N. Cybernetics：Control and Communication in the Animal and the Machine. Cambridge：MIT Press, 1948；2nd ed.1961.（中译本：维纳.控制论：或关于在动物和机器中控制和通讯的科学.郝季仁译.北京：科学出版社,1985.）

[13] Quarterly Progress Report #7,Research Laboratory of Electronics, MIT, Cambridge, MA, Oct. 1947.

[14] Massachusetts Institute of Technology Bulletin, 1951 October, 87(1).

[15] V.C.RIDEOUT, V. RAJARAMAN. Book Review. SIAM Review, 1962, 4(4)：402-404.

[16] MIT Greater China Strategy Group. Report to the President of the MIT. Augster 2010. http://global.mit.edu/images/uploads/MIT-Greater-China-Strategy-Working-Group-Final-Report.pdf.

[17] Flo Conway, Jim Siegelman. Dark Hero of the Information Age：In Search of Norbert Wiener — The Father of Cybenetics. New York：Basic Books, 2006.

[18] Charles W. Therrien. The Lee-Wiener Legacy：A history of the statistical theory of communication.IEEE Signal Processing Magazine. 2002(11)：33-44.

[19] Wiener N.Generalized Harmonic Analysis.Acata Mathematica, 1930, 55：117-258.

[20] Wiener N.The operational calculus. 电工,1935,6(6)：4-12.

[21] Wiener N. Notes on the Kron theory of tensors in electrical machinery.电工,1936,7(3-4)：26-40.

[22] Wiener N. Extrapolation, Interpolation, and Smoothing of Stationary Time Series. New

York: John Wiley & Sons, 1949.

[23] Wiener N. Nonlinear Problems in Random Theory. Cambridge, MA: Technology Press and Wiley,1958.

[24] Wiener N.Selected Papers of Norbert Wiener. Cambridge, SIAM and MA: MIT Press,1964.

[25] Elizabeth Lee. A Letter to My Aunt. New York: Calton Press, 1981.

[26] Bose A G. RLE Currents, 1996, 8(1): 9.

[27] Weidemann W. Wiener's disciple, Yuk Wing Lee. MIT Technology Review, 2011. http://www.technologyreview.com/mitnews/425878/letters/.

[28] Wildes K L, Lindgrer N A. A Century of Electrical Engineering and Computer Science at MIT,1882-1982. Cambridge, MA: MIT Press, 1985.

李郁荣的主要论著

1. Lee Y W. Calculation of the capacitance between two wires of a three-conductor cable. Transactions of the AIEE, 1929, 48(1).

2. Bishop F W, Lee Y W, Scott W J M, Lyman R S. Studies of pulmonary acoustics IV. Notes on percussion and on forced vibrations. The American Review of Tuberculosis, 1930, 22(4).

3. Lee Yuk-wing. Synthesis of electric networks by means of the Fourier transforms of Laguerre's functions.Ph.D. dissertation. MIT, Cambridge, MA, June 1930. Also published in Jour Math and Phy, 1932,XI(2): 83-133.并转载于《电工》杂志1934年第5卷第5期355-373页.

4. Ku Y H, Lee Y W, Hsu F. Analysis of the instantaneous steady-state current of synchronous machines under asynchronous operation.电工,1935,6(1): 1-7.

5. Lee Y W, Ku Y H, Hsu F. The superposition of two simple-harmonic waves.国立清华大学理科报告,1935,8(1): 65-75.

6. Lee Y W, Chang S H. Electric network parametric transforms-examples.国立清华大学理科报告,1936,7(3-4): 269-276.

7. Lee,Yuk-wing. Application of Statistical Methods to Communication Problems. M.I.T.Res. Lab. of Electronics. Tech. Rept. No. 181, 1950.

8. Lee, Yuk-wing, J. B. WIESNER, and T. P. CHEATHAM. Application of Correlation Analysis to the Detection of Periodic Signals in Noise. I.R.E. Proc. 38, pp. 1165-1171, October, 1950.

9. Lee Yuk-wing. On Wiener Filters and Predictors. Symposium on Information and Networks. Microwave Research Institute.April 12-14, 1954,Polytechnic Institute of Brooklyn.

10. Lee Y W. Statistical filtering and predication. Nuovo Cimento, 1959, 13(10): 430-454.

11. Lee Y W. Statistical Theory of Communication. New York: John Wiley & Sons, 1960. Republished by New York: Dover Publications, 2005.

12. Lee Y W. Contributions of Norbert Wiener to Linear Theory and Nonlinear Theory in Engineering//Selected Papers of Norbert Wiener. Cambridge, MA: MIT Press, 1964.

13. Lee Y W, Schetzen M. Measurement of the Wiener kernels of a nonlinear system by cross-correlation. Int J Contr,1965,2(3): 237-254.

专利

14. Lee Y W, Wiener. Electric network system. US Patent 2024900, Sept. 2, 1931.

15. Lee Y W, Wiener. Electric network system. US Patent 2124599, July 18, 1936.

16. Lee Y W, Wiener. Electric network system. US Patent 2128257, July 7, 1936.

17. Lee Y W, Wiesner J B, Cheatham T P. Apparatus for computing correlation functions. US Patent 2643819, Aug. 9, 1949.

第二部分

数学文化

第一章

数学文化概论

关于数学文化的一点思考

张奠宙

自然美和艺术美是由视觉、听觉等感官所接受的美感，数学美则是大脑所产生的思维结构上的精神美，而思维上的形式美学是整个美学中的重要组成部分，数学思想方法的形成则往往打上社会文化的烙印。

最近在匈牙利召开的第六届国际数学教学会议上，与会者用一整天时间讨论了"数学·教育·文化·社会"的问题，"数学文化"理所当然地成为讨论会的热门话题，那么，它到底包含哪些涵义，有什么研究和运用的实际意义呢？我们应谈而且有必要关注并参与这些"新现象"的研究，以提高整个国民的文化素质。

在我国，通常把数学归入自然科学范畴，而对文化的理解，又比较狭义地专指政治、法律、伦理、道德、文学和艺术等社会科学的综合体。关于"什么是数学"的问题，国内外一直有许多不同的观点，一些人认为"数学是人的心灵的自由创造物"，也有人把数学定理看成冥冥之中早已安排好了的巧妙设计，数学家的任务仅仅是发现它，还有人把数学说成是客观世界数量关系和空间形式在人脑中的反映……所有这些看法，都有一定的科学性，但对于东西方的数学观念和数学传统存在的差异以及各个学派的数学呈现许多不同类型特征的原因却解释不清。于是，人们索性把数学看成与社会发展和文化传统不可分离的一种文化现象，"数学文化"便应运而生。

数学，这门自然科学之基础作为一种社会意识形态，应该而且必须会受到社会文化的影响，"社会文化"便恰当地反映了"数学科学"的特征。数学与其他自然科学不同，它不以某种具体的物质运动形态作为研究的对象，它是人从自己的需要出发，对客观数量关系和空间形式的一种概括和理解，许多定义和定理，人为的痕迹很重，其检验往往得力于逻辑和文化价值判断，并不完全依赖于实验的验证。

从历史上看，古希腊的数学讲究公理方法、演绎证明，以几何学为中心。而中国的传统算学则强调计算解疑、算法逼近，致力于代数。这是两种不同文化背景下出现的不同的数学。尽管古希腊数学文化已为全世界所接受，但是计算机的出现却更重视算法。以算法为中心的中国传统数学理应获得新的评价。

数学文化的差别主要反映在数学思维方式的不同。而数学思想方法的形成则往往打上时代社会文化的烙印。苏联有强大的概率论学派，却没有出现重要的数理统计思想，英国、美

编者注：原文载于《科学报（京）》(1988年9月9日第2版)，并转载于《复印报刊资料（自然辩证法）》(1988年10期第96—97页)。

国的社会与政治环境则提供了数理统计的思想方法和理论,中国数学家在解析数论方面的巨大成就,举世公认,这也是为中国的社会经济条件所决定,人们不能要求解放前的数学家在中国本土上从事喷气式飞机研制中的数学问题,依赖于大工业的新数学思想只能在工业发达国家形成。因而"数学文化"可以促使人们去理解和解释各种数学思想形成的历史原因和社会背景。

许多人从美学的观点提到数学文化,数学美是一种形式美。数学定理的对称、和谐和简约,思维技巧的奇异、多变和巧妙,使人们叹为观止,以致不少人在数学天地里流连忘返,把欣赏数学美当作一种享受。如果说自然美和艺术美是由视觉、听觉等感官所接受的美感,数学美则是大脑思考所产生的思维结构上的精神美,思维上的形式美学是整个美学的重要组成部分。

谈到数学文化,人们尤其关注数学语言的意义和作用,数学知识固然重要,但数学语言也许是对人类文化的更大贡献。事实上,符号化、形式化的数学语言,表达了各种科学公式,提供了图象表示,加强了人际交往。计算机的诞生,又出现了计算机语言,从自然语言到数学语言再到计算机语言,信息交换达到了一个又一个的新高度。语言和文化的这种密切联系,使不同民族的不同语言给数学带来不同的特性。

数学作为一种文化,是教育的重要内容,数学教育的价值与其说积累数学知识,不如说培养数学思维能力。人们从社会需要,人的素质,思维习惯,文化传统的角度,考察数学在延续人类文明中的作用,数学教育改革常常是历次教育改革的先锋,人们在改革数学教育时,更是将数学当作一种文化形态来对待,使数学教育成为造就、培养下一代,塑造新人形象的有力工具。

目前,"数学文化"已有不少人参与研究,可确切含义并无统一的认识,许多议论也不十分精当;但是,这些研究和想法,无疑使人们对数学的价值、意义和作用会有更新的认识,对数学的发展起到积极作用,对自然科学和社会科学的紧密配套提供实例和经验,从而增强人们认识自然和了解社会的能力。可以预料,"数学文化"作为一种方法,一种新观念和新思想将对科学界、文化界和社会界产生较大的影响。

"推测数学"是否允许存在

张奠宙

20世纪的数学正在一日千里地向前发展。所谓"第三次数学危机",不过是哲学家们故作惊人之语。但是,数学界内部也并非风平浪静。1993年7月,美国数学会的《公报》上发表了一篇文章,题为"理论数学——数学和理论物理的文化综合"[1]。作者是美国哈佛大学的贾弗(Jaffe)和弗吉尼亚理工学院的奎因(Quinn)。一篇文章本不算什么大事,令人惊奇的是一大批世界顶尖的数学大师就此发表看法[2]。他们的观点不尽相同,可都从各个侧面反映了对传统数学观的挑战。争论的主题是:没有严格证明的推测性的数学结果是否允许发表?众所周知,数学界历来以数学的绝对严格而自豪,断言数学的严格性是数学的生命,不容许有任何含糊不清和讨价还价。现在居然讨论起无需证明的"推测数学",岂不是对传统的背叛?这场论战涉及数学科学的深层次问题,其意义似不可小看。在今天跨世纪的国际科学竞争中,这一问题或许会具有重要的战略意义。

一、分工

贾弗和奎因在上述论文里,首先将数学和物理学进行类比。在物理学中有理论物理和实验物理的分工。大约从1900年开始,相当多的物理学家只作理论研究,对物理现象作各种理论推测。另一部分实验物理学家则通过实验证实或推翻各种推测。在数学界,一位数学家要取得一项创造性的成果,也必须先进行猜想和推测,然后再通过严格证明以验证其推测是否正确。这表明数学界还没有出现像物理学界那样的分工,数学家必须承担"推测"和"验证"双重任务。于是贾弗和奎因建议:应该允许"推测数学"的存在,在杂志上发表未加证明的"推测"性的数学论文,及早完成"理论数学"和"证明数学"的分工。

二、背景

出现贾弗和奎因的论文,有其特定背景。1990年,国际数学家大会在日本京都举行,会上有四人获四年一度的世界数学最高奖——菲尔兹奖,其中的一位是物理学家威滕(E. Witten),这是没有先例的。威滕的主要贡献是利用物理学的观点和方法,提出了一系列数学新见解,得到许多数学新结果。他给出的一种数学不变量,恰好和另一位菲尔兹奖获得者琼

编者注:原文载于《科学》(1995年2期第4页至7页)。

斯(Jones)的工作——纽结的琼斯多项式相联系,在数学界引起轰动。理论物理学家从物理学需要提出的数学猜测,内涵十分丰富。因此,尽管这些物理学家并未经过严格数学训练,所作推测却很有道理。接着,许多数学家极有兴趣地对这些推测进行严格的数学证明,便形成了一个个数学热点。可见,威滕等物理学家已经作出了第一流的"推测数学"工作,而一批数学家则从事艰巨的"证明数学",对推测加以验证,分工实际已存在。

数学和物理学联系历来很密切。有一门学科就称为数学物理。但数学界和物理学界关系却不太融洽。许多物理学家认为数学家是无用的苛刻的理论家。诺贝尔物理奖获得者费因曼(R. Feynman)常常取笑数学家不愿采用那些"管用"但不严格的数学方法[3]。连十分重视数学的杨振宁也说过:"有些数学书,搞物理的只看了第一页就不想看了。"[4]

三、传统

数学界崇尚逻辑演绎绝对严密的格局是在 19 世纪末、20 世纪初逐步形成的。牛顿发明的微积分,欧拉的大量数学发现,以及中国古代数学成果,以现今的观点看,都是不严格的,却无损于它们的历史光辉。

数学界也有许多成功的猜想,如费马猜想、黎曼猜想、哥德巴赫猜想,以及希尔伯特提出的 23 个数学问题,都是成功的事例。这种猜想只提出一个目标,如能解决,功劳归于证明者,有些猜想附有一些基本想法,有一个纲领和计划,如韦伊(Weil)猜想、朗兰兹(Langlands)纲领、森(Mori)计划等。当前数学界还有"如 A 真,则 X、Y、Z 也真"的研究;大兵团作战(如有限单群)的计划;一项基金下的分工合作等。这些也在某种程度上规划了未来研究的目标,也是一种猜测。此类工作是受到赞扬的。

然而,另一些未加证明的猜想性研究工作则举步艰难。本世纪初的意大利代数几何学派,以大量猜测为依据所作的工作,未被数学界承认;1895 年,庞加莱的《位置分析》是代数拓扑学的开端,但这篇"引人入胜又令人恼火的作品"完全是直觉的,所以在 20 年内一直被冷落;托姆(R. Thom)在 1958 年以前做的是严格的数学工作,因而得了菲尔兹奖,但此后完成的奇点理论和拓扑稳定映射的工作,则不甚严格,建筑在其上的"突变理论"及其各种应用,更有争议。

总之,尽管我们对牛顿发明微积分的不严格工作推崇备至,却不能容忍今天的任何"不严密的证明",即使看起来它很具创造性。

四、赞同(来自阿蒂亚)

阿蒂亚(M. Atiyah)是当代最负盛名的数学家之一,也是牛顿之后任三一学院院长的唯一数学家。他对贾弗和奎因文章的观点表示赞同,认为"把基于不严格证明的数学和基于启发式的数学加以区别是特别重要的"。数学要具有活力,出现激动人心的新局面,就不得不允许新思想和新方法的探索,今天我们对证明有高标准要求,但在早期发展过程中,我们必须准备做更多的冒险。直觉的启发式的物理论证建立的大量工作,乃是欧拉和拉马努金(Ramanujan)的现代事例。

事实上,量子场论和几何的整个领域按这种风格产生了很有价值的新结果。许多重要情形用其他方法已有了严格证明,这从另一方面说明直觉式的证明往往率先发现新结果。原本不严格的费曼积分,现在已用组合学和代数学技巧给出了严格的含义。威滕基于狄拉克算子和超对称形式化给正能量猜想以非常简单的证明。丘成桐的证明是可尊敬的,但威滕的功绩也不可否认。

数学中猜想的价值有时要超过证明,以霍奇(Hodge,阿蒂亚的导师)的调和形式大纲为例,霍奇自己的证明本质上是错的,因为他用的分析工具不合适。后来的证明采用了更好的分析方法,但这无损于霍奇的光荣。

物理学家在第一线作研究探索时很少考虑数学的严格性,而数学家能给出严格证明的结果很少属于物理学热点。现今几何与物理学前沿的发展,是20世纪数学最令人耳目一新的事件,它将会制约未来的21世纪的数学。

年轻一代将会追随这一趋势,但正如贾弗和奎因所警告,对于那些想稳稳当当获取博士学位的年轻人,这会是过于冒险的。

五、反对(来自麦克莱恩)

麦克莱恩(S. Maclane)是代数学权威人士。他在评论贾弗和奎因文章时说:"他们作了一些有趣的考察,然而,在我看来,他们的主要建议是危险的,也是错误的。"

麦克莱恩首先回忆1982年秋在沙特阿拉伯的一家旅馆开会时,和阿蒂亚的讨论,题目是"数学研究是如何作出的"。麦克莱恩认为,数学研究意味着首先要获得和理解必需的定义,研究这些定义,看看能算出什么,能推出什么,最后得到具有新结构的定理。对阿蒂亚来说,研究意味着对一些模糊的、不肯定的情景苦苦思考,看看能发现什么,最后才达到定义、定理和证明。这两类数学家具有不同的思考路线,但他们的共同标准是最后得到经严格证明的定理。

数学的理解链是"直觉—尝试—出错—推测—猜想—证明"。物理学已经提供了许多很好的建议和新颖的直觉,但数学无需去模仿"实验物理"的风格。麦克莱恩说:"数学依靠证明,证明是不朽的。"

六、自白(托姆)

托姆是突变理论创立者。他表述了自己关于数学严格性的态度:"1958年以前,我生活在以布尔巴基学派人士为主的圈子里,即使我有一些不严格之处,其他人,嘉当(Cartan)、塞尔(J-P Serre)、惠特尼(Whitney)会帮助我保持一种人们可以接受的严格标准。但自1958年获得菲尔兹奖之后,我就按照我自己的自然趋势走下去……几年以后,我成为格罗滕迪克(A.

Grothendieck)的同事,竟使我觉得严格性并非数学思维的必要品质。"此后,托姆的许多重要工作在初次发表时都是不严格的。当然,后来许多人关于奇点理论的阐述则是严格的。

"因此,贾弗和奎因的文章涉及了非常重要的问题",托姆认为这是第一次有机会深入讨论数学严格性问题。严格是相对的,不是绝对的。它依赖于读者已有的和被期望应有的背景,这是一种局部的、社会学的准则。

"严格性是一个拉丁名词。我们会想起僵死(rigor morits),即僵化的尸体。我要把数学分为以下三类:

(1) 以婴儿摇篮为标记。这是'活的数学',允许改变,澄清,完成证明,反对,反驳。

(2) 以十字架为标记。这是坟墓上的十字架。作者声明它已完全严格,不朽的正确性。这类工作将构成'坟场数学'。

(3) 以教堂为标记。这是外部的权威,由高级教士组成,以判断哪些工作确已成为'坟墓数学'。"

托姆在这里用半开玩笑的态度,诉说着一个严肃的话题。

七、嘲弄(曼德尔布罗特)

分形数学的创始人曼德尔布罗特(B. B. Mandelbrot)发出了对当代流行的数学准则的猛烈抨击。他愤世嫉俗的看法令人吃惊。曼德尔布罗特把今天的数学家嘲讽地称为查尔斯数学家(Charles Mathematicians),因为美国数学会(AMS)位于查尔斯大街上。他不同意贾弗和奎因文章的观点,是因为嫌他们走得不够远。指责贾弗和奎因想在查尔斯数学家内部建立"警察国家",并使这种秩序越过数学边界以至成为"世界警察"。贾弗和奎因的文章说"物理系的学生通常具有反数学的观念,……常常否认他们的工作是不完备的"。为了改变这种情况,贾弗和奎因不是用平等地进行协商的办法,而是开"处方"(用贾弗和奎因自己的说法)。曼德尔布罗特说,"为什么科学家们要理会'查尔斯数学家'的荣誉,给'查尔斯数学家'恶劣的记录以荣誉呢?"

安德森(P. Anderson)把数学严格性看成"不相干的和不可能的",曼德尔布罗特认为"即使可能,也无关紧要和令人烦恼"。以数理统计为例,奈曼(J. Neyman)曾训练他的追随者要做到极端严格(他们的工作只是为了使查尔斯数学家感兴趣)。但现今奈曼的影响已消退,情绪变了,数理统计被解放出来,找到了自己的科学位置。如果现在把贾弗和奎因的处方用于数理统计,它将再次走进死胡同。

曼德尔布罗特说:"我读数学史的体会是,人类在不断产生具有最高数学天才但不屈服于类似贾弗和奎因处方压力的人物。如果真的施加压力,他们会离开数学。这对每个人都是莫大的损失。"他的第一个例子是概率论大家莱维(P. Levy,1886~1971)。法国式的查尔斯数学家谴责他不能充分证明定理(包括有时会出现初等计算错误)。莱维虽无法逃出查尔斯数学的手掌,但不屈服。直到70多岁时仍有极好的惊人的直觉工作问世,那些"不完备的"事实不断为大家提供极有价值的工作。但在他71岁时(当时曼德尔布罗特是和他共事的初级教授),仍被禁止教概率论,对他的折磨是令人难以想象的。

第二个例子是庞加莱。在最近公布的埃尔米特(Hermite,庞加莱的导师)给米塔格-列夫勒(Mittag-Leffler)的信中,有多处抱怨庞加莱把要他修正并发表充分证明的劝告当作耳旁风。鉴于庞加莱不可救药,埃尔米特和皮卡(Picard,庞加莱的继任导师)竟然不让庞加莱教数学,只让他教数学物理和天文学。庞加莱出版的讲义包括基础光学、热动力学、电磁学(二三年级的理论物理课程)。庞加莱在1985年写的《位置分析》一书确实在很长时间内成了"死区"。曼德尔布罗特说,请问:受害的是谁?难道要庞加莱屈服于埃尔米特和他的后继者,等他知道如何走出那个"死区"再来出版这本名著吗?

曼德尔布罗特主张改善数学和临近学科关系,认为最好的边界是开放的边界,即允许名义上的物理学家以他们的数学受到称赞,而名义上的数学家以他们的物理学成就获得褒扬。

八、理解和证明(瑟斯顿)

菲尔兹奖获得者瑟斯顿(W. Thurston)写了一篇长文来回应贾弗和奎因的文章,题目是"数学中的证明和进展"。其主旨是论述数学家是如何证明定理的,数学家如何推动数学的进展,数学家如何增进人类的数学理解,论述非常深入和吸引人。如他列举人们对导数的8种理解:从无穷小变化率到纤维丛的联络,揭示人类语言、符号、逻辑、视觉等在作证明和交流证明中的作用。这些论述具有特殊的哲学意味,但并非直接回答贾弗和奎因论文。

在谈到什么是证明时,瑟斯顿说:"当人们做数学时,主要依据意识流和社会的正确性标准,很少考虑形式化的书面文件。人们常常不善于检验形式证明的正确性,却会发现证明中潜在的弱点和缺陷。"瑟斯顿赞成现今通行的严格性标准,认为这是保证数学完全可信的基础。但也认为人们不能依靠形式化来做数学。

瑟斯顿自己的经历和"推测数学"有些关联。他的两项重要工作,一是建立叶状结构理论,二是用几何观点研究三维流形,对哈肯(Haken)流形几何化猜想的证明。在70年代末和80年代初,他的工作不能被人理解,一些数学家认为那是不可靠的。对此,瑟斯顿解释说:"我的数学教育有自己的独立性和习惯。有很多年我是自学的,按照我个人的思维模式去思考数学。这对我思考数学带来许多好处,但是,我能自由地和自然地运用的某些概念,对大多数数学家却是陌生的。这造成了我的数学思想和别人交流的困难。"事实证明,瑟斯顿的数学工作是正确的。许多数学家陆续用通常使用的概念和方法证明了他的许多论述和猜想。

九、启示

参加这场讨论的还有博雷尔(A. Borel)、蔡丁(G. J. Chaitin)、弗里丹(D. Friedan)、格里姆(J. Glimm)、格雷(J. J. Gray)、赫希(M. W. Hirsch)、吕埃勒(D. Rueile)、施瓦尔茨(Schwarz)、乌伦贝克(Uhlenbeck)、威滕、齐曼(E. C. Zeeman)。以上诸多名家,意见虽不尽相同,但多半赞同贾弗和奎因所提出的问题,认为值得讨论。20世纪只剩下五六年时间了,这场讨论是否会给未来世纪的数学发展带来革命性转折,值得重视和研究。

中国现代数学是 20 世纪才发展起来的,经过几代人努力,已获得世界性成就。在中国科学事业中,数学正计划率先赶上国际先进水平,表明我国数学研究队伍已具有追赶世界数学强国的实力。但许多数学界知名人士也认识到,中国数学在整体上仍和国际先进水平有相当大差距。如果说我们在数学技巧、证明难度上还比较强的话,那么,在数学创意、新理论建立、新学科奠基方面,则有更大距离。如此考虑,也许"推测数学"的提出,正击中我们弱点。我们常见我国数学家解决外国人的猜想,却几乎没有听到中国人有过什么重要猜想。这固然是中国数学还没有那么大名气,即使有了猜想别人也不重视,但另一方面,我们确实站得不够高,直觉的洞察力不够强,因而提不出有价值的猜想。

当然,"推测数学"的讨论并不意味着数学可以随意猜测,有价值的推测一定要建立在严格训练基础上。此外,对有创意的数学工作,则应允许在个别地方出点错,有些不严密,不要吹毛求疵,弄得人们谨小慎微。应当鼓励推测,经过讨论,也许就成了有意义的创造。在这一方面,我们的环境不能说很宽松。

令人担忧的是中国的数学教育。中学生负担之重,数学想象几乎被题海淹没,无暇看课外数学书,无从吸取新鲜数学思想。教学方法也是以记忆题型为目标,以形式上的严谨为准绳,把生机勃勃的数学思想阉割得支离破碎,面目死板。许多数学教育界人士则片面追求升学率。"万丈高楼平地起",只有从中小学起就培养学生数学创造意识,中国才能真正成为"21 世纪的数学大国"。

主要参考文献

[1] Jaffe A, Quinn A. Theoretical Mathematics: toward a culture synthesis of mathematics and theoretical physics, *Bull Amer Math Soc*, 1993, 29(1), 1.

[2] *Bull Amer Math Soc*, 1994, 30(2): 159~211.

[3] Feynman R P. *Surely you're joking Mr. Feynman: adventures of a curious character*. New York, W. W. Norton, 1985.

[4] Zhang D Z. C N Yang and Contemporary Mathematics. *The Mathematical Intelligencer*, 15(4): 13.

数学思维的魅力

张奠宙文　许政泓图

几天前,当"和平"号空间站准确坠落在南太平洋指定海域时,许多人松了一口气,但可能很少有人想到数学技术在这一事件中扮演的重要角色。当今我们面对的实际上是一个数据社会,生活中各种各样的数据应接不暇,一些伪科学正是利用数据搞欺诈。为此数学家呼吁,多向民众普及随机和概率一类的数学思想和观念非常必要。

一、太空的"比特胜利"

有一句名言是"数学是思维的体操"。其实,数学不仅是思想体操而已。数学思维具有无穷的威力,也有令人醉心的魅力。

2001年3月22日,俄罗斯"和平"号空间站准确地坠毁在南太平洋指定海域。在这场举世瞩目的行动中,有两门数学起着关键的作用:1948年香农建立的数学信息论,以及1946年维纳开创的数学控制论。首先,这需要由地面远距离传送指令信息,这肯定要受到噪声的干扰。如何保证"和平"号上接收的指令完全正确,这需要用抗干扰的通信理论和数学滤波设计。至于如何指挥空间站上计算机启动阀门,调整飞行姿态,控制进入大气层的地点和速度,都必须准确地运用控制论技术。时至今日,宇航专家对这门数学控制技术的运用已经驾轻就熟,因而这次坠毁可说无惊无险。

图1

在"和平"号坠毁时,俄罗斯的地面指挥中心及其派往南太平洋的观测组,以及南太平洋周边地区的许多地面观测站都在工作。在这些观测活动中,离不开一项关键数学技术——卡尔曼滤波。众所周知,由于受各种干扰的影响,地面观察到的飞船位置和真实的飞船位置会出现误差。1960年,美国数学家卡尔曼(R. Kalman)提出了一种数学方法,可以把随机出现的干扰"滤"掉,使地面监测的数据和真实的位置达到最佳吻合。这便是著名的卡尔曼滤波。1968年,美国阿波罗飞船登月,地面上四座雷达监控飞船的位置,并发出指令使阿波罗飞船软着陆,如果地面观测误差太大,控制飞船计算机调节指令出现失误,登月计划就将前功尽

编者注：原文载于《文汇报》(2001年3月28日),并转载于《科技文萃》(2001年第6期第121页至123页)。

弃。卡尔曼滤波技术于是在登月航行中大显身手,经受了实践的检验。时至今日,任何航行(包括每一架喷气客机)都离不开卡尔曼滤波,"和平"号的坠落自然也不例外。卡尔曼滤波技术现在已推广到地震监测和经济趋势的监控。是的,我们虽然看不见数学技术的巨大威力,却无时无刻不在享受它的恩惠。

二、考证《红楼梦》作者

图 2

数学思维的价值在于创意,复旦大学数学系李贤平教授关于红楼梦作者的工作一直引起我的关注。自从胡适作《红楼梦考证》以来,都认为曹雪芹作前80回,后40回为高鹗所续。《红楼梦》的作者是谁,当然由红学家来考证。但是我们是否可以用数学方法进行研究,并得出一些新的结果来?1987年,李贤平教授做了。一般认为,每个人使用某些词的习惯是特有的。于是李教授用陈大康先生对每个回目所用的47个虚字(之,其,或,亦……;呀,吗,咧,罢……;的,着,是,在,……;可,便,就,但,……;儿等)出现的次数(频率),作为《红楼梦》各个回目的数字标志,然后用数学方法进行比较分析,看看哪些回目出自同一人的手笔。最后李教授得出了许多新结果:

○ 前80回与后40回之间有交叉。

○ 前80回是曹雪芹据《石头记》写成,中间插入〈风月宝鉴〉,还有一些别的增加成分。

○ 后40回是曹雪芹亲友将曹雪芹的草稿整理而成,宝黛故事为一人所写,贾府衰败情景当为另一人所写。

李教授论文中的结论还很多,不及备述。奇怪的是,这一花了很大力气得到的研究成果(在美国威斯康星大学计算机上进行了大量计算),却很少引起国内红学界、新闻界以至数学界的重视。我们常说要鼓励文理兼通,鼓励新的创意,但到了事实面前,却又囿于常规,不能给予大力支持。说到底,还是数学观在作怪,总觉得解一道纯粹数学难题,可以登大雅之堂。至于一些不合常规的创意,往往就在冷漠中被扼杀了。李贤平教授的数学考证,别具一格,值得我们重新审视。

三、加薪的学问

数学思维的特点是准确。在美国广为流传的一道数学题目是:老板给你两个加工资的方案。一是每年年末加一千;二是每半年结束时加300元。请选一种。一般不擅数学的,很容易选前者;因为一年加一千元总比两个半年共加600元要多。其实,由于加工资是累计的,时间稍长,往往第二种方案更有利。例如,在第二年的年末,依第一种方案可以加得

1 000＋2 000＝3 000 元。而第二种方案在第一年加得 300＋600 元，第二年加得 900＋1 200＝2 100 元，总数也是 3 000 元。但到第三年，第一方案可得 1 000＋2 000＋3 000＝6 000 元，而第二方案则为 300＋600＋900＋1 200＋1 500＋1800＝6 300 元，比第一方案多了 300 元。第四年、第五年会更多。因此，你若会在该公司干三年以上，则应选择第二方案。

那么，第二方案中的每半年加 300 元改成 200 元如何？对不起，那就永远赶不上第一种方案得到的加薪数了。不信请做做看！明眼人一看便知，这是一道等差级数的好题目，中学生应该都会做。这一问题还可以做更细致的分析和推广。可惜的是，我们中学的数学教学还不大关注这类身边的数学。其实，学数学，就是要使人聪明，使人的思维更加缜密。

四、博彩有无窍门

一个小青年，准备结婚却没有房子，于是拿出 4 000 元打算买彩票，说要来"搏一记"。他还说："选彩票的数字，专挑那些前几次没有出现的或出现少的填上，赢的机会高。"结果被一位维持秩序的老伯伯劝阻了。这是笔者在电视上看到的一个镜头。

那位老伯伯做得对。彩票中奖的可能性不到十万分之一，比每年死于交通事故的概率还要小。所以买福利彩票是对社会做贡献，不能靠"搏一记"来弄钱。更荒唐的是，赢彩票还有"窍门"，即所谓前面少出现的数字，这次出现的可能性会大。这是中国数学教育中缺乏概率统计造成的恶果。彩票摇奖时摇中的数字，完全是随机发生的。和上一次数字的出现全无关（相互独立）。这正如民间认为，生了两个女儿之后，第三个是儿子的可能性要大些，实际上是毫无根据的一厢情愿。

图 3

数学上的概率思想，确实也不好掌握。1991 年春天，笔者曾在《文汇报》副刊上写过短文，介绍美国《检阅》专栏作家塞望（M. Savant）女士提出的一个问题：

"有三扇门，只有一扇门的后面是一辆车，若猜中即开走。现在我猜 1 号门。然后主持人将 2、3 号门中无车的打开，例如 3 号门后无车。现在请问，你是否要换选 2 号门？这一问题的答案是应该换，但包括美国读者在内的许多人一直想不通，认为换不换一样，都是三分之一。但是正确答案是 2 号门有车的概率是三分之二。此后国内许多报刊相继转载讨论，两种意见都有。塞望女士后来写过一本书《逻辑思维的威力》。她在书中解释说：如果有 100 扇门，其中只有一扇门后有车，你选 1 号门之后，主持人打开所有的无车门（例如 3，4，5，……100），问你是否换选 2 号，我想你一定会换！有许多读者关心这类数学思维的争论，反映国内数学文化的一种健康的变化："数学，不再只对考题感兴趣。"

数学是丰富多彩的。让我们大家都来欣赏数学思维的无穷威力和迷人的魅力！

五、理性思维的精华

数学的思维是严密的,最讲究秩序的。确实,五花八门的几何图形,如三角形、圆、多边形、长方体、圆锥面等等,居然可以从一组平凡的公理出发,步步为营,依次展开,推论出一系列的前后有序的定理链条,最后构成了欧氏几何学。另外,我们能从一堆乱麻似的数据中,找到一些关系,写成方程式,而且可以按部就班地把未知数一一解出来。一个数学命题的正确与否,通常都有方法,按照一定的程序,丝丝入扣地给以证明。这一切,都是反映数学思维的"秩序化"特征。学习数学,就是要学会逻辑,使人的头脑有条理,能够按照事物发展的逻辑顺序安排工作,办起事来有条不紊。

有人说,数学思维太死板。例如"三角形的三内角之和是 180 度"。这需要证明吗?用量角器量一量,大概差不多不就得了?数学却说不行,非得证明不可。我们说,这是一种理性的思维方式,是数学科学中所独有的。当然我们并非"数学至上"论者。数学思维只是思维方式的一种,但却是最有特点的一种。我们不妨从各种思维中有关"证明"的方法来考察数学思维。证明,是人们为了说服别人相信某个结论而使用的方法。说服人的证明方法有很多种:

a,引用权威的话。

b,相信大家的看法。

c,观察实验证实。例如,我的眼睛看到太阳是绕地球转的。

d,举例说明。

e,举不出反例。

以上的证明,是日常所用的,都有其重要的证明价值(决无加以否定的意思),但是又都可能出错(如所举各例)。惟独数学证明,则是千真万确的,不可动摇的。数学的逻辑证明,其价值也正在这里。因此,"三角形内角和为 180 度"在数学上必须从平行公理出发进行证明,人们从小就要学会这样思考,认这个死理。值得注意的是,中国传统文化中缺乏这种打破砂锅问到底的理性思维。因此,吸收古希腊数学家的这份科学遗产,把人类文明的理性精华融入中华文化,是我们的责任。

数学思维的威力和魅力

张奠宙

有一句名言是"数学是思维的体操"。其实,数学不仅是思维体操而已。数学思维具有无穷的威力,也有令人醉心的魅力——

一、从"烽火台"谈起

2001年2月24日,信息论创始人 C·香农(Shannon)去世。《纽约时报》发表悼念文章,指出"他是把二进位制数作为一切通信基本元素的第一人。"香农是科班出身的数学博士。他没有去解传统的数学难题,却把他的数学目光投向"通信",终于成为影响人类社会进程的数学英雄。

最简单的通信是中国古代的烽火台。烽火燃起(记为1)表示敌人进犯,没有烽火(记为0)表示前线平安无事。只有0,1两种情况的烽火台,就很自然地被定为一个信息单位(称为比特)。数学公式是 $\log_2 2=1$(比特),那么两个烽火台呢?假定第二个烽火台表示是否要补给粮草,这时有四种情况[0,0](表示敌人没来,不要补给);[0,1](敌人没来,但要补给);[1,0](敌人来了,不要补给);[1,1](敌人来了,需要补给)。这一通信具有四种情况,含有两个比特的信息量。数学公式是 $\log_2 4=2$(比特)。多个烽火台的情形可依次类推。其实所有的通信,无非是一连串的烽火台信息的组合;例如[1,0,0,1,0,0,0,1,1,1]就是传送了10个比特的信息。一个普通的电视画面大概需要100万比特。

香农认识到,一串0和1组成的序列是通信理论的基础,其中蕴藏着无限的数学潜力。于是,一门崭新的通信数学理论(信息论)就在他的手里诞生。什么是创造性的数学思维?数学思维的强大威力在哪里?看来不仅做一系列复杂而艰难的数学题才是数学思维。一个特别敏锐而有创意的数学眼光,往往具有无限的生机。中国有世界上最早的烽火台,但没有人及早用数学眼光去看它。这,就是我们在纪念香农去世时应该有的反思。

二、红楼梦的作者是谁?

数学思维的价值在于创意。复旦大学数学系李贤平教授关于红楼梦作者的工作一直引起我的关注。自从胡适作《红楼梦考证》以来,都认为曹雪芹作前80回,后40回是高鹗所续。

编者注:原文载于《世界科学》(2001年第5期第10页至11页)。

图 1

作者的考证当然有红学家在研究,但是我们是否可以用数学方法进行研究,并得出一些新的结果来?1987 年,李贤平教授做了。他用陈大康先生对每个回目所用的 47 个虚字(之,其,或,亦……;呀,吗,咧,罢……;的,着,是,在,……;可,便,就,但,……;儿等)出现次数(频率)的统计作为每一回数学标志,然后用数学方法进行比较分析,最后得出了许多新结果:

● 前 80 回与后 40 回之间有交叉。
● 前 80 回是曹雪芹据《石头记》写成,中间插入〈风月宝鉴〉,还有一些别的增加成分。
● 后 40 回是曹雪芹亲友将曹雪芹的草稿整理而成。宝黛故事为一人所写,贾府衰败情景当为另一人所写。

李教授的结论还很多,不及备述。奇怪的是,这一花了很大力气得到的研究成果(在美国威斯康星大学计算机上进行了大量计算),却很少引起国内红学界、新闻界以至数学界的重视。我们常说要鼓励文理兼通,鼓励新的创意,但到了事实面前,却又囿于常规,不能给予大力支持。说到底,还是数学观在作怪,总觉得解一道数学难题,在外国杂志的夹缝里找题目,做点补正,可以登大雅之堂。至于一些不合常规的创意,往往就在冷漠中被扼杀了。李贤平教授的数学思维,别具一格,似乎值得我们重新审视。

三、数学思维的逻辑魅力

数学思维是精细的。有一道简单的题目是:"老板给你两个加工资的方案。一是从第二年开始,每年年末加一千;二是从第二个半年开始,每半年的末尾加 300 元。"请选一种。一般不擅数学的,很容易选择前者:因为一年加一千元总比两个半年共加 600 元要多。其实不然。在第二年的年末,依第一种方案加得 1 000 元。而第二种方案在第一年末得 300 元,第二年的上半年多得 600 元,在第二年的末尾多得 900 元,一共净增加 1 800 元。这是一道等差级数的好题目,中学生应该会做,但很多大学生搞不清。真的,学好数学,人的头脑会更加缜密。

数学的思维是严密的。我们说:"三角形的三内角之和是 $180°$"。这需要证明吗?用量角器量一量,大概差不多不就得了?数学却说不行,非得证明不可。这是一种理性的逻辑思维。我们经常使用证明方法,目的是为了说服别人。但说服人的证明方法有很多种:

● 引用权威的话。例如:圣经上是这样写的,所以是对的。
● 相信大家的看法。例:那么多的人说天圆地方,一定不会错。
● 实验证实。
● 举例说明。历史上农民起义都是失败的,例如太平天国。
● 举不出反例。大清王朝是不会亡的,你看哪一个敢造反的不被杀头?

以上的证明,是日常所用的,都有其重要的证明价值。但是又都可能出错(如所举各例)。惟独数学证明,则是千真万确的,不可动摇的。数学的逻辑证明,其价值也正在这里。因此,"三角形内角和为180°"必须从平行公理出发进行证明,非学会认这个死理不可。值得注意的是,中国传统文化中缺乏这种打破沙锅问到底的理性思维。因此,吸收古希腊数学家的这份科学遗产,把人类文明的精华融入中华文化,是我们的责任。

四、彩票发行点上的议论

一个小青年,准备结婚却没有房子,于是拿出4 000元来买彩票,说要来"博一记"。他还说:"选彩票的数字,专挑那些前几次没有出现的或出现少的填上,赢的机会高。"结果被一位维持秩序的老伯伯劝阻了。这是笔者在电视上看到的一个镜头。

那位老伯伯做得对。彩票中奖的可能性不到十万分之一,比每年死于交通事故的概率还要小。所以买福利彩票是对社会做贡献,不能靠"博一记"来弄钱。更荒唐的是,赢彩票还有"窍门",即所谓前面少出现的数字,这次出现的可能性会大。这是中国数学教育中缺乏概率统计造成的恶果。彩票摇奖时出来中的数字,完全是随机发生的,和上一次的数字的出现全无关系(相互独立)。这正如民间认为,生了两个女儿之后,第三个是儿子的可能性要大些,实际上是毫无根据的一厢情愿。

图 2

数学上的概率思想,确实也不好掌握。1991年春天,笔者曾在《文汇报》副刊上写过短文,介绍美国《检阅》专栏作家塞望(M. Savant)女士提出的一个问题:

有三扇门,只有一扇门的后面是一辆车,若猜中即开走。现在我猜1号门。然后主持人将2、3号门中无车的打开,例如3号门后无车。现在请问,你是否要换选2号门?这一问题的答案是应该换,但包括美国读者在内的许多人一直想不通,认为换不换一样。此后国内许多报刊相继转载讨论此题,至今还有文章在争鸣。塞望女士后来写过一本书:《逻辑思维的威力》。她在书中解释说:"如果有100扇门,其中只有一扇门后有车,你选1号门之后,主持人打开所有的无车门(例如3,4,5…100),问你是否换选2号,我想你一定会换!"关心这类数学思维的争论,反映国内数学文化的一种变化:"数学,不再只对考题感兴趣"。

数学是丰富多彩的。让我们大家都来欣赏数学思维的无穷威力和魅力!

国际数学家大会的启示

张奠宙

国际数学家大会闭幕两个多月了,传媒中的数学热渐渐退去,但是,大会留给我们可以思索的话题将会长远地留在我们心里。中国的数学教育应该如何更上一层楼,更有许多值得深思的启示。

这次数学热的第一波是"霍金来了"、"纳什来了"。他们都是世界性的传奇人物,在经受过或者还在继续经受疾病煎熬的情况下,做出了令世界瞩目的成果。一个让人类知道自己从哪里来(宇宙学),一个让世人在竞争中知道合作和双赢。"好奇"、"坚毅"、"探究"、"创新"的精神,铸就了巨大的科学成果。这种大视野的思考,要有气魄、自信和文化积淀。数学教育是数学大师的摇篮,包括知识上、气质上、视野上。记得陈景润在中学里就知道哥德巴赫猜想的故事,现在的情况如何呢?尽管中国的数学"双基"教学享誉世界,可是缺乏"质疑创新"、"敢为天下先"的自信勇气,也许只能在"小康"阶段止步,花岗岩的基础上搭一座茅草房的现象也屡见不鲜。只有"基本功"而无"创新意识"的人,充其量只是优秀的"打工仔"而已。时代在呼唤霍金、纳什那样的大师在中国出现。数学家固然会努力,数学教育为此准备肥沃的土壤,也是义不容辞的事。

8月20日,国际数学家大会在人民大会堂开幕。我们注意到这样一个细节,在陈省身先生讲话时,江泽民主席帮助他移动话筒。国家领导人对陈先生的尊敬,是对数学和数学家的尊敬。其中,也包括着对数学教育工作者的期待。世界上的军事、经济强国,一定也是数学强国。回想极贫、极弱的旧中国,只是在1919年"五四运动"之后,才真正认识"科学(赛先生)的重要,以华罗庚、吴文俊、冯康等为代表的那一代数学家,披荆斩棘,创造出中国现代数学的大好局面,引无数中国人感到骄傲,进入21世纪之后,我们国家开始强大了,经济实力发展了。开创中国数学新局面的责任已经历史地落在一切从事数学和数学教育工作者的肩上。陈省身先生说过:"我想我们中国数学的目的是要求中国数学的平等和独立。"[1]。在今天的国际数学竞争中,我们也许还没有在数学上取得真正的独立。21世纪的中国数学教育,是产生世界一流数学家的基础。反躬自问,在中小学的数学课堂中,我们有这样的"追求中国数学独立"的教育么?我们能够清醒地树立起数学大国的理想么?以"考上名牌大学"、"拿竞赛名次"作为最高理想的数学教育,恐怕是不能孕育出一流数学大师来的。

给人印象很深的是8月20日中央电视台东方时空节目对丘成桐教授的采访[2]。丘教授是华人中唯一获得费尔兹奖的数学名家。在访谈中他说:"读《史记》好像是在欣赏歌剧。'高

编者注:原文载于《数学教学》(2002年5期封2及第2页)。

山仰止,景行景止'等对孔子的景仰词句,象是一段深思的咏叹调和华采乐章"。他还说,历史是宏观的,有了宏观的思考,往往会在数学上提出与众不同的观点。当然,数学研究是实打实的工作,没有严密的逻辑思维,无法得出优良的数学成果。但是,我们的思维品质是否太单一了?形象思维在数学创造中的地位恐怕还没有被广泛认识。读点哲学、读点历史、读点文学,提高数学教育的文化品位,仍是我们需要努力的任务。丘教授那样的数学境界,很值得我们学习。

丘教授是这次大会的倡导者和组织者,对中国数学的未来倾注了无限深情。但是,他在接受新华社记者访问时,曾就"现今的中国数学和国际数学水平有多大差距"的问题,做了5个字的估计"差得还很远"[3]。一个时期以来,不少人总觉得中国数学离"皇冠上的明珠"仅仅一步之遥,拿国际奥林匹克数学竞赛金牌如探囊取物,对自己的实力有不切实际的估计。丘教授的估计可以使我们清醒些。古人说得好"取法乎上,仅得乎其中"。没有高标准的追求,连"顶峰"在哪里都不清楚,还当什么登山队员呢?

国际数学家大会最令人激动的一刻是本届菲尔兹奖的宣布。菲尔兹奖只奖给40岁以下的年轻数学家。获奖的拉法格和沃沃斯基都出生在1966年,今年刚刚36岁,他们在20多岁时便向世界难题进攻,却没有听说他们拿过数学奥林匹克竞赛的金牌。发掘数学优秀人才,培养数学杰出青年,是我们当今的一项迫切任务,联想我们的人才观,似乎被"科举"意识蒙住了眼睛。简单地以为在"奥林匹克数学竞赛"中获得名次,便是未来的数学家了。这届大会上唯一的做一小时报告的中国学者田刚教授,在接受《文汇报》记者采访时说:"数学研究不同于体育竞技。数学不能光靠技巧,更多的应是对数学的兴趣和坚持不懈思考的毅力。"[4]

数学竞赛(包括高考)是选拔优秀数学人才的一条途径,但并非唯一途径。8月25日,在北京的"中学教师论坛"上,一位名牌大学的副教务长这样说:"高考状元"在大学里往往并非是最好的学生。勇于创新者大半在高分段的0.618处。他甚至语重心长地对家长说,如果您的孩子成了省一级的高考状元或者竞赛的第一名,您得注意他或她是否太注重考试分数,却把朴素的科学好奇心窒息了。"好胜"代替了"好奇",也就无所谓科学了。我们办过很多年的"天才少年班"、"奥林匹克竞赛班",在两位费尔兹奖获得者的故事中,应该得到有益的启示。

围绕着国际数学家大会的召开,荧屏和报纸上出现了很多的数学节目,一些著名的数学家纷纷发表演讲和谈话,让公众了解数学、接近数学。其中有不少令人回味的东西。中央电视台10频道的节目中有两个问题特别引起我的思考[5]。

北京大学的张恭庆教授提出问题,一条毛巾平摊着,有东西向、南北向、以及上下共三组6个方向,那么是否可能作一个运动使得这三组的两个方向恰好调换位置?答案是不可能。一个"右手系"无论怎样"旋转、平移、翻折"都不可能变成"左手系"。中学里有那么多的立体几何难题,却很少触及这样简单又有巨大数学内涵的观察与思考。奥林匹克数学竞赛也不处理此类问题。我们的数学教育是否太单一了?数学课堂上未免有些干瘪。

另一个问题是北京大学研究金融数学的史树中教授说的。他回溯概率论发展的历史,提到了数学期望产生于下列的赌博问题。有一笔赌金,甲、乙两人竞赌,输赢的概率各为$\frac{1}{2}$,以先累计达到5盘胜利者获得这笔赌金。在进行过程中,因故突然终止。此时,甲赢了4局,乙赢了3局。问这笔赌金该如何分配才合理?

听众中有许多人的答案是 $\left(\frac{4}{7} \quad \frac{3}{7}\right)$,因为在7盘中各有4局和3局的胜利。但是,这个答案没有考虑到5局胜利可获得全部赌金的事实。所以答案是:假设再进行一局,若甲胜(概率为 $\frac{1}{2}$)可得全部的1份赌金。若乙胜(概率也是 $\frac{1}{2}$),则大家各胜4局,应当平分,甲得 $\frac{1}{2}$。总之,甲可得 $\frac{1}{2} \cdot 1 + \frac{1}{2} \cdot \frac{1}{2} = \frac{3}{4}$。

我的思考是,中国是一个缺乏概率思考的国家。传统文化中缺乏随机数学的因素,公众中应当尽快补上这一课。另一方面,我们的中学数学教科书里敢不敢引用这个赌博的例子?数学的人文意义往往在这些看起来不雅的情景下发生的,我们不应该回避,而是从中得到启发,用于更广阔的天地。要知道,中国不缺乏赌博(麻将等),却没有从赌博中产生概率论。理性思维的差距,在此一目了然。

最后,我想说的是:数学不要过分自我封闭。也是在国际数学家大会举行期间,我国著名力学家钱伟长教授,在一篇回忆录中提到他如何在力学大家冯·卡门指导下,运用数学解决问题,认识到数学的作用。但在最后,钱教授说道[6]:"这使我明白了:数学本身很美,然而不要被它迷了路。运用数学的任务是解决实际问题,不是去完善许多数学方法,我们是以解决实际问题为己任的。从这一观点上讲,我们应该是解决实际问题的优秀'屠夫',而不是制刀的'刀匠',更不是那种一辈子欣赏自己的刀多么锋利而不去解决实际问题的刀匠。"

我想,我们数学家既是"刀匠",也是"屠夫"。数学既有作为科学工具和科学语言的作用,也有直接为社会服务、产生经济效益的数学技术。随着计算机技术的发展,数学技术正在迅猛发展。纳什的均衡定理,不是已经产生了巨大的经济效益了么?

参考文献

[1] 陈省身:"争取中国数学在国际上的平等和独立"。《陈省身文集》第115页。华东师范大学出版社,2002,第115页。
[2] 丘成桐:接受中央电视台访问。2002年8月20日早上的东方时空栏目东方之子节目。
[3] 新华社电讯:"中国数学,谁解未知数?"上海《解放日报》8月22日第二版。
[4] 勇攀高峰,永不止步——记中国数学家田刚。《文汇报》8月22日第一版。
[5] 中央电视台科技频道节目。8月23、24日播出。
[6] 钱伟长:哥丁根学派的追求。摘自《情系中华——上海文史资料选辑》第101辑。上海欧美同学会编。2002年1月版。《文汇报》2002年8月21日刊出摘要。

中学教材中的"数学文化"内容举例

张奠宙　梁绍君*

近来,数学文化的提法为大家所关注。那么,如何在中学教材中加以体现？常见的方法,是把数学史的知识放一点进去。介绍几个数学家和数学故事。借以增加一些文化色彩。我们在这里有一些不同的想法。并应某些出版社之邀写了几个段落,先发表于此。请读者批评指正。

一、对称

对称,即相对又相称。这在人类早期文明中就有体现。《易经》中的太极图,就是对称图形。(图1)。

对称,是我们生活中常用的概念。我们的服装设计、室内装潢、音乐旋律都有对称的踪迹。"门当户对",是一种平衡的要求。成为某些人的婚姻和人际交往中常用的规则,文学中的对仗也是一种对称。王维的诗句:"明月松间照,清泉石上流",具有自然意境之美,也有文字对仗工整之美。中国文化特有的对联,更把"对称"的要求提到非常高的程度。

图1

但是,到了数学家的手里,朴素的对称观念就进一步精致化了。数学家把对称看作某种运动下的不变性质。例如,轴对称图形就是沿对称轴翻折以后图形的形状不变。旋转对称就是以旋转中心转动以后图形的形状不变。这种"变化"之下的不变性质,可以更深刻地显示对称的本质,这也符合我们通常的认识。例如,王维诗中的对仗,无非是把"明月"变换到"清泉",而不变的是语词的性质。形容词"明"对形容词"清",名词"月"对"泉"。同时不变的还有:二者都是自然景物。其他词语的对仗,同样是一种不变性质。

对称本来只是几何学研究的对象,后来数学家又把它拓广到代数。比如二次式 $x^2 + y^2$。现在把 x 变换为 y, y 变换为 x。原来的式子就成了 $y^2 + x^2$。结果仍旧等于 $x^2 + y^2$,没有变化。由于这个代数式经过变换之后,形式上完全和先前一样,所以把它称为对称的二次式。韦达定理中的两根之和,两根之积可都是对称的代数式。

编者注：原文载于《数学教学》(2002年第4期封2至第4页),并摘登于《青海教育》(2003年第7—8期第94页)。

* 渝西学院的梁绍君老师于2002年上半年在华东师范大学数学系访问,参加了1、2、5案例的起草工作。

如果把对称仅仅看作是表示一些几何图形的轴对称和旋转对称而已。那就太小看对称了。诺贝尔物理学奖获得者杨振宁回忆他的大学生活时说,对我后来的工作有决定性影响的一个领域叫做对称原理。

杨振宁和李政道获得诺贝尔奖的工作——"宇称不守恒"的发现。就和对称密切相关。另外一个被称为"杨振宁——米尔斯规范场"的著名成果,更是研究"规范对称"的直接结果,杨振宁在"对称和物理学"一文的最后这样写道:

"在理解物理世界的过程中,21 世纪会目睹对称概念的新方面吗?我的回答是:十分可能。"

对称图形是美的,对称观念是美的,对称理论更是美的。大自然的结构是用对称语言写成的。

由此可见,对称是一个十分宽广的概念。它出现在数学教材中,也存在于日常生活中,能在文学意境中,更在大自然的深刻结构中。数学和人类文明同步发展、密不可分,"对称"乃是纷繁世界文化中的一个部分。

以上杨振宁的引文见《杨振宁文集》第 444 页、703 页。

二、直观与理性

追求真理是人类永远的目标。那么,我们如何判断一个命题是真理呢?这可是一个复杂的问题。不同的人,在不同的文化影响下,会有不同的答案。

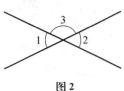

图2

让我们从最简单的几何命题——"对顶角相等"开始。如图 2,两条直线相交,那么∠1 等于∠2。

这太简单了!一眼就看出来了!这还要证明吗?那不是自找麻烦吗?

大家注意,在世界名著——欧几里得编写的《几何原本》中,"对顶角相等"是命题 15。证明如下:∠1+∠3 是平角,∠2+∠3 也是平角,然后根据公理 3("等量减等量,其差相等"),所以∠1=∠2。

据历史考证,最早使用这一方法的是公元前 7 世纪古希腊数学家泰勒斯。这里,重要的价值不在"对顶角相等"的命题本身,而在于泰勒斯提供了不凭直观和实验的逻辑证明。

古希腊是奴隶制国家。当时希腊的雅典城邦实行奴隶主民主政治。由男性公民组成的民众大会有权制定法律,处理财产、祭祀、军事等问题(注意:广大的奴隶、妇女、外来人不能享受民主权利)。奴隶主的民主政治和皇帝君王独裁的政治,是有所区别的。古希腊的奴隶主民主政治,往往需要用理由说服对方,于是学术上的辩论风气较浓。为了证明自己坚持的是真理,就需要证明。于是,古希腊的学术,不仅要解决真理"是什么(What)"的问题,还要回答"为什么(Why)"的问题,"唯理论"的学术风气很盛。

在这样的政治文化氛围中,数学也就不仅要回答"什么是数学真理",还必须回答"为什么"它是数学真理。于是"对顶角相等"命题的证明就是可以理解的了。试想:为了证明自己的学问是真理,先设一些人人皆同意的"公理",规定一些名词的意义,然后把要陈述的命题,成为公理的逻辑推论,岂不是很有说服力吗?

重要的几何命题是世界各国都有的。比如,中国很早就发现了勾股定理,古希腊称之为毕达哥拉斯定理。中国为了说明勾股定理的正确,也讲"为什么",使用了"出入相补"原理,用拼接的方法加以证明。但是,中国的古代数学,多半以"官方文书"的形式出现,目的是为了丈量田亩、分配劳力、计算税收、运输粮食等国家管理的实用目标。虽然中国古代社会也说理,却没有古希腊那样的"自由学术辩论",唯理论没有形成大的风气。因此,中国古代没有用公理方法进行学术探讨的传统。文化上的差异,导致了数学上的分别。

对于古希腊用公理化体系表达科学真理的方法,后人称它为"理性思维"的一种最高形式。这一点,中国传统文化中比较薄弱和欠缺,我们应当实行"拿来主义",认真加以学习和体会,努力提高我们的思维能力。数学是体现理性思维最好的载体。所以,我们学习数学,不仅要记住定义和定理,更重要的是能学会这种理性思维的方法。

但是话说回来,我们不能事事、时时使用公理化的逻辑思维方法。那会成为书呆子的。我们仍然应当重视自己的直观观察能力,运用测量、估计的手段,使用物理的、化学的实验方法,采用各种证据来说明自己所主张的结论是科学的真理。公理化方法,只是其中的一种(然而是十分重要的一种)而已。

直观和理性是整个思维过程的两个方面,相辅相成。

三、函数:宏观与微观的两种考察

初中的函数定义是朴素的、宏观的。它告诉我们,世界上万物都在运动着,而且相互关联着。从某个数量上看运动,便是一个变量,而变量之间的关联,正是函数关系。

到了高中,函数的定义是静态的、微观的。这时的函数,着重在一个集合的某一个元素到另一个集合中唯一确定元素之间的对应关系。

这两种定义,并无高低之分,只有宏观和微观的区别。如果我们要考察函数的变化趋势,那么我们多从宏观的角度进行考察。一次函数表示直线,二次函数的图象是抛物线。三角函数是周期变化的,指数函数则是急剧式的变化,人称"指数爆炸"。至于对数函数,则是缓慢上升的例子,比直线 $y=x$ 还慢。这里,我们无须"对应"关系来帮忙,只需宏观地观察数量的动态变化趋势就行了。

但是,科学研究除了要宏观地考察之外,还要深入地、精细地观察每一个细节,微观地考察事物。正如物理学既要考察天体的宏观运动,也要考察原子内部的电子结构一样。高中的函数概念,更注意每一个自变量 x 和因变量 y 之间的对应关系。以分段函数为例,我们不仅看它的一般变化趋势,还特别关注端点处所对应的函数值。究竟是取哪一段的值,该段是否包括左端点或右端点? 这就是比较微观地研究了。

著名的迪里赫莱函数是指定义在 $[0,1]$ 上的如下函数

$$D(x)=\begin{cases}1, & \text{当 } x \text{ 是有理数},\\ 0, & \text{当 } x \text{ 是无理数}。\end{cases}$$

这样的函数,只靠宏观描述是难以奏效的,只有微观地静态描述才显示出数学的精确性。

宏观与微观,实际上是人们常常运用的视角。管理工厂,既要观察未来市场发展的大局,又要考虑每一道工序的微小细节。在艺术上,既要有宏观的高超意境,还必须注意具体的文字处理。绘画上有泼墨画,讲究的是整体的宏观意境,而工笔画则是微细的笔墨刻画,连花鸟上的叶脉和羽毛,都画得一清二楚。

数学思想,其实和人们的思维方法是相通的,只是更加精确、更加理性罢了。

四、时间与空间的思考

初唐诗人陈子昂的著名诗篇云:"前不见古人,后不见来者。念天地之悠悠,独怆然而涕下"。这是古人对时间和空间看法的文学表述。他的时空观,就是欧几里得几何的时空观,也是今天人们普遍持有的朴素时空观。

诗的前两句表明:时间的两端都是无限的。上有二维的天,下有二维的地,形成一个三维空间。诗人的位置是原点。他作为一个思古想今、展望大地的学者,感叹天地之宏大,时间之遥远,觉人生之短暂,视野之狭隘,遂有上述的诗情。

今天,我们的几何学——欧几里得几何学,正是在这样的时空观下面讨论的几何学。

时间的模型,就是一条直线,两端无限,中间连绵不断。子在川上曰:"逝者如斯夫!不舍昼夜"。我们从整数、有理数到实数,填满整个直线。实数系的连续性,正是时间连续性的数学写照。同样,直线也是空间连续性的数学模型。牛顿力学,正是在这样的时空观上展开,形成了 17 世纪科学革命的标志。

我们的地球近似地是一个圆球。地球表面则是一个球面。一条航船在汪洋大海中航行,沿一个固定方向行驶的轨迹似乎是一条直线,其实是一条圆弧。连接地球上两点的最短线是这两点和地球中心构成的"大圆"上的一段弧。在球面上架一个笛卡儿坐标系,以南极为原点,经线和纬线为坐标轴,那么两根坐标轴在北极交成一点,这在欧氏空间里是不可能出现的事(欧氏平面上的 x、y 两轴是永远不会相交的)。

显然,描述我们生存的空间,欧氏空间虽然可以大体近似,但是在数学上已经不够用了。于是,就有非欧几何的出现。欧氏空间把空间看作各相同性的,即一条线段、一个图形的面积,搬来搬去不会改变,到处都一样。现在看来也不合适。整个宇宙空间中,有的地方密度大(如星球、星云所在处),其他地方密度就很小,于是在空间各处会发生变化的距离、面积等等现象,要有新的几何学来描述,这就是微分几何学的研究对象。

20 世纪初,爱因斯坦发表相对论,认为时间和空间不能分割,我们生活在一个四维空间之中。新的物理学理论认为宇宙是一次大爆炸之后才形成的,于是时间有了"起点"。这些重大的科学问题,正对数学研究提出更新的研究方向。

时间和空间的研究远没有完结。

五、小概率事件：万无一失

成语词典上对"万无一失"的解释是："比喻有绝对把握"，这仅仅是比喻而已。从数学上看，虽然万无一失，但是也许第一万零一次就失败了呢。尽管可以"亿无一失"，但是十亿次、百亿次后出现失误的可能性不是依然存在吗？因此，"万无一失"只能说出现失败的可能性很小，毕竟不能和"有绝对把握"划等号。

概率论中把事件发生的概率很小的事件，称作"小概率事件"。小概率事件是我们每天都碰到的事情。比如：

- 某地的"福利彩票"，十万户设一个特等奖，奖金 100 万元。因此，中特等奖的概率是十万分之一。
- 我国 2001 年因交通事故而死亡的人数为 7 万余人。以全国人口 14 亿计算。一年内因车祸死亡的概率约为五万分之一。
- 一个零件，正品率要达到 0.999，意思是一万个零件，大约有一个次品，即"万仅一失"。
- 完成一件任务，有九成把握，即"十拿九稳"。此时成功的概率达到 $\frac{9}{10}$，失败的概率为 $\frac{1}{10}$。

那么，多大的概率算"小概率"？这是因人、因地、因事而异的。没有统一的标准。

中国古代军事学有"六十庙算"的说法。意思是有 6 成把握就应该攻打。实际上把 0.4 也看成小概率了。一般地说，95% 的把握是大家最常见的底线。也就是说，0.05 通常被认为是小概率，但是这不可一概而论。

一台设备有 1 000 个零件是常见的（如一架飞机）。假如每个零件的合格率是 0.999，而且其中一个零件失效，就会导致整个系统失效。那么，按照独立事件的概率计算方法，整台设备正常工作的概率只有 $0.999^{1000}=0.368$。这意味着这台机器就有三分之一的时间能够正常使用。这样的产品怎么卖得出去？如果是发射宇宙飞船，涉及的零件和部件非常之多，其可靠性的要求必须非常的严格。0.000 1 的次品率已经很高，不是小概率事件了。

小概率事件还和人的心理因素有关。比如，有些人觉得自己肯定会中奖（十万分之一），却认为绝对不会出车祸而死亡（五万分之一）。

确实，如何对待小概率事件，是人们处理工作和生活问题的必备科学素质。不当地忽视小概率事件，会因麻痹大意，酿成大祸。但也不必过分害怕小概率事件，以致谨小慎微，裹步不前。事实上，你不必因担心天上的飞机会掉落在你的头上而忧心忡忡，但更不可因疏忽大意使飞机的安全受到威胁，只有对具体的小概率事件做具体分析，科学地加以处理，才能在"十拿九稳"、"万无一失"、"绝对把握"等等之间作出正确的抉择。

注：对"万无一失"的解释见《中华成语、熟语辞海》，学苑出版社。

中国的皇权政治与数学文化

张奠宙

摘要：中国的数学文化很自然地打上了封建社会的烙印。春秋战国时期的"说客"文化，使得数学以"国家管理文书"的面貌而存在。隋文帝建立科举制度，功利性的考试文化侵入数学。清代专制统治下的文字狱，使得考据文化与数学联姻。长期的封建皇权统治，对中国数学发展带来诸多的束缚。缺乏社会民主和学术自由，成为中国数学文化建设中一个不容忽视的问题。

中国古代数学有过灿烂的成就，呈现出独特的数学文化。综观几千年来中国数学的发展，封建王朝的皇权政治起着十分重要的作用。数学为皇权服务的传统，一直延续到清王朝的灭亡。

中国的数学文化很自然地打上了封建社会的烙印。春秋战国时期的"说客"文化，使得数学以"国家管理文书"的面貌而存在。隋文帝建立科举制度，功利性的考试文化侵入数学。清代专制统治下的文字狱。使得考据文化与数学联姻。这三种社会文化对数学的影响，至今依然存在。走到大街上，你问路人为什么要学习数学，答案有三：一是"学习数学会算账"；二是"学习数学为了考试"；三是"数学可以使人思维严谨"。这里，我们依稀看到中国古代数学中"实用性的说客文化"、"功利性的考试文化"、以及"思维严谨的考据文化"的影子。

科学和民主是不能分开的。五四运动同时提出"赛"先生（科学）和"德"先生（民主）的口号，决非偶然。长期的封建皇权统治，对中国数学发展带来诸多的束缚。缺乏社会民主和学术自由，成为中国数学文化建设中一个不容忽视的问题。本文不打算全面探讨。以下只就一头一尾——中国春秋战国时期的"实用性说客文化"，以及清中叶以后的考据文化，谈谈它们对数学文化的影响。

一、古希腊数学和中国数学的政治文明背景

每个民族有自己的文化，也就一定有属于这个文化的数学。古希腊的数学和中国传统数学都有辉煌的成就、优秀的传统。但是，它们之间有着明显的差异。古希腊和古代中国的不同政治文明孕育了不同的数学。

古希腊是奴隶制国家。当时希腊的雅典城邦实行奴隶主的民主政治（广大奴隶不能享受

编者注：原文载于《科学文化评论》（2004年第6期第16页至22页）。

这种民主)。男性奴隶主的全体大会选举执政官,对一些战争、财政大事实行民主表决。这种早期的人类政治文明包含着某些合理的因素。无论如何,少数人的民主比起皇帝、君王的专制政治,还是有本质的差异。

古希腊的奴隶主民主政治,对科学的发展,包括数学的发展,起了十分重要的作用。奴隶主们为了证明自己的观点正确,需要在平等的基础上用充分的理由说服对方。反映在学术上,就出现了证明。学者们先设置一些人人皆同意的"公理",规定一些名词的意义,然后把要陈述的命题,成为公理的逻辑推论。欧几里得《几何原本》正是在这样的背景下产生的。这里试举一例[欧几里得,1990,15 页]:

命题 15 对顶角相等。

证明 角 A 与角 C 之和是平角,角 B 与角 C 之和也是平角。

根据公理 3:等量减等量,其差相等。

所以 A=B。

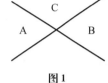

图 1

常人看来,对顶角相等这样的命题,极其直观,并无实用,何必当作一回事去证明一番呢?但是古希腊的文化时尚,是追求理性精神,以获得对大自然的理解为最高目标。因此,在《几何原本》里,"对顶角相等"这样的命题比比皆是。

试想,在中国的数学文化里,能够提出这样的命题吗?即使有人提出,也断不会为如此直观的命题进行"证明"。深层次地看,这和中国的政治文明和政治制度有关。

中国春秋战国时期的百家争鸣,是知识分子自由表达见解的黄金年代。知识分子(包括数学家)可以自由地来往于许多国家。作为说客,可以向不同的君王建议各种不同的学说,也包括贡献数学方法,即使君王不采纳也不必担心受迫害。但是这种"百家争鸣",并不是古希腊统治者之间的那种民主政治,而仅仅是在君王统治下可以自由发表意见的权利。"说客"和君王之间毕竟是不平等的对话。"争鸣"的核心课题则是如何帮助君王统治臣民、管理国家。各种建议是否被接受,则以是否有利于君王的统治为依归。在这样的环境下,中国的古代数学,多半以"管理数学"的形式出现,内容包括丈量田亩、兴修水利、分配劳力、计算税收、运输粮食等国家管理的实用目标。一部《九章算术》正是这样的 246 个问题的总汇。从文化意义上看,中国数学可以说是"管理数学"和"木匠数学"。存在的形式则是官方的文书。至于"对顶角相等"之类的问题,君王们当然不感兴趣。因为同样的原因,中国尽管有墨子和公孙龙那样的抽象数学思维的亮点,终于成不了气候。

当然,中国数学强调实用的管理数学,也是优秀的人类文化遗产,尤其在算法上得到了长足的发展。负数的运用、解方程的开根法,以及杨辉(贾宪)三角,祖冲之的圆周率计算、天元术那样的精致计算课题,也只能在中国诞生,而为古希腊文明所轻视。

二、从清代的考据学派看中国近代的数学文化

中世纪以后,欧洲的文艺复兴带来了思想的解放,人本主义思潮汹涌。数学思维的闸门随之打开,迎来了以微积分为代表的数学黄金时代。解析几何的出现,对数表的使用、无穷小

算法带来的神奇效果,使得西方弱于计算的缺点渐渐克服。但是,中国的皇权统治并没有多少改变,数学文化也没有多少改变。古希腊的理性思维精神,除了徐光启等少数人能够欣赏之外,一般士大夫对此不甚了了。康熙皇帝喜欢数学,那也只是个人行为,不过是请梅氏家族编一本初等数学百科全书式的《数理精蕴》而已,距离当时数学科学的前沿何止千里。

清代皇权统治的恶果之一是大兴文字狱,迫使知识分子钻到故纸堆里去。清代中期以来,以戴震(戴东原,1724—1777)为首的考据学派在学术界占统治地位,其治学方法重实证,讲究逻辑推理,因而贴近数学。中国传统数学于是添上了"考据文化"的色彩。

考据文化对中国现代科学的影响,还没有认真加以总结。正面的影响固然有,负面的影响也不少。总的来说,恐怕还是"束缚"多于"自由"。

考据文化对科学的影响,以梁启超的名著《清代学术概论》[梁启超,1998]最有代表性。在该著作中,他认为清代学术的历史,"一言以蔽之,曰'以复古为解放'"[梁启超,1998,5 页]。"其动机与内容,皆与欧洲之文艺复兴绝相类"[梁启超,1998,3 页]。"自清代考据学派 200 年之训练,成为一种遗传。我国学子之头脑渐趋于冷静缜密。此种性质实为科学成立之基本要素。我国对于形的科学(形理),渊源本远。用其遗传上极优粹之科学头脑,将来必可成为全世界第一等之科学国民。"[梁启超,1998,106 页]评价之高,令人惊诧。

事实上,清末以来的学术界崇尚"言必有据"、"严谨治学"的文化氛围,恰与西方科学要求严密论证的层面相吻合。梁启超评论清代学术正统派的学风时,第一条就是:"凡立一义,必凭证据。无证据而以臆度者,在所必摈。"[梁启超,1998,47 页]

至于考据学派对中国传统算学的影响,则更加直接。其中许多人(如戴震、阮元)本就是算学家。"经学家十九天算兼治"[梁启超,1998,57 页]。李善兰(1811—1882)是清末最著名的数学家,他同样熟悉考据学,自称"辞章、训诂之学虽皆涉猎,然好之终不及算学"(《〈则古昔斋算学〉序》)。考据和数学联姻,并非偶然。数学史家钱宝琮评论说:"到乾隆中叶,经学家提出了汉学这个名目和宋学对抗,他们用分析、归纳的逻辑方法研究十三经中不容易解释的问题。后来又将他们的考证方法用到史部和子部书籍研究中去。研究经书和史书都要掌握些数学知识,所以古典数学为乾嘉学派所重视。"[钱宝琮,1992,283 页]

钱宝琮在这里指出研究经史需要数学知识,因而考据学家大多要研究数学。这只是问题的一个方面。研究经史的学问家很多,应当都来研究数学才是,为何唯独考据学家都成了数学家?这乃是因为考据学家使用的是"分析、归纳的逻辑方法",而逻辑方法正是数学研究所特别强调的。可见,考据学和算学相关联的内在原因是研究方法的相同:都依靠逻辑推理。

然而,考据文化是一柄双刃剑。乾嘉考据学派重考证,复周秦之古,崇尚客观的演绎论证,有利于数学中使用逻辑方法。但是,数学要运用逻辑,数学却决不等于逻辑。数学比逻辑要多得多。数学的发展不是靠逻辑推动的,而是依靠数学观念的革命,新数学概念的形成,以及新结构的浮现。把数学看成逻辑,等于把光彩照人的数学女王看作一副 X 光片中的毫无生气的骨架。因此,戴震、阮元等考据学派的作为,最终并没有把中国数学带出困境。他们的"复古",没有复到"古希腊的理性精神"上去,而是复到"先秦",主张"西学中源",以为"西方数学都可以在中国古代算学中找到根源。结果是把向西方学习数学的大门关死了。

至于考据学家自己的数学作品,一般只有版本考据价值。除了李善兰等的少量成果之外,在数学进步上并无价值。相反,流风所及,使得数学研究囿于逻辑演绎,在数学发现、探索、创造等方面又给中国数学教育带来负面的影响。梁启超自己也说过:"清代学派之运动,乃'研究'的运动,非'主义'的运动也。此其收获不逮'欧洲文艺复兴运动'之丰大也欤?"[梁启超,1998,45 页]这是说得很对的。

三、对当代中国数学文化建设的启示

文化具有传承性,数学文化也不例外。20 世纪的中国,在科学上取得了长足的进步。其中数学的进步十分迅速。进入 21 世纪之后,建设"数学大国"的目标已经初步实现,现在正向"世界数学强国"的目标前进。在这一进程中,数学文化的重要性益发突出。没有先进的数学文化,就不会产生原创性的数学成果,更难以形成具有特色的数学学派。

让我们先来分析考据学派对今天数学的影响。

中国传统数学到李善兰已经画上句号,后来的中国现代数学,则是到国外留学的博士重起炉灶,于五四运动前后发展起来的。它和考据学派没有学术血缘关系。但如前所述,清代以来考据学派的活动已形成一种文化现象。其精神业已渗入治学者的血液之中,成为文化"遗传"的一个基因。在此文化背景下,重考据、讲推理已不只是个人行为,而是中国学者做学问的一种基本态度,这当然也包括对数学的态度。特别是,考据学派的实证推演论证方法和数学的逻辑思维特征很自然地相合,给中国的数学发展打下了深刻的烙印。

20 世纪初年,考据学仍是一种学术时尚。1918 年 2 月 19 日前后,《北京大学日刊》发表讲师刘鼎和《书尔汝篇后》的文章,接着又刊出署名为理科数学门毛准的文章《书"书尔汝篇后"后》,先后和胡适的考据学论文《尔汝篇》讨论,后来胡适也有回应。《北京大学日刊》是一份公告式的新闻类日报,尚刊登此类文章,可见当时考据学是何等普及,数学门的学生写考据学文章,那时大概也不鲜见。

五四运动提倡科学和民主,并没有批判考据学派的局限,相反却成了提倡科学的盟友。这一点,可从新文化运动的代表人物胡适和考据的关系来考察。

胡适出身儒学世家,自幼熟读经书。1910 年,他到北京参加第二批庚款留美考试,经他二哥好友杨志洵的指点,才发觉做学问要从《十三经注疏》开始,即从考据入手。留美期间,他在熟悉西方科学与哲学的同时,完成《诗三百篇言字解》、《尔汝篇》、《吾我篇》、《诸子不出于王官论》等典型考据学作品。学习西方科学与传统考据学研究能并行不悖,令人惊奇。胡适回国之后,继续"整理国故",从事《红楼梦考证》等等考据学工作。他的哲学思想当然是秉承杜威的实用主义,但是他的名言"大胆地假设,小心地求证",却明显地有考据学派的影子。

1922 年,胡适正式接触戴震的哲学,内心深受震动,并立即投入研究。1923 年底,开始撰述《戴东原的哲学》[胡适,1987],至 1925 年 8 月,"改削无数次,凡历二十个月方才脱稿"。胡适这时认识到:"中国旧有的学术,只有清代的'朴学'确有科学精神"。对此,他在《几个反理学的思想家》[胡适,1953]中作了进一步阐述:

这个时代是一个考证学昌明的时代,是一个科学的时代。戴氏是一个科学家,他长于算学,精于考据,他的治学方法最精密,故能用这个时代的科学精神到哲学上去,教人处处用心知之明去剖析事物,寻求事物的条则。他的哲学是科学精神的哲学。

20世纪上半叶,正是数学上形式主义、逻辑主义等风行的时代。考据学派的宗旨和形式主义哲学思潮相结合,"数学是思想的体操","数学的作用就是培养人的逻辑思维能力","数学研究就是在文献夹缝里找题目","数学上只要逻辑正确,就可以发表"等等观念,风靡一时。这种影响,至今仍然相当普遍。中国数学研究的原创性成果不多,缺乏"大视野"的研究气魄,"好"的数学难以产生,这和数学文化的缺失,恐怕不无关系。

"治学严谨"本来不错。但是"严谨至上",以挑人家的毛病,咬别人的"硬伤"显示自己"高明"就不好了。创新往往难以避免硬伤。对于一项研究,如果大局正确,小有不足,应该热情"补台"。好的文化氛围,只有严谨的考据是不够的。

数学和逻辑的关系本来是很清楚的。大数学家希尔伯特(David Hilbert)说:"数学具有独立于任何逻辑的可靠内容,因而它不可能建立在唯一的逻辑基础之上"[Kapur,1989,265页];另一位大数学家 H. 外尔(Hermann Weyl)则说得更明白:逻辑不过是数学家用以保持健康的卫生规则[Kapur,1989,38页]。确实,逻辑是贫乏的,而数学是多产的母亲。

最后,让我们来观察中国传统数学文化的另一个源头:"功利性的实用管理数学。"关注数学的实用性,是一个好的传统。特别是发扬中国古代数学中注重算法的传统,更具有现实意义。吴文俊在机械化证明上的成就,为我们树立了榜样。

笔者在这里需要强调的是,古希腊倡导的那种理性思维精神,在中国还没有成为民族精神的一部分。理性思维精神的基础在于"学术自由",现今的中国仍然不能说够了。这里摘引 H. 外尔在"德国的大学和科学"一文中引述的一段话:

在德国人的头脑中,大学的概念包含着一个目标和两个条件。一个目标是 Wissenschaft,意指最崇高意义上的知识,即热情地、有条不紊地、独立地追求一切形式的真理,而完全不计功利。两个条件是 Lehrfreiheit 和 Lernfreiheit。前者指教师的教学是自由的,可以教他选择的东西。后者指学生可以摆脱一切强制的必修的训练、背诵、提问和测验。[外尔,2004,89页]

在今天看来,这样的大学好像是理想国里的"桃花源"。但是,德国既然有过这样的传统,它在今天必然或隐或现地在引导着大学和科研机构的前进步伐。美国后来居上,也有像普林斯顿研究院那样的"象牙塔"。至于中国,我们几乎还没有创造出这样的学术环境。数千年的皇权统治,缺乏那样的科学民主机制,很少这样的学术自由。我们没有这样的传统,就应当多多借鉴,刻意培育这种传统才是。遗憾的是,现今的科学管理模式,庶近于"粗暴干涉"。对于每一个科学工作者,要求每年发表若干论文,而且必须发表在"莫须有"的核心刊物上。数量决定一切,质量是不问的。本来就缺乏"学术民主"和"自由追求"的传统,"科举考试文化"的幽灵一直在游荡,而新的机械化管理加深了科学文化(包括数学文化)的危机。

最近读到严士健先生的文章[严士健,2004],提到华罗庚先生在1960年代就已经注意到数论、二次型、自守形式等学科之间存在着内在联系。只是由于那时的环境,这一预见没有能够实行,也没有机会向大家谈论这些想法。假如,华罗庚先生能够获得一个自由的学术环境,中国当代数学的历史也许要改写了。众所周知,德国的格丁根大学数学系有一个数学俱乐部,年长的大家和年轻的学生都可以参加。在那里人们可以听到各种各样的数学议论,包括成熟的或者不成熟的。为了做"好"的、有创意的数学,需要有一个地方能够随意探讨数学未来的发展方向,发表不成熟意见的"俱乐部"和"沙龙"。现在的中国似乎还没有。

审视当今的中国数学文化,建设符合时代潮流的先进数学文化,也许是走向"21世纪数学强国"的必要一步。那么现今中国的数学文化究竟如何？能够谈吗？有地方谈吗？由衷希望《科学文化评论》能够担当起这一历史的责任。

参考文献

[1] 胡适(1987).《胡适的日记》.台北：远流出版社.
[2] 胡适(1953).《胡适文存》.三集,卷二.台北：远东图书公司印行.
[3] Kapur, J. N. (1989).《数学家谈数学本质》.王庆人译.北京：北京大学出版社.
[4] 梁启超(1998).《清代学术概论》.上海：上海古籍出版社.
[5] 欧几里得(1990).《几何原本》.西安：陕西科学技术出版社.
[6] 钱宝琮(1992).《中国数学史》.北京：科学出版社.
[7] 外尔, H.(2004).《德国的大学和科学》.袁钧译.《科学文化评论》.1(2)：83-100.
[8] 严士健(2004).《数学教育概论》(序三).北京：高等教育出版社.

关于科学家的国籍问题

张奠宙

按照《辞海》的惯例，只有过世的人物才能作为条目。数学大师陈省身于2004年12月3日遽然去世。以陈省身先生的巨大贡献，当然应该立刻作为辞条收入《辞海》。上海辞书出版社的唐尚斌编辑约我撰写。他告诉我，辞条的开头应该是："陈省身，美籍华裔数学家"。

对陈省身先生这样的"概括"，我觉得实在不能反映他对祖国的深厚感情，也无法表达他对中国数学发展所作的巨大贡献。丘成桐教授曾评价说："陈先生是第一个占领近代科学重要位置的中国人，比杨振宁他们要早。"①

称一位人士为"华裔"，通常是指一个祖籍中国，但出生、受教育、事业都在外国的华人，即只表明他与中华民族的血统关系。陈省身先生出生于中国、成长于中国、服务于中国，在34岁时以中国学者身份为大范围微分几何做出奠基性工作，晚年又对祖国做出了巨大贡献，尽管他于1964年加入了美国籍，怎一个"华裔"的身份就能概括得了？然而，唐编辑告诉我，这是常规的提法。

一个核心的问题是，我们应该怎样对待曾经是中国国籍、为中国做出过重大贡献，后来因各种原因加入外国国籍的学者？

曾在报刊上读到这样的疑问："谁将是中国获得诺贝尔科学奖的第一人？"言下之意，中国人还没有得过诺贝尔奖。但是，你如果去查诺贝尔科学奖获得者的正式名录，你会发现杨振宁、李政道都是获奖的中国人，因为他们当时持有中华民国的护照。所以在诺贝尔奖的正式网站上，杨振宁、李政道照片的"国籍"栏中清楚地记载着"China"②。即使在新出版的诺贝尔奖获奖人名录上，仍然是这样的记载，并不因为后来获奖人的国籍改变而改变。在这个意义上，他们永远属于中国，应该仍然是中国科学家。

笔者认为，国籍是重要的，但是不必看得过分沉重。写陈省身的辞条，为什么首先要把"美籍"点出来呢？

中国史学界和出版界在介绍一个人的时候都特别重视被介绍者的国籍。国籍似乎是第一位的，一个人加入外国国籍几近"背叛"。一个中国科学家，不管他的实际情形如何，一旦加入外国国籍，意味着他以前和中国的联系完全切断，他以前为中国争得的荣誉变得和中国无关，属于外国。依此逻辑，以后写20世纪世界科学史，陈省身、杨振宁、李政道等人的功绩都

编者注：原文载于《科学文化评论》(2005年第3期第106页至108页)。
① 丘成桐的谈话，见《南方周末》2004年12月10日报道。
② 见：http://www.nobelprize.org/physics

必须写入"美国"的部分,不能写在有关中国的章节里,他们不过只是华裔而已。

一个人的身份,以他最后选择的国籍为依归,也不尽合理。一个特殊的例子是李远哲。他出生于台湾。当 1986 年获得诺贝尔化学奖的时候,他已经加入美国籍,因此在获奖者名录中注明国籍是美国,所以不能说这是中国人获得的荣誉。后来,李远哲要回台湾做"中央研究院院长",按照规定,必须放弃美国国籍。那么,现在李远哲是中国国籍了,我们是否要说李远哲是作为中国人获得了诺贝尔奖,甚至是中国的第一人了呢?显然不能。

确实,科学无国界,但是科学家有祖国。转换国籍不能草率从事。许多中国科学家在加入美国籍的时候,思想上确实有过痛苦的抉择。杨振宁在获得诺贝尔物理学奖时的演讲辞中曾经吐露了内心的斗争[1]。陈省身、李政道、杨振宁都是在 1950 年代以中国人的身份获得科学上的重大成就之后,才在 1960 年代相继加入美国国籍的。以当时的政治环境和中美关系来说,这本来也是一种无奈的选择。

认真地说,国籍是一个法律上的选择。一个加入外国国籍的中国人,他依然可以有中国心,为祖国服务。如果允许有双重国籍,那么在法律上他同是两个国家的公民。如果不允许持有双重国籍,如果过去为中国做出贡献,今后继续为祖国服务的话,我们在社会交往中应该继续承认他的中国身份。

由于世界的交流在扩大,人员的流动在增加,国籍的变换在世界上早就是一个常见的社会问题。中国自从改革开放以后,国人大批走出国门,类似的问题也将会大量出现。

这里,我们看看大科学家爱因斯坦(1879—1955)的经历。他是犹太人,出生于德国,读到中学后转到意大利,后在瑞士读大学,毕业后在那里做职员,发表了狭义相对论,1901 年获准为瑞士国籍。1914 年应聘回到柏林大学任教授,发表广义相对论,一直到 1933 年因纳粹的迫害被迫去美国,前后在德国工作了 18 年。去美国后,于 1940 年加入美国籍,但保留了瑞士籍,直到 1955 年去世。此外,以色列建国后,曾有意请他担任第二任总统。像这样的经历,怎样来定他的国籍?按照中国的某些标准,会说爱因斯坦是"瑞士—美国德裔犹太科学家"了。事实正是如此。在新浪科技网站[2]上就出现了这样的介绍:

爱因斯坦(Albert Einstein,1879—1955),举世闻名的德裔美国科学家,现代物理学的开创者和奠基人。

如果对照爱因斯坦的经历,就知道这样的概括是很不确切的。西方的辞书,通常只给出生日期和出生地,以及去世的时间和地点。至于他的国籍如何,可以在文中说明,却不在辞条的开头下结论。例如在著名的《科学家词典》中爱因斯坦辞条下,只有 1879 年出生于德国乌尔姆,1955 年卒于美国普林斯顿[3]。

但是,由于"国籍决定一切"的缘故,中国辞书的习惯是:在每一个科学家辞条的名字之后,立刻下一个有关国籍的结论,标明是"×国××家"。

---

[1] 见:《杨振宁文集》,华东师范大学出版社,1998。
[2] 见:http://www.sina.com.cn
[3] 见:*Concise Dictionary of Scientific Biography*. New York: Charles Scribner's sons,1981.

《辞海》是这样,中国大百科全书也是这样。凡是能够说明国籍的科学家,一定首先点明国籍。例如在《数学卷》中,大数学家"希尔伯特"辞条解释的第一句话就是"德国数学家"。同样,华罗庚条目也首先写:"中国数学家"。不过,大百科全书在有些情况下则注意回避国籍问题。吴文俊先生撰写的"陈省身"辞条中,第一句话只是"现代数学家",没有说国籍。在提到出生于匈牙利并在匈牙利受教育的冯·诺伊曼时,首句只是"著名数学家",也回避了他的美国国籍问题。这不失为一个可供选择的办法。至少比"美籍华裔数学家"要好。但是,如果我们以更加开放的思想深入思考一下,是否还有改进的可能呢?

华裔学者,通常是出生在外国,只是祖籍为中国,有中国血统。华人学者,是指出生在中国,曾经有过中国国籍,但后来在国外受教育,以外国国籍取得学术成就。如果一个学者虽然加入了外国国籍,但满足以下三个条件(其中以第二项最为关键):(1) 出生和成长在中国;(2) 以中国人的身份获得重要科学成就;(3) 把中国作为祖国,为祖国服务;我们何不称其为"中国—某国科学家"?

再回到陈省身的条目。如果不采取回避政策,我们是否可以写:"陈省身,中国—美国数学家。1911年出生于中国嘉兴。1964年加入美国籍,2000年回国定居"。杨振宁说过:"我一生最重要的贡献是帮助改变了中国人自己觉得不如人的心理作用"[①]。同样,陈省身也说:"我的微薄贡献是帮助建立了中国人的科学自信心。外国人能够做到的,我们也能做到,而且可以做得更好。"[②]我们依然可以听到那颗跳动着的中国心。

总之,在对待"国籍问题"上,对于具有外国国籍的人士,我们似乎应该区别对待,以更加开放、更加宽容的态度加以认识和处理。

[①] 见:《杨振宁文集》(扉页),华东师范大学出版社,1998。
[②] 张奠宙等,《陈省身传》(第360页),南开大学出版社,2004。

数学文化

张奠宙

数学作为一种文化现象,早已是人们的常识。历史地看,古希腊和文艺复兴时期的文化名人,往往本身就是数学家。最著名的如柏拉图和达·芬奇。晚近以来,爱因斯坦、希尔伯特、罗素、冯·诺伊曼等文化名人也都是 20 世纪数学文明的缔造者。

一、数学文化的存在价值

在即将公布的高中数学课程标准中,数学文化是一个单独的板块,给予了特别的重视。许多老师会问为什么要这样做?一个重要的原因是,20 世纪初年的数学曾经存在着脱离社会文化的孤立主义倾向,并一直影响到今天的中国。数学的过度形式化,使人错误地感到数学只是少数天才脑子里想象出来的"自由创造物",数学的发展无须社会的推动,其真理性无须实践的检验,当然,数学的进步也无须人类文化的哺育。于是,西方的数学界有"经验主义的复兴"。怀特(L. A. White)的数学文化论力图把数学回归到文化层面。克莱因(M. Kline)的《古今数学思想》、《西方文化中的数学》、《数学:确定性的丧失》相继问世,力图营造数学文化的人文色彩。

国内最早注意数学文化的学者是北京大学的教授孙小礼,她和邓东皋等合编的《数学与文化》,汇集了一些数学名家的有关论述,也记录了从自然辩证法研究的角度对数学文化的思考。稍后出版的有齐民友的《数学与文化》,主要从非欧几何产生的历史阐述数学的文化价值,特别指出了数学思维的文化意义。郑毓信等出版的专著《数学文化学》,特点是用社会建构主义的哲学观,强调"数学共同体"产生的文化效应。

以上的著作以及许多的论文,都力图把数学从单纯的逻辑演绎推理的圈子中解放出来,重点是分析数学文明史,充分揭示数学的文化内涵,肯定数学作为文化存在的价值。

二、认识和实施数学文化教育

进入 21 世纪之后,数学文化的研究更加深入。一个重要的标志是数学文化走进中小学课堂,渗入实际数学教学,努力使学生在学习数学过程中真正受到文化感染,产生文化共鸣,体会数学的文化品位,体察社会文化和数学文化之间的互动。

编者注:原文载于《科学》(2003 年第 3 期第 60 页至 62 页)。

那么,如何在中小学数学教学中进行数学文化教育呢?笔者认为应该从以下几个方面加以认识和实施。

(一) 认识数学文化的民族性和世界性

每个民族都有自己的文化,也就一定有属于这个文化的数学。古希腊的数学和中国传统数学都有辉煌的成就、优秀的传统。但是,它们之间有着明显的差异。古希腊和古代中国的不同政治文明孕育了不同的数学。

古希腊是奴隶制国家。当时希腊的雅典城邦实行奴隶主的民主政治(广大奴隶不能享受这种民主)。男性奴隶主的全体大会选举执政官,对一些战争、财政大事实行民主表决。这种政治文明包含着某些合理的因素。奴隶主之间讲民主,往往需要用理由说服对方,使学术上的辩论风气浓厚。为了证明自己坚持的是真理,也就需要证明。先设一些人人皆同意的"公理",规定一些名词的意义,然后把要陈述的命题,称为公理的逻辑推论。欧氏的《几何原本》正是在这样的背景下产生的。

中国在春秋战国时期也有百家争鸣的学术风气,但是没有实行古希腊统治者之间的民主政治,而是实行君王统治制度。春秋战国时期,也是知识分子自由表达见解的黄金年代。当时的思想家和数学家,主要目标是帮助君王统治臣民、管理国家。因此,中国的古代数学,多半以"管理数学"的形式出现,目的是为了丈量田亩、兴修水利、分配劳力、计算税收、运输粮食等国家管理的实用目标。理性探讨在这里退居其次。因此,从文化意义上看,中国数学可以说是"管理数学"和"木匠数学",存在的形式则是官方的文书。

古希腊的文化时尚,是追求精神上享受,以获得对大自然的理解为最高目标。因此,"对顶角相等"这样的命题,在《几何原本》里列入命题15,借助公理3(等量减等量,其差相等)给予证明。在中国的数学文化里,不可能给这样的直观命题留下位置。

同样,中国数学强调实用的管理数学,却在算法上得到了长足的发展。负数的运用、解方程的开根法,以及杨辉(贾宪)三角、祖冲之的圆周率计算、天元术那样的精致计算课题,也只能在中国诞生,而为古希腊文明所轻视。

我们应当充分重视中国传统数学中的实用与算法的传统,同时又必须吸收人类一切有益的数学文化创造,包括古希腊的文化传统。当进入 21 世纪的时候,我们作为地球村的村民,一定要溶入世界数学文化,将民族性和世界性有机地结合起来。

(二) 揭示数学文化内涵,走出数学孤立主义的阴影

数学的内涵十分丰富。但在中国数学教育界,常常有"数学=逻辑"的观念。据调查,学生们把数学看作"一堆绝对真理的总集",或者是"一种符号的游戏"。"数学遵循记忆事实—运用算法—执行记忆得来的公式—算出答案"的模式[1],"数学=逻辑"的公式带来了许多负面影响。正如一位智者所说,一个充满活力的数学美女,只剩下一副X光照片上的骨架了!

数学的内涵,包括用数学的观点观察现实,构造数学模型,学习数学的语言、图表、符号表示,进行数学交流。通过理性思维,培养严谨素质,追求创新精神,欣赏数学之美。

半个多世纪以前,著名数学家库朗(R. Courant)在名著《数学是什么》的序言中这样写道:"今天,数学教育的传统地位陷入严重的危机。数学教学有时竟变成一种空洞的解题训练。数学研究已出现一种过分专门化和过于强调抽象的趋势,而忽视了数学的应用以及与其他领域的联系。教师学生和一般受过教育的人都要求有一个建设性的改造,其目的是要真正理解数学是一个有机整体,是科学思考与行动的基础。"

2002年8月20日,丘成桐接受《东方时空》的采访时说:"我把《史记》当作歌剧来欣赏","由于我重视历史,而历史是宏观的,所以我在看数学问题时常常采取宏观的观点,和别人的看法不一样。"这是一位数学大家的数学文化阐述。

《文汇报》2002年8月21日摘要刊出钱伟长的文章《格丁根学派的追求》,其中提道:"这使我明白了:数学本身很美,然而不要被它迷了路。应用数学的任务是解决实际问题,不是去完善许多数学方法,我们是以解决实际问题为己任的。从这一观点上讲,我们应该是解决实际问题的优秀'屠夫',而不是制刀的'刀匠',更不是那种一辈子欣赏自己的刀多么锋利而不去解决实际问题的刀匠。"这是一个力学家的数学文化观。

和所有文化现象一样,数学文化直接支配着人们的行动。孤立主义的数学文化,一方面拒人于千里之外,使人望数学而生畏;另一方面,又孤芳自赏,自言自语,令人把数学家当成"怪人"。学校里的数学,原本是青少年喜爱的学科,却成为过滤的"筛子"、打人的"棒子"。优秀的数学文化,会是美丽动人的数学王后、得心应手的仆人、聪明伶俐的宠物。伴随着先进的数学文化,数学教学会变得生气勃勃、有血有肉、光彩照人。

(三) 多侧面地开展数学文化研究

谈到数学文化,往往会联想到数学史。确实,宏观地观察数学,从历史上考察数学的进步,确实是揭示数学文化层面的重要途径。但是,除了这种宏观的历史考察之外,还应该有微观的一面,即从具体的数学概念、数学方法、数学思想中揭示数学的文化底蕴。以下将阐述一些新视角,力求多侧面地展现数学文化。

1. 数学和文学

数学和文学的思考方法往往是相通的。举例来说,中学课程里有"对称",文学中则有"对仗"。对称是一种变换,变过去了却有些性质保持不变。轴对称,即是依对称轴对折,图形的形状和大小都保持不变,那么对仗是什么?无非是上联变成下联,但是字词句的某些特性不变。王维诗云:"明月松间照,清泉石上流"。这里,明月对清泉,都是自然景物,没有变。形容词"明"对"清",名词"月"对"泉",词性不变。其余各词均如此。变化中的不变性质,在文化中、文学中、数学中,都广泛存在着。数学中的"对偶理论",拓扑学的变与不变,都是这种思想的体现。文学意境也有和数学观念相通的地方。徐利治先生早就指出:"孤帆远影碧空尽",正是极限概念的意境。

2. 欧氏几何和中国古代的时空观

初唐诗人陈子昂有句云:"前不见古人,后不见来者,念天地之悠悠,独怆然而涕下。"这是时间和三维欧几里得空间的文学描述。在陈子昂看来,时间是两头无限的,以他自己为原点,恰可比喻为一条直线。天是平面,地是平面,人类生活在这悠远而空旷的时空里,不禁感慨万千。数学正是把这种人生感受精确化、形式化。诗人的想象可以补充我们的数学理解。

3. 数学与语言

语言是文化的载体和外壳。数学的一种文化表现形式,就是把数学溶入语言之中。"不管三七二十一"涉及乘法口诀,"三下二除五就把它解决了"则是算盘口诀。再如"万无一失",在中国语言里比喻"有绝对把握",但是,这句成语可以联系"小概率事件"进行思考。"十万有一失"在航天器的零件中也是不允许的。此外,"指数爆炸""直线上升"等等已经进入日常语言。它们的含义可与事物的复杂性相联系(计算复杂性问题),正是所需要研究的。"事业坐标""人生轨迹"也已经是人们耳熟能详的词语。

4. 数学的宏观和微观认识

宏观和微观是从物理学借用过来的,后来变成一种常识性的名词。以函数为例,初中和高中的函数概念有变量说和对应说之分,其实是宏观描述和微观刻画的区别。初中的变量说,实际上是宏观观察,主要考察它的变化趋势和性态。高中的对应则是微观的分析。在分段函数的端点处,函数值在这一段,还是下一段,差一点都不行。政治上有全局和局部,物理上有牛顿力学与量子力学,电影中有全景和细部,国画中有泼墨山水画和工笔花鸟画,其道理都是一样的。是否要从这样的观点考察函数呢?

5. 数学和美学

"$\frac{1}{2}+\frac{1}{3}=\frac{2}{5}$?"是不是和谐美?二次方程的求根公式美不美?这涉及到美学观。三角函数课堂上应该提到音乐,立体几何课总得说说绘画,如何把立体的图形画在平面上。欣赏艾舍尔(M. C. Escher)的画、计算机画出的分形图,也是数学美的表现。

总之,数学文化离不开数学史,但是不能仅限于数学史。当数学文化的魅力真正渗入教材、到达课堂、溶入教学时,数学就会更加平易近人,数学教学就会通过文化层面让学生进一步理解数学、喜欢数学、热爱数学。

参考文献

[1] 黄毅英.数学观研究综述.数学教育学报,2002,1:3

数学文化的一些新视角

张奠宙　梁绍君　金家梁

摘要：数学作为一种文化现象已引起国内外众多学者的重视，但在众多研究中尚存在两方面不足：第一，数学文化的研究，不能只说数学的重要性，强调数学对人类文明的贡献；第二，数学文化必须走进课堂，在实际数学教学中使得学生在学习数学的过程中真正受到文化感染，产生文化共鸣，体会数学的文化品位和世俗的人情味。

数学作为一种文化现象，早已是人们的常识。历史地看，古希腊和文艺复兴时期的文化名人，往往本身就是数学家。最著名的如柏拉图和达·芬奇。近代，爱因斯坦、希尔伯特、罗素、冯·诺伊曼等都是 20 世纪数学文明的缔造者。

那么今天为什么又重提数学文化呢？一个重要的原因是数学本身存在着脱离一般文化的孤立主义倾向。数学的过度形式化，使人错误地感到数学只是少数天才脑子里想象出来的"自由创造物"，数学的发展无须社会的推动，其真理性无须实践的检验，当然，数学的进步也无须人类文化的哺育。于是，西方的数学界有"经验主义的复兴"。怀特的数学文化论力图把数学回归到文化层面。M·克莱因的《古今数学思想》、《西方文化中的数学》、《数学：确定性的丧失》相继问世，力图营造数学文化的人文色彩。

国内最早注意数学文化的学者是北京大学的孙小礼教授。她和邓东皋教授等合编的《数学与文化》，汇集了一些数学名家的有关论述，也记录了从自然辩证法研究的角度对数学文化的思考。稍后出版的有齐民友先生的《数学与文化》，他主要从非欧几何产生的历史，阐述数学的文化价值，特别指出了数学思维的文化意义。郑毓信等出版的专著《数学文化学》，特点是用社会建构主义的哲学观，强调"数学共同体"产生的文化效应。

以上的著作，以及许多的论文，都力图把数学从单纯的逻辑演绎推理的圈子中解放出来，重点是分析数学文明史，充分地揭示数学的文化内涵，肯定数学作为文化存在的价值，这是必要的。但是，在以下两个方面尚有不足。

第一，数学文化的研究，不能只说数学的重要性，强调数学对人类文明的贡献。与此同时，还应观察数学受到社会文化的影响，借助社会文明阐述数学的文化含义。这有助于人们贴近数学。

第二，数学文化必须走进课堂，在实际数学教学中使得学生在学习数学的过程中真正受到文化感染，产生文化共鸣，体会数学的文化品位和世俗的人情味。这就要从微观的角度进

编者注：原文载于《数学教育学报》(2003 年第 1 期第 37 页至 40 页)。

行分析,将数学文化渗入到课程标准、教科书,体现在数学教学的全过程之中,本文试图在这两个方面进行一些新的探讨。

一、古希腊和中国数学政治文明背景

每个民族有自己的文化,也就一定有属于这个文化的数学。古希腊的数学和中国传统数学都有辉煌的成就,优秀的传统。但是,它们之间有着明显的差异。古希腊和古代中国的不同政治文明产生了不同的数学。

古希腊是奴隶制国家。当时希腊的雅典城邦实行奴隶主的民主政治(广大奴隶不能享受这种民主)。男性奴隶主的全体大会选举执政官,对一些战争、财政大事实行民主表决。这种人类的政治文明包含着某些合理的因素。至少这种少数人的民主比起皇帝君王独裁的政治,还是有所区别的。奴隶主之间讲民主,往往需要用理由说服对方,于是学术上的辩论风气浓厚。为了证明自己坚持的是真理,也就需要证明。于是,古希腊的学术崇尚"唯理论",不仅要解决真理"是什么(What)"的问题,还要回答"为什么(Why)"的问题。为了证明自己的学问是真理,先设一些人人皆同意的"公理",规定一些名词的意义,然后把要陈述的命题,成为公理的逻辑推论。欧氏《几何原本》正是在这样的背景下产生的。

中国在春秋战国时期也有百家争鸣的学术风气,但是没有实行古希腊统治者之间的民主政治,而是实行君王统治制度。春秋战国时期的百家争鸣,固然是知识分子自由表达见解的黄金年代。但是,其核心课题是帮助君王统治臣民、管理国家。在这样的环境下,中国的古代数学,多半以"管理数学"的形式出现,目的是为了丈量田亩、兴修水利、分配劳力、计算税收、运输粮食等国家管理的实用目标。理性探讨在这里退居其次。因此,从文化意义上看,中国数学可以说是"管理数学"和"木匠数学",存在的形式则是官方的文书,而不是学术性的著作。

古希腊的文化时尚,以追求精神上的享受,获得对大自然的理解为最高目标。因此,"对顶角相等"这样的命题,在《几何原本》里列入命题15,借助公理3(等量减等量,其差相等)给予证明。在中国的数学文化里,不可能给这样的直观命题留下位置。

同样,中国数学强调实用的管理数学,却在算法上得到了长足的发展。负数的运用、解方程的开根法,以及杨辉(贾宪)三角,祖冲之的圆周率计算、天元术那样的精致计算课题,也只能在中国诞生,而为古希腊文明所轻视。

中世纪以后,文艺复兴带来了思想的解放,人本主义思潮汹涌。数学思维的闸门随之打开,迎来了以微积分为代表的数学黄金时代。对数的使用,无穷小算法带来的神奇效果,使得西方弱于计算的缺点渐渐克服。但是,中国的皇帝听信"西学中源"的说法,拒绝向西方学习,以至在理性思维方面,远远落在后面。直到今天,在理性思维的文化层面,我们仍然深感不足。

二、从清代考据学派看中国数学文化

中国的数学文化,除了上述的以君王治理国家为本位的文化影响之外,还受到考试文化的影响。"苦读+科举"的文化背景,把数学看成敲门砖,把数学试题化,乃至八股化。窒息了数学的创新思维,把数学的"学问"当作了应付考试的学答。这里,我们要说的是考据文化。

清代中期以来,以戴震(戴东原,1724—1777)为首的考据学派在学术界占统治地位,其治学方法重实证,讲究逻辑推理,因而贴近数学。清末以来的学术界崇尚"严谨治学"的文化氛围,恰与西方数学要求严密逻辑推理的层面相吻合。此外,考据学派对中国传统算学有重要贡献,其中许多人(如戴震、阮元)本就是算学家。考据和数学联姻,并非偶然。然而,考据文化是一柄双刃剑,乾嘉考据学派重考证,复周秦之古,崇尚客观的演绎论证,有利于数学中使用逻辑方法。但在数学发现、探索、创造等方面又给中国数学教育带来负面的影响。

首先,处于中国正统地位的儒家文化,本身是一个演绎体系。就整体看,其思维方式是收敛、封闭、演绎的。为了说明这一点,我们不妨在此作一类比:儒家经典相当于数学的公理;朱熹等为经典作注是权威的论证;读书人"代圣贤立言"相当于作推论。

在演绎这一点上,儒家文化与西方数学要求并不抵牾。从徐光启翻译《几何原本》之时起,中国数学家对西方的逻辑推理从未提出过反对意见;戴震等考据学者认为西方的数学中国早已有之,不称赞西方数学,却并不拒绝,也未指责西方数学中的逻辑推理不符合中国国情。

考据学派对中国科学发展的作用可以概括为梁启超在《清代学术概论》中的论断:"自清代考据学派200年之训练,成为一种遗传。我国学子之头脑渐趋于冷静缜密。此种性质实为科学成立之基本要素。我国对于形的科学(数理),渊源本远。用其遗传上极优粹之科学头脑,将来必可成为全世界第一等之科学国民。"

"五四"时期的胡适,也把考据当作科学。他说:"这个时代是一个考证学昌明的时代,是一个科学的时代。戴氏是一个科学家,他长于算学,精于考据,他的治学方法最精密,故能将这个时代的科学精神用到哲学上去,教人处处用心知之明去剖析事物,寻求事物的条则。他的哲学是科学精神的哲学。"

这段话,清楚指明考据学派和西方科学之间的联系。直至今日,仍有人将戴震和笛卡儿相提并论,认为"笛卡儿清算了中世纪神学,戴震清算了宋明理学"。这当然是一个非常高的评价。

清代考据学派发扬了严谨治学、探精求微的学术传统,使得数学=逻辑的思潮应运而起。郑毓信教授曾经与笔者探讨:"中国传统文化对西方数学是同化,还是顺应呢?"我的看法是,中国的儒家文化和考据文化把西方的逻辑推理部分同化过来,但在顺应西方数学的创造层面,则似乎做得不够。当今的数学教育,还缺乏"数学文化"的底蕴。许多人学了多年的数学,既不能从文化的视角观察数学,也不会用数学的眼光审视文化。据调查,学生们把数学看作是"一堆绝对真理的总集",或者是"一种符号的游戏"。"数学遵循记忆事实—运用算法—执行记忆得来的公式—算出答案"的模式[1]。数学=逻辑,更是在数学教育界被普遍认同的一个公式。正如一位智者所说,一个充满活力的"数学美女",只剩下一付X光照片上的骨架了!

三、多侧面地开展微观数学文化研究

谈到数学文化,往往会联想到数学史。确实,宏观地观察数学,从历史上考察数学的进步,确实是揭示数学文化层面的重要途径。但是,除了这种宏观的历史考察之外,还应该有微观的一面,即从具体的数学概念、数学方法、数学思想中揭示数学的文化底蕴。以下将阐述我们的一些新视角,力求多侧面地展现数学文化。

(一) 数学和文学

数学和文学的思考方法往往是相通的。举例来说,中学课程里有"对称",文学中则有"对仗",对称是一种变换,变过去了却有些性质保持不变。轴对称,即是依对称轴对折,图形的形状和大小都保持不变。那么对仗是什么?无非是上联变成下联,但是字词句的某些特性不变。王维诗云:"明月松间照,清泉石上流。"这里,明月对清泉,都是自然景物,没有变。形容词"明"对"清",名词"月"对"泉",词性不变。其余各词均如此。变化中的不变性质,在文化中、文学中、数学中,都广泛存在着。数学中的"对偶理论",拓扑学的变与不变,都是这种思想的体现,文学意境也有和数学观念相通的地方。徐利治先生早就指出:"孤帆远影碧空尽",正是极限概念的意境[2]。

(二) 欧氏几何和中国古代的时空观

初唐诗人陈子昂有句云:"前不见古人,后不见来者,念天地之悠悠,独怆然而涕下。"这是时间和三维欧几里得空间的文学描述。在陈子昂看来,时间是两头无限的,以他自己为原点,恰可比喻为一条直线。天是平面,地是平面,人类生活在这悠远而空旷的时空里,不禁感慨万千。数学正是把这种人生感受精确化、形式化而已。诗人的想象可以补充我们的数学理解。

(三) 数学与语言

语言是文化的载体和外壳。数学的一种文化表现形式,就是把数学溶入语言之中。"不管三七二十一"涉及乘法口诀,"三下五除二就把它解决了"则是算盘口诀。再如"万无一失",在中国语言里比喻"有绝对把握"。但是,这句成语可以联系"小概率事件"进行思考,"十万有一失"在航天器的零件中也是不允许的。此外,"指数爆炸"、"直线上升"等等已经进入我们的日常语言。它们的含义可与事物的复杂性相联系(计算复杂性问题),正是我们所需要研究的。

(四) 数学的宏观和微观认识

宏观和微观是从物理学借用过来的,后来变成一种常识性的名词。让我们以函数为例加以说明。初中和高中的函数概念有变量说和对应说之分,其实是宏观描述和微观刻画的区别。初中的变量说,实际上是宏观观察,主要考察它的变化趋势和性态。高中的对应则是微观的分析。在分段函数的端点处,函数值在这一段,还是下一段,差一点都不行。政治上有全局和局部,物理上有牛顿力学与量子力学,电影中有全景和细部,国画中有泼墨山水画和工笔花鸟画,其道理都是一样的。我们是否要从这样的观点考察函数呢?

(五) 数学思想的朴素本质

许多数学思想往往是十分朴素的,依赖于人们的直观。比如,人们常常以为数学课堂上必定"词必有定义,言必有证据",其实是一种误解。在中小学,面积和体积的概念就从未定义过,大家都当成"已知的概念"加以接受。再如"方程"的思想,说穿了不过是"拉关系",为了认识"未知数"先生,必须请"已知数"先生为媒介,找到一种关系,根据关系就能认识"未知数"先生了。朴素的思想,正是一种文化现象。

(六) 数学和美学

"$\frac{1}{2}+\frac{1}{3}=\frac{2}{5}$?"是不是和谐美?二次方程的求根公式美不美?这涉及到美学观[3]。三角函数课堂上应该提到音乐,立体几何课总得说说绘画,把立体的图形画在平面上。

(七) 数学和伦理

西方学者作过十分认真的尝试。一个例子是,2个人每人有1 000元,从其中一个人那里拿500元给另外一个人。这一行动所产生的快乐比痛苦少,因为得到的人的财富只增加了1/3,而失去者的损失是1/2。

(八)

2002年8月20日中央电视台东方时空节目,丘成桐接受采访。他说:"我把《史记》当作歌剧来欣赏,……由于我重视历史,而历史是宏观的,所以我在看数学问题时常常采取宏观的观点,和别人的看法不一样。"这是一位数学大家的数学文化阐述。

(九)

《文汇报》2002年8月21日摘要刊出钱伟长的文章:哥丁根学派的追求。其中提道:"这使我明白了:数学本身很美,然而不要被它迷了路。应用数学的任务是解决实际问题,不是去完善许多数学方法,我们是以解决实际问题为己任的。从这一观点上讲,我们应该是解决实际问题的优秀'屠夫',而不是制刀的'刀匠',更不是那种一辈子欣赏自己的刀多么锋利而不去解决实际问题的刀匠。"这是一个物理学家的数学文化观。

(十)

2002年8月31日科学技术频道的"科学大家谈"节目,张恭庆院士要求听众把一块毛巾的东西边、南北边、上下方向,恰好调换一下。答案是不可能。一个右手坐标系无论怎样转动、移动和翻折,都不可能变为左手系。这是一个微观的数学文化问题。它说明,人们要理解的数学规律,其实就在我们身边。

总之,不要把数学文化等同于数学史。当我们真正把数学文化的魅力渗入教材,达到课堂,溶入教学时,数学就会更加平易近人,让大家通过文化层面易于理解数学、喜欢数学、热爱数学。

参考文献

[1] 黄毅英.数学观研究综述[J].数学教育学报,2002.11(1):3.
[2] 徐利治.科学文化人与审美意识[J].数学教育学报,1997,6(1):1.
[3] 张奠宙.数学美与课堂教学[J].数学教育学报,2001,10(4):2.

数学思想是自然而平和的

张奠宙

数学教学的核心内容是数学，教学设计是其呈现方式。内容决定形式。一堂课上得好不好，首先要看是否达到了教学目标，呈现了数学本质，是否有利于学生的数学发展。数学教师的任务，在于把数学的学术形态转变为学生易于接受的教育形态。

晚近以来，数学教育似乎有过度崇拜认识论的倾向。教育是一种认识过程，当然要服从认识论的指导，包括吸收建构主义认识论的一些长处。但是，教育有自己的特殊性，即要讲究认识效率。认识论强调自主活动、自我探索、亲身体验、彼此合作，怎么认识深刻怎么说，可以不管效率，不计成本。但是，我们的基础教育却要在短短的 12 年时间里，使学生掌握人类几千年来积累的知识和经验的精华部分，保持必要的进度。一位哲人说过，要知道梨子的滋味，就要亲口吃一吃。但是他又说，人不能事事都直接经历、体验，大部分知识都是间接经验。

数学教育学研究的基本矛盾，就是如何做到既保证学生有一定的直接数学经验，又要保持科学合理的进度，使学生能够高效率地掌握必要的数学基础知识和基本技能。为了做到这一点，在遵循一般教育规律的基础上，就需要对数学内容有深刻的认识，善于揭示数学实质，那种"去数学化"的倾向是不可取的。

这两篇关于数学教育的文章都涉及数学教学的效率问题，彼此之间也有一定的联系。

数学内容有其本质和非本质的区别。数学问题有本原性的，也有非本原性的。例如，方程的定义："含有未知数的等式叫方程"，并没有反映方程的本原思想。方程的实质是："为了寻求未知数，在已知数和未知数之间建立起来的一种等式关系。"上述定义不甚要紧，记住它、背出来没有多少意思，即便忘了定义，看见方程能够认得出也就行了。但是，把握方程的实质，却是十分重要的。既要会按部就班地解方程，也要能够建立方程的模型，找出已知数和未知数之间的等量关系。这种方程思想是本原性的，不能遗忘的。

数学中有许多问题是一些约定。例如，九九表、有理数的加减法则、负负得正、指数和根式运算规则、无理数的运算规则，等等，都是根据人类长期积累的经验制定的法则和规则，是一种约定，正如方块字和汉语语法都是一种约定一样。它们非常重要，人们必须牢牢记住，但却主要用其结果，对其过程只需有一定的了解即可。至于为什么这样约定，如此定义，其详细的证明、本原性的考察则只有专家才能够处理。比如，"负负得正"，无理数加法服从交换律，可以从自然数公理出发，扩充到有理数公理、实数公理，然后加以证明。但是，为了效率，我们只用结果就是了，不必深究。

编者注：原文载于《人民教育》(2006 年第 10 期第 28 页至 29 页)。

还有一些数学内容,例如正弦函数的和角公式：$\sin(a+b)=\sin a\cos b+\cos a\sin b$,我们必须牢牢记住,熟练运用,它的本原意义在于合理地运用。至于它的证明,能够深入理解固然好,实在不记得也没有太大的关系。一般地,对第一象限的角作一解释性的证明,也就可以了,毕竟证明过程本身并非本原性问题,别的地方很少使用,缺乏普遍价值。

但是,数学中还有一些问题,学生必须深入理解,触及本质,正面投入本原性问题的探索研究中。对其结论和过程,使用的数学思想方法,都需要掌握,也需要记忆。上面提到的方程实质是一个例子。现在,再就算术平均数和复合函数单调性的问题做一些评述。

杨玉东博士等的文章,就算术平均数的形式计算和背后隐藏的实际意义进行剖析。这再次说明,算术平均数的计算只是形式。它的本原意义有两点：一是"将它作为一组数据的代表数",二是根据代表数进行决策。文章还指出,要将算术平均数、截尾平均数、众数、中位数作为代表数进行综合比较分析。特别是,不同的人群会采用不同的"代表数",反映出他们的利益和立场会很不相同。这就是说,算术平均数概念,从形式计算、实际背景到决策选取、与其他代表数的比较分析,学生必须完整地参与全过程。该文揭示数学本质的重要性不言而喻。

让我们再来看张景斌老师的论述。它从反面揭示了学生必须弄懂"单调函数"和"复合函数"的本原意义。如果仅仅会背它们的定义、用死记硬背的程式去套,记忆容量太大。即使临时记住了,过几天就"遗忘"了。一旦面对具体问题,就不知所措。

让我们来看看单调函数的本质。以单调上升为例,教师应该指出以下的基本点：(1)随着自变量增大,函数值也增大,画图一看,就明白了。(2)这时,学生的认识还是感性的。头脑里呈现的是总体向上的态势,是和基本向上、大体向上差不多的认知图像。因此,必须着重指出,数学的上升,是"天天向上","一个都不能少"。(3)如果函数的定义域是有限数集,那么只要把有限多个函数值依次排起来看看就行了。但是定义域是无限的情况该怎么办？这是思考的关键！(4)既然是"无限多"天的"天天向上",那就表示任意选两天进行比较,都得向上。定义域为无限集的情形,必须保证任意两点的函数值都在上升,每一点都不允许塌下去,即一个也不能少。(5)最后,得到符号表示：对任意的 $x_1, x_2 \in D$,当 $x_1 < x_2$ 时,都有 $f(x_1) < f(x_2)$。

以上这样的文字和解说,在教材里是不会出现的。如果我们只是把符号的定义写在黑板上,逐字逐句地解释一番,要求学生记住,那就没有揭示问题的实质,学生觉得"单调性"定义好像是从天上掉下来的一样。一旦揭示了本原性问题,就会觉得那是很平常、很自然的思考过程。

复合函数的本原意义在于中间变量的过渡。好的例子容易说明问题的本质。例如 GDP 值是年份的上升函数,人的平均寿命是 GDP 的上升函数,于是寿命也是年份的上升函数。死亡率是 GDP 的下降函数,死亡率也是年份的下降函数。这里 GDP 是中间变量。其余类推。有的时候,一个例子比一打说明更有说服力。

数学要使用逻辑,但不等于逻辑。数学思想是自然而平和的。我们不能把活生生的数学思考变成一堆符号让学生去死记,以至让美丽的数学淹没在形式化的海洋里。还是一句老话说得好,要给学生一杯水,自己得有一桶水。

关于数学史和数学文化

张奠宙

摘要 在数学教学中运用数学史知识时,不能简单地、就事论事地介绍史实,而应该着重揭示含于历史进程中的数学文化价值,营造数学的文化意境,提高数学的文化品位。通过对 12 个案例的详细剖析,具体给出了关于如何实施的建议。

进入 21 世纪以来,运用数学史进行数学教育的理论和实践都获得了长足的进步。数学史界,从"为数学而历史"、"为历史而历史",进一步"为教育而历史"(李文林先生语)。数学史研究既在学术上不断取得进展,更在为社会服务、承担社会责任方面迈出了重要的步伐。数学史知识,在《国家数学课程标准》和各种教材中系统地出现,数学课堂上常常见到运用数学史料进行爱国主义教育的情景。这些进步,是有目共睹,令人鼓舞的。

但是,不可否认的是,运用数学史进行数学教学还有许多不足之处。我们看到的状况,往往是在教材的边框上出现一个数学家的头像,介绍一下数学贡献,就过去了。有的只有直接介绍数学史料,例如列举"函数"定义的发展历程,却没有展开。在进行爱国主义教育时也有某种简单化的倾向,有些界说,往往不大确切,造成误解。一般地说,数学教育中运用数学史知识,还停留在史料本身,只讲是什么,少讲为什么。因此,笔者认为,在数学教育中运用数学史知识,需要有更高的社会文化意识,努力挖掘数学史料的文化内涵,以提高数学教育的文化品位。

一、揭示数学史知识的社会文化内涵

数学的进步是人类社会文明的火车头。在人类文明的几个高峰中,数学的进步是突出的标志。古希腊文明,《几何原本》是其标志性贡献。文艺复兴以后的科学黄金时代,以牛顿建立微积分方法和力学体系为最重要的代表。19—20 世纪之交的现代文明,是以数学方法推动相对论的建立而显现的。至于今天正在经历的信息时代的文明,冯·诺伊曼创立的计算机方案,是信息技术的基础和发展的源泉。这些史实,都表明数学文化是和人类文明密切相关的。在中等教育结束的时候,学生应该有这样的历史认识。

要做到这一点,在数学教材和数学课堂上,就需要揭示数学史上人和事的社会背景,从社会文化的高度加以阐述和展开。

编者注:原文载于《高等数学研究》(2008 年第 1 期第 18 页至 22 页),是作者在"第二届全国数学史与数学教育研讨会暨第七届全国数学史会议"(河北师范大学,2007 年 4 月 26 日至 30 日)上的发言。

例1 关于《几何原本》

在平面几何课上,我们不能简单地介绍欧几里得生平和《几何原本》写作年代,就算完事。我们应该联系当时的社会文化现象,解释为什么古希腊会产生公理化思想方法。另一方面,中国古代数学又是为什么会注重算法体系的建立,较少关注演绎推理的运用。答案要从社会文化、政治制度上找原因。

首先,由于古希腊实行的是少数"奴隶主"的"民主制度",执政官通过选举产生,预算决算、战争和平等大事需要投票解决。这就为奴隶主之间进行平等讨论提供了制度保证。进一步,平等讨论必然要以证据说理,崇尚逻辑演绎,体现客观的理性精神。反映到数学上,就是公理体系的建立,演绎证明的运用。另一方面,中国古代实行的是"君主皇权制度",数学创造以是否能为皇权服务为依归,因此《九章算术》几乎等同于古代中国的"国家管理数学"(李迪先生语),丈量田亩、合理征税、安排劳役等为君王统治效力的数学方法成为主题,实用性的算法思想受到关注。如果我们这样讲解古希腊和古代中国的数学,就会有强烈的人文主义的色彩,使大家受到人文精神的感染。我们的结论是,既要尊重理性精神,也要遵循实用目的,但是中国长期在封建统治之下历来缺乏的是民主理性精神。

类似地,我们在进行"数学期望"教学时,多半会提到费马和巴斯卡研究"赌金分配"的问题。但是为什么中国"打麻将"不会产生概率论?这也要从社会文化的角度进行阐述。

例2 关于考据文化

数学讲究逻辑推理的严谨性,这时我们不妨提到中国的考据文化。以清代中期戴震为代表的考据学派,曾对中国科学的发展有过重要的作用。梁启超在《清代学术概论》中这样说[1]:

自清代考据学派200年之训练,成为一种遗传。我国学子之头脑渐趋于冷静缜密。此种性质实为科学成立之基本要素。我国对于形的科学(数理),渊源本远。用其遗传上极优粹之科学头脑,将来必可成为全世界第一等之科学国民。

考据文化的本质是不能把想象当作事实,不可把观感当作结论,必须凭证据说话,进行符合逻辑的分析。训诂、考证中讲究"治学严谨",其实是逻辑严谨。中国数学教育能够很顺利地接受西方的公理化的逻辑演绎思想,今日中国数学教育能以逻辑推断见长。是和考据文化的支撑分不开的。

当然,数学的逻辑要求,较之考据的要求还要高。例如作出考据的结论不能依靠一个证据,即孤证不足为凭,至少要有两个例证。但是,数学则有更进一步的要求,个别的例子再多也无用,必须进行完全覆盖,给出无遗漏的证明。我们在课堂上进行这样的对比,联系中国的考据文化进行逻辑证明教学,应该会更加有效。

例3 关于爱国主义的问题

中华文明是世界上唯一得以完全延续的文明。运用数学史进行爱国主义教育,是理所当然的事。不过,我们不能回避以下的历史事实:中国古代数学,整体上落后于古埃及、古巴比伦和古希腊数学。我曾经对一个骨干教师进修班作过调查,60%以上的老师误以为中国是世界上出现数学成果最早的国家。这样的误解来源于某些数学史研究成果,老是说"中国古代某某数学成果比西方早多少年",却很少说我们整体上比西方数学晚,因而要向其他文明学习数学。

但是,晚一点又如何?这是一个心态问题。日本古代文化主要是向中国学习的,他们承认中国是日本的老师,但是学生后来超过了老师。他们把赶超作为爱国主义的核心。美国建国才 200 年,在初等数学范围内,美国没有领先于世界的数学,难道美国中小学数学课就没有爱国主义教育了吗?他们进行爱国主义教育的宗旨是,学习一切优秀的文化,后来居上,成为世界最强大的国家。中国现在是世界大国,也应该有这样的气魄。我们今天的爱国主义,应该实行"拿来主义",学习一切优秀的数学文化,最后落脚在"赶超"世界先进水平之上。总之,不能停留在比西方"早多少年"上。

向一切优秀的文化学习,日本的同行做得很好。日本小学 6 年级教材在"测量"一节的引言中,赫然写着中国曹冲称象的故事。由此也就知道我们应该努力之所在了。

例 4　关于介绍更多的中国近现代数学家。

中国数学家不能仅限于祖冲之、刘徽等少数古代数学家,也要介绍在落后情况下努力赶超的近现代数学家。举例来说,高中排列组合单元的教学,应该提到李善兰组合恒等式,那是在清末中国科学极端落后的年代里,非常罕见的创新成果,值得我们珍视。

同样,陆家羲解决"寇克满女生问题"、"斯坦纳系列"等组合学世界难题,并获得国家科学一等奖也应该进入教材。尤其是作为普通的包头五中的物理教师作出这样的成果,更为难能可贵。在教学中,不能只是简单地介绍他们的成果,更重要介绍他们所处的社会背景,弘扬他们的坚忍不拔创新精神。

总之,介绍数学史不能就事论事。应当努力揭示含于历史进程中的社会文化价值,提高数学文化的品位。

二、阐发数学历史的文化价值

陈省身先生在为李文林先生的《数学史概论》题词时写道:"了解历史的变化是了解这门科学的一个步骤"。数学史正是为数学学习者提供了领会数学思想的台阶。

例 5　关于"对顶角相等"的例题。

"对顶角相等"要不要证明?这种一眼就能判断的问题为什么要证明?《几何原本》怎样证明?中国古代数学为什么没有这样的定理?这是学习对顶角相等定理时的文化价值所在。实际上,揭示"对顶角相等"的文化底蕴,学习古希腊文明的理性精神,比单纯掌握这个十分显然的结论要重要得多。可惜,我们都往往轻易地放过了。我想,在课堂上,组织学生讨论,体会这一证明的重要性,是数学教学必不可少的一部分。

例6　关于"勾股定理"的教学设计。

　　近来发表的一些勾股定理的教案,都喜欢用发现法,即用一连串的实验单,从边长为3,4,5的直角三角形开始,逐步地发现勾股定理。这当然也未尝不可。但是,笔者认为,勾股定理最好的教学设计,是运用数学史实加以展开。首先是建造金字塔的古埃及,没有勾股定理的记载,然后是古巴比伦泥版上发现了勾股数,中国的陈子、商高的勾三股四弦五,古希腊的毕达哥拉斯的结论及证明的记载,中国赵爽的代数方法巧证。这些史实,展现人类文明的特征。然后联系到今天的寻找外星人是使用勾股定理的图案,2002年北京数学家大会采用赵爽证明作为会标,以及作为勾股定理不能推广到高次的费马大定理的解决,一幅幅绚丽的历史画卷,将会使得学习者赏心悦目,受到深刻的文化感染。由此对数学文明产生一种敬畏和感恩之心,并从而了解数学,热爱数学。

例7　关于笛卡儿

　　这里,我们愿意用较多的篇幅研究怎样在课堂上介绍解析几何的历史。现在设计直角坐标系的教学,或者解析几何的教学,总会提到笛卡儿的名字。最简单的处理,是展示笛卡儿的画像,说明他建立了坐标系,创立了解析几何,使得数与形结合起来。陈述完了,也就结束了。有的著作则将做三个梦的传说,确定天花板上蜘蛛位置的想象,演染一番,却没有揭示笛卡儿创立坐标方法的文化底蕴。我们不妨再看看《中国数学教育》2006年第12期上发表的一个教学实录。

　　师:你们可知道,画两条数轴来表示不在同一直线上的点的位置的方法,直到1637年,才被法国数学家笛卡儿发现。这里有一个资料,我们一起来了解一下。请一位同学朗读阅读资料,了解历史。

　　生:早在1637年以前,法国数学家、解析几何的创始人笛卡儿受到了经纬度的启发,地理上的经纬度是以赤道和本初子午线为标准的,这两条线从局部可以看成是平面内互相垂直的两条直线,所以笛卡儿的方法就是在平面内画两条原点重合、互相垂直且具有相同单位长度的数轴建立平面直角坐标系,从而解决了用一对实数表示平面内的点的位置的问题。

　　[评析]重走科学家探索之路可让学生体验数学是从生活中产生,从而培养学生的探索精神,激发学生的学习兴趣。

　　这段"阅读资料"不知从何而来。所谓笛卡儿受经纬度启发创立直角坐标系,估计是用想象代替事实。评析者说"重走科学家探索之路,体验数学是从生活中产生"未免牵强,恐怕是一种溢美之词。

　　我们需要探讨的是,怎样帮助学生从笛卡儿创立坐标方法的历史中,获得文化教益?根据可靠的数学史实[2],首先要介绍笛卡儿是一位哲学家。他有一个大胆设想是:

$$\text{科学问题} \to \text{数学问题} \to \text{代数问题} \to \text{方程问题}。$$

为了将度量化为方程问题,即建立算术运算和几何图形之间的对应,于是建立了斜坐标系和直角坐标系。这是一个大胆的设想,一次伟大的哲学思考,一种气势磅礴的科学想象。坐标系是在将几何与代数相互连接起来的深刻的科学思考中产生出来的。正如上述陈省身先生的题字那样：了解这段历史的变化是了解几何的一个步骤。仅仅说坐标系起源于经纬线是不够的，是缺乏文化品位的。

再进一步，在李文林的《数学史概论》中还有一段话非常精彩[2]：

我们看到，笛卡儿《几何学》的整个思路与传统的方法大相径庭，在这里表现出笛卡儿向传统和权威挑战的巨大勇气。笛卡儿在《方法论》中尖锐地批判了经院哲学，特别是被奉为教条的亚里士多德"三段论"法则，认为三段论法则"只是在交流已经知道的事情时才有用，却不能帮助我们发现未知的事情。"他认为"古人的几何学"所思考的只限于形相，而近代的代数学则"太受法则和公式的束缚"，因此他主张"采取几何学和代数学中一切最好的东西，互相取长补短。"这种怀疑传统与权威、大胆思索创新的精神，反映了文艺复兴时期的时代特征。笛卡儿的哲学名言是："我思故我在。"他解释说："要想追求真理，我们必须在一生中尽可能地把所有的事物都来怀疑一次"，……用怀疑的态度代替盲从和迷信，依靠理性才能获得真理。

可以设想，我们如果用这样的观点来介绍笛卡儿（尽管对中学生还要更加通俗），那么一定能够增加数学史的文化感染力。至于那些做梦的传说，还是不传为好。关于与天花板上蜘蛛，以及子午线的故事，虽不妨介绍，却不可当作信史传播。

三、营造"数学史"知识的文化意境

营造适当的文化意境，可以扩大在数学教育中运用数学史知识的范围。数学和文学都是人创立的，其间必然存在着人文的联系，特别是意境的契合。许多古代的文论作品，虽然并不是专门的数学创作，却具有数学意蕴，可以帮助我们理解数学。

例 8   关于"一尺之棰"

我们常常引用庄子《天下篇》的名句："一尺之棰，日取其半，万世不竭"作为中国古代有无穷小思考的例证。其实庄子的这句话，本意在于："万世不竭"，并非是说"这是趋向于 0 的极限过程。"那么为什么大家都认为它能帮助理解极限呢？主要在于意境。人们通过日取其半的动态过程，感受到"木棰虽越来越短，接近于零却不为零"的状态。庄子并非数学家，《庄子》也不算数学著作，但是能够用于数学教学，所以我们把它当作数学史料来处理。同样徐利治先生用李白的诗句："孤帆远影碧空尽，唯见长江天际流"来描写极限过程，和"一尺之棰"的故事一样，都是利用了文学和数学在极限意境上的契合。前面提到日本数学教材运用"曹冲称象"的故事说明测量的意义，虽然这一历史故事并非来自数学著作，我们也可以看作是数学史的作用。

例 9   关于《登幽州台歌》的数学意境

近日与友人谈几何，不禁联想到初唐诗人陈子昂的名句(登幽州台歌)："前不见古人，后不见来者；念天地之悠悠，独怆然而涕下"。

一般的语文解释说：上两句俯仰古今，写出时间绵长；第三句登楼眺望，写出空间辽阔。在广阔无垠的背景中，第四句描绘了诗人孤单寂寞悲哀苦闷的情绪，两相映照，分外动人。然而，从数学上看来，这是一首阐发时间和空间感知的佳句。前两句表示时间可以看成是一条直线（一维空间）。诗人以自己为原点，前不见古人指时间可以延伸到负无穷大，后不见来者则意味着未来的时间是正无穷大。后两句则描写三维的现实空间：天是平面，地是平面，悠悠地张成三维的立体几何环境。全诗将时间和空间放在一起思考，感到自然之伟大，产生了敬畏之心，以至怆然涕下。这样的意境，是数学家和文学家可以彼此相通的。进一步说，爱因斯坦的四维时空学说，也能和此诗的意境相衔接。

四、提供数学史料，加深对数学知识的文化理解

在当前的数学教学中，往往局限于一个概念、一个定理、一种思想的局部历史的介绍，缺乏宏观的历史进程的综合性描述。实际上，用宏观的数学史进程，可以更深刻地揭示数学的含义。

例 10　关于无限

无限是一个普通名词，也是一个数学名词。小学生学习数学，就要接触无限。例如，自然数是无限的。两条直线段无限延长不相交称为平行，无限循环小数等等，都是直接使用无限的用语，并没有特别的定义。这时，我们必须运用无限的自然语境——人们关于无限的直觉了。进一步，"无边落木萧萧下"，"夕阳无限好"等等词句的内涵，也支撑着学生对数学无限的理解。自然语言和数学语言的交互作用，可以帮助学生理解数学概念。

但是数学，只有数学，才真正对无限进行了实质性的探究。数学哲学研究中，潜无限与实无限的差别，是关键的一步。单调函数概念的学习困难，其实源于要将"无限多对(x, y)的排序"。牛顿运用无限小量，形成了微积分；康托的集合论，对无限大进行了分析。这样的历史性的宏观考察，是数学史为数学教育服务的重要方面。

类似地，我们可以考察"面积、体积、测度"概念的发展历史，考察"方程、函数、变换、曲线"概念之间联系的历史进程，还可以叙述数学不变量的发展历程——从三角形内角和，四边形内角和，对称变换的不变量，几何问题的定值，拓扑不变量，乃至陈省身类等。这样的宏观思考，值得进一步去做。比如，介绍函数概念的发展历程，应该多作一些分析，并非一个比一个"高级"，初中函数的变量说定义未必就过时了。对大多数人来说，函数的变量说也许比对应说更重要。

最后，我们还应该运用数学史知识诠释一些好的数学教育工作，用历史鉴别现实。

例 11　三根导线的故事——在看不见的地方发现数学

1990 年代的一天，上海 51 中学（今位育中学）的陈振宣老师对我讲了一个数学教育的故事。我以为，那是中国数学教育的一个亮点，堪称经典。

陈老师的一个学生毕业后在和平饭店做电工。工作中发现在地下室控制10层以上房间空调的温度不准。分析之后，原来是使用三相电时，连接地下室和空调器的三根导线的长度不同，因而电阻也不同。剩下的问题是：如何测量这三根电线的电阻呢？用电工万用表无法量这样长的电线的电阻。于是这位电工想到了数学。他想：一根一根测很难，但是把三根导线在高楼上两两相连接，然后在地下室测量"两根电线"的电阻是很容易的。设三根导线的电阻分别是 x,y,z。于是，他列出三个一次方程：$x+y=a$，$y+z=b$，$z+x=c$。解由此形成的三元一次方程组，即得三根导线的电阻。

这样的方程谁都会解。但是，能够想到在这里用方程，才是真正的创造啊！我为这位电工的数学意识所折服。清代学者袁枚曾说："学如箭镞，才如弓弩，识以领之，方能中鹄"。有知识，没有能力，就像只有箭，没有弓，射不出去。但是有了箭和弓，还要有见识，找到目标，才能打中。上面的例子说明，解这样的联立方程，知识和能力都不成问题，难的是要具有应用联立方程的意识和眼光。

这使我想起第二次世界大战以后，1948年时在美国出现的数学。这一年，维纳发表《控制论》，香农发表《信息论》，冯·诺伊曼则提出了使用至今的计算机方案。

这三项数学成就，不是通常我们所解决的那种数学问题。他们看见了我们没有看见的数学问题。试问：打电报传送的信息，可以是数学研究的对象吗？用大脑控制手去拾地下的铅笔，可以构成"数学控制论"吗？研究数字电子计算机会改变时代吗？他们看见了新的数学，在1948年不约而同地做出了创造性的杰出贡献，影响之大，使人类在20世纪下半叶进入信息时代。

在别人看不见数学的地方，发现数学问题，解决数学问题，这是最高的数学创新。这比做别人给出的问题，更胜一筹。

运用数学史料，对正在进行的数学教学以历史经验的衬托，将会对学生起到历史的激励作用。

总之，努力揭示数学史知识的文化内涵，将会使得数学史进一步溶入数学教育，增强数学文化的教育作用。青年学子将会建构数学常识，感知数学文化，享受智慧人生。

参考文献

［1］梁启超.清代学术概论［M］.上海：上海古籍出版社，1998：106.
［2］李文林.数学史概论［M］.北京：高等教育出版社，2002(第二版)：140—141.
［3］张奠宙.中国皇权与数学文化［J］.科学文化评论，2005(1).
［4］张奠宙.数学与诗词意境.文汇报，2006/12/30.
［5］张奠宙.中华文化对今日数学教育之影响［J］.基础教育学报(香港)，2007(16).

解读温州数学家群体的科学文化意义

张奠宙

100多年前,温州领全国数学风气之先,陆续出现了一群影响我国现代数学进程的数学家。为了记叙这一地域科学文化传统,胡毓达教授主编的《数学家之乡》一书,历经十载耕耘,终于出版了。在这里,我们可以看到姜立夫、苏步青、谷超豪等中国数学的领军人物的数学人生,更多的则是包括中国科学院院士在内的24位蜚声中外的温州籍数学家的数学贡献和奋斗经历。在全国地市一级的城市中,出现如此众多数学名家的可以说仅温州一地。这一现象,一向为数学圈内人津津乐道,同时也为社会学家所关注。现在,这本由数学大师陈省身题写书名的《数学家之乡》的出版,为大家提供了翔实的文字资料,并做了周详的分析。可以说,这是中国近代数学发展史研究的一项重要收获。

温州数学家群体的出现,具有重要的科学文化意义。如何保护和发扬这种地域性的科学传统,为中国科学事业未来的发展提供借鉴,是这项研究的社会价值所在。

回顾19世纪至20世纪世界数学的历史,有一些地域性的数学家群体十分令人关注,例如,1920—1930年代在东欧出现了波兰数学学派。从《数学家之乡》一书提供的资料中,依稀可见彼此有许多相通的地方。

一、数学家群体的出现要有深厚文化渊源和先进的时代触觉

温州是具有悠久文化积淀的古城。著名的永嘉学派曾在宋代盛行一时。中国古代数学在温州也有传承。《数学家之乡》的第一篇就详细地叙述、考证了晚清时期温州地区的数学活动和数学教育,这是理解温州数学家群体的首要一步,也是本书的亮点之一。在这一篇里,作者专门提到了晚清时期温州的五位中国古算学家,其中包括县令黎应南、举人黄庆澄、布衣算学家陈氏父子以及中医陈侠等。温州数学家群体,正是这一传统的继续。

《数学家之乡》专门用一章描写于1896年开办的瑞安学计馆。创办人孙诒让提出的办学宗旨是"明算学而旁及各种新学",这当然对温州地区的数学发展极有裨益。不过,晚清时期,中国具有算学传统和新学意识的地方很多。湖南的浏阳算学馆就是一例。它也是培养"诣极精微"的数学专门人才,规定生员须在30岁以下,肄业三年,主修数、理、科常等课。但是浏阳算学馆举办一年便告终止,主办人谭嗣同最后以革命家的身份名留青史,没有走上数学家的道路。湖南各地区此后也没有出现数学家群体。

编者注:原文载于《科学》(2012年第1期第54页至56页)。

温州的情况则有所不同。《数学家之乡》的第 3 章写得很精彩。作者经过详细考证,确认黄庆澄于 1897 年创办了中国第一份数学期刊《算学报》。黄庆澄作为举人,未入仕途,专心学问。他曾到上海梅溪书院任教习,1893 年又去日本考察两个月,贯通中西算学。《算学报》编辑总馆设于温州,旋即在上海设分馆,并建立发行渠道。这种借助媒体进行数学宣传的意识,适应了时代潮流,是一项具有时代触觉和预见的创举。

于此联想到改革开放以来,社会主义市场经济中出现了名闻遐迩的"温州模式",那是不拘一格的创新。而黄庆澄创办《算学报》,也许可以说是温州人创新的先声。

联想到波兰,那里的文化土壤曾孕育了哥白尼、肖邦那样的科学家和音乐家。20 世纪初波兰尚被普鲁士、沙俄、奥地利瓜分,当时在华沙出现了雅尼谢夫斯基(Z. Janiszewski)这样有数学远见的人物。他在当时的世界数学中心——格丁根留学,回国后创办《数学基础》杂志,制定数学发展计划,开启波兰数学的先河。这很像黄庆澄在温州所起的作用。后来以谢尔宾斯基(W. Sierpinski)和巴拿赫(S. Banach)为代表的华沙学派和利沃夫学派相继出现,在集合论、拓扑学、泛函分析领域独领风骚,形成了波兰数学家群体。

波兰和温州的数学进步表明:数学需要文化传统,也需要有与时俱进的创新远见的带领与突破。

二、数学家群体的形成既依赖于经济发展的支撑,又要能抵御功利追求

数学的教育和进步需要相对发达的经济环境来支持。一个地区有了相当的经济发展,才能支持优秀学校和优秀数学师资的存在。因此,中国的现代数学家发展,形成于东部沿海的经济较发达地区,尤其是江浙一带。其中包括华罗庚(江苏金坛)、陈省身(浙江嘉兴)、许宝騄(浙江杭州)、陈建功(浙江绍兴)、胡敦复(江苏无锡)、冯康(江苏苏州)等大家。同样,以姜立夫、苏步青为代表的温州数学家群体的出现,也是得益于温州相对发达的农业经济和海洋经济。鸦片战争五口通商之后,温州处于福州和宁波两口岸之间,海上贸易频繁。1877 年设立海关,成为中外交流的窗口之一。

正是在这种环境之下,温州地区一批有才华的青少年接受了良好的基础教育,包括数学教育。这批优秀的知识分子,都希望报效国家,在学术上有所建树。那么选择什么出路为好呢?温州地区没有发达的工商业和服务业,没有让他们在工程、经济、法律等方面施展才华的机会。于是,无需研究设备和大量投资的数学,自然地成为清末民初江浙地区许多知识分子从事研究的一门学科。《数学家之乡》的第二篇,记载了许多感人的故事。例如,让苏步青走上数学之路的是留日归国的数学老师杨霁朝,他在课堂上说:"国家兴亡,匹夫有责。要救国就要学好数学。"事实上,选择数学不能发财,也没有怎样好的谋生出路。本书介绍的 24 位数学家,就都是从热爱数学、为国争光开始的。

另一方面,数学的进步并不一定在经济中心发生。经济十分发达的地区,优秀的知识分子或从政、或办企业,做学问的则大都从事经济学、法学、工程学、医学等那些具有高收益、并能立刻产生经济效益的学科。以美国为例,早在 19 世纪末美国的经济实力已经位居世界第

一。但是,美国的数学一直不如欧洲。直到1935年,企业家才捐助大笔经费资助数学和理论物理学等基础性学科,最终催生了普林斯顿高等研究院。只是到了第二次世界大战之后美国才成为一流数学强国。就国内而言,上海是中国的经济贸易中心,但是在华罗庚、陈省身、苏步青做出数学贡献的1930年代,却没有产生过上海籍的重要数学家(1940年代以后才有吴文俊等的出现)。宁波与温州的地理位置相仿,经济上较为发达,因而出现了许多政治家和企业家,却难见数学家出现。

因此,温州数学家群体虽得益于温州经济的支撑,但是并不同步。值得思考的问题是:当今日温州经济大起飞之时,青年学子面临的物质诱惑和功利选择很多,今后是否依旧会有杰出青年钟情数学?为此《数学家之乡》的第15章,介绍了江迪华、陈大岳、季理真三位正在上升的新秀,第14章介绍温州地区正在实行的"数学家摇篮工程",初具成效,似乎在预示一个正面的回答。

三、数学家群体的延续,需要建立有形的师承关系,更要着重无形传统的传承

温州数学家群体的形成,传承有序。如果说黄庆澄举人是火炬传递的第一棒,那么第二棒就是姜立夫。《数学家之乡》告诉我们,黄庆澄是姜立夫的姨夫,而且对自幼失去双亲的姜立夫倍加爱护。姜立夫后来考取庚款赴美留学,一开始就选择冷门的数学,定会受到黄庆澄的影响。第三棒则是苏步青。苏步青曾见到姜立夫问:"您学习的数学很高深,究竟学了些什么?"姜立夫回答:"数学是一棵大树,我只学了一片叶子。"这是一种无形的传承。姜立夫的另一位传承者是柯召。姜立夫在厦门大学任教时,柯召是学生。后来姜立夫又将柯召聘到南开大学任教,共事两年。与此同时,李锐夫、潘廷洸、方德植、徐贤修、徐桂芳等从其他途径进入数学家行列。这样温州数学家群体已经基本形成。《数学家之乡》将他们称为第一代温籍数学家。

后来,苏步青任职于浙江大学数学系,就有更多的温州学生前来就读,例如白正国、杨忠道、张鸣镛、谷超豪等。包括张鸣华等的出现,他们被称为第二代温籍数学家。其中谷超豪从苏步青手里接过新的火炬,成为这一代的杰出代表。

第三代温籍数学家,都是新中国成立后进入大学的数学人才。其中包括姜伯驹、李邦河两位中国科学院院士。

温籍数学家中,有不少在海外发展。有的在国内接受数学教育,如杨忠道受教于苏步青,项黼宸受教于方德植;有的只是在温州度过幼年时光,如项武忠和项武义兄弟。他们和出生在新加坡的李秉彝选择数学作为终身事业,可以说多少有些无形的故土影响。

《数学家之乡》的学术价值,还在于用浓重的笔墨描写了温州中学界许多数学名师。优秀数学家都是在中小学获得启蒙的。本书第4章专门叙述了三位名师:"数学校长"洪彦远,一代师表陈叔平和陈仲武,事迹令人感动。现在的温州中学校园里树有陈叔平的雕像。他们是温州数学传统的坚定守望者。

《数学家之乡》的第三篇是"温籍数学家群体的贡献和成因"。文中提出了以下四点成因,

为我们打开了思路：

(1) 重视数学的社会传承；

(2) 德学兼优的数学师资；

(3) 刻苦实干的地域品性；

(4) 信息开通的沿海环境。

历史已经进入 21 世纪。温州数学家群体的出现，激励着温州和其他地区青年学子献身现代数学事业的理想和决心。希望《数学家之乡》的出版，能够使数学上的"温州模式"被我国其他地域加以复制和发展，形成更多的数学家群体，共同为建设"21 世纪数学强国"的目标而奋斗。

第二部分

数学文化

第二章

数学欣赏

从科学守恒到数学不变量
——一种数学文化的视角

张奠宙

大千世界在不断地变化着。世间万物经历着历史的变化,承受着地域的变化,既有质的变化,更有量的变化。变化是绝对的。但是,看到变化更要把握变化,人们需要找出事物变化中保持不变的规律。无论是社会科学还是自然科学,都会寻求某种不变性,在科学上称之为守恒,在数学上就是不变量。

中国在不断发展进步,一切事物都在与时俱进。但是,在巨大的社会变革中,有些是不变的。例如,中华民族的文化传统,民族精神;热爱祖国,崇尚和平,寻求大同,宣扬美德等等,都是不变的。在改革开放的今天,在与时俱进的变化中,从实质上保持这些传统的精华,是一种文化的守恒。

文学中也有守恒:对仗。试看王维的名句:"明月松间照,清泉石上流",具有自然意境之美,也有文字对仗工整之美。诗句中的对仗,正是把"明月"变换到"清泉",其中不变的是语词的性质。形容词"明"对形容词"清",名词"月"对"泉"。同时不变的还有:二者都是自然景物。这种保持着意境、语词的某种不变性,正是"守恒"。文学通过这样的"守恒",体现着人类的睿智和均衡之美。

在物理上,有能量守恒定律。在保守力场里,一个运动着的物体,它的动能和位能的总和是一个不变的常量。动能多了,位能就少了,反之也是这样。守恒定律是力学真理,有了它,人们对运动着的客观事物有了更深的认识。

总之,守恒是客观规律,发现守恒是科学的胜利,认识守恒是美的享受。

那么,数学又是怎样和守恒连在一起的呢?

从小学起,我们就在和守恒打交道。数字相加和相乘的交换律就是一种守恒定律。两个数交换了,次序变化了,但是它们的"和"与"积"不变:

$$a+b=b+a, a \cdot b=b \cdot a。$$

再如分数,$1/2=2/4=3/6=\cdots$,这些分数的形式各不相同,面貌变了,但是它们表示的大小数值没有变,都是0.5。这当然也是守恒。利用分数表示的守恒规则,可以通分,进行分数的加减乘除。

编者注:原文载于《科学》(2004年第2期第46页至47页),并转载于《语数外学习(高中版上旬)》(2017年第2期第53页至54页)。

图1　太极图　其中包含着对称与守恒的含义。

在几何上,大家熟知图形的"全等",它是指把一个图形通过"运动"(指移动、旋转、折叠)之后,可以和另一个图形"重合"。两个全等的图形经过运动之后,它们的长度、角度、面积等等都不变。这就是说,全等图形的长度、角度、面积是守恒的。至于相似,也是一种守恒。不过它只有角度不变,完全守恒,而长度和面积变了,不能有"相等性"的守恒了。但是,还可以用"长度之比"是一个常数(相似比)来说明它的守恒特征。

对称是美丽的。所谓对称,指相对又相称。这在人类早期文明中就有体现。《易经》中的太极图,何等对称!

对称,又是生活中常用的概念。服装设计、室内装潢、音乐旋律都有对称的踪迹。数学上,轴对称是沿对称轴翻折以后图形的形状不变,旋转对称就是以旋转中心转动以后图形的形状不变。

这种"变化"之下的不变性质对称,本来只是几何学研究的对象,后来数学家又把它拓广到代数。比如二次式 X^2+Y^2,现在把 X 变换为 Y,Y 变换为 X,原来的式子就成了 Y^2+X^2,结果仍旧等于 X^2+Y^2,没有变化。由于这个代数式经过变换之后,形式上完全和先前一样,所以把它称为对称的二次式。韦达定理中的两根和,两根之积可都是对称的代数式;高次方程也有韦达定理,仍然是高度对称的。

最后,要说到方程。解方程的过程,就是将等式不断变形,使得方程的根保持不变。例如,一元一次方程,就是通过合并同类项,移项,两边同乘一个数,同除一个不为零的数等方法,把方程变形为 $ax=b$ 的形状。在这个过程中,x 的值没有改变。这种变形是守恒的:保持等式不变,从而 x 的值不变,最后得到 $x=b/a(a\neq 0)$。

大家熟知的求解一元二次方程,也是通过配方、因式分解的方法将方程变形,保持等式不变,x 的值不变,最后得到了求根公式。还须注意到,分式方程的变形,如果处理不当,就会失根,那就是不守恒了。

当代物理学和守恒连在一起。对称是在某种群作用下的不变性。诺贝尔物理学奖获得者杨振宁回忆他的大学生活时说,对我后来的工作有决定性影响的一个领域叫做对称原理。杨振宁和李政道获得诺贝尔奖的工作——"宇称不守恒"的发现,是一种特殊的"不对称"。守恒是合理的,不守恒反而成了新发现。另外一个被称为"杨振宁-米尔斯规范场"的著名成果,更是研究"规范对称"的直接结果。杨振宁在《对称和物理学》一文的最后这样写道:"在理解物理世界的过程中,21世纪会目睹对称概念的新方面吗?我的回答是,十分可能。[1]"

对称图形是美的,对称观念是美的,对称理论更是美的。大自然的结构是用对称语言写成的。研究各种对称中的不变量,是数学物理研究的中心课题。

从某种意义上说,现代数学就是研究各种不变量的科学。20世纪最重大的数学成就之一——阿蒂亚-辛格(Atiyah-Singer)指标定理,就是描述某些算子的指标不变量。影响遍及整个数学的陈省身示性类(Chern class),正是刻画许多流形特征的不变量。一些代数不变量、几何不变量、拓扑不变量的发现,往往是一门学科的开端。

数学思想的建立离不开人类文化的进步。在本原的思想上,例如守恒,许多学科之间都彼此相通。发现守恒,永远是美丽的。数学的不变量,正是数学文化和社会一般文化彼此互动的结果。

参考文献

[1] 张奠宙编.杨振宁文集.上海:华东师范大学出版社,1999:444,703

欣赏数学之美

张奠宙

俗话说:"爱美之心,人皆有之。"那么,你觉得数学美吗?你能欣赏数学的"美"吗?

最容易感受到的数学美,是几何图形的美:圆是美的,五角星是美的,对称的太极图是美的。那么算术和代数里有没有"美"的对象呢?有。例如同学们一定会觉得以下的公式很和谐、整齐,因而很美观:

$$a+b=b+a; \qquad ab=ba;$$
$$a(b+c)=ab+ac; \qquad \frac{a}{b} \cdot \frac{c}{d}=\frac{ac}{bd}。$$

但是,外观美的式子不一定正确,正像美丽的花朵可能有毒一样,请看:

$$\frac{1}{2}+\frac{1}{3}=\frac{2}{5},$$

如果两个分数相加时,只要把分子和分母分别加起来就行,那该多舒服、多漂亮、多美好啊!可惜它是错的。再比如,$(a+b)^2=a^2+b^2$,也是和谐、简约且很漂亮,可惜也是错的。所以,我们不能只从外表上考察数学的"美观",还必须看它是否正确,即是否"美好"。看得久了,你就会觉得

$$(a+b)^2=a^2+2ab+b^2$$

才是美好的。

另一方面,如果单从外表上看一元二次方程的求根公式,那是很"丑陋"的:

$$x=\frac{-b\pm\sqrt{b^2-4ac}}{2a},$$

这个式子既不对称,也不整齐,一点不和谐。但是你会看到它的价值是多么美好;从中可以看到 $a\neq 0$ 的意义,正负号表示会有两个根,判别式会告诉你方程根的个数,最后,可以用这个公式完整地确定方程的根。太好了。这个公式好像小说《巴黎圣母院》中的卡西摩多,外表丑陋,但是内心很美。

这样,我们欣赏数学之美,从"美观"到达了第二个层次:美好。

数学美的第三个层次是美妙。任意三角形的三条高交于一点,太妙了。直线可以用方程

编者注:原文载于《时代数学学习》(2006 年 Z1 期第 2 页至 3 页)。

$y=kx+b$ 表示出来,太妙了。我们在做数学题目时,常常也会觉得数学之"美妙"。确实,正当我们面对难题觉得"山重水复疑无路"之时,忽然计上心头,于是"柳暗花明又一村",问题迎刃而解。太妙了! 妙极了! 这种科学研究中的喜悦,正是心灵上"美"的体现。

随着数学知识的增长,你会感到更深层次的数学美。比如,你觉得数学证明有很强的说服力,美吗? 当牛顿第二定律用数学表示为 $F=ma$ 时,你觉得美吗? 细细琢磨,美感就会油然而生。

图1

对称与对仗
——谈变化中的不变性

张奠宙

数学中有对称,诗词中讲对仗。乍看上去两者似乎风马牛不相及,其实它们在理念上具有鲜明的共性:在变化中保持着不变性质。

数学中说两个图形是轴对称的,是指将一个图形沿着某一条直线(称为)对称轴折叠过去,能够和另一个图形重合。这就是说,一个图形"变换"到对称轴另外一边,但是图形的形状没有变。

这种"变中不变"的思想,在对仗中也反映出来了。例如,让我们看唐朝王维的两句诗:"明月松间照,清泉石上流。"

诗的上句"变换"到下句,内容从描写月亮到描写泉水,确实有变化。但是,这一变化中有许多是不变的:

"明"——"清"(都是形容词);

"月"——"泉"(都是自然景物,名词);

"松"——"石"(也是自然景物,名词);

"间"——"上"(都是介词);

"照"——"流"(都是动词)。

对仗之类在于它的不变性。假如上联的词语变到下联,含义、词性、格律全都变了,就成了白开水,还有什么味道?

世间万物都在变化之中,但只单说事物在"变",不说明什么问题。科学的任务是要找出"变化中不变的规律"。一个民族必须与时俱进,不断创新,但是民族的传统精华不能变。京剧需要改革,可是京剧的灵魂不能变。古典诗词的内容千变万化,但是基本的格律不变。自然科学中,物理学有能量守恒、动量守恒;化学反应中有方程式的平衡,分子量的总值不能变。总之,惟有找出变化中的不变性,才有科学的、美学的价值。

数学上的对称本来只是几何学研究的对象,后来数学家又把它拓广到代数中。例如,二次式 x^2+y^2,当把 x 变换为 y,y 变换为 x 后,原来的式子就成了 y^2+x^2,结果仍旧等于 x^2+y^2,没有变化。由于这个代数式经过 x 与 y 变换后形式上与先前完全一样,所以把它称为对称的二次式。进一步说,对称,可以用"群"来表示,各色各样的对称群成为描述大自然的数学工具。

编者注:原文载于《世界科学》(2007 年第 1 期第 2 页至 3 页)。

物质结构是用对称语言写成的。诺贝尔物理学奖获得者杨振宁回忆他的大学生活时说：对我后来的工作有决定影响的一个领域叫做对称原理。1957年李政道和杨振宁获诺贝尔奖的工作——"宇称不守恒"的发现，就和对称密切相关。此外，为杨振宁赢得更高声誉的"杨振宁-米尔斯规范场"，更是研究"规范对称"的直接结果。在"对称和物理学"一文中最后，他写道："在理解物理世界的过程中，21世纪会目睹对称概念的新方面吗？我的回答是，十分可能。"(见《杨振宁文集》第444,703页)。

　　对称是一个十分宽广的概念，它出现在数学教材中，也存在于日常生活中，能在文学意境中感受它，也能在建筑物、绘画艺术、日常生活用品中看到它，更存在于大自然的深刻结构中。数学和人类文明同步发展，"对称"只是纷繁数学文化中的标志之一。

话说"无限"

张奠宙

无限,是一个普通名词,又是一个数学名词。人们可以心想无限,口说无限,各门学科也会提到无限,但只有数学,才正面研究无限,运用无限,给无限以明确的界说。关于无限的数学,是人类智慧的结晶。中学数学课堂能够谈论无限,应该是数学教学品位的一种体现。这篇文字,对于"提高数学考试成绩"也许没有什么帮助。但是,如果能够细细反思已经学习过的数学,欣赏无限之美,也许别有一番感受。数学,毕竟不是仅仅会做题而已。

一、无限意识

任何人都有"无限"的意识,凡是自己不能把握的数量,即"数不清"的东西,就说它有无限多。例如说"空气是无限的"、"水是无限量的"等等,其实它们都是有限的。另一种表述的"无限"则是一种愿望,例如说"夕阳无限好,只是近黄昏",夕阳之好,是没法限制的,所以说"无限好"。

在文学中,无限是一种意境。大连理工大学的徐利治先生讲极限,就要学生体验"孤帆远影碧空尽"的动态过程。"无边落木萧萧下",自然是一种心境的抒发。最能直接反映古人无限的诗句,则是初唐诗人陈子昂的诗:

"前不见古人,后不见来者;

念天地之悠悠,独怆然而涕下。"

诗人描写了时间两端"茫茫均不见"的感受,并对天地间张开的悠悠宇宙寄以无限的遐想。

自然科学里,也要涉及无限。例如,"物质可以无限分割:分子、原子、粒子……,可以无穷尽地分割下去。"化合物的种类,生物的进化,都是无限的过程。不过,这里涉及的无限,不过是一种信念,类似于哲学上关于"宇宙是无限"的学说。然而,现代宇宙物理学的研究表明,宇宙有一个起点,时间也有一个起点。他们面对的是有限的宇宙。

二、自然数是无限的——潜无限

惟独数学,从一开始就正面进攻无限:自然数是无限的。$1, 2, \cdots N, \cdots$永远数不尽。现

编者注:原文载于《数学通报》(2006年第10期第1至4页)。

在流行说我有"N 个"东西,意思是很多,至于究竟是多少,并没有限制,实际上隐含着无限。

从小学开始,就接触以无限为特征的数学概念,首先是无限循环小数,$1/3 = 0.333\,3\cdots$；无限不循环小数：圆周率 $\pi = 3.141\,592\,6\cdots$,数位一个接一个永远不会完结。接着是平行(小学里要计算平行四边形的面积)。那么什么是平行呢？教科书上写着："两条直线,如果无限延长永远不相交,称为彼此平行。"何谓"无限延长"？ 无限,是做不到的,也无法检验的。它只能是依靠人的直觉想象而完成的数学思维活动。奇怪的是,这种事涉"无限"的平行概念,学生接受起来却并不困难。您听说过因为不懂"无限延长"而数学不及格的学生吗？

这种继续不断、没完没了的过程,数学上称之为"潜在的无限",它永远是现在进行时,每一步都是有限的,却永远不会结束。人脑具有很强的思维的能动性,人人都能够凭直觉把握这种"潜无限"。老师不必讲,自己就能体会到。中国古代有"一尺之棰,日取其半,万世不竭"的说法,刘徽用内接多边形采用"割圆术"求圆面积,都是利用潜无限阐述规律性认识的著名事例。不过,最辉煌的成就在古希腊。

第一个向无限进军的勇士是欧多克斯(Eudoxus of Cnidus,公元前 4 世纪)。人们只知道欧几里得(Euclid,约公元前 330—275)的伟大,实际上,更加伟大而深刻的是欧多克斯。当毕达哥拉斯学派发现了涉及无限的无理数之后,发生了所谓的第一次数学危机。这是因为数学的许多基础性定理(加法交换率、矩形面积等于长乘宽,平行线切割定理等)起初只对整数有效,顶多可以扩充到有理数。那么对新发现的无理数是否还成立呢？这是涉及数学大厦基础是否可靠的大问题。欧多克斯采用"穷竭法"进行论证,最后说："可以",危机随之结束。这是非常了不起成就。不过,现在的数学教科书,在有关过渡到无理数情形时,都是"一带而过",教师也不介绍。反正学生接受了,不问究竟,也就过去了。

三、$0.999\,99\cdots = 1$ 吗

欧多克斯处理无理数的深邃思想已经成为今天的"数学思维平台",站在巨人建造的平台上,大胆地往前走就是了。但是,在中小学数学教学中,却被一个很平常的问题困扰着。这就是 $0.999\,99\cdots = 1$ 吗？大学生中的意见有二：

意见 A：$0.999\,99\cdots$ 永远小于 1,只不过极限等于 1 罢了。

意见 B：$0.999\,99\cdots = 1$。极限是可以达到的。不能停留在潜无限的认识上。

这两种意见,都认为无限循环小数 $0.999\,99\cdots$ 的极限是 1。区别在于极限过程能否完结,变量最后是否达到极限值。

意见 A 认为,循环小数是潜无限过程,在循环过程中永远小于 1,没有错。一尺之棰,日取其半,的确是"万世不竭"的。但是,写出表示式 $0.999\,99\cdots$ 的意思就是极限为 1,说它小于 1 则不妥了。

意见 B 则认为,极限必须达到。既然 $0.999\,99\cdots = 1$ 表示左边数列的极限是 1,那就意味着 n 必须达到无穷大,无限循环小数一定达到 1。在数系中,无限循环小数 $0.999\,99\cdots$ 是 1 的另一种表示,二者是同一个数,怎么能不相等呢？其实,极限是从来不管达到达不到的。教科

书中的极限定义,提到 $x \to x_0$ 时,只考虑空心邻域,即 $x \neq x_0$,不考虑达到与否的问题。

那么,从 0.999 99… 的极限是 1,又怎样转化到 0.999 99… 就是 1 本身呢?数学家想了一个办法,把所有的无限循环数列,以及有限小数 a 构成的常数数列 $\{a, a, a, \cdots\}$ 作为一个集合看待。如果其中的两个数列 $\{a_n\}$,$\{b_n\}$,满足条件 $a_n - b_n \to 0$,则说二者属于同一个等价类,每一个等价类当作一个对象(有理数)看待。于是 $\{0.9, 0.99, 0.999, \cdots\}$ 和 $\{1, 1, 1, \cdots\}$ 就可以看作同一个数了。

这就是说,0.999 99…=1,和极限达到与否是不相干的事。

四、函数之难,在于具有"实无限"背景

数学所研究的另一种无限是"实无限",即实实在在的无限。几何学中的曲线,由无限多个点组成。说到全体"自然数","所有真分数",区间 $[a, b]$ 中所有实数等等,我们面对的是一个真实的"无限集"。因此,即便是在初等数学里,实无限已经是研究的对象,只不过没有挑明罢了。

许多数学上的困难,其实是由实无限所引起的。尽管函数的定义域可以是有限集(恰如一张表格)。但是数学上主要研究无限集上的函数。无限数列是全体自然数集上的函数。一般地,一个函数 $y = f(x)$,其定义域 $M = \{x \mid a \leqslant x \leqslant b\}$ 是一个无限集合。$f(x)$ 实际上由无限多组的对应关系 $(x, f(x))$ 所构成。这是实实在在的"无限"对象。处理这样的"实无限"内容,自然很不容易。

比如,对于函数的单调性,画出图象解释函数的单调性很容易明白。但用文字写的定义(对定义域中任意的 $x_1 < x_2$,都有 $f(x_1) < f(x_2)$),学生往往觉得难以把握,不知道为什么要这样啰嗦。实际上,落笔一画就是无限多个"点"啊!单调性学习上的困难来自"无限"的背景。正是因为有无限多对 $(x, f(x))$,我们无法按照增加(减少)的方向一个个地排列起来(有限情形可以做到),所以才不得不在表述上使用"任意的"这样的逻辑量词。

许多教师和学生都没有觉察到"函数单调性和无限有关"[①]。联想到表述极限的"ε-δ 定义",也正是"对任意的 ε,总存在 δ"这样的语言,难住了许多学生。难,正是难在无限背景。函数单调性教学上强调"无限"背景,也许是十分必要的。

五、牛顿运用无限小发明了微积分

牛顿和莱比尼兹发明微积分,是人类研究无限的伟大胜利。数学家不是被动地对无理数这样的无限背景进行解释,而是主动出击开始正面处理"无限过程",终于通过对"无限"的研究得到大自然数量变化的规律。微积分的创立和发展,为 17、18 世纪的科学创新提供了锐利

---

① 据张伟平(华东师范大学博士生)关于"函数单调性是否和无限有关"的问卷调查,超过半数的高三学生说没有关系。但是,尽管教材和教师都没有正面谈到单调性的无限背景,还是有近半数的同学悟出来了,教学上主动说一说,岂不更好?

的工具。人类的理性思维达到了一个新高度。

牛顿求函数导数的方法似乎不可思议。例如函数 x^2 的导数是 $2x$,其证明过程如下。设 h 是一个无穷小量,于是

$$[(x+h)^2-x^2]/h=(2xh+h^2)/h$$
$$=2x+h(因为无穷小量不等于零,所以可以约去)$$
$$=2x(因为无穷小量可以任意小,所以可以略去)$$

这简直是无穷小魔术。无穷小量 h,"招之即来,挥之即去",以致贝克莱大主教嘲讽地称之为"逝去的鬼魂"。尤其是最后把 h 抹去的做法,简直是暴力镇压。

这一切,都是"无限"惹的祸。

从 19 世纪中叶开始,经过柯西、维尔斯特拉斯等数学家的努力,形成了描述无限过程的"ε-δ 定义"。以当 $n\to\infty$ 时,$a_n\to a_0$ 为例,定义为"对任意的 $\varepsilon>0$,总存在正数 N,使得当 $n>N$ 时,有 $|a_n-a_0|<\varepsilon$"。这样的叙述,每一句话都是有限的,只有加减乘除,大于小于的字眼,似乎仅限于算术。由于使用类似"算术"的话语来描述无限过程,历史上称之为"极限的算术化定义"。

这当然是一个重大的成就。不过,19 世纪以来的数学并非必须靠 ε-δ 语言才能发展。无穷小魔术依然具有强大的生命力。诸如麦克斯韦的电磁学方程,傅里叶的热传导方程,拉普拉斯方程,纳维-斯托克斯(Navier-Stokes Equation)流体力学方程,乃至 20 世纪的爱因斯坦方程,杨振宁-米尔斯方程的出现,都是依赖微积分的伟大思想,在科学征程中一往无前。细细品味一下,大的数学成就并非直接得益于数学分析的严密化。

六、为"无限"而献身的康托尔

康托尔(G. Cantor,1845—1918)的名字,总是和集合论连在一起。有限集合的元素个数是自然数,已经研究透了。康托尔的贡献是向无限集合进军,研究"实无限",构造出超限数系,即超越有限、专门研究无限的数。在他手里,无限大分成等级,各个等级代表一个无限大的数,这些超限数还可以进行运算。康托尔得出的关于无限的结果出乎人们的意料。诸如有理数和整数一样多,无理数比有理数多得多之类,使人惊愕不止。他证明,如果一个无限集合的超限数是 α 那么它的所有子集构成的集合具有超限数 2^α,而且 2^α 一定大于 α。那么,一切集合所构成的集合 M 一定是世界上最大的集合了(设具有超限数 A)。可是 M 的所有子集所成之集又将比 M 更大,具有更大的超限数 2^A,这显然和 M 最大矛盾,形成了悖论。

康托尔为此冥思苦想,不得其解,终于患上了抑郁症。更严重的是,康托尔的老师、当时德国数学的掌门人克罗内克是一个有穷论者。由于他的竭力反对,康托尔在柏林数学界没有立足之地。他只能在德国小城哈雷教书,并在哈雷大学的精神病诊所里度过了后半生,直至去世。原苏联的大数学家柯尔莫戈罗夫说过[①]:"康托尔的不朽功绩,在他敢于向无穷大冒险

---

① 转引自 http://zh.wikipedia.org/wiki/

迈进,他对似是而非之论、流行的成见、哲学的教条等作了长期不懈的斗争,因此使他成为一门新学科的创造者。这门学科今天已经成为整个数学的基础。"

后来的集合论公理将"一切集合所成的集合"之类的叙述排除在外,消除了悖论。他所提出的连续统假设与集合论公理的关系,恰如平行公理之于绝对几何。这些成果在 20 世纪中叶曾经轰动一时。由于离开人们的常识太远,这里不赘。

七、选择公理的风波

选择公理是否允许使用,曾经是一个争论不休的问题。现在已经不争论了,但矛盾依然存在。选择公理争执的背景,依然是无限。

最简单的选择公理是说:"如有一列糖果盘 M_i,$i=1,2,\cdots$,我们一定能从每一盘 M_i 中选取一粒糖 α_i,构成一个拼盘$\{\alpha_1,\alpha_2,\alpha_3\cdots\alpha_i\cdots\}$"。

这一公理初看起来,似乎没有什么问题。但是仔细一想,却又有些狐疑。一个集合里的元素应该是完全确定的。然而,这个拼盘从 M_i 里选取的是那一粒 α_i"糖果(元素)",却没有确定,这个拼盘不是一个确定的集合。因此许多持直觉主义立场的数学家,就不承认选择公理。

1923 年,波兰的巴拿赫(S. Banach,1892—1945)证明,使用选择公理可以把一个球分解为和它有相同体积的两个球。这显然违反我们的常识。

于是,许多数学家倾向于不用选择公理。可是另一方面,选择公理又非常有用。例如,"有界无限点列中一定可以选出一个收敛的子列"。这是一个非常简单又十分有用的命题。它的证明就必须使用选择公理。通常是用二分法,在无限多的一段内任选一点,无限分下去就行了。这是选择公理的典型提法。这样基本的命题都不能证明,数学就无法前进。不准用选择公理,正如"拳击手不准使用拳头一样"。

现在大多数数学家的立场是承认选择公理,闭眼不看那个"夹着鬼眼"的巴拿赫怪球就是了。不过,在号称天衣无缝的数学大厦的基础上,还是留下了一道裂痕。

八、尾声

20 世纪初,形式主义、逻辑主义、直觉主义三个学派,围绕着"数学基础",展开了激烈数学哲学论战。当代理性超人 K. 哥德尔(Gödel,1906—1978)证明了一个不完备定理:"如果一个系统和自然数理论是相容的,那么该系统一定包含一个逻辑命题 A,使得 A 和非 A 都不能证明"。自然数集代表了最小的"无限"。这就是说,一个系统一旦含有无限,那么系统内必然有一个命题,既不能证明其正确,也不能证明其错误。人的思维在无限面前不是万能的。哥德尔之后,数学哲学的论战趋于沉寂,此后研究"无限"的数学家也渐渐地少了起来。超越哥德尔,太难了。

三个和尚有几担水可以吃

张奠宙　马岷兴　陈双双　胡庆玲

一位政治课老师明知故问地问一位数学老师："从数学的角度看三个和尚究竟有几担水可以吃?"数学老师想了一下说："如果三个和尚都尽心尽职,那么有三担水可以吃。至于他们是否互相扯皮、推诿,我们数学管不着。"政治老师说："那么你们数学不是在搞形而上学吗?"

这个故事告诉我们,数学只在一定条件下(三个和尚都尽心尽职)做推论,至于条件的改变,引起心理和人际关系改变,从而发生厉害冲突等已经超出数学的范围。如果不管条件是否变化,一律说三个和尚有三担水可以吃,那就真是形而上学了。

仅靠逻辑思维容易走向形而上学。还可以再讲一个故事:某数学老师到市场买韭菜。一个小贩在吆喝:"我的韭菜好得很,一根黄的也没有。"数学老师走到跟前从一大捆韭菜中抽出一根黄的来,说:"这不是黄的吗?"但是,小贩回答说:"一根黄不算黄!"继续吆喝。这位数学老师评论说:"这个小贩的数学没学好。"事实上,广告用语和数学用语不是一个范畴的事。广告,在某些时候是一种形容,允许某种程度的美化,无论如何不能像检查数学结论那样进行精确的逻辑分析。

图 1

记得北京师范大学的一位先生对笔者说:"'文化大革命'中,我们数学系的学生乱贴大字报,无中生有,乱下结论。但是,数学的学问要求概念精确,而且言必有据,他们的数学学到哪里去了呢?"这段话,有合理的部分。学习数学的人,讲话应该比较符合逻辑,讲道理。但是,数学毕竟不是为人处世的指导思想。在数学范围内,逻辑必须遵循,说理必须精确。离开数学范围,许多事物发展的逻辑,并不是逻辑规则所能规范的。朝好的方向发展,可能遵循辩证逻辑,有更高的境界;也可能朝坏的方向发展,强词夺理,奉行强盗逻辑,乃至于法西斯逻辑。这一点是我们在用数学进行辩证唯物主义观点的论证时,应该注意到的。

编者注：原文载于《小学数学(数学版)》(2008年第10期第53页)。

中国古典文学中的数学意境

张奠宙

东方的中国,有着辉煌的古代传统数学。不过,现在学校里的数学课程,则以古希腊数学为主线。国际调查表明,在一次国际数学测试中,中国大陆 13 岁学生的正确率位居 21 个国家和地区的第一位。中国孩子学习西方数学成绩优良,难道西方数学中有中国文化的因素?料想是不会有的。不过,说西方数学和中国文学在某些意境上相通,那就很有可能。无论数学和文学,毕竟都是人类思想的产物。

数学和文学之间,曾有过一些可供谈助的材料。例如:

一去二三里,烟村四五家;

楼台七八座,八九十支花。

把十个数字嵌进诗里,读来琅琅上口。郑板桥也有咏雪诗:

一片二片三四片,五片六片七八片;

千片万片无数片,飞入梅花总不见。

诗句抒发了诗人对漫天雪舞的感受。不过,以上两诗中尽管嵌入了数字,却实在和数学没有什么关系。

数学和诗词的联系,在于意境。大家熟知的"一尺之棰,日取其半,万世不竭"是一个著名的例子。出自《庄子》的这段话,文学味道还不足。数学名家徐利治先生在课堂上讲极限的时候,总要引用李白的《送孟浩然之广陵》诗:

故人西辞黄鹤楼,烟花三月下扬州。

孤帆远影碧空尽,唯见长江天际流。

"孤帆远影碧空尽"一句,让大家体会一个变量趋向于 0 的动态意境,煞是传神。

极限是无限过程。中国文学里描写无限的诗句很多。老子《道德经》第四十二章首句说,"道生一,一生二,二生三,三生万物",那本是对宇宙起源的一种探索和认识。不过,从数学观点看来,很象自然数的皮亚诺公理,即从"道"出发,用"后继"的步骤把自然数一个一个地创造出来,而且构成"万物"——一个无限的系统。

不过,最接近数学无限意境的也许是杜甫的《登高》,其中有"无边落木萧萧下,不尽长江滚滚来"两句。仔细琢磨,似乎"无边"和"不尽"说的是"实无限",而"萧萧下"与"滚滚来",则描述了动态的"潜无限"。诗人当初未见得有这种数学思维,但就意境来说,相当接近,令今天的学子可以直觉地有所感受。

编者注:原文载于《科学文化评论》(2008 年第 1 期第 74 页至 77 页)。

更有意思的是用诗句描述"无穷大"和"无界变量"的意境,贵州六盘水师专的杨光强先生告诉我,他在课堂上引用宋朝叶绍翁的名句:

满园春色关不住,一枝红杏出墙来。(《游园不值》)

时,学生每每会意而笑。实际上,所谓无界变量,是说无论你设置怎样大的正数 M,变量总要超出你的范围,即有一个变量的绝对值会超过 M。于是,M 可以比喻成无论怎样大的园子,变量相当于红杏,结果是总有一枝红杏越出园子的范围。诗的比喻如此恰切,生动的意境联系到枯燥的数学内容,竟无牵强之处。

空间和时间都是无限的。近日与友人谈几何,不禁联想到初唐诗人陈子昂的名句:

前不见古人,后不见来者;

念天地之悠悠,独怆然而涕下。(《登幽州台歌》)

一般的语文教材解释说:上两句俯仰古今,写出时间绵长;第三句登楼眺望,写出空间辽阔。在广阔无垠的背景中,第四句描绘了诗人孤单寂寞悲哀苦闷的情绪,两相映照,分外动人。然而,从数学上看来,这是一首阐发时间和空间感知的佳句。前两句表示时间可以看成是一条直线(一维空间)。陈老先生以自己为原点,前不见古人指时间可以延伸到负无穷大,后不见来者则意味着未来的时间是正无穷大。后两句则描写三维的现实空间:天是平面,地是平面,悠悠地张成三维的立体几何环境。全诗将时间和空间放在一起思考,感到自然之伟大,产生了敬畏之心,以至怆然涕下。这样的意境,是数学家和文学家可以彼此相通的。进一步我们或许可以发问:爱因斯坦的四维时空学说,也能和此诗的意境相衔接吗?

中国的诗词中,对仗是一个重要的内容。

数学中的对称和诗词中的对仗,乍看上去两者似乎风马牛不相及,其实它们在理念上具有鲜明的共性:即在变化中保持着不变性质。

数学中说两个图形是轴对称的,是指将一个图形沿着某一条直线(称为对称轴)折叠过去,能够和另一个图形能够重合。这就是说,一个图形"变换"到对称轴另外一边,但是图形的形状没有变。如图,蝴蝶的两边是彼此对称的:

图 1　蝴蝶的两边是彼此对称的

几何学中这种"变中不变"的思想,在对仗中也反映出来了。就拿我们非常熟悉的两句诗来说:

明月松间照,清泉石上流。(王维:《山居秋暝》)

来说,诗的上句"变换"到下句,内容从描写月亮到描写泉水,确实有了变化。但是,这一变化中有许多是不变的:

"明"——"清"(都是形容词)

"月"——"泉"(都是自然景物,名词)

"松"——"石"(也是自然景物,名词)

"间"——"上"(都是介词)

"照"——"流"(都是动词)

对仗之美在于上下联中的不变性。试想,如果上句的词语变到下句,含义、词性、格律全都变了,就成了白开水,还有什么味道?

由对称演变推广开来的数学思想,是"不变量"思想。分数的约分,三角形的全等,方程的同解,都是说在变化中存在着不变性质。著名的哥尼斯堡七桥问题,是用拓扑不变量来解决的。数学大师陈省身享誉世界,正是他发现了纤维丛的不变量——"陈类"。中国文学艺术中,除诗词中要求对仗之外,更有单独的艺术形式:"对联"。寻求一些"绝"对的答案,和寻找数学的不变量一样,难度也很大。

示"变化中不变的规律",是一种"美"。一个民族必须与时俱进,不断创新,但是民族的传统精华不能变。京剧需要改革,可是京剧的灵魂不能变。古典诗词的内容千变万化,但是基本的格律不变。自然科学中,物理学有能量守恒、动量守恒;化学反应中有方程式的平衡,分子量的总值不能变。总之,惟有找出变化中的不变性,才有科学的、美学的价值。

数学上的对称本来只是几何学研究的对象,后来数学家又把它拓广到代数中。例如,二次式 x^2+y^2,当把 x 变换为 y,y 变换为 x 后,原来的式子就成了 y^2+x^2,结果仍旧等于 x^2+y^2,没有变化。由于这个代数式经过 x 与 y 变换后形式上与先前完全一样,所以把它称为对称的二次式。进一步说,对称,可以用"群"来表示,各色各样的对称群成为描述大自然的重要数学工具。

物质结构是用对称语言写成的。诺贝尔物理学奖获得者杨振宁回忆他的大学生活时说,对我后来的工作有决定影响的一个领域叫做对称原理。1957 年李政道和杨振宁获诺贝尔奖的工作——"宇称不守恒"的发现,就和对称密切相关。此外,为杨振宁赢得更高声誉的"杨振宁-米尔斯规范场",更是研究"规范对称"的直接结果。在"对称和物理学"一文中的最后,他写道:"在理解物理世界的过程中,21 世纪会目睹对称概念的新方面吗?我的回答是,十分可能。"(《杨振宁文集》第 444,703 页)

对称是一个十分宽广的概念,它出现在数学教材中,也存在于日常生活中,能在文学意境中感受它,也能在建筑物、绘画艺术、日常生活用品中看到它,更存在于大自然的深刻结构中。数学和人类文明同步发展,"对称"只不过是纷繁数学文化中的标志之一。我们从中国文学的"对仗"和"对联"出发,寻找与当代物理学在思想意境上的某些契合点,对于增进理解这一概念也许不无益处。

问题是数学的心脏。数学研究和学习需要解题,而解题过程需要反复思索,终于在某一时刻出现顿悟。例如,做一道几何题,百思不得其解,突然添了一条辅助线,问题豁然开朗,欣喜万分。解一道不等式,屡屡碰壁,突发一念,迎刃而解。这样的意境,令人想起王国维借用宋词来描述的意境:

昨夜西风凋碧树,独上高楼,望尽天涯路。(晏殊:《蝶恋花》)

衣带渐宽终不悔,为伊消得人憔悴。(柳永:《蝶恋花》)

众里寻他千百度,蓦然回首,那人却在,灯火阑珊处。(辛弃疾:《青玉案》)

做学问,大抵都要经历这样的意境。不过,数学解题是"成本最低"的克服困难的学科。一个学生,如果没有经历过这样的意境,数学大概是学不好的了。

数学思想中的人文意境

张奠宙

数学和中国古典诗词,历来有许多可供谈助的材料。例如:

一去二三里,

烟村四五家;

楼台六七座,

八九十支花。

把十个数字嵌进诗里,读来琅琅上口,非常有趣。郑板桥也有咏雪诗:

一片二片三四片,

五片六片七八片;

千片万片无数片,

飞入梅花总不见。

诗句抒发了诗人对漫天雪舞的感受。不过,以上两诗中尽管嵌入了数字,却实在和数学没有什么关系,游戏而已。数学和古典人文的联接,贵在意境。

一、自然数的人文意境

人们熟悉的自然数,现在规定从 0 开始,即 0,1,2,……那么自然数是怎么生成的呢?老子《道德经》说得明白:

太初有道。道生一,一生二,二生三,三生万物。

《道德经》陈述的关键在一个"生"字。生,相当于皮亚诺自然数公理的"后继"。由虚无的"道"(相当于 0)开始,先生出"一",再生出

图 1 郑板桥的咏雪诗里有着数字的对仗

编者注:原文载于《数学文化》(2010 年第 1 卷第 4 期第 48 页至 53 页),并转载于《数理天地(高中版)》(2013 年第 5 期至 6 期)。

"二"和"三",以至生出万物。这里,包含了自然数的三个特征。

1. 自然数从 0(道)开始;
2. 自然数一个接一个地"生"出来;
3. 自然数系是无限的(万物所指)。

这简直就是皮亚诺的自然数公理了。

再看大数学家冯·诺伊曼用集合论构造的自然数。他从一个空集 $\varnothing$(相当于"道")出发,给出每一个自然数的后继:即以此前所有集合为元素的集合。具体过程如下:

空集 $\varnothing$ 表示 0;

图2 杜甫草堂;杜甫的登高诗里也有数学。

以空集 $\varnothing$ 为元素的集合 $\{\varnothing\}$ 表示 1;(道生一)

以 $\varnothing$ 和 $\{\varnothing\}$ 为元素的集合 $\{\varnothing,\{\varnothing\}\}$ 表示 2;(一生二)

以 $\varnothing$,$\{\varnothing\}$,和 $\{\varnothing,\{\varnothing\}\}$ 为元素的集合 $\{\varnothing,\{\varnothing\},\{\varnothing,\{\varnothing\}\}\}$ 表示 3;(二生三),以前面 N 个集合为元素构成的新集合,表示 N+1(三生万物),

…… …… ……

我们了解自然数,何不从《道德经》开始?

二、关于"无限"

小学生就知道,自然数是无限多的,线段向两端无限延长就是直线。平行线是无限延长而不相交的。无限,是人类直觉思维的产物。数学,则是唯一正面进攻"无限"的科学。

无限有两种：其一为没完没了的"潜无限"，其二是"将无限一览无余"的"实无限"。

杜甫《登高》诗云：

风急天高猿啸哀，渚清沙白鸟飞回。

无边落木萧萧下，不尽长江滚滚来。

万里悲秋常作客，百年多病独登台。

艰难苦恨繁霜鬓，潦倒新停浊酒杯。

我们关注的是其中的第三、第四两句："无边落木萧萧下，不尽长江滚滚来"。

前句指的是"实无限"，即实实在在全部完成了的无限过程、已经被我们掌握了的无限。"无边落木"就是指"所有的落木"，这个实无限集合，已被我们一览无余。

后句则是所谓潜无限，它没完没了，不断地"滚滚"而来。尽管到现在为止，还是有限的，却永远不会停止。

数学的无限显示出"冰冷的美丽"，杜甫诗句中的"无限"则体现出悲壮的人文情怀，但是在意境上，彼此是沟通的。

三、关于"极限"

"极"、"限"二字，古已有之。今人把"极限"连起来，把不可逾越的数值称为极限。"挑战极限"，是最时髦的词语之一。1859 年，李善兰和伟烈亚力翻译《代微积拾级》，将"limit"翻译为"极限"，用以表示变量的变化趋势。于是，极限成为专有数学名词。

极限意境和人文意境的对接，习惯上用"一尺之棰，日取其半，万世不竭"的例子。数学名家徐利治先生在讲极限的时候，却总要引用李白《送孟浩然之广陵》诗：

故人西辞黄鹤楼，

烟花三月下扬州。

孤帆远影碧空尽，

唯见长江天际流。

"孤帆远影碧空尽"一句，生动地体现了一个变量趋向于 0 的动态意境，它较之"一尺之棰"的意境，更具备连续变量的优势，尤为传神。

贵州六盘水师专的杨老师曾谈他的一则经验。他在微积分教学中讲到无界变量时，用了宋朝叶绍翁《游园不值》的诗句：

春色满园关不住，

一枝红杏出墙来。

学生听了每每会意而笑。实际上，无界变量是说，无论你设置怎样大的正数 M，变量总要超出你的范围，即有一个变量的绝对值会超过 M。于是，M 可以比喻成无论怎样大的园子，变量相当于红杏。无界变量相当于总有一枝红杏越出园子的范围。

诗的比喻如此恰切，其意境把枯燥的数学语言形象化了。

图 3　孤帆远影碧空尽：无限的概念。（钱来忠绘）

四、关于四维"时空"

近日与友人谈几何，不禁联想到初唐诗人陈子昂的名句《登幽州台歌》：
前不见古人，后不见来者；
念天地之悠悠，独怆然而涕下。

一般的语文解释说：前两句俯仰古今，写出时间绵长；第三句登楼眺望，写出空间辽阔。在广阔无垠的背景中，第四句描绘了诗人孤单寂寞悲哀苦闷的情绪，两相映照，分外动人。然而，从数学上看来，这是一首阐发时间和空间感知的佳句。前两句表示时间可以看成是一条直线（一维空间）。陈老先生以自己为原点，前不见古人指时间可以延伸到负无穷大，后不见来者则意味着未来的时间是正无穷大。后两句则描写三维的现实空间：天是平面，地是平面，悠悠地张成三维的立体几何环境。全诗将时间和空间放在一起思考，感到自然之伟大，产生了敬畏之心，以至怆然涕下。这样的意境，是数学家和文学家可以彼此相通的。进一步说，爱因斯坦的四维时空学说，也能和此诗的意境相衔接。

语文和数学之间，并没有不可逾越的鸿沟。

五、关于对称

数学中有对称，诗词中讲对仗。乍看上去两者似乎风马牛不相及，其实它们在理念上具有鲜明的共性：在变化中保持着不变性质。

数学中说两个图形是轴对称的,是指将一个图形沿着某一条直线(称为)对称轴折叠过去,能够和另一个图形重合。这就是说,一个图形"变换"到对称轴另外一边,但是图形的形状没有变。

这种"变中不变"的思想,在对仗中也反映出来了。例如,让我们看唐朝王维的两句诗:

"明月松间照,清泉石上流。"

诗的上句"变换"到下句,内容从描写月亮到描写泉水,确实有变化。但是,这一变化中有许多是不变的。

"明"——"清"(都是形容词)

"月"——"泉"(都是自然景物,名词)

"松"——"石"(也是自然景物,名词)

"间"——"上"(都是介词)

"照"——"流"(都是动词)

对仗之美在于它的不变性。假如上联的词语变到下联,含义、词性、格律全都变了,就成了白开水,还有什么味道?

数学上的对称本来只是几何学研究

图4 松下问童子(亚明绘)

的对象,后来数学家又把它拓广到代数中。例如,二次式 x^2+y^2,当把 x 变换为 y,y 变换为 x 后,原来的式子就成了 y^2+x^2,结果仍旧等于 x^2+y^2,没有变化。由于这个代数式经过 x 与 y 变换后形式上与先前完全一样,所以把它称为对称的二次式。进一步说,对称可以用"群"来表示,各色各样的对称群成为描述大自然的数学工具。

世间万物都在变化之中,但只单说事物在"变",不说明什么问题。科学的任务是要找出"变化中不变的规律"。一个民族必须与时俱进,不断创新,但是民族的传统精华不能变。京剧需要改革,可是京剧的灵魂不能变。古典诗词的内容千变万化,但是基本的格律不变。自然科学中,物理学有能量守恒、动量守恒;化学反应中有方程式的平衡,分子量的总值不能变。总之,惟有找出变化中的不变性,才有科学的、美学的价值。

六、关于"存在性"

数学上有很多纯粹存在性的定理,都十分重要。例如:

● 抽屉原理。N 只苹果放在 M 格抽屉里($N>M$),那么至少有一个抽屉里多于一个苹果。这一原理肯定了这样抽屉的存在性,却不能判断究竟是哪一格抽屉里有多于一个的苹果。

第二部分 数学文化 479

- 代数基本定理。任何 n 阶代数方程,在复数域内必定有 n 个根。这一著名的定理,只说一定有 n 个根,却没有说,怎样才能找到这 n 个根。
- 连续函数的介值性定理。在区间 $[a,b]$ 上的连续函数,如果有 $f(a)>0$,$f(b)<0$,则必定在区间内存在一点 c,使得 $f(c)=0$。同样,这个定理只保证函数 $f(x)$ 在 $[a,b]$ 有一个根 c 的存在性,却没有指出如何才能找到这个 c。
- 微分中值定理。设 $f(x)$ 在 $[a,b]$ 上连续且处处有导数,那么必定在 $[a,b]$ 中存在一点 ξ,使得 $f(b)-f(a)=f'(\xi)(b-a)$。这也是典型的纯粹存在性定理,即微分中值定理中的 ξ 只是肯定存在于 a,b 之间,但不确切知道在哪一点。

在人文意境上,存在性定理最美丽动人的描述,应属贾岛的诗句:

松下问童子,

言师采药去;

只在此山中,

云深不知处。

贾岛并非数学家,但是细细品味,觉得其诗的意境,简直是为数学而作。

七、关于局部

古希腊哲学家芝诺和他的学生有以下的对话:

"一支射出的箭是动的还是不动的?"

"那还用说,当然是动的。"

"那么,在这一瞬间里,这支箭是动的,还是不动的?"

"不动的,老师。"

"这一瞬间是不动的,那么在其他瞬间呢?"

"也是不动的,老师。"

"所以,射出去的箭是不动的。"

确实,孤立地仅就一个时刻而言,物体没有动。但是物体运动有其前因后果,即物体运动是由前后位置的比较反映出来的,有比较才会产生速度。

仔细琢磨一下微积分的核心思想之一,在于考察一点的局部。研究曲线上一点的切线,只考虑该点本身不行,必须考察该点附近的每一点,这就是局部的思想。

图5 宋代大词人苏轼(范曾绘)

常言道,"聚沙成塔,集腋成裘",那是简单的堆砌。古语说"近朱者赤,近墨者黑",是说要注意周围的环境。众所周知,要考察一个人,要问他/她的身世、家庭、社会关系,孤立地考察一个人是不行的。

微积分学就是突破了初等数学"就事论事"、孤立地考察一点、不及周围的静态思考,转而用动态地考察"局部"的思考方法,终于创造了科学的黄金时代。

考察局部,何止于微积分?人生处处是局部和整体的统一。

八、关于黎曼积分和勒贝格积分

苏轼《题西林壁》诗云
横看成岭侧成峰,
远近高低各不同。
不识庐山真面目,
只缘身在此山中。

将前两句比喻黎曼积分和勒贝格积分的关系,相当有趣。苏轼诗意是:同是一座庐山,横看和侧看各不相同。勒贝格则说,比如数一堆叠好了的硬币,你可以一叠叠地竖着数,也可以一层层横着数,同是这些硬币,计算的思想方法却差异很大。

从数学上看,同是函数 $y=f(x)$ 形成的曲边梯形面积 M,也是横看和侧看不相同。实际上,如果分割函数 $y=f(x)$ 的定义域$[a,b]$,然后作和 $\sum_{i=1}^{n}f(\xi_i)\Delta x_i$ 用以近似 M,那是黎曼积分的思想,而分割值域$[c,d]$作和 $\sum_{i=1}^{n}y_i m(x,\ y_{i-1}\leqslant f(x)\leqslant y_i)$ 近似表示 M,则是勒贝格积分的思想(这里的 m 是勒贝格测度)。

横看和侧看,数学意境和人文意境竟可以相隔时空得到共鸣,发人深思。

九、关于"反证法"

数学上常用反证法。你要驳倒一个论点,你只要将此论点"假定"为正确,然后据

图 6　数学问题的解决是一个曲折和艰难的过程。圆满地解决往往使人有豁然开朗的感觉。

此推出明显错误的结论,就可以推翻原论点。苏轼的一首《琴诗》就是这样作的:

若言琴上有琴声,放在匣中何不鸣?
若言声在指头上,何不于君指上听?

意思是,如果"琴上有琴声"是正确的,那么放在匣中应该"鸣"。现在既然不鸣,那么原来的假设"琴上有琴声"就是错的。

同样,你要证明一个论点是正确的,那么只要证明它的否命题错误即可。就苏轼的诗而言,如果要论述"声不在指头上"是正确的,那么先假定其否命题:"声在指头上"是正确的,即在指头上应该有声音。现在,事实证明你在指头上听不见(因而不在指头上听),发生矛盾。所以原命题"声音不在指头上"是正确的。

由此可见,人文的论辩和数学的证明,都需要遵循逻辑规则。

十、关于解题

数学研究和学习需要解题,而解题过程需要反复思索,终于在某一时刻出现顿悟。例如,做一道几何题,百思不得其解,突然添了一条辅助线,问题豁然开朗,欣喜万分。这样的意境,正如王国维在《人间词话》中所说:古今之成大事业、大学问者,必经过三种之境界:

- "昨夜西风凋碧树。独上高楼,望尽天涯路"。此第一境也。
- "衣带渐宽终不悔,为伊消得人憔悴。"此第二境也。
- "众里寻他千百度,蓦然回首,那人却在,灯火阑珊处"。此第三境也。

学习数学和做事业、研究学问一样,都需要经历这样的境界。一个学生,如果没有经历过这样的意境,数学大概是学不好的了。

数学和古典诗词的意境

张奠宙

近来几期的《中国数学会通讯》,刊登了多篇谈数学和诗词关系的文章,读后受益良多。这里,想就数学和古典诗词在意境上的沟通,谈谈一些自己的体会。

数字嵌入诗词,早已有之,如郑板桥的《咏雪》:

一片二片三四片,五片六片七八片。

千片万片无数片,飞入梅花总不见。

诗句抒发了诗人对漫天雪舞的感受。不过,以上两句诗中尽管嵌入了数字,却实在和数学没有什么关系。数学和古典人文的联系,贵在意境。这要从徐利治先生的一段往事说起。大约在1993年,在无锡鼋头渚开过一次数学方法论的研讨会。有一天下午,徐先生做报告。他说了一个故事。

徐利治在数学分析课堂上,先在黑板上写了李白的名诗:

故人西辞黄鹤楼,烟花三月下扬州。

孤帆远影碧空尽,唯见长江天际流。

然后问学生哪一句可以和极限概念相通?学生的共同回答是"孤帆远影碧空尽"。这正说明了数学和诗词是可以沟通的。

徐先生的演讲触动了我的心弦。我似乎看到了数学和人文意境互相沟通的隧道。徐先生的例子事关无限。无限乃是数学家和人文学者都要面对的问题。彼此解决的途径可以不同,但是思考时的意境必然会有相似之处。

于是,我接着思考3个有关无限的诗句。首先想到的是陈子昂的《登幽州台歌》:

前不见古人,后不见来者。

念天地之悠悠,独怆然而涕下。

一般的语文解释说:前两句俯仰古今,写出时间绵长;第三句登楼眺望,写出空间辽阔;在广阔无垠的背景中,第四句描绘了诗人孤单寂寞、悲哀苦闷的情绪,两相映照,分外动人。然而,从数学上看来,这是一首阐发时间和空间感知的佳句。前两句表示时间可以看成是一条直线(一维空间)。陈老先生以自己为原点,"前不见古人"指时间可以延伸到负无穷大,"后不见来者"则意味着未来的时间是正无穷大。后两句则描写三维的现实空间:天是平面、地

编者注:原文载于《数学教育纵横》(张奠宙著,广西教育出版社,2018年出版,第195页至200页)。在文末后记中,作者叙述了自己从20世纪末开始关注中国诗词和数学的联系,先后发表数篇文章,被多家刊物转载。本文使用了新材料,首次发表于《中国数学会通讯》(2013年第10期),并被《语数外学习(高中版中旬)》(2019年第8期58页至61页)和《数学传播(台湾)》(2016年第157期91页至96页)转载。

是平面,悠悠地张成三维的立体几何环境。全诗将时间和空间放在一起思考,感到自然之伟大,产生了敬畏之心,以至怆然涕下。这样的意境,数学家和文学家可以彼此相通的。尤其是把时间和空间放在一起思考,可以说也在意境上与爱因斯坦的四维时空学说相衔接。我把这一想法和语文学者交谈,他们也觉得很有意思。但是,在应试教育盛行的标准化考试面前,这无论如何不能算标准答案,无法进入语文研究的视野。

另一个涉及"无限"的案例是对"无界变量"的诗意解读。2001年,贵州六盘水师专的杨光强老师来华东师范大学访学。我和他谈起徐利治先生用"孤帆远影碧空尽"比喻无限过程的故事时他立刻做了补充。

杨老师说,在微积分教学中讲到无界变量时,他总要引用宋朝叶绍翁《游园不值》的诗句:

春色满园关不住,

一枝红杏出墙来。

学生每每会意而笑。实际上,无界变量是说无论你设置怎样大的正数 M,变量总要超出你的范围,即有一个变量的绝对值会超过 M。于是,M 可以比喻成无论怎样大的园子,变量相当于红杏。无界变量相当于至少有一枝红杏会越出园子的范围。诗和数学的意境如此切合,把枯燥的数学语言加以形象化,颇有点出乎意料。

"无限"有两种:其一为没完没了的"潜无限",其二是"将无限一览无余"的"实无限"。有一次,一个朋友来家中闲坐。问起 $0.9999\cdots=1$,对不对?他随口说数列的无限就像长江流水滚滚来。这促使我想起杜甫的名诗《登高》:

风急天高猿啸哀,渚清沙白鸟飞回。

无边落木萧萧下,不尽长江滚滚来。

万里悲秋常作客,百年多病独登台。

艰难苦恨繁霜鬓,潦倒新停浊酒杯。

我们关注的是其中的第三、第四句"无边落木萧萧下,不尽长江滚滚来"。前句指的是"实无限",即实实在在全部完成了的无限过程、已经被我们掌握了的无限。"无边落木"就是指"所有的落木",这个实无限集合已被我们一览无余。后句则是"潜无限",它没完没了,不断地"滚滚"而来。尽管到现在为止,还是有限的,却永远不会停止。数学的无限显示出"冰冷的美丽",杜甫诗句中的无限则体现出悲壮的人文情怀,但是彼此在意境上是相通的。

老是在"无限"上做文章,那就太狭隘了。我的第二波思考是将数学思想方法和古诗意境连接起来。

首先碰到的是存在性定理。有些亲友要我帮他们上小学的孩子"把脉",看看其数学思维是否敏锐。我常常先问,你们学校有多少学生?回答或是 500,或是 1 000。于是我的问题来了:"你们学校的学生是否有人同一天过生日?"孩子们的回答不大一样,有说"不会的,没那么巧",也有说"不知道"的,或者说"大概会有的",等等。如果有孩子非常坚决地说"肯定有",我就断定他能够把数学学好。

这是个典型的存在性定理。一旦学校的学生数目超过 366 个人,则可以绝对肯定必然存在两人的生日相同,即同一天过生日。不过,究竟是哪两个人,在哪一天共同过生日,我却无法知道。这种只知其"有",却并不知道具体是"谁"的数学存在性定理很多,如代数基本定理、连续函数的介值性定理等。但是,学文科的朋友往往不理解其中的含义。为了解释得更清楚,我回忆了一个故事。

有一年,我在越南河内参加一个会议。新加坡南洋大学的李秉彝教授和我同住一个旅店。他喜欢到古玩街闲逛,收来一把茶壶,上面有诗句:

松下问童子,言师采药去。

只在此山中,云深不知处。

品玩之余,我们突然感觉到这首小诗在人文意境上和数学存在性定理彼此相通。文学家欣赏"云深不知处"的苍茫意境,而数学家则会关注其中难以名状的一种不确定性。隐者在哪里?"云深不知处",但是他确实就在此山中。这与数学的意境何等契合!

数学上常用反证法。你要驳倒一个论点,只要将此论点"假定"为正确,然后据此推出明显错误的结论,就可以推翻原论点。苏轼的一首《琴诗》就是这样做的:

若言琴上有琴声,放在匣中何不鸣?

若言声在指头上,何不于君指上听?

意思是,如果"琴上有琴声"是正确的,那么放在匣中应该会"鸣"。现在既然不鸣,那么原来的假设"琴上有琴声"就是错的。由此可见,人文的论辩和数学的证明都需要遵循逻辑规则。

最近,我开始第三波的数学意境研究,将数学问题求解的过程用古诗意境加以比喻。这里也有一些例子。

首先是关于黎曼积分和勒贝格积分。苏轼《题西林壁》诗云:

横看成岭侧成峰,远近高低各不同。

不识庐山真面目,只缘身在此山中。

将前两句比喻成黎曼积分和勒贝格积分的关系,相当有趣。前两句诗的诗意是:同是一座庐山,横看和侧看各不相同。勒贝格则说,比如数一堆叠好了的硬币,你可以一叠叠地竖着数,也可以一层层横着数,同是这些硬币,计算的思想方法却差异很大。从数学上看,同是函数 $y=f(x)$ 形成的曲边梯形面积 M,也是横看和侧看不相同。实际上,如果分割函数 $y=f(x)$ 的定义域 $[a,b]$,然后作和 $\sum_{i=1}^{n} f(\xi_i)\Delta x_i$,用以近似表示 M,那是黎曼积分的思想,而分割值域 $[c,d]$,作和 $\sum_{i=1}^{n} y_i mE(y_{i-1} \leqslant f(x) \leqslant y_i)$ 近似表示 M,则是勒贝格积分的思想(这里的 m 是勒贝格测度)。横看和侧看,数学意境和人文意境竟可以相隔时空得到共鸣,发人深思。

近来,一位中学老师说到,初中上"因式分解"的课没有什么实际背景可言,一开始也体会不到"分解"以后会有什么用,学生学起来很枯燥。不过我们都注意到,因式分解是因式相乘之"逆运算",而且是相乘容易,分解困难。于是我忽然联想到李商隐的诗句"相见时难别亦难",还有李煜的词"无限江山,别时容易见时难"。如果我们把两个因式的相乘和分解用两个人的"相见"和"分别"做比喻,那么可以说"相乘容易分解难"。联想到大素数,也是建立在相乘容易分解难的基础上的。用古诗词的意境来说明数学道理,倒也很贴切。一个抽象的数学问题,通过拟人化的手段进入了一种数学的人文意境。因式分解课上说说唐诗宋词,别有一番风味。

最后一个实例是局部和整体。仔细琢磨一下微积分的核心思想之一,在于考察一点的局部。研究曲线上一点的切线,只考虑该点本身不行,必须考察该点周围的另一点,这就是局部的思想。一点的局部,只是考察该点的"附近",却没有远近的确切要求。这种小大由之的概念颇有一些哲学意味,它需要从意境上加以把握。为什么考察一个人要问他的身世、家庭、社会关系?也是因为人是以局部而存在的。孤立地考察一个人是不行的。微积分学就是突破了初等数学就事论事、孤立地考察一点、不及周围的静态思考,转而用动态地考察"局部"的思考方法,终于创造了科学的黄金时代。可是,现在的微积分教材对此只字不提,颇觉遗憾。

考察局部,何止于微积分? 最近读到韩愈的诗句:

天街小雨润如酥,
草色遥看近却无。

突然想到,诗的第二句当是阐述拓扑学上局部和整体的一种文学意境描写。就曲面来说,远看可以有整体的区分,例如球面和环面。但是,近看却都差不多,都是一个"圆片":二维的欧氏平面的局部。这正如整体的草色只能"遥看",一旦近了,到局部状态,那种"草色"就"近看无"了。

数学和人文意境的沟通还会有许多其他的例子。比如《道德经》说的"道生一,一生二,二生三,三生万物",就和皮亚诺的自然数公理庶几相近。王国维用宋词来描述做学问的三重意境:

昨夜西风凋碧树,独上高楼,望尽天涯路。(晏殊《蝶恋花》)
衣带渐宽终不悔,为伊消得人憔悴。(柳永《蝶恋花》)
众里寻他千百度,蓦然回首,那人却在,灯火阑珊处。(辛弃疾《青玉案》)

我想,一个学生如果没有经历过这样的数学解题意境,学习数学可能会有点困难。

后记

本文刊于《中国数学会通讯》2013年第10期。关于中国古代诗词和数学的联系,我在20世纪末已开始关注,逐步积累素材之后,于2008年在《科学文化评论》第5卷第1期上发表《中国古典文学中的数学意境》一文。一些文化网站、数学教育杂志等纷纷转载。从网上看,就连《世界科学》《北方音乐》这样的刊物也转发了。此后,我继续收集古诗词中有关现代数学的材料。随后,写就《情真意切话数学》(科学出版社,2011年)一书,并在《数学文化》、《文汇报》(副刊《笔会》)上陆续发表。本文在此前的基础上,又有一些新的材料,如用"横看成岭侧成峰"一句比喻黎曼积分和勒贝格积分,苏轼的《琴诗》使用了反证法,"草色遥看近却无"可以描写局部性质与整体性质,等等。当本文用电子邮件投往《中国数学会通讯》时,负责审稿的严加安院士第二天即回复我可以录用,这乃是我平生投稿被录用最快的稿件,深觉荣幸。

万变不离其宗
——数学欣赏：欣赏数学中的不变量与不变性质

张奠宙

世间万物都在不断的运动之中。变化是绝对的，静止是相对的。但是唯有相对静止不变的对象，我们才能把握。绘画艺术是选取一个静止的画面来表达人物的感受。音乐是在时间流动的变奏中，保持着主旋律的不变特征。

科学的目的，则是在纷繁变化的大自然中寻求不变的性质和数量。物理学的动量守恒定律、能量守恒定律；化学中的化学反应平衡方程式；生物学进化论中物种变异的分类依据，都是某种不变性质的探究结果。

数学，则要在数量变化中寻求其中的不变因素。许多数学定理和数学运算律都是一种不变性的描述。李煜的词"雕栏玉砌应犹在，只是朱颜改"约略反映了这种意境。

数学课程中，最早出现的算术运算律是加法交换律 $a+b=b+a$，这是描写加法运算的不变结果；无论 a,b 有怎样变化，这个等式永远不变；几何课程中一个基本事实是"三角形内角和为180度"，无论三角形如何变化多端，内角和不变，永远是一个定数，仅就此两例，当知不变性质在数学中的地位了。事实上，在中小学数学的学习过程中，随处可见各种变化：代数式的变形、方程的变式、函数性质的变化、图形的变换、方程与曲线的表示等等都是。在如此纷繁的变化中，倘若能对其中的一些变化，把握其中的不变量和不变性质，则会感受数学之美，显示数学智慧之光。

以下让我们分别进行阐述。

一、数学运算下的不变结果

人们从自然数加减乘除的四则运算进入数学天地，然后便是领略一系列的运算律：

加法交换律 $a+b=b+a$；

加法结合律 $a+(b+c)=(a+b)+c$；

乘法交换律 $a \times b=b \times a$；

乘法结合律 $a \times (b \times c)=(a \times b) \times c$；

分配律 $a \times (b+c)=a \times b+a \times c$。

这些运算律，都是表明在千变万化的运算过程中呈现的不变性质。利用这些不变性，可

编者注：原文载于《高中数学教与学》(2012年第1期第1页至3页)。

以提高运算效率。特别是分配律的出现,使得四则运算"从石器时代进入铁器时代",小学里学习的"凑十法"、"破十法"等等,都是基于分配律而来。

进入代数学,式的运算成为一项最重要的基础。那里同样有交换、结合、分配的运算律。更进一步,出现了"合并同类项"、"配方"、"因式分解"等等代数恒等式运算。代数式的两端可以面貌完全不同,但是彼此恒等。例如,平方差公式

$$x^2 - 1 = (x+1)(x-1)。$$

左边的二次式变换成右边两个一次式的乘积。又如一元二次式的配方式

$$ax^2 + bx + c = a\left(x + \frac{b}{2a}\right)^2 + \left(c - \frac{b^2}{4a}\right)。$$

左右两端看上去不一致,但是彼此恒等。

正如陆游咏梅诗所云:"零落成泥碾作尘,只有香如故"。尽管梅花已经碾作尘,依然保持着固有的香味。同样,数学恒等变换无论如何复杂,其值是永远不变的。

二、不同形式下的不变结论

数学上比较深刻的结果,通常称为定理。所有的定理都是在满足条件的无数变化中,找到了不变性质。可以说,数学定理是要说明,某些对象在一定的条件下是"万变不离其宗"的。

代数学中有韦达定理,表明无论一元代数方程的系数怎样变化,根与系数的内在联系不变。

几何学中的定理特别多。例如,任一对对顶角必然相等,无论什么样的三角形,其内角和都不变,为180度。著名的勾股定理是说,无论什么样的直角三角形,直角边的平方和等于斜边的平方。

令人惊叹的是三角形重心、垂心、内心等概念的形成。两条直线交于一点无可厚非,到了第三条中线,或第三条高、第三条角平分线也不偏不倚地与前面两条正好交于同一点。这太奇妙了,造物的安排竟如此之巧,敬畏之情油然而生。这种"三线交于一点"的不变性质,充分体现了数学结构之美。

三、几何运动下的不变性质

小学数学教材已经出现平移、旋转、轴对称三种图形变换;初中又介绍了相似变换。在这些几何变换下的不变量和不变性质,成为运动几何的主题内容。

全等形经过刚体运动是不变的。在刚体运动下,线段的长度不变,角度不变,形状不变,因而面积不变。这样,计算面积时使用割补的原理也就顺理成章了。要知道,我们割下来,搬过来搬过去,补上去,都是基于运动不变的原理。假如,割下来的三角形是冰做的,在搬动时融化了,割补方法还能有效吗?

同理，相似形在相似变换下，对应边的比值不变，角度不变，面积的比值也不变。

这种"变中不变"的思想，在文学中的对仗里也反映出来了，试看毛泽东《长征》诗中的两句：

金沙水拍云崖暖，

大渡桥横铁索寒。

从上联变到下联，整体是变了，但是许多内容没有变，名词对名词，动词对动词，"暖"恰好对"寒"。正因为有这样的不变性质，对仗才显得美。

再看从律诗演化出来的对联（对子）。毛泽东在《改造我们的学习》中，有一副对子：

墙上芦苇，头重脚轻根底浅；

山间竹笋，嘴尖皮厚腹中空。

这里上联（出句）的字和下联（对句）的用字不相重复，却要保持许多的不变性。而它们的平仄则是相对立的。这种对立依然是一种不变性。

文学有如此之美，数学何尝不是如此？

四、等价变换下的不变属性

数学中的不变量，并非只有相同的数值，恒等的算式，全等的图形。不变性质是多姿多彩的。其中一个使用最普遍的则是方程变形下的"同解"性。

一个十分简单一元一次方程有如下的变形：

$$4x - 2 = 2x + 4, \qquad ①$$

整理得 $\qquad 2x = 6, \qquad ②$

于是方程有解 $\qquad x = 3。 \qquad ③$

这三个式子，每一个都是等式，但是彼此都不等。①的左端是 $4x-2$；②的左端是 $2x$，③的左端是 x，当然是不相等的。但是它们有一个共同点，即用 3 代 x，各式都相等。换句话说，它们保持有相同的根 $x=3$。

这使我们想起崔护的诗：《题都城南庄》

去年今日此门中，人面桃花相映红。

人面不知何处去，桃花依旧笑春风。

这首抒情诗非常优美，但是也可以从另外的角度去欣赏：人面可以隐去，桃花是不变的。上述求解方程的过程中，几个式子的原来面貌已不复存在，剩下的只有桃花（$x=3$）依然笑春风，没有变！

用人面桃花的变与不变，分析"关系-映射-反演（RMI）"方法，也是合适的。尽管研究的数学对象已经通过映射变到另一个领域，已经面目全非了，但是我们所要求的结果，仍然没有变。等到反演回来，那株桃花依然在笑春风。

五、函数关系中的不变规律

最后，让我们来分析"函数"概念中的变与不变。函数研究变量之间的依赖关系，自然要谈变化。但是只说变，而找不到一定的规律，就没有什么价值了。细细想来，不同的函数纵然千变万化，但在变化之中总有一些保留的"不变性"、"规律性"，将之提炼出来，就是性质。比如某些变化会随着一个量的变化而有增有减、有快有慢，有时达到最大值有时处于最小值，有些变化会有规律，或重复出现，或对称出现…这些现象反映到函数中，就成了单调性，最值，周期性，奇偶性等性质。知道了函数性质，也就把握了函数变化的规律，掌握函数的知识，领悟函数的思想。

总之，数学中到处都是变与不变的矛盾统一。数学研究变化，却以找到其中的不变性作为归宿。寻求并欣赏数学中无处不在的不变性质，领略不变量和不变性的内在魅力，是把握数学的钥匙之一。

数学欣赏：一片等待开发的沃土

张奠宙

数学之美，已有无数论述。大数学家如庞加莱等一再指出，数学有简约美、和谐美、奇异美、冷峻美等，显示出冰冷的美丽。俗话说"爱美之心，人皆有之"，可是对于数学之美，则爱者不多。真正用于中小学教学实践的则非常少。21世纪以来，数学文化、数学的美学价值的提法开始进入国家《普通高中数学课程标准（实验）》，数学欣赏也逐渐受到人们的注意。数学欣赏之困难，固然有数学过于抽象难懂的客观障碍，但主观上缺乏科学研究和教学实践，也是不容忽视的原因。

研究数学欣赏，历史还不长。以我的经历，可以追溯到20年前徐利治先生在无锡的一次演讲。他在讲授微积分课程时曾引用李白的名句"孤帆远影碧空尽"，描写一个变量趋向于零的极限过程。一个纯数学的抽象概念迅即人文化、具象化了。这萌发了我研究数学美学欣赏的理想。1998年，参加在法国马赛举行的数学史与数学教学国际会议，看到弗莱登塔尔文章的一句话：

"没有一种数学的思想，以它被发现时的那个样子公开发表出来。一个问题被解决后，相应地发展为一种形式化技巧，结果把求解过程丢在一边，使得火热的发明变成冰冷的美丽。"（Didactical phenomenology of mathematical structures[M]. Dordrecht：Reidel，1983）

我猛然一惊，悟到展示"冰冷的美丽与火热的思考"乃是领略数学美学价值的根本途径。于是在提倡"数学的教育形态"的教学观时，心中就有数学美学这样的目标。记得在2000年，曾参加教育部最后一次修改《数学教学大纲》的工作，我就将"欣赏数学的美学价值"一词写了进去。进入21世纪之后，数学文化，数学美学欣赏的提法已经相当普遍。

2010年，宁波鄞州区和苏州太仓市合作举办数学教师高级研讨班，我要求6位教师以"数学欣赏"为主题进行探究，成果陆续发表。最后集结为《情真意切话数学》（与丁传松、柴俊合作）一书，由科学出版社出版。2011年，《中学数学教学参考》杂志设立专栏，发表一些数学欣赏的文章，我作为主持人，阅读了一线教师的许多创意，收获不少。以下是一些学习体会，敬请批评指正。

一、数学欣赏的一个范例：徐光启的《〈几何原本〉序》

罗中立有一幅油画"父亲"（如图1），触动过许多人的心弦。面对这幅作品，会联想到父辈

编者注：原文载于《中学数学教学参考》（2014年第1—2期第3页至6页）。

的艰辛劳作,人生的艰难困苦,乃至中华民族勤劳质朴的品格。我们希望,这样的震撼,也可以发生在几何教学的课堂上。

大家知道,在平面几何课的开头,是"对顶角相等"的证明。大多数学生一定会认为这么显然正确的命题,还需要证明么？这时,如果教师组织讨论:"古希腊人为什么要证明？""中国古代数学为什么没有对顶角定理？甚至连'角'的概念都没有？"经过中西文化的一番剖析对比,一些懵懂的孩子顿悟自己理性精神的缺失,接受了古希腊理性文明的洗礼,在内心深处出现了理性文明的震撼。这种震撼,和欣赏罗中立的油画,听贝多芬的命运交响曲一样,都是一次心灵的激荡。

图1

实际上,数学欣赏引起心灵震撼,古已有之。一个经典的范例是徐光启在《〈几何原本〉序》里对古希腊数学文化的赞美。他说:

"此书有四不必:不必疑、不必揣、不必试、不必改;有四不可得:欲脱之不可得,欲驳之不可得,欲减之不可得,欲前后更置之不可得。"

这段话,是徐光启受到古希腊数学文化震撼之后的感悟。那么今天的平面几何教学,是不是可以把这段话作为我们的教学目标呢？这就是说,除了会做几何证明题之外,如果能使学生能像徐光启一样欣赏古希腊理性文明的伟大,把"四不必"和"四不可得"作为学习的心得,那么落实情感态度价值观的第三维度目标,就不再是一句空话了。

二、中华文化经典与西方数学的进一步融合

数学欣赏,属于文化的层面。现在中小学数学课程的内容,是辛亥革命之后全盘从西方引进的,它所承载的乃是一种外来的文化。然而在我们的生活环境里,无处不在的是中华文化。100多年来,这两种文化正在慢慢融合,古希腊文明渐渐地成为当代中华文化的有机组成部分。与此同时,中国古代文化的经典,也在渐渐渗入由西方传入的数学。中国古代数学中勾股定理、杨辉三角、鸡兔同笼、刘徽割圆等等成果,相继进入数学教科书了。早年用"一尺之棰"比喻极限(《庄子》),"一中同长"(《墨子》)定义圆周,开创了中华古典文献与数学相结合的先河。时至今日,这一过程还在继续,有望在中华文化的语境里更好地展现西方数学。这使我想起了老子《道德经》中的名句:

"道生一,一生二,二生三,三生万物。"

这是中国式的自然数公理。众所周知,近代西方的皮亚诺自然数公理从1开始,用"后继"的方法导出自然数系。《道德经》则用"生"的动词描述自然数的生成,二者非常相似。

那么在数学课程里如何体现呢？对于一年级小学生,拿它如同"床前明月光"那样的唐诗一样背下来,也未尝不可。因为其中有一、二、三,有易懂的动词"生",模模糊糊的理解就行了。其难度不会超过"低头思故乡"一句。事实上,何谓"故乡",儿童也是不大明白的。当然,

如果在三年级回顾自然数时、引进分数时引用,也是一种选择。最后,我觉得在数学归纳法教学时加以引用,非常贴切。"三生万物"一句,体现了数列无穷无尽的意思。尤其是"生"这个动词,非常形象,可以很好地解释从 n "生"出 $n+1$ 的过程。从《道德经》的角度欣赏数学归纳法,会有事半功倍的效果。

中国古代经典作品中,有一些人文意境和中学数学思想方法非常接近。我们再举两例。

例 1 苏轼的《琴诗》与"反证法"。

数学上常用反证法。你要驳倒一个论点,只要将此论点"假定"为正确,然后据此推出明显错误的结论,就可以推翻原论点。苏轼的一首《琴诗》就是这样做的:

若言琴上有琴声,放在匣中何不鸣?

若言声在指头上,何不于君指上听?

意思是,如果"琴上有琴声"是正确的,那么放在匣中应该"鸣"。现在既然不鸣,那么原来的假设"琴上有琴声"就是错的。

同样,你要证明一个论点是正确的,那么只要证明它的否命题错误即可。就苏轼的诗而言,如果要论述"声不在指头上"是正确的,那么先假定其否命题:"声在指头上"是正确的,即在指头上应该有声音。现在,事实证明你在指头上听不见(因而不在指头上听),发生矛盾。所以原命题"声音不在指头上"是正确的。

例 2 存在性命题与贾岛的"寻隐者不遇"。

数学中纯粹的存在性定理很多,常用的抽屉原理就是一例:N 个苹果放在 M 格抽屉里($N>M$),那么至少有一个抽屉里会多于一个苹果。这一原理肯定了这样抽屉的存在性,却不能判断究竟是哪一格抽屉里有多少个(大于1)苹果。

在人文意境上,纯粹存在性定理最美丽动人的描述,应属贾岛的诗句(如图 2):

松下问童子,

言师采药去;

只在此山中,

云深不知处。

贾岛并非数学家,但是细细品味,觉得其诗的意境,简直是为数学而作。

中华文化中的许多经典语句,在人文意境上可以和西方书的数学方法沟通,成为欣赏数学的一个重要途径。

图 2

三、从欣赏外部形状的美观,进而领略内涵智慧的美妙

数学欣赏,往往从欣赏几何图形外表的美观开始,然后一步步地逐渐欣赏数学内涵的美妙。这需要别具慧眼,用数学的眼光进行构思。请看一些例子。

——圆,是最美的几何图形。现实生活和文学创作中,都以圆为美。(钱钟书)

在《谈艺录》中说,希腊哲人言形体,以圆为贵。"毕达哥拉斯谓立体中最美者为球,平面中最美者为圆"。中国古代有天圆地方一说,钱先生指出"吾国先哲言道体道妙,亦以圆为象"。太极图就是"以圆象道体"。西方的新柏拉图主义奠基人普罗提诺(Plotinus,公元205~270年)说,心灵之运行,非直线而为圆形。西方古俗以圆或蛇示时间永恒,诗文中有"圆永恒"一说。佛经中更有"圆通""圆觉"的说法。

那么,数学中怎样赞美"圆"呢?那就是无限多的对称:任意角度的旋转对称,任意直径为轴的反射对称。这就是"圆"的数学内涵了。

——轴对称。一般都是从蝴蝶、人体的轴对称出发进行欣赏。(林良富)

教师在教学中用成语"画龙点睛"地说明轴对称图形的特征,非常别致。然而,我们还可以进一步欣赏轴对称和对联的关系,即都是经过"变换"保持了某种不变性质。轴对称图形,变换后长度,角度不变,因而形状不变。对联,则从上联变为下联,以对仗的形式保持结构、词性、意境等的不变。例如:"虎踞龙盘今胜昔,天翻地覆慨而慷。"上下句保持了许多共性。这是中华文化特色和不变量数学思想之间的又一沟通。

——黄金分割。先是看古希腊建筑的矩形构图,以及许多画作都服从黄金分割律。但是进一步我们发现0.618和优选法、斐波那契数列有关。这是一个多角度的欣赏。

——勾股定理。对它的欣赏含有四个维度:外表直观之秀,内涵深刻之慧,文化底蕴之浓,理性思考之精。首先是直观之美:赵爽之图、与外星人作无文字交流之图,简洁明快,赏心悦目。其次是内涵之美:条件仅仅是直角三角形,却有直角边平方之和等于斜边的平方。它还是几何、代数、三角交汇之中心点,细细琢磨,体现了和谐之妙、智慧之光。第三是人文之美,勾股定理在数学历史长河中,依附于不同的文化,进行过大量的证明,显示了人类文明的共同追求。2002年在北京举行的国际数学家大会以赵爽图作为会标,实行了古代和现代的数学巧妙对接。最后,则是理性之美。好的数学一定是具有拓展、变形、升华的发展通道。勾股定理的触角伸向勾股数研究,以至联系到20世纪末才解决了费马大定理。

数学欣赏正在从外部的美观,不断地深入到数学概念和命题的内涵深处。欣赏外表直观之秀,内涵深刻之慧,文化底蕴之浓,理性思考之精,也许这就是数学欣赏的普遍规律。

四、欣赏数学精品,重在展示数学智慧之美妙

数学之美,不仅是美观,更在于"美妙"。数学中有许多精品,闪烁着智慧的文明之光,给人一种心灵的愉悦。试举数例。

——三角形的三条高交于一点。妙极了,造物主竟然有这样的精心安排。仔细考察虽在意料之外,却又在情理之中。令人顿生数学世界真奇妙的感叹。

——高斯从1加到100的算法。这种数学技巧,一经点破,觉得实在也很简单,人人都可以领会掌握。所谓朴素中见高雅,更觉可贵。

——平面几何题的证明,当一筹莫展的时候,一条辅助线使人豁然开朗,难题迎刃而解,这种感觉,正如辛弃疾《青玉案》词中描写的那样:"众里寻他千百度,蓦然回首,那人却在灯火阑珊处。"这是一种成功的喜悦,难得潇洒走一回!

如果说,这些命题还比较简单的话,我们可以进一步欣赏数学建模的美妙。下面我们举两个美妙的数学模型,其漂亮而深刻的数学构作,令人拍案叫绝。

第一个例子是"以2为底的对数和信息量的定义"。1948年,香农创立信息论,开宗明义定义信息量的概念,是用 $\log_2$ 来表示的。最简单的例子是古代的烽火台,它有两种信息:燃起烽火意味着敌人来(用1表示),不燃烽火则意味着敌人没来(用0表示)。在敌人来不来的可能性一样的前提下,一个烽火台传送一个信息量。两种信息一个信息量,数学上的表示就是 $\log_2 2=1$。

如果东面和南面各有一个烽火台。这时的信息状态有四种情况:(0,0),(0,1),(1,0),(1,1)。其中第一个、第二个坐标分别表示东面、南面敌人来否的状态。于是4种状态传送的信息量为2,用数学符号表示就是 $\log_2 4=2$。

这样,让人看不见摸不着的"信息"就变得可以度量了。更进一步,香农还天才地分析信息量的大小和该信息发生的概率有关,例如为博美人一笑,有事无事天天燃烽火,那个烽火台传送的信息量就小得多了(这里不展开)。总之,香农当年从滴滴答答发电报的活动中创立信息量的定义,其智慧令人折服,其美妙使人流连忘返。

第二个例子出自上海和平饭店的一位电工。已故的位育中学陈振宣老师告诉我,他的一个学生毕业后在和平饭店做电工。工作中发现在地下室控制10层以上房间空调的温度不准。分析之后,原来是使用三相电时,连接地下室和空调器的三根导线的长度不同,因而电阻也不同。剩下的问题是:如何测量这三根电线的电阻呢?用电工万用表无法量这样长的电线的电阻。于是这位电工想到了数学。他想:一根一根测很难,但是把三根导线在高楼上两两相连接,然后在地下室测量"两根电线"的电阻是很容易的。如图3,设三根导线的电阻分别是 x、y、z。于是,他列出以下的三元一次联立方程:

$$\begin{cases} x+y=a, \\ y+z=b, \\ z+x=c, \end{cases}$$

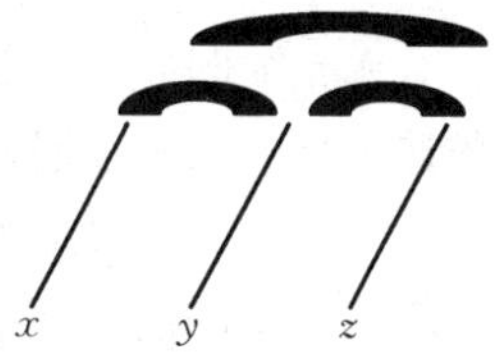

解之,即得三根导线的电阻。

图3

这样的方程谁都会解。但是,能够想到在这里用方程,才是真正的创造啊!

这样的创造,是一件美妙的数学精品,完全有资格成为中国数学教育的经典之作。真的希望教科书编写者能够将它收入课本。

这两个例子，都是在看不见数学的地方，用上了数学。这种数学智慧，体现了一种美丽的创新思维，令人叫绝。

五、数学欣赏，从具体解题方法走向系统价值的欣赏

数学之美，还在于整体的结构。巍峨的、精致的、华丽的，各种各样，由人们细心鉴赏。每个单元的复习小结，更是进行数学鉴赏的大好机会。现在教科书中的小结，往往只是一张知识点的逻辑框图，没有血肉和灵魂，简直是 x 光照射下的一副骨架，毫无美感。

这里以面积、体积的定义为例说明如何欣赏数学结构。

面积、体积，人人都明白，但是难以严格定义。现今的中小学数学课程里从来没有给面积、体积下过严格的定义。唯一的定义出现在小学教科书上，都用黑体字写着：

"封闭图形的大小叫做图形的面积"；

"物体占有空间的大小叫做体积"。

许多公开发表的教案，都将它当做严谨的数学定义，用整整一堂课去认识、讨论、理解，让学生齐声朗读、背诵，其实是不必要的。事实上，把体积归结到"空间"。可是什么是空间？那比体积更难理解。空间已经不好理解了，还要谈其大小，岂不是难上加难了。

面积：数 m 是一个平面图形 A 的面积，是指能用 m 个单位正方形不重叠地恰好填满 A。

在度量几何学里，单位1，以及1、2、3维的概念是最基本的。这就是说，首先要有点动成线、线动成面、面动成体的朴素认识。这不难懂。2D、3D 已经是日常使用的普通名词了。此外，由单位长度给出的单位正方形的面积是1，单位立方体的体积是1，则是我们的出发点。

根据以上定义可知：

——单位正方形的面积是1。

——矩形的长和宽分别是小数 a、b，则它的面积是 ab。

接着应该研究，长和宽分别为无限小数（循环或不循环）a、b 的情形。这涉及无限，要用极限方法处理，结果面积同样也是 ab。（此结论中小学都默认了，未加细究）。

——用出入相补原理可以将平行四边形的面积归结为矩形的面积（底乘高）。（边长是小数的平行四边形，其高可能是无理数。小学里未加细究）

——于是，三角形、多边形的面积，也就可以求了。

——圆的面积。这时无法绕开 π 是无理数的情形。实际上，我们用刘徽的割圆法直观地描述了这一极限过程，求得圆的面积为 πr^2。

——由此可以求得扇形、环形等图形的面积。

小学里的面积教学到此为止。中学数学课程没有对面积概念做进一步的探究。只是在高中阶段，将求面积、体积的度量几何学扩展到能够计算常见几何图形的体积：球体、锥体、台体。这就是说，中小学里的内容大量的是求平面图形的"面积"和物体的"体积"，并没有对面积、体积下过严格的定义。

大家知道，求一般的曲边梯形的面积，那是微积分学的基本内容。定积分的定义过程，就

是用分割以后"内填""外包"的互不重叠的矩形面积之和无限逼近（填满）的结果。只在此时，才对边长为无理数的矩形面积、圆面积、给予严格的论证。事实上，求平面图形面积的过程，贯穿于整个数学发展史。从古希腊数学、17世纪的微积分、现代的测度论，乃至今天的分形理论，一直没有完结。更进一步的学习，就会知道并非所有平面图形都有面积。那就涉及勒贝格测度等的现代数学内容了。

这一段的总结梳理，把度量图形的本质，配合数系的发展，使用极限的思想方法进行无限过程的处理，一步一步地登上度量几何的高峰。一路上，正如"山阴道上应接不暇"那样，层层递进，不断攀登，达到"无限风光在险峰"的境界。

数学结构有宏观结构和微观结构之分。面积、体积的度量几何有整体结构之美，已如上述。同时，数学里也有微观的局部之美。

微积分之美，在于局部与整体的完美结合。微分学，是考察"局部"的数学。局部思想的形成，是微积分学的精髓所在。

事实上，只看曲线上一点，在该点是画不出切线的，必须在该点的附近（局部）取一点，作割线，切线被定义为这些割线的极限位置。同样，一支箭在一个时刻是不动的。不动，哪里来的瞬时速度？还得从这一时刻的附近（局部）取另一个时刻，求平均速度，瞬时速度是这些平均速度的极限值。我们两次运用了"附近"这样的局部性字眼。附近，有多近？局部，有多大？都没有说，小大由之，可以无限小。所谓微分，就是将整体分割为局部去处理，积分，则是将局部累积成整体。这样的文字，在依照学术形态展开的微积分教科书里是找不到的，只能靠自己去"悟"出来，悟的过程，就是欣赏的过程。

微积分教学:从冰冷的美丽到火热的思考

张奠宙

数学成果通常具有三种不同的形态。第一,数学家构建数学思想、发现数学定理时的原始形态。其次是公开发表,写在论文里、教科书里的学术形态。最后,则是数学教师在课堂上向学生讲课的教育形态。

国际数学教育委员会前主席、数学家 H. 弗赖登塔尔 H.Freudenthal(1908—1990)有一句名言:"没有一种数学思想,以它被发现时的那个样子发表出来。一个问题被解决以后,相应地发展成一种形式化的技巧,结果使得火热的思考变成了冰冷的美丽."(Freudenthal, Hans. Didactical Phenomenology of Mathematical Structures[M]. Dordrecht: Reidel, 1983, P.9)

事实上,教科书里陈述的数学,往往是"冰冷的美丽"。因此,数学教师的责任在于把数学的学术形态转化为教育形态,使学生既能高效率地进行火热的思考,又能比较容易接受,理解隐藏在"冰冷美丽"背后的数学本质。

一 微积分在中国的一个世纪

1859 年,李善兰和伟烈亚力翻译《代微积拾级》,微积分学传入中国。这时离开微积分的创立已经近 200 年。但是,这毕竟是中国文化现代化的重要标志,甚至具有一定的国际意义。在 19 世纪 70 年代,日本的数学家能够读到的微积分著作,依然只有李善兰的这一译本。日本使用的微积分名词,"微分"、"积分",都从《代微积拾级》而来。

李善兰是一个值得纪念的数学家。他是中国传统数学的最后一人,又是现代中国数学发端的代表人物。在中国出版的微积分著作中,应该提到他的名字。

2005 年是废除科举的 100 周年。当时的京师大学堂曾经开设微积分课程。用的就是《代微积拾级》,那是竖排本,不能使用拉丁字母和微积分通用符号,现在读来宛如天书。

"彳者,天之微分也。禾者,积分也。

禾彳天,言天微之积分也。"

用今天的符号表示是 $\int dx$

这样的"中学为体、西学为用",拒绝与国际接轨的做法,读者当然非常累。

编者注:本文是张奠宙先生在 2005 年 11 月 7 日"首届全国大学数学教学课程报告论坛"大会上的报告,分两期连载于《高等数学研究》(2006 年第 2 期第 2 页至 4 页及第 3 期第 2 页至 5 页及第 10 页)。

100年前,全国懂得微积分的不过百人。

在1919年的五四运动推动下,1920年代高等教育大发展。各地大学纷纷兴办数学系,微积分学成为理工科大学生的必修课。但是,那时的大学生数量很少,通常也只学初等微积分,高等微积分则依然十分神秘。英美留学归来一些数学教授,甚至还有人不能掌握 $\varepsilon-\delta$ 语言。

真正的较大范围普及微积分,是新中国建立以后的事情。笔者于1951年进入大连工学院的应用数学系,一年级采用斯米尔诺夫编著的《数学教程》第一卷(当时还是讲义,尚未出版),开宗明义便学习极限的 $\varepsilon-\delta$ 定义。这在解放前是不会有的。任课老师徐润炎先生,在黑板上写 ε 的读法是"一不是龙",印象深刻。在"全面学习苏联"政策的影响下,苏联数学学派严谨、抽象、形式化的数学风格,使得中国数学教学逐渐成熟。中国的微积分教学的特征,至今依然是形式化的处理占主导地位。

进入21世纪,中国高等教育大发展,微积分教学进入新时代。今天的中学,也普遍教授微积分(上海除外)。微积分"飞入寻常百姓家",不再神秘,而改进微积分教学,也就成了当务之急。

那么,我们应该怎样进行微积分教学?这使我们想起"阳春白雪"和"下里巴人"的故事。宋玉的《对楚王问》说:客有歌於郢中者,其始曰[下里巴人],国人属而和者数千人;其为[阳阿薤露],国人属而和者数百人;其为[阳春白雪],国中属而和者不过数十人;引商刻羽,杂以流徵,国中属而和者不过数人而已。是其曲弥高,其和弥寡。

如果说,李善兰时代的微积分是"引商刻羽",五四以后还是阳春白雪,1950年代的微积分相当于"阳阿薤露",那么今天的微积分已经是下里巴人了。

让更多的人知道和掌握微积分的思想方法,成为当代数学教育的重要任务。

二 透过形式主义的美丽,领略微积分的无穷魅力

多少年来,我们都是宣扬微积分的形式美丽。$\varepsilon-\delta$ 语言的伟大,极限—连续—导数—积分的不变演绎顺序,推理—证明成为微积分教学的主旋律。形式主义的美丽,几乎掩盖了微积分本身的无穷魅力。尽管严密的形式主义表示十分重要,"阳春白雪"是永远不可缺少的。然而大多数人确实难以欣赏形式主义的美丽。今天,作为"下里巴人"的微积分,应该通过火热的思考充分展现微积分的魅力。

在微积分教学中,我们总是按照定义—定理—推论—习题的逻辑顺序展开,学生只是被动地接受一个一个概念,却不知道为什么要这样做。优秀学生要到后来才恍然大悟,一般的学生只能囫囵吞枣,不知所云。最近看到一篇高等职业技术学院的微积分教学大纲,除了按极限、连续、导数、微分的逻辑顺序展开之外,特别是要讲左右极限。是否有必要涉及这样的枝节问题?数学本原问题是处理数学教学的灵魂,让职业学校的学生会用微积分观点看问题才是最主要的。没有思想的数学等于废了武功(郑绍远),剑招可以生疏,剑法不能忘记(李大潜)。萧树铁先生在一份《高等数学》教学改革报告中要求:"讲推理,更要讲道理。"

确实,微积分教学应该多讲道理,避免把充满人类智慧的微积分思想淹没在形式主义的

海洋里。关肇直先生说过:"ε-δ推理曾被认为已经使微积分建立在严格的基础之上,其缺点在于丢失了牛顿、莱布尼兹那种微积分的生动的直观"[1]。西南师大的陈重穆先生曾经呼吁"淡化形式,注重实质"[2]。项武义先生则一再主张"返璞归真,平易近人"。姜伯驹先生说:"在某种意义上说,会用微积分比会证明更重要。"我想他们的意思都是一样的。微积分教学不能只让学生背诵一些求极限、求导数、求不定积分那样的符号运算,面对"冰冷"的微积分形式,使他们无法体会微积分思想的实质,尽可能恢复原始的火热思考,并以现代数学水平加以处理。

例如,17世纪的一些伟大的数学家,曾经使用无穷小方法得到了许多重要的科学结论。由于逻辑上存在缺陷,经过分析严密化运动,在形式主义数学哲学的影响下,无穷小成为一种"错误",离开了微积分课本。其实,这个无穷小量,就是"微分dx"。在积分学中,它是构造微元$f(x)dx$的基本的思考途径。然而,今天的微积分教学,已经把生动的"原始形态"当作陈旧的垃圾丢弃了,未免可惜。

记得袁枚(清)在《随园诗话》里说过"学如箭镞,才如弓弩,识以领之,方能中鹄"。与知识、能力相比,数学思想,才是最重要的。我们不能把微积分淹没在形式主义的海洋里。

我国数学教学受形式主义数学观的影响比较大,是历史条件所决定的。前已提及,1950年代苏联数学学派对中国数学影响非常深刻。数学分析课程的严谨程度远超过英美的教材。微积分课程也没有初等微积分和高等微积分的层次,ε-δ语言也是在1950年代得到普及。流行的数学学科的特性是抽象性、严谨性,以及因为抽象而获得的广泛应用性。崇尚严密,当然是进步。但是,事情还有另一面:数学思想往往是朴素的,创新在开始时多半是不严密的。储存在人们头脑里的理解,通常又是生动而粗略的。

长期以来,中国传统文化主张"治学严谨",清代的考据学派和逻辑推理一脉相承。此外,数学哲理界不断地提到"三次数学危机",关注数学基础的严密性。《自然辩证法》教材,反复强调19世纪以来的非欧几何、群论、四元数、分析严密化等理性思维的成就,对于影响人类进程的傅立叶方程、流体力学方程、麦克斯韦电磁学方程的成果则较少提及。数学,似乎只能是公理化的、形式主义、演绎式的那副模样。

总之,数学是一种文明,数学不只是事实的堆砌;数学不限于技巧的运用;数学解题不等于创造;数学整体不等于数学杂技。数学考试只是把人已经做过的题目重做一遍而已。数学思想、观念的突破性创新,是对数学文明的主要推动力。

2000年在国际数学教育大会上,日本数学会主席藤田宏教授认为,世界上出现过四个数学高峰,成为人类文明的火车头:

- 古希腊文明:欧氏《几何原本》为代表;
- 文艺复兴和17世纪的科学黄金时代;牛顿的微积分为代表;
- 19世纪与20世纪上半叶科学文明:非欧几何、希尔伯特、黎曼几何与相对论为代表;
- 信息时代文明:信息论、控制论、冯·诺伊曼的计算机方案为代表。

数学在20世纪下半叶发生巨大变化,其情势和牛顿时代相同,数学大量渗入各个学科,大刀阔斧地解决各种各样的问题,尽管开始时不大严格。

试看 1948 年的数学地图。美国数学家香农发表《通信的数学理论》，创立了信息论。维纳在这一年发表《控制论》，冯·诺伊曼创造了电子计算机的方案。这三件数学工作，影响了人类的进程。这些工作，都不是形式主义数学所能完成的。

由于各种原因，中国数学没有能够参与这一进程。我国的数学哲学深受形式主义的影响，以至数学观还停留在第三个时期。影响所及，数学教学，包括微积分教学，就会过分强调形式主义的演绎，而却忽视数学直观、数学思想、数学应用的培养。

形式主义数学哲学观在中国占据着统治地位，一个明显的例子是关于布尔巴基学派的认识。如果说希尔伯特的形式主义是一种关于数学基础的哲学流派，那么布尔巴基学派则将形式主义数学观深入到整个数学。它形成于 1930 年代，兴盛于 1960 年代。他们认为只有用三种基本结构加以整理的《数学原本》，才是严谨的数学。但是，在信息技术革命的冲击下，1970 年以后，年轻的数学家开始走出布尔巴基学派的光环，投身于更广泛的数学应用，产生了诸如分形、混沌、孤立子、小波、量子群、超弦、密码等许多新的学科。布尔巴基的《数学原本》终于在 1970 年停止出版新的卷次，基本结束。反观我国，吴文俊先生在 1950 年代曾在《数学通报》上介绍布尔巴基学派，并没有引起反响。却在 1980 年代，当该学派已经走下坡路的时刻，在国内推崇（包括自然辩证法这样的政治课）结构主义的数学观，这是和形式主义数学观一脉相承的。

陈省身先生说过："我和布尔巴基学派的创始人都是好朋友，但是他们的工作不能解决我的问题。比如 Stokes 定理成立的充分必要条件（结构）就写不出来。"

当然，数学表示需要形式化，严密的数学学术形态必然是形式化的。微积分的形式化表示，是 19 世纪许多数学家努力的结果，分析的严格化成为又一个数学高峰的标志。因此，对于以数学为主要工具的专业来说，形式化的学术形态是极端重要的。至于一般使用数学的理、工、农、经等专业，微积分思想和算法之间要取得适当的平衡，只能适度地强调形式化。对于把微积分作为文化背景、常识素养的人来说，形式化的算法就不大重要，关键是微积分的文化价值，以及科学意义。

三、微积分教育形态的表现形式

在微积分教学中，人们面对的是教科书中书写的学术形态，比较形式化的表达。那么如何用各种手段使它呈现为人们易于接受的教育形态呢？以下是一些具体的建议。

（一）平易近人　重视人的原始观念

切线，瞬时速度，都是人们具有的原始观念。我们应该把它作为微积分的出发点，而不是导数的几何解释和力学解释。

切线，人人都懂。于是，我们可以启发学生用切线的斜率变化来研究函数 $y = x$ 的性质，这和中学里采用的方法完全不同，立即能使得学生关注微积分的奥妙。

瞬时速度，其实也是人们的原始概念。当后面的快车赶上慢车的那一刹那，快车的速度比慢车的速度快,大家都明白。尽管我们没有定义过什么是瞬时速度,人人凭经验就可以大体理解。这是人的思维能动性的体现。正如我们没有严格定义过什么是图形的面积,可大家都知道面积的存在,我们的任务是如何求面积。同样,瞬时速度既然存在,问题在于如何求。于是从引入平均速度出发,采取极限方法加以处理,微积分随之展开,非常自然。

(二) 返朴归真,重视微积分发现时的原始形态

一个突出的问题是,现代的微积分是否要运用17世纪发明微积分时的那种原始形态?无穷小量还有存在的必要吗?笔者认为仍然需要介绍。因为那是人类智慧的结晶,闪烁着天才的光芒。

16—17世纪数学家们在发现微积分的时候,确实火热的思考。请看费马当年怎样运用无穷小讨论以下的极值问题:"周长一定的矩形以正方形面积最大"。

证明 设周长为 A,截取一段 B。现取无穷小量 E。如果 $A-B, B$ 是解,那么可以猜想(一个天才的想法):

$$B(A-B)=(B+E)[A-(B+E)]$$
$$=BA-B^2+AE-2BE+E^2$$

整理得到 $(A-2B)E+E^2=0$

因为 $E\neq 0$,可以约去 E,

得 $(A-2B)+E=0$。

又因 E 无限小,可以略去,得到结论 $A=2B$。

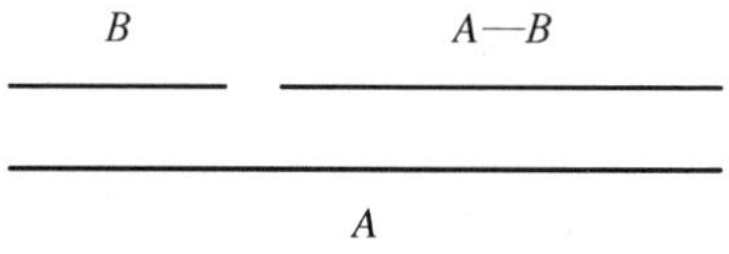

图1

这样的思想,确实是微积分思想的本质。后来,我们将它严密化,那个 E 就是无穷小量,称做微分,写成 dx,将它理解成增量 $\Delta x \to 0$ 的过程,可以避免逻辑上的困难。此后,导数公式 $(x^2)'=2x$ 的出现,也就顺理成章了。

(三) 把握微积分的整体目标

微积分教学的一个问题是如何树立微积分学的总目标。如果从熟知的自由落体运动出发,提出一般的 $F(x)$ 和 $f(x)$ 之间的关系

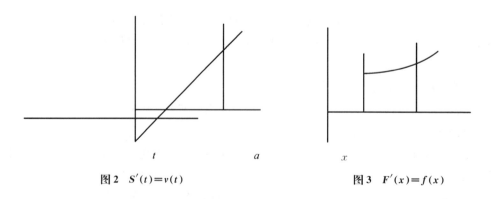

图2 $S'(t)=v(t)$ 图3 $F'(x)=f(x)$

据此,提出基本问题。1. 怎样求瞬时速度? 2. 怎样求曲边梯形面积? 3. 如何由变速求位移? 4. 如何得到二者间的本质联系。带着整体的目标,带着要解决的问题,能够激发学生的学习热情。

(四) 揭示矛盾,运用哲学思考加深理解

在形式主义的诠释中,是看不见矛盾的。一切似乎是天衣无缝地安排好了的。事实上,微积分里充满了矛盾。我们是在解决这些矛盾中不断前进的。掩盖了矛盾,就掩盖了微积分的实质,失去了活的灵魂。

微积分表面的矛盾有:常量与变量,有限与无限,近似与精确,曲线与直线等等。这些矛盾,采取"匀"、"不匀"、"局部匀",以及极限方法加以处理,在对立中得到统一,正是微积分的精华所在。

这里要提出的一个不被人们注意的矛盾:局部与整体。微分学研究函数的局部性质,一点的极限、连续、可导等。积分学研究整体性质,区间上有界、单调,一致连续,可积等。闭区间上的连续函数,具有局部性质,也有整体性质。覆盖定理是沟通局部性质和整体性质的桥梁。微分中值定理的证明建立在连续函数整体性质的基础上,因而成为研究函数整体性质的工具,其作用仍然是从局部性质过渡到整体性质的桥梁。现在,许多数学系的研究生不知道这样的背景。甚至一篇指导性文章说,函数的局部性质是指在一点的值,令人叹息。

整体性质和局部性质的矛盾统一,是世界上普遍存在的矛盾。政治上有全局利益与地方利益;物理学有宏观的天文学与微观的量子力学;美术上有泼墨山水和工笔花鸟;生物有整体的生态描述和微观的基因研究。天下事情都是如此,数学也不例外。必须从整体的发展出发,才能研究局部,反之,只有把局部的性质研究透彻,对整体的性质才能理解透彻。分子生物打开了 DNA 的密码,对人的整体研究进入了新阶段。导数对函数局部的研究,导致了对函数整体性质的判别。导数为什么能够研究函数的性质? 这是因为函数 $f(x)$ 在一点可导,意味着函数在这一点附近近似于一次函数,即曲线在一点的附近可以近似地看成一条切线,这叫做局部线性化:

$$y = f'(x)\Delta x + o(\Delta x)$$

曲线可以千变万化,但是局部地都可以看成线性函数,最简单的一次函数。最后有了微积分的内在联系:牛顿-莱布尼兹公式。

(五) 问题驱动,激活思考

在微积分教学中,一提到数学问题,就会联想到无数的练习题和考题。

这对掌握和巩固数学知识当然不可缺少。但是,一般地说,这些问题多半是技能训练型的。我们在这里所说的数学问题,是指那些具有启发性的、本原性的、触及数学本质、能够在教学中起统帅作用的问题。问题还要能够形成链条,一切都要发生得自然而连贯,使得所有概念和方法都是合情合理的,没有"天上掉下个林妹妹"来的感觉!

在教科书中往往只讲"是什么",很少讲"为什么"?形式化演绎,往往不是提出问题,而是直接下定义。在"可导"、"可积"概念之前,不知道为什么要讲连续。在定义导数之前,不知道为什么要定义增量,不一而足。

关于问题驱动的具体做法,曾有专门记叙[3]这里不赘。

(六) 诠释微积分的文化内涵

微积分学,给人的印象是干巴巴的。概念、定理、公式,记忆再记忆,例题、习题、考题,练习再练习。然而,数学是人做出来的,必然有人的思想、情绪、感觉,社会文化,历史传统在起作用。无论数学、科学和人文科学,创造性的思想源泉往往是相通的。数学是一种文化。一个时代的数学会受那个时代文化的制约,同时数学本身的发展又生成了一种文化现象,丰富着那个时代的一般文化。支撑数学的基础在于它的文化价值。正如音乐不等于音符节拍;美术不等于线条颜色;数学也不等于逻辑程式。不然的话,光彩照人的数学女王,就会变成一副 x 光照片下的骨架!

7月31日温总理探望钱学森,钱学森说:科学技术要有创造,必须懂得文学、艺术、音乐。温总理回答说:我们的教育还有一些问题。

7月17日《文汇报》,丘成桐:《数学和中国文学的比较》。其中提到,中国诗词都讲究比兴,有深度的文学作品必须要有"义"、"讽"、"比兴"。数学亦如是。我们在寻求真知时,往往只能凭已有的经验,因循研究的大方向,凭我们对大自然的感觉而向前迈进,这种感觉是相当主观的,因个人的文化修养而定。

那么微积分教学应怎样做呢?揭示数学思想的本质当然是第一位的。除此之外,我们也可以增加一些人文的、文学的、美学的色彩,使人容易接近,尤其在思想意境上能够比较接近。毕竟,数学和其他学科都是人创造的,彼此一定能够互相沟通。

四、微积分教学中的美学欣赏

在微积分教学中,向学生展示微积分的美,师生共赏数学之美,对激发学生的学习热情,活跃课堂气氛,增强数学理解,乃至提高教学质量,将是十分有效的。以下,我们将依照微积分课程的逻辑顺序,提供一些建议。

(一) 极限的意境美

极限是一个无限的过程。描写无限的文化积淀很多,熟知的有"一尺之棰,日取其半,万世不竭"(《庄子》),以及刘徽的割圆术等。

徐利治先生曾经引用李白的诗句"孤帆远影碧空尽,惟见长江天际流"来比喻极限的动态过程。抽象的极限在这里具象化了,使得人们感到一种由数学联想带来的愉悦。

另一个有关数量变化的意境是"无界",宋朝叶绍翁的《游园不值》:"春色满园关不住,一枝红杏出墙来",生动且贴切地描述了无界变化的状态:无论园子有多大,红杏都会出墙,即至少有"一枝"红杏不能被围住,"关不住"是关键词。无界就是无法将数列关住的意思。

初唐诗人陈子昂诗云:"前不见古人,后不见来者,念天地之悠悠,独怆然而涕下。"这是古人乃至今天人们对时间与空间的认识。诗人处在原点,两头茫茫皆不见,于是时间的模型是一条两端无限的直线。这就是数轴,也是正负无穷大量的想象。

(二) 连续函数——和谐与奇异之美

初等数学里的函数,有许多具象的描述。例如,"指数爆炸"、"直线上升";对数函数 $y=\log_a x(a>1)$ 则增长缓慢,可比喻某种经济现象。$y=\sin x$、$y=\cos x$ 等三角函数呈周期变化,周而复始,有高峰也有低谷,无限轮回,是"和谐美"的典型。

相对于连续,间断则表现为不规则和与众不同,我们称为"病态"。像狄利克雷函数 $D(x)=\begin{cases} 1 & x\in\mathbf{Q} \\ 0 & x\in\overline{\mathbf{Q}} \end{cases}$ 它在任一点都不连续。间断给人的美感尤如奇异抽象面。如果说,艺术依靠想象,那么,$D(x)$ 也是依靠想象诞生出来的事物,在美学上,它们是相通的。

(三) 导数之美——局部线性之美

作为函数局部变化率的导数,其意义是描写函数的局部线性形态。局部观念的形成,实在是学习微积分的关节点。人类从数量上考察局部性质——即一点及其邻域内的性质,是一次重大的飞跃。

导数之美在于体现了局部的"率",这是一个无穷的过程。我们不是只看一点的值,而要考察这一点周围的无限小局部的性态。可导函数表示的曲线,就是能够局部近似地看作是一条直线。这条直线(切线)的斜率,就是导数。函数的局部性质在于局部线性。凭着切线的斜率,可以研究函数的整体性质(以 $y=x^2$ 为例,切线能够说明它的单调上升、下降的区间、极值的所在等等)。

总之,把函数的局部性质弄得越清楚,整体性质才能揭示得越深刻。微积分教学需要把这层"窗户纸"捅破,欣赏局部思考之美。这就像面对一座美丽的大山,人们可以远望山景,感受其气象万千;也能进山观赏其局部,"云深不知处",留连忘返。这样的美学意境,需要慢慢琢磨,细细体会,一旦感受到数学局部的深邃之美,当能受益无穷。

(四) 积分——宏观上的统一之美

定积分的定义和区间 $[a,b]$ 有关,因而涉及函数的整体性质。早在古希腊时代,阿基米德就研究 $[0,1]$ 区间内抛物线围成的弓形的面积,其基本方法是"分割、近似代替、求近似和、取极限"。这样的运算只能是个别问题个别解决,非常复杂,没有统一的解决办法。人们的一个梦想是—求出由一般的函数 $f(x)$ 生成的曲边图形的面积,这也相当于求变速运动物体的位移。

漫长的中世纪黑夜过去以后,经过文艺复兴的时期的思想解放,终于迎来了创立微积分的科学黄金时代。最后的结果,便是出现了伟大的牛顿-莱布尼兹公式

$$\int_a^b f(x)\mathrm{d}x = F(b) - F(a)$$

我们把它称为微积分的基本定理。因为它将表现上看起来毫无关系的微分与积分之间建立起了一座桥梁，将积分的问题转化为求导的逆运算，巧妙地将对立的微分和积分统一起来，可谓"一桥飞架南北，天堑变通途"。人类的梦想终于解决了，牛顿力学建立起来了。各种积分（定积分、二重积分、三重积分、n 重积分、曲线积分、曲面积分）本来都是通过"分割、近似代替、求近似和、取极限"这四步得到，现在它们最终都可归结为定积分来计算。

数学的统一美，需要细细体会。

从中学开始，我们有过一些欣赏统一美的机会。例如：
- 坐标方法，把数和形结合起来，代数学和几何学获得统一；
- 勾股定理，使直角三角形的三边用一个代数式表示出来；
- 三角学，使得几何中三角形的边角关系定理化；
- 二次方程、二次曲线、二次函数、二次不等式，彼此间存在着统一的数学关联；
- 微积分课程中的微分中值定理。

$$f(b) - f(a) = f'(\xi)(b-a)$$

是一个连接局部性质和整体性质的桥梁。这个定理的左边是整体性的，由区间 $[a,b]$ 的端点所决定，右边则是局部性的，由 $[a,b]$ 内某点处的导数（局部性）所决定。

基于上述的许多准备知识，终于可以把函数的局部线性的微分和整体累积的积分统一起来了。思考过程是：假定 $F'(x) = f(x)$，那么

$$F \approx \sum \Delta F_i = \sum [F(x_i) - F(x_{i-1})] = \sum F'(\xi_i)(x_i - x_{i-1})$$
$$= \sum f(\xi_i)\Delta x_i \to \int_a^b f(x)dx$$

数学的和谐之美，统一之美当以此为最。每一个学习微积分的人，如果不能欣赏这样的数学美，等于进宝山之后却空手而返。

那么我们是怎样从局部过渡到整体的呢？我们需要梳理一下思想脉络。和上述的一连串等式的推论一样，许多整体性质（有界、单调等）可以借助微分中值定理推得。

然而，微分中值定理这一桥梁，又是建筑在闭区间上连续函数的性质：闭区间上处处连续的函数必定在整个区间上有界、一致连续、介值性等等。至于如何证明这些性质，可以用区间套定理、聚点定理、有限覆盖定理中的任何一个。其中，又以有限覆盖定理更能体现由局部通向整体的连接。

我们试用有限覆盖定理证明闭区间 $[a,b]$ 的连续函数必定有界。首先由于每点连续，函数在每点的邻域内有界，于是这无限多个邻域覆盖了 $[a,b]$。根据有限覆盖定理，可以选出有限个加以覆盖，函数在这有限个邻域内有界，当然在 $[a,b]$ 上有界。这种揭示局部与整体的内在联系，真有柳暗花明又一村的感觉。求出一个料想不到的结果，好似"众里寻他千百度，蓦然回首，那人却在灯火阑珊处。"（辛弃疾《青玉案·元夕》）。美，正是由此产生的。

学习微积分或数学分析课程,如能理解到这样的层次,体会到局部和整体之间的统一,当能感到"造化的伟大",数学的美丽,微积分的魅力。

参考文献

［1］关肇直.数学推理导演个性与认识论众的实践标准.《数学学报》1976年第一期.
［2］陈重穆.淡化形式,注重实质.《数学教育学报》,1993年第4期.
［3］张奠宙、张荫南.新概念：用问题驱动的数学教学.高等数学研究,2004年,6月号和8月号

微积分赏析漫谈

张奠宙　丁传松

数学教学和语文教学有一个重大的区别是：语文重欣赏，数学重操作。学生尽管不会做唐诗，却能够欣赏。反过来，数学课上只教如何解题操作，却基本不谈欣赏。微积分教学也是如此。许多文科学生（甚至理工科学生）会求导数、不定积分，硬是不会欣赏微积分。好像猪八戒吃了人参果，吞到肚里却不知道什么滋味。

本文试图用一些生动的人文意境，欣赏微积分的思想方法，以下是 10 个片段的思考。

一、关于无限

微积分是关于无限的科学。数学是向无限进军的唯一学科。自然数从 0 开始，本身就是一个无限系统。

"道生一，一生二，二生三，三生万物"。因此 1 之前还有不成形的"道"。道就是我们所说的 0。0 不必是虚无，0 是一个起点而已。

无限是人类独有的直觉，人不用教，就知道"无限"，人并没有看到过无限，但是具有"无限"的想象力。说平行，就是两条直线"无限延长不相交"，这里用了无限，没有定义，也没有解释，大家都懂。

自然数是一个接一个，不断地无限重复，世称"潜无限"，自然数全体，有理数全体，实数全体，都是无限集合，世称"实无限"。

杜甫诗云：

无边落木萧萧下，不尽长江滚滚来。(《登高》)

前者描述的是实无限，后者则体现了"潜无限"。

空间和时间都是无限的。近日与友人谈几何，不禁联想到初唐诗人陈子昂的名句：

前不见古人，后不见来者；念天地之悠悠，独怆然而涕下。(《登幽州台歌》)

从数学上看来，这是一首阐发时间和空间感知的佳句。前两句表示时间可以看成是一条直线（一维空间）。陈老先生以自己为原点，前不见古人指时间可以延伸到负无穷大，后不见来者则意味着未来的时间是正无穷大。后两句则描写三维的现实空间：天是平面，地是平面，悠悠地张成二维的立体几何环境，全诗将时间和空间放在一起思考，感到自然之伟大，产生了敬畏之心，以至怆然涕下，这样的意境，是数学家和文学家可以彼此相通的。进一步可以

编者注：原文载于《高等数学研究》(2009 年第 3 期第 18 页至 22 页)。

问：爱因斯坦的四维时空学说，也能和此诗的意境相衔接吗？

二、关于极限

"极"、"限"二字，古已有之。引申到生活中，把不可逾越的数值称为极限。但是作为数学名词使用，则是李善兰和伟烈亚力翻译《代微积拾级》(1859)时首先使用的。此书后来东传日本，以至今日两国都用同样的汉字表示"Limit"一词，这是两国数学文化交流的佳话。事实上，包括"微分"、"积分"等名词的翻译，今日看来仍觉十分贴切。今年是该书出版150周年，值得纪念。

极限是一个动态的无限过程，中国古代有"一尺之棰，日取其半，万世不竭"的绝妙说法。刘徽的"割圆术"中说，割之又割，以至于不可割，更是关于极限的传神描写，不过，徐利治先生在课堂上讲极限的时候，总要引用李白的《送孟浩然之广陵》诗：

故人西辞黄鹤楼，烟花三月下扬州。孤帆远影碧空尽，唯见长江天际流。

"孤帆远影碧空尽"一句，让大家体会一个变量趋向于0的动态意境，更有诗情画意。如果说，"一尺之棰"的例子是离散的无穷小量，那么"孤帆"的例子则是连续的无穷小量。

微积分的基本舞台是实数系，实数系的几何表示是一条直线，密密麻麻地依大小次序分布着，而且没有空隙。这样，取极限时，存在的极限值仍然是实数，不会跑到外面去。说到底，实数就是各种数列的极限的全体。比如$\sqrt{2}$，就是数列

$$1, \quad 1.4, \quad 1.41, \quad 1.414, \quad 1.414\,2, \quad \cdots$$

的极限。

三、关于概念的直觉感受和严格定义

许多对象我们能够直观感受，却往往难以定义。例如，"人"是从张三、李四等具体的人概括出来的。但是，严格地给人下定义不是简单的事情。社会主义这个概念，也可以感受，却难以准确定义。汽车是大家都熟悉的概念，《辞海》中的严格定义是："一种能自行驱动的主要供运输用的无轨车辆"。这样的定义，我们通常不需要。我们用"汽车"的直观感受进行思考就可以了。

许多数学概念也无法定义，例如前面提到的"无限"，以及"集合"，"变化"等。连"数学"本身的定义，也没有一个大家都满意的定义。

不过，大多数的数学概念都是可以严格定义的。仔细区分起来，还可以分成两类。

一类是直接根据直觉观念，可以用文字直接叙述，例如，三角形、圆、函数、坐标、多项式等等，可以意会，也能言传。脑子里怎样想，就怎样写就是了。

另一类则不同，可以意会，却很难言传。例如，直线、平面、面积等等，十分直观，可是说起来很麻烦。长度、面积等概念的严格定义，要表述为某种有限可加的集合函数，那已经是测度

论的内容了。

切线和速度,是和微积分有密切关系的两个概念。人们常常把它们作为微分学派生出来的概念,殊不知,这两个概念也是人类的直觉所固有的。强大的人的直觉能力,使这两个概念,容易意会,但难以言传。

比如,说"旋转雨伞时雨滴沿着雨伞的切线方向飞去"、"运动物体沿着运动曲线的切线方向甩了出去"。大家都能明白,理解大体的意思,可是一旦问究竟什么是"切线"？却说不清楚了。于是,微积分请"极限"帮忙,认为"一点处的切线是过该点割线的极限位置",意会的对象,可以言传了。

四、考察瞬时速度,超越"飞矢不动"

无论你是否学过微积分,日常生活里就有大量的"瞬时速度"概念,早在微积分发明之前,人们很早就感觉到了瞬时的"快慢"(或速度)了,一辆快车从后面赶上慢车的那一刹那,当然是快车的速度比较快"迅雷不及掩耳","说时迟,那时快","一跃而上","一闪而过",等等都说明了已经有了表达"快慢"(或速度)观念。如果说,刘翔跑110米跨栏时的起跑速度和最后的撞线速度是不一样的,那当然是指瞬时速度。

一个没有学过微积分的驾驶员,并不知道有平均速度和瞬时速度的区别。但是,他看到的"限速标志120",却自然地理解为某一时刻的瞬时速度。汽车驾驶座前的速度表盘,显示的也是瞬时速度。

《辞海》中"速度"一条的解释是:

描写物体位置变化的快慢和方向的物理量。物体的位移和时间之比,成为这段时间内的平均速度。如果这一时间极短(趋向于0),这一比值的极限就称位物体在该时刻的速度,亦称"瞬时速度"。

这就是说,速度就是瞬时速度。人是先有瞬时速度的直觉,再有微积分的解释。我们的任务是把它严格地描述出来,使得瞬时速度,既可意会,也可言传。

把直觉的瞬时速度,化为可以言传的瞬时速度,需要克服"飞矢不动"的芝诺悖论。古希腊哲学家芝诺问他的学生:

"一支射出的箭是动的还是不动的？"

"那还用说,当然是动的。"

"那么,在这一瞬间里,这支箭是动的,还是不动的？"

"不动的,老师。"

"这一瞬间是不动的,那么其他瞬间呢？"

"也是不动的,老师。"

"所以,射出去的箭是不动的。"

中国战国时代"名辩"思潮中的思想巨子惠施(约前370—约前310)提出"飞鸟之景,未尝动也",这句话的意思是说天空中飞着的鸟实际上是不动的,和芝诺的观点如出一辙。

孤立地仅就一个时刻而言,物体没有动。但是物体运动有其前因后果。于是就很自然地先求将该时刻附近的平均速度,然后令时间间隔趋向于0,以平均速度的取极限作为瞬时速度。可以意会的直觉,终于能够言传。微积分教学把原始的思考显示出来,就会让学习者知道导数并非是天上掉下来的"林妹妹"。一点的附近,平均速度,极限,这一连串的思考,揭开了瞬时速度的神秘面纱。

五、微分学的精髓在于认识函数的局部

以上关于瞬时速度的定义过程告诉我们,考察函数不能孤立地一点一点考察,而要联系其周围环境。这个观点,就是微积分的核心思想之一:考察"局部"。

常言道,"聚沙成塔,集腋成裘",那是简单的堆砌,其实,科学地看待事物,其单元并非一个个的孤立的点,而是一个有内涵的局部。人体由细胞构成,物体由分子构成。社会由乡镇构成,所以有费孝通的"江村调查",解剖一个乡村以观察整体,竟成为中国社会学的经典之作。同样,社会由更小的局部——家庭构成。所以,我们的户口以家庭为单位。

"近朱者赤,近墨者黑"。看人,要问其身世、家庭、社会关系,孤立地考察一个人是不行的。

函数也是一样,孤立地只看一点的数值不行,还要周围的函数值联系起来看,微积分就是突破了初等数学"就事论事"、孤立地考察一点、不及周围的静态思考,转而用动态地考察"局部"的思考方法,终于创造了科学的黄金时代。

局部是一个模糊的名词,没有说多大,就像一个人的成长,大的局部可以是社会变动、乡土文化、学校影响,小的可以是某老师、某熟人,再小些仅限父母家庭。各人的环境是不同的,最后我们把环境中的各种影响汇集起来研究某人的特征。同样,微积分方法,就是考察函数在一点的周围,然后用极限方法,确定函数在该点的性态。

六、牛顿时代的微积分:能抓住老鼠的就是好猫

牛顿在《求积术》一文中关于流数有如下的论述:

设量 x 均匀地流动,欲求 x^n 的流数,在 x 因流动变成 $x+0$ 的同时(这里的 0 是无穷小量),x^n 变成 $(x+0)^n$,它等于

$$x^n + n0x^{n-1} + \frac{n^2-n}{2}00x^{n-2} + \cdots,$$

增量 0 与 $n0x^{n-1} + \frac{n^2-n}{2}00x^{n-2} + \cdots$ 之比等于 1 与 $nx^{n-1} + \frac{n^2-n}{2}0x^{n-2} + \cdots$ 之比。现令增量消失,它们的最终比变成 $\frac{1}{nx^{n-1}}$。

牛顿用上面的论证得出 $y = x^n$ 的导数是 nx^{n-1},显然,论证不够严格,增量 0 开始时不是

0,所求比值时也可以约去,后来又令增量消失,(马克思称之为暴力镇压)。1734年英国哲学家、主教贝克莱发表了《分析家或致一位不信神的数学家》的小册子,其中指出牛顿的上述推理的不合理和不能令人信服之处。称这个无穷小量0,乃是"逝去的鬼魂"。这种"招之即来、挥之即去"的做法在逻辑上站不住脚,可是在应用上却屡获成功。微分方程、微分几何、变分法、级数求和等发展起来了,解决了无数的科学工程问题。微积分所到之处,几乎所向披靡,锐不可当,尽管它不严格。

牛顿微积分的不严格,世称"第二次数学危机"。不过,我们也可以从另一方面看,新生事物往往不完备,但却具有强大的生命力。"不管白猫、黑猫,能捉住老鼠的就是好猫"。微积分就是一只"好猫"。摸着石头过河,恐怕是牛顿、莱布尼兹当时必须也只能采取的态度。

天才的洞察力和逻辑上的矛盾并存,一方面是有效的坚持,另一方面努力避免逻辑上矛盾。约200年之后,严格的实数理论、极限理论建立起来了。微积分终于以科学的理论为人类造福。

七、三个函数之间的微积分关系

画出 $y=2x, y=x^2, y=\frac{1}{3}x^3$ 三个函数的图象(略),首先用切线斜率的变化考察函数 $y=x^2$ 的变化状态,定性地研究函数区间的单调增减与它的导函数恒正或恒负之间有关系。

同样,考察,$y=\frac{1}{3}x^3$ 的图象,其切线斜率(导函数)$y=x^2$ 也定性地描述了其增减情形。

微积分研究函数局部性质,是为了更深刻地探究函数的整体性质。函数在区间上的增加减少,是整体性质。函数围成的曲边梯形面积也是整体性质。

以 $y=x^2$ 为中心,它的导函数是 $y=2x$(下级),它又是 $y=\frac{1}{3}x^3$ 的导数,构成了它的一个原函数(上级)。$y=x^2$ 的有些整体性质(增减、极值等)靠它的"下级"函数来展示,而围成的曲边梯形面积的整体性质则靠它的"上级"函数(原函数)来刻画。这样,环环相扣,函数性质的研究到达微积分时代,开创了初等数学所无法达到的新局面。

研究局部,最后是为了更深刻地把握整体。政治上有局部与整体,科学上有微观与宏观,中国画有泼墨山水和工笔花鸟等等的对立统一,微积分何尝不是如此。

八、局部与整体沟通的桥梁:微分中值定理

拉格朗日微分中值定理:

设 $f(x)$ 在 $[a,b]$ 上点点都有导数,那么 $F(b)-F(a)=f'(\xi)(b-a)$。

这是非常深刻的结果,左边是整体性的,右边是一点 ξ 处的导数,乃是局部性质。把局部性质研究透了,整体性质就可以借助局部性质得到深化。

这是典型的纯粹存在性定理,即微分中值定理中的 ξ 只是肯定存在于 a,b 之间,但不确切知道在那一点。在意境中正如贾岛的诗句:

松下问童子,言师采药去;只在此山中,云深不知处。

连续函数的介值性定理等,也都是这样的意境。

特别地,对区间内任何两点 $x_1 < x_2$,都有

$$f(x_2) - f(x_1) = f'(\xi)(x_2 - x_1),$$

其中 ξ 是在 x_2 和 x_1 之间的某个值。如果已经知道,$f'(x)$ 在区间 $[a,b]$ 上恒大于 0(或小于 0),将微分中值定理用于函数 $f(x)$,其单调增加(减少)立刻可知。

区间上增减是整体性质,而每点可导是局部性质。微分中值定理把两者连接起来了。

我们不知道"老药师"在山中的什么地方,凭借他的崇高声望,我们仍然可以解决问题。

九、用微分中值定理说明牛顿-莱布尼兹公式

设 $f(x)$ 的一个原函数是 $F(x)$,即 $F'(x) = f(x)$。我们在 $[a,b]$ 中插入分点 $a = x_0 < x_1 < x_2 < \cdots x_i < \cdots < x_n = b$,于是,可以拆成

$$\begin{aligned}
F(b) - F(a) &= \sum [F(x_i) - F(x_{i-1})] \\
&= \sum f(x)(x_i - x_{i-1}) \quad \text{(微分中值定理)} \\
&\to \int_a^b f(x) \mathrm{d}x. \quad \text{(定积分定义)}
\end{aligned}$$

牛顿-莱布尼兹公式,就近在眼前了。

微分中值定理,象一根魔杖,指挥着微积分的千军万马,攻城掠地,由整体到局部,再由局部到整体,建立起一个强大的理性王国。

十、欣赏 ε-δ 的形式语言:寓动于静

微积分诸多概念因 ε-δ 陈述的出现而避免了牛顿时代的含混不清。正面叙述 ε-δ 语言的导数和积分定义。指明用"任意"的正数 ε,存在正数 N,或 δ,把动态的极限过程静态化。极限过程变成只有加减乘除算术符号的叙述,即算术化。

对于许多人来说,把 ε-δ 语言它当作一座"雕像"(如掷铁饼者)加以欣赏(可以不必完全理解,更不要求会用),就能提高数学文化修养。

贵州六盘水师专的杨光强先生告诉我,他在课堂上讲授"无穷大"和"无界变量"的意境时,引用宋朝叶绍翁的名句:

满园春色关不住,一枝红杏出墙来。(《游园不值》)

时,学生每每会意而笑。实际上,所谓无界变量 $\{x_n\}$,是说无论你设置怎样大的正数 M,变量

总要超出你的范围,即有一个变量的绝对值会超过 M。形式地写来是:

对任意的正数 M,总存在一个下标 N,使得 $|x_N|>M$。

于是,M 可以比喻成无论怎样大的园子,变量相当于红杏,结果是总有一枝红杏会越出园子的范围。诗的比喻如此恰切,生动的意境描述枯燥的数学语言,竟无牵强之处。

让更多的人群能够欣赏这种严格简洁的语言,是我们的一个目标。

天安门是轴对称图形吗？

张奠宙

最近，一位小学数学教师来家做客，问起"天安门是轴对称图形吗？"我说当然不是。天安门是关于中轴面对称的立体建筑。所谓轴对称图形，按照定义只能是平面上的图形。因此，那张从正面拍摄的天安门照片，才可以叫作轴对称图形。这无论在理论上或实践中，都应该是没有什么疑问的。可是那位教师告诉我：这个问题在小学数学界看法不尽相同，争论很多。这使我颇为讶异。难道这也是一个问题？晚上上网一查，果不其然，许多答案模棱两可。

问题在于，有的教材以天安门的照片作为轴对称一章的章头图，却又不区分"立体的天安门"和"正面拍摄的天安门照片"之间的区别。照片混同于实物，把许多教师弄糊涂了。有一位网友就此调侃道："孩子们现在还真做不对这道题。教师说是就是，说不是就不是。"

缺乏"维度"概念，把立体图形和平面图形混同在一起，是目前小学数学教材里的一个通病。可是信息时代来临了，许多数学术语走进了人们的日常生活，成为普通常识。"维度"(Dimension)的概念就是如此。我们生活在三维空间里，媒体上一维码、二维码的说法随处可见；3D电影、3D打印，更是普通常识了。与此同时，维度又是几何学的基本概念之一。社会上使用维度一词，是从数学中借用的。因此，学完九年义务教育的数学课程，总应该对维度有个比较明确的认识才是。可是，你查遍《义务教育数学课程标准》，也找不到"维度"二字。据说是因为"减负"，小学数学内容不能太多之故。

其实，维度的概念很容易掌握。翻开《小学数学》一年级上册的教材，就有上下、左右、前后的知识内容。这就是"维度"的原型，毫不神秘难懂。

事实上，如果在教材里添上如下的几句话（不一定就在一年级的教材里），学生立马就懂了。

"如果一个图形和上下、左右、前后三个方向都有关系，就称它是三维图形，也叫立体图形。例如，长方体有长、宽、高的三个方向，就是立体图形。"

"我们生活的空间，具有上下、左右、前后三个方向，所以说它是三维空间。"

"如果像黑板表面那样，只和上下、左右两个方向有关，而没有前后的分别，就称它是二维图形，也叫平面图形。例如，长方形只有长和宽两个方向，所以是平面图形""一条直线或线段，只涉及左右一个方向，我们称它是一维图形。"

我想，没有孩子会不懂得这几句话，以致弄得数学不及格。学生更不会因此认为数学难学而觉得负担重。比起坊间那些矫揉造作的"奥赛题"，其学习难度真是不可同日而语。

编者注：原文载于《教学月刊（小学版）数学》（2014年第11期第4页）。

若言琴上有琴声
——讲一个数学教育的中国故事

张奠宙

2012年,上海15岁学生在以数学学科为主的PISA国际测试中,正确率位居世界第一,数学成绩遥遥领先。对此,国外主流媒体纷纷报道,英国副教育大臣来沪考察,专家学者纷纷前来交流经验,可谓世人瞩目。那么,这背后会有怎样的中国故事? 能不能到世界上去讲讲?

中国人向来讲谦虚。很多人提醒说不要骄傲,不可过度解读云云。不过,回想这些年来,能够被西方国家文化人认可的中国故事,多的是"高粱地里的野性"、"大红灯笼下的姨太太"、"伤痕文学里的悲惨世界"等等。中国在文化层面能够到国际上去讲讲的正面话题本来就不多,现在难得有正面的数学教育的中国故事可以谈谈,为何不能好好说说? 夜郎自大固不足取,妄自菲薄也是要不得的啊。

6月9日《文汇报》刊出了驻巴黎的资深记者郑若麟在上海社会科学院的演讲,题目是"在法国讲中国故事"。其中提到"世界文化大战已经爆发"。法国一位著名战略问题专家克昂·圣艾蒂安纳在其著作中提出,要对中国进行一场"思想战争",因为只有通过"思想战争"才能打败"中国发展模式"带来的对西方的威胁。郑若麟评论说:"如果说,在军事领域,我们因为有了核武器而拥有了自卫的能力,在金融与经济领域,我们因为工业化进程而能够与西方一比高低的话,在文化领域,在思想和意识形态领域,在'文化传播内容'领域,中国却似乎相当程度上处于不设防状态。而今天的世界之危险性,恰恰在于思想和文化上的征服。"

由此看来,要不要讲好数学教育的中国故事,也许并非只是一个数学教育的学术问题,而是一项文化举措了。

仔细想想,中国数学教育的某种成功,也确实有自己的故事可以说说。

中华文化中有数学因子。例如"道生一,一生二,二生三,三生万物",正是中国化的"自然数公理"。一个"生"字,何其生动传神!

香港大学梁贯成先生就研究过"汉字"中的几何直观。横平竖直,莫非和平行、垂直有关? 写一个"人"字,一撇一捺,有一个适当的角度,岂不是几何观念? 至于背诵九九表,更是中国学生的强项。从1到9,读一个数字,只有一个单音节,何其爽快? "三四十二",一句只有四个音节。用英文说说,要吃力得多了。那个称呼12的"Twelve",又不按十进制的规矩来,麻烦得很。

编者注:原文载于《文汇报》(2014年7月8日第11版),并被《上海珠算心算》(2014年第7期)、《教育文摘》(2014年第10期)、《红蕾(教育文摘)》(2014年第10期第44页至45页)等多家刊物转载。

今天的许多上海小学生，早在进小学前就接触珠心算。算盘珠是手指的延长和精致化。做自然数加减法，十根手指不够用了，就用算盘珠代替。那里可是十进制、位置制的大本营。一个十，拆成两个五，一个五，又可看成1加4，或2加3。那句"三下五去（除）二"的口诀竟成了生活中的惯用语。今年，珠算已经列入世界非物质文化遗产，这更是数学教育中国故事的华彩乐章。

"自主""愉快""苦读""虎妈""基础""创新"，这些教育家们常常各执一端的理念，在中国的小学数学教学里获得兼容并包的有机统一，形成了一种传统。君不见，即便在"文化大革命"的动乱年代里，政府瘫痪了，学校秩序乱了，老师工资发不出了，可是数学教育依然在前进。那一代的小学生，就是日后推动中国经济起飞的农民工。他们仍旧会背九九表，能看懂一些公式，做基本的数学计算，包括从事一些简单的施工设计。我们从来没有听说农民工的数学不好拖累了经济建设。这是中国教育奇迹。中国数学教师的这一贡献，也同时见证了中国数学教育传统的深厚与坚强。

现代中国的学校数学教育，是从西方全盘引进的。辛亥革命以来的一百年，是中国向西方学习的一百年。不过，渐渐地，西方数学和中国本土文化进行了深刻的交融。例如，早年教材里的毕达哥拉斯定理，后来发现中国古代就有。于是在1950年之后就称为"勾股定理"了。这一融合还在进行之中。

与许多国家不同，中国人民把"数学"作为聪明智慧的代名词。事实上，华罗庚是中国人最广泛认同的科学偶像。陈景润的"哥德巴赫猜想研究"风靡大江南北，曾使许多人喜欢上数学。中国数学故事，就是无数孩子们的数学梦想。

中华古典文化中，虽然没有西方《几何原本》那样精致严谨的逻辑体系，却也有《九章算术》那样以解决问题著称的算法体系。能算、速算、巧算，是中国的传统。想当年，在16两制的老秤上，读出三斤七两，每斤币四元三角五分，店员、小贩靠心算就能立即报出顾客的应付款数，何等厉害！在新加坡数学教育专家的眼里，中国数学教育的这一计算传统，一直延伸到今天的课堂上。

中国文学中许多意境，其实含有很高的数学意味。就拿苏轼《琴》诗来说，"若言琴上有琴声，放在匣中何不鸣"两句，本意是要证明"有琴未必有琴声"。论证的方法则是假设其否定形式成立，即"琴上总有琴声"，由此出发进行推理，那么"放在匣中应该鸣"。现在诗的后句表明"放在匣中并不鸣"，产生矛盾。矛盾表明了假设错误，也就从反面证明了"有琴未必有琴声"的本意是对的。这一逻辑链条，不正是西方数学中的反证法吗？

对许多西方的普通人来说，他们脑子里的中国学校往往还是某些历史读本和文艺作品里的那副样子：拖着辫子的儿童被教师用板子打手心。今日之中国数学教育，自然也有丑陋的一面，应试至上的阴云不散，沉重的书包屡减未果。不过新世纪以来，中国义务教育的面貌已经大变，教育公平的理念也得到了高度重视。这也是事实。

说到这里，我想我们当知可以努力之所在了。《舌尖上的中国》非常成功，电视制作人是不是也会来关注"数学教育的中国故事"呢？

返璞归真　正本清源
——"比"不能等同于除法

张奠宙

杭州师大戎松魁先生来信,邀我看一下小学数学教材中"比"的定义和例题。信中写道:

在人教版小学实验教科书《数学》六年级上册第 43 页上,以我国"神舟五号"顺利升空为载体,对"比"和"比值"的意义作了这样的描述:"两个数相除又叫作两个数的比""比的前项除以后项所得的商叫作比值""比值通常用分数表示,也可以用小数或整数表示。"在 2014 年 7 月出版的人教版义务教育教科书《数学》六年级上册第 48 页上引进"比"和"比值"的概念时,内容基本不变,就是把"两个数相除又叫作两个数的比"这句话改为了"两个数的比表示两个数相除"。而在与课本配套的《教师教学用书》第 86 页上指出:"教师还可以指出,两个同类量的比表示这两个量之间的倍数关系,两个不同类量的比可以表示一个新的量。如'路程比时间'又表示速度。"

实验教科书和 2014 版教科书引进"比"的例子相同,其一都是用航天员展示的国旗长 15 厘米,宽 10 厘米,长和宽的比是 15 比 10,可记作 15∶10,$15∶10=15÷10=\frac{3}{2}$,$\frac{3}{2}$ 就是比值。其二是"神舟五号"平均 90 分钟绕地球一周,大约运行 42 252 km,指出"路程和时间的比是 42 252 比 90"。

根据教科书的例题看,比值是不带计量单位名称的,这里路程和时间的比值应该是 $42\,252÷90=\frac{7\,042}{15}$(或 $469.4\dot{6}$)。

从教科书和配套的《教师教学用书》引出值得我们思考的几个问题。

1. 在小学数学教学中应该怎样引出"比"和"比值"的概念?"比"究竟是"两个数的比"还是"两个量的比",或者两者都可以?

2. "神舟五号"绕地球一周运行的路程和时间的比是 42 252 比 90,那么根据教材中"比值"的定义,它们的比值应该是 $42\,252÷90=\frac{7\,042}{15}$(或 $469.4\dot{6}$)。而根据《教师教学用书》所言,"两个不同类量的比可以表示一个新的量"。那么该例中比值要不要写成 $\frac{7\,042}{15}$ 千米/分?能不能写成 $\frac{7\,042}{15}$ 千米/分?

编者注:原文载于《教学月刊(小学版)数学》(2015 年第 3 期第 4 页至 8 页)。

3. 在小学数学教材中是否有必要引进不同类量的"比"和"比值"的概念？

信中提到的把"比"等同于除法的信息，令人惊讶。恰巧接信不久，又蒙某教材编辑寄来2014年修改的教材一套。于是连同网上下载的旧版，看到了"比的认识"一节的修改过程。

某教材的较早版本在编排"比的认识"一课时，曾用获胜场次的多少加以比较（图2）。显然这不属于"比"的例子。原以为编者想用此例区别一般的排名和"比"的概念有别，可是教材未置一词（新版则删去了，颇为可惜）。接着就是路程除以时间得速度，总价除以数量得单价的不同类量的相除。这本来是一类标准的除法题目，教材却不加说明地拿来当作"比"的概念的引例。那么有了除法为什么还要引进"比"？没有任何解释。在随后的两页中，倒是研究了同类量之比，矩形的放大与缩小，树和影子的长度。尤其是甘蔗汁和水的配比，极具"比"的意义。但是教材却偏偏不说这些例子和"比"有什么关系。这样一来，教材就成了让人费猜的谜语。

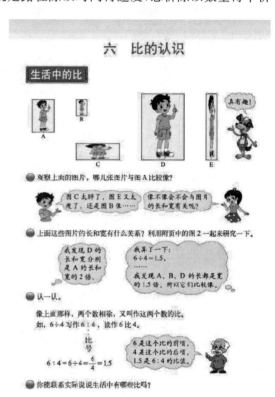

图1

新版教材使用照片长、宽比值不同而引起人像变形的童趣例子，这本来可以引向比的意义。可是教材却突然说"两个数相除，又叫作两个数的比"。（图1）

阅读之后，不觉陷入沉思。

随手打开《辞海》，看到"比"的条目这样写着：

"比较两个同类量的关系时，如果以 b 为单位来度量 a，称为 a 比 b，所得的 k 值称为比值"。

这大概是"比"的老式定义。新潮的小学数学教材已经将之废除，直接把两数之"比"说成就是两数相除了。其目的不过是要学生记住：比只是除法的另一种说法而已，并没有新的内容。这样的"改革"，究竟是进步，还是倒退？没头没脑地将除法说成就是比，把"比"当作除法的附庸，该如何落实知识发生的过程性目标？既然要贯彻"四基"，那么"比"的基本数学思想方法何在？返璞归真，正本清源，是数学教学的一项基本原理。稍微想想就可以知道，《辞海》的定义重在揭示"比和比值"概念的内涵，而新潮教材则回避了"比"的本质，仅仅是描述了"比"的外壳而已。

让我们作进一步的分析。

顾名思义，学生看到"比"，第一个联想到的词就是"比较"。《辞海》释义中，首先提到的也是"比较"两字。对六年级的学生而言，关于如何比较两个量的大小，已经学过两种方法。

第一种方法是比较两数的差距关系。如果 a 比 b 大，用减法就可以知道差距是 $a-b$。在日常语境中我们常说：

四 比的认识

生活中的比

1.(1) 丽城小学五年级选出4名同学参加春季羽毛球赛，各赛8场，每人获胜的场数如下表。

小强	小兵	小军	小林
6场	4场	5场	3场

请你排出他们的名次。

第一名	第二名	第三名	第四名

(2) 小强和小林是好朋友，他们经常在一起练习打羽毛球，下面是他们最近四次练习的结果。

	第一次(共5场)	第二次(共7场)	第三次(共8场)	第四次(共8场)
小强	赢3场	赢5场	赢4场	赢2场
小林	赢2场	赢3场	赢4场	赢3场

小强第____次练习成绩最好，第____次练习成绩最差。
小林第____次练习成绩最好，第____次练习成绩最差。

2.

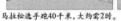
马拉松选手跑40千米，大约需2时。 骑车3时可行45千米。

谁的速度快？

	路程	时间	速度
马拉松选手			
骑车人			

3.

哪个摊位(A、B或C)上的苹果最便宜？

摊位	总价	数量	单价
A			
B			
C			

4. 根据图A，按要求画出图B，C，D，E。
(1) 将图A的长和宽都扩大为原来的3倍，得到图B；
(2) 将图A的长扩大为原来的1.5倍，宽扩大为原来的4倍，得到图C；
(3) 将图A的长缩小为原来的 $\frac{1}{2}$，宽扩大为原来的2倍，得到图D；
(4) 将图A的长和宽都缩小为原来的 $\frac{1}{2}$，得到图E。

小明把A，B，E归为一类。请你想一想为什么。

	A	B	E
长	6		
宽	4		

$6 \div 4 = (\ )$
$(18) \div (12) = (\ )$
$(\ ) \div (\ ) = (\ )$

它们的长都是宽的1.5倍，所以把它们归为一类。

认一认
像上面那样，两个数相除，又叫做这两个数的比。

如，$6 \div 4$ 写作 $6:4$，读作6比4。

$$6:4 = 6 \div 4 = \frac{6}{4} = 1.5$$

6是这个比的前项，4是这个比的后项，1.5是 $6:4$ 的比值。

想一想 比与除法、分数有什么关系？

说一说

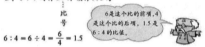

树高和影长的比是5.7比3。   甘蔗汁和水的体积比是1比2。
树高5.7米 影长3米   甘蔗汁1升 水2升

练一练 把前面有关问题中的数量关系写成比，并求出比值。

实践活动 量一量，找出你身体上的"比"。

我的头围与腰围的比是…… 我的腿长与身高的比是…… 我的脚长与手长的比是…… 我的……

图2

(1) 小明"比"小华高 2 厘米；

(2) 甲、乙两队篮球比赛的结果是 100 比 99，乙队以一分之差输了；

(3) 中国乒乓球队以 3 比 0 完胜对手；

(4) 比较胜利场次排名次。

这里都用到"比"这个词。但只是比较差距，而差距用减法可求得。这是 a 与 b 之间的"差关系"。

第二种方法是比较两数之间的倍数关系。对 a, b 两正数，若 $a > b$，那么 $a \div b = k > 1$；如果 $a < b$，那么 $a \div b = k < 1$；如果 $a = b$，那么 $a \div b = 1$。在生活中，我们常说：

(1) 姚明"比"我高，他的身高是我身高的 1.5 倍；

(2) 我比小胖的体重轻，我的体重只是他的 0.8 倍。

这就是说，"比"这一概念的本源是"比较"。用倍数比较大小，表明 a 与 b 之间存在着"比关系"。本单元要学习的就是这第二种方法的比较。

现在，我们可以给"比"下一个比较合理的定义了。

"两个量 a, b，如果以 b 为单位去衡量 a，称 a 和 b 之间有关系 a 比 b，记作 $a : b$。$a \div b = k$ 称为比值"。

通过以下的例子，可以不断强化"比"的本源意义。

例 1. 做面包时，用三杯面粉加一杯水。面粉体积和水体积是 3 比 1，记作 3：1。比值是 $3 \div 1 = 3$。

例 2. 用 1 杯纯甘蔗汁加 5 杯水兑成甘蔗饮料。甘蔗汁和水的数量是 1 比 5，记作 1：5。比值是 $1 \div 5 = \dfrac{1}{5}$。

例 3. 在某时刻，以树影子长度衡量树的高度，形成 2 比 1 的关系，记为 2：1。比值是 $2 \div 1 = 2$。（如图 3）

例 4. 一个矩形的长度 a 和宽度 b，形成 a 比 b 的关系。如果比值 $a \div b = k > 1$，那么矩形是扁平状的。如果 $k < 1$，则矩形是竖条状的，若 $k = 1$，矩形是正方形。（如图 4 所示放置）

图 3　　　　　　　　　　图 4

对于上述"比"的定义，我们再作一些进一步的解释。

(一)"比"是一种数量关系。"比"不是除法运算，只是在求比值时才要用除法

"比"在《辞海》定义中明确提到 a 与 b 之间是一种关系。"维珍百科"里，对英文 ratio 的解

释中,也说"比"是一种关系(relationship)。实际上,"比"有时候只是描述了两个量之间的一种状态,一种对比。说两个同类量 a 与 b 之间存在着比的关系,可以先求出比值,也可以不必求比值。如例1中,做面包时3杯面粉要用1杯水调和,我们就直接说面粉与水的用量是"3比1",写成3∶1。现实中直接照此操作就是了,并非一定要先用除法去计算其比值为3之后再来说二者之比。

换句话说,比,只是在求比值时才是除法。3∶2可以只是一种状态,3÷2则是一种运算,二者在意义上不一样。

(二)"比"是为比例做准备,并可以扩展为一种变量之间的正比例函数关系。这种比例关系,其含义远超"除法"

例如,某教材中树高和它影子的关系,就可以看作是一个正比例的函数关系。事实上,在固定的时刻,树高 x 决定了影子的长度 y;不同高度的树,其影子长度都是树高的 k 倍,形成 $y=kx$ 的函数关系。这就是说,小学里"比"的学习,不等于重学一遍除法。比的概念,还要进一步发展为四个量的比例关系,并为将来学习正比例函数做准备。这种函数对应思想,较之除法的意蕴要深刻得多。

当然,并非所有的"比关系"都可以扩展为函数关系。例如本班的男生数和女生数恰好相等,形成1比1的关系。但是,别的班级未必如此,我们不能说任何班级的男生和女生的人数都相等。

(三)"比"原本是同类量的比较关系,但是也可以推广到不是"同类量"的情形。不过,同类量之比是"源",不同类量之比只是"流"

《辞海》定义规定,只有同类量才能作"比"。我们在上述定义中,没有这样限制。事实上,日常生活里有许多对"非同类量"进行比较的事例。例如,为了鼓励回收易拉罐,规定10只易拉罐,可以换100克糖果。易拉罐的个数,与糖果的重量,不是同类量,但我们也会说,易拉罐和糖果之比是10个∶100克。又如我们看到一则广告说,买某牌子牙膏3支,奉送牙刷2把。"牙膏支数"和"牙刷把数"不是同类量,但也会说购买的牙膏数与赠送的牙刷数是3比2。

由于不同类量之间,不能说"倍数",所以这个定义里只用了"以 b 为单位去衡量 a"的说法。

但是,比的概念的源头毕竟是同类量的比较。不同类量的比乃是流,是派生、引申出来的。区别源流,分清主次,是概念教学的要义。在倡导"过程性"教学目标的今天,更显示出正本清源的重要性。

(四)不同类量的比,不宜作为"比"的主要情景引入

我们注意到,人教社的教材中,引出"比"的主要例子之一是一个不同类量之比:

"神舟五号"平均90分钟绕地球一周,大约运行 42 252 km。于是指出"路程和时间的比是 42 252 比 90"。

这样做,未免失当。如上所述,"比"的本质是"比较"关系,一个除法问题难以覆盖"比"的内在含义。路程除以时间等于速度,明明是一个计算运转速度的除法问题,并没有比较路程与时间大小的含义在内。用不同类量作为主要引例,颠倒了源流关系,增加了学生的理解困难。此外,对于比的理解,先要从两个简单的整数之比说起。例如面粉和水之比为 3 比 1 之类。现在一下子出现 42 252 这样大的一个数,分散了学生对"比"的意义的注意力。

至于某教材里问"哪种苹果最便宜"的例子,给出了三种总价和数量,然后计算三种单价,再比较这些单价得出"最便宜"的答案(这里的比较和"比"无关,学生容易混淆)。编者的意图是要学生说出单价是总价与数量之比。但是这明明就是一个典型的除法情景,日常生活中总是说"总价除以数量为单价"。这里生硬地把除法说成是"比",对学生理解"比"的概念不但没有益处,反而会产生干扰。

(五) 同类量的比值没有量纲,不同类量的比值一定会有量纲

同类量之比,其比值是无量纲的。例如长度(4 厘米)比宽度(2 厘米),相除以后,单位(厘米)约去,比值是无量纲的数 2。但是不同类量之比,比的前后项里的量纲不能约去。作为"量"而言,两个量之比一定是有量纲的。路程(米)比时间(秒)得到速度,其量纲是米/秒,不能省略。人教版说"神舟五号"绕地球一周运行的路程和时间的比是 42 252 比 90。这样,按教材中"比值"的定义就得出二者的比值是 $42\,252 \div 90 = \frac{7\,042}{15}$(或 469.46),那是不正确的。有人会辩白说那只是"两个数之比"。确实,任何"数"都是无量纲的,例如,有理数是两个整数之比。但是,量和数不能混为一谈。"神舟五号"运行的距离和时间都是具体的量,具有清晰的速度量纲,不能随意抹去。

(六) 把"两个数相除,又叫作两个数的比"作为"比"的定义,乃是舍本逐末

比的概念,有一个发展过程。最先是同类量的简单倍数比较,如甘蔗饮料的配比 1∶5。然后是同类量的复杂比,如树高与其影长之比,具有函数对应的背景。再次是不同类量的比较,具有量纲,如速度。最后,则是从"量"到"数",引出两个无量纲的数的比。

这就是说,直接把"两个同类量之比"定义为"两个数相除",就跳过了许多步骤,抽去了"比"的概念发生过程,把引申出来的最边远结论当作了概念的本源,不啻是一种本末倒置的做法。

"比值"的计算固然要用到除法,但是"比"不等于除法。比有比的意义,除法有除法的用途。如前所述,比,可以只是两个量之间的一种比较关系,一种对应,一种状态,可以不必凸显"除法"。另一方面,除法的用途很广,可以离开"比较"的本意很远。例如,假定数学和语文的成绩分别是 92 和 90,那么它们的平均成绩是 91。这里只用除法的意义,无须想到这是两科总成绩与 2 之间的一种比较。

这里,我们不妨以周树人和鲁迅的关系,对"比和除法"作一个比方。周树人和鲁迅确是同一个人,但是含义不同。周树人是出生于 19 世纪末绍兴周家的自然人和社会人,鲁迅则是一个20世纪的文学家和思想家。周树人是本源,鲁迅是后来派生出来的。如果在解释"周树人"时只写一句"周树人即鲁迅"就算完事,岂不是以偏概全,违反常识了?

通过以上的分析,对于戎老师提出的三个问题,已经发表了我的看法。下面是关于"比的认识"一节教材若干设计建议。小学教材用上述方式定义"比"的概念,固然也是一种选择,但是也可以将同类量之比和不同类量之比分别陈述。

第一段 "比较"

给出两个量,如何比较大小?

例1. 篮球赛55比50差距5分。排球赛3比0。

(用加减法比较差距,以前学过)

例2. 一样大小的六个红色方块,三个蓝色方块。红色方块比蓝色方块多,6是3的2倍。称为6比3,记作6:3;蓝色方块少,只是红色方块的$\frac{1}{2}$倍。称为3比6,记作3:6。

(今天要学的"比"是要用除法所得倍数来比较大小或多少等,和例1不同)

例3. 做米饭合理的配比是4杯米要用2杯水。我们说米和水的用量是4比2,记作4:2。

(生活化的术语,不涉及比值与除法)

第二段 比的定义

国旗的长、宽比。

从某产品目录中看到国旗尺寸分6种规格,长与宽分别为(单位:毫米):

1号,2 880,1 920;

2号,2 400,1 600;

3号,1 920,1 280;

4号,1 440,960;

5号,960,640;

6号,660,440。

以宽度为单位,求出长度是宽度的几倍?这些国旗的长、宽尺寸都不相同,但每种规格的国旗长都是宽的1.5倍。由此给出比的定义:

"两个同类量a,b,若以a是b的倍数k来比较它们的大小,称为a比b,记为$a:b$。数$a \div b = k$ 称为a与b的比值。比值k就是a除以b的商。"

(这里先要求"同类量",突出"比较"的本意,陈述一种状态,但最后归结为除法。为下一步具有广泛应用的"比例"打基础,数是量的抽象表示,两个数相除称为两个数之比,是自然的结论)

第三段 比的练习

继续举例,并练习。

(1) 本班男生人数和女生人数的比;

(2) 糖水中糖与水重量的配比;

(3) 食物的配比;

(4) 农药的配比;

（5）树高与其影长之比；

（6）增加同比与环比内容。某厂月生产量的同比与环比。如某校每年 5 月和 10 月，都要捐书给希望小学。今年 10 月同比于去年 10 月，环比于今年 5 月。

（不断强调"比"的意义，突出"除法"之外的特定内涵）

第四段　不同类量之比

"两个不同类的量 a,b，虽然彼此没有倍数关系，如果以 b 为单位衡量 a，即考察 $a\div b$，我们也把它叫作 a 比 b，记为 $a:b$。"

（1）某商店卖牙膏规定：顾客每买三支牙膏送一把牙刷。购买商品与赠品之比为 3 支∶1 把，比值为 3 支/把；

（2）路程÷时间＝速度。我们也说速度是路程与时间之比。如刘翔打破 110 米栏世界纪录的速度。

（作为小学教材，把同类量和不同类量之比分开来叙述，眉目清楚）

小学教育是基础教育，小学数学教材应有助于学生理解基本数量关系的本质。比的概念，作为小学生数学素质的重要一环，有其特定的内涵。教材设计，应该紧扣"比较"的本意加以理解和生成，力求返璞归真，正本清源，循序渐进，平易近人。

第二部分

数学文化

第三章

数学普及

二十世纪的数学难题
——希尔伯特的二十三个问题

莫 由

1900年,人类跨进了二十世纪,说也凑巧,就在这一年,一位德国数学家所作的著名讲演,使数学的发展也翻开了新的一页。

一、高瞻远瞩的讲演

二十世纪的头一年,国际数学家会议在巴黎召开。数学家们怀着迎接新世纪来临的喜悦心情,聆听德国哥廷根大学教授希尔伯特发表演说。

这位当代数学大师,站在数学发展的最前沿,高瞻远瞩地预计,跨进二十世纪的数学,将沿着他所提出的23个问题的方向发展。与会者都被这位年方38岁的数学家的锐利目光所惊呆了。"数学真的会沿着他所指引的方向发展吗?"有些人将信将疑,在一边冷眼旁观。

科学不是算命,预测的东西当然不会全部变成事实。但是,至少在二十世纪上半叶,全世界的数学家为解决这些问题所作的努力,使一个又一个的数学新分支、一种又一种的数学新方法相继诞生。希尔伯特的23个问题,确实在相当程度上左右了数学的发展。1976年,美国数学家评选的自1940年以来的美国数学十大成就中,有三项是希尔伯特问题中第一、第五、第十问题的解决。由此可见,能解决希尔伯特问题,已成为当代数学家的无上荣誉。

希尔伯特的23个问题相当艰深,不是本行的专家往往连题目都很难搞清楚。我们在这里只能就其中的几个方面作些介绍,即便如此,读者还是可以看出这位数学大师思考问题的深刻程度。

二、代数数和超越数

自从报刊上宣传了我国数学家陈景润推进哥德巴赫猜想的证明之后,数论这门学科对广大读者来说已经不太陌生了。希尔伯特的23个问题中,有一些也是关于数论方面的,它们涉及质数、方程的正整数解等方面的本质问题。此外,还包括实数中有关代数数和超越数的一个猜想。

满足整系数代数方程的数,称为"代数数"。例如,整系数代数方程 $x^2-x-1=0$ 的根为

编者注:原文载于《科学画报》(1980年第4期第22页至23页);作者署名:莫由。

$(1+\sqrt{5})/2$，这就是一个代数数。反之，不满足任何整系数代数方程的实数，称为超越数。例如，圆周率 $\pi = 3.14159\cdots\cdots$，自然对数的底 $e = 2.71828\cdots\cdots$ 等都是超越数。希尔伯特第七问题猜想：若 α 是非 0 非 1 的代数数，β 是无理数和代数数，那么，α^β 一定是超越数。

希尔伯特这个关于代数数和超越数关系的猜想，在本世纪已走过三分之一的历程时，全世界还没有一个人能予以证明。1934 年，苏联数学家盖尔冯终于从数学上证明希尔伯特的这个猜想是对的，那时，这位苏联数学家年方 28 岁。

希尔伯特第七问题虽然解决了，但它又引起了一个新问题：如果 α 和 β 都是超越数的话，那么，α^β 是否一定是超越数呢？现在已知 e^π 是超越数，但 e^e，π^π，π^e 的超越性至今尚未证明。

三、中国人的贡献

希尔伯特第十六问题涉及微分方程极限环的性质。这个棘手的问题，至今还没有获得最终的解决。1955 年，苏联科学院院士彼得罗夫斯基宣称，二次代数系统构成的微分方程组（简称 E_2），其极限环至多只能有三个。后来，有人对他的证明表示怀疑。于是在 1976 年，彼得罗夫斯基又改口说他的证明虽有错误，但结论还是正确的。

这位赫赫大名的苏联院士对希尔伯特第十六问题的看法，统治了数学界达 25 年之久，最后却被一位名不见经传的中国研究生推翻了。1979 年 2 月，中国科技大学研究生史松龄，举出了 E_2 至少出现四个极限环的例子，推翻了彼得罗夫斯基关于 E_2 至多只有三个极限环的论断。这是希尔伯特第十六问题研究的一个重要成果，也是中国数学工作者在希尔伯特问题研究方面的第一个意义重大的贡献。

四、公理化方法

在数学研究中，越是基本的东西越难证明，但是，一旦被突破之后，它的意义也越发重大。希尔伯特的 23 个问题中，有一类是关于数学基础的。这类问题的证明难度极大，它们犹如人类思维史上的一座座高峰，只有那些具备惊人的数学才能和百折不回的坚强毅力的人，才敢于去登攀。

我们从学平面几何开始，就很熟悉"过两点可以引一条直线"、"整体大于部分"这些公理。这是一些已经为反复的实践所证实，而被认为是不需要证明的规定。平面几何就是从极少的几条公理和定义出发，再引入一些较复杂的概念，来研究图形的性质。如果从平行公理出发，即承认在平面上，过直线外一点只能作一条和这直线平行的直线，这就是欧几里得几何。如果改变这条平行公理，认为过一点可以引两条直线与已知直线平行，或没有这样的平行直线可引，这就导致非欧几何（请参阅本刊 1979 年 2 月号《三种空间与三种几何》一文）。

类似的情况很多。在许多数学分支的建立过程中，人们往往把在实践中总结出来的若干最根本的命题作为公理，由此再引入一些较复杂的概念，并推出这分支中的其他命题。这样一种整理与叙述数学知识的方法叫公理化方法。公理化方法是数学论证方法中最常用的一种,并取得了很多成就。人们提出了一个问题:是不是任何科学都能用一套公理定义?用一套公理能否推出数学的所有定理?这个问题触及到数学的根本。

希尔伯特的第二问题涉及算术公理的无矛盾性,他希望借此证明,所有的数学定理都能由一组公理推出来。但是,奥地利数学家哥德尔在1931年打破了希尔伯特的这一幻想。他证明,任何一个公理化系统中,必定有一个命题不能由这组公理推出其正确与否。哥德尔的杰出成就轰动了整个数学界,在人类思维发展史上也是一件大事。

五、希尔伯特第一问题

十九世纪末,在德国数学家康托尔等人的努力下,集合论有了重大的发展。康托尔的集合论涉及到对"无限"的认识问题。比方说,放在我们面前有"无限多个"盛有各种糖果的盘子,我们从每一个盘子中拿出一粒糖果,凑成一个拼盘。由于盘子的个数是无限的,这样做允许吗?在数学上,这个问题的抽象提法叫"选择公理"。

希尔伯特第一问题称为"连续统假设",其内容相当于问:从无限盘糖果中各选一粒的选择公理,在数学上是否合理?1939年,哥德尔证明,用通常的集合论公理,不可能推出选择公理是对的。1963年,美国数学家柯恩又从另一方面证明,用通常的集合论公理,不可能推出选择公理是错的。这样一来,矛盾就发生了:你承认它是对的,可以搞出一套数学来;你不承认它是对的,也可以搞出一套数学来。妙还妙在这两套数学都是对的,都能自圆其说。真是公说公有理,婆说婆有理,像欧氏几何和非欧几何都有理一样,结果大家都有理。这方面的研究至今还在继续,高潮彼伏此起,层出不穷。

六、还剩一半有待解决

1975年,在美国的伊利诺斯大学,召开了一次国际数学会议。数学家们回顾了四分之三世纪以来,对希尔伯特23个问题的研究进展。据估计,其中约有一半已经解决了,其余一半的大多数都有了重大进展,但也有少数几个问题的研究进展甚慢。就目前的数学研究现状来说,希尔伯特提出的23个问题,仍然是数学家们注意的中心之一。

一个数学家在一次演讲中提出的问题,能对数学的发展产生如此久远而深刻的影响,这在数学史上是无与伦比的,在人类文明的发展史上也是罕见的。

希尔伯特在结束他的著名演说时,曾用鼓励的语气对听众们说:"当问题进一步展开时,工具会更锐利,方法会更简化,不管数学的范围多么广阔,好学的人一定能驾驭这门学科。"有志于数学研究的读者,如果你想知道希尔伯特23个问题的具体内容,请你查阅下列书籍。

参考文献

[1] Carl B. Boyer.《A History of Mathematics》,1968.
[2] V. I. Arnold.《Mathematical Developments Arising from Hilbert Problem》Vol. 1, in

Processings of Symposia in Pure Mathematics, 28(1976) 51.

［3］史松龄.《二次系统,(E_2)出现至少四个极限环的例子》中国科学 1979 年第 11 期。

希尔伯特小传

希尔伯特(David Hilbert,1862—1943)是德国著名数学家,也是二十世纪数学发展的一位代表人物。

他幼年随母亲学习数学,在东普鲁士的哥尼斯堡读大学,早期研究代数不变式论、代数数论、几何学基础,后来又研究变分法、积分方程、函数空间和数学物理方法等。1885 年,年仅 23 岁的希尔伯特获得了博士学位。1895 年,他在德国最著名的科学教育中心——哥廷根大学任教授,直至 1930 年退休。1899 年,他出版了《几何基础》一书,把欧几里得几何学整理为从公理出发的纯粹演绎系统,并把注意力转移到公理系统的逻辑结构,成为近代公理化思想的代表作。他晚年致力于数学基础问题,是数学基础中形式主义学派的代表人物。1900 年,他在国际数学会上提出著名的 23 个问题,后来统称为希尔伯特问题,对二十世纪数学的发展,产生了深远的影响。

二十世纪的数学巨著
——"布尔巴基"的《数学原本》

莫 由

二千多年前,古希腊的大数学家欧几里得,综合整理了当时的全部几何学知识,写成一部13卷的不朽名著《几何原本》。其中阐明的欧氏几何体系,至今仍是中学《平面几何》的主体。由于《几何原本》太出名了,后人极少敢用"原本"的口气写数学书。

一、一部数学巨著

1939年,巴黎的书店里出现了一本书:《数学原本》第1卷。口气之大,颇有与《几何原本》一比高低的样子。

自此之后,《数学原本》以平均每年一卷的速度继续出版,1965年出了第31卷,1973年已出到第36卷,至今仍未写完,并已翻译成多国文字。

这部博大精深的数学巨著涉及近代数学的各个领域,搜集近代数学的主要成果。其中包括:《集合论》、《一般拓扑》、《线性拓扑空间》、《黎曼几何》、《微分拓扑》、《实变函数论》、《调和分析》、《微分流形》、《李群》等近代数学分支学科。

图 1

二、"布尔巴基"是谁

这部数学巨著的作者是谁?人们拿过书来一看,上面署着大名:尼古拉·布尔巴基。此乃何许人也,数学界从未听说过。随着《数学原本》风行全球,"布尔巴基"也名扬世界。由于一直没人见到过这位"布尔巴基"先生,渐渐地人们猜测"他"可能是一个假名,很可能不代表个人,而是一个集体的笔名。

1968年,笼罩在"布尔巴基"上的神秘面纱终于完全揭开了。这个集体的一位领导人迪厄多内,于该年在罗马尼亚布加勒斯特数学研究所发表讲演,题为"布尔巴基的事业"。

编者注:原文载于《科学画报》(1980年第6期24页至25页);作者署名:莫由。

三、青年勇挑重担

"布尔巴基的事业"是一批法国青年开始做起来的。1924年,一批新生进入巴黎高等师范学校,这些大学生中间有迪厄多内(J. A. E. Dieudonne)和韦伊(Weil)等人,他们都出生于二十世纪初,进大学时不过十八、九岁。

巴黎高等师范学校是法国的最高学府,荟集了许多国际知名的数学大师。迪厄多内、韦伊等人进校以后攻读数学。令他们感到惊异的是,在这所人才济济的最高学府里执教的,大多年事已高,二、三十岁的青年教师很少看到。这是怎么回事?迪厄多内后来回忆起当时的情景说:"当你打开第一次世界大战时的巴黎高等师范学校师生名册,就会看到有三分之二的名字周围打上了黑框。"由于第一次世界大战的爆发,大批青年应征入伍,连极有才华的大学生也难幸免。结果,战争夺去了他们的生命,造成人才培养方面的青黄不接。

迪厄多内、韦伊等人认为,二、三十岁的年轻一代已经失去,五十岁左右的老数学家又往往为自己成名的业绩所束缚,研究课题不免局限在一个小范围内,这样下去,法国的数学一定会变得陈旧落后。这批刚进大学的"初生之犊"认为,自己承担着使法国数学复兴的重任。

四、出去开阔眼界

在法国最高学府接受的基础教育,并没有使这批青年人感到满足,他们那敏锐的目光时刻都在探索数学的新天地。

1929年前后,迪厄多内和韦伊有机会到德国去走了一圈,使他们的眼界大大开阔了。他们看到德国人在战争中,把数学应用于提高军队战斗力的研究,这使许多数学家未被送上前线,保存了德国数学界的实力。德国数学家阿廷、诺特、范·德·瓦尔登等人的代数研究,使这些法国青年数学家深受启发。东欧一些国家的泛函分析,美国的拓扑学研究,二十世纪以来数学上的新思想、新观念,使这批青年人如获至宝。

这些数学上的"新大陆",成了他们吸取营养的来源。迪厄多内、韦伊等人如饥似渴地学习当时世界上的一切数学新思想。回国以后,他们逐渐产生了一个思想:把世界上数学发展的新成果汇总起来,加以整理。1934年,这群青年人组织了一个讨论班,计划用三年时间,把来自各方面的数学新思想、新成果归纳整理成一个总体,写进一部《数学原本》中去。

后来的发展表明,用三年时间要完成这部数学巨著,这不过是青年人的幻想。迪厄多内后来曾说过:"过了三十年,我们的事业还望不到尽头"。万里征途始于足下,这件伟大的事业确是由不出名的青年人干起来的。

五、误作"疯子集会"

"布尔巴基"的成员,平时分散在各地,一年集中讨论二、三次。讨论主题确定之后,由其中一人按照尚不成熟的提纲动手去写,初稿完成后就拿到讨论会上宣读。

局外人常被邀请来旁听,有些不明底细的人看到鼎鼎大名的"布尔巴基"成员们,在讨论时竟是那样不顾体面地大喊大叫,往往就带着"疯子集会"的印象赶紧离去。的确,讨论会简直有点"残酷无情"。每一页、每个证明都不放过,非弄个水落石出不可。青年人可以不顾忌年龄上的差异,对于比他们年长一、二十岁的长者横加指责,而反驳也从不落后于指责。一场舌战下来,没有哪个布尔巴基成员可以夸口保持不败纪录。初稿往往当场被撕成碎片,每一卷差不多都要重写几次。有位旁听者这样表达了他参加讨论的感受:"只有身临其境的人,才能体会这种批评的残酷无情,其语言是不能在这里重复的。"

无情的批评,严格的训练,培养和锻炼了布尔巴基的成员。他们终于成了当今世界上颇有才华的一批数学家,"布尔巴基"这个集体也发展成为现代数学中的一个著名学派。令人感兴趣的是,他们并不保守,任何人都可以参加这个学派,不需要办什么手续,你只要来参加讨论就行了。年轻人如果能经受得住这种"残酷无情"的讨论的考验,他就可以正式参加布尔巴基学派了。

六、结构主义思想

布尔巴基学派的基本思想是结构主义。在数学中,不同的运算法则造成不同的结构。例如,加减乘除运算是"代数结构";微积分求极限运算属"拓扑结构";可以进行大小比较的求极限运算叫"序结构"。布尔巴基学派认为,各数学分支间的差别主要是结构上的不同。

图 2

数学各学科中,有研究整数的分支,也有研究实数的分支。整数可以进行加、减、乘的运算而仍为整数,但若进行除法运算,则运算结果所得到的就不一定是整数。实数不管进行加、减、乘法还是除法运算(只要除数不为 0),则运算结果总是实数。这说明,同样进行加减乘除

图 3

运算,整数和实数显出不同的性质,我们可以把整数和实数的区别,看作是"代数结构"上的不同。

一个球面可以一刀砍为两块,而一个环面(形如自行车的内胎)剪一刀后变成一个圆柱形,结果它仍是一整块,不会分为两块。这说明,球面和环面的"拓扑结构"不同。实数或复数都可以经加减乘除运算而仍为实数或复数,因此,它们的代数结构相同。但是,实数有大小,我们可以进行比较,复数无大小可言,所以实数和复数的"序结构"不同。

类似的例子不胜枚举。布尔巴基学派认为,全部数学就按各种结构的不同和多少而组合起来,形成五花八门的分支。这一思想目前已为大多数数学家所接受,以至许多欧美国家的中学数学教材的编写工作,也以布尔巴基的结构主义作为指导思想。

布尔巴基的事业是令人羡慕的,但更值得有抱负的青年人效仿的是,布尔巴基那种既有做一番事业的远大志向,又有几十年如一日地严肃认真一丝不苟踏实工作的精神。青年人,努力吧!

她们的人数比女皇还少

——近代史上的女数学家

张 弓

在近代史上,欧洲国家的女皇并不少见,有些国家至今仍有女皇。相比之下,女数学家的人数要比女皇少得多,真可谓稀如凤毛麟角。

女数学家很少见,这当然不是因为妇女没有数学才华,只是她们被社会偏见,家庭束缚乃至带封建色彩的制度所歧视,最后被扼杀罢了。尽管如此,在近代数学史上,还是有几位女数学家作出了卓越的贡献,名垂史册。当然,她们的经历比起男数学家来要艰难得多了。

一、索菲娅·吉尔曼(1776—1831)

近代史上,第一个作出重大成绩的女数学家当推索菲娅·吉尔曼。

(一) 竟是一个女学生

吉尔曼是法国人,1776 年生于巴黎。

她的父亲是个商人。虽说是经商,却也重学问,家中藏书极多。这给吉尔曼一个很好的学习环境,她自小便立志要成为一名学者。

十八岁时,吉尔曼有机会听著名大数学家拉格朗日讲课,这位学者深邃的思想给她很大的启发。事后,她用假名写了一篇论文送交拉格朗日,拉格朗日读后倍加称赞,想当面同作者谈谈,经查明,作者竟是一个女学生,这使拉格朗日大为惊奇。后来,拉格朗日当了吉尔曼的教父,并经常指导她的学业。

(二) 见义勇为

吉尔曼十三岁那年,一本关于古希腊大学者阿基米德的传记,深深吸引住她。当她读到这位学者被罗马士兵抓走并杀害时,深为侵略者的野蛮行为感到愤慨。这个故事在她那幼小的心灵中植下了见义勇为的种子。

1807 年普法战争时,法国军队占领了德国的汉诺威城,那里住着举世闻名的大数学家高斯。吉尔曼想起了阿基米德被士兵杀害的故事,立即去拜访当时的法军统帅——她父亲的一位朋友,坚决要求他保证这位德国数学家的人身安全。结果,她如愿以偿。

编者注:原文载于《科学画报》(1981 年第 5 期第 30 页至 31 页);作者署名:张弓。

由于这一事件,高斯了解到吉尔曼的研究工作,并写信给她,向她表示感谢和支持。高斯的来信鼓舞了吉尔曼,使她攀登上数论研究的高峰。

(三) 迈出了重要的一步

吉尔曼在数论方面的工作,是关于费马大定理(参见本刊 1980 年 12 月号《业余数学大师费马》一文)的研究。

吉尔曼的前辈,法国大数学家费马曾断言:$X^n+Y^n=Z^n$,当 $n>2$ 时没有正整数解。这个震撼世界数学界的难题,自提出后一直没人能给予完整的证明。后来,瑞士大数学家欧拉证明了 $n=3$ 的情况,即 $X^3+Y^3=Z^3$ 没有正整数解。接着,法国数学家勒让德证明了 $n=5$ 的情况。

吉尔曼在费马大定理的证明上,迈出了重要的一步。她证明当 X,Y,Z 和 n 互质,且 $n<100$ 时,费马大定理是成立的。现在,人们在电子计算机的帮助下,证明了当 $n<125\,000$ 时,费马大定理是对的。抚今忆昔,我们仍可感到,在当时的条件下,吉尔曼所迈出的一步是很不容易的。

吉尔曼在数论方面的贡献虽然重大,不过,这位女数学家的主要成就却是在应用数学领域中,她曾运用数学这一工具,解决了好些重要的实际问题。1811 年,法国科学院设奖,征求建立符合工程实际数据的弹性曲面数学理论。吉尔曼精心研究了这个问题。1816 年,她以三篇出色的论文获得了这项研究的最高奖。

吉尔曼尽管作出了很大的成绩,还获得了法国科学院颁发的金质奖章,但由于她是一名妇女,所以终身没有获得任何学位,也没有担任过任何科学职务,更不能进大学当教授。1831 年,这位女数学家带着终身的遗憾,在巴黎去世了。

二、索菲娅·柯瓦列夫斯卡娅(1850—1891)

比起吉尔曼来,俄国女数学家索菲娅·柯瓦列夫斯卡娅的遭遇要好一些。

(一) 找不到立足之地

1869 年,十九岁的柯瓦列夫斯卡娅到德国留学,但遭到歧视,被拒绝注册。好心的德国大数学家维尔斯特拉斯私人收留了她,每星期日用半天时间给她复述一周的课程。1874 年,柯瓦列夫斯卡娅以偏微分方程方面的论文,获得德国最高学府格丁根大学的博士学位。

一名妇女可以获得博士学位了,这是时代的进步。然而,柯瓦列夫斯卡娅只能到此为止。那时候,通往任何科学职务之门,对妇女还是关闭的。尽管维尔斯特拉斯到处呼吁,柯瓦列夫斯卡娅仍不能以数学的特长谋求一个职位。偌大的德国,竟没有这位女数学家的立足之地。不得已,她只好返回莫斯科。

(二) 第一位女数学教授

1883 年,柯瓦列夫斯卡娅的丈夫因经商失败而自杀了,陷入困境的女数学家再度向维尔斯特拉斯求助。但是,德国教育的保守制度,仍然拒绝接受妇女进入大学教书。

于是,魏尔斯特拉斯写信给他的瑞典学生米泰格-勒夫尔,请他想办法。结果,他在斯德哥尔摩为柯瓦列夫斯卡娅找到了一个数学讲座的讲师位置。1889年,米泰格-勒夫尔又设法使她获得了数学教授的职务。这大概是世界上第一位女数学教授。

(三) 频频荣获数学奖

柯瓦列夫斯卡娅在数学上获得的成就是巨大的,仅拿她荣获的数学奖来说,就有很多项。柯瓦列夫斯卡娅曾以《刚体绕定点转动问题》的论文,荣获法国科学院颁发的"波尔丁奖";她荣获过瑞典皇家科学院颁发的奖;她还得到过……

这位俄国出生的女数学家,在自己的祖国没有找到工作,但由于她的巨大名望,1889年,俄国科学院选举她为院士,这是俄国科学院的第一位女院士。虽然如此,她仍然在瑞典当教授。

1891年,柯瓦列夫斯卡娅在斯德哥尔摩死于肺炎时,只有四十一岁。

三、埃米·诺特(1882—1935)

迄今为止,女数学家中贡献最大、声望最高的首推德国的埃米·诺特。

(一) 崭露头角

诺特自幼喜爱数学。在德国的最高学府哥廷根大学完成她的大学学业后,很快取得了博士学位。

诺特早年最著名的工作,是对爱因斯坦广义相对论的许多概念给出了极其漂亮的数学证明。

诺特在代数学方面的开创性工作,使她获得了极高的声誉,她曾为"一般理想理论"奠定了基础,成为现代抽象代数的创始人之一。

(二) "非官方的联系教授"

诺特三十三岁时,有幸会见了本世纪最伟大的数学家希尔伯特。这位德国大数学家十分称赞她的工作,并和另一位大数学家外尔两人联合推荐诺特到格丁根大学任教。但是,诺特的遭遇和柯瓦列夫斯卡娅一样,也被十分保守的校方所拒绝,希尔伯特气愤地说:"我不懂,性别怎么会成为反对一个人被聘请为讲师的根据。要知道,大学毕竟不是浴室。"

一方面是时代在前进,一方面是诺特的出色贡献,终于使"全是男人"的格丁根大学,在1922年破例聘请诺特为该校的女教授。但这还不是德国政府正式承认的,只授给她"非官方的联系教授"的职称。诺特得不到国家发给的薪俸,只能从学生交纳的学费中给她支付工资。尽管如此,诺特总算在这保守的男子王国中有了立足之地。从1922年到1933年,她一直在哥廷根大学讲授代数学。

(三) 不能幸免

诺特是犹太人。1933年,希特勒上台。不久,法西斯党徒就在全德国掀起了疯狂的排犹运动,诺特也不能幸免。这位杰出的女数学教授不得不背井离乡,来到美国避难。

从1933年10月起,诺特一直在普林斯顿大学讲学,直到1935年4月她逝世为止。诺特逝世后,爱因斯坦、外尔、亚历山德罗夫等著名科学家纷纷撰文或演讲,悼念这位"自妇女受到高等教育以来最重要的、富于创造性的数学天才"。

后记

第二次世界大战后,情况起了很大变化。妇女担任教授的事情,已不是个别的了。但相对于男教授来说,女教授仍然只占教授队伍中的极少数,这在数学系中尤其如此。

据统计,在1975—1976科学年度里,美国各大学数学系有各级教师3 614人,其中的174人是妇女,仅占总人数4.8%。进入名牌大学数学系的女教师更少。哈佛、耶鲁、芝加哥等大学数学系里的女教师,一般只有一到二名,而且多是短期聘请。至于像英国剑桥大学等保守势力很强的大学里,妇女连进入都很困难。美国国家科学院直到1975年才有第一位女数学家被选入院,她叫茹利娅·罗宾逊——一位对希尔伯特第十问题的解决作出过重大贡献的女数学家。

在我国,已有不少女数学教授和副教授。早年留学德国的徐瑞云教授,曾受到大数学家卡拉皆屋独利教授的指导,对函数论颇有研究,是我国女数学家的前辈。她曾任杭州大学数学系系主任,不幸在十年浩劫中因遭受迫害含冤去世。

近年来,在我国各地举行的数学竞赛中,涌现出一批成绩优异的女学生,有的还在全国性竞赛中获奖,有的是有培养前途的苗子。社会主义制度给广大女青年研究数学开辟了广阔的前途。可以期望,在实现四个现代化的新长征中,我国一定会出现一批优秀的女数学家,为国争光,为人类作出贡献。

趣味实用数学

张 弓

一、评分的科学

争夺激烈的体操锦标赛正在进行,当一位女选手做完一套动作后,四名裁判各自给出的评分为 8.6,9.4,9.6,9.7 分。比赛场上记分牌显示的最终评分却为 9.5 分。为什么不是这四个评分的平均数 9.325 分呢?

原来,体操比赛的评分考虑到可能出现压分或送分的情况,规定要剔除裁判员评分中的异常值。在上述评分中,8.6 分显然是异常值,应该予以剔除。计分时,先去掉首尾两数,然后将中间的两个分数 9.4 和 9.6 作算术平均,因而得到 9.5 分。

由此看来,通常所用的平均数在有些情况下的代表性不那么好。看上去它的代表面最广,四位裁判的评分都考虑进去了,但却把有意压分和送分的不公正评分也带进去了。只有剔除过高和过低的评分,才是比较客观而公正的。

这样的例子可以举出很多。例如,在统计一个地区的年平均降雨量时,如果把百年一遇的特大暴雨资料也加进去的话,所得平均数必然会超过正常年景的平均降雨量很多。

二、快刀斩乱麻

某工厂丙班有 30 名工人,每人每年请假天数按从少到多的次序排成表一。现在要问:该班工人每年请假天数的代表性数字是多少?

如果按体操比赛的评分方法,剔除异常值 100 和 300 天,对 28 名工人缺勤天数的算术平均值是 184÷28=6.6 天,从表一可以看出,绝大多数工人缺勤不到 6.6 天,这个数字不符合实际情况,于是缺勤 10 天又属异常值,应加以剔除。照此推理就要问:缺勤 8 天,7 天是否属异常值而要被剔除?

表一

序 号	1	2	3	4	5	6	7	8	9	10	11	12	13	14	15	16	17	18	19	20	21	22	23	24	25	26	27	28	29	30
请假天数	0	0	0	0	0	1	1	1	1	1	1	2	2	2	2	2	3	3	3	4	4	5	6	6	7	8	10	10	200	300

编者注:原文载于《科学画报》(1982 年第 1 期第 41 页);作者署名:张弓。

如果对全部 30 名工人的缺勤总天数求算术平均的话,将得出每人平均缺勤 16.1 天的结果,显然离实际情况更远。

一个快刀斩乱麻的办法是,干脆取 30 个序号中处于中间的第 15 号或 16 号的缺勤天数 2 天作为代表值。这样,请假天数大于等于 2 的人数,和请假天数小于等于 2 的人数大体相等。因此,缺勤 2 天是颇有代表性的。

这样将所有的数据按大小顺序排列后,处于中间位置的那个数叫"中位数"。当排列的数据为奇数时,中位数左右两侧的数恰好相等。当数据为偶数时,则取中间两个数的平均数。由此看来,体操比赛的评分实际上也是取中位数。

三、鞋帽的尺码

某地对任意选取的 261 户,进行家庭子女数的调查,整理出的数据列在表二中。如果求平均数,每个家庭平均有子女 2.7 人,如果取中位数,第 131 户的子女数为 3。这两个数字都不具代表性:家庭子女数总是整数,2.7 显然不合适;中位数 3 只反映子女数大于等于 3 和小于等于 3 的家庭一样多,并不反映出具有多少个子女的家庭是典型的。

所谓最典型的数,其实是出现次数最频繁的数,称作"众数"。上例中,有 2 个子女的家庭最多,达 100 户,因此最具有代表性。众数的用途也很广泛,对鞋帽店经理来说,他并不关心卖出去的鞋帽平均尺码是多少,他需要知道的是哪一种尺码的鞋帽最畅销,这就是求众数。

表二

家庭子女数	1	2	3	4	5
有上述子女数的家庭户数	30	100	81	30	20

杨振宁的成功之路

张奠宙

1992年,正值杨振宁博士70华诞。世界上许多地方都在向他表示祝贺。作为当代硕果仅存的大物理学家之一,他的成功之路引起了科学爱好者的广泛兴趣。6月23日,在上海市科学技术协会为杨振宁举办的庆寿会上,杨振宁用47张幻灯片讲述了他的生平。春华秋实,70年的风雨历程,给后人留下许多启示。

一、神童:还得扎扎实实打基础

杨振宁,1922年9月22日生于合肥。父亲是著名数学专家杨武之(克纯),曾引导华罗庚走上数学研究之路。杨武之取得芝加哥大学博士学位后,于1929年到清华大学任教授,杨振宁遂在北京清华园度过少年时代。抗战时,辗转到昆明。1938年进入西南联合大学物理学系,四年后毕业,进入西南联大研究院攻读硕士学位。1944年考取留美公费,1945年启程到芝加哥大学留学,1949年获得博士学位后到普林斯顿高等研究院工作,时年仅27岁。

杨振宁在青少年时代就以聪敏著称,同学们都半开玩笑地说他以后应该得诺贝尔奖,结果是一言即中。杨武之也经常在同事中说到杨振宁的早慧。但是,杨武之并没有让杨振宁"跳级",过早地专业化,而是让他广泛地打好基础。杨振宁曾在《中学生》杂志上读到刘薰宇写的一篇介绍"置换群"的文章,很感兴趣。研究群论的杨武之,并没有立刻让杨振宁啃"近世代数"、"微积分",而是让他自由发展。不仅如此,杨武之还请西南联大雷海宗教授的研究生教杨振宁读《孟子》。杨振宁把其中的一些段落背得烂熟,至今未忘。

西南联大时期的物质条件十分艰苦,但学术气

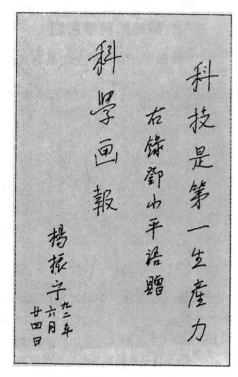

图1 杨振宁教授为《科学画报》题词

编者注:原文载于《科学画报》(1992年第9期第1页至3页)。

氛却非常浓厚。杨振宁在1942年做学士论文,吴大猷教授叫他做"群论与光谱学",在硕士研究生阶段,导师王竹溪教授指导他研究统计物理。杨振宁的物理学贡献是多方面的,但他最杰出的成就恰在"物理学中的对称性原理(用群论表示)"和"统计物理"这两方面。可以说,西南联大正为他打好了坚实的基础,形成了他的物理学"偏爱"。

少年杨振宁是一个神童。许多大科学家也都是神童。但是,神童也未必都能全面发展,著名控制论专家维纳就是一个典型的例子。维纳11岁进大学,15岁到哈佛大学读研究生,19岁获博士学位。维纳在控制论方面作出了巨大贡献,但他却不能流利地讲课,显示出一种心理障碍。有人认为这是"神童"与周围环境间发生的心理失衡所致。杨振宁说"我很庆幸父亲没有把我当神童,没有'揠苗助长'"。

二、智慧: 有赖演绎与归纳的结合

1957年,杨振宁与李政道因发现基本粒子的宇称不守恒而获得诺贝尔物理学奖,使所有炎黄子孙都引为骄傲。

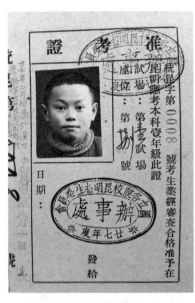

图2 1938年杨振宁报考大学的准考证

目前学术界公认,世界上共有四种力。最强的是核力,其次是电磁力,再次是弱相互作用力(发生在基本粒子的衰变中),最弱的是万有引力。在1957年之前,人们认为物理定律关于左右对称应该是一样的,但是50年代大量的关于β衰变的实验中,却没有关于弱相互作用下左右对称的信息。1956年夏,杨振宁和李政道大胆地提出了违反常人的设想,认为在弱相互作用力的层次,宇称不守恒,并提出了一种实验设计:安排两套实验装置,它们互为镜像且包含弱相互作用。然后检查这两套装置仪表上的读数是否总是相同。1956年秋到1957年春,吴健雄及其合作者完成了这一实验,结果是:在β衰变过程中,两个反表的读数差别非常大。实验证实了杨-李的猜想,震惊了世界。

杨振宁曾谈到两种思维方式。他在西南联大受到的是演绎型思维训练,即从已知的物理事实,准演出新的事实,然后交实验验证。中国缺少实验设备,实验结果少,只能多做此类工作。到了美国之后,杨振宁的导师费米和泰勒的思维方式恰好相反,他们从大量的实验结果中,构造新的模型、新的知识,归纳出新的物理定律。这种归纳型思维方式,视野广阔,创造性强。杨振宁总结说:"我很幸运,演绎型和归纳型这两种思维方式,我都受到了很好的训练。"

确实,杨振宁的学术成就多半有赖于这两方面。他曾对笔者说:"我在芝加哥大学读博士学位时,那些场论的课程早在西南联大就学过,我理解得比美国学生强得多。但物理学的活力在于实验上的发现。如何从实验结果中构筑物理学,我是到美国后才进一步学到的"。

三、开拓：必须面对原始的科学问题

杨振宁在物理学上的最高成就是提出了非交换规范场论。前面我们提到过四种力，它们相对应有四种科学理论。最弱的引力理论由爱因斯坦的广义相对论所解决。第二种力，即由麦克斯韦方程所描述的电磁力，其方程满足一种规范不变性，学术界称之为可以交换的规范场论。第三种力，即弱相互作用力，是否也能用规范场来描写呢？最早触及这一问题的便是杨振宁和米尔斯（Mills）在1954年发表的论文《同位旋守恒和同位旋规范不变性》，这是一种非交换规范场理论。由此发端，在70年代初，终于证实，弱相互作用可以用杨-米尔斯的非对称规范场来描述。至于最强的核力，即强作用力，现在大家都相信，最基本的物质粒子是"夸克"（中国曾称为"层子"），而夸克之间的作用也是一种规范场。由此可见，杨振宁的贡献，是和爱因斯坦的引力理论、麦克斯韦的电磁学理论同等重要的物理学基本理论。其意义之重大，还在随着科学的进展与日俱增。因此，人们提出杨振宁应该第二次获诺贝尔物理学奖。

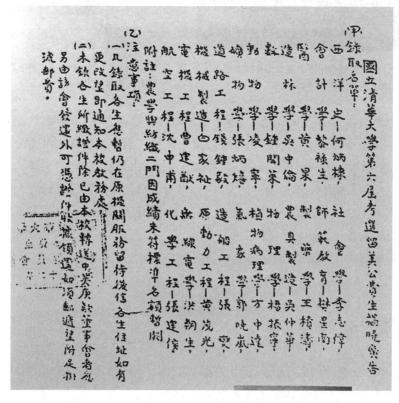

图3　1944年杨振宁考取公费留美。这是当时张贴的揭榜广告

那么，世界上的物理学论文何止千万，为什么杨振宁与米尔斯的这篇论文会如此重要呢？杨振宁的回答是，站在问题开始的地方，面对原始的科学问题！这是一针见血的至理名言。

对大多数人而言,我们所做的研究工作,往往是对别人文献上的一些问题作局部的改进或调整,并不注意原始问题如何,一旦那篇文献有毛病,你的改进就会劳而无功。

图4　1957年,杨振宁博士接受瑞典国王授予的诺贝尔奖奖章和证书　　图5　1963年杨振宁博士在普林斯顿高等研究院办公室中工作

杨振宁曾对笔者说,读文献找题目做,初学者都会经过这个阶段,但老是读文献,就会忽视物理学基本问题,以至淹没在文献海洋里。由于原始问题需要从新的角度去考虑,运用独特的技巧,所以会产生一些新理论、新技巧、新数学结构,才会促进科学的发展。

确实,1954年发表的杨-米尔斯的论文,并非当时的热门课题。大家认为,规范场理论经过外尔(Weyl)和泡利(Pauli)的研究已经完全解决了,没有新东西了。文章发表后,关注的人很少。但是由于电磁场方程在非交换情形下的推广是一个原始问题,它要用李群,用矩阵,用非线性的方程求解技巧,所以时隔十年之后,理所当然地引起物理学界的轰动,而到1978年之后,又在数学界引起轰动。追根溯源,正是面对原始的科学问题才会取得如此巨大的成功。

四、成功:善于运用数学工具

80年代以来,杨振宁的名字又因杨-巴克斯特方程(Yang-Baxter Equation)而名扬四海。这起源于杨振宁1967年发表的统计力学论文《δ 函数相互作用的一维多体问题的一些严格解》,其中出现了一种不可交换元素的三次代数方程。在最简单的情形,这一方程可以写成ABA=BAB(图6)。5年之后,澳大利亚物理学家巴克斯特也得到了同样的方程。1988年,苏联数学家法捷耶夫(Л.Д.Фалдеев)首先使用"杨-巴克斯特方程"的名称。短短几年功夫,形成了物理学界和数学界的研究热潮，特别是在数学界的反映尤为热烈。别的不说，仅在1990年举行的京都国际数学家大会上，四名菲尔兹奖（Fields Medal，世界数学最高奖）获得者之中，竟有三人的工作与杨-巴克斯特方程有关。

杨振宁的这一巨大成功，仍然是面对原始物理学问题的结果。在量子统计力学中，到60年代时，仍只会解二体问题。所以，杨振宁决心面对原始的最简单的多体问题。与此同时，也运用自己娴熟的数学技巧，导出了一些物理学家和数学家从未考虑过的方程，并给予某种解答。它在物理学上是重要的，而新出现的数学结构，对数学同样无比重要。这就是杨振宁成功的又一秘诀。

ABA：$(1,2,3)\xrightarrow{A}(2,1,3)\xrightarrow{B}(2,3,1)\xrightarrow{A}(3,2,1)$

BAB：$(1,2,3)\xrightarrow{B}(1,3,2)\xrightarrow{A}(3,1,2)\xrightarrow{B}(3,2,1)$

所以ABA＝BAB

图6　ABA＝BAB转换示意图

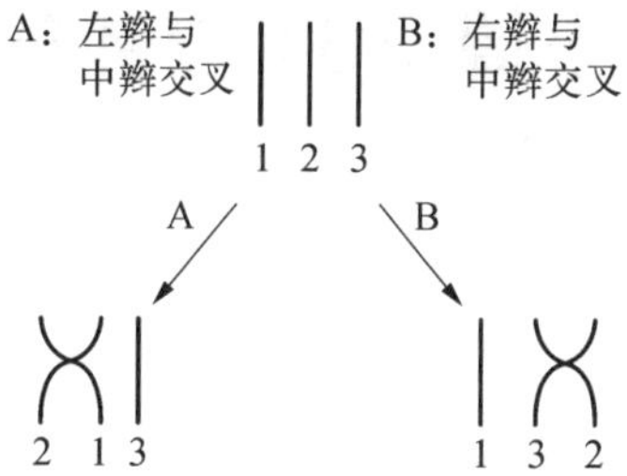

杨振宁是当代能够欣赏数学，运用数学，推动数学发展的少数物理学家之一。不过，他并不提倡无目地学数学，他主张只在用到时才花大力气去学。数学的价值观与物理学的价值观是不同的，你接受数学的价值观就会丧失物理学的敏感。关于数学与物理学的关系，他有一个二叶比喻，数学与物理学犹如发端于同一根基的两片树叶，它们只在根基处重合，吸收共同的养分，而之后，它们便朝各自的方向生长发展了。

杨振宁的成功是世纪性的、世界性的，本文提到的只是其中的几则重要片断，但愿它们能对有志于科学技术的青少年，有所启发和裨益。

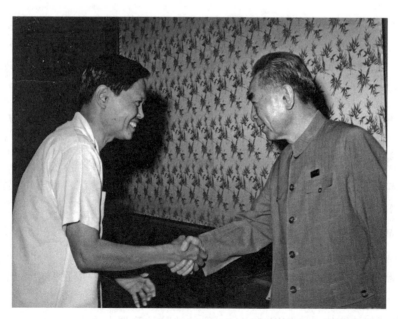

图7　1971年夏，杨振宁教授第一次访问新中国，受到周恩来总理的亲切会见

心算 201 位数的 23 次方根之谜

张 弓

东方数学和古希腊的数学具有不同的传统。中国数学和印度数学往往有很深刻、精到的结论,但却没有古希腊式的演绎证明。这些结论究竟是从逻辑推演而得,还是凭直觉猜测而得,有时难加判断。进入二十世纪,此类情形在印度屡有出现。本世纪初的印度数学家拉马努金(Ramanujan,1887~1920),就是一名传奇性的人物。他没有受过严格的数学训练,似乎根本不管什么严格证明,却发现了许多重要的数学定理和公式。1973 年,比利时著名数学家德利涅(P. Deligne 1944~)证明了一个拉马努金猜想,曾经轰动数坛。这一工作成为德利涅获菲尔兹奖的主要成果之一,至于拉马努金当时怎样想的,很少有人能作出满意的解释。这就是人们常说的拉马努金之谜。

进入八十年代,印度数学界又出奇闻。1981 年,《亚细亚》杂志以"人计算机"为题,报道一位 37 岁的印度妇女沙恭达拉(D. Shakuntala),能用心算求出一个 201 位数字的 23 次根,其速度超过了世界上最先进的电子计算机。(参见 *Asia*,1981 年 12 月 6 日)

这个 201 位的数字是

916 748 679 200 391 580 986 609 275 853 801 624 831 066 801 443 086 224 071 265 164 279 346 570 408 670 965 932 792 057 674 808 067 900 227 830 163 549 248 523 803 357 453 169 351 119 035 965 775 473 400 756 816 883 056 208 210 161 291 328 455 648 057 801 588 067 711

一位教授用四分钟时间将它抄在黑板上。50 秒钟以后,沙恭达拉报告它的 23 次根为 546 372 891,她还指出,为了使答案为整数,此题有错。同样的结果在先进的 UNIVAC1108 机上算,必须输入 2 万条指令和数据再进行计算,那就将花许多时间,比沙恭达拉要慢多了。

沙恭达拉于是在美国引起轰动,美国报纸称她是"数学魔术家"、"世界上最能计算的妇女"、"数的 Houdini(美国著名魔术家)",沙恭达拉又成了数学一谜。

我国已故数学家华罗庚为此写了"天才与实践"的短文,发表于 *The Mathematical Intelligencer* 1983 年第 3 期,文中说,"沙恭达拉求 23 次方根要求特殊的天才,但是,普通人借助袖珍计算器,运用算法和数学的知识,实际上也能做得到。"华罗庚在文中给出了一个巧妙的想法。

首先,从近似计算的观点加以考察。一般的袖珍计算器上有 10 位有效数字,我们可将

编者注:原文载于《科学》(1986 年第 1 期第 68 页)。

201 位的原数写成

$$9.167\,486\,792 \times 10^{16} \times 10^{8 \times 23}$$

将 $9.167\,486\,792 \times 10^{10}$ 输入计算器内（例如用 CASIO fx-180P），然后开 23 次方，显示出

$$5.463\,728\,910$$

$10^{5 \times 23}$ 开 23 次方为 10^5，故得数应为 546 372 891，这样我们可以得出结论，如果原数恰好是某整数的 23 次乘方，那么 546 372 891 将是问题的解，同时宣布该问题出"错"了，即原数不恰好是某数的 23 次乘方。

其次，我们如何判断这个问题确实"错"了？这也不难。初等数论中的费马定理说，若以 $\varphi(m)$ 表示比 m 小但与 m 互质的自然数个数，且 $(a,m)=1$，则 $a^{\varphi(m)} \equiv 1 \pmod{m}$，当 $m=100$，可知 $a^{20} \equiv 1 \pmod{100}$。但由于 201 位数字中最末两位是 11，即 $a^{23} \equiv 11 \pmod{100}$，我们答案 N 的最末两位数字是 91，如 N 是某数的 23 次方则 $N^{23} \equiv 91^{13} \equiv 11 \pmod{100}$，但 91 与 100 互质，由前述结果知 $91^{23} \equiv 91^3 \pmod{100}$，可是

$$91^3 \equiv -9^3 \equiv -729 \equiv 71 \not\equiv 11 \pmod{100}$$

这说明末两位数为 11 的 201 位数字不可能是末两位为 91 的数的 23 次乘方，所以我们可以宣布这个问题"错"了。

假定用 Z-80 微机计算，我们可知

$(546\,372\,891)^{23}$ 确实是 201 位数字，它的第 9 位应该是 6 而不是 9，我们写出前 15 位数字是：

$$916\,748\,676\,920\,039$$

也就是说，那位教授在黑板上抄数时在第 9 位上把"6"漏写了，而最后三位数字本为 771，那位教授最后又添上一个"1"，使得末四位为 7711，这样仍然是 201 位数。

华罗庚的这篇短文，借助袖珍器对这一问题给予了一个快速的解答，但似乎仍不是一个普遍适用的解法，即使给你一个计算器，也不能保证在其他题目上可以"战胜"沙恭达拉。至于沙恭达拉怎么算出来的，那更是一个难解的"谜"了。

算 法

张奠宙

算法,一个既陌生又熟悉的名词。说陌生,因为算法概念从未进入我国中学数学教学大纲。新的高中数学课程标准破天荒地把算法作为重要内容列入必修课,自然出乎人们的意料。说到熟悉,那是因为从小学就开始接触算法。例如做四则运算要先乘除后加减,从里往外脱括弧,竖式笔算等等都是算法,只要按照一定的程序一步一步做,一定不会错。至于乘法口诀、珠算口诀更是算法的具体体现。因此,算法其实是耳熟能详的数学对象。一般地,算法是指在解决问题时按照某种机械程序步骤一定可以得到结果的处理过程。这种程序必须是确定的、有效的、有限的。

中国古代数学以算法为主要特征。吴文俊指出:"我国传统数学在从问题出发以解决问题为主旨的发展过程中,建立了以构造性与机械化为其特色的算法体系,这与西方数学以欧几里得《几何原本》为代表的所谓公理化演绎体系正好遥遥相对。……肇始于我国的这种机械化体系,在经过明代以来几百年的相对消沉后,由于计算机的出现,已越来越为数学家所认识与重视,势将重新登上历史舞台[1]。"吴文俊创立的几何定理的机器证明方法(世称吴方法),用现代的算法理论,焕发了中国古代数学的算法传统,享有很高的国际声誉。他因此于2001年获得了第一届国家最高科学技术奖。

20世纪上半叶,科学研究方式归结为两种方式:理论+实验。后来由于计算机技术能力的开发,计算成为第三种重要手段。未来的趋势是,"理论+实验+计算"将成为标准的科学研究方法。那么,计算机如何按照人的意愿进行计算呢?这就要靠算法。因此,毫不夸张地说,算法既是数学科学的重要基础,也是计算机科学的核心。

虽然算法的历史悠久,而且几乎和计算机技术共生共长,但是力图使之成为现代公民的基本数学素质,列入中小学教育的基础课程,则只是近十余年的事。在我国,1980年的《辞海》还没有收入"算法",只有"算法论"的条目(那是"数理逻辑"学科的一个分支,相当专门)。1988年出版的《中国大百科全书(数学卷)》,才有了莫绍揆先生撰稿的"算法"辞条。其中详细地分析了算法的主要特征:能行性。其意思是:

1. 输入输出的数据必须是由字母组成的有限符号串(例如不能输入一条曲线);

2. 算法的处理过程必须可以明确地分解成有限多个不能再分解的步骤(例如不能把画无限多个点的曲线作为算法过程);

3. 算法的继续进行和结束要有明确的条件加以规定;

编者注:原文载于《科学》(2003年第2期第45页至46页)。

4. 算法的变换规则必须是非常简单而机械,不依赖于使用者的聪明才智。

用以上的四条来分析,小学里做四则运算,输入输出都是字母(阿拉伯数字),计算规则都是按一定次序执行有限步,而且按这一步骤去做一定成功,无须技巧,到了最后一步,结果自然就出来了。因此,"四则运算"的过程符合上述四条。

算法的思想,不一定仅仅用于数字计算,它可以广泛地描述许多操作过程。例如,有一队士兵要过河,但当时只有一条小船,上面有两个小孩。小船至多可以载一个士兵或者两个小孩,请问这队士兵依照何种程序才能渡过此河?可以用流程图加以表示:

同样可以画出求解一元一次方程的流程图(算法流程图的详细程度依赖于读者的需要)。

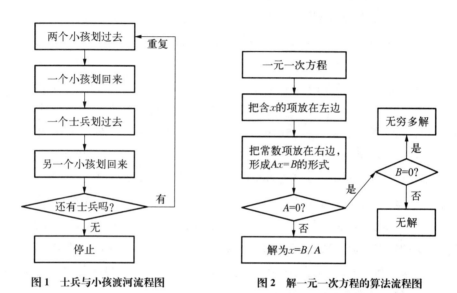

图1 士兵与小孩渡河流程图　　图2 解一元一次方程的算法流程图

那么如何在计算机上实施这一算法呢?那就要设计程序语言。例如要求非负整数 a,b 的最大公因子,熟知的方法是欧几里得算法。与该算法相应的计算机程序可以是:

input(a, b)

(x,y)←(a,b)

more: if $x = 0$ then goto *enough*

if $y \geqq x$ then $y \leftarrow y - x$ else

(x,y)←(y,x)

goto *more*

enough: output(y)

算法程序是由语句组成的。符号(x,y)←(a,b)的意思是同时把 a 和 b 的值赋给 x 和 y,称为赋值语句。If…then…else 表示条件语句。

计算机执行上述的指令,按部就班地操作即可得到结果。例如,将 $a=4, b=10$ 作为初始值赋予(x,y)。那么按照指令就有$(4,10)\to(4,6)\to(4,2)\to(2,4)\to(2,2)\to(0,2)$,得到结论：最大公因子为2。

在处理迭代过程等程序时,还要使用循环语句。上面的士兵过河问题,就需要机械地循环操作。新课程标准要求学生了解赋值、条件、循环等三种语句,并尽可能在计算机上进行实际操作,亲身体验由人指挥机器的效果。在信息时代,这是一种人人都需要具备的科学素养。数学和信息技术课的教师可以密切合作,完成算法的教学。

最后,谈谈算法复杂性问题。

假定一个班上有50名学生,现在要按照姓名的拼音顺序排成一张表。一个最笨的算法是将50个学生所有可能排列的表都打出来,然后从中挑选一张符合拼音顺序的表。要知道,50个人的不同排列有50!种,即这样的表有50!张,它大约是3×10^{64}。这个数目之大,用每秒100万次的计算机不停地运算需要9.6×10^{48}世纪,显然是不能实施的。

但是可以不用这样的笨办法,采用以下大家常用的算法来排。随便拿一位同学的名字排在第一位。任取第二位同学的名字先放在第一位,然后依拼音顺序和第一位的名字比较一次,放在适当位置。第三位则需要和前两位的名字比较至多两次。依次类推,第k位至多要比较$k-1$次,第50位至多需要比较49次。这样,只要比较$1+2+\cdots+49=49\times50/2=1\ 225$次,就完成了排序。如果班上有$n$个学生,第一种算法需要运算$n!$（当$n>25$,$n!>10^n$）次,第二种算法至多需要$(n-1)n/2$次。前者的次数随$n$的增加,按超$10^n$的指数方式增加,后者则只按$n$的二次多项式的方式增加。一般地,假如在一个问题中有n个数据需要处理,而处理的算法的计算次数依指数n方式增加,称之为指数算法;若按n的多项式方式增加,则称为多项式算法。当今的计算机无法承受指数算法的运算。因此寻找各种问题的多项式算法,乃是数学发展的一个重大的关节点。

算法,披着时代的盛装,沿着信息传递的脚步,正在悄悄地走进人们的生活,跨入中学的课堂。让我们举起双手,欢迎算法的到来！

表1　利用一台每秒100万次的计算机,在一个大小为n的数据集合上执行一个给定时间复杂性的算法所需的时间

时间复杂性函数	n					
	10	20	30	40	50	60
$\log_{10}n$	0.000 001 0 秒	0.000 001 3 秒	0.000 001 5 秒	0.000 001 6 秒	0.000 001 7 秒	0.000 001 8 秒
n	0.000 01 秒	0.000 02 秒	0.000 03 秒	0.000 04 秒	0.000 05 秒	0.000 06 秒
n^2	0.000 1 秒	0.000 4 秒	0.000 9 秒	0.001 6 秒	0.002 5 秒	0.003 6 秒
n^3	0.001 秒	0.008 秒	0.027 秒	0.064 秒	0.125 秒	0.216 秒
n^5	0.1 秒	3.2 秒	24.3 秒	1.7 分	5.2 分	13.0 分

续 表

时间复杂性函数	n					
	10	20	30	40	50	60
2^n	0.001 秒	1.0 秒	17.9 分	12.7 天	35.7 年	366 世纪
3^n	0.059 秒	58 分	6.5 年	3 855 世纪	2×10^8 世纪	1.3×10^{13} 世纪
$n!$	3.6 秒	771.5 世纪	8.4×10^{16} 世纪	2.6×10^{32} 世纪	9.6×10^{48} 世纪	2.6×10^{66} 世纪

参考文献

[1] 吴文俊.九章算术与刘徽[M].北京：北京师范大学出版社,1982.

第三部分

杂 论

三位早期的中国物理学博士

张奠宙

中国早期物理学博士的生平,鲜为人知,杨振宁在 1992 年北京的讲演中指出:中国最早的物理学博士是李复几。中国大百科全书中把李耀邦作为最早的博士,但生平介绍未详。中国物理学会第一任会长李书华,国内则未见介绍,现将此三人的简况,略述如下:

(一) 李复几

1885 年 11 月 28 日生于上海。中国近代的第一个物理学博士。早年随父亲李盛昌(音,英文为 Li Sheng Chang)在长沙读书,后毕业于上海南洋公学。1901 年到伦敦,在国王学院(King's College)和芬斯伯里学院(Finsbury College)就读。1905 年到波恩的寇尼斯大学(Königliche Universität)研习物理学。1907 年在那里获博士学位,博士论文有关实验物理。

李复几是迄今所知的最早的物理学博士,但是在国内没有任何有关他的资料。他在波恩得博士学位后是否回到中国,此后的经历如何,一概不知。上述材料从波恩的寇尼斯大学档案中所保存的李复几博士论文扉页中摘出。

(二) 李耀邦(Li Yao-pang)

1884 年生于广东番禺。中国大百科全书称他为:"中国早期留美学生中获得物理学博士的第一人"。如果李复几于 1907 年在德国获物理学博士是中国最早的,那么李耀邦应是第二人。

1896 年,李耀邦去美国芝加哥的一所中学读书。1907 年在芝加哥大学获学士学位。毕业后在芝加哥大学物理系任助理研究员和讲师,同时在 R.A.密立根(Millikan)指导下从事电子电荷的测定工作。1914 年在《物理评论》第四卷上发表了"以密立根方法利用固体球粒测定 e 值"的论文,并以此文获得芝加哥大学博士学位(1915)。此后两年均在美国的科学仪器工厂和研究实验室工作,并在 1917 年回到中国。

回国后,参加中国基督教青年会的全国委员会,并领导该会的科学实验室和教育活动,实行中国最早的电台广播教育计划。1919 年成为南京东南大学的物理教授,同时是上海的中国总商会,中国棉纺同业公会等组织的技术顾问。1920 年,曾作为中国总商会的代表,去美国和欧洲考察工艺发展情况。1927 年被选为上海公学的董事。30 年代起,他成为上海商品检验局的技术研究主任,中国政府实业部的技术专家,基本上脱离了物理学研究。抗战时病逝,

---

编者注:原文载于《现代物理知识》(1993 年第 6 期第 30 页)。

年月未详。

(三) 李书华

生于 1889 年,河北昌黎人。1922 年,在法国巴黎大学获物理学国家博士学位。当年回国,在北京大学任物理教授,直至 1928 年。此时曾兼任过中法大学的校长。1929 年起,出任国立北平科学院的副院长,直至 1949 年为止。1930 年 12 月,担任过国民政府的教育部次长。

第二次世界大战之后,多次被委任为中国驻联合国的代表(1945—1947,1949)和总代表(1952)。1953 年起移居纽约,曾在哥伦比亚大学任教。1979 年 7 月 4 日,因心脏病去世。

李书华是 1932 年成立的中国物理学会第一任会长。1948 年当选为中央研究院院士,是中国现代物理学的早期开拓者之一。

杨振宁教授谈中国现代科学史研究

张奠宙

1990年我在美国纽约市立大学作访问研究(香港王宽诚基金会支持),课题是20世纪数学史。举世闻名的物理学家杨振宁教授在数学上亦有许多贡献。别的不说,他和米尔斯(Mills)提出的非交换规范场论和他1967年发现的杨-巴克斯特(Yang-Baxter)方程都已成为当今数学界的热门课题。可以说杨教授是20世纪数学和物理学发展的一位前驱者。于是我去信求访。承蒙杨先生首肯,遂有1990年10月19日下午的这次访谈。

金秋十月的长岛,碧空如洗。我驱车前往石溪的纽约州立大学的理论物理研究所。所长室位于数学大楼的顶层。放眼窗外,树木葱茏,红叶初现,美丽如画。室内一块大黑板,靠墙一排大书架,就中一张堆满文稿的书桌,我们隔桌对谈。话题是现代中国科学史研究。

张:十分荣幸能和您谈话。我过去研究线性算子理论,现在对现代数学史感兴趣。最近听说您对中国现代物理学史的研究十分关注,可否请您谈谈这方面的情况?

杨:我觉得自己有责任做一点中国现代的物理学史研究,介绍和评论一些当代中国物理学者的贡献。说起来,这还是受日本学者的启发。日本人对本国学者的科学贡献研究得很透彻,而且"寸土必争",著文论述。比如有一位日本物理学者长冈(Nagaoka)曾在1903年提出过一个原子模型,后来看来是错的,但还是有文章探讨,竭力从中发掘一些积极的东西。相比之下,我们在这方面做得不够。苏步青先生对日本人了解很深。他说,日本人的一个特点是认真,认真得连安装一颗螺丝钉,包装一件小商品,都精益求精,不遗余力。说起来,对本国学者取得的科研成就确实应该认真对待。中国前辈科学家在艰苦条件下取得的成果更应该珍视。正是在这种刺激下,我开始做一些工作。

张:我看过您和李炳安教授合写的《王淦昌与中微子》的文章[1],这篇文章不是新闻报道式的介绍,而是依据大量历史文献和科学论据写成的科学论文。这只有内行的专家才能写得出。请您谈谈这篇文章。

杨:王淦昌先生对验证中微子存在的理论构想,确实极富创造性。大家知道,自从泡利(Pauli)于1930年前后提出中微子的假说后,关于中微子存在的实验久久未能取得成功。这是因为中微子不带电荷,不易用探测器发现,而且它几乎不与物质碰撞(比如可以自由穿过地

编者注:原文载于《科学》(1991年第2期第83页至86页);同时被《复印报刊资料(自然辩证法)》(1991年第6期第81页至85页)转载;并以"杨振宁谈中国现代科学史研究"的题名,分别被《新华文摘》(1991年第7期第179页至181页)和《现代物理知识》(1992年第1期第7页至9页)转载。

球),很难找到踪迹。到了 1941 年,正是中国抗战艰苦的年代,王淦昌从贵州湄潭(浙江大学避难地)向美国《物理评论》寄去一篇论文[2]。这篇文章建议用 K 电子俘获的办法寻找中微子。文中指出:"当一个 β+ 类的放射元素不放射一个正电子,而是俘获一个 K 层电子时,反应后的元素的反冲能量和动量仅仅依赖于放射的中微子,……,只要测量反应后元素的反冲能量和动量,就很容易找到放射出的中微子的质量和能量。"

王淦昌先生真是一语中的,给"山穷水尽疑无路"的中微子存在验证,带来了"柳暗花明又一村"的境界。文章发表后几个月,艾伦(J. S. Allen)就按王淦昌的建议做实验,可惜因实验精度不够,未能测得单能反冲。如果当时艾伦的实验能完全成功,一定会在当时造成相当的轰动。以后又有许多人按这一方法继续工作,直到 1952 年,戴维斯(R. Davis)终于用 ^{7}Be 的 K 电子俘获实验证实了中微子的存在。可是现在人们提到中微子的存在实验时,往往只有戴维斯的工作,却把王淦昌的原始构想忽略了,所以我和李炳安一起写了这篇文章,以期引起世人的注意。

张:这种情形在数学界也是常有的。陈省身先生在与别人合作的一篇介绍王宪钟数学成就的文章中这样写道:"王宪钟对自己的工作是如此谦虚,对自己的成就如此淡泊,以致他的高质量的创造性研究并非像应有的那样广为人知。时至今日,他多年前所作的最好的工作,已被广泛地吸收到许多著作和论文之中,人们一再引用这些著作,却忘记了原始论文的作者"[3]。此外,许宝騄先生在数理统计学上的历史性贡献,过去国内注意不多。后来钟开莱先生作了大力介绍和发扬,在国内影响很大。

杨:正因为如此,我想,整理和评价当代中国学者的科学贡献,应当是中国科技史研究的重点之一。特别是一些重要的历史性的贡献,应当恢复其历史本来面目,不可马虎。去年,李炳安和我所写的关于赵忠尧先生的文章就属这一类。文章用英文写成,发表在《国际现代物理杂志》上[4]。

大家知道,1930 年前后是物理学的一个大变动时期。1928 年狄拉克提出量子电动力学,预测一切粒子都有反粒子,很多人不相信。直到 1932 年安德森(C. D. Anderson)发现正电子才加以证实。1933 年,布莱克特(Blackett)和奥基亚利尼(Occhialini)阐述了正负电子偶产生和湮没的过程,终于平息了对狄拉克理论的怀疑浪潮。但是,这两项重要工作都无例外地受到赵忠尧实验的启发。而电子偶产生和湮没的实验基础,更直接源于赵的两个成功实验。这可由当事人的回忆作证。发现正电子的安德森,1930 年正在赵先生实验室隔壁做博士论文。他在 1983 年的一篇历史回顾文章中还清楚地记得赵忠尧的工作曾引起他的极大兴趣和关注。1980 年,奥基亚利尼在对日本的早川(Hayakawa)的谈话中也高度评价赵的实验。可是奥基亚利尼在 1933 年文章中对赵忠尧实验的处理就不能令人满意了。

张:可否请您稍为详细些介绍赵先生的实验?

杨:1929 年底,赵忠尧在美国的加州理工学院(帕萨迪纳城)作研究。他发现重元素(例如铅对硬 γ 射线有异常吸收现象。他的导师密立根(Millikan)起初不相信,所以迟到 1930 年 5 月 15 日才投寄发表,数月后在《美国国家科学院通报》上刊出[5]。同在 1930 年,英国的塔兰特(Tarrant)和德国的迈特纳(Meitner)与胡普费尔德(Hupfeld)也发现了相同现象。但据

560 现代数学史与数学文化

1932 年的分析,以赵忠尧实验的数据最为准确。可是有些德国文献将"异常吸收"称为迈特纳-胡普费尔德效应。

紧接着赵忠尧做了更为困难的散辐射(scattered radiation)实验,发现与"异常吸收"相伴的还有"额外散辐射",并指出它相当于 0.5 兆电子伏的光子。这表明,赵忠尧从实验上发现了电子偶的湮没!报告也在 1930 年发表[6]。

可是,布莱克特和奥基亚利尼在 1933 年文章中解释"反常吸收"和"额外散辐射"时,所引用的实验报告却首先是格雷(Gray)和塔兰特在 1932 年的论文,接着是迈特纳和胡普费尔德在 1931 年的论文,最后才是赵忠尧的论文,且误写为 1931 年。这就太不公平了。

事情还不仅如此。布莱克特和奥基亚利尼在文章中解释电子偶湮没过程时用到额外散辐射相当于 0.5 兆电子伏的数据。但是,格雷与塔兰特文中只有 0.92 兆电子伏的错误数据。迈特纳和胡普费尔德的论文根本没有提到"额外散辐射"。这样一来,错误的或根本无关的论文放在前面,唯一正确的赵忠尧论文却置于次要地位,这就失去了历史的真实,所以我们要写文章纠正这一令人遗憾的事,澄清事实,以正视听。

张:赵忠尧先生还健在,他应当能回忆起当时情形。

杨:赵先生今年 88 岁了。1986 年,我和李炳安还专程去访问过赵先生。1989 年,我们的论文发表后,听说赵先生已经知道了,非常高兴。

张:恢复历史本来面目,并不是一件容易的事。历史上以讹传讹,弄假成真的事屡见不鲜。比如三次方程的求根公式都称为卡丹(Cardan)公式,其实是泰塔格利亚(Tartaglia)告诉卡丹的。不过,您是当代物理学的名人,您的话有份量,当会引起人们的重视。

杨:究竟会怎样,也很难说,我只是尽我的责任而已。我想我也许可以做得更早些。奥本海默(J. R. Oppenheimer)对这段历史很清楚,如果他健在,我去问他,他的话会更有说服力。我想,这类事还得靠大家来做。这里又要提一件日本人的事。三四十年来,关于双介子假说,日本学者曾经再三强调日本的坂田(Sakata)早就讨论过。几十年的强调使得今天大家谈到双介子假说都将马沙克(Marshak)与坂田并提。我认为日本学者的做法值得我们注意。也就是说,事在人为,做和不做是大不一样的。

张:这种现象是否说明科学界存在着对华裔科学家的歧视?

杨:这倒不能一概而论。总的来说,中国和华裔科学家所取得的科学成就要比他们享有的荣誉要多,这有历史和社会的原因,当然也包括歧视在内。但应该看到,一般人引用文献时,总是喜欢多引自己熟悉的、认识的或者打过交道的学者的工作。这样,由于中国学者过去与国际交往较少,别人不熟悉就容易被忽略。所以,中国学者多参加国际交往,注意国际合作,还是很重要的。

这里也顺便提一点想法。如果赵忠尧、王淦昌先生取得博士学位之后,能在国外多留几年,和国际科学界多打一些交道,也许情况就不是现在这个样子。从 1930 年到 1937 年抗战这段期间,物理学界发展极快,赵忠尧先生、王淦昌先生如能在外国继续工作几年一定会有更多的发现,并取得更高的国际学术地位。

张:您刚才多次提到日本对本国科学史的重视。中国数学史研究也落后日本好多年。

您的书架上有三上义夫(Mikami Yoshio)用英文写的介绍中国古代数学的书[7]。而中国人自己写的这类英文著作至今似乎还没有。最近,我在哥伦比亚大学图书馆发现中国数学史名家李俨先生1916年和美国数学史权威史密斯(D. E. Smith)的通信。当时,他们曾计划合写一部英文的介绍中国数学史的书,可惜未能成功。但史密斯和三上义夫合著的介绍日本和中国数学史的书,早在1914年已在美国出版。因此,增加国际交往,发展国际合作,对于中国科学史研究,也是十分重要的。提倡用英文发表论文,似也重要。

杨:现在中国和华裔的学者在国际科学界已经有了良好的声誉,比三四十年代的情形要好多了。因此,华裔科学家之间也应彼此支持,相互介绍推荐,以扩大影响。

张:最后我想问一个关于您父亲杨武之先生(张注:杨武之,原名克纯,武之是他的字,1896年生于合肥。1928年获美国芝加哥大学博士,为我国代数学专家。回国后历任清华大学数学系教授、系主任。1949年后去复旦大学任教授,1973年病故)的问题。我最近在写《中美数学交往(1850~1950)》一文,觉得美国数学界在代数方面是经杨武之对中国产生影响的。他受迪克森(Dickson)的指导在芝加哥大学取得博士学位,论文题目是"华林(Waring)问题的各种推广"。华罗庚早期论文也是关于华林问题,我猜想二者间必有联系,但却未见国内文字报道,您可否谈谈您的看法。

杨:华先生最早的论文确是受我父亲的影响而写的。我父亲一生从事数学教育工作,对培养现代数学人才,对清华、联大的数学系都有很多、很长久的贡献。他有过很好的学生,例如华罗庚和柯召。他和华罗庚的关系尤其十分密切。华先生在1930年到清华时,我已经8岁,能够记事了。抗战期间,于1938年,我们两家曾住在一个村庄(昆明西北郊的大塘子村),过往很密。华先生曾有信给我父亲说:"古人云生我者父母,知我者鲍叔,我之鲍叔即杨师也。"这封信我亲眼见过。

关于我父亲第一个发现华罗庚的《苏家驹之代数的五次方程式解法不能成立之理由》(编者注:见本刊15卷2期307页),并推荐给系主任熊庆来,早年引导华罗庚先生走上数论道路,力争越级提升华先生为正教授等情,均系确有其事。好在华先生在1980年10月4日曾有一信给香港《广角镜》月刊[8],澄清了一些以讹传讹的传闻。因此,要弄清楚这段历史,应该是不困难的。

张:对我来说,这还是初次听到。由于华罗庚先生传奇式的经历在我国广为人知,所以搞清这一史实显得十分重要。我希望经过努力,不久会恢复其历史本来面目。

关于杨武之先生您还能提供一些其他资料吗?

杨:我父亲于1928年在芝加哥大学获博士学位,导师是迪克森(L. E. Dickson)。迪克森在当时美国的数学界声望很高,有一个很大的学派。可惜这个学派已是强弩之末,随着英国哈代(Hardy)和利特伍德(Littlewood)领导的解析数论兴起而逐渐衰落下去。所以我父亲的研究工作以后未能有大的发展。他共发表过论文三篇。最好的工作是任何正整数可表为9个棱锥数(pyramidal number: $P_{(n)}=(1/6)(n^3-n)$,$n>1$)之和。1952年沃森(Watson)将9改进到8,至今未闻再有进展。我用计算机对 10^5 以内的正整数测算,似乎能表为至多5个棱锥数之和,而且需要"5个"的正整数的分布,随增大而变稀。当然,这只是猜测,不能算作证明。

我父亲1934～1935年间,曾去德国访问,力图改变研究方向,惜未成功。

我父亲1929年到清华,1949年离开,担任系主任多年,可以说倾其毕生精力。但1950年清华拒绝续聘对他打击甚大。回想起来,也许因一偶然事件而获咎。那是1948年底,人民解放军已包围北京城,蒋介石派一架飞机,专接北大、清华校长胡适、梅贻琦等。那日碰巧我父亲遇到梅校长,梅说机上尚有一空位,问愿不愿随机走。那时父亲独身一人在北京(母亲、弟妹等均在昆明),即应允搭机去了南京。以后他转民航机去昆明,并接家眷先回上海,待命回北京。但此后清华即拒聘,我父亲遂和清华分手。晚年他心绪不佳,受糖尿病折磨,1955年大病几乎不起。他在复旦大学教书不久即休养在家,直至1973年过世。

我父亲是极聪明的人,兴趣能力都很广。例如围棋下得很好,与上海各高手都下过,我相信他50年代曾在上海前五名之列。我父亲做人纯正宽厚,他很喜欢他名字"克纯"中的"纯"字。

张:不知不觉已经快三个小时了,我不能打扰您更多的时间。今天的谈话不仅有助于物理学史和数学史研究,对整个现代中国科学史研究都有启发。非常感谢您。

参考文献

[1] 李炳安,杨振宁.王淦昌先生与中微子.见:《王淦昌和他的科学贡献》.北京:科学出版社,1987

[2] Wang Kan Chang. *Phys Rev*, 1942, 61: 97

[3] Boothby W M, Chern S S, Wang S P. The Mathematical Work of H C Wang. *Bulletin of the Institute Mathematics Academia Sinica*, 1980, 8(213, I)

[4] Li B A, Yang C N. C Y Chao, Pair Creation and Pair Annihilation. *International Journal of Modern Physics A*, 1989, 4(17): 4325

[5] Chao C Y. *Proc Nat Acad of Sci*, 1930, 16: 431

[6] Chao C Y. *Phys Rev*, 1930, 36: 1519

[7] Mikami Y. *The development of Mathematics in China and Japan*. New York: Chelsea Publishing Company, 1961 Reprinted of 1913 edition

[8] 香港《广角镜》月刊,1980(11):31。该刊所载华罗庚先生1980年10月4日致该刊编辑的信,信的内容全文如下:"来美后得阅贵刊关于我的报道(编者注:系指该刊1980年7月的第94期上所载甘满华的《大数学家华罗庚》一文),十分感谢。事事有出处,语语有根据,实事求是,科学之道也。但传闻往往有错,以讹传讹。特别关于我去清华一段,目前我在美国一日一校,无暇详述,仅作一简单说明如下:1. 当时数学系主任熊庆来教授是法国留学回来的。2. 和我通信联系的是我的一位素不相识的小同乡唐培经教授(当时是教员)。3. 引我走上数论道路的是杨武之教授(即文中所提的Dickson教授的高足)。4. 破格提我为助教的是郑桐荪教授(陈省身教授的岳父)。5. 从英国回国,未经讲师、副教授而直接提我为正教授的又是杨武之教授。6. 熊庆来并没有到金坛去过。"

杨振宁谈华人科学家在世界上的学术地位

张奠宙

1995年7月,我再度到纽约州立大学访问。在杨振宁教授的办公室里,我们谈起华人科学家在世界上的地位。我注意到办公室的书架上放着美国国家科学院和英国皇家学会刚出版的1995年年鉴,里面有院士和会员的人名录,其中包括许多华人科学家的名字。我将它取下来。杨先生一边翻阅华人的名字,一边介绍他们的工作。现将谈话的内容整理如下。

问:您曾说过,您一生的最大贡献是帮助"恢复了中国人在科学上的自信"。您和李政道于1957年获得诺贝尔奖是"中国人恢复科学自信"的主要标志吗?

答:诺贝尔奖是可遇而不可求的事。"恢复中国人的科学自信",是中国几代科学家的努力,不是我一个人能办到的,我只是尽了我的一份力量。本世纪以来,中国现代科学从无到有,在大约三四十年的时间里跨了三大步。1919年五四运动时,中国还没有自己的自然科学研究事业。一部分留学生从国外回来,在全国各地办起一批大学。20年代的中国大学生已可达到世界上一般的学士水平。30年代的清华、北大、浙大等名校,已聚集一批国外回来的博士,他们的教学研究开始接近国际标准,培养的学生已能达到硕士水平。到了40年代,像西南联大这样的学校,其课程设置和科研水准,已经能和国外的一般大学相当接近,培养的硕士生实际上已和博士水平相齐。正是在这样的基础上,李政道和我才有可能在50年代获得诺贝尔物理学奖。这时离五四运动只38年,其速度是相当快的。从中国学生在欧美各国获数学博士学位者的年份统计来看,大体上反映了上述的三大步。

问:是不是中国的物理学发展得特别好,首先取得成功?

答:好像不是这样。我的印象是,中国学者最先进入世界学术的主流圈,得到同行公认的学科是工程,早期留美学生多数读工科。有的理科,如化学,实际上也以实验为主,近于工科。我在1946年到美国时,工科的中国学者已经很有名气,受到美国人的重视,如钱学森。另外,许多中国学者已在麻州理工学院获得终身教职,如朱兰成、李郁荣等,后来有林家翘。那时在数学和物理方面获得终身教职的中国学者还很少,所以曾是非常令人羡慕的。在美国国家科学院1 672名院士中华人有30人,占0.18%,而在美国工程科学院1 348名院士中有华人43人,占0.32%,比例较科学院为高。然后是数学,先后来美国的陈省身,华罗庚,许宝騄等,声望很高。就华人获诺贝尔奖而言,50年代由物理学开始,然后是化学,而生物学方面现

编者注:原文载于《科学》(1996年第3期第4页至8页)。

在还没有。但今后这10年,我想生物方面会有中国人得诺贝尔奖,因为目前在国内和世界各地生物学界的中国人非常之多。当然,得诺贝尔奖要看机遇。我相信,很多华人学者已被提名过,有的不止一次。他们的科学成就实际上已达到了获诺贝尔奖的水平。

问:中国的生物学家在美国发展得如何?

答:中国生物学家虽然还没有获得诺贝尔奖,但有几位前辈的贡献很突出,有一位林可胜先生(Lim, Robert Kho-Seng, 1897~1969),他是被选入美国科学院的第一个华裔科学家。另一位是章明觉(Chang M. C., 1908~1991),他也是美国科学院院士,主要贡献是弄清精子和卵子刚结合的几天内的情形,对发展避孕药有很大作用。

问:你说,数学发展得很好,可是数学没有诺贝尔奖,影响可能要小些。

答:数学虽没有诺贝尔奖,但有两个数学界的最高奖中国人都有份。四年一度授予40岁以下年轻数学家的是菲尔兹奖(Fields Medal)。1949年出生,在香港中文大学毕业,以后受教于陈省身的丘成桐于1982年获得菲尔兹奖。另一个数学最高奖是沃尔夫数学奖,以一个数学家的终身成就来评定,获奖者都是有杰出贡献的大数学家,多半年事已高。陈省身于1983年荣获沃尔夫数学奖。近年来,中国年轻数学家成长很快,如有人再获最高奖,也不会令人奇怪。

问:中国人在数学和理论物理方面的成绩很突出,年轻人出国留学也多在数学,理论物理,是否中国人的动手能力比较差?

答:这话看来不对。中国早期的物理学家,多是实验物理学家(因为"科学救国"需要更多的实际贡献)。中国第一个物理学博士是1908年由李复几在波恩大学获得的,他是做光学实验的。而第一个以理论物理工作获博士学位的是王守竞先生,他是1927年在美国哥伦比亚大学获得的。我是理论物理方面获博士学位的第16名中国人。总体上说,中国实验物理学家成就很高。如吴有训在芝加哥大学对康普顿效应的验证,就是由于动手好,比否定康普顿的那位做得精细,所以赢得很高声誉。康普顿晚年曾说过"在Alvarez(诺贝尔奖获得者)和吴之间哪一个好,我还说不准",这评价就很高。这样的例子举不胜举,如赵忠尧、吴健雄、丁肇中等都是以实验物理著称的名家。前些年,中国学者一度搞理论的居多,主要是教育方面的问题。大学里动手机会太少,出国后驾轻就熟,就都在理论上下功夫。其实,并非中国人没有动手的能力,只要条件具备,中国人是善于做实验的。

问:前些年,中国学生到美国学物理的很多,他们的情况如何?

答:有人告诉我,中国以CASPEA考出来的物理留学生估计有1 000人,其中约50人已回国,另有不到50人在美国大学获得终身职位。其余的人都改行了,他们之中可能会有一些人在其他领域获得成功。目前在理论物理方面,十分杰出的中国青年学者反倒很少了,至少我的见闻是这样。

问:我看到《美国国家科学院年鉴》和《英国皇家学会年鉴》收有院士和会员名录,其中有不少华人科学家的名字,这个名单也许可以部分地反应华人科学家在世界科学界的地位。

答:1949年以后,中国大陆的科学家有许多杰出的成就,包括原子武器和导弹的成功研制等,外界很少知道。国际学术交流中断了许多年,所以美国和英国的科学界评选外籍院士,很少会考虑到这一部分的中国学者。除此之外,也很难说不会有一些偏见。不过,我想这份名单还是能反映一些实际情况的。

表1 最初三批庚款赴美国留学生研修科目分布　　　　　　　　　　（单位:人）

赴美年份	文科	理科	工科	农科	医科
1909	6	5	16	1	5
1910	9	7	48	3	3
1911	9	4	12	/	1
总计	24	16	76	4	9

注:上表资料来源,陈学恂,现代中国教育史料,人民教育出版社,1986

表2　1907～1962年在美国获博士学位者学科分布　　　　　　　　（单位:人）

文科(合计:896):								
艺术	9	商业	258	历史	50	国际法	95
法律	40	新闻	1	图书馆	6	语言	10
文学	25	音乐	4	哲学	43	政治	72
心理	46	宗教	31	社会学	53	教育	153
理科(合计:1 128):								
数学	91	物理	117	天文	5	气象	12
化学	405	生理	79	微生物	33	生化	55
遗传	38	植物	168	动物	85	地理	15
地质	25						
工科(合计:593):								
航空	50	化工	91	土木	117	电机	132
食品	7	矿业	57	水利	20	力学工程	119
农科(合计:53)								
医科(合计:70)								
药学	33	卫生	20	医学手术	17		

注:上表资料来源,Yuan,Tong Li. A Guide to Doctoral Dissertations by Chinese Students in America, 1905～1960. Washington,1961

表3　1917～1959年中国学生在欧美获数学博士的年份分布

年　　　份	人　数	年　　　份	人　数
1910～1919	2	1940～1949	30
1920～1929	10	1950～1959	44
1930～1939	33	总　　　计	119

表4　美国工程科学院中的华人学者

英文名	中文名	出生年	出生地	专　业	供职单位	选入年份
Ang, Alfredo H-S.	洪华生	1933	菲律宾	土木工程	加州大学（欧文）	1976
Chang, Leroy L.	张立纲	1936	河南	电子材料	香港科技大学	1988
Chao, Bei Tse	赵佩之	1918	江苏	热传导学	伊利诺伊大学	1981
Chen, Nai Y.	陈乃润	1926		技术管理	汽车研究和发展公司（普林斯顿）	1990
Cheng Herbert S.		1929	上海	计算机设计	西北大学	1987
Cheng Hsien K.	郑显基（？）	1933	北京	药学	M. M. Dow 制药公司（辛辛那提）	1988
Cho, Alfred Y.	卓以和	1937	北京	电机工程	AT&T贝尔实验室	1985
Chu, Richard C.		1933	北京	电子工程	IBM公司	1987
Fang, Frank Fu	方复	1930	安徽	地球物理	华盛顿卡内基研究所	1989
Fung, Yuan-Cheng	冯元桢	1919	武进	应用力学	加州大学（拉霍亚）	1979.
Ho, Yu-Chi		1934	中国	应用数学，系统工程	哈佛大学	1987
Hsu, Chieh-Su	徐皆苏	1922	苏州	工程力学	加州大学（伯克利）	1988
Kao, Charles K.	高锟	1933	上海	电讯工程	香港中文大学	1990
Kuh, Ernest S.	葛守仁	1928	嘉兴	电机工程	加州大学（伯克利）	1975
Kung, H. T.	孔祥重	1945	上海	计算机科学	哈佛大学	1993
Lee Shih-Ying	李诗颖	1930	北京	机械工程	麻省理工学院	1985
Li, Norman N.		1933	上海	材料科学	麻省理工学院	1990
Li, Tingye	厉鼎毅	1931	江苏	电子电讯	AT&T贝尔实验室	1980

续 表

英文名	中文名	出生年	出生地	专 业	供职单位	选入年份
Li, Yao Tzu	李耀滋	1914	北京	电机工程	麻省理工学院	1987
Lin, Tong Yan	林同炎	1911	福州	土木工程	旧金山林氏建筑公司	1967
Lin Tung H.	林同骅	1911	重庆	力学工程	加州大学(洛杉矶)	1990
Liu, Benjamin Y. H.	刘扬晖	1934	上海	力学工程	明尼苏达大学	1987
Lo, Yuan Tze	罗远祉	1920	中国	电子工程	伊利诺大学(厄巴纳-尚佩恩)	1986
Mei, Chiang C.	梅强中	1935	武汉	土木及海洋工程	麻省理工学院	1986
Ning, Tak H.		1943	广东	硅技术	IBM 公司	1993
Pian, Theodore H. H.	卞学璜	1919	上海	结构与航空力学	麻省理工学院	1988
Sah, Chih-Tang	萨支唐	1932	北京	工程物理	佛罗里达大学	1986
Shen, Hsieh W.		1931	北京	土木工程	加州大学(伯克利)	1993
Shen, Shan-Fu	沈申甫	1921	吴兴	流体力学	康奈尔大学	1985
Sze, Morgan C.		1917	天津	化学工程	Signal 股份有限公司	1976
Tai, Chen-To	戴振铎	1915	苏州	电子工程	密西根大学	1987
Tang, Chung L.	汤仲良	1934	上海	电机工程	康奈尔大学	1986
Tian, Chang-Lin	田长霖	1935	湖北	机械工程	加州大学(伯克利)	1976
Tian, Ping King	田炳耕	1919	浙江	电子学	AT&T 贝尔实验室	1975
Wang, Daniel I. C.	王义翘	1936	南京	生物工程	麻省理工学院	1986
Wang, Kuo K.		1923	武进	力学工程	康奈尔大学	1989
Wei, James	韦潜光	1930	澳门	化学工程	普林斯顿大学	1978
Wong, Eugene	王佑曾	1934	南京	电机,资讯	香港科技大学	1987
Wu, Theodore Y	吴耀祖	1924	江苏	流体力学	加州理工学院	1982
Yang, Henry T. Y.	杨祖佑	1940	南京	航空工程	加州大学(圣巴巴拉)	1991
Yee, Alfred A.		1976	中国	结构工程	应用技术公司(檀香山)	1976
Yih, Chia-Shun	易家训	1918	贵州	流体力学	密西根大学	1980

续 表

英文名	中文名	出生年	出生地	专 业	供职单位	选入年份
Yu,A. Tobey	俞蔼亭(?)	1921	浙江	化学工程	ORBA公司(佛罗里达)	1989
Cheng,Che-Min	郑哲敏	1923	济南	爆炸力学,应用力学		1993
Wang,Dianzuo	王淀佐	1934	辽宁	选矿学	中南工业大学	1990

注：上表最后两位为外籍院士。

表5 美国国家科学院院士中的华人学者

学 科	中文名	英 文 名	出生年	供职单位	入选年份
数 学	陈省身	Chern,Shiing-Shen	1911	加州大学(伯克利)	1961
	丘成桐	Yau,Shing Tung	1949	哈佛大学	1993
应用数学	林家翘	Lin,Chia-Chiao	1916	麻省理工学院	1962
物理学	吴健雄	Wu,Chien-Shiung	1912	哥伦比亚大学	1958
	李政道	Lee,T. D.	1926	哥伦比亚大学	1964
	杨振宁	Yang,C. N.	1922	纽约州立大学(石溪)	1965
	丁肇中	Ting,Samuel C. C.	1936	麻省理工学院	1977
	朱棣文	Chu,Steven	1948	斯坦福大学	1993
	周光召	Zhou,Guang-Zhou*	1929	北京,中国科学院	1987
应用物理学	朱经武	Chu,Ching-Wu	1941	休士顿大学	1989
	张立纲	Chang,Loroy L.	1936	香港科技大学	1994
	李雅达	Lee,Patrik A.	1946	麻省理工学院	1991
	沈元壤	Shen,Y. R.	1935	加州大学(伯克利)	1995
	崔琦	Tsui,Danil Chee	1939	普林斯顿大学	
天文学	徐遐生	Shu,Frank H. S.	1943	加州大学(伯克利)	1987
化 学	李远哲	Lee,Yuan T*	1936	台北,"中研院"	1979
生物化学	王倬	Wang,James C.	1936	哈佛大学	1986
地质学	毛河光	Mao,Ho-Kwang	1935	华盛顿,卡内基研究所	1993
	任以安	Zen,E-an		马里兰大学	1976
	许靖华	Hsu,Kenneth J.*	1929	瑞士联邦工业大学	1986

续表

学　科	中文名	英文名	出生年	供职单位	入选年份
植物生理学	杨祥发	Yang, Shang F.	1932	香港科技大学	1990
遗传学	谈家祯	Tan, Jia-Zhen*	1909	上海，复旦大学	1985
土壤学	张德慈	Chang, Te-Tze*		台北国际技术合作委员会	1994
古人类学	张光直	Chang, Kwang-Chih	1931	哈佛大学	1979
古人类学	贾兰坡	Jia, Lan Po	1908	北京，中国科学院	1994
古人类学		Jen, Douglas Ernest*		澳大利亚国立大学	1985
医学	简悦威	Kan, Yuet Wai	1936	加州大学（旧金山）	1978
工程学	田炳耕	Tian, Ping King	1919	AT&T 贝尔实验室	1978
工程学	卓以和	Cho, Alfred Y.	1937	AT&T 贝尔实验室	1985
工程学	冯元桢	Fung, Yuan-Cheng B.	1919	加州大学（拉霍亚）	1992

注：① 表中列出的是1995年7月统计时的健在者，共院士23人，外籍院士7人。英文名后加*者，为外籍院士。
② 1995年7月前已去世的华人院士和外籍院士各有3人，他们是：
　林可胜(Lim, Robert Kho-Seng, 1897～1969), 1965年入选院士；
　章明觉(Chan, M. C., 1908～1991), 1990年入选院士；
　李卓浩(Li, Choh Hao, 1913～1987), 1973年入选院士；
　冯德培(Feng, De-Pei, 1907～1995), 1986年入选外籍院士；
　华罗庚(Hua, Lo-Geng, 1910～1985), 1982年入选外籍院士；
　夏鼐(Xia, Nei, 1910～1985), 1984年入选外籍院士。
③ 以上36人名单据1995年7月 Nationl Academy of Sciences Membership Directory, 按姓名的拼读估猜和其他资料确定，可能有遗漏。
④ 美国国家科学院院士和外籍院士之间可随本人国籍的改变而转换。李远哲于1979年当选院士时是美国国籍，后来回到中国台湾工作，放弃美国国籍，所以现在是外籍院士。
⑤ 李政道和杨振宁于1957年同获诺贝尔奖，但两人分别于1963年和1964年加入美国籍，因而选入美国国家科学院的时间也差一年。
⑥ 按1995年鉴，林可胜选入美国科学院时间为1965年，但他应早已是外籍院士，1965年入美国籍，自动转为美国院士。被选为外籍院士年份待查。
⑦ 36名院士和外籍院士被选入时的平均年龄为48岁。目前在世英籍华人院士中年龄最小的是丘成桐，年龄最大的是陈省身，都是数学家。

表6　英国皇家学会成员中的华人学者

外籍会员： 　陈省身(S. S. Chern), 美国加州大学（伯克利），1985年当选 　杨振宁(C. N. Yang), 美国纽约州立大学（石溪），1992年当选
会　员： 　简悦威(Y. W. Kan), 美国加州大学（旧金山） 　蔡南海(Chua N. H.), 美国拉特格斯(Rutgers)大学

注：① 以上名单录自 Year Book of The Royal Society 1995.
② 简悦威、蔡南海都不是英国籍，也不在英国工作，但他们分别来自原属英联邦的香港和新加坡，按规定列入外籍会员。
③ 英国皇家学会只选入自然科学家。社会科学家另有地位相当的不列颠科学院(Academy of Britian)，华人学者曾有陈寅恪、夏鼐、赵元任、王浩4人当选，现均已去世。
④ 皇家学会中有关已去世华人学者的情况不明，未作统计。

要重视科学史在科学教育中的应用

张奠宙

1998年4月20日至26日,在法国马赛附近的Luminy镇举行的"数学史在数学教育中的作用"国际研讨会,由国际数学教育委员会(ICMI)发起,由国际组织HPM(The International Study Group for the Relations Between the History and Pedagogy of Mathematics)主办。与会的有20多个国家的83人。会议期间,我作为执行委员之一也出席了ICMI举行的执行委员会会议。

数学史的研究有很长的历史,但如何在数学教育中运用数学史的知识还是一个新问题。HPM创立于1986年,目前已经有一个固定的研究群体。这次会议推出一本论文集,标志着一个新领域的诞生。

会议的内容是数学史和数学教育的关系,但它的基本精神适合于一切科学学科。所以,本文的题目扩大成"要重视科学史在科学教育中的应用"。

在数学教育中,特别是中小学的数学教学,运用数学史知识是进行素质教育的重要方面。我国的"九年义务教育数学教育大纲"中有一句话提到两者的关系:"运用我国在数学史上的成就,培养学生的爱国主义精神。"在全日制普通高级中学的(数学教学大纲)中指出:"要通过介绍我国古今的数学成就和数学在社会主义建设中的作用,激发民族自尊心和爱国主义思想,使学生逐步明确要为国家富强、人民富裕而学习。"这些规定,无疑是正确的,但我认为还很不够。数学史知识不限于中国数学史,世界上一切伟大的数学成就都应该看成是人类的共同财富。同时,数学史的教育价值也不限于爱国主义教育,应该有更大的视野,即进行人文主义教育,借以塑造完善的人格,包括社会主义国家应有的公民素质。

从这次会议来看,涉及的研究课题有下述一些。

(1) 政策。数学史在学校课程中的地位如何确定,教师培训课程中是否要将数学史列为必修课?数学史课程在我国的高等师范教育课程是一门选修课,开设的比例很小,估计不到10%的数学教师受过数学史的培训。从会上获悉,至少丹麦的数学教师要获得教师资格必须有数学史的学分。

(2) 文化。数学史内容与数学哲学的关系,涉及到什么是数学,数学的价值,数学和其他科学技术的关系,数学和社会的进步,数学和人类文化的发展等方面。数学不仅是科学、符号、公式和推导等形式的演算,而且具有丰富的人文内涵可通过数学史来加以表达。在我国,这是进行德育教育的重要组成部分,其中有爱国主义的教育,还有历史唯物主义的教育,人类

编者注:原文载于《国际学术动态》(1998年第8期第9页至10页)。

文化的教育,国际观念的教育等方面。

（3）学生的需要。数学史知识学生是否需要,是否感兴趣？对于数学教师的培训有何特殊的价值？数学史知识有助于学生对数学的理解吗？大量的事实证明,答案是肯定的。我和香港的同行讨论时,一致感到,一个人的成长需兼顾才、学、识三方面,正如清代学者袁枚所说:"学如弓弩,人才如箭镞,识以领之,方能中鹄。"现在的教育着重"学",即学知识。近来也强调才,即能力。但是,还很少人强调"识"的重要。"识",即见识。它是引导知识和能力走向何方的根本性问题,属于对知识融会贯通之后的个人见解,其背后的支撑是世界观、人生观,是对社会、历史和人生的感悟。数学史的作用,恰恰在这方面有很重要的作用。

（4）教学中的使用途径。这是一个很广泛的研究课题。如:用历史故事提高学习兴趣,用历史原始材料端正学习动机,回顾历史过程增加理解,使用历史线索安排课程进度,借助历史材料进行人文主义教育,以历史真相树立正确的数学观等。会上,介绍了各国许多有价值的例子。相比而言,我国在这方面的研究还没有进行,数学史知识仅作为"阅读材料"放在一边,没有和实际数学溶为一体。

（5）文献与手段。数学史和数学教育相结合的文献目录正在编辑之中;多媒体的光盘,因特网的利用,都已进入实际使用阶段。

总之,数学史在数学教育中的应用已进入系统研究阶段,并在一些国家和地区进行实践性操作。我国的数学史研究,包括科学史研究,已有相当大的队伍。自然辩证法课程,科学哲学课程,以及各种科学史课程,已拥有一支不小的队伍。但是,我们在研究工作中似乎还没有注意到如何将它运用于教育过程。为此,我建议:教育部在制定德育大纲和各科教学大纲时,要充分考虑科学史的作用。特别是不要把科学史仅仅作为"进行爱国主义教育的工具",而应看作培养人文主义素质的重要途径。要将"科学史"列入师范教育课程的必修课程。科学史研究工作者要重视这一新的研究领域,应用科学史知识于教育是发展中国未来教育,包括发展自身的一项战略任务。要将"科学史与科学教育"的研究课题列入国家研究计划。

从科学史看中学历史教学

张奠宙

承王斯德教授送我《历史教学问题》杂志,并盛情约稿。翻读后,甚觉欣慰。历史研究及历史教学正呈现"百家争鸣"、"畅所欲言"的态势。我受到鼓舞,谨从一个数学工作者的视角,在这里谈点看法。

首先,请多关注"科学史"。

当前我国正实行"科教兴国"的战略,了解世界和中国的科学技术历史,似乎更显重要。这是一个世界的趋势。1998年,我去法国马赛出席一个"数学史和数学教学"的国际讨论会。其中一个基本的看法是,科学史能帮助树立正确的科学观,从而喜欢科学,理解科学,发展科学。历史教学的主要目的是培养学生的世界观,运用"科学史"的知识系统进行教育,当是"事半功倍"的事。此外,"科学是第一生产力"的论断,难道只在今天才是正确的吗?用这一观点来分析整个历史,将会带来多少新的认识!就我所知,现在的历史教材中并未很好地加以贯彻。

在中国,历史学和科学史之间的距离实在太大。科学史研究的许多成果很少进入中小学的教材。国际上著名大学的历史系,都有"科学史"课程。中国却将"科学史"划到"哲学"的门下。这样,历史就被阉割了。没有"科学进步"的历史是不完整的。历史教学多吸收一些科学史的研究成果会很有好处。就数学而言,吴文俊院士经多年研究,认为中国传统数学的精华是"算法化"、"机械化",它和当前的以计算机技术为代表的信息时代相适应,非常值得重视。这在中国数学界和数学史界已成共识,并且正在走向世界。但在历史界恐怕很少有人知道。

其次,想谈谈历史教学中的"爱国主义"问题。

我国的各科教学大纲规定要用中国古代科学史进行"爱国主义教育",这当然是很必要的。但在实际教学中,似乎走入了误区:只在"早"字上做文章。然而,中国古代科学的发展总体上晚于埃及、巴比伦和古希腊。我们比别人"晚"的不说,某几点上"早"就大讲特讲,合适吗?在半殖民地时代的旧中国,当别人欺侮我们说"中国没有科学时",我们举一些"中国科学家领先"的例子无疑有很大的激励作用。但是,现在我们是"泱泱大国",其志在"为人类多做贡献"。吸收国外的一切科学成就,落实到"走中国人自己的科学道路",不能仅仅在"早迟"上做文章。历史上认识科学真理的早晚并不一定能说明很多问题。许多结果是独立发现的,晚一些没有关系,关键在于有民族的特点,各个国家和民族通过自己的特点为人类发展作贡献。如果没有先后的承继关系,说迟早的意义不很大。

编者注:原文载于《历史教学问题》(2000年第1期第60页至62页)。

美国建国才 200 来年,日本的文化发展在历史上是向中国学习的。这并不影响他们进行科学史教育。去年在马赛会议上,希腊的学者在会议上说:"古希腊的科学成就是属于全人类的"。日本的小学教科书"测量"一章的前面,说的是中国古代"曹冲称象"的故事。

总之,爱国主义必须和国际意识连在一起。我们对人类的一切优秀科学技术,必须实行"拿来主义",着眼点在为今天的社会主义建设服务。对中国科学成就的介绍,也着重"中国传统科学"的特点,包括优点和缺点,以及对世界科学所发生的影响,不能只在"早"字上下工夫。

第三,我希望历史学界能对一些科学史上的问题进行共同探索。

科学史上有一些悬案和一些敏感问题。作为科学研究和教学,其实可以探讨。笔者近来在科学史教学中,就碰到许多有关近代中国历史的课题(据说在历史学界尚未认真研究过)。冒昧在此提出来,愿和大家一起商讨,希望能有一个符合"历史唯物主义"的答案。

(一) 乾嘉考据学派与中国近代科学的发展

儒家文化是一种"收敛"的"演绎思维"体系。儒家经典是公理,儒学大家作注解乃是"推理",普通学子则是"代圣贤立言",没有任何创造的要求。考据学派更是用逻辑推理方法"求证",少有"发散"的思维,创新的空间十分狭小。考据出身的胡适对中国科学的影响很大。"大胆假设,小心求证"是他的名言。追寻中国现代科学发展的线索,就会发现大胆假设很少,创新思维更缺。中国近代科学缺少深沉的理性思考,缺乏对大自然的总体把握,只注意于小的"技巧",只在"小心求证"上下工夫。我们常说的"治学严谨"固然基本面是好的,但强调得不适当,以至束缚人们思想,科学上不敢越雷池一步的负面影响也确实是存在的。乾嘉考据学派的领导人物,大多是中国传统儒学家,但是他们的工作并未使中国儒学走上现代化的道路。其中的历史经验,很值得总结。

(二) 庚款留学问题

1908 年美国退回部分"庚子赔款"用于中国学生到美国留学。美国的退回当然是"出自美国的利益",怀有"文化侵略"的目的。但是"羊毛出在羊身上",这本是中国人自己的钱。中国人经过斗争才获得"用这笔钱向美国派留学生"的权利。这些留学生中的大多数是爱国的。他们中有数学家华罗庚、陈省身,工程学家钱学森,物理学家杨振宁等国际名人。一件事情总有两面。美国退回庚款固然有"文化侵略"的意图,而日本政府一毛不拔将庚款用于侵华战争又当何论?科学地分析历史现象,应该是历史教学的任务之一。但我现在还没有看到用辨证唯物主义和历史唯物主义深入分析该课题的专题论文。

(三) 中国的"科举"影响

中国固有文化中有一部分是考试文化。科举的影响至今犹存。"洞房花烛夜,金榜题名时"为人生最大乐事。每年为"高考状元"大做文章就是明证。近来报刊上甚至出现了为"八股文"评功摆好的文字。实际上,科举对"科学"的阻碍作用渐渐被人们遗忘。我们的历史教科书是否要多花些笔墨谈谈"科举问题"?嘉定孔庙中的"科举博物馆"也应该让学生们看看。

这种对科举和八股的留恋,至今仍然在社会上广泛流行。那种只以博取考分为目的的教育方法,正在无情地摧残一代人的灵魂。大学里对"高分低能"现象的抱怨不绝于耳。历史教学是否也能在消除"科举"贻害方面起一点作用？当然,中国科举制度在历史上曾经有过的进步意义及其对"科学"发展的阻碍作用,应该进行历史唯物主义的分析。考试文化是一把"双刃剑"。一方面,科举制度和八股取士确实比较公平地选拔了人才；另一方面,它又扼杀了无数知识分子的科学才能,压制了学者钻研科学的热情。批评"科举"和"八股",也是对学生进行德育的好机会。现在,老师喜欢给班级的学生成绩排名次。一位老师告诉我,一个排在第一名的学生,竟在自己名字旁边批道："让那些不服气的人看看！"这种过分"竞争"的科举遗毒,令人不寒而栗。

以下的看法有关历史教学。中国文人历来说："做学问"。可是现在的学生只是在"作学答"。学会"问",是中国教育的好传统,可惜现在很少提到了。然而,不会问"问题",何来创新？历史教学应该多教"学问",让学生自己提出问题来讨论。

清代学者袁枚说过：做学问需要有"才,学,识。""学如箭镞,才如弓弩,识以领之,方能中鹄"。我们现在讲"知识"(学),"能力"(才),却很少讲究"意识"(识)。意识不新,能力再强也只是为别人"打工"。历史教学主要是给学生以历史意识,学会用历史观点去分析问题。什么"知识点覆盖率"之类的"考试理论",将好端端的一部历史"碎尸万段",不知误导了多少年轻学子。

我曾看见过一份国外的小学历史教材。它用一个山头、山下村庄、一条小河作为背景,展现从远古时代到今天的变化。其中涉及建筑、衣着、交通、农业与工业的变化,非常生动地使历史长河形象化。这幅画面,主要反映生产和生活的表现,特别是科学技术带来的巨大变化。至于政治和人文当然不是主题。顺便想到,上海的历史教材中,若以"黄浦江"为背景,展现鸦片战争以来的变化,用图画和文字加以说明,学生们一定会很喜欢。这种"案例教学",其教育价值应当会超过对历史事实(知识点)的单纯记忆。

最后,想提一条建议,即从小学起就开始做"历史作文"(西方教育是如此做的,即小论文-project)。给了题目,自己去收集资料,比较不同观点,写出自己的看法。历史考试中放一篇"历史作文"如何？语文可以有,历史为何不可？主观性考题固然有评分上的困难,但较之生吞活剥地"咬"历史牛排,缺失人文主义的熏陶,总是要坚持把创新和德育放在第一位罢。

外行谈史,不当之处,请不吝指正。

杨振宁预测：今后十年中国人将获诺贝尔奖

张奠宙

不久前，我赴美国纽约州立大学访问，在杨振宁的办公室里，与他谈起华人科学家在世界上的地位，我注意到办公室的书架上放着美国国家科学院和英国皇家学会刚出版的年鉴，里面有院士和会员的人名录，其中包括许多华人科学家的名字。现将杨先生谈话的内容整理如下。

杨振宁说，他一生的最大贡献是帮助"恢复了中国人科学的自信"。他说，诺贝尔奖是可遇而不可求的事。"恢复了中国人科学的自信"，是中国几代科学家的努力，不是我一个人能办到的，我只是尽了我的一份力量。他认为，本世纪以来，中国现代科学从无到有，在大约三四十年的时间里跨了三大步。1919年"五四"时，中国还没有自己的自然科学研究事业。一部分留学生从国外回来，在全国各地办起一批大学。20年代的中国大学生已经达到世界上一般的学士水平。30年代的清华、北大、浙大等名校，已聚集一批国外回来的博士，他们的教学研究开始接近国际标准，培养的学生已能达到硕士水平。到40年代，像西南联大这样的学校，其课程设置和科研水准，已能和国外的一般大学相当接近，培养的硕士生实际上已和博士水平相齐。正是在这样基础上，李政道和我才能在50年代获得诺贝尔物理学奖。

那么，这是否意味着中国的物理学发展得特别好，首先取得成功？

他说好像不是这样。中国学者最先进入世界学术的主流圈，得到同行公认的学科是工程，早期留美学生多数读工科，有的理科，如化学，实际上也以实验为主，近于工科。他说他自己在1946年到美国时，读工科的中国学者已经很有名气，受到美国人的重视，如钱学森。另外，许多中国学者已在麻省理工学院获得终身教职，如朱兰成、李郁荣等，后来有林家翘。那时在数学和物理方面获得终身教职的中国学者还很少，所以曾是非常令人羡慕的。在美国国家科学院1672名院士中华人有30人，占0.18%；而在美国工程科学院1348名院士中华人有43人，占0.32%，比例较科学院为高。然后是数学，先后来美国的陈省身、华罗庚、许宝騄等，声望很高。就华人科学家获诺贝尔奖而言，50年代由物理学开始，然后是化学，而生物学方面现在还没有。但杨振宁预测，今后10年，在生物方面会有中国人得诺贝尔奖，因为目前在国内和世界各地生物界的中国人非常之多。他认为得诺贝尔奖要看机遇，很多华人学者已被提名过，有的不止一次。他们的科学成就实际上已达到了获诺贝尔奖的水平。

编者注：原文载于《科学与文化》(1998年第2期第8页)。

陈省身轶事

张奠宙　王善平

一、南开师友

1926年7月,陈省身从扶轮中学毕业,年仅15岁。

当时临军阀混战,铁路常常停运,就只好进天津的大学。那时的天津,只有北洋大学和南开大学两所高等学校。但北洋规定四年制的扶轮中学毕业生只能考预科。南开大学却可以同等学力投考本科。陈省身两校都投考了,也都录取了。之所以选择南开,和中国数学界的一位名人有关。这就是中国数学史家钱宝琮(1892—1974)。

钱宝琮和陈省身的父亲曾在嘉兴同学,来天津后自然常到陈家串门。他有一次看到陈省身的课本是霍尔(Hall)和奈特(Knight)合著的《代数》,便说"这先生是考究的"。意思是该书的作者很"棒",陈省身能够读懂此书,数学程度应该不差。据此,钱先生建议陈省身"以同等学力资格,报考南开大学"。事情就这样定下来了。

但是,南开的入学考试仍按六年制的中学要求命题。以数学来说,解析几何是主要科目,陈省身就根本没有学过;另外,在四年制扶轮中学里学的物理、化学的知识也不够。为了准备考试,陈省身串街走巷到处借书,苦读了三个星期,自学了解析几何。最后终于通过南开大学的入学考试,这等于跳了两级。钱宝琮告诉陈省身:"你的数学成绩是全体考生中的第二名。"

当时南开大学一年的学费是90元,比一般公立大学高。一年级学生进来只分科(后来改名学院),至于进哪个系,要等到三年级才决定。陈省身进了理科,内设数学、物理、化学、生物等四个系。那时读大学的人少,进理学院的一年级学生有26人,整个理学院不过百名左右学生,彼此很快相熟。从南开中学考进来的同学,有个小圈子,不过很快大家都熟识了。吴大任也从南开中学上来,功课甚好,与陈省身交往渐多,后成为莫逆之交。读物理的二年级生吴大猷,是吴大任的堂兄,也渐渐熟悉了。

那时的大学注重国文和英文的教学。陈省身回忆说:

图1

编者注:原文载于《书摘》(2005年第4期第6页至9页),其内容摘自《陈省身传》(南开大学出版社,2004年出版)。

"我的中英文不算好,可是还有不如我的人。我动笔很快,一写两三篇,把最好的一篇留给自己,其他的送人。但是有时候送出去的文章反而比自己的一篇得到更好的分数。一年级时我的朋友大都是成绩不顶好的,所以时常替他们做作业,以消磨时间。"那时的大学,只有有钱人家读得起,公子哥儿来混文凭的不少。陈省身的学习貌似轻松,其实也是他聪敏过人所致。

可是,陈省身也有学不好的课程,那就是化学实验。扶轮中学只读四年,理化程度本来就不高。化学强调动手,陈省身没有训练,自然手忙脚乱。化学定性分析是邱宗岳教授亲授的,助教是赵克捷先生,外号"赵老虎",以严厉著名。陈省身第一次上化学实验课,要求对指定柜子里的仪器和发下来的清单一一对上号。没有实验经验的陈省身,一开始就觉得很困难。接下来是吹玻璃管。这是一件需要眼疾手快、经验老到的技术活,他自然弄不好。幸亏当时有一位化学系的职员在实验室,在他帮助下才吹得有点像样了。陈省身兴冲冲地拿着玻璃管,觉得手上还有些热,于是想到用冷水降温。龙头一开,前功尽弃。陈省身从此怕做实验。不久他决定放弃化学课。

这不由得使人想起物理学大家杨振宁的一件往事。他初到美国,是想读实验物理。但是杨振宁的实验一直不大好。由于实验老是出毛病,以至在芝加哥大学物理实验室里流传着两句打油诗:"哪里有爆炸,哪里有杨振宁(Where there is a bang, there is Yang)。"这是杨振宁的导师特勒(E.Teller,美国氢弹之父)在一篇回忆录中提到的真实故事。后来特勒劝杨振宁改学理论物理,杨振宁很快就成功了。

陈省身和杨振宁为什么做不好实验?有种解释说,这是先天决定的。一些人思维敏捷,脑子动得快,想的事情超越正在操作的现实,以致不能手脑并用。当然也有人认为,这是后天教育失败。一次失败,就对之不感兴趣,生出厌倦之心,以后再也学不好了。

陈省身善于动脑而不善动手,大概是先天的。这里还有一个佐证。1929年考入南开大学的女生陈鹗后来回忆说:"有一次男生在操场上练习开步走,我们女生在一旁观看。我发现,队伍中一个十六七岁的男生和同队人的脚步总不合拍。当他自己发现时,就倒一下左右脚。一圈走下来,时时倒脚,我看了十分可笑。旁边的同学告诉我:别看他不会开步走,他小小年纪已经是数学系三年级的高才生,他叫陈省身。"陈鹗后来是吴大任的夫人,也是陈省身的终生朋友。

陈省身晚年曾说,我一向不迷恋于体育运动,听音乐则发现只是浪费时间。从小看到老,这大概是不错的。

陈省身在南开一年级的学生生活,学业很轻松,闲时看小说杂志,总体上比较散漫舒服。1927年,16岁的陈省身对读书的态度有了很大的转变。这一年姜立夫从厦门大学讲学回到南开数学系。陈省身修读姜立夫开设的"高等微积分",感到有无穷的乐趣。

吴大任和陈省身都是姜立夫的得意弟子,数学系的优等生。但是两人的风格不同。吴大任是老师特别喜欢的那种学生。交上的习题非常赏心悦目,题目抄得清清楚楚,画图准确美观,小楷工工整整。陈省身的作业看上去就比较潦草些,往往简单几行,大意有了就算了。所以姜立夫先生曾经给吴大任的考卷打100分,考试成绩总是吴大任第一。不过,陈省身和吴大任是好朋友,他们一起做难题,陈省身往往捷足先登。

1928年，陈省身还是三年级的学生，就成了姜立夫的助手，批改一、二年级学生的作业，后来连三年级的作业也帮着改。借此，每月有10块大洋的收入。这笔钱在那时可以买300斤大米，想买一本龙门书局翻印的英文原版书，块把钱就够了。这对陈省身的大学生活和学习不无小补。

二、算命和围棋

一个人的品性，可以从小看到大。陈省身小时候功课很好，却不是第一名。不喜欢体育运动，身体倒不错。说他聪明，也没有什么"少年××家"的称号。读书只求通达，数学但求巧思。每有意会，以享受快乐为要。始终没有陷到"竞赛""名次"的漩涡里。陈省身一生，也是数学至上主义，寻求宁静澹泊，不去争地位名分；最好不做官，欣赏无为而治。晚年发表文章竟说"数学没有诺贝尔奖是幸事"，把争相尊奉的诺贝尔奖不当一回事，确实有些"老庄"遗风了。

著名学者何炳棣给他算过命，写了洋洋几千言，说是"无一字无根据"。不过一般人看不懂，大概说的是"贵比汾阳"的好命。倒是台湾的命理学家柯俊良说的比较好懂些，大意是：

出生在1911年，岁在辛亥；生日九月初七，是为辛巳；这里有两个"辛"，命理谓"日月二德喜相逢"，难得的好命。

陈省身一生运气不错，却未曾飞黄腾达。不经意追求功名，倒终成大名。个中原由，值得玩味。命相之言，不过逢场作戏而已。

陈省身不喜欢运动，却健康长寿，也是一绝。许多人问他的长寿秘诀，陈省身第一句就说："我不爱运动。"对于崇奉"生命就是运动"格言的人来说，真有些煞风景。不过，他曾有一项喜爱的运动——围棋。那是在天津读中学的时候开始的。20世纪20年代的天津，工商业发达，是军阀必争之财源福地。军阀混战，经常能听见炮声，一有战事，学校就停课。那时陈省身父亲的几个朋友爱好围棋，常常在家对弈。年轻的陈省身在旁边看，居然看会了。少年时代的记忆力非常好，一盘棋下来，复盘不必用棋盘，脑子里记得清清楚楚。陈省身对围棋的爱好一直持续了很长时间。甚至有过当一名职业棋手的念头。

20世纪90年代，中国围棋的棋圣聂卫平有一次来天津。陈省身有机会和他对弈。结果自然是输了。老聂的评论是："比初段要高一点。"这很令陈省身高兴过一阵。接着，他们又结对打桥牌，"聂陈配"横扫对手，又是一段佳话。

围棋界没有出现"陈省身九段"，也许是中国围棋的遗憾，但却一定是中国数学乃至世界数学的幸运。

三、武侠小说和诗

陈省身爱看武侠小说，是个金庸迷。2001年的一天，南开大学伯苓楼名人讲座掌声不断，名满天下的武侠小说家金庸先生首次以南大名誉教授身份登场演讲，立时"迷倒"了师生中的

"金庸迷"。听众席上,有位特殊的人物颇为引人注目,这就是九旬高龄、银发如雪的数学大师陈省身先生。陈省身对金庸作品的欣赏,已有数十年的历史了。在陈先生的藏书中,有金庸的全套作品,其中《笑傲江湖》还是金庸在香港亲手送给陈先生的。陈省身欣赏的不仅是金庸的作品,还有金庸本人。在香港和国外,他们多次见面,其中有不少次就是在报告会上。此次,金庸来南开大学出席致聘名誉教授仪式,陈先生更是不愿错过这难得的机会。报告会还没开始,他就坐着轮椅提前赶到报告厅,在观众席上静静地等候金庸先生的到来。有这样一位德高望重的超级"金庸迷"一同听讲,南开学子真是喜出望外,当金庸讲演结束陈省身先生离场时,全场学子再次以经久不息的掌声表达他们对这位数学大师的敬意。

数学家喜欢武侠小说是一个相当普遍的现象。为什么?陈省身的得意弟子,也是"金庸迷"的杰出青年数学家张伟平听金庸讲演之后,为我们讲述了一番道理。在他看来,数学世界是一门艺术,是关乎心灵与智力的学问,这是一种常人难以达到的境界。金庸赋予其武侠小说一种高度的文学美感和哲学内涵,这种内涵和数学的境界是相通的。一个人的武功在积累到一定程度之后,遇到机遇会迅速提升到一个非常高的境界;数学的研究也是如此,逐步渐进到一定层次后,也有碰撞机遇迅速提升的情形,就像是当头棒喝而顿然开悟……

许多数学家都喜欢诗和哲学,因为他们是一群以赤子之情、忘我之境终生追求真理的人。他们的精神气质与其说是数学家的,毋宁说是诗人的或哲学家的。他们是发现和讴歌自然秩序美的诗人,是寻找精神归程和营造精神家园的哲人。

陈省身除喜欢老庄哲学外,还爱好陶(渊明)李(商隐)的诗,尤喜欢李商隐的那首《锦瑟》:

锦瑟无端五十弦,一弦一柱思华年。

庄生晓梦迷蝴蝶,望帝春心托杜鹃。

沧海月明珠有泪,蓝田日暖玉生烟。

此情可待成追忆,只是当时已惘然。

在这首深奥的唐诗中,有着陈省身复杂深沉的情感寄托;对故土的思恋,对数学的执著,对人生的思考……

在数学之外,陈省身有许多独特的视角。2001年12月23日在台北为陈省身祝寿的宴会上,曾和陈省身同在伯克利工作,多有交往的李远哲说,陈省身就像个老顽童,个性很天真,总是搞不懂有些事情为什么会那么复杂。在他的眼里许多事情非常简单、也非常美妙。我们两人在美国谈到大陆的"文革"时,陈省身居然会说,中国虽然那么大,但随便找十个人管管就可以。陈省身进一步解释说,那是开玩笑。不过,"文革"时期一向当工人、农民的人成了中央领导人、副总理,居然也管了好几年。可见,管理一个国家并不是难得不可想像,关键是政策好,方向对。里根是演员出身可以当美国总统,好莱坞巨星施瓦辛格也能竞选加州州长。新加坡副总理李显龙原本在剑桥大学读数学。因此数学家也可以管理国家,而管理国家的人却做不了数学。

博学·慎行·深思
——记数学家程其襄先生

张奠宙

小传：程其襄(1910—2000)，四川万县(今重庆万州区)人。著名数学家。1910年1月3日出生于一个殷实家庭。父亲程宅安是一位佛学家，母亲左鸿庆是书法家。3岁到上海，7岁那年曾在日本住过一年。他在上海博文女校读小学，后入南洋公学(当时的正式名称是"交通部上海工业专科学校")接受中学教育。1929年，随大姐第一次到德国，主要学习德语。1935年，第二次到德国留学，主攻数学。先后在柏林洪堡大学、格丁根大学和柏林大学学习和工作。1943年通过博士论文答辩，获柏林大学数学博士学位。1943年获得博士学位后到格丁根大学进修，靠教中文维持到第二次世界大战结束。战后，程其襄设法辗转经汉堡至意大利那不勒斯，然后搭英国轮船于1946年回到上海。回国后，程其襄立即被同

图1

济大学聘为数学教授，任数学系主任。1951年，又兼任理学院代理院长。1952年院系调整时，数学教授多半并入1951年刚开办的华东师范大学数学系。此后他一直在华东师大任教，直至退休。程先生于1956年加入中国民主同盟。历任上海数学会秘书长、副理事长，上海逻辑学会顾问。他还长期担任教育部理科数学教材编审委员会委员。2000年因病去世，享年九十一岁。

名言：
- 笛卡儿说"我思故我在"，我还要说"我在故我思"。
- 人之异于禽兽，在于有预见性。
- 天安门上有国徽，国徽里有天安门，那个天安门上又有国徽，国徽上又有天安门。在数学上，就形成了区间套。

一、博学多思

程其襄先生的博学，令人吃惊。他从复变函数论入手，研究泛函分析，继而涉及积分论。晚年转向数理逻辑学，研究非标准分析。他熟谙德语，通晓英语、日语，熟悉法语、俄语，梵语和拉丁语。译本《马克思数学手稿》，程其襄先生是主要参与者。其他如希尔伯特的名著《几

编者注：原文载于《师魂 华东师范大学老一辈名师》(华东师范大学出版社，2012年出版)。

何基础》、《德汉数学名词》等的审校工作,曾花费了他的大量精力。由于懂得佛学和梵文,他曾经到上海的静安寺进行学术交流。文革时期,李锐夫先生等翻译《微积分学史》时,有许多拉丁文段落,常常请程先生帮忙。

晚年因研究自然辩证法,注意到"非标准分析",进而深入到数理逻辑的研究。1978年招收数理逻辑方向的研究生。

改进黎曼积分是程先生的关注的热点。文革期间,纯粹数学无人问津。但是他在跑图书馆时注意到了一种新出现的"非绝对积分"。1979年去西北师范大学讲学时,在国内首先介绍"汉斯多克积分(Hanstock Integral)。随后西北师大的丁传松教授即开始非绝对积分的研究,后来邀请汉斯多克的学生——新加坡南洋大学的李秉彝先生来华合作,在中国形成了一个新的研究方向。

从1960年代开始,参与《辞海》、《大百科全书(数学卷)》的编写。《辞海》里的数理逻辑学词条,多半是由他撰写或校订的。1993年,远在纽约市立大学攻读数学史博士学位的许义保来访,收集中国在"非标准分析"上的研究情况,事关数理逻辑,程先生是最主要的当事人。

程先生的许多奇思妙想,也引人注目。早年讲授数学分析里的区间套定理,他就说天安门上有国徽,国徽里又有小天安门,小天安门里又有小国徽,如此继续,最后趋向于零。这是一个绝妙的比喻。当然,在文革时期,免不了要被上纲上线,批判一通。

还有一个问题至今无人解答。程先生问:"一个三角形,作高后分成两个三角形,这条高只能属于其中的一个三角形,另外一个三角形岂不是缺了一条边吗?"这实际上是问:我们常常说的三角形,究竟是包括三条边在内,还是不含边的? 这样的问题,很难回答。也只有像程其襄先生这样博学所思的学者才会注意到。

二、严谨深思

程其襄先生对中国数学教育事业所做的贡献,集中于《数学分析》课程的建设。具体表现在以下三点:

(1) 1953年起,招收"数学分析研究生班",连续6届。为全国高等师范院校数学系培养了上百名《数学分析》课程的师资。

(2) 1954年,受教育部委托,编制高等师范院校《数学分析》课程教学大纲。这份大纲,建立了以"ε-δ语言"表述的严谨分析体系。改进了解放前使用不甚严谨的英美教材带来的缺陷。这份大纲的基本内容和要求,一直影响到今天。

(3) 1980年代,华东师范大学数学系受命主编《数学分析》教材,由程其襄先生担任主编。这是一本发行量很大,使用面极广的基础课教材。由于"体系科学,编排合理,取材适当,叙述严谨,文字流畅",1987年荣获"国家级优秀教材"奖。当时获此荣誉的数学教材一共只有十种。

可以说,一个研究班,一份大纲,一本教材,其影响遍及全国师范院校的数学系,这份贡献是历史性的。

程先生在"数学分析研究生班"上主讲的《分析选论》课程，大多取材于德国的数学著作。其中的实数理论，戴德金分割，有限覆盖定理，局部线性，黎曼积分的存在定理，曲面面积，外微分形式，都有全新的处理。原始的思想、理论的构建，精致的反例，使人流连忘返。程先生常说："仙人会点石成金，将两个弟子手里的石头都点成了金子。第三个弟子，不要金子，却想要仙人的'手指头'。我们要学第三个弟子"。在研究生班的学生圈子里，流行的说法是"程先生是数学分析的'程圣人'。"

程先生讲话带四川口音，声音不算洪亮。板书密密麻麻，经常用手擦黑板，浑身粉笔灰。他备课非常认真，却不写讲稿。要点写在香烟纸壳的背面，偶尔看一下，主要靠自己当场思考，展示思考过程。这使得学生们受益良多。确实，教师的表达固然很重要，但是更重要的是学术内涵，在"研究班水平"就更是如此。

图2　1979年程其襄与其学生们的合影（前左起游若云、郑英元、邱达三、程其襄、丁传松，后张奠宙、方初宝）

程先生曾经深刻地指出，微积分的精髓在于局部性质和整体性质的统一。局部分析得透彻，整体性质才能揭示得深刻。微分中值定理之重要，在于它是从局部过渡到整体的桥梁。1991年，数学大师陈省身在接受笔者采访时也说[①]："微分几何趋向整体是一个自然的趋势，令人意想不到的是，有整体意义的几何现象在局部上也特别美妙。"这使我联想起，程其襄先生对微积分也说过类似的话，进一步觉得这样的领悟真是弥足珍贵。实际上，像局部与整体这样的话，本来是微积分的核心思想，但在微积分教科书上却是找不到的。

三、慎行独思

程其襄先生不善交际，淡泊名利，一生慎行独思。新中国成立之前的1949年8月，中华全国自然科学工作者代表会在北京清华大学召开。到会的数学家在颐和园开会筹备中国数学会。当时公推傅种孙、江泽涵、段学复、苏步青、姜立夫等17人为常务干事，代表上海出席的程其襄名列其中。这当然是很重要的事情，但他绝少提及。

1952年，华东师大数学系成立，系主任是孙泽瀛先生。程其襄是同济大学数学系的系主任，到师大后只任分析教研室主任。但是他毫无怨言。华东师大数学系的老教授们有一个十分优良的传统，就是彼此精诚团结。程先生就是一个榜样。

程先生平生慎言少语，低调行事，不爱张扬。但有两次不得不介入政治活动。一次在二战时期的德国，另一次是在1957年的"反右"时期。

[①]《陈省身文集》，华东师范大学出版社，2002年，第57页。

程先生第二次到德国,正是中国的抗日爱国运动风起云涌,德国的希特勒法西斯统治气焰嚣张的时刻。程先生做出了自己的政治选择。那时,程其襄先生是"旅德华侨抗日联合会"的活跃成员。1937年,杨虎城将军到德国作"西安事变和国家形势"的报告,程其襄等积极参与筹备,冲破了国民党外交人员多方阻挠,欢迎杨虎城将军的到来。在这一时期,程其襄和乔冠华交往甚多。当时,乔冠华为"旅德华侨抗日联合会"的《会报》编辑稿件,程其襄也在《会报》工作,目相过从。1937年除夕,程其襄兄弟和抗日联合会的工作人员,同在乔冠华处庆祝新年,通宵达旦。乔冠华在都宾根大学的博士论文《庄子哲学的一个叙述》,解放后乔冠华自己家里已没有了,程其襄处却保留着珍贵的一份。1939年,国际反侵略援华大会在英国伦敦召开,程其襄代表德国华侨参加,并在那里和吴玉章同志相识。

希特勒法西斯统治下的德国,数学事业被摧残殆尽。程先生师从两位导师。一位是当时德国数学的领导人物是比伯巴赫(L. Bieberbach),提倡的口号是带有种族主义色彩的"德意志数学"。凡犹太籍数学家的工作,一律排斥;认为只有比伯巴赫等人的工作,才是德意志数学的正统。程其襄曾亲见比伯巴赫在上课时,身穿纳粹制服,右手上举,高喊"希特勒万岁"。当时的气焰不可一世。但是程其襄先生有自己的独立见解,不愿意附和"德意志数学"。他依然接近犹太数学家。对他影响最大的是另一位导师、数学名家施密特(E. Schmidt),就是犹太人。

另一次被迫介入政治是在1957年反右期间。当时他是民盟的成员。在民盟的鸣放会议上,说了一些分量很重的话。例如,他说:"人之异于禽兽在于有预见,领导做事要有远见,不能只看眼前。"这样的话自然是很容易上纲上线的。当时的校党委书记常溪萍同志不在理科各系的教授中划右派。为了解套,就特别把一些有各种"不当言论"的民盟成员召集在一起,要求到会者和一位"已经划为右派民盟成员划清界限",说几句批判性的话,就可以过关。程先生就是其中之一。程先生回忆说,当时好几位先生都表了态。主持人对我几番催促,多次暗示,自己思想斗争很激烈,但最后还是没有张开嘴,不愿意违心地说话,一直沉默到会散。这样做后果可以很严重。不过最后党委书记还是惜才,不忍心下手,只把程其襄先生归为有"有严重右派言论"的一类,俗称"石派",意思是再"出头"一点,就是右派了。

1989年,程其襄先生以80高龄退休。在祝寿会上,复旦大学的严绍宗教授,上海师大的应制夷教授,以及许多老学生从全国各地赶来庆贺。

晚年的程先生,生活简朴。祝寿会上仍然是一套中山装。他喜喝咖啡,是在德国生活多年养成的习惯。几次设宴招待朋友,也是到"红房子"西餐馆。从不参加任何体育活动,却爱好围棋。1950年代,曾在上海高校圈内参与对弈。其中一位是杨振宁的父亲杨武之。1988年,我从柏林开会归来,带来一些柏林的老照片,他很兴奋,动过回德国看看的念头。他的两个孙子,都是读数学的,后来也都去了美国,几次邀请他去美国看看。但是由于前列腺增生,旅行不便,最后都没有去成。

程先生离开我们已经十年了。他的一生,没有跌宕起伏,看不到波涛汹涌,落差千丈。他像一条小溪,浸润着周围的土地。回首往事,程先生以他的深沉思考,在华东师大数学系的历史上,留下了一段美丽的风景。

图3 1989年12月,华东师范大学庆贺程其襄八十华诞(站立者为主持人张奠宙,向右依次为程其襄,复旦大学严绍宗教授、上海师范大学应制夷教授)

学贯中西 高雅平和
——记数学家李锐夫先生

张奠宙

图 1

小传：李锐夫(1903—1987)，原名李蕃。浙江平阳人。著名数学家。1903年10月7日生于平阳项桥乡李家车村(现钱库镇)。1925年考入中央大学的前身东南大学。毕业后先后在常州中学、广西大学、山东大学任教。1930年任重庆大学教授。1946年赴英国剑桥大学进修两年。归国后任暨南大学、复旦大学、交通大学教授。1951年任新成立的华东师范大学数学系教授，兼任副教务长。1960年起任副校长，1962年又兼任上海市高教局副局长。同时，任《华东师范大学学报》(自然科学版)主编、《辞海》编委和数学分科主编、上海市数学会副理事长。所从事的整函数理论研究列入1956年的国家科学技术发展规划。历任第五、六届全国人民大会代表；第三、四届全国政治协商委员会委员。民盟成员。1986年以83岁高龄加入中国共产党。次年病逝于上海。

名言：
- 我是"三书"子：一辈子"读书，教书，著书"。一生教书，为年青人做点事，仅此而已。
- 清白做人，以礼待人。

一、年轻时崭露头角：大学一年级开始写天文学著作

李锐夫自幼熟读经史，精通古文。练得一手好字，尤其擅长于隶书和魏碑。华东师大早先的数学馆、《数学教学》杂志的刊头，都是李先生的手迹。

他小时就读当地的浙江省平阳钱库小学。在家乡普遍重视学习数学的浓重氛围下，从小就喜爱钻研数学。少年时夏夜乘凉，随长辈们观望天空识别星座，听说有关天上人间的民间传说和故事，为他以后探讨天体问题种下种子。后去温州城里住读浙江省立第十中学(今温州中学)时，对天文学极感兴趣，多方设法寻找天文学资料和参考书进行自学，除数学成绩优秀外，在天文学方面也打下良好基础。

1923年，李锐夫从温州中学毕业时，在家乡盛行重视数学的社会氛围下，即下定"立志攻

编者注：原文载于《师魂 华东师范大学老一辈名师》(华东师范大学出版社，2012年出版)。

读数学,和一辈子做一个名教师"的宏愿。

1925年,李锐夫考入当时的东南大学(后改名南京国立中央大学,现南京大学)数学系。在大学求学期间,由于对天文学极感兴趣,遂进行自学研究。当时,中国天文学界精于测算,但对天体的演化,太阳系的形成和行星的运行等,均还没有理论的概括和叙述。李锐夫则以数学为工具,对国内极少涉及的彗星、流星、宇宙尘和地球的演化等问题进行探讨。在大学一年级,就编写了小册子《日球与月球》,第二年由商务印书馆出版,并被列入王云五主编的《万有文库》。这是我国理论天文学的早期著作之一。两年后,在大学三年级时,又编写了《太阳系》一书。当时商务印书馆已付排此书,因"一二·八"淞沪战争爆发而停印。直到1935年,才重新整理改由正中书局出版。此书被天文学界认为是描写太阳系的最详尽之作。

此外,他还在当时的《科学》和《中央大学学报》等刊物上相继发表有关天体演变方面的学术论文。鉴于他对天文学领域的早期贡献,解放后他曾长期被推选担任上海市天文学会副理事长。

二、"李蕃三角"风靡全国

1929年,李锐夫从南京国立中央大学毕业,获理学士学位。之后,先曾在江苏省立常州中学等校任数学教师,教绩甚佳。当时,常州中学曾破例为他配备助教,协助他批改学生作业。作为一名中学数学教师,他敏锐地看到当时"三角学"课程的重大缺陷:只能处理180度以内的角。1935年,他为高中所写的《三角学》一书,由商务印书馆出版。该书在国内首创从任意角出发讲授三角函数,人称"李蕃三角",一时风靡全国。现今许多有名学者,在不同场合均表示曾受益于此书。

三、36岁成为重庆大学数学教授

1934年,李锐夫曾应聘到广西大学任教一年。次年去山东大学数学系任讲师。抗日战争爆发,李锐夫和同事们陆续撤退,并结识刚刚从日本留学回来的孙泽瀛先生,多方给予帮助。1937年底到达重庆,在重庆大学任教。学生中有曹锡华,后来是著名的代数学家。孙泽瀛和曹锡华后来都是李锐夫在华东师大的同事。

1939年,重庆大学聘任李锐夫为数学教授。当时的中国高等教育圈内一条不成文的潜规则是,只有曾经留过洋的或是有政治靠山的,才有可能被提升为教授。但李锐夫既未曾出国留学,又没有政治背景,完全是凭着自己优异的学术成果和教学业绩,成为一名年仅36岁的年轻教授。这一聘任,曾经轰动一时,对于在国内成长的广大年轻的教师,是一个无声的鼓舞和激励。1937年8月,李锐夫翻译的美国普林斯顿大学的数学系主任范因(Fine)所著的《范氏微积分》,由正中书局刊行。由于范因另有一本《范氏大代数》在国内流传很广,使得《范氏微积分》也广受关注。直到1970年代港台地区还在继续重印发行此书。

四、支持进步的学生运动

李锐夫热爱祖国，一生清白高洁。在旧社会，他憎恨反动派，不愿做官，保护进步青年，支持学生爱国运动。1941年夏，重庆大学的学生们要求民主自由，遭到军警弹压。李锐夫站在学生一边同情和支持学生们的正义斗争，同时建议一些优秀学生到其他更好的大学数学系去学习，其中包括曹锡华。曹锡华从重庆到湄潭，转入了浙江大学。后来曹锡华长期担任华东师范大学数学系的系主任。李锐夫本人也离开重庆，出任贵阳师范学院的数学系主任。1942年，进步学生反对国民党的独裁统治和对日的不抵抗政策，发生学潮。数学系学生何尊贤因参加和领导学生运动，国民党政府下令要学校开除该生。他挺身而出力排众议，向校长说："何是品学兼优的学生，不应开除。如果校方坚执己见，我将带领全数学系教职员工集体辞职。"校方不得已改变决定，致使当局不敢加害于何。后来，何去了延安，解放后曾担任贵州省数学学会副理事长。回忆这段往事，何尊贤深情地说："这件事是我一生中最难忘的，假如没有李先生的保护，后果不堪设想。"

五、拒绝在申请去美国的文件上按手印

1945年，抗战胜利在望，当时的教育部拟在各大学中选送一批优秀学者赴国外公费进修。李锐夫以出色教学和科研业绩被选中。初时确定他去美国，但在办手续时美方要求中国人在申请签证时按十指指印（对西方人没有这一要求）。这种歧视性的要求，李锐夫断然拒绝，表示宁可不去也决不按手指印。

教育部为了打破僵局，遂改派他赴无需按指印的英国访学。1946年，李锐夫以访问学者身份赴英国剑桥大学进修二年。在著名数学家李特尔伍德教授指导下，从事复变函数论研究，专攻整函数。两年中，他了解了国际数学研究的新潮流，获得一项与德国数学家兰道一致的科研成果，可惜未能发表。两年进修结束后，李锐夫于1948年春准时回国，先后曾担任复旦大学、暨南大学、国立交通大学的数学教授。

在英国进修期间，他处处考虑到自己是位中国教授，应有教授的风度。比如上街乘坐电车，他一定要坐头等车，因为坐三等车会失中国教授的面子。解放前夕，美国一大学下聘书，要聘他为"讲师"。他认为决不可把中国教授降为美国讲师，决然拒聘。

六、为新中国教育事业服务

新中国成立时，李锐夫担任复旦大学教授。1952年院系调整时，奉命从复旦大学调到华东师范大学任数学系教授兼副教务长。1953—1958年，他在华东师范大学连续主持五届数学分析研究班和复变函数进修班，为我国培养了上百名中青年大学数学教师。后来，其中大多数人都成为我国各高校数学系的主力骨干。

1956年,国家制定《12年科学技术发展纲要》,其中的一个项目是"整函数与半纯函数",由李锐夫和程其襄两位先生负责。此后,华东师范大学数学系一直是国内复变函数论研究的一个重要据点。李锐夫长期担任教育部的理科力学教材编审委员会副主任。受教育部委托,1956年,负责制定全国高等师范院校"复变函数论"课程的大纲,1960年又主持制订全国高等师范院校数学类的统编教材大纲。他与程其襄教授一起编写的《复变函数论》,是高等师范院校统编教材之一。此书先后重版多次,至今仍被一些大学采用。

1957年,毛泽东主席来上海接见了上海科学、教育、文学、艺术和工商界的代表人士,和他们进行了亲切的交谈,围桌闲话约两小时。李锐夫应邀参加接见。参加这次谈话的还有谈家桢、周煦良、殷宏章、汪猷、应云卫等名家。

1960年起,李锐夫担任华东师范大学副校长,1962年又兼任上海市高教局副局长。同时,任《华东师范大学学报》(自然科学版)主编。期间,还曾任《辞海》编委和其中"数学科"主编,逐条审阅和修改其中的词目。

长期以来,他对数学教育也倾注了无限的热情。解放后,他曾任上海市数学会副理事长,多次主持和组织上海市数学竞赛。1957年,他创办了由华东师范大学出版的《数学教学》期刊,并任首任主编。

"文革"期间,李锐夫横遭迫害,身心受到严重摧残。但他始终坚信"这种违背事理的局面不会太久,总有一天会雨过天晴",对祖国的前途充满信心。因此,在逆境中仍坚持工作。李锐夫精通英语,曾主持翻译了英国中学数学教材《SMP》共12册。文革后期,李锐夫主持翻译

图2 庆贺李锐夫八十寿辰留影。中排左起:徐小伯,曹伟杰,程其襄,李锐夫,张奠宙,郑英元,张雪野。后排左起:盛莱华,华煜铣,戴崇基,魏国强,吴良森,吴伟良,王宗尧,沈恩绍。前排左起:胡善文,庞学诚,嵇善瑜(右二)及研究生

波耶(Karl B.Boyer)著的《微积分概念史——对导数和积分的历史性的评论》。翻译该书时还在文革之中,到 1977 年方由上海人民出版社正式刊行。当时署名的译者是"上海师范大学数学系翻译组"。那时,华东师范大学和上海师范学院合并,成立上海师范大学(文革后又分开)。用集体的名义署名"××翻译组",乃是当时的通行做法。其实该书的主要译者是李锐夫先生。翻译家周克希先生(时任华东师大数学系教师,擅法文、英文等。后来调入上海译文出版社,重译《基督山伯爵》等)也投入很多。程其襄先生懂德文、拉丁文,也是翻译工作的重要参与者。此书现在已经成为研究微积分学历史的经典著作,被大量引用。

十年浩劫结束后,他已 73 岁高龄。1978 年,李锐夫开始招收函数论方向的硕士研究生。他和中青年教师一起,在整函数的 Borel 方向和半纯函数值分布等方向的研究上,获得一系列的具有创见性的成果。为了扶植年轻人,他从不在论文上署名。论文发表在国内外一流的刊物上,受到国内外同行专家的好评,华东师范大学的函数论研究因而逐步达到全国的前列。在国际上也产生了一定的影响。他和戴崇基、宋国栋一起,编写了研究生教材《复变函数续论》,在高等教育出版社出版。1985 年,还招收了数学教育方向的硕士生 3 名。

七、"以礼待人"与"绅士"风度

"以礼待人,真诚相见",是李锐夫的做人信条。他仪表整洁,待人接物彬彬有礼,一见面就给人亲切的印象。他的生活方式是中西结合,择善而从。既讲究中国式的礼貌,也借鉴英国式的绅士风度。他上课时会穿笔挺的西装,也会穿传统的长袍。他的板书,苍劲有力,写得一丝不苟,具有中国传统的书法之美。奇怪的是,上完课之后,全身上下没有一点粉笔灰,依然风度翩翩。他对帮助他改研究生班习题本的助教说:"你改好习题本,要亲手交到学生手里,不能一抛了事。英国的售货员,找零的时候,一定要把钱放到顾客的手里,不可以摆在柜台上,更不可以丢下拉倒。这是对人的尊重。"我们看到的李师母,贤惠善良。她早年缠过小脚,还是典型的南方中国妇女装束。每次客人来,无论年长年幼,辈份多高多低,师母总要奉上一杯茶。所以与他合作多年的老友程其襄教授说:"和李先生谈话,如坐春风"。

由于凡事设身处地地为他人着想,使得他的同事、学生和朋友,以至为他看过病的医生、护士、给他开过车的司机或家里的保姆,都尊敬他。他们在有事或有困难时,都乐意找他交谈商量,请他帮助分析处理。总之,与他有过接触的人,都有一个共同的感觉:他是一个可信赖的朋友,一位德高望重的长者。他以雍容大度的风采,获得同事和国内外友人的尊重和高度评价。

他治学严谨,既教书又育人。不仅重智更为重德,以此来培养学生的科学精神。当个别研究生工作松弛时,他就亲自找来谈话,指出做一名人民教师应有的职责,做到真正为人师表。他始终认为不论担任什么职务,自己都是一个数学教授。为此,他常称自己是"三书子"(即一辈子"读书,教书,著书")。在他生命的最后时刻,总结说:"我一生教书,为年青人做点事,仅此而已。"

他在担负领导的工作中,严以律己,坚持原则立场。对不正之风深恶痛绝,凡是请他"写条子"和说情的事,总是要碰壁的。

　　对于子女,他都给以无限的关爱,但总竭力主张由他们自己去奋斗,不能依赖他而生存。他说:"把他们培养到大学毕业,是我的职责,也是送给他们的最大礼物。"为此,他特意写了这样一副对联:

　　宝剑锋从磨砺出,

　　梅花香自苦寒来。

勉励他们要勤奋学习,努力工作。

　　李锐夫是一位活跃的社会活动家。曾历任第五、六届全国人民大会代表,第三、四届全国政治协商委员会委员。他是中国民主同盟的老盟员,曾任中国民主同盟中央委员,民盟上海市二、三、四、五届常委、副主任。他还是上海市第三、四届人大代表,第二、三、四、五届上海政协常委等。在他83岁高龄时,加入了中国共产党。

　　1987年1月26日李锐夫在上海病逝,享年84岁。

怀念石生民先生

张奠宙

石生民主编逝世已经三年了。每看到《中学数学教学参考》杂志，眼前就会浮现他的身影，并且很自然地望望我的陈列柜。那里的显著地位，放着我七十岁时他送的一座玉雕。

石生民主编是我国数学教育的中坚人物，为提高数学教育教学质量做出了不可磨灭的贡献。我自己也曾是一本数学教学杂志的主编，觉得有许多方面值得向他学习。

办杂志要为读者服务，这是人所共知的常识。但是如何为读者服务，却有各自不同的认识。我任主编时，主要考虑自上而下地宣传党的方针政策，组织名人的稿件，提供难题的解答等，这当然是必要的。但是石生民主编则更加注重研究读者的切实需要，和中学教师开展互动，从而使刊物更接地气，显得生气勃勃。我记得，每年高考题的分析和评论，一堂公开课的研磨和评说，组织中学数学教师开会研讨交流，都是《中学数学教学参考》首创，或者是创新性地加以完善发展的。更重要的是，在这些群众性的活动中，没有做应试教育的尾巴，而是因势利导，宣传正能量，适切地体现素质教育的方向。在这方面，我觉得自己在认识上与石生民主编有不少差距，应该向他学习。

中国数学教育走出了自己的道路，在国际上有很好的声誉。这是千千万万数学教育工作者的努力成果，其中包含着以石生民主编为首的《中学数学教学参考》的同仁的努力。希望在今后的岁月里，我们能够进一步发扬石生民先生的创新精神，将教学杂志越办越好，更好地为广大读者服务。

编者注：原文载于《中学数学教学参考》(2018年第3期第66页)。

贺《中学数学月刊》创刊 20 周年

张奠宙

《中学数学月刊》是全国数学教育界的一份核心刊物,在改革开放的年代里发挥着重要的导向作用,一批优秀的中学数学教师正是从这份刊物中找到了努力的方向和自己的地位。《中学数学月刊》不仅属于江苏,而且属于全国。值此创刊 20 周年之际,请允许我代表数学教育界的同行、各兄弟杂志表示诚挚的祝贺。

我以为,《中学数学月刊》之所以成功,在于她坚持了正确的方向,这就是"面向基层,服务教师,注重教学,推动改革"。我作为上海《数学教学》杂志的主编,深知面向数学教学第一线教师的重要性和艰巨性。深入地体察教学的状况,敏捷地反映教师的需要,杂志才能和读者同呼吸、共命运。《中学数学月刊》高峰时期所达到的发行数,是我们难以想象的。今天,我们看到的 9 月号,及时地对 7 月高考考题进行深入的剖析,有好说好,有不足说不足,难能可贵。在面向基层教师这一点上,我们要好好向《中学数学月刊》学习。

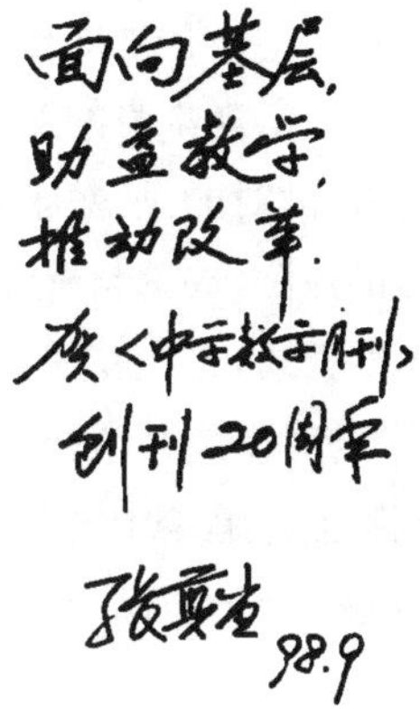

现在,我们正在进行教学改革,把素质教育的要求落实到数学教学领域中去,任重而道远,让我们共同努力,为创建适应 21 世纪社会发展需要的数学教学新局面而奋斗。

图 1

编者注:这篇祝贺短文及所附题词原载于《中学数学月刊》(1998 年第 11 期第 1 页)。

《高等数学研究》创刊 50 周年有感

张奠宙

50 年前,我国的数学界正在"全面学习苏联"。高等数学的教学也打上苏联数学的印记。微积分教学的总趋向是严密化、形式化、逻辑化,以能够运用 ε-δ 语言为时尚。"数学是思想的体操"成为数学教学的首要目的。这些教学传统至今仍有其积极的作用。

现在,50 年过去了。微积分仍然是微积分,但是微积分教学面临变革。大学扩招是外部因素。数学观本身的变化则是内因。当我们走出"形式主义"数学哲学和布尔巴基学派光环的时候,面对的是"数学建模"、"数学应用"、"数学探究"的浪潮。经济学的"边际"概念,增量分析的提法,局部与整体的矛盾分析,渐渐成为微积分教学的组成部分。"极限-连续-导数"的不变模式,也正在受到挑战。

"与时俱进",微积分教学也不例外。《高等数学研究》在这方面做了许多好的工作。我祝愿刊物能在继承中国高等数学教学优良传统的同时,面对现实,勇于改革,为新时期高等数学教学做出新的贡献。

编者注:这篇祝贺短文原载于《高等数学研究》(2004 年第 5 期 T13 页)。

关于《数学教育学报》文风的建议

张奠宙

摘要：《数学教育学报》是中国数学教育最高学术水准刊物，因此，《学报》应在文风上做出榜样。为此，应做到：论文应以创新为第一要旨；研究性论文必须符合国际上通用的学术规范；上通数学，下达课堂；把"一般文章"和"研究论文"严格区别开来；把写研究论文和写著作区别开来；注意引用文献；文章不需要用客气话。

一个学科的文风，往往能反映该学科的学术水准以及它的成熟程度。作为我国数学教育最高学术水准的《数学教育学报》，当然要在文风上做出榜样。为了提高学报的学术质量，不揣冒昧，提出以下建议，并与大家共勉、共律。

一、学报论文以创新为第一要旨

没有创新的论文，不宜在《数学教育学报》刊登。在论文摘要中，务必说明投寄文章的创新之处。审稿者也宜从创新角度提出意见。除非特别需要，本《学报》不发表综述别人成果的文章。把前人工作和自己的见解混在一起的论文，应予退回，请作者突出说明自己的创新之处。

二、研究性论文必须符合国际上通用的学术规范

（1）前人已有的结论是什么？尚没有解决的问题在哪里？（2）研究的目的和要解释的现象是什么？（3）研究的方法。（4）本人的新结论及其成立的证据。（5）进一步的问题和挑战。（根据 M. Niss 于 2000 年国际数学教育大会的报告归纳）作为学术论文，特别是硕士、博士论文，必须符合研究性论文的学术规范。问题不清，方法不对，证据不足，是当前许多学位论文的通病。

三、上通数学　下达课堂

数学教育的论文，不能等同于一般的教育学和心理学论文，也不可以仅仅是教育学结论

编者注：原文载于《数学教育学报》(2002 年第 4 期第 98 页至 99 页)。

加上数学例子的验证。数学教育论文的根本任务是揭露数学教育的特殊规律,以及一般教育学规律和数学教育实践相结合的成果。数学教育的研究论文,应该和数学相通,又能够应用于课堂。

四、数学教育的创新论文

一般有 3 种类型:

(一) 研究性论文
其学术规范如第二点所示。《学报》应当主要发表此类论文。

(二) 思辨性论文
可以是展示全新的、前人没有讨论过的新观点,也可以提出与前人不同的观点,进行评论和争论。新的论点需要有论据、实例等作为支撑。有些随意的"思考"、"想法"、"体会"之类的文章,如果没有论据加以支持,只能是一种言论而已,不宜作为学术论文发表。

(三) 新案例、新调查、新报告
这不是学术论文,只是一种新情况、新现象、新事实的报道。这种报道,必须是真实的,有时间地点人物,具有原始资料的价值。

以上 3 类文章,在《学报》上最好应分栏处理,不要混在一起,一锅煮。

五、数学教育研究成果的呈现形式

目前大约有以下几种:

(一) 概念性探讨
提出新的概念、术语、定义,构建概念链,形成某种理论形态。主要依据实验的结果进行推理分析。

(二)
将学生和教师的行为提出相应的模型和模式。对经验事实给以某种合理的解释,形成解释性理论。运用大量案例进行论证。

(三)
国际比较分析。大规模的调查,原始资料的积累。主要采用统计方法。

(四)

思辨性的评论、反思、总结。主要依靠哲学思考,社会的、历史的分析,定性和定量的综合论说。

(五)

从数学本质上进行研究,揭示数学教育内容的科学价值和人文意义。

以上归纳是不完全的。但是,我们在这 5 个方面的工作太少,大约是事实。

六、把"一般文章"和"研究论文"严格区别开来

通常的解题文章、经验总结、学习体会等文字,只是普通的言论,不宜笼统地称为"论文"。因为此类文章中,多半内容是前人已经做过的,国家政策已经明文宣布的,世界上的数学教育研究已成定论的,自己的见解很少,说不上什么创新。由于大家交流的需要,可以发表在通俗数学教育报刊上。但是,那不是论文,不可以发表在《数学教育学报》上。顺便说说,在国外要升职称,主要看研究性论文,一般文章单独列开。如混在一起,是违例的。

七、把写研究论文和写著作区别开来

论文以创新为主,写书则是传达、总结前人的成果,使读者比较容易理解,获得比较系统化的知识。专著可以有创新,但是一般不能发表在《学报》之类的学术刊物上,尽可以到出版社去出版。至于像写专著那样写论文,把别人的和自己的混在一起,不符合研究性论文的学术规范。

八、注意引用文献

研究性论文必须十分注意引用前人的工作,注明文献的出处。这是版权意识,也是对别人劳动的尊重。现在数学教育的文章,别人的理论、观点、案例、问题大都不加注明,"你的也是我的,我的还是我的"。哪怕别人构思一道数学题,短短几行,也是费尽心机,我们怎忍心随便拿来? 实际上,你尊重别人,别人也尊重你。什么时候大家都尊重"著作权"了,数学教育研究事业也就随之繁荣起来了。目前有种流行做法,把作者收集的有关文献,不管自己看没看过,一股脑列在文章后面。至于你引用了哪本书的哪一节、哪一页,只字不提,这也是不可取的。

九、文章的写法总是像给别人做注解

中国文人历来给经典作注,连朱熹这样的大学问家也只是作《四书集注》。我们的文章,

总是先引一句外国名人的话,或者重复一段流行的套话,然后举一个例子,证明洋人和套话是正确的,自己的文章也就做完了。如此下去,还有什么创新可言。创新总要有所突破,"发前人之所未发",才是正理,何必老是为他人作注解呢?

十、学报的文章不需要用客气话

诸如"浅论"、"初议"之类。除非是"考古发现"等首次进行研究的课题,一般是不可以用的。学术研究是以科学的客观证据说话,不是个人提点意见,需要一点谦虚。既然作者自己觉得"浅",那么研究深一点再来投稿岂不更好?有些因"没有什么准备"谈谈自己"思考"之类的文字,最好也不要投《学报》。

《数学教育学报》的筹办、发展与展望

庹克平　张奠宙

摘要：《数学教育学报》创刊近 20 年。从创刊经过困难时期发展至今，走过了艰辛的道路，现已发展为数学教育研究的高级学术性杂志，列入全国核心期刊。目前由全国六十多所学校共同集资承办，实行董事会领导下的主编负责制，编辑部设在天津师范大学。

春来柳绿江南雨，秋去黄漫北国风。《数学教育学报》（以下简称《学报》），从提出筹办方案(1987)、试刊、创刊直到现在进入全国中文核心期刊行列，已经历了 20 个春秋，试刊初期只有 23 个董事单位，到现在已经发展为 63 个董事单位（包括两个主办单位，10 个协办单位），当时的编委仅限于中国内地，今天的编委扩至美国、日本、新加坡、港、澳、台等国家和地区。取得现在的成绩，是《学报》全体同仁团结一致，集体协商，相互支持，共同努力，披荆斩棘的结晶。

回顾 20 年曲折、艰辛的道路，我们觉得有责任把所知道的《学报》历史写下来，供后人研究思考。

一、《学报》的筹办阶段

（一）《学报》筹办的发端——《中国数学教育研讨会》

1985 年，天津师范大学数学系 7 位教研室主任经过充分商议，决定横向联合，集体攻关，成立数学教育研究室，这一不同寻常的举措得到校系领导的大力支持。1986 年开始招收数学教育研究生。为了推动数学教育研究，大家深感筹办《数学教育学报》的必要性和紧迫性。于是决定召开一个高层次学术会议，希望得到名校、名家的支持，共同筹办《数学教育学报》。

中国联合国教科文组织全国委员会秘书长曹元聚（原天津师范大学数学系党总支书记）十分重视数学教育，对我们的想法很支持，表示要为大会资助 3 000 美元。时任国家教委师范司司长的金长泽先生认为师范院校应大力加强学科教育，也热情支持会议的召开。此外，天津师范大学也出资 3 000 元，用以出版大会论文集，这在 1980 年代，是一个很可观的支持。

1987 年 8 月 10 日～15 日，在天津师范大学召开了"中国数学教育研讨会"。这是一个高层次、权威性的学术会议。曹元聚秘书长、金长泽司长，以及数学教育界的专家、学者王梓坤、马忠林、梅向明、王鸿钧等近百人到会。

编者注：原文载于《数学教育学报》(2006 年第 2 期第 1 页至 4 页)。

著名教育家顾明远教授、著名心理学家沈德立教授、南开大学副校长胡国定教授向会议的召开表示衷心的祝贺。

会议十分成功。与会代表出于中国数学教育事业发展的需要,经过充分讨论、协商,决定筹办《数学教育学报》。筹办方案如下(全文刊登在会后出版的《中国数学教育研讨会论文集》):

(1)《数学教育学报》是全国性的数学教育研究的学术刊物。

(2) 刊物由北京师范大学、华东师范大学、东北师范大学、天津师范大学等若干所高师院校联合举办。天津师范大学为主办单位。

(3) 办刊经费由以上院校联合筹集。

(4)《学报》设立编辑委员会:

主编单位:北京师范大学(联系人:曹才翰)

副主编单位:华东师范大学(联系人:张奠宙);东北师范大学(联系人:刘凤璞);天津师范大学(联系人:庹克平)

编辑委员会由以上4位同志根据各方面意见筹组。在天津师范大学设立编辑部负责日常编辑事务工作。

(5) 1988年争取出版两期试刊。

(6) 全国高师数学教育研究会表示愿意参加协办。

中国数学教育研讨会全体代表
1987 年 8 月 15 日

马忠林、王鸿钧两位前辈对《学报》筹办工作的热情关怀、积极支持起了关键性的作用。曹才翰先生对《学报》的办刊宗旨、编辑方针、栏目设置等重大问题都提出了非常重要的意见和建议,为提高《学报》的品位和质量付出了许多心血和艰苦劳动,在《学报》的创刊和发展的初期作出了重大贡献。刘凤璞、张永春、吕传汉、关成志等同志也作了基础性的贡献。

(二) 试刊

按照研讨会的决议,作为编辑部所在的天津师范大学负起了试刊以及申请期刊号的实质性工作。具体地说,真正的担子压在数学教育研究室的7位同志(鲁又文、华民、陆克毅、张文贵、雪家雄、孙高明、庹克平)身上。他们先后拜访名家,得到了苏步青、王湘浩、王梓坤3位院士的关怀和支持,欣然答应担任《学报》的主编和名誉主编。

接着召开了第一届《学报》董事会,确定了编委会的主要人选。第一期试刊——《数学教育科学论文集》(1988—1989)和第二期试刊——《中国数学教育科学论文集》(1990)先后出版,编委会名单及正副主编名单见于创刊号。编辑部主任为鲁又文、陆克毅和张文贵。

在这两期刊登的文章的主要作者有:徐利治、张奠宙、曹才翰、王鸿钧和郑毓信等二十余人。

(三) 申请《学报》期刊号

《学报》筹办工作中,最困难的是申请期刊号。由于当时报纸期刊正处于大力压缩的时期,社会科学杂志只有压缩,新的一个不批。于是,我们只能向国家科委期刊处申请"自然科学类"期刊的刊号。同样,刊号的审批也非常严格。我们求助于苏步青先生,苏老欣然答应向国家科委主任宋健反映,并要我们把申请材料直接寄给他。后来苏老因病住院,却仍然及时地将材料转给全国政协秘书处,秘书处又以公函寄送给国家科委。国家教委师范司的金长泽司长也大力支持。即使这样,期刊处仍然不批。理由是:数学教育属于社会科学,不是自然科学。

此后,我们不得不进行马拉松式地争辩。我们先后寄过 7 封申辩信,还多次直接去北京面谈。期间,期刊处负责人也郑重地回过 6 封信。我们申述的理由是:数学教育是新型交叉学科,著名数学家如华罗庚、苏步青都是数学教育家;大量从事数学教育的人员主要是大学数学系毕业以后从事数学教学与科研的人员,因此《学报》的基础是数学,属于自然科学范畴。这样来来回回,最后终于感动"上帝",于 1991 年下半年得到批准。

《数学教育学报》是因为属于自然科学才得到批准的,这一特征是否能够保持下去? 鉴于当前数学教育出现的某种"去数学化"的倾向,更值得我们深思。

(四) 创刊

我们知道批准期刊已是 1991 年年底了。经过半年的准备,于 1992 年《学报》出版了创刊号。由苏步青院士题写刊名。中华人民共和国联合国教科文组织全国委员会寄了贺词。王湘浩院士、金长泽司长、武善谋(天津市高教局局长)、高静(天津师范大学党委书记兼校长)均题词。王梓坤院士写了发刊词。当时《学报》编委会和董事会的主要成员如下:

名誉主编:苏步青,王湘浩

主编:王梓坤;常务副主编:庹克平,曹才翰

副主编:梅向明,张奠宙,刘凤璞

编委:丁子宾等 32 人

编辑部主任:张国杰

董事长:高静(天津师范大学校长、教授)

副董事长:王鸿钧(辽宁师范大学顾问、教授)

　　　　张永春(齐齐哈尔师院院长、副教授)

　　　　吕传汉(贵州师范大学数学系主任、副教授)

　　　　关成志(辽宁教育学院副院长、副教授)

秘书长:陆克毅(天津师范大学副教授)

董事:丁子宾等 28 人。

二、《学报》体制的特殊性

《学报》是改革开放时期的产物。她由一群数学教育研究者发起,许多高等师范院校数学系联合集资组成董事会,依靠天津师范大学申请主办,实行董事会领导下的主编负责制。这种体制的建立是一次创新,它有利于集中全国数学教育的优秀学术资源,集思广益,发扬学术

民主,体现了数学教育研究的群众性。

20 年来,《学报》就是依靠各个董事单位每年的投资进行运转。当然,天津师范大学担当了最重的责任。

另一方面,也正是由于多元化董事会全权负责的特点,使得《学报》的经费来源很不稳定。一旦经费短缺,作为非赢利性的学术刊物,自然是艰难万分了。

三、《学报》的困难时期

《学报》编辑部的成员都在天津师范大学数学系的数学教育教研室工作,一度还是数学教育教研室的下属单位。

《学报》创刊的几年间,没有正式编制,编辑部成员都是兼职人员,全凭热情参与工作。当时大学的办公用房都很差,《学报》的办公地点只能挤在堆放杂物的小房内。如果说这些困难可以苦撑,那么经费短缺则是绕不过的。23 个董事单位的集资(每个学校 3 000 元),至 1994 年上半年《学报》出刊后(包括试刊在内),已基本用完。这样,真的到了"三无"(无经费、无办公地点、无专职人员)境地。可以说《学报》到了山穷水尽的生死边缘。

经过协商,也是我们主动邀请,并经董事会同意,增添侯镇数学教育研究所为第二主办单位,薛茂芳为《学报》副主编,薛茂林为《学报》董事会第一副董事长。

从 1994 年下半年开始(总第 5 期),《学报》改在山东寿光中华印刷厂印刷,到 1998 年底共 4 年半时间,印刷共 17 期(1995 年开始《学报》改成季刊),全部费用由薛茂芳提供。在 4 年半的时间内,薛茂芳教授坚持为《学报》免费制版、印刷,付出大量人力、财力,他辛勤工作,任劳任怨,默默地以独木支撑着《学报》印刷的大厦。实际上,薛茂林在侯镇的村办企业当时并不景气,在那样的条件下,印刷质量实在不可能要求太高。有些董事、编委为此常有抱怨,但像我们这样了解内情的人,则很为薛茂芳的精神所感动。

为了《学报》的生存与发展,除了薛茂芳之外,张国杰也作出了重大贡献,应该载入《学报》发展的史册。

从 1992 年创刊起直到 2000 年 5 月为止,总共 27 期,都由张国杰教授担任编辑部主任。在相当一段时间内,没有专职编辑,主要工作基本上靠他独立完成,他勤勤恳恳,认真负责,特别为提高《学报》的学术品位付出了极大的努力。过度的工作压力终于积劳成疾,那年的大年初三他就伏案修改稿件,寄信给作者……终于发生脑溢血。张国杰教授大病之后仍然关心学报的编辑工作,直到 2000 年下半年才辞去编辑部主任职务。

为了《学报》的发展,让位于年轻人,在 2004 年第九届董事会上,张、薛两位教授又双双主动辞去《学报》副主编的职务。

四、《学报》的发展时期

1998 年下半年,薛茂芳兄弟所办的企业已经难以为继。与此同时,《学报》也度过了最困难的时期,董事会的财务状况有了一定的好转,于是《学报》又继续回到天津印刷。进入 21 世纪之后,我国高等教育出现跨越式的发展,高等师范院校的经费大为充裕,董事会和天津师范大学对《学报》的投入和支持也显著增加,《学报》终于进入顺利发展时期。

2000 年 8 月,由王光明教授担任编辑部主任,负责日常编辑事务。他工作认真负责,精力充沛,在学术研究和编辑业务上都有上佳表现。1999 年,他以 3 年讲师资格破格提为副教授(这在天津师范大学是首例),接着又于 2004 年升为教授。在他任期内,正赶上天津师范大学非常重视、关怀、支持《学报》的时期。两位校长(也是《学报》董事长):高锑教授,靳润成教授(博导),对《学报》给予许多实质性的支持。我们提出的要求都给以尽可能的满足,特别是正式安排三位优秀年轻人任专职编辑:周学智(编辑部副主任,全国优秀青年编辑)、陈汉君和刘伟娜。他们团结一致,齐心协力,《学报》的编辑工作逐步走入正轨。

《学报》终于从原来的"三无"变成了"三有"。由于有 10 个协办单位,加上一般董事单位的会费基本上解决了经费问题,办公地点和相应设备都比较齐全了,编辑工作按出版规范执行,三审定稿,不厚专家,不薄新人,内稿从严,质量第一。短短几年,文稿质量和编印水平全面提升,学术界反映良好。编辑们为《学报》增添光辉,《学报》的光环也照亮了他们多彩的人生。

五、新的起点

中国科技部信息研究所出版的"中国科技期刊引证报告"显示,我刊影响因子 2003、2004 年(2005 年尚未公布)连续两年在数学类期刊中均排首位。2004 年,《学报》入选北京大学图书馆研制的全国中文核心期刊(数学类)目录、被国家科技部评为中国科技核心期刊,并被评为天津市一级期刊。所有这些对于繁荣数学教育学术研究,提升《学报》的学术地位,培养数学教育研究人才,都将会产生重大的影响。对我们编辑部来说,既是鼓舞,又是鞭策,更是新的起点。

上述成绩的取得是许多编委、董事与编辑部同志共同努力的结果。回顾《学报》被评为数学类核心期刊也经过一些曲折。编辑部呼吁国内有关专家给予支持和帮助,向有关方面正常反映意见,特别是西南师范大学、东北师范大学、南京师范大学和西北师范大学等几位校长的大力支持发挥了重要作用。

《学报》是一项事业,也是一个系统工程。取得现在的成绩,只能算阶段性成果,今后的道路,仍然是任重道远。

六、几点体会

如前所说,《学报》的诞生和体制是很有特色的。科技部张玉华同志说,联合办刊是值得提倡和发展的方向。就各个大学的学报而言,每个大学都办自然科学版、社会科学版等几种刊物,资源浪费等弊病明显,今后恐怕也会走合并办刊的道路。作为参与《学报》全过程的老人，我们觉得以下几点值得总结。

（一）专家鼎立支持　主编众望所归

《学报》从一开始，就得到国内有关专家的鼎立支持。《学报》的领导成员都是高层次的学者，现在还有吴文俊、王梓坤、张景中3位院士（苏步青、王湘浩两位院士已仙逝）参与领导。前已提及，苏步青先生曾为《学报》创刊起了关键作用，他题写的《数学教育学报》，更是我们的宝贵财富。本刊的顾问们经常提出许多中肯的建议，许多专家、学者、大学校长、党委书记还有海外专家、学者等，也都以各种方式给予本刊厚爱。

按董事会章程规定，《学报》实行董事会领导下的主编负责制，所以主编就必须是众望所归的领军人物。王梓坤院士就是最佳人选。

从创刊开始，王梓坤院士就一直告诫我们：质量是《学报》的生命，要把质量放在首位，一定要把好质量关，这正是我们编辑部工作的指南。大树底下好乘凉，遇到重大问题时，我们都向他汇报请示，他一锤定音，大众口服心服。王先生也是使我们这个集体团结、奋进一种无形的保证。

（二）齐心协力　克服困难

《学报》困难时期，薛茂芳的贡献已如上述。吕传汉和涂荣豹二位教授的长期支持与帮助，也是难以忘怀的。记得是在1998年第六届董事会上，他们建议将董事单位分成协办单位和一般董事单位，协办单位多交费用，一般董事只需交会费500元。这样规定，基本解决了经费问题，帮助《学报》走出了困境。

近几年来，每遇较为重大问题，我们两人加上涂荣豹、王延文、宋乃庆、高夯和吕传汉（即6位副主编加上第一副董事长），共7人，常常商议解决一些疑难问题。由于大家团结一致，集思广益，工作上避免了发生重大的失误。

涂荣豹教授（博导）曾说：《学报》对我个人的成长帮助极大，对中国数学教育研究人才的培养更是贡献巨大。实际上这是互为依托，互相支持，高水平的论文提高了《学报》地位和层次。《学报》的发展又成就了一批数学教育研究的人才。据我们回忆，1987年研讨会时，真正从事数学教育的只有马忠林等极少数人，近二十年来伴随《学报》一起成长了大批副教授、教授，他们和《学报》有深厚感情。每次董事会都给我们以激励，增强信心。到会的董事、编委像处于一个和睦大家庭，互相关怀、支持、团结、热情、友好的气氛感染每一个成员。"家和万事兴"，《学报》真是一团结奋进的集体。

（三）《学报》编辑发扬了苦干实干精神

万事开头难，任何事业成功，都要走过艰难的道路，都要付出代价。许多从事数学专业研究的同志兼职或转行从事数学教育研究，并参与《学报》的编辑工作，使《学报》度过了初创时期的困难。如前所述，张国杰、薛茂芳二位教授的艰苦努力，为《学报》取得现在的成果，作了坚实的奠基工程。

任何一项工程的攻关都应该依靠青年人。2000年以后,《学报》编辑部4个成员,都很年轻,他们连续发扬了苦干、实干精神,敬业团结,工作出色。这也是取得今天成果的重要因素之一。

七、体制上还需要继续完善

《学报》的最高权力机构是董事会,并实行董事会领导下的主编负责制。副主编及以上人选,均需董事会通过。主编任免编辑部主任。正由于董事会具有全国性,才能够汇集全国最优秀的人才,关注和支持《学报》。事实上,《学报》的成员都是高层次的学者。广大的董事单位,为《学报》奠定了广泛的群众基础,这是《学报》体制成功的一面。

另一方面,《学报》编辑部设在天津师范大学。所有编辑部工作人员都是天津师范大学的员工。天津师范大学很自然地对《学报》投入了大量的人力、物力。因此,如何将全国性董事会和主办单位的关系进一步理顺,是我们应该认真思考的并加以解决的课题。

事实上,《学报》的经费有限,不可能给编辑部人员发放岗位津贴,因此,他们每年从数学科学学院领取工资外的津贴和奖金。但是,理论上《学报》和数学科学学院没有领导关系,徒然增加数学科学学院的负担。我们在感谢数学科学学院各位老师之余,也该想想怎样正确处理才比较合适。

总之,董事会的全国性,和编辑部的单位归属性,存在着一定的矛盾,需要在实践中进一步加以解决。

八、展望

今后的发展方向和具体的步骤,将是今年第十届董事会讨论的课题。

首先,要考虑到的是如何要巩固现有成果,进一步提高论文的质量。以现在的情况,对国家数学教育发展的推动还很不够,与国际先进水平的距离仍然很大。为了扩大影响,应该尽早研究改成双月刊的问题。

其次,《学报》应逐步走向国际。《学报》创刊时,中国联合国教科文秘书长曹之聚先生就曾多次提出,希望《学报》尽快出英文版,可以通过教科文组织进行国际交流,由于条件不具备,一直耽误下来。现在是考虑逐步实施的时候了,起先可以一年出一期英文版,然后出两期,逐步为入选SCI创造条件。

最后,还是要谈到体制问题。从《学报》筹办至现在,主办单位天津师范大学的校领导已换了五届。对每届领导,我们都有不少问题要请示报告,领导都是支持的。只是处于体制上的困难以及各种原因,《学报》的生存环境还需要进一步改善。

以上的文字,希望能成为一份可靠的历史记录,如有不当之处,敬请编委、董事和同志们指出,以便加以更正。

我和早期的《华东师范大学学报》

张奠宙

1954年,我成为数学分析研究班的一名学生。后来留校工作至今,迄今半个世纪有余。早期的《华东师范大学学报(自然科学版)》,使我久久难忘。在《学报》创刊50周年之际,愿以自己的一些经历和见闻,写以下的文字以示庆贺。

华东师范大学成立之初,汇集了许多国内的学术名家,科学研究力量在国内当属上乘。但因为是一所师范大学,领导和苏联专家更多地强调教学,以及为中学教育服务。于是,刚从美国以研究抽象代数获博士学位的曹锡华先生,此时却担任"初等数学"教研室主任。1954年以后,大家渐渐意识到,没有学术上的高水平,也不会有教育上的高水平,为中学服务的教学研究是必要的,却不该是唯一的。《学报》就是在这样的认识下成立起来的。

1956年我写了毕业论文"关于黎曼定理的证明",它涉及复变函数论中一个基本定理证明的改良。今日看来,不过是一个练习而已。由于对年轻人的鼓励,该文刊于1957年学报的自然科学版第一期。这对我的激励作用,不言而喻。当然,那时的《学报》也有许多高质量的文章,例如,1957年曹锡华先生的"关于阶为pq^2r^b的单群",就属于当时国内的高水准论文。

1958至1960年间,我校科研虽然也受到大跃进时期浮夸风的影响,但总体上是积极前进的。最重要的收获是解放思想,树立起向科学进军的信心,敢于提出并逐步形成一些新的研究方向。当时学校里经常交流科研情况,我也知道华东师大在河口海岸、微波传输、分析化学等方向上形成了特色。这些研究方向曾对我校的发展起过重要的作用,至今仍能感到它的价值。翻开这一时期及其后的《学报》,可以清晰地看到上述科研的成果。

数学系选择的新方向是以新兴的广义函数论为重点。1961年,国家处于经济困难时期。数学系却在一系列的科研上取访突破。例如,泛函分析、微分算子、广义随机过程相继开展起来,《学报》及时做了反映。陈昌平的"关于偏微分方程解的光滑性"是我国开展微分算子研究的早期工作。我自己也以整函数为背景,研究"无限阶微分方程的广义函数解",都先后发表在《学报》上。一些更年轻的教师创造许多科研成果,1963~1964年的学报发表了史树中的"整函数的内插序列"((Ⅰ)和(Ⅱ)),阮荣耀的"随机函数的谱表示",徐元钟的"部分Q-亚椭圆方程"等都是。先后留学苏联的吕乃刚和茆诗松将他们的研究成果投到《学报》发表。总之,早期的《华东师范大学学报》忠实地反映了数学系在1966年之前科学研究迅速发展的面貌。理科其他各系的情形也大致如此。

我想,一份大学的学报,能够追踪本校的科研发展,留下重要的科研脚印,就尽到了她自

编者注:原文载于《华东师范大学学报(自然科学版)》(2005年第5期至6期第3页至4页)。

己的责任。文革之后,我担任过较长一段时期的《华东师范大学学报(自然科学版)》的编委。1980年代以后的科研水平,自然比20世纪五六十年代要高很多。但是由于种种原因,我觉得在跟踪、鼓励、支持和反映本校科研这一点上,反而不如以前10年来得积极和真切。许多好稿子投到外面去了。解决这一问题的方法,是发表我校各个科研方向的综述,既能在更高、更强的科学领域参与竞争,又能比较完整地反映本校的情况。仅以这一简单的建议,供《学报》的领导参考。

百尺竿头,更进一步

张奠宙

欣闻《小学青年教师》杂志分为数学版和语文版。在当今社会分工越来越细的情况下,这应该是一种进步,至少值得尝试。在此分版之际,谨致祝贺!

我是一名大学数学教师,本来离小学很远。可是,自从知道我国13岁的孩子在国际数学教育进展评价调查中名列榜首之后,我就对小学数学教师肃然起敬,每每脱帽鞠躬。13岁孩子的数学成绩,当然都是小学教师教出来的。我常常听说要小学教师"转变观念"、"改善行为"、"改革传统",真觉得不是滋味。我们的一些专家难道不应该向小学教师学习点什么吗?他们默默无闻,有时连工资都不能按时拿到,他们的学生却有世界上名列前茅的成绩。如此"价廉物美",还要受到指责,实在说不过去。

我觉得《小学青年教师》数学版,除了宣传课程改革的新理念之外,也要总结一下咱们自己的好东西,将它发扬光大,为世界的数学教育做贡献。

不久前,新加坡教育学院有一个代表团访华,我的老朋友李秉彝先生是负责人。他在给我发来的《观感》中这样写道:

上海的教师们强调心算,他们要求学生站起来回答问题。因此,学生在回答问题时不得不用心算。教师同样强调要完整地给出问题的答案,而且要完整地写下来。如果不完整,教师要求学生不断地重复,直到完整并且完全正确为止。每位教师都能充分地使用教学材料,备课并没有使他们感到劳累,而是使他们能够精力充沛地在课堂上进行讲授。

小学和中学的课堂教学有很大差别。小学里很注重动手操作,但是时间都不长,很快就达到抽象水平。因此,他们能很快适应中学的学习。

人家觉得我们具有优势的地方,我们自己却不当一回事。扬长避短是数学教学改革应该遵循的原则。但是近年来,揭短、批短、避短做得很凶,至于扬长,未免太少了。

李秉彝先生还告诉我下面一则寓言。非洲有一个民族,一向居住在草木屋内,晚上燃火照明。后来,"文明人"来了,告诉他们电灯比燃火照明要好得多。于是,所有的草木屋都装了电灯。一年之后,这些草木屋都轰然倒塌了。原因何在?原来每天燃火时会冒烟,烟把各种昆虫赶出屋外。现在使用电灯,没有烟熏,昆虫大量繁殖。屋顶被昆虫蛀坏,草木屋终于倒塌。

这则寓言告诉我们,那个非洲民族原来的生活方式尽管原始,却是十分和谐的。电灯当然更为先进、文明。但是先进的技术引进来,必须和原来的环境相适应。要用好电灯,则必须

编者注:原文载于《小学青年教师》(2006年第3期第4至5页)。

采取防虫、除虫措施。不然,好事会办成坏事。正如电灯之于草木屋,西方的教育理念也许很先进,但是未必都适合现代的中国。更何况西方的有些教育理念,本来就未必十分科学。因此,我们应该仔细分析,有所选择。

近读李瑞环同志的《学哲学用哲学》,其中提到一则故事。说的是一位老妇将一把陈年的宜兴老茶壶拿到街上去卖。茶壶内有茶山(即茶垢),壶内不放茶也有茶香。开价5钱,一买主却愿出3两银子买下,但身上未带钱,嘱老妇等半个时辰。老妇好心,觉得买主肯出大价钱买,需要将茶壶用沙子擦洗干净才好。那买主拿了银子来一看,茶山已经没有了,扭头便走。老妇的茶壶终于没有卖出去。

有的传统文化像茶垢,看上去其貌不扬,贸然改掉,损失很大。我们的数学"双基"教学似乎不符合"自主、合作、探究、发现"那样的时髦理念,但那是我们的至宝。"双基"与时俱进是必要的,但如果加以批判后丢弃,那就大错而特错了。

任重而道远,"双基+创新"是我们的目标。祝《小学青年教师》越办越好!

华东师范大学数学系的初创时期(1951—1960)

张奠宙

摘要 叙述华东师范大学数学系建系初期的简单历史。着重介绍孙泽瀛、李锐夫、程其襄、钱端壮、魏宗舒、曹锡华、朱福祖等几位教授的生平和科研方向。华东师范大学数学系作为国家重点师范大学的数学系,为全国高等师范院校数学系的《数学分析》、《高等几何》、《复变函数》课程的建设做出了基础性的贡献。

1951年10月16日,华东师范大学正式成立,数学系也随之诞生。校址设在原大夏大学内。华东师范大学的组建,将和历史悠久的北京师范大学,具有革命传统的东北师范大学,以及其他兄弟院校一起,为新中国高等师范院校的建设做出贡献。本文将介绍华东师范大学数学系初创时期的历史,着重记述它对高师数学教育发展所作的全国性的贡献。

一、1950 年代华东师大数学系的教授阵容

1951年数学系初建时资深教师只有两位:大夏大学的施孔成教授和徐春霆副教授。1952年秋,全国实行院系大调整。浙江大学、交通大学、同济大学等改制为工科大学,停办理科。圣约翰大学则撤销并入华东师范大学。于是,师资紧缺的数学系得到许多著名教授的支援。

9月和10月先后来校的有:刚从美国获博士学位归来的原重庆大学孙泽瀛教授,复旦大学副教务长李锐夫教授。交通大学武崇林教授,雷垣教授,周彭年讲师。同济大学理学院代理院长数学系主任程其襄教授,吴逸民副教授,陈昌平讲师,李汉佩讲师。圣约翰大学数学系主任魏宗舒教授,陈美廉助教;山西大学数学系主任钱端壮教授。来自浙江大学的有曹锡华副教授。朱福祖副教授于1952年10月由同济大学先调安徽大学,1953年8月从安徽大学调入华东师大。这批名教授的到校,大大提高了华东师范大学数学系的知名度,也为以后的发展打下了良好的基础。武崇林教授到校后不久病逝,事迹见本刊2011年第3期。

以下着重介绍7位在当时或以后具有较大影响的教授、副教授。

(一)孙泽瀛 1932年毕业于浙江大学数学系。曾任重庆大学教授。1949年获美国印第安纳大学哲学博士学位,华东师范大学数学系首任系主任。1958年奉调创办江西大学数学系,第五届全国政协委员。专长联络空间之几何学。

(二)钱端壮早年留学德、法。在德国格来弗斯瓦得(Greifswald)大学数学系毕业,并完

编者注:原文载于《高等数学研究》(2012年第1期第118页至120页)。

成了博士论文。1952年,奉命从山西大学调来华东师范大学数学系,担任副系主任兼几何教研室主任,专长微分几何、微分方程。

(三)李锐夫 1929年毕业于中央大学。历任重庆大学等校教授。英国牛津大学访问学者。1952年由复旦大学调任华东师范大学副教务长,兼数学系教授。多届全国人大代表,专长复变函数论。

图1 孙泽瀛(1911—1981)   图2 钱端壮(1911—1993)   图3 李锐夫(1903—1987)

(四)程其襄 于1943年在柏林大学获博士学位。1952年由同济大学调来华东师范大学任教授,任分析教研室主任,专长亚纯函数论、泛函分析、数理逻辑学。

(五)魏宗舒 1942年在美国爱荷华大学获得统计学博士学位。当年回国在上海圣约翰大学数学系任教,1943年被聘为教授。曾兼任上海太平保险公司统计科科长。1952年并入华东师范大学数学系。专长概率统计学。

图4 程其襄(1910—2000)   图5 魏宗舒(1912—1996)

(六)曹锡华 1945年毕业于浙江大学。1946年3月,进入陈省身在上海主持的中央研究院数学研究所工作。1950年9月,在美国密西根大学获得博士学位。回国后在浙江大学任教。1952年调入华东师大数学系任副教授。1958年,接替孙泽瀛担任数学系主任多年。专

图 6 曹锡华(1920—2005)

长有限群论、代数群理论。

（七）朱福祖　1940年毕业于四川大学数学系，随后在同济大学数学系任教，直至1952年调入华东师大数学系任副教授。1959年任副系主任，兼代数几何教研室主任。专长二次型的代数理论。

图 7 朱福祖(1916—1999)与夫人王光淑

二、为新中国高师数学系教学体制作贡献

国家教育部大力组建华东师范大学，意在为建设新中国的高等师范教育体系服务，在"学

习苏联"的大环境下,莫斯科师范学院数学系的教学计划,成为华东师大数学系教学计划的蓝本。但是有许多自己的思考,许多关键性的决策,一直影响到今天。

1950年代的高师数学系,以"三高"——数学分析(高等微积分)、高等代数、高等几何三门为基础课。专业课为初等数学研究和数学教材教法。高等数学的后继课程仅到常微分方程、复变函数论为止。

按照当时教育部的规划,首先要重点拟定"三高"基础课的教学大纲,以及开展相应教师的培训工作。历史形成的分工是:

数学分析(华东师大程其襄教授);

高等代数(北京师大张禾瑞教授);

高等几何(华东师大孙泽瀛教授);

复变函数论(华东师大李锐夫教授);

初等数学研究、数学教材教法(北京师大傅种孙、魏庚人)。

(一) 数学分析课程

数学分析是数学系最重要的基础课,因而是教学建设的重中之重。1954年程其襄教授负责拟定高师院校使用的《数学分析》教学大纲。这份大纲一改过去"初等微积分"和"高等微积分"的设课传统,提出统一的为时两年的数学分析课程,体现先进性与严谨性,把 ε-δ 语言的初步显现作为基本要求。这一特点决定了我国高师数学系课程建设的一种基本走向,其影响一直持续到今天。

联想到程其襄和张禾瑞两位教授都在德国获得博士学位,数学分析和高等代数这两门最重要的数学基础课的建设,在一定程度上受到了德国哥廷根数学学派的影响,严谨而形式化。无论如何,这是一个历史的进步。

与此同时,李锐夫负责《复变函数论》的教学大纲编制。

1955年暑期,在华东师范大学举行数学分析、复变函数两门课程教学大纲的审定工作。前来讨论的有北京师范大学的范会国教授等。两大纲随后由高等教育出版社出版。影响迅速波及全国。

与制定大纲相应,数学分析研究生班自1953—1957年每年招生,两年制。前后共五届,毕业学生逾百人,在各地任教,使得《数学分析》大纲的基本精神在全国落地生根。改革开放以来,程其襄教授主编的《数学分析》(以"华东师范大学数学系编写组"的名义出版),以及《实变函数与泛函分析基础》教材,获得持续地广泛使用。经过几十年的耕耘,高师的分析课程教学已经形成了固有的传统。

1956年还招收"复变函数论进修班",由李锐夫教授主持。许多高师院校的教师来校进修,随研究生班听课。

(二) 几何学方向

孙泽瀛主持编写高师院校使用的高等几何学教学大纲。他编写的《解析几何学》、《高等几何学》两部教材于1953年由高等教育出版社出版,在当时使用十分广泛。孙泽瀛还主持几何研究生班(1955—1957),讲授"射影几何与射影测度"课程。

孙泽瀛建议创立《数学教学》杂志,认为这是师范大学应当做的一件实事。1955年创刊。

三、科学研究继承初创年代的方向

1950年代的华东师大数学系,主要教授均有数学研究的专长。这表明当时教育决策层认为师范大学在学术上必须有高水平。数学系需要具有现代数学修养的教授来领导,不能仅限于中学数学的内容。但是,苏联专家(一位教育专家)的建议是加强师范性,认为不必开很多的高等数学课程。日常工作以教学为主,对科研不作要求。这一具有针对性的建议在很大程度上压制了数学科研的开展。

1958年的大跃进,国民经济受到重创。学校正常教学秩序也被破坏。但是"解放思想、破除迷信"的口号,也有其积极一面:即开始突破原有的学科体制,拓宽数学研究的新思路。例如,数学系开始重视数理统计学、微分方程、计算数学等联系生产实际的学科建设。纯粹数学也开始向现代化迈进。大家认识到,在科学水平上,并没有"综合性大学"和"师范大学"的区别。于是,数学系初创时期的许多科研方向又重新拿起来,并有新的发展。

经过文革之后,华东师范大学数学系的科研水平不断提高,科研内容也逐步拓宽、更新、迈向现代化。但是原有的基础,仍旧起着一些导向的作用。

数学学科已具有1~2个有着较大国际影响的核心数学研究方向。以时俭益、王建磐、谈胜利、周青、潘兴斌、林华新(兼职)、倪维明(兼职)等教授为学术带头人的若干个研究集体,在代数几何、数论、代数群、模表示论、偏微分方程、C^*代数等方面的研究中,取得了一批令人瞩目的原创性研究成果,在国内外产生了相当重要的影响。

1993年,数理统计专业脱离数学系成立数理统计系。2010年,郑伟安辞去美国的终身教授职位,成为应用统计科学研究院的"国家特聘教授"。

经几十年努力,华东师大的数学教育专业,已经发展为该专业全国领先,国际知名度较高的学科点之一。张奠宙、王建磐先后担任国际数学教育委员会的执行委员。

回忆大连工学院的应用数学系(1951—1952)

刘 证 张奠宙 丁传松 王明慈 陈 辉 唐玉萼

摘要 在1951年,东北工学院和大连工学院曾经同时成立应用数学系和应用物理系。这是一个工科院校重视基础理论研究,具有战略前瞻性的举措。可惜仅仅办了一年,就在院系调整过程中夭折了。本文是当年大连工学院应用数学系几位学生所录。

新中国建立之初,东北地区是全国的工业中心。为了培养工业技术的高级人才,1950年,东北工学院和大连工学院同时成立并面向全国招生。全国各地,包括上海、江浙一带的考生纷纷前来报考。

时隔一年,1951年秋,两校又同时宣布成立应用数学系和应用物理系。由于1950年没有招收这两个系的学生,1951年录取的新生数量很少,于是不得不从其他各系调拨。经过自愿报名和领导挑选,在两个工学院分别组成了数学系和物理系的二年级和一年级,共有八个班。

从东北的两所工学院如此协调一致的行动来看,成立应用数学系和应用物理系的决策是东北人民政府顶层设计的结果,应该会有正式的文件记载此事。但是,我们无法看到原始的档案资料,只能以亲历者的学生身份,回忆大连工学院应用数学系的一些实际情况,留作研究中国高等教育史上这一特殊事件的参考。

65年前拍过一张照片:"一九五二年八月东北高等工业学校院系调整数学系全体师生留影",见附录一。

一、1951年大连工学院应用数学系的概况

1950年7月,大连大学建制撤销。大连大学工学院独立为大连工学院。从延安来的几位老干部担任院领导;在德国取得化工博士学位的屈伯川被任命为院长,范大因为教务长,吴健为党委书记。从上海交通大学调来一批教师充实了教师队伍。另外,配备了丁仰炎、雷天岳等政工干部。

1951年9月应用数学系和应用物理系正式开学上课。应用数学系由刚从美国布朗大学取得博士学位的陈百屏担任系主任,1949年毕业于北京大学的青年教师张义燊担任系秘书。

我们这群学生,原来都是属于机械系、造船系、电机系、土木系等工科专业的。1951年9月,学院向全校学生征求自愿转入应用数学系和应用物理系的同学。当时,由屈院长亲自动

编者注:原文载于《高等数学研究》(2018年第6期第61页至64页)。

员,他说,许多工程问题是单一工程学科难以解决的,需要在物理学和数学的层面去探究。你们毕业后多半不是在车间里操作,而是在研究所穿着白大褂做研究工作。另外,还讲明了目的之一是给学校培养基础课教师,是带有师范性质的专业,所以这两个系的学生都可以享受当时师范生全公费的待遇。这样一来,报名的不少。学校从已经学完了工科一年级各班的学生和刚入学的新生中抽调了一批学生组成应用数学系的二年级和一年级。数二班大约 22 人,数一班 24 人(名单见附录二)。

大连工学院当时校址在一二九街。校舍比较少,教室不够用。应用数学系两个年级共用一个自习教室。

数二班团支部书记是沈国荣,班长是陶刚杰。数一班团支部书记是张奠宙,班长是陈熙震。

二、应用数学系的课程设置

数二班的课程有谭玄的数学分析,熊西文助教;谭家岱的微分方程,刘锡琛助教;松村勇夫的微分几何;陈百屏的理论力学,还有俄语课,由苏军家属担任教师。

今天看来,仅仅在工科各系学习了一年微积分的学生,就接触微分方程、微分几何、理论力学等课程,是一个颇为大胆的决定。日后他们去了东北师范大学数学系,这些高档课程甚至根本不在教学计划之内呢!

数一班的课程有徐润炎的数学分析,林炎武助教;徐燮的解析几何,以及普通物理。此外,还开设了工程画,要求学完后应当能够看懂图纸。俄语教师名叫奥库涅娃。体育课教师是刘长春——我国首次参加奥运会的短跑选手。

数一班的重头课是数学分析,所用教材是苏联斯米尔诺夫编制的五卷本《高等数学教程》。这部获得斯大林奖金的著作,当时很受重视,译者很多。后来正式出版的中译本,译者是孙念增。数学分析的主讲老师徐润炎先生,讲课十分认真,也颇具幽默感。他是浙江大学毕业的,宁波口音很重。他把希腊字母 e 读作"一不是龙",而且写在黑板上。

翻译苏联的数学教科书,是当时教学上的当务之急。张里京先生的译作很多,最出名的是翻译别尔曼的《数学解析教程》。这是工科学生学习《高等数学》的好教材。后来发行极广的同济大学编写的《高等数学》,即以此书为蓝本。

谭家岱和张里京合译的鲁津著《微分学》上下册,1954 年由高等教育出版社出版。

三、部分教师简介

陈伯屏(1913—1993),安徽庐江人,1935 年毕业于上海交通大学,美国布朗大学博士。在 1952 年应用数学系撤销之后,不久便只身奉调到哈尔滨军事工程学院,后又转到西安的西北工业大学的飞机系,为国防建设贡献一生。

松村勇夫是日本人,上课时还配了一位翻译于忠孝。1953 年返回日本。

徐润炎(1919—2011),一直留在大连理工大学,后升任教授。

林炎武在上海交通大学毕业后来到大连工学院。后来加入了中国共产党,因政治需要借调到成都电讯工程学院,结果在那里工作至退休,没有回大连。

谭玄(1922—2000)和谭家岱(1923—2002)是亲兄弟,谭玄在中央大学毕业,谭家岱则毕业于浙江大学。他们都在1949年由香港去大连。当时解放军尚未渡江。不幸的是,他们先后都曾被错罚十余年,业务上没有得到充分发挥。文革后,谭玄被数二班的王廷辅请到哈尔滨理工大学任教,还带了一名研究生。谭家岱调到合肥的中国科技大学任教,退休后住到他母亲那里,直到去世。

谭氏兄弟当年的助教熊西文(1927—2011)和刘锡琛(1922—2013)以后都是大连理工大学的教授。

张里京1955年调到北京新成立的高等教育出版社担任数学编辑,夫人熊振翔去了北京航空学院。张里京在文革期间受到长达9年的迫害,改革开放后去了美国,1999年去世。

张义燊,四川人,1922年出生,现年96岁。他和94岁画家老伴刘澍双双离修后身体都很好。

四、学生们的去向

1952年,国家实行全面学习苏联的"一边倒"政策。其是非功过,自有历史评说。但是,当时进行的高等院校的院系调整,则直接导致东北两校四个系八个班级的解体,显然是错误的举措。事实上,按苏联模式,理科和工科必须分开,工科学校不能办理科。于是,清华大学列为工科院校,数学系等理科专业并入北京大学。浙江大学的理科系科,分别并入上海的复旦大学和华东师范大学。历史证明,这些也都是错误的决策。

最后的去向是:大连工学院的应用数学系和东北工学院的物理系的学生并入东北师范大学的数学系和物理系,大连工学院的应用物理系和东北工学院的数学系停办后,学生并入东北人民大学。至于为什么要做这样的交叉安排,不得而知。

东北人民大学是综合性大学。学生毕业后大多去了综合性大学或科学研究院所,以从事创造性的科学研究为发展方向。大连工学院的应用物理系学生,在东北人民大学毕业之后,出了两位中国科学院院士,即曾任北京大学校长的陈佳洱和中国工程物理研究院研究员的宋家树。

至于大连工学院的应用数学系学生,在东北师范大学数学系毕业之后,主要从事师范类的教学工作。数二班的学生三年提前毕业,多数在重工业部所属的中等专业学校任教,后来都陆续升格为理工大学。有几位则在高等师范大学任教,其中的黄启昌,曾任东北师范大学校长多年。数一班也是三年本科提前毕业,多数在高等师范院校工作。

1951—52年度大连工学院应用数学系来去匆匆。虽然不是怎样的华彩篇章,却总是1979年重新建立应用数学系的前身,也是当下正在建设双一流大学的大连理工大学的一段难忘的历史。

两班学生中仍健在的都已进入耄耋之年。回想当年建设新中国的青春理想,服从国家调配的大局素养,奋发图强的学习信念,以及优良的生活环境和丰富的文娱活动场景,都会激动不已。

记得1951年国庆节,王莘作词作曲的《歌唱祖国》首次出现在推荐歌曲的名单上。我们在劳动公园纵情学唱。那时国家百废待兴,朝鲜战场上志愿军正浴血奋战,但国家给我们如此优裕的生活环境,接受高等教育的学习机会,受惠终生。我们感谢人民的培养,永远歌唱祖国的繁荣富强。

附录一、1952年8月大连工学院院系调整前应用数学系全体师生留影座次名单,(前三排为教师与领导,后三排为学生)

图1

第6排		孙秀文	蔡玉华	杨鸿媛	陈辉	夏宝珍	吴迺西	唐玉萼	翟子翔	蔡剑芳	王明慈	郑家绮	石忻兰	袁如璋	陈德庄
第5排	陈筠义	刘煜川	沈国荣	战韵祥	肖秀柱	王恩增	张良骙	张奠宙	林承柱	陈熙震	黄启昌	程惟松		孙群科	冯文奉	
第4排	石殿璋	刘证	陶刚杰	戴启荣	伏寿景	林子炳	邓广录	何志鼎	吴东兴	朱锦芳	史希福	丁传松	王廷辅	张玉森		

续 表

第3排	刘恩惠	谭玄		刘均鹏	徐润炎	林炎武	周茂青			徐燮		于宗孝		
第2排		邓传芳	王蕙	金蔼如	肖义珣	谭家岱	张义桑	陆智常	覃学震	刘锡琛		张琪		
第1排		景毅	松村勇夫	陈伯屏	王英烈	屈伯川	范大因	李世豪	胡国栋	丁仰炎	俞咸宜	涂长青	熊振翔	周玉凤

附录二、大连工学院应用数学系学生名录(不完全统计)

数二班名录

陈德庄(北方工业大学)

程惟松(东北师范大学)

戴启荣(沈阳化工大学)

邓广录(大连市新金县第十六中学)

冯文奉(东北大学基础学院)

侯德润(江苏师范大学)

黄启昌(东北师范大学)

林子炳(扬州大学)

刘　证(辽宁科技大学)

刘煜川(武汉科技大学)

江永源(山东省兖州县兖州一中)

沈国荣(桂林理工大学)

石殿璋(西安市西北建筑工程学院)

石忻兰(东北大学基础学院)

孙群科(济南大学)

陶刚杰(北方工业大学)

王恩增(哈尔滨理工大学)

王廷辅(哈尔滨理工大学)

夏宝珍(内蒙古科技大学)

肖秀柱(中南大学)

战韵祥(河北省廊坊市石油部管道局设计院)

郑家绮(中国计量大学)

数一班名录

王明慈(四川大学)

第三部分　杂　论　619

陈　辉（福建教育出版社）

吴廼西（长春教育学院）

唐玉萼（山西大学）

杨鸿媛（北京 101 中学）

蔡剑芳（华中师范大学）

蔡玉华（东北师范大学）

袁如璋（南京华洋电控设备有限公司）

孙秀文（上海某中学）

翟子翔（不详）

胡玉馨（不详）

丁传松（西北师范大学）

陈筠义（宁波某中学）

陈熙震（陕西师范大学）

朱锦芳（上海东华大学）

吴东兴（江西教育学院）

张奠宙（华东师范大学）

张良騺（重庆师范大学）

张玉森（《中国科学》编辑部）

金朝枢（沈阳师范大学）

史希福（东北师范大学）

林承柱（朝鲜族，去金日成大学就读）

何志鼎（不详）

伏寿景（不详）

颜　一

人名索引

中 文 名	外 文 名	生卒年	页 码
阿达马	Hadamard, Jacques Solomon	1865～1963	47,158,255,268
阿蒂亚	Atiyah, M. F.	1929～2019	54,58,75,165,166,304,343,404,405
阿尔福斯	Ahlfors, L.V.	1907～1996	84
阿哈拉诺夫	Aharanov		176
阿基米德			46,85,142,505,537
阿克曼	Ackermann, W.	1896～1962	324
阿诺尔德	Арнольд, В. И.	1937～2010	104,29,75
阿佩尔	Appel, K.		55
阿廷, E.	Artin, E.	1898～1962	代序 23,12,48,52,73,74,291,293,534
阿希巴德	Archibald		134
埃尔布朗	Herbrand, J.		329
埃尔米特	Hermite, Charles	1822～1901	46,407
埃克兰德	Ekeland		272
艾得罗特	Aydelotte, Frank	1880～1956	183
艾尔曼	Elman, Benjamin A.	1946～	143
艾伦	Allen, J. S.		560
艾伦伯格	Eilenberg, S.		339,340
艾伦多弗	Allendoerfer		302
艾伦普赖斯	Ehrenpreis		18
爱迪生	Edison, T. A.	1847～1931	80
爱耳斯塔耳	Elsdule, T.		34,41
爱伦	Ellen		258
爱因斯坦	Einstein, A.	1879～1955	代序 35,23,66,70,74,79,80,161,166,182,183,251,257,258,261,262,263,431,433,437,473,484,540
安德森, C. D.	Anderson, C.D.		560
安德森, P.	Anderson, P.		406
安东尼	Antonin Dubost		182
安娜	Anna		257

奥本海默	Oppenheimer, J. R.	1904～1967	164,561
奥宾	Aubin		272
奥基亚利尼	Occhialini		560,561
奥库涅娃			616
奥瑟曼	Osserman		代序 14
奥斯古德	Osgood, W. F.	1864～1943	111
奥斯兰德	Auslander, L.	1928～1997	205,208
奥斯曼	Osserman, R.		300
巴克斯特	Baxter, R.J.	1940～	代序 12
巴拿赫	Banach, S.	1892～1945	52,53,73,253,470
巴斯卡			446
白劳德	Browder, Felix	1927～2016	186
白寿彝		1909～2000	代序 4
白正国			103,333,454
柏拉图			12,142,433,437
拜姆伯格	Bamberger, L.	1855～1944	代序 35
坂田	Sakata		561
邦德里亚金			215
鲍大维			308
贝多芬	Van Beethoven, L.	1770～1927	492
贝尔曼	Bellman		代序 2
贝尔特拉米	Beltrami, E.	1835～1900	66
贝克莱	Berkeley, George	1685～1753	469,512
本海姆	Benham, C. J.		36
比安基	Bianchi, L.	1856～1928	66
比伯巴赫	Bieberbach, L. G. E. M.	1886～1982	48,74,84,584
彼得罗夫斯基	Петровский, И. Г.	1901～1973	530
毕达哥拉斯	Pythagoras	约−580～ 约−500	代序 25,代序 29,494
波戈列洛夫			215
波莱尔	Borel, E.	1871～1956	46,47,52,100,107,251
波利亚	Pólya, G.	1887～1985	53,74
波洛克	Pollock, F.		286
玻尔	Bohr		261
玻姆	Bohm		176
玻色	Bose, A. G.	1929～2013	160,383,384,392,394,395
伯恩赛德	Burnside, William	1852～1927	9
伯恩特	Berndt, B. C.		71
伯格, M.	Berger, M.		337
伯格, R.	Berger, R.		330
伯克霍夫	Birkhoff, G. D.	1884～1944	代序 7,63,64,74,111
伯利	Borry, M. V.		33

伯奈斯	Bernays		324
博晨光	Luciu C.Porter		137
博雷尔	Borel, A.	1923～2003	163,319,407
博内	Bonnet		302
博特	Bott, R.		208
博歇尔	Bocher, M.	1867～1918	111
卜舫济	Pott, F. L. H.	1864～1947	354
布尔巴基	Bourbaki, N.		代序 2,代序 32,43,44,47,48, 53,71,79,255,501,533,535,536
布尔金	Bourgin, D.G.		334
布拉施克	Blaschke, W.J.E.	1885～1962	代序 5,67,68,102,180,181, 197,292,302,316,337
布莱克特	Blackett		560,561
布劳威尔	Brouwer, L. E. J.	1881～1966	52,254,266,271
布里斯科恩	Brieskorn		17
布饶尔	Brauer, R. D.	1901～1977	76
布什	Bush, V.	1890～1974	156,157,355,362,363,364,365, 380,388
布思比	Boothby, W.M.		319,320
蔡丁	Chaitin, G.J.	1947～	407
曹才翰		1933～1999	600,601
曹冲			447
曹伟杰		1929～2018	
曹锡华		1920～2005	103,193,587,588,606,610,611
曹雪芹		1715～1763	410,413,414
曹元聚			599
曹之聚			605
策恩德	Zehnder, E.		209
曾炯之		1898～1940	84,101,102,108,214
曾远荣		1903～1994	277,361,366
查尔斯	Charles, M.		406
柴德勒	Zeidler, E.		272
柴俊		1957～2022	491
常迥			358
常溪萍		1917～1968	584
陈鹗			代序 22,578
陈百屏		1913～	615,616
陈宝桢			299
陈伯龙			193
陈昌平		1923～2003	606,610
陈大康			410,414
陈大岳			454

陈德璜			103
陈国才	Chen, K. C.	1923~1987	154,296,339,340,341,342,343
陈汉君			603
陈佳洱			617
陈建功		1893~1971	78,97,101,103,109,214,269,453
陈杰			103
陈金德	David, C.C.		132
陈景润		1933~1996	78,86,98,416,517,529
陈克艰			代序 30
陈里育			345
陈美廉		1929~	610
陈蒙惠	Lydia		340
陈蒙解	Lucia		340
陈璞			193
陈省身	Chern, S. S.	1911~2004	代序 4,代序 5,代序 11,代序 14,代序 20,代序 21,代序 22,代序 23,代序 32,代序 35,62,68,75,76,78,85-87,97,98,101-103,109,138,139,141,153,154,171,178-210,214,227,258,285,286,288,290,292,296,299-308,311,316,333-335,340,343,346,416,430-432,447,449,450,452-454,474,501,574,576-580,611
陈世唱	Matthew		340
陈叔平		1889~1943	333,335,454
陈双双			471
陈天权			223
陈维祺			126
陈熙震			616
陈寅恪		1890~1969	144
陈永川		1964~	代序 22,194,195
陈长华		1951~	代序 20
陈振宣		1922~2013	450,495
陈志杰		1941~	代序 21
陈仲武			333,335,454
陈重穆		1926~1998	500
陈子昂			422,435,440,449,466,473,478,483,505,508
乘马延年			121
程民德		1917~1998	192,223

程其襄		1910～2000	581-584,589,590,610,611,613
程晓东			代序 11
程毓淮	Chen, Y. W.	1910～1995	109,139,268,334
程宅安			581
迟海滨			245
慈禧		1835～1908	276
崔护			489
达·芬奇	Da Vinci, L.	1452～1519	433,437
戴崇基		1939～	590
戴德金	Dedekind, J.W.R.		代序 32,12,255,293,330
戴维斯	Davis, C.		代序 12
戴维斯,M.D.	Davis, Martin David	1928～2023	7
戴维斯,B.J.	Davis, Burgess James	1944～	63
戴维斯,R.	Davis, R.		560
戴震(戴东原)		1724～1777	代序 29,代序 31,142-146,426,427,439
丹齐克	Dantzig, G.B.		74
道本周	Dauben, J.		代序 6,代序 7,代序 8,代序 34,92,123
道格拉斯	Douglas, J.		84
道格拉斯,R.	Douglas, R. G.		346
德·拉姆	De Rham		52,67,73
德·摩根	De Morgan, A.	1806～1871	91,93
德·贝兰治	De Branges, L.	1932～	202,274
德布鲁	Debreu		273
德利涅	Deligne, P. R.	1944～	11,12,75,548
德林费尔德	Drinfeld, Vladimir		166,168,169
邓东皋		1935～2007	433,437
邓明立			代序 34
邓小平		1904～1997	190,194,218,307
邓越凡			286
狄拉克	Dirac		161,560
迪厄多内	Dieudonne, J. A. E.	1906～1992	43,47,74,534
迪克森	Dickson, L. E.	1874～1954	284,285,286,288,562
迪玛仕	Tichmarsh, E. C.	1899～1963	388
迪森	Dyson, F.J.		336
笛卡儿	Descartes, René	1596～1650	145,182,439,448,449
丁传松		1933～	508,582
丁石孙		1927～2019	223
丁仰炎			615
丁则良			287
丁肇中		1936～	565

丁子宾			601
董必武		1886～1975	323
董纯飞		1936～	代序 21
杜甫		712～770	477,484,508
杜澜	Turan, P.		91
杜石然		1929～	代序 11
杜威			217,427
段调元			154
段学复		1914～2005	103,109,139,140,366,583
恩格斯	Friedrich Engels	1820～1895	324
恩里奎斯	Enriques, F.		293
法道寺善			135
法尔廷斯	Faltings, G.	1954～	代序 5,59,60,77,168
法捷耶夫	Фаддев, Л. Д.	1934～2017	86,167
法诺	Fano, R. M.	1917～2016	
法萨内利	Fasanelli, F.		
樊䜣	Fan, K.	1914～2010	代序 14,103,109,139,140,141, 152,255,268－274,334
樊琦			268
范・德・瓦尔登	Van der Waerden, B. L.	1903～1996	代序 19,52,64,73,153,290, 291,292,293,296,534
范・德・瓦耳斯	Van der Waals		22
范崇武			365
范霍夫	Van't Hoff		37
范姆			17
范宁生			316
范氏	Vanhee		123,126
范因	Fine, H. B.	1858～1928	代序 35,587
方德植		1910～1999	454
方复全		1964～	191,194,195,209
方嘉琳			代序 3
方毅			335
方元征			91
方中通	Fang, C. T.		121
方资娴	Fong, J. T. Y.		340
菲尔兹	Fields, J. C.	1863～1932	84
费勒	Feller, W.	1906～1970	53,74,75
费里德霍姆	Fredholm	1866～1927	
费里德曼	Friedman, A.A.	1912～2006	
费马	Fermat, P. de	1601～1665	55,286,446
费米	Fermi, Enrico	1901～1954	170

费特			9
费孝通		1910～2005	511
费因曼	Feynman, R. P.	1918～1988	404
冯·卡门	Von Karmen		276,277,278,418
冯·诺伊曼	Von Neumann, J.	1903～1957	代序 2,代序 3,14,52－56,63, 72,73,74,75,80,108,158,171, 182,183,202,259,269,270,271, 279,432,433,437,445,451,476, 500,501
冯甫	Fong Foo		113
冯汉叔			152
冯康		1920～1993	64,86,416,453
冯克勤		1941～	192
冯立升			247
冯振业			代序 24
冯祖荀		1880～1940	77,97,100,108,151,152,214, 268,274
弗赖登塔尔,H.	Freudenthal, H.	1905～1990	498
弗赖登塔尔,J.	Freudenthal, J.C.		64
弗兰克尔,A.	Fraenkel, A.A.		327
弗雷德霍姆	Fredholm		252,255
弗雷歇	Fréchet, M.		52,251－255,268,269,270
弗里丹	Friedan, D.		407
弗里德曼	Freedman, M.		168
弗罗贝尼乌斯	Frobenius		264
伏羲	Fu Shih		121,127
扶磊			194,195
福德夫人	Mrs. Felix Fuld		代序 35
福克	Fock		163,175,264
福克斯	Fox		341
福田理轩		1815～1889	92
傅里叶	Fourier, Baron Jean Baptiste Joseph	1768～1830	代序 32,70,161,469
傅种孙		1898～1962	214,583,613
富莱斯纳	Flexner, Abraham	1856～1940	80
伽罗瓦	Galois, E.	1811～1832	代序 32,61,255,257
盖尔范德	Гельфанд, И.М.	1913～2009	75,81
盖尔冯			530
甘茨	Gandz, S.	1887～1954	125
冈本则录			135
高德温	Godwin		28
高鹗			410,413

高夯		1956～	604
高静			601
高木贞治			97,100,107,108
高杉晋作			99
高斯	Gauss, C.F.	1777～1855	代序 24,55,61,66,72,79,80, 82,174,175,255,302,495, 537,538
高悌			603
高维			70
哥白尼	Kopernik, M.	1473～1643	453
哥德尔	Gödel, K.	1906～1978	代序 2,代序 30,代序 35,5,45, 52-54,71,74,266,324,325, 327,330,470,531
格朗斯坦	Gorenstein, D.	1923～1992	76
格雷	Gray, J.J.		407,561
格里菲思	Griffiths, P.		代序 23,185,191,205,208,343
格里科斯伯格	Glicksberg, I. L.		271,273
格里姆	Glimm, J.	1934～	407
格利森	Gleason, A.		14
格鲁彻尔	Groetschel, M.		204
格罗斯曼	Grossman, M.	1878～1936	66,166
格罗腾迪克	Grothendieck, A.	1928～2014	75,294,405
葛墨林		1938～	194
根岑	Gentzen, G.		328
耿寿昌	Kang, S. C.		121
古斯塔夫森	Gustafson, W.H.		3
谷超豪		1926～2012	代序 5,193,333,452,454
顾澄			152,153
顾明远		1929～	600
顾毓琇		1902～2002	157,358,361,363,364,365,368, 376,377,378
关成志			600,601
关龙新	Lucy		317
关孝和	Seki, T.	1642～1708	120,131,134
关肇直		1919～1982	255,500
广中平祐	Hironaka, H.	1931～	98
郭沫若		1892～1978	186,317
郭书春			代序 19
哈勃	Hubble, E.		281
哈代	Hardy, G. H.	1877～1947	代序 2,71,83,109,171,287, 291,367,562
哈尔莫斯	Halmos, Paul Richard	1916～2006	3

哈肯	Haken, W.R.G.	1928~	55,76,407
哈密顿	Hamilton		代序 32,176
哈奇扬	Хачиян, Л. Г.		64,76,104
海林格	Hellinger, E.		53
海伦	Helen, J.		257,258
海伦	Helon		代序 25
海麻士	Hymers, John		93
海森堡	Heisenberg, W. K.	1901~1976	262,276,278,279,281
海维西	Hevesi		31
韩愈			486
汉斯多克	Hanstock		582
豪斯道夫	Hausdorff, F.	1868~1942	73,252
何炳棣			579
何东昌		1923~2014	189,192
何鲁		1894~1973	77,100,108,152,214
何绍庚			代序 4,代序 11,代序 19
何衍睿			155
何尊贤			588
贺正需			191
豪斯道夫			52
赫尔曼德			19
赫尔曼德尔	Hömander		63
赫师慎	Van Hée, P. L.	1873~1951	代序 11,114,116,118,119,123 - 128,129,132,133
赫维兹	Hurwitz		52
赫希	Hirsch, M. W.	1933~	407
洪朝生			358
洪万生			代序 24,91
洪彦远			454
胡伯舒	Huebsch		274
胡敦复		1886~1978	77,109,152,214,453
胡尔维兹	Hurwitz, W. A.		111,265
胡国定		1923~2011	代序 22,代序 23,185,188,189, 190,192,193,194,198,209, 306,600
胡明复		1891~1927	代序 10,77,97,100,107,108, 109,111,112,138
胡普费尔德	Hupfeld		560,561
胡庆玲			471
胡塞尔	Husserl		266
胡善文		1948~	589
胡世桢	Hu, S. T.	1914~1999	103,310 - 312,316,317,334

人名索引　629

胡适		1891~1962	代序 29,100,107,139,144,146, 217,410,413,427,439,563,574
胡适之			152
胡守仁			346
胡毓达		1935~	452
胡作玄		1936~	代序 34
华衡芳	Wah H. F.	1833~1902	291,121
华俊东			186
华莱士	Wallace, A.D.		319,334
华林	Waring		101,102,261,287,562
华罗庚		1910~1985	代序 12,代序 23,代序 26,75, 78,86,97,98,101,102,103,109, 139,141,179,180,185-187, 214,226,228,261,285,286,287, 294,366,367,368,416,428,432, 453,454,548,549,562,563,564, 574,576,601
华民			600
华煜铣		1939~	589
怀尔斯	Wiles, A. J.	1953~	77
怀特	White, L. A.		433
怀特海	Whitehead, J.H.C.		311
怀特黑德	Whitehead, A.N.		324
黄际遇		1885~1945	153
黄建弘		1946~	238,245,247
黄力平		1957~	代序 18
黄启昌		1931~2003	617
黄庆澄			453,454
黄翔			245
黄学训			333
黄用诹	Wong R. C.	1913~2004	代序 10,140,153
黄宗羲	Hwang C. S.	1610~1695	121,127
惠勒	W.H.		3
惠施			510
惠特尼	Whitney, H.	1907~1989	16,74,171,405
霍尔	Hall		214,577
霍夫曼	Hoffman, A. J.		273
霍金	Hawking, Stephen William	1942~2018	416
霍普夫	Hopf, H.	1894~1971	67,73,101,168,300,318
霍奇	Hodge, W. V. D.	1903~1975	67,296,405
霍英东		1923~2006	195
基谢廖夫	Киселёв, А. П.	1852~1940	215

嵇善瑜		1955~	589
吉布斯	Gibbs		52
吉尔曼	Germain, Sophie	1776~1831	537,538
吉洪诺夫	Тихонов, А. Н.	1906~1993	271
吉田耕作			108
纪志刚		1956~	代序 33
季理真		1964~	454
嘉当, É.	Cartan, É. J.	1869~1951	代序 5,52,67,68,72,102,139, 180,181,182,185,197,210,263, 265,294,300,302,316,318,319, 334,405
贾岛			480,493,513
贾弗			174,175,403-407
贾宪			425
江才健			代序 20
江迪华		1958~	454
江藩			146
江素贞		1931~	代序 23
江泽涵		1902~1994	78,97,101,103,109,138,139, 214,285,583
江泽民		1926~2022	194,307,416
江泽培		1923~	192
姜伯驹		1937~	192,209,220,454,500
姜立夫(蒋佐)		1890~1978	77,97,98,100,102,107,108, 138,139,152,153,186,188,214, 311,316,333,334,452,453,454, 578,583
蒋介石		1887~1975	563
蒋硕民			268
焦循		1764~1849	145,146
角谷静夫	Kakutani		108,271
杰克逊			364,365
金芳蓉			346
金家良			437
金庸(查良镛)		1924~2018	579,580
金岳霖			324
金长泽			599,601
靳润成			603
菊池大麓	Kikuchi, D.	1855~1917	129,131,133,135,213
卡尔曼	Kalman, R.		409
卡尔森	Carleson, L.		348
卡克	Kac		171

人名索引

卡拉比	Calabi		
卡拉皆屋独利	Carathéodory		154,296,540
卡鲁斯	Carus, P.	1852～1918	129,130,131,134
卡纳普	Carnap, R.		324
卡普尔	Kapur		
卡普兰斯基	Kaplansky		181
卡奇	T.E.		
卡斯泰尔诺沃	Castelnuovo, G.	1865～1952	293
卡兹丹,J.	Kazdan, J. L.		337
卡兹丹,D.	Kazdan, D. A.		320
凯莱,A.	Cayley, A.	1821～1895	293
凯莱,J.	Kelley, J.L.		334
凯勒	Kähler, Erich	1906～2000	180
凯洛夫	Каиров, И. А.	1893～1978	217
康德	Kant, Immanuel	1724～1804	257
康宁			100,107
康普顿	Compton, Arthur Holly	1892～1962	565
康润芳			334,335
康托尔	Cantor, G.F.P.	1845～1918	5,7,45,46,51,70,71,73,82,251,252,255,266,326,469,531
康托洛维奇	Канторович, Л.В.	1912～1986	74,104
康熙		1654～1661	146,426
康有为		1858～1927	127,144,353
考尔德伦	Calderon, Alberto Pedro	1920～1998	18
柯尔莫戈罗夫	Колмогоров, А.Н.	1903～1987	53,56,62,74,75,81,215,469
柯俊良			579
柯马克	Cormack, A.M.	1924～	
柯瓦列夫斯卡娅	Ковалевская, С. В.	1850～1891	538,539
柯西	Cauchy		94,175,255,469
柯西,B.	Cauchy		
柯札克	Kozak		36
柯召		1910～2002	101, 103, 109, 139, 140, 286, 454,562
科恩	Cohen, P.J.	1934～2007	4,5,54,75,531
科克斯特	Coxter		55
科斯塔	Costa, J.		395
克莱因,F.	Klein, F. C.	1849～1925	6, 66, 67, 82, 83, 214, 215, 258,266
克莱因,M.	Kline, M.	1908～1992	433,437
克赖因	Krein, M. G.	1908～1989	171
克勒布施	Clebsch, R.		293

克里斯托弗尔	Christoffel, E.B.		66
克林根伯格	Klingenberg, W.		191
克鲁普斯卡娅	Крупуская, Н. К.	1869~1939	217
克鲁斯卡尔	Kruskal		64
克罗内克	Kronecker, L.	1823~1891	71,469
克维尔	Kervaire, Michel	1927~2007	16
孔纳斯			69
孔涅	Connes, A.	1947~	60
孔企平		1956~	230
孔子			417
库恩	Kuhn, T.	1922~1996	代序30
库克	Cooke, J.		34,41
库克, A.	Cook, A.		330
库朗	Courant, R.	1888~1972	代序2,48,53,56,72,74,80,102,108,435
库利奇	Coolidge, D. L.	1873~1954	138
奎因	Quine, W.V. O.	1908~2000	174,175,324,326,330,403-407
魁林	Guérin, P.		125
拉本施泰因	Rabenstein, A.L.		280
拉东	Radon, Johann	1887~1956	76
拉法格	Lafforgue, Laurent		417
拉格朗日	Lagrange, J. L. C. de	1736~1813	82,537
拉卡多斯	Lakatos, I.	1922~1974	代序30
拉马努金	Ramanujan, S.A.	1887~1920	71,405,548
拉普拉斯	Laplace		49,82
拉肖夫	Lashof, H.		305
莱布尼茨	Leibniz, Gottfried Wilhelm	1646~76	23,468,500,512
莱恩			179
莱夫谢茨	Lefschetz, S.	1884~1972	73,292,296
莱赫托	Lehto, O.		82
莱维	Levy, P. P.	1886~1971	406
兰	Lang, S.		295
兰道	Landau, Edmund George	1877~1938	268,588
兰格	Lange		
郎兰兹			404
朗格尔	Langer, R.E.		279,280
劳	Row, S.		130
劳乃宣	Lao L. S.		代序10,121
老子		约—571~约—470	472,475,492
勒贝格	Lebergue		代序2,46,47,51,52,70,252,255,481

勒夫尔			539
勒让德			538
雷海宗		1902~1962	287
雷天岳		1922~1994	615
雷垣		1912~2002	610
黎景辉			191
黎曼	Riemann, G.F.B.	1826~1866	12,55,59,66,67,70,80,175,260
黎斯	Riesz		52,253
李白		701~762	449,472,477,483,491,504
李邦河		1942~	454
李秉彝	Lee, P. Y.	1938~	86,454,485,582,608
李炳安			559,560,561
李淳风	Li, C.F.		121
李达			84
李大潜		1937~	499
李迪		1927~2006	代序3,代序4,代序26,代序27
李复几			557,565
李国平			103,109
李汉佩		1923~2023	610
李鸿章			290
李华宗			103,140,311,316
李潢			146
李骏			78
李群			265,315,316
李锐			145,146
李锐夫(李蕃)		1903~1987	214,333,454,582,586-591,610,611,613
李瑞环		1934~	609
李善兰		1811~1882	代序29,77,91,92,93,94,96,99,106,143,145,213,291,426,427,447,477,498,499,509
李商隐		约813~约858	580
李盛昌			557
李书华			代序10,557,558
李特尔伍德	Littlewood, J.E.	1885~1977	71,588
李铁映		1936~	194,307
李文林		1942~	代序1,代序4,代序27,245,445,447,449
李文卿			346
李熙谋			358
李贤平		1961~	410,413,414

李显龙	Lee, H. L.	1952～	580
李协			154
李星泉			352,353,357
李俨		1892～1963	代序 11,113,114,116,118,119, 120,122,123,125 - 129,132, 134,562
李耀邦			557
李郁才			353,369
李郁荣	Lee Y. W.	1904～1989	代序 10,代序 34,156 - 160,352, 354 - 359,361 - 366,368 - 396, 564,576
李郁文			354,369
李煜			487
李远哲		1936～	431,580
李约瑟	Needham, J.	1900～1995	124,126,127,135
李兆华			代序 4
李政道	Lee, T. D.	1926～	代序 9,241,264,287,420,430, 431,460,465,474,564
李之藻		1565～1630	代序 29
李治		628～683	126
李忠			代序 19
里比			16
里根	Reagan, R.W.	1911～2004	580
里奇	Ricci, C. G.	1853～1925	66,166
励建书			78
利玛窦	Ricci, M.	1552～1610	代序 29,77,96,116,118,291
利特伍德	Litter Wood		562
梁贯成			代序 29,237,516
梁启超		1873～1929	代序 29,144,352,426,427, 439,446
梁守瀛			278
梁宗巨		1924～1995	代序 3
廖山涛		1920～1997	192,300
列志佳			代序 24
林伯禄			274
林春焕			353
林德布拉德	Lindblad, B.		280
林登	Lyndon		341
林芳华			78,87
林鹤一			129,130,131,132,133,134,135
林华新	Lin H. X.	1956～	614
林家翘	Lin, C. C.	1916～2013	代序 14,代序 16,代序 34,139,

			140,276-282,317,576
林凯			276
林可胜			565
林力娜			代序 7
林良富			494
林夏水			代序 30
林旭			276
林炎武			616,617
林长寿			220
林致平		1909~1993	140
铃木治夫			207
凌廷堪			146
刘鼎和			144,146
刘钝		1947~	代序 4,代序 18,代序 30,代序 33,代序 34
刘凤璞			600,601
刘徽		约 225~约 295	代序 25,121,124,126,142,223,224,447,492,504,509
刘晋年			138
刘晋钰			
刘俊贤		1898~1971	85
刘芹英			244
刘澍			617
刘伟娜			603
刘锡琛			616
刘翔		1983~	510
刘向	Len, H.		121
刘薰宇		1896~1967	171,288
刘易斯	Lewis, H.		330
刘意竹			245
刘永龄			191,307
刘长春		1909~1983	616
柳比奇	Любич, Ю. И.		
柳永		约 984~约 1053	474
柳原			
龙以明		1948~	194,195,209,210
娄尔康			365
卢丁	Rudin		
卢伊	Lewy. Hans	1904~1988	18,19
鲁宾孙			
鲁津	Лузин Н.Н.	1883~1950	46,51,72,80,81,254,616

鲁迅		1881~1936	代序 28
鲁又文			600
陆家羲		1935~1983	447
陆克毅			600,601
陆萍			238,244,245
陆游		1125~1210	488
路见可		1922~2016	103
伦敦	London, F. W.		163,175,264
罗巴切夫斯基	Лобачевский, Н. И.	1792~1860	代序 24,代序 32,61,103
罗宾逊	Robinson, Julia Hall Bowman	1919~1985	49,75,540
罗德里格斯	Rodrigues, A.		206
罗见今		1942~	代序 4,代序 22,代序 33,244
罗蒙诺索夫	Ломоносов, М. В.	1711~1765	54
罗孟华			285
罗密士			91-94,106
罗森勃吕特	Rosenblueth, Arturo	1900~1970	48
罗森塔尔	Rosenthal, T.E.		288
罗士琳		1789~1853	133,145,146
罗素	Rusell, Bertrand	1972~1970	324,325,326,330,代序 2,51, 71,107,138,433,437
罗塔	Rota		代序 5
罗中立			492
洛伦兹,H.	Lorentz, Hendrik Antoon	1853~1928	175,260
洛伦兹,K.	Lorenz, Konrad Z		23
洛瓦兹	Lovász, L.	1948~	204
落下闳	Hung, L. H.		121
吕埃勒	Rueile, D.		407
吕不韦			121
吕传汉		1938~	600,601,604
马季亚谢维奇,Y.	Матиясевич, Ю. В.	1947~	7,75
马蒂塞奇			75
马尔格兰奇	Malgrange		18
马尔可夫	Márков		52,254
马戈	Margot		291,292,293
马古利斯	Margulis, G.A.		320
马立文	Mallivin		63
马岷兴			471
马宁			166,169
马沙克	Marshak		561
马先生			125
马歇尔	Marshall, D.E.		346
马耶	Maillet, W.J.		286

马寅初		1882～1982	325
马云鹏		1954～	245
马志明		1948～	78,87
马忠林		1914～	599,600
迈特纳	Meitner		560,561
迈耶	Mayer, M. E.		163
麦比乌斯	Möbius, A. F.	1790～1868	61
麦克肯兹	McKenzie, R.		85
麦克莱恩	Maclane, S.	1909～2005	74,405
麦克林托克	McClintock, J.		94
麦克斯韦	Maxwell, J. C.	1831～1879	代序 32,23,161,469
曼德尔布罗特			406,407
毛林	Morin, Benard		29
毛泽东		1893～1976	代序 32,代序 33,589
毛淮		1893～1988	144,427
茅以升		1896～1989	119,120
梅文鼎		1633～1721	96
梅向明		1928～	599,601
梅贻琦		1889～1962	157,362,364,367,563
蒙哥马利	Montgomery, D.		14
孟浩然		689～740	472
米尔诺	Milnor, J. W.	1931～	16,17,75
米尔斯	Mills, R.L.		代序 9,代序 12,162,163,164, 170,175,200,201,303,545
米塔格-列夫勒	Mittag-Leffler		407
米泰格-勒夫尔			539
密立根	Millikan		557,560
闵可夫斯基	Minkowski, H.	1864～1909	66,72
闵嗣鹤		1913～1973	103,140
明斯基	Minsky, M.		328
摩尔			111,214
末纲恕一			101,108
莫尔斯	Morse, H.M.	1892～1977	67,73,182,139,274
莫塞尔	Moser		307
莫绍揆		1917～2011	550
莫由			529,533
莫泽	Moser, J. K.	1928～1999	75,198,307
墨菲,G.	Murphy, G.M.		288
墨子		约一476～ 约一390	492
穆尔	Moore, E.H.	1862～1932	58
穆尔加夫卡			3

纳什	Nash, John	1928～	416
奈曼	Neyman, J.	1894～1981	406
奈特	Knight		214,577
内田	Uiyama		163
尼柯尔	Nicole, J.H.		94
尼克松			335
尼伦伯格	Nirenberg, L.	1925～2020	205,300
倪海曙		1918～1988	代序 2
倪俊			365
倪明		1962～	代序 19,代序 20,代序 22
倪维明			614
聂卫平		1952～	579
牛岛盛庸			135
牛顿	Newton, I.	1643～1727	代序 29, 23, 79, 91, 106, 142, 161,182,224,227,404,468,469, 500,511,512
牛曼	Newman, M. H. A.	1897～1984	310,315,316,318
纽曼	Newel, A.		
诺特	Noether, A. E.	1882～1935	代序 2, 48, 52, 72, 73, 74, 80, 101, 108, 266, 279, 293, 534, 539,540
诺特,M.	Noether, M.	1844～1921	293,10
诺维科夫	Новиков, С.П.	1938～	75
欧多克斯	Eudoxus of Cnidus	公元前 4 世纪	467
欧几里得	Euclid		代序 24,代序 29,91,182,420, 425,446,467,500,533
欧拉	Euler, J.A.	1734～1800	28,55,103,142,182,404, 405,538
欧阳可庆			160
帕利	Palis		343
帕歇尔,B.	Parshall, B.		代序 12
帕歇尔,K.	Parshall, K.		代序 12
派克里斯	Pekeris, C. L.		279
潘光旦			363
潘慎文	Parker, Rev P. A.		113
潘廷洸			454
潘兴斌			614
潘有星			代序 30
庞加莱	Poincaré, J.H.	1854～1912	15,46,51,52,55,70,73,79,82, 83,100,254,261,293,326,404, 407,491
庞特里亚金	Понтрягин, Л.С.	1908～1988	75,104

庞学诚		1955～	589
泡利	Pauli		162,164,170,546,559
培利	Perry		214
佩蒂斯	Pettis, B.J.		334
佩利	Paley		366
彭家贵			192,193
彭罗斯	Penrose, R.	1931～	163,330
皮尔逊,K.	Pearson, K.	1857～1936	52,71
皮卡	Picard, C.È.	1856～1941	47,52,79,83,293,407
皮亚诺			476,492
普吕克	Plücker		293
普特南	Putnam		7
齐建华			代序 20
齐曼	Zeeman, E. C.	1925～	22,23,35,37,38,39,41,407
齐民友		1930～2021	193,433,437
齐默	Ziemer, W. P.		3
齐平			14
奇塔姆	Cheatham, T. P.		381
钱宝琮		1892～1974	代序 4,113,128,132,145, 426,577
钱大昕	Chien, T. H.		121,145,146
钱端壮		1911～1993	610,611
钱克仁			代序 4
钱穆			144
钱三强		1913～1992	140
钱伟长		1912～2010	186,435,441
钱学森		1911～2009	代序 30,176,504,564,574,576
钱永红			代序 4
钱钟书		1910～1998	494
乔冠华		1913～1983	317,584
切戈	Szegö, G.	1895～1985	53
秦汾		1887～1971	代序 10,77,100,151,153,214
秦九韶		1202～1261	代序 25
秦沅			151
庆杰			348
琼斯	Jones, V.		169,403,404
丘成桐	Yau, S. T.	1949～	60,68,78,87,98,174,176,199, 288,300,307,405,416,430,435, 441,504
邱宗岳			578
秋月康夫	Akizuki, Y.	1902～	108
曲安京			代序 27,代序 34

任南衡			代序 19
任之恭			317,361,365
戎松魁		1942～	518
茹蒂			359
阮元		1764～1849	代序 29,代序 31,126,133,142, 145,146,426
瑞德	Reid, C.	1918～	代序 20
若尔当	Jordan, C.		320
撒普	Tharp, L.		330
萨本栋			277,361
萨尔泽	Salzer, H.E.		286
萨拉松	Sarason		345
萨斯曼	Sussmann		35
塞尔	Serre, J.-P.	1926～	258,405
塞望	Savant, M.	1946～	411,415
塞维里	Severi, F.		293
三上义夫	Mikami, Y.	1875～1950	代序 11,92,114,120,121,123 - 135,562
瑟斯顿	Thurston, W.		60,64,68,407
森重文	Mori, S.	1951～	169
沙恭达拉	Shakuntala, D.		548,549
上野清			100,107,213
邵逸夫		1907～2014	代序 22,204,210,222,308
邵宗杰		1934～	245
申又枨	Shen Y. C.	1901～1978	139
沈德立			600
沈恩绍			589
沈钦韩			146
沈琴婉			代序 22
沈尚贤			365
沈嗣良			373
沈一兵			209
沈有鼎			324
圣艾蒂安纳			516
盛莱华		1950～	589
施赖埃尔	Schreier		268
施密特,E.	Schmidt, E.		253,584
施佩克尔	Specker, E.		330
施佩纳	Sperner, E.	1905～1980	268
施特森	Schetzen, M.		387,393,395
施瓦尔茨	Schwarz	1915～2002	75,407
施瓦辛格	Schwarzenegger, A.		580

石生民		?～2015	592
石钟慈		1933～2023	192
时俭益		1948～	614
史密斯,D.	Smith, D.E.	1860～1944	代序10,代序11,113,114,116,118,119,120,122,123－128,129,131,132,134,135,562
史密斯,P.	Smith, P. A.		319
史宁中		1950～	245,246
史树中		1940～2008	417
舒尔	Schur, I.		264,265
斯大林	Сталин, И. В.	1878～1953	81
斯科伦	Skolem, T.		330
斯科罗霍德	Скороход		63
斯梅尔,S.	Smale, S.	1930～	14,15,60,75
斯米尔诺夫			499,616
斯坦豪斯	Steinhaus, H.D.	1887～1972	72
斯特拉顿	Stratton, J.		281
斯廷罗德			164,173,201
斯通	Stone, M.		85,86
斯托林			15
松村勇夫			616,619
宋国栋		1940～2022	590
宋家树			617
宋乃庆		1948～	604
宋旭辉			244
宋玉			499
苏步青		1902～2003	代序19,78,97,98,101,103,108,214,226,274,333,334,335,452,453,454,559,583,600,601,604
苏法兢			332
苏轼		1037～1101	481,482,485,493,517
孙敦恒			160
孙高明			600
孙光远		1900～1979	179,185,197,285,299
孙树本		1911～2002	268
孙小礼			433,437
孙诒让			452
孙以丰		1925～2012	103
孙泽瀛		1911～1981	583,587,610,611,613,614
孙中山		1866～1925	353
索默费尔德	Sommerfeld, A.		281

索万尼-果芬	Sauvenier-Goffin, E.		125
塔尔斯基	Tarski		53
塔兰特	Tarrant		560,561
泰勒,G.	Taylor, G.L.		277
泰勒斯	Thales		420
泰塔格利亚	Tartaglia		561
泰希米勒	Teichmüller, O.	1913~1943	53,74
谈家桢		1909~2008	589
谈胜利		1963~	614
谭家岱			616,617
谭玄			616,617
汤普森	Thompson, J.G.	1932~	9,76
汤普逊	Thompson, D. W.		33
唐纳森	Donaldson, S.	1957~	60,68,77,168,169
唐培经		1903~1990	代序 12,139,140,154,185, 285,563
唐尚斌		1943~	430
陶爱珍			247
陶履元			316
特勒	Teller, E.		578
特里恩	Therrien, C. W.		393
藤田宏			500
藤泽利喜太郎	Fujisawa, R.	1861~1933	129,130,131
田刚		1958~	78,87
田能村	Tanomura		176
图灵	Turing, A.M.	1912~1954	代序 2,54,74,328,329
涂荣豹		1947~	604
托马斯,L.	Thomas, L.H.		279
托姆	Thom, R.	1923~2002	22,23,27,30,33,34,35,37,38, 49,54,404,405,406
陀·卡莫	DoCarmo, M.P.	1928~	206
庹克平		1931~2024	600,601
瓦尔德	Wald, A.	1902~1950	74
瓦格斯塔夫	Wagstaff		55
瓦维克	Warwick		22
外尔,H.	Weyl, H. K. H.	1885~1955	代序 35,代序 36,52,53,66,68, 72,73,74,75,80,102,108,147, 163, 164, 170, 175, 182, 183, 257-267, 269, 270, 294, 428, 539,540,546
外尔,L.	Weyl, Ludwig		
汪稼明			代序 21

汪莱		1768~1813	145,146
汪晓勤		1966~	代序 33
汪猷			589
王崇燕		1869~1893	316
王福春			103,109
王福坤			316
王淦昌		1907~1998	559,560,561
王光明		1969~	603
王国维		1877~1927	144,146,474
王海涛			151
王浩		1921~1995	代序 14,139,222,323-330
王鸿钧		1920~2003	599-601
王季同		1875~1948	296
王家平			代序 14
王建磐		1949~	代序 12,237,614
王进喜		1923~1970	代序 27
王宽诚		1907~1986	代序 6,代序 20,代序 5
王仁辅		1885~1959	138,151,153
王柔怀		1924~2001	192,193
王三友			325
王善平			代序 11,代序 20,代序 21,代序 22
王尚志		1946~	245
王莘		1918~2007	618
王世栋			323,324
王守竞		1904~1984	565
王寿仁		1916~2001	86
王廷辅			617
王维			435,459,473
王宪钧			324
王宪钊		1916~1998	317
王宪钟		1918~1978	103,310,311,315-320,335
王湘浩		1915~1993	103,600,601,604
王晓晴			325
王信忠			185
王延文			604
王以明			325
王懿荣			316
王英明	Wang Y. M.		121
王渝生		1943~	代序 18,代序 33
王元		1930~2021	102,176
王元培	Clara		317

王元祺	Angela		317
王元玉	Louise		317
王云五			587
王长平			191
王竹溪		1911~1983	167,277
王梓坤		1929~	599,600,601,604
王宗尧		1941~	589
威定	Wadding, C. H.		33
威利			159
威斯纳			159
威滕	Witten, E.	1951~	77,194,304,305,403,404, 405,407
韦伯斯特	Webster, S. M.		206
韦达	Viète, François	1540~1603	代序 29
韦伊	Weil, A.	1906~1998	11,12,43,47,74,75,183,185, 295,296,302,404,534
维布伦	Veblen, O.	1880~1960	74,182,183
维尔斯特拉斯	Weierstrass, Karl Theodor Wilhelm	1815~1897	175,469,538
维克多	Victor, M.		代序 17,291,153
维纳	Wiener, N.	1894~1964	代序 2,代序 34,48,49,53,56, 74,80,85,156-159,185,254, 255,288,352,356,357,360,361- 369,376,379,382-386,388,389, 391,392,393,394,396,409,451, 501,544
维诺格拉多夫,I.	Виноградов, И. М.	1891~1983	75,215,261
维特根斯坦	Wittgenstein, L.	1889~1951	324,330
伟烈亚力	Wylie, A.	1815~1887	代序 29,77,91,92,93,94,96, 99,106,477,498,509
魏庚人		1901~1991	代序 4,216,613
魏国强		1941~2013	589
魏嗣銮		1895~1990	102,108
魏宗舒		1912~1996	160,610,611
温家宝		1942~	504
温斯坦	Weistein, A. D.		207
沃尔夫森	Wolfson, J.		206
沃尔克	Walker, Robert John	1909~1992	10
沃尔泰拉	Volterra		255
沃森,G. L.	Watson, G.L.		286,562
沃沃斯基	Voevodsky, Vladimir		417

乌拉姆	Ulam, S.M.	1909～1984	代序 2,63,74,75,173,174,281
乌雷松	Урысон, П.С.	1898～1924	80,255
乌伦贝克	Uhlenbeck		407
吴大峻	Wu, T. T.	1933～	164,165,166
吴大任		1908～1997	代序 22,101,103,109,138,140, 188,189,192,577,578
吴大猷		1906～2000	161,277,577
吴健雄	Wu, C. S.	1912～1997	264,565
吴良森		1941～	589
吴伟良		1944～	589
吴文俊		1919～2017	代序 19,代序 23,78,86,87,98, 103,109,185,188,192,193,222- 224,227,300,416,432,501,550, 573,604
吴筱元		1910～2003	186
吴新谋		1910～1989	139,366
吴逸民		1910～2001	610
吴有训		1897～1977	277,317,361,565
吴在渊		1884～1935	214
吴徵眉			346
武崇林		1900～1953	610
武善谋			601
西格尔	Siege, C.L.		320
西蒙斯	Simons, J.		代序 23,164,166,185,300, 301,304
希策布鲁赫	Hirzebruch, F.		102,308
希尔伯特	Hilbert, D.	1862～1943	代序 2,代序 32,3,5,6,13,14, 45,46,48,49,51-55,57,70- 73,75,79,80,83,84,97,99,100, 107,108,147,180,252,257,258, 260,261,266,324,325,337,404, 428,433,437,500,529-532, 539,581
希夫曼	Shiffman, B.		代序 16
希钦	Hitchin		166
希特勒	Hiltler, A.	1889～1945	48,53,101,180,258,291,292, 540,584
夏志宏		1962～	87
香农	Shannon, C. E.	1916～2001	80,174,382,409,413,451, 495,501
项黼宸		1916～1990	454
项武义	Hsiang, W.Y.	1937～	454,500

项武忠		1935～	454
萧树铁		1929～2015	499
萧文强			代序 24
小仓金之助		1885～1962	214
小林昭七	Kobayashi, S.	1932～2012	205,300
小平邦彦	Kodaira, K.	1915～1997	98,102,147,258,294,295,319
肖邦	Chopin, F.F.	1810～1849	453
肖德尔	Schauder, J. P.		271
肖刚		1951～2014	110
歇格	Cheeger, J.		207
谢尔宾斯基	Sierpinski, W.	1882～1969	72
谢家麟		1920～2016	代序 10
谢瓦莱	Chevalley, C.		14,43,294
谢作楷	Tse Tsok Kai		354
辛格	Singer, I.M.		54,75,165,166
辛格, J.	Synge, J.L.	1897～1995	277,278
辛格, I.	Singer, I.M.	1924～2021	165,166,304
辛弃疾		1140～1207	474,495
辛钦	Хинчин, А.Я.	1894～1959	75
熊庆来		1893～1969	代序 12,78,84,97,100,101, 108,109,139,157,179,180,185, 197,214,277,285,288,363, 366,562
熊西文			616,617
熊希文		1927～2011	616
熊振翔		1921～2023	617
徐春霆		1906～2002	610
徐范			365,157
徐光启		1562～1633	代序 29,77,96,142,143,291, 426,439,492
徐桂芳			454
徐虎臣			213
徐利治		1920～2019	代序 30,103,440,449,466,472, 477,483,484,491,504,509,600
徐瑞云		1915～1969	540
徐润炎		1919～2011	499,616,617
徐遐生			280
徐贤修		1912～2002	139,333,366,367,454
徐小伯		1932～2018	590
徐燮			616
徐义保			代序 33
徐元钟		1937～	606

人名索引

徐岳	Hsu Yao		121
徐钟济		1904～1990	140
许宝騄		1910～1970	78,97,101,102,109,139,140, 141,214,453,560,564,576
许国保		1901～1933	84
许政泓			409
许忠勤			代序19
薛定谔	Schrodinger		175
薛茂芳			602,604
薛茂林		1958～	602
雪家雄			600
雅可比			12
雅尼谢夫斯基	Janiszewski, Z.	1888～1920	453
亚里士多德	Aristotle	－384～－322	142
亚历山大	Alexander, J.W.	1888～1971	73,74,182
亚历山德罗夫,П.	Александров, П. С.	1896～1982	72,73,81,104,254,540
严敦杰		1917～1988	代序3,代序33,128
严加安			486
严晙		1906～1991	365
严绍宗		1935～2012	584
严士健		1929～	代序27,428
严志达		1917～1999	103,188,316
晏殊			474
燕又芬			274
杨邦盛		1862～1908	284
杨鼎	Yang, D.		335,337
杨福家		1936～	174
杨光强			473,484,513
杨虎城		1893～1949	584
杨篪孙			332
杨辉		13世纪	125,131
杨霁朝			453
杨坚(隋文帝)		541～604	424
杨建科			代序16
杨建平	Yang, P. C.-P.		346,347,348,349
杨瑾	Jeanne Yang		335
杨宽麟		1891～1971	158,375
杨乐		1939～2023	代序19,86,87,98,192,193
杨琳	Lynne Yang		335
杨伟成			160
杨武之		1886～1973	代序12,代序21,139,161,171,

			174,179,180,197,277,284 - 288,543,562,563
杨宪垚			332
杨玉东			444
杨振复			285
杨振汉			285
杨振宁	Yang, C. N.	1922～	代序 4,代序 5,代序 9,代序 11, 代序 12,代序 20,代序 21,76, 161 - 172,173 - 176,178,179, 181,192,194,197,200 - 203, 264,285,286,287,288,301,303, 304,346,404,420,430,431,432, 460,465,474,543 - 547,557, 559 - 563,564 - 566,574,576, 578,584
杨振平			285
杨振玉			285
杨志洵			
杨忠道		1923～2005	194,332 - 337,454
野水克己	Katsumi, N.	1924～	205,319
叶戈罗夫	Егóров, Д.Ф.	1869～1931	46,51,72
叶企孙		1898～1977	277
叶绍翁			484,504,513
叶彦谦		1923～2007	103
伊凡年科	Иваненко, Д. Д.	1904	164
伊丽莎白	Elizabeth		157,160,370,372,376,377,378
殷宏章			589
应云卫			589
应制夷		1925～	584
永田雅宜	Nagata, M.	1927～2008	108
尤金			104
尤因			3
游铭钧		1937～	223
游若云			代序 3
俞大维		1897～1993	153
俞平伯			217
虞耸			126
虞喜			126
袁枚			228,451,500,575
袁同礼			代序 10
袁向东			代序 4
袁震东		1937～	160

远藤利贞	Toshisada, E.	1843～1925	106,129,135
岳曾元			代序 16
恽农诸			
赞勒	Zahler		35
早川	Hayakawa		560
扎布斯基	Zabusky		64
扎德	Zadeh		55
扎里斯基	Zariski, O.	1899～1986	75,292,296
张苍			121
张德和		1930～2022	244
张奠宙		1933～2018	45,178,237,600,601,614,616
张范			345
张福生		1941～	247
张弓			213,537,541,548
张恭庆		1936～	78,87,193,209,417
张广厚		1937～1987	98
张国杰		1939～2013	601,602
张禾瑞		1911～1995	613
张衡		78～139	121
张洪	Chang, H.		121
张洪光			代序 21
张惠康			358
张景斌			444
张景中		1936～	604
张里京			616,617
张民选			245
张鸣华			454
张鸣镛			454
张庆宏	Kenneth Chang		335
张少平			191
张圣容	Chang, S.Y.A.	1948～	345-349
张思侯			365
张素诚			103
张伟平			191,194,195,580
张文贵			600
张文虎	Chang, W.H.		121
张文耀			代序 34
张学良		1901～2001	152
张雪野		1935～	589
张义燊		1922～	615,617
张英伯		1947～	237,245
张永春			600,601

张友余			代序19
张玉华			603
张钟俊			160
章名涛			365
章明觉	Chang, M. C.	1908～1991	565
章太炎		1869～1936	144,145
长冈	Nagaoka		559
长谷川弘			135
赵斌			代序2,代序5
赵曾珏			358
赵访熊		1908～1996	277,366
赵克捷			578
赵翼		1721～1814	79
赵友民			365
赵元任		1892～1982	100,107,138
赵忠尧		1902～1998	277,560,561,565
甄鸾	Chen Long		121
正田建次郎			101,108
郑板桥		1693～1766	475,483
郑若麟			516
郑绍远			499
郑士宁		1915～2000	288,300,307
郑伟安		1952～	代序14,614
郑英元		1932～	589
郑毓信		1944～	147,433,437,439,600
郑之蕃(号桐荪)		1887～1963	77,139,153,179,285,288
芝诺	Zeno		39,480,510
中牟田仓之助			92,99
中山正			108
钟开莱	Chung, K. L.	1917～2009	103,109,139,316,560
周昌龙			144
周达		1878～1949	153,290,291,292,293
周恩来		1898～1976	241,323
周馥		1837～1921	290
周鸿经		1900～1957	140,153,185,285
周今觉			291
周克希		1942～	590
周培源		1902～1993	186,277,282,317
周彭年		1925～1997	610
周青		1957～	614
周炜良		1911～2007	代序16,代序17,103,109,153,

人名索引

			154,290-296,343
周卫			244
周性伟		1940~	194
周煦良			589
周学海		1856~1906	290
周学智			603
周玉坤			358
周毓麟		1923~2021	103,300
周则巽			140
朱曾赏			365
朱德祥		1911~1995	103
朱福祖		1916~1999	610,612
朱公谨		1902~1961	102,108,155
朱杰人		1945~	代序 20
朱开轩		1932~2016	193
朱兰成	Chu, L.J.	1913~1973	564,576
朱箓		1887~?	138
朱世杰		13~14 世纪	121,126
朱熹		1130~1200	143
诸可宝	Chu, K.P.		121,133
竺可桢		1890~1974	317
庄圻泰		1909~1997	103,139,366
庄子		约公元前 369~约公元前 286	449
邹伯奇		1819~1869	213
祖冲之		429~500	代序 25,代序 29,121,124,126,133,434,447
祖暅		456~536	代序 24,代序 25,126
左鸿庆			581
左宗棠		1812~1885	96